Argiles

Argiles
De la physique du matériau à l'expérimentation

Actes des journées d'études du Programme Collectif « Argiles » (2018-2020). Unité mixte de recherche Archéologies et sciences de l'Antiquité (UMR 7041 – ArScAn, Nanterre)

Sous la direction de Xavier FAIVRE

ARCHAEOPRESS ARCHAEOLOGY

Archaeopress Publishing Ltd
Summertown Pavilion
18-24 Middle Way
Summertown
Oxford OX2 7LG
www.archaeopress.com

ISBN 978-1-78969-420-8
ISBN 978-1-78969-421-5 (e-Pdf)

Images de couverture:
Argile séchée au soleil, © X. Faivre
Pétrissage de l'argile, © X. Faivre
Plaquette d'argile cuite représentant la déesse Ištar, Ešnunna (Mésopotamie), Musée du Louvre, © M. Esline
Mur de briques crues et enduit d'argile, Syrie, © X. Faivre
Tablette d'argile de Kültepe, début IIe millénaire av. J.-C., © C. Michel

This book is available direct from Archaeopress or from our website www.archaeopress.com

Sommaire

II. USAGES DES ARGILES ET TERRES ARGILEUSES : DU « CRU » AU « CUIT »

1. LE « CRU » : GEOMORPHOLOGIE, ARCHITECTURE ET ARTEFACTS

Mésopotamie

Chypre

Gaule

2. LE « CUIT » : BRIQUES, CERAMIQUES, FOURS ET DISPOSITIFS DE CUISSON

Le passage du « cru » au « cuit »

Fours et dispositifs de cuisson

Dans les textes mésopotamiens

Dans l'archéologie du Proche et du Moyen-Orient

Avant-propos

Antécédents, définition et naissance du projet

L'argile, terme générique qui recouvre toutes sortes de terres argileuses, est le matériau le plus répandu sur terre, et aussi le moins coûteux. Cela explique que, depuis des temps immémoriaux, et dans des contextes géographiques variés, il a été utilisé comme matériau de base pour les réalisations les plus diverses, selon ses différents états : architecture, artefacts (statuaire ou figurines, récipients, support de l'écriture, etc.). On y trouve, sous forme d'empreintes, les traces de la vie humaine, animale, végétale ou du contexte minéral dans lequel il a été créé. L'ingéniosité humaine a tiré, au mieux, partie de cette matière polymorphe en développant des technologies adaptées d'où se dégage une chaîne opératoire complexe que l'on peut suivre à travers l'étude des vestiges archéologiques, la comparaison ethnographique, ou encore les textes. Ces derniers élèvent l'usage de l'argile, par métaphore, aux différentes mythologies de la création de l'humanité, ou la ramènent à des usages plus pratiques, comme le métier du potier ou la médecine...

Ces différents aspects offrent un spectre très élargi de la manière d'aborder ce matériau, sous ses différents états, types, usages et les multiples besoins qu'il permet à l'homme de résoudre, dans son environnement, géographiquement et chronologiquement. Le simple titre « Argiles », dont le pluriel sous-entend toute la diversité, résume la démarche. C'est pourquoi ce projet collectif ne s'est imposé aucune limite de thème et de forme, gardant la souplesse, la malléabilité, la spontanéité qui convient à ce matériau : au-delà du socle des connaissances géologiques et géomorphologiques, fondamental pour caractériser celui-ci, l'architecture, l'artisanat, la technologie et les différentes chaînes opératoires, les mythologies, l'étude des textes en relation avec l'argile entrent dans ce cadre. Celui-ci a pu encore s'élargir selon les propositions, sans toutefois mordre sur des aspects purement céramologiques qui relèvent d'autres préoccupations. Une dimension expérimentale a été envisagée qui pourrait s'intituler « les mains dans l'argile », intégrant des spécialistes du matériau, maçons, potiers, artisans, mais aussi les participants avec leur expérience propre, ce qui a nourri utilement une réflexion ethno-archéologique.

Réalisations

Ce programme collectif sur cinq ans a débuté en 2017, dans le cadre du quinquennal 2018-2023 de l'unité mixte de recherche Archéologie et sciences de l'Antiquité (ArScAn, UMR 7041, Nanterre). Il s'inscrit dans le cadre des seize programmes collectifs qui structurent un travail commun des quatorze équipes de l'UMR, au-delà des frontières chrono-géographiques et culturelles, dans l'axe « Étudier la matérialité ». Lieu de rencontre de l'unité, ouvert aux étudiants et aux collègues extérieurs à ArScAn, il fait travailler ensemble six équipes d'ArScAn à tous les niveaux de la recherche, directeurs, chargés et ingénieurs de recherche, universitaires, doctorants et post-doctorants, et des membres extérieurs d'horizons disciplinaires divers, spécialistes de différentes cultures et domaines scientifiques. À ce titre il a été accueilli avec enthousiasme par l'UMR ArScAn. Il constitue l'aboutissement et le prolongement de travaux personnels antérieurs du Proche-Orient ancien qu'il semblait intéressant de partager avec une communauté plus large.

Il vise à définir les convergences ou divergences techniques et culturelles liées au travail de l'argile. Le principe repose sur la pluridisciplinarité et la transversalité, à deux niveaux :

- les horizons chrono-culturels couverts par les équipes d'ArScAn,
- la structure, le milieu, les différents états, le traitement de l'argile dans ses différentes réalisations.

C'est ce qui a permis d'articuler un programme en quatre axes principaux, tout en gardant comme fil directeur la chaîne opératoire, du filon au produit fini :

- Physique du matériau
- Architecture
- Artefacts
- Textes.

Une option souple de journées d'études thématiques, faisant appel à des spécialistes de différentes disciplines (de la physique du matériau aux données textuelles, de l'état cuit à l'état cru, etc.) a été proposée par le directeur du projet collectif, Xavier Faivre, ce qui a permis à deux doctorants d'organiser eux-mêmes leur propre journée en invitant les spécialistes qu'ils désiraient associer.

Mais « étudier la matérialité » ne s'envisage pas sans le contact direct, tactile avec le matériau : c'était l'occasion de se rapprocher des praticiens de l'argile, maçons et potiers, dans une démarche expérimentale. Une ouverture vers des expérimentations autour du matériau a été privilégiée, d'autant que plusieurs participants avaient déjà initié un projet particulier dans leur discipline propre. J'avais en effet entrepris l'apprentissage du tournage céramique avec un potier, afin de mieux comprendre les gestes impliqués dans la réalisation de certains vases étudiés dans le cadre d'analyses d'assemblages céramiques. Ainsi des ateliers, d'une organisation plus légère, témoignant de plusieurs retours d'expériences des participants ont-ils complété avantageusement ces journées d'étude. Enfin plusieurs réunions informelles ont eu lieu, dès 2017, autour de préoccupations ou démarches initiées par les différents participants. Dès l'origine, l'idée d'une publication de la majorité des communications s'est imposée. Cet ouvrage est ainsi le résultat de quatre de ces rencontres. Afin d'en garder la logique et la cohérence, nous avons maintenu la même structure pour cette publication.

Trois journées d'étude ont eu lieu entre 2018 et 2020 :

- Une première journée, organisée par Bastien RUEFF et Pauline DEBELS (6 novembre 2018) *Des traces d'usure à l'utilisation des céramiques*, qui, selon le souhait des organisateurs et des participants, n'a pas été publiée.
- La seconde, *Formation, structure, caractérisation et définitions d'un matériau*, organisée par Xavier FAIVRE (13 décembre 2018).
- La troisième, *Usage des argiles et terres argileuses : du « cru » au « cuit »*, deux fois programmée les 12 décembre 2019 et 18 juin 2020, annulée par deux fois en raison des grèves de décembre 2019 puis de la situation sanitaire de 2020, a finalement eu lieu, le 10 décembre 2020, par visio-conférence.

Deux ateliers ont par ailleurs été consacrés à la démarche expérimentale (12 septembre 2018 et 23 octobre 2019). Le succès du premier intitulé *Retour d'expérimentation* (a donné lieu à une deuxième édition : *Retour d'expérimentation 2 - Reproduire dans l'argile : reconstitution, protocole, expérimentation.* On peut retrouver le détail de ces événements dans le blog des programmes collectifs d'ArScAn sur le site web de cette unité. Cet ouvrage est donc le résultat des deuxième et troisième journées d'étude et des deux ateliers dont j'ai assuré l'organisation, le suivi et l'édition.

L'ouvrage

Pour garder toute la cohérence de ces journées, nous avons tenu à rassembler par écrit toutes les contributions, ce qui a nécessité du temps, consacré aux relances d'auteurs, au suivi rédactionnel, aux relectures, pour respecter les rythmes et impératifs de chacun. L'immense majorité des auteurs a répondu présent. Nous n'avons que deux contributions manquantes : Léo BOULICOT avait annoncé dès le début qu'il ne fournirait pas de contribution écrite, Alexandre PINTO pour des raisons impérieuses de rédaction de thèse. La taille de la majorité des articles est homogène (entre 10 et 25 pages). Seules quelques exceptions se justifient, soit par une disponibilité très limitée de l'auteur, qui a néanmoins accepté de fournir un court texte commentaire d'illustration, soit par des problématiques ou points de vue jamais traités auparavant, autorisant un espace un peu plus large. Certaines présentations communes, effectuées à deux voix, ont donné lieu à deux articles différents et complémentaires, laissant ainsi une plus grande liberté écrite à chaque auteur. À l'inverse, deux communications à une voix se sont enrichies, pour la publication, de collaborations tout en respectant la cohérence initiale.

Ainsi avons-nous gardé la structure de ces journées pour la publication. L'ouvrage est donc divisé en trois parties : les deux premières correspondent chacune à une journée d'étude, la troisième est consacrée à la démarche expérimentale, résultat de deux ateliers.

La **première partie**, ***Formation, structure, caractérisation, définitions d'un matériau*** est une présentation des différents usages des argiles révélés par l'archéologie et les données textuelles de différentes aires géographiques couvertes par l'UMR ArScAn, d'où partent les différents axes du projet. Elle nécessitait avant tout une mise au point sur la « physique du matériau », sa composition, ses étonnantes propriétés (Fabien THOMAS), ainsi que de poser les bases d'une approche géomorphologique des milieux argileux en abordant les « pays et paysages de l'argile » (Bruno COMENTALE). Il devenait alors possible de décliner différents aspects de l'utilisation des argiles et terres argileuses : « Argiles et constructions », en caractérisant la micromorphologie des matériaux de construction en terre crue, avec « l'exemple des architectures néolithiques » (Julia WATTEZ, Alessandro PEINETTI et Pantelitsa MYLONA) ; « Argiles et restaurations » en archéologie, sous le double aspect de la construction « de la physique du matériau à la restauration de vestiges architecturaux » (Mathilde GELIN) et de la « conservation-restauration des tablettes cunéiformes et des objets en terre crue » (Anne LIEGEY), témoins privilégiés des civilisations de l'Orient ancien qui ont promu, par nécessité, l'utilisation de l'argile au plus haut degré. C'est en effet ce que révèlent les textes mésopotamiens, à deux niveaux : d'une part, les tablettes d'argile emploient un riche vocabulaire sumérien et akkadien pour désigner ses différents états, ce sont « les mots pour dire l'argile » (Xavier FAIVRE) ; d'autre part, leur matérialité en fait le support privilégié de l'écriture cunéiforme durant trois millénaires dans tout l'Orient ancien (Cécile MICHEL) qui, une fois devenu inutile, pouvait être réutilisé ou recyclé dans l'architecture (Xavier FAIVRE). De là, il devenait intéressant d'explorer ce qu'en disaient les textes issus d'autres horizons culturels, par exemple à l'époque mycénienne, à travers les textes en linéaire B (Françoise Rougemont) ou dans les textes pharaoniques, à travers « La satire des métiers » (Adeline Bats).

La **deuxième partie** de l'ouvrage est consacrée à deux états particuliers des argiles et terres argileuses : l'état « cru » et l'état « cuit ». Très tôt, en Orient comme en Occident, l'homme a su tirer parti de ces deux états selon ses besoins, mettre au point des méthodes de construction en terre crue pour l'habitat ou les structures de stockage ; mais aussi il a su perfectionner les instruments et dispositifs pour changer de façon irréversible la structure moléculaire et physicochimique du matériau afin de le rendre aussi dur que la pierre.

Dans le **premier volet**, le « cru », on ne pouvait qu'approfondir la réflexion géomorphologique sur « les pays et paysages d'argile », entreprise en amont, en l'appliquant à ce pays de l'argile par excellence que constitue la plaine alluviale mésopotamienne, « une illustration du cycle d'érosion » (Bruno Comentale). C'est directement à partir de terre crue, prise dans son milieu naturel, argile ou terre à bâtir, qu'archéologues et maçons traditionnels chypriotes ont œuvré à la reconstitution de constructions néolithiques, à Khirokitia, Chypre (Odile Daune-Le Brun). De même, c'est également la terre crue qui est utilisée, sur plusieurs sites de France méridionale, entre le Néolithique et l'âge du Bronze, pour confectionner des contenants et structures de stockages (Nina Parisot). Enfin, plus tardivement, c'est encore crue ou cuite que l'argile est utilisée dans la construction des séchoirs et fumoirs en Gaule romaine (Guillaume Huitorel). Ces exemples choisis de pratiques des constructions en terre crue, amplement répandues dans le temps et dans l'espace, montrent la pérennité de leur adéquation technique, dans des horizons chrono-culturels très différents.

Le **second volet**, le « cuit », amplement centré sur l'Orient ancien, aborde le passage de la terre crue à la terre cuite par un élément essentiel et emblématique de la construction en Mésopotamie, la brique, utilisée sous les deux formes (Martin Sauvage). La cuisson transforme les matières premières de manière irréversible. De nombreuses modifications s'opèrent dans la pâte des poteries. L'étude pétrographique des céramiques permet ainsi de mesurer l'écart entre matériaux géologiques et pâte céramique, de la préparation à la cuisson des matières premières (Mathilde Jean). Pour ce faire, les fours et dispositifs de cuisson, très élaborés dès le Néolithique, sont amplement documentés dans l'ensemble de l'Orient ancien. En témoigne la documentation cunéiforme qui nomme, sous différents noms, divers types et parties de fours, culinaires ou industriels, dont certains peuvent être rapprochés des vestiges archéologiques (Xavier Faivre, Laura Cousin). Les fours de potier, par exemple, correspondent à ce que la physique définit comme une « machine », dispositif effectuant un travail grâce à l'exploitation d'une source d'énergie contenue dans un combustible. C'est « l'épreuve du feu ». Mais la variabilité des installations, dimensionnelle, architecturale ou technique des fours est-elle fonction de contraintes techniques ou de choix culturels ? C'est ce que permet d'évaluer la comparaison des données archéologiques, ethnographiques et expérimentales (Johnny Samuele Baldi). « Construire un four », à partir de vestiges archéologiques de Logardan (piémonts du Zagros), tout en détaillant les étapes de la chaîne opératoire et la méthodologie expérimentale, met en avant la réflexion dont résultent des solutions techniques (Claire Padovani). On remarque que chaque contribution est ici fortement imprégnée par une réflexion sur le procédé expérimental, ce qui ouvre la troisième partie consacrée à plusieurs expériences individuelles : argiles et expérimentations.

La **troisième partie :** Le titre *Reproduire dans l'argile : reconstitution, protocole, expérimentation* évoque les ateliers où ont été exposés plusieurs « retours d'expérimentations ». Tout d'abord, un premier volet s'ouvre sur des pratiques céramiques en Orient, dans le monde méditerranéen et en Europe occidentale. L'émergence de la technique du « tournage », parallèle au développement des premières villes orientales, questionne sur l'usage de l'outil rotatif dans l'identification de « l'élaboration au tour » de pièces ébauchées au colombin et sur les « logiques et gestes » impliqués dans les « méthodes mixtes » (Armance Dupont-Delaleuf et Kostalena Michelaki). « Du geste à la forme » traduit la démarche pratique simple d'apprendre et de comprendre les gestes du tournage, sous le contrôle d'un potier professionnel, en s'appuyant sur un référentiel de formes archéologiques de l'âge du Bronze ancien au Bronze récent (env. 3000-1200 av. J.-C.) de haute Mésopotamie (Xavier Faivre). Une séquence plus largement égéenne, privée de l'intéressante contribution d'Alexandre Pinto *Écouter un idiophone en argile - Le sistre égéen* s'est finalement recentrée sur la Crète : d'abord la « reproduction d'une *larnax* minoenne », avec la collaboration des potiers du village de Margaritès. Ce sont les premières étapes, l'extraction de l'argile et la préparation de la pâte qui sont ici présentées (Sarah Georgel-Debedde) ; puis c'est « un protocole expérimental » qui a permis « la reconstitution du fonctionnement des lampes minoennes en terre cuite » (Bastien Rueff). Rejoignant l'Europe occidentale, France néolithique ou Gaule romaine, deux expérimentations ont été menées : l'une « sur le façonnage et l'utilisation des pots au Néolithique final dans le sud de la France » (Pauline Debels) et l'autre sur la « *céramique sigillée* », de sa confection aux techniques de décors, alliant la double compétence d'une archéologue et céramiste professionnelle (Lucile BOLOT).

Enfin, le **second volet** présente deux cas de construction expérimentale, complétant ceux déjà évoqués en amont, consacrée aux techniques appliquées « aux silos en terre crue au Néolithique et à l'âge du Bronze » (Nina PARISOT), à la construction d'un *kanun* (four portable pour la cuisine) actuel égyptien et à la reconstruction d'un four à pain traditionnel dans la région du Caire (Sylvie MARCHAND).

Le bilan apparaît positif puisque nous avons pu contribuer, dans une large mesure, à définir les constantes, spécificités, convergences ou divergences techniques et culturelles liées au travail de l'argile.

Remerciements

Mes plus vifs remerciements vont à l'ensemble des contributeurs du programme collectif « Argiles » entre 2017 et 2020. Ils se dirigent tout d'abord vers l'ancienne direction de l'UMR ArScAn (CNRS) qui en a positivement accepté et financé le projet jusqu'à la publication, François VILLENEUVE (directeur), Brigitte BOISSAVIT-CAMUS et Anne-Violaine SZABADOS (directrices-adjointes), la nouvelle direction en la personne de Ricardo GONZALEZ VILLAESCUSA (directeur), Gaspard PAGÈS (coordinateur des programmes collectifs). Ils s'adressent également à toutes les équipes d'ArScAn qui y ont collaboré, à leur responsable, aux membres qui y ont activement participé ou s'y sont intéressés : en premier lieu l'équipe HAROC (Histoire et archéologie de l'Orient cunéiforme) à laquelle je suis rattaché, je remercie particulièrement Damien AGUT, Louise QUILLIEN et Aline TENU (dir.) qui ont, dès l'origine et durant tout le quinquennal, soutenu et favorisé le projet, apportant enfin un financement à la publication, les équipes APOHR (dir. Pierre-Marie BLANC), Asie centrale (dir. Corinne DEBAINE-FRANCFORT) et GAMA (dir. Paul VAN OSSEL). Ma gratitude va également aux équipes VEPMO (dir. Pascal BUTTERLIN et Camille LECOMPTE) et Protohistoire égéenne, spécialement à Françoise ROUGEMONT (dir.) ainsi qu'à Pascal DARCQUE et Zoï TSIRSONI qui ont, par leur apport scientifique et humain, contribué à faire vivre et dynamiser le programme « Argiles ». J'adresse mes remerciements les plus sincères aux membres rattachés à ces équipes d'ArScAn qui ont participé aux journées d'étude et ateliers et contribué à cet ouvrage : Laura COUSIN et Cécile MICHEL (HAROC), Mathilde GELIN (APOHR), Armance DUPONT-DELALEUF (Asie centrale), Guillaume HUITOREL (GAMA, Département de Seine-et-Marne), Odile DAUNE-LE BRUN, Mathilde JEAN, Claire PADOVANI et Martin SAUVAGE (VEPMO) – que je remercie également pour ses conseils éditoriaux –, et enfin Sarah GEORGEL-DEBEDDE, Alexandre PINTO, Bastien RUEFF (Protohistoire égéenne).

Cette collaboration fructueuse avec les membres d'ArScAn ne doit pas faire oublier la contribution active et constante des membres extérieurs à l'unité qui ont nourri la réflexion commune sur les argiles avec leurs compétences propres, lors des journées ou par leur participation à cet ouvrage : Johnny Samuele BALDI (CNRS-Archéorient, Lyon), Adeline BATS (Université Paris-Sorbonne), Lucile BOLOT (archéologue et céramiste, Versailles), Léo BOULICOT (amàco), Bruno COMENTALE (Université de Nantes), Pauline DEBELS (Université de Genève), Anne LIÉGEY (restauratrice indépendante), Sylvie MARCHAND (IFAO, Le Caire), Kostalena MICHELAKI (ASU, Arizona), Pantelitsa MYLONA (CNRS, AASPE et MNHN, Paris), Nina PARISOT (Université Lumière Lyon 2) et ses collaborateurs (Éric THIRAULT, Julien COUSTEAUX, Jean-Claude DAUMAS, Anne DUNY et Robert LAUDET), Alessandro PEINETTI (CNRS, ASM, Montpellier), Fabien THOMAS (CNRS, LIEC, Nancy), Julia WATTEZ (CNRS, ASM, Montpellier et INRAP). Un salut tout particulier va enfin à toutes celles et ceux qui se sont intéressés au projet par leur participation aux journées d'étude, leur discussion ou leurs conseils et que je ne peux pas tous nommer. Ils se reconnaîtront. On n'oubliera pas ceux qui ont contribué directement ou indirectement aux expérimentations présentées ici : les potiers du village de Margaritès en Crète, les trois potiers Anne-Lise VIDAL, Iorgos DALMAVELAS et Stéphane KABIELSA qui ont réalisé les lampes minoennes expérimentales, les femmes du village de Abu Musallam de la région de Gizà en Égypte. Je tiens personnellement à remercier le potier parisien Guillaume TALIERCIO qui s'est rendu disponible à ma démarche, à mes questions et a accompagné, pendant trois ans, mes réflexions et humbles progrès dans les gestes du tournage céramique.

Mes plus vifs remerciements vont en dernier lieu à MM. David DAVISON et Mike SCHURER, des éditions Archaeopress Archaeology (Oxford) pour leur obligeance tout au long de l'édition de cet ouvrage ainsi qu'à Danko JOSIĆ pour la maquette de l'ensemble de cette publication.

On ne peut que souligner l'extraordinaire constance de tous les participants, entre l'organisation parfois difficile des journées d'études, lors des grèves et de la pandémie, et la publication finale. C'est presque un miracle qu'elle voit le jour, et c'est grâce à tous les intervenants. Chacun est resté disponible et s'est adapté avec facilité et une gentillesse qui fait chaud au cœur. De cela je les remercie très chaleureusement, collectivement et individuellement.

Xavier FAIVRE

Liste des contributeurs

Johnny Samuele Baldi, Chargé de recherche, CNRS, UMR 5133 Archéorient, Lyon

Adeline Bats, Chercheurse associée, Université Paris-Sorbonne, et Professeure à l'Université dc Hambourg, UMR 8167, CNRS-Orient & Méditerranée, Paris

Lucile Bolot, Céramiste indépendante, Versailles

Léo Boulicot, Ingénieur chercheur matériaux, formateur (amàco)*[1]

Bruno Comentale, Maître de conférences, Université de Nantes, Département de Géographie, Laboratoire d'Étude du Patrimoine Géomorphologique (LEPG - UMR 6554 CNRS)

Laura Cousin, Membre associée, CNRS, UMR 7041, ArScAn-HAROC, Nanterre

Pauline Debels, Chercheuse associée, Université de Genève, Département de Génétique et Évolution, Unité d'anthropologie, Laboratoire

Odile Daune-Le Brun, Ingénieure de recherche, CNRS, UMR 7041, ArScAn – VEPMO

Armance Dupont-Delaleuf, Chercheuse associée, CNRS, UMR 7041, ArScAn-Asie centrale

Xavier Faivre, Ingénieur de recherche, CNRS, UMR 7041, ArScAn-HAROC, Nanterre

Mathilde Gelin, Chargée de recherche, CNRS, UMR 7041, ArScAn-APOHR, Nanterre

Sarah Georgel-Debedde, Doctorante Doctorante, Université Paris 1– Panthéon-Sorbonne

Guillaume Huitorel, Responsable d'opération, Service départemental d'archéologie de Seine-et-Marne - Département de Seine-et-Marne - UMR 7041, ArScAn-GAMA

Mathilde Jean, ATER Université Paris 1 – Panthéon-Sorbonne – Chercheuse associée, CNRS ArScAn-VEPMO

Anne Liegey, Restauratrice indépendante, Conservation-restauration de sculptures, Paris

Sylvie Marchand, Ingénieure de recherche, Responsable du laboratoire Céramologie, IFAO, Le Caire

Cécile Michel, Directrice de recherche, CNRS, UMR 7041, ArScAn-HAROC, Nanterre et Professeure à l'Université de Hambourg

Kostalena Michelaki, Chercheuse associée, School of Human Evolution and Social Change. Arizona State University (ASU)

Pantelitsa Mylona, Chercheuse associée, CNRS-MNHN, UMR 7209, Archéozoologie, Archéobotanique, Sociétés, Pratiques Environnements – Muséum National d'Histoire Naturelle-CNRS

Claire Padovani, Doctorante, Université Paris 1 – Panthéon-Sorbonne

Nina Parisot, Université Lumière Lyon 2 – CNRS, UMR 5138 ArAr, Maison de l'Orient et de la Méditerranée

Alessandro Peinetti, Chercheur associé, CNRS-UMR 5140 Archéologie des Sociétés Méditerranéennes, Montpellier

Alexandre Pinto, Doctorant, Université Paris 1– Panthéon-Sorbonne*

Françoise Rougemont, Chargée de recherche, CNRS, UMR 7041, ArScAn-Protohistoire égéenne, Nanterre

Bastien Rueff, Membre scientifique de l'École française d'Athènes et Chercheur associé, CNRS, UMR 7041, ArScAn-Protohistoire égéenne, Nanterre

Martin Sauvage, Ingénieur de recherche, CNRS, UMR 7041, ArScAn-VEPMO, Nanterre

Fabien Thomas, Directeur de recherche, CNRS, UMR 7360, LIEC – Université de Lorraine, Vandœuvre-lès-Nancy

Julia Wattez, Géoarchéologue, chargée de recherche et d'opération, CNRS, UMR 5140, ASM, Montpellier – INRAP

*Contribution orale.

I. FORMATION, STRUCTURE, CARACTERISATION, DEFINITIONS D'UN MATERIAU

1. PHYSIQUE DU MATERIAU

Les argiles : une composition chimique simple, des propriétés étonnantes - *Clays: a simple chemical composition, amazing properties*

Fabien THOMAS

CNRS, Laboratoire Interdisciplinaire des Environnements Continentaux (LIEC), Vandœuvre-lès-Nancy.

Résumé - Le terme générique d'« argile » cache des définitions très diverses, relatives aux propriétés utilisées dans leurs innombrables applications, et qui pourraient se résumer comme « des minéraux fins, lamellaires, à composition simple, ayant une forte interaction avec l'eau et les cations, et présentant une grande diversité de propriétés et d'applications ».

Il est remarquable que, pour quelques pourcents d'impuretés chimiques, une couche atomique supplémentaire, ou une forme plus ou moins lamellaire, leurs propriétés macroscopiques, leur devenir géologique, ou leurs applications artisanales et industrielles soient radicalement différentes. Ces paramètres microscopiques distinguent les deux principales familles d'argiles et leurs principaux représentants : d'une part la kaolinite, valorisée depuis des millénaires en matériaux cuits allant de la terre cuite à la porcelaine et aux céramiques, et d'autre part les smectites aux potentialités plus récemment découvertes dans les domaines des cristaux liquides ou des nano-composites. Pour ces dernières, leurs interactions avec l'eau définissent des comportements spectaculaires, depuis l'échelle moléculaire jusqu'à celle du paysage.

La présente contribution a pour objet de brosser un panorama des principales familles d'argiles, en reliant leur composition, leur morphologie, leurs propriétés physiques et leurs multiples utilisations.

Mots-clés - Argiles, cristallochimie, interfaces, propriétés.

Abstract – The generic term "clay" hides very diverse definitions, relating to the properties used in its innumerable applications, definitions which could be summarized as "fine, lamellar minerals, of simple composition, having a strong interaction with water and cations, and with a wide variety of properties and applications".

Remarkably, with a few percent of chemical impurities, an additional atomic layer, or a more or less lamellar shape, the macroscopic properties, geological development, or craft and industrial applications of clays are radically different. These microscopic parameters distinguish the two main families of clays and their main representatives: on the one hand kaolinite, valued for millennia in fired materials ranging from terracotta to porcelain and ceramics, and on the other hand smectites with more recently discovered potential in liquid crystals or nano-composites. For the latter, their interactions with water define spectacular behaviors, from the molecular scale to that of the landscape.

The purpose of the present contribution is to provide an overview of the main families of clays, linking their composition, morphology, physical properties and multiple uses.

Keywords - Clays, crystal chemistry, interfaces, properties.

1. Introduction

L'argile est probablement le composé minéral qui a le plus accompagné l'humanité dans sa vie quotidienne comme dans ses réalisations les plus remarquables. Une infinité de perceptions et d'applications se sont manifestées et continuent de se développer. Pour le potier ou le sculpteur, l'argile est un matériau plastique à l'état humide, qu'on peut modeler et graver (figures, écriture), et qui se solidifie après cuisson. Pour le maçon c'est le ciment qui assure la cohésion du matériau de construction en terre crue. Pour le cultivateur c'est un constituant du sol qui assure ses propriétés mécaniques de gonflement/retrait et de rétention en eau, de même que sa fertilité. Pour le géotechnicien il s'agit d'un géomatériau assurant l'étanchéité d'une formation géologique ou d'un ouvrage (barrage, stockage déchet), mais aussi à l'origine de glissements de terrains. Pour le soignant, c'est un remède en application externe (peau, articulations, désinfection) et interne (digestion, nutrition). Le géologue, le pédologue et le minéralogiste décriront une roche peu consolidée qui se débite en plaquettes, la fraction fine (< 2 micromètres) d'un sol ou d'un sédiment de taille inférieure à 2 µm, ou un minéral lamellaire composé de Si, Al, Mg, O, H, K .... Enfin l'ingénieur en matériaux innovants y verra un additif minéral qui améliore les qualités d'un composite (polymère, caoutchouc) dans lequel il est dispersé.

Or, il n'existe aucune définition uniforme pour l'argile, les argiles, ou les minéraux argileux, celle-ci serait illusoire au regard de leurs innombrables aspects. La dernière tentative en date est celle du comité de nomenclature conjoint des deux sociétés savantes

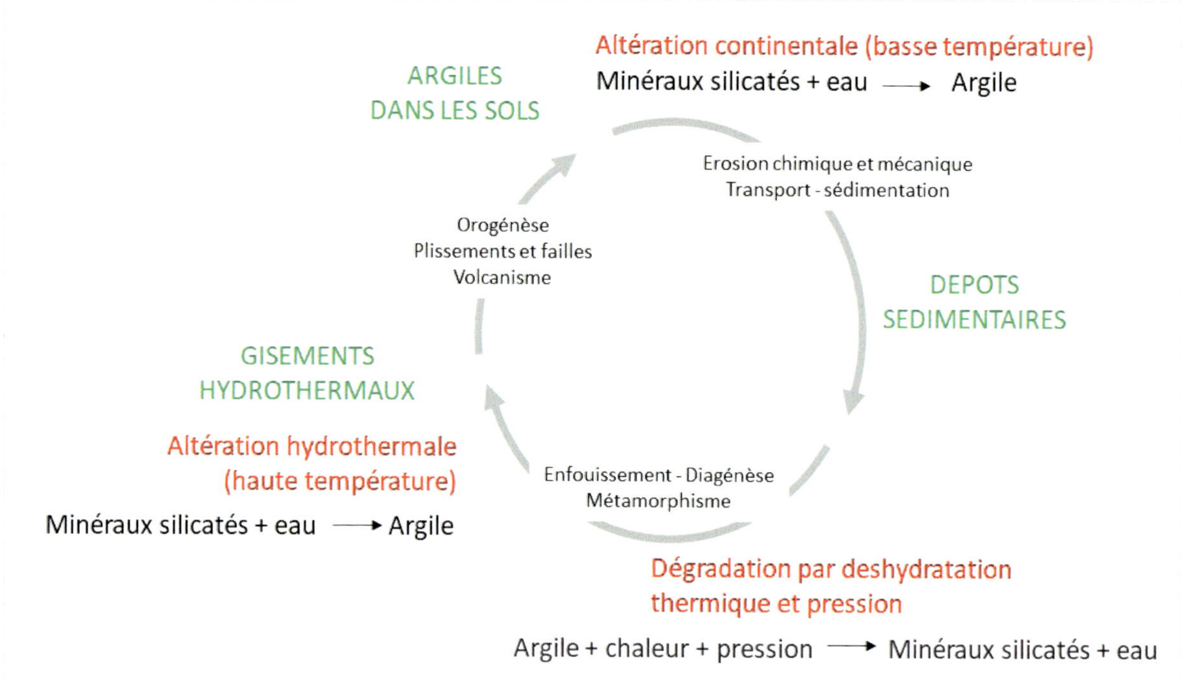

Figure 1 – Représentation schématique de la formation et de l'altération des minéraux argileux dans les sols, les sédiments et les couches hydrothermales. D'après Velde 1995.

internationales consacrées aux sciences des argiles, l'AIPEA et de la CMS : « un matériau naturel composé principalement de minéraux fins, qui est généralement plastique à des teneurs en eau appropriées, et qui durcit au séchage ou à la cuisson » (Bergaya et Lagaly 2006). Cette définition fait encore de nos jours l'objet de nombreuses discussions sur chacun des critères énoncés.

On comprend aisément qu'aucune autre espèce minérale n'ait suscité autant de recherches, et dans des disciplines aussi variées que la géologie, la géotechnique, la minéralogie, la physico-chimie, la biologie. Les techniques les plus avancées et les concepts les plus innovants ont été appliqués à leur étude, à des échelles allant de l'atome au paysage.

La présente contribution a pour objet de brosser un panorama des principales familles d'argiles, en tentant de relier leur composition, leur morphologie, leurs propriétés physiques et leurs multiples utilisations.

2. La formation des argiles : un « cycle » géologique

Les minéraux argileux constituent la part la plus abondante et active dans la couche externe de la planète. Ils sont principalement formés et détruits par des réactions de dissolution-recristallisation au contact entre les roches et le milieu aqueux. Pratiquement absentes dans les roches magmatiques et métamorphiques (de température supérieure à 500 °C), les argiles sont abondantes dans les sols, sédiments, roches sédimentaires ainsi que dans les zones d'altération hydrothermale (Velde 1995).

La figure 1 représente schématiquement les principaux processus de formation et de destruction des minéraux argileux, adaptée d'après Velde (1995). Dans les sols et les affleurements, les roches silicatées sont altérées au contact de l'atmosphère et des milieux aquatiques. La température étant basse (< 50 °C), cette altération continentale est lente. La réaction peut se résumer par l'équation :

Minéraux silicatés + eau => argile

L'érosion, puis le transport en milieu aquatique ou atmosphérique, et enfin la sédimentation dans des milieux lacustres ou marins, donnent naissance à des dépôts sédimentaires. L'accumulation de sédiments provoque un enfouissement avec augmentation de la pression et de la température, et expulsion de l'eau. Les argiles sont alors dégradées selon :

Argile + chaleur + pression => minéraux silicatés + eau

À des profondeurs de quelques kilomètres et des températures de quelques centaines de degrés, les roches silicatées sont au contact des fluides hydrothermaux qui provoquent leur dégradation en argiles :

Minéraux silicatés + eau => argile

Ce processus donne naissance à des gisements importants d'argiles.

Enfin, les phénomènes de volcanisme, d'orogénèse ou de la formation de plis et failles, exhument ces gisements vers les couches externes de la Terre, au contact de l'atmosphère et des eaux.

3. Composition et structure cristalline

Les argiles sont des alumino-silicates (oxydes d'aluminium et de silicium), composés principalement d'oxygène (O), de silicium (Si), d'aluminium (Al) ou de magnésium (Mg) et d'autres métaux comme le fer (Fe). Leur structure cristalline et leur morphologie lamellaire les rattache à la famille des phyllosilicates.

Le réseau cristallin de base est une superposition de couches d'atomes d'oxygène organisés alternativement en polyèdres de coordination tétraédrique logeant des atomes de silicium, et en polyèdres de coordination octaédrique logeant des atomes d'aluminium ou de magnésium - moins fréquemment fer, lithium ... (Figure 2). La présence dominante d'aluminium (valence 3+) ou de magnésium (valence 2+) dans la couche octaédrique détermine deux séries, respectivement dioctaédrique (deux ions trivalents contrebalancent les valences des Si des couches mitoyennes) et trioctaédrique (trois ions divalents contrebalancent les valences des Si des couches mitoyennes).

L'ordre de succession de ces couches d'octaèdres et de tétraèdres détermine la nature minéralogique et les propriétés des argiles.

Deux types de successions de couches de polyèdres constituent la grande majorité des feuillets (Tableau 1) :

- La succession Tétraèdres-Octaèdres, donnant lieu à un feuillet dit TO, ou 1:1. Le représentant le plus connu est la kaolinite, de formule chimique $Al_2 Si_2 O_5 (OH)_4$
- La succession Tétraèdres-Octaèdres-Tétraèdres, donnant lieu à un feuillet dit TOT, ou 2:1. Les représentants les plus connus sont le talc, les smectites, (dont la montmorillonite de formule $(Al_{2-x}Mg_x) Si_4 (O_{10}) (OH)_2 (Na,Ca)_x$, $n\ H_2O$), et les micas.

Un troisième type, rare, se rencontre lorsqu'une couche d'hydroxyde l'aluminium $Al(OH)_3$ ou de magnésium $Mg(OH)_2$ est intercalée entre des feuillets TOT, comme dans la chlorite.

Des substitutions d'atomes dans les cavités de ces empilements peuvent se produire, le plus fréquemment dans les feuillets de type TOT. En position tétraédrique, des atomes de Si peuvent être substitués par des atomes

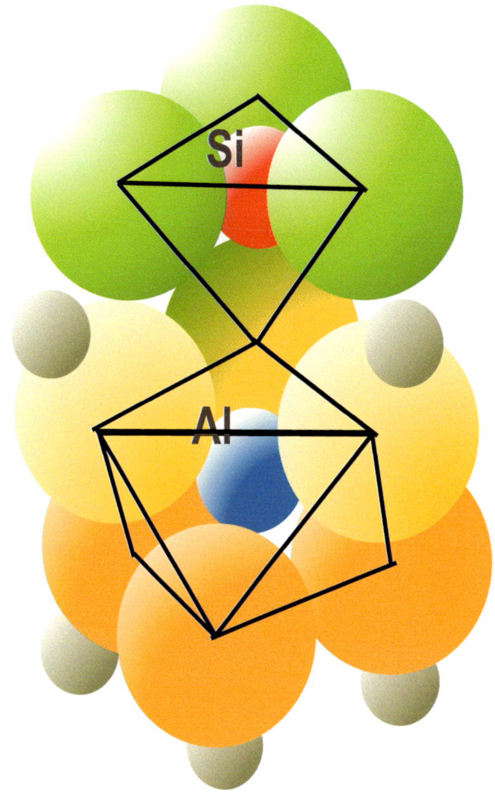

Figure 2 - Polyèdres de coordination dans les argiles.
Les sphères vertes représentent des atomes d'oxygène liés à des atomes de silicium. Le polyèdre de coordination est le tétraèdre.
Les sphères jaunes représentent des atomes d'oxygènes liés d'une part à des atomes d'hydrogène (sphères grises plus petites) et d'autre part à des atomes d'aluminium. Le polyèdre de coordination est l'octaèdre.
Les deux polyèdres partagent un atome d'oxygène, symbolisé par une sphère verte-jaune.

d'Al ou de Fe ; en position octaédrique, des atomes d'Al peuvent être substitués par des atomes de Mg ou les atomes de Mg par des atomes de Li. La localisation et l'abondance de ces substitutions constitue la base de la classification des argiles (Tableau 1).

Or, si elles n'affectent pas le polyèdre de coordination, ces substitutions (dites isomorphes) engagent toujours des atomes de moindre valence. Ainsi, pour chaque Si^{4+} des tétraèdres remplacé par Al^{3+} ou Fe^{3+}, et pour chaque Al^{3+} des octaèdres remplacé par Mg^{2+} ou Fe^{2+} , pour chaque Mg^{2+} remplacé par un Li^{+}, il s'ensuit dans les feuillets ainsi affectés un déséquilibre de charge électrique dite structurale qui leur confère un caractère électronégatif dont l'intensité dépend de l'abondance de ces substitutions. Cette charge négative est alors

Tableau 1 – Classification schématique des principales argiles 1:1 et 2:1 selon la localisation et la densité des substitutions par des atomes de valence moindre

	Densité de substitutions **GROUPE**	**Série dioctaédrique :** **Al^{3+} dans les octaèdres**	**Série trioctaédrique :** **Mg^{2+} dans les octaèdres**	**Capacité d'échange cationique**
ARGILES 1:1 ou TO	SERPENTINE- KAOLIN	Pas de substitutions		
		Kaolinite	Serpentine	Nulle
ARGILES 2:1 ou TOT	TALC- PYROPHYLLITE	Pas de substitutions		
		Pyrophyllite	Talc	Nulle
	Densité intermédiaire SMECTITES	Substitutions essentiellement octaédriques		
		Si^{4+} peu substitué Al^{3+} substitué par Mg^{2+}, Fe^{2+}... Montmorillonite	Si^{4+} peu substitué Mg^{2+} substitué par Li^{+} Hectorite	Moyenne
	Gonflement/ retrait	Substitutions essentiellement tétraédriques		
		Al^{3+} peu substitué Si^{4+} substitué par Al^{3+}, Fe^{3+}... Beidellite	Mg^{2+} peu substitué Si^{4+} substitué par Al^{3+}, Fe^{3+}... Saponite	Moyenne
		Substitutions octaédriques ET tétraédriques		
	Densité forte VERMICULITE	Illite	Vermiculite	Forte
	Densité très forte MICAS	Glauconite, Muscovite, Paragonite, Margarite ...	Phlogopite, Lépidolite, Biotite, Clintonite ...	Faible car cations "bloqués"

compensée dans l'espace interfoliaire par des cations issus du milieu aqueux environnant, le plus souvent alcalins (Na^{+}, K^{+}) ou alcalino-terreux (Ca^{2+}). L'ensemble des charges structurales détermine la capacité d'échange cationique, ou CEC, exprimée en équivalents de charge par gramme ou par m² d'argile sèche.

Les faces latérales des feuillets comportent également des charges électriques portées par les atomes les plus externes de Si, Al ou Mg dont une partie des liaisons de coordinance est libre et qui forment des groupes hydroxyles Si-OH, Al-OH, Mg-OH chargés positivement lorsqu'ils sont protonés à pH acide (par exemple $Si\text{-}OH_2^{+}$) et négativement à pH neutre et basique lorsqu'ils sont déprotonés (par exemple $Si\text{-}O^{-}$). Cette charge dépendante des conditions physico-chimiques du milieu contribue de manière marginale à la CEC des smectites qui portent une charge structurale importante sur leurs faces basales, et dont les faces latérales ne représentent que quelques pourcents de la surface totale. En revanche, pour la kaolinite, le talc et la pyrophyllite qui ne portent pas ou peu de charge structurale, et dont les empilements de feuillets parfois très épais comportent une proportion importante de faces latérales.

Les cations compensateurs présents dans l'espace interfoliaire sont en interaction uniquement électrostatique avec le feuillet, et conservent donc une forte mobilité qui les rend échangeables par d'autres cations présents dans la solution environnante. C'est ce processus d'échange cationique qui est par exemple à l'origine de l'action fertilisante des argiles qui constituent une réserve de potassium. De plus, ces cations sont hydratés (leur sphère d'hydratation comprend entre 1 et 20 molécules d'eau), ils introduisent entre les feuillets des quantités plus ou moins importantes d'eau qui déterminent les propriétés caractéristiques d'hydratation et de gonflement-retrait. Cet aspect sera développé plus loin.

4. Méthodes d'étude

L'intention n'est pas de détailler ici de manière exhaustive les très nombreuses techniques analytiques utilisées pour l'étude des argiles, mais d'illustrer dans les grandes lignes la diversité de leurs principes, à l'image de la richesse des propriétés de ces minéraux. La combinaison de ces techniques permet d'obtenir une description fine et multi-échelles de leurs propriétés cristallochimiques, structurales, et physicochimiques.

Quoique de composition chimique assez simple, réduite à quelques éléments que sont O, Si, Al, Mg, nous avons vu ci-dessus (Tableau 1) que leur abondance relative et leur localisation dans le réseau cristallin étermine l'ensemble de la classification des argiles. De plus, des substitutions entre ces éléments, ou la présence de faibles teneurs en impuretés (Li, Fe), se traduisent également par des propriétés macroscopiques fortement altérées. C'est pourquoi l'analyse chimique des teneurs élémentaires, par des techniques comme l'absorption atomique (AAS) et les spectroscopies à plasma à couplage inductif (ICP), doit être aussi poussée que possible. L'identification et la quantification des cations échangeables donne une mesure expérimentale de la capacité d'échange cationique (CEC) qui peut être comparée à celle déduite de l'abondance des substitutions isomorphes.

La principale limitation de l'analyse élémentaire est la présence de minéraux secondaires, inévitable malgré des procédures de purification très poussées.

La structure cristalline est l'aspect le plus discriminant pour l'identification des minéraux argileux, puisque l'alternance des couches TO, TOT, voire TOT(O) détermine l'épaisseur des feuillets. La diffraction des rayons X (DRX), fondée sur l'interférence constructive des rayons X diffractés par une succession ordonnée de plans d'atomes, permet d'identifier les familles d'argiles à partir de l'épaisseur de leur feuillet (ou distance basale), y compris dans des mélanges de minéraux. Celle-ci est respectivement proche de 7 Å pour le feuillet TO (famille de la kaolinite), 10 Å pour le feuillet TOT non hydraté (familles du talc et de l'illite), et environ 14 Å pour le feuillet TOT hydraté (famille des smectites). Des traitements particuliers permettent de différencier les familles dans un mélange : le dépôt d'une suspension sur une lame de verre oriente les feuillets beaucoup mieux que dans une poudre, et améliore considérablement la résolution (Figure 3), l'adsorption d'éthylène-glycol provoque le gonflement des smectites qui se différencient alors clairement des autres familles, enfin, un traitement thermique à 550 °C déstructure toutes les argiles sauf l'illite.

Le nombre moyen de feuillets dans un empilement (désigné aussi comme épaisseur de particule) peut être évalué à partir de la largeur à mi-hauteur de la raie caractéristique. Il est également possible d'identifier les séquences interstratifiées fréquemment rencontrée (par exemple illite-smectite). Finalement, les minéraux secondaires sont détectés et identifiés s'ils sont cristallins (sulfates, carbonates, quartz, oxydes et hydroxydes de Fe et Al, oxyde de Titane, etc ...).

Depuis quelques décennies, les méthodes fondées sur les interactions de la matière avec les rayons X durs engendrés dans les synchrotrons, connaissent des développements spectaculaires et ont fortement contribué à la connaissance des argiles. Nous pouvons citer ici la spectroscopie EXAFS (Extended X-Ray Absorption Fine Structure) sensible aux distances d'un atome avec les premiers et deuxièmes voisins, la spectroscopie de fluorescence X (XRF) caractéristique de la composition chimique locale, la diffusion des rayons X aux petits angles (SAXS), ou la microscopie X (TXM) pour l'étude des structures non cristallines à des distances jusqu'au micromètre (Figure 4).

La spectroscopie infrarouge à transformée de Fourier (IRTF), sensible aux fréquences de vibration des paires d'atomes dans leur environnement immédiat, est également un puissant outil d'analyse minéralogique pour l'identification des principales familles d'argile, et pour l'étude fine des variétés au sein de ces familles. Elle détecte aussi les phases mal cristallisées inaccessibles à la DRX. Dans certaines conditions elle permet des études très fines comme par exemple la répartition des substitutions dans la couche octaédrique des montmorillonites (Vantelon *et al.* 2001, 2003).

Les microscopies électroniques à balayage (SEM) ou à transmission (TEM) restent des outils fondamentaux pour l'étude morphologique des argiles et la cartographie à l'échelle nanométrique de leur composition élémentaire, en association avec la

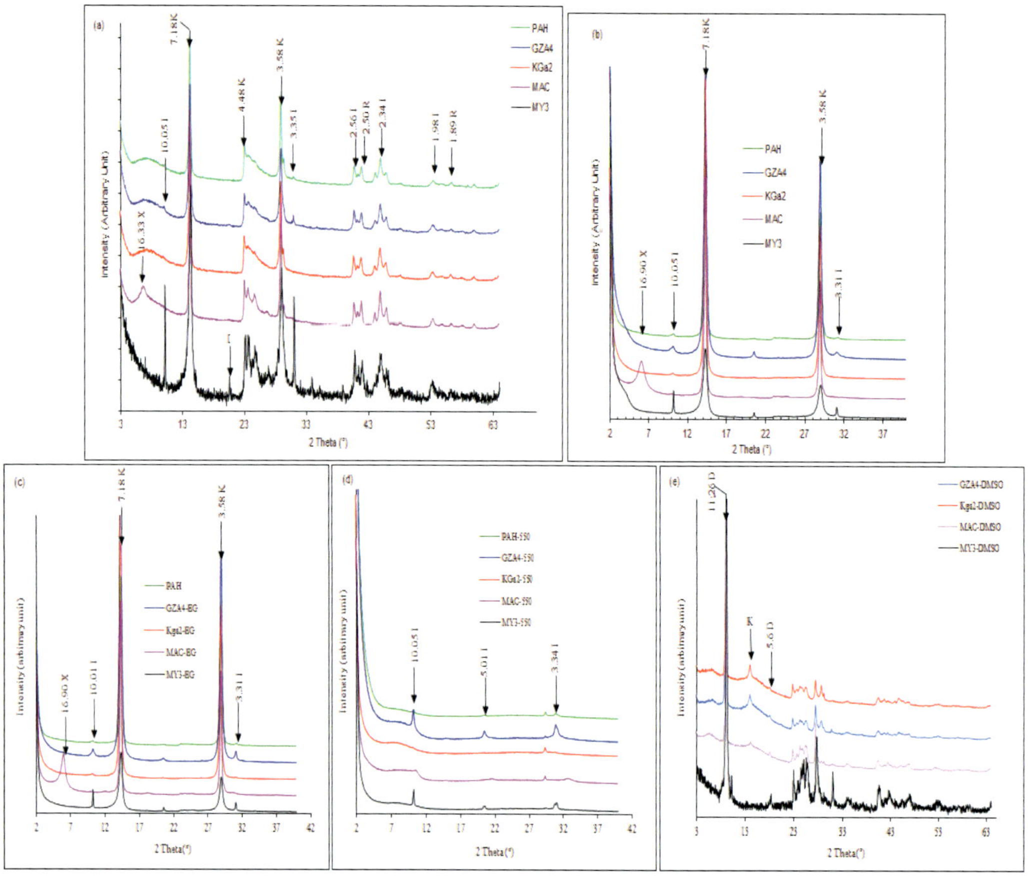

Figure 3 – Diffractogrammes de rayons X pour une série de kaolinites d'origines diverses, en dépot orienté. Les nombres affectés aux raies indiquent les distances basales en Å.
K: Kaolinite; I: Illite; X: interstratifié (Mbey *et al.* 2019).

microanalyse à rayons X (EDX) comme le montre la figure 5.

Les techniques thermogravimétriques permettent d'identifier les principales familles d'argiles selon leurs températures caractéristiques de déshydratation et de déshydroxylation, et de les quantifier à partir des quantités d'eau expulsées.

Les techniques d'adsorption de gaz donnent accès à deux grandeurs essentielles des solides finement divisés comme les argiles : leur surface spécifique (surface cumulée par unité de masse), et la distribution énergétique à l'interface. Le principe repose sur la construction d'isothermes d'adsorption de gaz (le plus souvent l'azote N_2 à sa température de condensation, 77°K) qui décrivent la quantité de gaz adsorbée en fonction de la pression relative (P/P_0). Des considérations théoriques comme la théorie BET (Brunauer, Emmett, Teller 1938) permettent de déterminer les conditions d'établissement d'une monocouche uniforme de gaz sur l'ensemble des surfaces des grains de solide, et à partir de l'encombrement de la molécule de N_2, de calculer la surface spécifique. Celle-ci varie de quelques m^2/g pour la kaolinite à plusieurs centaines de m^2/g pour

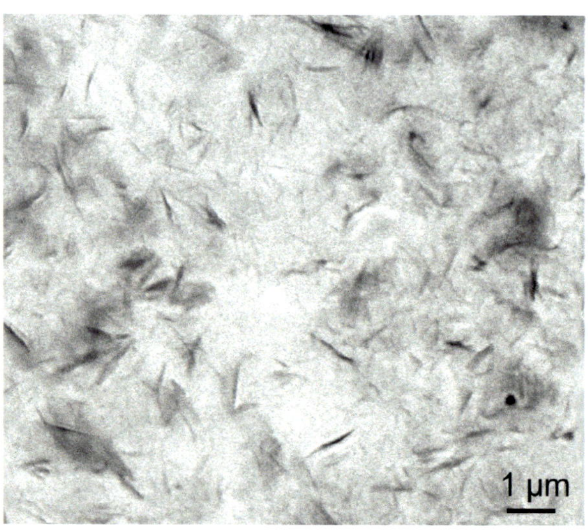

Figure 4 – Image de microscopie X de la montmorillonite du Wyoming (0,5 g/l) coagulée par du $Ca(NO_3)_2$. Les structures observées sont des empilements de plusieurs centaines de feuillets (Michot *et al.* 2013).

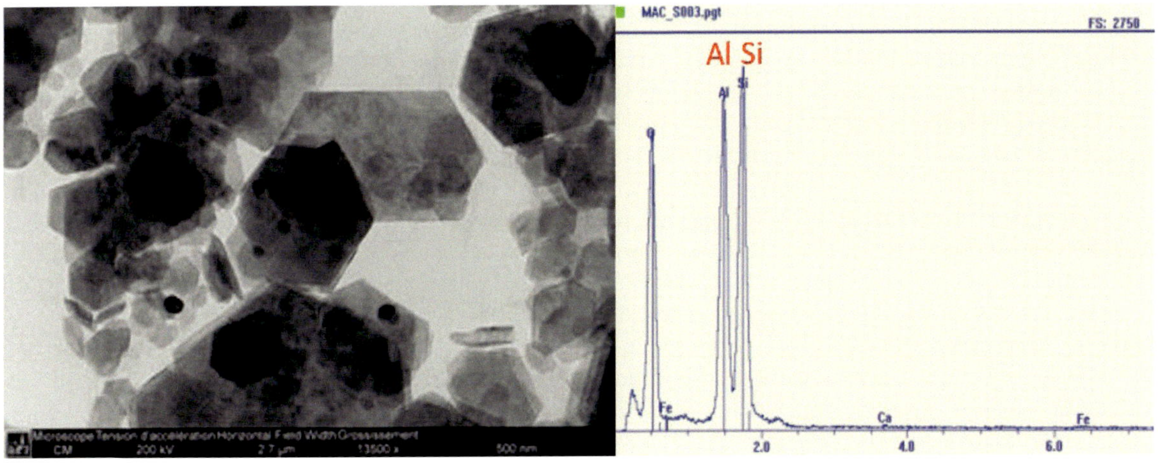

Figure 5 – Image en microscopie électronique à transmission, et analyse EDX de la kaolinite de Macon (Georgia, USA). Le rapport Si/Al est proche de 1 (Mbey *et al.* 2019).

les smectites. Des méthodes plus poussées d'analyse de données révèlent la répartition de l'énergie de surface : il est ainsi possible de différencier les faces basales et les faces latérales à partir de leur énergie d'adsorption de gaz, et de remonter à leur morphologie (Michot et Villiéras 2006).

L'utilisation de vapeur d'eau comme adsorbat, notamment en association avec la spectroscopie infrarouge (Pelletier *et al.* 1999) ou avec la DRX (Bérend *et al.* 1995, Cases *et al.* 1997), a permis des avancées considérables sur le mécanisme des premiers stades de l'hydratation et du gonflement des smectites.

Les développements les plus récents de la microscopie de force atomique (AFM) permettent dorénavant d'accéder, au-delà de la simple la morphologie des particules, à la cartographie fine des énergies de surface. En effet, la pointe utilisée pour sonder la topographie peut être choisie en fonction de sa propre charge électrique (négative pour une pointe en silice), qui permettra alors de cartographier les répulsions ou attractions électrostatiques sur une surface (Figure 6).

5. Les phyllosilicates TO ou 1:1. La forme détermine les propriétés et les usages

Le groupe des argiles à feuillet TO (Figure 7) est représenté par la kaolinite, principal composant du kaolin, l'argile blanche découverte originellement en Chine, et utilisée notamment pour la fabrication de la porcelaine. Elle fait partie de la série dioctaédrique (Tableau 1) qui contient des atomes d'aluminium en couche octaédrique est la plus représentée. La série trioctaédrique qui contient des atomes de magnésium en couche octaédrique comporte par exemple l'amiante.

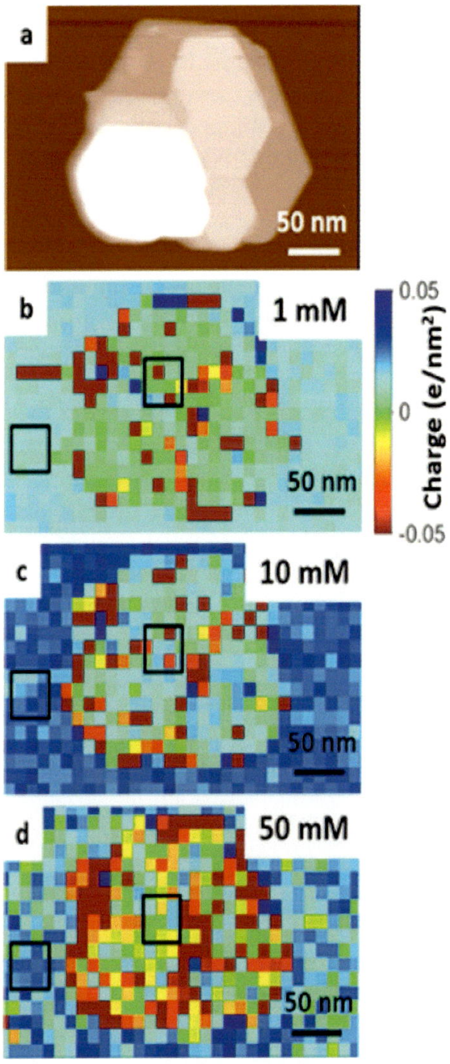

Figure 6 – Cartographie de charge électrostatique sur une face basale de la kaolinite Kga1, obtenue par microscopie de force atomique (AFM).
a) morphologie des particules analysées, b), c), d) cartographie de la charge en fonction de la concentration en NaCl. (Kumar *et al.* 2017).

Dans ce groupe d'argiles, les feuillets TO successifs sont connectés entre eux par des liaisons hydrogène fortes qui confèrent une forte cohésion interfoliaire. Ils peuvent s'empiler sur de grandes épaisseurs, donnant des particules de plusieurs dizaines de micromètres d'épaisseur, de forme hexagonale, et de diamètre pouvant atteindre des centaines de micromètres.

Cet empilement d'atomes à deux couches produit une asymétrie sur les faces basales des particules, puisque celles-ci sont couvertes soit de fonctions Si-O-Si du côté des tétraèdes, soit Al-OH-Al du côté des octaèdres. Les premières ne présentent pas de réactivité chimique, alors que les secondes peuvent dans des conditions alcalines se dissocier en Al-O^--Al, et réagir avec des cations, voire des composés organiques.

L'empilement des feuillets donne lieu à des particules de forme hexagonale, de dimension latérale allant de 1 à 1000 µm et d'épaisseur allant de quelques feuillets à plusieurs centaines. La surface développée par unité de masse (ou surface spécifique) est généralement faible, de l'ordre de 10 m^2/g ou moins. La rareté des substitutions isomorphes détermine une charge structurale très faible. Seules les bordures peuvent montrer une affinité pour des cations. Ces deux caractéristiques entraînent une très faible hydratation de la kaolinite, qui autorise les utilisations à haute température comme la fabrication de céramique. Ces caractéristiques se rapportent principalement aux kaolinites de gisements géologiques, issues de l'altération hydrothermale des roches silicatées à hautes pressions et températures.

Les kaolinites des dépôts sédimentaires, accumulées après transport dans les cours d'eau, puis le cas échéant dans les zones côtières, ont généralement une morphologie plus dégradée, avec des épaisseurs de quelques nanomètres, des formes érodées et des tailles n'excédant pas quelques micromètres. Partiellement altérées chimiquement et mécaniquement par leur séjour dans les sols et les cours d'eau, ces kaolinites comportent quelques substitutions isomorphes, et peuvent voisiner avec d'autres minéraux (oxydes de fer ou d'aluminium, silice ...) ayant subi les mêmes processus de transport-sédimentation. Ces kaolinites sont impropres à la fabrication de céramiques : leur morphologie plaquettaire et de petite taille leur confère une grande surface spécifique (10 à 30 m^2/g) entraînant une forte hydratation qui produit, lors de la cuisson, un retrait du matériau et une fragilisation des objets. En revanche, la morphologie aplatie des particules unitaires est un avantage pour l'utilisation de ces argiles dans le couchage du papier ou comme renforts dans les matériaux composites comme le caoutchouc ou les plastiques de synthèse ou biosourcés (Mbey *et al.* 2014).

6. La transformation thermique de la kaolinite

La formation d'un objet dur et étanche par calcination à température élevée (de 800 à 1400 °C) d'une pâte plastique composée d'eau et d'argile (le plus souvent la kaolinite) suit un processus à plusieurs étapes.

La plasticité du matériau initial est avant tout due à l'imbrication des particules lamellaires de tailles très variées et assemblées en paquets désordonnés, ce qui crée une microporosité complexe et interconnectée, elle aussi très distribuée en taille, et dans laquelle l'eau joue à la fois le rôle de liant et de lubrifiant. Le séchage du matériau initial à l'air, voire jusqu'à 100 °C, évacue l'eau des pores plus gros que quelques micromètres. Les dégraissants comme le sable, la paille, le carbonate, facilitent l'évacuation de l'eau et limitent le retrait.

Lors de la cuisson, aux températures inférieures à 500 °C se produit une transformation de la structure cristalline de l'argile suite au départ de l' « eau de constitution », c'est-à-dire des hydroxyles constituant les octaèdres d'Al, ce qui rompt les interactions Al-Si et aboutit à la formation d'un solide non cristallin, la métakaolinite. Aux températures voisines de 1000 °C, la métakaolinite subit à son tour une recristallisation des oxydes de silicium et d'aluminium en un minéral appelé mullite. Au-dessus de 1000 °C la fusion partielle des oxydes forme des ponts solides entre les grains, qui confèrent à ces produits leur dureté et leur résistance mécanique. Des « fondants » comme des minéraux à forte teneur en K^+ sont parfois ajoutés pour abaisser la température de fusion et fermer les pores.

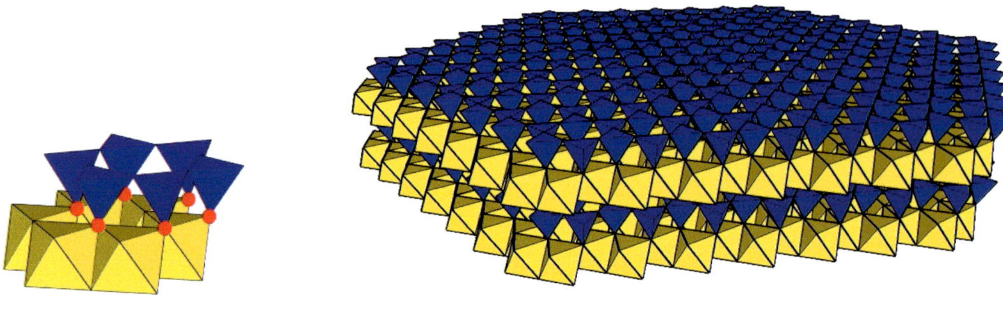

Figure 7 – Liaisons tétraèdres-octaèdres, et empilement de deux feuillets TO dans la kaolinite (vue d'artiste).

7. Les phyllosilicates TOT ou 2:1. Les défauts cristallins déterminent les propriétés et les usages

Dans les feuillets des phyllosilicates TOT ou 2:1, deux couches tétraédriques enserrent une couche octaédrique (Figure 8). Dans ce groupe, la classification des argiles se fonde sur la localisation et l'abondance des substitutions isomorphes (Tableau 1).

Le talc et la pyrophyllite sont dépourvus de substitutions, le feuillet est donc électriquement neutre, et il n'y a pas de cations interfoliaires hydratés. Ces argiles présentent un caractère hydrophobe et non gonflant. Elles sont principalement utilisées dans le domaine de la cosmétique et des plastiques composites. Leur caractère hydrophobe permet dans le premier cas de garder la peau au sec et d'éviter des irritations, et dans le second cas des interactions fortes avec une matrice de polymères produits dans des solvants organiques anhydres.

À l'autre extrémité, une forte abondance de substitutions tétraédriques et octaédriques entraîne une telle concentration de cations interfoliaires que ceux-ci créent une forte attraction électrostatique qui s'oppose à l'hydratation et au gonflement, et de surcroît confère à l'ensemble une grande rigidité mécanique. On peut citer comme exemple le mica, qui forme des plaquettes centimétriques, voire pluri-décimétriques très résistantes.

C'est dans le domaine intermédiaire en termes de substitutions isomorphes (de 0,8 à 1,2 milliéquivalents par gramme) que l'on observe la plus grande diversité de composition. Dans cette vaste famille des smectites, la montmorillonite est certainement le plus étudiée, à cause de ses propriétés remarquables, décrites ci-dessous.

8. Le gonflement-retrait des smectites : mécanisme nanométrique, effets macroscopiques

Opérant à l'échelle infra-micrométrique, ces processus sont à l'origine des propriétés macroscopiques de ces argiles. Les forces à l'œuvre sont décrites ci-dessous par ordre croissant de distance d'action.

Dans le domaine inférieur au nanomètre, deux types de forces s'opposent. Les forces d'hydratation structurent les molécules d'eau au voisinage de la surface et des ions, et tendent à accumuler de l'eau entre les feuillets et donc à les écarter. D'autre part, les forces de corrélation ionique entre les charges de deux feuillets adjacents et la couche de cations interfoliaires de signe opposé, sont fortement attractives et s'opposent à l'écartement des feuillets.

L'équilibre entre ces deux forces antagonistes est particulièrement critique aux très faibles degrés d'hydratation en-dessous de la saturation en vapeur d'eau. La constitution de la première couche d'hydratation des cations échangeables provoque une expansion de l'espace interfolaire limitée à 1 à 3 couches de molécules d'eau (Figure 9), et ne perturbe pas sensiblement l'ordre d'empilement. On qualifie ce processus de gonflement cristallin. L'ouverture de l'espace interfoliaire dépend aussi de la valence des cations interfoliaires : elle est favorisée pour les cations multivalants ayant une grande énergie d'hydratation (Bérend *et al.* 1995, Cases *et al.* 1997, Pelletier *et al.* 1999).

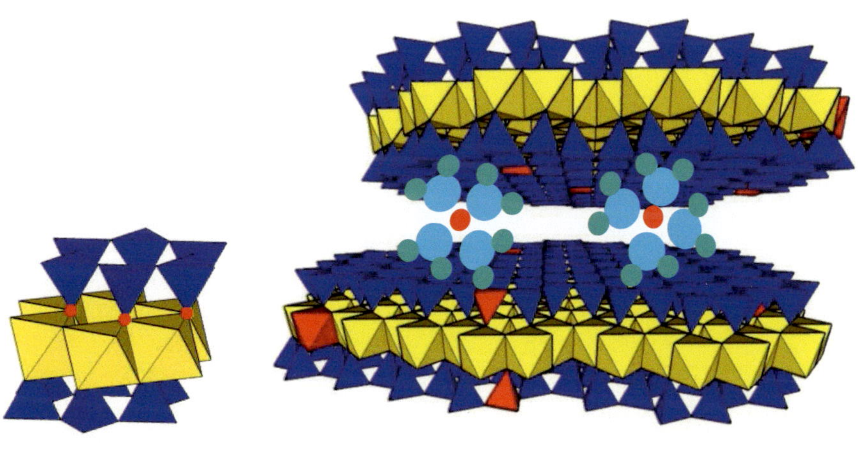

Figure 8 – Liaisons tétraèdres-octaèdres, et empilement de deux feuillets TOT dans la montmorillonite (vue d'artiste). Les substitutions, représentées par les tétraèdres et octaèdres rouges, créent des charges locales négatives compensées par des cations interfoliaires. Ces derniers étant hydratés, l'espace interfoliaire peut s'expanser en fonction de la quantité d'eau qui y pénètre.

Dans le domaine de la dizaine de nanomètres, s'expriment deux forces elles aussi antagonistes : d'une part l'attraction de Van der Waals indépendante de la nature des objets, et d'autre part la répulsion électrostatique entre les feuillets électriquement chargés et de même signe, qui varie inversement à la concentration et/ou à la valence des cations échangeables. La somme de ces forces, décrite par la théorie DLVO (Derjagin et Landau 1941, Verwey et Overbeek 1948), gouverne le comportement de gonflement ou de retrait des argiles. Ainsi une charge structurale faible et des cations échangeables divalents à forte concentration provoquent un rapprochement des feuillets et l'expulsion de l'eau interfoliaire. À l'opposé, une forte charge structurale et une faible concentration de cations monovalents provoquent un éloignement des feuillets et donc une entrée massive d'eau dans l'espace interfoliaire et une perte de l'ordre et de la cohésion au sein des empilements de feuillets. À de telles distances interfoliaires, les cations se redistribuent autour de la particule en couche diffuse (Viani *et al.* 1983). Le gonflement résulte alors de la différence de pression osmotique entre la surface de la particule et l'eau interstitielle (Delville 1991). Son amplitude dépend ainsi essentiellement de la concentration en cations à la surface de la particule.

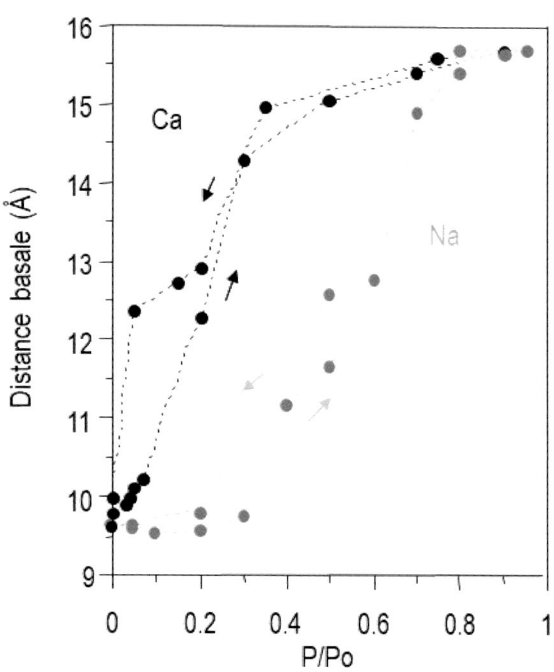

Figure 9 – Evolution de la distance basale mesurée par DRX en fonction de la pression relative en vapeur d'eau, dans une montmorillonite Na et une montmorillonite Ca (d'après Bérend *et al.* 1995 ; Cases *et al.* 1997). La distance basale, initialement de 9,6 Å, passe à environ 13 Å, puis à 16 Å, soit 1 puis 2 épaisseurs de molécules d'eau dans l'espace interfoliaire.

Or, les cations compensateurs monovalents étant plus nombreux que les multivalents, ils sont plus propices au gonflement osmotique. Les argiles de type smectite étant par nature sujettes à ce phénomène, elles sont qualifiées d'argiles gonflantes.

Aux distances comprises entre le micromètre et le millimètre, la force de capillarité s'exerce à l'interface entre le solide, l'eau et l'air, en s'opposant à l'entrée de l'air entre deux feuillets ou entre deux paquets de feuillets. Elle est à l'origine du comportement « collant » des boues argileuses, valorisé entre autres dans la construction en terre crue.

Les interactions complexes entre ces forces gouvernent les propriétés macroscopiques des mélanges smectite-eau en fonction de leur teneur en eau. Aux très faibles teneurs en eau (quelques pourcents) même un faible gonflement peut produire à l'échelle macroscopique la destabilisation des terrains argileux en pente, provoquant des glissements de terrain. À des teneurs en eau de 10 à 90 %, les smectites acquièrent des propriétés mécaniques qui les rendent malléables, voire fluides. Les terres riches en argiles dites gonflantes absorbent de grandes quantités d'eau et deviennent impraticables lors des épisodes pluvieux, et montrent des fentes de retrait et une forte induration après séchage.

Aux teneurs en eau extrêmes, c'est-à-dire pour des teneurs en argile de moins de 1%, les particules argileuses sont dispersées et ne sédimentent pas en raison de leur taille inférieure à 2 µm et des répulsions électrostatiques entre elles. Dans ce domaine de faible concentration solide l'étude du comportement colloïdal des argiles est très délicate. En revanche, la modélisation des interactions entre les feuillets devient alors extrêmement pertinente. La figure 10 montre des résultats de simulation sur des disques chargés représentant des feuillets de kaolinite, en fonction du pH (Liu *et al.* 2015).

La présence de cations monovalents très concentrés, ou de cations multivalents, provoque le rapprochement des particules d'argile, leur agrégation et leur sédimentation. C'est ce qui se produit dans les estuaires : les particules en suspension dispersée dans l'eau douce s'agglomèrent sous l'effet de la salinité et sédimentent dans les deltas ou forment des panaches de plusieurs kilomètres dans l'eau de mer. Le même mécanisme est valorisé dans les procédés de clarification de l'eau potable par coagulation-floculation à l'aide de cations multivalents (Al^{3+} par exemple) et de macromolécules polyélectrolytes.

9. Conclusion

Après des millénaires d'utilisation des argiles et des siècles d'accumulation de connaissances

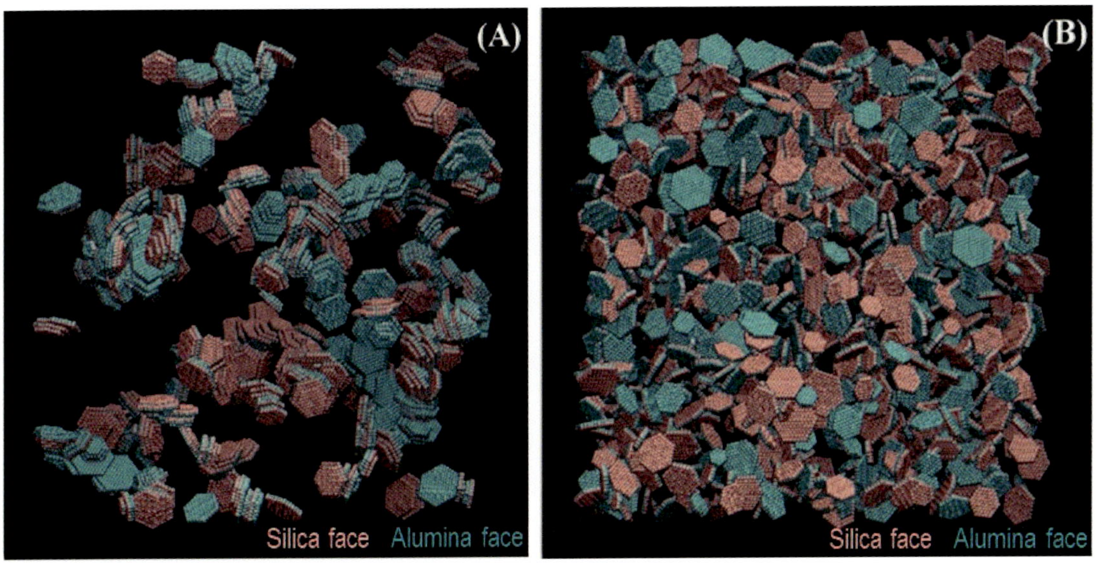

Figure 10 – Cliché de simulation dynamique de 1000 particules de kaolinite selon le pH. En rose les faces Si, en cyan les faces Al. A pH acide (image A), les bords ainsi que les faces Si sont chargés négativement, les faces Al sont chargées positivement : il se produit des empilements face-face et bord-face. A pH basique (image B), toutes les surfaces sont chargées négativement : les particules sont dispersées par répulsion électrostatique (Liu *et al.* 2015).

écrites sur leurs propriétés, la science des argiles se revendique aujourd'hui comme un champ thématique interdisciplinaire à part entière, riche en questions scientifiques toujours renouvelées. En effet, comme nous avons essayé de le montrer dans l'exposé qui précède, les échelles auxquelles s'expriment leurs propriétés sont imbriquées, interdépendantes, et indissociables : l'organisation des atomes dans la structure cristalline des feuillets, la séquence des feuillets, leur organisation dans l'espace et le temps, les comportements macroscopiques d'écoulement ou d'induration, la tenue des terrains ou des structures bâties ... La compréhension fine de ces propriétés n'est possible que par l'application conjointe d'un arsenal complexe de techniques analytiques et expérimentales.

Dans cet exposé, nous avons volontairement laissé de côté plusieurs domaines d'application qui exploitent les propriétés des argiles. En premier lieu leurs interactions avec le vivant, bien qu'avérées, sont largement inexplorées sur le plan des mécanismes : on peut citer par exemple les cataplasmes antiseptiques, la géophagie, les compléments alimentaires pour la nutrition du bétail. Dans le domaine des matériaux, certaines argiles montrent un fort potentiel dans les céramiques de spécialité, les nano-composites, les cristaux liquides.

À n'en pas douter, la science des argiles continuera à se développer, et les argiles resteront des objets d'étude parmi les plus passionnants et des matériaux aux propriétés les plus inattendues.

Fabien Thomas
Directeur de recherche au CNRS
Laboratoire Interdisciplinaire des Environnements Continentaux, LIEC
UMR 7360 CNRS-Université de Lorraine
fabien.thomas@univ-lorraine.fr

Bibliographie

Bérend, I., J. M. Cases, M. François, J. P. Uriot, L. Michot, A. Masion et F. Thomas 1995. Mechanism of adsorption and desorption of water vapor by homoionic montmorillonite. 2. Li^+, Na^+, K^+, Rb^+ and Cs^+ exchanged forms. *Clays and Clay Minerals* 43 n°3 : 324-336.

Bergaya, F. et G. Lagaly 2006. Clays, clay minerals and clay science, *in* F. Bergaya, B. K. G. Theng, G. Lagaly (éd.) *Handbook of clay science*, Elsevier.

Brunauer, S., P. H. Emmett et E. Teller 1938. Adsorption of gasses in multimolecular layers. *Journal of the American Chemical Society*, 60 : 309-319.

Cases, J. M., I. Bérend, M. François, J. P. Uriot, L. Michot et F. Thomas 1997. Mechanism of adsorption and desorption of water vapor by homoionic montmorillonite. 3. Mg^{++}, Ca^{++}, Sr^{++} and Ba^{++} exchanged forms. *Clays and Clay Minerals*, 45 n°1 : 8-22.

Delville, A. 1991. Modeling the clay water interface. *Langmuir* 7 : 547-555.

Derjagin, B. V. et L. Landau 1941.Theory of the stability of strongly charged lyophobic sols and of the adhesion of strongly charged particles in solutions of electrolyte, *Acta Physiochem. USSR*, 14 : 633-662.

Kumar, N., M. P. Andersson, D. van der Ende, F. Mugele et I. Siretanu 2017. Probing the Surface Charge on the Basal Planes of Kaolinite Particles with High-Resolution Atomic Force Microscopy. *Langmuir* 33 : 14226-14237.

Liu, J., C. L. Lin et J. D. Miller 2015. Simulation of cluster formation from kaolinite suspensions, *International Journal of Mineral Processing*, 145 : 38-47.

Pelletier, M., P. de Donato, F. Thomas, L. J. Michot et J. M. Cases 1999. Infrared spectroscopic study of water vapor adsorption-desorption by homoionic montmorillonites. The bending mode, *in* H. Kodama, A. R. Mermut, J. K. Torrance (éd.) *Proceedings of the International Clay Conference*. Ottawa (Canada) 15-21 june 1997 : 555-560.

Mbey, J. A., S. Hoppe et F. Thomas 2014. Cassava strach-kaolinite composite films. Thermal and mechanical properties related to the filler-matrix interactions. *Polymer Composites* 36 : 184-191. doi: 10.1002/pc.22928

Mbey, J. A., F. Thomas, A. Razafitianamaharavo, C. Caillet et F. Villieras 2019. A comparative study of some kaolinites surface properties. *Applied Clay Science* 172 (135-145) doi.org/10.1016/j.clay.2019.03.005

Michot, L. J., I. Bihannic, F. Thomas, B. S. Lartiges, Y. Waldvogel, C. Caillet, J. Thieme, S. Funari et P. Levitz 2013. Coagulation of Na-montmorillonite by Inorganic Cations. A combined Transmission X-Ray microscopy, Small Angle and Wide Angle X-Ray Scattering Study. *Langmuir* 29-10 (3500-3510).

Michot, L. et F. Villiéras 2006. Surface area and porosity, *in* F. Bergaya, B. K. G. Theng, G. Lagaly (éd.) *Handbook of clay science*, Elsevier.

Vantelon, D., E. Montargès-Pelletier, L. J. Michot, V. Briois, M. Pelletier et F. Thomas 2003. Iron distribution in the octahedral sheet of montmorillonite clays. An Fe K edge Xray adsorption spectroscopy study. *Physics and Chemistry of Minerals* 30 : 44-53.

Vantelon, D., M. Pelletier, O. Barrès, F. Thomas et L. J. Michot 2001. Fe, Mg and Al distribution in the octahedral layer of montmorillonites. An Infrared study in the OH-bending region. *Clay Minerals* 36 : 369-380.

Velde, B. 1995. *Origin and mineralogy of clays*. Springer Berlin, Heidelberg, New York.

Verwey, F. J. W. et J. T. G. Overbeek 1948. *Theory of the stability of lyophobic colloids*, Elsevier, Amsterdam.

Viani B. E., P. F. Low, et C. B. Roth 1983. Direct measurement of the relation between interlayer force and interlayer distance in the swelling of montmorillonite. *Journal of Colloid and Interface Science* 96 : 229-244.

Pays et paysages de l'argile. Approche géomorphologique des milieux argileux - *Clay landscapes: a geomorphic introduction*

Bruno COMENTALE

Université de Nantes, Département de Géographie, Laboratoire d'Étude du Patrimoine Géomorphologique (LEPG - UMR 6554 CNRS).

Résumé – Les paysages de l'argile sont en apparence assez peu étudiés en tant que tels par la géomorphologie, sinon à l'occasion d'études régionales abordant des territoires argileux, ou d'études sur la vitesse de l'érosion dans cette roche meuble sensible à l'incision et au glissement, en rapport avec les propriétés des minéraux argileux (plasticité, aptitude au retrait/gonflement, granulométrie). Ils présentent fréquemment des formes peu spectaculaires, en général de faible énergie de relief, évoluant différemment selon les conditions morphoclimatiques. Ces formes peuvent être rangées parmi les formes planes (surfaces d'aplanissement à altérites argileuses résiduelles ; glacis d'ablation), ou bien vallonnées (collines, pentes entretenues par les mouvements de versant), ou encore de dissection (ravinement, bad-lands, calanchi). Les argiles sont aussi à l'origine de paysages culturels spécifiques marqués par l'extraction et l'utilisation de la ressource : architecture (briques et tuiles), toponymie.

Mots-clés – Argile, géomorphologie lithologique, Europe occidentale, Méditerranée.

English abridged version – Clay landscapes: a geomorphic introduction. Clay geomorphology belongs both to structural geomorphology, which takes into account the framework of geological structure, especially alteration and sedimentation processes leading to clay outcrops, and to dynamic geomorphology, which deals with erosion in connexion with physical properties of clay material, such as poor cohesion and permeability, and plasticity controlling slope processes. In the French literature in geomorphology, several studies have been published about clay landscapes: detailed regional monographs (Northern Morocco Rif chain: Maurer 1968; Italian northern Apennines: Guigo 1979; Southern Italy Basilicata plateaus: Kayser 1961), and papers dealing with restricted areas, mostly about planation processes on clay or marl rocks near the Alps (e.g. Jorda 1976) or the Pyrenees (Barrère 1975). But there is no general synthesis on clay geomorphology as a form of lithological geomorphology, as has been written for granite or limestone. According to Chorley *et alii* (1983), such landforms "present low relief and, for this reason, tend to receive only passing mention by geomorphologists", although of "considerable geomorphic interest" due to contrasted mechanical properties when outcropping with other sedimentary rocks (differential erosion), and to different slope processes (creeping, landslides) linked with clay mineral properties according to climatic environments (wet/dry).

The main difficulty is to pass from mineral scale to landform scale. Among clay minerals, one can recognize kaolinite, whose main properties are plasticity and liquidity when water-saturated (Atterberg limits) – and smectite, which tends to swelling in similar conditions, both leading to slope movements. Effects on landforms are differently interpreted: according to Maurer (1968), in the wet and rather warm Rif Mountains each clay outcrop can support slope instability. In the northern Apennines, Guigo (1979) concludes that slope slide-trending depends both on the part of clay among the rock material, and on the proportion of smectite in this clay stock. So diverging interpretations can be explained by the abundance and diversity of clay outcrops in the thrust and folded structure of the Rif chain, even though in the northern Apennines slope instability is limited by lower clay abundance, and by seasonal lack of water. When protected from moisture, clay strata are strongly cohesive (Pouquet 1967), this particularity being used for underground radioactive waste storage in Bure (eastern Paris sedimentary basin), even though 30 km eastwards, subaerial setting of the same layer allows typical *cuesta* shaping.

Besides, clay geomorphology can be studied by drawing a typology of clay landforms: flat, hilly, and dissected morphologies. Flat morphologies can be studied at different scales, dealing with different processes and time ranges. Planation surfaces are linked with warm and humid weathering leading to clay alteration and relief flattening, according to the Davis cyclic erosion theory. Most kaolinic clay outcrops, used for china production, are from this origin (e.g. Bohemia, or French Limousin region). *Glacis* result from shorter Quaternary episodes: flattening by sheet-wash erosion on clay or marl loose material, and dissection by rill-wash erosion, in both semi-desert (e.g. southwestern USA and northern Sahara semi-arid regions) and Mediterranean environments (south-eastern France, southern Pyrenean piedmont).

Hilly landscapes present common morphologies, resulting from slope equilibrium. The example of Rif Mountain (northern Morocco) is quite archetypic of slide morphology into long-term moisture-saturated clay material (Maurer 1968). It may be illustrated in more common conditions, such as in sedimentary basins with gentle slopes (e.g. near Reims in the eastern Paris basin: Marre 1988), when high intensity rainy episodes occur after dry-cracking episodes in clay material (by winter frost or summer desiccation). Dissected landforms such as bad-lands are also frequent, due to gullying. After the observations of Kayser (1961), we studied them as *calanchi* in southern Italy, where dissection occurs during autumn rainy episodes into summer-desiccated homogenous marly material.

Clay cultural landscapes can be linked with such landforms, based on tile or pottery production even when no longer active, thanks to architectural or toponymical markers: for instance, the Potteries in England, northern Portugal, various zones in Italy, and western and southwestern France.

Keywords - Clay, lithological geomorphology, Western Europe, Mediterranean area.

1. L'argile, une roche tendre qui affleure dans des milieux divers

Les paysages de l'argile sont assez peu étudiés en tant que tels, parce qu'associés à des reliefs peu accidentés, marqués par des glissements et des mouvements de versants liés à la plasticité du matériau, ou bien fortement disséqués en raison de la faible cohésion de celui-ci. Ce sont des reliefs jugés comme banals, prévisibles car considérés comme reproductibles en fonction des propriétés mécaniques de la roche et, de ce fait, ils ont rarement fait l'objet d'un intérêt thématique. Pour autant, ils ne sont pas totalement délaissés, apparaissant de manière incidente au gré des travaux de géomorphologie régionale ayant à traiter de territoires argileux, ou bien des études sur l'érosion, car celle-ci prend une ampleur particulière dans cette roche.

En effet, le comportement des roches argileuses à l'égard de l'érosion - leur capacité à absorber de l'eau jusqu'à un seuil de saturation au-delà duquel elles deviennent imperméables, leur propension à augmenter de volume en présence d'eau, ce qui leur permet d'atteindre l'état plastique puis l'état liquide (franchissement des limites d'Atterberg) - tient à leur composition minéralogique. Par « roche argileuse », on entend couramment une roche tendre[1], composée à plus de 50 % de minéraux argileux, donnant lieu à diverses dénominations génériques : de l'argile *stricto sensu* - matériau friable et de granulométrie fine (particules élémentaires de taille inférieure à 2 µm), susceptible de se craqueler en période de dessiccation (apparition de fentes de rétraction) et, à l'inverse, d'absorber l'eau et devenir fluant -, à la marne, roche composée de minéraux argileux et de calcite et comportant plusieurs intermédiaires selon la proportion de chacun de ces minéraux (calcaire argileux, argile calcaire), et dont le comportement mécanique est similaire à celui de l'argile.

Ce comportement découle de la nature des minéraux argileux, minéraux silicatés constitués de feuillets dont l'écartement en présence d'eau se traduit, à l'échelle de la roche, par le gonflement et la capacité à fluer et, à l'échelle du relief, par les coulées et les mouvements de masse qui bossèlent les versants. De fait, là où la minéralogie retient une classification des argiles en grands groupes - entre autres la kaolinite, plastique ; l'illite, qui lui est souvent associée dans les stocks d'argiles d'altération des massifs anciens aux latitudes moyennes ; la smectite, définissant un groupe dans lequel figure la montmorillonite, gonflante ; ainsi qu'une large gamme de minéraux interstratifiés -, la géomorphologie a souvent affaire sur le terrain à un matériau assez homogène, fréquemment remanié et brassé au cours de son glissement sur les versants. Dans ces conditions, il apparaît difficile d'assigner telle forme de pente à une variété minéralogique précise, bien que la pratique de terrain donne lieu à des interprétations divergentes.

Ainsi, cette question est abordée par M. Guigo (1979) dans sa thèse sur le relief de l'Apennin septentrional, où les conditions d'imbibition en eau sont réalisées tant en hiver par le biais de la couverture neigeuse, qu'en automne par celui des pluies abondantes (effet de barrière orographique au voisinage de la mer Tyrrhénienne encore chaude, pourvoyeuse d'humidité atmosphérique), et au printemps dans une moindre mesure (Figure 1).

L'auteur démontre que l'aptitude des versants à fluer (teneur en montmorillonite de la fraction argileuse de la roche qui affleure sur le versant) dépend à la fois de la prévalence de ce minéral dans la fraction argileuse, et de la proportion de la fraction argileuse dans la roche considérée. Cela conduit, dans une approche analytique des paramètres intervenant dans l'évolution des versants, à établir une classification en groupes, dont certains sont voisins : *« par exemple celui dont la part d'argile est moyenne mais constituée essentiellement de montmorillonite, et celui dont la part d'argile est plus forte mais comporte des chlorites et de la kaolinite, ce qui réduit la part des autres minéraux considérés comme gonflants »* (Guigo, 1979 : 276). En première analyse, ces résultats apparaissent en contradiction avec ceux de G. Maurer (1968 : 215-216) dans les montagnes du Rif central. Selon cet auteur, la minéralogie des argiles joue un rôle, opposant les versants instables entaillés dans les *marnes prérifaines* dont la fraction argileuse est riche en argiles gonflantes (illite et montmorillonite), et ceux, de meilleure tenue, qui sont associés aux *couvertures détritiques villafranchiennes*, où la kaolinite occupe une

[1] Les notions de « roche tendre » opposée à « roche dure » d'une part, de « roche meuble » opposée à « roche cohérente » d'autre part qualifient la résistance des roches à l'érosion. Tendre, facilement incisée par les eaux courantes, l'argile est cependant une roche cohérente : elle s'effrite, elle peut fluer, mais on ne peut la saisir grain à grain comme c'est le cas des roches meubles telles que le sable et le gravier, que l'on peut aisément extraire à la pelle (D. Sellier, *comm. orale*, le 11/03/2020). Outre la roche, les minéraux argileux sont tendres : sur l'échelle de Mohs qui ordonne les minéraux de 1 à 10 suivant leur dureté, la kaolinite occupe le rang 2.

Figure 1 – L'Apennin de Bologne, basse montagne humide (altitude : 900 m), est façonné en formes molles dans les terrains à dominante argileuse. C'est un modelé fréquent, conséquence de la capacité des roches argileuses à fluer en présence d'eau (Cliché B. Comentale, 1991)

place prépondérante. Il faut y voir le rôle des fortes épaisseurs des formations à teneur argileuse (par exemple, au moins 200 m pour les marnes du Crétacé supérieur), de surcroît dans une ambiance plus humide que dans l'Apennin septentrional : dans un matériel argileux épais et à imbibition entretenue, les variations différentielles de volume entre variétés minéralogiques semblent devenir un critère décisif de l'instabilité de versant.

Par ailleurs, la relative monotonie des paysages argileux est renforcée par l'ubiquité du matériau, que l'on rencontre dans des contextes géologiques divers, mais aussi dans des ambiances climatiques – donc des conditions d'imbibition en eau – variées. Ainsi, l'étude géomorphologique des argiles peut être abordée selon deux angles de la discipline : celui de la géomorphologie structurale, qui part des faits dictés par la structure géologique, et celui de la géomorphologie dynamique, qui traite des modalités de l'érosion guidées par le climat. La géomorphologie des paysages argileux présente de ce fait un grand intérêt méthodologique et épistémologique.

En premier lieu, les argiles se rencontrent tant en contexte géologique de socle (massifs anciens et boucliers) qu'en contexte sédimentaire (bassins sédimentaires). Au cours du XXe siècle, les géomorphologues, à la suite des géologues et des pédologues, ont mis en évidence les conditions de l'altération des roches de socle, roches silicatées dont l'hydrolyse des minéraux, particulièrement en domaine tropical (réaction chimique où la chaleur joue un rôle de catalyseur, dans des régions du monde humides dont la température moyenne, de l'ordre de 27-28 °C, varie peu au cours de l'année), a pour résultat la formation d'argile, principalement de la kaolinite, par recombinaison des ions silicium, aluminium, oxygène et hydroxyde libérés par la destruction des édifices cristallins au cours de ce processus.

C'est ainsi que les boucliers des régions tropicales humides (Brésil, Guyanes, Afrique centrale) offrent des paysages caractéristiques façonnés dans l'altérite argileuse : collines multiconvexes (« demi-oranges »), bas-fonds marécageux dus aux incertitudes de drainage sur des pentes faibles tapissées d'argile, cours d'eau interrompus de rapides qui sont l'expression de leur incapacité à inciser, du fait de leur faible charge grossière – laquelle résulte d'une faible érosion mécanique, corollaire d'une érosion chimique prédominante. Aux latitudes moyennes, les massifs anciens présentent à l'affleurement des altérites argileuses pour la plupart héritées de périodes plus chaudes qu'actuellement (climats chauds et humides d'affinités tropicales du Secondaire et du Tertiaire, voire ambiances chaudes du Quaternaire ancien, et plus récemment périodes interglaciaires à tendance chaude et humidité saisonnière). Leur altération actuelle est limitée par l'insuffisance de l'humidité et la faiblesse des températures, qui s'opposent à la formation de kaolinite. La montmorillonite (groupe des smectites) caractérise en général le milieu actuel, moins drainé du fait des conditions pluviométriques (total des précipitations annuelles divisé par 3 ou 4, d'où une moindre évacuation du silicium). C'est la raison pour laquelle, depuis l'introduction en Europe du procédé de fabrication de la porcelaine à partir de la kaolinite, celle-ci est recherchée en grande concentration dans les massifs anciens (Limousin, massif bohémien).

En second lieu, l'autre définition des argiles est granulométrique : des particules élémentaires de taille inférieure à 2 µm, ce qui permet leur transport puis leur sédimentation, sur des pas de temps géologiques – de l'ordre de quelques centaines de millions d'années. Les argiles sédimentaires ainsi formées se présentent en strates dans les bassins sédimentaires, en rapport direct avec le transport des argiles d'altération, évacuées des continents émergés vers les bassins sédimentaires voisins qui étaient alors occupés par des mers. Par exemple, la sédimentation jurassique et crétacée des bassins sédimentaires ouest-européens (Bassin parisien, Bassin aquitain, Bassin de Londres) consiste principalement en une alternance de strates calcaires et de strates argileuses ou marneuses. Cela traduit des environnements marins successivement peu profonds et chauds (autorisant le développement d'organismes vivants fixant la calcite dissoute dans l'eau de mer, par leurs coquilles ou leurs tests, lesquels sont repris dans la sédimentation), et plus profonds où parviennent des apports argileux provenant de l'altération continentale (apports terrigènes véhiculés par des courants de turbidité).

Ainsi, les gisements d'argile exploités à la marge occidentale du Bassin parisien (les argiles calloviennes utilisées dans la faïencerie d'art de Malicorne-sur-Sarthe, et les argiles cénomaniennes entrant dans la production de terre cuite d'ornement aux Rairies près d'Angers) expriment la succession de *cycles sédimentaires* au cours desquels cette marge est nourrie par les apports terrigènes en provenance du Massif armoricain puis, après la régression marine qui suit chaque période de sédimentation, est l'objet d'une érosion subaérienne qui façonne une surface plane – laquelle préfigure le relief actuel de plateau (évolution acyclique des reliefs : Klein, 1975).

Enfin, sur un plan strictement géologique les argiles se trouvent impliquées dans un « cycle » complet de transformation des roches : d'abord production par altération, puis sédimentation après transport et dépôt, enfin intégration dans le processus de métamorphisme qui aboutit aux schistes, micaschistes et gneiss – roches dont la disposition feuilletée (schistosité ou foliation) dérive de la structure en feuillets des minéraux argileux (orientation des minéraux par augmentation de chaleur ou de pression, avant fusion en magma, qui inaugure une nouvelle étape du « cycle » par la création de roches magmatiques, renouvellement de la matière minérale à la surface de la Terre).

Il convient donc, à l'issue de cette esquisse introductive, de distinguer entre les conditions géologiques de formation et d'affleurement des argiles, et les conditions géomorphologiques de façonnement des argiles par érosion, qui donnent lieu à des paysages physiques spécifiques.

2. Les paysages de l'argile : une faible énergie de relief mais une variété de formes

À la suite des géomorphologues anglo-saxons R. J. Chorley *et al.* (1984 : 180-181), on peut retenir que les formes façonnées dans les argiles caractérisent partout un faible relief, représentant cependant un intérêt géomorphologique considérable. D'une part « *elles exercent un contrôle important sur les processus de dénudation du relief lorsqu'elles sont présentes conjointement avec d'autres strates sédimentaires* », en offrant une moindre résistance à l'érosion mécanique, voire en compromettant la stabilité des strates surincombantes par déformation plastique. D'autre part les argiles permettent le façonnement de « *différentes formes de pentes qui dépendent de l'humidité du milieu. Les propriétés des minéraux argileux (résistance au cisaillement, volume, densité) sont fortement influencées par la présence d'eau, d'où l'influence du régime des pluies sur la morphométrie des roches argileuses* ». Au total, l'accent est mis d'abord sur l'érosion différentielle, puis sur la diversité morphoclimatique des milieux terrestres.

2.1. L'argile, un matériau tendre qui intervient dans l'expression de l'érosion différentielle

Les argiles sont généralement considérées comme une roche tendre susceptible d'être ravinée puis exportée par ruissellement, par opposition aux roches dures, telles que le calcaire et le granite. Ce différentiel de résistance s'exprime par *l'érosion différentielle*. Ces propriétés demandent toutefois à être précisées en fonction de l'ambiance climatique, des modalités de l'érosion (mécanique ou chimique) et des héritages[2]. Les contrastes de résistance à l'érosion ainsi définis concernent au premier chef l'érosion mécanique en domaine de latitude moyenne (climat connu par l'usage comme « tempéré »), à précipitations peu abondantes dans l'absolu (de l'ordre de 600 à 1000 mm/an) mais assez également réparties dans l'année, ce qui induit

[2] La résistance des roches réputées dures est ainsi à relativiser selon le contexte morphoclimatique : le calcaire, plus dur que l'argile et la marne devant l'érosion mécanique, est soluble par érosion chimique, ce que n'est pas l'argile ; et, au-delà de l'image des « masses de granite », la résistance de celles-ci varie selon leur degré de fissuration et d'altération à l'affleurement.

Figure 2 – La cuesta de Malicorne-sur-Sarthe, à l'ouest du Bassin parisien. Comme ses homologues de Champagne et de Lorraine à l'est du Bassin parisien, elle illustre le jeu de l'érosion différentielle dans les terrains de résistance contrastée, argileux ou marneux à la partie médiane du talus, et gréseux ou calcaires au sommet (Cliché B. Comentale, 2014).

la moindre résistance des argiles, relativement aux calcaires. Dans la zone intertropicale où les pluies sont 3 à 4 fois plus abondantes, mais inégalement réparties dans l'année (sauf en domaine équatorial, arrosé en permanence), l'érosion différentielle joue moins : la saison des pluies est favorable aux mouvements de masse sur les versants nappés d'altérite argileuse (altération active, cf. *supra*), jusqu'au transport de cette dernière sous forme de matière en suspension dans les cours d'eau, alors que la saison sèche conduit à la dessiccation des argiles, à partir de laquelle elles se présentent sous forme de poussière, susceptible d'être transportée par le vent.

De là résultent les reliefs d'érosion différentielle, apparaissant lorsqu'une roche cohérente est mise en valeur par une érosion mécanique progressant plus lentement que dans la roche meuble voisine. Ce dispositif, qui n'est pas propre aux argiles, est néanmoins bien représenté dans les bassins sédimentaires à alternance de calcaires, et d'argiles ou marnes. Il en résulte le relief de côte ou *cuesta*, talus par lequel une corniche ou un front calcaire domine une pente concave entaillée dans l'argile ou la marne, se raccordant à une dépression en général armée par une autre strate calcaire, une telle disposition étant rendue possible par l'inclinaison des couches (pendage) à l'opposé du sens du regard de la pente (talus monoclinal) (Figure 2).

La cuesta est une forme de relief répandue : bassins sédimentaires de Londres, de Paris – le dispositif étant dans ce dernier cas plus marqué à l'est qu'à l'ouest et au sud –, nord du bassin aquitain, entre autres. L'étagement des cuestas de l'est du Bassin parisien, au fur et à mesure qu'affleurent les « binômes » associant roche cohérente (calcaire) et roche meuble (argile, marne, parfois sable), à la faveur de l'inclinaison des strates qui se relèvent du centre de la cuvette en direction des Vosges, est devenu un classique du genre, objet de nombreux travaux fondateurs. L'évolution de la cuesta, son recul et sa dissection laissant en place buttes-témoins et avant-buttes, tient à la nature argileuse ou marneuse de sa couche médiane : à la base de la couche supérieure calcaire, au contact des deux couches de perméabilité contrastée, sourd une ligne de sources donnant naissance à des ruisseaux qui affouillent facilement la roche meuble, compromettant la stabilité de la couche supérieure – ce qui conduit à des éboulements localisés, et à des échancrures du talus. La littérature géomorphologique est riche de travaux sur la cuesta, ainsi que sur les paramètres qui en commandent les variations de profil et de tracé, à l'origine d'un corpus

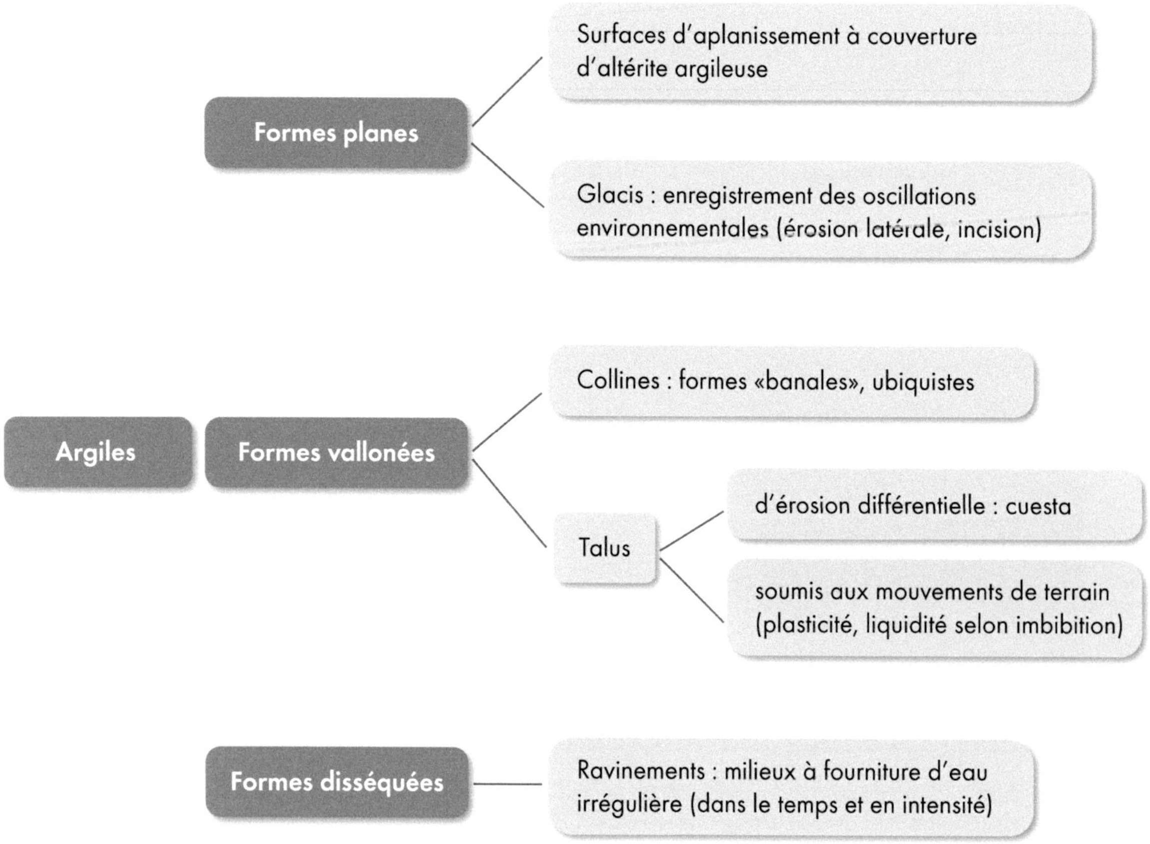

Tableau 1 – Essai de typologie des formes du relief dans les argiles et les marnes.

théorique qui gagnerait à être remis en lumière. Et la toponymie révèle la nature argileuse du sous-sol : au pied des cuestas champenoises et lorraines, plusieurs fermes *La Tuilerie* témoignent de l'activité antérieure.

Il convient enfin de souligner que la notion d'érosion différentielle, fondamentale en géomorphologie, concerne les roches à l'affleurement, c'est-à-dire soumises aux agents d'érosion. Or J. Pouquet (1967) rappelle que l'argile est une roche cohérente lorsqu'elle est en profondeur, sous forme de strate sédimentaire, nécessitant des moyens mécaniques lourds pour son excavation. Cette propriété est mise à profit à Bure dans l'est du Bassin parisien (caractéristiques géotechniques proches de celles d'un béton de construction courant[3]), pour le creusement des logements destinés à recueillir des déchets nucléaires : la couche argileuse callovo-oxfordienne (argilite du Jurassique moyen-supérieur) se trouve à 500 m sous la surface du plateau du Barrois, alors qu'à 30 kilomètres au sud-est, elle se comporte comme une couche tendre le long de la Côte de Meuse où elle affleure à l'air libre, permettant précisément le jeu de l'érosion différentielle (Figure 3). C'est *in fine* l'expression d'un fait général : une roche commence à dégrader dès lors que sa composition minéralogique est en déséquilibre avec les conditions physico-chimiques du milieu dans lequel elle affleure, ce qui est singulièrement le cas des roches argileuses ou marneuses dont les minéraux interagissent facilement avec l'humidité atmosphérique.

2.2. L'argile, un marqueur morphoclimatique

Dans leur présentation, R. J. Chorley *et al.* (*op. cit.*) soulignent l'importance des conditions d'humectation des roches argileuses, directement sous l'influence du régime des précipitations. Ils classent ainsi les formes de relief façonnées dans les argiles en deux catégories. Dans la première catégorie figurent les formes « *évoluant sous conditions humides, à fourniture d'eau abondante toute l'année, avec des nappes d'eau peu profondes, une humidité significative* [*i.e.* suffisant au façonnement de formes bosselées liées à la plasticité du matériau] *(...), à quelques centimètres de profondeur, et une couverture végétale plus ou moins continue* » – le rôle de cette dernière étant envisagé selon le degré de protection des pentes qu'elle joue à l'égard du ravinement.

[3] Données publiques de l'ANDRA (Agence nationale pour la gestion des déchets radioactifs).

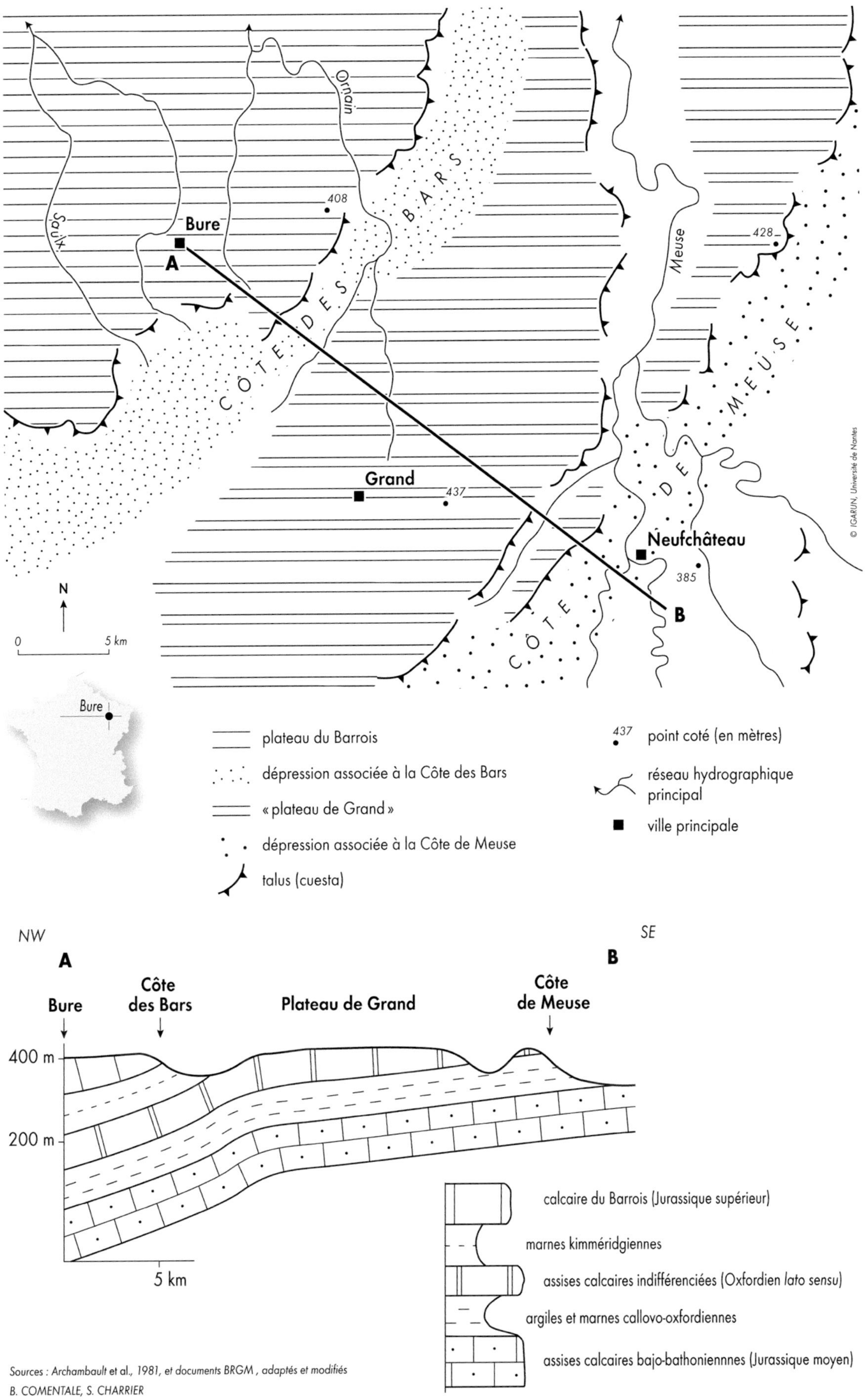

Figure 3 – Croquis géomorphologique de Bure à Neufchâteau, et coupe interprétative.

Figure 4 – Fentes de dessiccation dans la molasse tertiaire à dominante argileuse (Berdoues, Coteaux de Gascogne) (Cliché B. Comentale, 2017).

Figure 5 – À proximité de Nantes, au lieu-dit Le Butay non loin d'un hameau *La Poterie*, la partie superficielle du socle armoricain est altérée sous la forme d'une argile plastique blanchâtre kaolinique (Cliché B. Comentale, 2009).

Dans la seconde catégorie apparaissent les formes façonnées « *sous conditions semi-arides ou arides, où l'apport en eau et les variations de l'humidité sont limitées à une couche superficielle épaisse de quelques dizaines de centimètres, et à couverture végétale discontinue ou inexistante* », en d'autres termes où l'irrégularité de l'humectation des roches argileuses et marneuses interdit l'entretien des mouvements de versant, et où le paysage apparaît relativement figé. Entre ces deux extrêmes, les auteurs placent les formes de relief des régions de climat méditerranéen, à sécheresse saisonnière (cf. *infra*).

Au total, cette classification à base climatique tient compte de la régularité de l'imbibition en eau qui induit le lent déplacement des formations à composition argileuse ou marneuse le long des versants. Ce déplacement peut d'ailleurs s'accélérer par franchissement des limites d'Atterberg (cf. *supra*). Lorsque l'imbibition est irrégulière, les pentes sont fortement sollicitées, entre la rétraction des formations superficielles en période sèche (apparition de fentes de dessiccation : Figure 4) et leur imbibition ultérieure, sous l'effet de pluies intenses dont l'infiltration est facilitée par le réseau de fentes.

En effet, ces pluies sont susceptibles d'induire non seulement un ravinement dans ces formations meubles, mais aussi une déformation de l'assise topographique sur des sols devenus rapidement gorgés d'eau. Ce phénomène n'est pas l'apanage des seules régions méditerranéennes : aux latitudes moyennes il est identifié comme « aléa retrait-gonflement », nuisant à la stabilité des bâtiments. Les roches argileuses et marneuses sont ainsi le siège de phénomènes d'érosion qui tantôt mettent à profit leur nature de roche tendre (incision, déplacement), tantôt exploitent les propriétés minéralogiques de leurs composants (retrait, gonflement), donnant lieu à une variété de formes d'apparence contrastée.

3. L'argile, une formation qui conduit à des formes topographiques très différenciées

La variété des phénomènes d'érosion dans les argiles et les marnes, dont la logique est réglée par l'humidité atmosphérique, mais dont les manifestations semblent contradictoires (incision verticale des formes ravinées, érosion latérale des glacis), conduit à un essai de typologie fondé sur la topographie : des formes planes, des formes vallonnées, et des formes de dissection (Tableau 1).

Figure 6 – Le glacis de la Méthèque, aux environs de Privas en Ardèche. Il est aujourd'hui raviné par les eaux courantes qui s'encaissent fortement, mettant en valeur les contrastes de résistance internes au sein des marnes (Cliché B. Comentale, 1984).

3.1. Les formes planes

a) Les surfaces d'aplanissement sur socle

Parmi les formes planes, les plateaux qui constituent l'essentiel du relief dans les massifs anciens sont fréquemment recouverts d'altérite argileuse. Sur les massifs anciens européens (Massif armoricain, Massif central, Ardenne, Vosges, massifs anciens de Cornouaille, de l'Ouest ibérique, de Bohême ...), l'argile, héritée et remaniée, est le témoin de l'altération qui a participé de la réduction progressive de la chaîne hercynienne sous climat chaud et humide (Figure 5).

De telles conditions climatiques, conduisant à la formation de kaolinite, ont été répétées à plusieurs reprises sur la longue durée géologique (300 millions d'années environ, cf. *supra*). Cette évolution illustre le schéma énoncé par le géomorphologue nord-américain W. M. Davis à la fin du XIXe siècle : stade de la jeunesse du relief (montagnes, fortes pentes, érosion vigoureuse), puis de sa maturité (topographies adoucies, érosion modérée), enfin de sa sénilité (topographies planes et proches du niveau de la mer, par conséquent faible encaissement des cours d'eau). Fondamentalement, une telle évolution résulte de la répétition d'épisodes d'altération tropicale, au cours desquels est réalisé un *front d'altération* à planéité relative (contact entre la roche saine en profondeur, et son altération argileuse en surface), entrecoupés de pulsations plus sèches à écoulements sporadiques permettant l'évacuation partielle des argiles et l'affleurement du front d'altération, ce qui préfigure la surface d'aplanissement par retouches érosives successives (surface « acyclique » : Klein, 1975, repris *in* Comentale, 2012, 2017). En ce sens, l'argile ne participe pas de la surface d'aplanissement ; elle n'est que la formation corrélative de l'altération dont l'aplanissement est la conséquence. *In fine*, la présence résiduelle d'argiles sur ces plateaux se traduit par des environnements difficiles sur le plan agro-pédologique, caractérisés par des « sols froids » en hiver, gorgés d'eau et lourds à travailler dans des conditions techniques préindustrielles – des environnements au peuplement moins dense que dans les régions voisines, et où l'artisanat tuilier et potier était fréquent.

b) Les glacis

Les glacis se distinguent par leur genèse et par leur taille : de l'ordre de quelques dizaines de km² – par conséquent sans commune mesure avec les surfaces d'aplanissement. Ce sont des plans réguliers, dépourvus d'inégalités fondamentales, légèrement inclinés (fréquemment autour de 6-8°), développés au pied d'escarpements en roche cohérente auxquels ils se raccordent par une courte concavité ou par une légère rupture de pente (knick). Ce sont des formes « lissées » (régularisées), soit à partir d'une couverture de matériaux masquant le substratum (glacis d'accumulation), soit directement par troncature de la roche meuble en place – argile ou marne, parfois sable ou grès tendre. Il s'agit alors de glacis d'ablation, cas qui concerne le présent exposé.

On trouve des glacis d'ablation, actifs ou hérités, dans de nombreux environnements : régions froides des hautes latitudes, régions subtropicales semi-arides (bordures des déserts chauds, par exemple au contact du Sahara et de l'Atlas saharien), régions méditerranéennes où les formes sont en grande partie héritées, et pour certaines sont en cours de dissection (Figure 6). En effet, le glacis est le résultat d'une érosion aréolaire, c'est-à-dire non concentrée et procédant par balayage latéral opéré par des nappes d'eaux divagantes.

Les explications relatives aux glacis d'ablation sont en rapport avec les modalités du ruissellement et de l'écoulement, conditionnées au régime des pluies, donc aux conditions climatiques. À ce titre, M. Archambault (1967) note une convergence de formes entre les glacis des marges subtropicales sèches (glacis nord-sahariens, par exemple) et les glacis nord-méditerranéens. En dépit de contextes climatiques distincts, ils résultent d'une alternance entre des tendances humides, où la fourniture d'eau permet l'aplanissement des roches meubles, argileuses ou marneuses, et des tendances plus sèches où ces roches sont incisées par l'écoulement devenu irrégulier, concentré et ravinant.

Les glacis nord-sahariens relèvent de l'alternance répétée, au cours du Quaternaire, de phases arides et de phases pluviales (de climat tropical, avec une saison des pluies et une saison sèche : cf. l'image d'un Sahara « vert », dont la faune tropicale apparaît sur les gravures rupestres de l'Optimum climatique holocène, à 6 000 ans BP). En phase pluviale, l'écoulement provenant de l'Atlas saharien édifie les glacis par balayage latéral du substratum meuble (argileux ou marneux), effectué par les eaux courantes sans encaissement. Puis, au passage vers la période aride (épisode *catapluvial*), l'irrégularité et l'agressivité de l'écoulement devenu spasmodique entraîne la dissection des glacis (dégradation du régime des pluies). Les glacis sont d'autant plus facilement ravinés par les oueds que ceux-ci transportent une charge abrasive, fournie par la *thermoclastie* des roches cohérentes affleurant en amont (fragmentation de la roche soumise aux alternances de dilatation et rétraction sous forte amplitude thermique diurne, ambiance caractéristique des déserts chauds). Ensuite, à l'issue de la phase aride, au début de la transition vers une nouvelle phase pluviale (épisode *anapluvial*), l'irrégularité temporaire du régime de l'écoulement se traduit par une reprise de la dissection. Enfin, lors de la nouvelle phase pluviale, un nouveau glacis s'inscrit en contrebas du précédent.

Selon un schéma analogue, les glacis nord-méditerranéens sont rapportés aux alternances climatiques quaternaires, entre phases de réchauffement, à écoulement diffus compatible avec leur façonnement, et phases froides où l'écoulement spasmodique, la fourniture de matériaux abrasifs par *gélifraction* (fragmentation des roches cohérentes soumises aux alternances répétées de gel et de dégel), et l'éclaircissement végétal concourent à leur dissection. Ils ont été particulièrement étudiés dans les Préalpes du Sud-Est de la France (Diois, Baronnies, région de Digne), où les affleurements des marnes callovo-oxfordiennes (« Terres noires ») sont façonnés en grands versants à niveaux étagés, au pied de puissants escarpements calcaires.

Dans les Préalpes de Digne, M. Jorda (1976) montre que les glacis résultent d'une couverture détritique qui régularise la topographie bosselée des marnes qu'elle fossilise, mettant en évidence trois étapes dans leur genèse. La première étape se distingue par une érosion et un épandage torrentiel, dans une ambiance « *périglaciaire assez humide, à saisons bien tranchées* », à savoir des hivers humides et modérément froids permettant la gélifraction à l'amont, et des étés humides où les débris ainsi produits sont transportés par les torrents. La deuxième étape se caractérise par « *une ambiance périglaciaire plus sèche* », où « *l'érosion torrentielle s'atténue à l'amont* » et les éboulis de gélifraction, mobilisés par le ruissellement issu de la fusion saisonnière de la neige (*éboulis cryonivaux*), « *régularisent partiellement le versant* ». La dernière étape est « *la fin de la période froide* [qui] *est marquée très rapidement par une cimentation carbonatée des éboulis périglaciaires* [dissolution-précipitation chimique à partir des éboulis calcaires, par retour à l'écoulement au fur et à mesure du recul du gel, en durée et en intensité], *dont la résistance à l'érosion va gêner désormais le démantèlement des glacis détritiques et favoriser au cours d'une nouvelle phase froide le développement de glacis de substitution* ». Ces nouveaux glacis sont des glacis d'ablation, directement façonnés dans les marnes, et inscrits en contrebas des précédents, auxquels ils se substituent.

Au total, en raison de leur faible résistance qui se traduit tantôt par une planation latérale, tantôt par une incision selon les modalités de la fourniture en eau, argiles et marnes reflètent assez finement les alternances climatiques sur un faible pas de temps (d'ordre plurimillénaire). La succession d'épisodes de planation latérale et d'épisodes d'incision explique les étagements de glacis fréquemment observés, les niveaux supérieurs étant les plus anciens. Ainsi, au pied des montagnes du Haut-Aragon (région de Biescas, d'affinités méditerranéennes), P. Barrère (1975) distingue au moins deux niveaux de glacis, façonnés dans les marnes bleues de l'Eocène au cours d'un Quaternaire « moyen », antérieurement au maximum glaciaire auquel sont rapportées les terrasses alluviales qu'ils dominent d'une vingtaine de mètres. Le plus élevé est celui des « coronas », buttes isolées de forme ovale, témoins d'un glacis de première génération recouvert d'un matériel caillouteux grossier emprunté aux poudingues des séries géologiques de l'amont, et épandu par de vigoureux écoulements aréolaires. En contrebas se développe un glacis principal, souvent réduit à l'état de lanières attaquées en bad-lands par érosion régressive.

L'incision actuelle des glacis méditerranéens a fait l'objet de plusieurs travaux menés au cours des dernières décennies. Elle s'exerce selon des valeurs comprises entre 2 et 4,7 mm/an au pied de la Montagne de Sainte-Victoire en Provence (Ballais 1992), et 10 fois plus dans les marnes des Baronnies (Lecompte *et al.* 1998), 80 km plus au nord – à comparer à la vitesse de l'érosion dans d'autres roches, par exemple le granite sain (mégalithes de Carnac, ablation de 15 mm par millénaire : Sellier 2013).

3.2. Les formes vallonnées

Ce sont des formes extrêmement répandues (Figure 1). La succession le long d'un versant, d'amont en aval, de tronçons convexes, convexo-concaves et concaves, est d'abord l'expression d'un équilibre qui peut être apprécié en termes de mécanique des sols et mis en équation. La thèse de G. Maurer dans les montagnes du Rif (1968) a particulièrement attiré l'attention sur les différentes formes chaotiques que prennent ces versants en rapport avec le degré d'imbibition de leurs matériaux : des loupes de glissement associées à des niches de décollement à l'amont, conférant au versant son profil bosselé et encombré de contrepentes, ce qui contrarie le drainage et renforce ainsi l'imbibition ; des éboulements individualisés ; des glissements d'ampleur variée, susceptibles de s'accélérer ; des coulées de boue. Ces mouvements concernent d'ailleurs, au-delà des seules argiles et marnes, une large gamme granulométrique de matériaux fins à déplacement particulaire (sables compris), entraînés dans un fluide plus ou moins turbide et compétent (classification de Coussot et Meunier 1996).

Dans les montagnes du Maghreb méditerranéen, Rif marocain et Tell algérien, les fortes pentes, la pluviométrie élevée et « *la prépondérance d'un matériel tendre dans des structures très complexes* [concourent] *à l'évolution rapide et désordonnée des versants* » (Maurer, 1976). Tout en notant la présence de « *roches plus ou moins tendres, sensibles en tous les cas à l'action de l'érosion* », l'auteur souligne la difficulté de caractériser de manière absolue la résistance de l'ensemble du matériel rocheux. En effet, alors qu'il est facile d'opposer « *des roches consistantes* [*i.e.* cohérentes : calcaires, grès, quartzites], *dont les grains sont, à l'état frais, liés les uns aux autres* » et « *des roches meubles* [argiles et marnes] *dont les grains peuvent glisser séparément* », il existe des « *formations intermédiaires, moyennement résistantes* », abondamment représentées (Maurer 1968 : 215-216). Ce sont le plus souvent, « *à côté de schistes homogènes,* [des] *séries hétérogènes, marno-calcaires ou flyschs*[4], *dans lesquelles des bancs plus résistants alternent avec des passées plus tendres* », et dont l'épaisseur relative conditionne le comportement d'ensemble face à l'érosion.

Si ces roches – argile, marne, schiste, flysch – sont peu perméables et se prêtent de ce fait au ruissellement de surface, elles sont cependant favorables à l'infiltration de l'eau à la faveur des fentes de dessiccation apparues en été, « *qui s'enfoncent parfois à plusieurs mètres de profondeur* » (cas des marnes miocènes évoqué par l'auteur). En outre, dans les marnes feuilletées et les schistes, « *la multiplication des surfaces de contact* [permet] *à l'eau d'imprégner très profondément la masse de la roche* » (*ibid.*). Et, plus globalement, la production d'argile par altération des roches se poursuit à la faveur de cette ambiance d'imprégnation couplée à un climat relativement chaud (étés modérés, à 28-29 °C ; hivers doux, à 8-10 °C, près du littoral méditerranéen). Au total, trois ensembles de facteurs – la faible cohésion du matériel rocheux, la forte imbibition en eau, et l'entretien de fortes pentes par encaissement du réseau hydrographique, lui-même conséquence de la jeunesse de cette chaîne de montagnes (cf. *supra*) – font du Rif l'archétype du relief intensément modelé par les mouvements de versant dans les argiles.

Plus largement, au-delà de ces paysages spectaculaires et de grande ampleur, les mouvements de masse peuvent se produire aussi sur pente modérée. À Rilly-la-Montagne aux environs de Reims, un glissement de terrain déclenché fin août 1986 continuait de s'entretenir un an et demi plus tard, par découpage successif de pans de versant menant à des modifications sensibles de la topographie et du drainage (Marre 1987), pourtant dans un contexte banal tant sur le plan structural (superposition d'une strate marneuse et d'une strate sableuse, le tout reposant sur une semelle argilo-sableuse) que sur le plan climatique, caractérisé par des épisodes marqués mais non exceptionnels, qui ont préparé le matériel (fissuration par gel hivernal et dessiccation estivale, imbibition par des pluies abondantes et précipitées sur une longue durée). Si un diagnostic peut souvent être établi *a posteriori*, la prédiction est impossible qu'il s'agisse du déclenchement, de l'accélération ou du ralentissement, voire de l'arrêt de tels glissements, lequel survient dès lors qu'un nouvel équilibre du versant est établi : cas du glissement de Pleysse dans les schistes décomposés en argile, aux Eaux-Bonnes (Pyrénées occidentales), en 1982-1983 (Bixel *et al.* 1983).

C'est ainsi que, outre ces épisodes spectaculaires – qui sont d'ailleurs de plus en plus abordés dans une perspective d'étude du risque (cf. *supra* : aléa retrait-gonflement) – le relief « banal » de collines, sans cachet

[4] Formation sédimentaire détritique terrigène, souvent épaisse, composée essentiellement de turbidites – *i.e.* des éléments de granulométrie allant de l'argile aux graviers, déposés en contexte deltaïque sous-marin profond –, et impliquée dans un contexte de chaîne de montagne en formation (Foucault A., Raoult J.F., *Dictionnaire de géologie*, 2014, 8e éd.). Le flysch est souvent englobé dans d'importantes nappes de charriage, comme c'est le cas dans le Rif.

Figure 7 – *Calanchi* entaillés dans les marnes pléistocènes de Basilicate (vallée du Basento, Italie méridionale). La dissection et le recul des pentes sont entretenus par le ruissellement (Cliché B. Comentale, 2012)

paysager marqué, correspond à des pentes parvenues à l'équilibre.

3.3. *Les formes de dissection et de ravinement*

Les formes de dissection et de ravinement ont été particulièrement étudiées dans l'extrême sud de l'Italie, en arrière du littoral du golfe de Tarente, en Basilicate (Lucanie). La perte des terres arables sous l'effet de la dissection en limite des champs cultivés, dans le matériel argilo-marneux sous-jacent, est un phénomène bien connu par la description qu'en a faite le romancier Carlo Levi dans *Le Christ s'est arrêté à Eboli*. Ces formes, ici appelées *calanchi*, ont leur équivalent sous les dénominations *bad lands* aux Etats-Unis (Dakota), et *bardenas* en Espagne septentrionale (Navarre). Dans sa thèse complémentaire sur les sols et l'érosion en Lucanie, le géographe B. Kayser (1961) leur a consacré une analyse détaillée.

Ce sont des « *ravins en V, au profil longitudinal extrêmement redressé (...), produits par l'incision de l'eau courante sur les fortes pentes argileuses* ». Selon l'auteur, qui reprend des travaux italiens complétés par ses propres observations de terrain, ils résultent de la « *conjonction de conditions morphologiques et lithologiques très particulières* », qui sont de trois ordres. Leur développement nécessite des « *déclivités originellement importantes* », de l'ordre de 30° le plus souvent ; une localisation « *sur les rebords de terrasses, sur les rives des fleuves, sur les versants des bassins profonds* » ; l'inscription dans une « *roche homogène et argileuse* » (au moins 40 % de teneur en argile) (Kayser, *op. cit.* : 98-99).

Nous les avons particulièrement observés de part et d'autre de la vallée du Basento, petit fleuve côtier à l'aval duquel se situe la cité de Métaponte (Figure 7). Le ravinement qui se produit aux dépens de la bordure des plateaux entame ces derniers. L'incision exercée par le ruissellement consécutif aux pluies de fin d'été et d'automne se produit d'autant plus facilement que la roche a été préparée par la dessiccation estivale, et se présente en surface sous la forme de petites écailles relativement friables. La marne est à la fois incisée, ce qui permet l'entretien de pentes redressées, et exportée par l'écoulement puis étalée en contrebas des pentes, ce qui compromet la formation de bourrelets de bas de pente comme dans le cas des glissements, et de ce fait participe de l'entretien de topographies planes au pied des calanchi. Au total, les calanchi procèdent autant par recul des parties hautes que par abaissement du relief parallèlement à lui-même, sans changement du profil des pentes (observations personnelles inédites, 2012).

En rive droite du Basento, la petite ville de Pisticci occupe un éperon qui s'élève à 400 m d'altitude à seulement 20 km du littoral, et qui est isolé entre les deux vallées parallèles du Basento et du Cavone. L'intense dissection

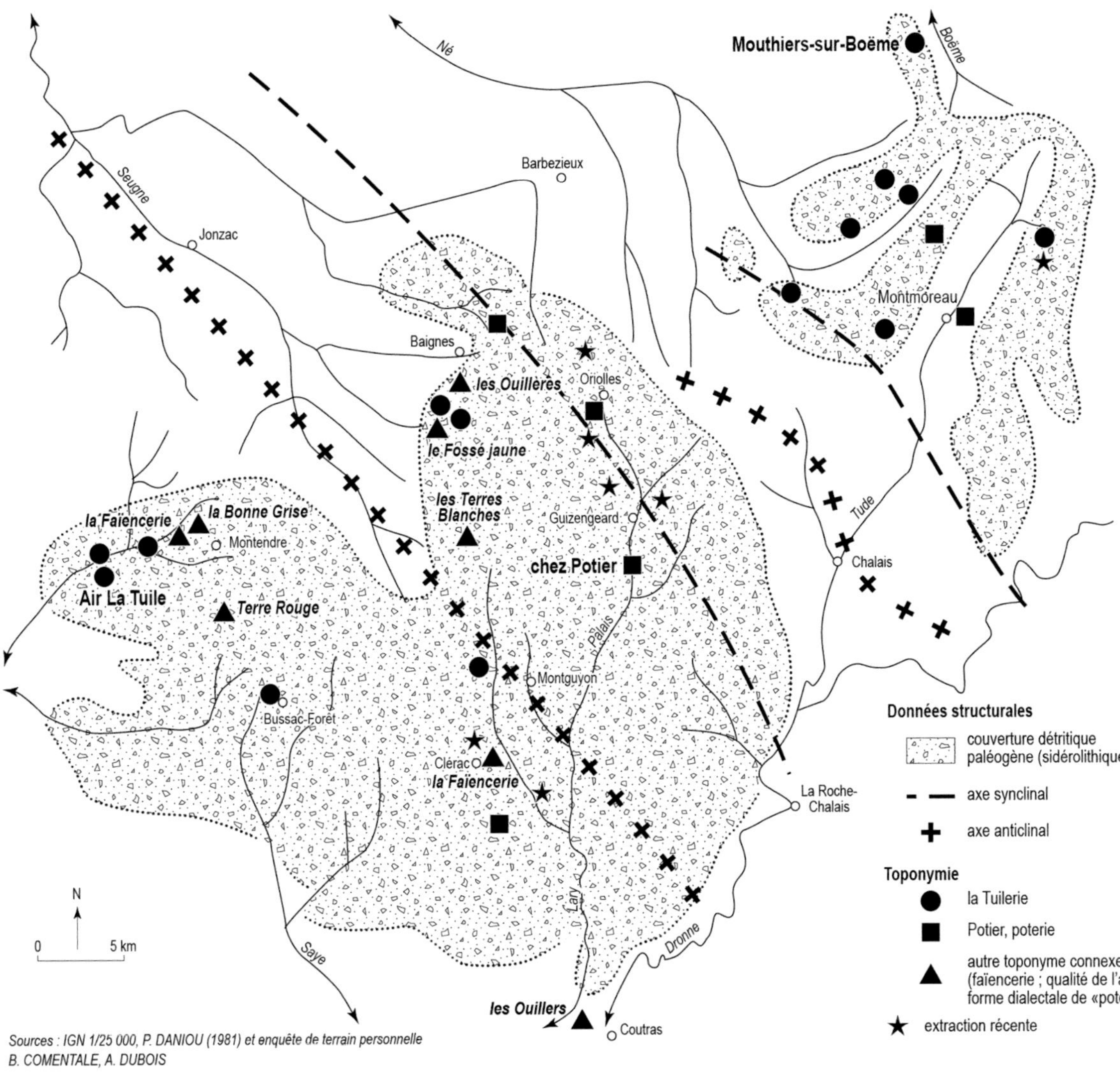

Figure 8 – Le cadre structural et toponymique des domaines de l'argile dans l'Est charentais (d'après Comentale, 2013, modifié).

qui s'y opère, à partir de ces vallées fortement encaissées (à 350 m en contrebas de l'éperon), rend compte d'un dédale de calanchi, dans lesquels on peut reconnaître la typologie établie par B. Kayser (1961). À côté de calanchi dénudés et actifs, régulièrement entretenus et approfondis par la circulation de l'eau, se présentent des formes plus amorties et couvertes de végétation mais dans lesquelles l'auteur voit moins un stade d'évolution avancé qu'un « *repos provisoire* » – ce qui s'accorde avec les observations précédentes. Enfin, l'auteur distingue des calanchi en « dos d'éléphant », qui en revanche « *montrent un stade d'évolution très poussée* ». « *Les ravins ont peu à peu abaissé et isolé une masse de terrain limitée qui finit par s'user, par « fondre » (...), les pentes ne sont pas assez longues pour que l'eau pluviale s'encaisse (...). Aussi ces îlots prennent-ils l'aspect d'échines de pachydermes, destinées à maigrir rapidement et à disparaître au pied du versant* » (*ibid.* : 100-101).

4. Une géomorphologie de l'argile par l'approche combinée des paysages naturels et culturels

À cette géomorphologie qui reflète des familles de processus d'érosion, se superposent des paysages culturels, nés de la longue pratique d'utilisation de l'argile comme matériau de construction, ou de fabrication de céramique. Dans l'Europe atlantique, il s'agit des « pays » de tuiles et de briques à la tonalité rouge, doublés de terroirs agricoles longtemps difficiles à cultiver et de moindre densité de peuplement ; des milieux humides aux anciennes argilières devenues étangs, jalonnés par une toponymie évocatrice (Charentes : Daniou, 1977, Comentale, 2013 ; Ouest de la France : Comentale, 2015, 2017 ; Coteaux de Gascogne : cf. *infra*).

Aux confins des contrées charentaises et périgourdines, la couverture des dépôts argileux (terrains dits *sidérolithiques* en raison de leur contenu de concrétions ferrugineuses), résultant de l'épandage des altérites du socle limousin en direction de la cuvette bordelaise subsidente, au cours du Tertiaire, et ultérieurement disséqués en collines, a été abondamment exploitée jusqu'à nos jours. Cette exploitation bénéficiait d'une localisation avantageuse, à la charnière des terroirs argileux, fournissant la brique et la tuile, et des terroirs calcaires pourvoyeurs de moellons. Et plus généralement, c'est l'ensemble du pourtour sédimentaire du Limousin qui est concerné, à l'instar de la Double, domaine argileux forestier situé sur l'interfluve formé par l'Isle (affluent de la Dordogne) et son affluent la Dronne. À l'écart de terroirs de meilleure qualité agronomique, ces domaines se distinguent par une faible pénétration humaine et sont longtemps restés forestiers. Ainsi, entre Charente et Périgord, le village de Saint-Eutrope est connu des linguistes comme une « enclave » de parler occitan (dialecte limousin) en pays d'oïl, déconnectée de quelques kilomètres de son aire linguistique d'origine, signe de la facilité d'installation que trouvaient, à l'époque moderne, des communautés potières itinérantes dans ces régions de vide humain relatif, où abondait la ressource en argile et en bois.

Nos propres travaux ont tenté d'y corréler la géomorphologie d'un relief au premier abord peu spectaculaire à une riche toponymie évoquant le travail de l'argile : mentions de tuilerie, de poterie (et sa variante dialectale *ouillère*), de faïencerie, de qualité d'argile (*la Bonne Grise, Terre rouge, les Terres blanches, le Fossé jaune*), dans des lieux où, ponctuellement, de la faïence à usage industriel est encore produite (Figure 8).

Nous avons appliqué cette méthode aux ensembles argileux de Gascogne orientale, laquelle se présente comme un *éventail molassique* édifié en avant des Pyrénées (épandage détritique des matériaux de démolition de la chaîne, au cours du Tertiaire), avant d'être disséqué par le réseau hydrographique qui s'est installé selon la même disposition en éventail, s'écoulant vers la Garonne au sein de vallées dissymétriques (versants oriental à forte pente, occidental à longue pente douce). En couplant l'exploration de terrain, à partir de la toponymie portée sur les cartes topographiques détaillées, et l'examen des cartes géologiques détaillées[5] qui sont pour la plupart relatives à la situation des années 1960 quant à l'inventaire des argilières, nous avons établi une cartographie des lieux d'exploitation qui reflète *grosso modo* la situation du XXe siècle (Figure 9). Ainsi, la localisation des lieux-dits *Tuilerie* et son équivalent occitan *Teulère* (sous différentes formes orthographiques, voire selon la désignation du métier : *teulé, téoulé*), révèle deux types de cas.

Premièrement, il s'agit de toponymes désignant des lieux dont l'activité initiale est abandonnée – remplacée par une ferme qui a parfois conservé des traits architecturaux de l'ancienne tuilerie, ou par une résidence d'habitation ayant repris le corps de ferme –, associés à une argilière à l'abandon et reconnue au cours de l'établissement de la carte géologique, mais ayant disparu de nos jours. Dans ce cas, l'arrêt de l'activité d'extraction est à rapporter au milieu du xxe siècle, ce qui correspond au dernier recul de l'activité de tuilerie, grevé par le départ à la retraite de la dernière génération de tuiliers comme en d'autres régions françaises, ainsi que par le mouvement de concentration géographique de l'activité de tuilerie, amorcée un siècle plus tôt en relation avec l'industrialisation de l'activité, laquelle condamnait les plus petites unités productives[6]. Dans ces conditions, les argilières désaffectées encore visibles il y a un demi-siècle ne le sont plus aujourd'hui, remblayées ou converties en plan d'eau d'agrément. L'activité ancienne apparaît principalement localisée au nord de ce domaine, entre la ville de Fleurance et la Garonne, ainsi qu'au sud-est le long de la vallée de la Gesse, probablement en rapport avec les besoins des villes voisines (nécessité d'un approvisionnement local en argile afin de limiter les coûts d'acheminement de la matière première).

Le second type de cas s'applique aux lieux où l'abandon est plus ancien encore – probablement dans la première moitié du xxe siècle, voire à partir des années 1880-1890 –, au point que lors de l'établissement de la carte géologique toute trace d'argilière associée à l'ancienne production tuilière avait déjà disparu. Dans ce cas, les toponymes sont dispersés à travers l'aire géographique concernée, ce qui correspond assez bien à une production localisée, exercée par des ateliers fonctionnant sur un mode semi-artisanal et tournés vers l'approvisionnement local, peu soucieux d'une modernisation qui aurait été dictée par les impératifs d'une concurrence extérieure – en d'autres termes, à des conditions de production de la fin du xixe siècle, et ruinées après la saignée humaine de la Première guerre mondiale.

En marge de ces phénomènes, on citera la tuilerie de Gratens qui exploite encore des niveaux argileux sur un mode industriel, ainsi que l'ancien centre potier de Cox, aux confins toulousains, utilisant les argiles contenues dans les alluvions anciennes de la Garonne, abandonné en 1952 et mis en valeur par un musée qui en regroupe les traces matérielles (outils, poterie).

[5] Carte géologique de France à 1/50 000 : feuilles Auch, Beaumont-de-Lomagne, Cazères, Condom, Fleurance, Gimont, Le Fousseret, Lombez, Mirande, Saint-Nicolas-de-la-Grave, Toulouse-ouest.

[6] Fermeture plus tardive de la tuilerie d'Auch (1976). Ce mouvement n'est pas terminé : récente fermeture d'une tuilerie à Lapeyre (marge occidentale du domaine cartographié), et menaces récurrentes sur celle de Blajan (sud du domaine) au profit d'autres unités du même groupe industriel réparties dans le Sud-Ouest de la France.

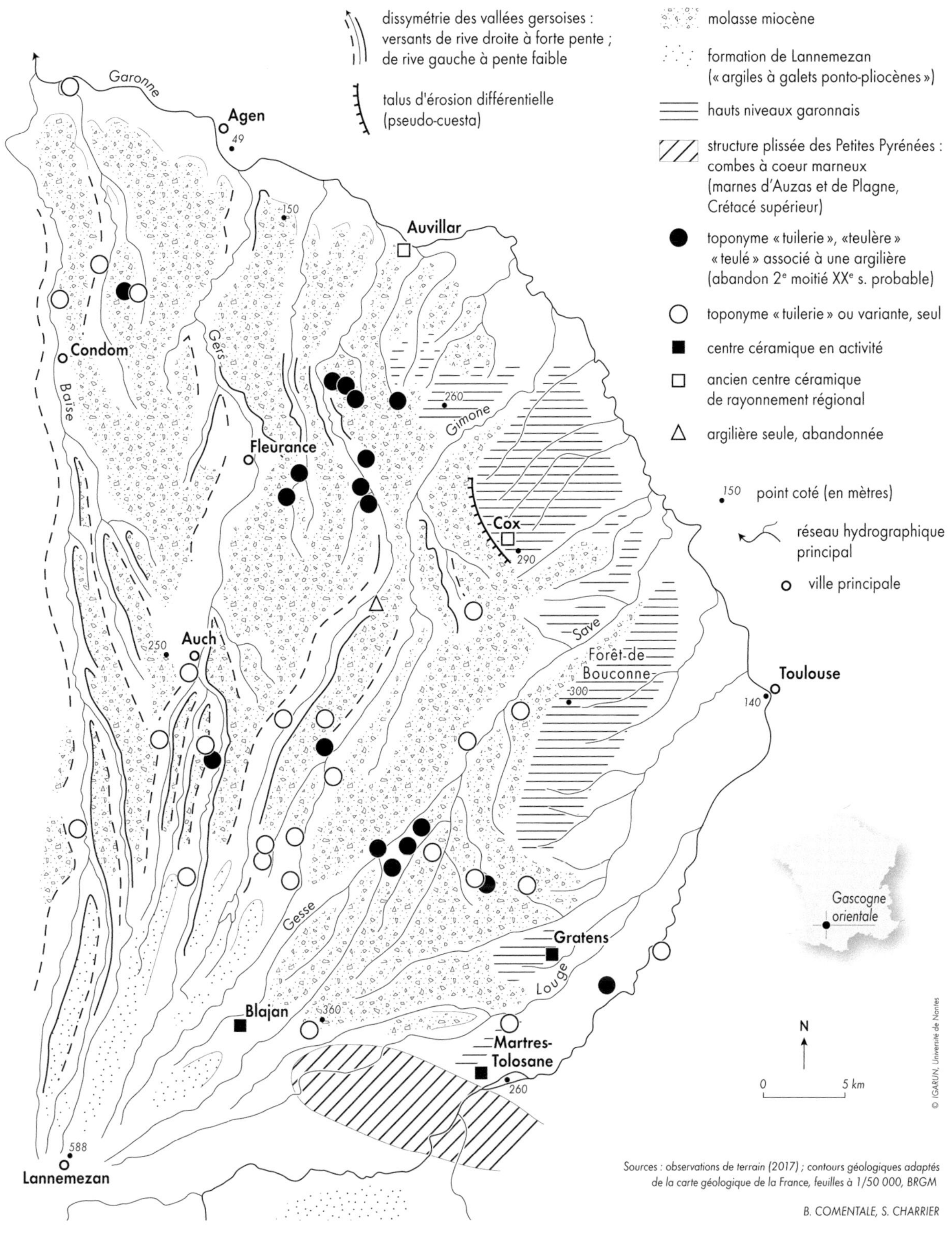

Figure 9 – Pays et paysages de l'argile en Gascogne orientale : relief et toponymie.

Cette optique de recherche associant géomorphologie et paysages culturels de l'argile, appuyés par la toponymie, peut être adoptée ailleurs en Europe occidentale et méridionale : ancienne région industrielle des *Potteries* au nord-ouest de l'Angleterre ; nord-ouest du Portugal, où subsiste une activité céramique. Cet inventaire reste à établir dans les régions argilières d'Espagne (probablement à partir du toponyme *alfarería*), et d'Italie – si tant est que des toponymes équivalents, tels que *ceramica* ou *terracotta*, y soient représentés, ce qui en première analyse n'est pas avéré. Ainsi, en Basilicate, territoire d'argile par excellence (calanchi, cf. *supra*), aucun indice d'activité passée n'est décelable : l'entretien que nous avons eu en 2013 avec un céramiste d'art installé à Pisticci, qui ne se revendique pas de la lignée des potiers locaux mais en a connu le dernier représentant, atteste une rupture fonctionnelle et mémorielle. Il utilise une argile homogène, achetée à un fournisseur toscan qui mélange des terres de régions différentes. Le dernier four de cuisson des environs, qu'il nous a signalé, est aujourd'hui transformé en remise d'outils de jardin.

Cette rupture fonctionnelle et mémorielle rappelle celle que l'on a constatée en France, avec la reconversion des anciennes argilières de Gascogne en plans d'eau. Ailleurs ce sont des étangs de pêche (Les Rairies en Anjou, Saint-Adjutory en Charente), voire des déchetteries (Le Fuilet dans les Mauges, Saint-Laurent-des-Hommes dans la Double) qui représentent la forme policée d'anciennes décharges à ciel ouvert. Celles-ci témoignent du mépris qui frappait l'activité potière et tuilière immédiatement après son abandon, tout comme le sobriquet de « ventres jaunes » par endroits appliqué aux artisans au tablier maculé d'argile – avant le renversement actuel du jugement porté sur cette activité disparue, mais appartenant à un passé encore palpable, et aujourd'hui réhabilitée sur un mode patrimonial.

Conclusion

Le caractère ubiquiste de l'argile, et son aptitude au fluage et aux mouvements de masse rendent compte de la relative banalité ou, du moins, de l'absence de spectaculaire que présentent plusieurs des reliefs qui lui sont associés. Pourtant l'argile constitue l'assise d'une grande partie des reliefs dans le monde (modelés tropicaux d'altération, terrains burinés des bad-lands nord-américains et des calanchi italiens, plans des glacis d'ablation, voire anciens domaines de sédimentation glacio-lacustre), regroupés selon trois physiographies majeures – plane, vallonnée, disséquée. Un tel regroupement constitue la synthèse, au-delà des seules argiles et marnes, de la géomorphologie modelée dans les matériaux de faible résistance, qui sont de ce fait peu à même de constituer d'imposants volumes de relief, à fortes pentes. Le manque d'attention que suscitent ces reliefs est cependant en opposition avec la singularité des paysages culturels façonnés par la longue pratique des sociétés en matière architecturale ou de production céramique. Il reste à combler un hiatus entre la faible reconnaissance d'une géomorphologie propre aux argiles – bien qu'une abondante littérature lui soit indirectement consacrée sous forme d'études de cas – et la survalorisation patrimoniale de paysages culturels en cours de fossilisation.

Remerciements.

L'auteur remercie particulièrement le Professeur Dominique Sellier (université de Nantes), pour ses précieux conseils et ses encouragements à poursuivre dans l'étude de la géomorphologie des argiles.

Bruno COMENTALE
Maître de conférences
Université de Nantes
Département de Géographie, Laboratoire d'Étude du Patrimoine Géomorphologique (LEPG - UMR 6554 CNRS)
BP 81227
rue de la Censive du Tertre
44312 Nantes Cedex 3
bruno.comentale@univ-nantes.fr

Bibliographie

Archambault, M. 1967. Essai sur la genèse des glacis d'érosion dans le Sud-Est et le Sud de la France. *Mémoires et Documents du CNRS*, 2 : 103-143.

Ballais, J. L. et A. Crambes 1992. Morphogenèse holocène, géosystèmes et anthropisation sur la Montagne Sainte-Victoire. *Méditerranée*, 1-2 : 29-41.

Barrère, P. 1975. Terrasses et glacis d'érosion en roches tendres dans les montagnes du Haut-Aragon. *Mélanges à G. Viers*, 1, Toulouse, Université Le Mirail : 29-45.

Bixel F., M. Clin, C. Lucas, C. Majesté-Menjoulas, R. Mirouse et P. Roger 1983. *Pyrénées : 500 millions d'années. Itinéraires géologiques dans le Parc National.* Orléans-Tarbes : Coédition BRGM-Parc National des Pyrénées Occidentales, 101 p.

Chorley, R. J., S. A. Schumm et D. E. Sugden, 1984. *Geomorphology.* Londres : Methuen & Co., 605 p.

Comentale, B. 2012. Du patrimoine artisanal au patrimoine géomorphologique sur la marge méridionale du Massif armoricain. *Géocarrefour*, 87/3-4 : 229-238.

Comentale, B. 2013. Le travail de l'argile, clé d'accès à la géomorphologie dans l'Ouest de la France, *Gestion des géosites dans les espaces protégés.* Collection Edytem, 15 : 127-134

Comentale, B. 2015. Les activités de transformation de l'argile : un matériau pour une vulgarisation de la géomorphologie. L'exemple de la Vendée. *Cahiers nantais*, 2015-2 : 5-14.

Comentale, B. 2017. Vulgariser la géomorphologie à partir du travail de l'argile. L'exemple de la région des Pays de la Loire (Ouest de la France). *Physio-Géo*, 11 : 1-22.

Coussot, P. et M. Meunier 1996. Recognition, classification and mechanical description of debris flows. Earth Science Reviews, 40 : 209-227.

Daniou, P. 1977. L'exploitation des argiles dans les Landes du Sud des Charentes. *Norois*, 93 : 11-32.

Guigo, M. 1979. *Hydrologie et érosion dans l'Apennin septentrional.* Thèse de doctorat d'État, Aix-en-Provence, 501 p.

Jorda, M. 1976. Modalités de l'évolution géomorphologique quaternaire des versants à corniches calcaires et des dépressions marneuses des Alpes du sud. *Actes du Symposium sur les versants en pays méditerranéens*, Centre d'Etudes Géographiques et de Recherches Méditerranéennes, Aix-en-Provence, 5 : 113-119.

Kayser, B. 1961. *Recherches sur les sols et l'érosion en Italie méridionale. Lucanie.* Paris : SEDES, 127 p.

Klein, C. 1975. *Massif Armoricain et Bassin Parisien. Contribution à l'étude géologique et géomorphologique d'un massif ancien et de ses enveloppes sédimentaires.* Thèse de doctorat d'État, Université de Bretagne Occidentale. Gap : Éditions Ophrys, 882 p.

Lecompte, M., R. Lhénaff et A. Marre 1998. Huit ans de mesures du ravinement des marnes dans les Baronnies méridionales (Préalpes françaises du sud). *Géomorphologie : relief, processus, environnement*, 4-4 : 351-373.

Marre, A. 1988. Le mouvement de terrain de Rilly-la-Montagne du 23 août 1986 : naissance et évolution. Reims : *Travaux de l'Institut de Géographie de Reims*, 69-72 : 95-111.

Maurer, G. 1968. *Les montagnes du Rif Central. Etude géomorphologique.* Thèse de doctorat d'État, Paris, Faculté des Lettres et Sciences humaines, 500 p.

Maurer, G. 1976. Les mouvements de masse dans l'évolution des versants des régions telliennes et rifaines d'Afrique du nord. *Actes du Symposium sur les versants en pays méditerranéens*, Centre d'Etudes Géographiques et de Recherches Méditerranéennes, Aix-en-Provence, 5 : 133-137.

Pouquet, J. 1967. *L'érosion des sols.* Paris : PUF, coll. *Que sais-je ?*, 128 p.

Sellier, D. 2013. L'analyse géomorphologique des mégalithes granitiques : principes méthodologiques et applications, *in* J. N. Guyodo, E. Mens (dir.) *Les premières architectures en pierre en Europe occidentale* : 13-37. Rennes : Presses Universitaires de Rennes.

2. ARGILES ET CONSTRUCTIONS

Géoarchéologie de la construction en terre crue au Néolithique : l'apport de la micromorphologie - *Geoarchaeology of mud construction in the Neolithic: the contribution of micromorphology*

Julia WATTEZ[1], Alessandro PEINETTI[2], Pantelitsa MYLONA[3]

[1] CNRS, UMR 5140 Archéologie des Sociétés Méditerranéennes (ASM), Montpellier (France) ;
INRAP, Centre archéologique de La Courneuve (France).
[2] CNRS, UMR 5140 Archéologie des Sociétés Méditerranéennes (ASM), Montpellier (France).
[3] CNRS-MNHN, UMR 7209 Archéozoologie, Archéobotanique. Sociétés, Pratiques et Environnements (AASPE).

Résumé - La construction en terre crue est maintenant bien attestée dans les habitats néolithiques en France. Des restes de bâtiments, parfois associés à des sols aménagés, ont été reconnus dès le Néolithique moyen. Néanmoins, dès les premières découvertes, dans les années 1990, l'identification des formes du bâti est apparue difficile, principalement en raison de l'absence de référence sur les procédés de mise en œuvre de la terre pour cette période. Pour documenter les modes d'usage de la terre crue dans les pratiques d'aménagement néolithiques, une approche technologique, menée selon les principes de la micromorphologie, a été entreprise sur différents types de structures de terre crue. La reconstitution des étapes de la chaîne opératoire de la construction, depuis le choix des matériaux jusqu'à leur mise en œuvre, a pour propos de préciser les modes de production des murs et des sols, et leur variabilité. En l'état actuel, cette recherche montre que les matériaux employés sont d'origine locale (contexte pédo-sédimentaire du site ou de ses environs immédiats). Ils sont principalement de texture limoneuse. Ils ont subi différents types de préparation et sont parfois enrichis par des ajouts minéraux ou végétaux. Les procédés de construction des sols sont variés (chape, épandage, pavement). Les murs en terre porteuse apparaissent édifiés par façonnage direct, selon des techniques diverses.

Mots-clés - construction en terre crue, Néolithique, micromorphologie, géoarchéologie.

Abstract - The use of earthen construction is now well documented in Neolithic settlements in France. The remains of buildings, sometimes associated with earthen floors, have been recognised since the Middle Neolithic. Nevertheless, from the first discoveries in the 1990s, the identification of building forms appeared difficult, mainly due to the absence of knowledge about techniques of using the earth for this period. In order to document the ways in which raw earth was used in Neolithic planning practices, a technological approach, conducted according to the principles of micromorphology, was undertaken on different types of raw earth structures. By reconstructing the stages of the construction process, from the choice of materials to their application, we aim to clarify the production methods for walls and floors, and their variability. At present, this research shows that the materials used were of local origin (soil-sedimentary context of the site or its immediate surroundings). They are mainly of silty texture. They have undergone various types of preparation and are sometimes enriched by mineral or plant additions. Floor construction processes are varied (mud floors, beaten earth floors, earthen paving). The load-bearing earth walls are built by direct shaping, using various techniques.

Keywords - earthen construction, Neolithic, micromorphology, geoarchaeology.

Introduction

La construction en terre crue au Néolithique n'a été identifiée que relativement récemment en Europe occidentale (Chazelles 2005, 2007 ; Knoll *et al.* 2019). En France, l'usage de la terre crue est attesté depuis plus d'une vingtaine d'années (Jallot *et al.* 2000, Sénépart *et al.* 2015). Elle est reconnue dès le Néolithique moyen : différents faits architecturaux, comme des restes de bâtiments, des segments de mur isolés ou encore des sols aménagés, y ont été mis au jour, apportant ainsi un nouvel éclairage sur l'architecture néolithique, tant pour la sphère domestique que funéraire. En géoarchéologie, ces découvertes ont ouvert de nouveaux champs de recherche et de réflexion qui touchent aux modalités d'usage des sols pour l'implantation de l'habitat et comme sources d'approvisionnement en matières premières, ainsi qu'aux types de mises en œuvre et aux mécanismes de vieillissement des structures de terre crue (Coussot *et al.* 2019 ; Wattez *et al.* sous presse). En se fondant sur un de ses outils privilégiés, la micromorphologie, la géoarchéologie s'attache à décrire la chaîne opératoire de fabrication des matériaux de construction et leur mise en œuvre (Wattez 2009 ; Wattez *et al.* 2018 ; Mylona 2018, Peinetti *et al.* 2018, Onfray 2017).

Ces recherches sont orientées dans une perspective de compréhension de l'organisation de l'espace social. Elles considèrent ainsi la construction en terre comme un objet d'étude à part entière, car elle peut être conçue comme l'expression des systèmes socio-économiques

(Cresswell 2010 ; Eddargach 2018 ; Onfray 2019). Elles ont contribué à identifier trois types de procédés constructifs, que sont la terre modelée, la terre massive et la terre découpée (Wattez 2009, Ghesquières *et al.* 2015, Onfray 2017, Mylona 2018, Wattez *et al.* 2018 ; Peinetti 2021). Pour illustrer cet article, deux de ces procédés seront développés : la terre massive et la terre modelée, employées pour la construction des murs et la confection des sols.

L'enquête géoarchéologique

La démarche méthodologique repose sur les principes de détermination et d'interprétation de la micromorphologie tels qu'ils ont été adaptés à l'étude des processus de formation des sols et des structures archéologiques (Courty *et al.* 1989 ; Wattez 1992 ; Nicosia et Stoops 2017). Appliquée à l'étude des matériaux de construction en terre crue, elle vise à identifier les techniques de construction et à préciser le rôle de la terre crue dans la formation du signal / stratification archéologique (Wattez 2009 ; Friesem *et al.* 2017 ; Cammas 2018).

La démarche envisage les différents éléments architecturaux (murs et sols) comme des produits finis (Wattez et *al.* 2018), relevant d'une suite d'opérations allant de la préparation et de la transformation de la matière première à sa mise en œuvre (Cammas 2018), selon le concept de chaîne opératoire défini en technologie culturelle (Cresswell 1976). Elle relève par conséquent d'une approche technologique dont le propos est de décrire, au sein des différentes étapes de la chaîne opératoire, la variabilité technologique de la production des murs et des sols.

L'analyse est effectuée en lames minces réalisées dans des échantillons prélevés en blocs orientés (**Figure 1**), afin de conserver la structure d'origine des matériaux. Les différentes étapes de la chaîne opératoire sont enregistrées dans les matériaux de construction, figurées par des indicateurs micromorphologiques identifiables à différentes échelles d'observation, depuis l'œil nu jusqu'aux échelles microscopiques : la nature et la granulométrie des constituants qui renseignent sur l'origine et la sélection des matériaux ; le mode de distribution des constituants qui informe sur leurs modes de préparation ; la microstructure (agrégation, forme et distribution de la porosité, traits sédimentaires) qui indique le traitement de la terre à bâtir (malaxage, modelage, état hydrique) et son mode de mise en place.

Ces données permettent de déterminer l'origine des ressources employées, les techniques constructives et les modalités de vieillissement des structures de terre crue.

Figure 1 – Échantillonnage micromorphologique : prélèvement en bloc en cours de dégagement dans un mur édifié en motte de gazon, monument funéraire des Hauts de l'Orne à Fleury-sur-Orne (Calvados), Néolithique moyen (cliché E. Ghesquière, Inrap).

La terre modelée

L'édification des murs de bâtiment en modules préfabriqués par modelage est attestée dès le Néolithique moyen. Ils sont de formes et de dimensions variables : petits blocs quadrangulaires décimétriques, comme à Lillemer (Néolithique moyen, Ille-et-Vilaine, France) [Laporte *et al.* 2015], boules de terre décimétriques comme à Nédelec (Néolithique moyen, Marseille, France) ou pains de terre oblongs ou arrondis pouvant atteindre une trentaine de centimètres de long, sur le site néolithique final de La Capoulière (Mauguio, Hérault, France) [Sénépart *et al.* 2015]. Les données micromorphologiques témoignent d'une diversité dans le choix des matériaux et dans leur mode de préparation et de façonnage.

La terre est d'origine locale (formations géologiques ou sol anthropique), de texture limoneuse ou limono-sableuse, parfois amendée avec de petits graviers. Jusqu'à présent, il n'a pas été observé d'ajouts végétaux.

Le degré d'homogénéisation des matériaux lors de la préparation est variable. Ils peuvent être finement

Figure 2 – Site de Jacques Cœur (Montpellier, France) : segment de mur construit en briques modelées (V[e] millénaire) [cliché L. Jallot, Université Montpellier 3].

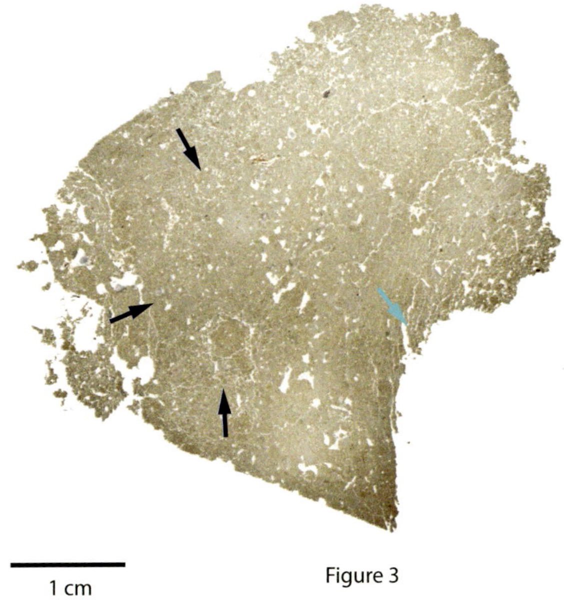

Figure 3 – Site de Jacques Cœur (Montpellier, France), vue en lame mince d'une brique modelée en coupe transversale : assemblage convoluté des plages travaillées, délimitées par des fissures curvilignes résultant du modelage par enroulement des matériaux (flèches noires) ; rides de compression et empreinte de brique (flèche bleue) [scan de lame mince] (cliché J. Wattez, Inrap).

mélangés ou parfois plus grossièrement. L'état hydrique est généralement très humide, ce qui suppose un temps de séchage de la terre à bâtir avant façonnage. La mise en forme est réalisée à l'état plastique, soit par applications successives, soit par enroulement des matériaux. Dans le premier cas, la microstructure se caractérise par de petites couches lenticulaires délimitées par des fissures subhorizontales ; dans le second, elle se distingue par une organisation convolutée. C'est de cette manière qu'ont été façonnées les briques employées dans la construction d'un bâtiment du Ve millénaire de l'habitat de Jacques Cœur à Montpellier (Hérault, France) [Jallot *et al.* 2000]. Il est conservé sous la forme d'un segment de mur de 3 mètres de long, d'une cinquantaine de centimètres de large et sur environ trente centimètres de hauteur (**Figure 2**). Les briques modelées sont emboîtées les unes sur les autres et sont d'un calibre similaire (15×5×5 cm). L'observation en lame mince de la coupe transversale d'une de ces briques, montre un assemblage de plages subarrondies au centre et plus allongées en périphérie, témoignant d'un modelage par enroulement à l'état plastique (**Figures 3 et 4**). Les matériaux sont homogènes, de texture limoneuse, issus

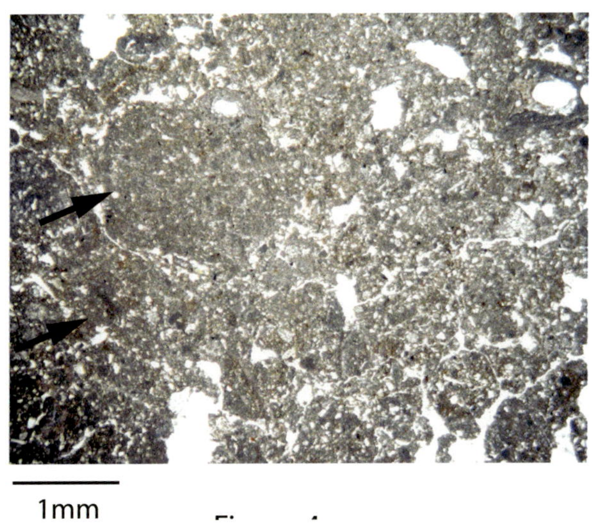

Figure 4 – Site de Jacques Cœur (Montpellier, France), détail de l'assemblage convoluté de plages limoneuses carbonatées, homogénéisées, subarrondies au centre et allongées en périphérie (flèches) [microscope polarisant, lumière polarisée non analysée] (cliché J. Wattez, Inrap).

des formations alluviales carbonatées sur lesquelles a été construit le bâtiment (**Figure 4**). Ils se caractérisent par un aspect massif, continu, avec de petites fissures curvilignes qui témoignent d'une fine homogénéisation à l'état humide lors de la préparation. La coupe

Figure 5 – Site de Klimonas (AyosTychonas, Chypre), vue zénithale du bâtiment circulaire (Néolithique Pré-céramique, IXe millénaire) : (A) mur du dispositif d'entrée, (B) mur du bâtiment (cliché J.-D. Vigne, CNRS).

transversale montre une concavité sur un bord de la brique associée à des rides de compression (**Figure 3**). Ces caractéristiques indiquent que la brique a été mise en place alors qu'elle était encore humide, moulant la brique sous-jacente.

La terre modelée est un procédé également employé dans l'aménagement des sols d'habitat. Les pavements sont constitués d'éléments préformés de taille décimétrique, ajustés les uns aux autres. Si les exemples sont encore rares, ils sont identifiés en contexte funéraire et domestique (Wattez *et al.* 2018). Dans la sépulture néolithique récent de Buchères (Aube), les modules sont façonnés à partir de sédiments d'origine locale de texture fine, modelés par enroulement. Dans le bâtiment domestique néolithique final du Bois d'Adrien (Maillé, Indre-et-Loire), les éléments sont de texture plus grossière, réalisés à partir de sables alluviaux, et façonnés par applications successives (*ibid*).

La terre massive

La bauge apparaît comme le procédé technique le mieux représenté au Néolithique, en particulier dans le centre-ouest de la France (Onfray 2019). Elle reste difficile à identifier en raison de son aspect monolithique qui se confond aisément avec d'autres types de d'aménagement comme les remblais. Elle présente une certaine diversité dans sa mise en œuvre, en mottes agglomérées ou en couches successives. Cette diversité peut également être observée dans l'édification d'un

Figure 6 – Site de Klimonas (AyosTychonas, Chypre), mur du bâtiment (B) : (cliché P. Mylona), imbrication de boules de terre coalescentes (cliché P. Mylona, MNHN).

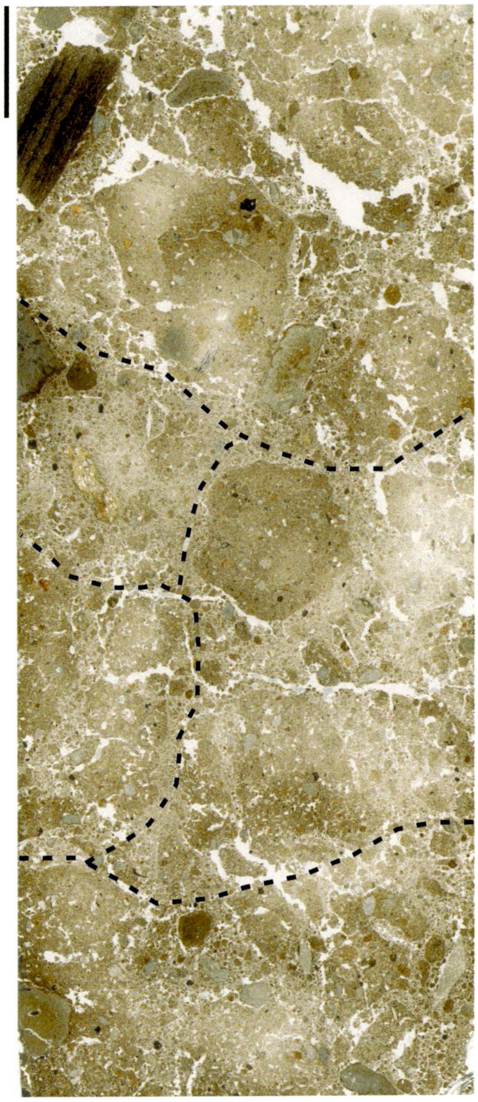

Figure 7 –Site de Klimonas (AyosTychonas, Chypre), mur du bâtiment (B) : microstratigraphie d'une boule de terre façonnée par enroulement, à partir de limons carbonatés provenant du substrat calcaire, à noter fissures semi-convolutées liées au malaxage (scan de lame mince) (cliché P. Mylona, MNHN).

Figure 8 – Site de Klimonas (AyosTychonas, Chypre), mur d'entrée (A) : succession de couches massives, à structure granuleuse grossière, séparées par des galets (cliché P. Mylona).

même bâtiment, comme sur le site du Néolithique Précéramique de Klimonas, à Chypre (Mylona 2018). Cet édifice circulaire, daté du IXe millénaire, est installé sur le replat d'une colline qui a été terrassé pour aménager la surface à bâtir (**Figure 5**). Le sol de construction est ainsi établi sur un substrat géologique calcaire passant latéralement à des formations colluviales rouges anciennes. Le mur principal du bâtiment est implanté dans une tranchée de fondation, creusée dans la partie calcaire. Il est formé de boules de terre entassées comportant des galets (**Figure 6**). En lame mince, les boules apparaissent grossièrement façonnées à l'aide d'un mélange de limons calcaires homogénéisés à l'état humide. L'assemblage coalescent des boules indique une mise en place par façonnage direct (**Figure 7**). Le mur du dispositif d'entrée se distingue par un empilement de couches de 10 à 12 cm d'épaisseur, composées de mottes limono-argileuses, riches en graviers et petits galets (**Figure 8**). En lame mince, les couches présentent un aspect pseudo-lité. Elles sont en effet constituées de lits de petites mottes subarrondies, dont les dimensions varient de 2 à 3 cm à plus de 5 cm de section (**Figure 9**). Elles se composent de plages micro-agrégées, assemblées par applications successives. Les matériaux sont de texture limono-argileuse. Des graviers et de petits éclats de silex sont distribués à la surface des lits. L'organisation interne des couches reconnues à l'œil nu montre ainsi une mise en œuvre par assises, édifiées par des apports successifs lités. Ces derniers comportent, dans leur partie supérieure, de fines fissures subparallèles qui résultent d'une compaction à l'état humide. Les propriétés pédologiques des matériaux montrent que la terre a été prélevée sur le lieu de la construction : limons provenant du substrat carbonaté pour le mur principal, limons argileux issus des colluvions pour le mur de l'entrée.

Les sols d'habitat apparaissent également aménagés selon le procédé de terre massive et ce dès le Néolithique ancien, comme sur le site du Baratin

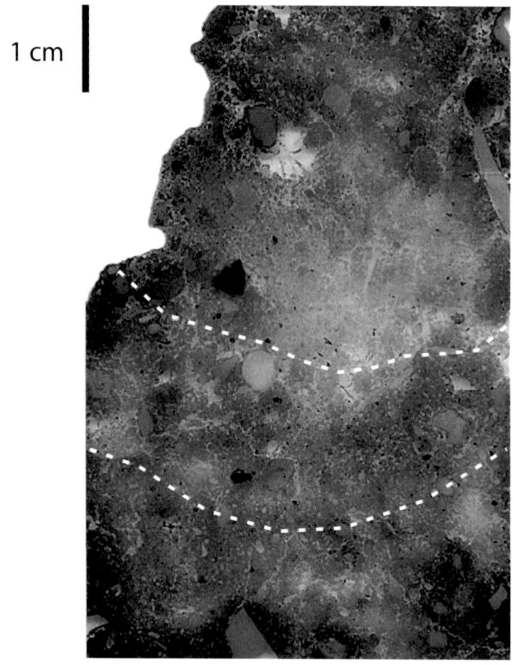

Figure 9 - Site de Klimonas (AyosTychonas, Chypre), mur d'entrée (A) : microstratigraphie d'une assise composée d'un empilement de petites couches de matériaux malaxés, à partir de sédiments limono-argileux rouges, riches en gravillons siliceux (scan de lame mince) [cliché P. Mylona, MNHN].

(Courthézon, Vaucluse) (Sénépart *et al.* 2015). Deux types relevant d'une mise en œuvre différente ont été identifiés. Les épandages composés de sédiments triés et déposés par dispersion, puis humidifiés sans autre forme de préparation préalable. Ils sont parfois mêlés à des végétaux, comme sur le site de Klimonas (Chypre) [Mylona *et al.* 2017 ; Mylona 2018 ; Wattez *et al.* 2018]. Les chapes, en revanche, sont réalisées à partir de sédiments de texture fine, plus ou moins finement mélangés et étalés à l'état humide. Les variations observées tiennent principalement au degré d'homogénéité des matériaux. Cette variable technologique peut dans certains cas être mise en relation avec la fonction des bâtiments (Peinetti 2021). Ainsi, à La Capoulière (Mauguio, Hérault), un des ensembles architecturés du Néolithique final est constitué par deux petits bâtiments accolés, édifiés en pains de terre, selon le procédé de la terre modelée (**Figure 10a**).

Un des bâtiments comporte des sols aménagés de type chape homogène, préparée à partir de limons calcaires de teinte jaune mêlés à des fragments millimétriques de concrétions carbonatées, provenant du contexte géologique du site (**Figure 10d**). Le mode de distribution des particules résulte d'un malaxage fin à l'état très humide. La porosité indique un mode de dépôt par apports successifs à l'état humide, nettement compactés. Sur ces chapes, se développent des surfaces d'activité comportant des restes de nattes figurées par des phytolithes interconnectées et des fibres végétales humifiées, ou intégrant de rares résidus de combustion et de consommation (micro-charbons de bois et fines esquilles d'os). Ces surfaces sont conservées de manière discontinue, marquées par de fines incisions, liées à des nettoyages réguliers (**Figure 10e**).

Le second bâtiment se distingue, dans la première phase architecturale, par une chape hétérogène, réalisée à partir de limons carbonatés grossièrement mélangés à des débris de matériaux de construction en terre et à des agrégats de sols d'occupation (**Figure 10b**). Sa surface d'activité se compose d'une accumulation à dominance de restes végétaux minéralisés (phytolithes d'herbacées fortement fragmentés, débris de tige de graminée et de roseau déchiquetés), régulièrement structurée par les effets d'un piétinement peu intense (**Figure 10c**).

Cette variabilité technologique paraît intimement liée à la fonction des bâtiments : espace résidentiel/ domestique pour le premier bâtiment au sol aménagé par une chape homogène, dont le travail de la terre est plus soigné ; espace annexe attaché au travail ou au stockage de végétaux pour le second, dont le sol est fait d'une chape hétérogène réalisée avec du tout-venant.

Conclusion

La reconnaissance des architectures en terre crue, quel que soit le contexte chrono-culturel et géographique, se heurte à deux principaux obstacles. Le premier est inhérent aux situations archéologiques : les murs, préservés sur de faible hauteur, sont enfouis sous leurs propres décombres, l'absence de contraste entre matériaux de construction et sédiments de recouvrement rend ainsi difficile la détection des vestiges. Le second tient à une connaissance encore limitée des techniques constructives néolithiques et, par conséquent, entrave l'identification des murs, en particulier pour les aménagements en terre massive. La micromorphologie, combinée aux analyses archéologique et architecturale, permet ainsi de lever ces obstacles. En considérant les propriétés intrinsèques des matériaux de construction et leur mode d'agencement, cette approche de la géoarchéologie autorise une reconstitution dynamique des différentes séquences de la chaîne opératoire. En considérant l'ensemble des situations étudiées, depuis le IXe millénaire à Chypre jusqu'à la fin du Néolithique en France, ces recherches mettent en relief certaines constantes technologiques. La terre est prélevée sur le lieu même de la construction. Le procédé de la terre massive et de ses variantes sont observés dès le Néolithique ancien, en contexte méditerranéen ou tempéré. Elles soulignent également

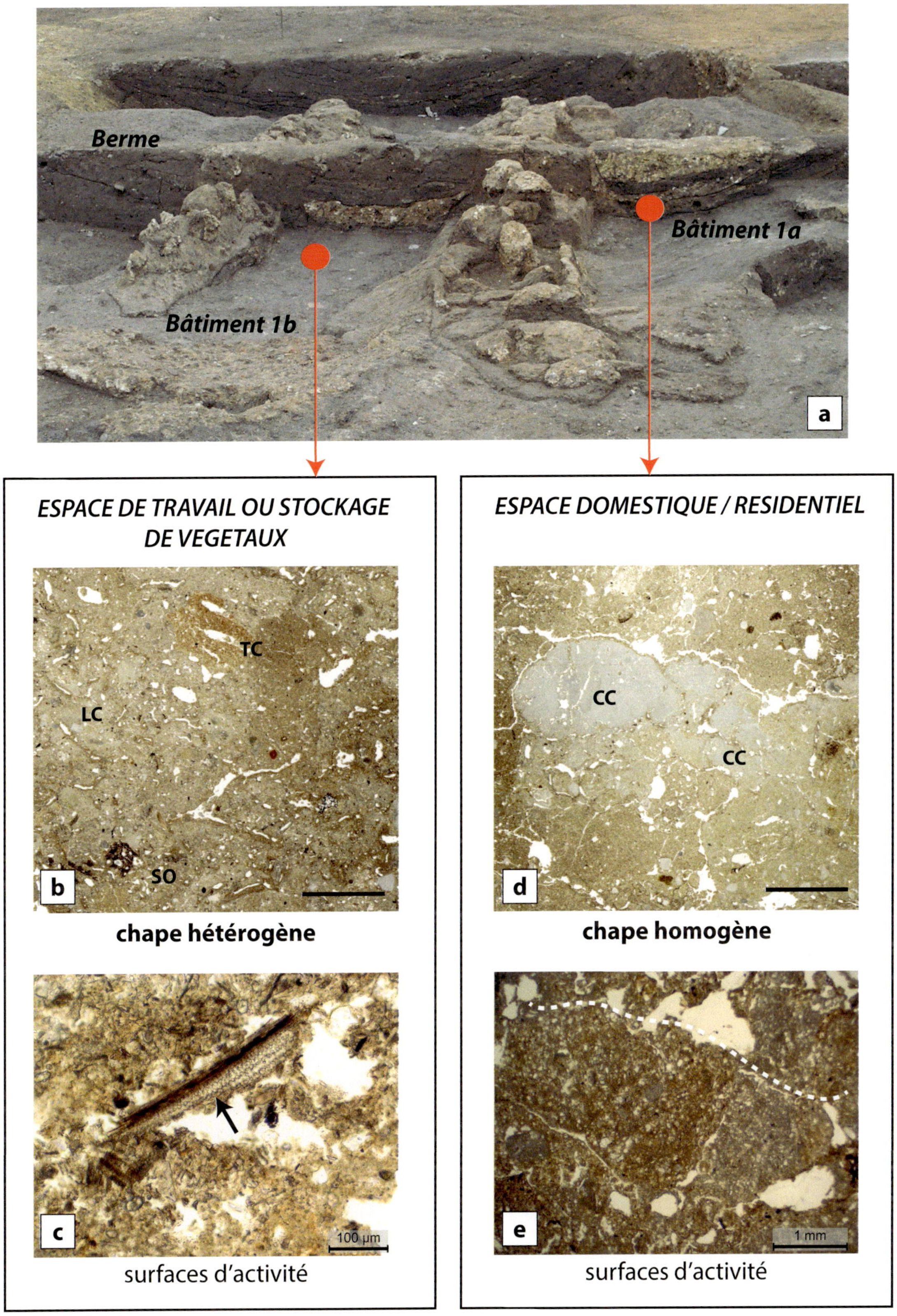

Figure 10 – Site de La Capoulière (Mauguio, Hérault) : (A) murs de deux bâtiments édifiés en pains de terre ; (B) chape hétérogène constituée d'un assemblage de limons carbonatés (LC), débris de matériaux de construction en terre (TC) et agrégats de sols d'occupation (SO) (scan de lame mince) ; (C) surface d'activité avec forte concentration de phytolithes d'herbacées fragmentés dans une masse de fond limoneuse et fragment de tige de phragmites (flèche) (microscope polarisant, lumière polarisée non analysée) ; (D) chape homogène constituée d'un assemblage de limons calcaires mêlés à des fragments de concrétions carbonatées (CC) (scan de lame mince) ; (E) surface d'activité fortement structurée par le piétinement en ambiance sèche et marquée par des fines incisions (microscope polarisant, lumière polarisée non analysée) [clichés L. Jallot, Université Montpellier 3 ; J. Wattez, Inrap ; A. Peinetti].

la diversité des solutions adoptées, que ce soit dans la sphère domestique ou funéraire.

En comparant, au sein d'un même village, dans une même région et pour une même phase culturelle, les modalités de mise en œuvre de la terre crue, la géoarchéologie, par l'analyse micromorphologique, a pour propos de comprendre les aspects socio-économiques de la construction, les modalités d'aménagement et d'organisation de l'espace et de contribuer à définir les cultures constructives du Néolithique.

Julia WATTEZ
Géoarchéologue, chargée de recherche et d'opération
CNRS, UMR 5140 Archéologie des Sociétés Méditerranéennes (ASM), Montpellier (France)
INRAP, Centre archéologique de La Courneuve (France)
34-36, avenue Paul Vaillant-Couturier
93120 La Courneuve
julia.wattez@inrap.fr

Alessandro PEINETTI
Chercheur associé
CNRS, UMR 5140 Archéologie des Sociétés Méditerranéennes (ASM), Montpellier (France)
alessandro.peinetti@gmail.com

Pantelitsa MYLONA
Chercheuse associée
CNRS, UMR 7209 Archéozoologie, Archéobotanique. Sociétés, Pratiques et Environnements (AASPE)
Muséum National d'Histoire Naturelle (MNHN)
55, rue Buffon, CP56
75005 Paris (France)
pantelitsa.mylona@gmail.com

Bibliographie

Cammas, C. 2018. Micromorphology of earth building materials: Toward the reconstruction of former technological processes (Protohistoric and Historic Periods), *Quaternary International*, 483 : 160-179.

Chazelles, C.-A. (de) 2005. Les architectures en terre crue du Sud de la France aux Âges des Métaux (Bronze final-Âge du Fer), *in* O. Buschenschutz et C. Mordant (dir.) *Architectures protohistoriques en Europe occidentale du Néolithique final à l'Âge du Fer*, Actes 127e Congrès national des sociétés historiques et scientifiques, Nancy 2002, Paris, éd. des CTHS : 25-39.

Chazelles, C.-A. (de) 2007. La bauge dans les constructions du Languedoc et du Roussillon d'après les témoignages archéologiques du Néolithique à la fin du Moyen Âge. Essai de synthèse, *in* E. Patte et F. Streiff (dir.) *L'architecture en bauge en Europe*, Parc naturel des marais du Cotentin et du Bessin : 211-224.

Courty, M. A., P. Goldberg et R. I. Macphail 1989. *Soils and Micromorphology in Archaeology.* Cambridge University Press, 340 p.

Coussot, C., J. Wattez, G. Bailleux et T. Hamon 2019. Aménager l'espace, exploiter les ressources minérales et transformer le paysage au Néolithique : l'exemple du site de « la Fosse blanche » (Prasville – Eure-et-Loir, France), *in* F. Bostyn et F. Giligny (éd.) *Exploitation des ressources minérales au Néolithique : contraintes naturelles et choix culturels,* XXVIIIe Congrès préhistorique de France, 31 mai-1er juin 2016 : 57-76.

Cresswell, R. 1976. Techniques et culture, les bases d'un programme de travail. *Techniques et culture* 1 : 7-59.

Cresswell, R. 2010. Techniques et culture : les bases d'un programme de travail. *Techniques et Culture*, 2010/1 (n° 54-55) : 21-45. URL : https://www.cairn.info/revue-techniques-et-culture-1-2010-1-page-21.htm

Eddargach, W. 2018. Dynamique d'occupation des sols au Capsien et au Néolithique au Maghreb oriental : approche géoarchéologique des *rammadiyat.* Unpublished PhD dissertation, Université Paris I Panthéon-Sorbonne, Paris, 323 p.

Friesem, D. E., J. Wattez et M. Onfray 2017. Earthen Construction Materials, *in* C. Nicosia et G. Stoops (éd.) *Archaeological Soil and Sediment Micromorphology,* Ed. Wiley Blackwel : 99-107.

Ghesquière E., D. Giazzon et J. Wattez 2015. Construction en terre crue au Néolithique moyen I, le tertre du monument 29 de Fleury-sur-Orne, *Archéopages*, 42 : 28-35.

Jallot, L., C. Georjon, J. Wattez, F. Blaizot, L. Cordier, V. Léa et V. Beugnier 2000. Principaux résultats de l'étude du site chasséen de « Jacques Cœur II » (Port Marianne, Montpellier, Hérault), *in* M. Leduc, N. Valdeyron et J. Vaquer (éd.) *Sociétés et Espaces, actes des IIIe Rencontres Méridionales de Préhistoire Récente, Toulouse, 6 et 7 nov. 1998.* Toulouse, Archives d'Écologie Préhistorique : 281-304.

Knoll, F., M. Pastor Quilès, C.-A. de Chazelles et L. Cooke 2019. *On cob balls, adobe, and daubed straw plaits. A glossary on traditional earth building techniques for walls in four languages*, 48 p.

Laporte, L, C. Bizien-Jaglin, J. Wattez, J.-N. Guyodo et collaborateurs 2015. *Another brick in the wall: fifth millennium BC earthen-walled architecture on the Channel shores.* Antiquity 89 346 (2015) : 800–817.

Mylona, P., J. Wattez, Y. Franel et J.-V. Vigne 2017. L'utilisation de la terre crue au PPNA à Klimonas (Ayios Tychonas, Chypre) : construction et évolution du bâtiment communautaire (structure 10). Approche géoarchéologique, *in* J.-D. Vigne, F. Briois et M. Tengberg (éd.) *Nouvelles données sur les débuts du Néolithique à Chypre*, Actes de la séance de la Société Préhistorique Française, 9 : 105-118

Mylona, P. 2018. L'approche géoarchéologique des systèmes d'occupation au PPNA à Chypre : le cas du site de Klimonas à Ayos Tychonas. Unpublished PhD dissertation, Museum National d'Histoire Naturelle, Paris. 404 p.

Nicosia, C. et G. Stoops (éd.) 2017. *Archaeological soil and sediment Micromorphology*, WILEY Blackwell, 512 p.

Onfray, M. 2017. Du sol à la reconstitution de l'espace habité : Géoarchéologie des modes d'occupation de la fin du Néolithique (3600-2250 av. n.-è.) dans le Sud-Ouest du Bassin parisien. Unpublished PhD dissertation, Université Paris I Panthéon-Sorbonne, 671 p.

Onfray, M. 2019. Revisiter le paradigme du « sol néolithique disparu » : géoarchéologie des modes d'occupation de la fin du Néolithique dans le sud-ouest du Bassin parisien. Le cas du site « les Grands Noyers » à Gas (Eure-et-Loir), *Bulletin de la Société préhistorique française*, 116, 1 : 41-72.

Peinetti, A. 2021. *Géoarchéologie du village : variabilité des modes d'occupation de la fin du Néolithique à l'âge du Bronze en Italie et en France méridionale. Implications culturelles*. Unpublished PhD dissertation, Université Paul-Valéry Montpellier 3, Università di Bologna. 942 p.

Sénépart, I., J. Wattez, L. Jallot, T. Hamon et M. Onfray 2015. La construction en terre crue au Néolithique : un état de la question en France, *Archéopages*, n° 42 : 6-19.

Wattez, J. 1992. Dynamique de formation des structures de combustion, de la fin du Paléolithique au Néolithique Moyen. Approche méthodologique et implications culturelles. Unpublished PhD dissertation, Univ. Paris I. 416 p.

Wattez, J. 2009. Enregistrement sédimentaire de l'usage de la terre crue dans les établissements néolithiques du Sud de la France : le cas des sites du Néolithique final de La Capoulière 2 et du Mas de Vignoles IV, *in* I. Sénépart et A. Beeching (dir.) *De la maison au village. L'habitat néolithique dans le Sud de la France et le Nord-Ouest méditerranéen*, Actes de la Table Ronde des 23 et 24 mai 2003, Marseille/Musée d'Histoire de la Ville de Marseille, Joué-les-Tours, Société préhistorique française : 199-218.

Wattez, J., A. Peinetti, M. Onfray, P. Mylona et W. Eddargach 2018. Le second-œuvre dans les habitats de Préhistoire récente : première synthèse géoarchéologique sur les sols construits, in C.-A. de Chazelles, É. Leal et A. Klein (éd.) *Construction en terre crue, Torchis, Techniques de garnissage et de finition, Architecture et Mobilier, Échanges transdisciplinaires sur les constructions en terre crue*, Volume 4, Actes de la table ronde internationale de Lattes, 23-25 novembre 2016. Montpellier : Éditions de l'Espérou : 279-292.

Wattez, J., C. Jorda et D. Todisco (sous presse). Géoarchéologie et territoire, une approche culturelle des relations sociétés/paysages, *in* M. Onfray et L. Cez (éd.) *De la géoarchéologie « intra-site » à la géoarchéologie « culturelle » : retour sur 30 ans d'expériences et de recherches*, Palethnologie.

3. ARGILES ET RESTAURATIONS

Terre crue et archéologie : de la physique du matériau à la restauration de vestiges architecturaux - *Unbaked clay and archaeology: from the physics of the material to the conservation of architectural remains*

Mathilde Gelin

CNRS, UMR 7041 Archéologies et sciences de l'Antiquité (ArScAn), équipe Archéologie du Proche-Orient hellénistique et romain (APOHR), Nanterre (France).

Résumé - En se fondant sur les propriétés des argiles au contact de l'eau (en particulier, le gonflement), nous décrivons comment les vestiges archéologiques mis au jour lors des fouilles peuvent être impactés par les réactions des argiles. Celles-ci, bonnes ou mauvaises pour l'architecture de terre crue, prennent de nombreuses apparences et peuvent fournir des indications pour les besoins de sa préservation. Des exemples sont pris sur des sites archéologiques (Doura-Europos, Faïlaka), décrivant les effets sur les maçonneries, que nous tentons d'expliquer à travers les réactions des argiles. Des suggestions sont données pour le choix des matériaux et des pratiques de préservation (exemples à Doura-Europos, Hégra). Il est intéressant de noter que, durant l'Antiquité « classique », les anciens bâtisseurs avaient une bonne connaissance de la terre crue et qu'ils pouvaient facilement l'utiliser.

Mots-clés - Sites archéologiques, rôle des archéologues, architecture de terre crue, argiles, sables, eau, sels, éléments organiques, anciens bâtisseurs, connaissance des techniques, conservation du patrimoine architectural, choix des terres, Doura-Europos, Ikaros-Faïlaka, Hégra.

Abstract - Based on the properties of clay when in contact with water (especially expansion), we describe how archaeological remains uncovered in excavations can be impacted by the reactions of clays. These, whether good or bad for earthen architecture, take numerous forms and can provide indications for the requirements of conservation. Examples are taken from archaeological sites (Dura-Europos, Failaka), describing effects on masonry that we attempt to explain through the reactions of clays. Suggestions are given for the choice of materials and conservation practices (with examples from Dura-Europos and Hegra). It is interesting to note that during 'Classical' Antiquity, ancient builders had a good knowledge of earth and were highly proficient in its use.

Keywords - Archaeological sites, archaeologists' role, earthen architecture, clays, sands, water, salts, organic elements, ancient builders, knowledge of techniques, conservation of architectural heritage, choice of earth, Dura-Europos, Ikaros-Failaka, Hegra.

La terre, matériau le plus manipulé et fouillé par les archéologues, est paradoxalement longtemps demeuré l'un des moins bien connus de la profession, son étude précise étant souvent confiée à d'autres spécialistes[1]. Pourtant, sa connaissance approfondie permet de mieux comprendre le comportement de l'architecture de terre et, par conséquence, les pratiques des anciens bâtisseurs. Elle permet également d'accéder aux solutions les plus appropriées pour la préservation des vestiges. C'est là un point important, car sur le terrain les archéologues sont souvent seuls pour intervenir sur la protection des constructions en terre crue qu'ils dégagent.

La démarche ici exposée se concentre sur l'une des principales propriétés conférées par les argiles à la terre : le gonflement des argiles en réaction au contact de l'eau. Il s'agit de montrer, à travers des exemples pris sur des sites archéologiques, l'importance du gonflement, à la fois dans les constructions antiques et pour les besoins de leur préservation. Cette démarche se fonde sur des savoirs théoriques et empiriques, acquis lors de l'étude[2] et de la préservation de vestiges bâtis en terre crue sur plusieurs sites archéologiques d'époque 'classique'[3] et dans différents pays du Proche-Orient, du Moyen-Orient et de l'Asie centrale (Figure 1)[4].

Le matériau terre

L'architecture en terre est rapidement devenue un sujet d'étude majeur pour les spécialistes de l'Orient ancien[5]. Cependant, alors même qu'elle était également d'un

[1] Comme des géologues, des géographes, ou des architectes spécialisés dans l'architecture de terre crue. Voir notamment Bendakir 2009.

[2] Gelin 2000.

[3] Pour les besoins de ce texte, cette dénomination inclut les quatre siècles antérieurs à l'ère chrétienne et les trois suivants.

[4] Syrie, Koweït, Ouzbékistan, Tadjikistan.

[5] Margueron 1985, 1986, 1995, 1997 ; Sauvage 1998 ; Aurenche 1981.

Figure 1 – Carte du Proche et du Moyen-Orient, avec indications des sites mentionnés.
Carte © H. David-Cuny.

usage fréquent aux époques de l'Antiquité 'classique', elle a longtemps été considérée par les archéologues travaillant sur ces périodes comme un parent pauvre face à l'architecture de pierre[6]. En ce qui concerne le matériau lui-même, peu apparaissait dans la littérature archéologique.

De ce fait, pour les besoins d'une étude menée de 1994 à 2000 et portant sur l'architecture de terre crue à Doura-Europos sur l'Euphrate[7], un réel manque bibliographique s'était fait jour. Pour contourner cet obstacle il nous a semblé que, pour bien appréhender les constructions en briques crues du site, une nécessaire compréhension du matériau et de son utilisation dans l'architecture s'imposait. Une première approche par le biais d'ouvrages d'architecture[8], puis de géologie[9] s'est avérée indispensable, mais pas totalement satisfaisante. Les conseils d'un 'géographe chez les archéologues'[10] de consulter un *Précis de pédologie*[11] ont été fondamentaux, car cet ouvrage nous a semblé le meilleur outil, le plus utile et le plus complet pour connaître le fonctionnement des argiles, tant pour elles-mêmes qu'à travers leurs interactions avec les autres composants de la terre, minéraux et organiques[12].

Pour résumer, les principales propriétés de la terre crue exploitées dans la construction – le gonflement, l'imperméabilité, la plasticité, la compression –, sont dues aux argiles et à leur combinaison avec les autres

[6] Foucher 1942 : 61-62 ; Schlumberger dans Gelin 2010d : 49-51.
[7] Thèse, Gelin 2000.
[8] Fathy 1970 ; Houben, Guillot 1989. Vitruve proposait de bonnes théories, mais pas toujours aisément applicables dans la pratique, par exemple pour les temps de séchage; voir Vitruve, II, 3, 2.
[9] Par exemple Millot 1980 et 1997.
[10] Pierre Gentelle, à qui nous devons d'avoir pu aller à l'essentiel dans ce domaine.
[11] Duchaufour 1965. Depuis, des publications spécialisées sur le rôle de la terre dans la construction sont parues (voir notamment Fontaine, Anger 2009), mais seule la pédologie nous a semblé présenter un tel éventail d'informations.
[12] L'archéologie des paysages a pu se saisir de la pédologie pour les besoins de la compréhension des interactions entre éléments naturels et activités humaines (voir Poupet 2000), mais ce qui avait trait à l'architecture n'en faisait pas état.

matériaux minéraux de la terre. Elles découlent majoritairement des réactions des argiles en présence d'eau ajoutée. Les qualités des argiles peuvent être augmentées ou altérées par certains facteurs, comme les sels et les éléments organiques, ainsi que nous avons pu le constater sur plusieurs sites archéologiques.

Les argiles et les sables

Les argiles, de très petite taille[13], sont des minéraux aux propriétés chimiques et physiques complexes[14]. Issus de l'altération de roches, ils sont composés de plusieurs dizaines voire centaines de feuillets liés les uns aux autres par des charges électriques et de l'eau inhérente au matériau, distincte de l'eau ajoutée, les feuillets étant eux-mêmes formés de couches d'atomes combinés entre eux selon des formes de tétraèdres ou d'octaèdres. Ces feuillets sont séparés par un espace dont l'écartement peut souvent varier, en fonction de la présence d'éléments plus fins, comme l'eau ajoutée ou l'humus. Si des molécules d'eau s'introduisent entre les feuillets, ceux-ci peuvent glisser les uns sur les autres, ce qui entraîne la plasticité des terres argileuses humides. Par ailleurs, selon leur charge électrique, les espaces interfoliaires peuvent retenir plus ou moins ces molécules d'eau, ce qui cause le gonflement de la terre et, au séchage, sa rétractation. Lorsque l'eau est présente jusqu'à combler les espaces au point de les saturer, aucune autre molécule d'eau ne peut s'insérer, ce qui provoque l'imperméabilité de la terre. En revanche, trop d'eau dissocie les liaisons argileuses et entraîne la dispersion des feuillets, produisant un liquide argileux.

Ce sont les argiles qui apportent à la terre sa cohésion, mais elles résistent peu à la pression et c'est leur mélange[15] avec les sables et autres éléments qui permet une meilleure résistance de la terre.

En comparaison avec les argiles, les sables, de taille plus importante[16], sont plus stables au contact de l'eau et résistent beaucoup mieux à la pression. Selon qu'ils sont lisses ou anguleux et tassés ou non, leur agencement entre eux offre plus ou moins d'interstices, des vides dans lesquels l'eau peut s'infiltrer. Leur présence dans une construction en terre apporte donc de la résistance à la pression mais, si les sables sont en proportions importantes ils confèrent à la terre une moins bonne cohésion et une plus grande porosité[17].

Les sels

Les sels sont nombreux naturellement, provenant de la dégradation de certaines roches ou de matières organiques fraîches[18]. Ils peuvent être présents dans les terres utilisées pour la construction et/ou dans l'eau ajoutée, et se retrouver dans les maçonneries. Ils peuvent également y migrer par capillarité, depuis l'environnement des vestiges bâtis.

À chaque période humide suivie d'un séchage, l'eau incluse dans les maçonneries migre vers les surfaces (sommets, parois) puis s'évapore. Lorsque des sels sont présents, ils sont dissouts par l'eau puis entraînés vers les surfaces où, ne pouvant s'évaporer, ils cristallisent[19]. Les écoulements d'eau suivants (pluies, rosées) dissolvent à nouveau ces sels qui ruissellent avec l'eau, entraînant les particules de terre sur lesquels ils étaient accumulés. De plus, la migration des sels hors de leurs espaces interfoliaires peut déstabiliser les argiles. Le résultat est que les terres et maçonneries atteintes, qui ont souvent une couleur plus sombre, s'érodent rapidement, parfois de manière spectaculaire.

Les éléments organiques

Les éléments organiques présents dans la terre sont d'origines animale et végétale. Lorsqu'ils se trouvent dans des proportions élevées, ils peuvent aboutir à la dissociation des liaisons argileuses. L'humus[20] par exemple comprend certains colloïdes qui, par leur taille inférieure à celle des argiles et leur pouvoir de gonflement supérieur, peuvent s'insérer entre les feuillets et les séparer, rompant ainsi toute cohésion argileuse. Une maçonnerie atteinte par des éléments organiques prend une apparence comme pourrie et devient poudreuse, d'une grande fragilité.

Particularités observées sur des sites archéologiques, dues au gonflement des argiles

Doura-Europos sur l'Euphrate (Syrie)

Le rempart hellénistique

Doura-Europos sur l'Euphrate, en Syrie, a été fondée vers la fin du IVe-début du IIIe s. av. J.-C. par les Séleucides qui, vers le milieu du IIe s. av. J.-C., ont décidé de l'agrandir. La ville a alors été ceinte de murailles bâties en pierres de taille mais, sur le rempart occidental qui barre le plateau steppique, l'extrémité septentrionale a été

[13] De l'ordre de 2 micromètres (1 µm = 1^-6^ m ou 0.001 mm).
[14] Millot 1980 et 1997.
[15] Mélange qui existe naturellement dans la terre.
[16] Sables grossiers de 2 mm à 0.2 mm ; sables fins de 0.2 mm à 60 µm (0.06 mm).
[17] Houben, Guillaud 1989 : 35. La porosité peut être réduite si la terre est très tassée.
[18] Duchaufour 1965 : 109.
[19] Domalowski 1982 : 30, a observé cette migration dans les maçonneries en pierre ; nous en reprenons le principe pour les constructions en terre car, en fonction de nos observations, il ne nous semble pas très différent.
[20] La matière organique transformée, les acides humiques. Voir Duchaufour 1965 : 109.

Figure 2 – Le rempart occidental de Doura-Europos, la partie en briques crues vue vers l'ouest. Photo © M. Gelin.

achevée en briques crues, sur une longueur de plus de 116 m (Figure 2). J.-C. Bessac[21] a montré que la muraille ouest en pierres a été érigée du sud vers le nord, selon le schéma suivant : mise en place du socle des courtines et des tours, puis construction de l'élévation des tours et enfin, construction de l'élévation des courtines par tranches verticales. La partie en briques crues est assise sur le socle de pierre et s'étend de part et d'autre d'une tour en pierres de taille (tour 24).

À la jonction entre l'élévation en pierres et l'élévation en briques, sur la courtine au sud de la tour 24, un ancien sondage[22] a dégagé une partie du socle. Dessus, la base de la maçonnerie en terre crue est fortement érodée sur environ un tiers de la hauteur de l'élévation conservée[23], au point de saper le mur (Figure 3). Les terres employées, de couleur grise pour une partie des briques, rouge pour l'autre partie et pour le mortier, apparaissent avec des teintes plus vives que celles des briques des deux tiers supérieurs, comme si elles étaient en permanence humides. Leur apparence évoque parfois du minéral vitrifié ; ces terres ont pris une consistance très dure et le mortier, encore plus résistant et en saillie par rapport au nu du mur, forme comme des plaques ayant l'apparence de la pierre (Figure 4). On observe une rupture nette et horizontale entre la partie qui subit cette usure particulière, et les deux tiers supérieurs de la maçonnerie qui sont normalement altérés par les écoulements des pluies, sans que cela n'affecte les couleurs ni l'épaisseur du mur (à l'exception du sommet, plus usé).

Figure 3 – Doura-Europos, la jonction de la courtine en pierres et de la courtine en briques crues. Photo © M. Gelin.

À la base du mur, les terres durcies comportent une très forte concentration de sels, détectables au goût, ce qui ne ressort pas sur les assises supérieures. De toute évidence, ces sels se sont introduits par capillarité, soit qu'ils proviennent des terres archéologiques relativement salées, soit que la pierre de gypse dont est fait le socle délivre des sels. Le sondage opéré au pied

[21] Bessac 1997. Nous schématisons et généralisons ici ses résultats, la réalité étant plus complexe.
[22] Ouvert par la mission américano-française qui a travaillé de 1928 à 1936 (Université de Yale et Académie des Inscriptions et Belles-Lettres).
[23] Soit dix-huit assises de briques, environ 2 m de hauteur.

Figure 4 – Doura-Europos, détail de la maçonnerie érodée, avec des joints horizontaux en saillie alors que la terre des briques a disparu. Photo M. Gelin © Mission archéologique franco-syrienne de Doura-Europos.

du mur et non rebouché par les anciens fouilleurs s'est progressivement empli de matériaux hétéroclites qui ont favorisé une stagnation de l'humidité, réunissant les conditions pour que les sels pénètrent dans la maçonnerie en briques. Leur progression cependant, a été arrêtée en hauteur car les trente assises supérieures[24] n'en sont pas atteintes. Le nettoyage de la paroi de la courtine a montré que, sur la dix-huitième assise de briques en partant de la base, une couche de terre a été appliquée uniformément sur une épaisseur d'environ 0.05 m, sur toute la longueur de la courtine jusqu'à la tour. On la retrouve de la même façon sur la courtine au nord de la tour. Cette terre, grise et provenant des rives de l'Euphrate, est de granulométrie relativement fine, les plus gros éléments étant des sables fins[25], et est mélangée à de la paille hachée : ce détail permet de considérer que, à l'origine, il s'agissait de terre préparée pour la fabrication des briques, car la terre du mortier ne contient pas de paille[26]. Ce mélange est de plus identique à celui utilisé pour les briques grises de la maçonnerie.

Il est évident que cette couche de terre, singulière dans la construction, a fait barrière aux remontées humides salines. Plusieurs éléments se sont unis pour y faire face : d'abord, l'homogénéité de cette couche de terre, appliquée uniformément sur toute la longueur de la courtine. Dessous, dans la partie atteinte par les sels, la terre est morcelée, dans la mesure où les briques grises sont séparées par le mortier et par des briques rouges faits de la terre du plateau, plus sableuse. Ainsi, l'humidité véhiculant les sels a pu facilement pénétrer par les interstices entre les grains de sable. Ensuite, l'épaisseur de cette couche de terre a peut-être une importance car, à la base de la maçonnerie, entre le socle de pierre et l'élévation de brique, une autre couche de terre a été appliquée en continu mais n'a pas joué le même rôle d'étanchéité. On peut supposer que son épaisseur, d'environ 0.02 à 0.03 m, n'était pas suffisante pour résister aux remontées d'humidité. Finalement, il semble que la finesse des éléments minéraux prend une importance décisive, car la couche de terre située au-dessus de la dix-huitième assise est de granulométrie très fine, tandis que la terre de la couche placée à la base, semblable au mortier, comprend davantage de minéraux de granulométrie plus importante. La terre fine a permis aux argiles d'assurer un gonflement hermétique lors des contacts avec l'humidité sous-jacente, alors que la terre avec des éléments plus gros a laissé circuler l'eau.

On peut en déduire que le dégraissant sableux a contribué à désolidariser les liaisons argileuses de la terre, et l'on remarque que la paille, pourtant présente en forte quantité dans la terre fine, n'a pas empêché cette cohésion de se faire. Ce sont donc des éléments minéraux plus gros que les argiles, en forte quantité et intimement mêlés aux autres composants de la terre, qui ont compromis les liaisons en créant des espaces vides permettant la circulation de l'eau salée. En ce qui concerne les brins de paille, on peut avancer que leur présence n'a pas représenté un obstacle car ils sont disséminés dans la terre et n'empêchent pas la cohésion argileuse de la masse.

L'étude archéologique qui a été menée[27] a pu déterminer que l'épaisse couche de terre à brique placée au milieu de la maçonnerie correspond à une protection provisoire de l'élévation, appliquée lors d'une interruption du chantier de construction. À la reprise du chantier, les assises supérieures ont été montées directement par-

[24] 49 assises visibles au-dessus du socle de pierre, en l'absence de nettoyage des parties hautes au-delà d'une hauteur de 5.50 m.

[25] D'une taille d'environ 100 à 150 µm, soit 0.01 à 0.015 mm.

[26] Dans ce cas précis de la muraille, achevée en briques en urgence, les briques étaient très vraisemblablement fabriquées sur place, au moment même de la construction, et le mélange terre/paille à l'état humide était donc disponible en grandes quantités. Voir Gelin 2010a.

[27] Gelin 2000 : 190-199 et 203-205 ; Gelin 2010a : 442-443.

Figure 5 – Le puits de la forteresse d'Ikaros-Faïlaka, vue aérienne. Photo H. Al Mutairi © Department of Museums and Antiquities of Kuwait.

dessus. Il ne s'agit donc pas d'un acte volontaire destiné à empêcher les remontées de l'humidité.

Aménagements de l'époque romaine

La ville hellénistique a été prise par les Parthes vers 113 av. J.-C., puis les Romains l'ont conquise vers 165 ap. J.-C. et y sont demeurés jusqu'à l'assaut final, mené par les Sassanides vers 256. Les Romains ont procédé à plusieurs remises en état des murailles. En particulier, à l'intérieur de la ville, des escaliers[28] ont été bâtis pour permettre d'accéder directement aux tours par le chemin de ronde et, à l'extérieur, la partie en briques crues a été renforcée avec la mise en place de trois tours supplémentaires, aux murs renforcés à l'intérieur par des placages[29] ; une tour (tour 13) a également été bâtie à l'extrémité occidentale du rempart sud de la ville. Les escaliers sont en briques crues, les tours sont en briques crues sur socles de blocage au *djousse*[30] et les placages sont entièrement en briques crues. L'ensemble de ces maçonneries est très mal conservé, poudreux et s'effrite, offre une faible résistance à la pression et, depuis leur dégagement, les murs ont très mal résisté aux intempéries.

Pour leur construction, jusqu'à six types de briques ont été utilisés en même temps, différenciés par les terres. Celles-ci sont, pour au moins quatre d'entre elles, d'origine 'archéologique', c'est-à-dire qu'elles sont issues de la ville elle-même. Les deux terres principales (plateau et plaine) sont présentes, mais systématiquement mêlées à d'autres matériaux, comme si elles provenaient de la destruction de maçonneries antérieures bâties à l'origine avec des terres moins polluées et ensuite mélangées à des débris divers. Il ne s'agissait plus des terres 'pures' qui ont pu être employées à l'époque hellénistique mais, d'après les constituants hétéroclites[31] qui y ont été retrouvés, plutôt de déblais de chantiers ou même de poubelles. Les pâtes des briques sont souvent mal mélangées (avec des mottes) et les composants hétéroclites sont en quantité plus ou moins importante : certaines briques cendreuses sont presque de couleur noire, quand d'autres types ne comprennent que peu ou pas de cendres. Enfin, des petits animaux ont contribué à abîmer les maçonneries, en y creusant de nombreux terriers.

On peut donc avancer que ces terres comprenaient de fortes quantités d'éléments organiques[32] qui ont participé à la dégradation des maçonneries depuis les composants les plus petits, les argiles, jusqu'aux plus gros, les murs. Ces éléments ont mené à la

[28] Escalier A et ceux montant vers les tours 15, 18, 21, 22.
[29] Placages dans les tours 23, 25, 26.
[30] Plâtre.

[31] Fragments de *djousse*, tessons de céramique, charbons et cendres, éclats de gypse, branchettes, graviers, cailloux.
[32] Au goût, le salé ne ressortait pas mais toutes les terres étaient acides ou amères.

Figure 6 – Ikaros-Faïlaka, le secteur du puits, rebouché, vue vers le sud-est. La base des parois (à gauche et derrière les étais) est humide. Photo M. Gelin © Mission archéologique koweïto-française de Faïlaka.

déstabilisation des liaisons argileuses, puis à l'érosion accrue des briques et des maçonneries.

L'étude archéologique[33] a pu montrer que l'association de l'ensemble de ces types de briques dans plusieurs maçonneries ne pouvait pas être due au hasard, et que les constructions concernées appartiennent à une même phase chronologique, qui correspond à une remise en état des fortifications.

Le puits d'Ikaros-Faïlaka

La forteresse séleucide d'Ikaros-Faïlaka (Koweït) a été fondée vers la fin du IVe s.-début du IIIe s. av. J.-C. sur la côte sud de l'île, puis abandonnée vers le Ier s. ap. J.-C.[34]. La zone sur laquelle elle est implantée se compose de couches de sables naturels visibles sur au moins 3 m d'épaisseur[35]. À la première période de construction, un puits a été creusé intra-muros à 5 m au nord de la porte sud (Figure 5), dans les sables naturels, puis bouché aux périodes suivantes et surmonté par des habitats. Ce puits et les constructions postérieures qui l'ont recouvert ont été partiellement fouillés dans les années 1960 et en 1973 par des missions archéologiques danoise et américaine, puis laissés sans rebouchage ni protection. Au fil du temps, plusieurs maçonneries se sont érodées et ont chu, ou leurs coulures ont rempli le puits.

Lors de nos travaux, nous avons entrepris un nettoyage du secteur et observé que les parois de la tranchée creusée par les anciens travaux archéologiques, en particulier leurs parties situées au-dessus du puits, étaient fortement érodées, provoquant régulièrement l'effondrement de constructions (Figure 6). L'ensemble du secteur est déstabilisé[36] et, notamment, la paroi sud présente une succession de couches qui paraissent comme rongées. Elles sont solidifiées en surface, ou d'une couleur plus foncée. Là aussi, il s'est avéré que des sels, reconnaissables au goût, avaient cristallisé et miné la paroi. Ils proviennent de l'eau présente dans le sous-sol[37], que les sables des couches supérieures ne retiennent pas lors des évaporations, puis s'infiltrent dans les couches de terre archéologique et dans les murs.

33 Gelin 2000 : 255.
34 Galliano 2005 ; Gelin *et al.* 2021.
35 Secteur du puits, d'après nos fouilles.

36 Nous avons étayé les parois du puits pour mener notre étude en sécurité, et construit des contreforts pour maintenir plusieurs constructions avoisinantes, particulièrement menacées.
37 Actuellement, l'eau au fond du puits est un peu salée (pas autant que l'eau de mer).

En outre, lorsque le puits a été bouché par les anciens occupants, ce sont des terres issues de poubelles qui y ont été jetées, ce qui implique qu'elles contenaient une importante proportion d'éléments organiques, dont beaucoup étaient encore visibles à l'œil nu au moment de notre étude.[38] Certaines terres de la paroi sud étaient totalement poudreuses, ce qui est l'une des caractéristiques produites par l'action des éléments organiques. Pourtant, il ne semble pas que ces éléments aient migré depuis les terres du bouchage du puits car, contrairement aux sels, leur action destructrice est visible de manière très localisée et ne s'étend pas sur la surface de la paroi. On peut supposer que les éléments organiques qui ont contribué à éroder ces terres y étaient directement inclus, dès l'origine (notamment une fosse ayant servi de poubelle).

Par ailleurs, le puits se trouvant dans un environnement naturel sableux peu stable, lors de sa mise en place une gaine en moellons de pierre a été construite pour soutenir ses parois. Pour le maintien d'un escalier semi-hélicoïdal qui menait à deux paliers successifs établis à l'est pour permettre l'accès à l'eau, les marches ont été posées sur une épaisse couche de terre. Celle-ci a été mise en place sur l'ensemble du secteur autour du puits et s'étendait au moins jusqu'à 8 m vers l'ouest[39], sur une épaisseur atteignant jusqu'à 1 m. Le premier bâtiment construit dans le secteur[40] l'a été sur cette couche, de même que la première rue nord-sud de la forteresse, dont l'extrémité méridionale pose dessus. Plus au nord sur le site, cette couche de terre n'existe pas et reste localisée aux abords du puits.

On peut donc en conclure que le rôle de cette masse de terre a été de stabiliser les sables autour du puits. Ce maintien était indispensable pour qu'ils ne soient pas rapidement emportés par les pluies hivernales, ce qui aurait mené à l'effondrement, non seulement du puits, mais aussi des constructions voisines. De plus, cette épaisse couche de terre comprend une proportion importante de grains très fins et d'argiles (Figure 7)[41], ce qui lui a permis de jouer également le rôle de barrage contre les remontées salines, de la même manière que la couche décrite pour le site de Doura-Europos. On ignore si c'était là un objectif de la part des constructeurs, mais l'ensemble de la forteresse pose sur des sables et, nulle part ailleurs, ne subit de telles remontées salines. C'est seulement là où existe une percée menant directement au sous-sol, que les remontées sont à ce point présentes. Ceci permet de supposer que la protection des environs contre ces évaporations a pu être jugée nécessaire et que, dès l'origine, cette couche de terre a pu être conçue aussi comme un moyen de protection contre les sels.

Figure 7 – Test de sédimentation sur un échantillon de la couche de terre protégeant les environs immédiats du puits de la forteresse de Faïlaka. Noter les trois couches de matériaux de granulométrie différente : à la base, les sables fins, au milieu les silts, en haut les argiles. Photo © M. Gelin.

Les deux sites de Doura-Europos et de Faïlaka et les situations qu'ils connaissent de dégradation accrue de constructions en terre, montrent à quel point le matériau est fragile. On découvre également que les bâtisseurs de l'époque séleucide ont pu freiner ces actions destructrices en appliquant simplement des couches de terre argileuse qui ont eu un effet soit immédiat, comme à Ikaros, soit décalé, comme à Europos. Bien entendu, ce dernier cas ne traduit pas une volonté intentionnelle destinée au maintien de l'humidité, mais celui de l'île d'Ikaros montre bien que les bâtisseurs maîtrisaient parfaitement la connaissance et l'usage de la terre.

Application de ces particularités pour la préservation des vestiges

On vient de le voir, l'architecture de terre crue mise au jour par la fouille est susceptible de se dégrader

[38] Noyaux de dattes, restes animaux (crustacés, coquillages, poissons, bétail), brindilles, terre de couleur verte caractéristique de la décomposition d'éléments organiques.

[39] Nous n'avons pas vu les limites exactes de cette couche, qui de toutes parts est recouverte de vestiges archéologiques.

[40] Dont subsistent des murs d'une pièce, à l'ouest.

[41] D'après un test de sédimentation, environ 34% de sables fins, 36% de silts et 30% d'argiles.

rapidement du fait de son exposition aux actions naturelles (intempéries, usure...) et humaines voire animales (passages, creusements...), toutes pouvant introduire des éléments qui lui sont particulièrement néfastes. Sa protection est indispensable, et la meilleure qui soit est son ré-enfouissement.

Pourtant, cette solution ne répond nullement à la volonté de présenter et de mettre en valeur les vestiges dégagés. Les archéologues, à la fois conscients de leur responsabilité et vecteurs de cette volonté, mettent en place des opérations de préservation qui sont parfois confiées à des architectes ou, le plus souvent, sont le fait des archéologues eux-mêmes. Les uns comme les autres, reconnaissant que peu d'entre eux sont formés à l'emploi de la terre crue et à la maîtrise des spécificités de ce matériau, souhaiteraient faire appel à des experts. Parallèlement, sur tous les continents plusieurs architectes se sont spécialisés[42] et, même en France où l'architecture de terre est peu représentée[43], une école[44] a développé une formation propre à ce matériau. Malheureusement, les missions archéologiques se heurtent à une difficulté majeure et chronique, qui est le manque de moyens financiers, et ne peuvent que dans de rares cas faire face aux dépenses impliquées par le recrutement de tels professionnels. Les analyses physico-chimiques, souvent recommandées pour définir quelle terre choisir pour la préservation, ne leur sont pas davantage accessibles[45].

C'est pourquoi, il est nécessaire d'acquérir un minimum de connaissances afin de prendre le moins de risques possibles pour le patrimoine bâti. De plus, en se fondant sur les observations réalisées sur les sites archéologiques, on peut déjà entrevoir de premières actions.

Le choix de la terre pour la préservation des vestiges

Du fait de la fragilité de la terre crue, tout autre matériau appliqué directement dessus est susceptible de menacer la stabilité d'une maçonnerie, d'un sol, etc... Il est fortement recommandé de se tourner vers la terre pour les préserver ou, au minimum, pour servir de couche intermédiaire entre la construction et de nouvelles réalisations. Pour ce faire, le choix d'une terre s'impose et l'observation des vestiges ainsi que la pédologie indiquent vers quelles solutions se tourner. Nous présentons ici un rapide survol de choix pouvant être appliqués pour la sélection des terres à utiliser pour la préservation des vestiges bâtis.

Les 'mauvaises' terres

En se fondant sur les constats faits à Doura-Europos et à Faïlaka, parmi les terres néfastes à la construction et à la préservation, on retient ici celles contenant de fortes proportions de sels et/ou d'éléments organiques, qui sont particulièrement à éviter.

Pourtant, pour de nouvelles constructions en terre, Houben et Guillaud proposent de stabiliser le matériau au moyen de sels synthétiques[46]. Mais, dans ce cas, les ajouts sont alors faibles et parfaitement dosés, et n'interviennent que sur de nouvelles maçonneries dont la chaîne opératoire est maîtrisée de bout en bout, avec un entretien des murs assuré. C'est à proscrire, autant que faire se peut, sur les sites archéologiques, particulièrement sur ceux où la permanence de l'entretien des bâtis préservés est incertaine. Bien entendu, à Faïlaka qui est une petite île, le sel est difficilement évitable, mais il est pourtant préférable de choisir une terre la moins salée possible.

C'est aussi pour minimiser la présence de matières organiques que, pour acquérir la terre destinée à la construction, on exclut les couches supérieures de terre végétale. De même, il est préférable d'éviter la terre issue des sites archéologiques pour fabriquer de nouvelles briques ou même pour le rebouchage des sondages, car en général elle comprend une forte quantité d'éléments organiques et/ou de sels qui peuvent s'infiltrer dans les vestiges proches[47].

Pour déterminer la présence de matières organiques, l'observation est efficace, mais insuffisante car certaines terres en comportant ne produisent pas ou très peu d'éléments visibles. Quand on mélange la terre avec de l'eau, des débris en flottation ou une forte production de mousse peuvent aussi alerter sur leur présence, mais il n'y a pas toujours de débris et cette mousse ne se produit pas systématiquement.

Un moyen très simple pour éviter de sélectionner des terres contenant des sels et/ou des éléments organiques, est de les goûter : si le goût est salé, amer ou acide, la terre est à rejeter. Cette méthode[48] se

[42] Entre autres, formations délivrées par le Centre des Hautes Études de Chaillot en Syrie (2006), par le World Monument Fund en Irak (2013-2014).

[43] 15% du patrimoine architectural français est en terre crue, d'après Houben, Guillaud 1989 : 17.

[44] École supérieure d'architecture de Grenoble, Centre de Recherche en Architecture de terre.

[45] Lorsqu'ils sont disponibles, les financements sont en général réservés aux analyses considérées prioritaires, comme celles permettant de dater des échantillons.

[46] Houben, Guillaud 1989 : 106. Nous n'avons pas d'information sur ces sels synthétiques.

[47] Dans la pratique, il est difficile de ne pas employer la terre issue des fouilles, qui envahit rapidement les sites archéologiques. Son utilisation comme élément de rebouchage peut se faire, à la condition de préférer des terres 'propres' au pied des murs et d'éloigner la terre archéologique dans les zones dépourvues de constructions.

[48] Cette méthode impose de prendre un minimum de précautions pour ne pas ingérer d'élément potentiellement néfaste pour la santé : pendant le processus il suffit de ne pas déglutir pour ne pas avaler, de copieusement recracher, de se rincer la bouche avec de l'eau

rapproche probablement des moyens qui étaient à la disposition des anciens bâtisseurs.

Comment choisir ?

Généralement, à l'exception de celles dont on a vu qu'elles peuvent être nocives, pratiquement toute terre est bonne à utiliser. Parmi les centaines de briques crues grecques, parthes et romaines que nous avons étudiées à Doura-Europos, les variétés de terres sont considérables. Les briques ont été fabriquées à partir de deux grands types de terres naturelles, employées 'pures'[49] par les premiers bâtisseurs macédoniens, puis de plus en plus mélangées entre elles et mêlées d'autres éléments au fur et à mesure que l'on avançait dans le temps : certaines briques, fabriquées par les Romains 400 ans après la première fondation, l'ont même été avec des terres issues de chantiers de démolition et de poubelles[50].

Il n'est pas indispensable d'employer la même terre dont sont faites les anciennes maçonneries : c'est même pratiquement impossible. Certes, l'idéal serait de retrouver la carrière ayant été exploitée dans l'Antiquité et que celle-ci ait été préservée de récentes modifications des paysages, d'intempéries brutales, de crues et autres recouvrements etc... Mais dans la plupart des cas, on peut considérer que les compositions en argiles et autres minéraux fins auront été modifiées, au moins en partie, par les transports de ces éléments (ruissellements de surface ou en profondeur), ou par des apports de nouveaux éléments (ruissellements et apports éoliens) dans des proportions différentes de celles de la terre employée anciennement.

Ainsi, à Doura-Europos deux 'carrières' naturelles étaient à disposition immédiate lors de la création de la ville : la terre rouge du plateau steppique sur lequel elle est fondée, comprenant une part importante de minéraux à granulométrie élevée (sables, graviers, cailloux), et la terre grise des rives de l'Euphrate, de granulométrie plus fine. Aujourd'hui les deux terres sont toujours présentes naturellement ; néanmoins, au bord du fleuve, sur des mètres d'épaisseur se trouvent des accumulations avec des marqueurs modernes (sacs en plastique), jusqu'au point visible au plus bas, indiquant qu'il s'agit de dépôts récents. Cela signifie que les couches de terre grise fine ayant été utilisées dans l'Antiquité, ont depuis été soit charriées par les eaux fluviales, soit recouvertes par d'autres alluvions. Il est par conséquent impossible de retrouver la même composition de terre que celle qui a été employée il y a 2300 ans. Quant à la terre du plateau, ce sont surtout les éléments comme la pluie et le soleil qui ont interféré, entraînant des modifications dans des proportions probablement moindres que sur les rives.

Pour les opérations de préservation qui ont été menées sur le site, c'est cette terre du plateau qui a systématiquement été privilégiée. Elle présentait le double avantage de comprendre moins d'éléments organiques que celle des rives et d'être relativement résistante à la pression et à l'usure aqueuse[51].

Une fois que cette première étape dans le choix de la terre a été franchie, il est préférable de sélectionner plusieurs variétés, dont il faut soigneusement localiser la provenance pour les retrouver rapidement. Ainsi à Doura, ou à Hégra en Arabie Saoudite nous avons choisi plusieurs terres : par exemple, l'une en fond de ravin sec, l'autre en surface ouverte, l'une de granulométrie importante, l'autre plus fine, etc... À Faïlaka, le sous-sol étant sableux, nous avons cherché les zones collectant des écoulements lors des pluies, qui comprennent de bonnes quantités d'argiles drainées par les ruissellements.

Les terres subissent ensuite plusieurs tests pour déterminer quelles sont les proportions des principaux éléments minéraux et quels usages peuvent en être faits. On énumère ici quelques-uns des tests présentés dans le *Traité de construction en terre* de Houben et Guillaud[52], qui sont ceux que nous avons le plus pratiqués : le test de sédimentation (Figure 7), c'est-à-dire de la terre et de l'eau que l'on mélange puis que l'on laisse reposer dans un récipient aux parois verticales (de type bécher), permet de visualiser les proportions des différents grains présents dans une terre; rouler en main de la terre humide aide à vérifier sa plasticité, tout comme l'étirer.

D'autres tests ont été menés à Faïlaka[53], en appliquant plusieurs types de terres et de mélanges en couche de 0.01 à 0.02 m d'épaisseur sur un mur (moderne), formant des carrés de 0.3 x 0.3 m. Après séchage, une première observation permettait d'évaluer le retrait de chaque terre et de chaque mélange. Puis, une grosse éponge humide était passée dessus afin de permettre aux éléments les plus fins, les argiles, de remonter avec l'eau vers la surface pour, d'une part combler au mieux les craquelures causées par le retrait, d'autre part créer une couche d'argiles pouvant imperméabiliser la surface de l'enduit en cas de faible présence d'eau[54]. Enfin, sur la moitié de la surface de chaque échantillon, d'autres tests ont été réalisés, comme projeter de

éventuellement additionnée d'un désinfectant.

[49] Mais toujours avec de la paille hachée.

[50] Les briques faites de ces derniers mélanges étaient en piètre état de conservation, par comparaison avec celles faites de terre 'pure'.

[51] Cette constatation a été faite lors de l'étude des maçonneries antiques du site.

[52] Houben, Guillaud 1989 : 56-61.

[53] Par l'architecte E. Devaux, formée au CRATerre.

[54] À Faïlaka il arrive régulièrement que l'humidité de l'air conduise à des ruissellements sur les toitures et les murs.

l'eau avec un pulvérisateur ou brosser, pour évaluer la résistance aux ruissellements et aux frottements[55].

En fonction de l'objectif d'utilisation de la terre préparée, l'ajout de dégraissant n'est pas toujours indispensable. Par exemple, une terre fine comprenant une très forte quantité d'argiles peut être employée telle quelle pour protéger des zones soumises à de fréquents écoulements d'eau, comme les bases de murs. Dans ce cas, l'imperméabilité de ce type de terre est un atout qu'il ne faut pas affaiblir par un ajout de dégraissant (sables ou autres). Par contre, si l'on ne dispose que de ce type de terre très argileuse pour des emplois amenés à subir des pressions (comme les briques), un ajout de dégraissant est nécessaire : par exemple, du sable pour améliorer la résistance à la pression, et/ou de la paille pour éviter des retraits importants au séchage.

Des tests de fabrication de briques permettent ensuite d'apprécier les quantités de matériaux de base (terre, eau). Ces essais de fabrication sont d'autant plus indispensables dans le cas des matériaux stabilisés, notamment avec ajout de dégraissant (comme la paille hachée).

Les opérations de préservation appliquant les informations acquises par l'observation des vestiges

À Doura-Europos et à Hégra, pour les besoins de la préservation et de la restauration d'édifices, nous avons eu l'occasion d'appliquer certaines techniques observées sur les sites archéologiques, qui font appel aux propriétés des argiles.

Doura-Europos

À Doura-Europos, le programme européo-syrien[56] de formation des cadres de la direction générale des Antiquités et des Musées (DGAMS) a été appliqué pour les besoins de la restauration de maisons romaines destinées à devenir un musée de site. L'ingénieur E. Al Ejji (DGAMS) s'est chargé de la consolidation des fondations et des sols, l'architecte É. Léna (IFPO) a réalisé les travaux et conçu l'aménagement du musée (Léna 2007), en concertation avec le directeur de la mission archéologique P. Leriche. Deux maisons romaines, dont ne subsistait qu'une partie des soubassements, ont été sélectionnées. Le parti a été pris de reconstruire une maison romaine 'à l'identique', en se fondant sur une partie des plans des deux bâtiments qui ont été fondus en un seul. La construction des élévations des murs et de la toiture s'est appuyée sur les modèles fournis par les vestiges découverts en fouille dans les années 1928-1936, en particulier lors du dégagement des maisons et sanctuaires établis le long de la rue bordant le rempart ouest, où les bâtiments étaient conservés jusqu'au départ du toit. Notre participation s'est traduite par un conseil auprès d'É. Léna : formé en France, il devait faire connaissance avec le matériau terre.

Le choix de la terre destinée à fabriquer les briques crues a été fait en se fondant sur nos observations des matériaux employés dans l'Antiquité (voir plus haut) : la terre du plateau a été sélectionnée. Les dimensions des moules pour les briques crues se sont appuyées sur une moyenne des mesures que nous avions prises sur les bâtiments romains du site. Enfin, pour minimiser les remontées d'humidité depuis les soubassements en blocage mêlant cailloux de calcaire du plateau et mortier de *djousse* perméable à l'humidité, nous avons appliqué sur leur sommet une couche uniforme de terre, épaisse de 0.04 à 0.05 m (Figure 8). Celle-ci avait préalablement été tamisée pour obtenir la granulométrie la plus fine possible. Les élévations en briques crues ont été montées par-dessus.

Cette construction a été achevée en 2005 et, lors de notre passage en 2009 les murs, enduits de *djousse*, semblaient toujours en bon état. Des photos prises en 2013 montrent que, sur l'ensemble des murs, ceux qui se sont vu appliquer une banquette contre leur base présentaient des traces d'humidité de part et d'autre des maçonneries, et quelques murs servant de limite autour du bâtiment avaient également des traces d'humidité.

On peut estimer, au vu de ces photographies, que les murs pourvus de la couche de terre entre le soubassement et l'élévation, ont relativement bien résisté aux remontées directes depuis les soubassements. En revanche, les banquettes n'ont pas été pourvues de cette couche argileuse sur leurs faces verticales appliquées contre les murs, ce qui a pu permettre à l'humidité de se répandre dans les élévations. Il s'agit là d'hypothèses, que nous ne pouvons actuellement pas vérifier.

Par ailleurs, sur ce site il nous a été donné d'intervenir sur différentes maçonneries en briques crues antiques, qui étaient menacées d'effondrement. Elles étaient atteintes de remontées d'humidité à leur base, qui avaient érodé la terre et créé un sillon vers l'intérieur des murs[57]. Pour consolider ces maçonneries, nous avons appliqué la même intervention que celle, réalisée dans l'Antiquité, que nous avons observée sur un mur de la rue du rempart ouest : un bourrage de cailloux et de terre. Cette méthode très simple nous a servi de base pour combler les sillons après en avoir purgé les parties

[55] Les pluies, concentrées sur les périodes hivernales, sont violentes et les vents forts charriant des sables sont fréquents.

[56] Le Programme de formation à la préservation du patrimoine culturel de Syrie 2002-2004, a sélectionné 17 projets destinés à contribuer à former les cadres de la DGAMS dans ce domaine. Abdul Massih 2007.

[57] Sur ce type de sillon, voir Margueron 1985.

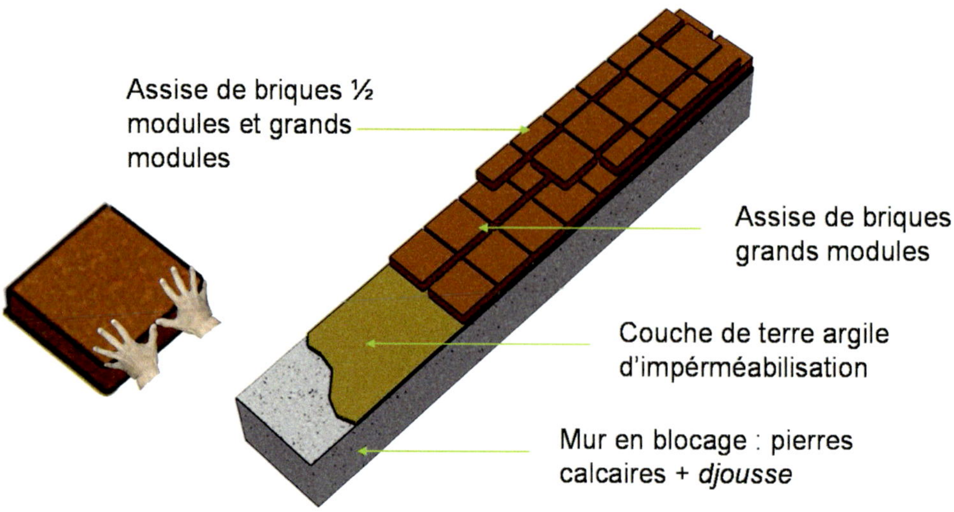

Figure 8 – Schéma de la construction du musée de site à Doura-Europos, indiquant la couche de terre argileuse entre le soubassement en blocage au *djousse* et l'élévation en briques crues. Dessin É. Léna © Mission archéologique franco-syrienne de Doura-Europos.

les plus usées, et a pu nous servir de modèle pour des préservations sur d'autres sites.

Hégra

Notre participation à la mission de Hégra-Madaïn Saleh (Arabie Saoudite) nous a permis d'intervenir comme conseillère sur quelques préservations souhaitées par L. Nehmé, directrice de la mission archéologique, et par la Saudi Commission for Tourism and Antiquities de Riadh, en particulier sur un mur du triclinium du Jabal Ithlib[58]. Ce mur, établi directement sur le rocher, était situé au bas d'une pente rocheuse et placé perpendiculairement à cette pente, bloquant les eaux d'écoulement. Celles-ci butaient puis ruisselaient le long de sa base, menaçant de le déstabiliser. Des banquettes avaient déjà été emportées.

Pour protéger cette base, nous avons choisi une terre particulièrement argileuse, trouvée dans le lit d'un large wadi qui draine des eaux chargées d'argiles, charriées sur de vastes surfaces du désert environnant (terre n°1)[59]. Nous avons proposé à la mission de l'appliquer contre la base du mur, sous forme de petit glacis. La viscosité de la terre était telle que la surface de ce glacis pouvait être rapidement saturée d'eau et bloquer le passage à l'humidité vers l'intérieur du mur[60].

Ce type de glacis sur la base des murs peut s'utiliser sur la plupart des maçonneries dégagées en fouille. Il ne représente aucun risque pour les constructions et permet de repousser l'humidité de leur base. Nous l'avons également employé dans la zone résidentielle de Hégra, sur des constructions dégagées en fouille et longuement exposées aux intempéries, mais aussi sur d'autres sites[61].

L'architecture en terre crue dégagée sur les sites archéologiques peut donc être en grande partie conservée par les archéologues eux-mêmes[62], à condition de maîtriser la connaissance des propriétés de la terre et d'observer soigneusement les vestiges. Les argiles en particulier jouent un rôle fondamental par les qualités qu'elles confèrent à la terre. Quelques règles de base doivent être respectées pour choisir la terre qui sera employée à la conservation et des tests, faciles à réaliser, suffisent à indiquer si la nécessité de stabiliser la terre s'impose. Sur les sites, de fréquentes opérations de préservation opérées dès l'Antiquité par les bâtisseurs, fournissent souvent des solutions simples et facilement applicables, et permettent d'évaluer la maîtrise que ces derniers avaient des propriétés du matériau. On constate ainsi que, à la période 'classique', la terre crue et ses qualités étaient non seulement bien connues, mais aussi que le matériau pouvait être largement utilisé dans l'architecture.

[58] Gelin 2010c : 33.

[59] Gelin 2010c : 30-32.

[60] Nous n'avons pas personnellement suivi ce travail. Un ouvrier, maçon de son état, s'est chargé de le faire mais, trouvant la terre trop collante aux doigts, a décidé de lui adjoindre du sable... Ce qui, en rendant la terre plus poreuse, réduisait de fait sa résistance à l'eau. Le choix des personnes qui seront amenées à travailler avec la terre en architecture est souvent délicat car, cette pratique étant de plus en rare, les maçons et architectes sont davantage formés au travail avec le ciment et ne connaissent pas les caractéristiques de la terre.

[61] Gelin 2010c. De la terre un peu moins argileuse convient également.

[62] À l'exception de certains vestiges monumentaux pour lesquels l'intervention d'un architecte reste indispensable.

Mathilde GELIN
Chargée de recherche au CNRS
UMR 7041 Archéologies et sciences de l'Antiquité (ArScAn)
Équipe Archéologie du Proche-Orient hellénistique et romain (APOHR)
MSH Mondes
21 allée de l'Université
F-92023 Nanterre Cedex (France)
mathilde.gelin@cnrs.fr

Bibliographie

Abdul Massih, J. (éd.) 2007. *Résultats du programme de formation à la préservation du patrimoine culturel de Syrie*. (Documents d'Archéologie syrienne XI). Damas : DGAMS.

Aurenche, O. 1981. *La maison orientale. L'architecture du Proche-Orient ancien des origines au milieu du quatrième millénaire*. Paris : Geuthner.

Bendakir, M. 2009. *La préservation d'une architecture millénaire en terre : les vestiges de Mari*. Paris : Éditions de La Villette.

Bessac, J.-C. 1997. La construction des fortifications hellénistiques en pierre de Doura-Europos (Syrie). Unpublished PhD dissertation, University of Rennes 2.

Domalowski, W. 1982. Les causes de détérioration de la pierre, *in* W. Domalowski (éd.) *La conservation préventive de la pierre* : 19-49. (Musées et Monuments XVIII). Paris-Genève : Unesco.

Duchaufour, P. 1965. *Précis de pédologie*. Paris : Masson et Cie.

Fathy, H. 1970 (ré-éd. 1985). *Construire avec le peuple*. Paris : Sindbad.

Fontaine, L. Anger, R. 2009. *Bâtir en terre. Du grain de sable à l'architecture*. Paris : Éditions Belin-Cité des sciences et de l'industrie.

Foucher, A. 1942. *La vieille route de l'Inde de Bactres à Taxila* 1. Paris : Les Éditions d'art et d'histoire.

Galliano, G. (éd.) 2005. *L'île de Failaka. Archéologie du Koweït*. Lyon : Musée des Beaux-Arts.

Gelin, M., J.-M. Gelin, B. Couturaud, J.-B. Houal, H. Monchot 2021. The integration of the island of Ikaros into regional networks, *in* C. Durand, J. Marchand, B. Redon, P. Schneider (éd.) *Networked spaces : The spatiality of networks in the Red Sea and Western Indian Ocean*. (Red Sea 9). Lyon : Maison de l'Orient et de la Méditerranée (sous presse).

Gelin, M. 2010a. La terre au secours de la pierre. Délais d'un chantier de construction hellénistique en briques crues à Doura-Europos sur l'Euphrate, *in* S. Camporeale, H. Dessales et A. Pizzo (éd.) *Arqueología de la construcción 2. Los procesos constructivos en el mundo romano : Italia y provincias orientales*. (Anejos de Archivo Español de Arqueología 57) : 437-453. Madrid-Mérida. http//hal.archives-ouvertes.fr/hal-03024557/document

Gelin, M. 2010b. Conservation et mise en valeur du patrimoine archéologique au Proche-Orient : quelques réalisations de missions archéologiques. *Journal of Historical, Philological and Cultural Studies* 27-1 : 62-84. https://hal.archives-ouvertes.fr/hal-03010389/document

Gelin, M. 2010c. Treatment, Conservation and Restoration of Mudbrick Structures, *in* L. Nehmé, D. Al-Talhi et F. Villeneuve (éd.) *Hegra* 1, *Report on the First Excavation Season at Madâ'in Sâlih, 2008, Saudi Arabia* (A Series of Refereed Archaeological Studies 6) : 31-50. Riyadh : Saudi Commission for Tourism and Antiquities. https://hal.archives-ouvertes.fr/hal-03026287/document

Gelin, M. (éd.) 2010d. *Daniel Schlumberger. L'Occident à la rencontre de l'Orient*. Damas-Beyrouth : Presses de l'Ifpo. https://books.openedition.org/ifpo/1177

Gelin, M. 2004. Le rempart en briques crues de Doura-Europos : la muraille grecque, *in* P. Leriche, M. Gelin, A. Dandrau (éd.) *Doura-Europos Études* 5 : 213-236. Damas : Geuthner. https://hal.archives-ouvertes.fr/hal-03025956/document

Gelin, M. 2000. Histoire et urbanisme d'une ville à travers son architecture de brique crue : l'exemple de Doura-Europos (Syrie orientale hellénistique, parthe et romaine). Unpublished PhD dissertation, University of Paris 1.

Houben, H. et H. Guillaud 1989. *Traité de construction en terre* 1. Marseille : Parenthèses.

Léna, É. 2007. La construction du bâtiment, *in* P. Leriche, M. Gelin, É. Léna, « Archéologie et patrimoine à Doura-Europos », *in* J. Abdul Massih (éd.) *Résultats du programme de formation à la préservation du patrimoine syrien* : 336-350. (Documents d'Archéologie syrienne 11). Damas.

Margueron, J.-C. 1997. Notes d'archéologie et d'architecture orientales 9. Une maison anatolienne abandonnée. Étude architecturale et archéologique. *Syria* 74 : 15-32. https://www.persee.fr/doc/syria_0039-7946_1997_num_74_1_7511

Margueron, J.-C. 1995. Notes d'archéologie et d'architecture orientales 8. Tessons et architecture de terre. *Syria* 72 : 70-103. https://www.persee.fr/doc/syria_0039-7946_1995_num_72_1_7466

Margueron, J.-C. 1986. Notes d'archéologie et d'architecture orientales 5. Stratigraphie et architecture de terre. *Syria* 63 : 257-271. https://www.persee.fr/doc/syria_0039-7946_1986_num_63_3_6935

Margueron, J.-C. 1985. Notes d'archéologie et d'architecture orientales 4. Propos sur le sillon destructeur (étude de cas). *Syria* 62 : 1-20. https://www.persee.fr/doc/syria_0039-7946_1985_num_62_1_6876

Margueron, J.-C. 1997. Préserver l'architecture de terre : état des recherches à Mari, *in* J.-C. Margueron et J.-M. Durand (éd.) *Mari : annales de recherches interdisciplinaires* 8 : 195-205. Paris : ERC.

Millot, G. 1980 et 1997. Argiles et minéraux argileux, *in Encyclopædia Universalis* : 359-364 Paris, et CDRom.

Poupet, P. 2000. Science du sol et archéologie. À propos d'un exemple délien, *in Études rurales* [En ligne], http://journals.openedition.org/etudesrurales/5

Sauvage, M. 1998. *La brique et sa mise en œuvre en Mésopotamie, des origines à l'époque achéménide.* Paris : ERC. https://hal.archives-ouvertes.fr/hal-01705540/file/La_Brique.pdf

Vitruve. *De Architectura*, *in* F. Granger (trad.). 1931. *Vitruvius on Architecture*. New York : Loeb Classical Library.

La conservation-restauration des tablettes cunéiformes et des objets en terre crue - *A conservation treatment for unbaked cuneiform tablets*

Anne LIÉGEY

Restauratrice indépendante. Conservation-restauration de sculptures.

Résumé - Les objets en terre crue posent des problèmes de conservation-restauration particuliers et leur traitement est souvent une gageure. La cuisson a longtemps été le traitement appliqué aux tablettes cunéiformes en terre crue pour les préserver. À la demande du département des Antiquités orientales du musée du Louvre, un traitement respectueux des objets et de la déontologie appliquée à la conservation-restauration des œuvres a été mis au point il y a plus de vingt ans. Il fallait pourtant s'assurer que la consolidation de la terre crue avec un silicate d'éthyle puis le dessalement des tablettes n'avaient pas d'incidences majeures sur leurs caractéristiques minéralogiques et chimiques.

Ce protocole de traitement, expérimenté dans un premier temps sur des fragments de tablettes anépigraphes, a été étendu aux tablettes endommagées.

Nous exposons ici la méthode de traitement et certains résultats des programmes de recherches ArTéMIE puis RECOLLECT mis en place pour comprendre l'interaction entre le silicate d'éthyle et les argiles.

Mots-clés - Tablettes cunéiformes, terre crue, argile, consolidation, silcate d'éthyle.

Abstract - The preservation of unbaked clay cuneiform tablets is a current conservation issue. Baking the objects has long been applied in the field or in museums. A treatment based on ethyl silicate consolidation has been proposed at the Louvre museum and has been empirically tested for more than 20 years.

The influence of consolidation mechanisms on microstructure as well as physical and mechanical properties of raw clay samples has been studied. This specific research illustrates the difference in bonding processes between TEOS and hydroxyl groups on the surface of kaolinite, illite and smectite and validates this process as a treatment for unbaked clay objects.

It was necessary to ensure that the consolidation of the unbaked tablets with an ethyl silicate followed by desalination had no effect on their mineralogical or chemical characteristics. This protocol of treatment, initially used experimentally on an epigraphic tablet, was expanded to several fragments of tablets.

Here we will present the treatment method and two scientific research projects, ARTEMIE and RECOLLECT set up to anderstand the interaction between ethyl silcate and clay minerals.

Keywords - Cuneiform tablets, unbaked clay, consolidation treatment, ethyl silicate.

Dans les années 1990 une réflexion sur le mode de traitement de conservation-restauration des argiles crues a été engagée avec Madame Béatrice André-Salvini[1] et le département des Antiquités orientales du musée du Louvre. L'objectif était de restaurer les tablettes en terre crue sans les cuire, en appliquant un traitement respectueux de la matière et qui permettait de mener des investigations sur la nature et la composition originelle des matériaux après restauration.

C'est ainsi que les recherches se sont orientées vers la consolidation des terres crues avec un consolidant inorganique de la famille des silanes, un silicate d'éthyle avec catalyseur. Les premiers essais ont été menés au Conservation Analytical Laboratory (maintenant Museum Conservation Institute) de la Smithsonian Institution à Washington D.C. sous la direction de Carol Grissom· senior objects conservator, à partir de fragments de tablettes anépigraphes confiées par B. André-Salvini et sur des reconstitutions modernes salées expérimentalement (Liégey 1996). Les tests ont été concluants sur les fragments antiques, c'est pourquoi la décision a été prise d'étendre l'expérience à des tablettes, celles de la correspondance administrative du roi Hammurabi et d'un haut fonctionnaire de Babylone Awil Ninurta avec l'intendant des domaines royaux de la ville et de la province méridionale de Larsa, Shamash-hasir, vers 1760 av. J.-C.

C'est sur ce matériel, très altéré, que deux programmes de recherche ont été mis en place pour comprendre les effets du protocole de restauration et les interactions entre le produits et les argiles présentes dans les tablettes. Nous en développons ici les principales étapes de toutes ces démarches.

[1] Nous souhaitons ici lui rendre hommage pour sa confiance et son soutien indéfectibles tout au long de ces années.

La mise en œuvre des tablettes

Contrairement à une œuvre en argile crue modelée dans une argile mono-minérale, une tablette cunéiforme en terre crue est composée d'un mélange de particules fines de taille supérieure à 2 microns (limon, feldspath, quartz...) et de plusieurs familles d'argile. Récoltée dans les oueds à proximité des cours d'eau, la terre destinée à fabriquer les tablettes était décantée et seules les particules les plus fines étaient utilisées pour leur fabrication.

Une bande d'argile était étalée puis enroulée sur elle-même comme un escargot (Figure 1) ou bien dans le cas des tablettes de la correspondance d'Hammurabi un rectangle était replié sur lui-même pour venir se fermer sur une ligne médiane (Figure 2). Cette mise en œuvre a entraîné une altération caractéristique, une fissure centrale à l'endroit où les bords de la plaque d'argile étaient superposés.

Par ailleurs, contrairement à une idée largement répandue, la tablette n'était pas laissée en plein soleil pour y « cuire » après avoir été inscrite. Si tel avait été le cas, la terre aurait craquelé (Figure 3). Pour qu'elles sèchent sans dommages, les tablettes devaient être laissées à l'abri du soleil dans un endroit tempéré.

Figure 1 – Mise en œuvre de la tablette. La bande d'argile est roulée sur elle-même.

Cet enroulement se retrouve dans une tablette altérée ou dont l'extrémité est cassée.

Figure 1 – Mise en œuvre de la tablette.

Figure 2 – Les tablettes de la correspondance d'Hammurabi ont été façonnées à partir d'un rectangle de terre dont les deux bords extérieurs étaient ramenés vers le centre. D'où un faciès d'altération particulier, l'apparition d'une fissure centrale sur toute la hauteur de la tablette.

Figure 3 – Exemple d'une tablette fabriquée avec de la terre décantée et mise à sécher en plein soleil.

Les altérations des terres crues

La cause majeure d'altération des tablettes en terre crue est la présence des sels solubles qui ont souvent contaminé l'objet au cours de son enfouissement. Après la mise au jour, les sels solubles qui avaient migré dans la terre alors qu'ils étaient dissouts dans l'eau qui percole dans le sol, vont sécher avec l'objet et cristalliser. Puis être soumis aux variations climatiques de l'endroit où sont conservées les tablettes. Ces variations thermo-hygrométriques entraînent un changement d'état des sels. Lorsque l'humidité relative est élevée, ils fixent les molécules d'eau et repassent à un état déliquescent, lorsqu'elle baisse, ils reviennent à l'état de cristaux. Dans ce cas, peuvent apparaître des efflorescences ou une croûte de sel en surface (Figure 4).

La répétition de ces cycles humidification / séchage entraînent des tensions au sein de la tablette (Figure 5) et à long terme des fissures, des desquamations (Figure 6). La tablette est fragilisée, la terre perd sa cohésion et devient pulvérulente.

Les traitements appliqués aux tablettes en terre crue depuis le XIXe siècle

Pour conserver le texte, et rendre les tablettes solides et manipulables par les chercheurs, mais aussi pour les dessaler, la cuisson des tablettes en terre crue apparaît très vite être la solution.

Mise en place au Musée Royal de Berlin (Rathgen 1901), cette méthode est adoptée tant sur le lieu des fouilles (Delougaz 1933) que dans les musées, aux Etats Unis,

Figure 4 – Efflorescences de cristaux de sels à la surface d'une tablette.

en Grande Bretagne et plus tard en France (Parkinson 1950 ; Bateman 1966 ; Organ 1961 ; Petit 1965).

Pour la cuisson, les tablettes étaient disposées dans un four où la température augmentait progressivement pour arriver aux environs de 800° Celsius. Ce niveau était maintenu pendant quelques heures puis le four était éteint, les tablettes restaient dans le four jusqu'à un retour à température ambiante. La méthode et les températures de cuisson ont été modifiées il y a quelques temps au British Museum qui utilise toujours ce traitement pour les tablettes endommagées (Thickett Odlyha, Ling 2002).

Dans les années 1960 que le musée du Louvre a expérimenté cette technique de conservation qui, si elle est présentée comme une réussite (Petit 1965), est rapidement abandonnée. Si la cuisson rend les tablettes « solides et manipulables », elle entraîne aussi une modification complète des caractéristiques minéralogiques du matériau, un changement de couleur de la terre et, bien souvent, des fissures dans l'objet (Figure 7).

La mise au point de ce traitement drastique, contraire à la déontologie de la conservation-restauration, était justifiée par la préservation du texte. Or, le changement d'aspect de la tablette, entre autres, est inacceptable pour le département des Antiquités orientales du musée du Louvre car son apparence et notamment la couleur de la terre, permet parfois de reconnaître le lieu d'exécution de la tablette et de l'attribuer à un groupe défini. De plus, il est maintenant assuré que pour les tablettes qui ont été cuites dans l'Antiquité la terre était préparée à cet effet. Un dégraissant, le plus souvent minéral, était ajouté à la terre pour éviter les retraits à la cuisson, comme pour une céramique.

Figure 5 – Sels cristallisés au cœur d'une tablette. Leur variation de volumes dues aux variations climatiques entraînent des tensions au sein du matériau.

Ainsi, pour répondre à la demande du musée du Louvre et traiter des tablettes en terre crue endommagées conformément à la déontologie de la conservation-

Figure 6 – La répétition de ces cycles climatiques entraînent des desquamations et la perte de cohésion de la terre crue.

restauration, nous avons mis au point une méthode de consolidation de ces objets en terre crue, respectueuse de leur aspect, de leur composition et permettant le dessalement du matériau.

Le protocole de traitement

En nous inspirant des traitements de consolidation de la pierre ou de l'architecture de terre et des expériences

Figure 7 – Tablette cuite dans les années 1960. La cuisson a entraîné un changement de couleur de la terre et des fissures dans le matériau.

faites pour sauvegarder les sites archéologiques au Proche-Orient ou en Amérique centrale ou du sud, nous avons mis au point un protocole de consolidation des tablettes cunéiformes.

La tablette en terre crue est consolidée avec un silicate d'éthyle dilué à 75% dans de l'éthanol, l'ancien Wacker OH®[2]. Le produit est appliqué par goutte à goutte grâce à une pipette sur les faces de l'objet (Figure 8). Dès que la terre n'absorbe plus de silicate d'éthyle, la consolidation est arrêtée. Ensuite, la tablette est emballée dans une feuille de Mélinex® pour éviter l'évaporation rapide du produit.

Le temps des réactions chimiques est d'environ trois semaines. En polymérisant à l'intérieur de la terre, le silicate d'éthyle crée de nouvelles liaisons chimiques entre les particules d'argile qui empêchent l'eau de les disperser tout en donnant une nouvelle cohésion à la terre crue. Après la consolidation avec le silicate d'éthyle, la terre reste perméable à l'eau liquide.

Une telle consolidation est bien entendue irréversible, mais l'aspect de la tablette est inchangé. Des mesures de colorimétrie par ordinateur faites sur des échantillons fabriqués ont montré que le changement de couleur de

[2] Le Wacker OH® n'existe plus dans cette formulation. Le silicate d'éthyle aujourd'hui commercialisé est le Silres BS OH 100®. Pour retrouver les proportions citées, il faut le diluer avec de l'éthanol de qualité Rectapur®.

Figure 8 – Consolidation d'une tablette en terre crue avec du silicate d'éthyle appliqué par goutte à goutte.

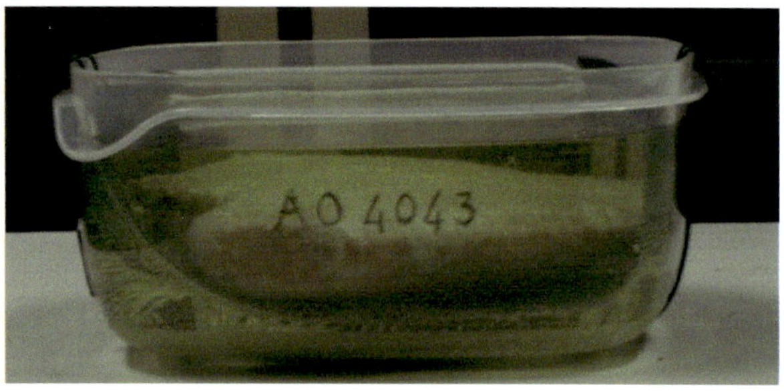

Figure 9 – Tablette immergée dans de l'eau. Elle est placée sur un filet pour que tout l'objet soit entouré d'eau.

la terre après consolidation n'était pas décelable à l'œil nu.

Grâce à ce traitement, la terre a retrouvé sa cohésion et la tablette peut être immergée dans de l'eau et dessalée.

Après 6 et 8 semaines supplémentaires passées à l'air libre la tablette est progressivement immergée dans de l'eau (Figure 9). À chaque changement de bain l'élimination des sels est contrôlée par la mesure de la conductivité de l'eau et par des tests micro-chimiques pour vérifier la présence des anions représentatifs des sels solubles (chlorures, sulfates ou nitrates) et évaluer leur quantité. Le dessalement est terminé lorsque plus aucun de ces anions n'est repéré dans le bain.

Suivent des opérations de refixages des soulèvements par infiltration d'une résine parfois chargée d'un matériau inerte telles des micro-sphères de verre et éventuellement de bouchages des manques (Figure 10).

Ce protocole répondait aux demandes du département, un traitement de conservation-restauration curatif qui n'entrainait pas de changement de couleur de la terre et, si besoin, permettait la manipulation de l'objet avec précautions. Pourtant, malgré la réussite de ce nouveau traitement, plusieurs questions restaient en suspens :

Peut-on l'appliquer à toutes les tablettes ?

Modifie-t-il les compositions chimique et minéralogique des tablettes ?

Quels sont les processus de réaction entre le silicate d'éthyle et les différents composants de la terre crue et des argiles en particulier ?

Pour tenter d'y répondre, nous avons monté un premier programme de recherche baptisé ARTEMIE **AR**giles**TE**os, la consolidation des tablettes mésopota**MIE**nnes, financé par un PNRCC qui s'est déroulé sur deux ans, de 2012 à 2014.

ARTEMIE3 (Figure 11)

Les tablettes étudiées

Un échantillonnage de 8 tablettes a été réalisé dans les réserves du département des Antiquités Orientales. La matière est fine et les tablettes sont dans un état d'altération avancé ce qui nous a permis de prélever des écailles centimétriques ne présentant aucune inscription et aucune trace de mise en œuvre (Figure 12). Six tabletets proviennent de Mésopotamie, Larsa et Tello et deux de Suse[4].

Pour les caractériser, un protocole d'analyse adapté a été mis en place : tout d'abord, pour identifier les principaux constituants des tablettes, on a eu recours à la diffractométrie des rayons X à la fois sur la totalité de la matière et aussi sur la fraction inférieure à 2µm qui concentre les argiles. Ces analyses ont été effectuées au C2RMF pour la roche totale et au laboratoire Géosystèmes de l'université de Lille I pour les argiles. Les compositions chimiques élémentaires ont été déduites des mesures PIXE réalisées sur l'accélérateur AGLAE du C2RMF. C'est le laboratoire ERM de l'université de

[3] ARTEMIE était coordonnée par Anne Bouquillon du C2RMF.
[4] Nous tenons à remercier Martin Sauvage pour la carte qu'il a réalisée.

Figure 10 – AO 8578. Vues générales de la tablette avant et après traitement.

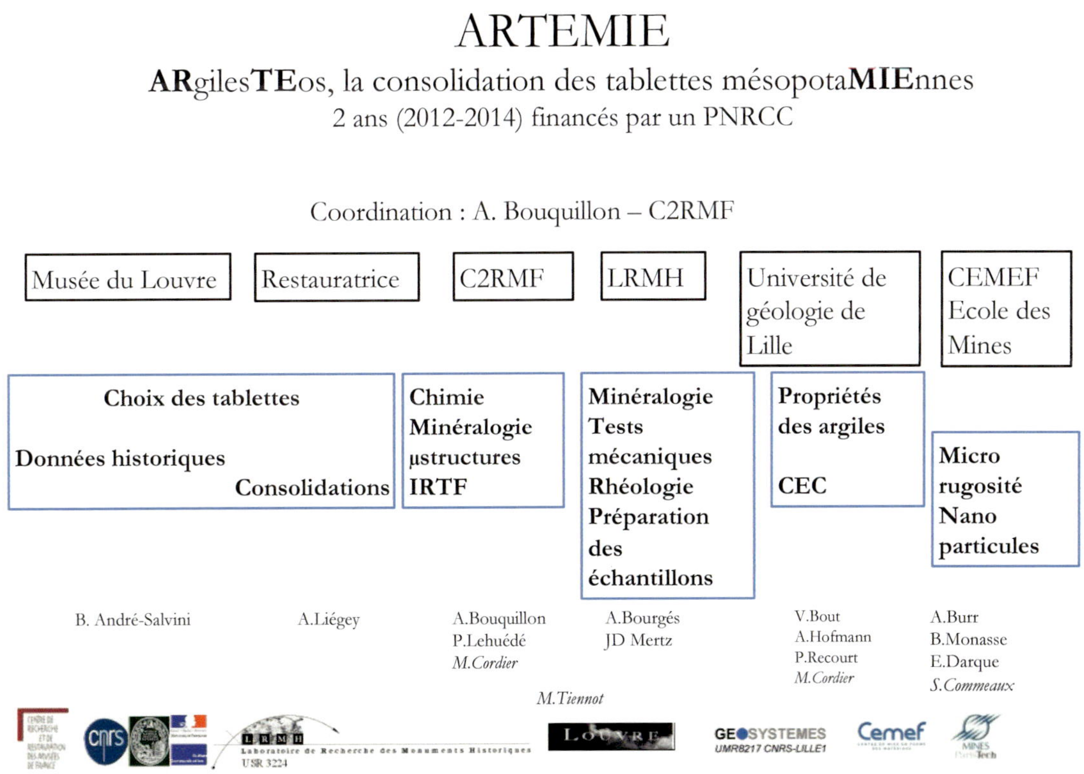

Figure 11 – Organigramme du programme ARTEMIE.

Figure 12 – Prélèvement de fragments anépigraphes sur une tablette très altérée.

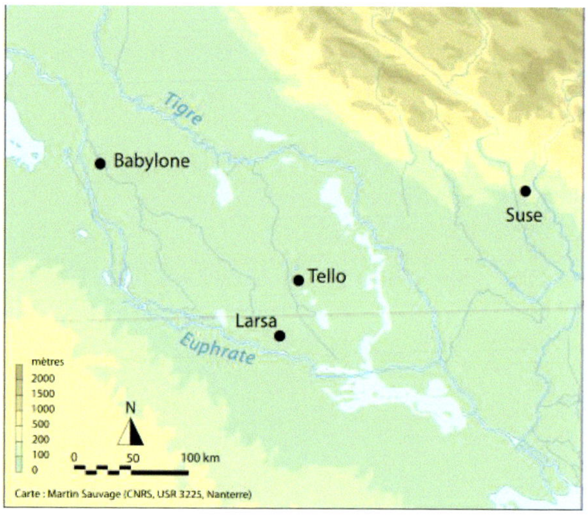

Figure 13 – Localisation des sites de provenance des tablettes échantillonnées © Martin Sauvage.

Minéraux argileux (<2µm fraction) (%)

	Smectite	*Palygorskite*	*Illite*	*Kaolinite*	*Chlorite*	*Mixed-layers*
Larsa	**40-50**	**7-10**	**11-17**	**5 – 8**	**11 -22**	**3 - 5**
Suse	**25-27**	**17-20**	**22-26**	**10-12**	**15-15**	**4-5**
Tello	**52-62**	**3-9**	**11-15**	**4-10**	**10-20**	**4-7**

Figure 14 – Cortège argileux identifié dans les tablettes analysées.

Poitiers qui a étudié la composition chimique des sels solubles par chromatographie ionique et spectrométrie d'absorption atomique ou d'émission de flamme. La répartition des sels dans la terre des tablettes a été observée au microscope électronique à balayage (MEB) équipé d'un système EDS au C2RMF.

Toutes les tablettes analysées sont constituées d'un mélange d'argiles, de quartz et de calcite, les proportions respectives de chaque élément variant d'un échantillon à l'autre. Si l'on se focalise sur la fraction fine inférieure à 2µm qui concentre les argiles, alors on peut identifier plusieurs groupes proches les uns des autres (Figure 14) : des minéraux gonflants, smectites ou argiles complexes interstratifiées, largement dominants (60 à 80%), de l'illite (5 à 15%), de la chlorite (7 à 15%) et de la kaolinite (5 à 7%). La présence de palygorskite, argile fibreuse que l'on trouve dans des environnements géologiques salins, est très probable (vers 5%-10%) mais elle devra être confirmée. Cependant, il a de fortes présomptions que cette argile soit présente compte tenu des habitudes d'approvisionnement en terre des scribes, au bord des oueds. De plus, les études menées au British Museum (Thickett *et al.* 2002) ont déjà mentionné la palygorskite dans certaines tablettes de Mésopotamie, où elle était même prédominante, ce qui n'est pas le cas ici. Parmi les minéraux non argileux associés à cette fraction fine, seul le quartz est identifié avec certitude.

Les analyses de la matière ont mis en évidence une grande similarité des matériaux utilisés par les scribes pour fabriquer les tablettes. Il y a une préparation et un choix des matières premières très reproductibles quelle que soit l'origine de la tablette. La finesse des matériaux est étonnante, elle implique une décantation préalable soignée. Les minéraux non plastiques sont peu nombreux, essentiellement quartz et calcite.

Mais, si l'on retrouve les mêmes argiles dans les différentes tablettes, les proportions relatives des différentes familles d'argiles varient selon le site d'origine. Ces différences constituent une première base de travail et devront être confirmées par des analyses complémentaires sur un plus grand nombre d'objet.

Impact du traitement de consolidation sur la minéralogie

Il fallait encore prouver par analyses l'innocuité du traitement sur les propriétés des argiles, notamment celles des argiles gonflantes (smectites et interstratifiés) particulièrement sensibles à toute variation de l'environnement ; il convenait aussi de s'assurer de l'absence de toute modification de la texture globale de la terre constitutive en observant au MEB les surfaces. Enfin, il fallait vérifier l'efficacité du dessalement en analysant la matière.

Pour ce faire, nous avons fabriqué, selon un protocole déterminé (Tiennot *et al.* 2020), des éprouvettes en sélectionnant les 4 argiles principales : kaolinite, illite, smectite, palygorskite et en préparant un mélange représentatif des tablettes antiques.

Puis les éprouvettes ont été consolidées avec le même silicate d'éthyle que celui utilisé los des traitements de conservation-restauration des tablettes antiques (Figure 15).

Figure 15 – Consolidation des éprouvettes fabriquées. Les éprouvettes blanches sont de la kaolinite pure, les éprouvettes verdâtres de la smectite pure et les éprouvettes grises un mélange d'argile représentatif des tablettes antiques.

Les analyses menées ensuite sur les éprouvettes ont montré que :

- il n'y a pas de modification minéralogique du matériau
- la capacité d'échanges des cations baisse légèrement et ce seulement pour les smectites
- la quantité de silice présente dans le matériau augment de 1% sur les 5 premiers millimètres d'épaisseur

De plus, elles ont confirmé que la modification de la couleur de l'argile est très faible.

Pour les éprouvettes mono-minérales, l'on a pu constaté des comportements différents en fonction des familles d'argile. Sur les éprouvettes de smectite, la desquamation apparaît quelques minutes après la consolidation (Figure 16). En revanche les éprouvettes de kaolinite restent intactes (Figure 17).

Figure 16 – *Éprouvettes de smectite. La desquamation apparaît quelques minutes après la consolidation.*

Figure 17 – Les éprouvettes de kaolinite restent intactes.

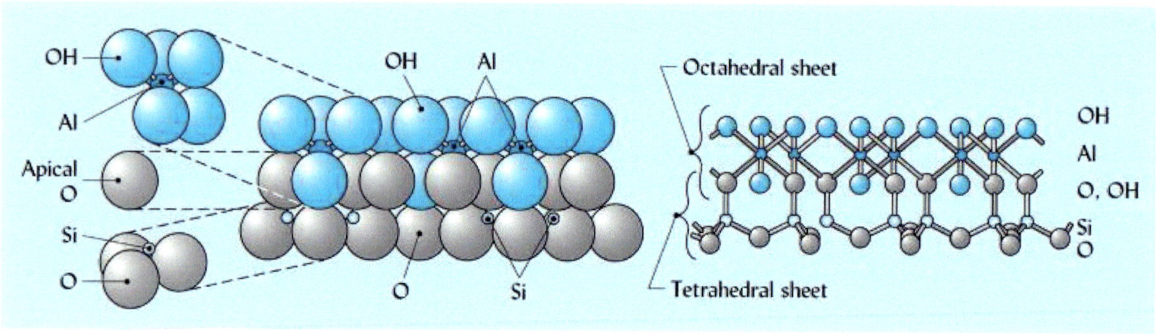

Figure 18 – Des sites polaires (OH) sont présents à la surface des particules de kaolin. Le silicate d'éthyle s'y accroche facilement par échange avec ces OH de surface.

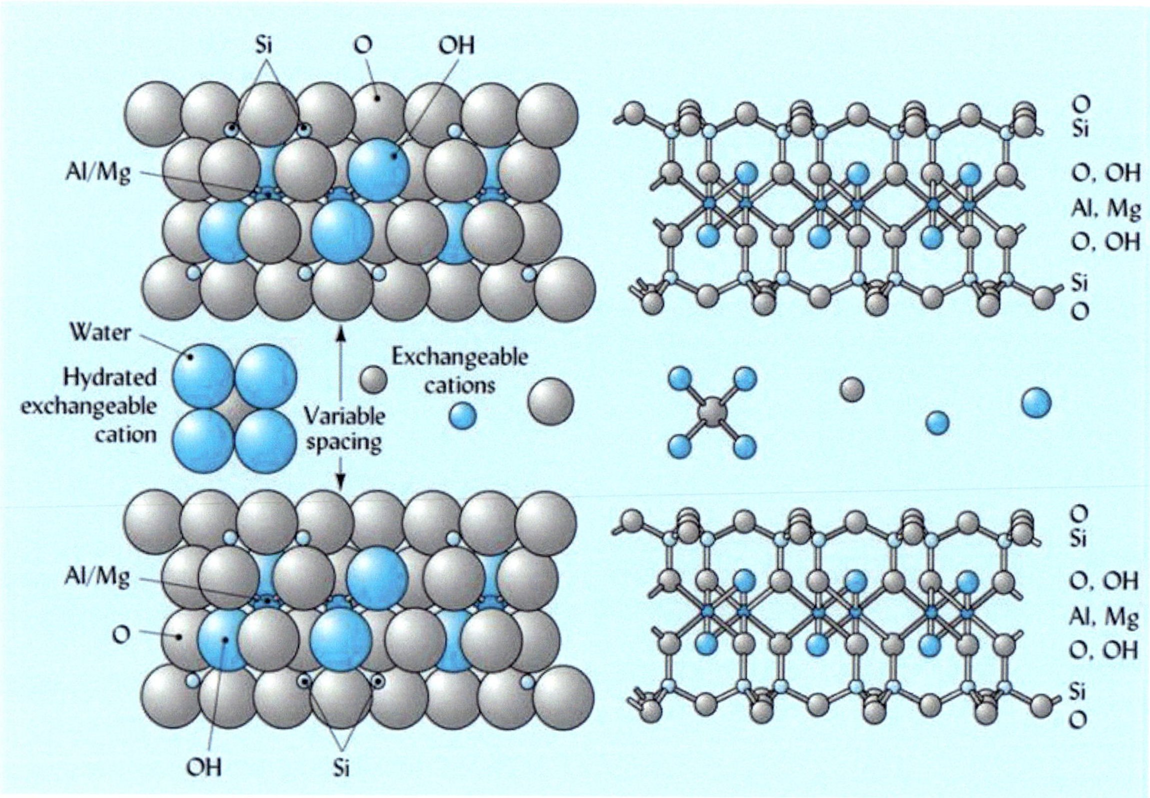

Figure 19 – Ces liaisons existent mais sont plus faibles pour les smectites car ne sont que sur les arêtes (bords) des particules d'argile.

Il semble donc que la présence kaolinite dans le matériau conditionne la réussite de la consolidation. La présence de nombreux goupes hydroxyles (OH) à la surface des particules de kaolin favorise l'accroche du silicate d'éthyle (Figure 18). Ce groupes polaires étant moins nombreux à la surface des autres argiles entrant dans la composition des tablettes (Figure 19).

RECOLLECT

Pour évaluer les interactions entre argile et consolidant mais également pour déterminer l'influence du traitement de consolidation sur les propriétés physico-chimiques de deux argiles : la kaolinite et la montmorillonite, un nouveau programme baptisé **Recollect** : **Re**active **Coll**oidal systems: preservation of unfired **C**lays ar**T**ifacts in museums a été mis en place dans le cadre de Paris Science et Lettre (Figure 20).

Durant ce programme, l'hypothèse du rôle de la kaolonite a été infléchie, d'autres directions de recherches doivent être mises en place. En effet, les résultats obtenus à partir des éprouvettes de mélange est en contradiction avec ce qui est observé sur

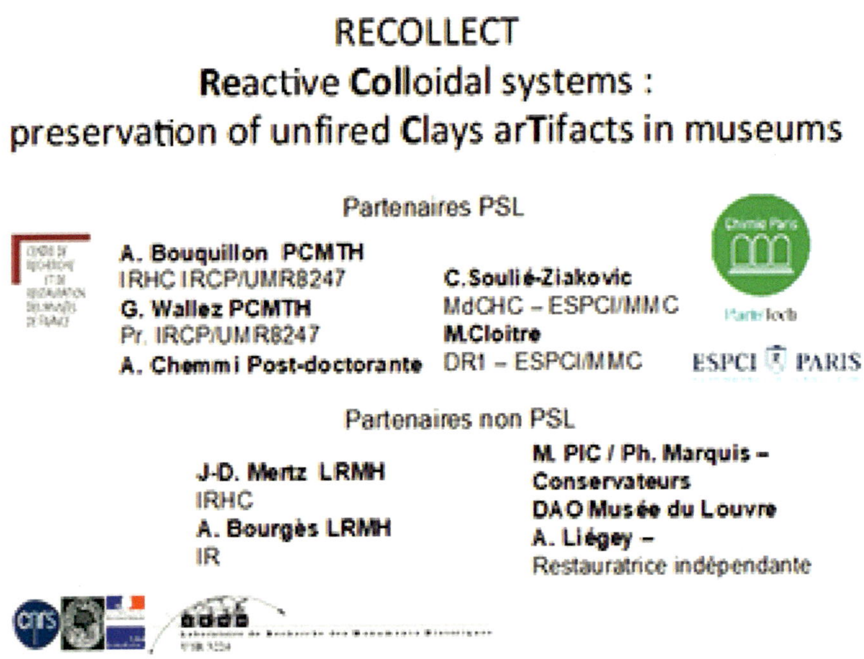

Figure 20 – Organigramme RECOLLECT.

les tablettes cunéiformes. Celles-ci après avoir été soumises au même protocole de consolidation, peuvent être immergées dans l'eau plusieurs semaines pour être dessalées sans se déliter. Alors que les éprouvettes de mélange fabriquées pour le projet de recherche se délitent rapidement même après la consolidation.

Reste également à étudier le rôle de la palygorskite (moins de 10% la fraction argileuse des tablettes), argile fibreuse présentant des propriétés d'adsorption très spécifiques.

Enfin, nous devrons aborder l'évolution dans le temps des matériaux consolidés par le silicate d'éthyle, paramètre indispensable à la validation finale du traitement. Des observations très préliminaires dans le cadre de ce travail ont seulement confirmé une modification de la surface de fragments d'objets traités il y a une dizaine d'années et l'apparition d'une couche superficielle enrichie en silice dont on ne sait si elle est évolutive ou non.

Conclusion

Cette collaboration entre restaurateur, conservateur et chercheurs a permis d'évaluer un traitement de restauration, établi à la demande des conservateurs et, surtout, respectueux des objets et de leur composition minéralogique et chimique.

De nombreuses tablettes en terre crue, conservées au département des Antiquités orientales ont été traitées avec succès selon ce protocole depuis 1997. Après un peu plus d'une vingaine d'années, leur état de conservation est satisfaisant, elles peuvent être exposées sans danger dans un climat relativement contrôlé et consultées par les chercheurs.

Les étapes suivantes de cette recherche seront d'évaluer le vieillissement d'une série d'objets traités à moyen et long terme et de mieux comprendre la formation des nouvelles liaisons moléculaires au sein du matériau après la consolidation.

Anne LIÉGEY
Restauratrice indépendante
Conservation-restauration de sculptures
anne.liegey@wanadoo.fr

Bibliographie

Bateman, C. A. 1966. The treatment of cuneiform tablets in the British Museum, *in* : *Monograph series*, n° 3 : 12-17.

Charola, A. E., G. E. Wheeler et G. G. Freund 1984. The influence of relative humidity in the polymerization of méthyl trimethoxysilane, *in* : *Adhésifs et Consolidants*, IIC X° Congres International, Paris 2-7 septembre 1984 : 189-194.

Charola, A. E., R. Rossi-Manaresi, R. J. Koestler, G. E. Wheeler et A. Tucci 1984. SEM examination of limestones treated with silanes or prepolymerized silicon resin in solution, *in* : *Adhésifs et Consolidants*, IIC X° Congres International, Paris 2-7 septembre 1984 : 195-197.

Delougaz, P. 1933. The treatment of clay tablets in the field, *in* : *Studies in Ancient Oriental Civilization*, n° 7 : 39-57. Chicago.

Liégey, A. 1996. Étude pour le dessalement de tablettes cunéiformes en terre crue, *in* : *Le dessalement des matériaux poreux. Journées d'étude de la SFIIC*. Poitiers, 9-10 mai 1996 : 105-113.

Organ, R. M. 1961. The conservation of cuneiform tablets, *in* : *British Museum Quaterly*, vol. XXIII, n° I : 52-58.

Parkinson, A. E. 1950. The preservation of cuneiform tablets by heating to high temperature, *in* : *The Museum News, University Museum, Philadelphia*, n° 1, mars : 6-8.

Petit, J. M. 1965. Traitement des tablettes babyloniennes », *in* : *Bulletin du Laboratoire du Musée du Louvre*, n° 10 : 35-38. Paris : Services commerciaux du Musée du Louvre.

Rathgen, F. 1901. Konservierung von Altertumsfunden aus Thon, *in* : *Prometheus*, 12 : 777-779.

Thickett, D., M. Odlyha et D. Ling 2002. An improved firing treatment for cuneiform tablets, *in* : *Studies in Conservation*, 47 : 1-11.

Tiennot, M., J.-D. Mertz, A. Bourgès, A. Liégey, A. Chemmi et A. Bouquillon 2020. Ethyl Silicate for Unbaked Earth Tablets Conservation : Evaluation of the Physicomechanical Aspects, *in* : *Studies in Conservation*, vol. 65, n°5 : 285-295.

4. DES ARGILES ET DES TEXTES

Les mots pour dire l'argile - *The words for clay*

Xavier Faivre

CNRS, UMR 7041 Archéologies et sciences de l'Antiquité (ArScAn), équipe Histoire et archéologie de l'Orient cunéiforme (HAROC), Nanterre (France).

Résumé - Les tablettes d'argile, supports de l'écriture cunéiforme, présentent une double particularité qui leur donne un statut particulier dans la documentation de l'argile : leur teneur et leur matérialité. On y trouve des mots, imprimés sur l'argile fraîche, en sumérien et en akkadien, pour nommer l'argile sous ses différents états, aspects ou différentes formes, d'autres pour évoquer la chaîne opératoire concernant ce matériau. Il n'y a pas de traité rationnalisant son utilisation. Les textes sont très divers, les données éparses. D'une part des listes de classement, dont la logique n'est pas la nôtre. D'autre part, des textes hétérogènes, où l'on perçoit parfois l'argile en creux, dans certaines expressions, derrière le praticien, le lieu de prélèvement, certains rituels, la mythologie où elle prend une connotation symbolique.

Mots-clés - Argile, boue, limon, chaîne opératoire, construction, fosse d'argile, tablette cunéiforme, listes lexicales, potier.

Abstract - Clay tablets, bearers of cuneiform writing, have a dual characteristic that gives them a special status in the documentation of clay: their content and their materiality. There are words, printed on the fresh clay in Sumerian and Akkadian, to desribe the clay in its different states, aspects or forms, and others that evoke the chaîne opératoire for this material. There is no treaty rationalizing its use. The texts are very diverse, the data scattered. On the one hand, there are classification lists, whose logic is not ours; on the other hand, heterogeneous texts, where we sometimes perceive the clay in certain expressions, behind the practitioner, the place of sampling, certain rituals, and mythology where it takes on a symbolic connotation.

Keywords - Clay, mud, silt, "chaîne opératoire", construction, clay pit, cuneiform tablet, lexical lists, potter.

L'Argile, qui désigne une « terre de nature molle et flexible, rendue plastique après son mélange avec l'eau », a tenu une place particulièrement importante en Mésopotamie antique (Figure 1). En effet, cette région d'entre les fleuves est pauvre en matières premières : peu de bois, peu de minerai, peu de pierre, qu'il faut aller chercher ailleurs ; c'est donc un pays de sédiments charriés par les fleuves, le Tigre et l'Euphrate, souvent qualifié de pays de l'argile. C'est la raison pour laquelle, ce matériau a été ramassé et utilisé, dès la Préhistoire et les débuts de la civilisation mésopotamienne, comme produit de remplacement favori, pour toutes les réalisations et les objets de première nécessité, mis en forme aisément et induré par séchage ou cuisson : briques, récipients, figurines, bas-reliefs, par moulage ou estampage, et enfin tablettes d'argile utilisées comme supports de l'écriture cunéiforme. Cette dernière est, par ailleurs, formée de clous combinés imprimés dans l'argile molle à l'aide d'un outil diversement orienté. Elle constitue donc une succession de gestes instantanés, figés dans l'argile par dessication. Ces tablettes cunéiformes ont ainsi une double particularité et un double intérêt qui leur donne un statut à part dans la documentation de l'argile : le contenu des textes qui évoquent ce matériau, et leur matérialité, en tant que support de l'écriture.

D'une part, parmi ces textes, certains évoquent l'argile ou celui qui la travaillait. Plusieurs auteurs ont déjà réuni le vocabulaire concernant le matériau, le travail de l'argile, la chaîne opératoire, le potier et sa production de vases, dès les années 1960 et 1970[1] puis dans les années 1990[2]. Mais il faut dire, d'entrée, qu'il n'y a pas de traité « technique » rationnalisant son utilisation. Les textes sont très divers, hétérogènes, voire disparates, les données éparses : ce sont des écrits historiques, mythologiques, cosmogoniques, épiques, rituels, incantatoires, peu de textes de la pratique, des listes lexicales enfin, dont la logique de classement nous échappe souvent. On y perçoit parfois l'argile en creux, derrière le praticien, le lieu de prélèvement. D'autre part, c'est plus récemment qu'on s'est intéressé à la matérialité des textes, à travers leur confection, leur réutilisation ou leur recyclage[3].

Je dois, à l'attention des spécialistes des textes, préciser que la démarche de l'auteur est celle d'un céramologue – donc à contre-emploi – en aucun cas celle d'un

* Je remercie Cécile Michel pour sa relecture, ses suggestions et conseils. Toute erreur éventuelle demeure de mon fait. Cet article trouve un prolongement dans la contribution de X. Faivre « Les types de fours dans les textes mésopotamiens... ».

[1] Salonen 1966, Barrelet 1968, Waetzoldt 1971.

[2] Sallaberger 1996, Steinkeller 1996.

[3] Par exemple, Faivre 1995, Cartwright et Taylor 2011, Taylor 2011, Taylor et Cartwright 2011 sur les tablettes du British Museum, et C. Michel, sur les tablettes de Kültepe. Cf. aussi plusieurs conférences, dans le cadre des Séminaires d'Histoire et d'Archéologie des Mondes Orientaux (SHAMO), UMR 7041- ArScAn – HAROC, CNRS, Nanterre) : « La matérialité des textes et des images dans l'orient ancien » : C. Michel, *Les textes cunéiformes et leurs supports : manuscrits et inscriptions* ; X. Faivre, *Confection et réutilisation des tablettes cunéiformes* ; C. Michel, *Confection des enveloppes de lettres et contrats à l'époque paléo-assyrienne* (23 mars 2017). Cf. enfin C. Michel, « Écrire sur l'argile... », ce volume.

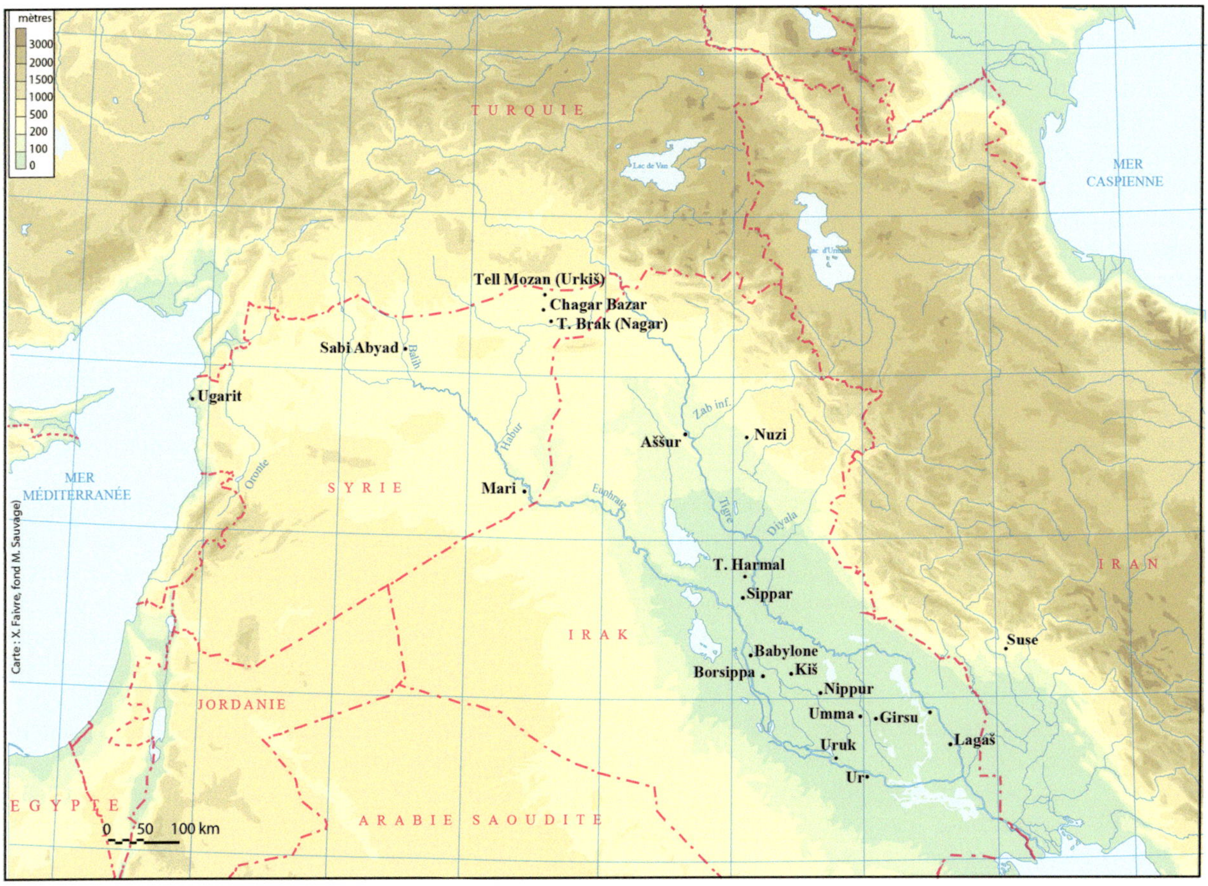

Figure 1 – Carte des sites mentionnés dans le texte.

Aššur	*Qal'at Shergat*	Lagaš	*Al-Hiba*	Šaduppum	*Tell Harmal*
Babilu	*Babylone, Tell Babil*	Nippur	*Nuffar*	Ugarit	*Ras Shamra*
Borsippa	-	Nuzi	*Yorghan Tepe*	Umma	-
Nagar	*Tell Brak*	-	*Sabi Abyad*	Ur	*Muqayyar*
Ašnakkum	*Tell Chagar Bazar*	Sippar	*Abu Habbah*	Urkiš	*Tell Mozan*
Girsu	*Tello*	Suse	*Shush*	Uruk	*Warka*
Kiš	*Tell Uhaimir et Tell Inghara*				

philologue. On ne s'intéressera donc pas ici à toutes les finesses lexicographiques pour ne retenir qu'une information générale dans le cadre d'une rencontre transversale et pluridisciplinaire. Cette dernière vise à retrouver les dénominations des différents états de l'argile dans la pensée des anciens mésopotamiens pouvant être croisées avec des réalités matérielles. À l'origine, c'est en allant puiser, dans la documentation cunéiforme, les noms de récipients d'argile – notamment à l'aide des dictionnaires de référence et dans certains types de textes, comme les listes lexicales – que j'ai rencontré, par surcroît, tous les mots en lien avec les argiles, sous leurs différentes formes, de l'état brut au produit fini. Les tablettes cunéiformes en argile y occupent une place non négligeable : elles transmettent une information sur l'argile qui, en retour, lui sert de support matériel ; ce qui justifie les titres adoptés : « les mots pour dire l'argile » et « l'argile pour écrire les mots. »

L'abondance et la simplicité du matériau fait qu'il est peu mentionné dans l'écrit, comme une évidence. Nous irons donc le chercher, souvent au second plan, dans des textes et contextes très différents, que l'on peut répartir en trois dossiers :

- derrière le potier, le praticien de l'argile,
- dans des listes lexicales consacrées aux « mots de l'argile » dans tous ses états,
- ou encore sacralisé dans certains rituels.

1. Le matériau derrière le praticien

1.1. Le(s) nom(s) du potier

Le matériau apparaît, en premier lieu, derrière le praticien de l'argile, ce qui éclaire son emploi. Le terme principal est lu_2.$bahar_2$ (en sumérien) = *pah(h)āru* (en akkadien)[4] qui n'est peut-être, étymologiquement, ni sumérien, ni akkadien, peut-être pré-sumérien. Il s'agit du métier de l'argile qui aurait pu être connu et nommé dès la fin du Néolithique, à l'époque d'Obeid (fin V^{e}-début IVe millénaire) comme d'autres noms de métiers, très anciens, tous terminés en –ar : le vannier (nangar), le meunier (arar), l'agriculteur, laboureur (engar), le travailleur du bois (nagar), le tisserand (ešbar)[5]. Ceci corrobore, d'une part, l'usage très ancien de l'argile et, d'autre part, l'existence d'un métier spécialisé dans ce matériau dès la Préhistoire, alors que l'activité a déjà une longue tradition : en effet, les premières céramiques archéologiques remontent, au Proche-Orient, au VIIe millénaire av. J.-C.[6] Il faut enfin noter l'extrême longévité de ce mot qui est passé dans toutes les langues sémitiques, à partir de l'akkadien (*pah(h)āru*), en araméen (*pahhārā*), en hébreu (*pechar* : argile de potier, potier), de l'arabe (*faḫḫār*, poterie, terre cuite, terre à potier, argile), puis en espagnol (*alfarero* : le potier ; *alfarería* : la poterie)[7].

L'information textuelle sur l'activité des potiers, et plus généralement sur la fabrication de la poterie, est rare, comparativement aux données disponibles pour d'autres artisanats (textile, métallurgie, industrie du cuir). Conséquence de cela, l'assyriologie fut longue à reconnaître les potiers dans les documents économiques. Même dans les années 1960, l'existence d'un mot sumérien pour « potier » faisait l'objet de questions[8]. Avant le IIIe millénaire, l'orthographe la plus ancienne de / bahar / était LAK 742-747. Apparemment peu présent dans les textes administratifs sumériens du IIIe millénaire, de l'époque des Dynasties Archaïques, dont beaucoup provenaient de Tello, peut-être le potier se cachait-il derrière un autre signe : EDIN / edin ou bir$_{4}$, hypothèse de plusieurs auteurs[9]. Il serait, dans ce cas, au contraire, bien représenté.

Il se cache aussi derrière d'autres dénominations. Par exemple, dans les écrits économiques et religieux de la fin du IIIe et du début du IIe millénaire, dès le début de l'époque paléo-babylonienne, ou dans les listes divines canoniques plus tardives, on le trouve derrière l'idéogramme formé par la combinaison de trois caractères qui nomment chacun un récipient : dug-sila$_{3}$-bur[10] :

- dug = *karpatu* = jarre d'argile, déterminatif des vases d'argile et mesure de capacité ;
- sila$_{3}$ = *qa, qû(m)* = mesure de capacité d'environ 1 litre (de 0,80 à plus ou moins 1,20 litre selon la période ou le lieu) et récipient de cette contenance, petite jarre ou coupe ;
- bur = *pūru* = coupe peu profonde, bol, écuelle (premier élément du nom de nombreux autres récipients, généralement des vases de culte en pierre ; bur pourrait être également le participe actif d'un verbe signifiant « façonner » sur le tour de potier)[11].

L'idéogramme dug.sila$_{3}$.bur pourrait ainsi signifier littéralement « le façonnier de pots, jarres, coupes »[12], ce qui correspond effectivement à l'activité du potier. Outre qu'ils donnent une indication de la profession, ce qui s'exprime par l'équivalence dug.sila$_{3}$.bur = lu$_{2}$.bahar$_{2}$ = *pah(h)āru*, ces récipients représentent aussi l'immense majorité de sa production, c'est-à-dire la fabrication massive de vases d'une contenance d'environ 1 litre. C'est en effet ce qu'attestent certains textes de la fin du IIIe millénaire : on sait par des textes économiques de Girsu et d'Umma de l'époque d'Ur III (XXIe s. av. J.-C.) que la production massive des potiers est constituée de vases de 1 *sila* (soit environ 1 litre)[13]. Des récipients d'une telle contenance, dénommés *sila bowls*, ont par ailleurs été mis en évidence dans les niveaux archéologiques de plusieurs sites mésopotamiens du IIIe millénaire[14]. Le croisement de ces données est donc très cohérent.

Ailleurs au Proche-Orient, dans les pays du Levant, le potier est cité, selon la racine ouest-sémitique *yṣr*, avec l'idée de façonner (*jāṣiru* comme « celui qui façonne »)[15] :

- dans les textes d'Ugarit : *jāṣiru* (pl. *jāṣiruma*) : potier ;

[4] Attinger 2021 : 192 (bahar$_{2}$ « potier ») ; AHw 810-811 : *pahāru(m)* ; CAD P 21-23 : *pahāru* (*pahhāru*) s. "potter" ; Salonen, 1964 ; 1966 : 11 (*pahhāru*) ; 1970 : 320-321 ; Sallaberger 1996 : 3-4 (bahar$_{2-4}$ = *pahāru* ; http://psd.museum.upenn.edu/nepsd-frame.html (consulté le 2/09/2021) : « bahar$_{2}$; bahar$_{3}$; bahar ; bahar$_{4}$; LAK742 ; LAK747 "potter" Akk. *pahāru*. » C. Michel (à la suite de Salonen 1966 : 11) me fait remarquer que la graphie *pahhāru*, formée sur la forme nominale de PRS *PaRRāSum* des noms de métiers, est préférable ; la forme *pahāru* (qui est le plus fréquemment adoptée dans les publications) présente une ambiguïté avec le verbe *pahāru* "rassembler" (CAD P : 23-32). On donc optera ici pour la graphie *pah(h)āru.*

[5] B. Landsberger supposait que le métier de l'argile aurait été connu et nommé avant l'arrivée des Sumériens, à la fin de l'époque d'Obeid. A. Ungnad pensait en revanche que presque tous les noms de profession ont une origine sumérienne, y compris celui du potier (Salonen 1966 : 11 ; Barrelet 1968 : 13, n. 1-2). Tous ont la même formation sur PRS *PaRRāSum*. Pour W. Sallaberger, rien ne va à l'encontre d'un mot véritablement sumérien (Sallaberger 1996 : 3).

[6] Nieuvenhuyse 2018.

[7] Salonen 1966 : 11 ; Ahw 810.

[8] Barrelet 1964 : 1-8 ; Barrelet 1968 : 13-14 ; Waetzoldt 1971 : 7-10 ; Voir plus loin.

[9] Deimel 1928-33 : 168, 10 ; Barrelet 1964, 1968 : 12-13, n.6, 14, n.6, 15 ; Sallaberger 1996 : 3 ; Steinkeller 1996.

[10] Sallaberger 1996 : 3. On trouve souvent la transcription dug-qa-bur = bahar$_{2}$ = *pahāru* = potier (Labat et Malbrant-Labat 2011 : 141 (309).

[11] Sur l'explication de cette combinaison, cf. Deimel 1928-1933 : 309, 22, 25 ; Barrelet 1968 : 14, n. 6 ; Salonen 1970 ; Sallaberger 1996 : 5-6 ; Labat et Malbrant-Labat 2011 : 161 (349), 333 (*pūru* vase en pierre).

[12] Barrelet 1968 : 14, n. 6.

[13] Waetzoldt 1971 ; Steinkeller 1996. Sur les mesures de capacité, cf. Powell 1989-90.

[14] Tell Leilan / Šehna (Senior et Weiss 1992 ; Stein et Blackman 1993) ; Nippur (McCown et Haines 1967, pl. 82).

[15] Le CAD I-J : 326b donne le mot *jaṣiruma* « potter » : *ia-zi-ru-ma* ; from Ugar. *jṣrm*.

- en Hébreu : רצי (*yatsar*) / (*yôtsér*) lit. « celui qui façonne » (*yatsar* = façonner).

En résumé, le potier est perçu comme celui qui travaille, façonne une matière meuble, malléable, abondante et peu coûteuse, l'argile, sous différentes formes, pour pallier à des besoins de première nécessité : briques, vases, figurines anthropomorphes, etc. C'est donc sous le nom de bahar$_2$ / *pah(h)āru* qu'il apparaît dans différents types de textes du IIIe au Ier millénaire av. J.-C.

1.2. L'activité du potier en Mésopotamie

1.2.1. IIIe millénaire

C'est au IIIe millénaire que l'on trouve les sources les plus anciennes procurant une information sur l'activité des potiers (bahar$_2$) inclus parmi le personnel de diverses organisations économiques et auxquels on attribuait de la terre et des rations de subsistance.

Dans la première moitié du IIIe millénaire, à la période des Dynasties Archaïques (ou pré-sargonique), la tablette BIN 8 380, de Lagaš, mentionne la livraison de plusieurs douzaines de pots, par le potier Lugal-pa-e$_3$, à l'occasion d'une fête religieuse, qualifiée de « contribution/obligation des potiers » (IL$_2$ bahar$_2$-ne-kam). On apprend ainsi que les potiers de Lagaš ne travaillaient pas en permanence pour l'État mais qu'ils lui devaient une contribution en poteries, parmi d'autres corvées, comme des travaux d'irrigation[16].

Plusieurs textes d'Umma et de Lagaš, de l'époque de Sargon d'Agadé, dans la seconde moitié du IIIe millénaire, mentionnent des livraisons et cuissons de quantités très importantes de pots, allant de 3000 à 8000[17].

Mais les informations les plus détaillées et les plus étendues sur les potiers proviennent des textes de l'époque d'Ur III, à la fin du IIIe millénaire[18]. D'après la documentation d'Umma et de Lagaš on peut établir que dans les centres majeurs, il existait, d'un point de vue institutionnel, deux catégories de potiers : ceux qui étaient sous le contrôle du gouverneur local (ensi) et ceux qui faisaient partie de l'organisation royale. La première catégorie était le plus souvent associée aux familles de temples, chaque potier étant assigné à une famille. D'autres potiers, subordonnés au gouverneur, étaient inclus parmi le personnel directement à sa charge, assignés à des tâches temporaires, dans des cuisines ou brasseries. D'autres potiers enfin avaient des liens permanents avec des unités économiques spécifiques, comme des moulins ou autres services. Parmi les potiers royaux (bahar$_2$ lugal) d'Umma et de Lagaš, des potiers sont mentionnés, dans un recensement d'impôt (TCL 5 6166) ou dans d'autres sources, comme recevant des lots de terre, faisant partie du « personnel royal », ou affectés au personnel d'un camp militaire. Un texte d'Umma (Nikolski 2 386) montre bien ce contraste en distinguant deux groupes parmi les cinq potiers mentionnés : les « hommes du gouverneur » et les « hommes du palais ». Il existait de plus, d'après quatre documents d'Umma, une catégorie de « potiers de la campagne » (bahar$_2$ ma-da) apparemment subordonnés au gouverneur. Ceux-ci résidaient sans doute dans des installations rurales autour d'Umma et travaillaient exclusivement pour satisfaire la demande locale dans leurs villages respectifs. D'un point de vue économique et social, les potiers, contrôlés par le gouverneur et par l'autorité royale, avaient un statut de subordonnés à l'État. Comme tels, ils recevaient des terres, des rations d'orge, de laine, et de graisse, tout comme leurs « fils » (parfois très jeunes) identifiés comme « potiers », indiquant ainsi la transmission du métier, de père en fils, ou l'aide des enfants à leur père, par exemple pour actionner le tour. Sur le statut des potiers, on sait qu'ils pouvaient être appelés pour des services temporaires comme la chasse aux oiseaux, l'irrigation, la coupe des roseaux, l'alimentation du bétail, la meunerie, etc. Enfin on sait que les potiers possédaient leur propre sceau-cylindre, déroulé en guise de signature sur des documents d'Umma ou de Nippur[19]. Les textes de l'époque d'Ur III, notamment les textes d'Umma, fournissent de grandes quantités d'informations sur les activités professionnelles. Les potiers reçoivent des quantités de roseaux comme combustible pour la poterie, des peaux d'ânes pour le transport de la production et, au besoin, l'aide de travailleurs inexpérimentés pour les aider dans leur travail. Une information très précieuse, issue d'un groupe de textes d'Umma[20], concerne la distribution de grandes quantités de pots à destination des brasseries, des cuisines et abattoirs d'Umma, différentes institutions ou personnes. Les plus nombreux étaient les plus courants, des bols d'un litre (*sila*) et des pots de 10 à 30 litres environ. Ils pouvaient également produire, certes en moins grandes quantités, de grands *pithoi* d'environ 300 litres. Outre de la poterie, les potiers fabriquaient enfin des fours culinaires ou *tannours* (^{im}tu-ru-na)[21].

1.2.2. IIe millénaire

On retrouve le nom du potier *pah(h)āru* dans des textes comptables du IIe millénaire, sous différents statuts. Il est mentionné comme travailleur spécialisé, parmi

[16] Steinkeller 1996 : 234-235.

[17] Steinkeller 1996 : 235.

[18] Waetzoldt 1971 ; Steinkeller 1996 : 235 ss. ; Sallaberger 1996.

[19] Steinkeller 1996 : 234-241.

[20] Waetzoldt 1971 ; Steinkeller 1996 ; Sallaberger 1996.

[21] Cf. X. Faivre, « Les fours dans les textes mésopotamiens... », ce volume.

d'autres professions, dans les écrits administratifs ou économiques du début du IIe millénaire. Par exemple, dans les archives de Mari, il n'apparaît que très rarement : un texte (ARM 7, 180, col iii', 36) nomme le potier Hanunu (*Ha-nu-nu pa-ha-ar*), « parmi les gens de métiers qui traitaient les matériaux tirés du sol », devant ce qui semble être un maçon, autre travailleur de la terre[22]. À Chagar Bazar, des potiers (dug-sila$_3$-bur) sont dépendants de rations, parmi d'autres professions[23].

Dans les textes de Nuzi, au milieu du IIe millénaire, le potier apparaît sporadiquement. C'est comme « esclave du palais » qu'il reçoit des rations d'entretien dans des listes de professions[24]. Le texte HSS 14 593 est une liste de rations d'orge mensuelles destinées à 83 esclaves du « palais » de Nuzi, parmi lesquels sont nommés, aux lignes 49 et 50, deux potiers *pahhāru* :

^m*Ha-na-tu*$_4$ ^m*Zi-ka*$_4$*-an-ta* / 2 |LU.MEŠ *pa-ah-ha-ru* 4 BAN$_2$ ŠE.MEŠ-*su*$_2$*-nu*

Un autre texte (CT 51, 3, 10) est une livraison de moutons à différentes personnes, parmi lesquelles un potier : ^m*Ka-ti-ri* LÚ *pa-ha-ru* « Monsieur Katiri, potier ».

Le métier est bien différencié des autres corporations : les potiers vivent groupés en quartiers, sans doute dans des sites proches des matières premières. Plusieurs textes de Nuzi évoquent la présence d'un « district » des potiers et d'une « ville » des potiers, ce qui montre, malgré la rareté des attestations de l'artisan lui-même, une intense activité potière[25]. Le texte AO 15543, 23, qui recense des besoins de l'armée en matériel et en ravitaillement, mentionne en effet un fantassin nommé Eniia, appartenant au district *Pahharu*, dans lequel E. Cassin reconnaît un district des potiers. De même, dans le texte HSS 9 1 3, il est question, à plusieurs reprises, d'une ville de potiers, *Pahhariwe* ou *Pahharašwe*.

Dans un texte médio-assyrien de Sabi Abyad (T 93-3), on apprend que les potiers peuvent travailler pour plusieurs localités, assurant ponctuellement une production locale, à la demande, par exemple à l'occasion de banquets où ils sont en relation étroite avec des brasseurs[26].

1.2.2. Ier millénaire

Dans d'autres textes néo-assyriens, au Ier millénaire, il est également mentionné la présence de « villages » ou de « villes » de potiers[27]. Ainsi un contrat de vente de terrains de l'époque de Sargon II, vers 717-715 av. J.-C., entre un propriétaire, Šer-idri, et un acheteur, Inurta-ila'i, mentionne par deux fois une « ville de potiers » :

> SAA 6, 10, 717-XI-16
> (...)
> 8 *an estate of 3 hectares of land [adjoin]ing (the fields of) Nuhšaya, Zabinu and Bel-(lu)-balaṭ, the side road to the village of [Zizî] and Potter Town;*
> (...)
> 17 *[an estate] of 1 hectare and 1 decare of land [Potter Town, ...] of a house -*
> 18 *[Inurta-il'i] has contracted and bought (this property) [from] Šer-idri f[or x minas of silver].*
> (...)

Pour les mêmes raisons, le potier est cité, au Ier millénaire, parmi d'autres professions, comme travaillant hors-les-murs, c'est-à-dire près des lieux d'approvisionnement (toujours situés « hors-les-murs, « en pleine campagne », ce qui revient souvent dans certains textes lorsqu'il est question de la quête du matériau) et pour éloigner la nuisance des fours ; lieu qu'il partage d'ailleurs avec l'autre « plus vieux métier du monde » (la prostituée), comme dans la malédiction de la courtisane de l'épopée de Gilgamesh (tablette VII, coll. III) :

> *« Que le carrefour des potiers soit l'endroit où tu t'installes et le terrain vague, ta couche,*
> *« Que l'ombre de la muraille soit la place où tu demeures »*[28].

1.3. Un artisan « à part »

Ce rôle particulier apparaît quand il est cité parmi d'autres professions : dans les listes lexicales de professions du IIIe millénaire, à l'époque des Dynasties Archaïques, la position du potier varie parmi celle d'autres artisans. Mais il est fréquemment mentionné en fin de liste[29]. Dans la série artisanale paléo-babylonienne Proto-Lu$_2$, au IIe millénaire, sa position change : il apparaît (Lu$_2$-^dEn-lil$_2$ bahar$_2$)[30] en seconde place dans la

[22] Bottéro 1957 : 78, 304 (90) ; Barrelet 1968 : 16.
[23] Gadd 1940 : n° 920, 989, 995.
[24] Cassin 1962a : 126, n. 4 ; Mayer 1978 : 181 ; cf. aussi Abrahami et Lion 2018 : 339, § 3.1.1.
[25] Cassin 1962a : 126, n. 5-6 ; Cassin 1962b, n°6 : 65-69 ; Barrelet 1968 : 16 ; Moorey 1999 : 141.
[26] Wiggermann 2008 : 561-563 (T 93-3) : un fonctionnaire régional se plaint auprès de l'intendant du *dunnu* de Sabi Abyad de ne pas avoir reçu de quoi servir de la bière pour un dîner offert à des Sutéens : *"(...) Why did you not give orders to (your) brewer (to send) a potter to Dunni-Aššur ? Let a written order go out from you to your brewer in Sahlalu, that he must give beer and tarīhu-vessels (for) when the Suteans come to have dinner with me (...)".*
[27] Kwasman et Parpola 1991 : 12-13 ; allusion dans Moorey 1999 : 141.
[28] Malbrant-Labat 1992 : Gilgamesh, tab. VII, col. III ; Oppenheim 1948 : 41 ; l'auteur rappelle que « les potiers avaient leurs ateliers à l'extérieur des murs (cf. Matth. 27 : 7) et que les prostituées, à Jéricho, vivaient en bordure de l'agglomération (Jos. 2. : 15). Ce sont « les mêmes emplacements » qui sont destinés « au dépôt des rebuts de l'agglomération ».
[29] Sallaberger 1996 : 4. Liste de professions ED Lu$_2$ A (nam$_2$ ešda) : ED Lu$_2$ A 125 (GAL.BAHAR$_2$), cité parmi des professions de production alimentaire ; dans ED Lu$_2$ B 15, ED Lu$_2$ E 40, il est cité à la fin de la liste des artisans.
[30] ^dEnlil étant un nom propre, on se demande comment comprendre cette entrée (Sallaberger 1996 : 4, n. 3). Peut-être une allusion à

série artisanale, qui suit celle des musiciens ; il suit la section « artisans » dans la liste de Sultantepe »[31], après le charpentier (lu_2.nagar), le métallurgiste (lu_2.simug), le tanneur (lu_2.ašgab). Exceptionnellement dans la série médio-babylonienne d'Emar (IIe millénaire av. J.-C.), le « chef des potiers » (ugula $bahar_2$) est cité après le « chef des forgerons / charpentiers » (ugula simug / nagar) et avant le « chef des graveurs de sceau.../orfèvres / sculpteurs ? ». Une autre section « Potiers » apparaît également entre le « métallurgiste-charpentier » (simug-nagar) et le « sculpteur (?) » (tibira)[32]. Mais, à part ces cas particuliers, le potier est toujours en marge des artisans spécialisés tels que « charpentier » (nagar), « tailleur de pierre » (zadim), « orfèvre » (ku_3-dim_2), « métallurgiste » (simug), « sculpteur ? » (tibira) ou « tanneur » (ašgab).

Par exemple, cette impression se confirme dans les textes littéraires : il n'apparaît pas dans la liste des ME, ces biens culturels constitutifs de la civilisation sumérienne enlevés au dieu Enki par la déesse Inanna, dans le mythe connu sous le nom d'*Inanna et Enki* (Segment D, 10-13)[33] :

Inanna et Enki, Segment D,

> 10-13. *"Holy Inana received the craft of the carpenter, the craft of the coppersmith, the craft of the scribe, the craft of the smith, the craft of the leather-worker, the craft of the fuller, the craft of the builder, the craft of the reed-worker. "In the name of my power, in the name of my abzu, I will give them to holy Inana, my daughter; may ...... not ......""*

Dans la section des « artisans »[34], il ne figure pas parmi les artisans détenteurs d'un savoir technique spécifique, à l'instar des travailleurs du bois, du métal, du cuir, de la construction, de la vannerie, les spécialistes de l'écriture. Son statut ne semble pas considéré comme noble (Tableau 1).

Bois	nam-nagar	Menuiserie
Pierre	nam-tibira	Sculpture
Écriture	nam-dub-sar	Art du scribe
Métal	nam-simug	Métallurgie
Cuir	nam-ašgab	Maroquinerie
Eau (?)	nam-aslag (LU_2.TUG_2)	Laveur
Brique	nam-šidim	Construction
Roseau	$^{ad}adkub_x$ (KID)	Vannerie

Tableau 1. Artisans cités dans la liste de ME (Farber-Flügge 1973 : 12).

La différence avec d'autres artisans est que le matériau brut, obtenu localement, est dépourvu de valeur économique et, en tant que tel, n'est pas soumis à un contrôle particulier, comme le sont le bois, la pierre ou le métal. On en conclut que le potier ne figure pas parmi les « artisans » spécialisés[35].

1.4. Un travailleur de la terre

Ainsi une série canonique de la liste lexicale lu_2 = *ša* (tablette IV) de références aux personnes, inclut le potier parmi les travailleurs de la terre, entre des jardiniers et d'autres travailleurs agricoles. Elle propose même l'équivalence : lu_2.$bahar_2$ / *pa(h)hāru* « potier » = engar / *ikkarum* « agriculteur, laboureur »[36]. La base de ce classement est donc bien la communauté du matériau travaillé : « la terre » quel que soit son état. On comprend qu'il s'agit ici de l'argile (Tableau 2).

365	u_2-a	= *za-ni-nu*	« pourvoyeur, fournisseur »
366	u_2-a	= *e-pi$_2$-ru*	« pourvoyeur, fournisseur »
367	bahar	= *ik-ka-rum*	« potier » = « agriculteur, laboureur »
368	engar	= MIN	« *id.* »
369	[engar]-mah	= ŠU-*hu*	
370	uru_4	= *e-ri-šu*	« semeur, cultivateur, laboureur »

Tableau 2. Liste lexicale lu_2 = *ša*, Série canonique, tablette IV (*CAD* I-J p. 49/1 : M. Civil 1969, *MSL* 12 139, Lu IV 367).

Le potier est donc avant tout un travailleur de la terre, ce qui peut aussi sous-entendre, comme on l'a vu plus haut, une activité saisonnière, ou alternative.

1.5. Un artisan expérimenté

Par ailleurs son habileté, comme son expérience, est mise en évidence au travers de certains textes où le potier est appelé « la main très expérimentée » (šu-

l'assimilation d'Enlil comme dieu potier dans les listes An-*Anum* (Litke 1958) et Ea = A = *nâqu* (Civil 1979) ; cf. à ce propos Sallaberger 1996 : 6, n. 22). Voir plus loin tab. 3 et 4, listes de dieux An = *Anum* et Ea = A = *nâqu*.

31 Civil 1969 : *MSL* 12 234 ii 29-30.

32 Sallaberger 1996 : 4 (Emar VI.4 187 : 200 et IB. 190 : 316 FF).

33 Kramer 1956 : 91-93 ; Barrelet 1968 : 15 ; Sallaberger 1996 ; Lafont 2001. Cf. Segment D, 10-13 https://etcsl.orinst.ox.ac.uk/cgi-bin/etcsl.cgi?text=c.1.3.1&display=Crit&charenc=gcirc# (ETCSL translittération) et https://etcsl.orinst.ox.ac.uk/cgi-bin/etcsl.cgi?text=t.1.3.1# (ETCSL traduction ; consultés le 3/09/2021).

34 Farber-Flügge 1973 : 12.

35 Sallaberger 1996 : 4.

36 Civil 1969 : *MSL* 12 139, Lu IV 367-368. Cf. CAD I-J 49/ *ikkaru* (*inkaru*). 1. Plowman, farm laborer; 2. Farmer, small farmer (dependent of a large organization). Labat et Malbrant-Labat 2011: 305 *ikkaru* paysan (lu_2ENGAR).

Tab. I	152	^{d}DUG.SILA$_3$.BUR	= ^{d}En-lil$_2$	(Enlil)
	167	^{d}DUG.SILA$_3$.BUR	= ^{d}En- lil$_2$	
Tab. II	34	^{d}šu-gal-un-su	= « la main très expérimentée »	(Déesse mère Tiamat)
	(...)			
	64	^{d}Lil	= dumu dingir.mah.ke$_4$	(Lillu, fils de Tiamat)
	(...)			
	156	^{d}DUG.SILA$_3$.BUR	= ^{d}E$_2$.a	(Ea)
	159	^{d}Nun-ur$_4$-ra	= ^{d}E$_2$.a	
	160	^{d}DUG.SILA$_3$.BUR	= ^{d}E$_2$.a	
	161	^{d}Nun-šar$_2$	= ^{d}E$_2$.a	
	162	^{d}DUG.SILA$_3$.BUR	= ^{d}E$_2$.a	
	163	^{d}šar$_2$ (ša$_2$-ar).šar	= ^{d}E$_2$.a	
	164	^{d}DUG.SILA$_3$.BUR	= ^{d}E$_2$.a	
	170	^{d}E$_2$.a	= ^{d}E$_2$.a	

Tableau 3. Liste de dieux An-*Anum* (Litke 1958) : Divinités potières.

gal-an-zu)[37], épithète associée à des divinités potières, comme la déesse mère (Bêlet-ili) appelée aussi « déesse potière » dans *L'Épopée de la Création* (*Enūma eliš*) ou « dame du potier » (^{d}nin DUG.SILA$_3$.BUR *pa-ha-ar*) tout comme Aruru appelée « dame du potier » (^{d}nin bahar$_2$ = *be-let-pa-ha*-ri). Ainsi le texte K.4759 (*MSL* 12 226) fournit-il trois équations à l'akkadien *pah(h)āru* « potier » :

3	lu$_2$ bahar$_2$	= *pa-ha-ru*	= le potier
4	lu$_2$ šu-gal-an-zu	= *MIN*	= « la main très expérimentée »
5	lu$_2$ ur-dim-[ma-x]	= [*MIN*]	

On retrouve, par ailleurs, cette épithète dans des listes de divinités An = *Anum*[38] où sont aussi énumérées d'autres divinités (Nunurra, Enlil et Ea) qui ont la fonction de potiers (^{d}DUG.SILA$_3$.BUR) dans les mythes de la création (Tableau 3). On peut y noter l'équivalence du potier, nommé par son idéogramme ^{d}DUG.SILA$_3$.BUR, pris comme nom de divinité, et plusieurs noms de divinités potières, Nunurra, Lillu, manifestations des divinités de la création Enlil et Ea[39].

Ce sont ces mêmes divinités qui se succèdent dans la liste syllabaire Ea A = *nâqu* (Tableau 4)[40] :

1.6. Un acteur dans la chaîne opératoire de l'argile

Des textes, assez disparates, rendent enfin compte de la maîtrise de l'argile et des différentes étapes de la chaîne opératoire, de façon très affinée, derrière lesquelles on perçoit l'activité du potier. Plusieurs divinités « potières », masculines et féminines, ou différents types d'acteurs, du plus élevé au plus modeste, sont en effet en relations avec les métiers de l'argile, pour faire des briques, des récipients, des figurines, des tablettes[41]. La préparation de l'argile est évoquée par différents verbes d'actions associés à ce matériau :

- celle de mélanger (*balālu*) l'argile (*ṭīdu*) ou le mortier (*kalakku*) avec de l'eau pour les rendre homogènes ou les mêler à d'autres substances, telles que la paille et la balle

[37] Civil 1969 : *MSL* 12 226, K.4759. ePSD : šu-gal-an-zu =potter.
[38] Litke 1998 : 70, teb. II ; Barrelet 1968 : 11. Sur la liste An = *Anum*, cf. Cavigneaux1983 : 639 ; Lambert 1957-1971 : 475-477.

[39] Voir Barrelet 1968, p. 11-12 ; voir aussi les attributs de ces divinités dans Joannès 2001 : 253-254 (Enki / Ea), 283-285 (Enlil), 848-849 (Tiamat).
[40] Civil 1979 : 398. Sur la liste Ea (E.a A = *nâqu*), cf. Cavigneaux 1983 : 621-622. La liste indique, « pour un signe donné, la prononciation et une ou plusieurs traductions, certains exemplaires ajoutant le nom du signe ». Cf. aussi Joannès 2001 : 475.
[41] Relevés par Barrelet 1968 : 31-37 ; Sallaberger 1996 : 7-13.

34	ba-har	DUG.SILA$_3$.BUR	(...) *pa-ha-rum*[1]	
35	nun-ur-ra	DUG.SILA$_3$.BUR	^{d}DUG.SILA$_3$.BUR	(Nunurra)
36	li-il	DUG.SILA$_3$.BUR	^{d}DUG.SILA$_3$.BUR	(Lillu)
(...)				
132	ba-har	DUG.SILA$_3$.BUR	*pa-ha-rum*	
133			^{d}*en- lil$_2$*	(Enlil)
134	nun-ur-ra	DUG.SILA$_3$.BUR	*ŠU*	(Nunurra)
135			^{d}*e$_2$-a*	(Ea)
	lil-lu	DUG.SILA$_3$.BUR	*ŠU*	(Lillu)

Tableau 4. Liste Lexicale Ea A = *nâqu* (Civil 1979, 398).

[1] ba-har (en sumérien) est la prononciation de l'idéogramme DUG.SILA$_3$.BUR, ce qui signifie (en akkadien) *pa-ha-rum* (= potier). 35. Nun-ur-ra (en sumérien) est la prononciation de l'idéogramme DUG.SILA$_3$.BUR, ce qui signifie (en akkadien) ^{d}DUG.SILA$_3$.BUR (= le dieu Potier).

hachée, ou des éléments minéraux, pour confectionner les briques et d'autres artefacts[42], figurines ou poterie. Dans certains rituels (de construction, par exemple), l'argile est mélangée avec des substances très variées, parfois surprenantes, lait, miel, huile, huile parfumée, bière, vin, farine. D'autres mélanges, moins ragoûtants, peuvent être évoqués dans d'autres rituels (sang, chair, urine, excréments, poils, etc...) ;

- celle de fouler au pied, de « marcher » (*kabāsu*)[43] l'argile étendue sur une aire pour la pétrir et la transformer en balle. C'est l'étape « du marchage »[44] ;
- celle de pincer, rompre, arracher (*karāṣu*)[45] l'argile au bord des canaux ou cours d'eau, dans la fosse d'argile, ou à une motte préparée, et d'en faire un pâton, une balle appelée *kirṣu*[46] ;
- celle de battre, jeter, lancer l'argile (*nadû*)[47] pour en évacuer les bulles d'air. C'est l'étape du « battage » de l'argile ; l'action peut aussi être associée à la confection des tablettes cunéiformes ;
- celle de former, modeler (*patāqu*)[48] l'argile en pâton, en balle (*kirṣu*) ou en motte (*pisiltu*)[49], voire en figurines ;
- d'autres actions plus larges peuvent être associées à l'argile, mais pas spécifiquement, comme « créer, former » (*banû*), qui concerne davantage l'action du démiurge que l'activité manuelle[50], ou tout simplement « faire » (*epešu*)[51].

L'importance de la préparation de l'argile avant toute utilisation est également mise en évidence par l'outil le plus utilisé par le potier, qui n'est pas le « tour » comme l'avait pensé A. Salonen[52], mais un « outil en bois », littéralement le « bois du potier » (^{giš}bahar$_2$), un bâton, une latte ou un pilon, voire un rouleau (^{giš}muštaptin = *muštaptinnu* ou *multaškinu*)[53] que l'on peut sans doute associer à l'action nécessaire de battre (*nadû*) ou de former (*patāqu*) l'argile. Des textes scolaires sumériens font enfin référence à un autre outil de « bois pour faire des tablettes » (^{giš}dub-dim$_2$ = *dubdimmu*)[54] utilisé par le scribe d'argile, sans doute dans une action analogue.

[42] CAD B 39 *balālu* v. "to mix", 1a) 2' et 3' "clay or mortar" (in Ass. rituals for starting work on a building), par exemple l'argile, le mortier *kalakku*. cf. Barrelet 1968 : 31.

[43] CAD K 5-11 *kabāsu*. Barrelet 1968 : 10, 33 montre que l'opération de marchage était bien connue ; dans la création de l'homme par la déesse-mère, « on s'est rendu à la "Maison des Destins" pour marcher l'argile = *ṭi-iṭ-ṭa i-ka-ba-a-sa-am* » ; ePSD *kabāsu* : "to step in /on/out/ upon, to trample, to tread".

[44] Rye 1981 ; Roux 2016.

[45] Cf. Barrelet 1968 : 34-36 *karāṣu* "arracher, détacher", "to dig out, to nipp off, to pinch off, to finger"; ePSD *karāṣu* : "to break off, to pinch off".

[46] Voir plus loin Ura 10 : 481 *kirṣu* et tableau 6.

[47] CAD N1 73 *nadû* "to throw into water or fire, a pit, etc." ; cf. Barrelet 1968 : 34-36 *nadû* "battre" ; ePSD *nadû* "to throw (down)".

[48] CAD P 273-275 *patāqu* A "1. to make brick structures", c) to construct, form buildings, stone statues; d) to create (in mythological contexts" ; cf. Barrelet 1968 : 37 "former, modeler" ; ePSD *patāqu* "1. To molds bricks ; 2. To shape, create".

[49] Cf. plus loin Ura 10 : 435-437, 508 et tableau 6.

[50] Cf. Barrelet 1968 : 37 *banû* "créer, former"; ePSD *banû* "to create, make, manufacture".

[51] Cf. Barrelet 1968 : 37 *epešu* "faire" ; ePSD *epešu* "to do, to make, to act, perform, proceed, build...".

[52] Salonen 1966 : 12 ^{giš} bahar$_2$ = *muštaptinnu, multaškin(n)u ša pahhāri* "Töpferscheibe des Töpfers".

[53] Sallaberger 1996 : 16, n. 68. CAD M2 285-286 *muštaptinnu* (a pole or lath, used by the potter as a mudler) ; DCCLT/Uta/Nineveh : « potter's tool = tool of a potter ». Taylor 2011 : 11 envisage un « rolling pin ».

[54] DCCLT/Ura/Nineveh : « tool used for fashioning tablets or potter's tool ».

Enfin un dernier outil est associé au potier, une meule de pierre, peut-être de basalte, dite la meule du potier (*erû paḫḫāri*) destinée à broyer les tessons (*ḫaṣbu*) et rebuts de potier [*zê paḫ(ḫ)āri*][55].

En résumé, l'argile apparaît en creux, en premier lieu, derrière l'activité du praticien de ce matériau. Celle-ci en révèle d'emblée les caractères multiples : son omniprésence en Mésopotamie, son importance dans toutes sortes de réalisations, son faible coût, son caractère extrêmement commun, voire modeste, en marge des matériaux et des artisanats de prestige. Ce praticien qu'il est convenu d'appeler « potier » (bahar$_2$ / *paḫ(ḫ)āru*), est avant tout perçu comme un travailleur de la terre, tout comme le jardinier ou l'agriculteur. Mais il diffère sans doute de ces derniers par la forme, la consistance, la plasticité, la qualité de la terre qu'il travaille, propre au façonnage, l'argile, dont les textes transcrivent les différents états. Il désigne ainsi tout artisan qui façonne l'argile, quelle que soit la forme que prend le résultat : des récipients, certes, qui représentent son abondante production – à tel point que cette dernière lui est identifiée[56] –, selon le sens restrictif du mot potier, mais aussi des figurines, des briques[57], voire tout élément de construction, comme le mortier, les enduits, etc.[58]

Il se distingue par un savoir-faire spécifique dans le traitement de ce matériau, à travers les différentes étapes d'une chaîne opératoire complexe. Cette habileté, reconnue par l'appellation « la main très expérimentée », est mise au service du façonnage d'objets d'utilité courante. De façon paradoxale[59], ce ne sont pas les « des écrits de routine », très inégaux, qui valorisent, en Mésopotamie, le potier et sa technique, mais les textes « des zones supérieures de la tradition culturelle », selon l'expression de M.-T. Barrelet qui, par métaphore, mettent en scène des dieux reproduisant les gestes de « l'humble spécialiste de l'argile ».

2. Le matériau dans tous ses états, d'après la liste lexicale ur$_5$-ra = *hubullu* (tablette X)

Ayant abordé le potier et les actions principales de la chaîne opératoire dans une documentation écrite éparse, on se tournera, en revanche, vers d'autres types de textes bien ciblés pour appréhender le matériau, l'argile dans tous ses états. Certaines listes lexicales livrent, par exemple, un vocabulaire abondant qui détaille et nuance bien des aspects de l'argile à différents stades de son utilisation.

[55] Cf. plus loin la section Ura 10 : 379-381.

[56] Cf. *supra* sur l'idéogramme dug.sila$_3$.bur qui représente des récipients.

[57] « L'homme qui fait les briques » est aussi dit lu$_2$.sig$_4$.du$_8$.du$_8$ (Barrelet 1968 : 13-15).

[58] Sur le sens très large du mot bahar$_2$ / *paḫāru*, cf. Barrelet 1968 : 12.

[59] Barrelet 1968 : 6.

2.1. Que sont les listes lexicales ?

Ce sont des énumérations de signes cunéiformes ou de mots présentés en colonnes et classés par ordre thématique, sémantiques ou graphiques. Selon la formule d'A. Cavigneaux, « elles sont le résultat de centaines d'années de travail mental des sumériens pour classer les mots de leur langue et les signes de leur écriture, travail qui sera développé par les akkadiens »[60]. Elles furent utilisées de la période archaïque (*ca.* 3200 av. J.-C.) jusqu'au début de notre ère. Créées tout d'abord par les Sumériens pour l'apprentissage de l'écriture puis de la langue, les listes akkadiennes, monolingues jusqu'au milieu du IIe millénaire, deviennent bilingues, suméro-akkadiennes. Le sumérien est toujours placé dans la colonne de gauche, d'autant que, devenu langue morte, il devait être traduit. L'équivalent akkadien lui répondait dans la colonne de droite. Ces listes servaient donc essentiellement à l'éducation des apprentis scribes. Dans cette optique et pour l'acquisition du vocabulaire et de sa graphie, de vastes catalogues thématiques ont été dressés sur une longue durée. Le plus complet est la liste lexicale ur$_5$-ra = *hubullu* « prêt »[61], du nom de son incipit, comprenant 24 tablettes, classant les réalités de la nature et de la société par thèmes[62], induits par leur déterminatif. La version canonique, c'est-à-dire la forme finale, date des environs du XIVe siècle, voire un peu plus tard[63]. Parmi celles-ci, la tablette X (abrégée préalablement Hh. X, aujourd'hui Ura 10) est particulièrement intéressante pour notre propos, puisqu'elle concerne l'argile et les productions argileuses, tels que les récipients, les fours, mais aussi les argiles sous leurs différents états[64]. Des précurseurs paléo-babyloniens[65] et médio-babyloniens[66], disséminés dans tout le Proche-Orient, des copies de textes de sites périphériques[67], des commentaires doublent ou complètent, par ailleurs, ces listes, proposant notamment des synonymes ou variantes graphiques qui permettent d'enrichir les nuances de la documentation. Ainsi la liste ur$_5$-ra =

[60] Cavigneaux 1983 : 609 ; cf. aussi Joannès 2001 : 475-476 (listes lexicales) ; Veldhuis 2014 et DCCLT http://oracc.museum.upenn.edu/DCCLT/lexicallistsperiods/index.html (vu pour la dernière fois le 5/10/2022).

[61] L'abréviation Hh. est due à l'ancienne lecture HAR-ra = *hubullu* ; l'abréviation Ura de la nouvelle lecture ur$_5$-ra = *hubullu* est aujourd'hui préférée (Veldhuis 2014 et DCCLT). Nous adopterons ici l'abréviation Ura, mais nous garderons Hh. dans les citations, en notes, du CAD ou des MSL (voir en bibliographie la liste des abréviations).

[62] Cavigneaux 1983 : 626-628.

[63] Cavigneaux 1983 : 610.

[64] Landsberger 1957 ; Civil 1996 ; Veldhuis 2014 et DCCLT.

[65] Landsberger 1958, *MSL* 7. Ces textes paléo-babyloniens proviennent principalement de Nippur, mais également d'Uruk, Kiš, Sippar, Tell Harmal, Suse... (Cavigneaux 1983 : 627). Cf. DCCLT/Old Babylonian Lexical Texts.

[66] Wiseman 1953 (tablettes d'Alalakh). Cf. DCCLT Middle Babylonian Lexical Texts.

[67] Ces sites périphériques (Ugarit, Boğazköy, Emar) ont fourni des dictionnaires bilingues ou trilingues qui doublaient la colonne akkadienne des mots courants dans le dialecte ou la langue locale (ugaritique, hittite, hurrite, cassite).

hubullu, dans sa forme canonique (à deux colonnes), était-elle doublée d'une autre série appelée, d'après son incipit, mur-gud = *imrû* = *ballu* « fourrage » (abrégé préalablement Hg., aujourd'hui Murgud)[68] répartie sur trois colonnes. La troisième contient, en commentaire, un mot akkadien pour expliciter la traduction donnée par ur$_5$-ra = *hubullu*, « peut-être devenue difficile à comprendre, ou sortie de l'usage populaire »[69].

L'apport de ces listes lexicales est cependant à prendre avec précautions car les mots appartiennent au registre savant et une majorité d'entre eux n'étaient, par conséquent, pas utilisés au quotidien, voire jamais utilisés dans les textes de la pratique. Peut-être n'étaient-ils, dès l'origine, que des créations théoriques des scribes dans leur enseignement. Mais le classement qu'elles procurent, par une logique d'association, permet d'appréhender la conscience collective que les Mésopotamiens avaient de leur environnement et de leur culture matérielle.

C'est donc dans un ordre bien particulier que la liste lexicale ur$_5$-ra = *hubullu*, tablette X (Ura 10), énumère une variété de termes concernant l'argile sous différentes formes ou différents états : les noms de récipients en argile (1-336), les différentes sortes de fours, fourneaux, scories et résidus de fours (337-387)[70] et enfin les argiles multiformes (388-510) sous différents aspects et différentes consistances. Il en a été fait plusieurs reconstructions[71].

Il existe ainsi 122 lemmes (ou entrées comprenant le nom sumérien et sa traduction akkadienne) correspondant aux différents états et différentes formes que prend l'argile, parmi lesquelles on compte les tablettes d'argiles, enveloppes et scellements (438-480). Il est clair que ce classement suit une réelle progression dans la transformation de l'argile dont voici, en abrégé, la structure principale (Tableau 5).

Un récapitulatif de chaque terme, dans l'ordre de la liste, est repris dans le Tableau 6.

2.2. L'argile cuite (Ura 10 : 375-382)

L'argile à l'état cuit apparaît, en amont de la liste. Curieusement la brique cuite (*agurru*) est classée, plus haut dans la liste, parmi les récipients de terre cuite :

295. dug.sig$_4$-al-ur$_3$-ra = *agurru* est la brique cuite qui entre dans la construction, les revêtements ou les pavements, par opposition à la brique séchée au soleil[72].

Elle est détaillée à la fin de la section consacrée aux fours, fourneaux, grills (337-387), qui précède celle des différents états de l'argile, dans une courte séquence (375-382) concernant les déchets de cuisson, tessons de poterie, scories de fours[73]...

375. šika = *haṣbu* désigne l'argile façonnée, formée, et dans la plupart des cas, l'argile cuite. Le terme s'applique à tout objet en argile cuite, figurine ou statue, plaque de terre cuite et notamment à la vaisselle de terre, aux récipients, aux tessons de poterie, que l'on trouve à la surface des tells[74]. C'est l'emploi le plus courant[75]. Le terme générique de « céramique », tel qu'on l'entend en archéologie, pourrait tout à fait convenir puisqu'il désigne l'ensemble des objets fabriqués en terre qui ont subi une transformation physico-chimique irréversible au cours d'une cuisson à température plus ou moins élevée[76]. Curieusement, il n'est jamais employé dans les dictionnaires. Le terme *haṣbattu* en est l'équivalent féminin[77].

Ceci est conforté par la séquence suivante qui se rapporte à la poterie fragmentaire sous forme de tessons de différentes formes, tailles et usages :

[68] L'abréviation Hg. est due à l'ancienne lecture HAR-gud = *imrû* = *ballu* ; l'abréviation Murgud de la nouvelle lecture mur-gud = *imrû* = *ballu* est aujourd'hui préférée (Veldhuis 2014 et DCCLT).

[69] Cavigneaux 1983 : 628. Comme l'indique l'auteur, il faut peut-être supposer, un commentaire oral dont il n'est rien resté ou, plus vraisemblablement, un effort pour extraire le contenu de ur$_5$-ra = *hubullu* et de le rendre plus abordable.

[70] On se reportera à l'intervention de L. Cousin et de X. Faivre, « Les types de fours dans les textes mésopotamiens et leur réalité matérielle dans les fouilles archéologiques », lors de la journée d'étude du 10 décembre 2020, *Usage des argiles et terres argileuses : du « cru » au « cuit »*, publiée en deux articles dans ce volume (partie II). Cf. *infra*.

[71] Landsberger 1957 ; Civil 1996 ; Sallaberger 1996 ; Veldhuis 2014 et DCCLT. Nous adoptons ici l'ordre de la reconstruction de M. Civil (1996 : 129) dans la révision incorporée au Sumerian Hypertext Project (SHP) qui présente l'avantage, pour un non spécialiste des textes, de présenter la seconde colonne, en akkadien, selon une transcription continue, telle qu'elle apparaît dans les dictionnaires (Ahw, CAD, CDA) ou les bases de données en ligne (ePSD). Chaque lemme a été vérifié dans ces différents outils (cf. bibliographie, abréviations) et particulièrement dans le *Digital Corpus of Cuneiform Lexical Texts* (DCCLT), dirigé par N. Veldhuis de l'University of California, Berkeley. Désormais incontournable pour les listes lexicales, il a l'avantage de fournir des traductions. Pour certaines sections, les traductions de certains lemmes ont été comparées aux listes lexicales d'Aššur (Weiershäuser et Hrůša 2018).

[72] CAD A1 160-163 *agurru* (*ukurru*) s. 1. Kiln-fired-brick. DCCLT < http://oracc.museum.upenn.edu/DCCLT/corpus> *agurru* "baked brick". Cf. contribution de M. Sauvage (ce volume) et Sauvage 1998.

[73] Cf. X. Faivre (« Les types de fours... », tab. 1-2), ce volume.

[74] Attinger 2021 : 991, šika "tesson". CAD H 132 *haṣbu* s. 1. (formed) clay ; 2. (small pot) ; 3. Potsherd ; 4. Shell, rind. CDA *haṣbu(m)* III : "pottery, terracotta ; potsherd". AHw I 332. Sallaberger 1996 : 107 (šika), 112 (*haṣbu*).

[75] http://oracc.museum.upenn.edu/DCCLT/corpus#P237770.17 vu le 24-09-2021, traduit systématiquement par "potsherd".

[76] Voir une première réflexion de Barrelet 1968 : 29 « *haṣbu*... signifie sans doute dans la plupart des cas l'argile cuite par opposition à *ṭiṭṭu*, l'argile malléable ».

[77] CAD H 131 *haṣbattu* s. fem. 1. (small pot), 2. Shell, sherd. Le commentaire mur-gud (Landsberger 1959 : 112, Hg. A II 111) donne en effet l'équivalence [dug.šika] = [*ha-aṣ-bu*] = *haṣ-bat-t*[*um*]. Le déterminatif dug (= *karpatu* : récipient d'argile) indique bien la relation avec la vaisselle de terre. Sallaberger 1996 : 111-112 : *haṣabtu* = *haṣbattu*, Scherbe ; AHw I 331, III 1560 ; CAD H 129.

001-336. Les récipients d'argile			
Ordre	**Sumérien**	***Akkadien***	**Interprétation**
001-(...)	dug	*karpatu*	Jarre, récipient d'argile
337-387. Les fours et rebuts de cuisson			
337 (...)	KI.NE	*kinūnu*	Foyer, fourneau, réchaud
339 (...)	im.šu.nigin$_2$-na	*tinūru*	*tannour* (four à pain)
351 (...)	gir$_4$	*kīru*	Four, fourneau
356 (...)	udun	*utūnu*	Four (en général)
375-382	šika	*haṣbu*	Tesson de poterie
388-437. Les argiles multiformes			
388 (...)	im	*ṭīdu*	Argile
425	im-UD-a	*šābulu*	Séchée
426 (...)	im-mu-du$_3$-a	*sugāru*	Mélangée
430 (...)	im-ra-ra	*mahṣu*	Battue
433 (...)	im-gur-ra	*gurrudu*	Pincée
434	im-gur-gur	*kubbutu*	Motte d'argile
435 (...)	im-ša$_3$-kalag-ga	*pisiltu*	Motte d'argile
438-480. Les tablettes, enveloppes, scellements d'argiles			
438	im-mu	*ṭuppu*	Tablette
439	im-dub	*ṭuppu*	Tablette
440	im-sar	*ṭuppu*	Tablette
441	im-sar-ra	*ṭuppu*	Tablette
442 (...)	im-sa-šub-ba	*imsaršubbû*	Tablette scolaire (tablette de main)
450 (...)	[im-igi-dug$_4$]	*imigidukkû*	Tablette d'une colonne
453 (...)	im-mu-ni-da	*immunidû*	Lettre
459 (...)	im-gar-ra	*imgarrû*	Couverture d'argile, enveloppe de tablette
469	im-si	*imsukkû*	Enveloppe de tablette
477	im-ŠID-ru (im rig$_{11}$)	*kunukku*	Scellement, tablette scellée
481-510. Les argiles brutes			
481 (...)	im-$^{ki-id}$kid$_2$	*kirṣu*	Pâton...
510	im-du$_3$-a	*kullatu*	Argile de potier, fosse d'argile Argile de canal (*ṭīd palgi)*

Tableau 5 – Structure générale de la tablette X (Ura 10) des listes lexicales ur$_5$-ra = *ḫubullu* (d'après Landsberger 1958, Sallaberger et Civil 1996). Les mots concernés appartiennent à la section 388-510.

376 : udun-šika-kud-da = *išhilṣu* est un tesson de poterie à bord irrégulier, dentelé, mettant l'accent sur la forme de la cassure[78].

377. šika-tur-ra = *išhilṣu* est un tesson de petite taille (*haṣbu ṣaharu*)[79].

378. šika-al-ur$_3$-ra = *makdādu* est un tesson utilisé comme grattoir, avec l'idée de frotter (*kadādu*), comme lame tranchante[80], taillée en pointe, d'après son équivalence avec *šēltu* que donne le commentaire

[78] CT 19, pl. 01, K 00055 (CT 19, pl. 01) [Ura] [via DCCLT/Nineveh] donne l'équivalence šika kud-da = *iš-hi-il-ṣu* « potsherd with a jagged edge » <http://oracc.museum.upenn.edu/DCCLT/corpus#P237770.17> vu le 24-09-2021.

[79] Sallaberger 1996 : 107 ($^{(dug)}$šika tur-ra), 112 (*išhilṣu*). Attinger 2021 : 1068-1069, tur, tur-ra adj. "petit". AHw I 394 ; CAD I-J 241 *išlhiṣu* s. "potsherd". Cf. l'équivalence donnée par le commentaire mur-gud : dug-šika-tur-ra = [*iš-hi-il*]-*ṣu* = *haṣ-bu ṣa-ah-ha-ru* (Landsberger 1959 : 112, Hg. A II 112). Le déterminatif dug (= *karpatu* : récipient d'argile) indique bien la relation avec la vaisselle de terre.

[80] CAD M1 12 *makdādu* "scraper of pottery or metal" ; DCCLT/ Neo-Assyrian/Ura *makdādu* (...) = scraper (?) ; ePSD *makadau* "scraper".

• **Argiles cuites - Sous-produits de fours**

Ordre	Sumérien	*Akkadien*	Interprétation
375	$^{\text{ši-ka}}$šika	*haṣbu*	Tesson de poterie
376	udun-šika-kud-da	*išhilṣu*	Tesson, tesson de poterie à bord irrégulier, dentelé
377	šika-tur-ra	*išhilṣu*	Petit tesson de poterie
378	šika-al-ur$_3$-ra	*makdādu*	Grattoir, lame tranchante, en pointe
379	šika-bahar$_2$	*zê pahāri*	« Rebut de potier », poudre de tesson, tesson broyé, dégraissant, chamotte
380	šika-bar	*zê pahāri*	« Rebut de potier »
381	NE-sag	*zê pahāri*	
382	[l]agab-zaḫ	*hahû*	« Scories » de four, brique vitrifiée (?)

• **Argiles et terres argileuses**

388	im	*ṭīdu*	Argile molle, malléable, terre pour les briques, mortier, plâtre, figurine, pour la création des humains, nourriture du monde inférieur, matériel d'écriture
389	im-a-sud (im-a-su$_3$)	*ṭīdu*	Argile arrosée, aspergée d'eau, argile humidifiée
390	im-sahar	*ṭīdu*	Terre meuble, poussière, sol, argile sèche (?), terre argileuse, terre à bâtir, type d'argile
391	im-sahar-tur	*ṭīdu*	Type d'argile fine (?), argile poussiéreuse (?)
392	im-bal	*nappaltu* (= *ṭīdu*)	Débris d'argile, produit de l'exploitation d'une carrière ; argile de décombres ; argile excavée
393	im-bal-bal	*nappalātu*	Débris d'argile ; décombres ; argile excavée
394	im-bal-bal	*ṭīdu nappalatu*	Débris d'argile ; décombres ; argile excavée
395	im-hu-tu-ul	*hutūlum*	Une sorte d'argile (?) ; argile amoncelée, entassée (?) ; fabriquée à partir de terre hutul (?)
396	im-hu-tu-ul	*kama*[...]	Une sorte d'argile (?) ; argile amoncelée, entassée (?)

• **Boue et limon**

397	im-lu$_3$-a	*ṭīri*	Boue, limon
398	im-lu$_3$-a	*ṭirūtu*	Boue, limon
399	im-lu$_3$-a	*sa'u*	Une sorte de boue, de limon
400	im-hab	*bīšu*	Mauvaise argile, de mauvaise qualité, malodorante
401	im-hab	*da'mu*	Argile de couleur rouge sombre, terre utilisée comme colorant ; argile sombre malodorante
402	im-dara$_4$	*da'mu*	Argile de couleur rouge sombre
403	im-kal	*aklu* ou *aq*[*ru*]	Argile de couleur jaune. Argile plus rare

• **Argiles dures et sèches**

404	im-KAL (kalag)	*aštu*	Argile plus dure, durcie, indurée, plus rigide
405	im-KAL (kalag)	*isikku*	Argile plus dure ? Mot incertain
406	im-kala-ga	*dan-nu*	Argile plus dure, fortifiée
407	im-kala-ga	*kuššikku*	Un minéral, un type d'argile, motte de terre dure ?
408	im-an-na	*kuššikku*	Argile fortifiée ; un type d'argile à composante
408a	im-na$_4$	*kuššikku*	Argile sableuse, motte de terre dure ?
409	im-na$_4$-an-na	*kuššikku*	Argile sableuse très dure de surface ? Motte de terre dure ?

410	im-na$_4$-an-na	*imnanakku*	Une pierre ; conglomérat de limon, de sable et de galets ?
411	im-DU	*imdû*	Mot inconnu
412	im-$^{[x]-x}$UŠ	*nitû* (?), (*imnitû* ?)	Une sorte de terre (lit. « terre mâle » ?)
413	i[m-SAL ?]	⌜*x*⌝-[...], (*immunusu* ?)	Une sorte de terre (lit. « terre femelle » ?)
414-421	[im-...]		La tablette est endommagée et illisible

• Traitements de l'argile

422	im-zi-ir	*zirru*	Cf. 423
423	im-zi-ir-zi-ir	*pussusu*	Dissoute, écrasée, effacée (tablette d'argile)
424	im-sal-sal	*ruqququ*	Argile amincie, aplatie, étendue en couche mince
424a	im-ra-ra	[*muhhuṣu*]	Argile battue? Frappée ?
425	im-UD-a	*šābulu*	Un type d'argile ; argile séchée
426	im-mu-du$_3$-a	*sugāru*	Mélangée (en boue), pilée
427	im-mu-mu-du$_3$-a	MIN	
428	im-hi-hi	*šutābulu*	Mélangée avec de la paille ou de la balle hachée
429	im-ra-ra	*šutābulu*	
430	im-ra-ra	*mahṣu*	Argile battue, frappée, pétrie
431	im-sig$_3$-ga	*mahṣu*	
432	im-gur-ra	*mahṣu*	
433	im-gur-ra	*gurrudu*	Argile pincée
434	im-gur-gur	*kubbutu*	Argile formée en motte d'argile, en bloc
435	im-ša$_3$-kalag-ga	*pisiltu*	Morceau d'argile, couverture, enveloppe de tablette d'argile
436	im- ša$_3$-ra-ah	*pisiltu*	
437	[im-...]	[*pisiltu*]	

• Tablettes, enveloppes et scellements

438	im-mu	*ṭuppu*	Tablette d'argile
439	im-dub	*ṭuppu*	
440	im-sar	*ṭuppu*	« Tablette écrite »
441	im-sar-ra	*ṭuppu*	
442	im-sar-šub-ba	*imsaršubbû*	« Tablette d'exercice », tablette scolaire
443	im-<mu>-gub-ba	*immugubbû*	« Tablette d'exercice », tablette scolaire
444	im-šu-gub-ba	*imšugubbû*	« Tablette de main » (im-šu), tablette lenticulaire, liste
445	[im-lagid$_2$-da]	[*ligin*]*nu*	« Tablette d'exercice » ; tablette scolaire
446	[im-li-gi-in]	[*liginnu*]	
447	[im-sar-mu-pà-da]	*imsarmudappû*	Une sorte de tablette, liste
448	[im-mu-da-sa$_4$]	*immudasû*	Une sorte de tablette, liste
449	[im-mu-ne-dug$_4$]	*immunedukkû*	Lettre, liste
450	[im-igi-dug$_4$]s	*imigidukkû*	Tablette d'une colonne, liste
451	[im-ù-mu-un-ne-dug$_4$]	*šipirtu*	Ordre, document légal, message, lettre
452	im-u$_3$-mu-un-ne-dug$_4$	*unedukku*	Lettre
453	im-mu-ni-da	*immunidû*	Lettre

454	im-gi$_4$-a	*ṭuppu isihti*	Tablette ou certificat d'attribution
455	im-gi$_4$-a	*mēsehtu*	Tablette ou certificat d'attribution
456	im-mu	*immû*	Tablette, document au sens large
457	im-mu	*šumû*	Tablette, document au sens large
458	im-zi-da	*imzidû*	Liste
459	im-gar-ra	*imgarrû*	Liste
460	im-gu$_2$	*liginnu*	Boue, sédiment de rivière ; tablette scolaire
461	im-gu$_2$	*girginakku*	
462	[im]-gu$_2$-la$_2$	*girginakku*	Bibliothèque
463	[im-g]u$_2$-la$_2$-giš-tuk	*girginakku*	
464	[im]-HUB	*imhuppû*	Une sorte de tablette
465	[im-am$_3$-p]a$_3$-da	*imampaddû*	Liste
466	[im-gi-p]a$_3$	*imgippû*	Liste
467	im-e$_2$-dub-b[a-(x)	*šandabakku*	Contenant ou coffre d'argile à tablettes
468	im-si	*imšukku*	Enveloppe de tablette
469	im-šu$_2$	*imšukku*	
470	im-šu$_2$	*erimtu*	Enveloppe de tablette d'argile
471	im-gur	*erimtu*	
472	im-gur	*imgurru*	Couverture, enveloppe d'argile, enveloppe de tablette
473	im-gur$_7$	*ṭid karê*	Argile en tas, stockée
474	im-te-me-en	*temennu*	Document de fondation sur argile
475	im-gíd	*imgiddu*	Tablette d'une colonne oblongue
476	im-ŠID.RU (= im rig$_{11}$)	*imriqqu*	Document scellé
477	im-ŠID.RU (= im rig$_{11}$)	*kunukku*	Sceau, scellement, tablette scellée
478	im-ŠID.RU (= im rig$_{11}$)	*šipatsu*	Scellement d'argile, tablette scellée
479	im-ŠID.RU (= im rig$_{11}$)	*šulūlu*	Scellement d'argile, document scellé ?
480	im-ŠID.RU-šub-ba	*kanīku*	Document scellé, sceau d'argile

• Argiles dans la construction (enduits, mortiers, drainage...)

481	im-$^{ki\text{-}id}$kíd	*kirṣu*	Balle, pâton d'argile ; morceau d'argile pincé
482	im-ta-hab	*rušumtu*	Marais, marécage, boue
483	im-ra-ra	*rušumtu*	Argile, boue, frappée, battue
484	im-in-nu	*ṭid tibni*	Argile mélangée de paille
485	im-in-nu-RI	*ṭid ilti*	Argile mélangée de balle
486	im-dul	*imdullu*	Couverture, revêtement d'argile (cf. 505)
487	im-dul	*tappissu*	Une sorte de boue
488	im-eme-dul	*tappissu*	Une sorte de boue
489	im-in-bu$_5$- bu$_5$-hi-a	*ṭid pê*	Argile mélangée à de la paille ?
490	im-nig$_2$-dara$_2$-hi-a	*ṭid ulāpi*	Pour bandage ; argile attachée à un pansement
491	im-BAD	*sīru*	Enduit, mortier d'argile
492	im-ša$_3$-ra-ah	*sīru*	

493	im-zi	*šallaru*	Mortier, enduit ; mortier ou plâtre
494	im-zi-kala-ga	*baṣṣu*	Sable, argile sableuse
494a	im-zi-ša$_3$-kala-ga	*baṣṣu*	
495	im-zi-kala-ga	*šallapitu*	Un type d'enduit d'argile ; une sorte de mortier ou de plâtre
496	im-du$_3$-a	*pitqu*	Mur d'argile, de boue, de brique ou de pisé, maçonnerie
497	im-du$_3$-a	*rāṭu*	Canal (irrigation), canalisation, gouttière, tuyau
498	im-du$_3$-a	*urāku*	Bâton, tuyau d'argile
499	im-$^{\text{la-ag}}$ŠID (= im lag)	*kirbannu*	Bloc de terre, d'argile ; morceau d'argile
500	im-$^{\text{te-e}}$ŠID (= im te$_6$)	*pisannu*	Boîte, coffre, tuile, canalisation, gouttière
501	im-$^{\text{za-ad-ru}}$ŠID	*zadrû*	Un objet fait d'argile, peut-être un tuyau ouvert
502	im-^{MIN}ŠID	*mešlānû*	Tuyau de drainage

• **Argiles brutes**

503	im-dugud	*kubtu*	Bloc de terre, d'argile lourd, pesant
504	im-dugud	*assukku*	Balle de fronde d'argile
505	im-dul	*imdullu*	Couverture, revêtement d'argile (cf. 486)
506	im-dul	**šudullu ?*	?
507	im-dul	*pukku*	Balle
508	im-$^{\text{la-gab}}$lagab	*pisiltum*	Morceau, motte d'argile
509	im-lagab	*ušultu*	Boue
510	im-du$_3$-a	*kullatu*	Argile de potier, carrière, fosse d'argile

Tableau 6 – Section de la liste lexicale ur$_5$-ra = *hubullu* X (Ura 10) consacrée aux argiles multiformes (d'après Civil 1996, complété par DCCLT, ePSD, Weiershäuser et Hrůša 2018).

mur-gud[81], ce qui met en évidence la réutilisation des tessons de poterie pour leur forme ou leur caractère tranchant ou coupant.

Ainsi, comme plusieurs mots formés sur la racine *ḫṣb* (< v. *haṣābu* = briser), on a toujours une idée d'induration propre à l'argile cuite, de petit pot ou d'écuelle, mais aussi de fragmentation d'objets de poterie, de tessons ; d'où aussi la notion similaire de coquille (d'œuf), de carapace (de tortue), d'écorce, de croûte, etc.... toute matière dure, rigide et cassante qui évoque l'argile cuite.

Présente en tout lieu, dans la vie quotidienne, la céramique, est souvent utilisée, dans les textes, comme élément de comparaison, à l'état de vaisselle commune, ou à l'état fragmentaire : on dit volontiers « comme un pot » ou « comme un tesson de poterie » (*haṣbattiš, išhilṣiš*)[82]. Elle sert de métaphore dans les présages, les incantations, les rituels magiques, souvent à l'état fragmentaire[83]. Il est souvent fait allusion aux tessons (*haṣabtu*) jonchant le sol des rues ou des tells : la « colline des tessons » ou la « colline couverte de tessons » (*tillû haṣbati*) est le nom poétique du monde souterrain, le monde des morts[84]. Il se réfère à l'aspect désolé des cités abandonnées, vestiges accumulés, au cours des âges, en collines artificielles (en arabe, *tell*), terrains de prédilection des archéologues du Proche-Orient[85].

379-381. L'expression šika-bahar$_2$ (DUG.SILA$_3$.BUR), šika-bar, NE-sag = *zê pahāri* (litt. « excrément de potier »), renvoie au rebut de potier, ou raté de cuisson, aux tessons qui, écrasés étaient utilisés pour dégraisser l'argile destinée à la poterie, technique bien connue qui correspond à la chamotte (tesson broyé ou grog)[86]. L'expression est expliquée dans le commentaire mur-

[81] CAD Š2 273-274 *šēltu* (Hg. A II 113 dans MSL 7 112) ; cf. DCCLT/Neo-Assyrian/Murgud/Nineveh *makdādu* = *šēltu* "fired potsherd fired potsherd = scraper? = sharp blade, point".

[82] CAD H 131 *haṣbattiš* "like a pot (a potsherd)".

[83] Barrelet 1968 : 17.

[84] Le CAD H 129 *haṣabtu* s. "potsherd" : *ha-ṣa-ab-ti ša ina šūqi nadât* "potsherd lying in the street" (KAR 189 ii 6) ; *ti-li ha-aṣ-ba-ti* "the tell covered with potsherds" (= the netherworld) (2R 6 iii 17, rel.).

[85] cf. aussi CAD T 409-411 *tillu* A. s. "tell (either inhabited or abandoned)".

[86] CAD Z 151 *zû* A : *zē pahāri* grog (potter's refuse).

Figure 2 – Scellement de Tell Mozan (l'ancienne Urkiš), potier à l'œuvre (d'après Buccellati et Buccellati 1996 : fig. 9-c).

gud par *haṣṣabu* (*hanṣabu*), « argile de potier »[87]. Des meules (na$_4$-HAR = *erû*)[88], parfois couvertes d'une protection de cuir, étaient d'ailleurs particulièrement affectées au broyage de tessons. Selon l'explication du commentaire mur-gud (Hg. D 147), elles sont appelées « meules de potier » (NA$_4$.HAR.bahar = MIN *erû* [*p*]*a-ha-ri*) ce qui signifie « meules à chamotte » (= NA$_4$ *ze-e* [*pa*]-*har*)[89].

De telles meules pouvaient aussi servir à d'autres usages. Les tessons écrasés étaient également utilisés en pharmacopée, dans les traitements pharmaceutiques ou médicaux.

Les n°s 388 à 437, par petites séquences, énumèrent 49 nuances de l'argile à l'état malléable sous différentes formes :

2.3. L'argile crue et les terres argileuses à l'état malléable (Ura 10 : 388-396)

388. im = *ṭīdu, ṭiddu, ṭiṭṭu, ṭīṭu* désigne toujours l'argile humide, à l'état plastique, imbibée d'eau, donc malléable, celle destinée au modelage[90]. C'est la terre pour les briques, le mortier, les enduits, les figurines, le matériel d'écriture[91]. Par extension, le terme se rapporte à la brique, à la tablette d'argile utilisée comme support de l'écriture : au premier millénaire av. J.-C., le scribe spécialiste de l'écriture sur tablette est appelé « scribe d'argile » (dub.sar.im), par opposition à celui qui écrit sur papyrus. L'argile *ṭīdu* fait partie, avec le roseau, de son nécessaire de travail.

Par métaphore, c'est le matériau que les dieux « potiers » utilisent pour la création des êtres humains mais aussi la nourriture du monde inférieur.

La liste lexicale ur$_5$-ra = *hubullu*, tablette X (Ura 10), donne plusieurs autres équivalences :

389. im-a-sud (im a su$_3$) = *ṭīdu* ; la particule a = *mû* (l'eau) indique bien l'état malléable de l'argile mélangée d'eau. L'argile est ici humidifiée, aspergée ou vaporisée d'eau[92].

Par opposition aux différents états de l'argile humide, on trouve l'argile sèche ou cuite.

390. im-sahar = *ṭīdu* ; sahar / *eperu (epru, ipru, ipiru)* est le sable, la poussière, la terre meuble, sèche et stérile, le sol en fait que l'on a sous les pieds, dont on se sert pour la construction de gros murs, pour bloquer le centre d'une structure de briques (terre à bâtir, mortier) ou fabriquer certains vases[93]. Le terme désigne donc sans doute aussi une terre argileuse, un type d'argile particulier, sédiment mélangé de sable[94]. C'est en fait le sol que l'on a sous les pieds mais également le sol, le territoire[95]. L'équivalence im.sahar = *ṭīdu*, l'argile, correspond vraisemblablement à une terre argileuse de texture particulière, qui peut même être qualifiée de fine.

[87] CAD H 133 *haṣṣabu* (*hanṣabu*) s. "potter's clay". Cf. Hg. A II 114 qui donne l'équivalence "[duk.šika(LA).bahar(DUG.QA.BUR) = *zi*-[*e* LÚ *pa-har*] = *ha-an-ṣa-bu*". Cf. Sallaberger 1996 : 111 (variant of *haṣbu*).

[88] Cf. Attinger 2021 : 520, ^{NA4}HAR ou ^{NA4}kinkin s. « meule, meule inférieure » ; kinkin vb. « moudre ».

[89] CAD E 323-324 *erû* B (grinding slab), 4' to grind sherds (to be mixed with potter's clay): NA$_4$.HAR DUG.QA.BUR "potter's grinding slab", NA$_4$.HAR DUG+BUR KUŠ(!) SI.GA "potter's leather covered grinding slab" ; cf. aussi CAD A1 56 *abnu* (stone) A2b as tools : na$_4$.HAR.pahar = MIN (= *erû*) [*p*]*ahhāri* = N[A$_4$] *zē pahhāri* "millstone of the potter = stone for the potter's dirt", Hg. D 147, et Hg. B. IV 125 ; CAD Z 151 *zû* A 2a). DCCLT/Old Babylonian/Metrological/Nippur (SLT 179 : r iii19) ^{na4}kinkin bahar$_2$ (DUG.BUR).

[90] Attinger 2021 : 566 im s. « boue ; argile ; tablette » ; « pommade (pour les soins du corps) ». Mais l'auteur distingue une autre entrée im « pluie, pluie d'orage, bourrasque, rafale pluvieuse » et précise (n. 1569) que im « boue » est « étymologiquement certainement apparenté à im "pluie" », voire « certainement le même mot » (n. 1573), les deux entrées étant distinguées de façon purement pratique.

[91] CAD Ṭ 106-110 "mud, clay". Barrelet 1968 : 29-30. : 37 "Lehm". DCCLT : "clay". ePSD im "clay, mud ; tablet", Akk. *ṭīdu* ; *ṭuppu*.

[92] Barrelet 1968 : 30, n. 2 proposait « terre retirée de l'eau ». Salonen 1972 : 37 "mit Wasser besprengter Lehm" ; DCCLT/Neo-Assyrien/Ura/Nineveh (CT 19, pl. 000055) : "clay sprinkled with water".

[93] Barrelet 1968 : 29 qui mentionne Hallock 1940 : certains vases seraient faits de *epru / eperu* ; CAD E 184-190 : *eperu* (*epru, ipru, ipiru*) 1. dust, 2. earth, loose earth, 3. debris, 4. scales, 5. ore, 7. mortar, 8. territory, soil ; 188 : "earth used as the core of brick structures". Cf. aussi CAD 184 : *epertu* fem. ; "baked brick". Labat 1976 : 212 « sable, poussière ». Salonen 1972 : 37 "Lehm", wohl Sediment + Sand ; Attinger 2021 : 885-886 sahar s. « terre, poussière, sol ». DCCLT 1. Dust, dirt. 2 soil, earth.

[94] DCCLT/Neo-Assyrian/Ura/Nineveh (CT 19, pl. 000055) : "type of clay".

[95] CAD Ṭ 110 col. 2 *ṭīdu* : Noter la différence entre *ṭīdu* et *eperu* dans un document d'El-Amarna (EA 213 : 5) : *umma* PN *arduka epri ša šēpēka u ṭī$_4$-id ša kapāšika* "thus says PN, your servant, the dust at your feet, and the mud on which you tread".

391. im-sahar-tur [im-sahar-ra] = *ṭīdu*. La particule -tur (petit) ajoutée au terme précédent se réfère peut-être à la finesse de la granulométrie d'un type d'argile particulier, à la finesse du sable ajoutée au sédiment[96]. Le DCCLT renvoie im-sahar-ra à un « type d'argile » sans précision[97]. Les listes lexicales mur-gud (Hg 134a) donnent l'équivalence im.sahar.m[i.kur.ra] = *qitmu*, qui met l'accent sur la couleur noire et l'alun noir (NA_4 *ga-bi-i*) utilisé notamment pour la tannerie[98].

392. im-bal = *nappaltu* ; 393-394. im-bal-bal (= *nappalātu*, *ṭīdu nappalatu*) désigne des débris d'argile informes issus de la carrière d'argile (*kullatu*), ou prélevés sans forme particulière[99].

395-396. im-hu-tu-ul = *hutūlum*, *kama*[...] suppose que l'argile est entassée, amoncelée, de nouveau sans forme particulière[100].

2.4. Boue et limon (Ura 397-403)

397-399. im-lu_3-a = *ṭīri*, *ṭirūtu*, *sa'u* est l'argile mélangée d'eau, ce qui s'explique par le sumérien (im = l'argile, lu_3 = idée de mélanger, troubler ; a = l'eau) ; le matériau est à l'état de boue, de limon[101].

Les listes lexicales mur-gud = *imrû* = *ballu* donnent également une équivalence de l'argile (*ṭīdu*) avec la boue ou le sédiment (*qadūtu*)[102], issus des cours d'eau (*qadūt šikanni*)[103] qui peuvent, par ailleurs, être utilisés comme enduits dans la construction, comme cataplasme ou pansement dans certains traitements médicaux[104].

Si l'on revient à ur_5-ra = *hubullu*, tablette X (Ura 10), cet état boueux est aussi conforté par plusieurs épithètes qualifiant le matériau par son odeur ou par sa couleur :

400-402. im-hab = *bīšu* (issu du verbe *ba'āšu* = sentir mauvais) donne une idée de « fétidité », de matière « malodorante », « de mauvaise qualité »[105], ce qui peut s'appliquer au limon ou à la vase.

De même, l'équivalence im-hab, im-$dara_4$ = *da'mu* (rouge foncé), qui s'applique au sang (*damu*), à certaines parties du corps et à la terre rouge sombre, ajoute à l'information olfactive une nuance chromatique : la couleur rouge permet bien sûr d'identifier une argile très ferrugineuse, qui peut, dans ce contexte, être utilisée comme colorant (Ura 10 : 401)[106]. En effet la couleur de l'argile, dans toutes ses nuances, dépend de la quantité de fer présente dans l'environnement local. L'argile rouge est ainsi fréquemment utilisée, diluée, à l'état de barbotine, comme engobe rouge, parfois poli, pour dessiner, avant cuisson, les décors peints sur la céramique[107]. Une autre argile ocre rouge (*šaršarru*) est aussi utilisée comme peinture ou comme pigment[108]. C'est également le cas de l'argile *kalgukku* (ocre rouge) ou de l'argile *kalû* (ocre jaune), utilisées dans la confection du verre ou comme engobe pour des figurines, lors de certains rituels dans les textes magiques, comme médicament dans les textes médicaux[109], ou encore comme teinture des textiles[110]. D'ailleurs le lemme suivant (403. im-kal = *aklu*) – qui est peut-être une erreur pour *kâlu* – signifierait donc un minéral, voire une argile, de couleur jaune utilisée

[96] Salonen 1972 : 37 "Lehm", d.h. Sediment + feiner Sand" ; Civil 1996 : im-sahar-tur.

[97] DCCLT/Neo-Assyrian/Ura/Nineveh (CT 19, pl. 000055 : r I 4a) im-sahar-ra : "type of clay".

[98] CAD Q 281 col. 2 *qitmu* s. 1. (a black dye), 2. black discoloration ; CAD G 7 col. 1, *gabû* (*gabiu*) in *aban gabî* s. alum (cf. Landsberger 1959 : 113 : Hg. 134a ; Hh XI 312-313).

[99] CAD N, 310, *napaltu* B, sens de débris, issu du verbe *napālu* = creuser, déterrer, fouiller, arracher, exploiter (une carrière). Salonen 1972 : 37 "Schutthaufen" et « Lehm des Schutthaufen » ; Labat 1976 : 399 « argile de décombres ». DCCLT/Neo-Assyrian/Ura/Nineveh (CT 19, pl. 000055) : "excavated clay".

[100] Salonen 1972 : 38 "Lehm aus hutul-Erde"; CAD H : 265 *hutūlu* "mng. unknown". DCCLT/Neo-Assyrian/Ura/Nineveh (CT 19, pl. 000055) : "piled up clay".

[101] CAD Ṭ, 105 *ṭēru* (*ṭerru*, *ṭīru*) 1. "mud, silt". CAD S 202, *sa'u* (*sabu*, *sāru*) 1. "mud". Salonen 1972 : 38 "Schlamm" ; DCCLT/Neo-assyrian/Ura/Nineveh (CT 19, pl. 000055) : "mixed clay = mud (or silt)".

[102] im.gu_2 = *qa-du-tum* = *ṭi-du* (Hg. A II 136, in *MSL* 7 114 ; CAD Q 52-53 : *qadūtu* 1. "mud, sediment" ; Ṭ 106). Salonen 1972 : 38 "Schlamm" ; Labat 1976 : 399 « boue, dépôt, vase ». DCCLT/Neo-Assyrian/Murgud/Nineveh (K 04400+, K 044411+) : "silt = silt = clay".

[103] im.gu_2.en.na (= *qadūt šikanni* = *šiknu ša* ÍD ; CAD Q 53). Cf. CAD Š 2 439, sur le terme *šiknu* C (*šikanu*) « sediment (in rivers and canals) ». DCCLT/Neo-Assyrian/Murgud/Nineveh (K 044411+) : "river silt = silt of deposit = river deposit".

[104] CAD Q 53 *qadūtu* c) 1' ("for a poultice") -2' ("among other medications")

[105] CAD B, 270 *bīšu* adj. 1. "Malodorous, 2. Of bad quality ». Salonen 1972 : 38 "übelriechend, stinkend".

[106] CAD D, 74-75 *da'mu* adj. "dark-colored, dark red", particulièrement c) "said of a dark red earth used as a dye : see Hh. X 401f.". cf. Salonen 1972 : 38 "grau" ; Labat 1976 : 399 im-sig_7-sig_7 : *dāmātu* "argile rouge, sombre". DCCLT traduit im-$dara_4$ par "red clay" ou "red/brown clay". Dans DCCLT/Neo/Assyrian/Ura/Assur et Neo/Assyrian/Ura/Nineveh im-$dara_4$ = *da'mu* "red/brown clay = dark clay" mais dans DCCLT/Neo-Assyrian/Murgud/Nineveh et DCCLT//First Millennium, on trouve aussi l'équivalence im-$dara_4$ = *hāpu* (CAD H 86 *hāpu* (*hābu*) s. "a dark-colored earth used as dye". En dehors des listes lexicales, différentes nuances chromatiques d'argiles apparaissent dans différents types de textes : "argile sombre", "ocre", "rouge" (Attinger 2021 : 567). On y trouve par exemple l'équivalence im da-ha-mun = *hāpu*.

[107] Sur l'usage de revêtir la céramique d'un engobe rouge ou décors rouges, depuis les plus anciennes céramiques, cf : Matson 1965 : 206-207, Nieuwenhuyse 2018 : ch. 4.2.5.2. (Red-slipped standard ware), 7.4.

[108] Si im.$dara_4$ = *da'mu* (rouge) renvoie à un rouge foncé, la couleur du sang (*damu*) (cf. CAD H 86, *hāpu* s. "a dark colored earth clay used as dye"), le terme est cité parmi d'autres terres colorées dans Hh. XI 315ff. : im.$dara_4$ = *hāpu*, im-sa_5 = *ša-ar-šar-ru* (CAD Š2 124-125, *šaršerru* s. "red clay or paste", "used as paint or pigment"; c'est aussi par l'équivalence im.$dara_4$ = [*ha*]-*a-pu* = *da-ma-tu*] donnée par le commentaire Hg. B III i 56. Labat 1976 : 399 "argile rouge, oxyde ferreux".

[109] D'après le CAD K 73 *kalgukku* "a mineral or clay of reddish color". Noter : "The use of *k.* as colored slips in magic texts shows that *k.*, like *kalû*, is a red-colored earth."cf. aussi K 94 *kalû* "a mineral of yellow color". b) as ingredient in making glass ; c) as a clay slip ; d) used to coat writing boards: e) med. DCCLT Neo-Assyrian/Ura/Nineveh (RR 27, 1) *kalû* "a yellow mineral paste" et *kalgukku* "A red mineral paste ».

[110] Je remercie C. Michel pour cette information.

comme engobe ou comme badigeon pour recouvrir des figurines ou revêtir des murs dans la construction[111]. L'équivalence possible im-kal = *aqru* mettrait plutôt l'accent sur la qualité, la valeur, la rareté[112].

2.5. L'argile dure, séchée (Ura 10 : 404-413)

Suit une série de qualificatifs (Ura 10 : 404-413), dont le sens n'est pas toujours individuellement bien établi, qui expriment le raidissement, la dureté, la rigidité, la solidité de l'argile séchée. C'est le moment où se produit (ou s'est produit) le phénomène de retrait lors de l'évaporation de l'humidité. Il s'agit là d'un durcissement partiel et réversible, le matériau conservant encore un état plastique[113] :

404-407. im-KAL, im-kalag, im-kala-ga/im-kalag-ga = *aštu*, *isikku*, *dan-nu*, *kuššikku* concernent une argile durcie, solidifiée[114].

408-410. im-an-na, im-na_4, im-na_4-an-na = *kuššikku*, *imnanakku* (ou *immanakku*) renvoient à un minéral, à une composante argileuse ou limoneuse durcie, une sorte d'argile particulière, apparemment de composante fortement sableuse et caillouteuse[115]. Un texte précise : « le nom de la pierre dont la structure est comme du limon de rivière parsemé de cailloux est la pierre *imnanakku* ». Il s'agirait donc d'un conglomérat très dur à base de limon et de cailloux ou de galets[116], peut-être aggloméré à la croûte d'argile superficielle, une fois séchée par le soleil, ou encore de sable[117]. L'écriture im-na_4-an-na indiquerait une relation avec l'étain (an-na). En raison de son attestation dans les textes ayant trait au verre, il devrait s'agir d'un « silicate », d'un « sable de quartz », composante essentielle pour la production du verre et des substances vitreuses comme les glaçures[118] : le préparateur du fondant pour les briques émaillées est dit lu_2-im-na_4-na = *ša imnanakki*[119].

Les lignes suivantes, incomplètes, sont difficiles à comprendre :

411. im-DU = *imdû*[120].

412-413. im-$^{[x]-x}$UŠ = *nitû* (?), i[m-SAL?] = ⌜x⌝-[...] semble être une sorte de terre particulière que le CAD et A. Salonen, malgré des lignes apparemment peu lisibles, expliquent plus clairement ainsi : la séquence im-$^{[ni]-ta}$UŠ = ŠU-[*u*] (= *imnitû*)[121] suivi de [im.munus] = [ŠU-*x*] (= *immunusu*) signifie littéralement « terre mâle » et « terre femelle »[122].

2.6. Traitements de l'argile dans la chaîne opératoire (Ura 10 : 422-437)

Après neuf lignes endommagées (Ura 10 : 414-421), suit une série de qualificatifs qui ont eu plusieurs interprétations (Ura 10 : 422-437). A. Salonen (1972) les a appliqués à la fabrication des briques. Certains peuvent également s'appliquer à l'argile des tablettes utilisées comme support de l'écriture cunéiforme :

- 422. im-zi-ir = *zirru* : le CAD ne donne pas de sens se rapportant particulièrement à l'argile, une simple idée de petitesse ou de rapetissement appliquée à différents organismes végétaux ou fauniques[123]. Peut-être l'adjectif se réfère-t-il à l'argile des tablettes, dont l'écriture peut être effacée en frottant ou en enlevant la surface, par équivalence avec *pussusu* à l'entrée suivante (Ura 10 : 423). A. Salonen donne l'équivalence im-zi-ir = *qulpu* (sens incertain) et assimile l'action à celle

111 CAD K 94-95 *kalû* B "a mineral of a yellow color", c) "as a clay slip" ; il est précisé que le terme peut se rapporter à un badigeon ou un engobe d'argile (sens c) ou désigner toute terre ou minerai de couleur jaune, sans tenir compte de sa composition ; pour im-kal dans les textes médicaux, renvoie à *kuššikku* (CAD K 600) qui suit *dan-nu* dans la séquence de Hh. X 403-407 et ss. cf. aussi DCCLT/Neo-Assyrian/Ura/Nineveh (CT 19, pl. 000055) : "yellow mineral paste". Se pose la question : "is this a systematic error for *kalû*?".

112 Cf. Salonen 1972 : 38 "kostbar". D'après Attinger 2021 : 593, le verbe intransitif kal et l'adjectif kal(-la) renvoient à la notion d'être "précieux, rare, cher", etc. La version ur_5-ra X d'Aššur VAT 11506 : 12' (403) im kal = *aq-[ru]* traduit "seltener Ton" (Weiershäuser et Hrůša 2018 : 117) ; cf. aussi DCCLT/Neo-Assyrian/Ura/Assur (LTBA 1 29, VAT 11506). ePSD *aqru* "(to be) high quality; (to be) rare, precious".

113 Roux 2016 : 33ss.

114 Cf. Salonen 1972 : 38 "fest" ; ou kala-ga renvoie à une notion de force, puissance, dureté (Attinger 2021 : 594). CAD A2 475 *aštu* adj. strong, fierce, hard, difficult (comparer la séquence *ak-ṣu*, *áš-ṭu*, *dan-nu* Idu II 321 ff. ; CAD I-J 192 *isikku* adj. donne la séquence similaire im-kal (var. im-kala-ga) = *aq-ru*(!), *aš-ṭu*, *i-sik-ku*, *dan-nu* (sens de *isikku* incertain) ; DCCLT/Neo-Assyrian/Ura/Nineveh (CT 19, pl. 000055) : *aštu* "stiffened clay", *isikku*, *dannu*, *kuššikku* "fortified clay" ; VAT 11506 (Weiershäuser et Hrůša 2018 : 117) ; "steifer Ton, harterTon/harter Erdklumpen(?)".

115 CAD K 600 *kuššikku* s. "a mineral". Le CDA traduit "a clay". Cf. Salonen 1972 : 38-39 "Zinnlehm"; "Lehm für Backstein mit Zinglasur" ; "DCCLT/Neo-Assyrian/Ura/Nineveh (CT 19, pl. 000055) traduit : "fortified clay = a type of clay, sand = a type of clay".

116 Ahw : 377 « ein Stein oder Sands » ; CAD I-J 127-128 *immanakku* (*imnanakku*, *amnanakku*) s. (a stone) et "A hard conglomerate stone used for cylinder seals" cite STT 108: 36 [*abnu šikinšu*] ("the name of the stone the structure of which is like river silt dotted with pebbles is *i.*-stone"). Ce conglomérat très dur serait utilisé pour les sceaux-cylindres et dans la fabrication de verre coloré. On retrouve le terme *immanakku* "Kiesel (?)" (galet ?) dans la série *abnu šikinšu* 36 (consacrée aux fonctions décoratives et magiques des pierres. Il pourrait aussi s'agir des galets de quartzite que l'on trouve dans les rivières (Schuster-Brandis 2008 : 419, 45).

117 La version d'Aššur VAT 11506, Rs V 17'-19' (408a-410) (Weiershäuser et Hrůša 2018 : 117) traduit : Ton-Stein/harter Erdklumpen?, Ton-Stein auf Oberfläche?... DCCLT/Neo-Babylonian/Ura/unclear, First Millennium thematic words/Ura 16 *immanakku* 1. (a kind of stone or sand ; 2. pebble stone ; ePSD $^{na}{}_4$im-ma-an *immanakku* "a stone ; a type of sand".

118 Oppenheim 1970 : 74-75 ; Salonen 1972 : 39-40 « Zinnsteinlehm ».

119 Salonen 1972 : 172-173 "Mann des Zinnsteinlehmes, ein Arbeiter, der Sandsteinglomerate mit eingebetteten Kieseln für die nötigen Silikate zum Glasieren von glatten oder geformten Ziegeln behandelt".

120 Salonen 1972 : 40 "unbekannt".

121 CAD I-J 136 *imnitû* s. "a kind of earth, lit. 'male earth'", cf. Salonen 1972 : 40 (wörtlich "Mannererde").

122 CAD I-J 135 *immunusu* s. "a kind of earth, lit. 'female earth'", cf. Salonen 1972 : 40 (wörtlich "Frauenerde") .

123 CAD Z 136 *zirru* B adj. Dwarf, minuscule (said of reeds, locusts, fish).

d'enlever le surplus de boue et de paille dans le moule à brique avec une règle droite[124].

- 423. im-zi-ir-zi-ir = *pussusu* : l'argile est totalement écrasée, dissoute ou effacée, comme une tablette d'argile[125] encore molle. Peut-être cela se rapporte-t-il à l'usage d'effacer l'écriture à la surface des tablettes scolaires, comme le faisaient les apprentis scribes pour recommencer un exercice. A. Salonen se réfère à la confection des briques : si la pose de la brique échoue, l'argile est détruite, « annulée » et l'opération répétée[126].
- 424. im-sal-sal = *ruqququ* : l'argile est « amincie, aplatie », étendue en couche mince, roulée à plat, peut-être avec un outil (un rouleau ?), terme qui peut s'appliquer indifféremment à une brique[127] et à une tablette[128]. Il peut s'agir de la fine couche d'argile étalée en couche mince sur le noyau de la tablette pour recevoir l'écriture. On a pu observer, sur de nombreuses tablettes de Mari, une fine couche appliquée sur un noyau plus grossier, comportant parfois des graviers, ce que rapporte d'ailleurs la documentation écrite[129].
- 425. im-UD-a = *šābulu* : l'argile *ṭīdu* est sèche, séchée[130] au contact de l'air, par évaporation de l'humidité originelle, ce qui occasionne un « retrait », une perte de volume et de dimensions du matériau. Il s'agit du premier retrait de l'argile qui a gardé une partie de son humidité, le second ayant lieu à la cuisson, étape pendant laquelle l'argile changera de structure[131]. Elle sera donc nommée différemment, comme on le verra plus loin.
- 426-427. im-mu-du$_{3}$-a, im-mu-mu-du$_{3}$-a = *sugāru*[132] : le sens est incertain ; du fait de sa position, entre *šābulu* (argile sèche) et *šutābulu* (argile mélangée), peut-être faut-il envisager un état intermédiaire, juste avant sa préparation.
- 428-429. im-hi-hi, im-ra-ra = *šutābulu* : l'argile, mouillée à l'eau, est maintenant mélangée avec de la paille hachée ou de balle, et foulée au pied, notamment pour la confection des briques séchées au soleil[133]. C'est également le cas pour certaines céramiques à dégraissant végétal.
- 430-432. im-ra-ra, im-sig$_{3}$-ga, im gur-ra = *mahṣu* (< v. *mahāṣu* : battre, frapper, pétrir)[134] : l'argile est battue, frappée pour être bien homogénéisée, et évacuer bulles d'air et impuretés. Le terme revient souvent dans la chaîne opératoire du traitement de l'argile pour la confection de toutes sortes d'artefacts. L'équivalence im-ra-ra = *šutābulu* et *mahṣu* peut donner une précision sur l'art de mélanger l'argile tout en la battant, et en la pétrissant, ce qui explique la séquence 429-430.
- 433. im-gur-ra = *gurrudu* (< v. *garādu* : pincer l'argile)[135] : l'argile molle est pincée pour être détachée d'un bloc, d'un pâton. Comme dans la séquence précédente 429-430, l'équivalence im-gur-ra = *mahṣu* (battue) et *gurrudu* (pincée) peut donner une précision sur la manière de pincer l'argile tout en la battant, en la tapant, plus ou moins fort, selon le principe du modelage de l'argile.
- 434. im-gur-gur = *kubbutu* (*kupputu*) : l'argile est formée en motte, en bloc massif et compact[136], lourd, à l'instar d'un bloc de pierre. C'est le conditionnement du matériau avant son utilisation par le potier. L'argile est encore, de nos jours, conditionnée en pains de 10 kg et ses multiples. Par ailleurs, le tournage dit « à la motte », centrée sur la girelle du tour,

[124] Salonen 1972 : 40, « abgeschälter Lehm ».

[125] CAD P 537 *pussusu* adj. "smashed, blotted, canceled", b) "said of a clay tablet" : im.ze.er.ze. e r = *pu-u*[*s-su-s*]*u* Hh. X 423. DCCLT : de *pasāsu:* "1. Be erased. 2. Break, 3. Cancel, 4. Destroy, 6. Erase"... ; *pussusu* "1. Canceled, 2. Destroyed, 3. Erased".

[126] Salonen 1972 : 40 "vernichteter Lehm".

[127] Salonen 1972 : 40 "dünn, flach gestrichener", von *raqāqu* "dünn, flach sein".

[128] CAD R 420-421 *ruqququ* adj. "very thin"; cf. *raqāqu* (CAD R 167 *raqāqu* v ; 1. "to become thin"). Voir aussi CAD S 344 à l'entrée *sugāru*, im.sal.sal = *ruqququ* est traduite "fine clay". DCCLT : de *raqāqu* [(be(come) thin], *ruqququ* "rolling out of thin".10, ering to tablets, documents, etc.) ; le sens Bes graviersmince sur le noyau de la tablette pour recevoir l'écriture.

[129] Faivre 1995 : 58 ; Clancier 2009 : 242. Cf. *infra*. Voir plus loin le terme *liginnu* : un Dialogue fait dire à l'un des interlocuteurs : *« Tu n'es pas capable de poser un engobe d'argile sur une tablette liginnu »*.

[130] CAD Š1 19 *šābulu* (fem. *šābultu*) adj. ("Dry, dried, dried out") ; cf. aussi *abālu* B v. 3 *šūbulu* "to dry, to cause to dry up". Salonen 1972 : 40. "eingetrockneter Lehm". DCCLT *šābulu* : "dried up".

[131] Roux 2016.

[132] CAD S 344 *sugāru* adj. (qualifying clay); lex. : le sens semble incertain puisque, dans la séquence Hh. X 424ff., après *ruqququ* (fine clay), *šabulu* (dry clay), et devant *šutābulu* (mixed clay), le mot *si-ga-ri*, n'a pas d'équivalence. Salonen 1972 : 40 « mit Namen versehener Lehm(ziegel) », mit mehreren Namen versehener Lehm(ziegel. Le CDA et DCCLT proposent : « A type of clay ».

[133] CAD Š3 395 *šutābulu* adj. "mixed" ; cf. CAD *abālu* A 10, v. (to bring, transport to their destination) ; le sens A 1b) (refering to tablets, documents, etc.) ; le sens *abālu* B 1. "To dry up, dry out" semble plus approprié à l'argile ; le qualificatif, relatif à l'état de dessication, s'applique aux canaux, aux champs, à la boue, aux plantes : "Let its mud(?)... get dry and send it in a basket" (p. 29-30, 1). Salonen 1972 : 41 "gut gemischter Lehm" (mit Strohhäcksel). Cf. DCCLT et ePSD *šutābulu* : "mixed".

[134] CAD M1 114-115 *mahṣu* adj. "beaten" : im.ra.ra = *šu-ta-bu-lu, mah-ṣu* "mixed, beaten clay", im.sig. ga, im.gur.ra = MIN Hh. X 430ff. Sur les nombreux sens de *mahāṣu* cf. CAD M1 71-84. Salonen 1972 : 41 "geschlagener Lehm". Cf. DCCLT *mahṣu* "beaten one". ePSD *mahāṣu* 1. "to beat, 2. To knead".

[135] CAD G 141 *gurrudu* adj. "describing clay". Sur v. *garādu*, cf. CAD G 46 qui note le « sens inconnu » et propose « Probably variant of *karāṣu*, "to pinch off clay" » (CAD K 209-210) sur lequel on reviendra à propos du terme *kirṣu* (voir plus loin et CAD K 411 "pinched off, unformed matter, clay, dough", etc.) que l'on peut traduire par « pâton ». Salonen 1972 : 41 "(durch Umwenden, treading) stark gemachter Lehm".

[136] CAD K 552 *kupputu* adj. 1. lump-shaped, in a block; 2. Compacted (?), compressed (?) ; cf. aussi le verbe *kupputu* A qui donne la notion de compacter, de compresser une matière, et le nom *kubtu* (bloc, motte d'argile) à la fin de la liste (Hh. X 503) : CAD K 487 1a). Salonen 1972 : 41 "sehr schwerer Lehm" (argile très lourde). D'autres listes lexicales mettent en valeur la lourdeur et la solidité, cf. DCCLT/Neo-Assyrian/Ea/Assur « solid » et DCCLT/Neo-Babylonian/Ea/Sippar : "very heavy".

permet au potier de tourner une série de vases de petites dimensions, comme des bols, débités successivement à partir du même bloc. Ce principe technologique, identifié sur des vases archéologiques[137], évite d'avoir à recentrer un nouveau pâton pour chaque vase par économie de temps lors de la production.

- 435-437. im-ša$_3$-kalag-ga, im-ša$_3$-ra-ah, [im-...] = *pisiltu* (< v. *pasālu* : tordre) : pour A. Salonen, le terme est expliqué, d'après le sumérien, comme « argile dont l'intérieur (sa$_3$) est durci (kalag) », « argile dont l'intérieur est battu (ra-ah) » et appliqué aux briques moulées[138]. Ce peut être un simple morceau d'argile, un pâton qui peut être formé de diverses façons[139]. Il n'est pas anodin que la séquence de préparation de l'argile molle, conditionnée en pâton, se poursuive par la transformation d'un morceau d'argile, prélevée sur le bloc, en enveloppe de tablette, ce qui inaugure la section consacrée aux tablettes, enveloppes et scellements (Ura 10 : 438-480).

2.7. Le matériau derrière la tablette cunéiforme (Ura 10 : 438-480)

Ainsi viennent les tablettes d'argile, enveloppes et scellements (438-480), constituant une section de 42 entrées[140] :

438-441. im-mu, im-dub, im-sar, im-sar-ra = *ṭuppu* désigne les tablettes d'argile « écrite », le plus souvent, supports des textes cunéiformes quelles qu'elles soient, documents administratifs, juridiques, épistoliers, écoliers, etc.[141]. Il existe de nombreux noms qui supposent des fabrications, des formes et formats différents, dont l'étude de la matérialité nous donne une idée (*infra*). On a ainsi, entre les lemmes 442 et 475, une énumération de 33 sortes de tablettes apparemment distinctes, parmi lesquelles des listes, des tablettes scolaires, des lettres, ainsi que des enveloppes, scellements et documents scellés.

Parmi celles-ci, de nombreuses tablettes de la liste lexicale ur$_5$-ra = *hubullu* (Ura 10) sont expliquées par le commentaire mur-gud comme étant des « listes » (*qātum ša$_2$ ṭuppi*)[142]. Certaines apparaissent comme des tablettes scolaires, des tablettes d'exercice pour l'apprentissage des jeunes scribes :

- 442. im-sar-*šub*-ba = *imsaršubbû*[143], une liste d'inscription royale ;
- 443. im-<mu>-gub-ba = *immugubbû*[144], un devoir, un message ou une lettre ;
- 444. im-šu-gub-ba = *imšugubbû*[145], est une liste de matériaux ;
- 445-446, 460. [im-gid$_2$-da], im-li-gi-in, im-gu$_2$ = *liginnu*[146] est une tablette d'extraits de textes, parfois de forme allongée (gid$_2$-da)[147] destinée à l'enseignement, à l'apprentissage, une tablette d'exercice. Ce dernier terme est parfois associé à la manière très particulière de confectionner une tablette d'argile, en recouvrant la surface d'une couche d'argile très épurée, ce qui devait nécessiter un savoir-faire particulier, comme on l'a évoqué plus haut (424. *ruququ*), ce que peut évoquer cette admonestation d'un maître à un apprenti scribe : « Tu n'es pas capable de façonner une tablette *liginnu* » ou « tu n'es pas capable de poser un engobe d'argile sur une tablette *liginnu* »[148].

D'autres sont de simples « listes » (*qātum ša$_2$ ṭuppi*) sous diverses formes et dénominations parmi lesquelles :

- 447. [im-sar-mu-pa$_3$-da] = *imsarmupaddû*[149].
- 448. im-mu-da-sa$_4$ = *immudasû / mudasû*[150].

[137] Par exemple à Tell Sabi Abyad (Syrie du nord-est), au Bronze Récent (Duistermaat 2008 : 381, fig. V.3.1). Pratique expérimentée personnellement, cf. la contribution de Faivre, « Du geste à la forme », ce volume.

[138] Cf. Salonen 1972 : 41-42. CAD P 424 *pisiltu* s. 1. "lump of clay, clay tablet wrapping" ; le sens s'explique aussi par le verbe *pasālu* "to turn around, to twist" (CAD P 216). Cf. aussi à la fin de la liste Hh. X 508 im-$^{la\text{-}gab}$lagab = *pisiltum*. Cf. DCCLT *pišiltu* "a clay lump".

[139] CAD P 424 *pisiltu* s. 1. "lump of clay, clay tablet wrapping" ; le sens s'explique aussi par le verbe *pasālu* "to turn around, to twist" (CAD P 216). Cf. aussi à la fin de la liste Hh. X 508 im-$^{la\text{-}gab}$lagab = *pisiltum*. Cf. DCCLT *pišiltu* "a clay lump".

[140] Le problème, selon C. Michel, est que l'on retrouve très peu de ces termes dans les textes et que le CAD I-J et très ancien.

[141] Cf. Attinger 2021 : 569, im-sar-ra, rare im-sar s. "tablette écrite ; tablette" ; 889 : sar « écrire », dub sar « écrire une tablette » (dub-sar : scribe), im sar « écrire une tablette », im-sar-ra tablette écrite ». CAD Ṭ 129-150 *ṭuppu* A s., "(inscribed) tablet (of clay, rarely of other material)". Cf. Joannès 2001 : 829-831 "tablette".

[142] DCCLT/Neo-Assyrian/Murgud/Nineveh "type of list = list: of tablet" ; ePSD *qātu* "a small tablet".

[143] CAD I-J 138 *imsaršubbû* s. "exercise tablet", expliqué par Hg. A II 119 comme (*qatum*) *mu-sa-ru-u* : inscription (CAD M2 232-233 *musarrû* A ; cf. CAD Q 197 *qātu*, mng. 14 : "list"). DCCLT/Neo-Assyrian/Murgud/Nineveh "type of exercise tablet = list: royal inscription".

[144] CAD I-J 135 *immugubbû* "exercise tablet", expliqué par Hg. II A 115 par im.mu-gub.ba = ŠU-*u* = *ši-pir-tum* CAD Š3A 65 : 1) order, 2) legal document, 3) "message, letter". DCCLT/Neo-Assyrian/Murgud/Nineveh *immugubbû* "exercise tablet, homework assignment = message, letter".

[145] im-šu est expliqué litt. comme « tablette de main », « tablette lenticulaire » (Civil 1985 ; Attinger 2021 : 569 im-šu-k) et comme « liste ». CAD I-J 138 *imšugubbû* s. "list", lit. "tablet containing a list" ; expliqué par Hg. A ii 118 in *MSL* 7 113 : im-šu-gub-ba = *imšugubbû* = *qa-tum* ša *ṭup-pi* « liste » (cf. CAD Q 197 *qātu*, mng. 1 : "hand" ; mng. 14 : "list"). DCCLT/Neo-Assyrian/Murgud/Nineveh *imšuguppû* "list of a required materials = list: of a tablet".

[146] CAD L 183 *liginnu* s. "tablet (containing texts or exerpts, especially for teaching purposes)" ; ePSD : ^{im}li-gi$_4$-in *liginnu* « tablet with excerpts, school text ». Cf. aussi Attinger 2021 : 678 $^{(im)}$li-gi$_4$-in "Tablette d'exercice".

[147] Cf. im-gid$_2$-da, s. litt. « longue tablette » (Attinger 2021 : 568).

[148] CAD L 183 *liginnu*, cf. texte dans Dialogue 3 : 63, rapporté par M. Civil : "you are not able to put a clay slip on a *liginnu*."

[149] CAD I-J 138. Dans la suite Hg. A II 119f., *imsaršubbû* et *imsarmupaddû* sont expliqués (*qatum*) *musâru* (CAD M2 232, 1) object bearing a royal inscription ; 2) "inscription". Voir plus haut. DCCLT/Neo-Assyrian/Murgud/Nineveh *imsarmupadû* "type of tablet, list".

[150] CAD M 160 *mudasû* list (of persons to whom fields are distributed)

- 450. [im-igi-dug$_4$] = *imigidukkû*[151].
- 458. im-zi-da = *imzidû*[152].
- 459. im-gar-ra = *imgarrû*[153].
- 464. [im]-HUB = *imhuppû*[154].
- 465. [im-am$_3$-p]a$_3$-da = *imampadû*[155].
- 466. im-gi-pa$_3$ = *imgippû*[156].
- 475. im.gid$_2$ = *imgiddû*, tablette d'une colonne *généralement de forme oblongue* (gid$_2$)[157].

D'autres encore sont des « lettres », « messages », « certificats » ou documents légaux d'un type particulier, dont le commentaire mur-gud montre qu'ils sont plus ou moins équivalents :

- 449. [im-mu-ne-dug$_4$] = *immunedukkû*[158].
- 451-452. im-u$_3$-mu-un-ne-dug$_4$ = *šipirtu*[159], *unedukku*[160].
- 453. im-mu-ni-da = *immunidû*[161].
- 454-455. im-gi$_4$-a = *ṭuppu isihti*, *mēsehtu* sont des tablettes ou certificats d'attribution[162].
- (438-)456-457. im-mu = *immû*, *šumû* sont des documents, au sens large, écrits sur tablettes d'argile (*ṭuppu*) auxquelles ils sont d'ailleurs équivalents[163].
- 460. im-gu$_2$ = *liginnu* demeure ambigu. On a vu plus haut (445-446) que *liginnu* était une tablette scolaire. Le sens est expliqué ici par le commentaire mur-gud qui donne l'équivalence im-gu$_2$ = *qa-du-tum* = *ṭi-du*[164], c'est-à-dire la boue, le sédiment de rivière (*qadūtu*), l'argile (*ṭīdu*) en général, qui peut être utilisé en particulier comme enduit de mur, comme bandage en médecine, et ici pour confectionner une tablette scolaire[165]. C'est ici le matériau qui semble mis en avant.

Ces documents sont fréquemment déposés et conservés dans une bibliothèque de temple : 461-463. im-gu$_2$, [im-gu$_2$]-la$_2$, [im-g]u$_2$-la$_2$-giš-tuk = *liginnu*, *girginakku*[166]. D'après le CAD, le lien entre im-gu$_2$ = *liginnu* (tablette scolaire) et *girginnu* (bibliothèque) s'explique peut-être par la traduction d'un des équivalents sumériens im-g] u$_2$-la$_2$-giš-tuk (lit. « tablette à lire à voix haute »), ce qui peut replacer ces tablettes scolaires dans le cadre d'une bibliothèque, lieu d'enseignement d'apprentis scribes[167].

D'autres enfin entrent dans la catégorie des contenants et enveloppes, apparemment sous différentes formes[168] :

467. im-e$_2$-dub-b[a-(x) = *šandabakku* est ici un contenant à tablettes[169], sans doute dans le cas présent un coffre d'argile, les tablettes pouvant être également conservées dans des paniers ou dans des jarres.

468-469. im-si / im-šu$_2$ = *imšukku*, expliqué comme « écorce, croûte, coquille » (*qulpu*) par le commentaire mur-gud[170], semble dénoter, d'après le CAD, une enveloppe ou une couverture en argile autour de la tablette, dans un sens général, alors que 470-472. im-šu$_2$, im-gur = *erimtu*[171] et *imgurru*[172] désignent une enveloppe d'argile enfermant une tablette inscrite.

Hg. A II 121 in *MSL* 7 113, équivalent à *qātum ša$_2$ ṭuppi* (liste). DCCLT/Neo-Assyrian/Murgud/Nineveh *mudasû* "register = list: of a tablet".

151 CAD I-J 119. Hg. A II 123 : im.igi.du$_{11}$ = ŠU-*u* = *qa-tum ša$_2$ ṭup-pi* (liste). DCCLT/Neo-Assyrian/Murgud/Nineveh *imigidû* "type of list = list: of a tablet".

152 CAD I-J 141. Hg. A II 124 : équivalent à *qa-tum* ša$_2$ *ṭup-pi* (liste). DCCLT/Neo-Assyrian/Murgud/Nineveh *imzidû*: *id.*

153 CAD I-J 115. Hg. A II 125 : *id.* DCCLT/Neo-Assyrian/Murgud/Nineveh *imgarrû* : *id.*

154 CAD I-J 117 "a kind of tablet".

155 CAD I-J 106 *imampadû* Hg. A II 126 : *id.* DCCLT/Neo-Assyrian/Murgud/Nineveh *imampadû* : *id.*

156 CAD I-J 115 *imgipû* Hg. A II 127 : *id.* DCCLT/Neo-Assyrian/Murgud/Nineveh *imgipadakkû* : *id.*

157 CAD I-J 115 *imgiddû* "One column tablet" ; im-gid$_2$-da désigne une tablette de forme allongée, oblongue et associé à plusieurs noms akkadiens. Voir aussi CAD G 112-113 *giṭṭu* "1) one column tablet with literary content 2) containing a receipt or certificate". Hh. X 445. im-gíd-da est aussi expliqué par *liginnu* (voir ce mot plus haut), CAD N 206 *nibzu* "tablet, document", en relation avec *giṭṭu*, CAD U-W 51 *u'iltu* "1. a type of tablet about twice as wide long, inscribed parallel to the longer axis, containing a scholar's report". Labat 1976 : 371, 399 ; Weiershäuser et Hrůša 2018 : 117 traduit "einkolumnige Tafel, Langtafel".

158 CAD I-J 135 *immunedû* (*unnedukku*) "letter". DCCLT /Neo-Assyrian/Murgud (K 04411+: o ii 11") *immunedû* = *qatum ša$_2$ tuppi* "type of list = list: of a tablet".

159 CAD Š3A 65 *šipirtu* A "1) order, 2) legal document, 3) message, letter".

160 CAD U 155 *umunnedukku*, 161-162 *unnedukku* (*innedukku*) "letter, epistle". Hg. A II 116 in *MSL* 7 112 donne l'équivalence avec *šipirtum*, cf. CAD Š 3A 65 : 1) order, 2) legal document, 3) message, letter. DCCLT /Neo-Assyrian/Murgud (K 04411+: o ii 5") *umunnedukku* = *šipirtum* : "letter = message, letter".

161 CAD I-J 135 *immunedû* (*unnedukku*) "letter".

162 CAD I-J 192 *ṭuppi isihti* "certificate of assignment (referring to fields)". CAD M2 28 *mēsehtu* "tablet of assignment" (< *esēhu* : CAD E 427 *es/zēhu* "to assign").

163 CAD I-J 135 *immû* et CAD Š 298 šumû C "tablet, record". cf. Hh. X 438. im-mu = *ṭuppu*.

164 Cf. Hg. A II 134 ff, MSL 7 113f. (mud, sediment) ; DCCLT : silt.

165 Cf. CAD Q *qadūtu* 52-53, 1. Mud, sediment, a) in gen., b) used for platering walls, c) in med. (for a poultice).

166 Labat 1976 : *gerginakku* « bibliothèque » ; CAD G 86-87 *girginakku* s. "library".

167 Sur les bibliothèques dans la deuxième moitié du premier millénaire, cf. Clancier 2009.

168 Sur les enveloppes et scellements, on se reportera à la contribution de C. Michel, « Écrire sur l'argile. La matérialité des textes cuneiforms », ce volume.

169 Cf. CAD Š1 371-373 *šandabakku* 3. Tablet container. C'est aussi, à l'époque d'Ur III, le nom d'un fonctionnaire chargé du panier à tablettes dans les temples, palais ou administrations régionales.

170 CAD I-J 138-139 *imšukku* s. "clay cover; clay case". D'après Hg. A II 130: im-su$_2$ = *im-šuk-ku* = *qulpu* (CAD I-J 139 "crust, shell" ; Q 300 *qulpu* A "bark?") ; DCCLT Neo-Assyrian/Murgud *imšukku* = *zirpu* = "clay cover or case = (...)" ; ePSD: im-šu, im-šu$_2$ *imšukku* "clay overing".

171 Le CAD E 294 *erimtu* A traduit "kiln-fired brick", mais renvoie au verbe *arāmu* (*harāmu*, *erēmu*) dans les sens 2 (*erēmu*) et 3 (*harāmu*) sont équivalents à "to place a tablet in a clay case" (CAD A2 228-230, cf. aussi les sens 4-6) et à l'adjectif *armu* (*harmu*) "enclosed in a case (said of a tablet)" (CAD A2 292). DCCLT Neo-Assyrian/Murgud *erimtum* "tablet envelope = covering, tablet, envelope".

172 CAD I-J 115 *imgurru* s. "clay cover, envelope". D'après Hg. A II 117, im-gur = ŠU-*rum* = *e-rim-tum*. Un texte (CT 28 48 K.182+ r. 6) indique que "im-gur is (also) cover, like the clay wrapping around a tablet, this is said (in the lexical texts)". Cf. Labat 1976 : 399. DCCLT Neo-

Nombre de ces documents sont scellés, c'est-à-dire qu'ils portent la marque d'un sceau-cylindre ou tampon, de pierre, de bois ou d'argile cuite, déroulé et imprimé dans l'argile encore fraîche. Scellements et documents scellés terminent l'énumération des tablettes d'argiles sous différentes dénominations :

476-480 : im-ŠID.RU[173] = *imriqqu* (document scellé et scellement d'argile)[174], *kunukku (à la fois sceau-cylindre,* scellement et tablette scellée)[175], *šipatsu* (scellement d'argile)[176], *šulūlu* (*id.*), im-ŠID.RU-*šub*-ba = *kanīku* (document scellé, scellement)[177].

2.8. Le matériau derrière la construction (Ura 10 : 481-502)

La liste ur$_5$-ra = *hubullu* (Ura 10 : 481-510) revient à l'argile brute puis travaillée sous différentes formes utilisées dans la construction : en pâton, en balle, en morceau d'argile pincée (481: im-$^{ki-id}$kid$_2$ = *kirṣu*)[178], sous forme de boue, issue des marais et des marécages (482-483 : im-ta-hab, im-ra-ra = *rušumtu*)[179], mélangée de paille (484 : im-in-nu = *ṭīd tibni)*[180] ou de balle (485 : im-in-nu-RI = *ṭīd ilti* ; 489 : im-in-bu$_5$-bu$_5$-hi-a = *ṭīd pê*)[181], qui évoquent les dégraissants végétaux utilisés pour la confection des briques ou des céramiques, ou encore de chiffon en guise de bandage, de liant pour l'argile, voire de dégraissant (490 : im-nig$_2$-dara$_2$-hi-a : *tīd ulāpi*)[182], différents types de boue ou d'argile sous forme de couverture ou revêtement (486-488 : im-dul, im-nu-dul, im-eme-dul = *imdullu, tappissu*)[183], de plâtres, de mortiers, d'enduits, de crépis d'argile pour la construction (491-492. im-BAD, im-ša$_3$-ra-ah = *sīru* ; 493-495 : im-zi = *šallaru* ; im-zi-kala-ga = *baṣṣu,* šallapi*ttu*)[184], sable ou argile sableuse, maçonnerie d'argile incluant des murs de briques ou de pisé (496 : im-du$_3$-a = *pitqu*[185]), des tuyaux de drainage, des canalisations (496-498 : im-du$_3$-a = *rāṭu*[186], *urāku*[187]), sortes de demi tuyaux ou gouttières, ouverts dans le sens de la longueur, ou de tuiles formées en U (500-502 : im-$^{te-e}$ŠID [im lag] = *pisannu* ; im-$^{za-ad-ru}$ŠID [im lag] = *zadrû* ; im-^{MIN}ŠID [im lag] = *mešlānū*)[188] dont un vestige de la salle 82 du palais de Mari peut donner une idée[189].

2.9. Le matériau brut et les lieux de prélèvements (Ura 10 : 503-510)

La fin de la liste lexicale ur$_5$-ra = *hubullu* X est consacrée aux argiles brutes, plus ou moins informes, sous différents aspects : en morceau, en motte ou en lourd bloc d'argile (499 : im-$^{la-ag}$ŠID = *kirbannu*[190], 503 : im-dugud

Assyrian/Murgud *imgurru* = *erimtu* "tablet envelope = covering, tablet envelope".

173 Lecture im-ŠID.RU (Sallaberger et Civil 1996 : 156-158 ; DCCLT Neo-Assyrian/Ura/Assur (LTBA 1, 32 (+) LTBA 1, 29, r iii 7'-11') ; lecture [im ri]g$_{11}$ (Weiershäuser et Hrůša 2018 : 117).

174 CAD I-J 138, *imriqqu* "sealed document" ; DCCLT *imriqqu* "clay sealing".

175 CAD K 543 *kunukku* "1) seal, cylinder seal, 2) seal impression, 3) sealed clay tablet" ; DCCLT *kunukku* "1. Seal impression; 2. Seal." ePSD *kunukku* "cylinder seal, sealed tablet".

176 CAD Š3 37 *šipassu* "clay sealing" ; DCCLT *šipatsu* "clay sealing". seal impression, 3) sealed clay tablet" ; DCCLT *kunukku* "1. Seal impression; 2. Seal." ePSD *kunukku* "cylinder seal, sealed tablet".

177 CAD K 150 *kanīku* "1) sealed document" ; DCCLT *kanīku* "(clay) sealing". Weiershäuser et Hrůša 2018 : 117 *kunukku, šipatsu, sulūlu, kanīku* "Siegel, gesielte Tonbulle, gesieltetes Dokument, Tonplombe".

178 Barrelet 1968 : 35 ; Salonen 1972 : 42 (43) "abgekniffenes Stück Lehm". CAD K 411 *kirṣu* "pinched-off, unformed matter (clay, dough)" ; CAD K 209 *karāṣu* "to pinch off (clay)" est le verbe utilisé quand les hommes prélèvent l'argile au bord des canaux ou les dieux (Ea) dans l'Apsû. Weiershäuser et Hrůša 2018 : 117 "abgekniffenes Stück Ton" (morceau d'argile pincée).

179 Salonen 1972 : 42 (44-45) : "Morast". CAD R 432 *rušumtu* "swamp, morass, mud". Weiershäuser et Hrůša 2018 : 117 "Schlamm".

180 Salonen 1972 : 42 (46) : *ṭīd tibni* " mit Stroh durchsetzter " (in-nu = *tibnu* "Stroh"). CAD T 380 a. *tibnu* "straw". Weiershäuser et Hrůša 2018 : 117 « mit Stroh (vermischter) Lehm".

181 Salonen 1972 : 42 (47-48) : *tīd ilti* "mit Häcksel durchsestzter Lehm" ; *tīd pê* "mit Spreu durchsetzter Lehm". CAD I-J 90 *iltu* mng. B "chaff, husk". CAD P 471 *pû* B "chaff, husks (of grain plants), straw, stubble" (*ṭīd ilti* "clay mixed with chaff"). Labat 1976 : 148. Weiershäuser et Hrůša 2018 : 117 IM *il-ti* "mit Häcksel (vermischter) Lehm", IM ⸢*pe-e*⸣ "mit Spreu versmichter Lehm".

182 CAD U 71 *ulāpu (hulāpu)* "rag, bandage" ; cf. aussi CAD H 228 (*hulāpu*) "bandage". Salonen 1972 : 42 (49) : "mit Fetzen durchsetzter Lehm", 47 (liant pour l'argile) : nig$_2$-dara$_2$ = *ulapu* : "Interessant ist es, dass zuweilen sogar Fetzen (sum. "bunte Sachen"), allerdings selten, als Bindemittel des Lehms verwendet wurden" ; 47 (dégraissant) : "It is the usual temper now in the Al-Hiba region, used for pottery, clay toys, etc., and a friend of mine has told me that in thin sections of pottery it has now been possible to show that some ancient pottery was tempered with it also".

183 CAD I-J 110 *imdullu* et T 183 *tappissu* renvoient à un sens « incertain » (peut-être "clay cover") ou « inconnu ». Salonen 1972 : 42 (47) "Lehmdeckel" (couverture d'argile). Weiershäuser et Hrůša 2018 : 117 traduisent par "eine Art Schlamm" (une sorte de boue) qui, vu leur position dans liste, peuvent être utilisés dans la confection d'enduits. Cf. Hh. X 505-507: im-dul.

184 CAD S 320 *sīru* A "plaster" ; Š *šallaru* 247 "mortar, (mud) plaster" ; *šallapitu* "a type of plaster or clay", peut-être à composante sableuse, car il est aussi équivalent à *baṣṣu* (Hh. X 494) : le sable (CAD B 134, DCCLT : "sand"). Cf. aussi Salonen 1972 : 52-53 *bāṣu, baṣṣu* « Schlammsand, Sand », *šallapittu* "Sand". Weiershäuser et Hrůša 2018 : 117-118, 59) VAT 11506, RS V 21'-25' (491-495) "Lehmverputz, Mörtel oder Verputz, eine Art Mörtel oder Verputz".

185 CAD P 440 *pitqu* "1. brickwork, (architectural) construction"; cf. *patāqu* A v. "to make brick structure" ; Labat 1976 : 399 "travail, maçonnerie ; Weiershäuser et Hrůša 2018 : 118 *pitqu* "Ziegel-, Lehmmauer" ; DCCLT *pitqu* "mud (brick) wall" ; ePSD *pitqu, pitiqtu* "mud wall". Attinger 2021 : 568, im-du$_8$-a, im-du$_3$-a (à partir de l'époque paléo-babylonienne) s. « pisé, mur en pisé ».

186 CAD R 219 *rāṭu* s. "channel, runnel", cf. Hh. X 383 dans le contexte des fours ; Weiershäuser et Hrůša 2018 : 117 *rātu* "Rinne, Kanal" ; DCCLT *rāṭu* "1. Clay water channel 2. Clay water pipe" ; ePSD *rāṭu* "water channel, pipe, mold".

187 CAD U-W 206 *urāku* s. "rod, wire" ; Oppenheim 1970: 71-72 "perhaps a pipe or tube. It is possible that the *urāku* of the glassmaker was actually a a metal tube". Salonen 1972 : 118 im-du$_3$-a = *uraku* "Lehmkasten für Mörtellehm". Weiershäuser et Hrůša 2018 : 117 *urāku* "ein Tonstab" ; DCCLT Neo-Babylonian/Ura/Kiš (MSL SS 1, 042) *urāku* "clay water pipe".

188 CAD P 422-423 *pisannu* A mng. 1. Chest, container, basket, box ; 3. Drainage passage, a) "drainpipe" ; DCCLT *pisannu* "clay box", " drain pipe ", " downspot " (clay, reed, wood, etc.) ; Weiershäuser et Hrůša 2018 : 117 ⸢*pi-sa*⸣-[*nu*] = "Kasten, Korb". CAD Z 10 *zadrû* "an object made of clay", "possibly, on account of *mešlānū* and *pisannu*, an open (lit. halved) drainage tile". CAD M2 126 *mišlānu* "a drainage tile". DCCLT Neo-Babylonian/Ura/Kiš (MSL SS 1, 042 *mešlānī* "drainage tile".

189 Parrot 1958 : 150.

190 CAD K 401 *kirbānu (karbānu, kirbannu, kurbannu)* 1. "clod (of earth)", 2. "lump (of slag, from the kiln)". Labat 1976 : 314 *kirbānu* "morceau, motte". DCCLT *kirbanu* Neo-Babylonian/Ura/Kiš (MSL SS 1, 042) "clump of clay" ; DCCLT Neo-Assyrian/Murgud/Nineveh "lump of clay, earth".

= *kubtu*[191]) mais aussi en balle de fronde (504 : im-dugud = *assukku*) faite à partir d'un morceau d'argile, sans doute séché, comme peut l'expliquer son équivalence avec *kirbannu* donnée par le commentaire mur-gud[192].

On termine par l'argile brute dans son milieu naturel, tel qu'on la prélève, en balle (507 : im-dul = *pukku*)[193], en morceau ou en bloc (508-509 : im-lagab = *pisiltu*[194]), en boue, au bord des cours d'eau (*ušultu*), [195] en retournant à la carrière, la fosse d'argile à l'état pur, synonyme « d'argile de potier » (510. im-du$_3$-a = *kullatu*)[196]. C'est le lieu d'approvisionnement par excellence pour obtenir une argile de bonne qualité l'argile étendue d'eau, dans son état naturel, en fosse, en tas, parcelle de terre contenant de l'argile, au bord des cours d'eau, le long des canaux. On parle alors, selon les listes lexicales mur-gud, « d'argile de canal » (im *palgī* /*ṭīd palgī*), expression équivalente au terme *kullatu* (im-du$_3$-a = *kullatu* = im *palgi* « argile de canal »)[197], ce qui précise cette source d'approvisionnement[198]. C'est enfin le lieu de prélèvement de l'argile destinée aux tablettes et probablement à la poterie, ce qui est souvent traduit par « argile de potier » (*ṭiddi kullati*)[199]. Le terme *kullatu* est souvent utilisé dans les rituels ou incantations, dans les colophons d'apprentis scribes néo-babyloniens[200].

3. Les lieux d'approvisionnement dans d'autres textes

En revanche, les textes sont peu explicites sur une origine plus précise de l'argile. Comme l'indique M.-T. Barrelet, « l'argile récoltée le long des cours d'eau ne suffisait peut-être pas partout à alimenter des fabrications en série, récipients, briques surtout, et les potiers devaient alors s'établir près de gisements plus importants, à localiser dans la plaine. » C'est peut-être à ce type de dépôts que se rapporte *issû* qui peut signifier « glaisière »[201] et que le CAD traduit, à l'instar de *kullatu*, par « fosse d'argile »[202]. Dans la Diyala, P. Delougaz évoque des « poteries fabriquées avec des dépôts alluvionnaires », d'autres avec « le limon fraîchement déposé des rivières ou des canaux d'irrigation »[203].

Pourtant quelques textes, par métaphore, font allusion à la quête et à la préparation de l'argile.

3.1. *Un lieu pur en pleine campagne*

Les mythes fondateurs font allusion à l'Abzu (sum.) / *Apsû* (akk.) [l'Abîme][204]. Pour la création de l'homme, « pour former une créature », Nammu, mère d'Enki, devra mélanger l'argile (IM) qui est au-dessus de l'*Abzu*, puis « les bons et magnifiques modeleurs » épaissiront cette argile. Après un festin, pour célébrer la création du premier homme, la déesse Ninmah prend de nouveau de l'argile au-dessus de l'Abîme et façonne six personnages, des êtres anormaux[205].

On note de fréquentes allusions à un « lieu pur » (*ašru ellu*). Les Cylindres et statues de Gudéa, au IIIe millénaire, évoquent la quête de l'argile pour fabriquer des briques pour la restauration des sanctuaires de Lagaš[206] : dans les inscriptions gravées des statues C, E, F de Gudéa, Gudéa « va chercher l'argile « dans un lieu pur », il pétrit l'argile (im /*ṭīdu*), il manie le moule à brique... ».

Cette phraséologie subsiste dans des textes beaucoup plus tardifs. Au premier millénaire, on sait par des colophons (dédicace, signature)[207] néo-babyloniens de Babylone, de Borsippa ou de Sippar que l'argile de tablettes scolaires, destinées à être dédiées aux temples de ces villes[208], provenait de différents lieux définis plus ou moins précisément : « en pleine campagne, en pleine nature », du « Jardin de l'Apsû », d'un « lieu pur », « hors de la ville », « hors les murs ».

191 Le sens premier de l'adjectif sumérien dugud est "lourd, pesant" (Attinger 2021 : 308). CAD K 487 *kubtu* 1a) "lump of earth" ; Labat 1976 : 399 *kubtu* "motte d'argile". DCCLT Neo-babylonian /Ura/Kiš "clay sling shot".

192 CAD A2 342 *assukku* "slingstone". D'après Hg. A II 132 im.dugud = *assukku* = *kirbānu*. DCCLT Neo-Assyrian/Murgud *assukku* = *kirbanu* "slingstone = slingstone = clay lump" ; ePSD *assukku* "slingstone".

193 CAD P 502 *pukku* (a ball?) ; ePSD 1. Ball ; DCCLT "ball".

194 Cf. im-LAGAB s. « morceau d'argile, motte d'argile » (Attinger 2021 : 568). Cf. plus haut Hh. X 435-437.

195 CAD U-W 329 *ušultu* B "mud". Le terme est, par exemple, associé à la boue des fleuves, le Tigre et l'Euphrate. DCCLT Neo-Assyrian/Antagal/Nineveh (CT 19, pl. 17-19, K 04386 : o I 35') "lump of mud".

196 CAD K 506 : *kullatu* B "potter's clay". Labat 1976 : 399 IM-KI-GAR *ṭiddi kullati* « argile de potier ». DCCLT " clay pit ". Cf. aussi des synonymes de "clay pit" qui n'apparaissent pas dans la liste Ura 10 : *issû* / *esû* et *šatpu* / *šitpu* (Salonen 1972 : 36 ; CAD I-J 204 et CAD Š3).

197 CAD K 506 : Hg A II 135, *MSL* 7 113 : im-du$_3$-a = *kullatu* = *ṭīd*(im) *palgi*(pa$_5$) « argile de/du canal ». Cf. DCCLT/Neo-Assyrian/Murgud/Nineveh (K 0440+, K 04411+): *kul-la-tum* = IM PA$_5$ "mud wall = clay pit = clay of the ditch".

198 Cf. Matson 1965 : 210 confirme : "*In the irrigated lands, the sludge that accumulates in the canals and is shoveled up onto the canal banks annually supplies nicely levigated material*".

199 Labat 1976 : *ṭiddi kullati* « argile de potier ». CAD K 506 : *kullatu* B "potter's clay" = im.du$_3$.a = *kul-la-tum* (Hh. X 510). Noter l'équivalence ki.gar = *ši-kit-tu* [*ša$_2$ kul-la*]-*ti* dans Nabnitu K 199 qui signifie une parcelle de terre contenant de l'argile, "le jardin de l'argile" (CAD Š2 431 *šikittu* B "garden plot" ; une autre équivalence : ki.tuš = *kul-la-tum* ; Cf. CDA *kullatu(m)* II « argile de potier » (KI.GAR). "clay pit" O/jB [KI.GAR] for figurine clay, etc.

200 George 2010.

201 Barrelet 1968 : 30, d'après une traduction de Landsberger « Lehmgrube » (= glaisière).

202 CAD I-J 204 *issû* (*isû, esû*) s. "pit, clay pit".

203 Delougaz 1952 : 31 ; Barrelet 1968 : 30.

204 CAD A2 194-197 ; cf. 195 : "when Anu created heaven (and) Ea created the *apsû* as his abode, Ea pinched off a lump of clay in the *apsû*" ; Weissbach Misc. No. 12 : 25f. (= Sumer 11/2 pl. 10 No. 7) ; cf. aussi Joannès 2001 : 59-60 (« masse abyssale des eaux douces situées sous la surface de la terre, d'où naissent les cours d'eau en Mésopotamie » ; c'est également la résidence du dieu Ea (dieu créateur et civilisateur) ; Schwemer 2010 : 66. Attinger 2021 : 134.

205 Barrelet 1968 : 7.

206 Barrelet 1968 : 7.

207 P. Villard, dans Joannès 2001 : 192-193.

208 Ces colophons ont été publiés Cavigneaux 1981a-b, Gesche 1995, 2000 et 2005, Maul 1998, George 2010. Sur les tablettes du temple de *Nabû ša harê* à Babylone, cf. Clancier 2009 : 152-156.

La publication d'un colophon MS 5007[209], provenant sans doute de Sippar et daté probablement de la fin du VIe s. av. J.-C., enregistre la dédicace du travail d'un jeune scribe de Sippar[-Yahrurum] (actuelle Abu Habbah) offrant sa tablette au dieu Šamaš. C'est une invocation à bénir le scribe et sa famille. Mais le plus intéressant est qu'il évoque la provenance de l'argile de sa tablette.

- **« En pleine campagne, en pleine nature** (*ana ṣēri ūṣi*) »[210] :

Après le préambule[211], l'apprenti scribe (Šamaš-rīhtu-uṣur, fils de Šamaš-iddina, boulanger de Šamaš et d'Aya) dit : « La joie au cœur j'allai en pleine nature (*ana ṣēri ūṣi*). Je ramassai de l'argile pure [*ṭīdu* (im) *ellu*] et la rapportai du dépôt d'argile sacré (*kullatu qadištu*). Je la chargeai sur mon épaule et la transportai[212]. »

Après une nouvelle invocation le concernant lui et sa famille[213], il reprend : « j'écrivis ma tablette. Je l'envoyai dans le contenant *gunnu* (!) au portier de l'E-babarra. »

... Ô tablette, quand tu entres, [intercède(?)] pour Šamaš-rīhtu-uṣur, fils [de Šamaš-iddina ! ...].

Il fait écho à plusieurs colophons similaires trouvés dans les sols et comblements du temple *Nabû ša harê* à Babylone[214], et d'autres de Borsippa, tous structurés sur le même modèle qui donnent la provenance de l'argile :

- **Du « Jardin de l'Apšu »** (gišₖ*irî apsî*) :

D'après VAT 17035 rev. 14'-15' : « Il ramassa un morceau d'argile du Jardin de l'Apsû (giš*kirî apsî*) »[215], interprêté comme un endroit sacré du centre de Babylone, sur la rive est de l'Euphrate, près du temple d'Ea[216]. »

- **D'un « lieu pur (*ašru ellu*), hors de la ville » (*kīdu*)** :

D'après deux autres colophons de Babylone EAH 197 rev. 15-16 et MMA 86.11.362 rev. 7' : « Il ramassa un morceau d'argile (*ṭīdu*) d'un endroit pur (*ašru ellu*) hors la ville (*kīdu*) et écrivit la tablette[217] ».

Selon S. Maul[218], le terme « endroit pur » (*ašru ellu*) est attesté comme une interprétation savante du nom sumérien du temple d'Ea, E_2-kar-zaginna, ce qui l'identifie au « Jardin de l'Apsû ».

Les deux colophons de Sippar (MS 5007) et de Babylone (EAH 197) localisent « l'endroit pur » à l'extérieur de la ville, hors les murs. Un autre détail montre que l'argile de la tablette était extraite d'un dépôt spécialement identifié comme un dépôt sacré (l. 7 : *kullatu qadištu*). L'adjectif *qadištu* indique ici que le dépôt d'argile naturelle (*kullatu*)[219] *a été sacré par un rituel de purification* « purifier un dépôt d'argile » (*kullata quddušu*).

3.2. Dépôt d'argile sacré

De semblables rituels accompagnent la production de figurines apotropaïques (par exemple dans les rituels de fondation de temple, des figurines enterrées sous la cella), dans la fosse d'argile elle-même (donnant lieu à des jets de farine et de bière avant la fabrication de la figurine, don d'argent, ou aspersion d'eau bénite, à des invocations à la fosse d'argile ainsi qu'à la divinité tutélaire[220]. Deux de ceux-ci permettent particulièrement d'éclairer cette pratique : le rituel *namburbi*[221] et un rituel accompagnant la production de figurines apothropaïques[222].

Selon deux versions de Ninive et d'Aššur, par exemple, au lever du jour, l'exorciste consacrait le dépôt d'argile avec un encensoir, une torche et de l'eau bénite, puis il y mettait une offrande d'or, d'argent et de pierres précieuses, se prosternait, se relevait et récitait enfin l'incantation : « *Ô dépôt d'argile, dépôt d'argile !* (en$_2$ *kullat kullat*)[223]. »

Ainsi le colophon MS 5007 de Sippar semble-t-il faire allusion à un rituel du même type, réalisé à la carrière d'argile sacrée. Après quoi l'apprenti scribe prenait de l'argile, faisait sa tablette et y écrivait une version de la dédicace à Šamaš. Puis il accompagnait son maître au temple local et déposait son offrande dans le récipient (*gunnu*), boîte ou jarre, à l'adresse du portier du temple de Šamaš, à Sippar (*kanakku*), en ex-voto[224].

Les colophons nous apprennent donc le contexte rituel de la présentation aux temples de tablettes scolaires

[209] Publié par A.R. George (2010).
[210] Sur le sens de *kīdu*, cf. CAD K 345 : "outside, region outside a city, open country".
[211] "For Nabû, august, majestic and awesome heir, firstborn son of Asarre, foremost of all, who bears the tablet of destinies of the gods, whom the Igigi gods respect most in the entire universe, my lord, ...".
[212] George 2010 : MS 5007 ll. 6-7 : *lib$_3$-bi-šu$_2$-ia-na ṣēri*(edin) *u$_2$-ṣu aš$_2$-ša$_2$-am-ma ṭīdu*(im) *el-lu iš!-tu-ak-kul-lat qa-diš-tum u$_2$-bi-lam-ma*.
[213] "For my good health, for a long life, for well-being, [10] for the well-being of my father's household, my own stability and my successful raising(!) of a family ...".
[214] Publiés par A. Cavigneaux (1981a-b).
[215] *ṭi-id* [*u*]*l-tu* giš*kirî* (*kiri$_6$*) *apsî* (abzu-*i*) *ik-ri-iṣ-ma* (Maul 1998 : x ; George 2010 : 4 (a).
[216] George 1992 : 94-95, ll. 26-27, 398 ; Maul 1998 : xiv.
[217] EAH 197 (Gesche 1995) ; MMA 86.11.362 (Gesche 2005).

[218] Maul 1998 : xiv.
[219] par équivalence donnée par les listes lexicales : im-du$_3$-a = *kullatu* = *ṭīd*(im) *palgi*(pa$_5$) « argile du canal » (cf. Hh. X/Ura 10 : 510).
[220] Evoqués par Sallaberger (1996), Wiggermann (1992), Maul (1994), George (2010).
[221] Maul 1994 : 485-86 ll. 19-20.
[222] Wiggermann 1992 : 12 ll. 145-150.
[223] Il existe deux versions de cette incantation, l'une provenant de Ninive (Wiggermann 1992 : 12 ll. 151-157), l'autre d'Aššur (*KAR* 134 rev. 15-20). Une autre incantation au dépôt d'argile : *LKA* 89 I 12'-19' : KAR 227 I 15-22 (Schwemer 2010 : 66).
[224] Cf. Cavigneaux 1981a-b (colophons portant les mêmes incantations).

votives, premier « chef d'œuvre » d'un apprenti scribe. Celui-ci accompagnait un exorciste (peut-être son professeur lui-même) à un endroit près de la rivière, généralement hors la ville. Ils pratiquaient le rituel de consécration d'une couche de bonne argile propre, ainsi que les offrandes pour apaiser le dépôt d'argile et compenser son épuisement. Chaque enfant prélevait alors un gros pâton d'argile et le ramenait en ville pour en faire une tablette qu'il inscrivait d'un texte destiné à prouver sa maîtrise de l'écriture. Au revers, il ajoutait son colophon qu'il personnalisait à partir d'une version standardisée. Ayant fini « sa tablette d'enfance » (*ṭuppi meṣherūti*)[225], véritable rite de passage sanctionnant son niveau de compétence de débutant, l'apprenti scribe accompagnait son professeur au temple local où il la déposait dans une boîte comme offrande votive au dieu.

Il faut donc entendre « ces lieux purs » comme des « fosses d'argile consacrées » par des rituels, en vue de productions particulières (figurines de fondation, ex-voto, etc.).

Mais pour l'usage courant, on peut penser que toute fosse n'était pas consacrée. Ces « lieux purs » peuvent également se confondre avec les « carrières d'argile vierge » dont se rapprochent les centres de production potière, généralement situés hors-les-murs.

Conclusion

Matériau tellement abondant et commun en Mésopotamie, l'argile ne méritait guère d'être mentionnée, tant elle était un élément évident de la vie quotidienne. Elle apparaît cependant, en creux ou en relief, souvent au second plan dans une documentation éparse qui s'étend sur trois millénaires, constituée de textes très disparates et de valeur inégale : ce sont des textes littéraires où, dans les mythes fondateurs, les dieux utilisent l'argile pour façonner l'homme, des listes savantes bilingues, suméro-akkadiennes, établies sur la longue durée, qui en déclinent tous les états, des textes de la pratique, des exercices scolaires, des textes rituels, etc.... On la trouve derrière le discret praticien, le potier, dont le statut est variable au cours du temps, derrière des verbes d'action consacrés à la préparation de l'argile... ; à travers les listes lexicales spécialement consacrées à ce matériau, liste de mots savants, classés par séquences logiques, qui n'apparaissent pas tous dans la pratique courante, mais qui dénotent une observation précise, pleine de nuances, et une pratique empirique ; dans certains rituels de purification de l'argile qui évoquent les lieux de prélèvement. À travers ces éléments dispersés dans le temps et l'espace, au travers de certaines expressions, diluées dans la documentation, on retrouve au moins tous les mots essentiels pour « dire » ou évoquer l'argile dont on peut suivre les étapes immuables de la chaîne opératoire.

Xavier FAIVRE
Ingénieur de recherche au CNRS
UMR 7041 Archéologies et sciences de l'Antiquité (ArScAn)
Équipe Histoire et archéologie de l'Orient cunéiforme (HAROC)
MSH Mondes
21 allée de l'Université
F-92023 Nanterre Cedex
xavier.faivre@cnrs.fr

Bibliographie

Abréviations[226]

AHw : W. von Soden, *Akkadisches Handwörterbuch* 1-3 (Wiesbaden 1965/1972/1981 ; 1/1985²).
AOAT : Alter Orient und Altes Testament. Münster : Ugarit-Verlag.
AoF : Altorientalische Forschungen (Schriften zur Geschichte und Kultur des Alten Orients) (Berlin 1974 ff.)
CAD : A. L. Oppenheim/E. Reiner, The Assyrian Dictionary of the University of Chicago (Chicago 1956 ff.)
CDA : J. Black, A. George, N. Postgate, A Concise Dictionary of Akkadian (2nd (corrected) printing Wiesbaden: Harrassowitz Verlag (2000).
MDAI : Mémoires de la Délégation Archéologique en Iran. Mission de Susiane. Ville royale de Suse, Leyde : E. J. Brill.
MSL : B. Landsberger/M. Civil *et al.*, Materialen zum sumerischen Lexikon/Materials for the Sumerian Lexicon: a reconstruction of Sumerian and Akkadian lexical list 1-17, Rome (1937-2004).
NABU : Nouvelles Assyriologiques Brèves et Utilitaires, Paris : Société pour l'étude du Proche-Orient ancien (SEPOA).
RlA : Reallexikon der Assyriologie und Vorderasiatischen Archäologie (Berlin/Leipzig 1928/1932 ff.).
WO : Die Welt des Orients. Göttingen : Vandenhoek und Ruprecht (1947-).
WVDOG : Wissenschaftliche Veröffentlichungen der Deutschen Orient-Gesellschaft (Leipzig . . . Berlin 1900 ff.).

Corpus en ligne

CDLI : Cuneiform Digital Library Initiative. A joint project of the University of California at Los Angeles and the Max Planck Institute for the History of

[225] Cavigneaux 1981a.

[226] D'après les abréviations du Reallexikon der Assyriologie und Vorderasiatischen Archäologie (RlA), Band 14, 7/8.

Science (Los Angeles/Berlin 1998/2000 ff.) : *<https://cdli.ucla.edu/?q=cuneiform-digital-library-preprints>*

DCCLT : Digital Corpus of Cuneiform Texts. University of California, Berkeley, Niek Veldhuis *<https://melc.berkeley.edu/Web_Veldhuis/>*

ePSD : The Electronic Sumerian Dictionary. Project of the Babylonian Section of the University of Pennsylvania Museum of Archaeology and Anthropology (Penn Museum) (2004ff.): *<http://psd.museum.upenn.edu/nepsd-frame.html>*

ETCSL : J. A. Black *et al.*, The Electronic Text Corpus of Sumerian Literature (Oxford 1998-2006): *<https://www.etcsl.orient.ox.ac.uk>*

Abréviations des listes lexicales

Ea : Lexical series ea A = *nâqu*, pub. M. Civil 1979, *MSL* 14, 171ff.

Hg. : Lexical series HAR.gud = *imrû* = *ballu*, *MSL* 5-11. Cf. Murgud.

Hh. : Lexical series HAR.ra = *hubullu*, *MSL* 5-11. Cf. Ura.

Murgud : mur-gud = *imrû* = ballu (DCCLT, Veldhuis 2014; Weiershäuser, F. and I. Hrůša 2018). Cf. Hg.

Ura : ur$_5$-ra = *hubullu* (DCCLT, Veldhuis 2014; Weiershäuser, F. and I. Hrůša 2018). Cf. Hh.

Références bibliographiques

Abrahami, Ph. et B. Lion 2018. Aspects of Job Categories and Household Workforce Management in Nuzi Documentation, *in* A. Garcia-Ventura (éd.) *What's in a Name? Terminology related to the Work Force and Job Categories in the Ancient Near East. AOAT* 440 : 329-353.

Attinger, P. 2021. *Glossaire sumérien-français, principalement des textes littéraires paléobabyloniens.* Göttingen : Harrassowitz.

Barrelet, M.-T. 1964. Le problème du nom sumérien du potier. *RA* 58 : 1-8.

Barrelet, M.-T. 1968. *Figurines et reliefs de terre cuite de la Mésopotamie antique*, Paris : Geuthner.

Bottéro, J. 1957. Textes économiques et administratifs. *ARMT* 7, Paris.

Buccellati G. et M. Kelly-Buccellati 1996. The Royal Storehouse of Urkesh: The Glyptic Evidence from the Southwestern Wong. *AfO* 42-43 : 1-32.

Cartwright, C. et J. Taylor 2011. Investigating Technological and Environmental Evidence from Plant Remains and Molluscs in Cuneiform Tablets. *British Museum Technical Research Bulletin* 5 : 67-72.

Cassin, E. 1962a. L'influence babylonienne à Nuzi. *Journal of Economic and Social History of the* Orient V, 2, Leyde : E. J. Brill.

Cassin, E. 1962b. Tablettes inédites de Nuzi, *RA* 56/2 : 57-80.

Cavigneaux, A. 1981a. Le temple de *Nabû ša harê*. Rapport préliminaire sur les textes cunéiformes, *Sumer* 37 : 118-126.

Cavigneaux, A. 1981b. *Texts from Babylon : Textes scolaires du temple de Nabû sa Harê, Vol. I.* Bagdad.

Cavigneaux, A. 1983. Lexikalische Listen. *RlA* 6 : 609-641.

Civil, M. 1969. *The Series lú = ša, MSL* 12, Rome : Pontificium Institutum Biblicum.

Civil, M. 1979 (with coll. M. W.-R. Green, and W. G. Lambert). Ea A = *nâqu*, Aa A = *nâqu, with their Forerunners and Related Texts, MSL* 14, Rome : Pontificium Institutum Biblicum.

Civil, M. 1985. Sur les « livres d'écolier », *in* J.-M. Durand et J.-R. Kupper (éd.) *Miscellanea Babylonica. Mélanges offerts à Maurice Birot* : 67-78. Paris : Éditions Recherche sur les Civilisations.

Civil, M. 1996. HAR-ra = *hubullu*: Tablet X dug = *karpatu*. Mesopotamian History and Environment, Series II, Memoirs III : 129-159. Gand : Université de Gand (cf. Sallaberger 1996).

Clancier, P. 2009. *Les bibliothèques en Babylonie dans la première moitié du deuxième millénaire av. J.-C.*, AOAT 363, Münster : Ugarit-Verlag.

Deimel, A. 1928-1933. *Sumerisches Lexikon.* Rome : Verlag des Päpstlichen Bibelinstituts.

Delougaz, P. 1952. Pottery from the Diyala Region. *Oriental Institute Publications* 52. Chicago : The University Press.

Duistermaat, K. 2008. *The pots and potters of Assyria: technology and organization of production, ceramics sequence and vessel function at Late Bronze Age Tell Sabi Abyad, Syria*, Turnhout : Brepols.

Faivre, X. 1995. Le recyclage des tablettes cunéiformes. *Revue d'Assyriologie* 89 : 57-66.

Farber-Flügge, G. 1973. *Der Mythos "Inanna und Enki" unter besonderer Berücksichtigung der Liste der* m e. Rome : Biblical Institute Press.

Gadd, C. J. 1940. Tablets from Chagar Bazar and Tell Brak, 1937-38, *Iraq* 7 : 22-26.

George, A. R. 1992. *Babylonian Topographical Texts* (Orientalia Lovaniensia Analecta 40). Louvain : Departement Oriëntalistiek.

George, A. R. 2010. *The colophon of MS 5007. in* M. Civil, *The lexical texts in the Schöyen Collection* (Cornell University studies in Assyriology and Sumerology, 12), Bethesda : 274-279. (Manuscripts in the Schøyen Collection, Cuneiform Texts 5). *<https://eprints.soas.ac.uk/10097/2/*MS5007rev.>

Gesche, D. P. 1995. Ton vom Tondes Heiligen Hügels – woher stammt der Ton wirklich? *N.A.B.U.* 1998 : 58-59, n°66.

Gesche, D. P. 2005. Nos. 65-66 Late Babylonian school exercise tablets, *in* I. Spar et W. G. Lambert (éd.) *Cuneiform Texts in the Metropolitan Museum of Art 2. Literary and Scholastic Texts of the First Millennium B.C.*, New York : Metropolitan Museum of Art.

Hallock, R. T. 1940. The Chicago Syllabary and the Louvre Syllabary Ao, 7661. *Assyriological Studies* 7. Chicago : The University Press.

Joannès, F. 2001 (éd.) *Dictionnaire de la civilisation mésopotamienne*, Paris : Robert-Laffont : 475-476

« Listes lexicales » (C. Michel), 514-515 « ME » (B. Lafont), 829-831, « tablette » (X. Faivre).
Kramer, S. N. 1956. *From the tablets of Sumer: twenty-five firsts in man's recorded history*, Indian Hills, Colo. : Falcon's Wing Press.
Kwasman, T. et S. Parpola 1991. *Legal Transactions of the Royal Court of Nineveh, part I. Tiglath-Pileser III through Esarhaddon*. Helsinki : University Press.
Labat, R. 1976. *Manuel d'épigraphie akkadienne*, Paris.
Labat, R. et F. Malbrant-Labat 2011. *Manuel d'épigraphie akkadienne*, Paris : Geuthner.
Lambert, W. G. 1957-1971. Götterlisten. *RlA* 3 : 473-479.
Landsberger, B. 1957. *The Series HAR-ra = hubullu, Tablets V-VII, MSL* 7, Rome : Pontificium Institutum Biblicum.
Landsberger, B. 1958. *The Series HAR-ra = hubullu, Tablets V-VII, MSL* 7, Rome : Pontificium Institutum Biblicum.
Landsberger, B. 1959. *The Series HAR-ra = hubullu, Tablets VIII-XII, MSL* 6, Rome : Pontificium Institutum Biblicum.
Litke, R. L. 1958. *A reconstruction of the Assyro-Babylonian god-lists*, An: ^{d}A-nu-um and An: Anu šá amēli. New Haven : Yale Babylonian Collection. Ph.D. Diss.
Litke, R. L. 1998. *A reconstruction of the Assyro-Babylonian god-lists, An: ^{d}A-nu-um and An: Anu šá amēli.* Texts from the Babylonian Collection 3. New Haven : Yale Babylonian Collection.
McCown D. E., R. C. Haines et D. P. Hansen 1967. *Nippur I. Temple of Enlil, scribal quarter, and soundings*. Chicago : University of Chicago Press.
Malbrant-Labat, F. 1992. *Gilgamesh*, Paris : Cerf.
Maul, S. 1994. *Zukunftsbewältigung: eine Untersuchung altorientalischen Denkens anhand der babylonisch-assyrischen Löserituale (Namburbi)*. Baghdader Forschungen 18. Mayence : Philipp von Zabern.
Maul, S. (éd.) 1998. *Festschrift für Rykle Borger zu seinem 65. Geburtstag am 24. Mai 1994 : tikip santakki mal bašmu* (Cuneiform Monographs 10). Groningen.
Mayer, W. 1978. *Nuzi-Studien. Die Archive des Palastes und die prosoprographie der Berufe* (*AOAT* 205/1). Neukirchen-Vluyn : Butzon & Bercker.
Moorey, P. R. S. 1999. *Ancient Mesopotamian Materials and Industries. The Archaeological Evidence*. Winona Lake, Indiana : Eisenbrauns.
Nieuwenhuyse, O. P. (éd.) 2018. *Relentlessly Plain. Seventh Millennium Ceramics at Tell Sabi Abyad, Syria*, Oxford et Philadelphie : Osbow Books.
Oppenheim, A. L. 1948. *Mesopotamian Mythology II. Orientalia* 17, Rome : Pontificium Institutum Biblicum.
Oppenheim, A. L. 1970. *Glass and Glassmaking in ancient Mesopotamia*: An Edition of the Cuneiform Texts which Contain Instructions for Glassmakers with a Catalogue of Surviving Objects. New York : The Corning Museum of Glass.
Parrot, A. 1958. *Mission archéologique de Mari, II. Le palais 1 : architecture*, Paris : Geuthner.
Powell, M. A. 1989-90. Masse und Gewichte. *RlA* 7 : 457-517.
Roux, V. 2016. *Des céramiques et des hommes. Décoder les assemblages archéologiques*. Nanterre : Presses universitaires de Paris ouest.
Rye, O. S. 1981. *Pottery Technology: Principles and Reconstruction*, Washington D.C. : Taraxacum.
Sallaberger, W. 1996 *Der Babylonische Töpfer und seine Gefässe: nach Urkunden altsumerischer bis altbabylonischer zeit sowie Lexikalischen und Literarischen Zeugnissen - HAR-ra =* hubullu: *Tablet X dug =* karpatu by M. Civil. Mesopotamian History and Environment, Series II, Memoirs III. Gand : Université de Gand (cf. Civil 1996).
Salonen, A. 1966. *Die Hausgeräte der alten Mesopotamier, Teil II : Gefässe*. Helsinki : Suomalaisen Kirjallisuuden Kirjapaino Oy.
Salonen, E. 1970. *Über das Erwesrbsleben im Alten Mesopotamien. Untersuchungen zu den akkadischen Berufsnamen, Teil I*. Studia Orientalia 41. Helsinki : Societas Orientalis Fennica.
Salonen, A. 1972. *Die Ziegeleien im Alten Mesopotamien*. Suomalainen Tiedeakademia. Helsinki.
Sauvage, M. 1998. *La brique et sa mise en œuvre en Mésopotamie : des origines à l'époque achéménide*. Paris : Éditions Recherche sur les Civilisations.
Schuster-Brandis, A. 2008. *Steine als Shutz- und Heitmittel. Untersuchung zu ihrer Verwendung in der Beschwörungskunst Mesopotamiens im 1. Jt. V. Chr. AOAT* 46. Münster : Ugarit-Verlag.
Schwemer, D. 2010. Entrusting the witches to Humut-Tabal: the *ušburruda* ritual BM 47806+, *Iraq* 72 : 63-78.
Senior, L. et H. Weiss 1992. Tell Leilan 'sila bowls' and the Akkadian Reorganization of Subarian Agricultural Production, *Orient Express* 1992/2 : 16-20.
Stein, G. et M. J. Blackman 1993. The Organizational Context of Specialized Craft Production in Early Mesopotamian States, *Research in Economic Anthropology* 14 : 29-59.
Steinkeller, P. 1996. The Organization of Crafts in Third Millennium Babylonia: the Case of Potters. *AoF* 23 : 232-253.
Taylor, J. 2011. Tablets as artefacts, scribes as artisans, *in* K. Radner et E. Robson, *The Oxford Handbook of Cuneiform Culture*, Oxford : 5-31.
Taylor, J. et C. Cartwright 2011. The Making and Re-Making of Clay Tablets. *Scienze dell'Antichità* 17: 297-324. Rome : Università degli studi di Roma "La Sapienza".
Veldhuis, N. 2014. *History of the Cuneiform Lexical Tradition* (Guides to the Mesopotamian textual record 6). Münster : Ugarit-Verlag.
Waetzoldt, H. (von) 1971. Zwei unveröffentlichte Ur-III-Texte die Herstellung von Tongefäßen. *WO* 6 : 7-41.
Weiershäuser, F. et I. Hrůša 2018. Lexikalische Texte I: ur_5-ra = *hubullu*, mur-gud = *imrû* = *ballu*, Lú-Listen (Keilschrifttexte aus Assur literarischen Inhalts 8 - WVDOG 153/1). Wiesbaden : Harrassowitz Verlag.

Wiggermann, F. A. M. 1992. *Mesopotamian Protective Spirits: The Ritual Texts.* Cuneiform Monographs 1, Groningen.
Wiggermann, F. A. M. 2008. Appendix E. Cuneiform Texts from Tell Sabi Abyad related to the Pottery, *in* K. Duistermaat, *The pots and potters of Assyria: technology and organisation of production, ceramic sequence and vessel function at Late Bronze Age Tell Sabi Abyad, Syria*: 559-564. Turnhout : Brepols.
Wiseman, D. J. 1953. *The Alalakh Tablets Nr 446*. Londres : the British Institute of archaeology at Ankara.

Écrire sur argile. La matérialité des textes cunéiformes - *Writing on clay: the materiality of cuneiform texts*

Cécile Michel

CNRS, UMR 7041 Archéologies et sciences de l'Antiquité (ArScAn), équipe Histoire et archéologie de l'Orient cunéiforme (HAROC), Nanterre (France) & Excellence Cluster : Understanding Written Artefacts, Centre for the Study of Manuscript Cultures, Hambourg.

Résumé - Les assyriologues qui étudient les tablettes cunéiformes en argile découvertes sur les sites archéologiques du Proche-Orient se sont avant tout intéressés au contenu des textes qu'elles comportent. Depuis une vingtaine d'années, ils s'intéressent désormais à la tablette en tant qu'artefact, et donc à la matérialité du texte. L'utilisation de l'argile comme l'un des supports de l'écriture cunéiforme est partie intégrante d'une légende sur l'invention de l'écriture. Toutefois, celle-ci ne met pas en valeur les qualités plastiques de l'argile, un matériau parfaitement adapté à la forme des clous imprimés en négatif. Former une tablette en argile représentait l'une des toutes premières leçons de l'apprenti-scribe. Un bon scribe devait être capable de former une tablette dont la taille correspondait à la longueur du texte à écrire. La confection d'une enveloppe d'argile, destinée à protéger la tablette, garantir le caractère secret d'une lettre ou donner une valeur juridique à un contrat, nécessitait un savoir-faire particulier. L'expérimentation permet de mieux appréhender les différentes étapes du travail du scribe : la préparation de l'argile et la formation de la tablette, l'écriture, ou encore la confection d'une enveloppe d'argile.

Mots-clés - tablette cunéiforme en argile, matérialité des textes, enveloppe d'argile, lettres, manuscrits, empreintes.

Abstract - Assyriologists who study the clay cuneiform tablets found in the Near East were primarily interested in the content of the text they contained. However, over the last twenty years they have turned their attention to the clay tablet as an artefact, and studied the materiality of the text. The use of clay as one of the media for cuneiform script is part of a legend about the invention of writing. The clay shows plastic qualities perfectly suited to the shape of the wedges forming each cuneiform sign. Forming a clay tablet was one of the very first lessons in scribal schools. A good scribe had to be able to form a tablet of a size that matched the length of the text to be written. The making of a clay envelope to protect the tablet, to guarantee the secrecy of a letter or to give legal force to a contract required particular skills. Experiments allow a better understanding of the different stages of the scribe's work: the preparation of the clay and the formation of the tablet, the writing, and the making of a clay envelope.

Keywords - Cuneiform clay tablet, materiality of texts, clay envelopes, letters, manuscripts, imprints.

Les textes cunéiformes découverts depuis deux siècles sur les sites du Proche-Orient ont pour principal support l'argile crue préparée sous la forme de tablettes quadrangulaires. Les assyriologues qui étudient ces textes toujours en cours de déchiffrement, s'intéressent depuis deux décennies à leur matérialité, à savoir la composition de l'argile, la forme des tablettes, la mise en page des textes et la paléographie. Ces recherches sont facilitées par les techniques modernes permettant la reproduction virtuelle des objets en 3D grâce à des scanners, ou encore les analyses pétrographiques consistant à analyser les caractères structuraux minéralogiques et chimiques de l'argile, par fluorescence des rayons X, et qui donnent des informations sur la composition et la provenance des argiles. Il s'agit ici, bien plus modestement, de présenter la matérialité des textes cunéiformes en lien avec leur support, les tablettes d'argile et leurs enveloppes, en s'appuyant sur les objets écrits, les données textuelles et sur quelques expérimentations qui portent principalement sur les tablettes paléo-assyriennes (Kültepe, Anatolie, XIXe siècle av. J.-C.).[1]

L'invention de l'écriture et son support d'argile

Selon la légende d'Enmerkar et du Seigneur d'Aratta, l'écriture serait née pour communiquer avec un correspondant éloigné et son premier support aurait été l'argile. Ce récit étiologique, tel que l'a interprété

[1] Cette recherche a été réalisée dans plusieurs cadres : le programme partagé d'ArScAn « Argiles » porté par X. Faivre, la Mission archéologique de Kültepe (Turquie) dirigée par F. Kulakoğlu et l'Excellence Cluster « Understanding Written Artefacts » porté par M. Friedrich à Hambourg, incluant les projets (co)dirigés par l'auteure : « Reading Closed Cuneiform Tablets Using High-Resolution Computed Tomography » (https://www.csmc.uni-hamburg.de/written-artefacts/research-fields/field-a/rfa09.html consulté le 15 juillet 2021) et « Archives and Literacy in 2nd Millennium Assyrian Manuscript Culture » (https://www.csmc.uni-hamburg.de/written-artefacts/research-fields/field-e/rfe04.html consulté le 15 juillet 2021).

J.-J. Glassner (2000 : 26-41) traite de la naissance des échanges à longue distance entre rois, et de la correspondance diplomatique. Enmerkar, deuxième roi de la première dynastie d'Uruk après le Déluge, est supposé avoir régné au XXVIIIe siècle av. J.-C. Il décide d'ériger un temple étincelant pour la déesse Inanna afin de s'attirer ses faveurs. Pour cela, il a besoin d'or, d'argent, de cuivre, d'étain et de lapis-lazuli, c'est-à-dire de métaux et minéraux qui n'existent pas en Mésopotamie. La lointaine cité d'Aratta, dont on ignore la localisation, dispose de ces matériaux. Avec l'aide de la déesse, Enmerkar tente de s'emparer des richesses d'Aratta soumettant la ville et son roi. Il y envoie un messager pour faire part de ses intentions, en retour le seigneur d'Aratta le défie à plusieurs reprises en lui donnant des tâches normalement impossibles à réaliser, mais qu'Enmerkar accomplit avec l'aide des dieux. Après trois victoires, Enmerkar envoie une fois de plus son messager à Aratta avec, cette fois-ci, un morceau d'argile sur lequel il écrit le texte du message, inventant du même coup l'écriture, son support et la lettre :

> Le seigneur de Kulab (= Enmerkar) façonna l'argile et y inscrivit un message comme on fait sur une tablette. Avant cette époque, le fait d'inscrire un message sur de l'argile n'existait pas (...) Le seigneur d'Aratta reçut du messager son tison (d'argile). Le seigneur d'Aratta regarda l'argile : la parole dite, c'était « le clou est enfoncé », c'était un commandement impérieux. Le seigneur d'Aratta demeura dans la contemplation du tison (d'argile) qui lui était destiné. (Glassner 2000 : 39 ; Mittermayer 2009 : 21).

Le messager doit remettre ce morceau d'argile au seigneur d'Aratta pour qu'il en prenne connaissance lui-même en le lisant. Selon J.-J. Glassner, pour en prendre connaissance, le seigneur d'Aratta doit prendre l'argile dans ses mains alors que jusqu'ici il avait refusé de se saisir des objets envoyés par Enmerkar afin de ne pas admettre une quelconque soumission. Incapable de lire le message, le seigneur d'Aratta est vaincu.

Selon cette légende, l'écriture aurait été inventée avec pour support l'argile. Cependant, l'écriture cunéiforme et son ancêtre aux formes davantage pictographiques, ont utilisé d'autres supports. Outre les textes écrits sur l'argile, ceux écrits sur la pierre ou sur le métal ont en général survécu au temps. En revanche, les très nombreux textes écrits, au moins depuis la deuxième moitié du IIIe millénaire sur des tablettes en bois recouvertes de cire ne se sont pas conservés, les conditions climatiques de la région n'étant pas favorables à la conservation des matières organiques (Waal 2011 ; Cammarosano *et al.* 2019 ; Michalowski 2021 ; Michel 2021). L'écriture cunéiforme se prête particulièrement bien à l'impression sur l'argile fraîche des 'clous' en négatif formant les signes cunéiformes, en revanche les formes plus arrondies des signes d'écriture – figuratifs ou non – utilisés à la fin du IVe et au début du IIIe millénaire sont plus difficiles à réaliser dans l'argile. Il n'est donc pas impossible que les tous premiers signes d'écriture aient été tracés sur un autre support.

L'argile, principal support des textes cunéiformes découverts

Les caractères cunéiformes ont presque toujours été écrits en trois dimensions. Plusieurs générations d'assyriologues ont dessiné au crayon et à l'encre sur du papier ces signes en deux dimensions pour reproduire les textes antiques ; ce fut jusqu'à la fin du XXe siècle la principale méthode utilisée pour publier ces textes, avant l'arrivée de la photographie numérique (Figure 1).

Pourtant, cette écriture n'est clairement pas adaptée à la 2D : cela prend beaucoup plus de temps de dessiner un signe cunéiforme sur le papier que de l'imprimer dans de l'argile fraîche avec un stylet taillé dans un roseau. Pour former un clou dans l'argile un geste suffit, alors que, sur le papier, il faut trois coups de crayon pour dessiner les côtés du triangle et la tige du clou (Michel 2021). Imprimer des clous dans l'argile est un geste technique simple, à la portée de tous, y compris des faussaires (Michel 2020a).

Graver un clou dans la pierre ou l'inciser dans le métal nécessite des techniques particulières et prend également du temps. C'est pourquoi plus de 80 % des textes cunéiformes découverts ont été écrits sur de l'argile crue.

Le choix du support pour écrire un texte en cunéiforme dépend de la nature du texte, de son contenu, de son but, de son auteur et de son audience. De très nombreux genres de textes étaient écrits sur l'argile, qu'il s'agisse de textes rédigés pour un usage pratique immédiat que l'on désigne aujourd'hui comme textes de la pratique (lettres, textes juridiques, comptes...), de textes écrits dans un contexte scolaire, de textes littéraires ou encore de textes officiels, comme des collections de lois, des annales royales, des traités... (Michel 2021)[2].

L'argile étant une matière plastique facilement malléable, elle peut être façonnée selon une grande variété de formes avant d'être couverte d'écriture, en dehors de la forme la plus répandue de petits coussinets d'argile appelés tablettes (André-Leicknam et Ziegler 1982). Les annales et décisions royales, ainsi que d'autres genres de textes comme des textes mathématiques ou des listes dynastiques pouvaient prendre la forme de

[2] Pour une classification moderne des textes cunéiformes, voir la rubrique 'text typologies' du cdli:wiki réalisée par une équipe franco-britannique : https://cdli.ox.ac.uk/wiki/doku.php?id=text_typologies page consultée le 15 juillet 2021.

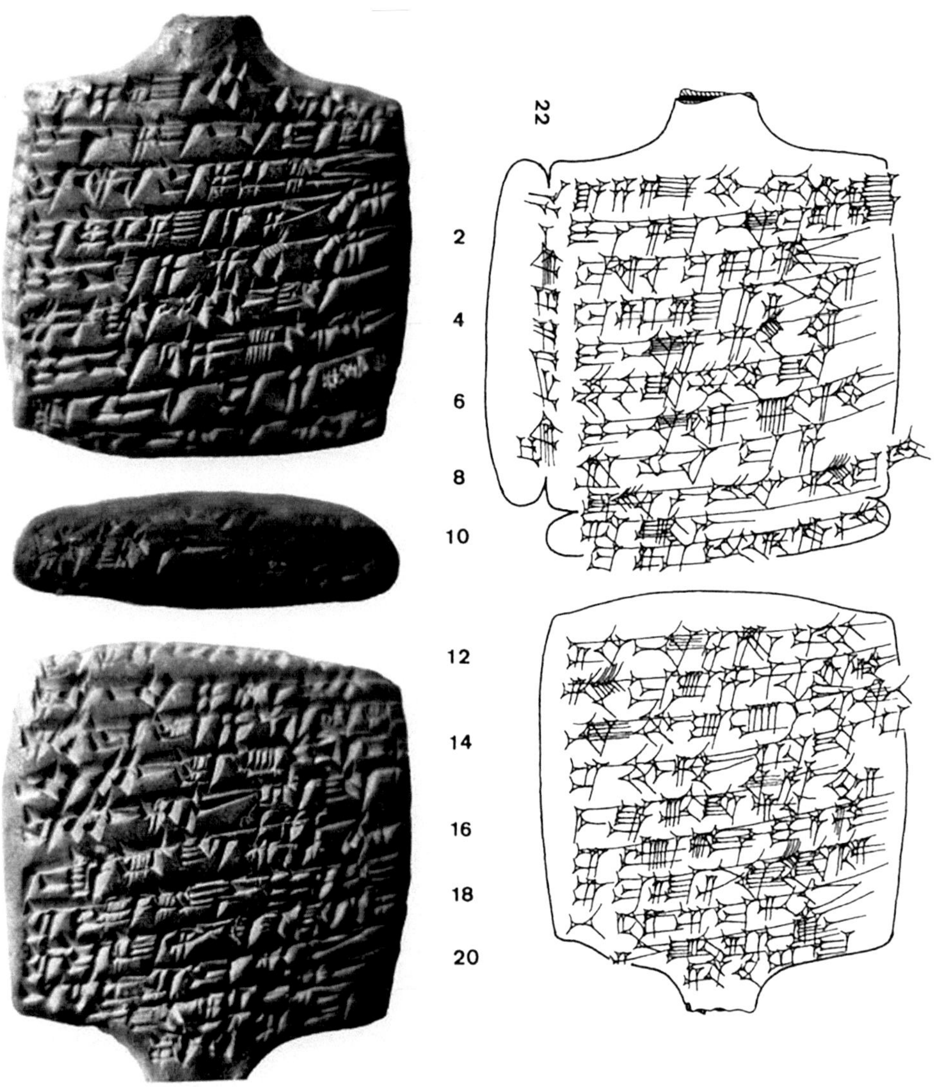

Figure 1 – a) Incantation contre la démone Lamaštu, période paléo-assyrienne, Kültepe, Kt 94/k 821. Photo : Cécile Michel. Musée des Civilisations Anatoliennes, Ankara ; b) copie de cette tablette par l'auteure.

cônes, barillets, cylindres, prismes avec un nombre variable de faces (Figure 2). Les textes commémoratifs pouvaient être rédigés sur des clous de fondation. Les devins qui lisaient l'avenir sur des foies de moutons avaient à leur disposition des modèles d'argile mettant en relation les anomalies de l'organe avec des présages positifs ou négatifs. Il existe aussi des modèles d'autres organes vitaux comme des poumons ou des intestins. D'autres objets, tels des vases ou d'autres types de vaisselles pouvaient porter un texte court, parfois en relation avec la capacité du récipient.

Dans les capitales assyriennes du Ier millénaire, les archéologues ont mis au jour plus de 170 mains en argile de taille humaine avec un support ou partie d'avant-bras, dont un tiers portent un texte. Ces mains, traditionnellement appelées, peut-être à tort 'main de la déesse Ištar', portent un texte commençant par le nom du souverain assyrien ou par son palais (Frame 1991) ; elles étaient fixées au mur des palais assyriens et devaient avoir une fonction protectrice[3]. Enfin, d'autres types d'éléments architecturaux, comme des briques ou des éléments de piliers pouvaient aussi porter un texte écrit à la main ou plus souvent estampillé à l'aide d'un moule (Figure 3).

Écrire en cunéiforme sur des tablettes d'argile

Cependant, la forme la plus courante pour le support de l'écriture cunéiforme était la tablette d'argile, rectangulaire, carrée ou ronde. Le texte était écrit

[3] La photo d'une telle main en argile couverte de signes cunéiformes sur chaque doigt et provenant du palais d'Aššur-naṣirpal II à Kalhu est visible sur cette page : https://www.worldhistory.org/image/2266/the-hand-of-ishtar-inanna/ page consultée le 20 juillet 2021.

Figure 2 – Prisme en argile contenant une liste lexicale de profession, Tello, période paléo-babylonienne, AO 337. Photo : Cécile Michel. Département des Antiquités Orientales du Musée du Louvre, Paris.

Figure 3 – Briques estampillées utilisées pour le pilier de Gudea, XXIIe siècle av. J.-C., AO26671. Photo : Martine Esline. Département des Antiquités Orientales du Musée du Louvre, Paris.

dans des cases pour les tablettes les plus anciennes ou encore en lignes, de gauche à droite à partir du IIIe millénaire, sur une ou plusieurs colonnes (Walker 1987, Finkel et Taylor 2015, Lion et Michel 2016 : 30). Le texte se lit en tournant la tablette selon un axe horizontal – contrairement à notre feuille de papier qui se tourne selon un axe vertical – et dans l'ordre suivant : la face, la tranche inférieure, le revers, la tranche supérieure, et éventuellement, lorsqu'il est inscrit, le côté gauche. Sur le côté droit les lignes de la face et du revers débordent parfois.

Préparer une tablette d'argile pour écrire un texte faisait partie de l'apprentissage des scribes comme le suggère le texte 'Edubba A' décrivant la journée d'école d'un apprenti-scribe :

> — Qu'as-tu fait à l'école ?
> — J'ai récité ma tablette et j'ai mangé mon casse-croûte.
> J'ai formé ma tablette, je l'ai écrite et je l'ai achevée.
> On m'a attribué mes lignes (à apprendre).
> Le soir, j'ai reçu ma tablette lenticulaire (d'exercice) (...)
> Le responsable de l'école m'attribua ma tablette.
> Le responsable de la cour ayant dit : 'Ecrivez-la !', je m'assieds à ma place.
> J'ai reçu ma tablette, le modèle était dessiné à mes pieds.
> J'écris ma tablette et je réponds comme il faut (...)
> L'homme chargé du pithos (me) dit : 'Pourquoi as-tu pris de l'argile sans ma permission ?', et il me frappa (lignes 3-7, 30-33 et 39, Attinger 2017).

Pour façonner sa tablette, l'élève puise de l'argile dans le pithos. Il s'agissait de grandes jarres enterrées dans le sol et dans lesquelles les archéologues ont trouvé des tablettes ou de l'argile. C'est dans ces récipients que l'argile décantait et la lévigation produisait une argile fine et pure (Attinger 2017 : n. 31). Les tablettes pouvaient avoir un noyau d'argile recouvert d'une fine couche de cette argile pure, ou encore être faites d'un bloc avec de l'argile préparée ou non, et contenant alors des petits cailloux, des coquillages ou des restes de plantes (Cartright et Taylor 2011). C'est le cas par exemples des tablettes découvertes dans les maisons des marchands assyriens à Kaneš (Michel 2021 : 93, n. 9).

L'apprenti-scribe faisait ses exercices sur une tablette lenticulaire, plus facile à former qu'une tablette en forme de coussinet carré ou rectangulaire (Figure 4). En effet, il suffisait de faire une boule et de l'aplatir. Ces tablettes pour faire des exercices sont souvent de taille modeste. En revanche, les tablettes quadrangulaires sont de tailles très variables. Le choix du format dépend de la nature du texte, de la période et de la langue utilisée. Contrairement aux contrats qui ont souvent des formules toutes faites et dont la forme et la taille de la

Figure 4 – Écrire une tablette lenticulaire : former une boule et l'aplatir, imprimer l'angle d'une baguette pour obtenir les clous horizontaux et verticaux, ainsi que les têtes de clous qui, combinés entre eux, forment les signes cunéiformes, écrire des nombres et des syllabes. Réalisation et photo : Cécile Michel.

tablette est relativement régulière, il n'y a pas de format standard, par exemple, pour les textes administratifs ou pour les lettres. Certaines tablettes destinées à recevoir des récapitulatifs comptables annuels des palais, sont très grandes et peuvent comporter de nombreuses lignes réparties sur plusieurs colonnes. Certaines missives, en revanche, sont très courtes, ne comportant que quelques lignes permettant à leur auteur de faire passer un bref message comme le constate une Assyrienne écrivant à des membres de sa famille :

> Pourquoi ne m'envoyez-vous pas des nouvelles de votre santé sur une tablette, même si elle ne mesure que 2 pouces de long ? (Michel 2020b : texte n°235:4-7).

De fait, en ce qui concerne les lettres, la taille de la tablette dépendait de la longueur du message que l'expéditeur voulait communiquer au destinataire. Un bon scribe devait pouvoir adapter la taille de sa tablette à la taille du texte qu'elle contenait. Ce n'était toutefois pas toujours le cas. Ainsi, les lettres émanant de la chancellerie du roi de Larsa Rim-Sîn (1822-1763) sont de très grande taille et ont une forme assez allongée ; elles apparaissent régulièrement surdimensionnées par rapport à leur contenu, ce qui fait que le revers est souvent resté partiellement, voire complètement vierge de texte[4]. Le scribe produisait sans doute des tablettes selon un format standard et ignorait la longueur des lettres qui lui étaient dictées (Charpin 2002, 489). C'est également le cas à l'époque néo-assyrienne, au Ier millénaire, où la taille des tablettes des lettres est souvent fixe.

En revanche, dans les archives privées des marchands de Kaneš (XIXe siècle) ou les archives royales de Mari (XVIIIe siècle), les lettres ont des tailles très variables : ceux ou celles qui les écrivaient adaptaient généralement le format de la tablette au texte qu'ils allaient écrire. Certains marchands assyriens n'y parvenaient cependant pas toujours, formant des tablettes trop petites. Ils étaient alors obligés de poursuivre leur lettre sur une deuxième tablette, en général plus petite, de forme ovale et écrite seulement sur une face (Figure 5).

Que ce soient entre fonctionnaires ou entre simples particuliers, l'échange de lettres permettait de communiquer en estompant la distance qui séparait les individus. L'absence de réponse à des courriers répétés pouvaient lasser certains qui, ne sachant plus comment se faire « entendre » par écrit, usaient d'une expression imagée pour illustrer l'importante quantité de lettres d'argile envoyées. Ainsi, le roi d'Ašnakkum (site de Chagar Bazar, Syrie) explique-t-il au roi de Mari :

> Mes serviteurs se sont fatigués à force d'aller chez le chef des nomades et j'ai épuisé toute l'argile d'Ašnakkum pour les lettres que je fais porter sans relâche. (ARM 28, 105:9-10)

De même, un marchand assyrien tient à peu près le même discours à son correspondant qui habite Kaneš :

[4] Voir par exemple le texte inédit du Royal Ontario Museum of Archaeology dont la photo est présentée sur le site du CDLI : https://cdli.ucla.edu/search/archival_view.php?ObjectID=P417262 page consultée le 19 juillet 2021.

Figure 5 – Seconde page d'une lettre paléo-assyrienne, Kültepe, Kt 93/k 55, Photo : Cécile Michel. Musée des Civilisations Anatoliennes, Ankara.

> Comment se fait-il (...) que j'ai épuisé toute l'argile de cette ville en ne cessant de t'envoyer des lettres alors que toi, tu ne m'envoies pas d'argent et je n'entends jamais rien de toi ? (Kt 89/k 232:4-10, translitération de Y. Kawasaki, cf. Veenhof 2008 : 201)

Cette expression revient à plusieurs reprises dans le corpus paléo-assyrien (Veenhof 2009 : 195). Un autre marchand écrit depuis Aššur :

> J'ai épuisé l'argile de la Ville (d'Aššur) en t'envoyant constamment (des lettres) ! » (KT 4, 30 :28-29)

Cela est également appliqué à l'argile de la ville de Kaneš :

> Nous avons épuisé pour toi l'argile de Kaneš. (Kt n/k 161:37-38, translitération de S. Bayram)

Il est intéressant de noter que ces différents exemples utilisent le verbe *šapārum*, « envoyer (une tablette) » et non le verbe *šaṭārum*, « écrire (une tablette) » mettant ainsi l'accent sur l'envoi d'un grand nombre de lettres restées sans réponse.

Dans une autre lettre, l'absence de nouvelles d'un correspondant est ironiquement suggérée par une possible pénurie d'argile dans la ville de Wahšušana :

> N'y a-t-il donc pas d'argile dans Wahšušana que tu ne me tiennes pas informé ? (Kt 94/k 497:15, translitération de M. Larsen).

La soi-disant pénurie d'argile n'affectait donc pas seulement la Mésopotamie, mais également l'Anatolie !

Des manuscrits d'argile

L'usage de l'argile comme support d'écriture a pas mal d'avantages parmi lesquels figurent : la durabilité, la possibilité de recyclage ou d'effacer du texte, ou encore un transport facile (Michel 2021).

Pour reconstituer l'histoire du Proche-Orient ancien, nous disposons de plus d'un million de textes cunéiformes dont l'essentiel écrit sur argile, soit bien plus que les sources en grec ou en latin. Cela tient au support, l'argile. Une fois sa tablette écrite, le scribe la laissait sécher au soleil. L'eau s'évaporant, la tablette d'argile devenait dure, suffisamment pour être archivée ou envoyée. Lorsque le feu a détruit certains bâtiments, les tablettes ont été accidentellement cuites, leur assurant en général une bonne conservation. Les tablettes cuites volontairement sont très rares, elles étaient destinées à être conservées sur le long terme, comme certains textes savants ou historiques préservés dans les bibliothèques (Reade 2017). C'est donc la durabilité de l'argile qui offre une telle masse documentaire aux assyriologues.

Les tablettes d'argile n'étant pas cuites, elles pouvaient toujours être recyclées. Les textes à usage pratique et immédiat, comme les textes administratifs ou encore les exercices d'écoliers, n'étaient en effet pas écrits dans le but d'être conservés. Une fois l'acte administratif achevé ou l'exercice scolaire corrigé, la tablette pouvait être déposée dans une jarre avec de l'eau, puis remodelée pour en former une nouvelle (Faivre 1995)[5]. Plus rarement, il était même possible, selon un marchand assyrien du XIXe siècle, d'extraire une tablette des archives, d'en humidifier une ou deux lignes pour effacer le contenu (Michel 1995 : 25-26). Mais effacer ces lignes en cours de rédaction était beaucoup plus simple : il suffisait de lisser la surface fraîche de l'argile avec le doigt pour obtenir une surface lisse prête à recevoir un nouveau texte. Il est parfois possible d'observer les repentir du scribe, les signes ou la ligne d'écriture originale n'ayant que partiellement disparus (Figure 6).

Les tablettes d'argile voyageaient parfois sur de longues distances lorsqu'elles servaient de support à des lettres. Ces lettres étaient protégées par une enveloppe d'argile, puis emballées soigneusement dans des textiles, des roseaux ou du cuir, avant d'être confiées à un messager ou une caravane marchande (Veenhof 2008).

Toutes ces caractéristiques font des tablettes cunéiformes des manuscrits d'argile (Michel 2021), et les assyriologues travaillent à présent comme paléographes pour identifier les mains des rédacteurs des tablettes, qui ne sont pas nécessairement des scribes professionnels (Devecchi *et al.* 2015, Beyer 2021). Pour cela, de nombreux critères sont pris en compte

[5] Taylor et Cartwright 2011 : 318 supposent que le recyclage des tablettes était plus rare qu'on ne le pense étant donné la grande disponibilité du matériau.

Figure 6 – Revers d'une tablette paléo-assyrienne dont les deux dernières lignes ont été effacées, Kt 93/k 192, Kültepe, Photo : Cécile Michel. Musée des Civilisations Anatoliennes, Ankara.

comme la qualité de l'argile utilisée, la forme générale de la tablette et celle de ses coins, l'orientation des lignes de texte et leur position par rapport aux traits de séparation entre les lignes, la forme générale des clous et leur verticalité ou horizontalité par rapport aux bords de la tablette, le nombre de clous formant un signe et leur disposition les uns par rapport aux autres, les possibles ligatures entre deux signes... La profondeur et la forme des clous sont également des indices sur le stylet utilisé, la manière dont il a été taillé et dont il était tenu. Enfin le choix des signes utilisés, celui de mots ou d'expressions particulières sont autant d'indices sur l'auteur et le rédacteur du texte, qu'il s'agisse de la même personne ou non. Chaque individu, voire chaque famille lorsque l'art scribal était transmis de génération en génération, a développé un style d'écriture particulier et souvent identifiable. L'identification des mains porte en premier lieu sur les lettres dans la mesure où celles-ci comportent dans leur entête le nom de l'expéditeur, qui peut correspondre à celui du rédacteur lorsque le texte n'a pas été dicté.

Des enveloppes d'argile

Ces lettres, tout comme les textes juridiques, étaient donc enfermées dans des enveloppes d'argile (Bérenger 2018 ; Michel 2020c). L'invention de l'enveloppe, selon une légende, aurait été le fait du roi de Kiš, Ur-Zababa (ca. 2340) :

> En ces temps-là, l'écriture sur tablette existait, mais les enveloppes de tablettes n'existaient pas encore. Le roi Ur-Zababa écrivit une tablette pour Sargon, créature des dieux, qui causerait sa mort (celle de Sargon), et l'envoya à Lugalzagesi à Uruk (Cooper et Heimpel 1983).

Ce dernier voulait envoyer à la mort, à son insu, le porteur du message, son échanson, qui s'appelait Sargon. Selon cette légende, l'enveloppe aurait donc été inventée pour cacher le contenu de la lettre aux yeux du messager. Cependant, les toutes premières enveloppes sont des enveloppes de contrats, les enveloppes de lettres n'apparaîtraient qu'à la fin du IIIe millénaire.

Une fois que la tablette avait séché au soleil, après environ deux jours, elle était recouverte d'une mince couche d'argile, d'environ 2 à 3 mm d'épaisseur. Nous ignorons quel outil était utilisé pour obtenir cette fine couche d'argile. L'argile fraîche de l'enveloppe n'adhérait alors pas à celle, bien sèche, de la tablette. Réaliser une enveloppe d'argile parfaitement adaptée à une tablette nécessite une très bonne connaissance des qualités mécaniques de l'argile utilisée. En effet, la rétractation de l'argile au séchage dépend de la qualité de cette dernière. Si l'enveloppe est trop lâche et qu'il y a trop d'air entre la tablette et l'enveloppe, il est quasiment impossible d'écrire du texte sur l'enveloppe et d'y dérouler des sceaux-cylindres (Michel 2020c). En revanche, si l'enveloppe est trop ajustée à la tablette, après quelques heures de séchage, l'argile a tellement rétracté que la tension autour de la tablette est trop forte et que l'enveloppe se fend et finit par se briser (Figure 7). Il est important de ce fait, d'observer une épaisseur constante de l'enveloppe sur toutes les faces, y compris sur les tranches, et d'éviter un trop plein d'argile à l'endroit où l'on ferme l'enveloppe.

Parfois, en rétractant, l'argile de l'enveloppe épousait les signes en négatif de la tablette, et certains fragments d'enveloppe présentent un texte cunéiforme en positif et en miroir (Figure 8). Sa lecture permet éventuellement d'identifier la tablette correspondante.

Lorsque la lettre comportait deux « pages », comme cela était parfois le cas chez les marchands assyriens du XIXe siècle, la tablette et son supplément étaient enfermés ensemble dans une enveloppe (Figure 9). Cette enveloppe permettait d'une part de garder le caractère confidentiel du contenu de la lettre, comme le rappelle la légende d'Ur-Zababa, et d'autre part elle protégeait la tablette lors de son transport.

L'enveloppe de la lettre comportait un court texte avec le nom du destinataire et celui de l'expéditeur, ainsi que l'empreinte du sceau de ce dernier. Il s'agissait d'un sceau-cylindre taillé dans une pierre semi-précieuse avec une scène miniature et parfois une

Figure 7 – Fabrication expérimentale d'une enveloppe de tablette. La face présente des craquelures intervenues lors du séchage de l'enveloppe, la tablette étant enfermée à l'intérieur. Réalisation et photos : Cécile Michel.

Figure 8 – Fragment d'enveloppe paléo-assyrienne. Les signes de la tablette ont été imprimés en relief sur la face interne de l'enveloppe lors du séchage de cette dernière et de la rétractation de l'argile. Kültepe, Kt 93/k 870, Photo : Cécile Michel. Musée des Civilisations Anatoliennes, Ankara.

inscription incluant le nom du propriétaire, sa filiation et éventuellement sa fonction. Le sceau était déroulé sur la surface de la tablette et y laissait son empreinte en négatif.

Une fois sous enveloppe, la lettre n'était plus modifiable, c'est ce qu'explique Ibal-pī-El au roi de Mari qui avait appris une fausse nouvelle :

> J'ai élucidé cette affaire : Bunuma-Addu n'a pas pris Aparha, c'est la ville de Haduraha que Bunuma-Addu a prise ! Mais le scribe qui a écrit la tablette de Hamman s'est trompé, il a écrit Aparha sur la tablette et il a mis sous enveloppe la lettre sans la faire entendre. Aparha n'a nullement été prise ! C'est Haduraha qu'il a prise. (A. 427+ :5-11, Charpin 1995 : 44-46)

Les enveloppes des contrats comportaient un texte beaucoup plus conséquent et des sceaux différents (Figure 10). De fait, les parties et les témoins apposaient leurs sceaux sur l'enveloppe ce qui conférait au document sa valeur juridique tant que l'enveloppe était intacte. Par conséquent, le texte du contrat était recopié sur l'enveloppe, ou tout au moins un résumé (Figure 11). Lorsque le contrat était caduc, l'enveloppe était brisée et le document n'avait plus aucune valeur légale.

Contrairement aux contrats, les enveloppes des lettres avaient vocation à être brisées par leur destinataire afin de pouvoir prendre connaissance de leur contenu.

Figure 9 – Deux pages d'une lettre paléo-assyrienne préservées dans leur enveloppe, MET 1983.135.4a,b, Metropolitan Museum of Art, New York. Image wikimedia commons https://www.metmuseum.org/art/collection/search/326712 consultée le 12 décembre 2021.

Figure 10 – Sceau-cylindre d'un fonctionnaire du roi Kurigalzu II, Babylonie, XIVe siècle av. J.-C. AOD 105. Photo : Martine Esline. Département des Antiquités Orientales du Musée du Louvre, Paris.

En toute logique, les enveloppes des lettres devraient donc être exceptionnelles sur les sites. Toutefois, certaines fouilles en ont livré de grandes quantités, tout le problème étant de savoir si ces enveloppes ont été ouvertes dès l'Antiquité et non déblayées des archives, ou plus vraisemblablement, pour la majorité d'entre elles, brisées par la chute des bâtiments. La découverte d'enveloppes intactes à Kaneš (Anatolie, XIXe-XVIIIe siècles), renfermant encore leur missive ne peut s'expliquer que si la lettre n'a jamais atteint son destinataire : soit elle n'a jamais été envoyée, soit elle est arrivée alors que le destinataire était absent de Kaneš et elle ne lui a jamais été remise. La préservation des enveloppes de lettres intactes s'avère parfois frustrante pour l'assyriologue qui n'a pas accès au contenu des lettres. Le projet monté en partenariat entre assyriologues, physiciens et informaticiens dans le cadre de l'Excellence Cluster *Understanding Written Artefacts: Material, Interaction, Transmission* a pour objectif de développer, construire et mettre en application un scanner tomographique à haute résolution « portable » permettant d'aller dans les musées et sur le terrain lire les textes enfermés dans leur enveloppe sans détruire cette dernière, et aussi de mieux comprendre comment les enveloppes étaient réalisées[6] (Figure 12).

La conservation des enveloppes des lettres depuis l'Antiquité est extrêmement instructive : non

[6] C. Michel, S. Olbrich et C. Schroer, « Reading Closed Cuneiform Tablets Using High-Resolution Computed Tomography » (https://www.csmc.uni-hamburg.de/written-artefacts/research-fields/field-a/rfa09.html). Le scanner peut être démonté en plusieurs parties permettant son transport dans plusieurs valises. Il sera testé au Musée du Louvre en 2023.

Figure 11 – Les différentes faces d'une enveloppe d'un contrat de prêt d'Aššur-taklāku, la tablette est enfermée à l'intérieur Kt 93/k 942, Kültepe, Photo : Cécile Michel. Musée des Civilisations Anatoliennes, Ankara.

seulement l'enveloppe dévoile les patronymes des correspondants, généralement absents des en-têtes des missives, elle révèle les propriétaires ou utilisateurs des sceaux anépigraphes, mais également elle préserve ensemble les deux pages de la lettre, séparées lorsque l'enveloppe est ouverte (Figure 13). En outre, les fragments d'enveloppe découverts sur le site de Kültepe ont permis de reconstituer la manière dont elles étaient façonnées, la fermeture de l'enveloppe se faisant généralement sur la face ou le revers par le chevauchement de deux fines couches d'argile soudées ensemble et aplaties (Figure 12, Michel 2020c).

Empreintes sur les tablettes, les enveloppes et les scellements de Kültepe

Parmi les différentes caractéristiques de l'argile, sa plasticité fait qu'elle reproduit facilement la structure des matériaux qui y sont appliqués sur sa surface. Cela explique l'usage intensif de sceaux, qu'il s'agisse de sceaux-cylindres (Figure 10) ou de sceaux tampons dont les empreintes figurent sur les enveloppes, parfois sur les tablettes elles-mêmes, ou encore sur différents types de scellements permettant de clore des contenants ou des pièces et d'en identifier le propriétaire ou le responsable. Certains de ces scellements portent également un texte en cunéiforme qui précise leur usage.

Hormis les empreintes de sceaux, la surface de certaines tablettes et l'intérieur de quelques fragments d'enveloppes présentent des empreintes de textiles. En effet, lorsque que l'expéditeur d'une lettre ou les parties d'un contrat ne pouvaient attendre les deux jours nécessaires au séchage de la tablette, celle-ci étaient enroulée dans un tissus fin avant sa mise sous enveloppe, ce qui évitaient les deux couches d'argile fraîche de se souder entre elles au séchage (Figure 13, Michel 2020c). Lorsque la lettre était rédigée sur une tablette et un supplément, les deux « pages » étaient également séparées par un textile. En général, le textile s'est décomposé et a disparu, laissant un résidu poudreux blanc. Dans de très rares cas, un fragment du textile s'est fossilisé et a collé à la tablette.

Les empreintes laissées par différents matériaux, observées sur les faces internes des nombreux scellements ou *bullæ* découverts à Kültepe, ont permis,

Figure 12 – Images résultant d'un scanner testé sur une enveloppe expérimentale, Cécile Michel, Stephan Olbrich, Christian Schroer. © Understanding Written Artefacts, Project RFA9, Hambourg.

Figure 13 – Lettre sur deux pages dont deux fragments d'enveloppe sont préservés. La surface de la petite deuxième page présente l'empreinte d'un textile qui devait la protéger lors de la confection de l'enveloppe. Kt 93/k 55+120+240+831, Kültepe, Photo : Cécile Michel. Musée des Civilisations Anatoliennes, Ankara.

Figure 14 – Face externe et face interne d'une bulla d'argile qui était appliquée sur un textile dont l'empreinte montre une toile. Kt 87/k 329, Kültepe, Photo : Cécile Michel. Musée des Civilisations Anatoliennes, Ankara.

Figure 15 – Bulla appliquée sur un panier en roseau dont la structure a laissé son empreinte sur la face interne. La face externe comporte des empreintes de sceau. Kt 93/k 801, Kültepe, Photo : Cécile Michel. Musée des Civilisations Anatoliennes, Ankara.

dans certains cas, d'identifier l'usage de ces derniers, voire d'étudier plus en détail les caractéristiques du matériau ayant laissé son empreinte (Michel 2016, Strupler 2021). Certaines de ces *bullæ* étaient appliquées sur des textiles, qu'il s'agisse de sacs de toile ou de tissus fermant des récipients (Figure 14). L'examen au microscope de ces empreintes de textiles permet, en l'absence de restes archéologique de textiles, d'identifier les techniques de tissage utilisées et la densité du tissage, l'épaisseur des fils, voire la nature animale ou végétale de la fibre (Andersson Strand, Breniquet et Michel 2017). Certains de ces textiles étaient fixés à l'aide de cordes et ficelles qui ont également laissé des empreintes sur l'envers des *bullæ*.

D'autres *bullæ* étaient appliquées sur des paniers dont la structure est bien visible, et de la même manière, permet d'identifier les différentes techniques de vannerie utilisées (Figure 15). En revanche, les *bullæ* ayant servi à sceller des coffres en bois ou des portes ont une face interne plate et seules apparaissent faiblement les nervures du bois. Enfin, d'autres objets ont parfois laissé leur empreinte accidentellement sur un scellement, comme une feuille d'arbre ou une plume.

Les aspects matériels des textes cunéiformes rédigés sur tablettes d'argile connaissent un intérêt croissant de la part des chercheurs qui tentent de mieux comprendre les caractéristiques du matériau argile, de sa préparation, des techniques mises en œuvre lors de la préparation des tablettes et de la phase d'écriture. Les enveloppes, également réalisées en argile ont, jusqu'à présent, peu attiré l'attention des spécialistes. Néanmoins, l'étude des enveloppes et de leurs fragments, l'expérimentation et l'utilisation de techniques scientifiques parmi les plus récentes, dont l'utilisation d'un scanner tomographique de haute précision, permettent de mieux appréhender la confection de ces enveloppes qui demandait un savoir très particulier. Il y a encore beaucoup à apprendre sur les données matérielles et techniques des tablettes d'argile couvertes de signes cunéiformes et de leurs enveloppes.

Cécile MICHEL
Directrice de recherche au CNRS
UMR 7041 Archéologies et sciences de l'Antiquité (ArScAn)
Équipe Histoire et archéologie de l'Orient cunéiforme (HAROC)
MSH Mondes
21 allée de l'Université
F-92023 Nanterre Cedex
cecile.michel@cnrs.fr

Bibliographie

Andersson Strand, E., C. Breniquet et C. Michel. 2017. Textile Imprints on *Bullae* from Kültepe, *in* F. Kulakoğlu et G. Barjamovic (éd.) *Proceedings of the 2nd Kültepe International Meeting, Kültepe, 26-30 July 2015* (Kültepe International Meetings 2, Subartu XXXIX) : 87-104. Turnhout : Brepols.

André-Leicknam, B. et C. Ziegler (éd.) 1982. *Naissance de l'écriture. Cunéiformes et hiéroglyphes. Galeries nationales du Grand Palais 7 mai-9 août 1982*, Paris : Éditions de la Réunion des Musées Nationaux.

Attinger, P. 2017. Edubba'a (5.1.1), site du *Cuneiform Digital Library Initiative* https://cdli.ucla.edu/dl/pdf/P464238.pdf (page consultée le 15 juillet 2021).

Béranger, M. 2018. Fonctions et usages des enveloppes de lettres dans la Mésopotamie des IIIe et IIe mil. av. J.-C. (2340-1595 av. J.-C.). *Épistolaire* 44 : 25-43.

Beyer, W. 2021. The Transmission of the Scribal Art in the Old Assyrian Period, *in* F. Kulakoğlu, G. Kryszat et C. Michel (éd.), *Cultural Exchange and Current Research in Kültepe and its Surroundings. Kültepe, 1-4 August 2019* (Kültepe International Meetings 4, Subartu XLVI) : 197-208. Turnhout : Brepols.

Cammarosano, M., K. Weirauch, F. Maruhn, G. Jendritzki et P. Kohl. 2019. They Wrote on Wax : Wax Boards in the Ancient Near East. *Mesopotamia* 49 : 129-131.

Cartwright, C. et J. Taylor. 2011. Investigating Technological and Environmental Evidence from Plant Remains and Molluscs in Cuneiform Tablets. *The British Museum Technical Research Bulletin* 5 : 67-72.

Charpin, D. 1995. « Lies natürlich »... À propos des erreurs de scribes dans les lettres de Mari, *in* M. Dietrich et O. Loretz (éd.) *Vom Alten Orient zum Alten Textament, Festschrift für Wolfram Freiherrn von Soden zum 85. Geburtstag am 19. Juni 1993* (Alter Orient und Altes Testament 240). Neukirchen-Vluyn : 43-56.

Charpin, D. 2002. Esquisse d'une diplomatique des documents mésopotamiens. *Bibliothèque de l'École des Chartes*, 160/2 : 487-511.

Cooper, J. et W. Heimpel. 1983. The Sumerian Sargon Legend, *Journal of the American Oriental Society* 103 : 67-82.

Devecchi, E., G. W. Muller et J. Mynařova (éd.) 2015. *Current Research in Cuneiform Palaeography: Proceedings of the Workshop Organised at the 60th Rencontre Assyriologique Internationale, Warsaw 2014*, Gladbeck : PeWe-Verlag.

Faivre, X. 1995. Le recyclage des tablettes cunéiformes. *Revue d'Assyriologie et d'archéologie orientale* 89 : 57-66.

Finkel, I. et J. Taylor 2015. *Cuneiform*. Londres : British Museum Press.

Frame, G. 1991. Assyrian Clay Hands. *Baghdader Mitteilungen* 22 : 335-381.

Glassner, J.-J. 2000. Écrire à Sumer. L'invention du cunéiforme (Univers Historique). Paris : Seuil.

Lion, B. et C. Michel (éd.) 2016. *Les écritures cunéiformes et leur déchiffrement*, (Travaux de la maison René-Ginouvès 4), 2nd édition. Paris : Éditions Khéops.

Michalowski, P. 2021. They Wrote on Clay, Wax, and Stone: Some Thoughts on Early Mesopotamian Writing, *in* J. Quenzer (éd.) *Exploring Written Artefacts. Objects, Methods, and Concepts* (Studies in Manuscript Cultures 25) : 67-88. Berlin : De Gruyter.

Michel, C. 1995. Validité et durée de vie des contrats et reconnaissances de dette paléo-assyriens. *Revue d'Assyriologie et d'archéologie orientale* 89 : 15–27.

Michel, C. 2016. Quelques remarques sur les *bullæ* inscrites de la ville basse de Kültepe, *in* B. Perello et A. Tenu (éd.) *Parcours d'Orient. Recueil de textes offerts à Christine Kepinski* : 175–184. Oxford : Archaeopress.

Michel, C. 2020a. Cuneiform Forgeries: A Long History from Antiquity to Today, *in* C. Michel et M. Friedrich (éd.) *Fakes and Forgeries of Written Artefacts from Ancient Mesopotamia to Modern China* (Studies in Manuscript Cultures 20) : 25-61. Berlin : De Gruyter.

Michel, C. 2020b. *Women of Assur and Kanesh. Texts from the Archives of Assyrian Merchants* (Writings from the Ancient World 42). Atlanta : SBL Press.

Michel, C. 2020c. Making Clay Envelopes in the Old Assyrian Period, *in* F. Kulakoğlu, C. Michel et G. Özturk (éd.) *Integrative Approaches to the Archaeology and History of Kultepe-Kanesh, Kultepe, 4-7 August, 2017* (Kültepe International Meetings 3, Subartu XLV) : 187–203. Turnhout : Brepols.

Michel, C. 2021. What about 3D Manuscripts? The Case of the Cuneiform Clay Tablets, *in* C. Macé et J. Quenzer (éd.) *Exploring Written Artefacts. Objects, Methods, and Concepts* (Studies in Manuscript Cultures 25) : 89-113. Berlin : De Gruyter.

Mittermayer, C. 2009. *Enmerkara und der Herr von Arata: Ein ungleicher Wettstreit* (Orbis Biblicus et Orientalis 239). Fribourg : Vandenhoeck Ruprecht.

Reade, J. 2017. The Manufacture, Evaluation and Conservation of Clay Tablets Inscribed in Cuneiform: Traditional Problems and Solutions. *Iraq* 79 : 163-202.

Strupler, N. 2021. Overview of Sealing Practices at Kültepe during the Anatolian – Old Assyrian Trade Network Period, *in* F. Kulakoğlu, G. Kryszat et C. Michel (éd.) *Cultural Exchange and Current Research in Kültepe and its Surroundings. Kültepe, 1-4 August 2019* (Kültepe International Meetings 4, Subartu XLVI) : 181-196. Turnhout : Brepols.

Taylor, J. et C. Cartwright 2011. The Making and Re-making of Clay Tablets. *Scienze dell'Antichita* 17 : 297-324.

Veenhof, K. R. 2008. Communication in the Old Assyrian Trading Society by Caravans, *in* C. Michel (éd.) *Old Assyrian Studies in Memory of Paul Garelli* (Old Assyrian Archives, Studies 4, PIHANS CXII) : 199-274.

Veenhof, K. R. 2009. Recension de l'ouvrage « İ. Albayrak, *Kültepe Tabletleri* IV, Ankara ». *Journal of the Ancient Near Eastern Society 'Ex Oriente Lux'* 41 : 179-202.

Waal, W. 2011. They Wrote on Wood. The Case for a Hieroglyphic Scribal Tradition on Wooden Writing Boards in Hittite Anatolia. *Anatolian Studies* 61 : 21-34.

Walker, C. B. F. 1987. *Cuneiform* (Reading the Past 3), Londres : Trustees of the British Museum.

L'argile pour écrire les mots. De la confection au recyclage des tablettes cunéiformes - *Clay for writing words. From making to recycling cuneiform tablets*

Xavier FAIVRE

CNRS, UMR 7041 Archéologies et sciences de l'Antiquité (ArScAn), équipe Histoire et archéologie de l'Orient cunéiforme (HAROC), Nanterre (France).

Résumé - Une tablette cunéiforme est, avant tout, un artefact comme un autre, un pâton d'argile imprimé de clous. À ce titre, le matériau qui sert de support à l'écriture, est sélectionné, préparé, stocké, économisé. La tablette est formée, d'après la taille ou le format, selon différents principes. Encore molle, lorsque son contenu n'est plus utile, elle peut être réutilisée en l'effaçant ou en la malaxant. Une fois sèche, elle peut être enfin recyclée dans l'architecture.

Mots-clés - Argile, boue, chaîne opératoire, fosse d'argile, tablette cunéiforme.

Abstract - A cuneiform tablet is, above all, an artefact like any other, a piece of clay imprinted with wedges. As such, the material that serves as a base for the writing is selected, prepared, stored, and saved. The tablet is formed according to size or format, according to different principles. When still soft, when its content is no longer useful, it can be reused by erasing it or kneading it. Once dry, it can finally be recycled in architecture.

Keywords - Clay, "chaîne opératoire", clay pit, cuneiform tablet, mud.

Introduction

La division traditionnelle entre archéologie et étude de l'écrit, a conduit les spécialistes des textes, devant l'énorme quantité de tablettes cunéiformes, à s'occuper davantage de l'écriture et de la lecture des textes qu'au support, qui pourtant détermine à la fois la forme de l'écriture et son évolution dans le temps. Ainsi Jesper Eidem, dans son article « The clay they wrote on : Old Babylonian letters as artefacts »[1], déplore-t-il le manque d'informations sur la taille, les mesures, formes et formats, couleurs, spécificité, provenance des argiles, ainsi que sur le style d'écriture. Ceci ramène la tablette à sa matérialité, c'est-à-dire au rang d'un artefact « comme les autres ». Mais l'impression de clous combinés — qui n'ont de sens que pour ceux qui les lisent — représente avant tout celle d'un outil diversement orienté et imprimé dans l'argile molle ; donc une succession de gestes instantanés, figés dans l'argile par dessication. La forme de l'écriture est, elle aussi, soumise à la main du scribe autant qu'à la qualité du matériau lui-même, qui ne peut être utilisé sous sa forme brute, au sortir de son lieu de prélèvement, très divers selon la géomorphologie du lieu et multiforme selon sa composition. Il nécessite donc une préparation qui découle d'un savoir-faire et d'une chaîne opératoire particulière, donc un travail de spécialiste[2].

C'est ce que sous-entend ce cri désespéré d'un correspondant des archives de Mari, roi d'Ašnakkum[3], dans le Triangle du Khabur (Figure 1. Tableau 1) :

« J'ai épuisé tout l'argile d'*Ašnakkum pour les tablettes que je fais porter sans relâche* » qui met l'accent sur la quantité et la qualité d'argile nécessaire à la communication écrite et l'économie qui devait en être faite[4].

L'écriture n'est donc qu'une courte étape de la longue durée de vie d'une tablette, dont le matériau se conserve en milieu stable ou sous l'action du feu. Les contextes

* Cet article est issu de la communication : X. Faivre, *Confection et réutilisation des tablettes cunéiformes* (23 mars 2017), donnée dans le cadre du séminaire SHAMO (UMR 7041- ArScAn – HAROC, CNRS, Nanterre), « La matérialité des textes et des images dans l'Orient ancien », et de la communication (en collaboration avec C. Michel) *Les mots pour dire l'argile. L'argile pour écrire les mots. Texte et matérialité des tablettes cunéiformes* (13 décembre 2018). Cette dernière a évolué en trois articles autonomes mais complémentaires.

1 Eidem 2002.

2 De bons ouvrages généraux traitent des argiles, mais relèvent d'une forte spécialisation. Pour la vulgarisation scientifique : un numéro spécial 339 de *Découverte* (Rotaru *et al.* 2006), le catalogue d'exposition (palais de la Découverte) *Argiles-Histoire d'avenir* (Villieras 2009) ; Barrelet 1968 (vocabulaire suméro-akkadien confronté à la chaîne opératoire ; repris par Sallaberger 1996). Sur la confection et le recyclage des tablettes : Faivre 1995 ; Cartwright et Taylor 2011 ; Taylor 2011 ; Taylor et Cartwright 2011. Différents contextes : Faivre 1995, 2001 ; Pearce 1995 ; Eidem 2002 ; Gasche et De Meyer 2006 ; Robson 2011. Publications de différents textes scolaires : Cavigneaux 1981a ; Gesche 2000, 2005 ; Robson 2001.

3 Nom moderne : Chagar Bazar.

4 Lettre de Šadum-Labua, roi d'Ašnakkum, à Zimrî-Lim, roi de Mari, *ARM* 28, 105 [A.2820] : 10 (Kupper 1998 : 155).

Figure 1 – Carte des sites mentionnés dans le texte, © X. Faivre, M. Sauvage.

Tableau 1 – Liste des sites mentionnés dans le texte

Ereš	*Abu Ṣalabikh*
Akkad	-
Aššur	*Qal'at Shergat*
Babilu	*Babylone, Tell Babil*
Ašnakkum	*Chagar Bazar*
Borsippa	-
Eridu	-
Girsu	*Tello*
Kapnak	*Haft Tepe*
Isin	-
Kiš	*Tell Uhaimir et Tell Inghara*
Larsa	Tell Sinkhara
Mari	Tell Hariri
Ninive	Tell Kuyunjik
Nippur	Nuffar
Sippar Amnānum	Tell ed-Dêr
Sippar Yahurum	Abu Habbah
Suse	Shush
Nabada	Tell Beydar
Šuruppak	Tell el-Fara
Terqa	Tell Ashara
Ur	Muqayyar
Uruk	Warka

archéologiques, tout comme la teneur de certains textes, nous indiquent que le support connaît, lui, de nombreux avatars et vicissitudes, bref plusieurs vies, puisque les tablettes, réutilisées à plusieurs reprises et devenues inutiles, pouvaient être mises au rebut et resservir de façon détournée sous différentes formes. Leur particularité est d'avoir perdu l'intérêt de leur contenu écrit alors que celui de leur matériau subsistait.

Ceci nous permet de suivre l'ensemble de la chaîne opératoire, à travers différentes sources, ethno-archéologique, textuelle, et archéologique, dans des contextes bien connus, différenciés et non exhaustifs :

1. Le matériau « argile » et sa préparation : les différentes étapes.
2. Confection : méthodes et pratiques.
3. Réutilisation et recyclage : différents contextes.

1. Le matériau « argile » et sa préparation : les différentes étapes

Qui dit chaîne opératoire dit transformation d'une matière première en un produit fini.

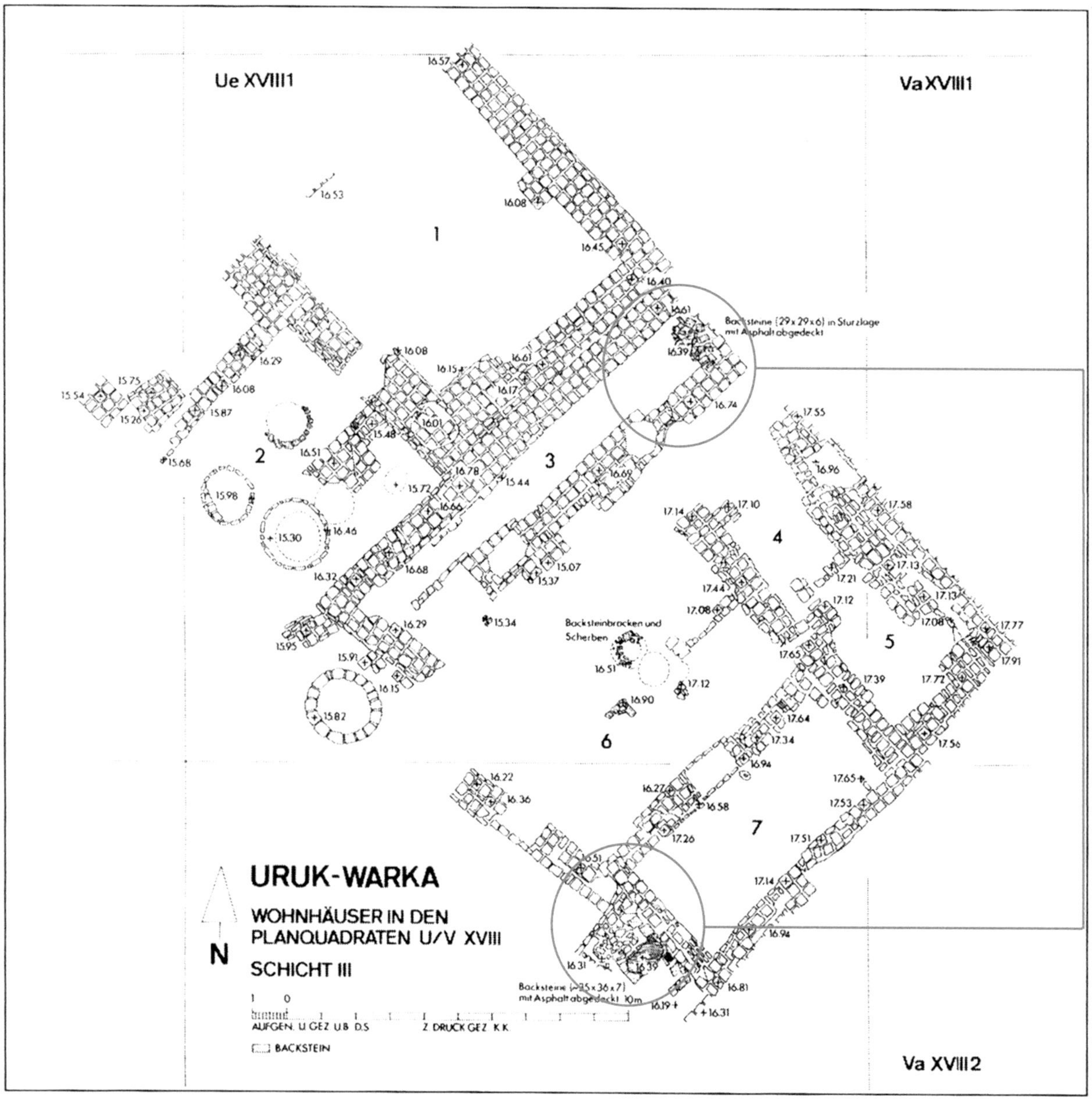

Figure 2 – La maison de la famille Eku-zakir, Uruk / Warka, dite « maison des *āšipu*, niveau 3 » (époque babylonienne tardive) : deux installations de briques couvertes de bitume pour travailler l'argile (d'après Hoh 1979 : 28-29, pl. 69).

L'argile, comme support de l'écriture, était avant tout un matériau contraignant : par le choix de la qualité, la quantité nécessaire, le stockage, la technique de fabrication. L'utilisation quotidienne de tablettes pour l'administration, la correspondance, l'apprentissage dans le contexte scolaire, devait en requérir une quantité considérable. L'argile devait donc être stockée dans des lieux déterminés. Des pièces réservées à cet usage ont en effet été trouvées, par exemple, à l'époque paléo-babylonienne (IIe millénaire av. J.-C.), à Mari dans le palais oriental, en différents endroits (Figure 16). Les fouilleurs ont noté, dans une couche de destruction de la salle XI (couche 2), la présence « d'un grand nombre de poches et de nodules, voire de pains d'argile pure, parfois presque cuits par l'incendie[5]. Leur densité peut suggérer que cette pièce servait à emmagasiner des mottes d'argile, peut-être destinées, entre autres, à la confection de tablettes cunéiformes ». Une autre salle (VI, couche 3, plus ancienne) semble avoir servi d'entrepôt de récipients d'argile avant cuisson. D'où une permanence du travail de l'argile dans le secteur sous toutes ses formes. De même, à Suse au XVIIe s. av. J.-C., des réserves d'argile épurée et façonnée en forme de barillets ou de cylindres ont également été trouvées en jarre ou en cavités tapissées d'argile cendreuse (Figure 14f-g). Une analyse a montré que l'argile des barillets

[5] Beyer 1983 : 50 ; Faivre 1995 : 58.

était la même que celle des tablettes retrouvées sur le site[6]. Ces deux cas montrent plusieurs formes de stockage, en cavité ou en jarre, d'une argile très fine sous forme de pain, donc déjà traitée.

À Uruk, dans la maison d'une famille de scribe néo-babylonienne (Figure 2), deux installations de briques couvertes de bitume sont interprétées comme des aménagements pour le travail de l'argile. Des quantités de morceaux d'argile, grossièrement formés, y ont été trouvés[7]. Ainsi commence le cycle d'une tablette cunéiforme.

1.1. *L'argile : formation, structures, propriétés*

Tout d'abord, il faut s'entendre sur ce qu'on appelle argile : la notion d'argile est très difficile à définir. Le nom générique (lat. *argilla* ; grec *argillos*) remonte à une époque où ni leur composition ni leurs structures n'étaient connues. Les composés que l'on nomme aujourd'hui « argiles » sont en fait des matières très diversifiées, ce qui explique les nombreuses définitions, non équivalentes, selon qu'on parle de minéralogie, de granulométrie ou de lithologie[8]. Il n'y a donc pas de définition uniforme[9].

Une première réalité a son importance pour le choix de l'argile de nos tablettes et leur confection : dans la nature, il n'y a pas de carrière de « corps purs d'argile » (kaolinite, illite, chlorite...). On trouve des terres ou des roches argileuses. Ces matériaux sont en fait des mélanges qui peuvent contenir un ou plusieurs types d'argiles et des produits non argileux, en grains ou en blocs plus ou moins gros (silice, calcaire, feldspath, micas), comme des composés minéraux, des composés du fer (oxydes, sulfures, responsables de la couleur, rouge, vert, jaune, bleu, gris, noir) ou organiques issus de la décomposition des plantes ou de la faune (humus, bitume, charbon, fossiles, mollusques). On est donc confronté, d'une part, à la vision concrète, empirique, homogène qu'en avaient les Mésopotamiens, même s'ils savaient nommer différents états de l'argile tels qu'ils les percevaient, et à l'hétérogénéité du matériau dans la réalité de sa composition, d'autre part.

1.1.1. Formation

Si les argiles accompagnent la vie des habitants de la Mésopotamie depuis les temps les plus anciens, comme matériaux de base, c'est parce que ce sont des richesses naturelles abondantes, issues de l'altération de roches magmatiques (granites, basaltes), sous l'action de l'eau et du vent, dont les particules sont drainées par ruissellement jusque dans les sols, les roches sédimentaires et les plaines alluviales, où elles se sont déposées sous forme de limon ou de vase, dans le lit et sur les rives des cours d'eau et des canaux[10] (Figure 3).

Figure 3 – Canal d'irrigation en Mésopotamie, l'une des sources d'approvisionnement en argile dite « argile de canal » (*ṭīd palgi*).

Combinées avec une autre molécule (l'oxyde d'aluminium), elles donnent naissance à des minéraux (silicates d'alumine) qui s'agencent sous forme de feuillets (*phyllon* : feuille en grec) qui s'empilent les uns sur les autres. Ainsi, selon une de leurs définitions, les argiles sont des phyllosilicates.

1.1.2. Structure des argiles

Cette structure « en feuillets » leur attribue des propriétés particulières, comme la malléabilité et l'imperméabilité. C'est la matrice commune aux différents types d'argile existants. Ce qui fait la différence entre elles, c'est l'organisation des particules argileuses au sein des feuillets, notamment la combinaison d'atomes entre eux ; c'est l'interaction de divers éléments chimiques, présents dans les sols environnants, l'évolution géologique qui influent sur les composants qui forment les différentes familles d'argile[11].

[6] Gasche 1973 : 54, n. 8.
[7] Hoh 1979 : 28-29.
[8] Rotaru *et al.* 2006 ; Villieras 2009. Sur la physique du matériau, cf. avant tout la contribution de F. Thomas, ce volume.
[9] Cf. la contribution de B. Comentale « Pays et paysages de l'argile... », ce volume.
[10] Sur la géomorphologie de la Mésopotamie, cf. la contribution de B. Comentale « De la montagne à la tablette... », ce volume.
[11] Cf. F. Thomas dans Villieras 2009 : 64-65.

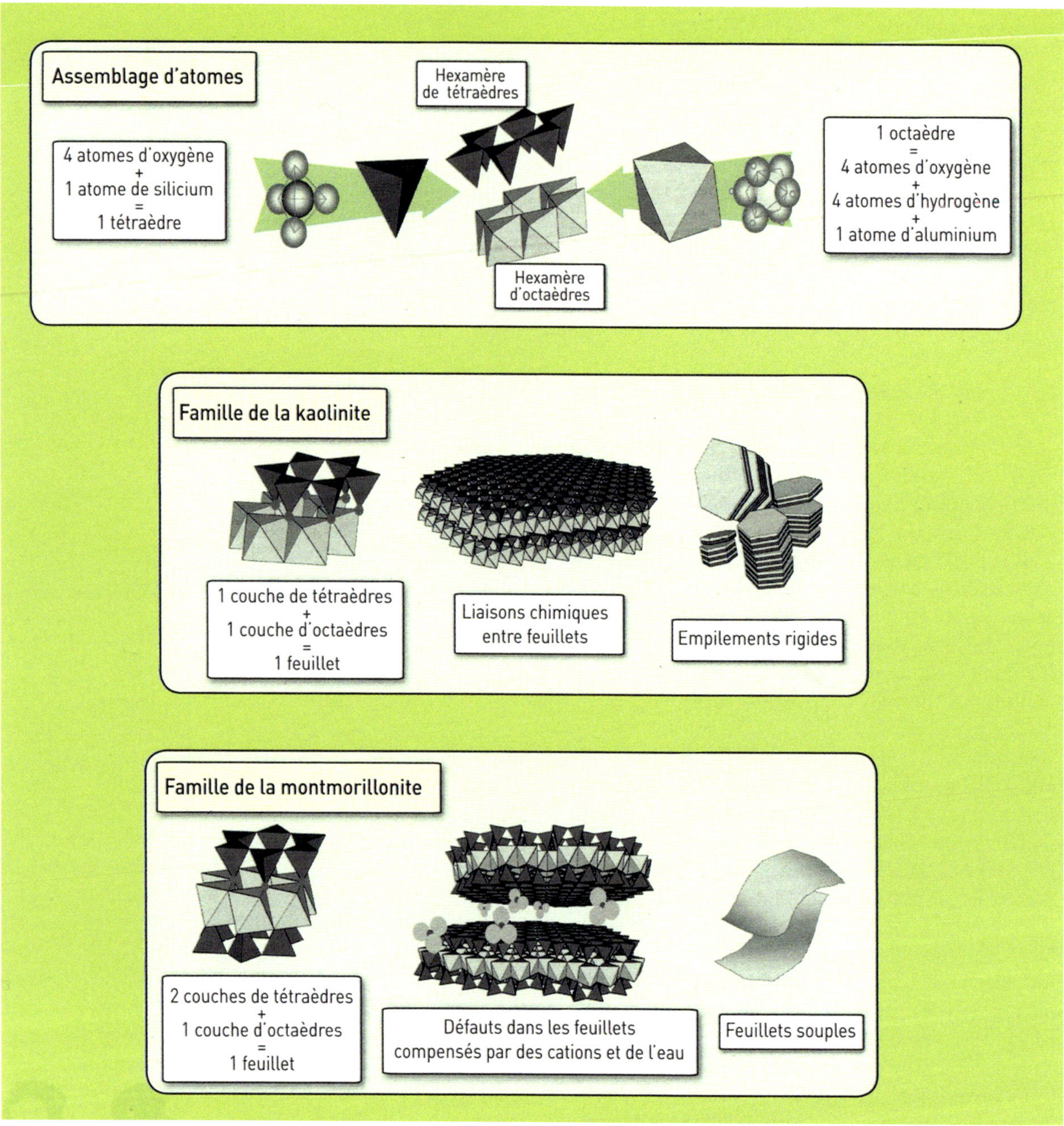

Figure 4a – Structure des argiles (d'après F. Thomas, *in* Villieras 2009 : 65, © Agence les Récréateurs).

La composition est très simple : on a une combinaison d'atomes d'oxygène par quatre, autour d'un atome de silicium pour former un assemblage pyramidal (tétraèdre) et par six, autour d'un atome d'aluminium, par exemple, ce qui donne un octaèdre. Six tétraèdres et trois octaèdres s'organisent en un motif qui, en se répétant, compose des couches. L'empilement des feuillets donne naissance à des particules argileuses élémentaires[12] (Figure 4a). On obtient ainsi différents types d'argile (kaolinite, montmorillonite, etc.). Des argiles se forment également sous la terre. Dans ce contexte, les formations apparaissent non plus en couches mais en filons. En conclusion, l'argile a des origines multiples, une formation longue et complexe.

1.1.3. Propriétés : L'eau et l'argile

Outre cette structure, la spécificité de l'argile, c'est son rapport à l'eau : les deux sont intimement liées. Les particules d'argile, au sein des feuillets, s'entourent directement de couches d'eau. Ces dernières donnent aux argiles un rôle de réservoir d'eau dans les sols, dont la proportion conditionne ses propriétés fondamentales : plasticité, malléabilité, l'imperméabilité, capacité à durcir au séchage, selon le degré d'hydratation (Figure 4b).

[12] Villieras 2009 ; Roux 2016 : 45, fig. 1.3.

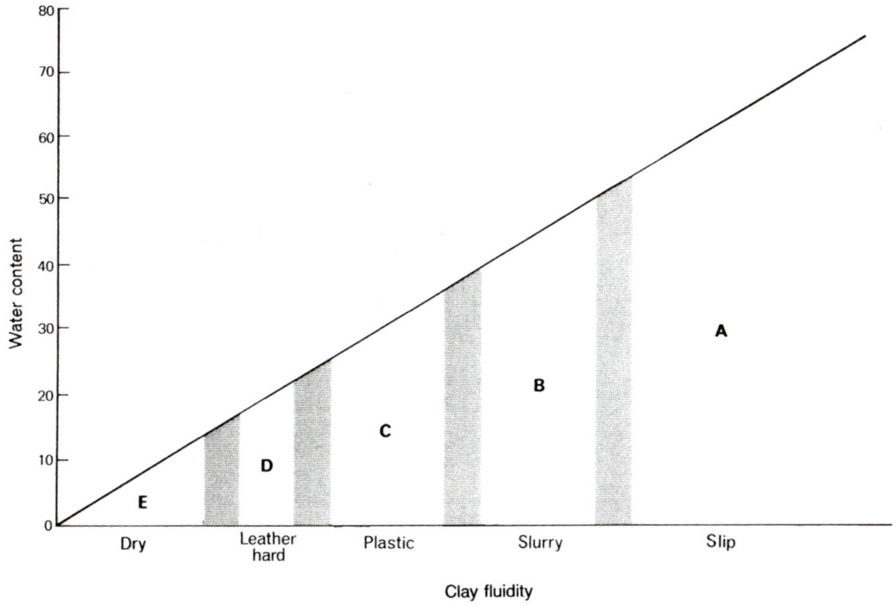

Figure 4b – Les différents états (d'après Rye 1981 : fig. 11).

Argile en kg	Eau en litre	État	Travail
1kg	2,5 – 5 litres	Visqueux, malléable	Forme contrôlée
1kg	10 litres	Boue	Semi-contrôlé
1kg	> 10 litres	Dispersé Suspension	Incontrôlé

Tableau 2 – Hydratation de l'argile.

Pour donner une idée des proportions d'une pâte d'argile : pour 1 kg d'argile et 2,5 à 5 litres d'eau, la pâte est plus ou moins visqueuse et malléable. Elle peut être travaillée à la main ou à l'aide d'outils, pour obtenir des objets de forme contrôlée. Si l'on ajoute de l'eau, par exemple 10 litres par kg d'argile, la pâte devient boue. Elle perd ainsi de sa viscosité et devient de plus en plus liquide. Au-delà de 10 litres par kg, l'argile est à l'état dispersé ou à l'état de suspension. L'hydratation est un phénomène réversible[13] (Tableau 2).

Les habitants de la Mésopotamie ressentaient donc le rôle majeur de l'argile dans leur civilisation et connaissaient de façon empirique tous ces aspects. Depuis le Néolithique, bien avant l'apparition de l'écriture, les techniques de l'argile ont déjà une longue tradition transmise au fil du temps. C'est ce dont on a une idée, par la comparaison ethno-archéologique de méthodes ancestrales (encore pratiquées dans certaines sociétés traditionnelles) et les textes mésopotamiens, (dispersés dans le temps et l'espace) dans lesquels on retrouve les principales étapes de la chaîne opératoire[14].

1.2. Préparation de la pâte : modification du matériau argileux, l'ethnoarchéologie

1.2.1. Préparation primitive : extraction

Les études ethno-archéologiques ont montré une gestion méticuleuse de la grande diversité des contextes de dépôts, culturels et géographiques, relatée par de nombreux potiers traditionnels, ce qui montre bien la finesse du savoir acquis et transmis, de génération en

[13] Rye 1981 : 20, fig. 11.

[14] Barrelet 1968 : 17-18. Cf. la contribution de X. Faivre, « Les mots pour dire l'argile... », ce volume.

génération, dans l'exploitation des sources d'argile[15]. De même, on note une grande variabilité dans le mode de sélection et de préparation des pâtes argileuses, selon la zone géographique, pour la confection de poteries. On peut penser qu'il en était de même en Mésopotamie, non seulement pour ces dernières, mais aussi pour les tablettes utilisées comme support de l'écriture (Figure 5a).

Deux questions cependant peuvent être évoquées : géographiquement, il faut sans doute distinguer les modes d'acquisition de régions fort irriguées et quadrillées de canaux, comme la basse Mésopotamie, et le nord, comme le bassin du Khabur, zone d'agriculture sèche, ce qui a pu influer sur la préparation. Culturellement, la question est de savoir qui procédait à la sélection et à la préparation des très grandes quantités d'argile nécessaires aux administrations, aux contextes scolaires, à la correspondance, aux scribes eux-mêmes. On a du mal à imaginer les scribes, appartenant à un niveau élevé de la société, foulant et portant de grandes quantités d'argile comme le potier qui, lui, appartient aux couches les plus basses (même si on connaît un cas de fils de potier qui s'est élevé au rang de scribe)[16]. À mon avis, il faut distinguer deux niveaux :

- la préparation massive, collective à destination des grands organismes et de l'administration, qui est l'affaire du spécialiste du matériau, le potier qui pourvoit en matériau[17] ;
- la préparation individuelle : le scribe peut avoir une formation au choix de l'argile de qualité, aux lieux connus, à la préparation, mais en quantités moindres[18].

Les ateliers de potiers sont situés à proximité de « carrières » ou de filons d'argile, facilement exploitables, près de points d'eau et des zones de combustibles (végétaux, roseaux, bouses...). Les abords des cours d'eau, tels que le Tigre et l'Euphrate ou les canaux, fournissent toutes les matières nécessaires. Ils sont fréquemment installés hors les murs des agglomérations pour différentes raisons[19]. Les scribes devaient donc fréquenter ces lieux d'approvisionnement.

Figure 5a – Obtention de la matière première. Creusement de l'argile à partir d'un gisement à flanc de colline, Pakistan (d'après Rye 1981 : fig. 6).

1.2.2. Lévigation

Un des premiers traitements est la décantation ou lévigation, la séparation des éléments grossiers des éléments fins par broyage et dispersion dans l'eau. Elle se fait naturellement au bord des cours d'eau. L'argile y est donc recherchée. Mais lorsque l'on est éloigné des cours d'eau, il faut connaître les dépôts et filons, gisements où l'argile n'est pas aussi pure et humide : elle est prélevée à la bêche en gros blocs. Elle doit être fractionnée au bâton (Figure 5b), sujette à un tri granulométrique par tamisage à sec pour séparer la fraction grossière de la fraction fine[20] (Figure 5c). Ces deux fractions sont hydratées séparément puis mélangées[21] (Figure 5d). Elles sont à nouveau sujettes à un tamisage liquide (lévigation contrôlée)[22].

[15] Rye 1981 : 17, fig. 6a-b ; Hudson 1997 : 134; Roux 2016, 2019.
[16] Reisner 1894 ; 151-152 ; Barrelet 1968 : 17, 26-28, n. 2.
[17] Barrelet 1968 ; Sallaberger 1996. Cf. aussi la contribution de X. Faivre « Les mots pour dire l'argile... », ce volume.
[18] Black 1991 : 152, 154 ; Gesche 2000, 2005.
[19] Cf. la contribution de X. Faivre « Les mots pour dire l'argile... », ce volume.
[20] Rye 1981 : 18, fig. 7-8, 21 (fractionnement, tamisage, tri granulométrique) ; Roux 2016 : 52, fig. 1.6.
[21] Rye 1981 : 36, fig. 19 ; Roux 2016 : 52, fig. 1.6.
[22] Rye 1981 : 37, fig. 20-21 ; Roux 2016 : 52, fig. 1.6.

Figure 5b – Concassage de l'argile avec un pilon en bois, Pakistan (d'après Rye 1981 : fig. 7).

Figure 5c – Tamisage de l'argile concassée, Pakistan (d'après Rye 1981 : fig. 8).

Figure 5d – Premier plan : fosse d'extinction et de décantation ; arrière-plan, barbotine qui a séché à l'état plastique, Pakistan (d'après Rye 1981 : fig. 20).

Figure 5e – Foulage de l'argile, Pakistan (d'après Rye 1981 : fig. 9).

1.2.3. Homogénéisation

Cette argile humide doit maintenant être homogénéisée, malaxée, pétrie pour bien mélanger les gros nodules et les textures plus humides.

Plusieurs méthodes sont pratiquées : au pied (Figure 5e), par marchage ou foulage[23], ce qui est pratiqué dès l'antiquité (Figures 5f), ou à la main[24] (Figure 5g), mais aussi par battage avec des pilons, spatules, rondins, etc. avec ajout éventuel de dégraissant (sable, chamottes, paille hachée) pour éviter des fissures au séchage ou à la cuisson, selon le cas.

1.2.4. Stockage

L'argile préparée pouvait être stockée notamment pour que lentement sa plasticité s'améliore par « pourrissage », technique primitive encore utilisée dans certaines régions du monde. Il y a encore peu de temps en Chine, on était potier de génération en

[23] Rye 1981 : 19, fig. 9 ; Rice 1987 : 120, fig. 5-2 ; cf. certaines représentations égyptiennes (Arnold et Bourriau : 12, fig. 3A-3B).
[24] Rye 1981 : 19, fig. 10.

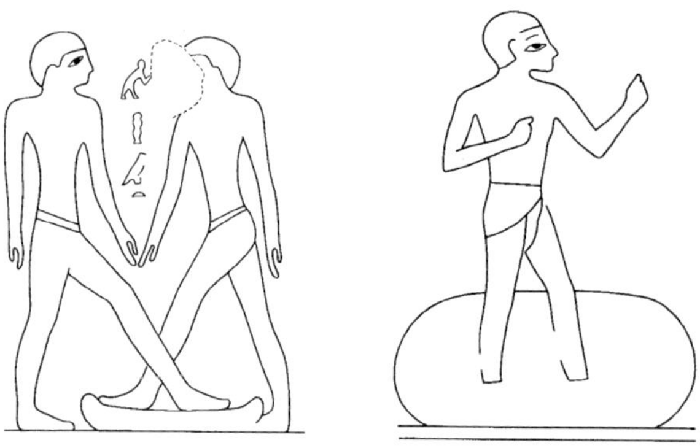

Figure 5f – Foulage de l'argile, Beni Hassan, tombe de Baket III et Thèbes, tombe de Kenamon (d'après Arnold et Bourriau 1993 : 12, fig. 3A et 3B).

Figure 5g – Pétrissage de l'argile à la main (d'après Rye 1981 : fig. 22-c).

génération, les grands-parents préparaient la terre et la laissaient « pourrir » jusqu'à ce que leurs petits-enfants la travaillent. L'opération se fait en fosses ou en cuves, ce qui favorise la fermentation des matières organiques présentes dans l'argile, augmente la plasticité, favorise le façonnage[25]. Encore aujourd'hui en Syrie ou en Irak, dans les villages, des fosses à argiles sont creusées, pour la réparation des maisons[26]. Il est très possible que semblable préparation d'argile ait été constituée pour la poterie ou encore pour les tablettes, permettant aux scribes de s'approvisionner. Pour ce dernier cas, des textes font quelques allusions ; certains contextes archéologiques peuvent s'y rapporter.

25 Hudson 1997 ; Blondel 2014.
26 Barrelet 1968 : 18.

1.3. Textes et contextes : la chaîne opératoire

Les textes rendent compte de la maîtrise de l'argile et différentes étapes de la chaîne opératoire, de façon très affinée. Plusieurs divinités (masculines et féminines), ou types d'acteurs (du plus élevé au plus modeste), sont en relations avec les métiers de l'argile, pour faire des briques, des récipients, des figurines, des tablettes. La préparation est toujours très similaire.

1.3.1. Les noms de l'argile

Il existe différents noms, selon les différents états de l'argile[27], dont on rappelle les principaux, énumérés notamment dans la liste lexicale bilingue suméro-akkadienne ur_5-ra = *hubullu*, tablette X (Hh. X ou Ura 10) :

> im = *ṭīdu, ṭiṭṭu*[28] désigne toujours l'argile à l'état plastique, imbibée d'eau, celle destinée au modelage, par extension l'argile, c'est aussi la brique, la tablette ; le scribe spécialiste de l'écriture sur tablette est appelé « scribe d'argile » (sum. dub. sar.im), par opposition à celui qui écrit sur papyrus. Dans le nécessaire du scribe « d'argile », avec le roseau, il y a l'argile *ṭīdu*.

Par opposition, d'autres noms sont employés pour la terre meuble, l'argile sèche ou cuite :

> sahar = *epru (eperu, ipru, ipiru)* est la poussière, la terre meuble, sèche, stérile, argileuse dont on se sert pour la construction ou la confection de certains vases ; im-sahar = *ṭīdu*[29] est un type d'argile.
> ši-ka = *haṣbu*[30] désigne l'argile façonnée, formée, dans la plupart des cas, l'argile cuite. Le terme s'applique aussi au récipient, au tesson de poterie.

1.3.2. La chaîne opératoire

Il existe également un vocabulaire précis correspondant à différentes étapes de la chaîne opératoire. Ces étapes (mélange, malaxage, foulage / marchage, battage, mise en forme) sont mentionnées dans les textes avec des mots précis qui montrent l'importance de ces opérations et un savoir-faire de spécialiste[31], alors que les étapes postérieures de façonnage sont moins précises (on dit faire : *epešu*).

Dans les listes lexicales ur_5-ra = *hubullu* tablette X (Hh, X ou Ura 10), il existe 122 noms correspondant aux

27 Pour les termes afférents à l'argile, on renvoie à la contribution de X. Faivre « Les mots pour dire l'argile... », ce volume (cf. notamment le tableau 6).
28 Ura 10 : 388-391.
29 Ura 10 : 390-391.
30 Ura 10 : 375.
31 Relevés par Barrelet 1968 et Sallaberger 1996.

différents états et différentes formes que prend l'argile (Hh, X ou Ura 10 : 388-510)[32] : brute, en carrière (argile de potier), plus ou moins liquide ou sèche, plus ou moins sableuse, mélangée de paille, battue, en motte, en balle ou pâton, en tablette, etc.

Par ailleurs, il est clair qu'il existe une progression dans ce classement qui correspond au traitement, à la transformation de l'argile, par exemple, en tablette. Il existe aussi différents noms liés aux tablettes (Ura 10 : 438-441, im-dub = *ṭuppu*)[33], déclinées sous différentes formes et complétées par les enveloppes et scellements.

Des allusions sporadiques sont faites au traitement de l'argile dans des textes dispersés[34] où certains traitements de l'argile reviennent souvent, tels que mélanger, remuer avec de l'eau (*balālu*), fouler au pied, marcher l'argile (*kabāsu*), jeter, battre (*nadû*), pincer, rompre, arracher l'argile (*karāṣu*), former, modeler (*patāqu*). Différents conditionnements de l'argile sont aussi évoqués, séchée (*šabūlu*), mélangée (*sugāru*, *šutābulu*), battue (*mahṣu*) (en pâton, en balle (*kirsu*), en motte (*kubuttu*, *pisiltu*).

1.3.3. L'origine de l'argile, les lieux d'approvisionnement

Quelques textes font allusion à la quête et la préparation de l'argile[35]. Si, dans les textes mythologiques, les dieux la prélèvent dans l'Apsû (l'Abîme)[36], la masse abyssale des eaux douces situées sous la surface terrestre, d'où naissent les cours d'eau qui irriguent la Mésopotamie, résidence du dieu Ea, les hommes ont communément recours aux rives des fleuves ou des canaux [l'« argile du canal » (*tīd palgi*)] ou à la fosse d'argile (*kullatu*)[37], par extension l'argile de potier. D'autres gisements étaient peut-être à localiser dans la plaine, fosses d'argile, dépôts alluvionnaires ou glaisières (*issû*)[38].

De tels gisements, ayant fait l'objet de rituels de purification pour la production de certaines briques, tablettes de fondation ou figurines apotropaïques, sont promus au rang de dépôts sacrés (*kullatu qadištu*). De fréquentes allusions sont alors faites à un « lieu pur » (*ašru ellu*) situé hors de la ville » (*kīdu*), « en pleine campagne, en pleine nature » (*ana ṣēri ūṣi*) ou dans des endroits sacrés dans l'environnement de temples, appelés Jardin de l'Apšu » ([giš]*kirî apsî*).

Figure 6 – Scribes en train d'écrire, en akkadien sur tablette d'argile (à droite), en araméen sur support souple (à gauche), fresque du palais de Til Barsip, Syrie, VIIIe s. av. J.-C. © Dessin X. Faivre.

2. Confection : méthodes et pratiques

2.1. Les textes et tablettes : la pratique du scribe (Figure 6)

Plusieurs textes sont assez clairs sur la préparation de l'argile pour la confection des tablettes cunéiformes, parmi lesquels *Enmerkar et le seigneur d'Aratta* (de l'époque d'Ur III, fin du IIIe millénaire)[39] : Enmerkar, le Seigneur de Kullab s'apprête à écrire sur une tablette d'argile :

> *il « prépare l'argile » avant de former la tablette.*
> *« le seigneur de Kullab battit l'argile. »*

Plusieurs textes scolaires, publiés dans *Old Babylonian Grammatical Texts* (*OBGT*) » Tablet III, illustrent la fabrication d'une tablette par un apprenti scribe, dont nous donnons ici la traduction :

N 4217+N693940
« Je veux battre l'argile »
« Je bats l'argile »

[32] Cf. la contribution de X. Faivre « Les mots pour dire l'argile... », ce volume (cf. notamment le tableau 6).
[33] Pour le détail de ce vocabulaire, cf. la contribution de X. Faivre « Les mots pour dire l'argile... », ce volume.
[34] Relevés par Barrelet 1968 : 31-37 ; Sallaberger 1996 : 7-13. Cf. la contribution de X. Faivre « Les mots pour dire l'argile... », ce volume.
[35] Cf. la contribution de X. Faivre « Les mots pour dire l'argile... », ce volume.
[36] Joannès 2001 : 59-60 « Apsû » (abzu en supérien).
[37] Ura 10 : 510.
[38] CAD I-J 204 *issû* (*isû*, *esû*) s. "pit, clay pit" ; Barrelet 1968 : 30 (glaisière) ; cf. X. Faivre « Les mots pour dire l'argile... », ce volume.
[39] Jestin 1961, 72 ; Kramer 1952, l. 504.
[40] Black 1991 : 152.

« Je ne bats pas l'argile »
« l'argile sera vraiment battue »
« il ne frappe pas l'argile »
« pétrir »
« large et mince »
...

UET 6/3 61841
« Prenez de l'argile »
« Argile à partir de ... argile »
« Bats l'argile »
...
« pétrir »
« finis (en faisant) une tablette d'argile ».

Enfin un texte scolaire, encore plus précis, constitue le seul compte-rendu des sources mésopotamiennes sur la façon de fabriquer des tablettes d'argile, exercice scolaire paléo-babylonien du British Museum publié par M. Civil[42] :

BM 54746, l. 13-20 : texte scolaire
« [V]ite, viens par ici, prends l'argile,
Pétris-la, aplatis-la
[Calc]ule (la quantité nécessaire), replie-la sur elle-même,
Renforce le noyau, forme (la tablette),
[...] forme-la (?), [...]
dépêche-toi, [...]
relève/soulève l'argile, coupe-la ».

Des textes scolaires sumériens font enfin référence à un outil de « bois pour faire des tablettes » (^{giš}dub-dim$_2$ = *dubdimmu*)[43]. Le mot est étroitement lié à un autre outil de bois utilisé par le potier (^{giš}muštaptin = *muštaptinnu*) un bâton, une latte ou un pilon[44]. L'un et l'autre souligne l'importance de la préparation de l'argile avant toute utilisation.

2.2. Préparation des tablettes : méthodes et observations macroscopiques

On a bien compris qu'il fallait taper l'argile ! Ainsi préparée, elle est pétrie en morceaux humides et secs mélangés et battue pour bien évacuer les poches d›air.

La majorité des tablettes donne l'impression qu'elles ont été soigneusement formées et inscrites. Cela est très difficile et les scribes ont dû apprendre comment le faire correctement pendant leur formation. Mais on peut s'attendre à ce que les techniques aient varié.

De plus en plus, les spécialistes des textes s'intéressent au mode de fabrication matérielle des tablettes. Or celles-ci ont changé d'une région, d'une époque à l'autre, ou selon la fonction souhaitée de l'objet inscrit[45].

2.2.1. Tailles et formats

La plasticité de l'argile permet une très grande variété de formes selon les époques et les genres de textes. Formes, tailles et écritures évoluent en permanence durant trois millénaires[46]. La plupart des tablettes sont habituellement rectangulaires et se tiennent dans la paume de la main. Mais des tablettes plus grandes ou plus petites étaient parfois produites : les plus petites font moins de 2 cm^2 et quelques millimètres d'épaisseur ; les plus grandes mesurent 30-40 cm^2 et 4-8 cm d'épaisseur[47] (Figure 7a).

On a un nombre de groupes limités : la forme de chaque groupe reflète la nature du texte, la date et le lieu de production. La taille des tablettes dépend de la quantité de texte à inscrire[48]. Mais souvent un type particulier de texte sera plus ou moins de taille standard. On peut noter la grande compétence des scribes habitués à en estimer l'espace.

Il y a des tablettes de taille standard avec des textes plus courts que la normale. Les formats de tablettes standardisées et la longueur de documents prévisibles offrent la possibilité de pré-fabriquer un stock de tablettes « vides », non inscrites (Figure 7b). Plusieurs tablettes « vides » sont connues, mais on peut en déduire un nombre plus important. Zettler[49] rapporte des tablettes scellées non inscrites à Tello, l'ancienne Girsu (au IIIe millénaire), plusieurs cas plus tardifs à Nippur, à Mari, à Sippar, à Dêr, à Suse (au IIe millénaire) et des exemples néo-babyloniens (au Ier millénaire). De telles tablettes « vides » de texte ouvrent la possibilité qu'une autre personne que le scribe ait pu préparer d'avance les tablettes (un assistant, un apprenti scribe), mais cela n'a pas encore été documenté.

2.2.2. Modes de fabrication

Une observation macroscopique peut révéler des aspects du façonnage. Les tablettes bien faites apparaissent comme des morceaux d'argile homogènes, sans poches d'air et sans couches, ce qui ne veut pas dire que ces dernières sont absentes : des replis sont visibles à certains endroits et non à d'autres. Dans certains cas,

[41] Black 1991 : 154.
[42] Civil 1998 ; ETCSL 5.1.a.
[43] DCCLT/Ura/Nineveh : « tool used for fashioning tablets or potter's tool ».
[44] Sallaberger 1996 : 16, n. 68. CAD M2 285-286 *muštaptinnu* (a pole or lath) ; DCCLT/Uta/Nineveh : « potter's tool = tool of a potter ». Taylor 2011 : 11 envisage un « rolling pin ».
[45] Cf. Pearce 1995 ; Faivre 1995, 2001 ; Eidem 2002 à partir de tablettes du nord mésopotamien ; Taylor 2011 : à partir de tablettes du British Museum ; cf. la contribution de C. Michel « Écrire sur argile. La matérialité des textes... ».
[46] Charpin 2004 : 481 ; Lion et Michel 2008 ; Taylor 2011.
[47] Taylor 2011 : 7-12, fig. 1.2A-1.2B.
[48] Charpin 2004 : 481-482.
[49] Zettler 1977 : 37.

Figure 7a – Différentes tailles et formats de tablettes cunéiformes (d'après Taylor 2011 : 9, fig. 1.2A).

Figure 7b – Tablettes non écrites.

des empreintes digitales apparaissent à la surface de replis, à l'intérieur de la tablette.

La technique de base pour fabriquer des tablettes montre un simple pâton d'argile modelé manuellement. De cette technique semble résulter des tablettes grossières à profil irrégulier. D'autres tablettes, particulièrement celles qui sont trop larges pour tenir dans la main, montrent des signes de pétrissage ou d'enroulement au contact d'une surface dure. Des plis d'argile sont souvent visibles (Figure 8a).

Une construction plus compliquée, dans laquelle une feuille supérieure était enroulée autour d'un noyau est perceptible sur de nombreuses tablettes de tailles, genres, périodes et sites différents. Parfois, le noyau est fait d'une argile différente de la couche extérieure[50] (Figure 8b). Une formation en pliure complexe était une pratique standard en Mésopotamie dès les débuts de l'écriture[51]. On a aussi remarqué sur certaines tablettes de Mari l'application superficielle d'une couche d'argile très fine, d'un engobe d'argile diluée, sur un noyau d'argile différente ou moins épurée, afin d'améliorer l'aspect visuel de la tablette finie et sans doute de faciliter la netteté de l'écriture[52].

[50] Une tablette de la Yale Babylonian Collection (YBC 8955) montre trois pâtons collés ensemble recouverts d'une couche d'argile (Taylor et Cartwright 2011 : fig. 14).

[51] Biggs observait que les tablettes d'Abu Ṣalabikh consistaient déjà en une couche de 1,4 cm d'une argile très fine enroulée autour d'un noyau irrégulier, en contraste apparent avec les tablettes de Fara (Biggs 1974 : 22-23) ; Tanret 2011.

[52] Faivre 1995 : 58. Cet usage a par ailleurs été noté à Suse et à Tell ed-Dêr (Gasche et De Meyer 2006 : 538), voir plus loin. D'après J. Taylor, il est aussi particulièrement évident dans les tablettes médio-assyriennes et les tablettes scolaires néo-babyloniennes (Taylor 2011 : 12).

Figure 8a – Tranche d'une tablette faisant apparaître le mode de fabrication, peut-être des feuillets enroulés autour d'un noyau (Cartwright et Taylor 2011 : 2).

Figure 8b – Tranche d'une tablette faisant apparaître trois pâtons collés recouverts d'un couche d'argile plus fine (YBC 8955, Yale Babylonian Collection, d'après Taylor et Cartwright 2011 : fig. 2).

Enfin les tablettes, simplement séchées au soleil, restent crues. Seules les tablettes destinées à des bibliothèques, de grandes dimensions, sont cuites.

2.3. Les traces de l'environnement : observations microscopiques

Des investigations technologiques par microscope électronique dans les tablettes cunéiformes du British Museum ont mis en évidence des traces de l'environnement[53]. Ce sont tout d'abord des empreintes végétales : des marques de roseaux (Figure 9a), de céréales, de lin (Figure 9b) ont survécu sous forme d'impressions et de vides, non seulement à la surface mais aussi incorporées à la matrice comme dégraissants pour travailler la pâte plus facilement ou éviter les cassures en séchant. Parfois des fragments de cordon de lin. Les tablettes peuvent avoir été stockées dans des paniers de roseaux ou entourées de nattes de roseau ou de textile de lin. Ces traces donnent une information sur l'environnement végétal. Mais elles ne dérivent pas toutes de contextes primaires. Ce peut être une association secondaire par contact ou fixation, par exemple lors d'un incendie. De nombreuses tablettes comportent des particules ou des petits fragments de charbons dans la matrice d'argile boueuse[54] (Figure 9c).

Figure 9a – Traces de roseaux, ME 113474 (d'après Cartwright et Taylor 2011 : fig. 1).

Figure 9b – Traces de lin, ME 10846, bulle Ur III (d'après Cartwright et Taylor 2011 : fig. 14).

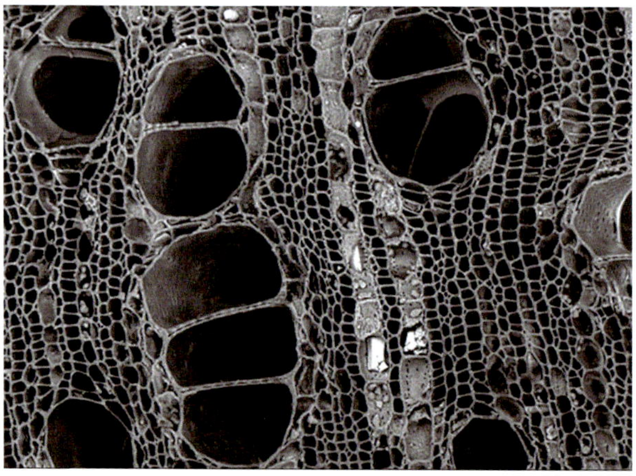

Figure 9c – Traces de charbon de tamaris dans une tablette de Borsippa, ME 46955 (d'après Cartwright et Taylor 2011 : fig. 5).

[53] Cartwright et Taylor 2011.

[54] Par exemple, de tamaris dans une tablette de Borsippa (Cartwright

Figure 9d – Traces de mollusques, ME 87124
(d'après Cartwright et Taylor 2011 : fig. 7).

Il en est de même pour la faune, propre à certains milieux (Figure 9d) : des mollusques de terre ou d'eau fraîche ont aussi été identifiés dans la matrice et à la surface des tablettes, participant ainsi à la reconstruction de l'environnement. Les premiers proviennent de terres arides ou semi-arides. Les seconds sont notamment présents dans la boue, la vase, le limon ou l'argile d'origine, prélevée dans les ruisseaux, rivières, canaux d'irrigation et les eaux stagnantes, les étangs. Ces traces de l'environnement suggèrent des lieux de prélèvement très divers de l'argile et un traitement minimal de celle-ci, sans lévigation, sans traitement très poussé.

3. Réutilisation et recyclage : différents contextes

Quand une tablette avait dépassé son utilité, elle redevenait un simple pâton d'argile. Ainsi de nombreuses tablettes ont été mises au rebut, en lot ou individuellement[55], réutilisées pour en faire de nouvelles ou comme matériau de construction.

3.1. Pourquoi faire ?

On a vu les contraintes du support de l'écriture et le souci permanent d'économie de travail et de temps. Une autre raison majeure est la nature de la documentation.

3.1.1. Des documents utilitaires

Il apparaît que, sur le total de la documentation, une très grande partie est formée de tablettes utilitaires. L'écriture y est utilisée pour un niveau de communication simple, pour conserver les traces d'une activité (dans le cas de textes de gestion), pour transmettre des ordres, des nouvelles (dans celui de la correspondance), ou enfin pour se livrer à des exercices d'apprentissage de l'écriture (dans le cas des tablettes scolaires). La validité des tablettes n'était donc que temporaire. Les textes les plus importants, textes littéraires ou contrats, devaient subir le même sort, l'usage de cuire les tablettes n'étant qu'occasionnelle. Les documents rédigés sur argile crue demeuraient alors fragiles et friables, donc destructibles à plus ou moins longue échéance. La conservation du support argileux n'est donc pas recherchée pour prouver l'authenticité du document. On l'obtient en préservant le texte par la copie sur des supports plus récents[56].

Ce sont donc sans doute tous ces facteurs conjugués qui étaient résolus par la « digestion » continuelle de la documentation périmée[57]. Celle qui nous est parvenue est donc accidentelle.

3.1.2. Une digestion systématique

Les spécialistes des textes ont en effet observé que les documents ne survivent pas au-delà des trente dernières années de vie d'une archive. On a fait l'hypothèse que les archives survivent seulement quand elles sont soudainement violemment perturbées. On pense ainsi que les archives vivantes ont été digérées en amont, les anciennes tablettes étant éliminées, peut-être dans le but d'en faire de nouvelles par réhydratation, re-lévigation et remodelage.

3.1.3. Une pratique courante ?

On a donc largement supposé que le recyclage des tablettes était une pratique courante. Dans quelle mesure prenait-elle place ? On peut penser que la liquidation d'archive avait lieu quand l'accumulation de la documentation devenait problématique faute de place. Les preuves archéologiques sont cependant relativement limitées : divers contextes de fouilles ont ainsi révélé plusieurs exemples de réutilisation ou de recyclage, individuellement ou en masse.

3.1.4. Un effort inutile ?

On a vu que l'argile brute à tablette est disponible en quantités illimitées, sans coût. Elle nécessite une préparation minime et n'est probablement pas utilisée en aussi grande quantité qu'on le pense souvent. M. Tanret[58] donne une idée du nombre de tablettes produites par jour par un scribe opérant dans un contexte privé (approximativement une tous les quelques jours par client). Le nombre est similaire dans les contextes institutionnels. L'écriture de tablettes occupait donc seulement une petite partie du temps

et Taylor 2011 : fig. 5, ME 46955).
[55] Faivre 1995 ; Taylor 2011 : 21-23.
[56] Durand 1986 : 112, 116-117 ; Faivre 1995 : 58-59.
[57] Durand 1986 : 115-117 ; Gasche 1989 : 20.
[58] Tanret 2004.

Figure 10a – Tablette d'exercice scolaire avec des traces d'effacement (d'après Robson 2001 : fig. 9).

dans la journée d'un scribe. Sans doute nombre d'autres activités n'étaient-elles jamais enregistrées dans l'argile. Le recyclage pourrait donc impliquer un effort inutile.

3.2. Réutilisation de l'argile pour l'écriture

Les tablettes d'argile peuvent être facilement réutilisées : elles peuvent être effacées et réécrites ou en remodelant l'argile en une nouvelle tablette. Différents contextes archéologiques ont ainsi révélé des cas de recyclage individuel ou massif.

3.2.1. Recyclage immédiat d'exemplaires individuels : les tablettes scolaires

Ceci est courant pour un type de tablette de la pratique paléo-babylonienne : les tablettes scolaires. Celles-ci illustrent le processus de réutilisations multiples et de recyclage permanent. Leur contenu indique leur caractère éphémère : ce sont des exercices pratiqués par les élèves scribes, ce que corroborent, d'une part, les colophons (ou signatures) de certains d'entre eux, d'autre part, la teneur du contenu – listes de noms, copies de textes, fautes afférentes de l'apprenti. Enfin l'examen des tablettes scolaires, montre qu'elles étaient réutilisées, écrasées et remalaxées de façon répétée. Après de nombreuses utilisations, elles étaient recyclées en ramollissant l'argile dont on tirait une nouvelle tablette. On a trouvé des tablettes à différents stades, déformées, non inscrites, associées à des exercices d'apprenti scribe. Selon le type de texte scolaire et la taille de la tablette, elle pouvait être réutilisée différemment. C'est par exemple le cas

Figure 10b – Tablette scolaire lenticulaire, copie © C. Michel.

des exercices de copie[59] (Figure 10a) et des tablettes lenticulaires (Figure 10b).

Les exercices de copie

Les exercices de copie sont de grandes tablettes crues qui peuvent constituer le travail de plusieurs élèves. La première colonne est toujours de la main du maître. La réutilisation est pratiquée par l'arrachement, avec un

[59] Robson 2001, Taylor et Cartwright 2011 : 311-312, fig. 4-5 (BM 19719, BM 12923, BM 13141, BM 12391).

outil coupant, de la partie écrite par les élèves. Seule le modèle du professeur était conservé[60].

Les tablettes lenticulaires

Les tablettes lenticulaires étaient réutilisées individuellement pour plusieurs inscriptions. L'argile molle était roulée en boule puis aplatie contre la paume de la main, ce qui donnait une tablette ronde, de petites dimensions (de 4,8 cm à 13 cm), à face plate et à revers convexe. L'inscription était effectuée sur le côté plat. Le maître écrivait dans la partie haute et l'élève recopiait dans la partie basse[61]. Après l'exercice, l'argile était réutilisée. L'élève la roulait en une nouvelle boule et l'aplatissait une deuxième fois[62]. La première inscription, qui n'était pas toujours complètement effacée, pouvait apparaître, plus ou moins déformée, sur la face ou le revers de la nouvelle tablette[63].

Les étudiants produisaient donc des tablettes à un rythme beaucoup plus rapide que les administrateurs et leur produit expirait presque instantanément après achèvement de l'exercice, alors que l'argile était encore humide[64].

Dans les contextes scolaires, les étudiants disposaient de grandes quantités d'argile, et un grand nombre de tablettes y ont été trouvées, remalaxées individuellement, stockées temporairement ou agglomérées en noyau. Ainsi dans la Maison F de Nippur, à l'époque paléo-babylonienne (voir plus loin), plus de 1000 tablettes scolaires ont été mises au rebut, individuellement ou en lot, pour être recyclées[65]. On trouve également cette pratique individuelle à Mari, également à l'époque paléo-babylonienne, où une tablette semble avoir été recyclée immédiatement après avoir été écrite, avec des signes à l'intérieur[66]. Une autre tablette, grossièrement pliée, est interprétée comme recyclée[67].

« L'atelier d'artisan » d'Haft Tepe (Hall n° 6), à quelques kilomètres au sud-est de Suse, à l'époque médio-assyrienne, a révélé de nombreuses tablettes scolaires[68]. Les tranchées J XXXIV et K XXXIV ont livré des tablettes inscrites et brisées, exercices de confection de tablettes d'argile, rectangulaires et lenticulaires. La section intérieure de certaines des tablettes brisées montre que l'argile avait été utilisée à plusieurs reprises.

3.2.2. Recyclage en masse : remalaxage

Plusieurs contextes, dans le sud mésopotamien, montrent un souci de recyclage de tablettes d'argile agglutinées et tordues, stockées en masse, en cavité, en jarre ou en coffre, en vue de les remalaxer. On peut mettre en évidence plusieurs cas, entre l'époque d'Ur III et l'époque paléo-babylonienne, sur plusieurs sites, à Nippur, à Ur, ou à Sippar[69].

À Nippur, dans les niveaux de l'époque d'Ur III du temple d'Inanna (fin IIIe millénaire), un coffre de recyclage administratif contenait de l'argile et 34 scellements brisés, des étiquettes et environ une douzaine de tablettes froissées ou brisées (« broken and deliberately crumpled tablets »), parmi lesquelles au moins deux exercices scolaires[70] (Figure 11a). Ce dépôt s'est constitué en une courte période, sur quelques années autour de 2038 av. J.-C. Un petit nombre d'objets subsistaient dans un coffre de 6,25 m^{3}.

À Ur[71], à l'époque de Larsa (début IIe millénaire), dans la zone SM, au sud du Giparku (Figure 11b) deux groupes de tablettes ont été interprétés comme une preuve de recyclage, dans le bâtiment et à l'extérieur du bâtiment. Dans le bâtiment, une pièce pouvait avoir été utilisée à cet usage. L. Woolley et M. Mallowan mentionnent des tablettes d'argile et blocs d'argile pour remalaxer des tablettes scolaires et en faire des nouvelles, notamment un groupe de tablettes abîmées, broyées et tordues en une seule motte[72]. Il n'y avait cependant pas de conteneur d'argile. Beaucoup étaient décrites comme « parfaites », parmi lesquelles quelques tablettes scolaires qui expliquaient peut-être le recyclage.

Selon leur description :

> « ... in the smaller chamber were two contemporary drains, in the larger there were remains of a brick, tomb below the floor, and here too were found masses of clay tablets and lumps clay, all in bad condition and tablets crushed and distorted; it seemed that the room had been used for re-kneading the clay of

[60] Selon Chiera 1916 : 44, qui différencie quatre types de textes (cf. Faivre 1995 : 60, n. 15), les tablettes pouvaient être cuites pour un usage postérieur. Il suffisait de rajouter un peu d'argile sur la partie coupée et de réécrire. On pouvait renouveler l'opération à volonté.

[61] Il existait quelques variantes plus rares (Falkowitz 1984 : 20-21) : modèle du professeur sur la face, copie de l'élève sur le revers ; modèle sur le côté gauche, copie sur le côté droit ; modèle dans la partie supérieure du revers, copie dans la partie inférieure ; colonne comportant le modèle du professeur, copie de l'élève dans la colonne d'en face ; certains modèles comportant textes et lignes, préparés d'avance par le professeur, n'ont jamais été complétés par l'élève.

[62] Falkowitz 1984 : 19-21.

[63] C'est ce que note A. Cavigneaux sur plusieurs tablettes scolaires retrouvées dans le temple de *Nabu ša Harê* à Babylone (Cavigneaux 1981 :16, n°34 ; 24, n°s 112, 114-115 ; 30, n°190 ; 34, n°235).

[64] Gesche 2000 : 57, 241, 264, pl. I, II (BM 36478, BM 36338), tablettes scolaires néo-babyloniennes.

[65] Robson 2001 : 44, fig. 9 (tablette scolaire de la maison F de Nippur).

[66] Villard 1984, ARM 23, 453-585 : n°627.

[67] Charpin 2002 : 39, fig. 6.

[68] Negahban 1994 : 40 fig. 8.

[69] Une première synthèse a été faite dans Faivre 1995 : 61-62.

[70] Zettler 1992 : fig. 18a. Locus (floor 2).

[71] Sur la cité d'Ur, cf. Joannès 2001 : 873-878 ; Sauvage 2020 : 74.

[72] Woolley et Mallowan 1976 : 79-80, n. 1, pl. 116-117.

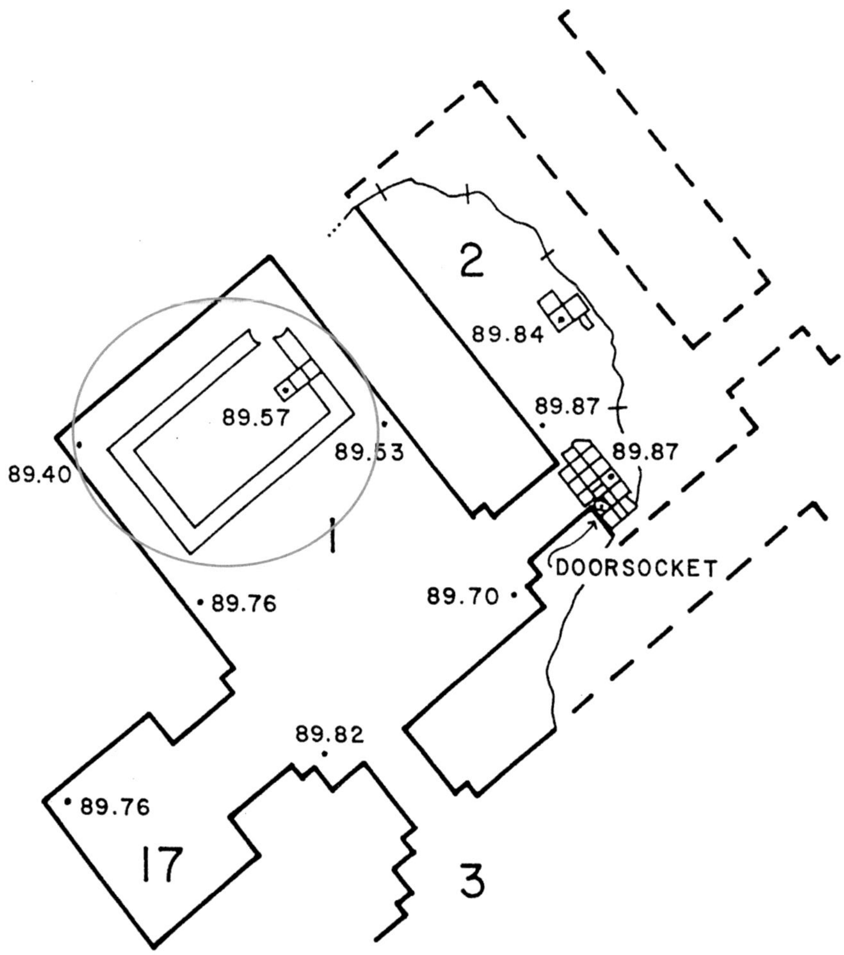

Figure 11b – Nippur : temple d'Inanna, locus 1, sol 2 (époque d'Ur III). Recyclage en masse (d'après Zettler 1992 : fig. 18a).

old and valueless tablets for the manufacture of new ones ».

Il était précisé, en note, que :

« The tablets of the second hoard were for the most part intact whereas these were generally destroyed, several of them being kneaded together into a single lump while others were twisted up and deep finger marks had obliterated most of the writing. They formed a curious mixture, consistent as regards the two lots, and it is probable that both lots were marked for destruction and re-manufacture, but in one case the process had begun, in the other the tablets were waiting their turn. »

D'autres « très nombreuses » tablettes d'argile, hors du bâtiment, contre le mur, avaient été jetées intactes.

À Sippar, dans le coin d'une pièce d'une construction de l'époque paléo-babylonienne (IIe millénaire) interprétée comme une école, le père Scheil, décrit un coffre ou un bassin rempli de tablettes scolaires recyclées au moment de leur découverte[73] :

« ... dans un coin fermé par des briques cuites, le tout formant comme une cave rectangulaire, apparut une masse énorme, compacte et cohérente de tablettes de toutes sortes, hymnes sumériens, listes métrologiques, syllabaires, contrats ; tous documents appartenant à l'époque d'Hammurabi. [...] Une partie des exemplaires étaient restés complets, [...] et avant qu'ils fussent même séchés, on les avait de nouveau gâchés et égalisés avec une sorte de spatule, soit pour s'en servir sous une nouvelle forme, soit pour les mettre au rebut ; les traces des spatules et des doigts et même de l'épiderme y étaient restés visibles. »

Comme elles sont restées sur place, on voit qu'elles portent les marques de différentes réutilisations : les traces de textes effacés montrent qu'elles ont été

[73] Scheil 1902 : 33-34 ; Faivre 1995 : 61 ; Proust 2007 : 38.

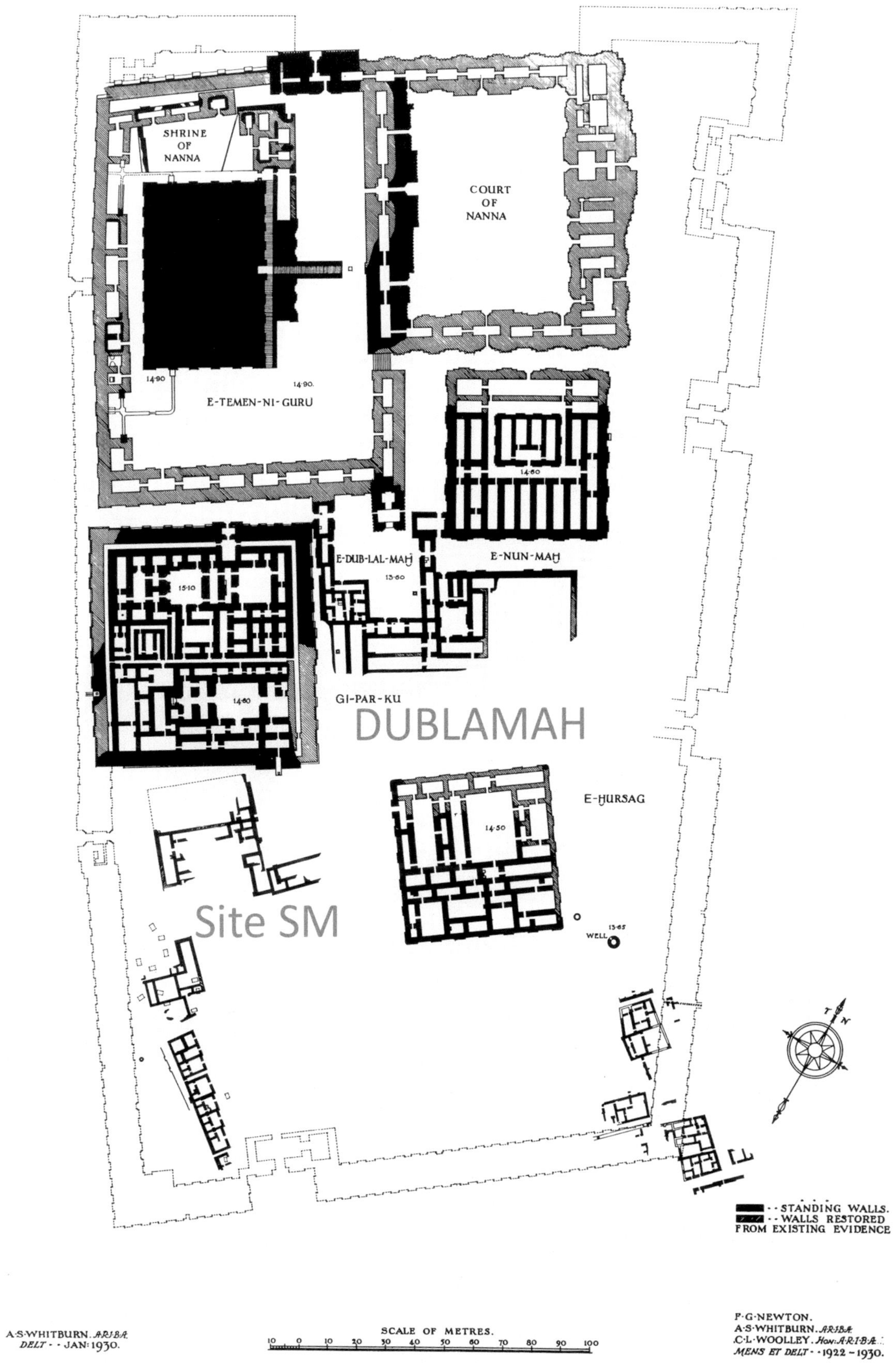

Figure 11a – Ur : plan du « temenos » de l'époque paléo-babylonienne, giparu, Dublamah et site SM (d'après Woolley et Mallowan 1976, pl. 117).

réutilisées plusieurs fois pendant le court temps où elles étaient encore humides.

3.3. *Contextes « scolaires »*

Plusieurs contextes scolaires permettent d'appréhender le recyclage des tablettes sous différentes formes.

3.3.1. *Le quartier des scribes et la Maison F de Nippur (niveau XI)*

De même, à Nippur, un quartier de scribes, constitué de plusieurs maisons (F, G, H) a été fouillé par l'expédition de Chicago-Philadelphie 1951-1952, sur le tell dit « Tablet Hill », dans la zone TA, au sud du temple d'Enlil. Ces maisons ont été construites dès le début du XVIIIe s. av. J.-C., à l'époque de Rim-Sîn de Larsa[74].

Parmi celles-ci, la maison F[75], construite vers 1740 av. J.-C., sous le règne de Samsu-iluna[76], a fourni 1400 tablettes, parmi lesquelles une très grande majorité de textes scolaires (environ 98%). Les autres (2%), seulement quelques dizaines (Figure 12c), sont considérées comme des archives. Quelques tablettes sont de plus archivées dans des jarres pour être conservées, ce qui est exceptionnel à l'époque paléo-babylonienne[77]. Les avis divergent sur le rôle exact de cette maison : école ou non, maison de scribes, lieu d'apprentissage en contexte domestique... La maison, assez vaste, comporte une entrée (203) donnant sur une cour (192) bordée de plusieurs pièces : une salle commune à l'arrière (205) et d'autres pièces plus petites (184, 189, 191, laquelle comporte un *tannour*). Dans le Niveau XI, les tablettes ont été trouvées dans des contextes précis qui attestent de différentes formes dans le processus de recyclage[78].

Remalaxage

Des tablettes encore malléables sont remodelées pour fabriquer de nouvelles tablettes, mélangées à de l'argile pure. C'est pourquoi certaines tablettes sont tordues, froissées ou les signes plus ou moins effacés. Les fouilleurs déclarent, par ailleurs, avoir trouvé de l'argile raffinée en différents endroits (Figure 12c), dans le bassin de la pièce 205 et sur le sol de la pièce 191 (pièce au *tannour*). E. C. Stone en conclut que cette « cuisine » était le lieu où de vieilles tablettes mouillées étaient changées en argile par malaxage pour confectionner de nouvelles tablettes[79].

Réutilisation comme matériau de construction

Des tablettes étaient intégrées dans différentes sortes de dépôts (Figure 12a-e), dans les murs et les installations de la maison, telles que des coffres et banquettes (en particulier dans la pièce 191) ou le rehaussement des sols (205) :

Une banquette. En 205, une banquette (au nord-ouest du bâtiment) avait été construite avec un coffrage de briques crues, et remplie de fragments de tablettes et de débris d'argile pure (*libn*)[80].

Une boîte. Une petite boîte rectangulaire, au sud-ouest de cette banquette, était construite avec des tablettes entières placées horizontalement comme des briques (Figure 12a). Ces deux constructions comportaient un enduit de terre[81]. Ces boîtes fonctionnaient comme des bassins de recyclages dans lesquels de vieilles tablettes pouvaient être jetées pour le trempage, la reformation et la réutilisation[82]. Au total, pas moins de trois structures ont été identifiées comme des bassins de recyclage.

Un coffre de briques. Dans la pièce 192, un coffre de briques (72 × 95 cm), pavé de briques cuites, enfermait une grande jarre contenant des pots plus petits[83], peut-être pour contenir de l'eau destinée à mouiller le linge pour entourer les tablettes non finies. Mais elle n'était certainement pas destinée au recyclage.

Une préparation de sol. Dans cette même pièce 205, le sol a été rehaussé avec une préparation faite de terre, de débris de *lebn* et de tablettes mises au rebut. On a des remplissages similaires dans les pièces 189 et 191 avec des rehaussements de sols et plate-formes de *lebn*.

Une destruction violente

Dans la maison, nombre de tablettes écrasées suggèrent donc une réutilisation de l'argile. La nature des textes scolaires, pose cependant un problème : recyclés de façon automatique et routinière jour après jour, ils ne devraient pas être aussi nombreux, ce qui signifie un arrêt brutal de l'activité[84]. Ainsi un autre type de dépôt semble dû à l'arrêt brutal du fonctionnement normal de l'école : ce sont des tablettes entassées pêle-mêle *in situ* sur les sols (205). Des tablettes qui normalement auraient été détruites, sont ici conservées accidentellement par un événement violent, puisque dans les écoles, il n'est pas d'usage de conserver les « brouillons ». Mais il est difficile d'évaluer ceux qui

[74] Il existe plusieurs publications sur ce quartier de Nippur : McCown et Haines 1967, Stone 1987, Charpin 1990, Postgate 1990, Van Driel 1990, E. Robson 2001, C. Proust 2007 (sur les tablettes mathématiques).
[75] La maison F, en particulier, été publiée par E. Robson 2001: 39-46.
[76] Sur ce souverain, cf. D. Charpin dans Joannès 2001 : 753-754.
[77] Civil 1979 : 8 ; Proust 2007 : 39. On verra plus loin le contexte de la maison d'Ur Utu à Tell ed-Dêr (Gasche 1989 : 19, n. 51).
[78] Stone 1987 : pl. 19 ; Robson 2001 : fig. 3.
[79] Stone 1987 : 57, pl. 19.

[80] McCown et Haines 1967 : 64, pl. 160 F.
[81] McCown et Haines 1967 : 64, pl. 160 E.
[82] Faivre 1995.
[83] McCown et Haines 1967 : 34.
[84] Civil 1979.

Figure 12a – Tablettes formant une « boîte » au S-O de la banquette, TA 205 XI 2 d'après (McCown et Haines 1967, pl. 160 E)

Figure 12b – Tablettes en bordure d'un pot, TA 191 X 4 (McCown et Haines 1967, pl. 160 C).

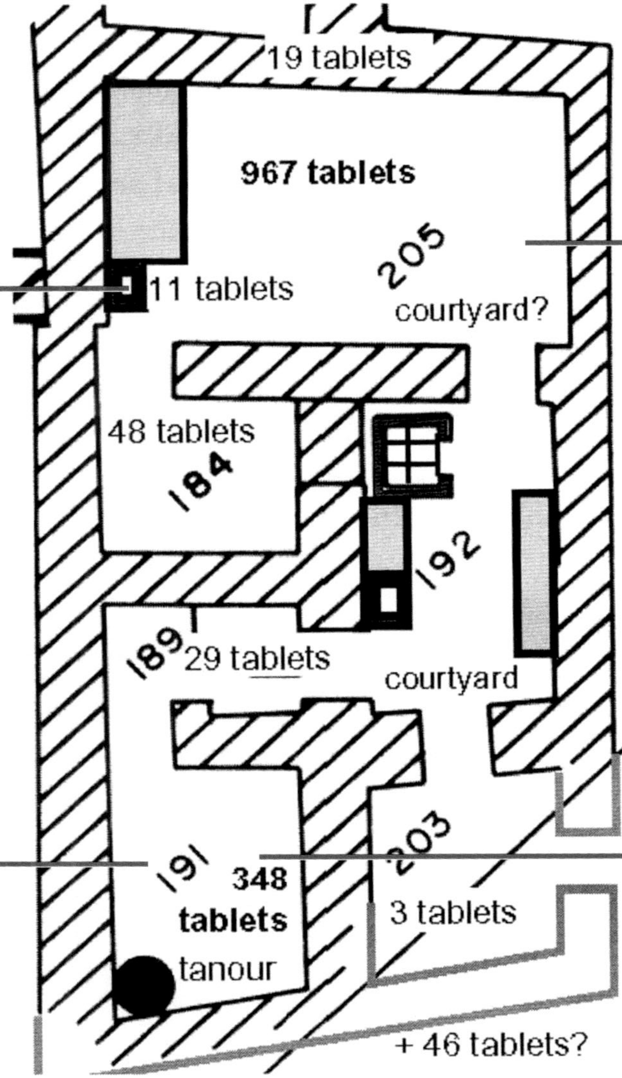

Figure 12c – La maison F de Nippur (zone TA). Époque paléo-babylonienne (d'après Robson 2001 : fig. 3, d'après Stone 1987, pl. 19).

Figure 12d. Tablettes le long du mur sud-est, TA 205 XI 1 (d'après McCown et Haines 1967, pl. 160 F).

Figure 12e – Tablettes du remplissage sous TA 191 X 4 (d'après McCown et Haines 1967, pl. 160 D).

ont été préservés dans ces circonstances. En effet, « abandon brutal et recyclage peuvent se combiner »[85].

En conclusion, les textes scolaires de Nippur sont presque tous des exercices destinés à la destruction ou déjà recyclés (tablettes repétries ou matériaux de construction) d'après leur état très abîmé. De semblables coffres ou bassins de recyclage sont également associés à des tablettes scolaires dans d'autres maisons. D'abord considérée comme une « école de scribe » de l'époque paléo-babylonienne[86], plusieurs publications ont réexaminé ce point de vue et redéfini ce terme d'« école »[87]. Ainsi D. Charpin l'a définie comme un lieu d'enseignement en contexte domestique qui a fonctionné au milieu du XVIIIe s. av. J.-C. puis a été abandonnée après cette date, vers la 10e année de Samsu-iluna (*ca.* 1739 av. J.-C.)[88].

3.3.2. Maison de la famille Ku-Ningal (chantier EM) - N° 7 Quiet Street à Ur

Ce contexte rappelle celui de la Maison de la famille Ku-Ningal (chantier EM) - N° 7 Quiet Street à Ur, décrite par D. Charpin[89]. Celle-ci livre le cas d'une « école » ou le cadre de l'apprentissage scribal, peut-être en milieu privé, sous le règne de Rim-Sîn de Larsa au XVIIIe s. av. J.-C. : 2000 tablettes privées ont été trouvées dans les pièces 6, 7, 9, des tablettes scolaires dans les pièces 3-4, dans la cour centrale et dans la « chapelle »[90]. Comme la maison F de Nippur, cette maison a connu une destruction soudaine. Les tablettes s'arrêtent brutalement avec la destruction par le feu de la maison, en l'an 11 de Samsu-iluna (*ca.* 1738 av. J.-C.).

3.3.3. La maison d'Ur Utu, à Tell ed-Dêr (Sippar Amnānum), chantier E, niveau III

Ceci rappelle le cas analogue, mais plus tardif, du niveau IIIb de la maison d'Ur Utu à Tell ed-Dêr, plus importante, où de semblables coffres ou bassins de recyclage sont également associés à des tablettes scolaires. En effet, la maison d'Ur Utu, à Tell ed-Dêr (l'ancienne Sippar-Amnānum)[91], en Babylonie, fut occupée par deux *gala-maḫ* (chantres) successifs de la déesse Annunītum, Inanna-mansum et son fils Ur-Utu, un siècle après la maison F de Nippur, à l'époque paléo-babylonienne (deuxième moitié du XVIIe s. av. J.-C.).

Un lot de tablettes scolaires y a été dégagé par la mission archéologique belge en Irak, dirigée par L. De Meyer, et recueilli soigneusement, des plus petits fragments aux tablettes anépigraphes.

Un coffre de recyclage

Le plan de la maison est organisé (Figure 13a), comme traditionnellement, autour d'une cour (locus 4) donnant accès à la plupart des pièces. Dans un premier état (niveau IIId), au milieu de la cour et à l'est d'un puisard, les fouilleurs ont trouvé un coffre ou bac trapézoïdal (80 × 75 cm de côté, H. 30 cm) constitué de grandes briques cuites posées à plat, entourées de briques redressées, de manière à rendre le récipient étanche. Ce dernier était rempli d'exercices scolaires et d'argile purifiée : les fragments d'environ 70 tablettes scolaires, morceaux ou pièces déformées, étaient éparpillés à l'intérieur et tout autour[92] (Figure 13b-c). C'est un exemple classique de recyclage, parallèle à celui de la Maison F de Nippur, mais le nombre de tablettes est moins important : de nouvelles tablettes pouvaient être fabriquées à partir des anciennes ou avec la réserve d'argile épurée, selon les besoins de l'enseignement.

Apprentissage de l'écriture

Ce bac indique donc que quelqu'un a appris à écrire dans cette maison. Ce lot reconstitue en effet les trois premiers stades de l'apprentissage de l'écriture cunéiforme. Celui-ci comprenait la familiarisation avec l'argile (préalablement purifiée pour éliminer les éléments intrusifs, petits graviers et fragments de roseau ou de bois), le façonnage des tablettes (l'argile était malaxée et formée en tablette), les essais de calame[93] (servant à imprimer l'écriture sur les tablettes, les premières syllabes, les premiers mots et copies de textes). Des calames en os, ont par ailleurs été trouvés dans la maison[94] (Figure 13d). Différentes tablettes préparées de cette façon, mais encore anépigraphes, attestent de ce stade de l'apprentissage[95]. Apparemment, on a là aussi un cas d'apprentissage de scribe élémentaire, dans le cadre domestique, pour une seule personne, sans doute le propriétaire Ur-Utu lui-même. Ceci concorde avec les conclusions de D. Charpin[96] sur l'enseignement de l'écriture, aussi bien dans le cadre familial que dans celui de l'« école » institutionnelle (l'edubba)[97].

[85] Proust 2007 : 39.
[86] McCown et Haines 1967.
[87] Sur le terme d'« école », Cf. D. Charpin dans Joannès 2001 ; 267-268.
[88] Charpin 1990 : 8.
[89] Charpin 1986 : 27-93 ; 420-434.
[90] Woolley et Mallowan : 137. Plan du site pl. 127.
[91] Tanret 1982, 2011 et Gasche 1989, Gasche et De Meyer 2006.
[92] Tanret 1982, 2002, 2011 ; Gasche 1989.
[93] Roseaux taillés en biseau enfoncés dans l'argile molle de tablette, calame : gi (sumérien), *qanû* (Akkadien) ; sur les calames, en os à section triangulaire, trouvés à Kiš, cf. Langdon 1924 : 95-98, pl. XXIX, 1 ; Joannès 2001 : 215-216 (Cunéiforme) ; cf. aussi Joannès 2001 : 267 (École).
[94] Gasche 1989 : 102, pl. 45, 1-13.
[95] Tanret 2002 : 125-127 ; 2011 : 276.
[96] Charpin 1986 : 486.
[97] Nom sumérien signifiant « maison des tablettes », ce qui est généralement traduit par « école », cf. Lucas 1979 : 309-310 ; Charpin 1986 : 420-423 ; Joannès 2001 : 268 (edubba).

Figure 13a – Tell ed-Dêr. Chantier E. Plan de la Maison d'Ur-Utu et secteur est. Structures du niveau IIId (d'après Gasche 1989 : plan 2).

Figure 13b – Tell ed-Dêr. Chantier E (locus 4) : bassins de briques cuites contenant des textes et des fragments de tablettes scolaires (d'après Gasche 1989 : pl. 9, haut).

Figure 13c – Tell ed-Dêr. Chantier E (locus 4) : bassins de briques cuites vidé, paroi nord démontée (d'après Gasche 1989 : pl. 9, bas).

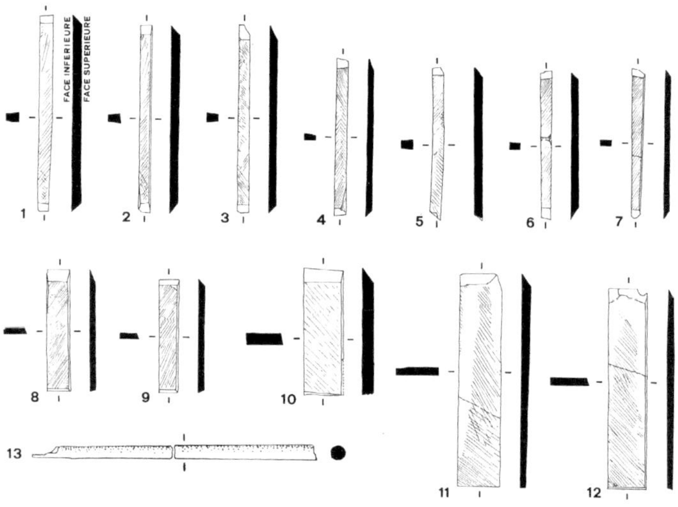

Figure 13d – Tell ed-Dêr. Chantier E : calames (d'après Gasche 1989 : 102, pl. 45, 1-13).

Figure 13e – Tell ed-Dêr. Chantier E : tablettes provenant d'une boîte en matériau périssable (d'après Gasche 1989 : pl. 14.2).

Une fin brutale

Comme dans les cas précédents, on a là aussi une fin brutale par incendie. Après le niveau IIId, il n'y a pas trace d'apprentissage. Des rénovations postérieures ont eu lieu pendant lesquelles le coffre d'argile a été brûlé. L'ensemble de la cour a été recouvert par un sol, vers 1629 av. J.-C. L'occupation n'aura duré qu'environ un an et demi et a été interrompue par un incendie. De nombreuses tablettes trouvées au pied des murs et banquettes, formant les archives d'Ur-Utu, gisaient en différents endroits de la maison. Certains groupes de tablettes toujours empilés montrent qu'ils devaient être originellement rassemblés dans une boîte en matériau périssable, peut-être de roseau[98] (Figure 13e). Le propriétaire avait sans doute mis au rebut sa documentation périmée.

3.3.4. L'« école » de Suse : lieu d'enseignement de l'écriture ou atelier de préparation de l'argile ?

À Suse, un dernier cas similaire, de l'époque paléo-babylonienne, plus ou moins contemporain, et décrit comme une « école » par le fouilleur, R. Ghirshman[99], apparaît comme une preuve supplémentaire de recyclage d'argile de tablettes mais aussi de stockage d'argile pure en grande quantité. Il est décrit par H. Gasche et L. de Meyer, mais les exemples sont différents des précédents[100].

Apprentissage de l'écriture et recyclage de tablettes

Dans un bâtiment du niveau XIII (Figure 14a), plusieurs dépôts d'argile mélangée à de nombreux fragments de tablettes scolaires ont été trouvés ; ce sont exercices allant de pratiques basiques du calame à des exercices plus avancés. De petits fragments de textes étaient noyés dans une masse d'argile réduite en petits morceaux. Ces débris étaient soit mis en dépôt dans une jarre, soit amassés sur un pavement de la cour (locus 155a)[101], ou bien encore entassés dans la rue, au pied de la façade sud-ouest de l'école (locus 109)[102]. À l'extrémité sud-ouest d'un vestibule (locus 156), dans une grande jarre encastrée dans le sol sur une profondeur de 40 cm, se trouvaient environ 220 kg d'argile pure, morceaux mêlés de fragments de tablettes scolaires. Certains portaient des essais d'écriture[103], mais les plus nombreux étaient anépigraphes[104]. Ces tablettes, ayant trait à l'enseignement de l'art d'écrire, étaient ainsi comparables aux textes de la maison d'Ur-Utu à Tell ed-Dêr[105].

Stockage d'argile

Trois jarres placées sous les sols de bâtiments plus anciens (niveaux XV et XIV), situés de l'autre côté de la rue, contenaient de petits barillets d'argile qui ont pu servir à préparer des tablettes ou des objets en argile[106] (Figure 14a-g). Cette pratique de placer

[98] Gasche 1989 : pl. 14-2 ; Tanret 2011 : 281, fig. 13.2.
[99] Ghirshman 1964.
[100] Gasche et De Meyer 2006.

[101] Épaisseur : 40 cm, volume : env. 100 l., 200 kg de matériaux (Gasche et De Meyer 2006 : 364).
[102] Gasche et De Meyer 2006 : 367.
[103] Gasche et De Meyer 2006 : 365-366. Certaines étaient des copies de listes lexicales ur_5-ra = *hubullu* de la section consacrée au bois (giš).
[104] Pour la localisation des concentrations d'argile, barillets et tablettes scolaires, cf. Gasche et De Meyer 2006 : 371-373, fig. 1-5.
[105] Tanret 2011.
[106] Gasche 1973 : pl. 43-8, 47-1, 68, 1-3 ; Gasche et De Meyer 2006 : 368,

Figure 14a – « L'école de Suse »
(d'après Gasche et De Meyer 2006).

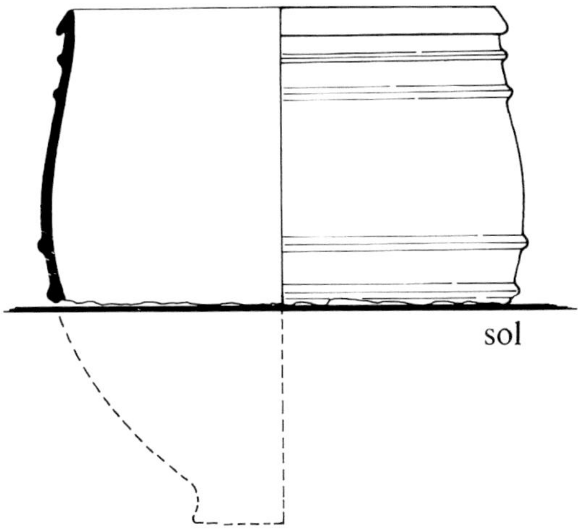

Figure 14b – « L'école de Suse »
(d'après Gasche 1973 : pl. 43-8).

des jarres sous les dallages et sols des maisons est un procédé également connu à Tell ed-Dêr[107] : logées sous le vestibule, près de l'entrée des maisons ou sous les chambres, elles maintenaient dans un état de fraîcheur l'eau ou des barillets d'argile, peut-être destinés à la fabrication des tablettes. Des barillets semblables, contenus dans certaines jarres des niveaux XV à XIII, ont été comparés à des fragments de tablettes scolaires. Les résultats ont montré qu'il s'agisssait d'une marne très semblable[108]. D'autres barillets, dans les niveaux XIV et XIII, étaient déposés dans une poche aménagée dans le sol d'une pièce. Ils ont été analysés et considérés comme proches de fragments de tablettes scolaires.

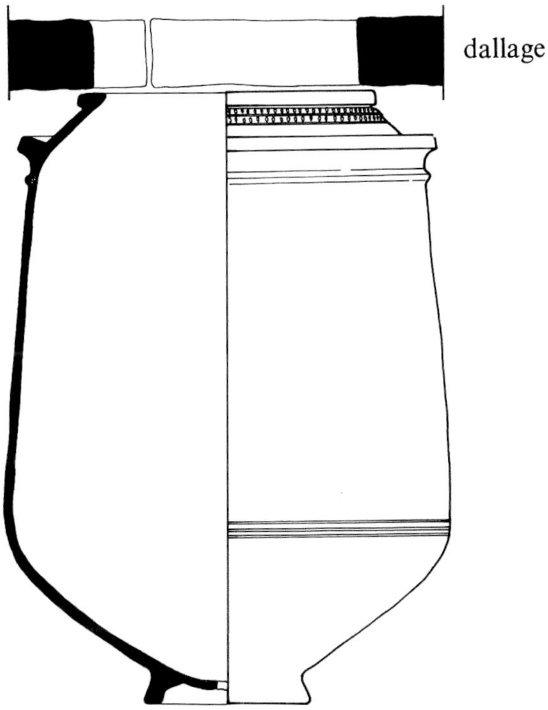

Figure 14c – « L'école de Suse »
(d'après Gasche 1973 : pl. 47-1).

372, fig. 3-4.
107 De Meyer *et al.* 1971 : 34-35, pl. 23-1 et 24 ; Gasche 1973 : 54, n. 6.
108 Gasche 1973 : 54, n. 8.

Figure 14d – « L'école de Suse » (d'après Gasche 1973).

Figure 14e – « L'école de Suse », Niveau A XIII, jarre 156 (d'après Gasche et De Meyer 2006).

Figure 14f – « L'école de Suse » (d'après Gasche 1973).

Figure 14g – « L'école de Suse » (d'après Gasche et De Meyer 2006).

De grandes quantités d'argile

Sur l'activité de l'« école » de Suse, les données réunies orientent vers une solution assez inattendue. Plus de 400 kg d'argile et de débris de tablettes ont été trouvés dans le bâtiment. Une quantité égale a été trouvée dans la rue. On avoisine ainsi 1 tonne de matériaux argileux ! Ici le recyclage de tablettes ne semble pas avoir tenu de place importante. Il semble être réduit aux tablettes scolaires et scellements, très minoritaires par rapport au total d'argile trouvée ici. Or le mélange de tablettes et d'argile fraîche pose plusieurs questions : pourquoi autant d'argile ? pourquoi un mélange d'argile fraîche et de textes ? pourquoi le besoin d'argile fraîche ? faisait-ton de nouvelles tablettes à partir d'anciennes ?

Une très grande quantité d'argile était nécessaire pour répondre à la demande, ce dont les textes se font l'écho[109]. L'argile ancienne était insuffisante et apparemment inadéquate. De même, le mélange d'argile raffinée, pour les tablettes, et d'argile brute s'explique également : en examinant des cassures de certaines tablettes épistolaires de Mari (*supra*), particulièrement de format oblong, on a maintes fois remarqué l'application superficielle, pour l'écriture, d'une argile très fine sur un noyau d'argile moins épurée où subsistent parfois des graviers[110]. Des remarques similaires ont été faites à Tell ed-Dêr et à Suse, en observant que quelques tablettes, particulièrement des lettres, avaient une fine couche d'argile enroulée autour d'un noyau de moins bonne qualité[111]. Des argiles de différentes qualités étaient donc nécessaires pour former de nouvelles tablettes et le noyau, les plus fines étant destinées à la couche supérieure.

[109] Durand 1986 : 116 ; Faivre 1995 : 57 ; Kupper 1998 : 155.
[110] Faivre 1995 : 58.
[111] Gasche et De Meyer 2006 : 538.

Plusieurs hypothèses ont été formulées : 1) L'« l'école de Suse » était une maison où l'on enseignait l'art d'écrire dans cadre familial. C'est l'hypothèse de H. Gasche[112] proche des cas mentionnés ci-dessus. 2) Le bâtiment n'est pas domestique, mais apparaît comme une installation de travail de l'argile en quantité industrielle, destinée à servir un grand bâtiment administratif situé à l'est. Pour J. Taylor, il n'est pas sûr qu'elle n'était vouée qu'à la confection des tablettes. L'argile était aussi peut-être affectée à un atelier de poterie situé de l'autre côté de la rue et comportant un four[113]. Ceci pose le problème du lien entre les différents acteurs de l'argile collectif, potiers et scribes, qui ne nécessitaient pas les mêmes qualités d'argile. Enfin il est clair que les coffres de briques ou les jarres fonctionnaient comme des réserves d'argile. Mais cela n'impliquait pas systématiquement le recyclage.

3.4. Les réutilisations définitives dans la construction : contextes de textes mis au rebut

Puisque le recyclage de l'argile des tablettes s'intégrait dans un processus normal d'économie, les textes mis au rebut réemployés dans la construction forment la dernière étape, rupture définitive de ce cycle de réutilisation. Celle-ci pouvait avoir lieu de deux façons :

- *une extinction naturelle*, comme c'est le cas des archives mortes. Certains types de textes comme les enregistrements étaient régulièrement triés et déclassés[114] ; on a vu que les textes scolaires étaient recyclés puis jetés. En effet, après plusieurs recyclages, l'argile n'était plus assez malléable pour être malaxée. Le processus devait alors être abandonné.
- *un arrêt brutal*, un événement catastrophique, incendie ou destruction violente, pouvait mettre fin à l'activité du lieu. C'est le cas des archives mortes prises dans un incendie postérieur à leur abandon, ou des archives vivantes qui ont pu être réutilisées comme éléments de construction. Les tablettes ont pu être intégrées dans le rehaussement de sols postérieurs.

3.4.1. Éléments de constructions

Pavement

Dans certains cas, des tablettes ont réellement servi d'éléments de construction et l'ont alors parler de démarche volontaire de recyclage. Ainsi à Babylone, d'après une information non publiée de Ramadan El Kott, que m'a transmis F. Joannès, un escalier avait

[112] Gasche 1973.
[113] Taylor 2011.
[114] Charpin 1984 : 50-51.

été entièrement tapissé de tablettes converties en véritablement pavement.[115]

Banquette

On a noté plusieurs exemples de tablettes prises dans des banquettes d'argile : à Mari environ une soixantaine de textes économiques ont été trouvés dans une banquette d'argile de la salle 116 ayant servi de support de jarre[116].

On a de même évoqué plus haut, dans la Maison F du quartier des scribes de Nippur (niveau XI), plusieurs installations dans la pièce 205 (sol 2) : une banquette construite par un mur de briques crues comblée de tablettes cunéiformes cassées et de débris de de *leben*. Près de celle-ci, un petit coffre avait été construit avec des tablettes disposées horizontalement à la manière de briques de construction et enduites de terre[117] (Figure 12).

Sols

Le sol 1 de la même pièce (205) avait été construit d'un remplissage de terre contenant des tablettes de rebut éparpillées. De nombreuses tablettes y avaient été trouvées près du mur nord-est[118]. Au niveau X, le sol 4 de la pièce 191 était aussi constitué d'un important remplissage de tablettes d'argile entières ou fragmentaires[119]. Ceci nous introduit à d'autres cas de préparations de sols (Figure 12).

3.4.2. Préparations de sols

On a noté ici plusieurs cas de tablettes prises dans le remplissage des sols, de nord en sud, à Tell Beydar, dans le Triangle du Khabur, à Terqa et à Mari, sur le moyen Euphrate et enfin à Ur et à Babylone, dans le sud mésopotamien.

Dans le Triangle du Khabur : Tell Beydar

À Tell Beydar, dans un quartier d'habitat privé (chantier B) composé de 5 maisons : sous le sol d'une de ces maisons, on a trouvé 90 fragments de tablettes pré-sargoniques composant 65 documents originaux. Leur situation sous un sol, et mêlées à quantité de tessons et coquillages, tend à prouver qu'il s'agit d'une archive morte[120].

Sur le Moyen Euphrate : Mari et Terqa

À Mari, dans le Chantier A (Palais Oriental) à la phase amorrite (XVIIIe s. av. J.-C.), une cinquantaine de tablettes économiques, entières ou fragmentaires, de l'époque de Zimrî-Lim ont été découvertes dans un sol de terre (locus XXXIX) et dans les interstices d'un seuil dallé (locus XXXVIII) (Figure 16)[121]. Par ailleurs, quelques centaines de textes de l'époque de Zimrî-Lim formaient un remblai dont les sols furent rehaussés à l'époque assyrienne[122].

De même, à Terqa, chantier F, les archives de Puzurum, à la fin du XVIIIe s., sont formées de tablettes mises au rebut dans une pièce dont un incendie a fait écrouler la toiture. Les débris où s'intégraient les tablettes avaient été nivelés et compactés et de nouveaux sols aménagé[123] (Figures 15a-b).

En basse Mésopotamie : Ur

À Ur, dans le Temple de l'époque de Larsa (Giparku, pièce A.13), de nombreuses tablettes de l'époque d'Ur III ont été trouvées entre deux pavements, couvertes de sel et en mauvais état : mélange de textes administratifs de l'époque d'Ur III (XXIe s. av. J.-C.) et exercices scolaires paléo-babyloniens, tous en mauvais état, écrasés et tordus. Des documents administratifs de l'époque de Larsa, ont été découverts sur un sol, qui s'est révélé être en fait en remblai[124] (Figure 11a).

Toujours à Ur, dans le complexe du Dublamah (à l'est du Giparku), dans la pièce n°8, l'expédition découvrit un nombre considérable de tablettes datant également de l'époque d'Ur III. La pièce fut appelée de ce fait par L. Woolley « Registar's Office », celui-ci pensant qu'elles étaient tombées d'une étagère. Or les murs sont postérieurs aux tablettes, ce qui montre qu'elles ne pouvaient se trouver *in situ*. C'est parmi des murs plus anciens, sous les précédents, qu'ont été trouvées les tablettes, utilisées comme remblai au moment de l'installation du dallage[125]. Elles provenaient d'un autre endroit du site[126].

À Ur également, une situation assez semblable apparaît dans la maison n°1 Broad Street où des tablettes ont été mises au rebut dans une préparation de sol, peut-être venues d'ailleurs. La maison a tout d'abord été décrite par Woolley comme une « école ». En effet, l'inventaire des tablettes trouvées et leur nombre

[115] Faivre 1995: 64.
[116] Faivre 1995: 64.
[117] Mc Cown et Haines 1967, pl. pl. 160F.
[118] Mc Cown et Haines 1967, pl. 160F.
[119] Mc Cown et Haines 1967, pl. 160C.
[120] Bluard 1994 : 13.

[121] Margueron *et al.* 1993 : 13-14.
[122] Charpin 1984 : 51.
[123] Buccellati 1983 : 52, 62, fig. 3 ; Rouault 1984 : fig. 3.
[124] Woolley et Mallowan 1976, p. 42, 46, pl. 116-118. À Ur, on a déjà vu plus haut le recyclage en masse sans coffre dans la zone SM au sud du Giparku (Woolley et Mallowan 1976, p. 80, n. 1, pl. 116-117).
[125] Charpin 1986 : 483-484.
[126] D'après Jacobsen 1953 : 125-128, elles proviendraient du magasin royal (é-kišib-ba lugal).

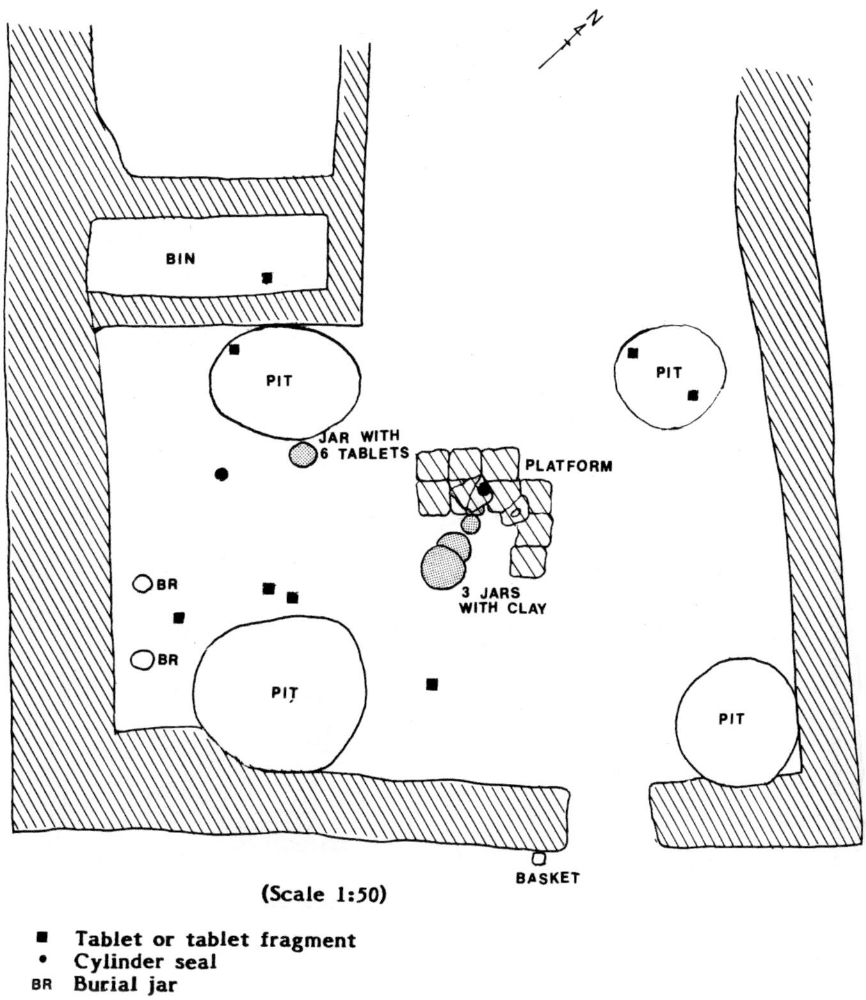

Figure 15a – Terqa, zone F. Installation de scribe (époque paléo-babylonienne (d'après Buccellati et Kelly-Buccellati 1983 : 62, fig. 3).

Figure 15b – Installation de scribe (époque paléo-babylonienne (d'après Buccellati et Kelly-Buccellati 1983 : 52).

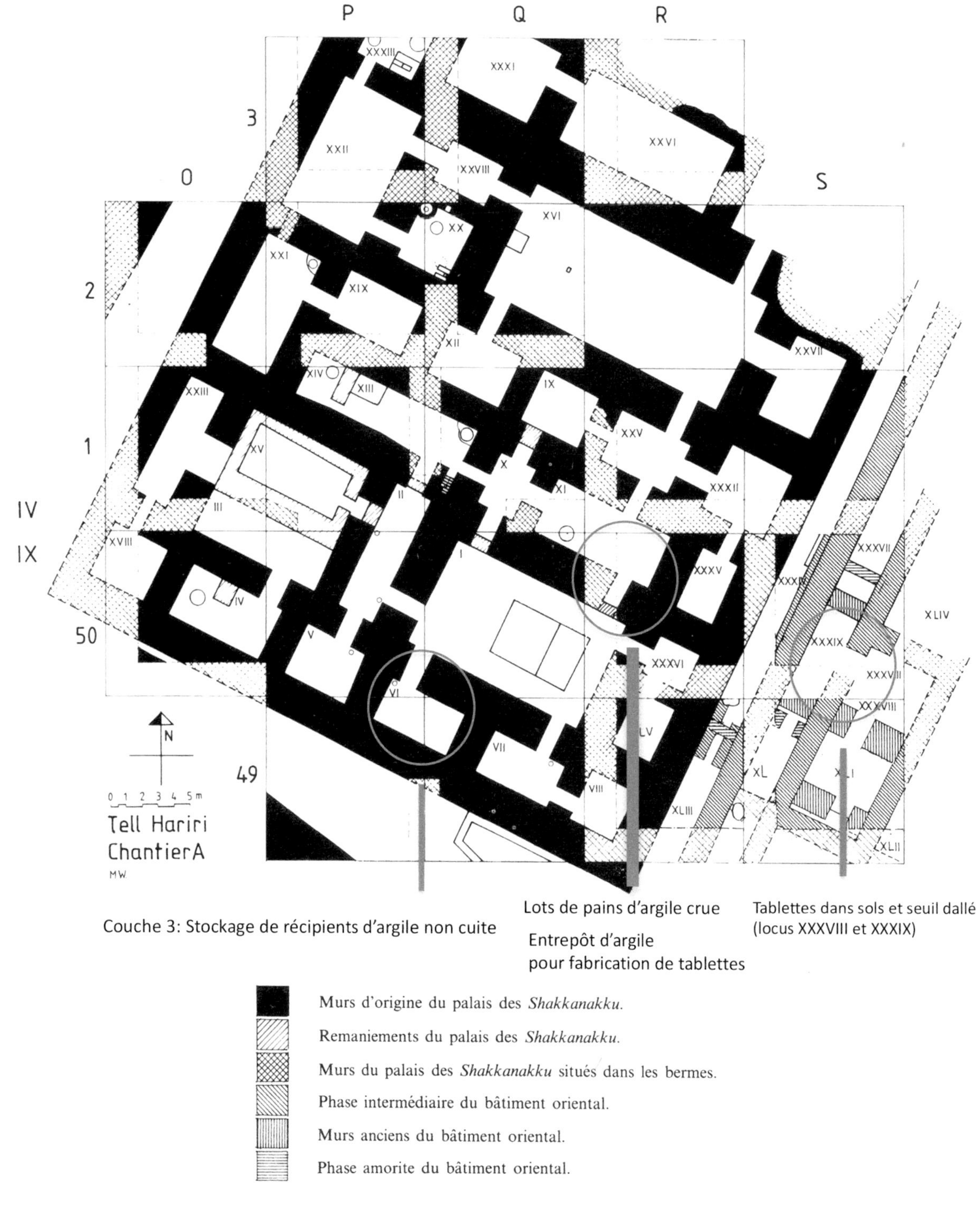

Figure 16 – Petit Palais oriental (IX R 50). Plan du chantier A. Localisation de concentration d'argile crue. D'après Margueron *et al.* 1993 : 13-14, fig. 2.

se rapproche le plus de ce que l'on trouve dans le contexte d'écoles[127]. Présentées dans un premier temps comme l'archive et la bibliothèque d'un prêtre, nommé Igmil-Sîn, ces tablettes scolaires mêlées à des textes administratifs semblent avoir été mises au rebut. D'après D. Charpin, c'est la seule solution qui permet d'expliquer la conservation d'un si grand nombre de tablettes scolaires, et en particulier de lentilles. Comme l'a énoncé M. Civil[128], à propos des données de Nippur, et comme on a pu l'observer dans les contextes précédents : dans l'activité normale d'une école, les tablettes ne sont pas gardées longtemps et appelées à être détruites au fur et à mesure par effacement, puis remodelage de la tablette, pour économiser l'argile[129]. À moins qu'un événement soudain n'interrompe cette activité. Aucune trace d'incendie notoire n'a été ici révélée par Woolley et les tablettes ne sont pas postérieures à l'an 35 de Rim-Sîn (vers 1789 av. J.-C.). Il n'y a donc pas d'événement brutal connu ayant permis la conservation de tant de textes scolaires ; le nombre ne s'explique que si les tablettes ont été mises au rebut. Si elles n'ont pas été trouvées *in situ*, elles ne sont pas forcément contemporaines les unes des autres ou ne proviennent pas forcément d'un lieu unique. La question principale est donc celle de la date du rebut. Woolley a noté des signes d'occupations postérieures. Ce peut être au cours du réaménagement du n°1 Broad Street que « l'on aurait utilisé des centaines, sinon des milliers, de tablettes, par paniers entiers, afin de rehausser le niveau des sols[130]. »

3.4.3. Babylone : le temple de Nabû ša harê ou « la fin des tablettes »

Enfin un dernier cas est particulièrement intéressant parce qu'il boucle le cycle de vie de la tablette, de sa fabrication à sa réutilisation dans la construction : c'est le cas du temple de *Nabû ša harê* à Babylone. Des tablettes scolaires ont été retrouvées dans différents sols et comblements du temple de *Nabû ša harê* à Babylone, daté de l'époque néo-babylonienne et peut-être poursuivi aux époques achéménide et séleucide[131]. Ce temple a été mis au jour en 1979 par les archéologues irakiens puis fouillé par une équipe irako-italienne en 1987 et 1989 et restauré (Figure 17a-b). Il se situe au nord de la ville dans le quartier de Kadingirra, au nord du quartier d'Eridu (entre l'Esagil et le palais sud, sur la voie processionnelle d'Ištar, à la hauteur du temple d'Ištar d'Akkad[132] (Figure 17c). La grande majorité avait été utilisée comme remplissage entre deux sols principaux, au nord-ouest du bâtiment. Celui-ci était conservé sur deux niveaux. S'il ne restait rien de la partie supérieure construite en briques cuites, en revanche la partie inférieure était très bien conservée : elle avait été comblée après le vidage, à l'exception des tablettes qu'elle contenait, celles-ci étant en contexte secondaire, ayant servi de préparation de sol.

Les textes découverts sont très homogènes : avant leur réemploi comme préparation de sol, leur fonction originelle était celle d'un « dépôt vif ». Ce sont des textes scolaires d'apprentis scribes, qui représentent les premières étapes du cursus de l'étudiant, mais aussi des exercices d'apprentissage des rudiments de la lecture et de l'écriture. Certaines montrent un niveau de connaissance très élémentaire[133].

Ce qui est particulier à ces textes (Figure 17d), publiés par A. Cavigneaux[134], c'est qu'ils comportent des colophons (signatures / dédicace) en fin de tablette, qu'on ne peut attribuer à des débutants, puisqu'assez compliqués. L'apprenti fait un exercice qui est complété par une personne déjà formée (maître, élève plus avancé ou membre de la famille) et toujours structuré (en tout ou partie) selon les mêmes éléments. La tablette était destinée au portier du temple de Nabû, le « scelleur de porte » (*kanak bābi*), et placée dans un récipient (*gunnu*), vraisemblablement un panier, une jarre[135], un coffre – et non un bâtiment comme cela avait été pensé tout d'abord –, peut-être à l'occasion d'une cérémonie. Ces documents font écho à d'autres textes similaires déjà mentionnés[136], à Babylone[137] et sur d'autres contextes babyloniens, comme le Temple de Nabû à Borsippa[138] ou le temple de Šamaš à Sippar[139]. Ils retracent toutes les étapes de la tablette, de l'argile pure au recyclage du document dans l'architecture, comme en témoigne le document suivant (Figure 17e-f) :

MMA 86.11.362[140]

7' Il ramassa de <l'argile> en pleine nature, dans un lieu pur ; il écrivit sa tablette et 8' la plaça dans le temple de Nabû-ša-harê, la maison de son seigneur, dans le récipient *gunnu* et pour le portier *kanakku* 9' de l'Esagil. Ô tablette, quand tu entres, entercè[de et prononce] 10' des choses bonnes pour Êdu-ēṭir, le fils de Bēl-balāssu-iqbi de la famille de [...].

[127] « Le cas du n°1 Broad Street qui se rapproche le plus de l'image de l'eduba décrite dans différents "essais" par le nombre et la diversité des textes... » (Charpin 1986 : 485).
[128] Civil 1979 : 7-8.
[129] Charpin 1986 : 433.
[130] Charpin 1986 : 484-485.
[131] Cavigneaux 1981 ; Gesche 2000 ; Clancier 2009.
[132] Cf. Joannès 2001 : 111-114 ; Sauvage 2020 : 130.

[133] Un seul signe « bad » « a », des listes de dieux, de noms, des modèles de différents types de textes, lettres, contrats, comptabilité
[134] Cavigneaux 1981b.
[135] Le déterminatif dug des vases d'argile apparaît dans plusieurs textes, noté par Gesche 2005.
[136] Cf. la mention de ces colophons dans la contribution de X. Faivre « Les mots pour dire l'argile... », ce volume.
[137] Cavigneaux 1981a, 1981b ; Gesche 2000, 2005.
[138] Cavigneaux 1996 ; Gesche 1995. Cf. Joannès 2001 : 140-141 (Borsippa).
[139] Gesche 2000 ; George 2010 : 274-279. Cf. Joannès 2001 : 782-784 (Sippar).
[140] Gesche 2005 : 258, n°65, pl. 86-87.

Figure 17a – Babylone. Temple de *Nabû ša harê* restauré.

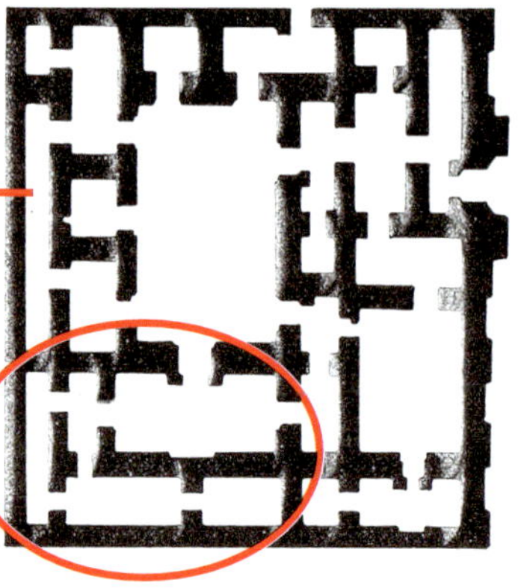

Figure 17b – Babylone, plan du temple de *Nabû ša harê* (d'après Wiseman 1985-1991 : fig. 9).

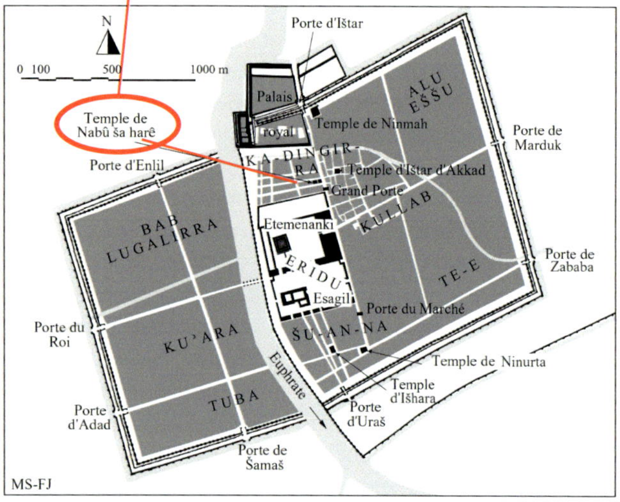

Figure 17c – Plan de Babylone à l'époque néo-babylonienne, © M. Sauvage, *in* Joannès 2001: 113.

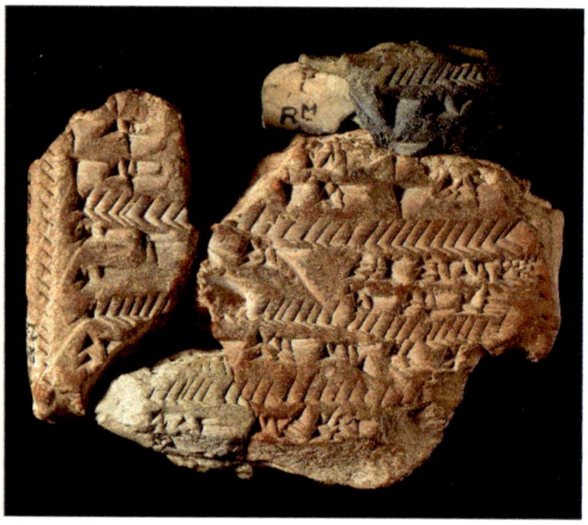

Figure 17d – Tablette scolaire (Fin du Ier millénaire av. J.-C., Babylone, prob. Temple de *Nabû ša harê*, Londres, British Museum, BM 32620 (d'après Gesche 2000 : 222-224).

Conclusion

Dans tous ces contextes, on a une majorité de textes scolaires, transmis accidentellement, car ils auraient dû être éliminés au fur et à mesure, par des événements violents qui ont arrêté subitement une activité ; ou encore par des déstockages de surplus, comme ces ex-votos de Babylone.

Ces exercices scolaires, offerts en ex-voto, sont pertinents pour conclure notre propos, car ils résument toute la chaîne opératoire et les avatars d'une tablette, du prélèvement de l'argile à la carrière sacrée, « lieu pur », de l'écriture de la tablette, jusqu'à sa mise au rebut et sa réutilisation dans la construction de sols. C'est donc un retour à sa matérialité, un retour définitif à l'argile, qui signe sa fin de vie en quelque sorte.

Mais mieux encore, pour renforcer cette matérialité, l'image positive d'une ascension possible dans les métiers de l'argile : sensiblement à la même époque, à l'époque néo-babylonienne, on apprend par le colophon du « Vocabulaire de Berlin », similaire à ceux mentionnés ci-dessus, qu'un semblable apprenti, fils de potier, né dans l'argile, a pu s'élever dans la hiérarchie sociale, et parvenir à la profession de scribe[141]. La boucle est bouclée.

[141] Reisner 1894 : 151-152 « According to a tablet which Nabû-ahî) bulliṭ son of the potter had written and collated according to two tablets (both copies of) the (same) original from Šubat-Nabî..." ; mentionné par Barrelet 1968 : 17, 26-28, n. 2. Elle note de plus (d'après Schneider 1946 : 64, 86) que les scribes, à une période plus ancienne, à l'époque d'Ur III, appartenaient à la bourgeoisie.

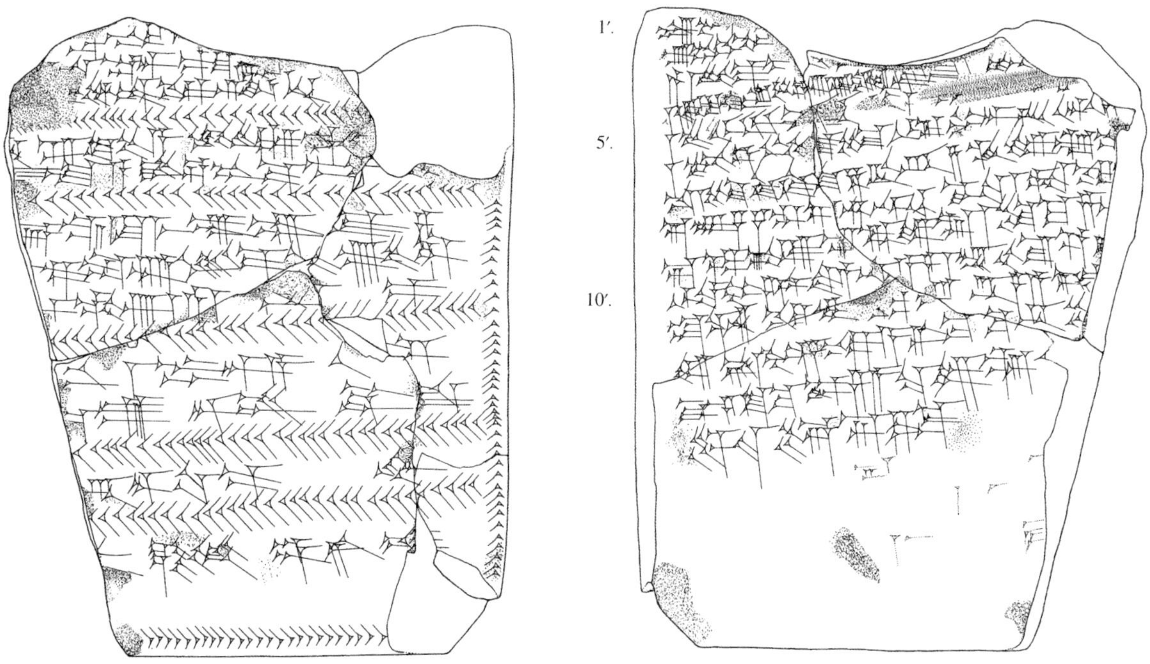

Figure 17e-f – Tablette scolaire (Fin du Ier millénaire av. J.-C.), Babylone, Temple de *Nabû ša harê* (d'après Gesche 2005 : 258, pl. 86-87, n°65).

Xavier Faivre
Ingénieur de recherche au CNRS
UMR 7041 Archéologies et sciences de l'Antiquité (ArScAn)
Équipe Histoire et archéologie de l'Orient cunéiforme (HAROC)
MSH Mondes
21 allée de l'Université
F-92023 Nanterre Cedex
xavier.faivre@cnrs.fr

Bibliographie

Arnold, D. et J. Bourriau (éd.) 1993. *An Introduction to Ancient Egyptian Pottery*. Sonderschrift 17. Mayence : Philipp von Zabern.

Barrelet, M.-T. 1968. *Figurines et reliefs de terre cuite de la Mésopotamie antique, Vol. I : Potiers, termes de métiers, procédés de fabrication et production*, Paris.

Béranger, M. 2018. Fonctions et usages des enveloppes de lettres dans la Mésopotamie des IIIe et IIe mil. av. J.-C. (2340-1595 av. J.-C.). *Épistolaire* 44 : 25-43.

Béranger, M. 2019. Du signe à l'enveloppe. *L'enseignement* du genre épistolaire à l'époque amorrite d'après un nouveau modèle de lettre scolaire avec enveloppe, *in* G. Chambon, M. Guichard et I. Langlois (avec la participation de T. Römer et N. Ziegler), *De l'argile au numérique. Mélanges assyriologiques en l'honneur de Dominique Charpin. PIPOAC* 3 : 125-168.

Beyer, D. 1983, Stratigraphie de Mari : remarques préliminaires sur les premières couches du sondage stratigraphique (chantier A), *MARI* 2 : 37-58.

Biggs, R. D. 1974. *Inscriptions from Tell Abu Salabikh (with a chapter by. D. P. Hansen)*. Chicago, Londres : University of Chicago Press.

Black, J. A. 1991. Old Babylonian Grammatical Texts (*OBGT)*. Tablet III.

Blondel, N. 2014. *Céramique : vocabulaire technique*. Paris : Monum, Éditions du patrimoine.

Bluard, C. 1994. Tell Beydar : compte rendu des activités d'une mission européenne en Syrie orientale, *Orient-Express*, 94/1 : 12-14.

Buccellati, G. et M. Kelly-Buccellati 1983. *Terqa: the first eight seasons, Annales Archéologiques Arabes de Syrie* 33 : 47-67.

Cartwright, C. et J. Taylor 2011. Investigating Technological and Environmental Evidence from Plant Remains and Molluscs in Cuneiform Tablets. *The British Museum Technical Research Bulletin* 5 : 67-72.

Cavigneaux, A. 1981a. Le temple de Nabû ša ḫarê. Rapport préliminaire sur les textes cunéiformes, *Sumer* 37 : 118-126.

Cavigneaux, A. 1981b. *Texts from Babylon : Textes scolaires du temple de Nabû sa Harê, Vol. I*. Bagdad.

Cavigneaux, A. 1983. Lexikalische Listen. *RlA* 6 : 609-641.

Cavigneaux, A. 1985. *Nabû* ša *Ḫarê* Temple and Cuneiform Texts. *Sumer* 41 : 23-30.

Cavigneaux, A. 1996. Un colophon de type *Nabû* ša *harê*. *Acta Sumerologica* (*ASJ*)18 : 23-30.

Cavigneaux, A. 2008. Les fouilles irakiennes : le temple de Nabû sha Harê, *in* B. Salvini, *Babylone*, Paris : 531-532.

Charpin, D. 1984. Les archives du palais, *Histoire et archéologie. Les dossiers n° 80. Éblouissante richesse de Mari sur l'Euphrate* : 49-51.

Charpin, D. 1986. *Le clergé d'Ur au siècle d'Hammurabi (XIXe-XVIIIe siècles av. J.-C.)*. HEO 22. Genève/Paris : Droz.

Charpin, D. 1990. Un quartier de Nippur et le problème des écoles à l'époque paléo-babylonienne (suite), *Revue d'Assyriologie et d'archéologie orientale* 84/1 : 1-16.

Charpin, D. 2004. Lire et écrire en Mésopotamie : une affaire de spécialistes ? *in* : *Comptes rendus des séances de l'Académie des inscriptions et Belle Lettres, 148e année* : 481-508.

Chiera, E. 1916. List of Personal Names from Nippur, *PBS* 11, Philadelphie.

Chiera, E. 1929. Sumerian Lexical Texts from the Temple School of Nippur, *Oriental Institute Publications* 11. Chicago : The University Press.

Civil, M. 1969. *The Series lú = ša*, MSL 12, Rome.

Civil M. 1975. A school exercise from Tell Asmar. *Studia Orientalia* 46 : 39-41.

Civil, M. 1979. Ea A = *nâqu*, Aa A = *nâqu, with their Forerunners and Related Texts*, MSL 14, Rome.

Civil M. 1985. Sur les « livres d'écolier », *in* J.-M. Durand et J.-R. Kupper, *Miscellanea babylonica : mélanges offerts à Maurice Birot* : 67-78. Paris : ERC.

Civil, M. 1998. Bilingual Teaching, *in* S. Maul (éd.) *Festschrift für Rykle Borger zu seinem 65. Geburtstag am 24. Mai 1994 : tikip santakki mal bašmu* (Cuneiform Monographs 10) : 1-7. Groningen : Styx.

Clancier, P. 2009, *Les bibliothèques en Babylonie dans la deuxième moitié du Ier millénaires av. J.-C., Alter Orient und Altes Testament* (*AOAT*) 363, Ugarit-Verlag.

Dahl, J. 2010. A Babylonian Gang of Potters. Reconstructing the Social Organization of Crafts Production in the Late Third Millennium BC Southern Mesopotamia. RAI 53/2 [69:1042] : 275-305.

De Meyer, L., H. Gasche et R. Paepe 1971. *Tell ed-Der. I. Rapport préliminaire sur la première campagne (février 1970* = Voorlopig verslag over de eerste campagne (februari 1970). Louvain : Peeters.

Durand, J.-M. 1982. Espace et écriture en cunéiforme, *in* A.-M. Christin (éd.) *Écritures : systèmes idéographiques et pratiques expressives.* Actes du colloque international de l'Université de Paris VII, 22-24 avril 1980. Paris : Le Sycomore.

Durand, J.-M. 1986. Les écrits mésopotamiens, *in* A. Barucq, J.-M. Durand, G. Cadogan et J. Auneau, *Écrits de l'Orient ancien et sources bibliques. Ancien Testament 2*. Paris : Desclée.

Eidem, J. 2002. The Clay they wrote on: Old Babylonian letters as artefacts, *in* L. Al-Gailani Werr, J. Curtis, H. Martin (éd.) *Of Pots and Plans: Papers on the Archaeology and History of Mesopotamia and Syria Presented to David Oates in Honour of his 75th Birthday*, Londres : NABU Publications : 74-81.

Faivre, X. 1995. Le recyclage des tablettes cunéiformes. *Revue d'Assyriologie et d'archéologie orientale* 89 : 57-66.

Faivre, X. 2001. Tablette, *in* F. Joannès, *Dictionnaire de la civilisation mésopotamienne* : 829-83. Paris : Robert Laffont.

Falkowitz, R. S. 1983-1984, Round Old Babylonian School Tablets from Nippur, *AfO* 29-30 : 18-45.

Finkel, I. L. 2011. Drawing on tablets, *Scienze dell'Antichità* 17, Rome : 337-344.

Gasche, H. 1973. *La poterie élamite du deuxième millénaire a.C. Ville Royale de Suse II, MDAI* 47. Leyde : E. J. Brill.

Gasche, H. 1989, *La Babylonie au 17e siècle avant notre ère : approche archéologique, problèmes et perspectives* (Mesopotamian History and Environment, Mémoires 1). Gand : Université de Gand.

Gasche, H. et L. de Meyer 2006. Lieu d'enseignement ou atelier de recyclage de terre à tablettes ? *in* P. Butterlin *et al.* (éd.) *Subart : dimensions de l'expérience humaine au Proche-Orient ancien : volume d'hommage offert à Jean-Claude* Margueron, *Subartu* 17 : 361-372. Turnhout : Brepols.

George, A. R. 2010, *The colophon of MS 5007*, *in* M. Civil, *The lexical texts in the Schöyen Collection* (Cornell University studies in Assyriology and Sumerology, 12) : 274-279 Bethesda.

Gesche, D. P. 1995. Ton vom Tondes Heiligen Hügels – woher stammt der Ton wirklich? *N.A.B.U.* 1998 : 58-59, n°66.

Gesche, D. P. 2000. *Schulunterricht in Babylonien im ersten Jahrtausend v. Chr.*, Alter Orient und Altes Testament (AOAT) 275. Münster : Ugarit Verlag.

Gesche, D. P. 2005. Nos. 65-66 Late Babylonian school exercise tablets, *in* I. Spar et W. G. Lambert (éd.) *Cuneiform Texts in the Metropolitan Museum of Art 2. Literary and Scholastic Texts of the First Millennium B.C.*, New York : The Metropolitan Museum of Art ; Turnhout : Brepols.

Ghirshman, R. 1964. Suse. Campagnes de fouilles 1962-1963. Rapport préliminaire. *Arts Asiatiques* 10/1 : 3-20.

Ghirshman, R. 1965. Suse au temps des *sukkalmah*. Campagnes de fouilles 1963-1964. Rapport préliminaire. *Arts Asiatiques* 11/2 : 3-21.

Hoh, M. 1979. *Die Grabung in UE XVIII 1*, *in* J. Schmidt (éd.) *Ausgrabungen in Uruk-Warka. Bericht 29 und* 30. Berlin : 28-35.

Hudson, J. 1997. Urban Pottery Workshops in North Africa, *in* I. Freestone et D. R. M. Gaimster, *Pottery in the making. World ceramic traditions* : 134-138. Londres : British Museum Press.

Ishaq, D. 1985. The excavations at the southern part of the procession street and *Nabu ša hare* temple, *Sumer* 41 : 30-33.

Jacobsen, T. 1953. Compte-rendu de Ur Excavations III (UET III), *AJA* 57 : 125-128.

Jestin, R. R. 1961. Le poème sumérien d'EN-mer-kar. *Les Écrivains anciens (L'Orient Ancien)*. Paris : Éditions d'Art Lucien Mazenod.

Joannès, F. 2001 (éd.) *Dictionnaire de la civilisation mésopotamienne*, Paris : Robert-Laffont : 111-114

« Babylone », 215-216 « Cunéiforme », (B. Lion et C. Michel), 267-268 « École » (D. Charpin), 829-831, « tablette » (X. Faivre).

Kupper, J.-R. 1998. *Lettres royales du temps de Zimri-Lim, ARM* 28, Paris : ERC.

Kramer, S. N. 1949. Schooldays: A Sumerian to the education of a scribe, *JAOS* 69 :199-215.

Kramer, S. N. 1951. A pre-Greek system of education, *Studies presented to David Moore Robinson, I,* Saint-Louis : 241-242.

Kramer S. N. 1952. *Enmerkar and the Lord of Aratta. A Sumerian Epic Tale of Iraq and Iran.* Philadelphia : The University Museum, Museum Monographs.

Kramer S. N. 1975. L'histoire commence à Sumer : 33-42. Paris : Arthaud.

Langdon, S. 1924. *Excavations at Kish: the Herbert Weld (for the University of Oxford) and Field Museum of Natural History (Chicago) expedition to Mesopotamia I. 1923-1924.* Paris : Geuthner.

Lion B. et C. Michel (éd.) 2008, *Les écritures cunéiformes et leur déchiffrement*, Paris : De Boccard.

Lucas, C. J. 1979. The Scribal Tablet-House in Ancient Mesopotamia, *History of Education quarterly*, Autumn 1979. Vol. 19/3 : 305-332. Cambridge University Press.

McCown D. E. et R. C. Haines, assistés de D. P. Hansen 1967. *Nippur I. Temple of Enlil, Scribal Quarter, and Soundings.* Oriental Institute Publications 78. Chicago : The University of Chicago Press.

Margueron, J.-C., B. Muller-Pierre, J.-Y. Monchambert et I. Weygand 1993. Mari : rapport préliminaire sur la campagne de 1987, *MARI* 7 : 5-38.

Matson, F. R. 1995. Potters and Pottery in the Ancient Near East, *in* J. M. Sasson (éd.) *Civilizations of the Ancient Near East*: 1553-1565. New York : Scribner.

Maul, S. 1994. *Zukunftsbewältigung: eine Untersuchung altorientalischen Denkens anhand der babylonisch-assyrischen Löserituale (Namburbi).* Baghdader Forschungen 18. Mayence : Philipp von Zabern.

Maul, S. (éd.) 1998. *Festschrift für Rykle Borger zu seinem 65. Geburtstag am 24. Mai 1994 : tikip santakki mal bašmu* (Cuneiform Monographs 10). Groningen.

Moorey, P. R. S. 1999. *Ancient Mesopotamian Materials and Industries. The Archaeological Evidence.* Winona Lake, Indiana : Eisenbrauns.

Negahban, E. 1994. The artist's workshop of Haft-Tepe, *in* H. Gasche *et al.* (éd.) *Cinquante-deux réflexions sur le Proche-Orient ancien offertes en hommage à Léon De Meyer* : 31-41. Louvain : Peeters.

Pearce, L. E. 1995. The Scribes and Scholars of Ancient Mesopotamia, *in* J. M. Sasson (éd.) *Civilizations of the Ancient Near East* IV: 2265-2278. New York : Scribner.

Proust, C. 2007, *Tablettes mathématiques de Nippur.* Varia Anatolica XVIII. Istanbul, Paris : IFEA, De Boccard.

Radner, K. et E Robson. 2011. *The Oxford Handbook of Cuneiform Culture*, Oxford : Oxford University Press.

Rice, P. M. 1987. *Pottery Analysis. A Sourcebook.* Chicago : University of Chicago Press.

Reisner, G. A. 1894. The Berlin Vocabulary V.A. Th. 244. *Zeischrift für Assyriology* 9, Weimar : Emil Felber.

Robson, E. 2001. The Tablet House: a scribal School in Old Babylonian Nippur, *Revue d'Assyriologie et d'archéologie orientale* 95 : 39-66.

Rotaru, M., M. Steinberg, J.-F. Deconinck, J. Yvon et P. Lebon 2006. *Les argiles. De Cro-Magnon aux recherches actuelles. Découverte* 339 (juin 2006) : 18-63.

Rouault, O.1984. *Terqa Final Reports N°1. L'archive de Puzurum*, Biblioteca Mesopotamica 16. Malibu : Undena Publications.

Roux, V. 2016. *Des céramiques et des hommes. Décoder les assemblages archéologiques.* Nanterre : Presses universitaires de Paris Nanterre.

Roux, V. 2019. *Ceramics and society: a technological approach to archaeological assemblages.* Cham : Springer International Publishing.

Rye, O. S. 1981. *Pottery Technology*: principles and reconstruction. Washington.

Sallaberger, W. 1996 *Der Babylonische Töpfer und seine Gefässe: nach Urkunden altsumerischer bis altbabylonischer zeit sowie Lexikalischen und Literarischen Zeugnissen - HAR-ra =* hubullu*: Tablet X dug =* karpatu by M. Civil. Mesopotamian History and Environment, Series II, Memoirs III. Gand : Université de Gand.

Sauvage, M. (éd.) 2020. *Atlas Historique du Proche-Orient ancien.* Beyrouth : IFPO ; Paris : Les Belles Lettres.

Scheil, V. 1902. *Une saison de fouilles à Sippar. Mémoires publiés par les membres de l'Institut français d'archéologie orientale du Caire* I. Le Caire : IFAO.

Schmandt-Besserat, D. 1974. The use of clay before Pottery in the Zagros. *Expedition* 16/2 : 11-17.

Schmandt-Besserat, D. 1977a. The Beginnings of the use of clay in Turkey. *Anatolian Studies* 27 : 133-150.

Schmandt-Besserat, D. 1977b. The Earliest uses of clay in Syria, *Expedition* 19 : 28-42.

Schneider, N. 1946. Der dub-šar zur Zeit als Verwaltungsbeamter im Reiche von Sumer und Akkad sur Zeit der 3 Dynastie von Ur, *Orientalia* 15, Rome : Pontificum Biblicum.

Stone, E. C. 1987. Nippur Neighborhoods. *Studies in Ancient Oriental Civilization (SAOC)* 44, Chicago : Oriental Institute of the University of Chicago.

Tanret, M. 1981. L'apprentissage de l'écriture à Sippar Amnanum à la fin de la période paléo-babylonienne, *Mélanges R. L. Panche*, Gand : 31-40.

Tanret, M. 1982. Les tablettes 'scolaires' découvertes à Tell ed-Dêr. *Akkadica* 27 : 46-49.

Tanret, M. 2002. *Sippar-Amnānum : The Ur-Utu archive. Tome 2. Per aspera ad astra. L'apprentissage du cunéiforme à Sippar-Amnānum pendant la période paléo-babylonienne tardive*, Mesopotamian History and Environment. Series III Texts ½. Gand: : Université de Gand.

Tanret, M. 2004. The works and the days : on scribal activity in Old Babylonian Sippar-Amnanum, *Revue d'Assyriologie et d'archéologie orientale* 98 : 33-62.

Tanret, M. 2011. Learned, Rich, Famous, and unhappy: Ur-Utu of Sippar, *in* K. Radner et E. Robson 2011, *The Oxford Handbook of Cuneiform Culture*. 270-287. Oxford, New York : Oxford University Press.

Taylor, J. 2011. Tablets as artefacts, scribes as artisans, *in* K. Radner et L. Robson (éd.) *The Oxford Handbook of Cuneiform Culture* Press : 5-31. Oxford, New York : Oxford University Press.

Taylor, J. et C. Cartwright 2011. The Making and Re-Making of Clay Tablets. *Scienze dell'Antichità* 17 : 297-324.

Villieras, F. (éd.) 2009. *Argiles. Histoire d'avenir. Catalogue d'exposition itinérante. Palais de la Découverte (septembre 2009)*. Arles : Actes Sud.

Walker, B. F. (éd.) 1972. *Cuneiform Texts from Babylonian Tablets in the British Museum*, Part 51, Londres : Trustees of the British Museum.

Walker, C. 2008. The archives of Nimrud, *in* J. E. Curtis, H. McCall, D. Collon, L. Al-Gailani Werr (éd.) *New Light on Nimrud. Proceedings on the Nimrud Conference, 11th-13th March 2002* : 255-259. Londres : British Institute for the Study of Iraq.

Wiseman, D. J. 1985-1991. *Nebuchadrezzar and Babylon: The Schweich Lectures of the British academy 1983*, Oxford : Oxford University Press.

Woolley, L. et M. Mallowan 1976. *The Old Babylonian Period* (Ur Excavations 7), Londres : British Muscum Excavations.

Zadok, R. 2005. The text group of Nabû-eter, *Archiv für Orientforschung* 51 : 147-197.

Zettler, R. 1977. The Sargonic royal seal: a consideration of sealing in Mesopotamia, *in* McG. Gibson et E. Biggs (éd.) *Seal and Sealing in the Ancient Near East*. Biblioteca Mesopotamica 6 : 33-39. Malibu : Undena.

Zettler, R. 1992, *The Ur III Temple of Inanna at Nippur: the operation and organization of urban religious institutions in Mesopotamia in the Late third Millennium B.C.* Berliner Beiträge zum Vorderen Orient 1. Berlin : D. Reimer.

Le matériau « argile » à l'époque mycénienne : réflexions sur les textes en linéaire B - *Clay as a material in the Mycenaean period: Thoughts on the Linear B texts*

Françoise ROUGEMONT*

CNRS, UMR 7041 Archéologies et sciences de l'Antiquité (ArScAn), équipe Protohistoire égéenne, Nanterre (France).

Résumé - L'argile est un des matériaux les plus communs et les plus fréquemment utilisés, dans le monde mycénien comme ailleurs. Deux sources permettent de l'étudier : l'archéologie et l'épigraphie — c'est cette dernière qui est le sujet cette contribution. Mais les textes en linéaire B parlent très peu de l'argile et des produits en argile (céramique, etc.), et seulement de manière indirecte. En revanche, l'argile est le support principal de l'écriture linéaire B (attestée essentiellement mais pas exclusivement sur des vases et des documents d'archive modelés en argile), ce qui permet d'étudier la façon dont ces documents étaient façonnés et inscrits.

Mots-clés - Argile, linéaire B, tablettes, étiquettes, nodules, scellés, administration, scribes.

Abstract - Clay is one of the most common and most frequently used materials in the Mycenaean world, as in other regions. Two types of sources are available to study it: archaeological and written sources — the latter are the subject of this contribution. But Linear B texts give very little information about clay and clay products (ceramics etc.), and only in a very indirect manner. However, clay is the main medium for the Linear B script (which is attested mainly, but not exclusively, on administrative documents made of clay), thus allowing us to study how these documents were modelled and written.

Keywords - Clay, Linear B, tablets, labels, nodules, sealings, administration, scribes.

L'argile est l'un des matériaux les plus communs et les plus répandus, dans le monde égéen comme dans d'autres régions ; ses propriétés physiques en ont fait l'une des matières premières utilisées pour les usages les plus variés ; à l'époque mycénienne comme à bien d'autres époques, on a façonné et/ou tourné de la céramique, fabriqué des conteneurs funéraires (*larnakes*), modelé des figurines et des maquettes, modelé et tourné des statuettes anthropomorphes et zoomorphes, des plus courantes aux découvertes plus exceptionnelles du centre cultuel de Mycènes[1] ; on a également façonné des briques crues et des tuiles pour la construction de différents édifices à soubassement de pierre, construit des aménagements comme des banquettes (par ex. celles de la salle 8 de l'*Archives Complex* du palais de Pylos). On a formé des bouchons pour des récipients, des scellés d'objets ; enfin on a façonné des outils administratifs : scellés, tablettes de différents formats, étiquettes de paniers à tablettes[2]. Une liste de ses usages, même sommaire et rapide comme celle-ci, montre bien le caractère polyvalent du matériau.

Les sources disponibles pour étudier le « matériau argile » à l'époque mycénienne sont donc, sans surprise, de deux ordres : les sources archéologiques (productions en argile : céramique, objets, architecture, scellés et documents administratifs en tant qu'objets) et, dans une moindre mesure, les sources textuelles (contenu des textes administratifs en linéaire B). Dans cette contribution on s'attachera surtout au contenu et à la matérialité des documents administratifs en linéaire B.

* L'auteur de cette contribution remercie chaleureusement l'organisateur de la journée d'étude, X. Faivre, pour son invitation. P. Darcque a généreusement mis à disposition le plan du palais de Pylos reproduit dans la fig. 1. M. Del Freo (CNR, Rome) a accepté de relire une version préliminaire de ce texte et l'a considérablement améliorée. Naturellement toute erreur qui pourrait subsister relève de la seule responsabilité de l'auteur.

Dans cette contribution, les textes de Pylos sont cités selon la nouvelle édition : Olivier, J.-P. & Del Freo, M., 2020. *The Pylos Tablets Transcribed. Deuxième édition.* Padoue, Webster srl (ci-dessous *PTT2*). Les textes de Cnossos sont cités d'après *KT5* et on a indiqué les correspondances avec *KT6* le cas échéant. Pour simplifier l'accès aux illustrations des tablettes mentionnées, on a choisi de renvoyer selon le cas au site web Liber (sites de Cnossos, Mycènes, Tirynthe et Midéa) et au site web Calibra (tablettes de Pylos). Pour ce dernier il est nécessaire de copier le lien indiqué dans un navigateur ; on notera que le site Calibra exige une inscription en ligne de ses utilisateurs. Lorsqu'il n'existait pas de photo en ligne, enfin, on a renvoyé aux éditions de corpus sur papier. Les pages indiquées de Liber et de Calibra ont été consultées pour la dernière fois le 9 juin 2021.

[1] Pour des illustrations des statuettes et des serpents du « centre cultuel » de Mycènes, voir par ex. le catalogue *The Mycenaean World. Five Centuries of Greek Culture*, Athènes, Musée National, 1988, fig. 166-168.

[2] Pour un exposé complet sur la typologie des documents, voir récemment Del Freo 2016a, Del Freo 2022.

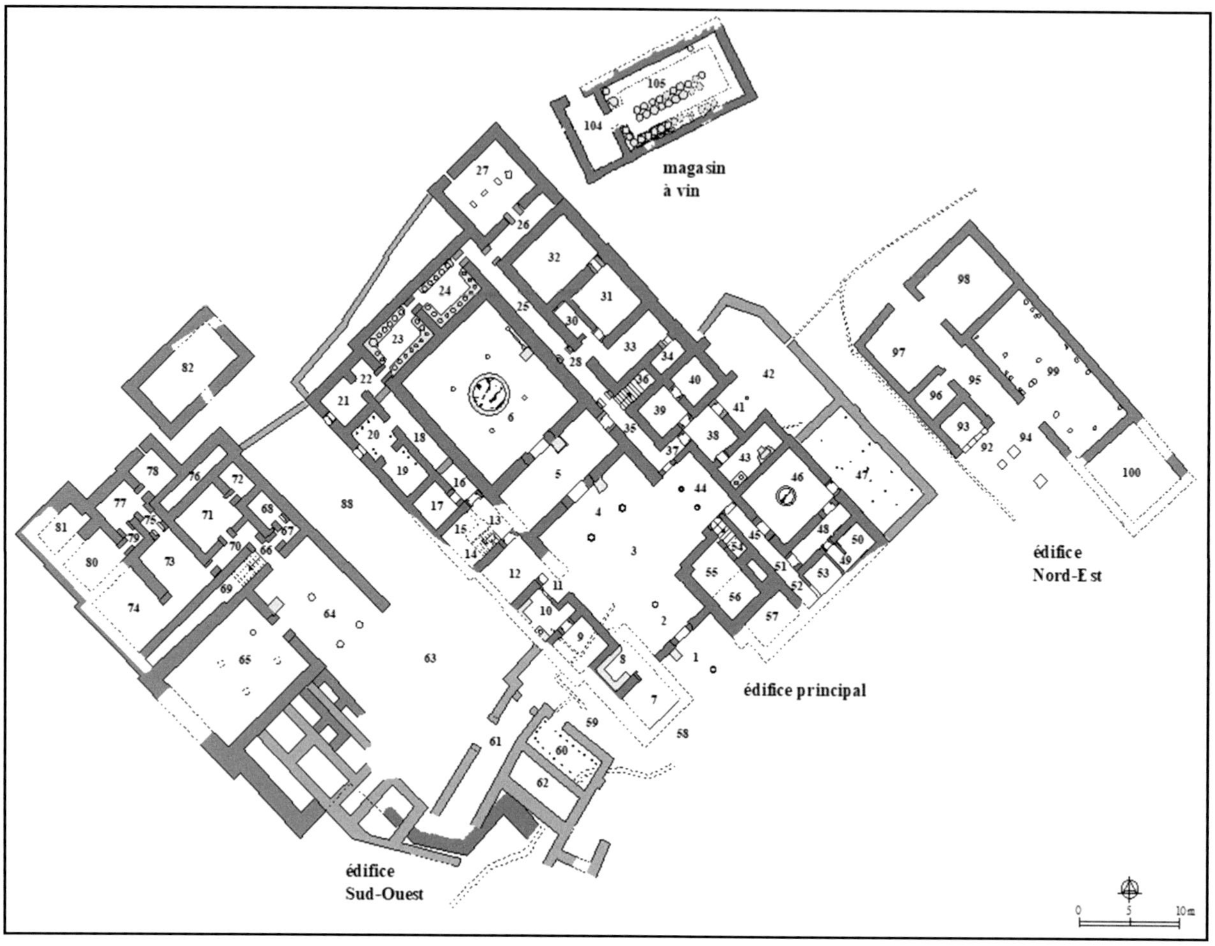

Figure 1 – Plan du palais de Pylos (© P. Darcque)

1. Les mentions de l'argile et des productions en argile dans les textes en linéaire B

Lorsque l'on cherche des mentions de l'argile elle-même dans les textes en linéaire B, le constat est essentiellement négatif.

1.1 Données lexicographiques

En effet, les données lexicographiques relatives à l'argile sont peu nombreuses et incomplètes : le mot grec */argillos/* « terre glaise », « argile »[3], ne se trouve pas attesté dans le corpus mycénien à ce jour. En revanche des formes liées au terme */keramos/,* qui désigne l'« argile », et surtout, par suite « tout objet fabriqué en terre cuite »[4] sont connues : le nom de métier *ke-ra-me-u*, grec class. */kerameus/*, « potier » est attesté directement et indirectement, sous la forme d'un nom propre masculin, *ke-ra-me-u*, et d'un nom propre féminin, *ke-ra-me-ja*. Mais ces noms propres sont sans relation avec le travail de l'argile, puisque Kerameus est un individu enregistré avec une chèvre[5], et que Kerameia est une ouvrière textile enregistrée avec ses enfants[6].

À Pylos, les textes mentionnent un potier royal nommé *pi-ri-ta-wo*[7], mais, si cela dit quelque chose de son statut (il fait en effet partie des artisans qui ont accès à des lots de terres[8]) cela n'apporte rien non plus au dossier de l'argile, car il s'agit d'enregistrements de terres dont il est le détenteur et non de textes en rapport direct avec son activité professionnelle :

[3] *DELG*, s. v. : « argile, terre blanche à potier ».
[4] *DELG*, s. v. : « terre à potier, jarre, tuile, toit ».

[5] **PY Cn 1287**.4.
[6] **KN Ap 639**.7 (**Ap(1) 639** fr. B, ligne 7 dans *KT6*). La forme *ke-ra-me-wi*[, dat. sg., en **MY Oe 125** soulève des difficultés d'interprétation : il est difficile de dire s'il s'agit d'un anthroponyme ou bien d'un nom de métier.
[7] **PY En 467**.5 ; **Eo 371 + fr. [+] 1160**.a. Sur les artisans royaux voir Carlier 1996 ; sur les enregistrements de terres voir Del Freo 2005 et Zurbach 2017, avec bibliographie antérieure.
[8] Nosch 1997 a montré qu'un artisan reçoit soit un accès à la terre, soit une rémunération en nature (allocation ou ration) mais qu'aucun ne cumule les deux ; sur les cadastres pyliens et les personnages qui détiennent des terres, voir les synthèses de Del Freo 2005 et Zurbach 2017.

PY En 467 (8.*4315* ; scribe 1)
.5 pi-ri-ta-wo-no, ko-to-na, ki-ti-me-na⌞ ⌟to-so-de pe-mo GRA 1 T 1
« parcelle de *pi-ri-ta-wo* (NP), parcelle (de type) *ki-ti-me-na*, blé de semence, tant : BLE 105,6 litres.

PY Eo 371 + fr. [+] 1160 (8.*2307* –33 –44 –45 –55 ; scribe 41)
.A ke-ra-me-wo , wa-na-ka-te-ro
.B pi-ri[-]ta-wo , ko-to-na⌞ ⌟ki-ti-me-na GRA [1 T 1

« (de ?) *pi-ri-ta-wo* (NP), potier royal, parcelle (de type) *ki-ti-me-na*, BLE 105,6 litres »

Deux autres potiers, probablement différents du potier royal, sont connus dans les archives de Pylos, dans un inventaire de personnel, **An 207**.7. La ligne se traduit par : « à tel endroit (TN), potiers, 2 HOMMES » et n'apporte aucune autre information.

1.2 Le matériau « argile n'est pas mentionné dans les tablettes

L'argile comme matériau, que l'on peut se procurer dans des gisements particuliers, utiliser directement, ou bien stocker, puis transformer n'apparaît à ce jour dans les tablettes publiées ni sous forme de mot noté syllabiquement, ni sous forme de logogramme, à la différence de matériaux comme les métaux. Ainsi si certains textes précisent le matériau de vases métalliques au moyen du logogramme du bronze, **140* AES, placé devant celui du vase, ou encore des logogrammes **141* AUR(um) et de l'argent, *141bis ARG(entum)[9], il n'existe à ce jour rien de tel pour l'argile.

Cette lacune peut s'expliquer par le fait que l'argile se trouvait sans trop de difficulté dans l'environnement des artisans ; le palais n'aurait donc pas eu besoin de la fournir à ses artisans ni à ses travailleurs dépendants, à la différence de matières premières comme le bronze et la laine ; c'est l'une des raisons qui peuvent expliquer que le matériau n'apparaissait pas dans les enregistrements des scribes. Il est toutefois également possible que les potiers se soient, par choix ou par obligation, procurés eux-mêmes leur matériau de travail, avec le même résultat en ce qui concerne les témoignages textuels qui nous sont parvenus, puisque les tablettes nous donnent exclusivement le point de vue du palais.

Les scribes palatiaux enregistrent par contre des produits finis en argile, surtout des vases, de forme et de taille diverses, mais aussi des objets comme des baignoires (*225 ALV[eus])[10]. Lorsqu'on étudie la documentation, on déduit en général que les objets sont en argile soit par le contexte, par exemple lorsqu'il s'agit de vases pour le stockage et/ ou le transport d'huile, de vin ou de miel, soit par défaut, lorsqu'on constate l'absence d'indication relative à un autre matériau, par ex. le bronze[11] ou l'or[12] pour préciser ce dont le vase ou l'objet est fait. Les textes ne mentionnent ni tuiles, ni briques crues, à la différence de certains corpus cunéiformes[13], alors que l'archéologie atteste leur utilisation dans la construction des édifices. Les tablettes ne disent rien non plus sur la manière de les façonner, de les utiliser ou de se les procurer. Plusieurs hypothèses sont possibles : une lacune due au hasard des trouvailles épigraphiques semble assez peu probable (on possède en effet suffisamment de textes sur un nombre assez important de sites) ; les scribes — et donc le palais — ne géraient peut-être pas cet aspect de la vie matérielle ; enfin il est possible que les transactions relatives à ces objets aient été réglés sans recours à l'écriture. La documentation disponible à ce jour ne permet pas de trancher entre ces hypothèses.

Les textes conservés comprennent quelques enregistrements de vases en argile et surtout en métaux précieux[14]. Sur ce sujet on se référera à l'étude fondamentale de J.-P. Olivier et Fr. Vandenabeele[15] qui indique systématiquement l'état des informations sur le matériau des objets enregistrés par les scribes, ainsi que celui des exemplaires archéologiques dont on peut les rapprocher.

Parmi les enregistrements de vases en argile, on peut citer l'exemple du document pylien **Fr 1184**, qui comporte deux rubriques ; la première enregistre une allocation d'huile pour onguent et la deuxième recense 38 vases à étrier « en la possession de », « auprès d' » un personnage nommé. La quantité d'huile et le nombre des vases ainsi que leur capacité estimée

[9] Pour les logogrammes de l'or et de l'argent, voir *PTT2*, tableau des signes, section des logogrammes, en fin de volume.

[10] Sur les logogrammes représentant des objets, voir Vandenabeele & Olivier 1979, qui classent les signes en fonction des typologies céramiques connues, les identifient aux formes archéologiques conservées lorsque c'est possible et indiquent systématiquement de quel matériau sont faits les exemplaires archéologiques attestés.

[11] Logogramme ou adjectif de matière (*ka-ke-ja-pi*, */k^halkeiāp^{h}i/* forme de dat. instr. fém. pl. attesté dans la série **Sd** de Cnossos).

[12] Qui peut être indiqué aussi sous la forme de l'adjectif de matière *ku-ru-so* (*/k^hrūsōi/*, « en or »).

[13] Voir par ex. Lion & Sauvage 2005. Certains corpus cunéiformes attestent par exemple des prêts de briques.

[14] Voir par ex. les vases de miel (sans doute en argile) dans la série **Gg** de Cnossos (*me-ri* 209^{VAS} ou *ME+RI* 209^{VAS}) ; les enregistrements de vases céramiques de la série **K** de Cnossos (avec les logogrammes *226^{VAS}, *204^{VAS}, *221^{VAS}, *210^{VAS} et *210^{VAS}+*KA*, AES *214^{VAS}+*DI*, *207^{VAS}, *222^{VAS}, *ke* *222^{VAS} et *ke* *202^{VAS}, *212^{VAS}+*U*, *227^{VAS}, *211^{VAS}+*PO*, *213^{VAS}+*U* et différents noms de vases notés de manière syllabique : *ka-ra-re-we*, */k^hlārēwes/* « vases à étrier », *a-pi-po-re-we*, */amp^{h}ip^{h}orēwe/*, duel, « amphores »). À Pylos, on possède une mention de vases à étrier (*ka-ra-re-we*, */k^hlārēwes/*) en **Fr 1184**.3 ; des vases et récipients faits dans différents matériaux sont mentionnés dans la série **Ta** et en **Tn 916** (baignoires, amphores, etc) ; il faut bien sûr penser aux vases d'or et d'argent de **PY Tn 316**. À Thèbes, les deux tablettes **Ka 113** et **Ka 366** enregistrent aussi de la céramique.

[15] Vandenabeele & Olivier 1979.

pouvant concorder, on considère généralement comme plausible l'existence d'un lien entre les deux rubriques du texte : les vases pourraient avoir servi à contenir (stocker, transporter) l'huile en question[16].

PY Fr 1184 (x0 ; scribe 2)
.1 ko-ka-ro , a-pe-do-ke , e-ra_3-wo , to-so
.2 e-u-me-de-i OLE+*WE* 18
.3 pa-ro , i-pe-se-wa , ka-ra-re-we 38
.4 *margo*

« Kokalos a livré tant d'huile
à Eumedes, litres d'huile pour onguent (?) 518,4 litres
chez/de la part de *i-pe-se-wa*, vases à étrier : 38 ».

Le petit nombre de documents enregistrant des vases a poussé les spécialistes à s'interroger sur les raisons de ce silence, ainsi que sur l'extension de l'implication des palais dans la production et la consommation de céramique[17]. Dans le palais de Pylos, par exemple, des quantités importantes de céramique ont été mises au jour, et les archéologues ont identifié plusieurs lieux de stockage pour les vases (*pantries*, « placards ») ; T. Whitelaw[18] souligne ainsi l'existence de quatre lieux de stockage principaux[19] : l'un est situé dans la pièce 9, à proximité d'une zone de réception, et contenait presque exclusivement des kylix[20]. Dans le matériel du deuxième, dans la pièce 60, l'auteur relève un contenu plus varié[21], reflétant sans doute des activités plus complexes mais correspondant plutôt à la consommation de nourriture et de boisson, sans activité de préparation ni conteneurs de stockage ; le stockage des pièces 67-68 comporte surtout de la céramique grossière (*coarse ware*)[22], que Whitelaw juge complémentaire du matériel de la *Room* 60 ; enfin le stockage des pièces 18-22 constituerait une extension des autres[23], mais surtout de la pièce 60.

Au terme de son étude consacrée à la céramique trouvée dans le palais et aux textes enregistrant des vases il conclut que les besoins annuels du palais pouvaient être couverts par un petit nombre de potiers ; que la plupart des vases devaient être acquis auprès de producteurs locaux indépendants, par le biais de taxes ou d'obligations de travail ; et qu'à la différence de ce qu'on observe dans des domaines de production comme les textiles ou l'huile, une forte implication du palais dans la production n'aurait pas été nécessaire ; selon lui, les lacunes des textes correspondraient donc à une relative absence d'intérêt administratif du palais pour la production céramique.

2. L'argile comme outil administratif et comme support de l'écriture

2.1 Les études sur la matérialité de l'écriture à l'époque mycénienne

Au cours des dernières années, les études sur la matérialité de l'écriture ont connu une vogue certaine[24]. Toutefois, cet intérêt est loin d'être entièrement nouveau : les épigraphistes se sont penchés très tôt sur le « matériau argile » comme support de l'écriture à travers des études consacrées à la paléographie, aux pratiques des scribes et au format des documents[25] ; J.-P. Olivier a ainsi introduit, dès son étude de 1967 sur les scribes de Cnossos, le terme de « pinacologie »[26]. Des études ont assez tôt été consacrées aux corrections et aux erreurs des scribes, telles qu'on peut les observer sur l'argile[27]. Toutefois, comme le relève A. Judson[28], ces travaux traitaient plus des erreurs commises par les scribes, des corrections qu'ils y ont parfois apportées, et des explications possibles de ces erreurs que des choix de correction faits par les mêmes scribes. Dans son étude récente, elle propose une classification des corrections et des changements effectués par les scribes : corrections portant sur le contenu du texte, corrections portant sur le format du texte, corrections de syntaxe et de structure, corrections orthographiques, et corrections graphiques (portant sur la forme des signes). Tous les types de corrections sont bien sûr intéressants, mais celles concernant le format, en particulier, peuvent apporter des éléments utiles pour l'étude du matériau argile.

[16] Voir à ce sujet *Documents*[2] : 481 ; Melena 1983 : 108 et 120 : « On PY Fr 1184 a ratio between an oil amount and the required number of jars for its storage seems to be recorded, hence the standard capacity of this type of jar was about 13.7 1. (equivalent to 3 gallons), cf. the Latin urna of 13.92 1. being 4 quartani ».
[17] Cf. Whitelaw 2001, avec bibliographie.
[18] Whitelaw 2001 : 52-58, avec plan des pièces concernée p. 56, fig. 3. L'auteur précise que ces quatre endroits regroupent « 94,8% of the overall assemblage » [de céramique du palais].
[19] Cf. Figure 1, plan du palais de Pylos, © P. Darcque.
[20] Au nombre de 5 à 600, représentant 6,4% de l'assemblage céramique du palais, cf. Whitelaw 2001 : 54.
[21] Whitelaw 2001, p. 57 : 761 vases représentant 8,9% de l'assemblage.
[22] Pour un total de 190 vases. Whitelaw 2001 : 57, relève que d'autres vases du même type n'ont été ni restaurés ni comptabilisés.
[23] Whitelaw 2001, p. 57 : 6593 vases, soit 77,2% de l'assemblage.

[24] Voir par exemple Palaima 2011 ; Kyriakidis 2011 ; Piquette & Whitehouse 2013 ; Pape *et al.* 2014, et dernièrement Judson 2020 (bibliographie non exhaustive).
[25] Voir en premier lieu par ex. les travaux d'E. L. Bennett : Bennett 1953 (sur les tablettes de Mycènes, voir entre autres p. 423 sq sur l'argile et le format des tablettes), Bennett 1958 (sur Pylos), Bennett 1960 (illustré par des exemples de Cnossos, Pylos et Mycènes ; on relèvera en particulier la fig. 3, qui présente les empreintes digitales relevées sur les tablettes et la fig. 17, qui montre une tablette écrasée et jetée, « from the waste-clay basket » d'un scribe).
[26] Olivier 1967 : 15-16, qui souligne d'ailleurs que son ouvrage ne constitue en rien un traité de « pinacologie », car ceux-ci devraient « porter sur l'ensemble des documents en linéaire B », et que dans son propre livre, « les tablettes, leur fabrication, leur aspect, les méthodes et les techniques documentaires, l'écriture, ne seront pas étudiés pour eux-mêmes et en eux-mêmes, mais uniquement en fonction de ce que ces différents éléments peuvent apporter à la connaissance des scribes ».
[27] Sur le linéaire B, voir Perpillou 1977 et Maurice 1985 ; sur le linéaire A voir Consani 1997.
[28] Judson 2020 : 526-527.

2.2 Typologie des documents administratifs en linéaire B

2.2.1 Introduction

Les documents d'archive en linéaire B sont rédigés exclusivement sur des supports en argile crue (tablettes, nodules, étiquettes), qui ont cuit - plus ou moins bien - dans les incendies qui ont détruit les bâtiments. Par ailleurs quelques objets exceptionnels, comme la pierre de Dimini, ou le sceau en ivoire trouvé dans une tombe de Médéon, en Phocide[29], portent des inscriptions en linéaire B. On laissera de côté le « sceau » en ambre de Bernstorf (Bavière) et le galet de Kafkania en Elide, objets dont l'authenticité reste débattue[30]. Enfin il existe des inscriptions peintes sur des vases en argile, essentiellement des vases à étrier, mais il ne s'agit pas non plus de documents d'archive [31].

Si la pratique d'écrire sur des supports périssables est bien démontrée pour l'époque du linéaire A[32], il n'existe, pour l'époque mycénienne, que quelques indices de pratiques du même type[33] (écriture sur peau, tablettes de bois couvertes de cire[34] ?), mais le sujet reste très discuté ; dans un certain nombre de publications récentes, la tendance est à minorer ou à considérer comme une hypothèse erronée ou du moins non nécessaire l'idée de supports périssables à l'époque mycénienne[35] ; on notera toutefois les travaux récents d'O. Mouthuy[36], qui conclut que l'analyse des scellés de la *Room of the Chariot Tablets* (le dépôt de tablettes mycéniennes le plus ancien du palais de Cnossos) suggère que les Mycéniens pourraient avoir, dans un premier temps, écrit sur des supports périssables du même genre que ceux utilisés par les Minoens. Dans le cadre limité de cette contribution, on n'entrera pas dans le détail de ces discussions[37].

2.2.2 Les documents d'archive en linéaire B : description des formats[38]

Il existe essentiellement *deux formats principaux de tablettes* inscrites en linéaire B[39] : le format dit « feuille de palmier » et le format « page ». Les tablettes de format « feuille de palmier » sont allongées, plus larges que hautes ; certaines ont une forme plus ou moins régulière, d'autres sont effilées à leur extrémité droite[40]. Elles comportent moins de cinq lignes inscrites et servent à enregistrer par exemple une transaction, un troupeau, une allocation, une parcelle de terre. Ce sont les plus nombreuses : elles représentent ainsi 95% du corpus de Cnossos et 85% de celui de Pylos[41]. Les tablettes de format « page », elles, sont quadrangulaires ou rectangulaires ; elles sont généralement - mais pas toujours — plus hautes que larges, et comportent normalement plus de cinq lignes de texte. Parmi les plus grandes, **KN As(2) 1516** mesure 17x27x2,8 cm[42]. En pratique, on observe des variations de forme et de dimensions assez importantes pour les deux formats, mais plus fréquemment pour les documents de format « page »[43].

---

[29] **MED Zg 1** : il s'agit d'un sceau lentoïde en ivoire (CMS V, n°415), trouvé en 1962 dans une tombe datée de l'HR III C de Médéon en Phocide. Selon S. Müller (cit. par Olivier 1999, p. 434) il s'agirait d'un héritage car ce genre de sceau en ivoire ne peut guère être daté qu'entre l'HR III A1 et l'HR III B ce qui en ferait, si c'était confirmé, l'objet le plus ancien inscrit en LB du continent.

[30] À propos du débat sur le galet inscrit de Kafkania, qui ne sera pas développé ici, voir essentiellement Palaima 2002-2003 ; *contra*, Maniatis *et al.* 2010 ; plus récemment synthèse par Del Freo 2016b [bibliographie non exhaustive].

[31] Pour une illustration de ces objets inscrits, voir Del Freo 2016a, fig. 1. Sur les vases des inscriptions brèves sont peintes au pinceau avant cuisson ; les termes inscrits comportent des noms propres, des toponymes, ainsi que des termes, comme *wa-na-ka-te-ro* (*/wanakteros/*, « du roi », « royal ») et son abréviation *wa*, qui sont connus dans les tablettes ; mais l'interprétation de ces inscriptions est rendue délicate par le problème de leur contexte : l'inscription a été peinte dans le contexte de production des objets, puisqu'elle est peinte *avant* cuisson ; le problème est de savoir dans quel contexte elle était destinée à être lue, et à quelle situation elle se rapportait (au vase comme objet ? à son contenu ?). Sur les vases inscrits et la fonction de leurs inscriptions, on se référera à la synthèse de Zurbach 2006. Pour le corpus des vases inscrits, voir Sacconi 1974 et Godart et Sacconi 2017.

[32] Pour l'époque minoenne, la preuve de cet usage réside dans les empreintes, sur la catégorie dite *flat-based nodules*, de traces claires de petits morceaux de peaux repliés et noués au moyen d'un lien ; cf. Krzyszkowska 2005 : 157, avec illustration.

[33] Il existe, à l'époque de la *Room of the Chariot Tablets*, dans le palais de Cnossos, des nodules qui portent des empreintes se rapprochant de celles relevées sur les *flat-based nodules* d'époque minoenne, mais qui ne sont pas identiques. Cf. Weingarten 1988, surtout p. 10 sq. ; Driessen 1990 : 64 sq ; Hallager 2005 : 252 sq ; Krzyszkowska 2005 : 217-218 et illustration p. 218, n°426-427. Mouthuy 2017 : 212 sq. ; plus récemment Judson 2020 : 524-525.

[34] On pense ici à des objets qui auraient pu ressembler au diptyque en bois retrouvé dans l'épave d'Uluburun ; sur le diptyque d'Uluburun voir Warnock & Pendleton 1991, Payton 1991, Symington 1991, ainsi que, pour des trouvailles de chevilles (à tablettes ?) sur le continent grec Mylonas-Shear 1998.

[35] Voir récemment Judson 2020 : 524-525, avec bibliographie.

[36] Mouthuy 2017, avec bibliographie antérieure ; voir en particulier p. 213.

[37] La bibliographie à ce sujet est trop abondante pour être citée de manière exhaustive ; voir par exemple Palaima 2011, p. 116 : « (...) the evidence that Linear B writing could be used on ephemeral documents. The strongest argument for this is the fact that the signs of the Linear B script maintain a curvilinear and complex style throughout 200 years of use, instead of developing simple forms that would have been easier to write, as they often are, repeatedly into moist clay surfaces. This raises the possibility that the Linear B records, as we have them, served in some ways as preliminary archives with information of longer term importance being transferred to records done in ink upon parchment or papyrus. » ; *ibid.*, p. 124 ; Perna 2011 ; Mouthuy 2017.

[38] Pour la répartition quantitative des différents documents d'archives en linéaire B, voir le tableau élaboré par Del Freo 2016a : 180, fig. 1.

[39] Sur le format et la typologie des documents d'archives en linéaire B, voir la synthèse récente de Del Freo 2016a.

[40] Voir par exemple les tablettes de la série **Of** de Thèbes : photo et dessin de **TH Of 27** dans Aravantinos *et al.* 2002 : 39.

[41] Olivier 1984 : 13.

[42] Cf. https://liber.cnr.it/tablet/view/2677, avec texte, apparat critique et photo.

[43] Parmi les formats intermédiaires, on notera la suggestion de Driessen 2000, p. 42, qui a proposé de qualifier certains documents de « tablettes cartes ». Pour des exemples de variations au sein des tablettes de format « page », voir par exemple **PY Eo 247** (https://calibra.classics.cam.ac.uk/Tablet/PY/247); **KN Fp(1) 1** (https://liber.

Les scellés inscrits, à l'époque mycénienne, sont de trois types principaux[44] : les *regular string nodules* ont la forme d'un prisme à trois faces de 1 ou 2 cm, et étaient traversés par un lien dont l'emplacement est toujours visible. Le lien était pourvu d'un nœud autour duquel on modelait l'argile (**cf. *infra*, 2.4 et 2.5**). On les retrouve en général intacts, ce qui montre qu'ils devaient pendre librement par leur lien à l'objet qu'ils marquaient, et qu'on pouvait les en séparer sans les briser. Les *irregular string nodules* sont un peu plus grands et leur forme est irrégulière. En général on les a retrouvés cassés intentionnellement, ce qui a dû se produire lorsqu'on les a séparés de l'objet auquel ils étaient attachés. Les *noduli* sont semblables aux *regular string nodules* mais ne sont pas traversés par un lien. L'écriture est présente sur 130 de ces 1050 objets (les trois catégories confondues) ; elle se trouve presque exclusivement sur les *regular string nodules* (plus de 100). Elle ne concerne qu'un tout petit nombre de *noduli* (une quinzaine). Les *regular string nodules* sont fréquemment désignés dans la littérature scientifique sous l'expression générique de « nodules inscrits »[45]. L'administration utilisait aussi des scellés non inscrits, portant une empreinte de sceau mais pas d'inscription en linéaire B.

Enfin il existe aussi des documents de ce type qui sont inscrits, mais sans empreinte de sceau (série **Wm** de Cnossos[46], série **Wo** de Pylos).

Par ailleurs les scribes mycéniens utilisaient des « étiquettes », qui sont de petites plaques d'argile inscrites avec, au verso, l'empreinte de la vannerie des paniers ou récipients sur lesquels elles étaient apposées[47]. On en a retrouvé à Cnossos (série **Wb**[48]) mais surtout à Pylos (série **Wa**[49]), dans les salles d'archive du palais (pièces 7 et 8, cf. fig. 1). Sur ce site, l'analyse de la répartition spatiale des étiquettes entre les deux salles d'archive a conduit Palaima à la conclusion qu'elles servaient pendant le transport des tablettes vers les archives, avant d'être détachées et mises au rebut lorsque les documents étaient archivés [50]. Toutefois, huit étiquettes proviennent de la pièce 8, ce qui permet de suggérer qu'elles étaient également utilisées pour l'archivage des documents[51].

2.3 L'argile des outils administratifs : argile et dégraissant

La couleur des documents administratifs varie beaucoup ; en effet, ils ont été cuits de manière accidentelle et souvent inégale[52], et ont de surcroît connu des conditions d'enfouissement variables. Dans certains cas, un même objet peut avoir des couleurs très différentes, comme **PY Ta 709+712+*FR***. Comme pour la céramique, la couleur peut être plus claire ou plus foncée en fonction des conditions de cuisson (oxydation/réduction). Parfois, l'argile semble avoir conservé sa couleur naturelle, en particulier sur des documents peu cuits, comme dans le cas des documents de la *Room of the Bügelkanne* à Cnossos, dont plusieurs auteurs décrivent la couleur verdâtre[53]. Cela semble aussi le cas de certaines tablettes issues des fouilles récentes de Thèbes[54].

L'argile utilisée pour façonner les tablettes n'est pas plus mentionnée dans les textes que celle des potiers ou des constructeurs. En tant que matériau, elle n'a à ma connaissance pas été analysée, car il est difficilement envisageable de faire un prélèvement sur une tablette ; on se voit donc limité à l'analyse macroscopique. C'est ainsi que l'on a par exemple relevé, pour l'époque minoenne, que l'argile des *flat-based nodules* du complexe Delta d'Akrotiri n'est pas originaire de Théra, ce qui montre que les documents sur parchemin scellés par ces nodules avaient été apportés de Crète[55] ; tandis que les tablettes en linéaire A mises au jour sur le même site sont, elles, fabriquées en argile locale — donc sans doute modelées sur place.

cnr.it/tablet/view/4088); **MY Ge 603** (https://liber.cnr.it/tablet/view/2331) ou encore **KN V(2) 280** (https://liber.cnr.it/tablet/view/671).

44 Sur les scellés et les pratiques de scellement à l'époque mycénienne (et leurs antécédents minoens), voir Panagiotopoulos 2014, avec bibliographie antérieure.

45 Sur les différences terminologiques relevées dans la littérature scientifique relative aux scellés, voir par ex. Rougemont 2017 : 156.

46 Sur ces documents voir Killen 2002-2003. Pour un exemple de document Wm, voir https://liber.cnr.it/tablet/view/768, avec texte, apparat critique et photo.

47 Pour une illustration des empreintes de vanneries au verso des étiquettes, mais aussi des empreintes laissées au verso par les doigts qui les ont pressées sur le support, voir Fig. 12.44a et b, dans Palaima 2011 : 107-108, ou par exemple la photo du verso de **Wa 948** : https://calibra.classics.cam.ac.uk/Tablet/PY/948/?s=b4ddf70c-2367-410c-8737-4cdebe5e00a5
Voir aussi Palaima 1988, p. 40-41 : « The Wa tablets are typical clay labels with wicker marks on the versos. (...) On **Wa 948** wicker marks running across the recto partially obliterate signs ».

48 À Cnossos les exemplaires conservés sont pour la plupart assez fragmentaires ; voir par exemple **Wb 5527**, https://liber.cnr.it/tablet/view/736, avec texte et photo.

49 Pour une des mieux conservées, voir **Wa 917**, dont la photographie est visible à l'adresse suivante : https://calibra.classics.cam.ac.uk/Tablet/PY/917?s=b4ddf70c-2367-410c-8737-4cdebe5e00a5

50 Palaima & Wright 1985 ; plus récemment voir Palaima 2011 : 108-109.

51 **PY Wa 114, 362, 401, 569, 1008, 1093, 1148** et **1248**.

52 Voir par ex. les observations de Palaima 1988, p. 47, à propos de S 657 : « rectangular page-shaped tablets with flattened *latera* and slightly convex versos (...). *Surfaces were irregularly fired to patches of different colors* » (c'est moi qui souligne).

53 Del Freo 2016a, p. 172, citant Firth 2000-2001 : 160, qui se réfère lui-même à une communication personnelle de J. L. Melena. Les photos de CoMIK sont malheureusement en noir et blanc, ce qui ne permet pas de juger des couleurs de l'argile.

54 Cf. par ex. **TH Uq 434**, illustrée dans le catalogue Latsis du musée de Thèbes : Aravantinos 2010 : 92 en haut.

55 Krzyskowska 2005 :190. Karnava 2010 [2011] ; Karnava 2018, p. 80-81 : « The nodules, found in three separate findspots within the settlement, share a common characteristic, in that they are all of non-local clay. In all cases the clay was brownish-red in colour, whereas Theran products in clay indicate local sources were buff-colours, at least at the time of the VDL. The unique benefit offered by the Akrotiri evidence is that the nodules are unfired, since there was no fire destruction in the settlement; they thus preserve their clays' original colours, making their identification as non-local secure ».

Il n'est pas sûr que l'argile à tablettes soit différente de celle utilisée pour la céramique ; on note par exemple que les tablettes des « maisons » de Mycènes sont faites, selon le fouilleur, A. Wace, d'une argile brune semblable à celle de la céramique domestique non décorée du site[56]. Pour Pylos, Th. G. Palaima note que l'argile utilisée par les principaux scribes pour leurs tablettes était fine ; certaines tablettes de format page semblent toutefois avoir été constituées d'un cœur d'argile plus grossière enveloppée dans une épaisseur d'argile fine[57].

L'autopsie des tablettes et l'examen des photos, lorsqu'elles sont suffisamment bonnes, montre que la qualité de l'argile peut varier. Si elle est en général plutôt fine[58], elle peut aussi contenir du dégraissant : petites inclusions calcaires ou minérales, chamotte, matériaux organiques. Les publications, l'examen direct des documents ou de bonnes photos permettent de constater qu'il existe du dégraissant dans des tablettes sur presque tous les sites (par ex. Pylos[59], Cnossos[60], Mycènes[61], Thèbes[62], Haghios Vassilios[63], La Canée[64]), même s'il n'est pas toujours facile de trouver dans les publications des illustrations claires de sa présence. Dans les éditions des textes, l'argile est parfois décrite en termes de couleur, de finesse ou de grossièreté, mais la présence de dégraissant n'est pas systématiquement indiquée[65]. Des indications précieuses sont toutefois disponibles, par exemple dans les descriptions offertes par Th. G. Palaima dans son ouvrage sur les scribes de Pylos[66]. La couleur de l'argile est plus souvent indiquée[67] et assez fréquemment décrite au moyen du code Munsell[68].

2.4 *Préparation de l'argile et gestes de façonnage*

De rares trouvailles documentent la préparation des tablettes : à Pylos on a mis au jour des boudins d'argile dans deux salles, dont l'une des salles d'archives[69] ; ces boudins portent l'empreinte des doigts qui les ont serrés et modelés, et sont interprétés comme des morceaux d'argile préparés pour fabriquer des tablettes. Plus récemment à Thèbes, en Béotie, on a mis au jour deux boules d'argile à proximité de tablettes[70].

Par ailleurs, de nombreuses tablettes, mais aussi des étiquettes et des nodules portent des empreintes digitales et/ou palmaires ; pour les tablettes, deux études successives ont été réalisées par des spécialistes de la police judiciaire suédoise[71]. Ces empreintes peuvent résulter soit du façonnage des documents, soit de leur manipulation[72]. Sur certaines tablettes, en particulier de format feuille de palmier, on observe un contour irrégulier qui résulte de l'écrasement du boudin d'argile[73] ; la régularité du format n'était donc pas toujours une préoccupation importante. Sur les étiquettes on observe à la fois des empreintes digitales[74] et des traces au recto résultant de la pression exercée pour les appliquer sur les paniers[75] (il ne s'agit donc pas à proprement parler de traces de façonnage).

Les tablettes qui conservent des empreintes utilisables sont surtout celles de format « feuille de palmier »[76]. Les empreintes palmaires, selon les experts, sont liées au processus de façonnage et surtout d'aplatissement des tablettes[77]. Quand on a pu attribuer une empreinte palmaire à un individu, on note que la même personne laissait son empreinte sur les tablettes de différents scribes[78]. On en a conclu que les scribes ne façonnaient pas nécessairement eux-mêmes leurs tablettes[79].

---

56 A. J. B. Wace, dans *MT* II : 13.

57 Palaima 2011, p. 105 : « In general, tablets by the principal tablet-writers at Pylos are made from finely processed clay. A few page-shaped tablets are composed of coarser clay at their centres and a veneer of smooth clay on the outside. In some cases, this caused the tablet surfaces to flake and peel, when the tablets were exposed to intense heat from the fire that destroyed the palace ».

58 Sur l'argile caractéristique des tablettes de la *RCT*, voir Olivier 1967 : 33 ; Olivier 1984 : 13 ; Driessen 1988 : 126-127.

59 Voir par exemple la photo de **PY La 626** (recto) : https://calibra.classics.cam.ac.uk/Tablet/PY/626

60 Voir par exemple la photo de **KN Pp 493** : https://liber.cnr.it/tablet/view/234 (avec texte et photo sur laquelle on peut zoomer pour voir les détails).

61 Voir par ex. **MY Au 102**, petit caillou à la ligne 6 : https://liber.cnr.it/tablet/view/2316, avec texte, apparat critique et photo sur laquelle on peut zoomer.

62 Voir par exemple **TH Ug 5**, dans Aravantinos *et al.* 2002 : 28.

63 Aravantinos et Vasilogamvrou 2012 : 46, indiquent par exemple, à propos de **HV Rb 1** : « The clay seems to be local, with incidences of impurities ».

64 Hallager *et al.* 1990 signalent, p. 29, pour **KH Sq 1**, une argile fine à l'exception de quelques grains de sable ; même chose pour **KH 3**, qui peut être une tablette en linéaire A ou en linéaire B (*ibidem*, p. 33).

65 Par exemple Godart et Olivier 1975 : 43-44 indiquent la couleur de l'argile ainsi que la présence d'empreintes digitales sur **Ef 2** et **Ef 3**.

66 Palaima 1988, par exemple p. 77, à propos des tablettes **Mb-Xa** de S1412.

67 Par exemple pour Tirynthe, cf. Godart & Olivier 1975 : 43 sq.

68 Voir par ex. Palaima 1988 ; Aravantinos *et al.* 2001 [2002]. En revanche le code Munsell n'est pas utilisé dans *CoMIK*, ni par Driessen 2000 (qui juge la référence inutile, cf. p. 38 et n. 51).

69 *PoN* II2, fig. 276, « Twists of Clay Prepared for Making Tablets from Room 8 and 23 ».

70 Aravantinos 2014 : 49 fig. 46.

71 Voir Sjöquist & Åström 1985 pour Pylos, et Sjöquist & Åström 1991 pour Cnossos.

72 Par ex. Palaima 1988, p. 73, à propos de **PY An 18**, indique : « There is a thumb impression on the *lat. sin.* at lines .6-.7 from holding the tablet ». Voir aussi *ibidem*, p. 82 : « Some tablets have visible impressions from fingers were the tablets were held on the *lat. sin.* and *dex.* (**Cn 4, 600, 655**) ».

73 Sjöquist & Åström 1991, fig. 15A et 15B.

74 Cf. Palaima 2011, fig. 12.29.

75 Cf. Palaima 2011, fig. 12.44b.

76 Sjöquist et Åström 1985 notent une exception à Pylos : **An 1281**, de format page, qui porte des empreintes utilisables (photographie disponible en ligne sur le site web : https://calibra.classics.cam.ac.uk/Tablet/PY/1281 ; mais il n'y a apparemment pas de photo du verso disponible).

77 Sjöquist & Åström 1985 : 36.

78 Sjöquist & Åström 1985 : 24.

79 *Contra*, Palaima 2011, p. 84-85, selon qui ils pouvaient avoir recours à des façonneurs de tablettes mais ce n'était pas toujours le cas et ce n'est pas nécessairement l'hypothèse la plus économique, en particulier pour des scribes comme H1 qui est très attentif à économiser l'argile au maximum.

Les méthodes de façonnage varient légèrement d'un site à l'autre[80] ; elles sont reconstituées en se fondant sur l'observation des documents préservés, ainsi que sur des expérimentations[81]. Pour les tablettes de format « feuille de palmier », la technique la plus simple consiste à former un boudin d'argile, éventuellement autour d'un lien ou d'une « paille » qui le renforce (**cf. *infra*, 2.5**), à l'écraser sur une surface plane puis à lisser ou aplatir la surface sur laquelle on va écrire, ainsi que les bords de la tablette. Le recto est lissé pour recevoir l'inscription, mais les bords de la tablette sont aussi souvent lissés, parfois effilés au point d'afficher une forme presque pointue d'un côté (voir par ex. les documents de la série Of de Thèbes). Une méthode alternative de façonnage est décrite par Th. G. Palaima pour les tablettes « feuille de palmier », par exemple de la série Na de Pylos : « The Na tablets were made by rolling up clay that had been flattened into sheets. The folded layers produced by this method can be seen most often on the *lat. sin.* (**Na 106, 245, 296, 361**). A seam can also be observed occasionally on the verso of tablets (**Na 185**) »[82].

Les tablettes de format « page » portent en général très peu d'empreintes utilisables, sans doute à cause du nombre d'opérations effectuées après les premières étapes du façonnage, qui ont effacé les empreintes. Pour les façonner, on étendait probablement une feuille d'argile sur une surface plate, en l'armant éventuellement, comme pour les tablettes « feuille » d'un lien ou d'une « paille » pour la renforcer.

On a déjà vu que certaines tablettes « page » de Pylos ont été façonnées en appliquant sur un cœur d'argile plus grossière une couche extérieure d'argile plus fine[83], pratique connue dans le monde minoen[84] , ainsi qu'au Proche-Orient[85].

Des irrégularités attribuables au façonnage sont parfois observées aussi bien au recto de certaines tablettes (voir par exemple **An 18**[86]), mais elles semblent accidentelles.

Le profil des tablettes est un autre élément intéressant à observer. Mais les bords ne sont en général photographiés que s'ils sont inscrits ou au moins lignés, c'est-à-dire dans une minorité de cas. Le profil peut être plus ou moins bombé, comme dans le cas de **KN Uf 1522**[87].

2.5 Façonnage autour d'un lien ou d'une ficelle

On a vu que les scellés inscrits sont constitués d'un petit morceau d'argile modelé autour d'un lien ; ils sont ensuite tenus entre les doigts pendant le processus d'impression du sceau (lorsqu'il y en a un) et d'inscription. Ces gestes successifs ont laissé la plupart du temps des empreintes de doigts sur leur surface[88].

Comme on l'a déjà dit, les tablettes sont elles aussi parfois façonnées autour d'un lien, « paille » ou « ficelle », qui a brûlé et laissé un petit trou sur le bord de la tablette, et un minuscule canal observable lorsque la tablette est brisée. Parfois, comme sur la tablette **TH Av 100**, l'extrémité de la ficelle a laissé une empreinte à la surface du document[89].

Pour le façonnage autour d'une paille ou d'une ficelle, il est probable que l'on procédait au moyen de « feuilles » d'argile que l'on repliait avant de s'occuper de la finition des bords[90]. Ainsi pour Pylos, Palaima indique que des morceaux d'argile étaient pressés pour former des feuilles, ensuite repliées dans le sens de la longueur[91]. Les côtés étaient soit aplatis sur une surface plane, soit étirés avec les doigts pour former une extrémité plus ou moins arrondie. C'est au moment où on repliait la feuille d'argile qu'on pouvait inclure une paille ou une ficelle.

On observe les traces d'une paille ou d'une ficelle sur les deux principaux formats de documents, tablettes « feuille de palmier » et tablettes « pages », et sur les

[80] À ce sujet voir par ex. Driessen 1988 : 126-129.

[81] Del Freo 2016a : 172-173.

[82] Palaima 1988 : 40.

[83] Cf. Palaima 1988 : 46, à propos de S 644 : « all tablets are made of a very fine , slightly micaceous clay. On Es 644, a page-shaped tablet, this clay was molded as a veneer over a core of coarser clay ». La même technique est relevée pour les tablettes Jn de S310, cf. Palaima, *op. cit.*, p. 59 : « Tablets were made by molding a layer of fine clay around a core of coarser clay. This is visible on Jn 605 *lat. inf.* ». Ou encore p. 66 : (à propos de H1 et H2) : « Both scribes make some large page shaped tablets by molding a fine clay surface over a core of coarser clay : Hand 1 (Es 644) ; Hand 2 (Jn 605). » [liste non exhaustive].

[84] À Petras, voir **PE 2**. Je remercie M. Del Freo d'avoir attiré mon attention sur ce document.

[85] Faivre 1995 : 58.

[86] Palaima 1988, p. 73 : « A depression 1.0 cm wide runs straight vertically along the left hand edge of the recto. It was produced before the ruling and writing of the text probably during the manufacture of the tablet ».

[87] Cf. photos et dessins dans *CoMIK* II, ainsi que dans LiBER : https://liber.cnr.it/tablet/view/638

[88] Voir par exemple la photo de **TH Wu 429** dans Aravantinos *et al.* 2002, p. 215, ou encore les excellentes photos de scellés inscrits publiées dans Aravantinos 2010 : 94, sur lesquelles les empreintes digitales sont très visibles (ouvrage consulté aussi en ligne à l'adresse suivante en janvier 2021 : https://www.latsis-foundation.org/content/elib/book_17/thiba_en.pdf) Pour une reconstitution des gestes de façonnage des scellés ou nodules inscrits, voir le dessin dans Marazzi 2016, fig. 3.

[89] Voir la photo dans Aravantinos *et al.* 2001, p. 26.

[90] Cf. Palaima 2011, p. 105 : «The Mycenaean leaf-shaped documents were made by flattening clay out into a kind of thick sheet, much like the dough that bakers roll out for pies (Fig. 12.43). These sheets would then be rolled up at top and bottom creating a thicker, long tablet with a closure seam along the back side. The back side could then be smoothed with the finger. In certain cases a piece of twisted plant-like material, perhaps even something like a fibrous cord, was laid lengthwise across the sheets of clay before they were 'rolled up'. In other cases, what runs through the centre is a stalk or straw that functions as the backbone or spine of the tablet».

[91] Palaima dans Sjöquist & Åström : 103.

documents de plusieurs sites[92] (Cnossos, La Canée[93], Pylos, Thèbes, Tirynthe[94]). Cet usage peut avoir eu différentes raisons, qui ne sont pas mutuellement exclusives : renforcer la solidité de la tablette et/ou faciliter les manipulations.

Le façonnage des nodules a été reconstitué comme suit[95] : une boulette d'argile était modelée autour d'une ficelle ou cordelette, tenue entre l'index et le majeur de la main gauche ; on appliquait un sceau avec la main droite. On obtenait ainsi un prisme à trois faces (face alpha produite par l'application du sceau et faces bêta et gamma produites par les doigts qui tenaient la boulette d'argile). Sur l'empreinte de sceau pouvait ensuite être tracé un le logogramme, et parfois une brève inscription sur les faces bêta et gamma.

La position respective de l'empreinte de sceau et de le logogramme et les indices paléographiques donnent des indications sur le nombre de personnes impliquées dans la fabrication d'un nodule. On considère que si les axes de l'empreinte de sceau et de le logogrammecorrespondent, il est probable que la même personne a appliqué le sceau et tracé le logogramme. Inversement quand les axes ne coïncident pas et qu'on relève des divergences paléographiques entre les inscriptions des nodules portant l'empreinte du même sceau, on suppose que l'inscription était due à une personne différente de celle qui a apposé son sceau. Toutefois, sur des inscriptions aussi brèves, les observations paléographiques sont loin d'être aussi sûres et concluantes que pour celles des tablettes.

2.6 Finition de la surface avant rédaction

À Mycènes, les éditeurs notent que la plupart des tablettes semblent avoir été enduites, sur toute leur surface (recto, verso, mais aussi sur les côtés) d'une couche d'argile fine sur laquelle les signes ont ensuite été incisés (phénomène déjà mentionné ***supra*, 2.3 et 2.4** pour Pylos) [96].

2.7 Gestion de l'argile

2.7.1 Retraits d'argile au verso des tablettes

Palaima a observé des traces correspondant à des retraits d'argile au dos de certains documents pyliens, peut-être pour utiliser le matériau récupéré sur le verso : c'est le cas par exemple de **Un 267**[97], **An 615, 724, Cn 608, Eq 213, Mn 456**[98], ou encore **Cn 4**[99].

Pour une tablette de Pylos, **Na/Xn/Nn 1357** [100], Palaima indique que l'argile, en bas, a été pressée de façon à augmenter l'espace disponible et à ajouter une ligne d'écriture[101]. Inversement, sur la tablette **PY Gn 720**, il apparaît clairement qu'un morceau d'argile a été littéralement arraché du bord inférieur, et ce sans le moindre soin[102] ; cela semble être le cas aussi pour **Mn 162 [+] 101** [103] ; des observations du même type sont aussi disponibles pour **Eq 213**[104], **Nn 831**[105], pour **Cn 3**[106], **Cn 4**[107], ou encore **Mn 456**[108].

2.7.2 Bourrelets d'argile au verso de certaines tablettes

On observe que dans certains cas, l'argile excédentaire était repliée sur le verso, où elle formait une sorte de bourrelet qu'on observe sur des tablettes de plusieurs sites (Pylos, Thèbes), de format « page » comme **PY An 39**[109], mais aussi « feuille de palmier », par exemple à Thèbes (**TH Ft 220 et Ug 7**)[110] ; à Pylos, quand le document est inscrit aussi au verso, les lignes tracées

[92] Chaque site ne présente pas nécessairement cette caractéristique pour les deux types de tablettes.

[93] Hallager *et al.* 1990, p. 29, en signale l'existence pour **KH Sq 1**.

[94] Pour Tirynthe, ce type de dispositif n'est pas indiqué dans *Tithemy*, mais il est signalé dans Godart et Olivier 1975 : 43-44, pour **TI Ef 2** et **Ef 3** ; toujours à Tirynthe, **Cb 4** présente deux trous de paille ; et Godart 1988 : 249, dit avoir fabriqué des tablettes expérimentales en y ajoutant une paille afin d'éviter l'émiettement de l'argile. Pour les tablettes de Mycènes, les éditions successives ne mentionnent pas, à ma connaissance la présence de paille ou de ficelle. Cela ne semble pas non plus être le cas des deux tablettes de Volos (Skafida *et al.* 2012).

[95] Piteros, Melena et Olivier 1990 : 113-114. Del Freo 2016a : 176-177. Pour une illustration voir aussi Palaima 2011 : 109, fig. 12.45.

[96] A. J. B. Wace, dans *MT II* : 13.

[97] Palaima 1988 : 36 : « Un 267 has gouges produced by fingers on the verso where clay was extracted perhaps to apply on the recto » ; voir la photo du verso en ligne sur le site de Calibra (https://calibra.classics.cam.ac.uk/Tablet/PY/267/?face=verso&s=), où toutes les traces sont bien visibles.

[98] Palaima 1988 : 66 : « Both also use their fingers to extract clay from the versos of the tablets perhaps for use as an appliqué on the rectos : Hand 1 (An 615, 724, Cn 608, Eq 213, Un 267) ; Hand 2 (Mn 456) ».

[99] Palaima 1988, p. 81-82 : Cn 4 has a gouge in the center of the verso where clay was extracted with the finger ». (Cf https://calibra.classics.cam.ac.uk/Tablet/PY/4/?face=verso&s=)

[100] Le préfixe de cette tablette a varié au cours du temps. *PTT2* la classe sous le préfixe **Nn**.

[101] Palaima, *Appendix*, dans Sjöquist & Åström 1985, p. 101. Voir aussi Palaima 1988 : 41 ; et Palaima 2011 : 104-105, avec description du processus et explication de son utilité dans l'économie du document.

[102] Palaima, *Appendix*, dans Sjöquist & Åström 1985, p. 104.

[103] Palaima 1988, p. 61: « Mn 162 is a fragment with a piece of clay torn from its bottom edge with fingers (cf. Nn 831 of Hand 1 S106) ».

[104] Palaima 1988, p. 38 : « clay was extracted with fingers from Eq 213 verso (Cf. Un 267 Hand 1 S 2) ».

[105] Palaima 1988, p. 40 : « Clay was taken from the bottom of the tablet with the fingernail ».

[106] Palaima 1988, p. 45 : « Clay was extracted from the verso of Cn 3 with the fingertip ».

[107] Palaima 1988, p. 82 : « Cn 4 has a gouge in the center of the verso where clay was extracted with the finger ».

[108] Palaima 1988, p. 61 : « Clay was extracted from the verso of the tablet by fingers (cf. An 615, 724, Cn 608, Eq 213, all Hand 1 ». Photo de **Mn 456**: https://calibra.classics.cam.ac.uk/Tablet/PY/456/?face=verso&s=

[109] **PY An 39** verso : https://calibra.classics.cam.ac.uk/Tablet/PY/39

[110] Liste non exhaustive. Ces bourrelets sont parfois impossibles à observer dans les publications, les versos étant rarement photographiés lorsqu'ils ne sont ni lignés, ni inscrits.

passent sur les bourrelets (cf par ex. **PY An 39, PY Es 650**[111]).

2.7.3 Tablettes coupées ou issues du découpage d'une autre tablette

Certaines tablettes sont manifestement issues du découpage d'un document de format « page » ; ainsi, **MY Oe 117**[112] et **Oe 120**[113], qui sont de format « feuille de palmier », ont en fait été constituées à partir de la moitié supérieure de tablettes du type de **Fo 101**[114], que l'on a cassées délibérément. C'est également le cas, par exemple de **PY Cn 453 [+] 836**[115]. On semble avoir procédé en utilisant une ligne tracée plus profondément que les autres, un peu comme on tracerait une ligne sur une feuille de papier avant de la déchirer pour en retirer une partie[116].

Dans certains cas, on observe qu'une tablette a été découpée, le plus souvent à gauche (par ex. **KN Fp(1) 5**[117]) ou à droite (par ex. **KN V(1) 56**[118]), ou bien à gauche *et* à droite (par ex. **KN Vc(1) 64**[119]), mais parfois aussi en haut (par ex. **PY Cn 453** [+] **836**[120]) ou en bas (**KN V(6) 831**[121]), plus rarement en haut et en bas (par ex. **An 661**)[122]. Les tablettes « pages » comme les tablettes « feuilles de palmier » peuvent être coupées, mais cela semble plus fréquent pour ces dernières. Il faut noter, enfin, le cas particulier de **PY Ep 704** et **619**, où le fragment anépigraphe **619** a été détaché de la partie inférieure de **Ep 704**.

Cette pratique est aussi attestée pour les tablettes en Linéaire A. Les rares tablettes en hiéroglyphique conservées ne montrent pas de trace de découpage[123]. Les tablettes étaient coupées lorsque l'argile était encore humide, avec un couteau ou un outil pointu. Une tablette peut être coupée juste pour retirer un morceau d'argile à une extrémité. Mais elle peut aussi l'être pour séparer l'inscription en plusieurs sections qui deviennent indépendantes.

Lorsqu'une tablette est découpée en plusieurs morceaux par le scribe, cela donne lieu à ce qu'on a appelé les *simili joins* (plusieurs tablettes sont découpées à partir d'un document plus long)[124]. Sur certaines tablettes on observe par ailleurs des lignes verticales, de haut en bas du document, qui ne peuvent guère avoir d'autre usage que de marquer l'endroit où le document pourrait être découpé ; c'est le cas par exemple dans la série **Vd** de Cnossos[125]. Pour une raison ou une autre, le découpage n'a pas eu lieu.

Le découpage des tablettes est attesté à Cnossos, aussi bien dans le dépôt le plus ancien que dans des dépôts plus récents[126] ; il est bien aussi connu par exemple à Pylos[127], à Mycènes[128] ou à Thèbes[129] ; on n'en relève à ma connaissance pas d'exemple à Tirynthe. Le but de cette pratique pourrait avoir été d'économiser l'argile qu'on pouvait ensuite réutiliser, et/ou de gagner de la place et de faciliter le stockage des tablettes ; une autre hypothèse, qui n'exclut pas les deux précédentes, est que les scribes ont voulu réorganiser les informations administratives[130].

2.8 Erreurs, corrections, palimpsestes

Sur l'argile des tablettes on observe des érasures et parfois des corrections. Les érasures ne sont généralement pas discrètes : la surface de certaines tablettes a été raclée avec un outil, peut-être la partie plane d'un stylet[131]. Lorsque l'argile était encore assez humide, les scribes en ont parfois profité pour faire des modifications ou des corrections au texte déjà inscrit. Ainsi sur la tablette **Ta 711** de Pylos, le scribe 2, en écrivant sur la ligne 1 le nom propre masculin *au-ke-wa*, a dans un premier temps noté « A » pour la syllabe initiale, avant d'effacer le signe et de le remplacer par la diphtongue « AU ». On distingue encore clairement la première version sous l'inscription définitive[132].

[111] **PY Es 650** verso : https://calibra.classics.cam.ac.uk/Tablet/PY/650/?face=verso&s=

[112] **MY Oe 107** : https://liber.cnr.it/tablet/view/2341

[113] **MY Oe 120** : https://liber.cnr.it/tablet/view/2352

[114] **MY Fo 101** : https://liber.cnr.it/tablet/view/2328

[115] Palaima 1988, p. 48: « Cn 453 [+]836 is the bottom of a page-shaped tablet cut at top to form a long rectangular strip with a curverd lower right corner. The cut goes entirely through the clay ». Photo : https://calibra.classics.cam.ac.uk/Tablet/PY/453

[116] A. J. B. Wace, dans *MT* II, p. 3.

[117] **KN Fp(1) 5**, coupée à gauche : https://liber.cnr.it/tablet/view/4089

[118] **KN V(1) 56**, coupée à droite : https://liber.cnr.it/tablet/view/659

[119] Classée **Vc(6) 64** dans KT6.

[120] L'apparat de *PTT2* précise : « Coupée en bas (le long de la ligne en 836) ».

[121] La tablette est reclassée **V(4) 831** dans KT6.

[122] Sur les tablettes coupées, cf. Driessen 1987 ; Tomas 2013 ; voir aussi plus récemment Judson 2020 : 534 (bibliographie non exhaustive).

[123] Tomas 2013, p. 177.

[124] Cf. Driessen 1987, et Driessen 1988 : 134-135.

[125] Cf. Driessen 2000, p. 55. Voir par exemple **Vd 7545+137**, illustré dans Tomas 2013, fig. 4, ainsi que dans LiBER https://liber.cnr.it/tablet/view/890

[126] Surtout mais pas exclusivement dans le dépôt le plus ancien (Pièce aux tablettes de chars), où les documents sont plus petits qu'ailleurs ; on l'observe à d'autres endroits du palais (en particulier sur les tablettes des scribes 115 et 141), dans des dépôts plus récents. Cf. Driessen 1988 : 135.

[127] Sur des tablettes « feuille de palmier », comme celles de la série Aa. Sur des tablettes « page » comme **PY An 5, An 35, An 209, An 394,** ou encore **Jn 389** [liste non exhaustive].

[128] Voir par exemple les tablettes coupées en bas dans la série Oe (**Oe 117, 119, 120**) ou à droite, comme **Ue 663.**

[129] Voir par ex. **TH Av 104.**

[130] Driessen 1987, Tomas 2013.

[131] Ces erreurs et corrections ont aussi été étudiés pour les textes en linéaire A, cf. Consani 1997. Pour les textes de l'époque mycénienne, voir récemment Judson 2020 : 527 sq et fig. 2 (avec bibliographie antérieure). Les deux auteurs proposent une typologie des erreurs de scribes.

[132] Pour une série d'exemples plus complète et une typologie à jour des erreurs et des corrections effectuées par les scribes (remplacement de signes, addition de mots ou de signes en petits caractères au dessus de la ligne, etc), voir Judson 2020, avec bibliographie antérieure.

Une étude expérimentale récente a montré que des corrections pouvaient être effectuées même après le séchage des tablettes, en mouillant l'argile, entièrement ou partiellement, ce qui permettait de mettre à jour les informations[133]. Les traces laissées par certaines corrections sont d'autant plus visibles que l'argile avait déjà séché au moment où elles ont été réalisées.

2.9 Les stylets

Les signes du linéaire B comportent de nombreuses courbes et boucles. Les outils utilisés pour les tracer sont donc assez différents de ceux connus des cunéiformistes. Si sur certaines tablettes les signes sont incisés « proprement », sans débordement d'argile (**PY An 1**), sur d'autres, comme **KN Od(1) 690**, on distingue nettement, autour des signes, l'argile qui a été rejetée par le passage du stylet utilisé pour les tracer[134].

Des objets identifiés comme des stylets ont été retrouvés à Tirynthe[135] et à Thèbes[136], mais ce sont des trouvailles rares. Ces stylets sont en forme de « lame de couteau », ce qui devait permettre aussi bien d'inciser des signes que d'effacer des inscriptions[137]. Les expérimentations faites par L. Godart à Tirynthe[138] montrent que le stylet en forme de couteau peut parfaitement servir à écrire ; mais les observations et les expérimentations faites par différents collègues et par moi-même montrent qu'on a également pu/dû utiliser un instrument doté d'une pointe aussi fine que possible : épine, pointe métallique, outil pointu en bois ont ainsi été testés et ont permis de produire des tracés convaincants[139].

2.10 Les conditions de stockage : le phénomène des « contiguïtés »

L'état des objets en argile que sont les tablettes peut enfin résulter des conditions de stockage[140]. À ma connaissance, elles ne portent pas de traces du stockage en panier (je n'ai pas relevé de mentions d'empreintes de vannerie ou autre dans les publications). On ne connaît pas non plus d'indice d'un stockage en jarre, comme au Proche-Orient ; en revanche dans le monde minoen, on peut mentionner le cas des tablettes trouvées ensemble dans les pithoi de la pièce 59 de Haghia Triada [141]. En revanche, des observations faites à Pylos montrent que la forme des tablettes a pu être affectée par les conditions dans lesquelles elles étaient empilées et entreposées, et donnent des indications sur leur classement dans les archives[142]. Cet effet a été décrit sous le nom de « contiguïtés ». L'observation a été faite par E. L. Bennett, J. L. Melena, Th. G. Palaima sur les tablettes **Sh** de Pylos, qui enregistrent du matériel militaire[143].

Si l'on dispose les documents en ajustant leurs formes comme dans un puzzle, sans se soucier de savoir si le recto se trouve tourné vers le haut ou non on constate que les formes des tablettes sont complémentaires et peuvent se caler les unes contre les autres. Elles sont alors disposées en deux couches superposées : sur l'illustration fournie par Palaima[144], celles du dessous sont posées sur leur verso, face inscrite en haut (à l'exception des deux tablettes du bas), et les tablettes du dessus sont posées sur leur recto (les faces inscrites de chaque texte reposent donc l'une sur l'autre). Les tablettes contiguës ont des tailles et des contours analogues et leurs formes suggèrent qu'elles étaient appuyées les unes contre les autres ; enfin les lignes de cassure observées sur chaque document correspondent, confirmant la reconstitution. Tout cela est particulièrement clair pour les tablettes de la rangée du dessous ; il est intéressant d'observer en particulier les tablettes **742** et **744**, en haut, dont les contours, à droite, sont parfaitement complémentaires.

Ces contiguïtés permettent de reconstituer l'ordre dans lequel les documents étaient stockés et, peut-être, dans une certaine mesure, celui de leur rédaction. Les lieux de trouvaille des différentes tablettes **Sh** sont cohérent avec la reconstitution du rangement selon les contigüités [145]. Le même type d'observation a pu être fait pour les deux tablettes totalisatrices de la série **Sa**, qui enregistrent des roues [146].

Si les usages de l'argile dans différents aspects de la vie quotidienne (céramique, et façonnage de conteneurs divers) et dans l'architecture (aménagements du type banquette, usage de briques crues, tuiles) à l'époque mycénienne ne sont pratiquement pas documentés par l'épigraphie, en revanche, les supports des textes administratifs eux-mêmes sont de plus en plus étudiés

133 Pape *et al.* 2014. Judson 2020, p. 531.

134 Pour une bonne photo de ce document voir par ex. https://crewsproject.wordpress.com/2018/11/25/what-to-write-with-styli-for-clay-tablets/#more-4714 [Site consulté le 18-01-2021. Photo © R. Thompson]. Voir aussi *CoMIK* I, mais la photo y est de moins bonne qualité.

135 Godart 1988 : 248-250 (et fig. 3, 4 et 5).

136 Piteros *et al.* 1990 ; Aravantinos 2014 : 49, fig. 46.

137 Sur les stylets voir aussi par ex. Palaima 2011, p. 110-112, avec illustration des exemplaires archéologiques.

138 Godart 1988 : 248-250.

139 Cf. Pape *et al.* 2014, avec description précise des différentes expérimentations qui ont abouti à des résultats convaincants.

140 Par exemple, J.-P. Olivier signale au verso **KN Gg(2) 995** des « rayures accidentelles » (cité par Del Freo 2008 : 205 n. 27).

141 La question a été discutée récemment par Montecchi 2019, p. 41 et p. 78 ; l'auteur argumente contre cette hypothèse.

142 Palaima 1996.

143 Le logogramme *163 ARM, qui représente une armure + un casque, est le plus souvent enregistré au début. L'étude du contenu des textes de cette série montre qu'ils se divisent en deux groupes, A (**Sh 733, 741, 742, 743** et **744**) et B (**Sh 734, 735, 738** et **739**) le second se distinguant essentiellement du premier par le nombre d'accessoires (*O* pour *o-pa-wo-ta*) enregistrés à la suite du logogramme de l'armure.

144 Palaima 1996, fig. 5.

145 Palaima 1996 : 392.

146 Palaima 1996, fig. 6.

en tant qu'objets archéologiques et les études, aussi bien anciennes que plus récentes, livrent un nombre assez important d'indications sur leur matériau argile, sa préparation, sa mise en forme, ses particularités physiques. L'étude du matériau argile est également cruciale pour la compréhension des textes, qu'il s'agisse de leur mise en page ou des corrections effectuées par les scribes, qui peuvent être repérées et étudiées pour approfondir notre compréhension de certains processus administratifs [147], et apportent aussi des informations importantes sur les pratiques scribales.

Françoise Rougemont
Chargée de recherche au CNRS
UMR 7041 Archéologies et sciences de l'Antiquité (ArScAn)
Équipe Protohistoire égéenne
MSH Mondes, Boîte 16
21 allée de l'Université
F-92023 Nanterre Cedex
francoise.rougemont@cnrs.fr

Bibliographie

Abréviations

CoMIK **I**

Chadwick, J., L. Godart, J. T. Killen, J.-P. Olivier, A. Sacconi et I. A. Sakellarakis (éd.) 1986. *Corpus of Mycenaean Inscriptions from Knossos. Volume I (1-1063). Incunabula Graeca* LXXXVIII, 1. Cambridge & Rome : Cambridge University Press & Edizioni dell'Ateneo.

CoMIK **II**

Chadwick, J., L. Godart, J. T. Killen, J.-P. Olivier, A. Sacconi et I. A. Sakellarakis (éd.) 1990. *Corpus of Mycenaean Inscriptions from Knossos. Volume II (1064-4495) Incunabula Graeca* LXXXVIII, 2. Cambridge & Rome : Cambridge University Press & Edizioni dell'Ateneo.

CoMIK **III**

Chadwick J., Godart L., Killen J. T., Olivier J.-P., Sacconi A. et Sakellarakis I. A. (éd.) 1997. *Corpus of Mycenaean Inscriptions from Knossos. Volume III (5000-7999). Incunabula Graeca* LXXXVIII, 3. Cambridge & Rome : Cambridge University Press & Edizioni dell'Ateneo.

CoMIK **IV**

Chadwick, J., L. Godart, J. T. Killen, J.-P. Olivier, A. Sacconi et I. A. Sakellarakis (éd.), 1998. *Corpus of Mycenaean Inscriptions from Knossos. Volume IV (8000-9947) and index to volumes I-IV.* Cambridge & Rome : Cambridge University Press & Istituti Editoriali e Poligrafici Internazionali.

DELG

Chantraine, P. 2009. *Dictionnaire étymologique de la langue grecque. Nouvelle édition.* Paris : Klincksieck.

[147] On pensera ici par exemple aux corrections effectuées sur les chiffres.

Documents[2]

Ventris M. G. F., Chadwick J. 1973. *Documents in Mycenaean Greek[2]*. Cambridge : Cambridge University Press.

KT6

Melena J. L., Firth R. 2019. *The Knossos Tablets. Sixth Edition*. Philadelphie : INSTAP Academic Press.

MT II

Bennett, Jr., E. L. (*éd.*) 1958. *The Mycenae Tablets II. With an introduction by A. J. B. Wace & E. B. Wace; translation and commentary by J. Chadwick.* Philadelphie.

PoN II

Blegen, C. W., M. Rawson, M. L. Lang 1969. *The Palace of Nestor at Pylos in Western Messenia,* vol. II. Princeton, Princeton University Press.

PTT[2]

Olivier, J.-P. et M. Del Freo 2020. *The Pylos Tablets Transcribed. Deuxième édition.* Padoue, Webster srl.

Tithemy

Melena J. L., J.-P. Olivier 1991. *TITHEMY. The Tablets and Nodules in Linear B from Tiryns, Thebes and Mycenae. A Revised Transliteration. Suplementos a Minos* 12. Salamanque : Ediciones Universidad de Salamanca.

Références

Aravantinos, V. 2010. *The Archaeological Museum of Thebes.* Athènes : Fondation Latsis.

Aravantinos, V. 2014. Το αρχαιολογικό έργο στη Θήβα: οι άνθρωποι και τα αρχαία, *in* V. Aravantinos et E. Kountouri (éd.) *100 χρόνια αρχαιολογικού έργου στη Θήβα: οι πρωτεργάτες των ερευνών και οι συνεχιστές τους. Συνεδριακό κεντρό Θήβας, 15-17 Νοεμβρίου 2002* : 1-57. Athènes : TAP.

Aravantinos, V., L. Godart, A. Sacconi 2001 [2002]. *Thèbes. Fouilles de la Cadmée. I. Les tablettes en linéaire B de la odos Pelopidou. Edition et commentaire. Biblioteca di «Pasiphae».* Pise, Rome : Istituti editoriali e poligrafici internazionali.

Aravantinos, V., L. Godart, A. Sacconi 2002. *Thèbes. Fouilles de la Cadmée. III. Corpus des documents d'archives en linéaire B de Thèbes (1-433). Biblioteca di «Pasiphae»* 3. Pise, Rome : Istituti Editoriali e Poligrafici Internazionali.

Aravantinos, V. et A. Vasilogamvrou 2012. The first Linear B documents from Ayios Vasileios (Laconia), *in* P. Carlier, C. De Lamberterie, M. Egetmeyer, N. Guilleux, F. Rougemont, et J. Zurbach (éd.) *Études mycéniennes 2010. Actes du XIIIe colloque international sur les textes égéens. Sèvres, Paris, Nanterre, 20-23 septembre 2010, Biblioteca di «Pasiphae»* X : 41-54. Pise, Rome : Fabrizio Serra.

Bennett, E. L., Jr 1958. Tentative Identification of the Hands of the Scribes of the Pylos Tablets. *Athenaeum* 46 : 328-333.

Bennett E. L., Jr 1960. Anonymous Writers in Mycenaean Palaces. *Archaeology* 13, p. 26-32.

Carlier, P. 1996. À propos des artisans *wa-na-ka-te-ro*, *in* E. De Miro, L. Godart, et A. Sacconi (éd.) *Atti e Memorie del Secondo Congresso Internazionale di Micenologia, Roma-Napoli, 14-20 ottobre 1991, Incunabula Graeca, vol. XCVIII* II, 569-580. Rome : Gruppo Editoriale Internazionale.

Consani, C. 1997. *Lapsus* ed errori di scrittura nella lineare A, *in* F. Aspesi, C. Consani, et M. Negri (éd.) *Κρήτη τις γαῖ ' ἔστι. Studi e ricerche intorno ai testi minoici, Quaderni Linguistici e Filologici* 8 : 101-120. Rome : Il Calamo.

Del Freo, M. 2005. *I censimenti di terreni nei testi in lineare B. Biblioteca di 'Pasiphae'* 5. Pise, Rome : Fabrizio Serra.

Del Freo, M. 2008. Rapport 2001-2005 sur les textes en écriture hiéroglyphique crétoise, en linéaire A et en linéaire B, *in* A. Sacconi, M. Del Freo, L. Godart, et M. Negri (éd.) *Colloquium Romanum. Atti del XII Colloquio internazionale di micenologia, Roma, 20-25 febbraio 2006, Pasiphae* I : 199-222. Pise, Rome : Fabrizio Serra Editore.

Del Freo, M. 2016a. I documenti in lineare B, *in* M. Del Freo et M. Perna (éd.) *Manuale di epigrafia micenea. Introduzione allo studio dei testi in lineare B. Vol. 1*, p. 169-184. Padoue : libreriauniversitaria.it edizioni, Webster srl.

Del Freo, M. 2016b. La scrittura lineare B, *in* M. Del Freo et M. Perna (éd.) *Manuale di epigrafia micenea. Introduzione allo studio dei testi in lineare B. Vol. 1* : 123-168. Padoue : libreriauniversitaria.it edizioni, Webster srl.

Del Freo, M. 2020. Archives et palais dans le monde mycénien : quelques observations, *in* Fr. Rougemont (éd.) *Palais sans archives, archives sans palais : palais, archives et territoires en Orient et en Egée. Table ronde internationale, Nanterre, Maison René Ginouvès, 17 novembre 2015, Topoi supplément* 16 : 195-216, Lyon : MOM.

Driessen, J. 1987. Observations on 'Simili-Joins' in the Room of the Chariot Tablets at Knossos, *in* J. T. Killen, J. L. Melena, et J.-P. Olivier (éd.) *Studies in Mycenaean and Classical Greek presented to John Chadwick* : 151-162. Salamanque : Universidad de Salamanca & Universidad País Vasco.

Driessen, J. 1988. The Scribes of the « Room of the Chariot Tablets », *in* J.-P. Olivier et Th. G. Palaima (éd.) *Texts, Tablets and Scribes. Studies in Mycenaean Epigraphy and Economy offered to Emmett L. Bennett, Jr., Suplementos a Minos* 10 : 123-165. Salamanque : Université de Salamanque.

Driessen, J. 1990. *An Early Destruction in the Mycenaean Palace at Knossos: A New Interpretation of the Excavation Field-Notes of the South-East Area of the West Wing.* Louvain.

Driessen J. 2000. *The Scribes of the Room of the Chariot Tablets at Knossos. Interdisciplinary Approach to the Study of a Linear B Deposit. Minos Suplementos* 15. Salamanque : Ediciones Universidad de Salamanca.

Faivre, X. 1995. *Le recyclage des tablettes cunéiformes. Revue d'Assyriologie* 89 : 57-66.

Firth, R. J. 2000-2001. A Review of the Find-Places of the Linear B Tablets from the Palace of Knossos, *Minos* 35-36 : 63-290.

Godart, L. 1988. Autour des textes en linéaire B de Tirynthe. Ausgrabungen in Tiryns 1982/83. *Archäologischer Anzeiger* 1988 : 245-251.

Godart L. et J.-P. Olivier 1975. Nouveaux textes en linéaire B de Tirynthe, *in* U. Jantzen (éd.) *Tiryns VIII* : 37-53 & pl. 41. Mayence : Philipp von Zabern.

Godart, L., J. T. Killen, J.-P. Olivier 1983. Eighteen more fragments of Linear B tablet from Tiryns. Ausgrabungen in Tiryns 1981. *Archäologischer Anzeiger* : 413-426.

Godart, L., Sacconi A. (éd.). 2017. *Supplemento al Corpus delle iscrizioni vascolari in lineare B.* Pise, Rome : Fabrizio Serra Editore.

Hallager, E. 2005. The uniformity in seal use and sealing practice during the LH/LM III period, *in* A. L. D'agata et J. A. Moody (éd.) *"Ariadne's Threads". Connections between Crete and the Greek Mainland in the Post Palatial Period (Late Minoan IIIA2 to Sub-Minoan). International Workshop. Athens, Scuola Archeologica Italiana* : 243-275. Athènes : Scuola archeologica italiana.

Hallager, E., M. Vlasaki, B. P. Hallager 1990. The first Linear B tablet(s) from Khania. *Kadmos* 29 : 24-34 et pl. I.

Karnava, A. 2010 [2011]. The LM IA Cretan Sealings from Akrotiri: Chronological and Historical Implications. *Pasiphae* 4 : 87-92.

Karnava, A. 2018. *Seals, Sealings and Seal Impressions from Akrotiri in Thera. CMS Beiheft* 10. Heidelberg : Propylaeum.

Killen, J. T. 2002-2003. The Wm Nodules from Knossos. *Minos* 37-38 : 101-106.

Krzyszkowska, O. 2005. *Aegean Seals: an Introduction. BICS suppl.* 85. Londres : Institute of Classical Studies.

Kyriakidis, E. (éd.) 2011. *The Inner Workings of Mycenaean Bureaucracy. Proceedings of the International Colloquium University of Kent, Canterbury, 19-21 September 2008. Pasiphae. Rivista di filologia e antichità egee* V. Pise, Rome : Fabrizio Serra.

Judson, A. 2020. Scribes as Editors: Tracking Changes in the Linear B Documents. *American Journal of Archaeology* 124/4 : 523-549.

Lion, Br. et M. Sauvage, 2005. Les textes de Nuzi relatifs aux briques, *in* D. I. Owen et G. Wilhelm (éd.) *SCCNH* 15 : 57-100. Bethesda : CDL Press.

Maniatis, Y., X. Arapogianni, L. Godart 2010. Kavkania : le mot de la fin. *Pasiphae* 4 : 117-134.

Marazzi, M. 2016. L'uso delle cretule nel mondo miceneo, *in* M. Del Freo et M. Perna (éd.) *Manuale di epigrafia micenea. Introduzione allo studio dei testi in lineare B. Vol. 2*: 589-612. Padoue : libreriauniversitaria.it edizioni, Webster srl.

Maurice N. 1985. Fautes de scribes. Pour une critique verbale appliquée aux textes mycéniens. *Minos* 19 : 29-50.

Melena J. L. 1983. Olive Oil and Other Sorts of Oil in the Mycenaean Tablets. *Minos* 18 : 89-123.

Montecchi B. 2019. *Contare a Haghia Triada. Le tavolette in lineare A, i documenti sigillati e il sistema economico-amministrativo nel TM IB. Incunabula Graeca* CVII. Rome : CNR Edizioni.

Mouthuy O. 2017. Pour une approche intégrée et diachronique des documents d'archives à l'époque mycénienne, *in* N. Amoroso, G. Cavalieri Manasse, et N. L. J. Meunier (éd.) *Locum Armarium Libros : Livres et bibliothèques dans l'Antiquité, Fervet Opus* 2 : 195-224. Louvain la neuve : Presses Universitaires de Louvain.

Mylonas Shear I. 1998. Bellerophon Tablets from the Mycenaean World? A Tale of Seven Bronze Hinges. *Journal of Hellenic Studies* 118 : 187-189.

Nosch, M.-L. B. 1997. Pylian Craftsmen: payment in kind/ rations or land, *in* Ph. Betancourt et R. Laffineur (éd.) *TEXNH. Proceedings of the 6th International Aegean Conference at Philadelphia, Temple University, April 1996, Aegaeum* 16 : 397-406. Liège.

Olivier, J.-P. 1967. *Les scribes de Cnossos. Essai de classement des archives d'un palais mycénien. Incunabula Graeca* XVII. Rome : Edizioni dell'Ateneo.

Olivier, J.-P. 1984. Administrations at Knossos and Pylos : What Differences, *in* C. W. Shelmerdine et Th. G. Palaima (éd.) *Pylos Comes Alive. Industry + Administration in a Mycenaean Palace* : 11-18. New York.

Olivier, J.-P. 1999. Rapport 1991-1995 sur les textes en écriture hiéroglyphique crétoise, en linéaire A et en linéaire B, *in* S. Deger-Jalkotzy, St. Hiller, et O. Panagl (éd.) *Floreant Studia Mycenaea. Akten des 10. Internationalen Mykenologischen Kolloquiums in Salzburg vom 30. April-6. Mai 1995, Veröffentlichungen der Mykenischen Kommission* 18 : 419-436. Vienne : Verlag der Österreichischen Akademie der Wissenschaften.

Palaima, T. G. 1988. *The Scribes of Pylos. Incunabula Graeca* LXXXVII. Rome : Edizioni dell'Ateneo.

Palaima, Th. G. 1996. 'Contiguities' in the Linear B Tablets from Pylos, *in* E. De Miro, L. Godart, et A. Sacconi (éd.), *Atti e Memorie del Secondo Congresso Internazionale di Micenologia, Roma-Napoli, 14-20 ottobre 1991, Incunabula Graeca, vol. XCVIII* I : 379-396. Roma : Gruppo Editoriale Internazionale.

Palaima, T. G. 2002-2003. OL Zh 1 : quousque tandem? *Minos* 37-38: 373-386.

Palaima, Th. G. 2011. Mycenaean scribes, scribal hands and palaeography, *in* Y. Duhoux et A. Morpurgo Davies (éd.) *A Companion to Linear B. Mycenaean Greek Texts and their World, Volume 2*: 33-136. Louvain : Peeters.

Palaima, Th. G., J. C. Wright 1985. Ins and Outs of the Archives Rooms at Pylos: Form and Function in a Mycenaean Palace. *American Journal of Archaeology* 89 : 251-262.

Panagiotopoulos D. 2014. *Mykenische Siegelpraxis. Funktion, Kontext und administrative Verwendung mykenischer Tonplomben auf dem griechischen Festland und auf Kreta. Athenaia* 5. Münich : Hirmer & DAI.

Pape, T., P. Halstead, J. Bennet, Y. Stangidis 2014. "For it is written" : an experimental approach to the materiality and temporality of clay documents inscribed in Linear B, *in* Y. Galanakis, T. Wilkinson, et J. Bennet (éd.) *ΑΘΥΡΜΑΤΑ: Critical Essays on the Archaeology of the Eastern Mediterranean in Honour of E. Susan Sherratt*: 177-186. Oxford : Archaeopress.

Payton, R. 1991. The Ulu Burun Writing-Board Set. *Anatolian Studies* 41 : 99-106.

Perna, M. 2011. Minoan and Mycenaean Archives : The Problem of Documents on Perishable Material. *Mediterranean Chronicle* 1 : 9-25.

Perpillou, J.-L. 1977. Repentirs de scribes. *Revue de Philologie* 51 : 237-248.

Piquette, K., R. Whitehouse (éd.) 2013. *Writing as Material Practice: Substance, surface and medium*. Londres : Ubiquity Press.

Piteros, Chr., J.-P. Olivier, J. L. Melena 1990. Les inscriptions en linéaire B des nodules de Thèbes (1982) : la fouille, les documents, les possibilités d'interprétation. *Bulletin de Correspondance Hellénique* 114 : 103-184.

Rougemont, Fr. 2017. Compte rendu de Panagiotopoulos D. 2014. *Mykenische Siegelpraxis. Funktion, Kontext und administrative Verwendung mykenischer Tonplomben auf dem griechischen Festland und auf Kreta, Athenaia* 5. Münich : Hirmer & DAI, 347 p. *Revue Archéologique* : 154-158.

Sacconi, A. 1974. *Corpus delle iscrizioni vascolari in lineare B. Incunabula Graeca* 57. Rome : Edizioni dell'Ateneo.

Sjöquist, K.-E., P. Åström 1985. *Pylos: Palmprints and Palmleaves. SIMA-PB* 31. Göteborg : Paul Åströms Förlag.

Sjöquist, K.-E., Åström P. 1991. *Knossos: Keepers and Kneaders. Studies in Mediterranean Archaeology and Literature, Pocketbook* 82. Göteborg: Paul Åströms Förlag.

Skafida, E., A. Karnava, J.-P. Olivier 2012. Two new Linear B tablets from the site of Kastro-Palaia in Volos. *In* : P. Carlier, Ch. De Lamberterie, M. Egetmeyer, N. Guilleux, Fr. Rougemont et J. Zurbach (éd.) *Études mycéniennes 2010. Actes du XIIIe colloque international sur les textes égéens. Sèvres, Paris, Nanterre, 20-23 septembre 2010, Biblioteca di « Pasiphae »* X : 55-74. Pise, Rome : Fabrizio Serra.

Symington, D. 1991. Late Bronze Age Writing-Boards and Their Uses: Textual Evidence from Anatolia and Syria. *Anatolian Studies* 41 : 111-123.

Tomas, H. 2013. Saving on Clay: The Linear B practice of cutting tablets, *in* K. Piquette et R. Whitehouse (éd.) *Writing as Material Practice: Substance, surface and medium* : 175-192. Londres : Ubiquity Press.

Vandenabeele, Fr. et J.-P. Olivier 1979. *Les idéogrammes archéologiques du linéaire B. Études Crétoises* XXIV. Paris : École française d'Athènes.

Warnock P. et M. Pendleton 1991. The Wood of the Ulu Burun Diptych. *Anatolian Studies* 41 : 107-109.

Weingarten, J. 1988. The Sealing Structures of Minoan Crete : MM II Phaistos to the Destruction of the Palace of Knossos, *Oxford Journal of Archaeology* 7/1 : 1-17.

Whitelaw, T. 2001. Reading between the tablets: assessing palatial involvement in ceramic production and consumption, *in* S. Voutsaki et J. T. Killen (éd.) *Economy and Politics in Mycenaean Palace States, Cambridge Philological Society, supplementary volume* 27 : 51-79. Cambridge.

Zurbach, J. 2006. Les vases inscrits en linéaire B : essai d'interprétation globale. *AthMitt* 121 : 13-71.

Zurbach, J. 2016. Vasi con iscrizioni in lineare B, *in* M. Del Freo et M. Perna (éd.) *Manuale di epigrafia micenea. Introduzione allo studio dei testi in lineare B. Vol. 2* : 613-624. Padoue : libreriauniversitaria.it edizioni, Webster srl.

Zurbach, J. 2017. *Les hommes, la terre et la dette en Grèce, c. 1400-c. 500 a.C. Scripta Antiqua* 95. Bordeaux : Ausonius.

Le travail du potier d'après la *Satire des métiers* - *The potter's work from the* Satire of Trades

Adeline BATS*

Chercheuse associée à l'UMR 8167 Orient & Méditerranée, Paris.

Résumé - La terre occupe une place prédominante dans la civilisation égyptienne antique. Cultivée par les paysans, elle est aussi employée comme matériau de construction, pour la confection des céramiques, pour sceller des contenants ou des lettres, mais également pour la confection de cataplasmes. Quelques scènes dépeintes dans les tombes permettent d'appréhender le travail de cette matière et donnent un aperçu des différentes chaînes opératoires. Le travail de la terre est aussi mentionné dans la *Satire des métiers*, un texte littéraire connu par des copies du Nouvel Empire (1539-1069 av. J.-C.), qui décrit de manière satirique le travail des artisans notamment celui du potier. Loin d'être une description naturaliste des activités du potier égyptien, ce texte a été rédigé par des scribes et pour des scribes afin de valoriser la maîtrise de l'écrit. Cependant, grâce à la richesse du vocabulaire et aux expressions employées, l'auteur donne l'image de l'environnement direct de l'artisan à travers l'usage de mots exprimant le geste et la matière.

Mots-clés - Satire des métiers, potier, argile, céramiques, lexicographie des gestes et de la matière, terre agraire.

Abstract - Earth played a predominant role in ancient Egyptian civilisation. Cultivated by the peasants, it was also used as a building material, to make ceramics, to seal containers or letters, and also to make poultices. Some scenes depicted in the tombs (so-called "daily life scenes") allow us to understand the use of this material and give an overview of the different *chaînes opératoires*. Working with clay is also mentioned in the *Satire of Trades*, a literary text known from copies dated to the New Kingdom (1539-1069 BC), which describes in a satirical way the work of craftsmen, including that of the potter. Far from being a naturalistic description of the Egyptian potter's activities, this text was written by scribes and for scribes to promote the mastery of the written word. However, thanks to the richness of the vocabulary and the expressions used, the author gives us an image of the craftsman's immediate environment through words expressing gestures and materials.

Keywords - Satire of Trades, potter, clay, ceramics, lexicography of gestures and materials, agrarian land.

La *Satire des métiers*[1], dont le titre égyptien est *Enseignement de Khéty*[2], est un texte littéraire daté de la XIIe dynastie[3] qui nous est parvenu uniquement grâce à des copies postérieures. Alors que la plus ancienne connue a été écrite au début de la XVIIIe dynastie[4], la grande majorité des reproductions date de l'époque ramesside. Au total, neuf papyrus, trois tablettes et deux cents quatre-vingt-deux ostraca livrent une partie du texte[5]. La composition intégrale nous est néanmoins connue grâce au papyrus Sallier II, la version qui sera étudiée dans cet article.

La *Satire des métiers* se présente comme un texte à destination des apprentis scribes, au sein duquel plusieurs professions sont énumérées[6] – vingt-et-une avec celle du scribe –, dans le but de mettre en valeur la pratique de l'écrit grâce à des descriptions négatives des autres professions. Celles-ci sont présentées en quelques strophes, organisées en « distiques heptamétriques »[7]. Plusieurs « métiers de la terre » sont alors mentionnés dans ce texte : le potier (*jqdw-nḏs.t*), le maçon (*jqdw-jnbw*), le cultivateur (*ꜥḥwtyw*) et le jardinier (*kꜣry*). Seul le passage consacré au potier livre plusieurs termes que l'on peut traduire par « argile » ou « terre », contrairement aux autres paragraphes qui concernent le cultivateur, le jardinier et – dans une moindre mesure – le maçon, puisque la pénibilité de ces professions n'est pas imputée directement au travail de la terre. Mais, ce texte, conçu par des scribes et pour des scribes[8], peut, de prime abord, apparaître éloigné des réalités de ces métiers. Néanmoins, au même titre que l'iconographie issue des tombes des membres

*Je souhaiterais remercier Bernard Mathieu pour ses remarques et sa relecture attentive, ainsi que Pierre Tallet pour ses suggestions. Toutes les erreurs éventuelles demeurent de mon fait.

1 Brunner 1944 ; Helck 1970 ; Hoch 1991-1992 ; Quirke 2004 : 121-126 ; Vernus 2010 : 243-264. Voir également Mathieu 1998 ; Id. 2001.

2 Sur l'auteur de ce texte, on consultera Posener 1980 ; Quirke 2004 : 32.

3 Aucune copie du Moyen Empire n'est, à ce jour, connue. On date généralement la composition du texte du début de la XIIe dynastie, probablement du règne d'Amenemhat Ier, d'après le style de l'œuvre.

4 Bien que fragmentaire, la plus ancienne copie du texte date du début de la XVIIIe dynastie. Il s'agit de la tablette Louvre N 693 (Piankoff 1993).

5 Jäger 2004 : 5-10 ; Mathieu 2020, p. 1, note n°3.

6 Certaines de ces professions ont déjà fait l'objet de commentaires : Theodorides 1958-1960 ; Verly 2017 ; Vernus 2016.

7 Mathieu 2019 : 37-39.

8 Ragazzoli 2019 : 44-78.

de l'élite sociale, cette composition littéraire livre de nombreuses informations sur des activités artisanales peu mentionnées dans les documents de la pratique.

I. Le travail du potier décrit dans la Satire des métiers

IXa. 

(jw) jqdw-nḏs.t ẖr ꜣḥ.wt, sꜥḥꜥ.w=f m ꜥnḫ.w

Le potier est sous terre **(a)**, alors qu'il se tient parmi les vivants.

IXb. 

ḫmꜥ.w~n(=f) sw r šꜣ.wt r šꜣj.w r pss.t qrḥ.wt=f

(En effet,) il s'enfouit[9] **(b)** dans les herbages **(c)** plus que les porcs, pour que soient cuits **(d)** ses pots **(e)**.

IXc. 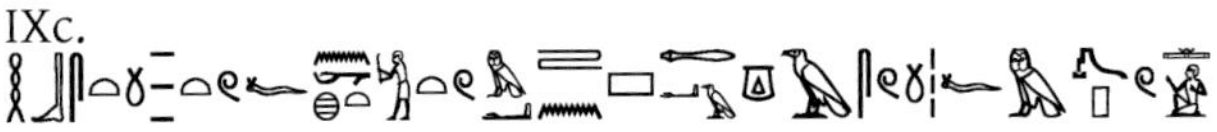

ḥbs.wt=f nḫt=tw m-ꜥ dbn, ꜥꜣgsw=f m stp.w

Sa vêture est raide de boue **(f)** et sa ceinture **(g)** est en lambeaux.

IXd. 

ꜥq r ṯꜣw sfnd=f, pr(=f) {s} tꜣ=f wḏꜣ

L'air entre dans son nez, (lorsqu'il[10] = le potier) sort de son four **(h)** intact.

IXe. 

jw=f ḥr tyty m rd.wy=f, sḥm=w jm=f ḏs=f

Il pilonne **(i)** avec ses deux jambes, percutant **(j)** de toute sa personne.

IXf. 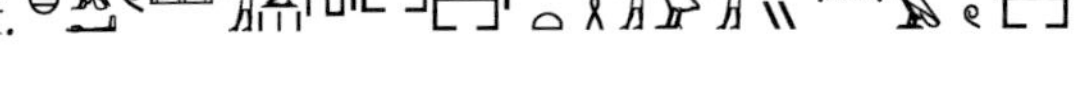

ḫm=w h n(y) pr nb, ḥw(=w)-n.y n {nꜣ} jwy.t.

(de sorte que) la cour de chaque maison est fouie, le quartier est piétiné **(k)**.

Au Nouvel Empire, plusieurs compositions littéraires s'inspirent de l'*Enseignement de Khéty*, afin d'exalter le métier de scribe[11]. L'un de ces petits textes, inscrit sur le papyrus Lansing, évoque aussi le travail du potier[12].

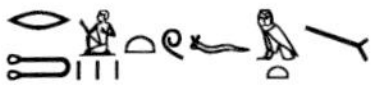

pꜣ jqd.w-nḏs.t wrḥ=w m jwt<n> mj nty rmṯ=f m(w)t

Le potier est oint de terre **(l)**, comme quelqu'un dont un de ses gens est mort.

ḏr.wt=f rd.y=f mḥ(=w) [m] ꜥmꜥm.t

Ses mains et ses pieds sont pleins de boue **(m)**.

jw=f mj nty m pꜣ mḫnw

Il est comme celui qui se trouve dans un marécage **(n)**.

II. Notes de traduction

(a) *ꜣḥ.t* : Le mot  *ꜣḥ.t* est généralement traduit par « champ » ou « terre arable »[13]. Alors qu'il semble constituer une dénomination générique des champs, il est aussi employé pour désigner la terre en tant que matériau pouvant être utilisé dans l'artisanat[14]. C'est notamment le cas dans une scène dépeinte dans la tombe de Baqet III à Béni Hassan[15] où, au-dessus d'un artisan figuré en train de travailler la terre avec ses pieds, la légende signale *ḥw(.t ?) ꜣḥ.t* « piétiner[16] la terre des champs ». De même, dans la tombe de Rekhmirê à Thèbes, de la terre-*ꜣḥ.t* est apportée, en plus des briques et des nattes, dans le but d'édifier une rampe[17]. C'est également ce matériau qui est mentionné dans l'*Enseignement de Khéty*, en lien avec le travail du maçon[18]. L'usage de la terre-*ꜣḥ.t* dans l'architecture transparaît aussi dans l'autobiographie d'Ineni : *jw*

[9] Dans l'autre copie connue de ce passage, celle du GČ13,1 le *n* n'est pas indiqué : 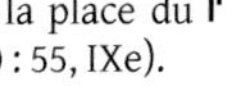 (Černy et Gardiner 1957, pl. 13, n°1 [Petrie 40]).

[10] D'autres versions de ce passage emploient la préposition *m* « dans » à la place du *s*, qui n'est attesté que dans le pSallier II (Helck 1970 : 55, IXe).

[11] Ragazzoli 2019 : 65.

[12] 4,2-5, 7 (Caminos 1954 : 384-386 ; Gardiner 1937 : 103-104).

[13] *Wb* I, 12.17-18 ; Hannig, *ÄgWb* I, 11 {320} ; Id., *ÄgWb* II, 21-23{320}.

[14] Holthoer 1977 : 37 ; Harris 1961: 199.

[15] Holthoer 1977 : 12, fig. 14, MKA 1 ; Kanawati et Evans 2018, pl. 62 ; Newberry 1983, pl. 7.

[16] L'usage du verbe *ḥwj* « piétiner », associé au travail de la terre – notamment celui du potier –, se rencontre également dans ce passage de la *Satire des métiers* (cf. *infra, note k*).

[17] Davies 1973, pl. LX.

[18] Helck 1970 : 61, Xd.

sḫpr~n=j ꜣḫ.wt qꜣḥ r sḫr js.w=sn n.w ḫr.t-nṯr « J'ai transformé (litt. fais advenir) de l'argile fine des champs pour badigeonner leurs tombes de la nécropole »[19]. Généralement considéré comme du « limon », *qꜣḥ*[20] semble plutôt désigner les particules fines – l'argile – en suspension dans l'eau du fleuve, qui se déposent par décantation. C'est, en effet, ce que semblent signaler les mentions de *qꜣḥ n(y) jṯw mw* « l'argile du porteur d'eau » que l'on rencontre dans le pEbers[21]. Dans ce papyrus médical daté de la Deuxième Période intermédiaire, l'argile fine, qui se dépose dans le fond des céramiques servant à transporter l'eau, est employée pour réaliser un cataplasme afin de soigner une brûlure. Il n'est donc pas étonnant que cette matière fine ait pu être employée pour la réalisation d'un enduit.

(b) *ḫmʿ* : Les différents commentateurs hésitent généralement entre l'identification de *ḫmʿ* « saisir »[22], *ḫmj* « démolir »[23], ou *ḫmʿ* « creuser dans le sol »[24]. Cependant, le fait que le verbe soit répété plus bas (IXg) et avec la même graphie, suggère qu'il s'agit bien d'un verbe *ḫmj/ḫmʿ* qui a été utilisé dans les deux contextes, l'usage du terme « saisir » ne pouvant pas correspondre pour la seconde mention. Souvent traduit par « détruire », « renverser », « attaquer », *ḫmj/ḫmʿ* est notamment employé dans les récits de pilleurs afin d'exprimer une action de creusement qui génère des déblais, une opération destinée à découvrir une tombe[25]. Le verbe apparaît aussi dans les ostraca découverts dans la tombe de Méri (TT95), dans lesquels il sert à signifier le creusement de la roche[26]. Le substantif *ḫmʿ* désigne alors les « gravats » ou « débris » d'un monument[27]. Dans la comptabilité d'El-Lahoun, datée de la seconde partie du Moyen Empire, *ḫmʿ* est clairement associé au prélèvement de la terre des berges pour la réalisation de briques[28].

Le pronom dépendant *sw* est employé ici comme pronom réfléchi, après un pronom suffixe (*=f*) omis du fait de la mention du sujet (le potier) en début de la strophe.

(c) *šꜣ.wt* : Dans le pSallier II et dans la copie du pBM 10775, le mot est déterminé par le signe végétal (M2) et a donc, pour cela, été considéré comme la désignation d'une plante par certains commentateurs du texte[29]. D'autres auteurs ont préféré y voir le terme *šꜣ.w* « saletés », « ordures »[30], d'autres encore l'ont traduit par « terre », « argile »[31]. *šꜣ.w* « ordures » est essentiellement connu dans la documentation médicale[32]. Comme l'a noté Y. Volokhine, le lien entre le porc et les ordures n'est pas établi dans les textes égyptiens, hormis ce passage si la lecture de *šꜣ.w* « excréments » est avérée[33]. Il est clair, ici, que *šꜣ.wt* est employé afin de créer un rythme et un jeu de mots avec le terme *šꜣj* (var. *šꜣ*) « porc », un vocable couramment attesté dès le Moyen Empire pour désigner l'animal[34]. Néanmoins, en raison de la présence du déterminatif (M2) signalant que *šꜣ.wt* appartient bien au monde végétal, et puisque l'association entre le porc et les ordures semble plutôt liée à la culture judéo-chrétienne, nous retiendrons ici la traduction de *šꜣ.wt* par « plante », « herbe ». La plante-*šꜣ.wt*, qui a parfois été considérée comme de la coriandre, apparaît dans la documentation du Nouvel Empire comme une plante de jardin qui peut être conservée dans une réserve alimentaire (*šnw.t*) avec toute sorte de végétaux[35]. *Šꜣ.wt* doit, très probablement, être rapproché de šꜣ souvent traduit par « campagne inondée »[36] ; un espace qui semble s'opposer à *njw.t* la ville[37]. Le *šꜣ* est, en effet, caractérisé par une végétation luxuriante, régénérée grâce aux inondations annuelles[38]. Cependant, la documentation textuelle égyptienne ne signale pas de travaux agraires dans ce type de milieu, mais plutôt des activités de chasse et de pêche[39] typiques d'un environnement humide dans lequel l'extraction de l'argile, en vue de fabriquer des

[19] Début-mi XVIIIe dynastie, *Urk*. IV, 57.

[20] *Wb* V, 12.9-12 ; Hannig, *ÄgWb* I, 1328 {33978} ; Id., *ÄgWb* II, 2508 {33978} ; Holthoer 1977 : 39 ; Harris 1961 : 205-206.

[21] pEbers 68, 16 [493] (Bardinet 1995 : 322 ; Ebers 1875, pl. LXVIII ; Lalanne et Metra 2017 : 140-141).

[22] *Wb* III, 281.14 – 282.4 ; Hannig, *ÄgWb* I, 947 {23471} ; Id. *ÄgWb* II, 1887 {23471}.

[23] *Wb* III, 281, 1-4 ; Hannig, *ÄgWb* I, 947 {23452} ; Id. *ÄgWb* II, 1896 {23452} ; Meeks, *AnLex* 78.3017.

[24] *Wb* III, 281.1-4.

[25] Par exemple, pMayer B (*KRI* VI, 516, 4).

[26] Communication personnelle de Pierre Tallet (21/09/2021).

[27] Hannig, *ÄgWb* II, 1888 {23483} ; Meeks, *AnLex* 78.3021. Notamment, dans l'inscription de Sésostris Ier à Tôd (col. 27, Barbotin et Clère 1991 : 9, 18, note 79) et dans le pReisner I, Section G, 12, 13, 15, Section K, 2 (Simpson 1963 : 73).

[28] *Wb* III, 282.6 ; Hannig, *ÄgWb* II, 1888 {23479}. UC 32190A, vs. col. 2 (Quirke et Collier 2006 : 12-13) ; UC 32190C, 4 (*Ibid* : 14-15).

[29] Helck 1970 : 57 ; Hoch 1991-1992 : 91, note t.

[30] Vernus 2010 : 257, note 27 ; Volokhine 2014 : 98-99.

[31] Brunner 1944 : 31, note 55.

[32] *Wb* IV, 401.11-12 ; von Deines et Grapow 1959 : 472.

[33] Volokhine 2014 : 99.

[34] *Wb* IV, 405.7-8 ; Hannig, *ÄgWb* II, 2421 {32104} ; Volokhine 2014 : 68-69.

[35] Hannig, *ÄgWb* II, 2418 {32042} ; Charpentier 1981 : 642, nos 1046-1047 ; Germer 1979 : 314-317 ; Id. 2008: 124-125.

[36] *Wb* IV, 399.7-400.5 ; Hannig, *ÄgWb* I, 1280 {32033} ; Id. *ÄgWb* II, 2419 {32033}.

[37] L'expression *m šꜣ m njw.t* « dans la *šꜣ* et dans la ville » se rencontre dans le pUC 32301BB (Collier et Quirke 2006 : 294-295).

[38] *Ntk Ḥʿpy swꜣḏ (w) šꜣ.w* « C'est toi Hâpy qui reverdit les *šꜣ.w* » (Paysan, B1: 173, Parkinson 1991 : 28).

[39] *Ḥns šꜣ.w ʿm ʿꜣ r ꜣpd.w jn jmy-r(ꜣ) pr Ḥpj* « Traverser les *šꜣ.w* et lancer le bâton grandement vers les oiseaux, par l'intendant *Ḥpj* » (Stèle Berlin 1118, Günter 1913: 158-159) ; ou encore les nombreuses scènes de chasse et de pêche dans des marais mentionnant les *šꜣ.w* (par exemple, tombe de Khnoumhotep II à Béni Hassan, Kanawati et Evans 2014, fig. 136).

briques, est attestée par les textes de la pratique[40]. Pour ces raisons, nous considérons donc *šꜣ.wt* comme une désignation d'une plante qui n'est peut-être pas adaptée au travail du potier, mais dont l'usage ici renforce le rythme du texte et l'aspect boueux de l'environnement de l'artisan.

Fouisseur, brouetteur, creuseur, le porc a besoin de retourner la terre et le sol pour rechercher de la nourriture. C'est également un animal, lorsqu'il est élevé en (semi-)liberté, qui détruit tout ce qu'il croise. Il fouit donc le sol avec son groin, retourne la terre à la recherche de petits vertébrés, d'herbes et de racines afin de se nourrir. Il laisse alors, derrière lui, des terrains avec pleins de trous. En mentionnant le champ-*ꜣḫ.t*, mais aussi les marais riches en herbages, le scribe décrit ici l'environnement de travail du potier. Mais, l'association du verbe *ḫmꜥ* « creuser, fouir » et du terme *šꜣj* « porc » permet à l'auteur du texte de mettre en parallèle le comportement l'animal avec la manière dont l'artisan extrait le limon des berges du Nil.

(d) Le verbe ***psj*** (var. *fsj*[41]) « chauffer », « cuire »[42] est très souvent employé pour désigner la cuisson alimentaire, quelle-que-soit la technique employée (en marmite, dans des moules à pain, dans des fours, directement dans la cendre) et les types d'aliments (pain, viande)[43]. Ce mot est également utilisé dans le cadre de l'artisanat pour signifier la cuisson des pots ou encore la chauffe du métal[44]. L'usage du verbe *psj* dans le cadre de la cuisson des céramiques se rencontre dans le tombeau de Ti à Saqqâra, puisque la scène du four de potier est légendée par *fs.t tꜣ* « chauffer le four »[45]. Tout comme dans l'expression *qrr tꜣ*, issue de la tombe de Baqet III à Béni Hassan[46], c'est bien le four (*tꜣ*) qui est chauffé. Dans le cadre de la cuisson des céramiques, il semble que ce soit le verbe *qrr* qui fut privilégié[47]. Néanmoins, l'emploi de *qrḥ.t* (cf. *infra*, note e), juste après dans le texte, a peut-être conditionné ce choix de vocabulaire.

(e) *qrḥ.t* : Le mot *qrḥ.t* est une désignation générique de céramiques[48]. Un bordereau de livraison d'un potier, découvert à El-Lahoun et daté de la fin de la XIIe dynastie en témoigne. En effet, sous la mention *qrḥ.t*, plusieurs types de céramiques sont listés[49]. La graphie, reprise dans les différentes versions de la *Satire des métiers*, semble être une contraction entre le terme *qrr* « cuire » et *ꜣḫ.t* « terre ». Bien que l'on pourrait considérer cette forme comme une volonté du scribe d'insister davantage sur la matière avec laquelle le potier travaille, une telle graphie se rencontre dans d'autres sources du Nouvel Empire, notamment des ostraca de Deir el-Medineh[50].

(f) *dbn* « argile »[51] est associé au potier dans l'expression *dbn n(y) jqdw* « argile du potier » que l'on rencontre dans le pEbers[52]. Comme plusieurs substantifs, ce vocable est construit sur la même racine que *dbn* « encercler », « entourer »[53] ou *dbn* « poids (unité de mesure) »[54]. L'usage de ce terme permet, ici, de renforcer l'idée que le potier est totalement couvert d'une couche d'argile.

(g) *ꜣgsw / ꜥgsw*, parfois considéré comme un mot d'origine sémitique, est traduit souvent par « coiffure » ou « ceinturon »[55] bien qu'il demeure encore difficile d'appréhender le sens de ce mot[56]. On le rencontre également dans le paragraphe dédié au maçon, dans le but de décrire l'habillement sommaire de cet artisan[57].

(h) *tꜣ* : Le mot *tꜣ* « four »[58] se retrouve régulièrement dans la documentation associée au travail du potier, dans l'iconographie[59], mais aussi dans l'expression *tꜣ n(y) jdqw nḏswt* « four du potier »[60].

(i) *tyty* : Ce verbe est très probablement construit sur la même racine que *tj.t* « pilon »[61]. Ce vocable apparaît notamment dans le pJumilhac pour désigner un outil employé dans le cadre d'une préparation de remèdes dans un mortier-*šd*[62]. Dans d'autres copies de la *Satire des métiers*, c'est le verbe *jrj* « faire », qui est employé à l'accompli pour signifier « il fait des pilons de ses (deux) jambes »[63].

---

40 *[...] rd kꜣ ḏb.t m šꜣ .w rsy* « Faire le travail de la brique dans les *šꜣ .w* du sud » (pReisner III, supplément verso, Simpson 1969, pl. 20, l. 5).

41 Vernus 1987.

42 *Wb* I, 551.5-552.5 ; Hannig, *ÄgWb* I, 475 {11266} ; Id., *ÄgWb* II, 940 {11266}.

43 Verhoeven 1984 : 85-142.

44 *Ibid.*, p. 134, documents 50 et 51.

45 Arnold 1976, fig. 5 ; Wild 1966, pl. LXVI.

46 Arnold 1976, fig. 4 ; Newberry 1983, pl. VII.

47 *Wb* V, 61.9-10 ; Verhoeven 1984 : 190-204.

48 *Wb* V, 62.13 ; Hannig, *ÄgWb* I, 1339 {34542} ; Id. *ÄgWb* II, 2528 {34542} ; du Mesnil du Bouisson 1935 : 14-15.

49 Parmi les céramiques listées, toutes ne sont pas aisément associables à une forme. Néanmoins, on remarque la mention des moules à pain *bḏꜣ* et *ꜥpr.t.* (pKahoun IX, 1, Griffith 1898 : 63 = UC 32193, Collier et Quirke 2006 : 70-73).

50 Par exemple, Černy 1935, pl. 1.2.

51 *Wb* V, 438.11-14 ; Hannig, *ÄgWb* I, 1469 {38730} ; Id. *ÄgWb* II, 2774 {38730} ; von Deines et Grapow 1959 : 577; Holthoer 1977 : 40.

52 pEbers 69, 18-19 [510] (Bardinet 1995 : 324 ; Ebers 1875, pl. LXIX ; Lalane et Metra 2017 : 142-143).

53 Hannig, ÄgWb II, 2774 {38730} ; von Deines et Westendorf 1962 : 976.

54 *Wb* V, 438.2-10 ; Hannig, *ÄgWb* I, 1469 {38738} ; Id. *ÄgWb* II, 2774 {38738}.

55 Hoch 1994, n°102.

56 Meeks 1997 : 39, n°102.

57 Helck 1970 : 61, Xd.

58 *Wb* V, 228.16-17 ; Hannig, *ÄgWb* I, 1404 {36371} ; Id. *ÄgWb* II, 2648 {36371}.

59 Holthoer 1977 : 40.

60 von Deines et Westendorf 1962 : 936.

61 Le terme n'est pas attesté dans le *Wörterbuch*. Il est traduit par « pilon » par D. Meeks (*AnLex* 77.4734).

62 XIII, 6 (Köhler 1975 : 257 ; Vandier 1961 : 182 [382]). Sur le mortier-*šd*, cf. Bats 2019 : 272-285, 236-237.

63 Helck 1970 : 56, IXf.

(j) *sḥm* : Dans les scènes dites « de la vie quotidienne » dépeintes dans les tombes de l'Ancien et du Moyen Empire, le verbe *sḥm* légende parfois la représentation du décorticage des céréales au mortier et au pilon[64]. Pour cette raison, *sḥm* est généralement traduit par « décortiquer »[65]. Dans le pEbers, ce mot est aussi clairement associé au traitement des céréales[66], ou à celui d'un autre végétal non identifié de façon certaine[67]. Cependant, l'usage du verbe ne semble pas avoir été limité à la transformation des plantes, puisqu'il apparaît notamment dans l'expression *sḥm(.w) n(y) ḥsmn* « broyat de natron (?) »[68]. L'usage du mortier et du pilon dans d'autres domaines transparaît également à travers l'emploi du signe (U32) comme déterminatif, un signe utilisé dans des mots servant à exprimer la lourdeur[69], ou encore pour déterminer des minéraux comme le *ḥmꜣ.t* « sel »[70], ou le *ḥsmn* « natron (?) »[71]. Ces emplois du signe correspondent bien à ceux des outils, puisque le mortier et le pilon peuvent être utilisés dans le domaine de la cosmétique et des pigments, pour écraser des condiments, ou encore pour attendrir la viande[72]. Il s'agit donc d'instruments polyvalents pouvant être employés de différentes manières et selon des gestes divers. En égyptien, deux verbes d'action sont généralement associés au travail au mortier et au pilon : *sḥm*, qui qualifie la percussion lancée et *s(w)gm* la pression diffuse[73]. Dans ce passage, le scribe souhaite alors insister sur le geste effectué par le potier lors du foulage. En effet, dans la production céramique traditionnelle, cette opération peut s'effectuer aussi bien au pied qu'au pilon[74].

(k) *ḥwj* : Le verbe *ḥwj*, var. *ḥwj-ny*[75], est généralement traduit par « battre », « frapper » et est employé dans de très nombreuses expressions et contextes[76]. Il apparaît notamment pour signifier le fait de vaincre un ennemi, ou quelqu'un qui mérite de subir un châtiment[77]. Néanmoins, dans beaucoup de contextes, la traduction par « battre », « frapper » ne peut être retenue. En effet, le verbe est aussi utilisé conjointement avec une désignation du sol (*ḥwj tꜣ* « piétiner la terre »[78], *ḥwj mjnw* « piétiner le chemin », *ḥwj šꜥy* « piétiner le sable », *ḥwj ḫꜣs.t* « piétiner un pays étranger »), des expressions généralement considérées comme un moyen de signifier « errer », « parcourir »[79]. Ce vocable est également employé dans le cadre du traitement de la récolte des céréales, comme en témoigne un passage des Textes des Sarcophages[80], mais aussi la mention du rite *ḥw.t bḥsw* dans les temples tardifs[81], ou encore l'usage du verbe *ḥwj* pour légender plusieurs scènes de dépiquage[82]. Enfin, le verbe *ḥwj* peut aussi être associé à une arrivée d'eau brutale, comme un flot ou encore la pluie[83]. Comme de très nombreux autres verbes, le vocable *ḥwj* semble alors signifier une action, probablement une percussion violente qui ne semble pas être un geste technique, contrairement à *sḥm*. En cela, *ḥwj* est un verbe employé dans différents contextes, souvent très divers et doit être traduit, ici, par « piétiner ».

(l) ***jwt<n>*** est une désignation générique du sol[84]. La formule *wrḥ n jwt<n>* « oindre de terre » se rencontre aussi dans le conte des *Deux Frères*[85].

(m) *ꜥmꜥ(m).t* : Le mot *ꜥmꜥm.t* (var. *ꜥmꜥ.t*) « boue »[86], semble être un terme employé pour désigner la terre avant d'être dégraissée. En effet, dans l'*Enseignement d'Aménémopé*, la boue-*ꜥmꜥ* et de la paille-*dḥꜣ* servent au dieu Khnoum à confectionner l'être humain[87]. Le mot *ꜥmꜥ(m).t*, qui apparaît au Moyen Empire, n'est connu dans un premier temps que dans

[64] Bats 2019 : 272-285 ; Montet 1925 : 232 ; Vandier 1964 : 272-318.
[65] *Wb* IV, 215.9-20. Ce terme apparaît notamment dans les Textes des sarcophages (van der Molen 2000 : 525) et les papyrus médicaux (von Deines et Westendorf 1962 : 785).
[66] pEbers 46,6 [240] (Bardinet 1995 : 287 ; Ebers 1875, pl. XLVI ; Lalanne et Metra 2017 : 96-97) ; pEbers 49,12 [268] (Bardinet 1995 : 289 ; Ebers 1875, pl. XLIX ; Lalanne et Metra 2017 : 102-103) ; pEbers 73,5 [560] (Bardinet 1995 : 331 ; Ebers 1875, pl. LXXIII ; Lalanne et Metra 2017 : 150-151) ; pEbers 75,15 [590] (Bardinet 1995 : 335; Ebers 1875, pl. LXXV ; Lalanne et Metra 2017 : 154-155).
[67] *Sḥm(.w) n(y) dꜣr.t* « broyat de caroube (?) », pEbers 86,10 [709] (Bardinet 1995 : 350 ; Ebers 1875, pl. LXXXVI ; Lalanne et Metra 2017 : 176-177). Un traitement similaire de la plante-*ḏꜣr.t* se rencontre dans le pLouvre E 32847, recto +11,4 (Bardinet 2018 : 306-307).
[68] Hannig, *ÄgWb* II : 2290 {29259}.
[69] Par exemple, *dns* « schwer sein, lasten » (*Wb* V, 468.3-469.8).
[70] Wb III, 93.14-94.3 ; Hannig, *ÄgWb* II, 2289 {29248}.
[71] « Natron », « bronze » (Faulkner 1991: 178) ; « Bronze » (Hannig *ÄgWb* II : 1775 {21931}). Sur la confusion possible entre *ḥsmn* « natron », *ḥsmn* « bronze » et *ḥsmn* « améthyste », cf. Harris 1961 : 121-122.
[72] Amouretti 1986 : 135.
[73] Bats 2019 : 275, 311-312, 326-327.
[74] Roux 2016 : 60-62.

[75] *Wb* III, 49.5-8.
[76] *Wb* III, 46.1-48.15 ; Hannig, *ÄgWb* I, 780 {19802} ; Id., *ÄgWb* II, 1624-1627 {19802-19836}.
[77] Lopez 1972 : 112-113.
[78] Sinouhe B198-9 (Allen 2015: 120, 122).
[79] Lopez 1972 : 112.
[80] *Ḥw=t(w) n=j m Ḥpw ḫnt(y) Nsꜣw, pjs=t(w) n=j m Stš nb p.t mḥt(y).t* « On dépiquera pour moi au moyen d'Apis qui préside à Nesaou, (et) on transportera pour moi au moyen de Seth, seigneur du ciel septentrional » (*CT* III 138a-138b [203]).
[81] Blackman et Fairman 1949.
[82] Tombe de *Ḏḥwty-ḥtp* à Deir el-Bercheh (Newberry 1894, pl. XXIV).
[83] *Ḥw.yt* (*Wb* III, 49.1-4) parfois considéré comme une forme infinitive du verbe *ḥwj* (Lorton 1993 : 148, note 65). Voir également la discussion dans Lloyd 1966 : 55-59.
[84] *Wb* I, 58.5-10 ; Hannig, *ÄgWb* II, 151 {1299}.
[85] 8.7 (Gardiner 1932 : 18,7).
[86] *Wb* I, 186.12 ; *AEO* I, 10* ; Harris 1961 : 200.
[87] *Jr rmṯ ꜥmꜥ dḥꜣ pꜣ nṯr pꜣy=f qd sw* « L'être humain est de boue et de paille, et le dieu est son potier » (*Enseignement d'Amenemope*, 24,13, Laisney 2007 : 210-211 ; Löffler 2019 : 78). Voir aussi la formule § 524a-c version P des Textes des pyramides (Mathieu 2018 : 395).

les papyrus médicaux[88], en lien avec la fabrication de cataplasmes. En effet, dans le pEbers, de la boue noire (*ꜥmꜥ.t km.t*) entre dans la composition d'une recette de compresse destinée à soigner une brûlure[89]. De même, dans le pUC 32057 découvert à El-Lahoun, il est mentionné : *ꜥmꜥ rd.wy=sy wꜥr.ty=sy m ꜥmꜥ.t r snbt=s !* « Enduit ses (deux) jambes et ses (deux) cuisses de boue jusqu'à ce qu'elle soit guérie ! »[90]. Le verbe *ꜥmꜥm* « enrober », « entourer », « enduire »[91], probablement construit sur la même racine que *ꜥmꜥ(m).t* « boue », se rencontre également dans le pBM EA 10053 dans lequel une jarre (*qbw*) est enduite, avant qu'un sceau (*ḫ.t*) ne soit appliqué[92]. De même, des contenants enduits de terre lisse (*ḥtp n ꜥmꜥm nꜥꜥ*) sont mentionnés dans la documentation écrire de Deir el-Medineh[93].

Un autre mot, probablement lui aussi construit sur la même racine, est *ꜥmꜥm*, déterminé par le signe végétal (M2) et pourrait désigner la partie d'une plante[94], peut-être une cosse – un élément qui englobe –, ou une partie du végétal situé dans la terre. Cette même logique se rencontre aussi pour le vocable *ꜥmꜥm.w* « musaraigne »[95], un animal vivant dans la terre[96] et qui, de fait, est entouré de boue.

À l'époque ramesside, le mot *ꜥmꜥm.t* « boue » est généralement employé dans un contexte agraire et semble lié à l'environnement immédiat du paysan. Par exemple, dans le pTurin 1882 vs., un texte daté du règne de Ramsès IV[97], il sert à désigner la terre au cours des semailles à l'araire : *pꜣ ḥtrj n jḥ.w jtꜣ.y=k r skꜣ.w st hꜣ.yt m tꜣ ꜥmꜥ.t* « l'harnachement des bœufs que vous avez amené pour semer, il est tombé dans la boue ». Dans la lettre du pTurin 1879, avoir les pieds dans la boue-*ꜥmꜥ.t* et être dans la poussière générée par le traitement des céréales – comme les cultivateurs – est quelque chose jugé comme étant déplaisant[98]. Alors que dans ces attestations, *ꜥmꜥ(m).t* sert à désigner un certain état de la terre, ce mot peut également être employé pour qualifier une terre agraire, notamment dans le pBerlin 8523 *ḥn=j n=f tꜣy=j ꜣḥ.t n pꜣ nḫb tꜣy=j ꜣḥ.wt n tꜣy ꜥmꜥm.t mjtt* « je lui ai transféré mon champ des nouvelles terres (?) et mon champs de sol boueux »[99]. Dans cet extrait, *ꜥmꜥ(m).t* seul sert à désigner un type de champs[100], tout comme le terme *nḫb*[101]. Ces terres *ꜥmꜥ(m).t* sont parfois considérées comme des sols pauvres, une impression uniquement basée sur l'interprétation d'un passage du pPushkin 127[102] et de l'analyse de la position de ce mot dans les *Onomastica*[103]. Cependant, si *ꜥmꜥ(m).t* désigne bien une terre boueuse, qui colle aux pieds, c'est que celle-ci est gorgée d'eau. Par conséquent, sa fertilité devrait être bonne. Dans ce contexte trop humide, la progression de l'araire pouvait néanmoins s'avérer délicate.

Le fait que la terre *ꜥmꜥ(m).t* soit un matériau brut – une terre des champs pouvant être employée pour des réalisations du potier, à condition qu'elle soit dégraissée –, tout comme sa proximité avec le verbe *ꜥmꜥm* « enrober », « entourer », « enduire », suppose que ce matériau malléable devait coller aux membres. L'usage du mot *ꜥmꜥ(m).t* dans ce texte a donc pour objectif de renforcer le sens de la phrase.

(n) Très peu attesté dans la documentation, ***mḫnw***[104] a été traduit par « marécage », « bourbier » par R.A. Caminos par déduction[105]. Ce mot est probablement un doublet de *mḫrw*, qui sert notamment à désigner les espaces ruraux dans lesquels vit le petit bétail[106].

Commentaire

1) Les mots de l'argile

À travers ses différents états – brute, séchée, transformée, etc. – la terre est omniprésente dans ces deux compositions appartenant au registre de la *Satire des métiers*, celle du pSallier II et du pLansing. Ces états transparaissent d'abord dans la composition même du paragraphe de *l'Enseignement de Khéty* copié sur le pSallier II, qui peut-être divisé en trois parties composées de quatre distiques, correspondant à trois environnements distincts : (1) le potier fouit la terre boueuse des champs à la recherche de matières premières ; (2) le potier est constamment couvert de boue durcie par la chaleur du four ; (3) le sol de son aire de travail est foulée.

Outre cette thématisation, un très grand nombre de mots sert à désigner le matériau terre. L'environnement boueux, celui de l'extraction, est exprimé au moyen de différents vocables : *ꜣḥ.t* « terre arable », *ꜥmꜥ(m)* « terre

[88] Hannig *ÄgWb* : 504 {5192} ; von Deines et Grapow 1959 : 90.
[89] pEbers 67,17 [482] (Bardinet 1995 : 321 ; Ebers 1875, pl. LXVII ; Lalane et Metra 2017 : 138-139).
[90] UC 32057, 24 (Collier et Quirke 2004 : 59).
[91] *Wb* I, 186.5 ; Hannig, *ÄgWb* II, 503 {5187}.
[92] Vs. 3.21 (K*RI* VI, p. 761.6).
[93] Janssen 1975 : 160.
[94] Il est parfois traduit par graine-*ꜥmꜥm* ou plante-*ꜥmꜥm* (Germer 1979 : 255-257). Il semble néanmoins que cela puisse être une partie de plusieurs plantes, comme en attestent les différentes mentions dans les papyrus médicaux (von Deines et Grapow 1959 : 91-94).
[95] *Wb* I, 186.10 ; Brunner-Traut 1968.
[96] Agut-Labordère 2006 : 269-270.
[97] pTurin A, vs, 2.7 (Gardiner 1939 : 122 ; Caminos 1954 : 453).
[98] *KRI* VI, 335-7 ; Hovesteydt 1997.
[99] XXIe dynastie (Allam 1994 ; Spiegelberg 1917 : 107-109 ; Wente 1990 : 209, n°339).
[100] Gasse 1988 : 55.
[101] Généralement considéré comme des « terres nouvellement mises en culture » (Gasse 1988 : 186), cette catégorie demeure encore très mal comprise et nécessiterait une recherche complémentaire.
[102] Col. 5 (1), Caminos 1977 : 62.
[103] Helck 1961 : 1074 [p. 292].
[104] *AEO* II, 217*.
[105] Caminos 1954 : 384-385, 4,5.
[106] Mathieu 2015 : 264-265.

boueuse qui colle aux membres », de *mḫnw* « marécage (?) », et *šꜣ.wt* « herbages (ici, des marécages ?) ». Cet environnement humide, situé à proximité des berges du Nil, est encore aujourd'hui exploité par les potiers égyptiens[107]. La terre agraire est, en effet, la ressource façonnable la plus facilement accessible, contrairement aux argiles marneuses qui ne sont présentes que dans quelques localités d'Égypte. Dans la documentation antique, l'extraction de l'argile est très peu évoquée. Seul le journal de bord du pReisner III signale une production de briques dans une zone humide (*šꜣ.w*)[108]. Cette mention fait écho à la scène dépeinte dans la tombe de Rekhmirê à Thèbes, dans laquelle des briques sont façonnées à proximité d'un point d'eau, une ressource nécessaire à leur fabrication[109]. Enfin, un ostracon, découvert dans le temple funéraire de Thoutmosis III, et récemment publié, mentionne trois procédés de fabrication de briques[110]. Ces prescriptions, réparties en trois colonnes, livrent des quantités diverses de matériaux : de l'argile-*sjn*[111], un type de terre non identifié (*tꜣ nms*), de la paille (*dḥꜣ*)[112] et du sable (*šʿy*).

La terre est aussi évoquée à travers le produit fini, l'étape de la cuisson nécessaire à l'obtention d'une céramique. Seuls les termes *psj* « cuire », *qrḥ.t* « pot » et *tꜣ* « four » sont mentionnés. Cette phase, qui apparaît ici anecdotique, est pourtant bien documentée dans les sources iconographiques, bien plus que l'extraction de la terre[113].

2) Les conditions de travail du potier d'après la Satire des métiers

La richesse du vocabulaire employé pour décrire la terre utilisée par le potier permet au lecteur et/ou à l'auditeur de ce texte d'apprécier l'état de la matière. Elle sert, en effet, à alimenter le discours sur la pénibilité du travail, l'élément majeur mis en avant par le scribe tout au long de la composition. Dans le cas du potier, cette pénibilité est due à l'aspect salissant de la terre et au fait que le travailleur effectue des tâches qui engagent tout son corps.

Tout au long du paragraphe, le potier est décrit comme étant couvert d'argile, constamment sous terre (*ẖr ꜣḥ.t*)[114] à recherche de ses matières premières. Lorsqu'il procède à l'extraction de la terre limoneuse des champs, le scribe l'associe aux défunts, à la fois dans l'*Enseignement de Khéty* et dans la composition du pLansing. Cependant, alors que l'auteur de l'*Enseignement* lie le monde souterrain au domaine des morts, le passage du pLansing indique plutôt que l'artisan est similaire à une personne proche d'un défunt qui s'enduit de terre probablement en signe de deuil[115]. Dans ce cas, le terme employé est *wrḥ* « oindre », non pas d'un liquide comme de l'huile, mais d'une terre sèche et poussiéreuse exprimée au moyen du mot *jwt<n>* qui désigne généralement le sol en dehors des terres agraires et des zones humides. Toujours dans cette composition secondaire, le mot *ʿmʿ(m)* « boue » sert également à traduire cet état, celui d'un artisan totalement enrobé de terre. De même, dans l'*Enseignement de Khéty*, il est mentionné que les vêtements du potier sont *nḫt=tw dbn* « raides de boue ».

Outre l'aspect salissant, du moins la présence d'une couverte argileuse dénaturant quelque peu l'être humain, la pénibilité du travail est aussi reconnue puisqu'elle engage le corps entier du potier. Ceci est exprimé au moyen de verbes d'action, comme *ḫmʿ* « fouir, creuser, excaver », *sḫm* la percussion lancée, ou encore *ḥwj* désignant ici le piétinement. Cet engagement du corps vaut à l'artisan d'être associé au porc, qui s'enfonce dans les herbages des zones humides, ou d'être désigné comme une personne nuisible qui saccage les parties domestiques, probablement communes, des habitations.

3) Une absence de valorisation des savoirs techniques

L'argile employée en Égypte pour la confection des céramiques est de deux natures : limoneuse, prélevée le long des berges du Nil, et marneuse[116]. Cette dernière provient essentiellement de la boucle de Qena en Haute-Égypte où elle est exploitée comme une roche, extraite sous la forme de blocs solides. À l'atelier, ils doivent être concassés et humidifiés afin de rendre l'argile malléable. Cette opération, plus complexe et laborieuse, n'est pas décrite dans ce texte étudié ici. Plus étonnant, dans la *Satire des métiers*, le façonnage des pots n'est pas évoqué. Cette étape, centrale dans le travail du potier, est pourtant bien représentée dans l'iconographie[117] et semble même être le motif minimal lorsque des ateliers de production de céramiques doivent être évoqués par les artistes. Il apparaît alors que ce savoir technique – les habiletés motrices et cognitives dont fait preuve l'artisan[118] – a volontairement été ignoré par les scribes. En réduisant le travail du potier à ses aspects salissants, les lettrés ont alors

[107] Lucas et Harris 1962 : 367-368 ; Nicholson 2009.
[108] Cf. *supra*, note 41.
[109] Davies 1973, pl. LVIII.
[110] Ostracon T3.A56, Hagen 2021 : 35, pl. 43. Je souhaiterais remercier Fredrik Norland Hagen (Université de Copenhague) pour m'avoir communiqué cette documentation.
[111] Seul le dernier procédé n'emploie pas d'argile-*sjn*.
[112] Le terme *dḥꜣ* « paille » désigne les pailles et les paillettes issues du dépiquage et du vannage des céréales. Ce matériau peut être employé comme fourrage pour les animaux (Bats 2020 : 12-13), mais aussi comme dégraissant pour la confection de briques (*ibid.* : 12, note 55).
[113] Arnold 1976 ; Holthoer 1977 : 5-26.
[114] Dans certaines versions de la *Satire des métiers*, le maçon est aussi décrit avec les mains dans la terre (*ẖr ꜣḥ.t*), Helck 1970 : 60 Xd.
[115] Caminos 1954 : 385.
[116] Nicholson 2009, p. 2.
[117] Arnold 1976 ; Holthoer 1977 : 5-26.
[118] Roux 2016 ; Treuil 2011.

cherché à passer sous silence son rôle créateur si souvent développé dans les sources religieuses[119]. C'est très probablement pour cela que le terme *sjn* « terre (travaillée) »[120] n'est pas mentionné dans le texte. Malgré cela, ce vocable est très certainement le mieux attesté dans sources antiques, puisqu'il sert à désigner la terre employée pour la confection de sceaux, de céramiques et de briques[121]. De même, le travail à la tournette ou au tour (*nḥp*[122]) n'est pas signalé, tout comme les verbes d'action associés à cet outil, tel que *msnḥ* « tourner »[123].

Conclusion

Loin d'être une description naturaliste des activités du potier égyptien, la *Satire des métiers* appartient, en ce sens, au même registre artistique que l'iconographie des tombes. Il s'agit, en effet, de compositions toutes issues de l'univers de l'élite sociale, des personnes lettrées qui connaissent parfaitement bien les programmes décoratifs des tombes[124]. Mais, contrairement à l'iconographie qui synthétise les différentes phases de la production, livrant ainsi une chaîne opératoire normée et figée, la description du travail du potier donnée dans ce texte met l'accent sur des aspects plus sensibles. Grâce à la richesse du vocabulaire et aux expressions employées[125], les scribes livrent alors l'image de l'environnement direct de l'artisan à travers l'usage de mots exprimant l'essence des choses[126].

Adeline BATS
Chercheuse associée
CNRS, UMR 8167 Orient & Méditerranée, Paris
Université Paris-Sorbonne (Paris IV), CRES
adeline.bats@gmail.com

Bibliographie

Abréviations :

AEO : Gardiner, A.H. 1947. *Ancient Egyptian Onomastica.* Londres : Oxford University Press.

AnLex : Meeks, D. *Année lexicographique Égypte ancienne (3 vols. 1977-1979)*, Paris : Cybèle.

KRI : Kitchen, K.A. 1969-1990. *Ramesside Inscriptions.* Oxford : B. H. Blackwell

Urk : *Urkunden des ägyptischen Altertums.* Leipzig – Berlin : J. C. Hinrichs and Akademie-Verlag.

Wb : Erman, A. et Grapow, H. 1926-1963. *Wörterbuch der ägyptischen Sprache.* Leipzig – Berlin : Akademie-Verlag.

Références :

Agut-Labordère, D. 2006. L'origine chtonienne des musaraignes. *Journal of Egyptian Archaeology* 92 : 269-270.

Allam, S. 1994. Implications in the Hieratic P. Berlin 8523 (Registration of Land-holdings), *in* B. M. Bryan, D. Lorton (éd.) *Essays in Egyptology in honor of Goedicke* : 1-7. San Antonio : Van Siclen Books.

Allen, J. P. 2015. *Middle Egyptian Literature. Eight Literary Works of the Middle Kingdom*, Cambridge : University Press.

Amouretti, C. 1986. *Le pain et l'huile dans la Grèce antique. De l'araire au moulin.* Paris : Les Belles Lettres.

Arnold, D. 1976. Wandbild und Scherbenbefund. Zur Töpfertechnik der alten ägypter vom Beginn der pharaonischen Zeit bis zu den Hysos. *Mitteilungen des deutschen archäologischen Instituts, Abt. Kairo* 32 : 1-34.

Bardinet, T. 1995. *Les papyrus médicaux de l'Égypte ancienne.* Paris : Fayard.

Bardinet T. 2018, *Médecins et magiciens à la cour du pharaon. Une étude du papyrus médical Louvre E 32847.* Paris : Édition Khéops et Louvre édition.

Barbotin, C. et J. J. Clère 1991. L'inscription de Sésostris Ier à Tôd, *Bulletin de l'Institut Français d'Archéologie Orientale* 91 : 1-32.

Bats, A. 2019. *Les céréales et les produits céréaliers au Moyen Empire. Histoire technique et économique.* Unpublished PhD dissertation, Sorbonne University.

Bats, A. 2020. Fourrages et régimes alimentaires des animaux élevés en stabulation durant l'époque pharaonique, in J.-C. Moreno Garcia (éd.) *New Trends in Egyptology.* (Claroscuro. Revista del Centro de Estudio sobre Diversidad Cultural 19/2) : 1-28. [Online: http://ppct.caicyt.gov.ar/index.php/claroscuro/article/view/19562/45454575771343]

Blackman, A. M. et H. W. Fairman 1949. The significance of the ceremonie ḥwt bḥsw in the temple of Horus at Edfou. *Journal of Egyptian Archaeology* 35 : 98-112.

Brunner, H. 1944. *Die Lehre des Cheti, Sohnes des Duauf* (Ägyptologische Forschungen13). Glückstadt and Hambourg : Verlag J. J. Augustin.

Brunner-Traut, E. 1968. *Spitzmaus und Ichneumon als Tiere des Sonnengottes* (Nachrichten von der Akademie der Wissenschaften in Göttingen, Philol. – Hist. Klasse 1965 7), Göttingen : Vandenhoeck and Ruprecht.

Caminos, R. A. 1954. *Late-Egyptian Miscellanies*, Londres : Oxford University Press.

Caminos, R. A. 1977. *A tale of Woe from a Hieratic Papyrus in the A. S. Pushkin Museum of Fine Arts in Moscow*, Oxford : Griffith Institute.

---

119 Holthoer 1977 : 23-26 ; Löffler 2019.
120 *Wb* IV, 37.11-38.2.
121 Holthoer 1977 : 38-39; Harris 1961 : 202-204.
122 *Wb* II, 294.9-12 ; Hannig, *ÄgWb* I, 642 {16095} ; Id. *ÄgWb* II, 1311 {16095}.
123 *Wb* II, 146.3-8.
124 Ragazzoli 2018, et plus généralement Id. 2019.
125 Parkinson 2002 : 273.
126 Agut-Labordère 2006 : 270, note 14.

Černy, J. 1935. *Catalogue des ostraca hiératiques non littéraires de Deir el Médineh II.1 n°1-113* (Documents de Fouille de l'Institut Français d'Archéologie Orientale 3). Le Caire : IFAO.

Černy, J. et Gardiner, A. 1957. *Hieratic Ostraca*. Oxford : University Press.

Charpentier, G. 1981. *Recueil de matériaux épigraphiques relatifs à la botanique de l'Égypte antique*, Paris : Trismégiste.

Collier, M. et Quirke, S. 2004. *The UCL Lahun Papyri: Religious, Literary, Legal, Mathematical and Medical* (BAR International Series 1209), Oxford : Archeopress.

Collier, M. et Quirke, S. 2006. *The UCL Lahun Papyri: Accounts* (BAR International Series 1471) Oxford : Archaeopress.

Davies, N. de G. 1973. *The tomb of Rekh-mi-rēᶜ at Thèbes* (Publication of the Metropolitan Museum of Art Egyptian Expedition XI). New York : Metropolitan Museum of Art.

von Deines, H. et Grapow, H. 1959. *Wörterbuch der ägyptischen Drogennamen.* (Grundriss der Medezin der Alten ägypter VI). Berlin : Akademie-Verlag.

von Deines, H. et Westendrorf, W. 1961 *Wörterbuch der Medezinischen Texte. Erste Hälfte* (ȝ-r) (Grundriss der Medezin der Alten ägypter VII 1). Berlin : Akademie-Verlag.

von Deines, H. et Westendrorf, W. 1962. *Wörterbuch der Medezinischen Texte. Zweite Hälfte* (h-ḏ) (Grundriss der Medezin der Alten ägypter VII 2). Berlin : Akademie-Verlag.

Ebers G. 1875. G. Ebers, *Papyrus Ebers. Das Hermetische Buch über die Arneimittle der alten Ägypter in hieratische Schrift*, Lepzig : Hirzel.

Gardiner, A. H. 1932. *Late-Egyptian Stories* (*Bibliotheca Aegyptiaca* I). Bruxelles : Fondation égyptologique Reine Élisabeth.

Gardiner, A. H. 1937. *Late-Egyptian Miscellanies* (Bibliotheca Aegyptiaca VII). Bruxelles : Fondation égyptologique Reine Élisabeth.

Gasse, A. 1988. *Données nouvelles administratives et sacerdotales sur l'organisation du domaine d'Amon XXe-XXIe dynasties à la lumière des papyrus Prachov, Reinhardt et Grundbuch (avec édition princeps des papyrus Louvre AF 6345 et 6346-7)* (Bibliothèque d'Étude 104). Le Caire : IFAO.

Germer, R. 1979. *Untersuchung über Arzneimittelpflanzen im alten Ägypten*. Hambourg : printed text without editor.

Germer, R. 2008. *Handbuch der altägyptischen Heilpflanzen (Philippika Marburger altertumskundliche Abhandlungen* 21). Wiesbaden : Harrassowitz Verlag.

Griffith, F. Ll. 1898. *Hieratic papyri from Kahun and Gurob (principally of the middle kingdom)*, Londres : Quaritch.

Günter, R. 1913. Ägyptische Inschriften aus den Königlischen Museen zur Berlin *I*, Leipzig : Hinrichs.

Hagen, F. N. 2021. *Ostraca from the Temple of Millions of Years of Thoutmose III*. (Culture and History of the Ancient Near East 120). Leyde–Boston : Brill.

Hannig, R. 2006. Ägyptisches Wörterbuch II. Mittleres Reich und zweite Zwischenzeit (Hannig-Lexica 6). Mayence : Philipp Von Zabern.

Harris, J. R. 1961. Lexicographical Studies in Ancient Egyptian Minerals. Berlin : Akademie Verlag.

Helck, W. 1961. *Materialien zur Wirtschaftsgeschichte des Neuen Reiches I. Die Eigentümer, a) Die grossen tempel* (Akademie des Wissenschaften- Franz Steiner Verlag 10) Wiesbaden–Mayence : F. Steiner.

Helck, W. 1970. *Die Lehre des Dwa-Htii* (Kleine ägyptische Texte 2). Wiesbaden : Otto Harrassowitz.

Hoch, J. E. 1991-1992. The Teaching of Dua-Kheti. A New Look at the Satire of the Trades, *Journal of the Society of the Studies of Egyptian Antiquities* XXI-XXII : 88-100.

Hoch, J. E. 1994. *Semitic Words in Egyptian Texts of the New Kingdom and Third Intermediate Period* (Princeton : University Press 41). Princeton : University Press.

Holthoer, R. 1978. *New Kingdom Pharaonic sites. The Pottery (The Scandinavian joint expedition to Sudanese Nubia* 5 :1). Lund : Berlings.

Hovesteydt, W. 1997. A letter to the King related to the Fondation of a statue (P.Turin 1879 vso.). *Lingua aegyptia. Journal of Egyptian Studies / Seminar für Ägyptologie und Koptologie* 5 : 107-121.

Jäger, S. 2004. *Altägyptische Berufstypologien* (LingAeg Studia monographica 4). Gottingen : Seminar für Ägyptologie und Koptologie.

Janssen, J. J. 1975. *Commodity Prices from Ramessid Period. An Economic Study of the Village of Necropolis Workmen at Thebes*. Leyde : Brill.

Kanawati N. et Evans 2014. *Beni Hassan. Vol. I, The Tomb of Khunmhotep II* (*ACE* Reports 36). Oxford : Aris and Philips Ltd.

Kanawati, N. et Evans L. 2018. *Beni Hassan. Vol. IV, The Tomb of Baqet III* (ACE Reports 42). Oxford : Aris and Philips Ltd.

Köhler, U. 1975. *Das Imiut : Untersuchungen zur Darstellung und Bedeutung eines mit Anubis verbundenen religiösen Symbols* I (Göttinger Orientforschungen 4). Wiesbaden : Harrassowitz.

Lalanne, B. et Metra, G. 2017. *Nouvelle transcription du papyrus médical Ebers avec translittération, traduction, glossaire et index* (Langues et cultures anciennes 28). Bruxelles : Safran.

Laisney, V. P.-M. 2007. *L'Enseignement d'Aménémopé* (StPohl.SM 19). Rome : Pontificio Istituto biblico.

Lloyd, A. B. 1975. One more Hammamat Inscription 191. *Journal of Egyptian Archaeology* 61 : 54-66.

Löffler, F. 2019. Das Ritual 'Darbringen des Töpferscheibe', *in* Chr. Leitz, Fl. Löffler, *Chnum, der Herr der Töpferscheibe* (Studien zur spätägyptischen Religion 26) : 75-103. Wiesbaden : Harrassowitz Verlag.

Lopez, J. 1972. Naufragé, col. 36-37 et 105-106. *Revue d'Égyptologie* 24 : 111-115.

Lorton, D. 1993. God's Beneficient Creation: Coffin Text Spell 1130, the Instruction for Merikare, and the

Great Hymn to the Aton, *Studien zur altägyptischen Kultur* 20 : 125-155.

Lucas et Harris, J. R. 1962. *Ancient Egyptian Materials and Industries*. Londres : E. Arnold.

Mathieu, B., 1998. La 'Satire des métiers'. Dossier bibliographique. *Bulletin du groupe de recherche française et internationale sur les métiers depuis l'antiquité Newsletter* 2 : 37-40.

Mathieu, B., 2001. La 'Satire des métiers (2). *Bulletin du groupe de recherche française et internationale sur les métiers depuis l'antiquité. Newsletter* 3-4 : p. 65-73.

Mathieu, B. 2015. Chacals et milans, pâturages et marécages, ou le monde selon Henqou, *in* M. Massiera, B. Mathieu, Fr. Rouffet (éd.) *Apprivoiser le sauvage - Taming the Wild* (CENiM 11) : 263-274.

Mathieu, B. 2018. *Les textes de la pyramide de Pépy Ier* (Mémoires publiés par les membres de l'Institut français d'archéologie orientale 142), Le Caire : IFAO.

Mathieu, B. 2019. L'écrivain à l'œuvre. De l'Ancien au Moyen Empire. *Bulletin de la Société Française d'Égyptologie* 201 : 29-43.

Mathieu, B. 2020. *L'Enseignement de Khéty ou Satire des Métiers*. Teaching document July 2020.

Meeks, D. 1997. Les emprunts égyptiens aux langues sémitiques durant le Nouvel Empire et la Troisième Période Intermédiaire. Les aléas du comparatisme. *Bibliotheca orientalis* LIV ½ : 32-61.

du Mesnil du Bouisson, R. 1935. *Les noms et signes égyptiens désignant des vases ou objets similaires*. Paris : P. Geuthner.

van der Molen, R. 2000. *A Hieroglyphic Dictionary of Egyptian Coffin Texts* (Probleme der Ägyptologie 15). Leyde–Boston–Cologne : Brill.

Montet, P. 1925. *Scènes de la vie privée dans les tombeaux égyptiens de l'Ancien Empire*. Strasbourg : Faculté des Lettres de l'Université de Strasbourg.

Newberry, P. E. 1983. *Beni Hassan. Part. II* (Archaeological Survey of Egypt 2). Londres : Egypt Eploration Fund.

Newberry, P. E., 1984. *El-Bersheh. Part I. The Tomb of Tehuti-Hetep* (Archaeological Survey of Egypt 3). Londres : Egypt Exploration Fund.

Nicholson, P. T. Pottery Production, *in* W. Wendrich (éd.) UCLA Encyclopedia of Egyptology, Los Angeles: UCLA [Online : https://escholarship.org/uc/item/1nq7k84p].

Parkinson, R. 1991. *The Tale of the Eloquent Peasant*. Oxford : Griffith Institute.

Parkinson, R. 2002. *Poetry and Culture in Middle Kingdom Egypt: A Dark Side to Perfection*. Londres - New York : Continuum.

Piankoff, A. 1993. Quelques passages des 'Instructions de Douaf' sur une tablette du musée du Louvre. *Revue d'Égyptologie* 1 : 55-73

Posener, G. 1966. Quatre tablettes scolaires de Basse Epoque (Aménémopé et Hardjedef). *Revue d'Égyptologie* 18 : 45-65.

Posener, G. 1980. L'auteur de la Satire des Métiers, *in* J. Vercoutter (éd.) *Livre du Centenaire* (Mémoires publiés par les membres de l'Institut français d'archéologie orientale 104) : 55-59. Le Caire : IFAO.

Quirke, S. 2004. *Egyptian Literature 1800 B.C.: Questions and Readings* (GHP Egyptology 2). Londres : Golden House.

Ragazzoli, C. 2018. *La grotte des scribes à Deir el-Bahari : La tombe MMA 504 et ses graffiti* (Mémoires publiés par les membres de l'Institut français d'archéologie orientale 135). Le Caire : IFAO

Ragazzoli, C. 2019a. La littérature de scribe au Nouvel Empire ou pourquoi les miscellanées ne sont pas des textes scolaires. *Bulletin de la Société Français d'Egyptoogie* 201 : 44-78.

Ragazzoli, C. 2019b. *Scribes. Les artisans du texte en Égypte ancienne*. Paris : Les Belles Lettres.

Roux, V. 2016. *Des céramiques et des hommes. Décoder les assemblages archéologiques*. Nanterre : Presses universitaires de Paris ouest.

Simpson, W. K. 1963. *Papyrus Reisner I: The Records of a Building Project in the reign of Sesostris I. Transcription and Commentary*. Boston : Museum of Fine Art.

Simpson, W. K. 1969. *Papyrus Reisner III: The Records of a Building Project in the Early Twelfth dynasty*. Boston : Museum of Fine Art.

Spiegelberg, W. 1917. Varia. *Zeitschrift für ägyptische Sprache und Altertumskunde* 53 : 91-115. **ICI**

Theodorides, A. 1958-1960. La satire des Métiers et les marchands. *Annuaire de l'Institut de philologie et d'histoire orientales et slaves* 15 : 39-69.

Treuil R. (dir.), 2011. *L'archéologie cognitive. Techniques, modes de communications et mentalités*. Paris : Maison des sciences de l'homme.

Vandier, J. 1961. *Le papyrus Jumilhac*. Paris : CNRS éditions.

Vandier J. 1964. *Manuel d'Archéologie égyptienne. Tome IV. Bas-reliefs et peintures. Scènes de la vie agricole à l'Ancien et au Moyen Empire*. Paris : éditions A. et J. Picard.

Verhoeven, U. 1984. *Grillen, Kochen, Backen im Alltag und im Ritual Altägyptens. Ein Lexicographischer Beitrag* (Rites égyptiens IV). Bruxelles : Fondation égyptologique Reine Élisabeth.

Vernus, P. 1987. À propos de la fluctuation p/f. *in* J. Osing, G. Dreyer (éd.) *Form und Mass. Beiträge zur Literatur, Sprache und Kunst des alten Ägypten* (Ägypten und Aaltes Testamen 12) : 450-455.

Vernus, P. 2010. *Sagesses de l'Égypte pharaonique*, 2de édition, Paris : Actes Sud.

Vernus, P. 2016. Literary exploitation of a craftman's device: the sandal-maker biting leather (Teaching of Chety, pSallier VIII, 12). When philology, iconography and archaeology overlap, *in* G. Miniaci, W. Grajetzki (éd.) *The World of Middle Kingdom Egypt (2000-1550 BC) II* (Middle Kingdom Studies 2) : 249-255.

Verly, G. 2017. Khety or the Satire of Trades, mud and experimental archaeology. The use of mud as protection by metallurgists in Pharaonic Egypt, *Göttinger Miszellen. Beitr. zur ägyptol. Diskuss* 252 : 135-144.

Volokhine, Y. 2014. *Le porc en Égypte ancienne* (Religions 3), Liège : Presses universitaire.

Wente, E. 1990. *Letters from Ancient Egypt* (SBL Writings from the Ancient World Series). Atlanta : Scholars Press.

Wild, H. 1966. *Le tombeau de Ti*, Mémoires publiés par les membres de l'Institut français d'archéologie orientale 65. Le Caire : IFAO.

II. USAGES DES ARGILES ET TERRES ARGILEUSES : DU « CRU » AU « CUIT »

1. LE « CRU » : GEOMORPHOLOGIE, ARCHITECTURE ET ARTEFACTS

De la montagne à la tablette. Les argiles en Mésopotamie, une illustration du cycle d'érosion - *From mountain to tablet. Clays in Mesopotamia, an illustration of the erosion cycle*

Bruno Comentale

Université de Nantes, Département de Géographie, Laboratoire d'Étude du Patrimoine Géomorphologique (LEPG - UMR 6554 CNRS).

Résumé – Dans un milieu semi-désertique comme celui de la Mésopotamie, l'abondance des argiles constitue à première vue un paradoxe si l'on admet, à la suite des géologues et des pédologues, que les milieux favorables à leur genèse sont les milieux chauds et humides, où l'hydrolyse des roches de socle permet la dissociation des silicates d'alumine et leur recombinaison sous forme de kaolinite. Les conditions moyen-orientales, hormis quelques récurrences plus humides au cours du Quaternaire (« Pluviaux »), qui le cas échéant pourraient rendre compte d'une production additionnelle d'argile *in situ*, en sont éloignées. Les argiles locales proviennent de l'accumulation des apports extérieurs, par transport dans le Tigre et l'Euphrate des matériaux issus de l'ablation dans le Zagros et le Taurus. En effet, sur le plan géomorphologique, la Mésopotamie est le produit du remblaiement sédimentaire d'une vaste fosse subsidente au pied d'un bourrelet montagneux d'échelle continentale. En particulier, le Zagros, principale source des apports argileux, est attaqué par l'érosion jusqu'à la base de sa série sédimentaire, constituée de marnes, dont la composante argileuse se retrouve en suspension dans les rivières et les fleuves. En dépit de la relative stabilité des minéraux argileux, l'analyse minéralogique ne reflète pas totalement ce transfert de la montagne vers la plaine, en raison de la multiplicité des sources dont la composition minéralogique est mal connue, et des possibles transformations minéralogiques dans les milieux de transport et de dépôt.

Mots-clés – Argiles, Mésopotamie, géomorphologie, cycle d'érosion de Davis.

Abstract – According to geology and soil science, clay is mainly produced by silicate rock alteration, especially in warm and wet tropical environments, in contrast with the semi-arid conditions in Mesopotamia, where clay is deposited by the Euphrates and Tigris rivers, as eroded material from the surrounding Taurus and Zagros mountains. Mesopotamian Quaternary fine-grained infilling is connected with upstream terracing from coarse material and the low carrying capacity of the Euphrates and Tigris due to semi-arid downstream conditions, except during seasonal floods with important clay and silt deposition. The whole region illustrates W.M. Davis' geomorphic evolution theory, with Cainozoic relief rejuvenation by thrusting of sedimentary basin infilling between Arabic and Eurasian plates. Clay basin infilling comes from continental denudation by tropical-type alteration producing kaolinite, during relief evolution to Davis' mature and old stages. Gypsum alterning with marls, whose characteristic clay mineral is palygorskite, were also produced during paleogeographic evolution from Tethys Ocean to continental evaporitic lagoons. Besides, clay-rich rocks associated with Cainozoic orogeny such as flysch, schist and ophiolites are another source of clay from the Taurus and Zagros mountains. Such clay mineral diversity may explain results from some samples from Lower Mesopotamia with rather a poor proportion of kaolinite and medium to high proportion of chlorite and illite, which are common clay minerals, such that no firm conclusion can be drawn. Clay recycling across each Davis stage has to be considered from the grain size classification, because clay composition may change from one mineral environment to another, according to the degree of mineral richness.

Keywords – Clay, Mesopotamia, geomorphology, Davis erosion cycle.

Introduction

À la suite des travaux des géologues et des pédologues (Millot 1964 ; Pédro 1968), on considère que la source initiale des argiles est l'altération des roches silicatées, particulièrement dans le milieu intertropical où chaleur et humidité combinées permettent la dissociation des constituants des minéraux, et leur réarrangement sous la forme de minéraux argileux. Cependant, l'argile utilisée comme matière première en Mésopotamie ne résulte pas directement de ce processus, mais de la redistribution, de manière différée, des matériaux argileux qui avaient été incorporés dans les chaînes montagneuses de l'amont (Zagros, Taurus), puis libérés par l'érosion au cours du démantèlement de ces dernières. Les argiles illustrent ainsi le triptyque ablation / transport / dépôt, constitutif de l'érosion. En outre, elles sont un marqueur du *cycle d'érosion* – au sens géomorphologique –, suivant lequel les reliefs passent d'un stade de jeunesse (montagnes à fortes pentes) à un stade de maturité (relief aux lignes adoucies par l'érosion), puis à un stade de sénilité (basses plaines raccordées au niveau de base). La relative stabilité chimique des argiles, ainsi que leur granulométrie fine (particules élémentaires de taille inférieure à 2 µm) qui les rend facilement transportables d'un milieu à un autre, rendent compte de leur persistance sur des pas de temps géologiques, de l'ordre de plusieurs centaines de millions d'années.

1. La Mésopotamie dans son cadre géomorphologique : une aire subsidente entre un socle rigide et un vigoureux bombement montagneux

1.1. Le contraste régional entre un couloir déprimé et l'amphithéâtre montagneux qui le domine

La Mésopotamie résulte du comblement, par les matériaux que transportent l'Euphrate, le Tigre et les affluents de rive gauche de ce dernier, d'une vaste dépression située entre le socle arabique et les massifs montagneux du Taurus et du Zagros, desquels sont issus ces cours d'eau. Le premier contraste géographique tient dans la juxtaposition d'un bas pays mésopotamien, de son environnement occidental de plateaux calcaires recouvrant le socle, et du vigoureux amphithéâtre montagneux qui constitue son *impluvium* au nord et à l'est.

À petite échelle, la région présente l'aspect classique d'une fosse située à la charnière entre un socle rigide et un vigoureux bourrelet montagneux dépassant 3000 m d'altitude. Ce dernier est redevable d'une longue surrection durant la deuxième partie du Cénozoïque (Tertiaire supérieur), sous forme de plis et de jeux de blocs. Il appartient au vaste ensemble plissé qui court du Maghreb et du sud de l'Europe à l'Himalaya et au sud-est asiatique, et s'intègre dans un cadre tectonique actif qui peut être analysé en termes de tectonique des plaques (convergence Afrique-Eurasie). *Mutatis mutandis*, tout se passe comme si le socle arabique, prolongement nord-oriental du socle africain, s'était comporté comme un poinçon rigide venu butter contre le *craton* d'Eurasie, provoquant le plissement de la série sédimentaire intercalée entre ces deux masses continentales.

À l'échelle régionale, la Mésopotamie provient de l'accumulation des apports de l'Euphrate issu du Taurus, et du Tigre et de ses affluents de rive gauche issus du Zagros. Parmi ces affluents, les plus importants sont le Grand et le Petit Zab qui confluent avec le Tigre dans la partie nord de la plaine, ainsi que la Diyala qui conflue dans la partie centrale, au sud de Bagdad, et le Karun qui conflue à l'extrême aval. D'autres, plus courts, proviennent du piémont du Zagros, en abandonnant leur charge grossière sous la forme de cônes de déjection, à la faveur de la rupture de pente au contact entre le piémont et la plaine.

1.2. Un domaine amphibie construit par l'accumulation alluviale argilo-limoneuse

La plaine mésopotamienne peut être décrite comme une gouttière subsidente longue de 600 km, orientée du nord-ouest au sud-est et prolongée par le Golfe persique. Le géomorphologue P. Birot (1970 : 254) la décrit ainsi : « *la pente est extraordinairement faible puisque à 550 km de distance de la côte, à vol d'oiseau, Bagdad se trouve à 34 m seulement*[1]*. La plus grande partie de la plaine est un monde amphibie, avec d'immenses marécages latéraux, les Hor, isolés des fleuves par des levées* ». Après leur entrée en Mésopotamie, les deux fleuves suivent des cours tendant vers le parallélisme, convergeant néanmoins dans la région de Bagdad où ils sont distants d'environ 40 km, pour s'écarter ensuite l'un de l'autre. Ils construisent alors un vaste domaine humide jalonné de multiples chenaux et de lacs – dont certains proviennent du recoupement de méandres, d'autres de subsidences locales –, avant de traverser le domaine des marécages. Abordant ce domaine, l'Euphrate se prolonge par le Hor al Hammar en direction du sud-est, tout en dirigeant une branche vers l'est qui conflue avec le Tigre, le résultat de cette confluence étant le Shatt al Arab. Une seconde confluence a lieu entre le Shatt al Arab et l'extrémité méridionale du Hor al Hammar, 100 km à l'amont de l'embouchure (Figure 1).

Les dépôts fluviatiles qui ont construit la Mésopotamie se rapportent au Quaternaire. Au-dessus de corps sédimentaires pléistocènes de granulométrie variable, allant des argiles aux graviers, repose la couverture holocène épaisse de 15 à 30 m en moyenne, dans laquelle prédominent les fractions argileuse et limoneuse (Sissakian *et al.* 2020b)[2]. Le plancher de cette accumulation a été rencontré par sondage à des profondeurs variables selon les lieux, entre 30 m et 180 m, ce que les auteurs attribuent aux variations de la morphologie du plancher alluvial, du taux de sédimentation et du taux de subsidence (*ibid.*).

Plus généralement, et de manière classique, on peut interpréter le remblaiement continu comme la « réponse » des fleuves à la subsidence, ce qui leur permet de maintenir leur pente jusqu'à l'embouchure. Il en résulte cette topographie régulière, sans étagement de terrasses alluviales – du moins dans les parties centrale et méridionale de la plaine –, car les différentes nappes

[1] Soit une pente moyenne de 0,06 ‰.

[2] Suivant la nomenclature en français, la granulométrie des argiles est inférieure à 2 µm, et celle des limons comprise entre 2 µm et 20 µm, mais la nomenclature en anglais qu'utilisent les auteurs de l'article considère les argiles jusqu'à 3,9 µm, et les *silts* – que nous traduisons par « limons » – jusqu'à 62,5 µm. Au-delà s'étendent les sables *l.s.* jusqu'à 2 mm, borne supérieure dans les deux nomenclatures.

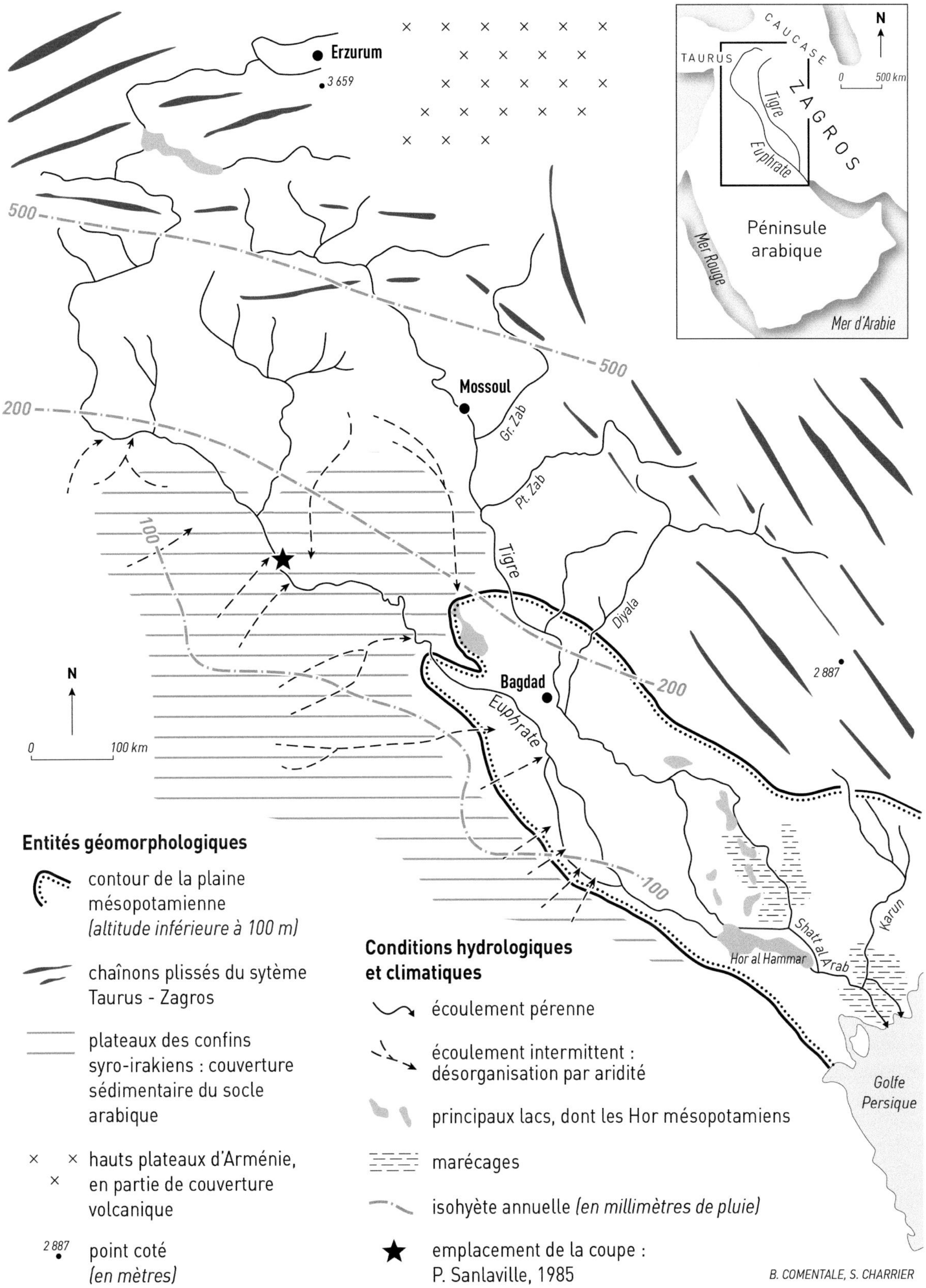

Figure 1 – La Mésopotamie : cadre physiographique.

alluviales se superposent, ou se juxtaposent suivant une stratification entrecroisée (Sissakian *et al.* 2020a).

In fine, la Mésopotamie représente l'aboutissement de la chaîne érosive. La granulométrie fine est l'expression de la très faible pente, où en raison de leur faible vitesse les fleuves ne peuvent transporter qu'une charge fine, d'autant plus qu'ils ont auparavant abandonné leur charge grossière issue des amonts montagneux, avant leur entrée dans la plaine.

2. Les cours d'eau, agents de l'érosion de la montagne à la plaine

2.1. L'amphithéâtre montagneux et les conditions de l'ablation

L'Euphrate et le Tigre ont un long parcours dans la montagne avant de déboucher en Mésopotamie. L'Euphrate prend sa source sur le plateau d'Arménie, au pied de sommets dépassant 3600 m, ce qui permet une pluviométrie relativement soutenue, en comparaison avec la semi-aridité des sections moyenne et inférieure du fleuve : 400 mm annuels à Erzurum, répartis pour un tiers en avril-mai, pour un tiers de septembre à décembre. Au printemps, l'écoulement est soutenu à la fois par la pluviométrie et par la fusion nivale. Les conditions de l'ablation sont ainsi réunies : incision par écoulement dans les roches tendres (*roches vertes*[3] crétacées, flysch éocène) et par dissolution dans les calcaires du Crétacé supérieur ; et action du gel (gélifraction) sur une gamme variée de roches rigides, donc fissurées (du fait des déformations tectoniques cénozoïques), par conséquent sujettes à la pénétration de l'eau. Issu de deux branches qui s'écoulent vers le sud-ouest en suivant *grosso modo* l'axe des plis, l'Euphrate adopte à l'aval de leur confluence un tracé sinueux, d'abord vers le sud-est en traversant obliquement les chaînons de l'extrémité du Taurus oriental, puis vers le sud-ouest en débouchant sur le piémont. Détourné de la Méditerranée par le bourrelet montagneux syro-libanais, il s'écoule finalement à travers les plaines du nord-ouest syrien en direction du sud-est, en suivant la pente régionale vers la Mésopotamie.

Le Tigre prend sa source dans les dernières montagnes du Taurus oriental, qui se prolongent à l'est par les montagnes du Kurdistan, où le ravinement des formations schisteuses fragiles est pourvoyeur de matériaux fins qui constituent, entre autres, la charge alluviale. Au fur et à mesure du parcours fluvial en Mésopotamie, la charge alluviale fine est renforcée par celle des affluents de rive gauche précédemment cités qui, descendus du Zagros, ont abandonné leur charge caillouteuse sur le piémont.

In fine, la charge alluviale déposée par les fleuves mésopotamiens provient quasi-exclusivement de l'amphithéâtre montagneux Taurus-Zagros. Cette chaîne de montagnes, qui résulte de la puissante orogenèse cénozoïque, présente à l'affleurement une grande variété de roches. Cette variété s'exprime à la fois par leur nature et par leur degré de résistance à l'érosion : roches sédimentaires vigoureusement plissées tels les calcaires et les marnes ; intrusions magmatiques ; schistes et roches vertes issus du métamorphisme accompagnant l'orogenèse ; flysch tendre associé à l'orogenèse. Ces roches sont d'autant plus attaquées par l'érosion que celle-ci s'exerce sur de fortes pentes, par l'action mécanique des torrents sur tout type de roche, ou par le ravinement des masses rocheuses tendres (marnes, schistes), facilement affouillées par le ruissellement et exportées par l'écoulement.

Plus précisément, suivant P. Birot (1970 : 235), « dans le Taurus du Kurdistan, le flysch crétacé mélangé avec roches vertes vient reposer directement sur des coupoles de calcaires permiens. *Le socle métamorphique en émerge pour constituer les puissants massifs de Bitlis et de Pütürge* », qui dominent les hauts bassins du Tigre et de l'Euphrate, respectivement. De même, les chaînes externes du Zagros, s'avançant dans le piémont mésopotamien de l'Irak, se composent de « plis simples [qui] *affectent une série sédimentaire comprenant à la base une puissante accumulation de marnes et gypse du Miocène moyen, puis des grès, des marnes rouges et des poudingues pontiens, enfin des conglomérats continentaux atteignant jusqu'à 3 km d'épaisseur* » (*ibid.* : 240).

Il s'agit au total d'une grande diversité lithologique à même de fournir des argiles, tant au sens granulométrique qu'au sens minéralogique : d'une part, l'amenuisement progressif des roches tendres au cours de leur transport aboutit aux fractions fines. D'autre part, l'érosion de la marne, roche carbonatée composée de minéraux argileux et de calcite – minéral constitutif du calcaire –, permet la libération des premiers par dissolution de la seconde au contact de l'eau.

2.2. Le transport et le dépôt : matériaux et conditions hydrologiques

Les usages des argiles en Mésopotamie ne sauraient constituer un critère discriminant du point de vue de leur composition minéralogique, au sens où cette dernière permettrait de retracer des régions-sources. En effet, toutes les argiles faisant pâte avec l'eau (*apud* Pomerol et Renard 1997), la reconnaissance des variétés

[3] Expression générique désignant une gamme variée de roches magmatiques basiques plus ou moins métamorphisées (ophiolites) issues de l'incorporation, dans une chaîne de plissement, de fragments d'un océan qui séparait deux masses continentales dont la convergence a produit cette chaîne, dans une perspective de tectonique des plaques.

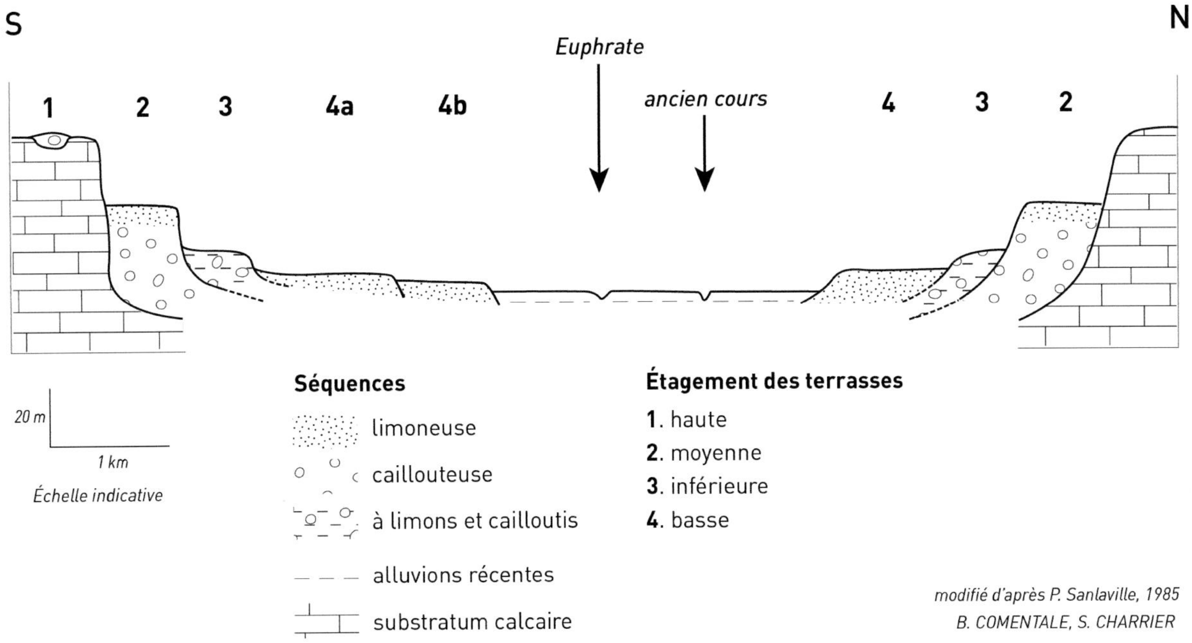

Figure 2 – Les terrasses alluviales dans le cours moyen de l'Euphrate (d'après P. Sanlaville, 1985).

minéralogiques à partir du simple critère textural est impossible, même si la plasticité des argiles grasses, parmi lesquelles la kaolinite, est supérieure à celle des argiles maigres – d'autant plus que ce critère est faussé par l'adjonction des dégraissants au cours de la préparation du matériau. Les études récentes (Al-Kaaby et Albadran 2020) mettent toutefois en évidence, dans la sédimentation quaternaire, la prédominance de la fraction limoneuse (limon sableux ou sable limoneux selon les échantillons), à laquelle la fraction argileuse est subordonnée. À partir d'échantillons prélevés dans le sud de la Mésopotamie, les auteurs mettent en évidence une diversité minéralogique qu'ils relient à la multiplicité des sources du sédiment, c'est-à-dire les différents affleurements du Zagros et du Taurus présentés plus haut.

L'importance des fractions fines résulte de l'absence d'une fraction caillouteuse, retenue à l'amont sous la forme de terrasses alluviales, à la fois parce que la vitesse des fleuves et rivières diminue avec la faible pente, et parce leur débit décroît avec l'évaporation. Les terrasses du cours moyen de l'Euphrate, 200 km à l'amont de la Mésopotamie (Figure 1), ont été étudiées par le géomorphologue P. Sanlaville (1985). La plus haute terrasse, directement aménagée dans le substratum calcaire, témoigne d'un écoulement « ancien » (rapporté à un Quaternaire indéterminé) – tant par la rareté des lambeaux préservés de l'érosion, que par le calibrage de la plaine alluviale, de 8 km de largeur : un couloir large mais peu encaissé dans le plateau alentour, et dans lequel le fleuve s'écoulait, peut-être sous forme de chenaux divagants, suivant une forte dynamique qui permettait le transport d'une abondante charge caillouteuse, issue de l'érosion des pentes du Taurus, et dont l'abandon édifiait une nappe alluviale (Figure 2). Puis, par la succession de plusieurs phases où alternaient incision de la nappe alluviale précédente et dépôt de la nappe suivante, se sont édifiés plusieurs niveaux de terrasse, alors que le tracé du fleuve se restreignait en largeur.

L'auteur rapporte cette succession au rythme d'épisodes climatiques humides, ou « Pluviaux », permettant un écoulement apte à transporter une charge alluviale grossière. La « moyenne terrasse », épaisse et caillouteuse – elle renferme notamment des roches vertes provenant du Taurus –, est corrélée à l'avant-dernier Pluvial, suivant un cadre de chronologie relative (« Riss »), qui est certes à relativiser au regard des connaissances actuelles sur les fluctuations climatiques quaternaires, mais qui est compatible avec l'ancienneté relative suggérée par l'encroûtement des limons qui la scellent. Dans ce cadre, la « terrasse inférieure », qui suit, serait « würmienne » ; et les deux derniers niveaux distinguent une basse terrasse, localement dédoublée, antérieure au Néolithique pour sa partie haute, historique pour sa partie basse. Ce dernier niveau serait l'équivalent, *mutatis mutandis*, de la terrasse historique méditerranéenne que l'on interprète habituellement comme le résultat d'une importante accumulation limoneuse livrée par les cours d'eau qui transportaient les sols arables, mis à nu et ravinés au moment des chutes de pluies intenses (fin d'été, automne), à la suite d'une forte exploitation du milieu (Figure 3). Une telle équivalence s'inscrit dans un schéma cohérent, puisque les rythmes climatiques et anthropiques qui affectent le Moyen-Orient procèdent des mêmes mécanismes

Figure 3 – La terrasse historique méditerranéenne (basse vallée du Basento, Basilicate, Italie méridionale). La base caillouteuse de la terrasse, holocène, est surmontée d'une importante accumulation limoneuse attribuée à un rapide décapage des sols surexploités, non protégés des pluies saisonnières intenses (fin d'été, automne). Elle trouve son homologue dans la moyenne vallée de l'Euphrate, où les rythmes saisonniers s'inscrivent dans un climat d'affinités méditerranéennes, exacerbé par la semi-aridité (Cliché B. Comentale, 2012).

que ceux qui affectent le monde méditerranéen dont il est le prolongement semi-aride (position *supratropicale* de transition entre un pôle climatique « tempéré » et un pôle aride).

La diminution de la charge grossière de l'Euphrate au gré de la succession des terrasses est à mettre au compte des conditions hydrologiques : seuls de grands affluents de rive gauche, en provenance du Taurus ou de son piémont, sont capables d'apports alluviaux notables, alors que les affluents de rive droite, issus du désert syrien, ne possèdent qu'un écoulement intermittent, inaptes à livrer une charge alluviale de manière régulière et renouvelée. Au total, l'Euphrate, à son entrée en Mésopotamie, ne possède plus de charge grossière, et transporte une charge argilo-limoneuse en suspension. Dans la limite d'une moindre inhibition de l'écoulement due à la proximité d'un amont montagneux bien drainé, ce schéma s'applique peu ou prou au Tigre, dont les affluents de rive gauche abandonnent leur charge grossière sous la forme de terrasses ou de cônes de déjection à leur entrée en Mésopotamie (Sissakian *et al.* 2020a).

Cela constitue l'illustration du diagramme de Hjulström, qui établit la relation entre la taille des alluvions transportées par un cours d'eau et sa vitesse. Il permet de distinguer trois domaines : celui du transport, qui s'applique aux alluvions les plus fines, parmi lesquelles les argiles, même pour de très faibles vitesses ; celui du dépôt, de fractions plus grossières (limon, sable, petits galets), à vitesse de courant équivalentes à celles du premier domaine ; enfin, pour des vitesses de courant élevées et concernant un large intervalle granulométrique, un domaine où dominent l'érosion et le transport. Dans ces conditions, le dépôt des argiles intervient à l'occasion de crues saisonnières. Calquées sur le rythme des précipitations (rythme méditerranéen dégradé, à deux maxima, à l'automne et au printemps), « *les hautes eaux du Tigre et de l'Euphrate, dont le régime est nivo-pluvial, interviennent au printemps, au moment de la fonte des neiges sur l'Anatolie et le Zagros* [cf. *supra*, à propos de l'Euphrate]. *Plus court et alimenté sur sa rive gauche par des rivières descendant rapidement du Zagros (...), le Tigre connaît des crues plus brutales et plus destructrices que celles de l'Euphrate, des hautes eaux plus précoces aussi (avril) tandis que hautes eaux et ondes de crue du Taurus parviennent avec du retard et quelque peu amorties par l'Euphrate syrien* » (Sanlaville 1985).

P. Sanlaville (1989) cite les exemples d'une importante sédimentation de crue : ainsi, « *une inondation au nord-est de Bagdad, en 1954, où une tranche d'eau de 2 m, qui a mis près de 2 mois à se résorber, a laissé un centimètre de limon* » ; la même année, formation d'un lac de 70 km^2 dont la résorption, au bout de 7 mois, a laissé « *une couche de*

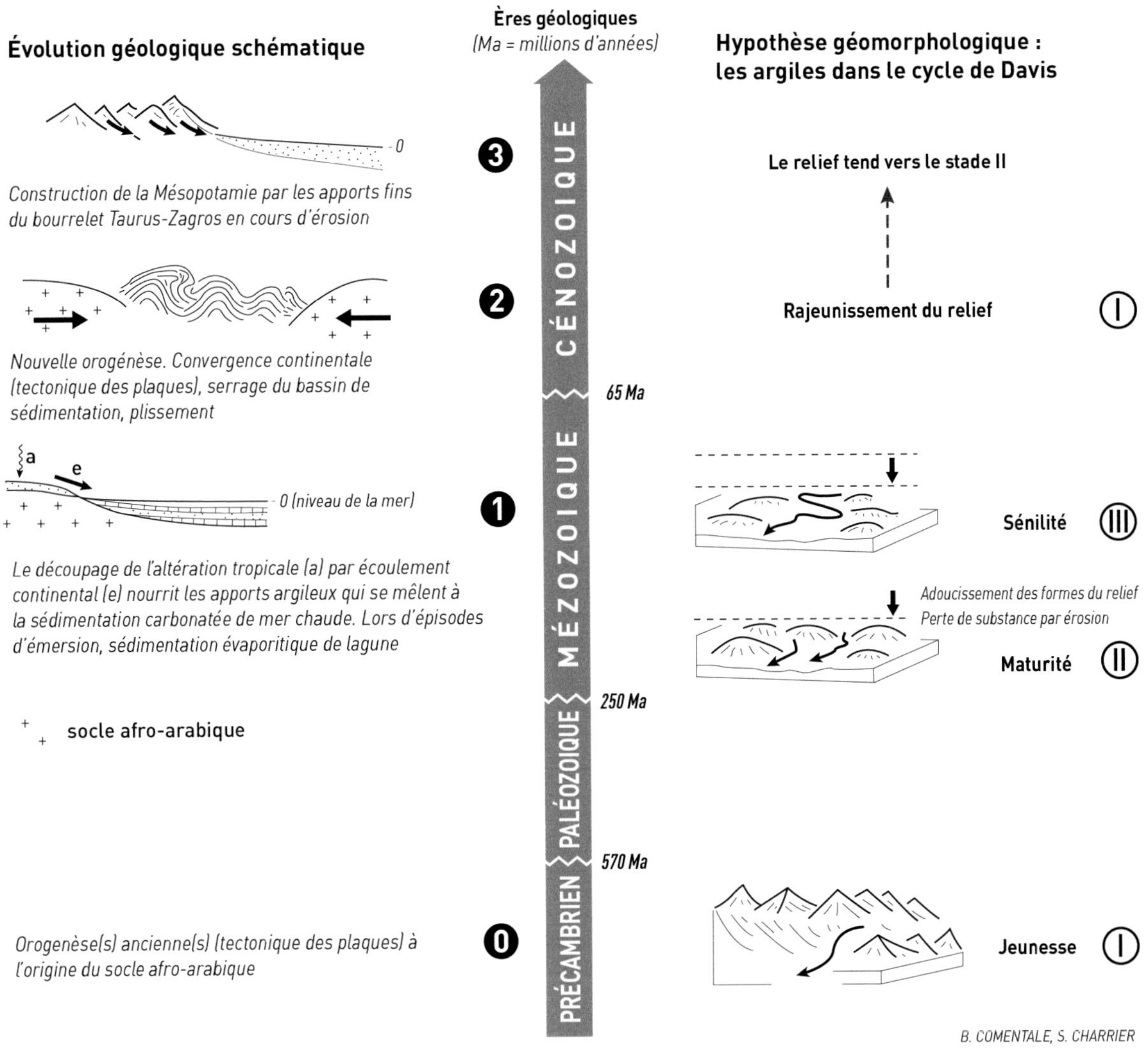

Figure 4 – Les argiles de Mésopotamie dans le schéma géologique régional, en correspondance avec le cycle de Davis.

boue de 30 cm d'épaisseur » avec, probablement, un rôle additionnel joué par le vent, qui dépose des poussières.

3. Chaîne érosive et cycle d'érosion : de l'argile d'altération à l'accumulation argileuse

La Mésopotamie et son environnement montagneux sont une illustration du parcours de l'érosion tel que mis en évidence plus haut, mais aussi du cycle d'érosion défini par le géomorphologue W. M. Davis à la fin du XIXe siècle. Il postule que le relief passe par les stades de jeunesse, puis de maturité, enfin de sénilité – ou vieillesse (Figure 4). Une hypothèse de travail consiste à considérer les argiles comme des jalons du cycle d'érosion en raison de la relative stabilité chimique des minéraux argileux – comparés à d'autres minéraux tels que la calcite, facilement soluble –, ce qui les ferait apparaître à chaque stade, sous réserve d'éventuelles transformations en fonction des environnements traversés.

Le stade de la jeunesse (I) est celui d'un relief formé au cours d'une orogenèse suffisamment récente pour que l'érosion n'ait pas eu le temps de l'amenuiser notablement. Le relief se compose de fortes pentes qui exacerbent l'érosion (instabilité des pentes, torrentialité), d'autant plus que, le plus souvent, l'orogenèse l'a porté à des altitudes élevées au point que les sommets se situent à l'étage du gel actif, ce qui induit une gélifraction à même de livrer des débris grossiers aux torrents, concourant ainsi à leur pouvoir érosif.

La maturité (stade II) qualifie un relief dont la surface d'ensemble se trouve abaissée du fait de la poursuite de l'érosion (par perte de substance), avec des pentes plus faibles. Enfin, la sénilité (stade III) caractérise un relief que l'érosion a fortement usé, où le paysage se distingue par des surfaces régulières, peu inclinées et se raccordant progressivement au niveau de base (niveau de la mer en l'occurrence) : l'érosion est alors ralentie, les aspérités topographiques ayant été réduites par elle. À tout moment du cycle, celui-ci peut être interrompu par un *rajeunissement* du relief (retour au stade I), où les conditions favorables à l'érosion sont renouvelées : ici, la surrection du bourrelet montagneux Taurus-Zagros a induit un recreusement par le réseau hydrographique, de sorte que la situation actuelle peut être qualifiée comme tendant vers le stade II, sans qu'il soit encore atteint (Figure 4).

3.1. *Argiles et cycle d'érosion : probabilité et incertitudes*

La succession des stades d'évolution du relief, appréciés selon une chronologie relative, trouve une correspondance dans l'histoire géologique de la région exprimée suivant une chronologie absolue. Les argiles se trouvent engagées dans cette évolution : de leur genèse puis leur passage dans les roches sédimentaires avant qu'elles soient comprises dans le plissement du bourrelet montagneux Taurus-Zagros, à leur libération par érosion de celui-ci, enfin leur dépôt en Mésopotamie. Sur un continent afro-arabique soumis à l'altération tropicale, car situé à une latitude plus méridionale qu'actuellement selon les enseignements de la tectonique des plaques, les argiles sont produites par hydrolyse. Celle-ci, qui aboutit à la kaolinite par lessivage[4], participe des stades de maturité (II) puis de sénilité (III), aux dépens de reliefs qui avaient été créés lors d'épisodes orogéniques antérieurs au Paléozoïque (état 0 : Figure 4). Le décapage périodique de la couverture d'altération conduit à l'entraînement des argiles, par écoulement, jusqu'au bassin sédimentaire adjacent (état 1). En effet, les masses continentales afro-arabique et eurasiatique en convergence sont séparées par un océan – la Téthys *l.s.*, en réalité plus différenciée au gré des vicissitudes qu'elle enregistre entre le Mésozoïque et le premier tiers du Cénozoïque, jusqu'à sa fermeture au terme de la convergence continentale (limite Oligocène-Miocène, vers 25 millions d'années). Ce bassin sédimentaire évolue tantôt dans les conditions d'une mer peu profonde à sédimentation calcaire, et marneuse grâce aux apports argileux (cf. *in* Bassoulet et Baudin 1994) ; tantôt sous conditions continentales, au sein de lagunes salées soumises à évaporation, à sédimentation gypseuse et marneuse.

Cependant, nous n'avons pas connaissance de la composition minéralogique de la fraction argileuse des affleurements marneux dans le Zagros, dont l'érosion alimente la sédimentation en Mésopotamie. En effet, si le transfert de kaolinite du continent afro-arabique vers la cuvette sédimentaire adjacente est probable (état 1), d'autres minéraux argileux sont susceptibles d'être présents dans les roches sédimentaires qui s'y forment. C'est le cas des argiles fibreuses, riches en aluminium et en magnésium (de type *sépiolite*, ou encore *attapulgite* – ou *palygorskite* selon la nomenclature utilisée) qui se constituent dans les milieux sursalés soumis à évaporation, et que l'on trouve habituellement dans les marnes alternant avec le gypse[5]. En outre, selon H. Chamley (1999 : 123) « *la forte concentration ionique des eaux marines ou continentales peut provoquer, dans les bassins alcalins confinés et sous climat chaud, la genèse abondante d'argiles à affinité évaporitique*, [par exemple dans] *les bassins péri-marins (...) de la Téthys occidentale* » – suivant un schéma qui pourrait être élargi à l'ensemble des bassins de la Téthys, morcelés au fur et à mesure de la convergence des masses continentales encadrantes. Dans ce paysage de cuvettes de type *sebkha*, l'évaporation conduit à la concentration des sels minéraux : elles sont à l'opposé des conditions de formation de la kaolinite (appauvrissement par lessivage). Toutefois, cette dichotomie minéralogique ne s'oppose pas au schéma précédent, car il faut distinguer entre le milieu initial de formation des minéraux argileux (un continent soumis à l'altération tropicale), et le milieu de leur transformation qu'est le bassin sédimentaire, d'autant que, cette fois-ci à l'échelle de la Mésopotamie, il faut compter avec l'apport d'autres sources argileuses par l'érosion de roches associées à l'orogenèse (flysch, schiste, roches vertes).

3.2. *Composition minéralogique et traduction géomorphologique : les limites de l'interprétation*

Au total, plusieurs biais conduisent à reprendre l'hypothèse couplant argiles et évolution géomorphologique à travers le cycle de Davis : le passage des argiles issues de l'altération continentale vers la Téthys (ou ses avatars comme nous venons de le voir), puis les conditions de leur conservation (ou de leur transformation) au cours de l'orogenèse cénozoïque, enfin leur dépôt en Mésopotamie.

Une analyse minéralogique des argiles effectuée par B. Albadran (2000), à partir de quatre sites localisés en fin de parcours, à proximité du Chatt el Arab dans son tronçon situé à l'aval du lac Hammar, et différenciés par la profondeur des prélèvements (80 cm et 2 m) ainsi que par la granulométrie (classes bornées par des seuils à 0,2 µm, 0,5µm et 1 µm), a montré l'apparition par ordre décroissant de la chlorite (de 32 à 85 % suivant les échantillons), puis l'illite (aux alentours de 20-30 % dans la majeure partie des échantillons), la kaolinite (20 % environ), enfin des interstratifiés chlorite/illite. L'interprétation de ces résultats est délicate : en ce qui concerne la kaolinite, l'auteur rappelle les conditions de sa formation sous conditions tropicales, mais ne mentionne pas explicitement en termes d'héritage sa

[4] C'est-à-dire évacuation, par écoulement, de nombreux composants chimiques de l'architecture cristalline initiale, la formule générale de la kaolinite étant $Si_2 Al_2 O_5 (OH)_4$.

[5] C'est, par exemple, le cas des marnes à attapulgite qui alternent avec les bancs de gypse dans le Bassin parisien.

présence dans les échantillons analysés. Pourtant, la kaolinite est le minéral argileux hérité le plus typique et le plus résistant (Millot 1964 : 355), ce qui s'accorde avec la constance de sa représentation dans la plupart des échantillons analysés ici. A l'opposé, le fait qu'un seul des sites étudiés comporte peu de kaolinite est attribué à une forte concentration en sels minéraux près de la surface, en raison de la forte évaporation à l'œuvre dans le sud irakien : ce sont *in fine* les conditions d'un milieu riche en *saumures alcalines*, en présence desquelles la kaolinite s'enrichit en éléments minéraux (notamment du potassium) et se transforme en illite, selon G. Millot (*op. cit.*).

L'illite, qui est le minéral argileux le plus répandu dans l'absolu, résulte d'un lessivage moins abouti, ce qui ne permet pas l'élimination totale du potassium[6] ; il est, par exemple, le « minéral argileux cardinal dans les arènes, [où] son compagnon *possible est la chlorite* » (*ibid.*, p. 119), laquelle est fortement représentée dans les échantillons du sud irakien. Une fois formées, illite et chlorite présentent une grande stabilité au point que G. Millot (*ibid.*, p. 379) estime que la majeure partie des illites et des chlorites sédimentaires est vraisemblablement héritée. Ces minéraux ne sont donc pas d'un grand recours pour étayer, ou infirmer, l'hypothèse de départ, et cela pour trois raisons.

La première raison est que les analyses minéralogiques ne permettent pas de distinguer entre minéraux stables, hérités du milieu de leur formation initiale, et minéraux transformés dans les milieux qu'ils ont traversés (bassin sédimentaire, puis chaîne de montagne, enfin transport fluviatile), par enrichissement ou par appauvrissement en éléments chimiques. Ainsi, dans les échantillons prélevés, la part de l'illite croît vers l'aval, ce qui serait à attribuer non à un héritage, mais à un possible enrichissement en potassium fourni par l'eau de mer lors des phases de transgression marine qui ont affecté la Basse-Mésopotamie au Quaternaire (Albadran, 2000). La deuxième raison est que les analyses fournissent des proportions, et non des valeurs absolues, de sorte qu'il est impossible de déterminer si la part de kaolinite (20 %) résulte de sa faible représentation absolue, ou bien de la forte représentation des autres minéraux argileux, particulièrement l'illite d'occurrence commune. La troisième raison provient de l'échantillonnage, faible à l'échelle de la Mésopotamie. Au-delà du biais méthodologique, il faut sans doute y voir la difficulté de conjuguer des échelles distinctes, de l'échelle microscopique à celle du paysage, sans pour autant que soit infirmé le cadre d'ensemble de l'origine des argiles utilisées en Mésopotamie.

[6] L'une des formules chimiques de l'illite est $K\ Al_2\ Si_3\ Al\ O_{10}\ (OH)_2$; sa formation dans les arènes, c'est-à-dire les altérites sableuses, caractérise un milieu d'altération chaud et humide, mais où le lessivage n'est pas assez poussé pour permettre la formation de kaolinite.

Conclusion

Les géomorphologues se réfèrent volontiers aux travaux de G. Pédro (1968), notamment ceux qui mettent en relation la zonation climatique de la Terre et la minéralogie des argiles produites par altération des roches silicatées. S'agissant de la Mésopotamie, et de la redistribution des matériaux fins provenant de l'érosion du Zagros et du Taurus, la perspective est différente puisqu'il ne s'agit pas d'argiles *in situ*. Une fois posé le cadre en termes d'érosion *l.s.* – ablation, transport, dépôt –, se profile la question de l'origine initiale des argiles, très probablement de la kaolinite provenant d'une altération continentale antérieure au plissement du Taurus et du Zagros. Les argiles de Mésopotamie sont ainsi le produit d'un recyclage d'une étape à l'autre de la genèse du relief, ou encore, dans une interprétation géomorphologique, d'un stade à l'autre à l'intérieur du cycle de Davis. Toutefois, les résultats de l'analyse minéralogique ne peuvent être strictement transposés, en raison à la fois des incertitudes inhérentes à la méthode déjà soulignées, et de la relative désaffection pour la théorie de Davis, aujourd'hui surtout retenue pour son caractère épistémologique. Pour autant, ce schéma d'évolution, qui s'appuie sur la relative stabilité des argiles, garde sa pertinence si celles-ci ne sont plus seulement regardées sous l'angle de leur composition minéralogique, mais sous celui de leur granulométrie. En effet, la question du transport et du dépôt des fractions fines relève de la géographie physique, mettant en évidence les conditions hydrologiques du Tigre et de l'Euphrate, fleuves allogènes dont le parcours s'achève en milieu semi-aride.

Remerciements

Cet article est dédié à la mémoire de Jean-Jacques Dufaure (1932-2020), professeur de géomorphologie à l'université Paris-Sorbonne (Paris-IV), en qui nous eûmes un directeur de thèse exemplaire. Spécialiste de morphotectonique méditerranéenne et particulièrement hellénique, il fut en outre l'un des promoteurs de la géoarchéologie méditerranéenne en France. Son étude des glacis sur le piémont méridional du Zagros (1978) constitue un prolongement des logiques de la morphogenèse méditerranéenne jusqu'aux marges arides. Cette évocation mésopotamienne se veut un double hommage : par son domaine géographique, et par le thème des argiles, matériau propice à l'expression de cette morphogenèse.

Bruno Comentale
Maître de conférences
Université de Nantes
Département de Géographie, Laboratoire d'Étude du Patrimoine Géomorphologique (LEPG - UMR 6554 CNRS)

BP 81227
rue de la Censive du Tertre
44312 Nantes Cedex 3
bruno.comentale@univ-nantes.fr

Bibliographie

Albadran, B. 2000. Clay mineral distribution in selected locations along the Tigris and Shatt Al-Arab rivers, South Iraq. *Marina Mesopotamica*, 15 (2) : 439-452.

Al-Kaaby, L. et B. Albadran 2020. Minerals and sedimentary characteristics of Quaternary sediments of different regions in Southern Iraq. *Iraqi Geological Journal*, 53, 1.A : 68-89 [DOI: 10.46717/igj.53.1a. R5.2020.01.27]

Bassoulet, J. P. et F. Baudin 1994. Le Toarcien inférieur : une période de crise dans les bassins et sur les plate-formes carbonatées de l'Europe du Nord-Ouest et de la Téthys. *Geobios*, 17 : 645-654.

Birot, P. 1970. *Les régions naturelles du globe.* Paris : Masson, 380 p.

Chamley, H. 1999. *Les milieux de sédimentation.* Cachan : Lavoisier, Orléans : BRGM, 174 p.

Millot, G. 1964. *Géologie des argiles.* Paris : Masson, 499 p.

Pédro, G. 1968. Distribution des principaux types d'altération chimique à la surface du globe. Présentation d'une esquisse géographique. *Revue de Géographie Physique et Géologie Dynamique*, 10 : 457-470.

Pomerol, Ch. et M. Renard 1997. *Éléments de géologie.* Paris : Masson, 11e édition, 629 p.

Sanlaville, P. 1985. L'espace géographique de Mari. *MARI*, 4 : 15-26.

Sanlaville, P. 1989. Considérations sur l'évolution de la Basse-Mésopotamie au cours des derniers millénaires. *Paléorient*, 15, 2 : 5-27.

Sissakian, V. K., N. Al-Ansari, N. Adamo, M. Kh. Al-Azzawi, M. Abdullah, et J. Laue 2020a. Geomorphology of the Mesopotamian Plain: A Critical Review. *Journal of Earth Sciences and Geotechnical Engineering*, 10, 4 : 1-25.

Sissakian, V. K., N. Al-Ansari, N. Adamo, M. Abdullah, J. Laue 2020b. Stratigraphy of the Mesopotamian Plain: A Critical Review. *Journal of Earth Sciences and Geotechnical Engineering*, 10, 4 : 27-56.

On ne s'improvise pas maçon : la reconstitution de constructions néolithiques, Khirokitia (Chypre) - *You don't become a mason just like that: reconstructing Neolithic constructions, Khirokitia, Cyprus*

Odile Daune-Le Brun

CNRS, UMR 7041 Archéologies et sciences de l'Antiquité (ArScAn), équipe du Village à l'État au Proche et au Moyen Orient (VEPMO), Nanterre (France).

Résumé - Khirokitia, site majeur du Néolithique récent de Chypre, inscrit depuis 1998 par l'UNESCO au Patrimoine Mondial, a fait l'objet de fouilles extensives conduites entre 1936 et 1946 par le Département des Antiquités de Chypre, sous la direction de Porfyrios Dikaios, puis entre 1976 et 2009, par une équipe française CNRS/MAEE, sous la direction d'Alain Le Brun.

L'ampleur, la qualité de vestiges architecturaux mis au jour sur ce site, le caractère exceptionnel de certains éléments et enfin leur bon état de conservation constituent une source exceptionnelle d'information sur l'architecture de cette période.

La terre est, avec la pierre, omniprésente dans les constructions. Elle est utilisée comme matériau de construction des murs, sous la forme de mortier interstitiel, de briques crues ou de lits de terre massive et comme enduit de revêtement des murs, des structures domestiques et des sols. Enfin, elle assure l'étanchéité des toitures.

Les informations recueillies au cours de la fouille sur l'architecture et les techniques de construction, confrontées aux possibilités et aux solutions techniques de l'architecture traditionnelle chypriote, ont été mises à contribution pour réaliser une réplique grandeur nature de constructions que les fouilles ont mises au jour. Ce travail réalisé entre 1994 et 1995, en collaboration avec des ouvriers spécialisés du Département des Antiquités à la longue expérience de l'utilisation des mêmes matériaux de construction qu'au Néolithique, a permis de tester « en direct » des observations, de fournir des réponses possibles à des problèmes spécifiques et de soulever des problèmes inattendus. Il a également conduit à appréhender la documentation archéologique avec un nouveau regard enrichi par le recours à des outils de recherche tels que l'analyse microscopique des matériaux permettant d'approcher au plus près les pratiques et les gestes techniques liés à la fabrication et à l'emploi de la terre à bâtir au Néolithique.

Mots-clés - Néolithique précéramique récent, Chypre, Khirokitia, architecture, terre à bâtir, reconstitution, experimentation.

Abstract - Khirokitia, a major site of the Late Neolithic of Cyprus, inscribed since 1998 by UNESCO as a World Heritage Site, has been the subject of extensive excavations conducted between 1936 and 1946 by the Department of Antiquities of Cyprus, under the direction of Porfyrios Dikaios and then between 1976 and 2009, by a French team CNRS/MAEE, under the direction of Alain Le Brun.

The extent and quality of the architectural remains uncovered at this site, the exceptional character of certain elements and their good state of preservation constitute a remarkable source of information on the architecture of this period.

Earth is, along with stone, omnipresent in construction. It is used as a building material for walls, in the form of mortar, mud brick, cob and as a coating for walls, domestic structures and floors. Finally, it ensures the waterproofing of roofs.

The information collected during the excavation on the architecture and building techniques, in dialogue with the technical solutions of traditional Cypriot architecture, have been used to create a life-size replica of constructions uncovered at the site.

This work, carried out between 1994 and 1995, in collaboration with specialized workers of the Department of Antiquities with long experience in the use of the same building materials as in the Neolithic period, allowed us to test "live" observations, to provide possible answers to specific problems and to raise unexpected issues. It has also led to a new approach to archaeological documentation, enriched by the use of research tools such as the microscopic analysis of materials, allowing a closer look at the practices and technical gestures related to the manufacture and use of earthen building material in the Neolithic.

Keywords - Late Aceramic Neolithic, Cyprus, Khirokitia, architecture, tempered earth, reconstruction, experimentation.

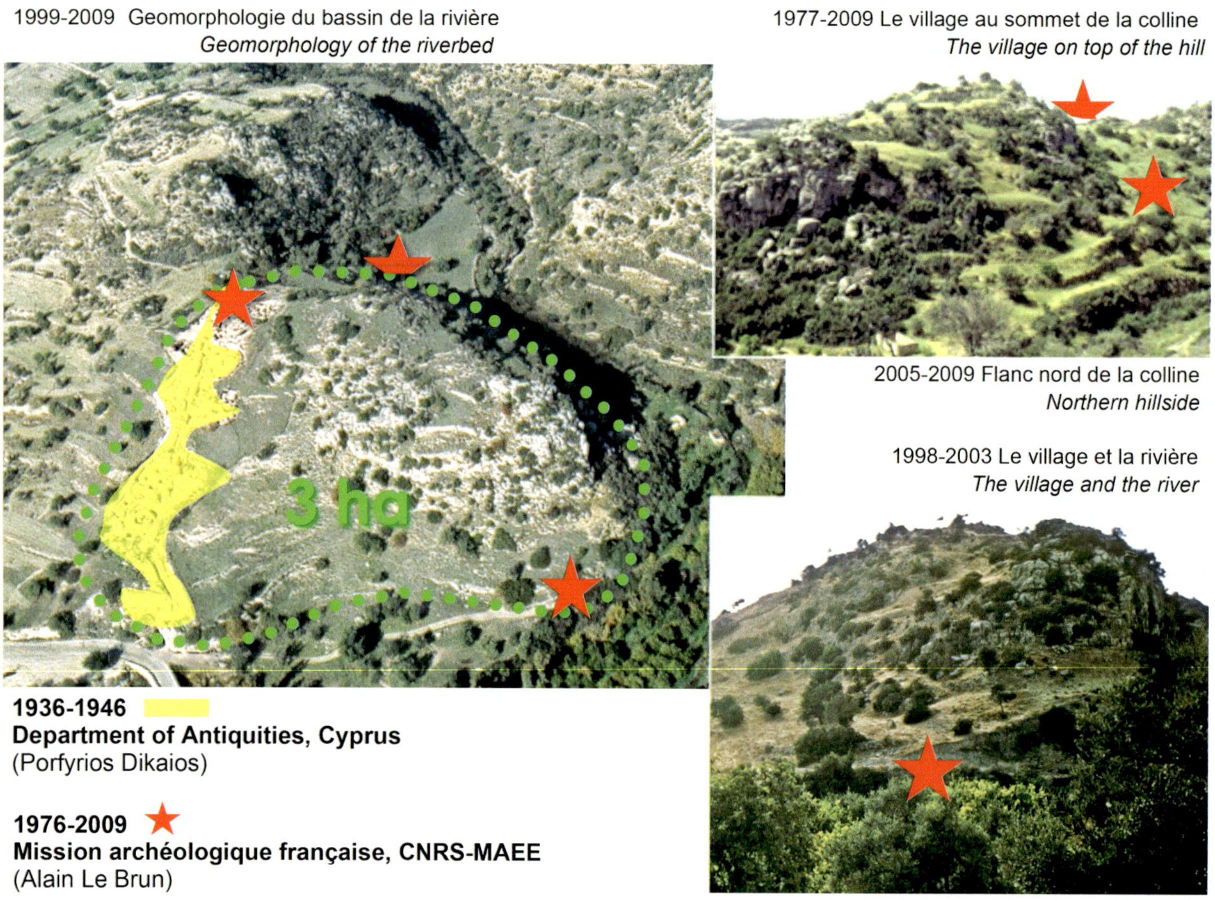

Figure 1 – Le site de Khirokitia : emplacement des fouilles du Département des Antiquités (P. Dikaios) et de la Mission archéologique française (A. Le Brun). (© P. Haggerty, M.A.F. Khirokitia).

Khirokitia, site majeur du Néolithique récent de Chypre, inscrit depuis 1998 par l'UNESCO au Patrimoine Mondial (Le Brun 1999) a fait l'objet de fouilles extensives conduites entre 1936 et 1946 par le Département des Antiquités de Chypre (Dikaios 1953), puis entre 1976 et 2009, par une équipe française CNRS/MAEE (Daune-Le Brun *et al.* 2017 ; Le Brun 1984, 1989, 1994, sous presse ; Le Brun et Daune-Le Brun 2003, 2009).

L'établissement est installé sur les flancs d'une colline enserrée dans le méandre d'une rivière. et couvre, lors de l'extension maximale de l'espace bâti, une superficie d'environ 27.000 m^2, dont 4200 m^2 ont été explorés (Figure 1).

L'ampleur, la qualité des vestiges architecturaux mis au jour, le caractère exceptionnel de certains éléments et enfin leur bon état de conservation constituent une source exceptionnelle d'information sur l'architecture de cette période.

Les constructions témoignent de la vigueur de l'activité architecturale déployée dès l'installation du village tant dans le domaine des constructions d'intérêt général — murs d'enceinte successifs qui ferment le village, dispositifs complexes qui en assurent et en contrôlent l'accès (Figure 2a-c) —, que dans celui des constructions privées. À l'intérieur du village, l'élément de base est une construction de plan circulaire dont le mur est fait d'un ou de plusieurs anneaux de pierre et brique et dont le toit est plat, en terrasse.

Les matériaux utilisés pour les constructions sont la pierre, la terre et les végétaux. La pierre, blocs de calcaire provenant des collines avoisinantes et des galets de diabase ramassés dans le lit de la rivière est utilisée brute, seule ou en association avec la terre.

La terre est employée comme matériau de construction dans les murs, sous la forme de mortier interstitiel, de briques crues ou de lits de terre massive. Elle est également utilisée comme enduit de revêtement des murs, des structures domestiques et des sols. Enfin, elle assure l'étanchéité des toitures.

L'examen de la documentation archéologique et technique (Aurenche 1977, 1981, 1003 ; Aurenche *et al.* 2011 ; Houben et Guillaud 1995 ; Sauvage 1998) et de

Figure 2 – Khirokitia. Les vestiges architecturaux : a) le mur d'enceinte (100) du village ancien ; b-c) le mur d'enceinte récent (284) et le dispositif d'accès au village (© M.A.F. Khirokitia) ; d) reconstitution de constructions dégagées au haut de la colline (© T. Sagory).

l'architecture traditionnelle chypriote (Ionas 1988) a été une aide précieuse pour l'exploitation des données du site de Khirokitia. De plus, la possibilité de vérifier concrètement la pratiques et des gestes techniques, liés en particulier à la fabrication et à l'emploi de la terre à bâtir nous a été donnée par S. Hadjisavvas, alors directeur du Département des Antiquités de la République de Chypre, qui a fait appel à la collaboration de la *Mission Archéologique Française (CNRS-MAEE)*[1] pour un programme d'aménagement et de mise en valeur du site (1994-1995).

Ce programme, entièrement financé par les autorités chypriotes, comprenait la construction au pied de la colline, en dehors de la zone occupée par le village néolithique, d'une réplique grandeur nature de constructions dégagées au sommet de la colline : un tronçon du mur d'enceinte, un des dispositifs d'accès au village et cinq éléments d'habitation (Figure 2- 3). Sa réalisation a conduit à confronter « en direct » des interprétations proposées à partir des données archéologiques aux solutions techniques élaborées par l'architecture traditionnelle de Chypre dont les pratiques présentent de nombreuses similitudes avec l'architecture néolithique.

Mais on ne s'improvise pas maçon : les reconstitutions sont le résultat d'une collaboration étroite, sur le terrain, entre des archéologues et des « maçons » (*ktistis* en grec, littéralement « celui qui bâtit ») du Département des Antiquités ayant, eux, un savoir-faire et une longue expérience de l'utilisation, dans un même contexte géographique et climatique, des mêmes matériaux de construction qu'au néolithique : la pierre, la terre et les végétaux. Elles doivent beaucoup au savoir des maçons les plus âgés, à la mémoire de ce qu'ils avaient vécu dans leur enfance et aux gestes qu'ils avaient vu faire.

L'exécution du projet a été, autant que possible, conduite dans le cadre général des principes de l'archéologie expérimentale. Autant que possible, car des limites ont été fixées, liées à plusieurs contraintes inhérentes au projet, le délai de construction fixé à un an, la longévité des reconstitutions et les impératifs de sécurité.

Les résultats de ce travail ont été en partie publiés, mais je voudrais par quelques exemples, insister sur l'apport de ce va-et-vient entre les documents archéologiques,

[1] Mission Archéologique Française (MAF Khirokitia), Centre National de la Recherche Scientifique (CNRS), Ministère de l'Europe et des Affaires étrangères (MAEE).

Figure 3 – Khirokitia. Réplique grandeur nature de constructions dégagées au sommet de la colline : un tronçon du mur d'enceinte récent et le dispositif d'accès au village ainsi que cinq éléments d'habitation (© M.A.F. Khirokitia, T. Sagory). Projet réalisé par le Département des Antiquités de la République de Chypre avec la collaboration de la Mission archéologique française (CNRS - MAEE).

le savoir faire des maçons et la pratique. Il a été permis de fournir des réponses possibles à des problèmes spécifiques, ainsi la fabrication de briques crues façonnées ou la mise en œuvre des différents éléments d'une toiture, de soulever des problèmes inattendus, ainsi la composition du badigeon recouvrant les enduits et, plus généralement, d'appréhender les données archéologiques avec un nouveau regard, de nouveaux outils et de nouvelles questions (Daune 2001, 2003, 2004, 2008 ; Daune-Le Brun et Le Brun 1996 ; Hourani 2003).

La fabrication des briques crues

Les briques néolithiques ne sont pas moulées, mais comment fabriquer, sans l'aide d'un moule, des briques aux dimensions plus ou moins régulières ?

Une technique ancienne a été proposée par un maçon âgé qui l'avait apprise de son grand-père. Selon lui, celle-ci était traditionnellement employée pour fabriquer sur mesure des briques destinées à la construction de la coupole d'un four.

Dans le déroulement des opérations (Figure 4a), seule la technique de mise en forme des briques diffère selon que les briques sont façonnées ou moulées.

Pour éviter que la brique colle sur le sol, le maçon commence par couvrir la surface de travail de paille hachée. Puis, dans le cas d'une brique façonnée, celle qui a été utilisée au néolithique, il dépose sur le sol une motte de terre à bâtir préparée la veille. Il frappe la motte avec les mains mouillées et l'aplatit de manière à en faire une galette de 5 à 7 cm d'épaisseur. Cette faible épaisseur — c'est également l'épaisseur moyenne des briques néolithiques (Figure 4b) —, faciliterait le séchage de la brique et son maniement. Ensuite, il découpe un carré avec un objet tranchant, une truelle par exemple. Les morceaux restants seront réutilisés

Figure 4 – Khirokitia. Fabrication de briques crues sans moule : a) une technique traditionnellement employée à Chypre pour fabriquer des briques sur mesure ; b) brique crue néolithique ; c) mur brique crue néolithique.

pour la brique suivante ; on peut noter qu'aujourd'hui encore, les maçons chypriotes disent « couper » des briques pour la fabrication des briques moulées. Enfin, les mains mouillées, le maçon lisse les tranches, ce qui a tendance à arrondir les angles, tout comme on peut le remarquer sur les exemples néolithiques.

La suite de l'opération est la même que pour les briques moulées : les briques sèchent sur place pendant une journée. Le lendemain, elles sont placées obliquement, sur la tranche, deux par deux, l'une soutenant l'autre ; la face ayant reposé sur le sol est couverte de paille dont l'empreinte est lisible sur des briques néolithiques (Figure 4b). La tranche au contact du sol devient légèrement oblique, comme en témoignent également certains exemples archéologiques (Figure 4c). Les briques sèchent ainsi deux jours environ, puis elles sont empilées de manière à assurer pour chacune d'elles un séchage complet, nécessaire pour éviter les problèmes de fissures dues au retrait de la terre.

Une variante de cette technique a également été mentionnée par un autre maçon : on étend une nappe de terre à bâtir sur le sol dans laquelle on découpe plusieurs briques, selon une technique proche du moule enfoncé.

Cette technique du découpage, qui requiert à la fois un bon œil et un bon tour de main, pourrait rendre compte des variations notées dans les dimensions des briques de Khirokitia.

Les briques sont traditionnellement fabriquées durant l'été pour être utilisées à l'automne, les travaux de construction et de réfection étant, eux, réalisés durant des périodes fraîches de l'année, à l'automne et au printemps.

La mise en œuvre des différents éléments d'une toiture

La documentation sur la toiture des constructions vient d'une habitation détruite par le feu dont le sol était jonché des restes effondrés de la couverture de terre. Certains fragments sont suffisamment grands pour montrer qu'ils proviennent d'un toit plat, en terrasse (Le Brun et Daune-Le Brun 1989 : 28-31, Figure 30-33, pl. VIII-IX).

Sur une de leurs faces, celle trouvée tournée vers le sol, des empreintes de végétaux sont lisibles : des empreintes fines de feuillages de cannes qui se superposent à des empreintes plus larges et moins nettes (Figure 5a). Ces dernières ont été interprétées comme les traces d'une armature de pièces de bois plus ou moins jointives, les voliges, qui ont été entièrement consumées. L'examen de la direction et de la répartition des empreintes montre clairement que la structure en bois repose sur une logique rectangulaire, qui a l'avantage de réduire la portée des pièces de bois. L'agencement de la toiture peut ainsi être restitué (Figure 5a) : une armature de bois, puis deux lits croisés de feuillages et enfin trois couches de terre assurant l'étanchéité du toit.

Toutefois, le souci d'obtenir une bonne étanchéité ne s'arrêtait pas à cette accumulation de couches de terre ; c'est ce que montrent des fragments de toiture très

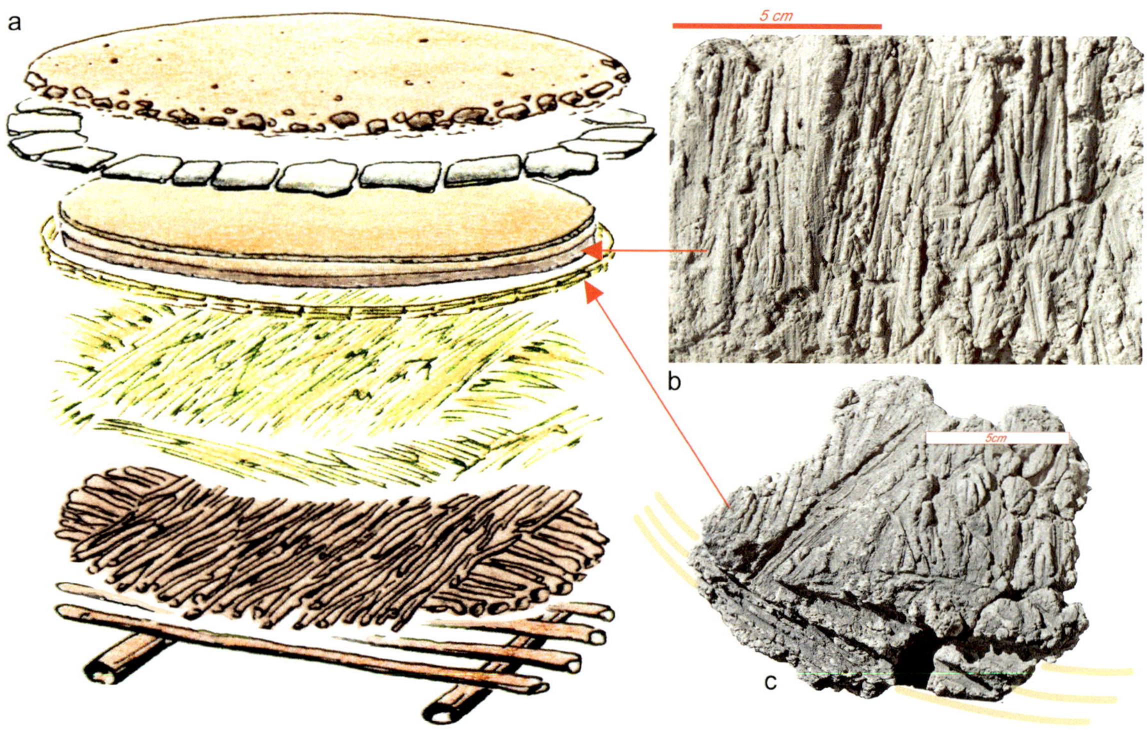

Figure 5 – Khirokitia. Toiture néolithique a) une armature de bois, puis deux lits croisés de feuillages et enfin trois couches de terre assurant l'étanchéité du toit ; b) fragment de toiture de terre portant des empreintes de feuillages de canne qui se superposent à des empreintes plus larges et moins nettes interprétées comme les traces d'une armature de pièces de bois ; c) empreintes de tiges de cannes lisibles sur la tranche d'un fragment de toiture, interprétées comme étant celles d'un cerclage contenant les couches de terre.

particuliers, trouvés à l'intérieur de l'habitation, au pied du mur. Tout comme celle des autres fragments, leur face inférieure porte des empreintes de végétaux, mais, à la différence des autres fragments, une de leurs tranches, celle trouvée contre le mur, présente une forme légèrement courbe et porte des empreintes parallèles et jointives de tiges de canne (Figure 5b). Elles ont été interprétées comme étant celles d'un cerclage destiné à contenir les couches de terre.

Ces fragments parlent en faveur d'un ancrage à l'intérieur du mur : aucun fragment n'a été trouvé à l'extérieur, le bon état de conservation des tranches indique qu'elles n'étaient pas exposées aux intempéries, enfin, l'angle droit que forme la tranche par rapport à la face inférieure ne peut avoir été obtenu que si ce cerclage contenant le mélange frais était lui-même maintenu par un élément solide, le mur. Les murs étant faits de deux parements de pierres, on peut en déduire que le cerclage était maintenu par le parement extérieur et que les solives et les poutres supportant l'ensemble de la couverture prenaient également appui sur le parement intérieur du mur.

La construction de la structure en bois

D'abord désorientés par la forme circulaire d'une toiture néolithique, les maçons se sont retrouvés en terrain connu et ont repris l'initiative dès qu'ils ont réalisé que l'agencement les pièces de bois (Figure 6), selon un schéma rectangulaire, correspondait à la pratique traditionnelle, tout comme la pose d'une couverture de terre sur des lits de végétaux.

Des bois non équarris mais écorcés ont été utilisés, des troncs pour les poutres maîtresses et des perches plus ou moins rectilignes pour les solives. Nous avons principalement utilisé du pin qui est bien représenté dans les échantillons néolithiques. Les bois provenaient de vieilles constructions désaffectées : la récupération des bois de charpente est une pratique courante au Proche-Orient. Pour les voliges, les maçons ont proposé un matériau traditionnellement utilisé qui semblait correspondre aux empreintes irrégulières mais peu marquées des documents archéologiques : des branchages légers et informes qu'ils avaient ramassés dans les collines, brûlés soit par des incendies naturels soit par des brûlis. Ces branchages facilement accessibles offrent l'avantage, souligné par les ouvriers, d'être naturellement débarrassés des brindilles et surtout des insectes.

Les bois ne sont pas assemblés, mais tous les éléments doivent être soigneusement disposés, et, en alternant de chaque côté le bas et le haut de chaque pièce de bois. La partie supérieure du mur est montée au fur et

Figure 6 – Khirokitia. Construction de la charpente en bois. Des troncs non équarris mais écorcés ont été utilisés pour les poutres maîtresses, des perches plus ou moins rectilignes pour les solives. Pour les voliges, les maçons ont utilisé des branchages secs ramassés dans les collines.

à mesure de la réalisation de la toiture et sert à bloquer les pièces de bois. La stabilité de l'ensemble est assurée par le poids de la terre.

La pose des lits de végétaux

L'armature de bois étant terminée, deux épais lits croisés de végétaux ont été soigneusement déposés (Figure 7), à l'image des empreintes néolithiques, afin d'obtenir un croisement perpendiculaire effectif des feuillages qui est le seul moyen d'éviter des « trous » par lequel la terre peut s'échapper. Les cannes ont malheureusement été coupées alors qu'elles étaient vertes et ont dû être utilisées immédiatement car les feuilles avaient tendance à s'enrouler sur elles-mêmes. Selon les maçons, les cannes auraient en effet dû être récoltées, comme on le faisait traditionnellement, en janvier, lorsqu'elles sont sèches. Les feuilles gardent alors leur pouvoir couvrant, elles assurent l'isolement et l'aération des pièces de bois et les protègent ainsi de l'humidité.

La fabrication du cerclage de canne

Les empreintes repérées sur les tranches de certains fragments de terre semblaient correspondre à des bandes tirées de tiges de canne disposées parallèlement, sans trace de lien pour les maintenir (Figure 5b). Forts des résultats de l'étude tracéologique (Coqueugniot 1984) qui avait indiqué que des outils de silex avaient servi à couper des cannes longitudinalement, nous avons abordé cette phase de la fabrication du cerclage sans inquiétude. Il est effectivement possible d'obtenir à l'aide d'un silex, de longues bandes de 1 cm de large environ et 4 à 5 m de long, mais comment les assembler pour en faire un cerclage ? Le maçon auquel a été soumis le problème nous a immédiatement montré une méthode traditionnelle, simple, efficace et beaucoup plus rapide : on écrase avec un galet les nœuds d'une canne, puis on l'ouvre et l'on obtient en quelques instants un élément de cerclage dont les bandes restent liées entre elles par les fibres et n'ont donc besoin d'aucun lien pour être maintenues ensemble, parallèles les unes aux autres (Figure 8). Il suffit alors de placer le cerclage sur les feuillages, contre la face intérieure du parement de pierre. L'intérêt du cerclage est double : il sert à maintenir le feuillage le temps que l'on dépose la terre et, prévenant des infiltrations qui peuvent se produire par les feuilles, il assure l'étanchéité du toit entre le mur et la chape de terre.

La pose des trois couches de terre

L'étanchéité du toit était assurée par une chape de terre composée de trois couches nettement distinctes : la première couche est épaisse de 4 à 5 cm, la terre fine, malaxée, sans doute tamisée, renferme en abondance des brins de végétaux ; la deuxième couche, épaisse de 1 à 2 cm, a une composition analogue. Son rôle est d'obturer les fissures ouvertes lors du séchage de la couche précédente, car la netteté des contacts entre les différentes couches suggère que l'on a attendu que la couche déjà posée soit sèche et dure pour déposer la couche suivante. La troisième couche est une couche de terre tassée mais non malaxée (Le Brun et Daune-Le Brun, 1989 : 28-31, Figure 30-33, pl. VIII-IX).

Conformément aux pratiques traditionnelles, les deux couches de terre à bâtir ont été posées à une semaine d'intervalle (Figure 9). Au fur et à mesure de la construction de la toiture l'ensemble devient de plus en plus stable et ferme : au début chaque branche est sollicitée individuellement, mais après la pose de la chape de terre chaque effort est répercuté sur l'ensemble de la superstructure.

Un des points faibles des toitures est le point de jonction entre la couverture et le sommet du mur qu'il faut protéger contre l'infiltration de l'eau. En l'absence d'indice archéologique direct nous avons utilisé

Figure 7 – Khirokitia. Deux épais lits croisés de feuillages sont soigneusement disposés sur les voliges. Coupées alors qu'elles étaient vertes, les cannes auraient dû être récoltées en janvier, lorsqu'elles sont sèches.

Figure 8 – Khirokitia. Technique traditionnelle utilisée pour obtenir un cerclage à partir de la tige d'une canne : le maçon écrase avec un galet les nœuds d'une canne, puis il l'ouvre et obtient en quelques instants une bande dont les éléments sont parallèles et liés les uns aux autres. Le cerclage est placé sur les feuillages, contre la face intérieure du mur de pierre.

Figure 9 – Khirokitia. Conformément aux documents néolithiques et aux pratiques traditionnelles, deux couches de terre stabilisée, préparée plusieurs jours auparavant, sont déposées sur les feuillages ; la deuxième, plus mince, permet d'obturer les fissures apparues lors du séchage de la première. Elles sont contenues par le cerclage de cannes

une technique traditionnelle à Chypre qui consiste à couvrir le haut du mur d'une corniche de pierres plates qui déborde légèrement du mur. Telle était peut-être la destination d'un lot de grandes dalles trouvées posées de chant près d'une habitation, comme prêtes à l'emploi. Cette corniche agit à l'intérieur comme un couvre-joint qui scelle le cerclage, à l'extérieur elle écarte le ruissellement de la pluie. Sur cette corniche, les maçons ont aménagé une bordure de pierres liées avec un mortier de terre pour contenir une couche de terre fine, beige, très calcaire, épaisse d'une vingtaine de cm. La terre a été simplement déversée sur le toit en une couche soigneusement tassée et plus épaisse au centre de manière à favoriser l'écoulement de l'eau. La première pluie de l'automne forme une croûte dure qui protège le toit durant l'hiver.

La composition d'un badigeon

L'intérieur, tout comme l'extérieur des habitations néolithiques, montre des traces de badigeon, succession de pellicules de terre blanche, très fine et dure (Figure 11a). Ce badigeon qui, par sa luminosité, contribue à l'éclairage intérieur des habitations, peut servir de support à des décors peints.
Si la collaboration avec des maçons a fourni des réponses possibles à nos interrogations, elle nous a également permis de découvrir de nouveaux problèmes. Ainsi la nécessité d'inclure un stabilisant pour faire tenir un badigeon. Forts des analyses physico-chimiques effectuées sur des échantillons, nous pensions en effet qu'il suffisait de réduire en poudre des blocs de *havara* (pierre crayeuse blanche) et de la mélanger à de l'eau pour en badigeonner les murs. Les maçons nous ont rapidement détrompés : il faut ajouter un autre élément pour souder les particules entre elles, sinon le badigeon se craquelle et s'écaille. Deux stabilisants sont utilisés traditionnellement à Chypre. L'un est une colle végétale, préparée avec des feuilles du figuier de barbarie. Cette plante n'existait pas à Chypre à l'époque néolithique mais d'autres végétaux auraient pu tout aussi bien convenir. L'autre stabilisant utilisé est le sel : les blocs de *havara* sont mis à tremper dans l'eau de mer, puis écrasés dans un seau et tamisés (Figure 11). Récemment encore, on chaulait les maisons avec un mélange de chaux et d'eau auquel on ajoutait du sel.

Traditionnellement les murs étaient badigeonnés à l'aide d'un balai ou d'un large pinceau. Si certains exemples archéologiques découverts récemment montrent des traces de fibres, d'autres sont parfaitement lisses, comme polis. Outre l'utilisation de fibres, les maçons ont proposé deux autres techniques : le badigeon est projeté très liquide, contre le mur à l'aide d'un petit récipient ou étalé et lissé avec la paume de la main.

Pour vérifier l'existence de cette pratique au Néolithique nous avons fait procéder à des analyses

Figure 10 – Khirokitia. Technique traditionnelle pour protéger le sommet du mur des infiltrations d'eau : une corniche de pierres plates. Cette corniche agit à l'intérieur comme un couvre-joint qui scelle le cerclage, à l'extérieur elle écarte le ruissellement de la pluie. Une épaisse couche de terre calcaire est ensuite déversée sur le toit ; b) lot de grandes dalles trouvées posées de chant près d'une habitation, comme prêtes à l'emploi.

Figure 11 – Khirokitia. L'enduit de terre peut être recouvert d'un badigeon, succession de pellicules de *havara*, pierre crayeuse blanche. Les blocs de *havara* sont mis à tremper dans l'eau de mer — le sel est traditionnellement utilisé à Chypre comme stabilisant—, puis écrasés dans un seau et tamisés.

Figure 12 – Khirokitia. Préparation de la terre à bâtir : a) au Néolithique, comme traditionnellement à Chypre, ce sont des fibres végétales, habituellement de la paille, qui servent d'armature interne destinée à renforcer le matériau ; b) la terre à bâtir, régulièrement humidifiée, est foulée au pied matin et soir pendant un ou plusieurs jours selon l'utilisation projetée.

physico-chimiques. L'analyse chimique d'un échantillon de badigeon provenant du site a révélé une quantité anormale de sel (chlorure de potassium et sodium), mais ce résultat demande à être confirmé par l'analyse d'autres échantillons qui permettraient de déterminer si la présence de sel résulte ou non d'un ajout volontaire.

L'étude micro-morphologique (Hourani 2003) n'a pas permis de mettre en évidence l'existence du sel ni de végétaux dans aucun des échantillons néolithiques, pas plus qu'elle n'a pu reconnaître du sel dans des échantillons expérimentaux de badigeon contenant pourtant du sel (sel de table, eau de mer). Seules des analyses plus poussées, par exemple au Microscope Electronique à Balayage (MEB), et d'autres expérimentations pourront peut-être éclairer cette question.

La terre à bâtir : choix des matériaux, techniques de fabrication et emploi projeté

L'observation des différentes phases de fabrication de la terre à bâtir montre qu'il existe dans les pratiques traditionnelles, une relation étroite entre le choix des matériaux, les techniques de fabrication et l'emploi projeté (Figure 12).

La relation entre le choix du stabilisant et l'emploi projeté

À Chypre, traditionnellement, ce sont des fibres végétales, habituellement de la paille, qui servent d'armature interne destinée à renforcer le matériau. Selon les maçons, les brins de paille longs, gros, avec des nœuds assurent une meilleure cohésion du mélange et sont utilisés pour la fabrication des briques et des mortiers interstitiels alors que les brins hachés menu sont réservés à la fabrication des toitures et des enduits de revêtement.

La proportion végétaux / terre

Bien que la résistance de la terre soit améliorée à partir de 4% de fibres, les quantités couramment utilisées représentent 20 à 30% du volume parfois plus (Houben et Guillaud 1995 : 405-406). Les maçons insistent sur les multiples avantages de l'utilisation de grandes quantités de paille : cohésion et solidité, séchage rapide et, dans le cas des briques, une plus grande légèreté qui est appréciable pour leur manipulation.

La relation entre le degré de malaxage, d'humidification et l'emploi projeté.

Le malaxage est très important car il permet le broyage des éléments, en particulier des fragments de calcite

Figure 13 – Khirokitia. La qualité des enduits néolithiques égale à celle des enduits réalisés par les maçons chypriotes, témoigne d'un même savoir-faire. Quelles observations peut-on faire si la terre à bâtir est mal préparée et l'enduit mal fouetté ?

dont la recristallisation provoque le durcissement des sédiments. Ce mélange, régulièrement humidifié, est utilisé un ou plusieurs jours après sa préparation, selon l'utilisation projetée, un jour pour la fabrication des briques : pour augmenter la résistance à la traction de la terre, la paille doit rester ferme, plusieurs jours pour la couverture d'un toit : ce délai permet le ramollissement de la paille et la fermentation des substances organiques qui sont un excellent défloculant.

La quantité d'eau nécessaire est en général évaluée à 1/3. La marge d'incertitude peut encore être élargie : l'équivalent d'une brique de mélange frais, préparé pour la couverture d'une toiture, pèse 12 kilos. Sec, un mois après, il ne pèse plus que 7 kilos. Il a donc perdu 40% de son poids.

En réalité, la notion de proportion « standard » est tout à fait étrangère à la pratique traditionnelle, c'est leur expérience qui guide les maçons. La proportion eau-terre-paille dépend de la qualité de la terre, de la saison, du temps qu'il fait, de l'utilisation projetée, mais aussi du tour de main propre à chaque maçon et des habitudes du village dont il est originaire.

En était-il de même au Néolithique ?

La micro-morphologie nous a semblé être en mesure d'apporter des réponses car cette discipline s'attache à la fois à caractériser les matériaux et à analyser les relations existant entre eux, permettant ainsi, dans le cas de la terre à bâtir, de toucher au plus près les techniques de fabrication. L'étude (Hourani 2003), a été réalisée sur une sélection d'échantillons tests prélevés dans chaque type d'élément de construction, dans les niveaux anciens et récents, ainsi que dans les reconstitutions. Elle a porté sur trois points importants mis en évidence lors de l'observation des techniques traditionnelles : la nature des matériaux premiers, la nature et l'abondance des stabilisants rajoutés, le degré de malaxage et d'utilisation d'eau. Les résultats de ce travail montrent qu'il existe, au Néolithique, une relation significative entre le choix des matériaux, les techniques de fabrication et l'emploi projeté, ainsi que de fortes similitudes entre les techniques néolithiques et les techniques traditionnelles de Chypre, expression d'un même savoir-faire technique.

Cette expérience de reconstitution conduit à repenser un des principes de l'expérimentation archéologique définis par John Coles (1973), selon lequel les méthodes utilisées ne doivent pas excéder le savoir présumé des sociétés étudiées : ce principe, qui pose le problème de l'estimation même de ce savoir, accorde bien peu de place à l'inexpérience des expérimentateurs, à ses conséquences et aux gauchissements qu'elle entraîne, en tout cas en ce qui concerne les techniques de construction. L'observation du travail des maçons chypriotes montre qu'il faut se garder d'une sorte d'angélisme, même « la nécessité de s'entraîner » prônée par Coles ne saurait remplacer le savoir-faire, le coup de main des professionnels (Figure 13) et leur familiarité avec les matériaux, leurs connaissance pratique et vécue des techniques, de la qualité des matériaux et de leurs réactions. Quelles observations peut-on faire si la terre à bâtir est mal préparée et l'enduit mal fouetté ?

Odile DAUNE-LE BRUN
Ingénieure de Recherche au CNRS
UMR 7041 Archéologies et sciences de l'Antiquité (ArScAn)
Équipe Du village à l'État au Proche et au Moyen Orient (VEPMO)
MSH Mondes
21 allée de l'Université
F-92023 Nanterre Cedex
daune.lebrun@wanadoo.fr

Bibliographie

Aurenche, O. 1977. *Dictionnaire illustré multilingue de l'architecture du Proche Orient ancien*. Lyon : Maison de l'Orient méditerranéen. Diffusion de Boccard, Paris.

Aurenche, O. 1981. *La maison orientale. L'architecture du Proche Orient ancien des origines au milieu du quatrième millénaire*. Paris : Librairie Orientaliste Paul Geuthner (BAH, 109).

Aurenche, O. 1993. L'origine de la brique dans le Proche-Orient ancien, *in* M. Frangipane et A. Palmieri (dir.) *Between the Rivers and over the Mountains: Archaeologica Anatolica et Mesopotamica Alba Palmieri Dedicata* : 71-85. Rome : Università di Roma La Sapienza.

Aurenche, O., A. Klein, C.-A. de Chazelles, H. Guillaud 2011. Essai de classification des modalités de mise en œuvre de la terre crue en parois verticales et de leur nomenclature, *in* C.-A. de Chazelles, A. Klein et N. Pousthomis (éd.) *Les cultures constructives de la brique crue : troisièmes échanges transdisciplinaires sur les constructions en terre crue* (Actes du colloque international de Toulouse, 16-17 mai 2008) : 13-34. Montpellier : Éditions de l'Espérou.

Coles, J. 1973. *Archaeology by experiment*. Londres : Hutchinson & CO.

Coqueugniot, E. 1984. Premiers éléments concernant l'utilisation des outils en silex de Khirokitia, *in* A. Le Brun, *Fouilles récentes à Khirokitia (Chypre), 1977-1981* : 89-94. Paris : ERC (*Études néolithiques*, Mémoire 41).

Daune-Le Brun, O. 2001. Les constructions du village néolithique de Khirokitia, Chypre, reconstitutions et expérimentation : premier bilan d'une expérience, *in* M. C. Belarte, J. Pou, i J. Santacana (éd.) *Tecniques constructives d'epoca iberica i experimentacio arquitectonica a la Mediterrania*: 59-73. Arqueo Mediterrania 6. Barcelone : Area d'Arqueologia, Universitat de Barcelona.

Daune-Le Brun, O. 2003. La terre à bâtir, son emploi dans les constructions du Néolithique précéramique récent de Chypre, *in* C.-A. de Chazelles et A. Klein, (éd.) *Échanges transdisciplinaires sur les architectures et les constructions en terre crue* : 165-175. Montpellier : Éditions de l'Espérou.

Daune-Le Brun, O. 2004. New Houses at Old Sites: Reconstituting Prehistoric Structures at Khirokitia, Cyprus, *in* T. S. Akasheh (éd.) *Acts of the First International Conference on Sciences and Conservation*, (August 12-17, 2002) : 143-157. Grenade : Fundación El Legado Andalusi.

Daune-Le Brun, O. 2008. Un village néolithique pré-céramique, Khirokitia (Chypre) : intempéries et temps pourri, *in* A.-M. Guimier-Sorbets (éd.) *L'eau. Enjeux, usages et représentations* : 151-158. Paris : de Boccard.

Daune-Le Brun, O. et A. Le Brun 1996. Les maisons néolithiques de Khirokitia (Chypre), leur hauteur et leur couverture. Essai de reconstitution. *Dossiers d'Archéologie* 216 : 18-25.

Daune-Le Brun, O., F. Hourani et A. Le Brun 2017. Khirokitia (Chypre, VIIe-VIe millénaires av. J.-C.), la séquence stratigraphique dans son contexte, *in* J.-D. Vigne, F. Briois et M. Tengberg (éd.) *Nouvelles données sur les débuts du Néolithique à Chypre* : 217-228. Paris : Société préhistorique française (*Actes de la Séance de la Société préhistorique française* 9).

http://www.prehistoire.org/offres/file_inline_src/515/515_P_42267_590839ac7a11b_14.pdf

Dikaios, P. 1953. *Khirokitia. Final Report on the Excavation of a Neolithic Settlement in Cyprus on behalf of the Department of Antiquities 1936-1946*. Oxford : Oxford University Press (*Monographs of the Department of Antiquities of the Government of Cyprus* 1).

Doat, P., A. Hays, H. Houben, S. Matuk et F. Vitoux 1979. *Construire en terre*. CRAterre, Paris : Éditions Alternative et Parallèles (*Collection An Architecture* 1079).

Houben, H. et H. Guillaud 1995. *Traité de construction en terre*. CRAterre. Marseille : Éditions Parenthèses.

Hourani, F. 2003. Les matériaux de construction en terre à Khirokitia (Chypre) : origines, techniques de préparation et emploi, *in* C.-A. de Chazelles, et A. Klein (éd.) *Échanges transdisciplinaires sur les architectures et les constructions en terre crue* : 161-168. Montpellier : Éditions de l'Espérou.

Ionas, I. 1988. *La maison rurale de Chypre (XVIIIe-XXe siècle) aspects et techniques de construction*. Nicosie : Publications du Centre de Recherche Scientifique de Chypre XII.

Le Brun, A. 1984. *Fouilles récentes à Khirokitia (Chypre), 1977-1981*. Paris : ERC (*Études néolithiques*, Mémoire 41).

Le Brun, A. 1989. *Fouilles récentes à Khirokitia (Chypre) 1983-1986*. Paris : ERC (*Études néolithiques*, Mémoire 81).

Le Brun, A. 1994. *Fouilles récentes à Khirokitia (Chypre) 1988-1991*. Paris : ERC (*Études néolithiques*).

Le Brun, A. 1999. Khirokitia, *in World Heritage Sites in Cyprus*: 10-15. Nicosie : The Cyprus National Commission for UNESCO.

Le Brun, A. 2021. *Fouilles récentes à Khirokitia (Chypre) 1993-2009*. Nicosie : Département des Antiquités (Chypre) et UMR 7041 Archéologies et sciences de l'Antiquité, CNRS (France).

Le Brun, A. et O. Daune-Le Brun 1989. La toiture, *in* A. Le Brun *Fouilles récentes à Khirokitia (Chypre) 1983-1986* : 28-31, Figure 30-33, pl. VIII-IX. Paris : ERC (*Études néolithiques*, Mémoire 81).

Le Brun, A. et O. Daune-Le Brun 2003. Deux aspects du Néolithique Pré-céramique Récent de Chypre : Khirokitia et Cap Andreas-*Kastros*, *in* J. Guilaine et A. Le Brun (éd.) *Le Néolithique de Chypre* : 45-59. Athènes : École Française d'Athènes (*Bulletin de Correspondance Hellénique*, Supplément 43).

Le Brun, A. et O. Daune-Le Brun 2009. Khirokitia (Chypre) : la taille et les pulsations de l'établissement néolithique précéramique, nouvelles données. *Paléorient* 35/2 : 69-78.

Sauvage, M. 1998. *La brique et sa mise en œuvre en Mésopotamie. Des origines à l'époque achéménide.* Paris : ERC.

Récipients et structures de stockage en terre crue au Néolithique et à l'âge du Bronze dans la moitié sud de la France (5000-800 av. J.-C.) : études de cas - *Earthern containers and storage structures in Neolithic and Bronze Age in the southern half of France (5000-800 BC): case studies*

Nina PARISOT

Université Lumière Lyon 2. CNRS, UMR 5138 Archéologie et Archéométrie (ArAr), Maison de l'Orient et de la Méditerranée.

avec la collaboration d'Éric THIRAULT, Julien COUSTEAUX, Jean-Claude DAUMAS, Anne DUNY et Robert LAUDET

Résumé – Présents dès le Néolithique au Proche-Orient au IXe millénaire avant notre ère, les récipients et les structures de stockage en terre crue sont également attestés dans les cultures pré et protohistoriques en Europe occidentale. Cette production matérielle regroupe un mobilier varié comme des objets mobiles tels que les récipients pouvant être transportés mais aussi des aménagements construits fixes tels que les silos ou les cuves. Les exemplaires les plus anciens sont identifiés dans les premiers villages du Proche-Orient dès le PPNB. D'autres séries ont été mises au jour dans des sites d'habitats du Sud de la France et en Limagne pour les périodes du Néolithique moyen à l'âge du Fer. Afin de nous interroger sur la place occupée par ces contenants en terre, nous proposons de présenter plusieurs séries issues de contextes chrono-culturels et géographiques variés.

Mots-clés – Néolithique, âge du Bronze, silos, récipients en terre crue, Proche-Orient, Sud de la France, Limagne.

Abstract – Present since the 9th millennium BC in the Neolithic Near East, containers and storage structures in unbaked clay are also attested in pre- and protohistoric cultures in Western Europe. This material production includes a variety of forms such as mobile objects like containers that can be transported but also by fixed constructions such as silos or tanks. The oldest specimens are identified in the first villages of the Near East from the PPNB. Other series have been discovered in settlement sites in the South of France and in Limagne for periods from the Middle Neolithic to the Iron Age. In order to investigate the role of these containers, we propose to present several series from various chrono-cultural and geographical contexts.

Keywords – Neolithic, Bronze Age, silo, earthern objects, Near East, South of France, Limagne.

Introduction

Bien que peu mentionnés, plusieurs exemplaires de contenants en terre crue sont attestés dans des sites d'habitats pré et protohistoriques autour du bassin méditerranéen dès le début du Néolithique. Leur présence au Proche-Orient au IXe millénaire avant notre ère, puis dans les Balkans et en Europe occidentale suggère que cette production participe au phénomène de néolithisation et s'implante dans des régions climatiques variées, à la fois méditerranéennes et semi montagnardes.

1. De quoi parlons-nous ?

La production de mobilier en terre considérée dans le cadre de cette publication concerne les récipients et les structures de stockage. Ces contenants, identifiés comme des éléments de stockage fixes ou mobiles, présentent une grande diversité de formes tels que des silos, bassins, vases aux diamètres variables, jattes, coffres, grands contenants, etc. (Chausserie-Laprée et Nin 1990, Daumas et Laudet 1998, Belarte 2003, Nin 2003, Convertini *et al.* 2016, Gilabert *et al.* 2018, Leal et Jallet 2018, Parisot et Thirault 2018). Les éléments d'architecture en terre comme les torchis, les plaquages de terre sur une armature végétale (branchages, roseaux), les enduits, et plus largement les restes de terre à bâtir ne sont pas considérés dans le cas présent. Les architectures de terre et les techniques de construction tels que la terre massive, la bauge, le pisé ou l'adobe ne sont également pas concernées. Les nombreux travaux réalisés par les chercheurs depuis plusieurs décennies nous offrent aujourd'hui une documentation remarquable sur ces différents sujets tant en architecture qu'en archéologie (Aurenche 1981, Chazelles *et al.* dir. 2003, 2007, 2011, 2018, 2022). Les structures de combustion ne sont pas non plus prises en compte, qu'il s'agisse de sole foyère ou de four (Py 1992, Gascó 2003). Toutefois, les contenants en terre sont fréquemment associés à des vestiges architecturaux et/ou à des aménagements domestiques, également réalisés en terre.

2. Historique des recherches

2.1. Les origines : le Proche-Orient

Les premiers exemplaires de contenants en terre crue sont identifiés dans des sites du PPNA et du PPNB au Proche-Orient. La terre à bâtir est largement attestée pour la construction de cloisons associant bois et terre, d'enduits, de mur ou de sol, et parfois des parois de silos enterrés. Par la suite, l'usage de la brique se généralise et se poursuit de nos jours (Aurenche 1982). Dans le sud de la France, des habitats de garrigue du Néolithique final ont livré de restes de toiture effondrée, façonnée en terre sur une armature végétale composée de végétaux fins – roseaux, tiges (Chazelles 2003, Chazelles 2005, Chazelles 2008, Chazelles 2021). Pour le PPNA-PPNB au Proche-Orient, des aménagements fixes intérieurs et extérieurs en terre crue sont également identifiés, notamment des banquettes, des étagères, des silos ainsi que des objets mobiles (Molist 2001). L'étude des vestiges en terre a permis de mettre en évidence l'importance de ce matériau dans les premiers villages néolithiques. L'article publié en 1998 par Marie Le Mière et Maurice Picon mentionne des récipients en terre crue et spécifie que « les silos sont les premiers récipients en terre » (Le Mière et Picon 1998). Les auteurs notent deux catégories principales de récipients en terre, d'une part, des aménagements sous forme de grands contenants fixes en terre crue (silos circulaires et rectangulaires), d'autre part de petits objets en terre dans les régions de Zagros et de l'Euphrate. Pour ces derniers, leur fonction reste encore mal définie et ne semble pas associée à un usage domestique.

À Tell Halula, les fouilles dirigées par Miquel Molist dans les années 2000 rendent compte de la présence de silos construits au sein des habitations et/ou en extérieur à proximité immédiate (Molist 2001). Ce vaste établissement de plusieurs hectares occupé du VIIIe au VIe millénaire avant notre ère est composé de maisons pluricellulaires à plan rectangulaire comportant des aires domestiques intérieures et extérieures. L'auteur des fouilles archéologiques signale la présence de « dispositifs de combustion », des « structures de conservation (silos) » et des « plates-formes de séchage ». Les silos construits sont de forme rectangulaire ou cylindrique, ils sont façonnés au niveau du sol et se situent à l'intérieur des habitations dans des pièces plus petites supposées destinées au stockage (Molist 2001).

La thèse de doctorat réalisée par Rania Ayobi, nous renseigne sur les objets façonnés en terre au Proche-Orient pour le Néolithique précéramique (Ayobi 2013). Les grands contenants ou aménagements fixes construits en terre tels que des silos ou des bassins ne sont pas mentionnés. Les récipients en terre évoqués par l'auteure sont de petites dimensions (une dizaine de centimètres), parfois crus et parfois cuits, accidentellement ou intentionnellement (Ayobi 2013).

Dans le cadre de la publication du Séminaire d'Histoire et d'Archéologie des Mondes Orientaux en 2013 intitulé « De la maison à la ville dans l'Orient ancien : la maison et son mobilier », plusieurs contributions évoquent la production de récipients et de structures de stockage façonnés en terre. Martin Sauvage mentionne parmi les constructions de Garšana des greniers ou des silos construits en terre modelée connus dans l'iconographie sumérienne (Sauvage 2015). Xavier Faivre évoque également parmi les aménagements en terre, des structures de stockage fixes de plus ou moins grande capacité, véritable part intégrante de l'architecture proche-orientale (Faivre 2015).

En Égypte, Tiphaine Dachy propose une synthèse sur les structures de stockage des périodes pré et protohistoriques dont les silos enterrés, les caves, les greniers et les récipients (Dachy 2014). Pour ces derniers, les matériaux mentionnés sont la céramique, la terre crue, la vannerie, le bois et la peau. Les fonctions de stockage retenues sont celles des produits transformés tels que la farine, les produits laitiers, les légumes fermentés et les aliments séchés. Ces structures sont localisées à proximité ou à l'intérieur des unités d'habitation. Parmi les pratiques observées sur les silos, l'auteure évoque les silos enterrés enduits et incendiés dans la région du Fayoum à Kôm. Concernant les silos construits, à Hemammieh dans la région de Bédari, parmi les structures domestiques prédynastiques, neuf silos semi-enterrés présentent une forme circulaire dont le diamètre est situé entre 91 et 123 cm. Les parois sont décrites comme construites en argile mêlée à des fragments de calcaire. Elles mesurent 80 cm de hauteur depuis la surface au sol. Des structures plus monumentales existent sous forme de greniers bâtis en briques (Dachy 2014).

Le Proche-Orient ancien nous renseigne donc sur une production de contenants en terre crue dans les habitats néolithiques. Ce mobilier présente une variété de forme et de dimensions, variant entre des aménagements fixes et des petits récipients.

2.2. Bref aperçu des connaissances pour la moitié sud de la France

En Europe occidentale, et plus particulièrement en France, la reconnaissance des contenants en terre crue est relativement récente. Pour la période de l'âge du Fer, leur mise en évidence est allée de pair avec la découverte et la fouille d'un village incendié protohistorique à Martigues dans les Bouches-du-Rhône en parfait état de conservation. Le site a livré une importante série de récipients et de structures de stockage en terre crue dont des silos circulaires et quadrangulaires en place. Les travaux de Nuria Nin et de Jean Chausserie-Laprée témoignent de la diversité et de l'intérêt de ces contenants au sein de l'habitat protohistorique (Nin et Chausserie-Laprée 1990, Nin 2003). Il apparaît nécessaire de s'interroger sur cette production matérielle dans les sociétés du Néolithique et de l'âge du Bronze, et dans le cas présent dans la moitié sud de la France. Plusieurs séries sont mentionnées dans des sites d'habitat néolithiques en Languedoc occidental. L'étude du mobilier domestique en terre du site de Puech-Haut daté du Néolithique final dans l'Hérault par Claire-Anne de Chazelles met en évidence le potentiel de l'étude de ces vestiges dans la connaissance de l'habitat préhistorique (Chazelles 2005). Toujours dans l'Hérault, l'habitat du Néolithique final de la Cavalade et sa sépulture collective Mas Rouge, ont également livré une riche série de contenants en terre (Convertini *et al.* 2016, Leal et Jallet 2018). Des exemplaires sont également mentionnés dans des sites d'habitat du Néolithique final en Provence sous forme de lots fragmentés, parmi d'autres restes en terre (Gilabert *et al.* 2018).

Le choix d'effectuer une enquête approfondie sur la moitié sud de la France est notamment lié au climat méditerranéen plus favorable à la conservation des vestiges en terre. La microrégion de la plaine de la Limagne du Massif central et plus particulièrement du bassin de Clermont-Ferrand constitue une zone d'exploration privilégiée en raison de multiples séries mis au jour (Figure 1).

3. Le Trou Arnaud à Saint-Nazaire-le-Désert (Drôme) : des contenants en terre crue dans un habitat en grotte chasséen

Les données recueillies sont extraites de la publication des résultats de la fouille réalisée par l'équipe scientifique sous la direction de Jean-Claude Daumas et Robert Laudet ainsi que des échanges complets avec les deux auteurs que nous remercions (Daumas et Laudet 1998).

3.1. Présentation générale

3.1.1. Situation géographique

Le gisement Trou Arnaud est situé sur la commune de Saint-Nazaire-le-Désert dans la Drôme, à environ 30 km au sud-ouest de Die **(Figure 1)**. Localisé dans le bassin versant de la Drôme, il s'agit d'un réseau karstique de 1400 m de développement. Une occupation néolithique a été découverte dans l'une des galeries, dénommée « la Galerie des Pots ».

3.1.2. Contexte de découverte

La présence de vestiges archéologiques au Trou Arnaud est mentionnée dès les années 1950 par Jacques Dujet et son équipe qui observent du mobilier archéologique et des graines carbonisées en surface. Au cours de cette même décennie, de nombreux passages, ramassages et des fouilles désorganisées ont engendré une dispersion des vestiges dans des collections privées. C'est finalement dans les années 1980 et 1990 qu'un programme de recherches est engagé permettant la mise en place d'une fouille archéologique du gisement (Daumas et Laudet 1998). En 1986, plusieurs niveaux d'occupation chasséens ont été mis au jour dans la Galerie des Pots. Ils ont livré des structures d'habitat en place (foyers, trous de piquets, structures de conservation), datées du Ve millénaire avant notre ère.

3.1.3. Données archéologiques

Les données réunies par l'équipe scientifique révèlent que, lors des occupations néolithiques, la galerie était déjà partiellement fermée par un cône d'éboulis, ce qui rendait son accès difficile et semble-t'il maintenu par le passage régulier des occupants. Ces conditions ont contribué au très bon état de conservation du gisement. La Galerie des Pots mesure 85 m de long pour 4 à 6 m de large et présente une hauteur comprise entre 1,50 et 4,50 m. Quatre niveaux d'occupation ont été reconnus. Les premiers tessons de céramique apparaissent dans la couche de l'éboulis (couche A) mais aucun aménagement n'est identifié. C'est ensuite dans le niveau inférieur (couche B) que des structures construites telles que des foyers et des éléments argileux sont reconnus, associés à un abondant mobilier archéologique. Ce niveau correspond à la principale phase d'occupation de la galerie. Il se caractérise par un ensemble de zones charbonneuse, cendreuse et rubéfiée ainsi que des trous de piquet structurés dans l'espace. Le mobilier archéologique associé est rare, l'occupation est datée autour de 4600 avant notre ère (Daumas et Laudet 1998). Deux structures de conservation en argile crue sont présentes dans le deuxième niveau d'occupation (couche E). Elles ont fait l'objet d'analyses palynologiques réalisées sur l'exemplaire le mieux conservé que nous allons présenter.

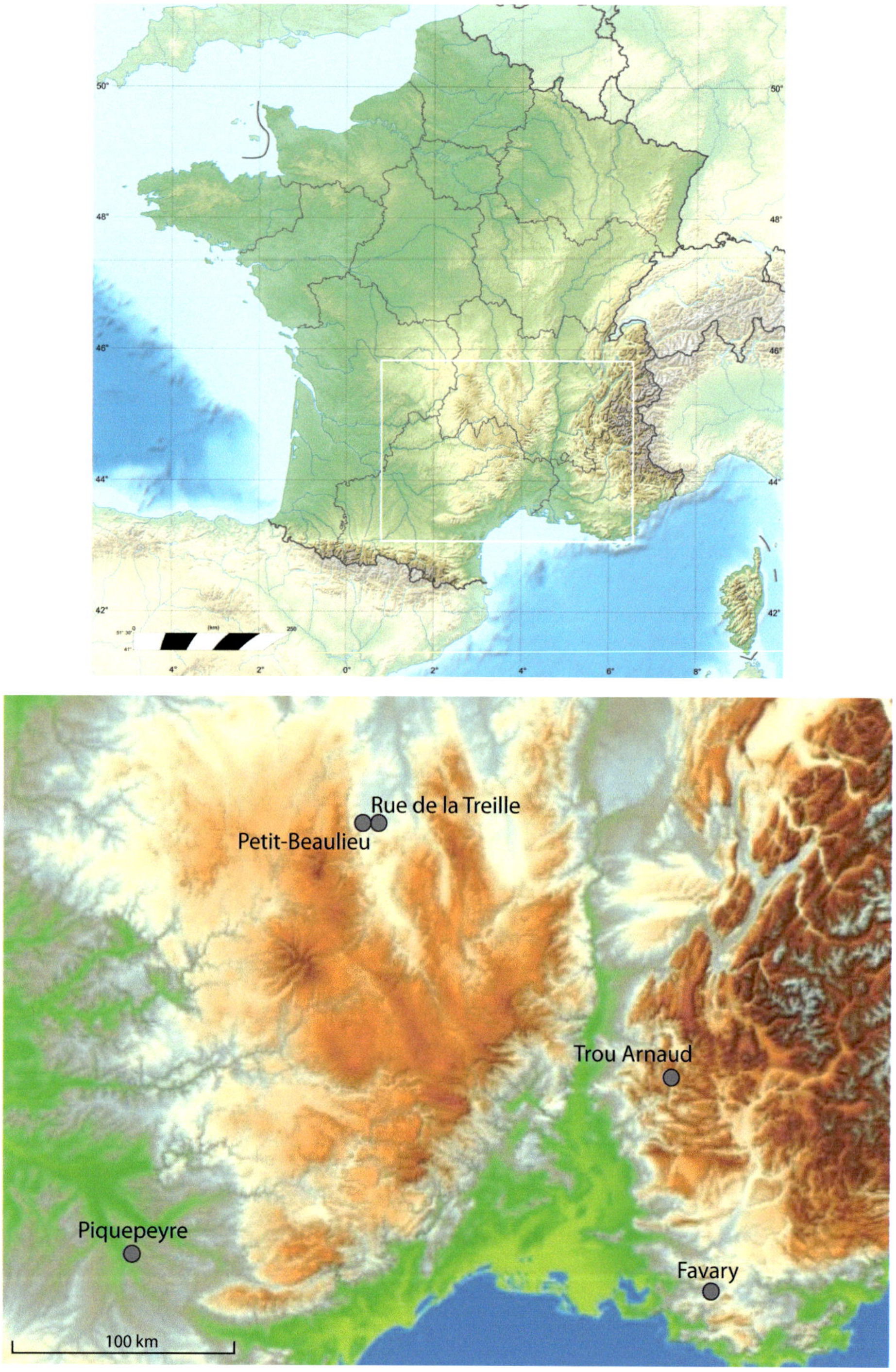

Figure 1 – Localisation des gisements archéologiques concernés (fichiers sources : haut - *Eric Gaba – Wikimedia Commons user: Sting*, bas - géoportail ; montage N. Parisot).

3.2. Les contenants en terre crue du niveau E de la Galerie des Pots : la structure de conservation I-J/3-4

3.2.1. Présentation

Dans le cadre de cette publication, nous présenterons uniquement les données concernant l'exemplaire le mieux conservé.

La structure se situe contre l'une des parois, elle est de forme circulaire en plan et de forme tronconique en élévation, conservée sur une hauteur de 50 cm. La structure mesure 60 cm de diamètre à la base et 30 cm de diamètre à l'ouverture. Elle s'appuie pour partie sur deux blocs de pierres agencés. Légèrement surélevée (10 à 15 cm au-dessus du niveau de base), elle est construite sur un dallage de pierres d'une dizaine de centimètres d'épaisseur, posées à plat sur le substratum. Cet aménagement de pierres et de graviers constitue le fond de la structure **(Figure 2)**.

3.2.2. Modalités et technique de fabrication

Les parois sont composées d'une terre argileuse jaune à l'état cru et mesurent 3 cm d'épaisseur. Les observations ont montré la présence de végétaux fins ajoutés lors de la préparation du matériau. La technique de montage identifiée est celle du montage au colombin dont les parois sont ensuite lissées. La structure ne présente pas de colmatage de terre sur le fond, ce qui implique une perméabilité impropre à contenir un liquide. Le contenant est ensuite construit sur une hauteur de 50 cm de profil variable. Sa construction ne semble pas suivre un protocole de production particulier.

La fouille du contenu de la structure indique qu'elle s'est partiellement effondrée sur elle-même. L'équipe scientifique a également pu mettre en évidence un état de fonctionnement allant du niveau dans laquelle est façonnée la base (couche E) au niveau dans lequel se situe l'ouverture de la structure (couche B). Son emploi apparaît donc étendu à deux niveaux d'occupation.

3.3. Conclusion

Les deux structures façonnées en terre crue occupent une place à part entière dans l'espace de vie de la

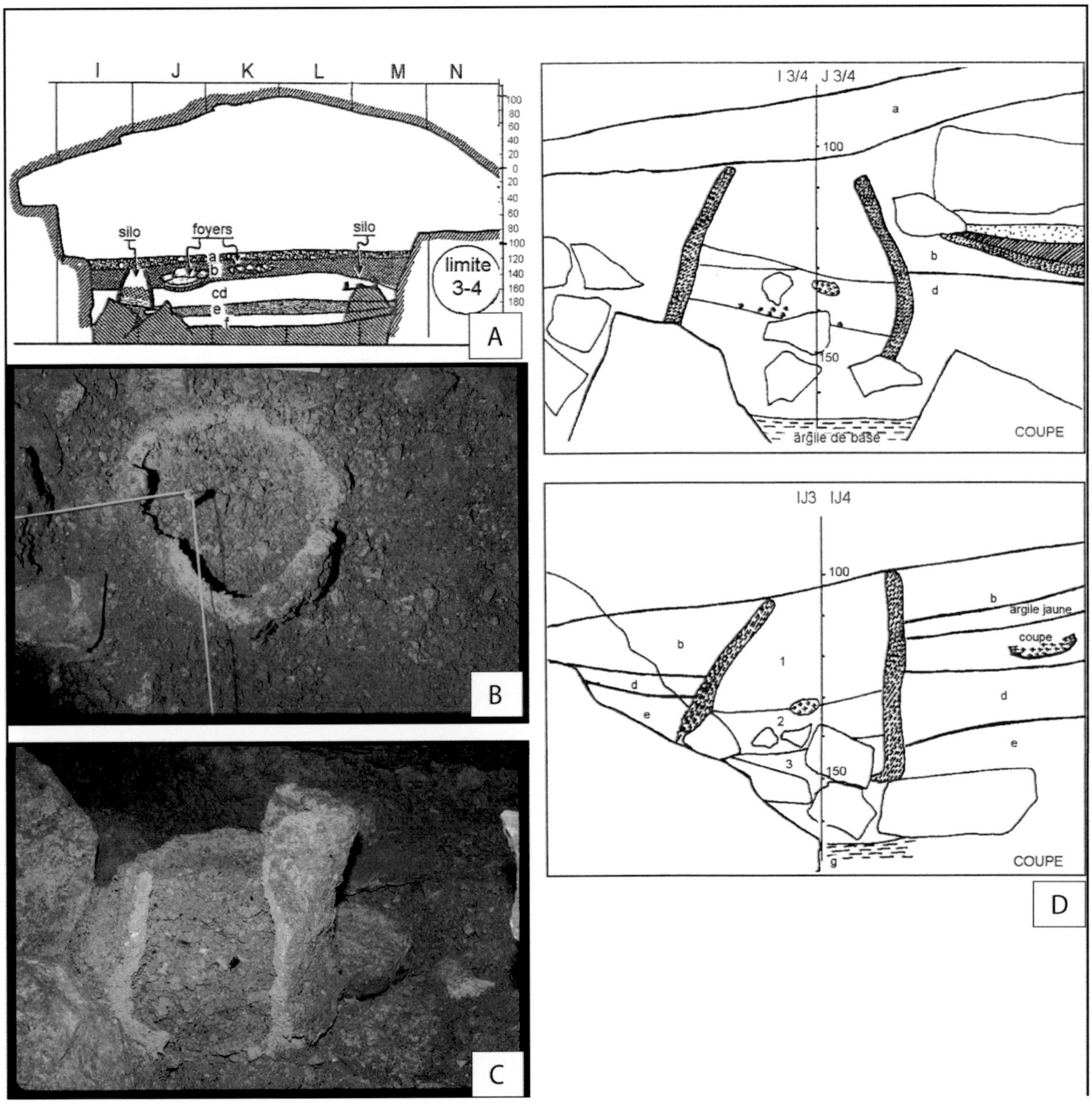

Figure 2 – Trou Arnaud (Saint-Nazaire-le-Désert, Drôme) – Le contenant de I-J-3/4 (d'après Parisot et Thirault 2018, Figure 3 ; auteurs E. Thirault, J.-Cl. Daumas et R. Laudet).

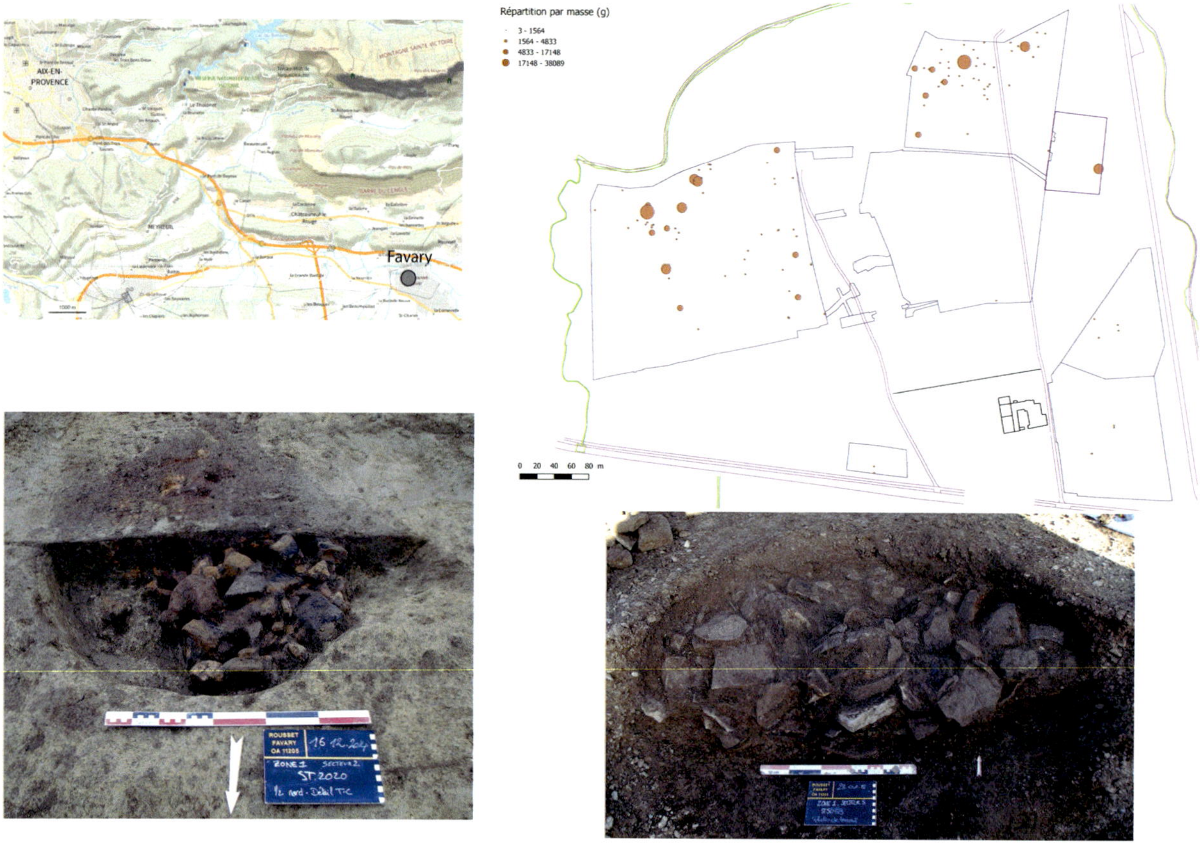

Figure 3 – Favary (Rousset, Bouches-du-Rône) – Localisation (fichier source : géoportail), répartition des vestiges en terre crue (J.-B. Caverne), fosses comportant des restes en terre en position de rejet (L. Brevet) (montage N. Parisot).

galerie. Elles sont localisées aux extrémités de la grotte et fonctionnent avec l'ensemble des structures d'habitat présentes dans la cavité. Leur conservation en place et partiellement en élévation, sur 50 cm de hauteur pour la mieux conservée, nous renseigne sur le caractère fixe de ces aménagements. La fonction de stockage est attestée par la réalisation d'analyses palynologiques. Les résultats révèlent que cet objet contenait des restes de végétaux, destinés à la consommation (Argant *et al.* 1996) attestant d'une fonction de stockage alimentaire.

4. Le site de Favary à Rousset (Bouches-du-Rhône) : une production de contenants en terre crue du Néolithique moyen à l'âge du Bronze final

4.1. Présentation générale

4.1.1. Situation géographique

Le site de Favary est situé au sud-ouest de la commune de Rousset dans les Bouches-du-Rhône, à environ 20 km à l'est d'Aix-en-Provence. Localisé au sud du massif de la Sainte-Victoire, il s'agit d'une vaste plaine sur les bords de l'Arc **(Figure 3)**.

4.1.2. Contexte de découverte

Dans le cadre du projet de construction d'une plate-forme logistique par l'entreprise Lidl, un vaste diagnostic archéologique s'est déroulé sur une surface de 32 hectares de novembre à décembre 2013, sous la direction de M. Taras-Thomas (Taras-Thomas *et al.* 2014). Les fouilles archéologiques se sont ensuite déroulées d'octobre 2014 à mars 2015 sous la direction d'Éric Thirault sur une surface de quatorze hectares.

4.1.3. Données archéologiques

Les fouilles archéologiques ont mis en évidence plusieurs périodes d'occupation, allant du Néolithique ancien à l'époque Moderne. Toutes les périodes sont représentées avec des occupations rattachées à l'habitat et au funéraire.

Les occupations pré et protohistoriques correspondent à des établissements de plaine (Thirault *et al.*, à paraître).

4.1.4. Contexte géoarchéologique

Le site de Favary s'inscrit dans une vaste plaine située à quelques kilomètres au sud du massif calcaire de la

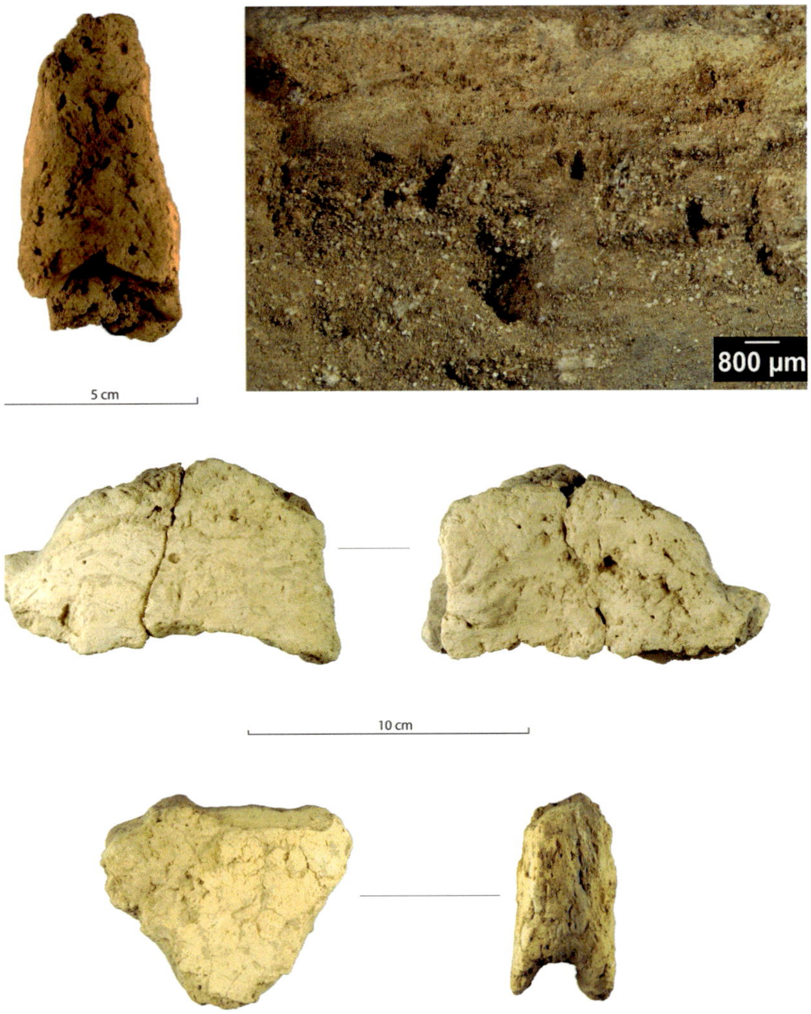

Figure 4 – Favary – ST5059 : fragments de parois de récipients en terre témoignant du montage au colombin ; noter la texture fine du matériau trié (N. Parisot).

Sainte-Victoire et au nord d'un secteur de collines. Implantées en bordure de l'Arc situé en contrebas, les occupations pré et protohistoriques s'ouvrent dans un niveau limono-sableux jaune. En zone centrale se trouve un paléovallon et en partie méridionale une terrasse Holocène. Dans son ensemble, le site est marqué par un phénomène d'érosion ainsi que par des influences sédimentaires liées au milieu humide (Taras-Thomas *et al.* 2014, **Figure 3**).

4.2. Les restes en terre pré et protohistoriques de Favary

La fouille archéologique a livré une série de restes en terre crue/cuite témoignant de la présence d'aménagements et de mobiliers domestiques en terre crue pour les périodes du Néolithique et de la Protohistoire. La présence régulière de ces vestiges dans les habitats néolithiques et protohistoriques en Provence est bien admise (Gilabert *et al.* 2018). Au total, on dénombre 3590 fragments de terre crue/cuite, qui représentent un poids de 191 kg. A l'exception d'un lot, tous sont en position secondaire, ils proviennent de 107 structures en creux (fosses, silos, trous de poteau, puits) issus de niveaux détritiques où ils côtoient d'autres catégories de mobilier (céramique, lithique, faune, etc. ; **Figure 3**). Notons qu'aucun niveau de sol d'occupation n'a été identifié sur le site. Les vestiges en terre présents à Favary constituent un ensemble hétérogène avec plusieurs catégories représentées : le mobilier en terre crue (objets, récipients), les structures de combustion, les éléments architecturaux (torchis, placages de terre sur une armature végétale, enduits) et la terre à bâtir.

4.3. Contenants en terre crue du Néolithique moyen et de l'âge du Bronze : caractéristiques générales

Le matériau employé pour la fabrication de mobilier en terre est exclusivement limono-sableuse, avec une teneur en argile pour certaines productions, enrichie en végétaux fins. Les fragments correspondent à des éléments de parois et des bords de récipients en terre crue, caractérisés par deux faces parallèles dont certains présentent une extrémité concave et/ou convexe (Chazelles 2005). Certaines structures ont livré des lots importants, telles que les fosses ST5059 et ST5461, avec respectivement 190 fragments et 255 fragments, d'autres contenaient seulement quelques éléments isolés. Les parois sont soigneusement modelées parfois lissées et présentent une épaisseur comprise entre 3 et 4 cm. Les fragments appelés bordures arrondies nous renseignent sur le mode de façonnage employé puisqu'ils présentent un profil arrondi, concave et/ou convexe, correspondant au montage au colombin par emboîtements successifs (Nin 2003) **(Figure 4)**. Notons que les fragments plats pouvant correspondre à des fonds sont rares. Peu de remontages ont pu être réalisés car la série est très fragmentaire ; en outre, trop peu de temps de travail a pu leur être consacré en post-fouille.

À Favary, la production de contenants en terre crue est attestée dès le Néolithique moyen ainsi qu'à l'âge du Bronze ancien et final.

4.5. Analyse chronologique : les restes en terre relatifs aux périodes pré et protohistoriques

4.5.1. L'occupation néolithique

Le Néolithique correspond à la principale période d'occupation du site, elle est notamment caractérisée par une production de mobiliers et d'architectures en terre. Trente-neuf structures en creux datées du Néolithiques (silos, fosses, trous de poteau) ont livré des restes en terre. Ces derniers sont en majorité rattachés à l'occupation chasséenne du site (Néolithique moyen). Toutes les catégories sont représentées en proportion variable. Le mobilier en terre crue est majoritaire, avec 53 % du corpus. La seconde catégorie représentée est la terre à bâtir (16 %) à laquelle est étroitement associé le torchis (3 %). En revanche, les structures de combustion sont quasi absentes, avec seulement quelques fragments de sole foyère issus d'une fosse **(Figure 5)**.

Figure 5 – Favary – Exemplaires d'éléments architecturaux (N. Parisot) b) ST5196 : fragments d'enduit ; c) ST1238 : restes d'éléments modulaires en terre (X. Deparnay) ; d) ST5068 : fragment de placage de terre sur une armature végétale (N. bol Parisot).

Le Néolithique ancien

Le Néolithique ancien est faiblement représenté sur le site avec seulement deux lots. Les vestiges en terre proviennent de deux silos, un fragment de clayonnage (ST3071) ainsi qu'un ensemble de micro-fragments de terre cuite (ST5174). Ces éléments ne fournissent pas suffisamment d'informations sur les éventuelles constructions en terre associées à cette période.

Le Néolithique moyen

L'occupation chasséenne du Néolithique moyen 2 (Chasséen ancien à récent) correspond à la période ayant livré le plus de restes en terre. Provenant de trente-neuf structures, les vestiges correspondent principalement à du mobilier en terre crue et à de la terre à bâtir. Le Chasséen ancien est illustré par des éléments d'architecture et des récipients en terre crue en position de rejet. D'autres lots témoignent d'un usage architectural de la terre avec notamment un lot de fragment d'enduit architectural badigeonné **(Figure 5)**. Également datée du Chasséen ancien, la fosse ST5461 a livré un important lot de fragments de contenants en terre crue avec 255 fragments. L'homogénéité de la série (matériau, forme) suggère qu'il s'agirait d'un même individu. Le diamètre estimé est supérieur à 70 cm ce qui indique un contenant de grande capacité. Les observations ont mis en évidence la présence d'une surépaisseur témoignant d'un probable rechapage du récipient. Certaines faces internes présentent également des traces d'usure importantes **(Figure 6)**. Une seconde fosse contemporaine a également livré une importante série avec 142 fragments de contenant en position de rejet. L'absence de deux faces parallèles suggère qu'il s'agirait d'un aménagement fixe démantelé. La forme concave de l'objet permet de proposer une identification comme bassin construit en terre **(Figure 7)**.

Figure 6 – ST5461 : vue en plan d'un contenant en terre démantelé ; exemplaires de fragments d'éléments de parois et bord probables (centre) (N. Parisot).

Figure 7 – Fs0064 : contenant de type bassin démantelé, vue en cours de fouille et vues multiples (clichés Cl. Moreau ; N. Parisot).

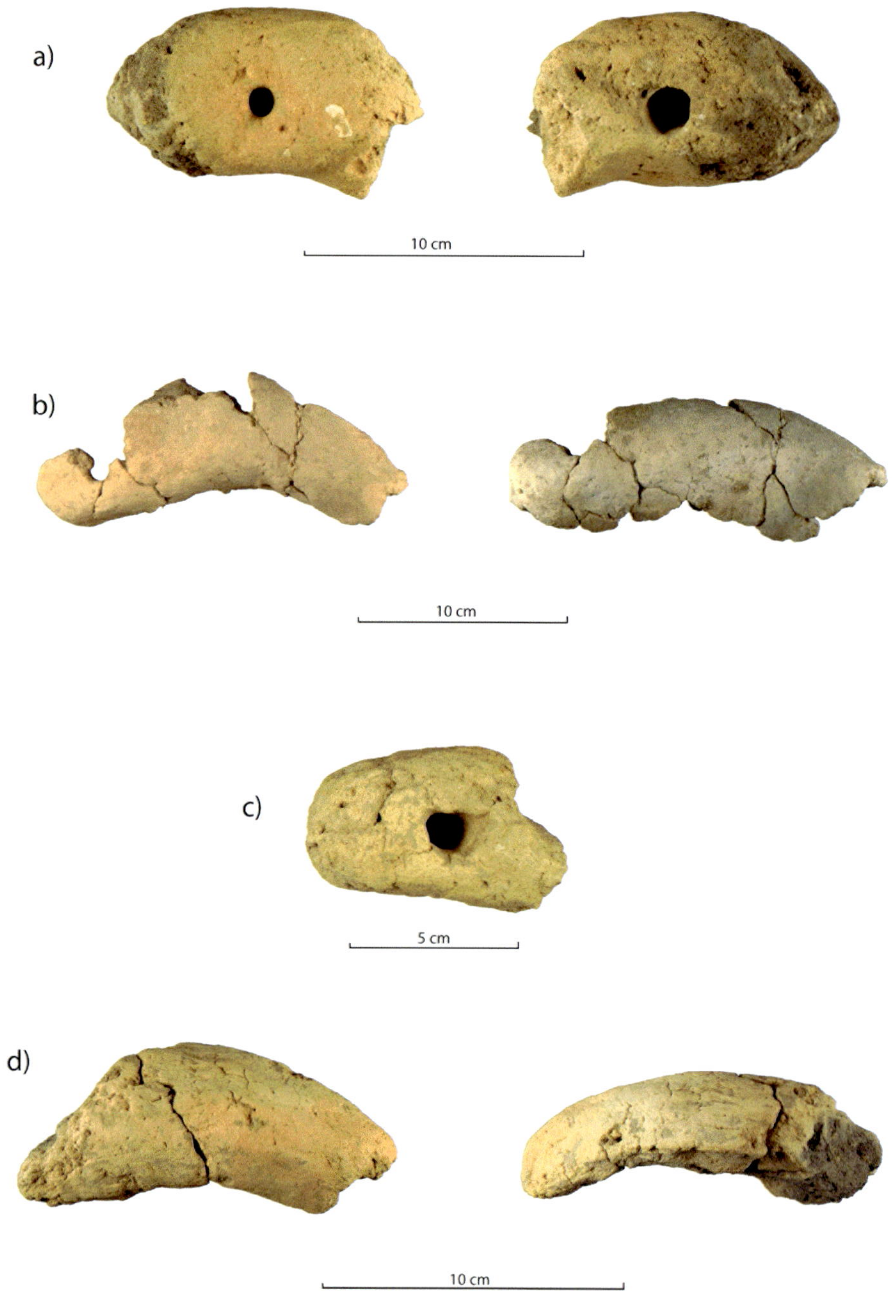

Figure 8 – Objets en terre mis au jour à Favary : pesons et tore probable du Néolithique (N. Parisot).

Les restes en terre rattachés au Chasséen récent sont issus de quinze structures. Ils correspondent à plusieurs usages,principalement de la terre à bâtir. La fosse ST1093 rattachée à cette période a livré des restes en terre massive incendiés. Les fragments ne sont pas conservés sous forme de briques modelées comme ceux de la fosse ST1238, mais ils forment un niveau irrégulier de terre crue avec des traces de chauffe. Ces vestiges forment une bande orientée sud-nord composée d'éléments modulaires informes. L'état de conservation ne permet pas d'identifier avec précision l'aménagement associé à cette fosse.

Enfin, quelques objets en terre sont rattachés à cette occupation, à savoir deux pesons (ST1135) et un possible tore (ST3019) **(Figure 8)**.

Les fragments de récipients issus de la fosse ST3045 présentent des caractéristiques similaires aux exemplaires produits au Chasséen récent, notamment à travers une technique de montage identique **(Figure 9)**.

L'occupation néolithique correspond donc essentiellement à la culture chasséenne qui se caractérise par une tradition de production de

Figure 9 – ST3045 : fragment de récipient en terre crue protohistorique marqué par une surface irrégulière (N. Parisot).

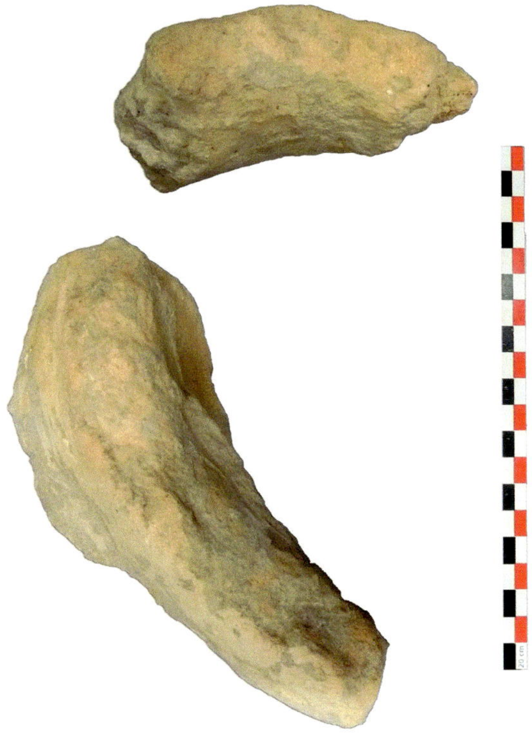

Figure 10 – ST8304 : fragments de récipients : col d'un vase en terre crue protohistorique (N. Parisot).

contenants en terre crue sur l'ensemble de la période, auxquels s'ajoutent des aménagements et des objets.

4.5.2. L'occupation de l'âge du Bronze

Les restes en terre pour la période de l'âge du Bronze sont rattachés à deux phases principales, le Bronze ancien et le Bronze final (2b). Sur l'ensemble de la période, trente-quatre structures en creux, fosses et silos, ont livré des éléments en terre, pour une masse totale de 109 kg. La majorité d'entre eux correspond à des démantèlements de structures de combustion (76 % du corpus) mais aussi à des fragments de mobilier (4 % du corpus) et à des éléments architecturaux (3 % du corpus). À Favary, l'emploi de la terre pour la période de l'âge du Bronze est donc essentiellement dédié aux structures de combustion, s'apparentant à des fours en dôme à sole d'argile pleine posée à plat. Ce type de structure est bien admis pour les périodes protohistoriques en Gaule méridionale (Py 1992).

4.5.2.1. L'âge du Bronze ancien

Les vestiges en terre rattachés à l'occupation du Bronze ancien correspondent majoritairement à des structures de combustion.

Plusieurs exemplaires nous renseignent sur la morphologie de ces aménagements domestiques. L'un d'eux est partiellement conservé (ST1045), il fut par la suite perturbé par le dépôt d'un vase funéraire.

Quelques lots attestent également d'une production de contenants en terre crue. Le cas de la fosse ST8304 est particulièrement éloquent car celle-ci contenait un lot homogène des fragments massifs de récipient en terre. L'ensemble s'apparente à la partie supérieure d'un récipient en terre, probablement le col d'un vase, marqué par une réduction du diamètre à l'ouverture, ce dernier est estimé à 42 cm **(Figure 10)**.

4.5.2.2. L'âge du Bronze final

L'usage de la terre au Bronze final est similaire à celui du Bronze ancien. La catégorie la plus représentée est celle des structures de combustion, suivie des contenants en terre et des éléments architecturaux. Un lot important issu d'un silo témoigne de la présence d'une sole décorée. Le décor se présente sous forme de cercles imprimés alignés et régulièrement espacés. **(Figure 11)**. Ce type de décor est attesté sur des sites contemporains régionaux et appartient au groupe provençal (Marty 2002).

La production de récipients en terre est également attestée grâce à deux lots. L'un d'eux a été découvert au fond d'un silo, il se compose de fragments de grandes dimensions appartenant à un bord de récipient. Les parois de l'objet mesurent 3 cm d'épaisseur, elles sont irrégulières, plus épaisses en partie basse puis rentrantes en partie haute. Le diamètre d'ouverture est estimé à 62 cm **(Figure 12)**. Nous n'avons pas observé d'éléments nous renseignant sur le mode de façonnage. Le récipient porte des traces de chauffe avec des zones rougies disposées de manière aléatoire, ce qui

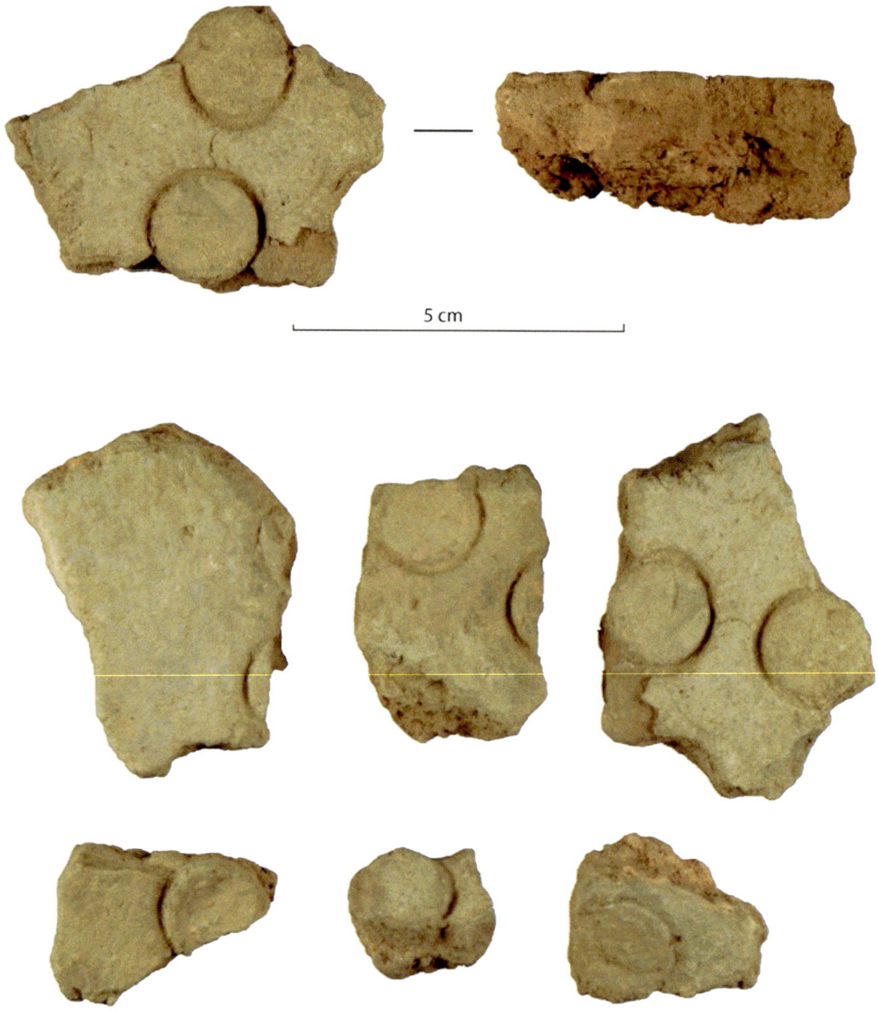

Figure 11 – ST5115 : fragments de sole décorée de l'âge du Bronze (N. Parisot).

Figure 12 – ST5067 : fragment d'un bord de récipient en terre daté de l'occupation de l'âge du Bronze final (N. Parisot).

semble indiquer qu'il aurait subi une chauffe d'origine accidentelle.

Enfin, quelques fragments de torchis et de clayonnage sont attestés (2,5 %). Ces éléments ne fournissent pas d'informations et semblent résiduels. Notons que les restes de terre à bâtir sont absents pour cette phase d'occupation du site.

4.6. Conclusion

À Favary, les restes en terre témoignent d'une production variée et d'un usage diversifié de la terre crue aux périodes pré et protohistoriques. L'occupation chasséenne du Néolithique moyen se caractérise par une production de récipients en terre ainsi que des vestiges architecturaux (briques, enduits, terre massive). Les restes rattachés à la Protohistoire ancienne, à l'âge du Bronze ancien et final, correspondent majoritairement à des structures de combustion démantelées de forme simple. Bien que peu représentée, la production de récipients en terre se poursuit au Bronze ancien et au Bronze final. Notons enfin que l'occupation relative à l'âge du Fer sur le site n'a pas livré de contenants en terre crue. Leur production semble donc abandonnée à la fin de l'âge du Bronze.

5. Le site de Piquepeyre à Fenouillet (Haute-Garonne) : des structures de stockage en terre crue de l'âge du Bronze moyen

5.1. Présentation générale

5.1.1. Situation géographique

Le site de Piquepeyre se trouve sur la commune de Fenouillet en Haute-Garonne, à environ 10 km au nord-ouest de Toulouse. Il est localisé sur la rive droite de la Garonne **(Figure 13)**.

5.1.2. Contexte de découverte

Dans le cadre du projet de construction d'une ZAC par l'agglomération toulousaine au lieu-dit Piquepeyre, un vaste site de 3,5 hectares a fait l'objet de fouilles archéologiques préventives sous la direction de Julien Cousteaux en 2016 (Cousteaux *et al.* 2018) ayant livré plusieurs occupations de différentes périodes.

Figure 13 – Piquepeyre (Fenouillet, Haute-Garonne) : localisation (fichier source : géoportail) ; prélèvement à la pelle mécanique de la structure sur le terrain (J. Cousteaux, extrait du rapport final d'opération) ; fouille en laboratoire mettant en évidence la présence d'un contenant en terre démantelé de l'âge du Bronze moyen (N. Parisot).

5.1.3. Données archéologiques

L'occupation du site s'étend sur une vaste période chronologique allant du Néolithique final à l'Antiquité. Au total, 339 structures ont été mises au jour sur l'ensemble de l'emprise. Il s'agit majoritairement de structures en creux (fosses, trous de poteau, fossés) ainsi que quelques épandages de mobilier. Aucun niveau de sol associé aux occupations anciennes du site n'a été identifié. L'âge du Bronze est bien représenté sur le site. Quelques fosses comportant les restes de soles foyères sont datées de l'âge du Bronze ancien. Deux fosses de l'âge du Bronze moyen ont livré les restes de contenants en terre crue démantelés. Enfin, deux petits bâtiments sur poteaux porteurs et des grandes fosses détritiques attestent une occupation datée de l'âge du Bronze final, période également bien représentée sur le site (Cousteaux *et al.* 2018).

Figure 14 – Piquepeyre – Modalités et technique de production : montage au colombin et surfaces revêtues d'une couche de terre (N. Parisot).

5.2 Des contenants en terre démantelés de l'âge du Bronze moyen

5.2.1. Présentation

Deux fosses ont livré les restes de grands contenants en terre crue. Situées à proximité l'une de l'autre, les structures sont datées de l'âge du Bronze moyen. Lors des fouilles archéologiques, il a été décidé de prélever chaque structure en bloc afin de procéder à une fouille en laboratoire **(Figure 13)**. Au total, on compte 928 fragments, dont 330 fragments issus de la fosse ST51 et 598 fragments issus de la fosse ST327. La masse totale atteint 48 kg, respectivement 27 kg pour le récipient issu de ST51 et 21 kg pour celui de ST327.

5.2.2. Caractéristiques du matériau et modalités de production

Les récipients sont fabriqués avec une terre limono-argileuse homogène et compacte. Le matériau a fait l'objet d'un soin particulier comme en témoigne sa texture fine et sa faible porosité. Les éléments minéraux fins tels que les micas présentent un intérêt notable car ils agissent comme des dégraissants naturels. La terre est enrichie avec des végétaux fins lors de la préparation, comme en témoignent les multiples vides et stries visibles dans la pâte. Une partie de la série nous renseigne sur le mode de façonnage employé pour la confection des objets. Certains fragments présentent une extrémité convexe et/ou concave composant soit les parois, soit le bord du contenant. Leur présence indique que l'objet est monté au colombin. Les parois présentent une épaisseur comprise entre 3 et 4 cm. Les surfaces sont recouvertes d'une fine couche de terre afin d'homogénéiser le récipient **(Figure 14)**. On note que l'un des deux récipients présente des cannelures horizontales, espacées et régulières sur la surface externe. Elles peuvent résulter de gestes liés au modelage ou encore être occasionnées par le montage au colombin **(Figure 15)**. Les deux récipients présentent un état de chauffe important, les fragments sont marqués par une coloration progressive du matériau de surface à cœur. Les surfaces sont principalement de couleur orangé-rouge brique enserrant un cœur très noir. Ils ont donc été soumis à une chauffe importante, intentionnelle ou accidentelle. La cuisson volontaire de certains récipients en terre est une question récurrente. De manière générale, les vestiges en terre découverts dans les sites d'habitats pré et protohistoriques présentent bien souvent des traces d'altérations thermiques.

5.2.3. Un silo semi excavé : le cas de la fosse ST327

À partir des remontages, nous avons pu estimer le diamètre d'ouverture à 56 cm **(Figure 15)**. Plusieurs fragments se démarquent par une forme anguleuse avec une partie supérieure modelée et un revers rugueux. **(Figure 16)**. Ces éléments évoquent un placage de terre contre une excavation et un départ de paroi construite (Chazelles 2005). Nous pensons donc que cet exemplaire correspond à une structure de stockage fixe, qui pourrait être similaire à un silo circulaire semi excavé

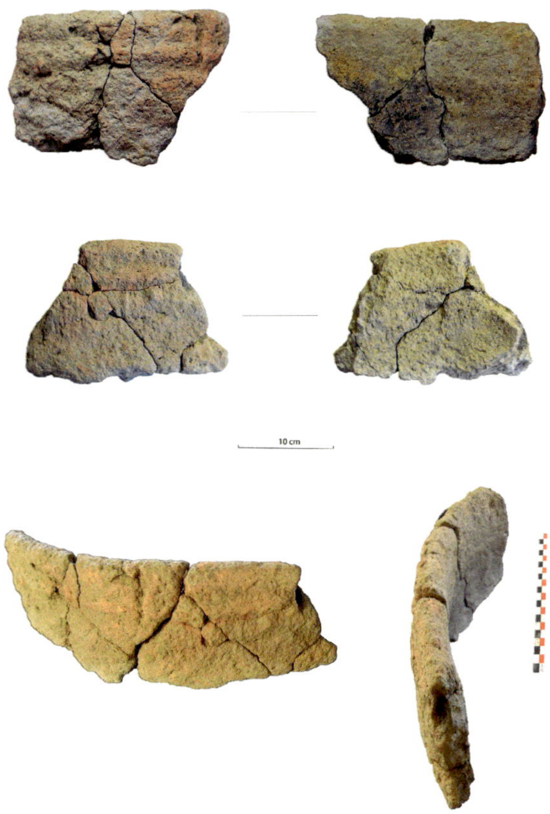

Figure 15 – Piquepeyre – ST327 : surface externe marquée par la présence de cannelures (N. Parisot).

Figure 16 – Piquepeyre – ST327 : fragment de bordure présentant une forme anguleuse et un revers rugueux (N. Parisot).

tels que ceux mis au jour à Martigues (Chausserie-Laprée et Nin 1990).

5.3. Conclusion

Deux fosses datées de l'âge du Bronze moyen ont livré les restes de contenants en terre de grande capacité. Ces exemplaires sont identifiés comme des silos de plan circulaire, semi-excavés. Leur présence sur le site de Piquepeyre atteste une production de structures de stockages fixes en terre à l'âge du Bronze moyen dans la région toulousaine.

6. Les récipients en terre crue de la plaine de la Limagne : une production originale de l'âge du Bronze ancien

6.1. Le site du Petit-Beaulieu à Clermont-Ferrand (Puy-de-Dôme)

6.1.1. Présentation générale

6.1.1.1. Situation géographique

Le site du Petit-Beaulieu est implanté dans la plaine de la Limagne du Massif central sur le versant est du plateau de Cournon. Il est localisé à l'est de Clermont-Ferrand, dans le Puy-de-Dôme. Le site archéologique est installé en bas de pente du Puy-Long et s'intègre à un environnement densément occupé au Bronze ancien **(Figure 17)**. En effet, dans un rayon de cinq kilomètres, on compte sept gisements archéologiques importants datés de l'âge du Bronze. Parmi eux, nous pouvons citer la vaste Zac de la Fontanille à Lempdes ayant livré plusieurs occupations protohistoriques (Henon *et al.* 2016), Les Chemerets caractérisés par des structures d'habitat et des ensemble funéraires du Bronze ancien (Parisot *et al.* 2022) ou encore Rue Maryse Bastié, site d'habitat du Bronze moyen (Carozza *et al.* 2001).

6.1.1.2. Contexte de découverte

En 2007, le projet de construction d'un incinérateur par la société Vernéa a permis la réalisation de fouilles archéologiques sur une surface de 6,4 hectares, révélant la présence d'un vaste établissement daté du Bronze ancien (2000-1700 av J.-C.) dont l'extrémité sud-est avait déjà fait l'objet d'une fouille préventive en 2007. Les deux opérations ont été placées sous la direction d'Éric Thirault (Thirault *et al.* 2009). Au Petit-Beaulieu, fouillé en 2010-2011, plus de deux mille structures ont été identifiées sur le site, révélant un établissement d'ampleur pour la période de l'âge du Bronze ancien (Thirault *et al.* 2013, 2014).

6.1.1.3. Données archéologiques

L'occupation principale du site est datée de l'âge du Bronze ancien 2a récent (1900-1750 av. J.-C.) mais on note des témoins d'occupation antérieures. De rares éléments de mobilier attestent de passages humains au Néolithique moyen mais leur présence apparaît peu significative. Une occupation de la fin du Néolithique final est également suspectée pour plusieurs structures dont des puits. L'établissement semble fondé au Campaniforme, il se développe progressivement avec l'implantation d'une nécropole au cours de Bronze ancien. Le site a livré près de 2460 structures en creux réparties sur l'ensemble du site. Aucun niveau de sol conservé n'a été identifié et les témoins d'habitations sont rares (Thirault *et al.* 2013, 2014).

Figure 17 – La plaine de la Limagne : un espace densément peuplé à l'âge du Bronze, zoom autour du Petit-Beaulieu et de la Rue de la Treille (fichiers sources : géoportail ; N. Parisot).

6.1.1.4. Contexte géoarchéologique

Implanté sur le plateau de Cournon, le substrat marno-calcaire et les terres noires dans lesquelles s'implantent les structures protohistoriques sont caractéristiques de la plaine de la Limagne du Massif central (Thirault *et al.* 2014).

6.1.2. Les récipients en terre crue-cuite

6.1.2.1. Présentation

Au total, on compte 4794 fragments de récipients en terre au Petit-Beaulieu, qui représentent un poids total de 190 kg. Il s'agit d'éléments de parois aux dimensions variables, caractérisés par deux faces parallèles et une surface oxydée dont l'épaisseur est située en moyenne autour de 3,5 cm. Tous les éléments sont issus de comblements détritiques de fosses et de silos, correspondant à des rejets. Parmi les restes en terre présents dans l'habitat, notons la présence de vestiges architecturaux, à savoir des torchis et des placages de terre sur armature végétale.

6.1.2.2. Caractéristiques et modalités de production

Le matériau est composé d'une terre homogène et compacte, de texture limono-argileuse, enrichie en végétaux fins. Il a dans son ensemble une composition fine suggérant un tri de la matière première. Tous les éléments présentent une cuisson intentionnelle compte tenu du caractère systématique et de l'homogénéité de la série, révélant une cuisson maîtrisée. Ces récipients en terre crue sont cuits à basse température, la cuisson est exclusivement réducto-oxydante avec une oxydation rapide ou progressive des parois. Les surfaces sont de couleur beige et le cœur de couleur noire. La technique de montage au colombin est identifiée grâce aux multiples éléments arrondis à extrémités concave et/ou convexe, caractérisée par un emboîtement et un rehaussements successifs d'épais colombins (Nin 2003). Une autre technique proche peut également être envisagée, à savoir le montage par plaque, également réalisée par emboîtements et rehaussements (Nin 2003, Leal et Jallet 2018).

Le récipient est ensuite recouvert d'une fine couche de terre, enduite sur les parois internes et externes afin d'harmoniser l'objet. Toutefois, nous notons également que dans certains cas, une surépaisseur est également visible. Il pourrait s'agir de rechapages du récipient, nécessaires en cas de détérioration des parois. Le traitement des surfaces est dans l'ensemble soigné avec des surfaces lisses et harmonieuses, grâce à un modelage poussé ou un lissage pouvant être réalisé à l'aide d'un outil comme le suggère certains fragments **(Figure 18)**.

Figure 18 – Petit-Beaulieu - ST6511 : fragments d'un récipient dont la surface interne possède des marques de lissage pouvant être liée à un outil ; cuisson réducto-oxydante ; texture fine (E. Thirault).

Nous notons parfois la présence d'empreintes digitées imprimées dans le matériau. Certains exemplaires présentent des éléments de relief ajoutés sur la paroi externe, notamment des cordons formant une bande de terre ajoutée, en forme de V comme dans le cas du récipient des fosses ST515 et ST516. Certains fragments sont marqués par une protubérance au niveau de l'ouverture qui suggère un élément de préhension permettant de transporter ces récipients. Notons que les fragments pouvant correspondre à des fonds sont rares. Certains exemplaires suggèrent un fond plat, d'autres présentent un profil suggérant un fond incurvé. L'exemplaire issu des fosses 515 et 516 se distingue par la présence d'empreintes sur le fond, indiquant que le récipient est façonné sur une armature de planches de bois **(Figure 19)**.

6.1.2.3. Typologie

La grande disparité entre les épaisseurs et les profils témoigne d'une diversité de production des récipients en terre crue-cuite **(Figure 20)**. Sur l'ensemble de la série, les diamètres sont compris entre 30 cm et 90 cm.

L'exemplaire issu des structures 515-516 présente un diamètre d'ouverture estimé à 31 cm et celui issu de la structure 6617 est estimé à 44 cm. Le lot provenant de la fosse ST3166 avec 103 fragments présente des fragments épais de grandes dimensions témoignant d'un récipient relativement profond dont le diamètre d'ouverture est estimé à 56 cm. D'autres éléments nous renseignent sur une catégorie de récipients massifs dont le diamètre est supérieur à 60 cm. C'est le cas des exemplaires provenant du silo ST3053 avec un diamètre estimé à 66 cm, des fosses ST5085 dont le diamètre est estimé à 80 cm et enfin la fosse ST6511 avec un exemplaire dont le diamètre est estimé à 91 cm.

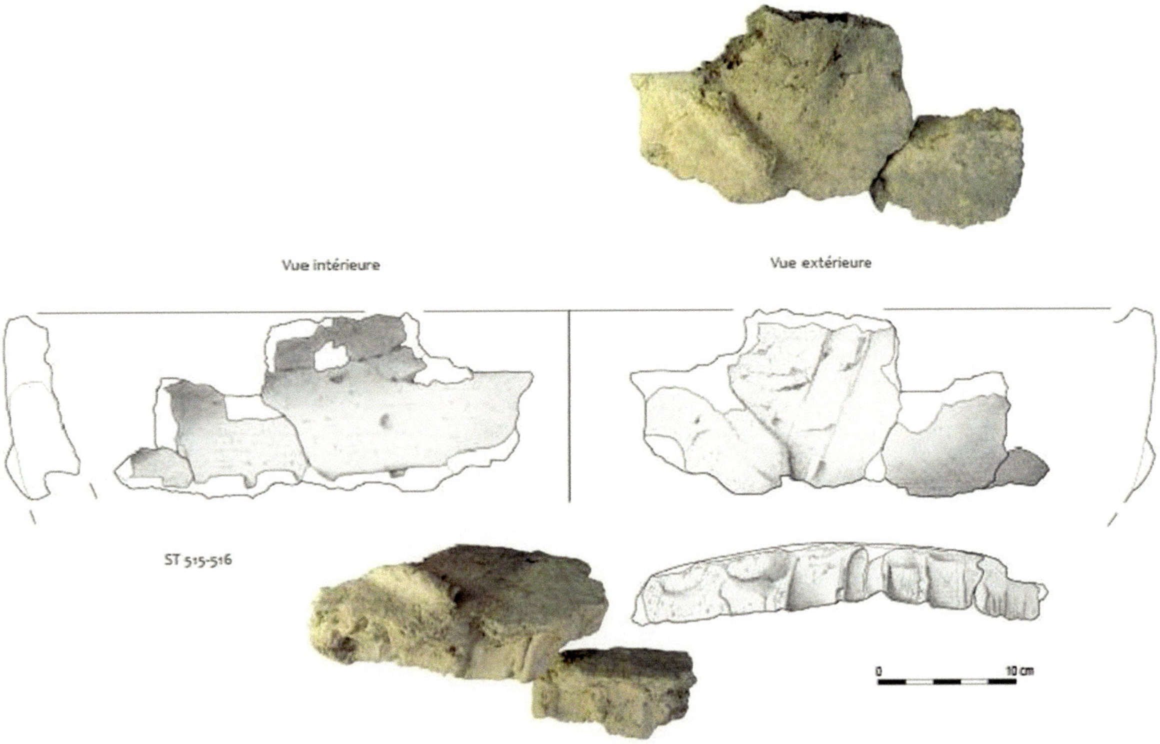

Figure 19 – Petit-Beaulieu – ST515 et ST516 : fragments de récipient façonnés sur une armature de planches de bois (Dessins M. Dousse, B. Nicole, R. Picavet, composition E. Thirault).

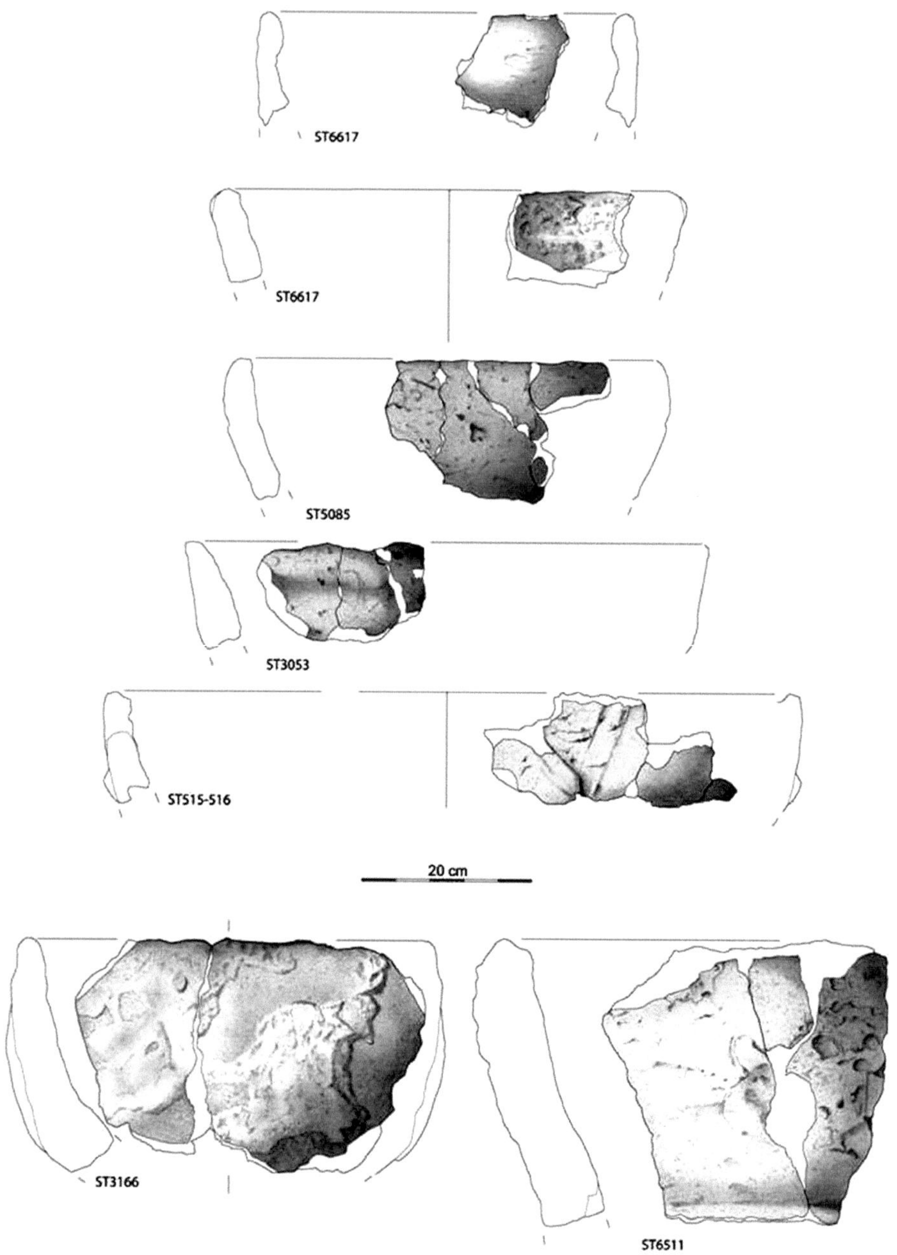

Figure 20 – Petit-Beaulieu : Typologie des récipients en terre à Petit-Beaulieu (Dessins M. Dousse, B. Nicole, R. Picavet, composition E. Thirault).

Ces données indiquent des contenants de grande capacité, probablement difficilement transportables, qui peuvent être envisagés comme des structures fixes. En effet, certains vestiges s'apparentent à des cuves ou des caissons semi excavés (Belarte 2003) ou encore à des silos circulaires (Nin 2003). Cela est d'autant plus probable compte tenu du peu d'éléments de fonds identifiés parmi la série. Un façonnage au sol implique un revêtement d'une couche de terre au sol comme évoqué par Claire-Anne de Chazelles dans son étude du mobilier domestique en terre crue de Puech Haut dans l'Hérault (Chazelles 2005).

6.2. Le site de la Rue de la Treille à Lempdes (Puy-de-Dôme)

6.2.1. Présentation générale

6.2.1.1. Situation géographique

Le site protohistorique de la Rue de la Treille se situe dans la plaine de la Limagne du Massif central. Il est localisé au cœur de l'agglomération actuelle de Lempdes, au sud-est de Clermont-Ferrand, dans le département du Puy-de-Dôme. Le site s'inscrit dans un espace densément occupé à l'âge du Bronze **(Figure 17)**.

6.2.1.2. Contexte de découverte

À la suite d'un projet de construction de lotissements, des fouilles archéologiques préventives ont été engagées sur une surface d'environ 2100 m². Elle se sont déroulées de juin à août 2018 sous la direction d'Anne Duny et ont livré les traces d'une occupation principalement datée de l'âge du Bronze (Duny *et al.* 2020).

6.2.1.3. Données archéologiques

Le site se compose de structures en creux pré et protohistoriques, datées principalement de la fin du Campaniforme au Bronze final. Notons également la présence de deux structures, un silo et une fosse, à comblement détritique, datées respectivement du Néolithique moyen 2 et du Néolithique final. Ces deux structures n'ont pas livré de restes en terre. L'occupation principale mise au jour est datée du Bronze ancien. Elle est caractérisée par des structures d'habitat avec plusieurs bâtiments sur poteaux porteurs possibles et principalement des structures en creux à vocation domestique (Duny *et al.* 2020).

6.2.1.4. Contexte géoarchéologique

L'habitat protohistorique s'implante dans la vaste plaine de la Limagne caractérisée par un horizon d'origine pédoclimatique qui recouvre un substrat mano-calcaire de l'Oligocène (Duny *et al.* 2020). Les structures sont localisées sous un horizon de colluvions limono-argileux brun foncé, caractéristiques des « terres noires de Limagne ».

6.2.2. Les récipients en terre crue-cuite

Les fragments de contenant en terre crue représentent 13% du corpus. On compte 119 fragments, issus très majoritairement de la fosse ST1084 avec 116 fragments. Quelques fragments isolés ont également été identifiés dans le comblement de deux fosses ainsi que dans un niveau naturel (PT707) **(Figure 21)**. Les autres vestiges sont des éléments architecturaux (torchis, placages sur clayonnage, enduits) qui représentent 83 % de la série.

6.2.2.1. Des fragments de récipient décoré

Un lot de fragments de récipient en terre a été relevé dans un horizon naturel. Il s'agit d'un bord de récipient marqué par la présence sur la paroi externe d'un décor composé de petites incisions régulières **(Figure 22)**. La surface externe est soigneusement modelée mais nous ignorons le traitement de la surface interne, qui n'est pas conservée.

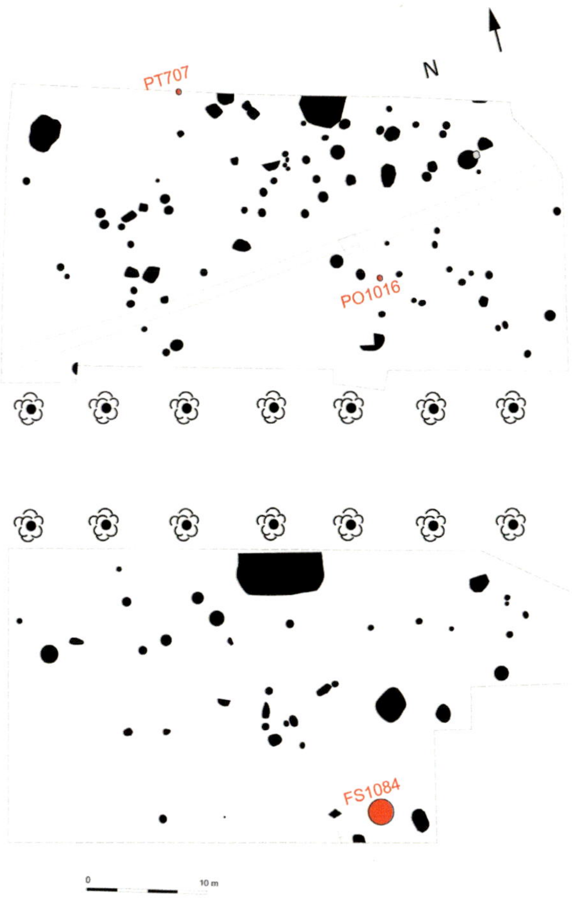

Figure 21 – Rue de la Treille (Lempdes, Puy-de-Dôme) : localisation des structures ayant livré des fragments de contenants en terre (A. Duny, N. Parisot).

6.2.2.2. Un exemplaire de contenant en terre démantelé du Bronze ancien : la fosse 1084

La fosse 1084 comportait de gros fragments de contenant en terre crue-cuite dès son niveau d'apparition **(Figure 23)**. Ils sont exclusivement issus de l'US1340 qui constitue le comblement principal de la fosse. Au total, on dénombre 116 fragments pour un poids de 4,1 kg. La série présente une grande homogénéité ce qui suggère la présence d'un seul exemplaire en position détritique. Les observations microscopiques rendent compte de la structure fine du matériau ainsi que du peu d'éléments minéraux présents (gravillons, graviers, etc.) ainsi que des vides laissés par les végétaux fins **(Figure 24)**.

Le récipient est cuit selon un processus maîtrisé réducto-oxydant. Il présente les mêmes altérations thermiques que les exemplaires de contenants en terre crue-cuite mis au jour sur le site du Petit Beaulieu (Thirault *et al.* 2014, Parisot et Thirault 2016, 2018, *cf. supra*), ainsi que ceux issus du site Les Chemerets (Cournon d'Auvergne ; Parisot *et al.* 2022) et enfin certains exemplaires issus du site Le cul des prés/Pré Cacheloche (Cébazat ;

Figure 22 – Rue de la Treille – fragment d'un récipient décoré par des petites incisions régulières sur la surface externe, datation âge du Bronze sans plus de précision (N. Parisot, dessin J. Robbe).

Figure 23 – Rue de la Treille, fosse ST1084 : vue générale et vue détaillée de fragments d'un contenant en terre crue-cuite démantelé de l'âge du Bronze ancien (Th. Barbaran).

Duny *et al.* à paraître). Les séries issues de ces sites contemporains présentent une cuisson réducto-oxydante systématique, ce qui suggère une maîtrise de la chauffe et non une combustion aléatoire de l'objet.

La technique de montage par bande est bien identifiée grâce à la présence de colombins visibles sur différents éléments de parois. On observe également la présence d'une couche de revêtement en terre, appliquée sur les surfaces **(Figure 24)**. Les profils sont variables, parfois quasi verticaux, parfois courbes et rentrants. Les remontages révèlent des ruptures de profil, avec une partie inférieure plus épaisse que la partie supérieure **(Figure 25)**. Notons que le profil d'un contenant en terre crue peut être aisément modifié au cours de la fabrication. Ces ruptures de profil sont observées sur d'autres exemplaires de contenants (Daumas et Laudet 1998, Parisot et Thirault 2018). Les surfaces sont soigneusement modelées et comportent parfois encore des traces du geste **(Figure 26)**. Aucun fragment de fond n'a été identifié. Ce dernier peut être absent dans le cas d'une structure fixe. Les remontages permettent d'estimer le diamètre d'ouverture à 62 cm ce qui indique un contenant de grande capacité.

6.3. Conclusion

L'exemplaire issu de la fosse 1084 à la Rue de la Treille s'inscrit dans une tradition régionale de production de récipients en terre crue dans la plaine de la Limagne à l'âge du Bronze ancien. Il présente de nombreux caractères communs avec les autres exemplaires produits sur des sites contemporains.

Conclusion générale

La production de contenants en terre est attestée dans différents sites d'habitat de la moitié sud de la France aux périodes pré et protohistoriques. Si ce mobilier est bien connu à l'âge du Fer notamment grâce à la découverte d'un village incendié à Martigues dans les Bouches-du-Rhône (Nin 2003), sa représentation dans les habitats du Néolithique et de l'âge du Bronze est encore mal définie. À travers plusieurs exemplaires issus de contextes chrono-culturels et géographiques variés, nous constatons qu'il existe une tradition de production de récipients et de structure de stockage fixes dès le Néolithique moyen jusqu'à la fin de l'âge

Figure 24 – Rue de la Treille, fosse 1084 : fragments du contenant – matériau de texture fine avec nombreux vides témoignant d'ajouts de végétaux (en-haut) ; application d'une couche de terre sur la surface interne du récipient (N. Parisot ; cliché microscopique en lumière naturelle : P. Fernandes).

du Bronze. Leur présence n'est pas systématique mais cette donnée peut être tronquée par leur difficile détermination dans la documentation scientifique ou encore un mauvais état de conservation. Toutefois, les différents cas présentés témoignent de la place de cette production matérielle dans le quotidien des populations pré et protohistoriques en France méridionale, ainsi que dans la plaine de la Limagne et dans le Toulousain.

Remerciements

Ces travaux ont pu être réalisés grâce aux étroits échanges et à la volonté de chercheurs soucieux de mettre en lumière la place des contenants en terre dans les sites du Néolithique et de l'âge du Bronze. Que chacun des collaborateurs associés à cet article soit remercié pour ces échanges très enrichissants. Merci à Eric Thirault, professeur d'Université Lyon 2, ainsi que

Figure 25 – Rue de la Treille, fosse 1084 : récipient à profil variable (N. Parisot).

Figure 26 – Rue de la Treille, fosse 1084 : fragment marqué par des traces de modelage imprimées dans le matériau (N. Parisot ; dessin J. Robbe).

Jean-Claude Daumas et Robert Laudet, responsables des fouilles archéologiques du Trou Arnaud, pour leur partage, leur générosité et leur accueil très chaleureux. Merci à Jacques Planchon, conservateur du Musée de Die et du Diois pour son accueil et sa disponibilité. Merci à Anne Duny et Julien Cousteaux, responsables d'opération, d'avoir permis la réalisation de certaines séries présentées.

Nina PARISOT
Université Lumière Lyon 2
CNRS, UMR 5138 Archéologie et Archéométrie (ArAr)
Maison de l'Orient et de la Méditerranée
nina.parisot@hotmail.com

Bibliographie

Argant, J., J.-C. Daumas et R. Laudet 1996. *Apport de l'analyse pollinique à la compréhension d'une structure énigmatique au Trou Arnaud Saint-Nazaire-le-Désert (Drôme)*, Actes du colloque de Périgueux 1995, Supplément à la Revue d'Archéométrie : 177-180.

Aurenche, O. 1981. *La maison orientale. L'architecture du Proche-Orient ancien des origines au milieu du quatrième millénaire*, 3 vol. Paris : Geuthner.

Aurenche, O. 1982. La tradition architecturale dans les hautes vallées du Tigre et de l'Euphrate aux VIII-VIIe millénaires, in *Archéologie au Levant. Recueil à la mémoire de R. Saidah*. Lyon : Maison de l'Orient et de la Méditerranée Jean Pouilloux, 1982 : 69-78.

Ayobi, R. 2013. *Objets en terre du néolithique précéramique au Proche-Orient : terre crue ou cuite ? Les objets en terre cuite avant l'invention de la poterie*. Thèse de doctorat en Langues, Histoire et Civilisations des Mondes Anciens, sous la direction d'A. Beeching, Université Lumière Lyon 2.

Belarte, M.-C. 2003. Meubles et objets usuels façonnés en terre, sur des sites protohistoriques du Bas-Aragon et de Catalogne méridionale (VIe av. n. è.), *in* C.-A. de Chazelles, A. Klein (dir.) *Terre modelée, découpée ou coffrée. Matériaux et modes de mise en œuvre, Échanges transdisciplinaires sur les constructions en terre crue*, 1. Actes de la table-ronde de Montpellier, 17-18 novembre 2001 : 77-94. Montpellier : Éditions de l'Espérou.

Carozza, L. et L. Bouby 2001 avec la participation de A. Boissy, M. Brizard, P. Combes, *L'habitat Bronze moyen de Cournon d'Auvergne (Puy-de-Dôme) dans son contexte chrono-régional*, Document Final de Synthèse, Clermont Ferrand, Toulouse, janvier : 118 p.

Chausserie-Laprée J. et N. Nin 1990. *Le village protohistorique du quartier de l'Île à Martigues (B.-du-Rh.). Les espaces domestiques de la phase primitive (début du Ve s. - début du IIe s. av. J.-C). I - Les aménagements domestiques*, Documents d'Archéologie Méridionale 13 : 35-136.

Chazelles, C.-A. (de) 2003. Les torchis. La toiture en chaume, terres et lauzes, *in*. J. Guilaine et G. Escalon (dir.) *Les Vautes (Saint-Gély du Fesc, Hérault) et la fin du Néolithique en Languedoc oriental*, EHESS, Toulouse : 47-53.

Chazelles, C.-A. (de) 2005. Éléments architecturaux et mobilier domestique en terre crue, *in* L. Carozza et C. Georgeon (dir.) *La fin du Néolithique et les débuts de la métallurgie en Languedoc central. Les habitats de la colline du Puech Haut à Paulhan. Hérault*. Centre d'Anthropologie, Institut National de Recherches Archéologiques Préventives, Toulouse : 237-265.

Chazelles, C.-A. (de) 2008. Les vestiges de couverture de la cabane 2, *in* J. Coularou, F. Jallet, A. Colomer et J. Balbure (dir.) *Boussargues. Une enceinte chalcolithique des garrigues du Sud de la France*, EHESS, Archives d'écologie préhistoriques, EHESS, Toulouse : 161-170.

Chazelles, C.-A. (de) et E. Leal 2018. Torchis, céramiques et vanneries : des associations à définir, *in* C.-A. de Chazelles, É. Leal, A. Klein (dir.) *Terre crue : torchis, techniques de garnissage et de finition, mobilier façonné en terre. Échanges transdisciplinaires sur les constructions en terre crue*, 4. Actes de la table-ronde internationale de Lattes (Hérault), 23-25 novembre 2016 : 463-476. Montpellier : Éditions de l'Espérou.

Chazelles, C.-A. (de) et A. Klein (dir.) 2003. *Terre modelée, découpée ou coffrée. Matériaux et modes de mise en œuvre. Echanges transdisciplinaires sur les constructions en terre crue.* Actes de la table-ronde de Montpellier, 17-18 novembre 2001. Montpellier : Éditions de l'Espérou.

Chazelles, C.-A. (de), A. Klein et N. Pousthomis (dir.) 2011. *Les cultures constructives de la brique crue, Échanges transdisciplinaires sur les constructions en terre crue*, 3. Actes du colloque international de Toulouse, 16 et 17 mai 2008. Montpellier : Éditions de l'Espérou.

Chazelles, C.-A. (de), E. Leal et A. Klein (dir.) 2018. *Terre crue : torchis, techniques de garnissage et de finition, mobilier façonné en terre. Échanges transdisciplinaires sur les constructions en terre crue*, 4. Actes de la table-ronde internationale de Lattes (Hérault), 23-25 novembre 2016. Montpellier : Éditions de l'Espérou.

Convertini F. et F. Jallet 2016. Les mobiliers en terre cuite : grands contenants, éléments de paroi et objets énigmatiques. Le torchis, *in* F. Convertini (dir.) en collaboration avec E. Blaise, L. Bouby, L. Bruxelles, S. Cabut, F. Cattin, F. Convertini, R. Donat, M. Errera, I. Figueiral, G. Goude, C. Hamon, F. Jallet, M. Labaune, T. Lachenal, R. Marsac, J. Mayca, M. Remicourt, M. Onfray, Y. Tchérémissinoff, H. Vergély, *Languedoc-Roussillon, Hérault Ligne Grande Vitesse - Contournement Nîmes-Montpellier. Secteur 4 - Montpellier, La Cavalade Du Néolithique moyen à l'Antiquité tardive : occupations néolithiques et Bronze ancien, sépultures néolithiques, fosse et enclos de l'âge du Fer, voie et ensemble funéraire antiques*, tome I, Rapport final d'opération, Inrap : 106-140.

Cousteaux, J., avec la collaboration de T. Bos, A. Bouvier, E. Faure, W. Galin, J. Gasc, Ch. Hallavant, F. Larre, M. Lougthon, M. Macouin, J. Massendari, N. Parisot, L. Pedoussaut, B. Robin et J. Vital 2018. Rapport final d'opération archéologique, Hadès, juillet 2018.

Dachy, T. 2014. Réflexions sur le stockage alimentaire en Égypte, de la Préhistoire aux premières dynasties. *Archéo-Nil* 24, janvier 2014 : 31-46.

Daumas, J.-C. et R. Laudet 1998. Préhistoire au Trou-Arnaud, Saint-Nazaire-le Désert, *Les cahiers de l'Oule*, tomes I et II, Club Sportif et Culturel Mottois.

Duny A. (dir.) 2020, X. Deparnay, G. Grange, E. Liottier, S. Mader, N. Parisot, R. Pinaud-Querrac'h, J. Recchia-Quiniou, A. Renaud, M. Roscio et M. Rue – *Une fenêtre supplémentaire sur l'occupation du territoire lempdais à l'âge du Bronze : le site de la rue de la Treille (Lempdes, Puy-de-Dôme, Auvergne-Rhône-Alpes)*, Rapport final d'opération, Paléotime SARL, Villard-de-Lans (38) : 440 p.

Duny A. *et al.* (à paraître). *Le cul des prés/Pré Cacheloche*, Rapport final d'opération, Paléotime SARL, Villard-de-Lans (38).

Faivre, X. 2015. Inventaire de maisons, *Cahiers des Thèmes transversaux ArScAn*, vol. XII, Textes édités par C. Michel, 2013-2014 : 293-309.

Gasco, J. 2003. Structures de combustion et préparation des végétaux de la Préhistoire récente et de la Protohistoire en France méditerranéenne, *in* M. C. Frère-Sautot (dir.) *Le feu domestique et ses structures au Néolithique et aux Âges des métaux*. Actes de colloque de Bourg-en-Bresse et Beaume 2000, Montagnac : 277-290.

Gilabert, Chr., M. Labille et J. Wattez 2018. Le torchis est son utilisation en contexte domestique au Néolithique final en Provence (3200-2400 av. J.-C.), *in* C.-A. de Chazelles, É. Leal et A. Klein (dir.) *Terre crue : torchis, techniques de garnissage et de finition, mobilier façonné en terre. Échanges transdisciplinaires sur les constructions en terre crue*, 4. Actes de la table-ronde internationale de Lattes (Hérault), 23-25 novembre 2016 : 161-172. Montpellier : Éditions de l'Espérou.

Guillaud H., Chazelles, C.-A. (de) et A. Klein (dir.) 2007. Les constructions en terre massive pisé et bauge, *Échanges transdisciplinaires sur les constructions en terre crue*, 2. Actes de la table-ronde de Villefontaine, Isère, 28-29 mai 2005. Montpellier : Éditions de l'Espérou.

Hénon, Ph., Ph. Alix, Chr. Ballut, P. Caillat, Y. Deberge, J. Dunkley, E. Gatto, J.-F. Pasty et J. Vital 2016. *Zac de la Fontanille II*, vol. 2, Rapport final d'opération, Inrap.

Leal, E. et F. Jallet 2018. Objets modelés et récipients de stockage en terre crue en contexte funéraire et domestique du site néo-final de Cavalade/Mas-Rouge, Montpellier (Hérault, France), *in* C.-A. de Chazelles, É. Leal et A. Klein (dir.) *Terre crue : torchis, techniques de garnissage et de finition, mobilier façonné en terre. Échanges transdisciplinaires sur les constructions en terre crue*, 4. Actes de la table-ronde internationale de Lattes (Hérault), 23-25 novembre 2016 : 449-462. Montpellier : Éditions de l'Espérou.

Le Miere, M. et M. Picon 1998. Les débuts de la céramique au Proche-Orient. *Paléorient* 24/2 : 5-26.

Molist, M. 2001. Halula, village néolithique en Syrie du Nord, *in* J. Guilaine (dir.) *Communautés villageoises du Proche-Orient à l'Atlantique (8000-2000 avant notre ère)*, Séminaire du Collège de France. Paris : Éditions Errance : 35-52.

Nin, N. 2003. Vases et objets en terre crue dans le Midi durant l'Âge du Fer, *in* C.-A. de Chazelles et A. Klein (dir.) *Terre modelée, découpée ou coffrée. Matériaux et modes de mise en œuvre. Échanges transdisciplinaires sur les constructions en terre crue*, 1. Actes de la table-ronde de Montpellier, 17-18 novembre 2001 : 95-146. Montpellier : Éditions de l'Espérou.

Parisot, N. et E. Thirault 2018. Les récipients en terre crue du sud de la France, du Néolithique à l'Âge du bronze : une problématique émergente, *in* C.-A. de Chazelles, É. Leal et A. Klein (dir.) *Terre crue : torchis, techniques de garnissage et de finition, mobilier façonné en terre. Échanges transdisciplinaires sur les constructions en terre crue*, 4. Actes de la table-ronde internationale de Lattes (Hérault), 23-25 novembre 2016. Montpellier : Éditions de l'Espérou.

Parisot, N. (dir.) F. Chateauneuf, A. Chen, X. Deparnay, J. Ducreux, E. Faure, L. Liottier, M. Minotti, C. Recq, A. Renaud, R. Steinmann, G. Tavernier, A. Tchesnakoff et G. Tendraien. *Les Chemerets à Cournon d'Auvergne (Puy-de-Dôme)*, Rapport final d'opération, Hadès, Balma (31).

Py, M. 1992. Fours culinaires de Lattes, *Recherches sur l'économie vivrière des Lattarenses*, Lattara, 5 : 259-286.

Sauvage, M. 2015. La construction des maisons à Garšana : commentaires archéologiques, *Cahiers des Thèmes transversaux ArScAn*, vol. XII, Textes édités par C. Michel, 2013-2014 : 239-250.

Taras-Thomas, M., P. Chevillot, J. Collinet, R. Guilbert-Berger, A. Hasler, M. Hauchart, H. Jaudon, S. Lang-Desvignes, S. Negroni et C. Nivelon, Coll. M. Moerman, L. Vallières, 2014. Bouches-du-Rhône, Rousset, Quartier Favary, Rapport final de diagnostic archéologique, Inrap, 2014.

Thirault, E., J. Vital, C. Audibert, J. Baltz, C. Bernard, S. Bonnardin, M.-A. Courty, B. Dousteyssier, M. Drot, F. Durand, J. Morin, B. Nicolle, R. Picavet, B. Prat, F. Rivat, L. Roux, M. Rue et A. Visseyrias 2009. *Clermont-Ferrand, Puy Long, Auvergne, Puy-de-Dôme (63)*. Rapport final d'opération, Paléotime archéologie préventive, Clermont communauté, DRAC, service régional de l'archéologie d'Auvergne. Clermont-Ferrand, 2009, 3 vol., 625 p.

Thirault, E., S. Charbouillot, F. Durand, C. Leconte, N. Parisot, F. Rivat, L. Roux, M. Rue, D. Vannieuwenhuyse et J. Vital 2013. *Petit Beaulieu à Clermont-Ferrand (Puy-de-Dôme) : du Campaniforme au Bronze ancien, habitat et nécropole Présentation préliminaire*, Bulletin de l'Aprab, numéro 11 : 89-93.

Thirault, E., S. Charbouillot, F. Durand, P. Fernandes, C. Leconte, B. Nicolle, N. Parisot, M. Remicourt, M. Rue, I. Senepart, P. Tacussel, D. Vannieuwenhuyse et J. Vital 2014. *Le Petit Beaulieu, Volume 1 : sections 1 et 2*, Clermont-Ferrand, Puy-de-Dôme, Rapport final d'opération, Paléotime, Villard-de-Lans (38) : 710 p.

Thirault, E. (dir.) (à paraître) *Le site de Favary à Rousset*, région Provence-Alpes-Côte d'Azur, Bouches-du-Rhône (13). *Rapport final d'opération, fouilles préventives 2014-2015*, Sociétés Archéodunum/Paléotime.

Crue ou cuite... l'argile dans la construction des séchoirs et fumoirs en Gaule romaine - *Raw or fired... Clay in the construction of dryers and smokers in Roman Gaul*

Guillaume HUITOREL

Responsable d'opération, Service départemental d'archéologie de Seine-et-Marne, Département de Seine-et-Marne et UMR 7041 Archéologies et sciences de l'Antiquité (ArScAn), équipe Archéologie de la Gaule et monde antique (GAMA), Nanterre (France).

Résumé - Depuis la fin du XIXe siècle, des structures de combustion identifiées comme des séchoirs et fumoirs sont régulièrement découvertes dans le nord de la Gaule dans des niveaux datés de l'époque romaine. Toutefois, de nombreuses interrogations persistent sur la forme, le fonctionnement et la fonction de ces installations souvent mal conservées. Afin d'apporter de nouveaux éléments de réflexion et de nouvelles pistes de recherche, un séchoir d'un type dit à canaux en T a été reconstitué en 2016 à l'espace d'aventures archéologiques (parc départemental des Hautes-Bruyères, Villejuif, Val-de-Marne) dans le cadre d'une convention entre l'UMR 7041 ArScAn et le laboratoire d'archéologie du Département du Val-de-Marne. Les premiers tests effectués sur le séchoir permettent de mieux comprendre la circulation des gaz dans l'installation et les phénomènes physico-chimiques qui doivent participer au séchage des denrées par « entraînement ». L'argile, par sa facilité d'accès, sa plasticité et sa bonne inertie thermique est un matériau souvent employé dans la construction des séchoirs, crue pour les murs en torchis ou cuite pour la fabrication d'éléments dans l'aménagement du système interne.

Mots-clés - Gaule, période romaine, séchoir, fumoir, structure de combustion, argile, terre cuite, artisanat, alimentation, agriculture.

Abstract - Since the end of the 19th century, Roman kilns, identified as dryers and smokers, have often been discovered in northern Gaul. However, there are still many questions about the form, operation and role of these facilities. To develop new ideas and avenues of research, a T-dryer was reconstructed in 2016 at the espace d'aventures archéologiques (Parc départemental des Hautes-Bruyères, Villejuif, Val-de-Marne) with an agreement between UMR 7041 ArScAn and the Archaeology Laboratory of Département du Val-de-Marne. The first tests provide a better understanding of the circulation of gases in the dryer and the physico-chemical phenomena involved in the drying of foodstuffs by entrainment. The clay, by its accessibility, its plasticity and its good thermal inertia is a material often used in the construction of dryers: raw for cob walls, or fired for the manufacture of elements in the arrangement of the internal system.

Keywords - Gaul, Roman period, dryer/kiln, smokehouse/smoker, argile, clay, craft, food, agriculture.

Introduction

Les premières découvertes de structures de combustion désignées sous le terme de séchoir[1] remontent à la fin du XIXe s., et les premières études débutent en Grande-Bretagne dans les années 1920[2]. Durant plusieurs décennies, ce sont les archéologues anglais et – dans une moindre mesure – allemands (Hinz 1954 ; Gall 1975), qui vont s'intéresser à ces installations et publier les premières synthèses dès les années 1970 (Morris 1979). Sur le territoire des Gaules, la multiplication des découvertes et des publications de structures, conduira à des synthèses au début des années 1990 (Van Ossel 1992 ; Dreisbusch 1994). Une étude récente (Van Ossel et Huitorel 2017) ainsi qu'un inventaire participatif en ligne (Huitorel et Van Ossel 2017), permettent depuis 2014 de mettre à jour nos connaissances sur les séchoirs en profitant des dernières découvertes et méthodes de la recherche pour s'interroger notamment sur le fonctionnement et la performance de ces installations, ainsi que leur rôle dans les activités et les productions antiques. Toutefois, des questions portent encore sur la structure des séchoirs, ainsi que sur les matériaux utilisés pour leur construction, dont l'argile : quels matériaux étaient utilisés pour la construction des séchoirs ? Quelle place pouvait tenir l'argile ? Qu'impliquent ces matériaux sur l'élévation et la performance des installations ? C'est à ces quelques questions que cet article va tenter d'apporter des

[1] Dans la littérature archéologique, les termes sont multiples pour désigner ces installations : four, séchoir, fumoir, séchoir/fumoir. L'appellation de « séchoir » est utilisée ici de manière générique. Cette dénomination ne doit toutefois pas écarter l'utilisation de certains de ces équipements pour le fumage.

[2] Cocks 1921 ; Corder et Kirk 1932 ; Goodchild 1943 ; Pour l'historiographie détaillée voir Van Ossel et Huitorel 2017 : 139 *sq.*

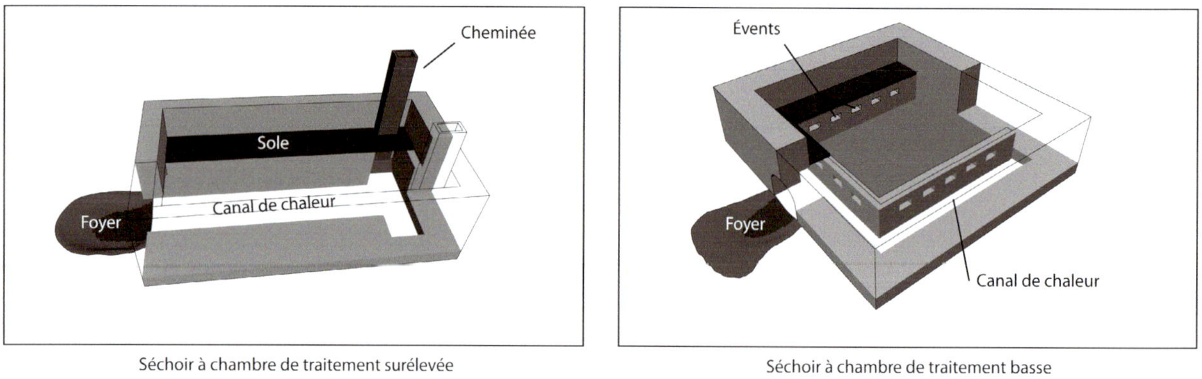

Figure 1 – Vocabulaire des éléments structurels des séchoirs (modélisation : É. Chabrol, d'après Van Ossel et Huitorel 2017, p. 141).

éléments de réponses et d'ouvrir de nouvelles pistes de recherche.

Les séchoirs en Gaule romaine, état des connaissances

Éléments structurels et typologie des séchoirs

Le vocabulaire des séchoirs a récemment fait l'objet d'un essai d'harmonisation (Van Ossel et Huitorel 2017 : 140-141). Les installations se composent de plusieurs éléments structurels (Figure 1) :

- Chambre de traitement : espace dans lequel sont déposées les denrées pour être traitées.
- Canal ou conduit de chaleur : canal fermé dans lequel les gaz chauds et la fumée circulent sous ou autour de la chambre de traitement. Selon les types de séchoirs, on peut distinguer un canal principal, communiquant directement avec le foyer au débouché duquel il est aménagé, ainsi qu'un ou plusieurs canaux secondaires.
- Sole : plancher (ou plate-forme) des chambres de traitement, sur lequel les denrées à traiter sont déposées.
- Évent : conduit intermédiaire reliant le ou les canaux de chauffe à la chambre de traitement.
- Cheminée : conduit vertical assurant le tirage des gaz et fumées, et leur évacuation en évitant que ceux-ci se propagent dans la chambre de traitement.
- Foyer : aire de combustion aménagée à l'entrée du ou des canaux de chaleur.

Certains séchoirs sont isolés, disposés à l'extérieur de toute construction, mais la majorité des installations sont placées au sein de bâtiments. Cette implantation peut avoir une influence sur leur structure, car le tirage ainsi que l'évacuation des gaz et des fumées doivent se faire par une communication directe avec l'extérieur. Une ouverture effectuée dans l'un des murs (à la sortie des évents) ou par le toit du bâtiment (grâce à des cheminées) semble donc nécessaire. Les canaux de chauffe peuvent ou non s'appuyer contre le mur du bâtiment. Dans les cas où les canaux ne sont pas situés contre un mur donnant sur l'extérieur, un système de cheminée évacuant les gaz et les fumées par le toit semble plus adapté (Figure 2).

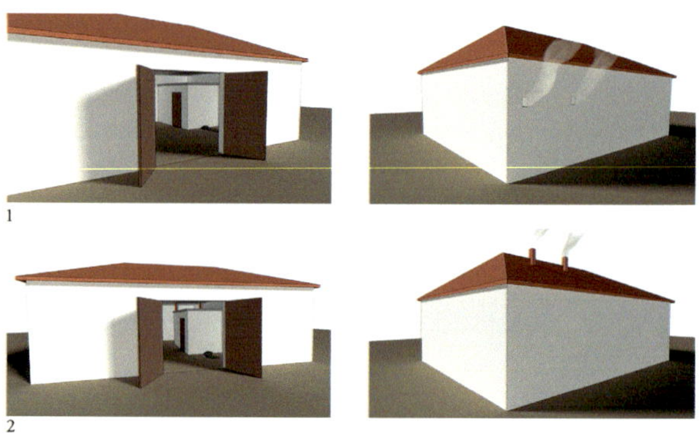

Figure 2 – Essai de restitution 3D de la position des séchoirs au sein d'un bâtiment (modélisation : É. Chabrol) : **1.** Séchoir en T à évents placé directement contre le mur extérieur d'un bâtiment. **2.** Séchoir en T à cheminées situé au centre d'un bâtiment (d'après Huitorel 2020, p. 163).

Les nombreuses découvertes de séchoirs en Grande-Bretagne et en Gaule ont conduit depuis la fin des années 1970 à plusieurs typologies. Celles proposées par P. Morris (Morris 1979) et G. Dreisbusch (Dreisbusch 1994) sont largement fondées sur la morphologie des installations. Les classifications mises en place par P. Van Ossel (Van Ossel 1992), et plus récemment par S. Deschler-Erb (Deschler-Erb 2012), sont davantage liées à la circulation des gaz chauds et de la fumée dans les séchoirs. Toutes ces typologies, limitées à certaines régions ou périodes, ont été fondues et réactualisées à la lumière des découvertes récentes (Van Ossel et Huitorel 2017 : 143 *sq.* ; Huitorel 2020 : 155 *sq.*). Ainsi, trois classes principales sont retenues (Tableau 1) :

Types	N°	Sous-types	Correspondances typologiques
Fours en fosse ou en tranchée	I	A. fours en fosse (bowl furnace)	Morris : type 1 ; Deschler-Erb : type D
		B. fours en longueur (long hearth)	Morris : type 2
Fours à aire et chambre surélevée	II	A. fours à canaux pénétrants (en T, double T, H, L, I, en diapason)	Morris : types 3 à 7 et 9 ; Van Ossel : type A ; Dreisbusch : type B.1 ; Deschler-Erb : type A
		B. fours à canaux rayonnants, à piles ou pilettes (= hypocauste)	Morris : type 13 et 14 ; Van Ossel : type A ; Dreisbusch : type A.II-G
		C. fours sans canal de chaleur pénétrant dans la chambre de chauffe	Dreisbusch : type A.I (A à C)
Fours mixtes	II/III	fours hybrides (chambre basse et surélevée)	Dreisbusch : type A.II-H
Fours à aire et chambre basse (ou de plain-pied)	III	A. fours à canaux de chaleur périphériques (en -, U, L et O)	Van Ossel : type B ; Dreisbusch : types A.II (A à F) ; Deschler-Erb : type B
		B. fours à canaux de chaleur pénétrant dans la chambre basse	Van Ossel : type C ; Deschler-Erb : type C
		C. fours sans canal de chaleur pénétrant dans la chambre basse	Dreisbusch : type A.I (A à C)

Tableau 1 – Typologie des séchoirs.

Type I : les séchoirs en fosse ou en tranchée

Cette classe regroupe des installations directement creusées dans le sol avec peu ou pas d'aménagement (Figure 3). La structure de ces séchoirs peut être simple avec la combustion se pratiquant directement au fond de la fosse (les *bowl furnaces* anglais) ou plus complexe avec une chambre de traitement séparée de l'aire de chauffe. Ce type, hérité de l'âge du fer, existe encore au Moyen Âge.

Type II : les séchoirs à chambre surélevée

Ces installations présentent un ou plusieurs conduits de chaleur aménagés sous une chambre surélevée. Ils regroupent une grande partie des types répertoriés par P. Morris (type II-A) en Grande-Bretagne, mais aussi des hypocaustes à canaux, à piles ou à pilettes (type II-B). Ils comprennent également des installations dont le foyer débouche directement dans une chambre quadrangulaire non aménagée, c'est-à-dire sans revêtement d'aucune sorte, vraisemblablement surmontée d'une aire surélevée (type II-C) (Figure 3).

Dans les séchoirs en « T » (type II-A), le canal de chauffe principal est couvert, généralement d'un dallage en pierre, même si une couverture en terre cuite ne peut être exclue. L'existence ou non d'une couverture du canal secondaire pose en revanche plus de questions, mais plusieurs installations suffisamment bien conservées assurent l'existence de plusieurs dispositifs comprenant :

- soit un double plancher permettant aux gaz de circuler sous le sol de toute la chambre de traitement, puis communiquant par des évents avec celle-ci (Figure 4a).
- soit un plancher unique couvrant le canal principal, mais pas le canal secondaire qui reste ouvert (Figure 4b).
- soit un plancher unique couvrant le canal principal et le canal secondaire, sauf un ou deux évents situés aux extrémités de la barre du « T » (canal secondaire), assurant ainsi une communication avec la chambre (Figure 4c).
- soit encore un dispositif identique au précédent, sauf que les évents sont surmontés de tubulures formant des cheminées assurant le tirage sans que les gaz communiquent avec la chambre de traitement (Figure 4d).

Dans les trois premiers cas, les gaz chauds (et aussi les fumées) pénètrent donc dans la chambre de traitement. Dans le dernier cas, l'installation fonctionne comme un hypocauste à canaux en évacuant les fumées (à moins que les tubulures ne soient percées sur les côtés).

Pour les séchoirs de type II, les similitudes entre les séchoirs et les hypocaustes ont depuis longtemps été soulignées. D'un point de vue structurel et fonctionnel, rien ne distingue vraiment les deux installations, surtout lorsqu'elles sont fortement arasées. Chacune possède un foyer (ou *praefurnium*), un ou plusieurs canaux de chauffe, une sole reposant sur des pilettes ou des banquettes. Seuls l'environnement général et la disposition des installations permettent d'avoir des doutes sur une identification comme balnéaire ou comme installation économique. C'est dans ce dernier cas qu'une interprétation alternative comme séchoir ou fumoir est proposée par les archéologues.

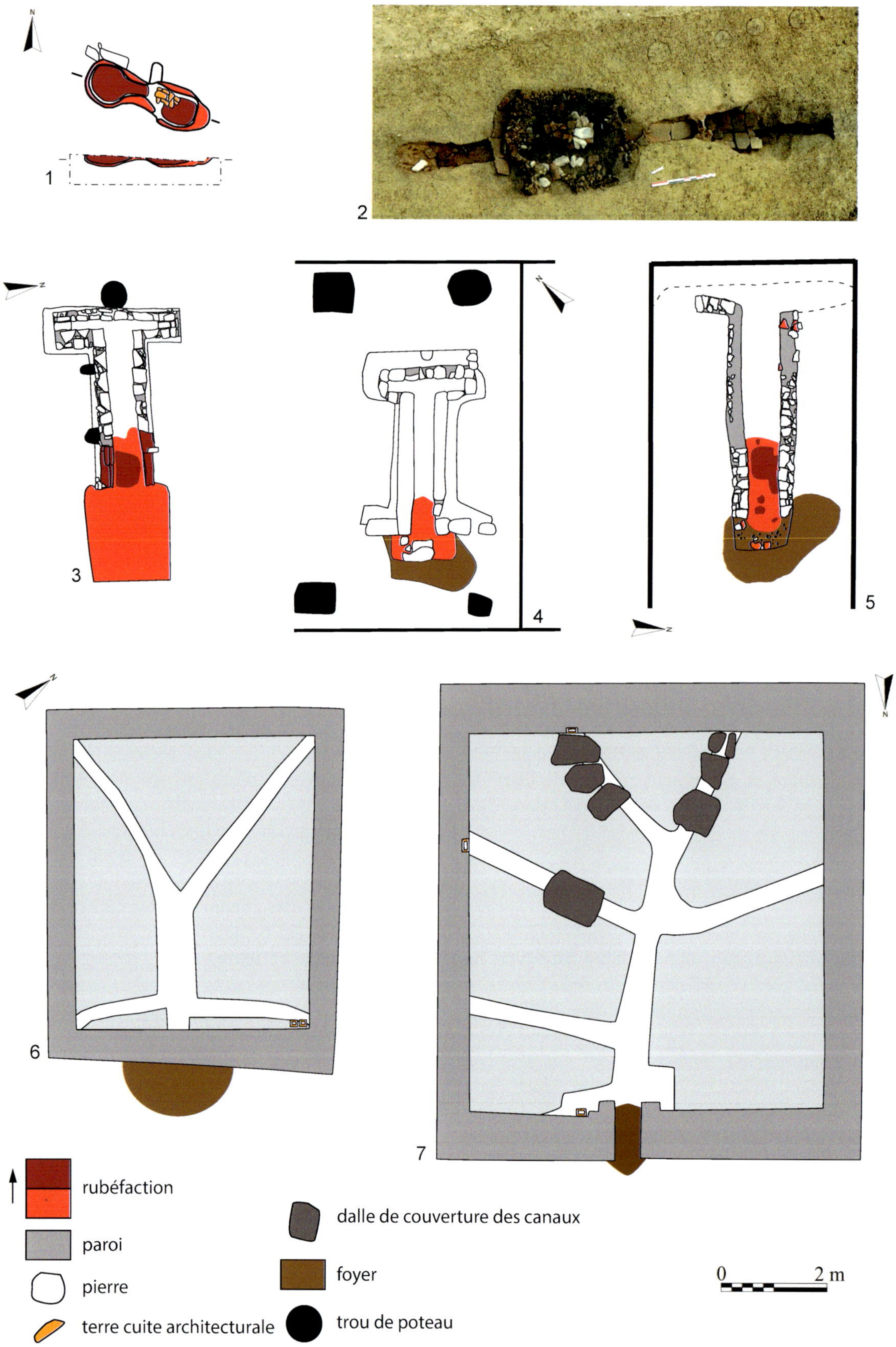

Figure 3 – Séchoirs de type I et II (DAO : G. Huitorel). 1. Laquenexy (Moselle, Fr., d'après Brkojewitsch 2010) ; 2. Montgermont (Ille-et-Vilaine ; Fr., d'après Le Martret, Bron et Lotton 2015, p. 126 , cliché : Éveha) ; 3. Laquenexy (Moselle, Fr., d'après Brkojewitsch 2010) ; 4. Mexy (Meurthe-et-Moselle, Fr., d'après Feller 2010) ; 5. Val-de-Reuil (Eure, Fr., document inédit Y.-M. Adrian, INRAP) ; 6. Burgille (Doubs, Fr., d'après Bonvalot 1983) ; 7. Weitersbach (Rhénanie-Palatinat, All., d'après Van Ossel 1992).

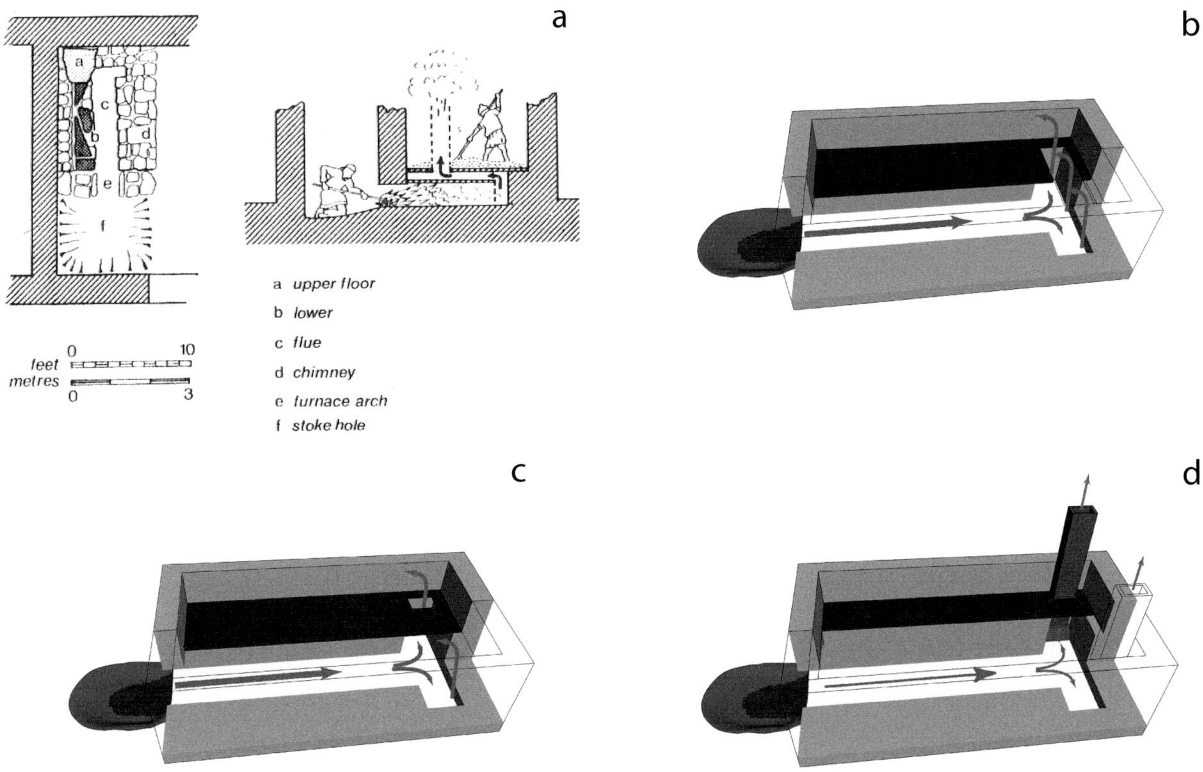

Figure 4 – Hypothèses de restitution des séchoirs de type II (a. d'après Reynolds et Langley 1979 ; b à d. modélisation : É. Chabrol) (d'après Huitorel 2020, p. 159).

Le type II est le plus représenté dans les inventaires (Van Ossel et Huitorel 2017). Parmi les séchoirs de type II, ceux de type II-A, à canaux pénétrants, sont les plus nombreux et notamment les séchoirs en T, les plus représentés dans les campagnes de Gaule romaine (Huitorel 2020 : 157).

Type III : les séchoirs à chambre basse (ou de plain- pied)

Les séchoirs de type III possèdent soit des conduits de chaleur périphériques comme les installations quadrangulaires en « U » (type III-A), soit un canal de chaleur central pénétrant largement dans une chambre de plain-pied (type III-B) ou enfin des installations dont le foyer débouche directement dans une chambre quadrangulaire au sol aménagé (type III-C) (Figure 5). Certaines agglomérations comme Mathay-Mandeure (Lame et Mazimann 2011) ou encore Besançon (Munier 2016) ont livré plusieurs séchoirs de ce type.

Approche chronologique et spatiale des séchoirs

Un répertoire des découvertes effectuées en France, en Allemagne, en Belgique et aux Pays-Bas permet de dresser une liste d'environ 270 installations datées entre le Ier et le Ve s.[3]. Les découvertes révèlent une distribution étendue des séchoirs, avec une concentration plus importante dans le nord-est de la Gaule (Figure 6), mais comme toutes les cartes de répartition, celle-ci présente plusieurs limites. Elle montre ainsi de nombreuses zones de vides qu'il ne faudrait pas interpréter de façon hâtive. Sur ce point, la carte ne reflète qu'un simple état de la recherche et notamment les principales zones ayant fait l'objet d'une synthèse (Île-de-France, Rhétie, Vallée de la Moselle, etc.).

Les séchoirs sont attestés dans des établissements ruraux, des agglomérations, des sites artisanaux ou encore dans des camps militaires mais dans des proportions inégales (Van Ossel et Huitorel 2017 : 142). Un tiers des sites a livré entre deux et quatorze installations. Ce sont majoritairement les agglomérations qui ont livré plus de cinq structures (Mathay-Mandeure, Alise-Sainte-Reine, etc.). Par ailleurs, une pluralité d'installations sur le même site n'implique pas nécessairement leur concomitance.

Les séchoirs n'apparaissent pas avec l'époque romaine. On en connaît, certes de type différent (proche du

[3] Cet inventaire a été réalisé pour le colloque « Produire, transformer et stocker dans les campagnes des Gaules romaines » qui s'est tenu en 2014 à Clermont-Ferrand et pour les actes (Van Ossel et Huitorel 2017). Cet inventaire est progressivement et de manière collaborative mis en ligne sur le site *sechoir-archeologie.huma-num.fr*.

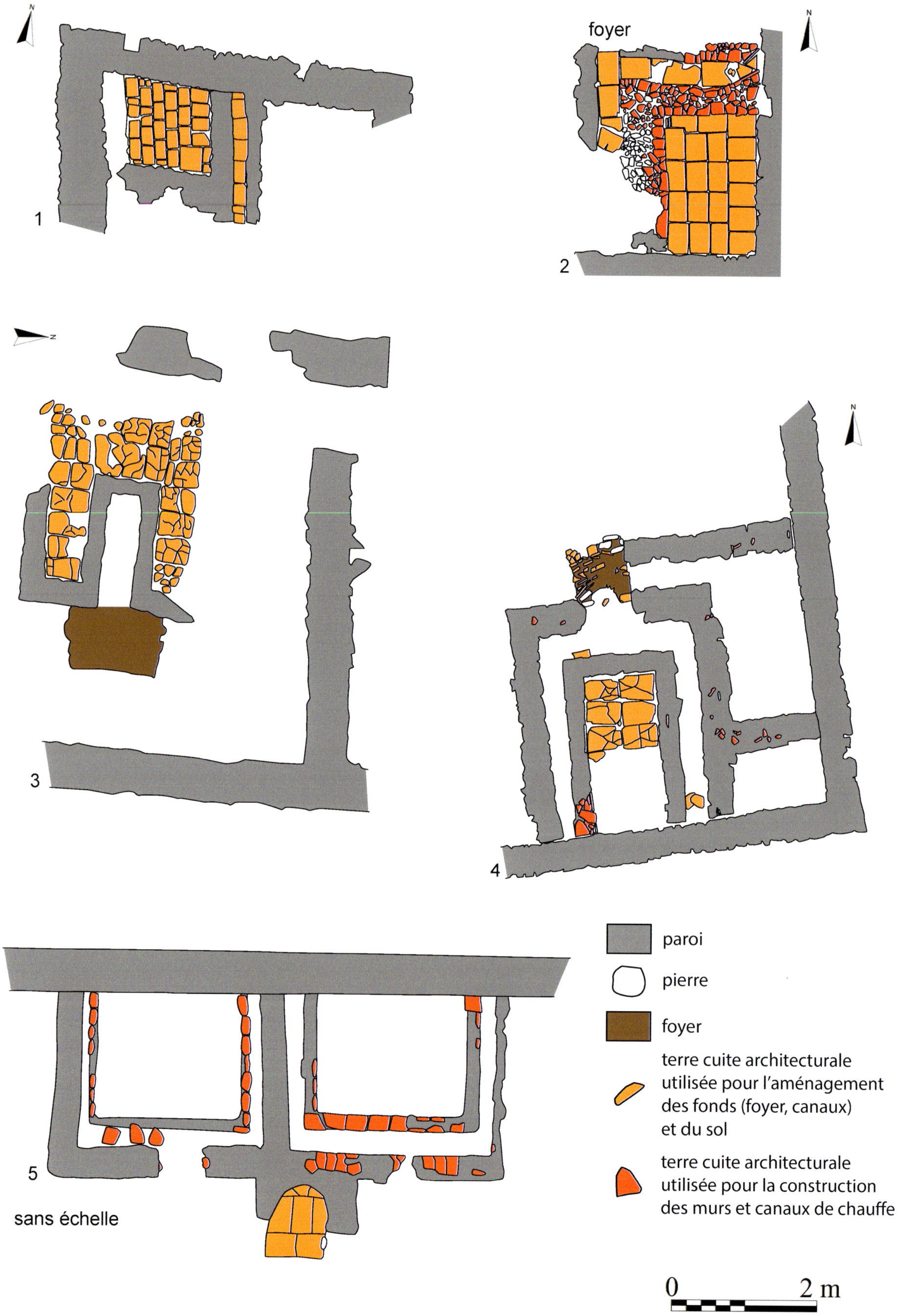

Figure 5 – séchoirs de type III (DAO : G. Huitorel). 1. Jouars-Pontchartrain (Yvelines, Fr., d'après Blin, Morin et Pissot 1995) ; 2. Richebourg (Yvelines, Fr., d'après Barat 1999) ; 3. Mathay-Mandeure (L'Essarté, Doubs, Fr., d'après Lame *et al.* 1987) ; 4. Mathay-Mandeure (Les Montoille, Doubs, Fr., d'après Méloche 2014) ; 5. Mathay-Mandeure (Les Mallots, Doubs, Fr., d'après Lame et Mazimann 2011).

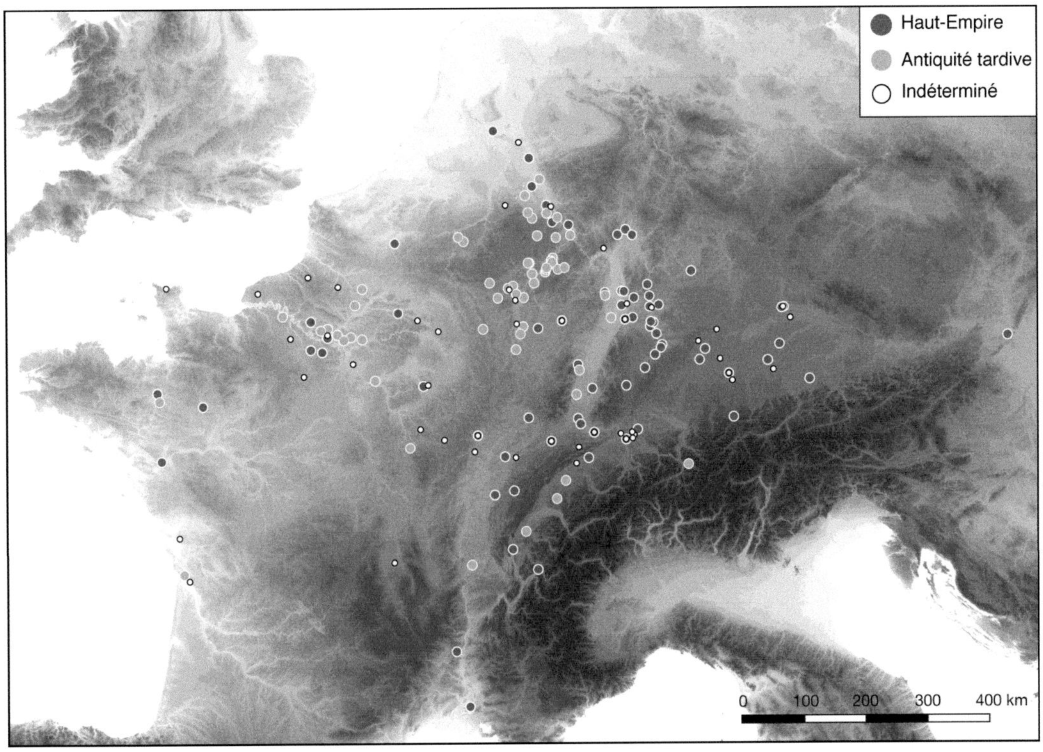

Figure 6 – Répartition et chronologie générale des séchoirs (DAO : P. Ciezar, d'après Van Ossel et Huitorel 2017, p. 144).

type I), dès l'âge du Bronze et l'âge du Fer, puis encore durant le Moyen Âge, tant dans les îles britanniques que sur le continent. Leur permanence jusqu'à l'époque contemporaine (four à chanvre, séchoir à châtaigne, touraille de brasseur) souligne bien la nécessité de les étudier dans une perspective diachronique, même si cet article se limite à la Gaule romaine. La majorité des séchoirs sont datés d'occupations du Haut Empire (environ 60% du répertoire) et le reste de la fin de l'Antiquité. Une chronologie plus fine laisse apparaître une évolution clairement perceptible. Si les plus anciens séchoirs datent du Ier s. de notre ère, leur nombre augmente fortement à partir du IIe s. seulement, puis il stagne au IIIe s. pour enfin croître à nouveau durant les IVe s. et Ve s., la construction de séchoirs, tels qu'ils sont connus dans les siècles précédents, est devenue exceptionnelle (Van Ossel et Huitorel 2017 : 142-143). En l'état de la documentation, il reste délicat d'aller plus loin, la majorité des structures n'étant pas datables avec précision.

Quelle(s) fonction(s) pour les séchoirs ?

Certains séchoirs sont associés depuis longtemps à l'activité agricole, et notamment céréalière (Sigaut 1981 ; Van der Veen 1989 ; Matterne 2001 ou encore Verdin et Desrayaud 2013).

Cette hypothèse a été renforcée au cours des années 1990 avec le développement des études paléoenvironnementales et notamment carpologiques, grâce aux restes de céréales recueillis dans certaines installations. Par ailleurs, des installations interprétées comme des séchoirs à céréales sont associées, parfois simplement par leur proximité, à des équipements agricoles (greniers, aires de battage) ou de mouture (meules). Pour autant, la place de ce traitement reste incertaine et plusieurs utilisations ont été suggérées :

- pour améliorer la conservation des épillets après la moisson,
- pour assurer un séchage d'urgence en cours de stockage (en cas de germination, moisissure, etc.) (Figure 7A),
- pour faciliter l'égrenage (Figure 7B).

Dans ces trois cas, le séchage est réalisé sur des épillets.

Après le processus de décorticage, les séchoirs peuvent être employés avant un stockage à long ou moyen terme afin d'abaisser le taux d'humidité des céréales. Le procédé peut être renouvelé le cas échéant pendant le stockage si une altération de la récolte était constatée (Figure 7C). Durant ces étapes, les céréales traitées sont complètement nettoyées.

La présence de grains dans les installations pourrait également indiquer un séchage avant mouture, afin de les durcir et éviter ainsi d'obturer la surface de la meule (Figure 7D). Enfin, un léger grillage des céréales a pu

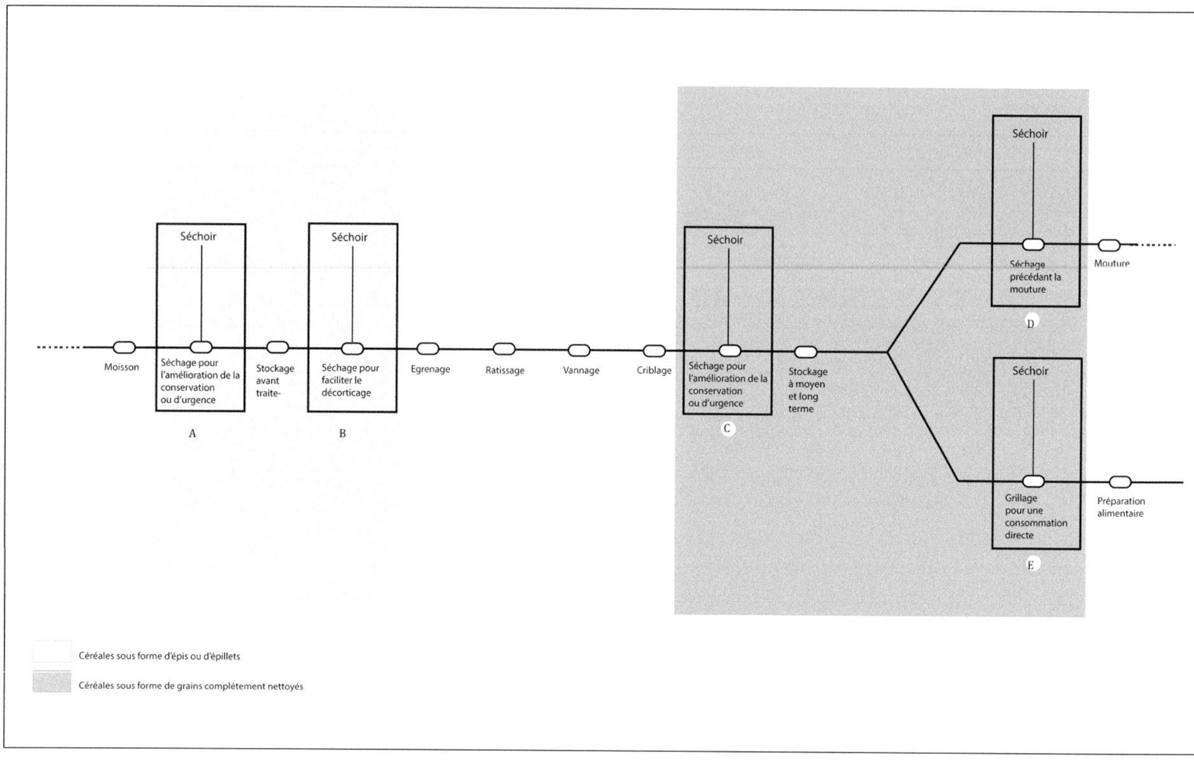

Figure 7 – Essai d'intégration des séchoirs dans le processus simplifié du traitement des céréales. L'utilisation des séchoirs peut intervenir selon les besoins à plusieurs étapes de la chaîne de traitement (DAO : G. Huitorel, d'après Van Ossel et Huitorel 2017, p. 152).

servir de première cuisson, les rendant plus digestes et modifiant leur goût avant une consommation directe sous forme de bouillie, par exemple (Figure 7E).

Si l'ensemble de ces arguments semble créer un faisceau d'indices suffisant pour interpréter certaines installations comme séchoirs à céréales, plusieurs arguments contraires doivent être considérés. D'abord, sur les découvertes de chargement elles-mêmes. Les produits issus du traitement des céréales (balles, glumelles, etc.) peuvent avoir été utilisés comme combustible et dès lors n'éclairer en rien la fonction des installations, d'autant plus que la découverte d'une charge illustre seulement la dernière utilisation du séchoir. Ainsi, si des produits de nature différente ont été traités auparavant, mais que la chambre a été nettoyée, aucune trace n'en subsiste. Plusieurs arguments ont été avancés par P. J. Reynolds et J. K. Langley suite à leur expérimentation, concernant la morphologie et le fonctionnement des installations, qui ne s'adapterait pas à une utilisation comme séchoir à céréale (Reynolds et Langley 1979 : 38-39). D'abord, la taille de la chambre de la plupart des installations semble insuffisante pour traiter efficacement la totalité d'une récolte de céréales. Mais encore faudrait-il savoir quelle serait la taille minimale pour parler d'efficacité ou de rendement, ou encore la durée sur laquelle sont traitées les récoltes ? Ensuite, selon les mesures effectuées lors des expérimentations menées, la température dans les séchoirs ne serait pas assez élevée pour éliminer toute humidité. Aussi intéressant soit-il, ce constat s'applique seulement au type de séchoir testé alors que d'autres sont envisageables. Suite à leur expérimentation, P. J. Reynolds et J. K. Langley ont proposé de lier l'utilisation des séchoirs à la préparation du malt pour la bière. Cette hypothèse a été renforcée par plusieurs découvertes[4].

Les études carpologiques de restes trouvés dans les installations ont également révélé des légumineuses (Van Ossel 1992 : 148 ; Matterne 1997 : 89). De fait, rien ne s'oppose à ce que certains séchoirs aient servi à sécher ou fumer des légumes et très certainement aussi des fruits, afin d'optimiser leur conservation par dessiccation, selon une pratique connue dans l'Antiquité[5]. Les textes nous informent sur le grillage

[4] Dans le cas de Roye (Fr., Somme), le touraillage est identifié grâce aux restes de céréales germées à 80 % (Quérel et Le Brazidec 1999). Parfois, comme à Winningen (All., Rhénanie-palatinat) (Eiden, 1976 ; Laubenheimer, Ouzoulias et Van Ossel 2003) c'est la proximité des séchoirs avec des cuves et des aires qui pourraient participer au trempage et à la germination des graines qui permet de construire l'hypothèse d'une activité de maltage.

[5] Pour le séchage des fruits et légumes, voir : Cato., *Agr.*, 7.4 ; Col. 12.14-15 et 2.10 ; Var., *R.*, 1.59.3 ; Pall., *De Agr.*, 7.3 et 12.6 ; Plin., *Nat.*, 19.115.

des lentilles (Plin., *Nat.*, 18.61 et 98) ou encore le fumage du raisin pour une consommation directe (Plin., *Nat.*, 14.16 ; Hor., *Sat.*, 4), laissant ainsi entrevoir une multitude de préparations alimentaires.

Ce sont généralement les séchoirs de type II, à chambre surélevée, qui sont associés au séchage et à la transformation des céréales, en raison de la chambre surélevée qui permet de disposer les graines sur toute la surface utile de l'installation, comme cela a été testé pour le séchoir reconstitué (cf. *infra*).

D'autres installations, retrouvées principalement dans des agglomérations, mais pas exclusivement, sont identifiées comme fumoirs à viande et/ou à poisson. L'interprétation repose sur des indices directs comme la découverte de macro-restes de poissons (Jouars-Pontchartrain, la Ferme d'Ithe, Yvelines, Fr.) (Blin, Morin et Pissot 1995), d'omoplates percées pour être suspendues et celle de graisse ovine ou bovine (Biberist, Spitalhof, Su., Canton de Soleure) (Schucany 2006). Elle repose aussi sur leur association avec des équipements liés à la préparation de la viande comme des esses et couperets de boucher, des bassins de salaison ou encore des foyers plats adjacents aux structures (Mathay-Mandeure, Champ des Isles, Fr., Doubs) (Lame et Mazimann 2011). Il est notable que les installations concernées se trouvent dans des régions renommées pour leurs productions de charcuterie, comme les arcs alpin et jurassien (Van Ossel et Huitorel 2017 : 153).

Les fumoirs auraient donc pour fonction de traiter de la viande ou du poisson séché, salé, "mi-cuit" ou cuit afin de modifier son arôme et sa couleur (préparation de charcuterie par exemple) et améliorer sa conservation, notamment en éliminant certaines bactéries (Hadzhipetkov 2020 : 82). Le fumage peut alors se faire à froid, à une température de 30 °C maximum ou à chaud, sans dépasser les 80 °C (Hadzhipetkov 2020 : 82-83). Il ne faut toutefois pas écarter trop précipitamment une fonction de séchage de la viande crue ou salée en vue de sa conservation, le séchage passif n'étant pas toujours évident dans un climat tempéré. La chaleur transportée par la fumée dans la chambre de traitement viendrait donc sécher la viande, en lieu et place du vent dans un séchage passif. Cette pratique serait proche du fumage à froid.

Les séchoirs de type III, à chambre basse, sont souvent associés aux activités de fumage en raison de leur disposition interne avec une chambre de traitement dans laquelle il serait possible d'accéder pour accrocher ou disposer sur des claies, les denrées à traiter. Cette hypothèse est également renforcée par la découverte régulière d'évents qui permettent de faire pénétrer gaz et fumée dans la chambre de traitement depuis les canaux de chauffe.

Plusieurs séchoirs ont été trouvés dans divers sites de production artisanale (forge, atelier de potier, etc.). C'est le cas à Augst (Su., Canton de Bâle-Campagne) où une installation est interprétée comme séchoir à drap en raison de sa situation dans un atelier de foulon. Une interprétation similaire a été avancée – par défaut – pour un séchoir découvert à Mathay-Mandeure[6]. En Allemagne méridionale, certains séchoirs ont été identifiés comme des séchoirs à lin et trouvent alors leur place dans le processus de transformation des fibres textiles après le rouissage, comme l'indique Pline l'Ancien (Plin., *Nat.*, 19.16). Cette interprétation repose principalement sur des comparaisons ethnographiques avec des séchoirs à lin modernes allemands (Filgis 1992 ; Filgis 1993), et accessoirement sur la découverte de deux peignes à carder (Dreisbusch 1994 : 187).

La présence de séchoirs dans des sites métallurgiques soulève d'autres questions. À Bitburg-Stahl, le fouilleur a proposé de les interpréter comme des installations de grillage (*Vorrösten*) du minerai pour faciliter le concassage (Gilles 1983). Toutefois, si le nombre de cas avérés pourrait suggérer un rôle dans le processus de fabrication du fer, celui-ci reste encore mal identifié et, d'un point de vue technique, on ne sait pas quelle étape de la transformation du minerai était concernée, d'autant que ce dernier n'était pas directement au contact du feu.

Enfin, des séchoirs sont attestés aussi dans des ateliers de potiers ou de tuiliers ou, tout au moins, dans le voisinage immédiat de fours destinés à la cuisson de matériaux en terre cuite. Dans ce cas encore, la proximité suggère un lien entre les deux activités et évoque le séchage de certains produits avant la cuisson afin d'éviter les risques d'éclatement. L'hypothèse reste toutefois à valider.

Au-delà des interrogations subsistantes, la multiplicité des interprétations trouvées dans la bibliographie ouvre la porte à d'autres utilisations, attestées chez les auteurs latins et parfois encore en usage aujourd'hui. Ces pratiques concernent aussi bien l'alimentation (végétale et animale) que l'artisanat. Ainsi, qu'en est-il du fumage du fromage, dont certaines recettes sont données dans les textes (Plin. *Nat.*, 11.241 ; Col., *Rust.* 7.8.7. ; Mart., *Epi*, 10.36.), ou encore du fumage du cuir afin de conserver sa souplesse, optimiser sa conservation et son imperméabilité ainsi que de le colorer. Si aucun argument concret ne permet de valider ces hypothèses, l'absence de preuves n'indique pas forcément une absence de la pratique.

Si certains types de séchoirs semblent plus adaptés à certaines activités, la conservation souvent mauvaise

[6] Cette interprétation (Goy *et al.* 1989) a depuis été revue, privilégiant une fonction plus polyvalente (Lame et Mazimann 2011 : 37).

Figure 8 – Exemples d'éléments en terre cuite dans l'aménagement interne des séchoirs. 1. Nimègue (Gueldre, Nl., d'après Willems 1990) ; 2. Elbeuf – Le Buquet (Seine-Maritime, Fr., d'après Broglio 1992) ; 3. Selongey (Côte d'Or, Fr., d'après Duseau 2014).

des chambres de traitement ne permet pas d'assurer de manière définitive l'association d'un type d'installation à une pratique. Les séchoirs pouvaient se prêter à des usages polyvalents, accueillir des produits variés et surtout assurer peut être indifféremment le séchage et le fumage.

L'argile dans la construction et l'aménagement des séchoirs

De bas en haut, murs et couverture des séchoirs

Les séchoirs présentent généralement un aspect simple, sous la forme d'une petite pièce de forme quadrangulaire dont la superficie peut varier de 6 à plus de 20 m^2 (Huitorel 2020). Si certaines installations sont isolées à l'extérieur et présentent quatre murs de construction identiques ; la majorité des séchoirs sont construis à l'intérieur d'un bâtiment plus vaste, généralement dans un angle, et s'appuient donc sur deux des murs existant du bâtiment, qui sont dans la majorité des cas fondés et maçonnés (Figure 2, 3 et 5). Toutefois, les murs des séchoirs sont dans de nombreux cas d'une construction plus simple ; les fouilles archéologiques révèlent des murs non fondés, de faible largeur, matérialisés par des pierres d'origines locales et des éléments de récupération, parfois en terre cuite[7], formant des solins. Le faible ancrage des murs limite l'hypothèse de parois constituées de moellons montés au mortier. Les murs pourraient alors être construis en pierre sèche comme l'a proposé P. J. Reynolds pour des découvertes de Grande-Bretagne (Reynolds et Langley 1979 : 29 *sq.*). Dans d'autres cas, une élévation en torchis est envisageable par la présence dans les solins de trous de poteau qui pourraient supporter un clayonnage[8]. D'ailleurs, le comblement des structures de Rogging (All., Bavière) (Dreisbusch 1994), Eching (All., Bavière) (Weski 1992) et Regensburg (Gewerbeviertel, All., Bavière) (Dreisbusch 1994 ; Fischer 1992) ont livré de nombreux fragments de torchis brulé. Dans ce cas, les solins auraient pour fonction de stabiliser la base des murs en torchis et de les isoler de l'humidité du sol.

Des tuiles pourraient également servir à la toiture des séchoirs. Toutefois, les données font aujourd'hui généralement défaut pour enrichir cette hypothèse et l'absence de tuiles de couverture dans les remblais des installations peut indiquer d'autres types de couverture. Une couverture réalisée avec des végétaux, comme choisie par P. J. Reynolds (Reynolds et Langley 1979) pour sa reconstitution, présenterait des avantages pour l'évacuation des gaz et de la fumée, les risques de combustion étant limités par la situation du foyer à l'extérieur du séchoir et des températures atteintes certainement assez basses.

Du foyer aux canaux de chauffe, l'aménagement des séchoirs

L'argile est utilisée pour l'élévation des séchoirs et se retrouve également dans l'aménagement de sa structure interne (Figure 8). L'argile peut être employée cuite pour la construction du foyer. C'est par exemple le cas à Bornheim-Botzdorf (Ulbert 2002), où le fond du foyer est recouvert par du mortier de chaux sur lequel a été identifié des traces de tuiles (*tegulae*) posées à plat.

À l'intérieur du séchoir, les murets formant les canaux de chauffe peuvent être construits avec des fragments de tuile comme à Besançon (ZAC Pasteur, Fr., Doubs) (Munier 2016) et Mathay-Mandeure (Les Oichottes, Fr., Doubs) (Lame et Mazimann 2011), voire en totalité comme à Elbeuf – Le Buquet (Val-Caron, Fr., Seine-Maritime) (Broglio 1992) et Nimègue (Nl., Gueldre) (Willems 1990). L'argile crue sert également à lier les matériaux des canaux de chauffe comme à Besançon,

[7] Bornheim-Botzdorf (All., Rhénanie-du-Nord-Westphalie) (Ulbert 2002) ; Weiler-la-Tour (Mechel, Lu., Luxembourg) (Krier 1982).

[8] Mexy (Devant les Bois, Fr., Lorraine) (Feller 2010), Dieue-sur-Meuse (Le Cheminet, Fr., Meuse) (Vermard 2011), Laquenexy, Rouvillers (Clos d'Elogette, Fr., Oise) (Bonin 1991), Ilvesheim (Mahrgrund II, All., Bad-Wurtemberg) (Wedekind et Wirth 2007).

ZAC Pasteur, Werteisbach (Unter den Weisstannen, All., Rhénanie-Palatinat) (Van Ossel 1992) et Habay-la-Vieille (Mageroy, Be., Luxembourg) (Perard 2009). À Jouars-Pontchartrain (Blin, Morin et Pissot 1995), c'est le fond du canal de chauffe qui est constitué de tuiles à rebord retournées.

Les évents permettant la communication entre les canaux de chauffe et la chambre de traitement peuvent être réalisés grâce à des canalisations en terre cuite tubulaires ou quadrangulaires (*tubuli*) comme c'est le cas à Besançon (ZAC Pasteur) et Selongey (Fr., Côte-d'Or) (Duseau 2014).

Dans les cas des séchoirs de type III à chambre basse de Mathay-Mandeure (L'Essarté, Fr. Doubs) (Lame et Mazimann 2011), Jouars-Pontchartrain (Blin, Morin et Pissot 1995), Ursy (*En la Donchière*, Su., Fribourg) (Bugnon & Dafflon 2000), Winkel (Seeb, Su., canton de Zurich) (Drack 1990), Charny (Champs-de-Choisy, Fr., Seine-et-Marne) (Mallet 2006) et de Rosheim (ZAC du Rosenmeer, Fr., Bas-Rhin) (Card 2004), le sol de la chambre de traitement est aménagé à l'aide de dalles en terre cuite, des *tegulae* remployées dans certains cas.

Enfin, comme pour les évents, des canalisations en terre cuite peuvent constituer les cheminées permettant l'évacuation des gaz et des fumées comme dans les installations de Moselle (All.) (Gilles 1999), à Schieren (Route de Luxembourg, Lu., Diekirch) (Hadzhipetkov 2020), Laquenexy (Entre Deux Cours, Fr., Lorraine) (Brkojewitsch 2010), Burgille (Champs d'Ougney, Fr., Franche-Comté) (Bonvalot 1983) ou encore Weitersbach.

Quel rôle pour l'argile dans la construction des séchoirs ?

Dans les séchoirs, l'argile peut donc être utilisée crue ou cuite, aussi bien pour la constitution de ses murs extérieurs que pour l'aménagement du foyer et de la chambre de traitement (Tableau 2). L'utilisation régulière de l'argile pour la construction et l'aménagement des séchoirs peut s'expliquer par plusieurs facteurs.

L'argile, par sa plasticité, permet de façonner des formes variées (dalle, canalisation, tube creux, etc.), qui une fois cuites, participent à l'aménagement des séchoirs pour la construction des solins et canaux de chauffe, la circulation des gaz et des fumées et peut être la couverture de la chambre de traitement. Ces éléments en terre cuite de différentes formes sont plutôt aisés à se procurer et à remplacer, dans les campagnes comme dans les agglomérations, et notamment en récupération de pièces de toiture (*tegulae* et *imbrices*) et d'hypocauste (pilette, *tubuli*). Certains séchoirs sont d'ailleurs construits dans d'anciens hypocaustes domestiques comme à Weiler-la-Tour (Krier 1982) et Bornheim-Botzdorf (Ulbert 2002). De plus, ces pièces

Utilisation/état de l'argile	crue	cuite
Murs	X	
Toiture/couverture (?)		X
Construction du foyer		X
Aménagement des canaux de chauffe	X	X
Aménagement du fond des canaux de chauffe		X
Évents	-	X
Sol de la chambre de traitement		X
Cheminées		X

Tableau 2 – Liste des éléments en argile et en terre cuite dans les séchoirs.

résistent aux températures atteintes dans les séchoirs. La forte représentation des éléments de séchoir en terre cuite s'explique également par la bonne conservation de ce matériau dans les sols, contrairement à des aménagements en matériaux périssables, qui pouvaient être présents comme des claies en bois, mais qui ne se sont pas conservés.

À une période où l'architecture en pierres maçonnées est courante, l'utilisation du torchis pour la fabrication des murs peut s'expliquer par un accès facile et peu couteux aux matières premières, ainsi qu'une mise en œuvre relativement aisée. Pour une utilisation performante du séchoir, les murs en torchis demande un séchage poussé au maximum afin d'éviter une humidité importante dans des installations dont le but principal est très certainement de sécher des denrées (cf. *supra*). Toutefois, une fois sec, la bonne inertie thermique du torchis doit permettre de bien isoler le séchoir et de ventiler l'humidité lors des phases d'utilisation. Les questions du fonctionnement des séchoirs et de leur performance, ont été posées lors de plusieurs tests effectués sur un séchoir en T reconstitué.

Un exemple d'expérimentation : un séchoir reconstitué à Villejuif (Val-de-Marne)

Le projet et la construction du séchoir

Les travaux dédiés jusqu'ici aux séchoirs apportent des réponses mitigées aux questions concernant le fonctionnement, la performance et, par extension, la fonction de ces installations. La reconstitution et l'expérimentation semblent être des outils adaptés pour dépasser les limites imposées par l'étude des vestiges archéologiques et ouvrir de nouvelles pistes de réflexion. Un projet de reconstitution et de tests d'un séchoir à canaux en T (type II-A) a donc été élaboré dans le cadre d'une convention unissant l'UMR 7041 Archéologies et sciences de l'Antiquité au Département du Val-de-Marne[9]. L'objectif des premiers tests menés est de mieux caractériser les séchoirs à canaux en T : quelle était la structure de ces installations au moment de leur utilisation ? Comment circulent les gaz et la fumée dans les canaux et la chambre de traitement ? Quelles étaient les performances des séchoirs (températures, durée d'utilisation, consommation en bois, etc.) ? Et à quelle(s) fin(s) pouvaient-ils être employés ?

Une installation « type », qui ne reproduit pas un séchoir en particulier mais regroupe les principales caractéristiques de ces installations, a été dessinée par É. Huitorel et modélisée par É. Chabrol (Figure 9). La conception du séchoir permet de modifier son système interne pour s'adapter aux différentes hypothèses de couverture du canal secondaire et d'évacuation de la fumée (cf. *supra*). La superficie de l'installation, de 3 m^2, est divisée par deux par rapport aux séchoirs à canaux en T les plus réduits. L'installation a été construite au mois de juin 2016 et sa construction a occupé jusqu'à sept personnes pendant trois jours. La toiture, d'abord synthétique, a été remplacée par une toiture en tuile en 2017 (Figure 10). Plusieurs tests préliminaires ont été effectués afin de mettre en place un protocole et d'avoir une approche empirique du fonctionnement du séchoir reconstitué.

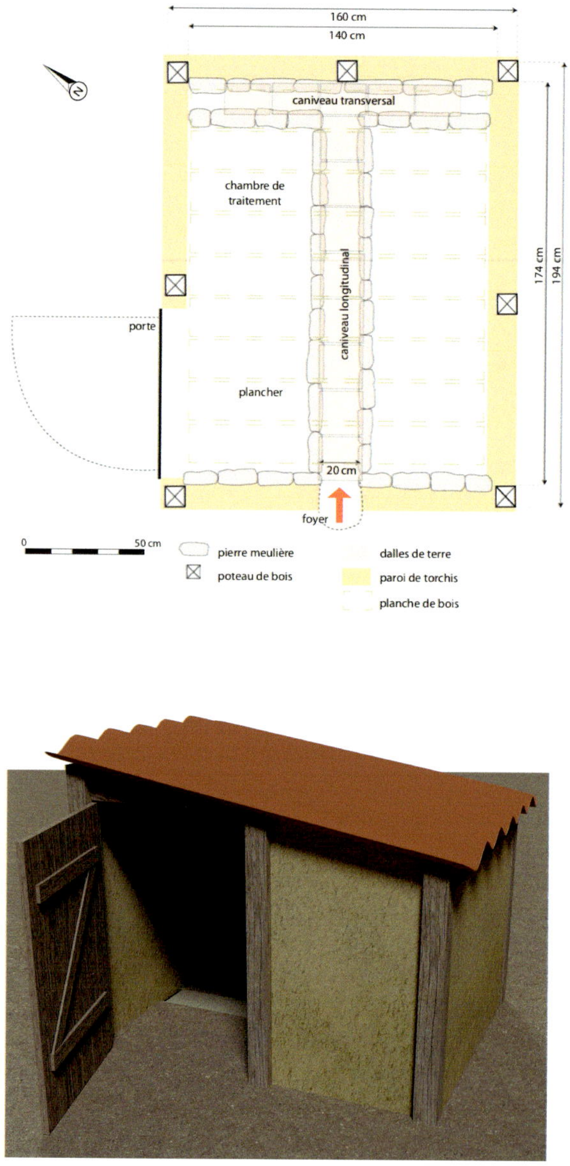

Figure 9 – Plan (DAO : P. Le Bihan d'après un dessin de É. Huitorel) et modélisation (É. Chabrol) du séchoir préalablement à sa reconstitution.

Les premiers tests

Le premier test a été effectué avec Noémie Ledouble dans le cadre de ses travaux sur la fabrication de la bière, le 10 septembre 2016[10]. Les conditions extérieures étaient bonne avec plus de 25 °C et moins de 50 % d'humidité durant toute la période du test.

Le séchoir a été employé pour sécher de l'orge (*Hordeum vulgare*) préalablement trempée et germée en vue de la préparation de malt (phase de touraillage). La chambre de traitement a été disposée avec le canal principal couvert de dalles en terre cuite et le canal secondaire (la barre du T) entièrement ouvert. Une ouverture a été pratiquée dans le mur du séchoir à l'extrémité du canal principal, dans l'axe du foyer. L'orge est disposée sur une couche de 2 à 3 cm d'épaisseur, d'après les données récoltées par P. J. Reynolds lors de ses expérimentations à la Buster Farm (Reynolds et Langley 1979). Les céréales ont été remuées toutes les heures afin que le séchage ne soit pas limité à la couche supérieure.

Afin de mesurer les performances du séchoir, sa température interne et son hygrométrie ont été mesurées grâce à une sonde placée au centre de la structure, à mi-hauteur. L'humidité des céréales est évaluée par un humidimètre à céréale (à titre indicatif) et par la mesure de leur masse. L'ensemble des mesures ont été recueillies à intervalle régulier, toutes les 30 minutes. Le test a duré 6h30 et 30 kg de bois ont été utilisés.

Orge (*Hordeum vulgare*) :

- avant trempage : 5,000 kg (humidité d'environ 15%),

[9] Le département du Val-de-Marne est représenté par le service archéologie dont je tiens à remercier l'ensemble des agents et plus spécialement Bernard Poirier, Sophie Duvauchelle et Pascale Le Bihan. Je remercie également toutes les personnes qui ont participé au montage et à la réalisation de ce projet : Paul Van Ossel, Étienne Chabrol, Cyndie Chabrol, Noémie Ledouble, Julien Frontil, Mathilde Huitorel ainsi que Florence Huitorel et Éric Huitorel.

[10] Détail des test dans Huitorel 2020 : 465 *sq*.

Figure 10 – La construction du séchoir et son état en 2017 (clichés : G. Huitorel).

- après germination : 8,800 kg (humidité supérieure à 60 %),
- après séchage : 6,900 kg (env. 25-28 % d'humidité)

Le premier test a permis de faire baisser l'humidité des céréales sans pour autant atteindre le taux d'humidité nécessaire pour préparer le malt (environ 5%). L'apport en gaz chaud et sec a permis d'augmenter la température du séchoir et de diminuer son hygrométrie, permettant un séchage efficace des céréales (Figure 11 et Tableau 3). Pour ce premier test, les céréales ont été disposées sur un plancher en bois qui a absorbé et conservé une partie de l'humidité. Cette pratique n'a pas été renouvelée pour les tests suivants.

Le deuxième test s'est déroulé le 18 septembre 2016 par un temps nuageux présentant une température de moins de 20 °C et près de 80% d'humidité extérieure (pluie la veille du test). Pour ce test, l'installation a été employée pour effectuer le séchage de froment (*Triticum aestivum*) et d'épeautre (*Triticum spelta*) pour une conservation optimale (14 % d'humidité ou moins). Le canal principal était couvert ainsi que le canal secondaire à l'exception des deux extrémités. Deux ouvertures ont été pratiquées à la sortie des canaux secondaires en haut des murs. Pour ce deuxième test, l'aire de chauffe a été agrandie afin de pouvoir éloigner le foyer de l'entrée du canal principal, trop proche lors du premier test (cf. *infra*). Les charbons obtenus lors de la combustion du bois ont été placés à l'entrée du canal de chauffe sur les 20 premiers centimètres environ (Figure 12). Les céréales ont été disposées à même le sol (couche de 2 à 3 cm d'épaisseur) et ont été remuées toutes les heures. Une sonde placée au centre de la structure, à mi-hauteur a mesuré la température interne ainsi que son hygrométrie. L'humidité des céréales est évaluée par un humidimètre à céréale (à titre indicatif) et par la mesure de leur masse. L'ensemble des mesures ont été recueillies à intervalle régulier, toutes les 30 minutes. Le test a duré 5h30 et 40 kg de bois ont été utilisés.

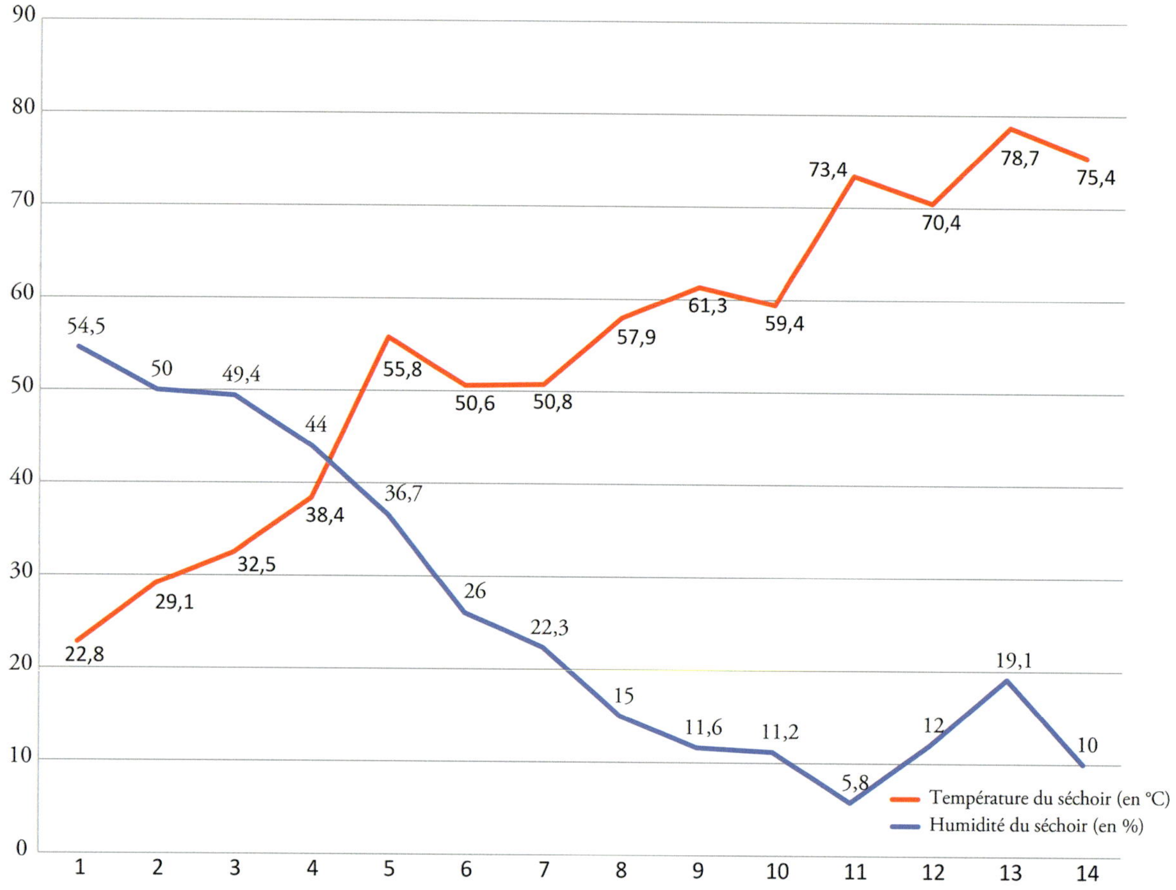

Figure 11 – Données hygrométriques et thermiques du séchoir lors du premier test.

Intervalle	0	1	2	3	4	5	6	7	8	9	10	11	12	13
Masse échantillon témoin (en g)	100	100	99	98	97	96	95	93	92	91	88,75	86,5	84,25	82

Tableau 3 – Évolution de la masse de l'échantillon témoin aux intervalles de mesure lors du premier test.

Figure 12 – L'aire de chauffe lors du second test (cliché : G. Huitorel).

Épeautre :

- avant séchage : 2,160 kg (environ 25 % d'humidité),
- après séchage : 2,030 kg (environ 13 % d'humidité)

Froment :

- avant séchage : 3,600 kg (environ 26 % d'humidité),
- après séchage : 3,250 kg (environ 13-14 % d'humidité)

Malgré des conditions météorologiques plus difficiles en raison de l'humidité ambiante, le second test a permis d'abaisser le taux d'humidité des céréales suffisamment bas pour pouvoir les stocker sans risque

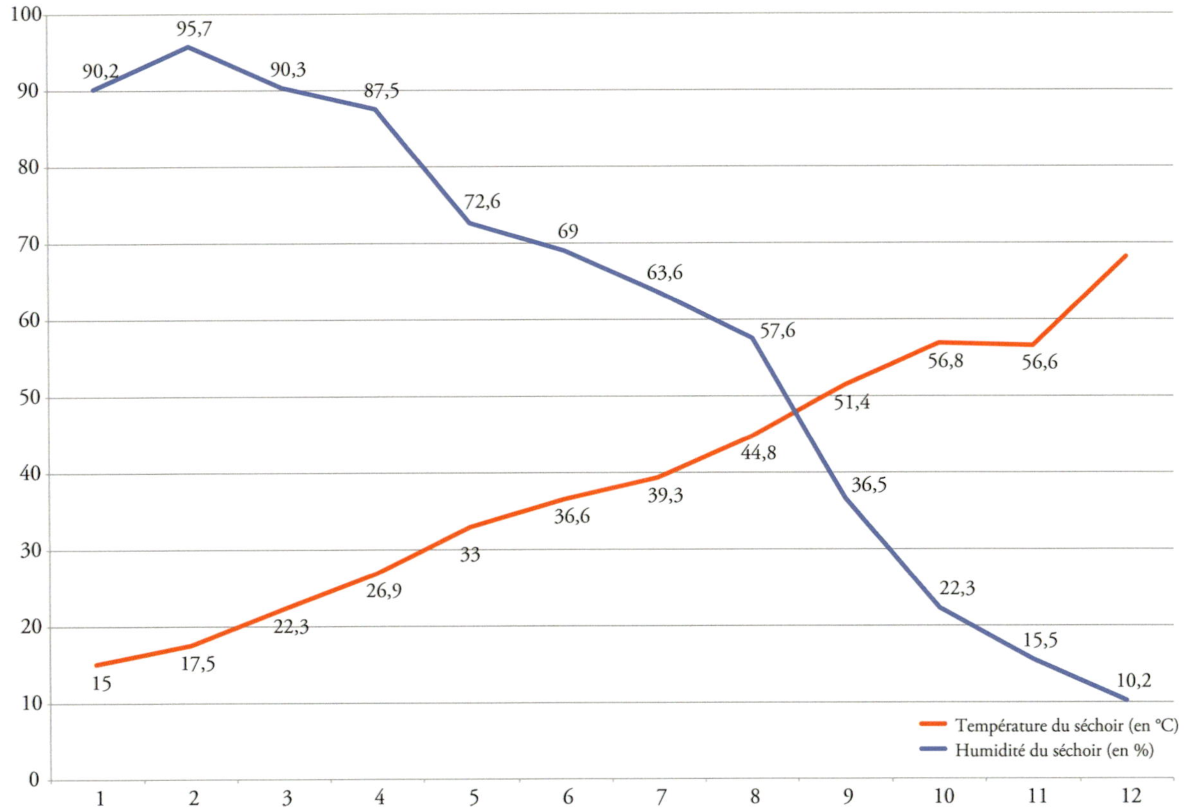

Figure 13 – Données hygrométriques et thermiques du séchoir lors du deuxième test.

Intervalle	0	1	2	3	4	5	6	7	8	9	10	11
Masse échantillon froment (en g)	50	52	51	52	51	50	50	50	48	46	44	41
Masse échantillon épeautre (en g)	50	52	51	50,5	49	48	47	47	46	46	44	43

Tableau 4 – Évolution de la masse de l'échantillon témoin aux intervalles de mesure lors du deuxième test.

de moisissure ou d'échauffement. Malgré un temps nuageux et surtout humide, l'apport en gaz chaud et sec a permis d'augmenter la température du séchoir et de diminuer son hygrométrie. Toutefois, le séchage du bois en début de combustion a certainement entraîné un apport d'humidité au début du test conduisant à une augmentation de l'hygrométrie du séchoir (Figure 13, intervalle 1) et limitant le séchage des céréales (Tableau 4).

Le troisième test a eu lieu le 10 octobre 2017 par un temps nuageux avec moins de 20 °C et plus de 50 % d'humidité extérieure. Le séchoir a été utilisé pour effectuer le séchage de deux lots de froment (*Triticum aestivum*) respectivement à 20 et 30 % d'humidité. Le canal principal était couvert ainsi que le canal secondaire

Figure 14 – Vue de l'intérieur du séchoir lors du troisième test (cliché : G. Huitorel).

à l'exception des deux extrémités. Les dimensions du foyer sont identiques à celles du deuxième test. La toiture en terre cuite est percée d'une cheminée (Figure 10). La chambre de traitement a été recouverte d'un dallage en terre cuite sur lequel les céréales ont été disposées (couche de 2 à 3 cm d'épaisseur) (Figure 14). Durant le test, les céréales ont été remuées toutes les heures.

Afin de mesurer les performances du séchoir, sa température interne ainsi que son hygrométrie ont été mesurées grâce à quatre sondes disposées à plusieurs endroits de la structure (T1 à 4) (Figure 15 et Tableau 5). L'humidité des céréales est évaluée par un humidimètre à céréales (à titre indicatif) et par la mesure de leur masse. L'ensemble des mesures ont été recueillies à intervalle régulier, toutes les 10 minutes. Le test a duré 4h00 et 30 kg de bois ont été utilisés.

Froment 1 :

- avant séchage : 3,600 kg (environ 30 % d'humidité),
- après séchage : 3,200 kg (environ 17,5 % d'humidité)

Froment 2 :

- avant séchage : 7,500 kg (environ 20 % d'humidité),
- après séchage : 7,200 kg (environ 15 % d'humidité)

Malgré des conditions météorologiques délicates en raison de pluies la veille et d'un taux d'humidité important à l'extérieur ainsi que dans le séchoir, ce test a permis de baisser le taux d'humidité des céréales (Tableau 5). Pour une conservation optimale, le taux d'humidité des céréales est toutefois encore un peu trop élevé. En début de test, du bois, dont la combustion n'était pas assez avancée, a été placé à l'entrée du canal de chauffe, ce qui semble avoir entraîné une augmentation de l'humidité de la structure et des céréales (Tableau 5, intervalles 7 à 10). Par la suite, seules des braises ont été utilisées afin de créer un courant d'air chaud et sec dans la structure. La multiplication des points de mesure de la température permet plusieurs constats. La chaleur dans le canal central (T2) et au niveau d'un évent (T3) est plus variable qu'au niveau du sol (T4) et au centre du séchoir (T1). La température dans et à la sortie des canaux de chauffe doit davantage être soumise au tirage naturel et artificiel (au soufflet) ainsi qu'au remplacement régulier des braises à l'entrée du canal principal. Entre le canal principal (T2) et la sortie du canal secondaire (T3), les pics et chutes de températures sont identiques, indiquant que le flux de chaleur est continu (Figure 15). Toutefois, une déperdition de chaleur est notable : à la sortie du canal de chauffe (T3), la température est en moyenne 77 % inférieure à celle du canal principal (T2). Entre le niveau de sol (T4) et le centre de l'installation (T1), les pics et les chutes de chaleur sont identiques (Figure 15). Toutefois, le flux ascendant de l'air (vers la cheminée située dans la toiture du séchoir) crée une diminution de la chaleur au niveau du sol et donc au niveau des céréales : au sol (T4), la température est en moyenne près de 20 % plus basse qu'au centre du séchoir (T1). Cette remarque pose des questions sur la performance de l'installation et ouvre de nouvelles pistes de réflexion sur l'existence de solutions techniques permettant de concentrer le flux d'air chaud et sec vers les céréales à la sortie des évents.

À la suite de cette étape du séchage, quelques graines des deux lots de froment ont été récupérées et mises en terre. Leur pousse au bout de quelques jours a permis de confirmer qu'elles avaient conservé leur pouvoir germinatif.

Ces trois premiers tests ont surtout permis de mieux comprendre les nombreux paramètres qui influencent la performance du séchoir : temps d'utilisation, gestion de la combustion du bois, matériaux de construction, solution technique (recouvrement de la chambre de traitement, recouvrement du canal, etc.), influences extérieures (météorologie), brassage, etc.

Réflexion autour des premiers essais

Les premiers tests effectués sur le séchoir reconstitué, avec leurs lots de réussites et d'échecs, appels plusieurs réflexions sur le fonctionnement de ces installations. Deux mécanismes peuvent être utilisés pour extraire par évaporation l'eau d'un produit : l'ébullition et l'entraînement (Bonazzi et Bimbenet 2003 : 5). La première méthode consiste à porter le produit au stade d'ébullition de l'eau afin qu'elle se vaporise. Cette pratique a néanmoins pour inconvénient d'altérer la qualité du produit traité comme le pouvoir germinatif des céréales. Il est alors préférable d'utiliser l'air comme gaz d'entraînement. Le séchage par entraînement consiste à placer le produit humide dans un courant de gaz (air ou autre) suffisamment chaud et sec afin d'établir un écart de température et de pression partielle pour que le gaz apporte au produit une partie de l'énergie nécessaire à la vaporisation et que l'eau soit évaporée sans ébullition sous l'effet du gradient de pression partielle d'eau. L'eau contenue dans les produits traités s'évapore alors dans le milieu ambiant[11].

Plusieurs facteurs liés au fonctionnement du séchoir favorisent l'évaporation et donc le traitement des

[11] Le séchage implique donc deux types de transfert : le transfert d'énergie thermique, de l'environnement vers le liquide à évaporer, et le transfert de masse, de l'intérieur du solide vers sa surface et ensuite le passage en phase gazeuse vers le milieu ambiant (Bonazzi et Bimbenet 2003 : 3 et 6).

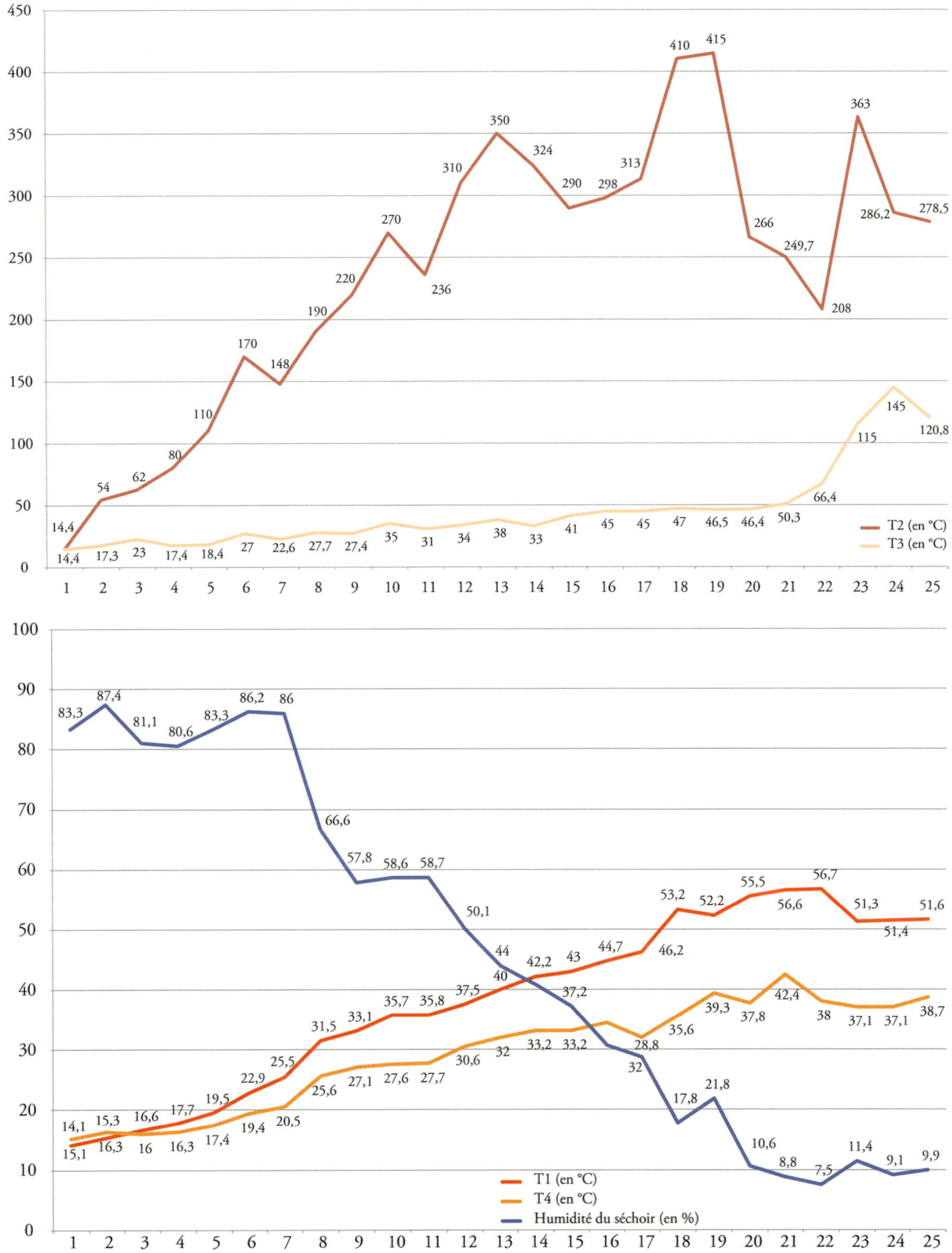

Figure 15 – Données hygrométriques et thermiques du séchoir lors du troisième test.

Intervalle	0	1	2	3	4	5	6	7	8	9	10	11	12	13	14	15	16	17	18	19	20	21	22	23	24
Masse échantillon froment (à 30% d'humidité)	50	50	50	50	50	50	50	51	51	51	51	50	50	50	50	50	49	49	49	48	48	47	47	47	47
Masse échantillon froment (à 20% d'humidité)	50	50	50	50	50	50	50	51	51	51	51	49	49	49	49	49	48	48	48	47	47	46	46	46	46

Tableau 5 – Évolution de la masse de l'échantillon témoin aux intervalles de mesure lors du troisième test.

produits. Plus l'hygrométrie du séchoir est élevée, moins l'évaporation (et le séchage) est importante. En effet, l'air ambiant contient de l'eau sous forme de vapeur et à pression et température constantes. L'air du séchoir peut contenir une certaine quantité d'eau sous forme de vapeur. Lorsque cette quantité maximale est atteinte, on dit que l'air est saturé. Dans ce cas, l'échange entre les produits et l'air ambiant est moins performant, donc le séchage l'est également. Il semble donc nécessaire qu'un courant d'air traverse l'installation pour que l'air du milieu ambiant soit constamment renouvelé afin de ne pas être saturé et obtenir une évaporation efficace. La conservation des séchoirs sur les sites archéologiques empêche de discuter des ouvertures. Toutefois, la présence de cheminées ou d'ouvertures directement dans les murs semble nécessaire à la fois pour créer un appel d'air afin d'apporter les gaz chauds issus de la combustion à l'intérieur, mais également pour éviter la saturation en humidité du milieu ambiant. Les premiers tests semblent d'ailleurs montrer que le séchage est plus efficace lorsque l'hygrométrie du séchoir en T est basse et donc que l'air ambiant doit se renouveler efficacement. Dans cette optique, l'implantation des séchoirs au sein d'un bâtiment peut présenter plusieurs avantages. D'abord, le séchoir peut être utilisé toute l'année à l'abri des intempéries, le foyer n'étant pas soumis aux aléas climatiques (et notamment à la variation des vents). De plus, la construction à l'intérieur d'un bâtiment (qui doit alors être bien isolé et aéré) permet d'avoir un taux d'humidité peu élevé, même lors de pluie. Une hygrométrie faible en début d'utilisation permet d'accélérer le séchage des denrées et donc de réduire le temps de combustion et la quantité de bois. Enfin, l'utilisation du séchoir va entraîner un réchauffement du bâtiment dans son ensemble (comme pour l'utilisation d'un four ou d'un âtre au centre d'une habitation). Il peut donc, en plus de son utilisation primaire, devenir un moyen de chauffage permettant selon la ou les fonctions du bâtiment de « tenir chaud » aux hommes, aux bêtes ou encore aux denrées stockées.

La combustion du bois produit les gaz chauds nécessaires à la vaporisation de l'eau dans les produits traités. La température ne doit pas être trop élevée afin de ne pas créer un phénomène d'ébullition qui pourrait altérer les produits. Toutefois, plus la température est haute, plus l'évaporation accélère[12] (tant que le produit n'atteint pas les 100 °C). Ce constat semble pouvoir être renforcé par les tests préliminaires. Les séchoirs semblent donc être bien adaptés à des températures ne dépassant pas les 100 °C, tout en permettant un séchage efficace.

Pour être efficaces et activer rapidement l'évaporation des produits, les gaz chauds pénétrant dans la chambre de traitement doivent être secs. Pour cela, une bonne gestion du combustible et de la combustion est nécessaire. Le feu est le produit de la réaction chimique de la combustion entre le combustible, le bois dans notre cas, et le comburant (dioxygène). La première étape de la combustion est le séchage[13]. En effet, entre 100 et 200 °C, l'eau contenue dans le bois s'évapore[14]. Lors du premier test, le foyer était placé à l'entrée du canal de chauffe. Le séchage du bois au début de sa combustion a engendré des gaz chauds, mais humides, qui ont pénétré dans le séchoir. Au début de la deuxième expérimentation, menée par temps humide, la combustion et le séchage du bois, qui était stocké à l'extérieur, ont entraîné une augmentation de l'hygrométrie du séchoir et de celle des céréales (Figure 13, intervalle 1). L'aire de chauffe a alors été agrandie afin d'éloigner le foyer de l'entrée du canal et de disposer à la place les braises obtenues lors des étapes suivantes de combustion. Elles ont permis un apport en gaz chauds et secs, diminuant l'hygrométrie de l'installation et activant ainsi plus efficacement l'évaporation.

[12] L'augmentation de la température ne doit toutefois pas être trop rapide. Ce phénomène peut entraîner une forte contraction de la couche superficielle qui oppose une résistance plus importante au passage ultérieur de la vapeur et de la chaleur, ralentissant l'évaporation (Bonazzi et Bimbenet 2003).

[13] La combustion du bois se fait en plusieurs étapes : le séchage, la pyrolyse, la gazéification, le dégagement des gaz et la combustion des résidus charbonneux (Huon 2008).

[14] De l'eau est toujours intégrée à la structure moléculaire du bois. En plus de cela, le bois peut contenir de l'eau entre ces fibres. Cette eau peut provenir de la sève que contient le bois vert ou de l'humidité induite par les conditions climatiques. Même sec, un bois de chauffage contient environ 15 à 20 % d'eau. Sous l'effet de la chaleur, l'eau remonte à la surface et s'évapore (Huon 2008). Il s'agit du même phénomène que l'on souhaite obtenir pour les produits traités.

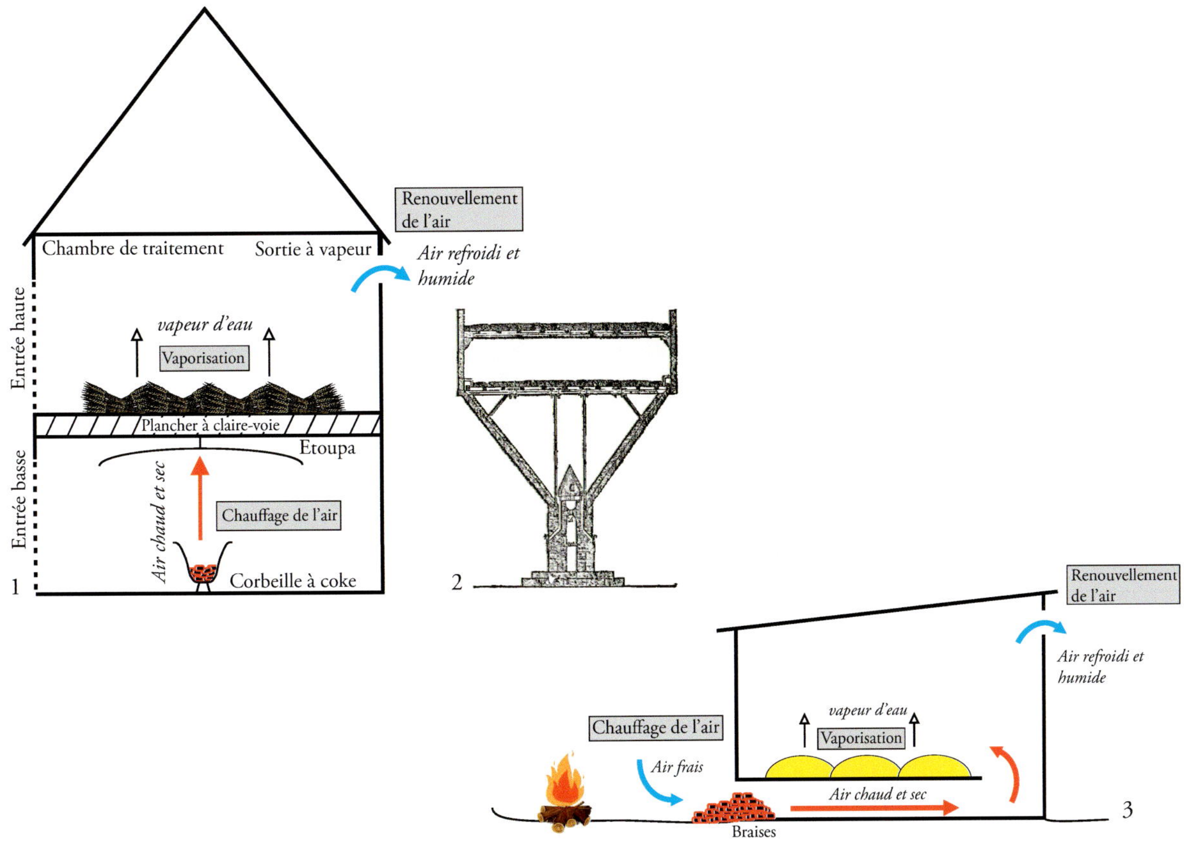

Figure 16 – Hypothèse de fonctionnement des séchoirs en T et comparaison avec des installations traditionnelles. **1.** Fonctionnement d'un four à chanvre (DAO : G. Huitorel). **2.** Touraille de brasseur (d'après Bailly 1842, vol. 3, p. 265). **3.** Hypothèse de fonctionnement par entraînement d'un séchoir à canaux en T d'époque romaine (DAO : G. Huitorel).

À la suite de cette description technique, nous proposons donc de caractériser les séchoirs de l'époque romaine en Gaule comme des séchoirs par entraînement (Figure 16). Leur bon fonctionnement dépend de plusieurs critères : une bonne circulation de l'air pour éviter une saturation, une température élevée, mais pas trop importante pour ne pas altérer les produits et enfin, l'apport de gaz chauds et secs. Si les expérimentations doivent se poursuivre pour répéter et améliorer les protocoles, les premiers tests semblent indiquer que les séchoirs en T, notamment, sont adaptés à ce type de fonctionnement.

La principale distinction entre un séchoir et un fumoir est, dans la littérature archéologique, la volonté de baisser le taux d'humidité (le séchage) des denrées ou de les exposer également à la fumée afin d'en modifier des propriétés (le fumage).

Distinguer des structures où la fumée entre ou non en contact avec les produits est-il alors suffisant pour différencier les fumoirs des séchoirs ? La réponse à cette question semble être non. Selon les essences du bois employées, la manière de gérer le foyer et la place des ouvertures (Si les ouvertures sont situées à la sortie des évents, moins de fumées circuleront dans la chambre de traitement), la production et la circulation de la fumée dans la chambre de traitement ne sont pas comparables. Ainsi, lors des expérimentations menées, malgré une configuration sans cheminée évacuant la fumée, une bonne gestion des éléments précédemment cités a permis de limiter la production de fumée et sa circulation dans la chambre (ou pourrait produire l'inverse).

Les installations de séchage traditionnelles parfois encore conservées en France, en Suisse ou encore en Allemagne confirment ces observations. En effet, les séchoirs à lin d'Allemagne méridionale (Filgis 1992), les « fours à chanvre » de Touraine ou de Champagne (Figure 16) ou encore les séchoirs à châtaigne de Corse présentent des configurations où les fumées traversent les planchers à claires- voies sur lesquels reposent les denrées, alors que l'action de fumage n'est pas souhaitée. La touraille de brasseur présentée dans la *Maison rustique du XIXe siècle* (Bailly 1842) présente une configuration similaire (Figure 16). Le plancher (ou sole) de la chambre de traitement situé au-dessus du foyer est percé. La fumée traverse ainsi les céréales. Toutefois, l'auteur précise bien que pour limiter la fumée (car il s'agit bien d'un séchoir et non d'un fumoir), il faut sélectionner comme combustible des essences qui « produisent une flamme légère et peu de fumée » (Bailly 1842, vol. 3 : 265). Le foyer peut lui-même être remplacé par un « calorifère à air chaud séparant la fumée »[15].

La distinction entre les séchoirs et les fumoirs semble donc difficile à établir définitivement. C'est finalement en arrivant à déterminer les produits transformés dans ces installations (et donc au cas par cas), et pas seulement leur structure et leur fonctionnement, qu'il est possible de déterminer si nous sommes en présence d'un séchoir ou d'un fumoir.

Conclusion

La mauvaise conservation de nombreux séchoirs ne permet pas toujours de discuter de leur architecture et de leur utilisation. Toutefois, certaines structures épargnées par une destruction et une érosion, trop importantes, permettent d'identifier quelque unes des caractéristiques architecturales de ces installations. Parmi les matériaux employés, l'argile, crue, mélangée au torchis ou utilisée comme liant, ou bien cuite, sous forme de dalles (plaque, tuile) ou encore de tube, et une matière primordiale dans la construction des installations. Cet emploi peut s'expliquer notamment par son accès (parfois par simple récupération), son coût, sa plasticité ou encore sa facilité de mise en œuvre. L'argile n'est bien sûr pas utilisée seule et côtoie des matériaux comme la pierre et certainement d'autres qui ne se conservent pas aussi bien dans le temps comme le bois. Ce sont également les propriétés de l'argile et notamment sa bonne tenue à des températures élevées et sa bonne inertie thermique qui permettent une utilisation performante des installations, dont un séchage efficace des denrées.

Les prémices d'une réflexion sur les matériaux utilisés et l'architecture des séchoirs, est une piste indispensable pour mieux appréhender le fonctionnement et les performances de ces installations afin de mieux les caractériser. Ainsi, les futures études et expérimentations doivent s'intéresser aux propriétés de ce matériau et estimer son importance pour le bon déroulé dans le processus de séchage et de fumage que l'on peut identifier dans ces installations. Pour cela, des comparaisons avec d'autres domaines comme l'artisanat et notamment les fours (de potier, de tuilier, etc.) est une piste à suivre.

[15] Bailly 1842, vol. 3, p. 266. L'utilisation des braises ardentes pour monter en température le séchoir en T lors des tests vise à obtenir les mêmes avantages que le calorifère.

Guillaume HUITOREL
Responsable d'opération, Service départemental d'archéologie de Seine-et-Marne, Département de Seine-et-Marne
UMR 7041 Archéologies et sciences de l'Antiquité (ArScAn)
Équipe Archéologie de la Gaule et monde antique (GAMA), Nanterre (France)
Direction des affaires culturelles, 40 chemin des Trois Noyers, 77350 Le Mée-sur-Seine
guillaume.huitorel@departement77.fr

Bibliographie

Auteurs latins

Caton, *De agricultura* (texte établi, traduit et commenté par R. Goujard), Paris, Les Belles Lettres (Collection Guillaume Budé), 1975, 361 p.

Columelle, *Res rustica, XII* (texte établi, traduit et commenté par E. de Saint-Denis), Paris, Les Belles Lettres (Collection Guillaume Budé), 1988, 137 p.

- *Res rustica* (traduit par H. Boyd Ash, E. S. Forster et E. H. Heffner), Cambridge, Harvard University Press, 1948-1955, 3 vol.

Pline l'Ancien, *Historia naturalis, XI* (texte établi, traduit et commenté par A. Ernout et R. Pépin), Paris, Les Belles Lettres (Collection Guillaume Budé), 1947, 312 p.

- *Historia naturalis, XIV* (texte établi, traduit et commenté par J. André), Paris, Les Belles Lettres (Collection Guillaume Budé), 1958, 220 p.
- *Historia naturalis, XVII* (texte établi, traduit et commenté par J. André), Paris, Les Belles Lettres (Collection Guillaume Budé), 1964, 205 p.
- *Historia naturalis, XVIII* (texte établi, traduit et commenté par H. Le Bonniec), Paris, Les Belles Lettres (Collection Guillaume Budé), 1972, 462 p.
- *Historia naturalis, XIX* (texte établi, traduit et commenté par J. André), Paris, Les Belles Lettres (Collection Guillaume Budé), 1964, 264 p.

Horace, *Satires* (texte établi et traduit par F. Villeneuve), Paris, Les Belles Lettres (Collection Guillaume Budé), 1932, 220 p.

Palladius, *De agricultura* (texte établi, traduit et commenté par R. Martin), Paris, Les Belles Lettres (Collection Guillaume Budé), 1976, 213 p.

Varron, *De re rustica* (texte établi, traduit et commenté par J. Heurgon, Ch. Guiraud), Paris, Les Belles Lettres (Collection Guillaume Budé), 1978-1997, 3 vol.

Martial, *Epigrammata* (texte établi, traduit et commenté par H. J. Izaac), Paris, Les Belles Lettres (Collection Guillaume Budé), 1930-1934, 3 vol.

Bibliographie

Bailly, M. C. (dir.) 1842. *Maison rustique du XIXe siècle. Encyclopédie d'agriculture pratique.* Paris : Journal d'agriculture pratique.

Barat, Y. 1999. La villa gallo-romaine de Richebourg (Yvelines). *Revue Archéologique du Centre de la France* 38 : 117-167.

Blin, O., J.-M. Morin et V. Pissot 1995. Jouars-Pontchartrain (Yvelines). Les structures de combustion (séchage ?) de l'Antiquité tardive dans l'agglomération de la ferme d'Ithe, *in* P. Ouzoulias et P. Van Ossel (dir.) *L'époque romaine tardive en Île-de-France. Document de travail n°2. Les campagnes de l'Île-de-France de Constantin à Clovis. Pré-actes du colloque. Paris, 14-15 décembre 1995 : 195-198.* Paris : PCR L'époque romaine en Île-de-France.

Bonazzi, C. et J. J. Bimbenet 2003. *Séchage des produits alimentaires. Principes* (traité Agroalimentaire). Saint-Denis : Techniques de l'ingénieur.

Bonin, T. 1991, *L'établissement rural de Rouvillers « Le Clos d'Elogette »*, Archéologie de la vallée de l›Oise. Compiègne et sa région depuis les origines... Catalogue de l›exposition, 17 janvier - 23 février 1991. Compiègne : Centre de recherche archéologique de la Vallée de l'Oise.

Bonvalot, N. 1983. Fouilles dans la villa de Burgille (Doubs). *Revue archéologique de l'Est et du Centre- Est* 34 : 247-299.

Brkojewitsch, G. (dir.) 2010. *Laquenexy, « Entre Deux Cours », tranche 4. Évolution d'un site rural dans la vallée de la Nied française, du Néolithique moyen jusqu'à nos jours (occupation Néolithique moyen, Bronze final, gallo-romaine et carolingienne, moderne), rapport final d'opération.* Metz : Pôle Archéologie préventive-Metz Métropole – SRA Lorraine.

Broglio, G. 1992, *Villa gallo-romaine du Val Caron, Elbeuf (76) Le Buquet, Rapport de fouilles, synthèse de 1985 à 1992.* Inédit.

Bugnon, D. et L. Dafflon 2000. Des séchoirs-fumoirs gallo-romains à Ursy. *Cahiers d'archéologie fribourgeoise* 2 : 34-40.

Card, C. 2004. *Rosheim, « Baruch et Laser », Bas-Rhin. Rapport de fouille.* Dijon : INRAP – SRA Lorraine

Cocks, A. H. 1921. A Romano-British Homestead in the Hambleden Valley, Bucks. *Archaeologia* 71 : 198 p.

Corder, Ph. et J. L. Kirk 1932. *The Roman Villa at Langton, near Malton, East Yorkshire.* Leeds : Yorkshire Archaeological Society (Roman Malton and District Reports, 4).

Deschler-Erb, S. 2012. Öfen zur Verarbeitung organischer Rohstoffe / Les fours pour la préparation des matières premières organiques, *in* H. Amrein, E. Carlevaro, E. Deschler-Erb, S. Deschler-Erb, A. Duvauchelle et L. Pernet (éd.) *L'artisanat en Suisse à l'époque romaine. Recensement et premières synthèses* : 137-142. Montagnac : Monique Mergoil.

Drack, W. 1990. *Der römische Gutshof bei Seeb, Gemeinde Winkel (Ausgrabungen 1958-1969).* Zürich : O. Füssli (Berichte der Zürcher Denkmalpflege, 8).

Dreisbusch, G. 1994. Darre oder Räucherkammer? Zu römischen Heizanlagen in Westdeutschland. *Fundberichte aus Baden-Württemberg* 19-1 : 108-205.

Duseau, Ch. 2014. Productions agricoles et alimentation végétale en Bourgogne gallo-romaine : Étude carpologique de la villa de Selongey (Côte-d'Or). Mémoire de master 1 non publié, Paris, université Paris 1, Panthéon-Sorbonne.

Eiden, H. 1976. Die römerzeitlichen Gutshöfe von Schuld an der Ahr und Winningen bei Koblenz, *in* Eiden H. (dir.) *Zehn Jahre Ausgrabungen an Mittelrhein und Mosel. Einführung - Fundplätze - Funde* : 53-58. Coblence : Staatl. Amt für Vor- und Frühgesch.

Feller, M. 2010. Mexy, Meurthe-et-Moselle, Devant les Bois, Tranche 1, site 3. Un habitat antique, rapport final d'opération. Metz : INRAP – SRA Lorraine.

Filgis, M. N. 1992. Römische Darre aus Bad Wimpfen im Vergleich mit rezenten Beispielen aus Altheim und Wackershofen. *Archeologia* 43 : 53-62.

Filgis, M. N. 1993. Römische Darre aus Bad Wimpfen im Vergleich mit rezenten Beispielen. *Fundberichte aus Baden-Württemberg* 18 : 71-82.

Fischer, T. 1992. Das Umland des römischen Regensburg. *Münchner Beiträge Vor- und Frühgesch.* 42 : 174-175.

Gall, W. 1975. Rösten und darren in urgeschichtlicher Zeit. *Alt-Thüringen. Jahresschrift des Museums für Ur- und Frühgeschichte Thüringens* 13 : 196- 204.

Gilles, K.-J. 1983. Ausgrabung einer römischen Eisenhütte bei Bitburg-Stahl. *Heimatkalender für den Landkreis Bitburg-Prüm* 1983 : 49-57.

Gilles, K.-J. 1999. *Bacchus und Sucellus: 2000 Jarhe römische Weinkultur an Mosel und Rhein.* Briedel : Rhein-Mosel Verl.

Goodchild, R. G. 1943. T-shaped corn-drying ovens in Roman Britain. *The Antiquaries Journal* 23 : 148-153.

Goy, C., M. Lamé, E. Llopis, J.-P. Mazimann et P. Mougin 1989. Les séchoirs gallo-romains de Mathay-Mandeure (Doubs). *Revue archéologique de l'Est* 40-1 : 115-120.

Hadzhipetkov, I. 2020. Eine Räucherkammer aus Gebäude 19 der römischen Villa in Schieren. *Archaeologia Luxemburgensis* 6 : 73-89.

Hinz, H. 1954. Zur Entwicklung des Darrenwesens. *Zeitschrift für Volkskunde* 51 : 88-105.

Huitorel, G. 2020. *Outils, bâtiments et structures d'exploitation des campagnes du nord de la Gaule. Essai de caractérisation des équipements et des activités des établissements ruraux (Ier-Ve s. apr. J.-C.).* Dremil-Lafarge : Éditions Mergoil.

Huitorel, G. et P. Van Ossel, 2017, Séchoirs et fumoirs en Gaule et dans le monde antique, vu le 23 août 2021 <https://sechoirs-archeologie.huma-num.fr>.

Huon, C. 2008. Principes de la combustion du bois, in *Le Bois énergie dans les agglomérations. Colloque du 12 juin*

2008 (Caen). Caen : Comité interprofessionnel bois-énergie.

Krier, J. 1982. Archäologische Untersuchungen in der ehemaligen Kapuzinerkirche in Luxemburg. *Hémecht* 32.

Lame, M. et J.-P. Mazimann 2011. Fumage et séchage : technique de conservation de la viande. L'exemple de Mandeure/Mathay (Doubs), in *Cochons de romains. Le porc aux époques romaine et médiévale. Exposition au Musée gallo-romain d'Aoste, L'archéothéma* : 34-39.

Lame, M., E. Llopis, J.-P. Mazimann et P. Mougin 1987. Les fumoirs à viande gallo-romains de Mathay (Doubs). *Revue archéologique de l'Est et du Centre-Est*, 38, 3-4 : 424-429.

Laubenheimer, F., P. Ouzoulias et P. Van Ossel 2003. La bière en Gaule. Sa fabrication, les mots pour le dire, les vestiges archéologiques : première approche. Revue archéologique de Picardie 1-2 : 47-63.

Le Martret, A., G. Bron et A.-M. Lotton 2015. Montgermont (35), *ZAC Les Petits Prés*, un établissement rural gallo-romain de la région rennaise. *Aremorica*, 7 : 107-130.

Mallet, F. 2006. Charny, "Les Champs-de-Choisy" (Seine-et-Marne/Île-de-France), rapport final d'opération. Pantin : INRAP – SRA Île-de-France.

Matterne, V. 2001. *Agriculture et alimentation végétale durant l'âge du fer et l'époque gallo-romaine en France septentrionale*. Montagnac : Monique Mergoil (Archéologie des plantes et des animaux, 1).

Matterne, V. 1997. Restes végétaux associés à des structures de combustion : un état de la question in *Les campagnes de l'Île-de-France de Constantin à Clovis. Actes de la 2e journée. Document de travail n°3* : 88-92. Paris : Programme collectif de recherche : L'époque tardive en Ile-de-France.

Méloche, C. 2014. *Mandeure, « Les Montoille », Doubs. Rapport de fouille*. Dijon : INRAP.

Morris, P. 1979. *Agricultural Buildings in Roman Britain*. Oxford : Archaeopress (BAR British Series, 70).

Munier, Cl. 2016. *Besançon (Doubs), ZAC Pasteur. Rapport de fouille archéologique*. Besançon : Ville de Besançon en collaboration avec l'Inrap.

Perard, S. 2009. Plan général de la villa de Mageroy. *Arc-Hab* 39, 2009 : 8-10.

Quérel P., M.-L. Le Brazidec 1999. Considérations générales sur le problème de reconnaissance et de définition de la métallurgie du bronze sur les sites ruraux. Les unités artisanales de Gouvieux (Oise) et Roye (Somme), *in* M. Polfer (dir.) *Artisanat et productions artisanales en milieu rural dans les provinces du nord-ouest de l'Empire romain. Actes du colloque organisé à Erpeldange (Luxembourg) les 4 et 5 mars 1999 par le Séminaire d'Études Anciennes du centre d'étude universitaire de Luxembourg et Instrumentum* : 151-163. Montagnac : Monique Mergoil.

Reynolds, P. J. et J. K. Langley 1979. Romano-British corn drying oven: an experiment. *Archaeological Journal* 136 : 27-42.

Schucany, C. 2006. *Die römische Villa von Biberist- Spitalhof / SO (Grabungen 1982, 1983, 1986-1989)*. Remshalden : B. A. Greiner.

Sigaut, F. 1981. Identification des techniques de conservation et de stockage des grains, *in* M. Gast, F. Sigaut, C. Beutler C. (dir.) *Les Techniques de conservation des grains à long terme. Leur rôle dans la dynamique des systèmes de cultures et des sociétés (fasc. 2)* : 156-167. Paris : éditions CNRS.

Ulbert, C. 2002. Bornheim, Rhein-Sieg-Kreis. Eine gut erhaltene römische villa rustica in Botzdorf. Archäologie im Rheinland 2002 : 89-92.

Van Der Veen, M. 1989. Charred grain assemblages from Roman-period corn driers in Britain. *Archaeological journal* 146 : 302-319.

Van Ossel, P. 1992. Établissements ruraux de l'Antiquité tardive dans le nord de la Gaule. Paris : *Gallia* (supplément 51).

Van Ossel P. et G. Huitorel 2017. Séchoirs et fumoirs. Réflexion autour de structures de transformation polyvalentes, *in* F. Trément F. (dir.) *Actes du colloque AGER XI, Produire, transformer et stocker dans les campagnes des Gaules romaines. Problèmes d'interprétation fonctionnelle et économique des bâtiments d'exploitation et des structures de production agro-pastorale, 11-13 juin 2014, Clermont-Ferrand* : 139-156. Bordeaux : Aquitania (Aquitania Supplément 38).

Verdin P., G. Desrayaud G. 2013. Les structures de séchage et de grillage de céréales : un outil dans le processus de traitement des céréales, *in* P. C. Anderson, C. Cheval, A. Durand (dir.) *Regards croisés sur les outils liés au travail des végétaux. Actes des XXXIIIes Rencontres internationales d'archéologie et d'histoire d'Antibes* : 139-153. Antibes : APDCA.

Vermard L. (dir.) 2011. *Dieue-sur-Meuse (Meuse) « Le Cheminet ». Mutation d'une petite villa du Haut Empire aux IIIe-IVe siècles, rapport de fouille archéologique*. Metz : INRAP – SRA Lorraine.

Wedekind, F. et K. Wirth 2007. Provinzialrömische und alamanische Siedlungsbefunde in Ilvesheim, Rhein-Neckar-Kreis. *Archäologische Ausgrabungen in Baden-Württemberg* 2006 : 131-134.

Weski, T. 1992. Ein römisches Gebäude mit U-formigem Heizkanal aus Eching, Lkr. Freising. *Archäologie im Landkreis Freising* 3 : 58-65.

Willems, W. J. H. 1990. Romeins Nijmegen. Vier eeuwen stad en centrum aan de Waal. Utrecht : Stichting Matrijs.

2. LE « CUIT » :
BRIQUES, CERAMIQUES, FOURS ET DISPOSITIFS DE CUISSON

De la brique crue à la brique cuite dans la Mésopotamie ancienne - *From sundried brick to baked brick in ancient Mesopotamia*

Martin Sauvage

CNRS, UMR 7041 Archéologies et sciences de l'Antiquité (ArScAn), équipe Du village à l'État au Proche et au Moyen-Orient (VEPMO), Nanterre (France).

Résumé - La Mésopotamie, comprise comme la plaine alluviale du Tigre et de l'Euphrate depuis la région de Baghdad à la côte du golfe Persique, est une région pauvre en pierre et qui a utilisé presque exclusivement la terre comme principal matériau de construction. Il s'agissait soit de briques crues, c'est-à-dire séchées au soleil soit de briques cuites au four. Ces dernières, plus rarement utilisées car nécessitant du combustible en grandes quantités, étaient un matériau cher. Si les différents formats de briques existent dans les deux formes, crue ou cuite, il n'en n'est pas de même quant à la composition de la terre à bâtir, « purifiée » dans le cas des briques cuites, ni probablement quant au mode de moulage.

On a retrouvé très peu d'exemples archéologiques de fours à briques mais les comparaisons ethnologiques nous permettent de reconstituer la chaîne opératoire. Celle-ci amenait à la production de briques très (voire trop) cuites mais également de briques « semi-cuites ». On retrouve ce dernier type de matériau dans certaines constructions sans qu'il soit bien clair s'il s'agit de briques à moitié cuites ou de constructions en briques crues que l'on aurait délibérément incendiées. En guise de conclusion, nous aborderons par ce biais la problématique de l'aspect symbolique et rituel du cuit, en particulier de le cadre des pratiques de purification architecturale par le feu.

Mots-clés - Brique crue, brique cuite, brique demi-cuite, moulage des briques, four à brique, purification par le feu.

Abstract - Mesopotamia, understood as the alluvial plain of the Tigris and Euphrates from the Baghdad region to the Persian Gulf coast, is a region with very little stone where earth was almost exclusively as the main building material. This was principally in the form of mudbricks—that is to say sundried—or baked bricks. The latter, used less because they required large quantities of fuel, were an expensive material. If the different brick sizes exist in both forms, unbaked or baked, this is not the case for the composition of the raw material, which is "purified" in the case of the fired bricks, and probably also for the molding method.

Very few archaeological examples of brick kilns have been found, but ethnological comparisons allow us to reconstruct the *chaîne opératoire*. This led to the production of well (or even over) fired bricks but also of "semi-fired" bricks. The latter are found in constructions where it is not clear whether they are semi-fired bricks or sundried bricks from buildings that have been deliberately set on fire. By way of conclusion, we will see the symbolic and ritual aspect of firing for architectural purification practices.

Keywords - Sundried brick, baked brick, semi-fired brick, brick molding, brick kiln, firing purification.

La Mésopotamie, prise dans son sens le plus restreint, c'est-à-dire la plaine alluviale qui s'étend depuis la région de Baghdad et la confluence de la Diyala et du Tigre jusqu'à la côte du golfe Persique[1], est une région de terre argileuse et surtout limoneuse très pauvre en pierre. Après quelques expériences, à l'époque d'Uruk, d'utilisation de la pierre pour la confection de soubassements de murs, avec des pierres prélevées aux marges du désert à plusieurs dizaines de kilomètres du site d'Uruk, ce matériau n'a plus été utilisé dans la région pour la construction que pour la confection de crapaudines. Le matériau de base de la construction était la terre crue utilisée le plus souvent sous forme de briques séchées au soleil. Lorsque qu'il était nécessaire d'utiliser un matériau résistant à l'eau stagnante, en particulier pour les installations hydrauliques comme les bassins, canalisations ou quais, on a eu recours, dès l'époque d'Uruk, à la brique cuite souvent liaisonnée au bitume[2].

L'usage de la brique cuite ne se limite ensuite pas seulement à cela, elle fut de plus en plus utilisée, d'abord en contexte religieux puis en contexte laïque, pour les revêtements de sols (carrelages) ou de mur, pour la confection de soubassements de murs dont l'élévation et les fondations étaient faites de briques

[1] Où, plus précisément pour les périodes anciennes qui nous intéressent ici, jusqu'à la région des marais et la confluence actuelle du Tigre et de l'Euphrate, région où se situait alors le trait de côte (voir Geyer et Sauvage 2020).

[2] Sauvage 1998a : 23.

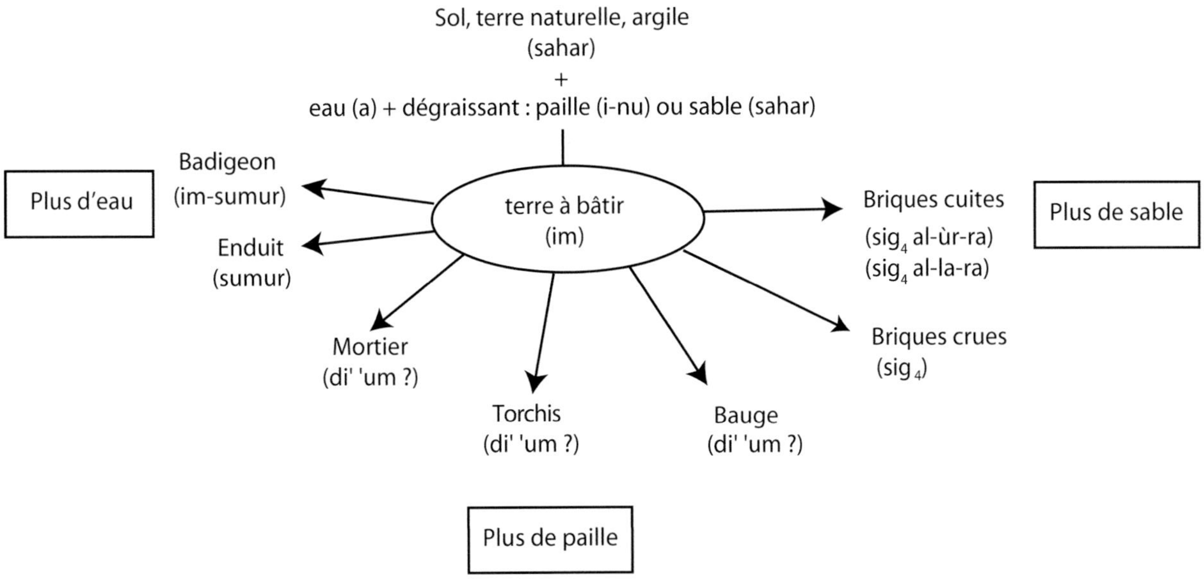

Figure 1 – Les différents usages de la terre dans la construction à Garšana (d'après Sauvage 2015, Figure 4).

crues, voire, au premier millénaire av. J.-C. notamment, pour la confection de bâtiments entiers[3].

Si les différents formats de briques existent dans les deux formes, crue ou cuite, il n'en n'est pas de même quant à la composition de la terre à bâtir, « purifiée » dans le cas des briques cuites, ni, probablement, quant au mode de moulage.

On a retrouvé très peu d'exemples archéologiques de fours à briques mais les comparaisons ethnographiques nous permettent de reconstituer la chaîne opératoire. Celle-ci amenait à la production de briques très (voire trop) cuites mais également de briques « semi-cuites ». On retrouve ce dernier type de matériau dans certaines constructions sans qu'il soit bien clair s'il s'agit de briques à moitié cuites ou de constructions en briques crues que l'on aurait incendiées délibérément ou accidentellement.

En guise de conclusion, nous aborderons par ce biais la problématique de l'aspect symbolique et rituel du cuit, en particulier dans le cadre des pratiques de purification architecturale par le feu.

1. Une chaîne opératoire bien connue pour la fabrication des briques

À l'exception du pisé, où l'on utilise le sédiment directement[4], l'utilisation de la terre pour la construction se fait avec un matériau transformé appelé maintenant à la suite d'O. Aurenche « terre à bâtir »[5]. Il s'agit du mélange de la terre argileuse, extraite sous la couche de terre arable trop organique, à laquelle on ajoute une quantité variable d'eau et d'un dégraissant qui peut être végétal, le plus souvent de la paille hachée ou de la balle de grain, ou minéral, sable par exemple. Les proportions des différents éléments varient tout d'abord en fonction de la composition en argiles, limons et sables de la terre argileuse prélevée mais également en fonction de l'usage qui va en être fait au final. Ainsi, on cherchera à obtenir un mélange plus liquide pour faire un badigeon ou un enduit mural ; on mettra plus de paille pour un mur monté en terre modelée ou pour un torchis destiné à combler les hourdis d'une construction à colombages, mais plus de sable pour faire des briques cuites. Grâce à la documentation épigraphique de Garšana[6], nous savons que ces distinctions quant à la composition du matériau étaient déjà faites par les maçons antiques en Mésopotamie (Figure 1).

1.1. Des différences dans la composition de la terre à bâtir selon que la brique est destinée à être séchée au soleil ou cuite au four

Le mélange composant la terre à bâtir est différent s'il s'agit de l'utiliser pour confectionner des briques séchées au soleil (Figure 2) ou cuites au four. Ainsi, pour

[3] Les palais néo-babyloniens de Babylone sont entièrement construits en briques cuites (Sauvage 1998a : 151).

[4] Sans adjonction d'eau ou de dégraissant, c'est le compactage (le terme « pisé » vient du vieux français « piser » : compacter, tasser) de la terre dans un cadre de bois qui lui confère sa forme et sa solidité. Pour la terminologie des différents usages de la terre dans la construction, on pourra utilement se référer à Aurenche *et al.* 2011.

[5] Aurenche *et al.* 1977 : 167.

[6] Les archives de Garšana, qui proviennent des fouilles clandestines d'un site proche de la ville d'Umma, en basse Mésopotamie, ont livré un lot de plusieurs centaines de textes en rapport avec des activités de construction : Heimpel 2009 et Sauvage 2015.

Figure 2 – Moulage et séchage des briques crues au soleil à Tell Leilan, Syrie (cliché M. Sauvage, octobre 1988).

des pratiques contemporaines en Iran, H. E. Wulff[7] relève que, pour ces dernières, le fabricant utilise une argile sélectionnée à laquelle on ajoute de l'eau et du sable et qui est débarrassée de ses impuretés, des graviers en particulier. Du côté des sources archéologiques, les fouilleurs de Babylone[8] différencient les briques séchées au soleil brûlées accidentellement (*gebrannte Ziegel*) des briques cuites au four (*Barstein*) car la terre à bâtir de ces dernières a une plus grande teneur en sable.

Enfin, il est peut-être possible de repérer cette distinction dans les textes cunéiformes eux-mêmes. En effet, la documentation provenant des textes administratifs de l'époque de la Troisième dynastie d'Ur (vers 2100-2000 av. J.-C.) fait référence à des briques *zarinnu* (sumérien sig_4 za.rí.in) associées à des briques *ukurum* (sum. sig_4 ù.ku.ru.u) ; ces dernières pouvant être des briques cuites (akkadien *agurru*)[9]. Le terme *zarinnu*[10] peut être appliqué à d'autres matériaux que la brique comme le métal, le bois ou la laine et fait référence à une qualité de matière première pauvre voire mauvaise : « grossièrement épuré »[11]. Nous pourrions avoir donc là une distinction faite entre le matériau brut utilisé pour la confection de briques non cuites au four (donc séchées au soleil) par rapport à celui des briques destinées à être cuites.

1.2. Des différences possibles dans le mode de moulage

La documentation ethnographique comme technique contemporaine distingue deux types principaux de moulage des briques (Figure 3) : le « coup d'eau » et le « coup de sable »[12]. Pour le premier, le moule, un simple cadre de bois sans fond, est trempé dans l'eau pour faciliter le démoulage de la brique, lors du retrait du moule verticalement, la brique restant posée au sol. Pour le second, le moule possède un fond percé de trous, il est également trempé dans l'eau mais également saupoudré de sable, toujours dans le même but. La terre à bâtir est tassée à la main, la surface supérieure égalisée avec une réglette. Le démoulage se fait en retournant le moule. Les briques sont ensuite transportées sur le lieu du séchage sur une planchette (le fond de moule). Les rendements de ces deux techniques sont très différents : près de 2 000 briques par jour dans un cas, 500 dans le second.

[7] Wulff 1966 : 115.
[8] Wetzel 1930 : 3.
[9] Nemet-Najat 1993 : 34, Robson 1996 : 188 et 1999 : 68 et 148. Les dimensions des briques données par ces textes correspondraient par ailleurs également aux dimensions les plus fréquentes relevées sur le matériel archéologique de cette période pour des briques respectivement crues ou cuites (Sauvage 1998b : 55).
[10] CAD Z *sv. zarinnu* A : « a mediocre quality of metal, wood, wool and brick ».
[11] Waetzoldt 1972 : 111, n. 274.
[12] Selon les termes de Houben et Guillaud 1989 : 178 et 212.

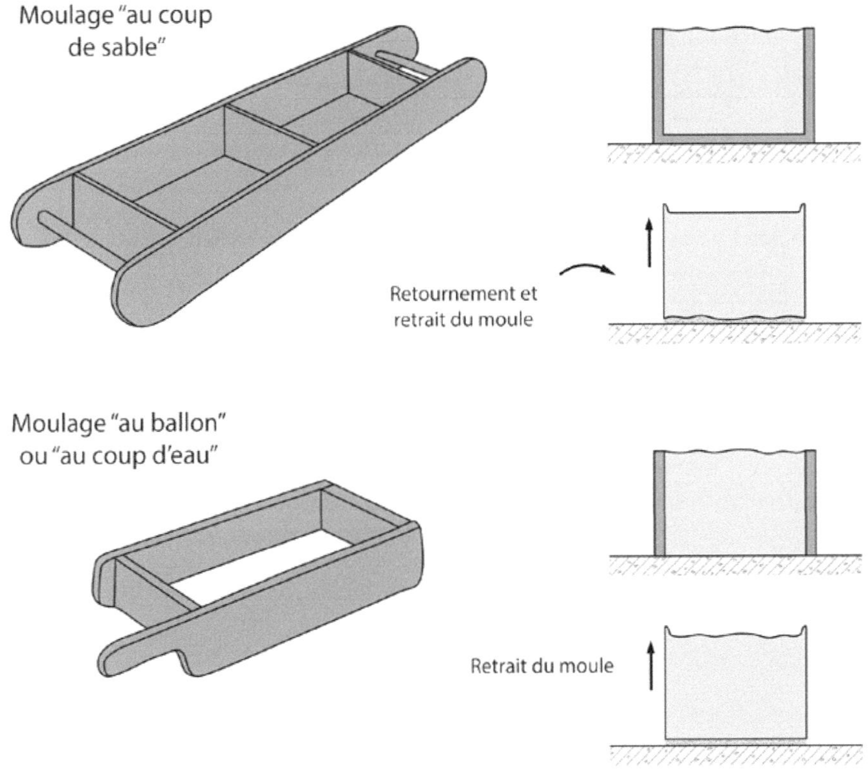

Figure 3 – Moulage des briques par « coup de sable » ou par « coup d'eau » et les marques laissées sur les briques dans les deux cas (d'après Choimet 2020, Figure 8).

Les textes cunéiformes documentent différents termes concernant les moules à briques (sum. giš.ù.šub.ba, akk. *nalbanu*)[13]. À côté du *nalbanu*, le moule sans fond le plus courant, on relève la présence d'un *nalbattu*[14]. Il s'agit ici d'un moule avec un fond amovible formé d'une planchette de bois (akk. *kiskirrum*)[15]. Ce type de moule était utilisé pour la confection de briques cuites. Nous aurions donc là un indice de la pratique dans la Mésopotamie ancienne des deux types de moulage avec ou sans fond amovible, le second réservé à la confection des briques cuites.

1.3. Des fours à briques non construits

Dès que la brique destinée à être cuite est suffisamment séchée au soleil pour pouvoir être manipulée sans la déformer, elle peut être apportée au four à brique.

Nous connaissons très peu d'exemples archéologiques de ce type de structure[16]. Cela peut s'expliquer par deux raisons principales. La première est que ce type d'installation artisanale, très polluant, à l'instar des fours de potiers, des installations de tannerie ou de teinture, était implanté le plus souvent à l'extérieur des villes, soit dans leur périphérie, soit sur des sites dédiés. Ces lieux sont moins souvent explorés par les archéologues qui ont préféré s'intéresser aux centres des villes mésopotamiennes. La deuxième raison qui permet d'expliquer ce manque de restes matériels tient au fait que ces fours à brique n'étaient pas entièrement construits : il s'agissait probablement de fourneaux sans sole, le combustible étant directement disposé à l'intérieur du massif de briques à cuire (Figure 4), et sans parois, celles-ci étant constituées du dernier rang de brique liaisonné ou enduit de terre et démonté après la cuisson. On connaît de nombreux exemples ethnographiques de ce type de cuisson des briques[17].

Sur le site d'Obeid, en basse Mésopotamie, les fouilleurs ont trouvé un champ de plusieurs milliers de briques cuites inutilisées[18]. L'étude de ces briques leur a permis d'en déduire le mode de cuisson. Les briques furent cuites sur le côté en diagonale avec un angle de 30°, les assises étant arrangées de telle façon qu'il existait des canaux entre les briques permettant à l'air chaud de circuler. Les briques extérieures étaient enduites de mortier et formaient les parois du four. Du centre

[13] Salonen, 1972 : 87-102.
[14] CAD N1, *sv. nalbattu* 1.
[15] *Ibid.* : 1 *na-al-ba-tum* 1 *kiskirrum ša agurrim* (un moule à planchette pour les briques cuites).
[16] Sauvage, 1998a : 24.
[17] Voir par ex. Choimet 2020.
[18] Woolley et Mallowan 1976 : 18-19.

Figure 4 – Représentation possible d'un four à brique dans une tombe égyptienne, le combustible est directement disposé entre les briques à cuire, les flammes semblent sortir de la paroi extérieure (d'après Newberry 1895, pl. 27, 2, cité dans Verhoeven 1987).

à l'extérieur du four, la qualité des briques varie : au centre, on trouve des briques cuites vitrifiées, viennent ensuite les meilleures briques, dures et de couleur claire, puis une qualité de briques moins bonne, de texture farineuse, souvent jaunâtre ou verdâtre flammée en surface en un rouge-brun qui semble peint. Les briques des parois extérieures du four sont rouge terne, lourdes et ont tendance à s'effriter.

2. Différents types de matériaux trouvés en fouilles

Nous avons donc affaire à plusieurs types de briques « cuites » : les briques destinées à être séchées au soleil mais cuites accidentellement (lors d'un incendie) ou délibérément (voir plus bas) ou les briques destinées au départ à être cuites (faites d'un matériau sélectionné et par un moulage plus soigné) qui peuvent l'avoir été à des degrés variables selon leur emplacement dans le four : trop cuites au centre, pas assez à l'extérieur.

2.1. Des briques semi-cuites

Nous avons relevé plusieurs exemples archéologiques (Figure 5) de briques « demi-cuites » pour reprendre le terme employé par A. Parrot à Mari pour les briques trouvées dans le temple d'Ištar, le Grand Palais royal ou le « Massif rouge »[19].

Pour les briques du temple d'Ištar, qui datent du IIIe millénaire avant J.-C., ou celles de la salle du trône du palais Grand palais royal de Zimri-Lim datant du début de IIe millénaire, il s'agit selon le fouilleur de briques de teinte rougeâtre passées au feu mais tout juste durcies[20]. Pour celles du « Massif rouge » datant du IIIe millénaire av. J.-C., la reprise des fouilles du massif plus récemment par P. Butterlin permet de nuancer le propos, comme on le verra plus bas.

À Larsa, le cœur de la ziggurat de Hammurabi, datant probablement du début du IIe millénaire av. J.-C., est fait de briques rouges mal cuites[21].

On relève également le même type de matériau à Ur pour le soubassement du mur sud-ouest de l'étage de la ziggurat[22]. Les briques rouges sont considérées par L. Woolley comme brûlées une fois en place comme à Kiš mais il remarque la friabilité des briques et la non cuisson du mortier et des nattes de roseaux intercalées entre les assises de brique, ce qui irait à l'encontre de cette hypothèse. Il propose alors d'expliquer le phénomène par le type d'argile choisi, les briques comme le mortier seraient alors crus.

[19] Parrot 1956 : 36 (briques du temple d'Ištar) ; Parrot 1936 : 20 et 1958 : 108 (palais de Zimri-Lim) ; Parrot 1952 : 190 (Massif rouge).

[20] Avec, dans le dernier cas, l'utilisation conjointe de briques crues et de briques « demi-cuites ».

[21] Bachelot et Castel 1989 : 60.

[22] Woolley 1939 : 126. Il s'agit ici de l'état néo-babylonien datant donc du Ier millénaire av. J.-C. et non du bâtiment d'origine datant de la Troisième dynastie d'Ur à l'extrême fin du IIIe millénaire av. J.-C.

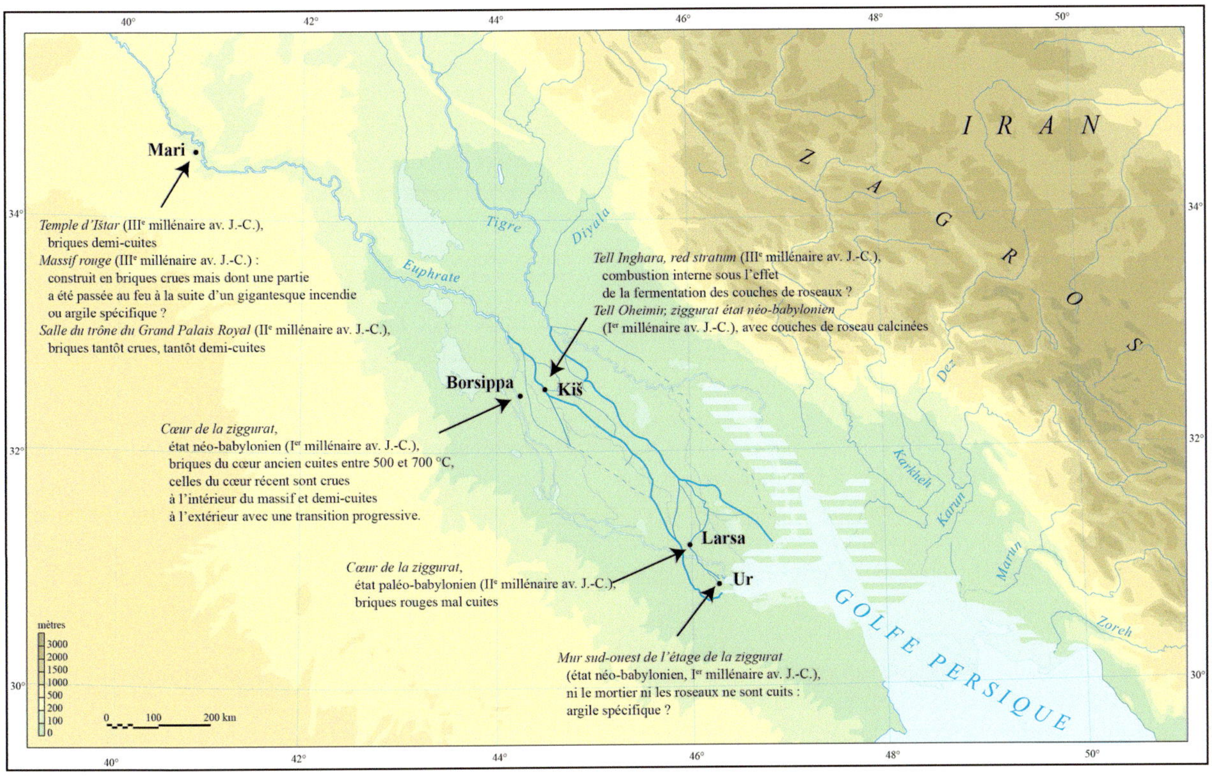

Figure 5 – Des briques « semi-cuites », différentes hypothèses (carte M. Sauvage).

À Borsippa[23], le cœur ancien (*Kern* I) de la ziggurat néo-babylonienne (Ier millénaire av. J.-C.) est fait de briques qui ont cuit à une température comprise entre 500 et 700°C. Par contre, celle du cœur récent (*Kern* II) sont crues à l'intérieur du massif et demi-cuites à l'extérieur, la transition se faisant progressivement.

2.2. Des bâtiments incendiés

Dans le cas du *Kern* II de Borsippa, nous aurions donc affaire à un incendie, qui ne s'est pas fait assise par assise mais pour tout l'ensemble du massif ou au moins par gros blocs.

L'hypothèse d'un incendie est également retenue par les fouilleurs de Kiš dans le cas du « Red Stratum » d'Inghara (IIIe millénaire av. J.-C.)[24], qui pensent que la « demi-cuisson » des briques pourrait s'expliquer par une combustion interne due à la fermentation des nattes de roseaux. Sur le même site, les fouilleurs remarquent pour la ziggurat d'Oheimir (IIIe millénaire av. J.-C. également)[25], que les couches de nattes de roseaux intercalées dans la maçonnerie sont calcinées.

Figure 6 – Mari, le massif rouge, paroi nord à gauche, paroi sud à droite (clichés mission de Mari, avec l'aimable autorisation de P. Butterlin).

Enfin, les fouilles du « Massif rouge » de Mari (IIIe millénaire av. J.-C.)[26] montrent que la couleur rouge est très visible sur la partie externe du massif alors que son cœur est fait de briques plus grises (Figure 6), ce qui laisse penser, là aussi, à un incendie, cette fois-ci extérieur. A. Parrot note d'ailleurs l'importance de la couche d'incendie associée : 25 cm d'épaisseur.

[23] Allinger-Csollich 1991 : 391, 410, et surtout 416.
[24] Langdon 1934 : 45 ; Moorey 1978 : 96-97.
[25] Moorey 1978 : 24.
[26] Parrot 1952 : 190, Margueron 2004 : 235, Butterlin 2010 : 189 et suiv., 2014 et 2015.

Ces matériaux semi-cuits proviendraient donc soit d'une cuisson imparfaite (ou d'un type d'argile spécifique) et auraient été utilisés tels quels, soit d'un incendie de la structure une fois mis en place. Dans ce dernier cas, l'hypothèse de l'incendie interne sous l'effet de la fermentation des roseaux noyés dans la maçonnerie avancée par les fouilleurs de Kiš n'a pas fait, à notre connaissance, l'objet d'études plus poussées permettant de l'infirmer ou de la confirmer. Reste donc celle d'un incendie extérieur de la structure, comme cela semble bien être le cas pour le « Massif rouge » de Mari, et se pose alors la question : incendie volontaire ou accidentel ?

3. Des pratiques rituelles liées à la purification des lieux sanctifiés

Pour incendier une structure de brique aussi imposante qu'une haute terrasse ou une ziggurat, il faut du carburant et donc se poser la question de savoir ce qui aurait brûlé accidentellement : un revêtement de bois ? des nattes de roseaux extérieures ? On imagine donc plutôt un incendie volontaire du bâtiment avec l'apport de combustible disposé le long des parois.

On aura noté que la plupart des exemples relevés ici, à l'exception de la salle du trône du palais de Mari, proviennent de contextes religieux et l'on peut donc se demander si l'on pourrait avoir affaire ici à une pratique rituelle qui aurait perduré du IIIe au Ier millénaire av. J.-C.

3.1. Construire un temple en terre consacrée

La documentation textuelle mésopotamienne documente abondamment le fait que les temples devaient être bâtis en terre consacrée, et en général rebâtis de génération en génération au même emplacement. On trouve ainsi très fréquemment dans les inscriptions de commémoration de la construction des temples, notamment sur les briques inscrites, la mention : « j'ai bâti (ou rebâti) le temple à sa place originelle »[27].

L'importance apportée au fait qu'un temple devait être bâti en terre consacrée, imposait donc une préparation spéciale lors d'une nouvelle implantation. En effet, après un hiatus dans l'occupation d'une ville, la nouvelle population va s'installer sans tenir compte de l'organisation urbaine précédente, ou en partie seulement. Il importait donc de purifier le nouveau site d'installation du temple.

Une des pratiques attestées dans ce cas consistait à décaisser entièrement la zone à construire au niveau des fondations, de la combler de terre rapportée et purifiée avant d'y poser les fondations du nouveau bâtiment.

Un texte d'Ur-Bau[28], nous en donne une excellente illustration :

« Moi, Ur-Bawa, pour Nin-Girsu, mon maître, j'ai creusé le [vaste] site (du temple) à (une profondeur de) [tant de] coudées ; j'en ai entassé la terre comme des pierres précieuses ; je l'ai raffinée au feu comme du métal précieux ; je l'ai portée sur le vaste site comme un... ; j'y ai remis la terre et j'y ai fait le sol de fondation. Là-dessus j'ai bâti une plate-forme de dix coudées (de hauteur) et, sur la plate-forme, j'ai bâti pour lui l'E-ninnu Imdugud-babbar (d'une hauteur) de trente coudées. »

Ce texte est à mettre en parallèle avec les données issues des fouilles du temple ovale de Khafajeh (l'ancienne Tuttub) où les fouilleurs ont pu remarquer que les fondations du bâtiment ont été disposées sur une importante couche de sable pur rapporté[29]. On peut penser que son rôle était bien de supprimer les restes des constructions antérieures et de les remplacer par un apport de terre purifiée sur laquelle les fondations du bâtiment et de ses enceintes sont ensuite placées.

3.2. Purification et consécration par le feu

Le texte d'U-Bau déjà cité précise les modalités de purification de la terre qui est excavée puis « raffinée au feu comme du métal précieux » avant d'être disposée sur le site. On peut également trouver l'écho de cette même pratique dans deux textes de Gudéa de Lagaš (statues E et F[30]). Statue E : « ... l'e-sil-sir-sir, son temple aimé, il construisit, la ville il purifia, il la ... par la flamme » ; statue F : « Gudea [...], l'argile en un lieu pur il prit, la brique en un lieu saint il moula, le fondement il purifia, il le ... par la flamme, ... dans la ville sainte, en un lieu pur, il construisit le temple ».

La coupe stratigraphique schématique de la « ziggurat » de Kiš (Figure 7) permet de replacer le « Red stratum » dans son contexte. Il est clairement associé à la terrasse de ziggurat dont il constitue les fondations de la cour qui l'entourait. À la lecture de la coupe on constate que ziggurat et « Red stratum » ont été bâtis dans une zone nouvellement consacrée

[27] Pour deux exemples parmi de très nombreux autres : Sollberger et Kupper 1971, n° IVB8a (brique inscrite de Nur-Adad), p. 187 « ... Pour Enki je bâtis sa demeure bien-aimée (et) j'en restaurai les antiques ordonnances » ; n° IVB12 (briques inscrites et clous d'argile de Ṣillī-Adad), p. 193 : « Pour Nanna, son maître, Ṣillī-Adad, ..., a ordonné [var. : a remplacé] le fondement de l'e-temen-niguru (et l')a restauré en sa place (originelle) ».

[28] Sollberger et Kupper 1971, n° IIC2a : 115.

[29] Creusement sur une profondeur moyenne de 8 m et une surface de 8 000 m² (soit 64 000 m³) : Delougaz 1940 : 16.

[30] Traduction Thureau-Dangin 1905 : 121 et 127.

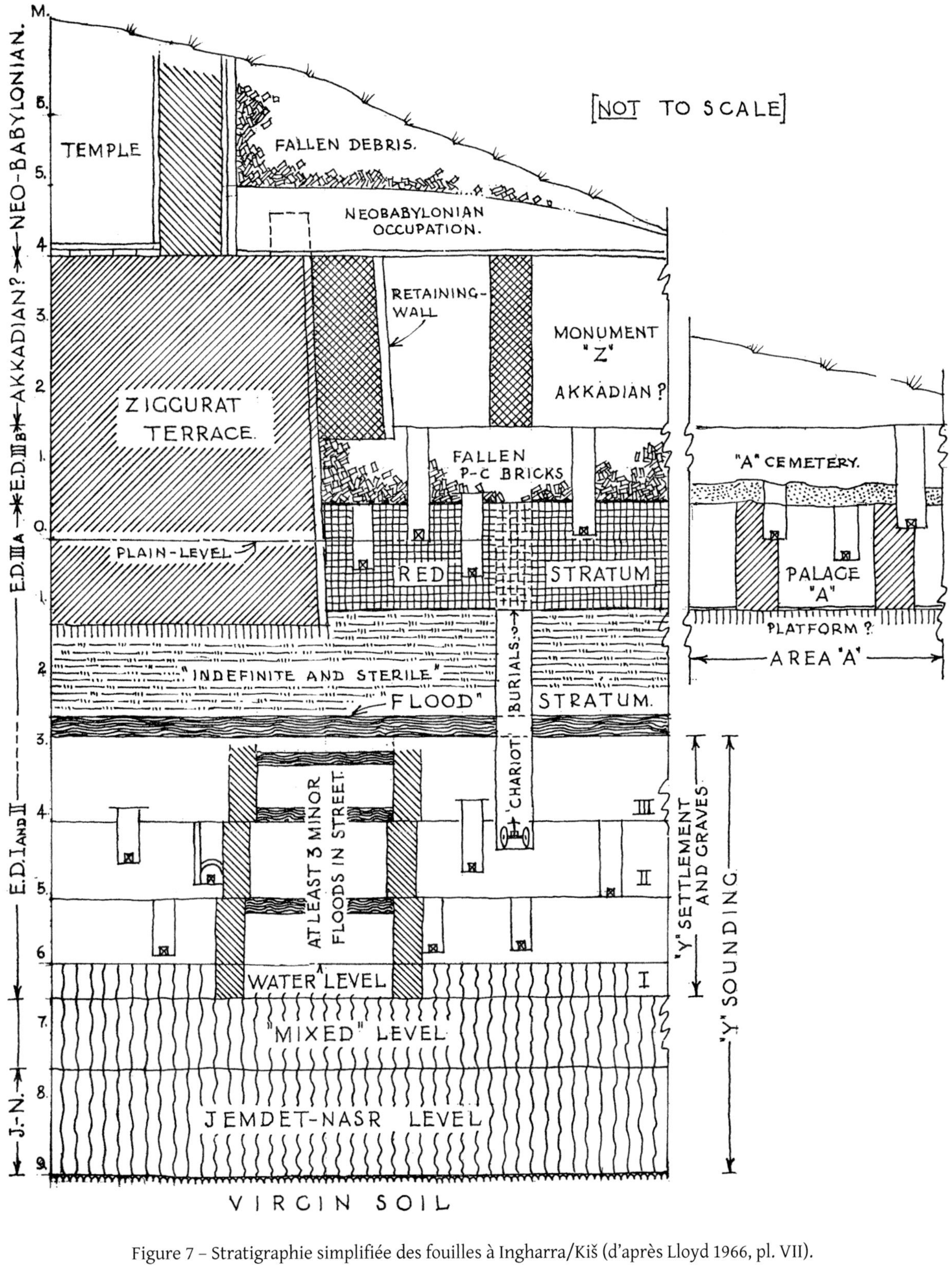

Figure 7 – Stratigraphie simplifiée des fouilles à Ingharra/Kiš (d'après Lloyd 1966, pl. VII).

au ED IIIB ; en effet, ils sont installés sur une couche « indéfinie et stérile » surmontant le « Flood stratum », une importante couche d'alluvionnement due à une crue exceptionnelle (ED IIIA). Ces deux couches représentent un hiatus important dans l'occupation du site qui auparavant (au ED I-II) était dévolue dans cette zone à de l'habitat avec rues et tombes. C'est donc au ED IIIB avec la construction de la ziggurat et après un hiatus important dans l'occupation du site que la zone doit être nouvellement consacrée pour une construction religieuse : cela expliquerait la présence sous les fondations d'une couche stérile, rappelant ici la pratique déjà relevée à Khafajah, mais également expliquerait le « Red stratum » comme une couche de fondation purifiée par le feu.

Les traces d'incendie extérieur qui caractérisent le Massif rouge de Mari sont peut-être à expliquer de la même façon : une pratique rituelle de purification de la construction.

Conclusion

L'histoire de la Mésopotamie est celle d'une civilisation de l'argile utilisée pour la confection d'objets, de supports d'écriture ou pour la construction. Très tôt, à la fin du Néolithique, ce matériau a pu être décliné sous forme crue, séchée au soleil, ou cuite, au four. Pour l'architecture, l'utilisation de la brique cuite est caractéristique de la plaine alluviale, pauvre en pierre. Il est à noter que ses premières utilisations, à l'époque d'Uruk, sont attestées en contexte probablement religieux, pour les différentes installations hydrauliques de l'Eanna d'Uruk, notamment.

À côté des briques crues séchées au soleil et des briques cuites au four, la présence d'un matériau semi-cuit peut être expliqué par le mode de cuisson des briques qui génèrerait plusieurs qualités de briques semi-cuites à très cuites. Mais il n'explique pas tous les exemples retrouvés, notamment ceux qui indiquent plutôt un incendie, volontaire ou non, d'un matériau mis en œuvre cru au départ.

Ces derniers exemples pourraient se comprendre grâce aux textes cunéiformes, en particulier des textes commémoratifs de constructions religieuses, qui documentent la pratique de la purification par le feu de terres rapportées disposées en fondation de bâtiments religieux nouvellement consacrés.

Nous aurions donc là, sur le matériau même de la construction, entre le cru et le cuit, l'illustration d'un élément symbolique fondamental de la pensée mésopotamienne : la purification par le feu.

Martin SAUVAGE
Ingénieur de recherche au CNRS
UMR 7041 Archéologies et sciences de l'Antiquité (ArScAn)
Équipe Du Village à l'État au Proche et au Moyen-Orient (VEPMO)
MSH Mondes
21 allée de l'Université
F-92023 Nanterre Cedex (France)
martin.sauvage@cnrs.fr

Bibliographie

Allinger-Csollich, W. 1991. Die Baukörper der Ziggurat von Borsippa. Ein Vorbericht, *Baghdader Mitteilungen* 22 : 383-499.

Aurenche O. *et al.* 1977. *Dictionnaire illustré multilingue de l'architecture du Proche-Orient ancien*, Lyon : Maison de l'Orient et de la Méditerranée Jean Pouilloux (*Collection de la Maison de l'Orient méditerranéen. Série archéologique*, 3), 392 p.

Aurenche O., A. Klein, C.-A. de Chazelles et H. Guillaud 2011. Essai de classification des modalités de mise en œuvre de la terre crue en parois verticales et de leur nomenclature, *in* C.-A. de Chazelles, A. Klein et N. Pousthomis (dir.) *Les cultures constructives de la brique crue. Troisièmes échanges transdisciplinaires sur les constructions en terre crue, 3*, actes du colloque international (Toulouse, 16-17 mai 2008). Montpellier : Éditions de l'Espérou : 13-34.

Bachelot L. et C. Castel 1989. Recherches sur la ziggourat de Larsa, *in* J.-L. Huot (dir.) *Larsa, travaux de 1985* : 53-77. Paris : ERC.

Butterlin, P. 2010. Cinq campagnes à Mari : nouvelles perspectives sur l'histoire de la métropole du moyen Euphrate, *Comptes rendus des séances de l'Académie des inscriptions et belles lettres* 154-1 (année 2010) : 171-210.

Butterlin, P. 2014. Recherches au massif rouge, données nouvelles sur le centre monumental de Mari et son histoire, *in* D. Beyer, P. Butterlin, A. Cavigneaux, J.-C. Margueron et B. Muller (éd.) *Mari : ni est ni ouest*, actes du colloque international « Mari : ni est ni ouest » (Damas 20-22 octobre 2010), *Syria Supplementum* 2 : 81-111.

Butterlin, P. 2015. Au cœur du pouvoir à Mari : « le massif rouge » et le temple du « Seigneur du Pays » : enjeux et résultats des nouvelles recherches conduites à Mari 2006-2010, *in* C. Michel (éd.) *De la maison à la ville dans l'Orient ancien : bâtiments publics et lieux de pouvoir*, Nanterre : ArScAn (Cahier des thèmes transversaux d'ArScAn, XII, 2012-2013) : 119-130.

CAD: *The Assyrian Dictionary of the Oriental Institute of the University of Chicago. Chicago: Oriental Institute, 1956-2010 (26 vol.).*

Choimet, G. 2020. De la pertinence de l'utilisation de comparatifs ethnoarchéologiques pour l'étude des structures architecturales antiques : exemple de la confection des briques au Soudan à l'époque méroïtique, *Sources. Materials & Fieldwork in African Studies* 1 : 43-77.

Delougaz, P. 1940. *The Temple Oval at Khafajah*. Chicago: The University of Chicago Press (Oriental Institute Publications 53), xix-175 p.

Geyer, B. et M. Sauvage 2020. Les variations du tracé de la côte et des fleuves en basse Mésopotamie, *in* M. Sauvage (dir.) *Atlas historique du Proche-Orient ancien* : 8-13. Damas : IFPO ; Paris : Les Belles Lettres.

Heimpel, W. 2009. *Workers and Construction Work at Garšana*. Bethesda (Md.): CDL Press (Cornell University Studies in Assyriology and Sumerology, 5), 394 p.

Houben, H. et H. Guillaud 1989. *Traité de construction en terre*. Marseille : Parenthèses (L'encyclopédie de la construction en terre crue, 1), 300 p.

Langdon, S. 1934. *Excavations at Kish*, vol. I. *1923-1924*. Paris : Geuthner, iv-128 p.

Lloyd, S. 1966. Back to Ingharra: Some further thoughts on the excavations at East Kish, *Iraq* 28 : 18-51.

Margueron, J.-C. 2004. *Mari. Métropole de l'Euphrate, au IIIe et au début du IIe millénaire av. J.-C.*, Paris : Picard et ERC, 575 p.

Moorey, P. R. S. 1978. *Kish Excavations 1923-1933*. Oxford : Clarendon Press ; New York : Oxford University press, xxi-213 p.

Nemet-Najat, K. R. 1993. *Cuneiform Mathematical Texts as a Reflection of Everyday Life in Mesopotamia*, New Haven (Conn.) : American Oriental Society (AOS 75), xii-335 p.

Newberry, P. E. 1895. *El Bersheh*, part. I. *The Tomb of Tehuti-Hetep*, Londres : Egypt Exploration Fund, viii-44 p., XXXIV pl.

Parrot, A. 1936. Les fouilles de Mari. Deuxième campagne (hiver 1934-935), *Syria* 17, 1 : 1-31.

Parrot, A. 1952. Les fouilles de Mari. Septième campagne, *Syria* 29, 3-4 : 183-203.

Parrot, A. 1956. *Mission archéologique de Mari*, vol. I. *Le Temple d'Ishtar*. Paris : Geuthner, viii-246 p.

Parrot, A. 1958. *Mission archéologique de Mari*, vol. II. *Le Palais*, 3. *Documents et monuments*. Paris : Geuthner, viii-274 p.

Robson, E. 1996 Building with bricks and mortar: quantity surveying in the Ur III and Old Babylonian periods, *in* K. R. Veenhof (éd.) *Houses and Households in Ancient Mesopotamia*, actes de la XLe Rencontre assyriologique internationale (Leyde, 5-8 juillet 1993), Leyde : NINO (PIHANS, 78) : 181-190.

Robson, E., 1999. *Mesopotamian Mathematics 2100-1600 BC. Technical Constants in Bureaucracy and Education*, Oxford : Clarendon Press, xvi-334 p.

Salonen, A. 1972. *Die Ziegeleien im alten Mesopotamien*, Helsinki : Suomalainen Tiedeakatemia, 206 p.

Sauvage, M. 1998a. *La Brique et sa mise en œuvre en Mésopotamie, des origines à l'époque achéménide*, Paris : ERC, 482 p.

Sauvage, M. 1998b. La construction des ziggurats sous la Troisième dynastie d'Ur, *Iraq*, 60 : 45-63.

Sauvage, M. 2015. La construction des maisons à Garšana : commentaires archéologiques, *in* C. Michel (éd.) *De la maison à la ville dans l'Orient ancien : la maison et son mobilier*, Nanterre : ArScAn (Cahier des thèmes transversaux d'ArScAn, XII, 2013-2014) : 241-252.

Sollberger, E. et J. Kupper 1971. *Inscriptions royales sumériennes et akkadiennes*. Paris : Éd. du Cerf (LAPO, 3), 353 p.

Thureau-Dangin F. 1905. *Les Inscriptions de Sumer et d'Akkad*, Paris : Ernest Leroux, 352 p.

Verhoeven, U. 1987. Eine technologische Rarität. Das Brennen von Ziegeln in der Grabdekoration des Mitteleren und Neuen Reiches, *Mitteilungen des Deutschen Archäologischen Instituts, Abteilung Kairo* 43 : 259-266.

Waetzoldt, H. 1992. 'Rohr' und dessen Verwendungsweisen anhand der neusumerischen Texte aus Umma, *Bulletin of Sumerian Agriculture*, 6 : 125-146.

Wetzel, F. 1930. *Die Stadtmauern von Babylon*, 2nde éd. 1969, Osnabrück : O. Zeller (Wissenschaftliche Veröffentlichungen der Deutschen Orientgesellschaft, 48), 111 p.

Woolley, C. L. 1939. *Ur Excavations*, V. *The ziggurat and its surroundings*, Londres-Philadelphie : The Trustees of the Two Museums (Publications of the Joint expedition of the British Museum and of the Museum of the University of Pennsylvania to Mesopotamia), xiv-150 p.

Woolley C. L. et M. E. L. Mallowan 1976. *Ur Excavations*, vol. VII. *The Old Babylonian Period*, Londres et Philadelphie : The Trustees of the British Museum and The University Museum, Phildelphia, 260 p.

Wulff, H. E. 1966. *The traditional crafts of Persia: Their Development, Technology and Influence on Eastern and Western Civilizations*, Cambridge (Mass.) : MIT Press, 432 p.

De l'environnement géologique à la lame mince : retrouver le « cru » dans le « cuit » - *From geological environment to thin-section: how to find the "raw" materials in "fired" vessels?*

Mathilde JEAN

Université Paris 1 – Panthéon-Sorbonne.

Résumé – Dans le cadre de la production céramique, la cuisson transforme les matières premières de manière irréversible. Des matériaux naturels à l'objet « cru » puis « cuit », de nombreuses modifications s'opèrent dans la pâte des poteries. Cet article propose de faire le point sur les problématiques de la préparation et de la cuisson des matières premières dans le cadre de l'étude pétrographique des céramiques, afin de mesurer l'écart entre matériaux géologiques et pâte céramique. Un aperçu général des transformations intervenant sur les matières premières est d'abord dressé, de leur sélection à l'obtention du produit fini. Une étude de cas prospective est ensuite présentée, avec l'exemple de la production céramique de Tell Arqa (Liban) au Bronze Ancien. Ainsi, l'étude pétrographique de la céramique archéologique tente de remonter la piste jusqu'aux matières premières, en prenant en compte les limites exposées dans cet article.

Mots-clés – Céramique, pétrographie, chaîne opératoire, environnement, artisanat.

Abstract – During pottery production, firing irreversibly transforms the raw materials. From natural materials to "raw" objects and to "fired" ceramics, numerous modifications take place in the fabrics of pottery. This paper looks at problems related to the preparation and firing of raw materials in the context of the petrographic study of ceramics, in order to estimate the differences between geological materials and pottery fabrics. A general overview of the transformations occurring to raw materials is first given, from their selection to the obtaining of the finished product. A prospective case study is then presented, with the example of the ceramic production of Tell Arqa (Lebanon) in the Early Bronze Age. The petrographic study of archaeological ceramics attempts to link fabrics to raw materials, considering the methodological limits presented in the paper.

Keywords – Ceramics, petrography, *chaîne opératoire*, environment, craft.

Introduction : matériaux « crus » et céramiques « cuites »

Les études céramologiques font généralement appel à la pétrographie pour analyser les matières premières constitutives des poteries. Cette approche interdisciplinaire repose sur l'adaptation d'une méthode issue des sciences de la Terre, la pétrographie, à un matériau anthropique, la céramique. Intégrée dans une démarche archéologique, la pétrographie devient un outil de choix pour examiner les pâtes céramiques, souvent privilégié pour son accessibilité par rapport à des méthodes archéométriques plus coûteuses. La pétrographie est alors partie prenante de la caractérisation des assemblages archéologiques (Rice 1987 ; Reedy 2008 ; Quinn 2013). Elle permet de mesurer la variabilité des pâtes céramiques au sein de l'assemblage puis de les classifier afin de documenter l'évolution des pratiques artisanales ou de rechercher des choix fonctionnels. On attend souvent de cette approche qu'elle apporte des indications sur la provenance des matières premières utilisées pour la production céramique, afin de matérialiser le territoire exploité par les artisans et de traquer d'éventuels échanges. Mais l'analyse pétrographique porte, par défaut, sur des produits finis cuits, différents des matériaux naturels présents dans l'environnement géologique. Et le chemin du « cru » au « cuit » s'avère en réalité bien complexe ! Les modifications intervenues à différents stades de la production entre ces deux états ont irréversiblement changé les matières premières. C'est donc toute la chaîne de ces transformations que l'archéologue doit remonter.

Que reste-t-il du « cru » dans le « cuit » ?

L'étude pétrographique en lames minces se heurte à une question : quelles modifications des matériaux ont pu intervenir au cours de la production céramique, brouillant les pistes entre le « cru » et le « cuit » ? Et quelles sont les implications pour la recherche de provenance des matières premières ?

Il faut alors partir de la définition de la céramique : matériau anthropique à base d'argile cuite, elle est constituée de trois phases analysables en lames minces que sont la matrice argileuse, les inclusions non plastiques et les porosités. C'est donc ce « cuit » qui est observé par le pétrographe. Le « cru » qui en est à l'origine, lui, a subi de nombreuses transformations

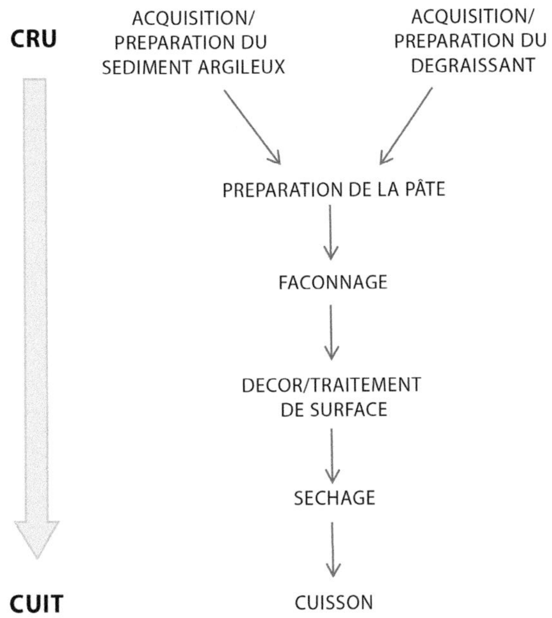

Figure 1 – Schéma présentant la succession des étapes de la chaîne opératoire de production céramique, du « cru » au « cuit ».

tout au long de la chaîne opératoire de production de la céramique (Figure 1). La sélection et le traitement des matières premières en sont d'importantes étapes. Mais la principale modification est la perte de l'eau, facteur primordial du « cru ». Composante essentielle de la production, l'eau confère à l'argile crue sa plasticité ; c'est grâce à elle que la matière peut être mise en forme et c'est lorsque cette eau s'évapore que la poterie sèche et acquiert progressivement sa rigidité. À l'état sec, intermédiaire entre le « cru » et le « cuit », le processus de perte d'eau est réversible. La poterie perd ensuite définitivement son eau lors de la cuisson : elle devient une céramique. Faisons le point en détail sur les modifications intervenant sur les matières premières naturelles au long de la chaîne opératoire de production potière.

Acquisition des matières premières

Cette étape concerne le matériau argileux ainsi que les éventuelles inclusions, que l'on nomme « dégraissant » lorsqu'elles sont délibérément ajoutées. Elle induit une sélection opérée sur les matériaux naturels. Des critères techniques permettent de choisir les matériaux adaptés à la fois aux méthodes de façonnage choisies et au mode de cuisson : par exemple, les mélanges argileux utilisés pour le tournage sont généralement fins, tandis que la contrainte granulométrique est moindre pour un façonnage aux colombins (Rice 1987 : 128-129). De même, la structure de cuisson et le degré de cuisson sont des paramètres déterminants puisque certaines matières premières ne résistent pas ou peu à la chauffe : certaines argiles fondent, d'autres fissurent, certaines inclusions éclatent. Des critères fonctionnels peuvent aussi entrer en compte, car certains matériaux – notamment certaines inclusions non plastiques – peuvent être adaptés à l'utilisation attendue du produit. Ainsi, il est fréquent de constater la présence d'inclusions plus grossières dans des vases soumis à des chocs thermiques et/ou mécaniques répétés (Kilikoglou *et al.* 1998 ; Tite *et al.* 2001), ou bien de favoriser des pâtes à forte porosité pour la conservation d'eau fraîche (Roux 2017 : 58-59). Enfin, des critères culturels et symboliques peuvent aussi influencer le choix des matières premières dans l'environnement géologique (Arnold 2000 : 344-345).

Traitement des matières premières et préparation de la pâte

Lors de cette phase de production, plusieurs transformations des matériaux naturels peuvent intervenir. La modification par retrait d'éléments est sans doute la plus fréquente : pour nettoyer et affiner la matière argileuse, il est nécessaire d'ôter les résidus végétaux et les cailloux, de tamiser la terre ou de la décanter. Des inclusions peuvent également être ajoutées à la pâte comme dégraissant. Il existe une grande variété de dégraissants, des matières minérales comme le sable ou une roche pilée, aux matières organiques végétales (paille hachée, herbe, mousse) ou animales (coquille, poils, excréments) et aux matières anthropiques comme la chamotte (terre cuite pilée) [Roux 2017 : 54-56]. Ces opérations de retrait et d'ajout d'éléments peuvent être combinées, et des argiles de différentes natures peuvent même être mélangées, augmentant encore la difficulté de reconnaissance des matériaux naturels. Toutes ces opérations de préparation permettent de passer du matériau naturel à une pâte argileuse adaptée à la production potière, dont les propriétés sont soigneusement maîtrisées : plasticité, résistance, retrait au séchage, tenue à la cuisson, robustesse à l'utilisation.

Façonnage, traitement de surface et décor

Les modifications apportées aux pâtes céramiques sont très limitées au cours de ces étapes intermédiaires de la chaîne opératoire de production.

Séchage

Au séchage, la pâte subit un retrait correspondant à l'évaporation de l'eau contenue dans la terre à l'état plastique, dite déshydratation : l'objet perd en volume, devient rigide et plus léger. Il peut être travaillé en cours de séchage, à consistance cuir, notamment pour les traitements de surface et décors. À ce stade, la pâte peut encore être réhydratée.

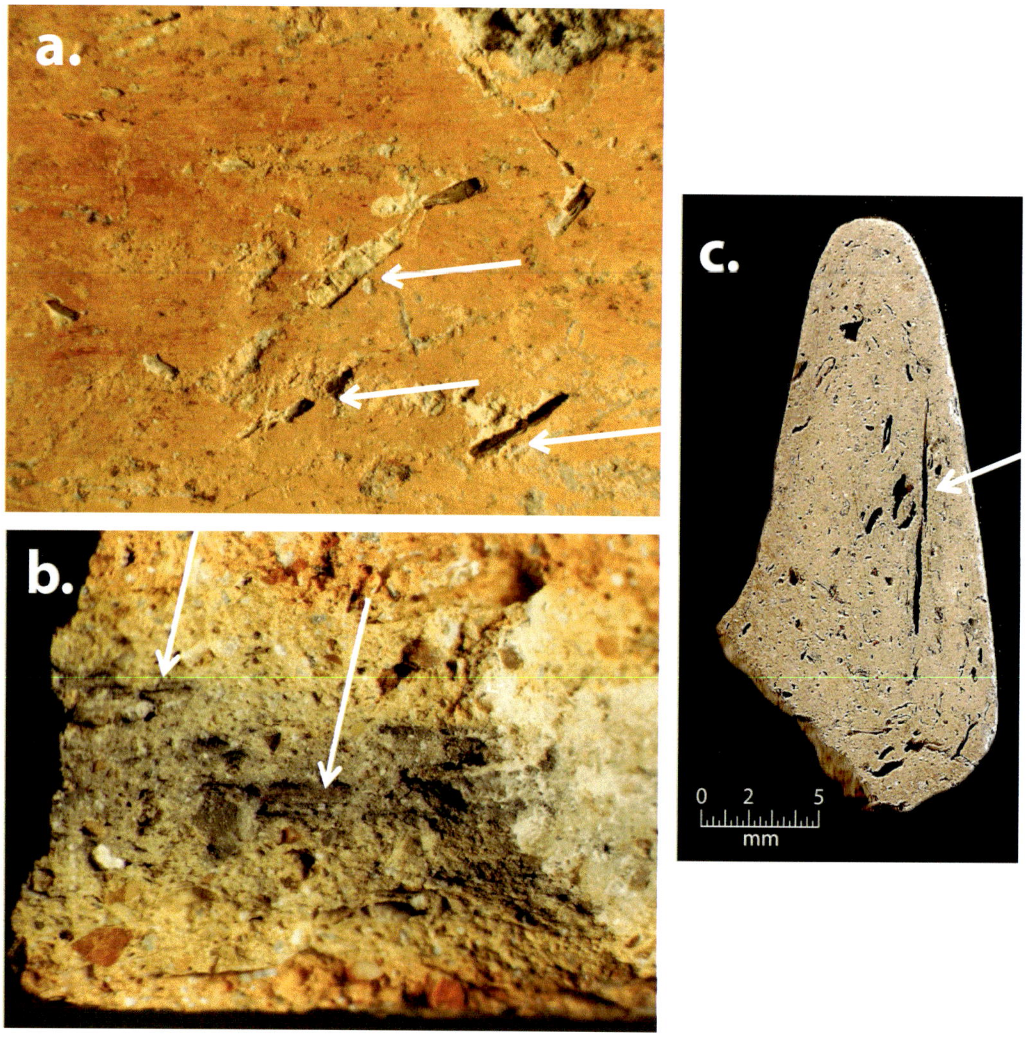

Figure 2 – Empreintes d'inclusions végétales dans la céramique, en surface (a), entourées d'auréoles noires lorsque la matière organique n'a pas été entièrement consommée (b) et en section (c). Céramique de Ras Shamra, Syrie (M. Jean).

Cuisson

La cuisson est l'étape finale de la production. C'est un processus irréversible de modification de la matière argileuse, qui chasse l'eau restante, consomme les inclusions organiques et amorce des modifications minéralogiques. L'eau de constitution, contenue dans la structure chimique des minéraux argileux, est alors perdue : c'est la déshydroxylation (Rice 1987 : 87-88). Les inclusions organiques, qu'elles soient végétales ou animales, font office de « combustible interne » à la pâte céramique au cours de la cuisson (Rice 1987 : 103). Elles laissent une empreinte dans la pâte et peuvent être consommées intégralement ou non, en fonction du degré de chauffe, formant alors une auréole noire autour de l'empreinte (Figure 2).

Au fur et à mesure de la montée en température, des modifications minéralogiques peuvent également intervenir, à différents stades selon les conditions de cuisson. Elles touchent bien sûr les minéraux argileux, mais également les inclusions non plastiques dont la granulométrie est plus importante. Les inclusions carbonatées (carbonates de calcium de type calcaire, calcite, coquille) sont parmi les premières à réagir. La dissociation (ou décarbonatation) de la calcite est une réaction chimique transformant le carbonate de calcium en chaux et en dioxyde de carbone gazeux, selon l'équation suivante :

$CaCO_3 \rightarrow CaO + CO_2$

Cette réaction se produit à une température théorique de 894,4 °C. Dans les faits, elle est amorcée dès 650 °C, atteint un pic vers 800-850 °C et est véritablement achevée à 900 °C. La mise en œuvre de la réaction dépend de paramètres multiples, parmi lesquels la granulométrie des inclusions carbonatées est

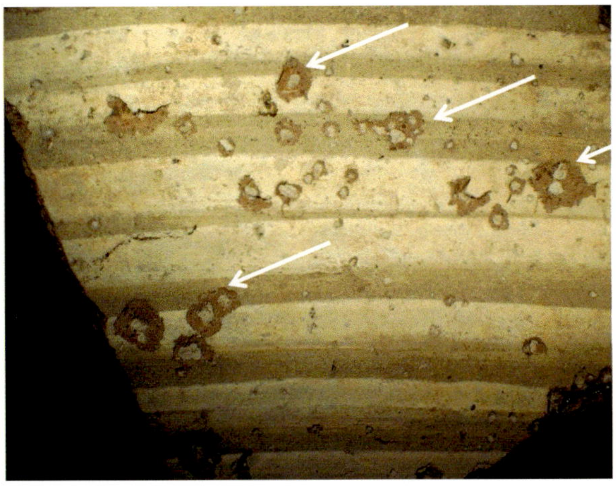

Figure 3 – Points de chaux en surface d'un tesson de Tell Arqa, Liban : la chauffe a produit des éclatements de la surface de la céramique autour des inclusions carbonatées (M. Jean).

primordiale : les particules carbonatées fines sont décomposées avant les plus gros grains (Escardino *et al.* 2008). L'atmosphère de cuisson, la vitesse de chauffe et l'atmosphère de cuisson influencent aussi le processus (Echallier et Méry 1992). En refroidissant, la chaux est réhydratée grâce à l'eau présente dans l'air ambiant, selon l'équation suivante :

$$CaO + H_2O \text{ -> } Ca(OH)_2$$

$$Ca(OH)_2 + CO_2 \text{ -> } CaCO_3 + H_2O$$

La réhydratation de la chaux produit une augmentation du volume des inclusions contenues dans la pâte, qui se traduit souvent par un éclatement de la surface de la céramique autour des grains : ce sont des points de chaux (Figure 3). Si la dissociation de la calcite est une modification minéralogique fréquente en cours de cuisson, d'autres réactions peuvent intervenir, comme la transformation de l'aragonite en calcite (autour de 400-500 °C) ou de la dolomite en calcite (autour de 800 °C).

Entre le « cru » et le « cuit », c'est-à-dire entre les matériaux naturels et le produit fini céramique, de nombreuses modifications interviennent. De la sélection et du traitement des matières premières jusqu'à la cuisson, la pâte subit des retraits, des ajouts d'éléments, puis des transformations physico-chimiques irréversibles. Dans le registre archéologique, on peut également ajouter les difficultés liées à la taphonomie : il n'est pas rare d'observer des cristallisations post-dépositionnelles de minéraux dans les pâtes céramiques, liées aux percolations d'eau dans les sols. C'est le cas de la calcite, par exemple, dont la cristallisation secondaire peut considérablement biaiser la teneur originelle de la pâte en carbonates de calcium – et induire en erreur les chimistes. Il est donc bien difficile pour les céramologues de retracer le chemin entre le « cru » et le « cuit » : il faut souvent se contenter de dessiner un faisceau d'indices, à partir de l'étude approfondie du matériel archéologique et des ressources de l'environnement.

Du « cuit » au « cru » : essai d'application au cas de l'assemblage céramique du IIIe millénaire de Tell Arqa (Liban)

En archéologie, la recherche du « cru » se fait souvent à partir du « cuit », la céramique. Dans la mesure où les découvertes d'ateliers de potiers sont rares pour la Protohistoire orientale, l'analyse des matériaux céramiques s'appuie principalement sur l'étude des pâtes cuites, sans comparaison directement possible avec les matériaux crus utilisés par les potiers. Pour trouver ce « cru », il faut donc caractériser le « cuit », mais aussi partir à la recherche de matières premières potentiellement exploitables dans l'environnement direct du site. En supposant que le site de découverte de la céramique soit bien le site de sa production, il est nécessaire d'explorer les alentours et de récolter les matériaux géologiques à disposition : roches, sables, terres argileuses. Ces matériaux sont ensuite analysés et comparés aux pâtes céramiques. Les échantillons géologiques peuvent être analysés à cru, en macroscopie et en microscopie en lames minces. Concernant les terres argileuses, des briquettes expérimentales peuvent être cuites à des températures connues, pour être ensuite confrontées aux matériaux céramiques archéologiques.

L'étude de cas présentée ici porte sur Tell Arqa, dans le nord du Liban actuel (Thalmann 2006, 2016). Ce site a livré une exceptionnelle séquence d'occupation continue sur toute la durée du IIIe millénaire (Bronze Ancien), bien datée et dont les assemblages céramiques sont désormais étudiés d'un point de vue typochronologique, technologique et pétrographique (Thalmann 2006, 2016 ; Roux et Thalmann 2016 ; Jean 2018). L'analyse pétrographique a livré des informations sur les matériaux constitutifs des céramiques. Elle a permis la caractérisation des productions, la classification des pâtes en plusieurs groupes et variantes, en macroscopie et en microscopie (Jean 2018). L'étude de la répartition chronologique et morphofonctionnelle des groupes de pâtes a montré une très nette évolution des choix de matières premières au cours du IIIe millénaire (Jean 2020). Des choix fonctionnels ont été mis en évidence grâce à la correspondance entre certains groupes de pâtes et des catégories fonctionnelles ; au contraire, d'autres groupes sont polyvalents (Jean 2019). L'analyse pétrographique apporte donc des éléments nouveaux pour la compréhension du système de production

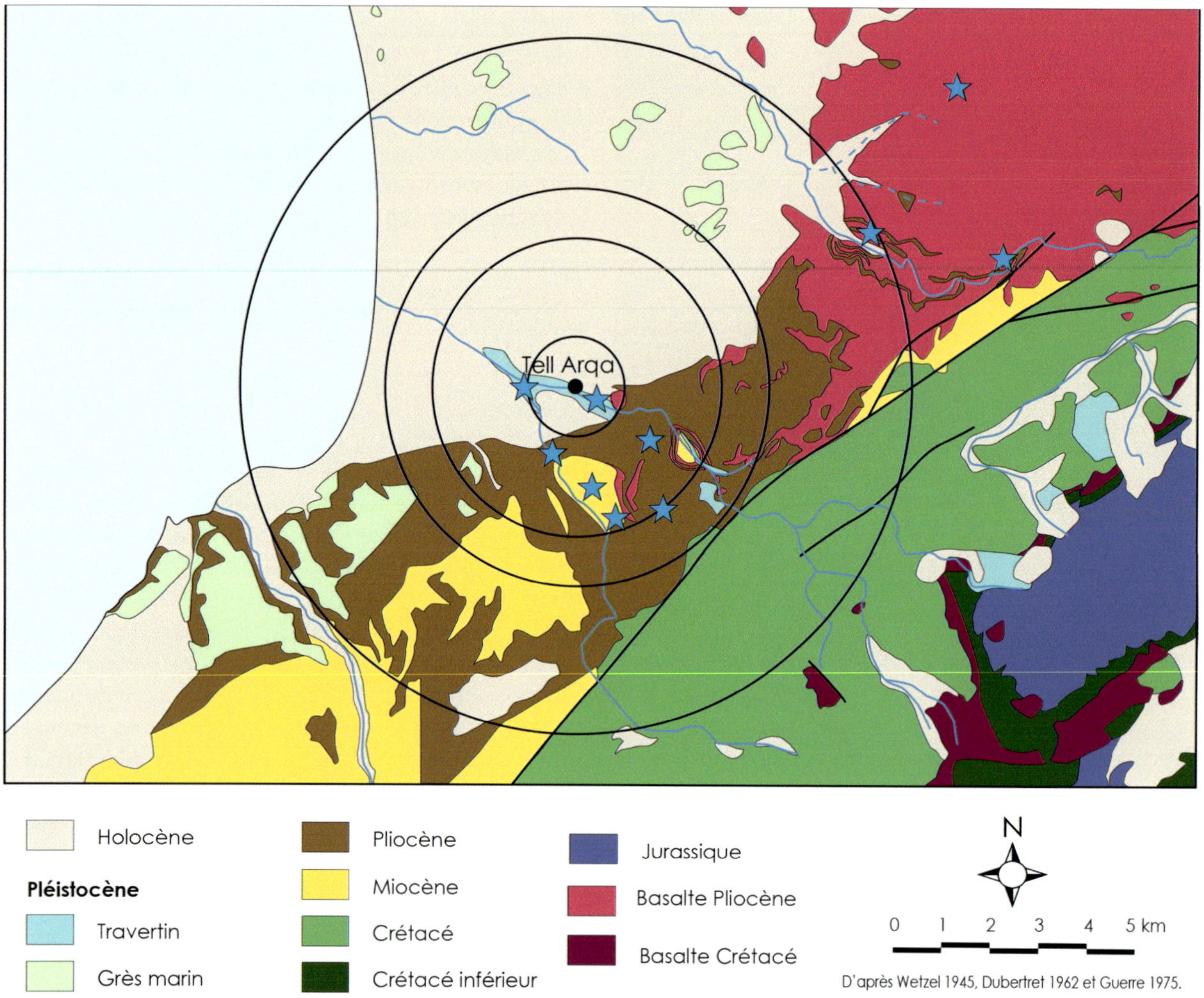

Figure 4 – Carte géologique des environs de Tell Arqa. Les étoiles bleues indiquent les lieux de prélèvement des échantillons géologiques et les cercles concentriques correspondent aux distances théoriques d'approvisionnement pour la production potière (M. Jean d'après Wetzel 1945, Dubertret 1962 et Guerre 1975).

artisanale de la poterie, démontrant sa pertinence pour l'étude archéologique et anthropologique des artefacts.

Cette étude a permis la caractérisation du « cuit » à Tell Arqa. Pour remonter la chaîne opératoire de production jusqu'aux matières premières naturelles, le « cru », les résultats doivent être confrontés à des données issues de l'environnement géologique du site. Les données environnementales exploitées proviennent de la cartographie géologique et pédologique, ainsi que de la littérature scientifique (Gèze 1956 ; Dubertret 1962 ; Guerre 1975 ; Walley 1997). Le modèle des seuils, développé par Dean E. Arnold, a ensuite été appliqué : basé sur une vaste étude ethnographique, ce modèle propose que, dans la grande majorité des cas, les matières premières nécessaires à la production céramique (matériaux argileux et dégraissants) soient accessibles dans des cercles de 1, 3, 4 à 7 km de rayon maximum, dans 86 à 91 % des cas (Arnold 1985, 2006). En combinant les données géologiques et le modèle des seuils, on peut essayer de déterminer si les matériaux identifiés dans la céramique correspondent aux ressources disponibles dans l'environnement du site, dans les distances raisonnables d'approvisionnement (Figure 4).

Cette approche, qui livre déjà un intéressant faisceau d'indices, reste toutefois théorique. Dans l'idéal, elle doit être complétée par une étude pratique des ressources géologiques locales. Une prospection géologique a ainsi été réalisée en 2014 dans les environs de Tell Arqa, afin de tester la correspondance entre matériaux céramiques et ressources géologiques. En raison de la situation de la région, la prospection a été fortement conditionnée par l'accès au terrain et n'a pu être aussi systématique qu'espéré. Un ensemble de 36 échantillons géologiques a toutefois été constitué, incluant des roches sédimentaires et magmatiques (calcaires, basaltes), des sables et des matériaux argileux. Cet échantillonnage se veut le plus représentatif possible de la nature et de la variété des

Figure 5 – Photographies des lieux de prélèvement des échantillons géologiques. (a) Le lit du fleuve Arqa vu depuis le tell ; (b) berges du fleuve Arqa ; (c) coupe dans les couches d'altération des formations basaltiques du Akkar (M. Jean).

ressources géologiques aux alentours, à la fois dans et hors des cercles potentiels d'approvisionnement définis par le modèle des seuils. Les lieux de prélèvement les plus proches du site correspondent au lit du fleuve coulant au pied du tell, le Nahr Arqa, ainsi qu'aux collines environnantes (piémonts des monts Liban). Des prélèvements plus lointains ont été effectués dans les collines basaltiques de la plaine du Akkar. Chaque lieu de prélèvement a été localisé sur la carte géologique du Akkar et photographié (Figures 4 et 5).

Les 36 échantillons ainsi rassemblés ont été exportés en France pour analyse. Tous ont été photographiés en macroscopie (Figure 6). 13 sédiments argileux ont été préparés sous la forme de briquettes (quatre briquettes par échantillon), qui ont été cuites en four électrique à trois températures : 750 °C, 850 °C et 950 °C. La quatrième briquette, conservée à l'état cru, est un échantillon témoin permettant de faire le lien entre les matériaux crus et cuits (Figure 7). Un ensemble de lames minces a ensuite été réalisé, sur les différents types de roches, les sables et les briquettes argileuses ayant résisté à la cuisson (Figure 8).

Géologie et céramique : résultats attendus

Le travail de comparaison entre échantillons géologiques, crus et cuits, et céramiques archéologiques, est en cours à Tell Arqa. Si la correspondance théorique est bonne entre géologie et céramique, basée sur la cartographie et la littérature scientifique, la partie comparative pratique n'est pas achevée. Bien que les résultats pour retracer les liens entre « cru » et « cuit » ne soient pas encore disponibles, le protocole analytique a été clairement défini et les données sont en partie acquises. L'étude comparative sera menée en macroscopie, à la loupe binoculaire, et en microscopie, en lames minces observées au microscope polarisant, selon le même protocole que pour l'étude de la céramique archéologique (Rice 1987 : 413-426 ; Quinn 2013 : 117-153). L'objectif premier est de tester les correspondances minéralogiques entre géologie et céramique, concernant à la fois les inclusions et la matrice argileuse. L'analyse des lames minces de briquettes cuites dans des conditions contrôlées permettra également d'évaluer le degré de cuisson des céramiques archéologiques.

Figure 6 – Echantillons de roches prélevés dans les environs d'Arqa : (a) basalte ; (b) calcaire ; (c) sable du fleuve ; (d) bloc de basalte scié montrant les vacuoles et l'altération des minéraux (M. Jean).

Des interprétations techniques pourront être dégagées à l'issue de l'étude. Il sera ainsi intéressant d'essayer de distinguer des cas d'ajout délibéré de dégraissant dans certaines pâtes céramiques, par opposition aux inclusions naturellement présentes dans les matériaux argileux. Le croisement des données pétrographiques et fonctionnelles pourra également interroger le lien entre choix de matériaux et utilisation des vases. Plusieurs hypothèses pourront ensuite être explorées pour mieux comprendre les choix techniques opérés par les potiers de l'âge du Bronze.

D'un point de vue spatial, la combinaison de la cartographie géologique, des échantillons géologiques et des comparaisons pétrographiques avec la céramique contribuera à l'identification de sources potentielles de matières premières. Il sera alors possible d'exclure certains échantillons, qui n'ont visiblement pas été exploités pour l'artisanat potier, ou au contraire de reconnaître de bons candidats qui soutiennent une comparaison avec la céramique découverte sur le site. Le faisceau d'indices ainsi constitué permettra de pointer de probables formations géologiques desquelles sont issus les matériaux sélectionnés pour la production potière protohistorique. Les informations spatiales générées ouvriront, dans un dernier temps, sur une réflexion à propos de l'évolution du territoire exploité par les artisans au cours du IIIe millénaire.

Conclusion

Le chemin entre « cru » et « cuit » est donc sinueux. Nombre de modifications sont susceptibles d'intervenir, tout au long de la chaîne opératoire de production potière pour brouiller les pistes entre matériaux géologiques crus et céramique archéologique cuite. Au-delà d'une étude approfondie des assemblages céramiques, qui permet de reconstituer les étapes de production, cet article propose de recourir à l'étude des ressources géologiques, selon un protocole éprouvé de longue date par les céramologues. Le chercheur dispose ainsi de données sur le « cru » et le « cuit » et peut essayer de les combiner. L'étude géologique repose sur les données de la littérature scientifique et de la cartographie, mais aussi sur un ensemble de prélèvements géologiques réalisés autour du site, représentatifs des ressources naturelles qui y sont disponibles. Idéalement, ce type d'approche permet de relier environnement et savoir-faire, en identifiant les sources de matières premières, les traitements mis en œuvre pour la préparation des

Figure 7 – Deux séries de briquettes de sédiments argileux réalisées à partir des échantillons géologiques : (a) briquettes crues ; (b) briquettes cuites à 750 °C (M. Jean).

pâtes et en reconstituant les conditions de cuisson des poteries. Dans la pratique, là aussi, de nombreux facteurs limitants interviennent, au premier rang desquels l'évolution du paysage entre l'époque de production des artefacts et le présent. En effet, sur une période de 5000 ans, les alentours du site ont subi de profondes transformations – et les disponibilités de ressources également. L'urbanisation actuelle est souvent un paramètre essentiel de modification des paysages, particulièrement en ce qui concerne l'étude de cas libanaise présentée dans cet article. Nombre de sources anciennes de matériaux sont probablement inaccessibles ou détruites aujourd'hui. L'accessibilité des terrains de recherche peut aussi être une limite lors de la prospection géologique, comme cela a été le cas ici. En 2014, à proximité de la frontière syrienne,

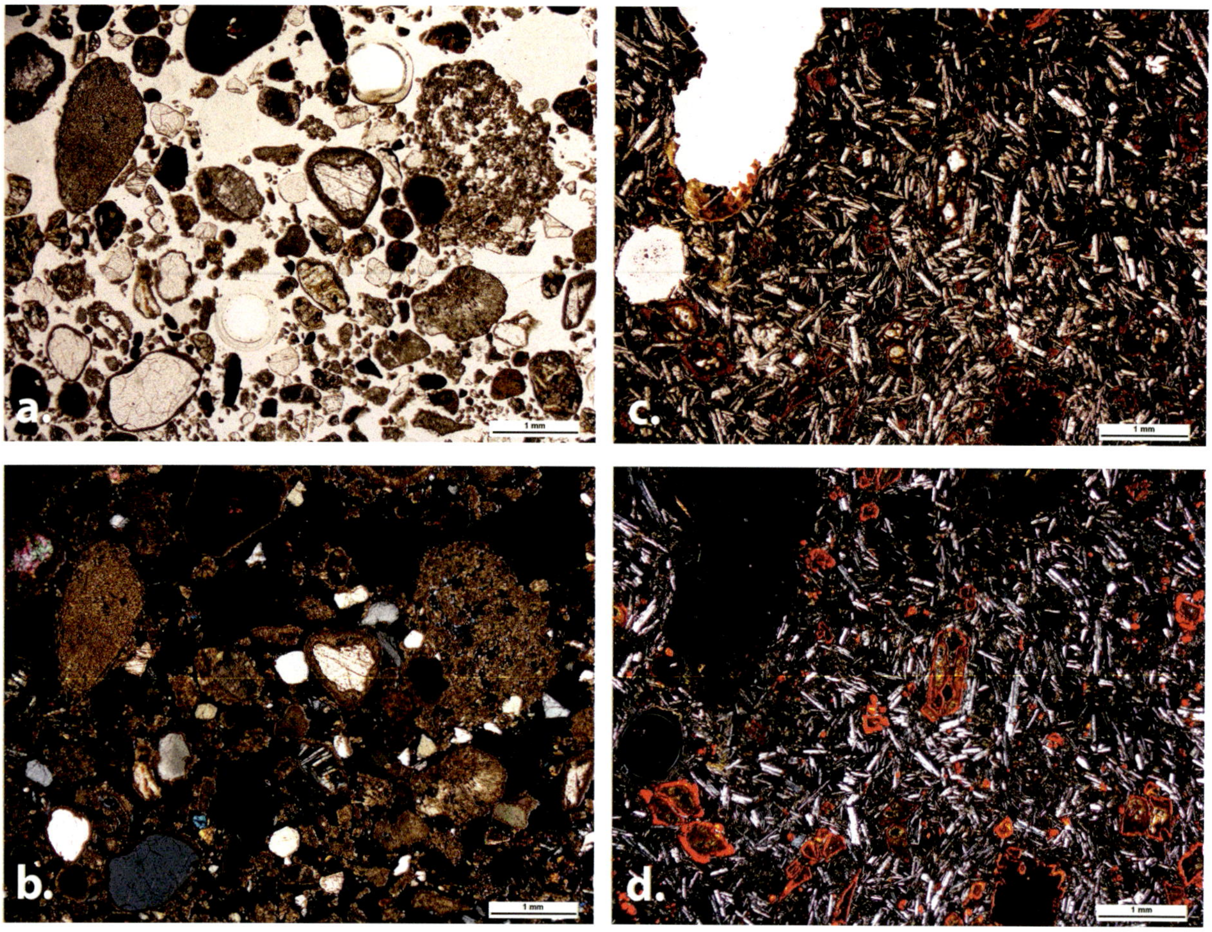

Figure 8 – Microphotographies de lames minces d'échantillons géologiques : sable du Nahr Arqa en LPNA (a) et LPA (b) ; basalte en LPNA (a) et LPA (b) (M. Jean).

les prospections n'ont pu être menées de manière systématique et ont été réalisées principalement le long de routes ; cela limite évidemment la représentativité des échantillons collectés. Enfin, la dernière éventualité à considérer lors des comparaisons avec la céramique est la présence de productions non locales au sein des assemblages archéologiques qui, naturellement, seraient réalisées dans des pâtes non comparables aux ressources environnantes.

L'ensemble de ces réflexions et l'étude de cas en cours, sur l'assemblage céramique de Tell Arqa (Liban), trace des pistes de recherche pour reconstituer le chemin menant du « cru » au « cuit », et inversement. L'approche présentée ici, basée sur des observations macroscopiques et microscopiques, pourrait également être augmentée d'analyses géochimiques pour la comparaison des matériaux naturels et anthropiques. Elle pourrait enfin bénéficier des données issues de la fouille d'ateliers de potiers, pour combler l'espace entre « cru » et « cuit », dont aucun n'est malheureusement connu pour le IIIe millénaire dans la région de Tell Arqa. Les perspectives de recherche sont donc multiples et, si l'on prend en compte les paramètres discutés ici, peut-être pourra-t-on relier le « cru » géologique au « cuit » archéologique.

Remerciements

Cette recherche a bénéficié du soutien de l'équipe VEPMO de l'UMR 7041 Archéologies et sciences de l'Antiquité. Les prospections de terrain ont été menées en 2014 sous la direction de Jean-Paul Thalmann, au sein de la Mission archéologique française de Tell Arqa.

Mathilde JEAN
Attachée Temporaire d'Enseignement et de Recherche (ATER)
Université Paris 1 Panthéon-Sorbonne
Chercheuse associée
UMR 7041 Archéologies et sciences de l'Antiquité (ArScAn)
Équipe Du village à l'État au Proche et au Moyen-Orient (VEPMO)
Institut d'Art et d'Archéologie
3, rue Michelet
75006 Paris, France
mathildejean@outlook.fr

Bibliographie

Arnold, D. E. 1985. *Ceramic theory and cultural process.* Cambridge : Cambridge University Press.

Arnold, D. E. 2000. Does the standardization of ceramic pastes really means specialization? *Journal of Archaeological Method and Theory* 7(4) : 333-375.

Arnold, D. E. 2006. The threshold model for ceramic resources: A refinement, *in* D. Gheorghiu (ed.) *Ceramic Studies, Papers on the social and cultural significance of ceramics in Europe and Eurasia from prehistoric to historic times*: 3-9. BAR International Series, 1553, Oxford : Archaeopress.

Dubertret, L. 1962. *Liban, Syrie et bordure des pays voisins, Première partie : Tableau stratigraphique avec carte géologique au millionième.* Extrait des Notes et mémoires sur le Moyen-Orient VIII. Paris : Muséum National d'Histoire Naturelle.

Echallier, J.-C. et S. Méry 1992. L'évolution minéralogique et physico-chimique des pâtes calcaires au cours de la cuisson : expérimentation en laboratoire et application archéologique. *Documents et Travaux de l'Institut Géologique Albert-de-Lapparent* 16 : 87-120.

Escardino, A., J. Garcia-Ten et C. Feliu 2008. Kinetic study of calcite particle (powder) thermal decomposition: Part 1. *Journal of the European Ceramic Society* 28 : 3011-3020.

Gèze, B. 1956. *Carte de reconnaissance des sols du Liban, 1/200 000.* Beyrouth : République libanaise, Ministère de l'Agriculture.

Guerre, A. 1975. *Carte géologique détaillée, Feuille de Hamidié-Halba, 1/50 000.* Beyrouth : République Libanaise, Ministère des Ressources Hydrauliques et Électrique.

Jean, M. 2018. Pottery Production at Tell Arqa (Lebanon) during the 3rd Millennium BC: Preliminary Results of Petrographic Analysis, *Levant.* DOI:10.1080/00758914.2018.1454239

Jean, M. 2019. Mémoires de terres, l'urbanisation du Levant nord au IIIe millénaire par la pétrographie céramique. Thèse de doctorat, Université Paris 1 Panthéon-Sorbonne.

Jean, M. 2020. Evolutions of pottery production over a millennium: petrographic analysis of the EB ceramic assemblage from Tell Arqa, *in* M. A. Kennedy (éd.) *A Land In-Between: The Orontes Valley in the Early Urban Age* : 173-193. Adapa Monographs, Sydney : Sydney University Press.

Kilikoglou, V., G. Vekinis, Y. Maniatis et P. M. Day 1998. Mechanical performance of quartz-tempered ceramics: Paris 1, strength and toughness. *Archaeometry* 40(2) : 261-279.

Quinn, P. S. 2013. *Ceramic Petrography: The Interpretation of Archaeological Pottery and Related Artefacts in Thin Section.* Oxford : Archaeopress.

Reedy, C. L. 2008. *Thin-Section Petrography of Stone and Ceramic Cultural Materials.* Londres : Archetype Publication.

Rice, P. M. 1987. *Pottery Analysis: A Sourcebook.* Chicago : the University of Chicago Press.

Roux, V. et J.-P. Thalmann 2016. Évolution technologique et morpho-stylistique des assemblages céramiques de Tell Arqa (Liban, 3e millénaire av. J.-C.) : stabilité sociologique et changements culturels. *Paléorient* 42/1 : 101-127.

Roux, V. 2017. *Des céramiques et des hommes : décoder les assemblages archéologiques.* Nanterre : Presses universitaires de Paris Nanterre.

Thalmann, J.-P. 2006. *Tell Arqa – I : Les niveaux de l'âge du Bronze.* Bibliothèque Archéologique et Historique 177, Beyrouth : Presses de l'IFPO.

Thalmann, J.-P. 2016. Rapport préliminaire sur les campagnes de 2008 à 2012 à Tell Arqa. *Bulletin d'Archéologie et d'Architecture Libanaises* 16 : 15-78.

Tite, M.S., V. Kilikoglou et G. Vekinis 2001. Strength, toughness and thermal shock resistance of ancient ceramics, and their influence on technological choice. *Archaeometry* 43(3) : 301-324.

Walley, C. D. 1997. The Lithostratigraphy of Lebanon. *Lebanese Science Bulletin* 10 : 81-108.

Wetzel, R. 1945. *Carte géologique détaillée, Feuille de Tripoli, 1/50 000.* Beyrouth : Délégation Générale de France au Levant, Section géologique.

Dans les textes mésopotamiens

Les types de fours dans les textes mésopotamiens et leur réalité matérielle dans les fouilles archéologiques : l'apport des listes lexicales - *Types of kilns in Mesopotamian texts and their material reality in archaeological excavations: the contribution of lexical lists*

Xavier Faivre[1]

CNRS, UMR 7041 Archéologies et sciences de l'Antiquité (ArScAn), équipe Histoire et archéologie de l'Orient cunéiforme (HAROC), Nanterre (France).

> *« À ces silhouettes sans relief et sans vie,*
> *seule la documentation archéologique*
> *peut donner de l'épaisseur et du mouvement,*
> *seule elle peut la replacer dans l'imaginable*
> *qui, en Histoire, est l'unique moyen*
> *de suppléer à l'impossible vision immédiate. »*
> J. Bottéro

Résumé – Parmi les différents types de textes mésopotamiens, écrits sur tablettes d'argile, certains témoignent d'un riche vocabulaire qui entre dans le champ lexical des réalisations et productions d'argile ou de terres argileuses, dans leurs différents états, cru et cuit. Les listes lexicales font notamment apparaître différents types de fours et leurs différentes parties ainsi que les déchets ou rebuts qui en sont issus. L'archéologie mésopotamienne et l'ethnographie attestent parallèlement de l'usage d'une grande variété de foyers, dispositifs à feu ou de cuisson, fours de différentes sortes dont la finalité n'est pas toujours certaine. On peut structurer ces termes en distinguant différents fours, dispositifs de chauffe ou de chauffage et dispositifs de cuisson des aliments, des fours artisanaux et industriels, auxquels s'ajoutent les parties de fours et déchets issus de la combustion. Si une typologie fonctionnelle fait souvent apparaître des connexions possibles avec les sources archéologiques et ethnographiques, elle ne vise qu'à définir clairement ou à organiser ce qui est connu. Mais l'on n'éludera pas une plus grande complexité du champ sémantique qui, à la lueur de publications récentes, tant textuelles qu'archéologiques, invite à la prudence de l'interprétation, au questionnement, voire à de nouvelles propositions. L'ambivalence ou le sens multiple de certaines dénominations, que l'on peut parfois relier à la plurifonctionnalité de certaines installations, semble souvent privilégier un sens contextuel de la terminologie des dispositifs à feu, qui apparaît, du coup, plus fonctionnelle que formelle. On soulignera cependant l'apport mutuel, toujours fructueux, de ces informations croisées à l'évocation de la culture matérielle mésopotamienne.

Mots-clés – brasero, cuisson, feu, four (culinaire, industriel), fourneau, foyer, grill, listes lexicales, poêle, *tannour*.

Abstract – Among the different types of Mesopotamian texts written on clay tablets, some bear witness to a rich vocabulary relating to productions of clay or clay soils in their different states, raw and fired. The lexical lists show in particular different types of kilns, ovens, furnaces and their different parts as well as the waste or scrap resulting from them. At the same time, Mesopotamian archaeology and ethnography attest to the use of a wide variety of hearths, firing or cooking devices, and ovens of different kinds whose purpose is not always certain. These terms can be structured by distinguishing between different ovens, heating devices and devices for cooking food, artisanal and industrial ovens, to which can be added oven parts and waste resulting from combustion. While a functional typology often reveals possible connections with archaeological and ethnographic sources, it only aims to clearly define or organize what is known. But there is no escaping the greater complexity of the semantic field which, in the light of recent publications, both textual and archaeological, invites caution in interpretation, questioning, and even new proposals. The ambivalence or multiple meaning of certain names, which can sometimes be linked

[1] Je remercie Laura Cousin, en tant que spécialiste des textes cunéiformes, Claire Padovani et Martin Sauvage, en tant qu'archéologues, pour leurs relectures, suggestions et conseils. Cet article forme une continuité de la contribution de X. Faivre « Les mots pour dire l'argile… ».

to the multifunctionality of certain installations, often seems to favor a contextual meaning of the terminology of fire devices, which suddenly appears more functional than formal. However, the ever-fruitful mutual contribution of this interdisciplinary information to the evocation of Mesopotamian material culture should be underlined.

Keywords - brazier, cooking, fire, kiln, oven, hearth, grill, lexical lists, stove, *tannur.*

« Pour quiconque est persuadé, comme nous devons tous l'être, que l'archéologie et le traitement des documents écrits sont complémentaires et inséparables en Histoire », selon une remarque de Jean Bottéro[2], confronter les fours nommés dans les textes mésopotamiens et leur réalité matérielle, dans les niveaux archéologiques du Proche-Orient, rejoint une préoccupation déjà ancienne mais toujours actuelle. C'est en partant de l'observation de ce savant, qui a souvent tenté de faire revivre la culture matérielle des anciens mésopotamiens à travers la lexicographie des textes cunéiformes, que nous tentons bien modestement une démarche inverse d'archéologue curieux de l'apport de la documentation écrite à la compréhension des vestiges exhumés.

En effet, dès lors que l'homme s'est réuni en communautés, ou en villages, le foyer s'est retrouvé au centre des maisons, ou dans leur voisinage immédiat, comme élément essentiel de la vie quotidienne. Son élaboration l'a, très tôt, élevé à un haut niveau de perfectionnement, contribuant ainsi largement à ce qu'il a été convenu d'appeler les « arts du feu ». L'archéologie de l'Orient ancien atteste en effet, dès le Néolithique, de l'usage d'une grande variété de foyers, dispositifs de cuisson, fours en terre de différentes sortes dont la fonction d'origine n'est pas toujours bien établie. Olivier Aurenche, dans *La Maison Orientale*, définit le terme de « four » comme « une construction dans laquelle le combustible ne brûle pas à l'air libre, comme dans le foyer, mais dans un espace partiellement ou presque totalement clos, où l'air ne pénètre que par un ou plusieurs orifices préalablement ménagés »[3]. Face au foyer ouvert ou aux installations à couverture provisoire, le four demande plus d'effort et d'expertise pour le maintien, le contrôle et les effets du feu. Mais, comme le remarque le même auteur, le français n'a qu'un mot pour désigner différents dispositifs de cuisson : le mot « four » auquel il faut ajouter des qualificatifs pour l'adapter à sa fonction : four à pain, four à briques, four à chaux, four de potier, voire four à métaux, etc....[4]. Le mot « fourneau », parfois imprécis, peut désigner le four culinaire, le fourneau de forge, le four à métaux, le grill. D'autres langues en ont plusieurs pour différencier des dispositifs selon leur structure et aussi selon les températures qu'ils permettent d'atteindre. Ainsi l'anglais[5] et l'allemand[6] distinguent fours culinaires et industriels, l'arabe individualise plusieurs fours à pains, parfois utilisés parallèlement, adaptés aux types de cuissons et propres à différentes régions[7]. C'était enfin le cas en sumérien et en akkadien : selon leur emploi, les Mésopotamiens utilisaient différentes appellations dont on suppose qu'elles peuvent être rapprochées de vestiges archéologiques.

En effet, le double intérêt des fours mésopotamiens est que ce sont, d'une part, des dispositifs construits en argile ou en terre argileuse, le seul matériau disponible en abondance, sous différentes formes (briques séchées ou céramique)[8]. Ils permettent, d'autre part, de changer définitivement la structure physico-chimique et moléculaire d'artefacts et de substances diverses en les faisant passer, de façon irréversible, de l'état « cru » à l'état « cuit »[9]. Mais outre les productions argileuses, poterie ou briques, dans le cas des fours de potiers ou de briquetiers, ce sont également des fours en terre qui transforment d'autres matériaux pour obtenir la chaux, le bitume, les métaux, le verre, et enfin cuisent des aliments, céréales, pain, bière et autres denrées comme les viandes. Chacun requiert des exigences techniques et des niveaux de températures différents qui nécessitent une maîtrise particulière et se matérialisent par une forme spécifique. À ce titre, ils sont mis en œuvre, dans la plupart des cas, par le praticien du produit transformé par la cuisson : ainsi le potier construisait des fours de potiers, le métallurgiste son four à métaux, la ménagère, comme encore aujourd'hui au Proche-Orient, son four à pain dans le contexte domestique.

Des publications anciennes ont déjà traité des fours culinaires, artisanaux et industriels de façon descriptive ou typologique dans tout le Proche et le Moyen-Orient[10], en Syrie, en Anatolie, en Irak ou en Iran **(Figure 1)**. Des fouilles récentes, entre 2000 et 2020, ont mis au jour des installations de cuisson, pour les aliments ou la poterie,

[2] Bottéro 1973 : 30.

[3] Aurenche 1981 : 248 ; Hansen Streily 2001 : 69 (« fixed fire installation with more or less closed kiln chamber »).

[4] Aurenche 1977 : 89 (four) ; 1981.

[5] *Oven* (associé à la cuisine), 250-900 °C ; *Kiln* (céramique, verre), 1700°-2350 °C ; *Furnace* (associé au métal), 2000-2450 °C.

[6] Salonen 1964 : *Kohlenbecken*, *Heizofen* (brasero, poêle), *Backofen* (four culinaire), *Rostofen* (grill), *Brenn- Schmelzofen* (four de fusion).

[7] Cf. Rova 2014 : 125-126 et Figure 4 qui distingue différents types de fours à pain modernes au Proche-Orient : *tannur, tabun, sag, wagdiah/ arsah, furn.*

[8] Les textes nous montrent qu'ils pouvaient aussi être en métal, bronze, en cuivre ou en fer, plus rarement en argent (Salonen 1964). On ne retiendra ici que les premiers.

[9] Yon 1981 : 67 (cuisson).

[10] Salonen 1964 ; Delcroix et Huot 1972 ; Barrelet 1974 ; Majidzadeh 1977 ; Aurenche 1977, 1981 ; Crawford 1981 ; Alizadeh 1985.

Figure 1 – Carte de la Mésopotamie et des sites mentionnés.

qui nous ont fourni des parallèles significatifs : c'est le cas, par exemple, en Anatolie (Arslantepe)[11], en Syrie du nord (Ebla)[12], en haute Mésopotamie, dans les régions du Balikh (Sabi Abyad)[13], du Moyen Euphrate (Mari)[14], ou du Haut Khabur (Tell Beydar[15], Tell Feres al-Sharqi[16], Tell Arbid[17], Tell Mozan/Urkiš[18], Tell Mohammed Diyab[19]) et plus récemment au nord de l'Irak (Girdi Qala[20], Logardan[21]). Enfin les allusions aux installations métallurgiques, pour la réduction ou la fusion, assez éparses dans tout le Proche-Orient et non exhaustives (Ebla[22], Mari[23], Tell edh-Dhiba'i[24]...) font apparaître que les études les mieux renseignées concernent davantage des régions éloignées de la Mésopotamie (Levant, Iran, Egypte, Turkmenistan)[25]. À l'appui des publications archéologiques, l'ethnographie de l'ensemble du Proche et du Moyen-Orient montre que certains dispositifs très similaires sont encore utilisés de nos jours[26].

Parallèlement à la matérialité de ces vestiges, différents types de textes mésopotamiens, écrits sur tablettes d'argile, témoignent d'un riche vocabulaire qui entre dans le champ lexical des réalisations d'argile ou de terres argileuses, dans leurs différents états, du cru au cuit. Ce vocabulaire nomme plusieurs types de fours et les parties qui les constituent, ainsi que les sous-produits ou déchets qui en résultent. La richesse de la lexicographie nous invite à structurer cette documentation, tout en la matérialisant et en la contextualisant, en établissant des connexions archéologiques et ethnographiques utiles. Mais si une typologie fonctionnelle fait souvent apparaître des liens possibles entre ces différentes

11 Balossi-Restelli 2015.
12 Peyronel et Spreafico 2008 ; Peyronel et Vacca 2014.
13 Duistermaat 2008.
14 Margueron 2006.
15 Rova 2014.
16 Baldi 2014.
17 Lawecka 2008 ; Szelag 2009-2010 ; Smogorzewska 2012.
18 Kelly-Buccellati 2004.
19 Nicolle 2006.
20 Baldi *et al.* 2016.
21 Vallet *et al.* 2017.
22 Festuccia 2014.
23 Margueron 2006.
24 al-Gailani 1965 ; Davey 1979, 1988 ; Davey et Edwards 2007.
25 Cradock 2000 ; Mille 2010 ; Rothenberg et Tylecote 1991 ; Tylecote 1976, 1980, 1981 ; Verly 2008 ; Yahalom-Mack 2019 ; Papachristou 2021 (Gonur Depe).
26 Aurenche 1977, 1981 ; Smogorzewska 2012 ; Balossi Restelli 2015. Il ne s'agit pas d'affirmer que ces structures de cuisson ont peu évolué jusqu'à nos jours, ce qui laisserait penser qu'elles évoluent de façon linéaire, alors que « le développement d'une technique est fait d'abandon, de transmission, de résurgences, d'innovations, etc. ». Je remercie C. Padovani de me permettre de nuancer ce propos.

sources, on ne prétendra en aucun cas à l'exhaustivité ni à des rapports trop étroits. On tentera seulement, à travers les termes associés aux fours, de définir et d'organiser ce qui est connu, sans éluder une grande complexité du champ sémantique. Ceci nous invite toujours à la prudence dans l'interprétation. C'est pourquoi les exemples concrets présentés sont avant tout des supports de réflexion, des propositions de correspondances plausibles entre les termes liés aux dispositifs de cuisson et la réalité archéologique.

Les types de textes. Plusieurs publications des années 1960-1980 ont recensé, dans les textes cunéiformes écrits sur tablettes d'argile, tous les termes liés aux différents états de l'argile, crue ou cuite, où apparaissent les fours, comme M.-T. Barrelet, à propos des *Figurines et reliefs en terre cuite de la Mésopotamie antique*[27]. A. Salonen traite plus particulièrement des diverses catégories de fours dans une série sur la culture matérielle (« *Die Öfen der alten Mesopotamien* »)[28], plusieurs articles de J. Bottéro sont en relation avec le feu et ses dispositifs, la cuisine, la métallurgie[29], laquelle fait écho à la publication de H. Limet sur *Le travail du métal au pays de Sumer au temps de la IIIe dynastie d'Ur*[30]. Quelques publications des années 1990 traitent de l'activité métallurgique ou potière où les fours et le processus de cuisson sont évoqués[31].

Par ailleurs, des textes de différente nature font apparaître une diversité de fours, classés par séquences ou intégrés dans des contextes plus ou moins précis. Les textes littéraires nomment ainsi plusieurs sortes de fours : ce sont par exemple des inscriptions royales monumentales[32], des hymnes[33], des proverbes[34] et particulièrement des formules incantatoires[35] – rites oraux complémentaires d'opérations et de gestes magico-religieux – qui portent les noms de « Combustion » (*Maqlû*)[36] et de « Crémation » (Šurpu)[37]. Dans ces rituels[38], il s'agissait de brûler des objets, soit en relation avec le sorcier responsable du mal, (pour détruire sa puissance maléfique), soit en tant que supports sur lesquels on avait transféré les péchés du patient.

D'autres types de textes, relatifs à la préparation des repas de dieux[39], documents de la pratique, lettres[40] ou encore textes administratifs[41], fournissent également des allusions aux fours. Ils ont souvent l'avantage de contextualiser ces dispositifs de cuisson et sont donc, en tant que tels, complémentaires des listes lexicales[42].

Nommées par leur *incipit* – ur_5-ra = *hubullu*[43], mur-gud = *imrû* = *ballu*[44], antagal = *šaqû*[45], diri[46], ea[47] et *nabnītu* – ces listes lexicales sont des énumérations de signes et de mots, classés selon un ordre prédéfini, utilisés pour l'apprentissage de l'écriture et de la langue[48]. Termes savants, souvent bilingues sumérien-akkadien, ils ne sont pas tous employés dans la vie quotidienne et n'apparaissent parfois que dans ce contexte. Mais l'intérêt de leur classement est de replacer les fours dans la logique de pensée des habitants de l'Orient ancien, dans l'organisation du monde concret tel qu'ils le conçoivent, témoignage de leur conscience collective, de leur identité matérielle[49]. C'est de cet « univers mental » que l'on peut envisager une sorte de « typologie » fonctionnelle.

La tablette X des listes lexicales ur_5-ra = *hubullu* (Ura 10). Parmi cet ensemble de textes, nous retenons ici les listes lexicales ur_5-ra = *hubullu*, particulièrement évocatrices des fours[50]. La tablette X (Hh. X ou Ura 10) est consacrée aux argiles sous différentes formes dont l'énumération représente 510 entrées bilingues, classées par ordre numérique, le nom sumérien dans la première colonne, à gauche, le nom akkadien dans la seconde, à droite[51] **(Tableau 1).** En se fondant sur celle-ci, on est donc assuré que l'on est en présence de fours d'argile, à l'exclusion des fours en métal. C'est l'ordre que nous suivrons, en respectant la numérotation et les

27 Barrelet 1968.
28 Salonen 1964.
29 Bottéro 1964, 1973, 1981, 2002.
30 Limet 1960.
31 Joannès 1993 ; Sallaberger 1996 ; Steinkeller 1996.
32 B. Lafont, dans Joannès 2001 : 410-412 (Inscriptions royales).
33 F. Joannès, dans Joannès 2001 : 400-402 (Hymnes).
34 F. Joannès, dans Joannès 2001 : 697-699 (Proverbes).
35 C. Michel, dans Joannès 2001 : 408-410 (Incantations).
36 Lambert 1957-1958.
37 Reiner 1958.
38 F. Joannès, dans Joannès 2001 : 726-729 (Rituels).
39 C. Michel, dans Joannès 2001 : 718 (Repas et banquet).
40 N. Ziegler, dans Joannès 2001 : 202-205 (Correspondance).

41 Joannès, dans Joannès 2001, p. 9-16 (Administration des temples, locale, royale).
42 Cf. la contribution de L. Cousin (ce volume). Les contextes où les fours apparaissent dans les textes proviennent ici, pour la plupart, d'occurrences mentionnées dans le CAD. Certains sont aussi mentionnés dans Salonen 1964.
43 Landsberger 1959 (*MSL* 6) ; Civil 1996 ; Veldhuis 2014 ; DCCLT ; Weiershäuser et Hrůša 2018.
44 Veldhuis 2014 ; DCCLT.
45 Roth 1985 (*MSL* 17).
46 Civil 2004 (*MSL* 15).
47 Civil 1979 (*MSL* 14).
48 Civil *et al.* 1982 (*MSL* 16).
49 Cf. X. Faivre, ce volume « Les mots pour dire l'argile... » : « 1.2.1. Que sont les listes lexicales ? ; cf. Veldhuis 2014 et la mise en ligne des listes lexicales DCCLT : http ://oracc.museum.upenn.edu/DCCLT /lexicallistsperiods/index.html (vu pour la dernière fois le 5/10/2022).
50 Abréviation ancienne Hh. (cf. CAD, MSL), désormais Ura (cf. DCCLT, Veldhuis 2014). Nous adopterons ici l'abréviation Ura, mais nous garderons Hh. dans les citations, en notes, du CAD ou des MSL (voir en bibliographie la liste des abréviations).
51 Cf. X. Faivre, ce volume « Les mots pour dire l'argile... ». La version canonique a eu des précurseurs plus anciens ; on ne citera qu'un précurseur d'ur_5-ra = *hubullu* d'Alalakh qui mentionne des types de pots et de four (Wiseman 1953 ; 113, 446 AT/19, col. i-vi 127, pl. XLV-XLVI) et une version monolingue où apparaissent de nombreux termes sumériens de vases, fours, argiles classées dans un ordre différent mais on y retrouve certaines séquences (DCCLT : OB Nippur Ura 02).

001-336. Les récipients d'argile			
Ordre	**Sumérien**	**Akkadien**	**Interprétation**
001- (...)	dug	*karpatu*	Récipients d'argile (...)
336	dug.nig$_2$-gid$_2$-da	*kubarinnu*	Un vase
337-387. Les fours et rebuts de cuisson			
337 (...)	KI.NE	*kinūnu*	Foyer, brasero
339 (...)	im.šu.nigin$_2$-na	*tinūru*	Four culinaire
351 (...)	gir$_4$	*kīru*	Four (métal, chaux, bitume)
356 (...)	udun	*utūnu*	Four
371 (...)	di-ni-ig	*kūru*	Four, creuset (métal, verre)
375 (...)	$^{\text{ši-ka}}$šika	*haṣbu*	Tesson de poterie
379 (...)	šika-bahar$_2$	*zê pahāri*	Rebut de potier
387	ē-az-bur$_3$	*kiškattû*	Four industriel
388-437. Les argiles multiformes			
388 (...)	im	*ṭīdu*	Argile
425	im-UD-a	*šābulu*	Séchée
426 (...)	im-mu-du$_3$-a	*sugāru*	Mélangée
430 (...)	im-ra-ra	*mahṣu*	Battue
433	im-gur-ra	*gurrudu*	Pincée
434	im-gur-gur	*kubbutu*	Motte d'argile
435 (...)	im-ša$_3$-kalag-ga	*pisiltu*	Motte d'argile
438-480. Les tablettes, enveloppes, scellements d'argiles			
438	im-mu	*ṭuppu*	Tablette
439	im-dub	*ṭuppu*	Tablette
440	im-sar	*ṭuppu*	Tablette
441 (...)	im-sar-ra	*ṭuppu*	Tablette
481-510. Les argiles brutes			
481 (...)	im-$^{\text{ki-id}}$kid$_2$	*kirṣu*	Pâton d'argile
510	im-du$_3$-a	*kullatu*	Argile de potier, fosse d'argile

Tableau 1 – Structure générale de la tablette X (Ura 10) des listes lexicales ur$_5$-ra = *hubullu* (d'après Landsberger 1958, MSL 7 10, 9 194 ; Sallaberger et Civil 1996). Les mots concernés appartiennent à la section 337-387.

transcriptions adoptées par M. Civil[52] comparées aux différents outils de référence disponibles[53].

Comprise entre les n°s 337 et 387 de la tablette X (Ura 10), une séquence de 50 termes énumère ainsi les fours, fourneaux, grills, creusets et les déchets de fours. Elle succède à l'importante section initiale (n^{os} de 1 à 336) des récipients d'argile (dug / *karpatu*), ce qui participe probablement à une logique assumée. Morphologiquement semblables, ils pouvaient être considérés comme des « récipients »[54] particuliers, produits également par des potiers. Ils sont en effet les « réceptacles » du feu, d'une part, des produits de la cuisson, d'autre part. Mais ils « reçoivent » aussi l'action qui en découle (la combustion) et une opération essentielle (le passage du « cru » au « cuit »)[55]. Cette

[52] Civil 1996.

[53] La signification de chaque terme a été vérifiée dans les : *Akkadisches Handwörterbuch* (AHw), *The Assyrian Dictionary of the Oriental Institute of the University of Chicago* (CAD), le *Digital Corpus of Cuneiform Texts* (DCCLT) [https ://melc.berkeley.edu/Web_Veldhuis/] et *The Electronic Pennsylania Sumerian Dictionary* (ePSD) *[http ://psd.museum.upenn.edu/nepsd-frame.html]* (vus pour la dernière fois le 5/10/2022), complétés, le cas échéant, par Weiershäuser et Hrůša 2018) ; Veldhuis 2014 ; DCCLT.

[54] Du latin *recipere* : recevoir.

[55] De nombreux contextes archéologiques illustrent d'ailleurs ce point commun entre récipients d'argile et fours. Dès le Néolithique céramique (VIIe millénaire av. J.-C.), certaines jarres sont réutilisées comme dispositifs de cuisson, par exemple à Tell Sabi Abyad (Syrie) [Nieuwenhuyse 2018 : 266]. Plus tardivement, au IIIe millénaire av. J.-C., on trouve des foyers en jarres, par exemple à Uch Tepe ou à Abu Ṣalabikh (Irak) [Crawford 1983 : 33 ; Krafeld-Daugherty 1994, Figure 44-48]. Certains fours portatifs ou braseros sont, de plus, de simples récipients en céramique posés sur un support et servant de réchauds (Voir plus loin).

Foyers, poêles, braseros			
Ordre	**Sumérien**	***Akkadien***	**Interprétation**
337	KI.NE	*kinūnu*	Foyer, four, fourneau en brique, brasero en céramique
338	KI.NE-DU-DU	*kinūnu muttalliku*	Foyer portatif, brasero

Fours culinaires, fours à pain *(tannour)*			
339	im.šu-nigin$_2$-na	*tinūru*	Four culinaire, four à pain, *tannour*
340	im.šu-nigin$_2$-na-DU-DU	*tinūru muttalliku*	Four portatif
341	ka-tam-im-šu-nigin$_2$-na	*katam tinūri*	Couvercle de *tannour*
342	bur$_3$-im-šu-nigin$_2$-na	*pikallullu*	Ouverture du four *tinūru*, évent, trou d'aération
343	ka-du$_3$-im-šu-nigin$_2$-na	*pikallullu*	Ouverture du four *tinūru*, évent, trou d'aération
344	ka-du$_3$	*pikallullu*	Ouverture du four *tinūru*, évent, trou d'aération
345	ka-du$_3$	*nappašu*	Ouverture du four *tinūru*, évent
346	ka-bal	*nappašu*	Soufflet, instrument pour souffler
347	nig$_2$-tab	*nappašu*	Dispositif de ventilation
348	[nig$_2$]-tab	*naṣraptu*	Foyer du four, creuset, four à briques
349	[nig$_2$]-tab	*naṣraptu*	Foyer du four, creuset, four à briques
350	nig$_3$-tab-tur-ra	*huluppaqqu*	Petit brasero portatif

Fours industriels			
351	gir$_4$	*kīru*	Four, fourneau à métaux, four à chaux, à bitume
352	gir$_4$-mah	*kirimahhu*	Grand four et creuset
353	gir$_4$-ma$_2$-lah$_4$	*kīr malāhi*	Four à bitume pour le constructeur de bateau
354	gir$_4$-ad-KID	*kīr atkuppi*	Four à bitume pour le vannier
355	la-ga-gir$_4$	*laga kīri*	Scories du four *kīru*
356	udun	*utūnu*	Four (poterie, briques, métal, verre, figurines, bière, cuisine, pain)
357	udun-mah	*utunmahhu*	Grand four
358	[udun-m]ah	*adūgu*	Grand four
359	udun-bappir	*adūg bappiri*	Four pour le pain de bière *bappir*
360	udun-titab	*adūg titāpî*	Four pour la cuisson du malt vert *titab*
361	udun bahar$_2$	*adūg pahāri*	Four de potier
362	udun-muhaldim	*tinūru / nuhatimmi*	Four culinaire, *tannour*

Fours à griller et à rôtir, grills			
363	udun-i$_3$	*zāhu (ṣāhu)*	Four pour le traitement de l'huile
364	udun-i$_3$	*kannu*	Équipement du presseur d'huile
365	udun-i$_3$-šur	*kannu*	Four à huile pressée (huile de sésame)
366	udun-gub-ba	*kannu*	Four sur un support (gub-ba)
367	[u]dun-še-sa-a	*kannu*	Équipement du presseur d'huile pour le grillage du grain
368	[u]dun-še-sa-a	*maqlû*	Équipement pour torréfier l'orge, grill
369	[u]dun-še-sa-a	*qalû*	Four pour le grillage du grain, grill
370	udun-še-sa-a	*laptu*	Four pour le grillage du grain, grill

Creusets, fours de fusion			
371	di-ni-ig	*kūru*	Four, creuset pour le métal, le verre
372	di-ni-ig	*nappašu*	Four : ouverture d'un four, trou de ventilation, évent, dispositif de ventilation, soufflet
373	[di]-ni-ig	*tumru*	Four : cendre, braise
374	di-ni-ig	*idrānu (iṭ-ra-nu)*	Four : sel, potasse, salpêtre

Sous-produits de fours			
375	$^{\text{ši-ka}}$šika	*haṣbu*	Tesson de poterie
376	udun-šika-kud-da	*išhilṣu*	Tesson, tesson de poterie à bord irrégulier, dentelé

377	šika-tur-ra	*išhilṣu*	(Petit) tesson de poterie
378	šika-al-ur$_3$-ra	*makdādu*	Grattoir, lame tranchante, en pointe
379	šika-bahar$_2$	*zê pahāri*	« Rebut de potier », poudre de tesson, tesson broyé, dégraissant, chamotte
380	šika-bar	*zê pahāri*	« Rebut de potier »
381	NE-sag	*zê pahāri*	« Rebut de potier »
382	[l]agab-zaḫ	*hahû*	« Scories » de four, brique vitrifiée (?)
Tuyau et grills			
383	kuš$_3$-kuš$_3$	*rāṭu*	Canal, conduit, tuyau d'argile, rigole, moule (?)
384	nig$_2$-sa-sa	*qalqallu, qallatu*	Grill, grille
385	[nig$_2$]-sa-sa	*maqlû*	Four à rôtir, grill
386	nig$_2$-sa-sa	*qalû*	Four, casserole à rôtir (le grain), à torréfaction, brasero
Fours industriels			
387	ē-az-bur$_3$	*kiškattû*	Four industriel, fourneau (métallurgiste, potier, charpentier, bourrelier), atelier

Tableau 2 – Section de la Liste lexicale ur$_5$-ra = *hubullu* X (Ura 10) consacrée aux fours (d'après Civil 1996, complété par DCCLT, ePSD, Weiershäuser et Hrůša 2018).

section s'achève par différents sous-produits de fours, cuits ou surcuits (n°s 375-387).

Elle précède enfin, avec 122 entrées, la séquence terminale (n°s 388-510), consacrée aux argiles à l'état cru sous toutes leurs formes : l'argile plastique, humide (388-389 : im = *tīdu*), l'argile ou la terre argileuse séchée, meuble, pour la construction et la confection des briques (390. im sahar = *eperu, ipru*)[56], les pâtons d'argile, parmi lesquels les tablettes cunéiformes et leurs enveloppes (n°s 438-480), avant de remonter aux argiles brutes et à leur lieu de prélèvement (510. im-du$_3$-a = *kullatu*)[57]. La logique mésopotamienne du classement des argiles et productions argileuses semble ainsi remonter du « cuit » au « cru », à contresens de notre démarche moderne.

Tout en respectant grosso modo la progression de la tablette X **(Tableau 2)**, selon M. Civil (1996), on distinguera quatre groupes principaux de dispositifs de cuisson, avec ce qui leur est associé, parties de fours, accessoires et déchets, que l'on confrontera aux données archéologiques et ethnographiques :

- Foyers, poêles, braseros (*kinūnu*)
- Fours culinaires (*tinūru*)
- Fours industriels : usages culinaires et usages multiples (*kīru/kūru, utūnu, kiškattu*)
- Parties, accessoires et déchets de fours.

1. Les foyers, les dispositifs à feux, poêles, braseros

1.1. La place du feu (izi = *išātu*)

Puisqu'il est question du passage du « cru » au « cuit », il convient de convoquer au préalable cet élément essentiel qui conditionne tous les arts du feu[58]. Deux termes désignent le feu : izi = *išātu* (d'utilisation courante)[59] et gibil = *girra, girru* (plus littéraire)[60]. Littéralement gibil (le « roseau-qui-brûle ») indique le rôle du roseau comme combustible lors de l'alimentation du feu[61]. Le dieu sumérien Gibil, Girra en akkadien, est le nom du « dieu du feu » ou du « feu divinisé »[62].

Le pictogramme du feu (NE / izi), à l'époque d'Uruk IV (vers 2850 av. J.-C.), représente un récipient sphérique ou semi-sphérique posé sur un piédestal ou un support, en argile ou en métal. Il en sort des flammes dans la partie supérieure, figurées par des traits parallèles **(Figure 2a)**[63]. Le feu a donc été représenté par son

[56] Cf. contribution de M. Sauvage, ce volume. Barrelet 1968 : 29, n.2. Attinger 2021 : 885-886 sahar s. « terre, poussière, sol ». CAD E 184-190 : *eperu* (*epru, ipru, ipiru*) 1. dust, 2. earth, loose earth, 3. debris, 4. scales, 5. ore, 7. mortar, 8. territory, soil ; 188 : « earth used as the core of brick structures ». DCCLT sahar = *eperu* (1. Dust, dirt. 2 soil, earth)

[57] Cf. contribution de X. Faivre, « Les mots pour dire l'argile... », ce volume.

[58] Cf. Bottéro 1973 : 10-15.

[59] CAD I 227-233 *išātu* (*ešātu*) s. fem. A. fire (as a natural phenomenon), fire (produced for specific purposes), 3. Fire signal ; ePSD : izi ; izi$_2$ « fire, brazier », *išātu* ; *pendû*. Attinger 2021 : izi s. « feu ».

[60] CAD G *girru* B s. ; « fire ».

[61] ePSD : « gibil firewood tinder, taper, kindling » Akk. *gibillû* ; *kibirru* ; *makaddu* ; *qilûtu*. Attinger 2021 : 409 ^{geš}gibil$_2$, *KAR 202 :55* « bois d'allumage ».

[62] Bottéro 1973 : 10 ; Pizzimenti 2014 : 62 ; CAD G *girru* B s. ; b) wr. ^{d}GIŠ.BAR, ^{d}BIL.GI. Attinger 2021 : 409 « ^{d}gibil$_4$, ^{d}girra$_x^{gi}$ ND dieu du feu ; "feu" ».

[63] Il est proche du pictogramme GIBIL de la fin de la période d'Uruk qui représente aussi un brasero additionné de bois ou de roseau ; voir la liste de signes Uruk IV-III du CDLI https://cdli.ucla.edu/tools/SignLists/protocuneiform/archsigns.html (consulté le 30/05/2022 ; l'équivalent akkadien *qilûtu* signifie « feu de bois ou de roseau » ; cf. CAD Q 252 *qilûtu* « firewood, burnt material » ; Labat et Malbrant-Labat 2011 : 110-111 (173), ^{giš}GIBIL *qilûtu* « brasier, crémation » ; DCCLT *qilûtu* 1. Burning, 2. Firewood.

réceptacle essentiel, le plus courant, donc facilement reconnaissable. C'est bien un pot d'argile à fond rond, à l'instar des récipients de cuisine qui vont au feu, comme le suggère une allusion faite dans un texte incantatoire : une déesse « fait prendre le feu dans le pot d'argile (*karpatu*) »[64]. Le pictogramme évoque bien sûr certains braseros ou brûle-parfums d'argile trouvés à différentes époques et dans différentes régions du Proche-Orient, constitués d'un récipient contenant le feu ou les braises et posé sur un support **(Figure 2b)** dont la glyptique médio-assyrienne et cassite (deuxième moitié du IIe millénaire) a fourni quelques représentations[65] **(Figure 2c)**. Il peut également être lu NE et signifie alors « brasero » dont la confection en argile (^{dug}ne) est confirmée par un précurseur paléo-babylonien des listes lexicales de Nippur[66]. On appelle ce type de réchaud *manqal* / *manqala*, (en arabe, pl. *manaqil*), ou *mangal* (en turc), sorte de barbecue qui peut également servir de brasero[67]. De semblables réchauds en boue séchée se présentant comme des récipients peu profonds, tripodes ou dépourvus de pieds, sont encore utilisés en milieu rural, au sud de l'Irak, comme dispositifs de cuisson et foyers portatifs, parfois dans le cadre de festivités[68].

Par métonymie, le nom du contenu (izi = *išātu* : le feu) pour l'ensemble de l'appareil, quel qu'il soit, est employé dans certaines expressions, telles que : « Tu cuisines (divers ingrédients) sur le feu (izi) »[69] ou « Tu rôtis sept plantes sur le feu (izi) »[70].

Ainsi parmi la diversité des dispositifs de cuisson, c'est la place du combustible qui les différencie, à l'air libre (foyer) ou en milieu partiellement ou totalement clos (four)[71]. Nous les suivons ici, au plus près de l'ordre et de la logique de la liste lexicale ur$_5$-ra = *hubullu*, tablette X (Ura 10).

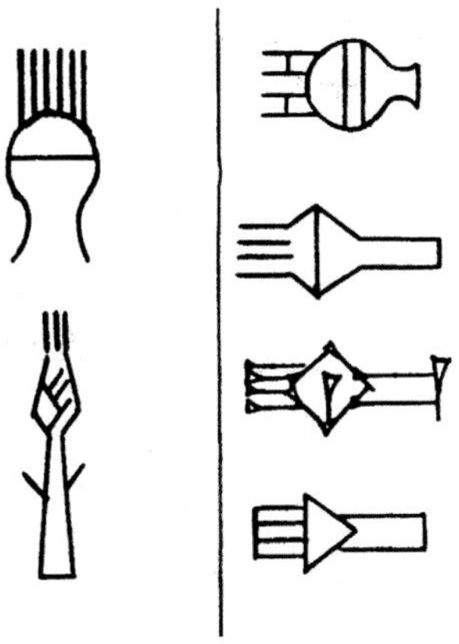

Figure 2a – Pictogramme du feu (izi/*išātu*) et du brasero (ne / *kinūnu*) (d'après Labat et Malbrant-Labat 2011 : 110).

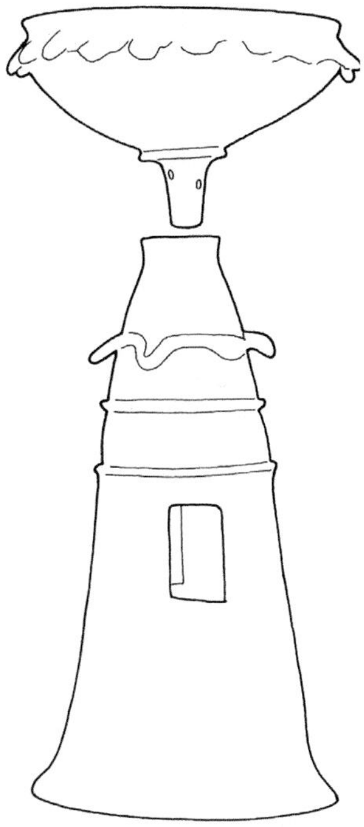

Figure 2b – Brasero ou brûle-parfum sur un support. Megiddo 1200-1000 av. J.-C. (d'après Yon 1981, fig. 69).

Figure 2c – Représentation du feu dans la glyptique cassite, IIe millénaire av. J.-C. (d'après Pizzimenti 2014, fig. 5).

1.2. Foyers, poêles et braseros : KI.NE = *kinūnu (Ura 10 : 337 ; Tableau 2)*

Le pictogramme du feu (NE / izi) rappelle bien sûr un dispositif essentiel où le combustible est à l'air libre : le « foyer » **(Figure 2a)**, littéralement le « lieu du feu » KI.NE (ki-izi) = *kinūnu* (var. *kanūnu*)[72], dont la position centrale dans la vie de la maisonnée est évoquée métaphoriquement **(Tableau 2)**. C'est le foyer de la maison (*kinūn bīti*)[73], synonyme de vie, comme

[64] Bottéro 1973 : 11, n. 5 ; cf. *Maqlû* II 220s.

[65] Pizzimenti 2014 : 63-65, Figure 1-6.

[66] Cf. ePSD et DCCLT/OB/Nippur/Ura 02 324c : ^{dug}ne « brazier » (brasero d'argile) ; c'est l'équivalent de KI.NE = *kinūnu* (voir ci-après).

[67] Bottéro 1973 : 11, n. 5.

[68] Ochsenschlager 1974 : 166-167. Il est précisé que les braseros en métal, que l'on trouve plus particulièrement en ville, ne présentent pas les mêmes avantages que l'argile.

[69] Cf. CAD I-J 232 a : 3', *ina* izi *tušahhan* (KAR 202 : 55).

[70] Cf. CAD I-J 232 a : 3', 7 U$_2$.HI.A... *ina* izi *taqallu* (AMT 19,6 : 11).

[71] Aurenche 1977 : 89 (four) ; Aurenche 1981 : 248 ; Yon 1981 : 101 (four).

[72] Salonen 1964 : 108-110 « Ofen, Kohlenbecken, Herd » ; Bottéro 1973 : 19 ; Heimpel 1975 : 329 « Worter sind ne (geschrieben NE oder KI.NE) und gunni (KI.NE). Die Schreibung ist aus ki "Ort" und izi "Feuer zusammengesetzt" » ; Bottéro 2002 : 71, 77-78 ; CAD K 393 *kinūnu* (*kanūnu*) s. 1. a) Kiln (for firing bricks), stove (made of bricks) ; b) brazier (made of metal) ; 2. (a ritual performed with the *kinūnu*, festival during which the ritual is performed, month of the festival ; <http ://oracc.museum.upenn.edu/DCCLT/corpus> (consulté le 17/09/2021) « brazier » : DCCLT « ki-ne = *kinūnu* = brazier ». ePSD : gunni *kinūnu* ; ne *kinūnu* « brazier ». Attinger 2021 : gunne/gunni (KI.NE) « four ». Voir aussi Weiershäuser et Hrůša 2018 : 60) VAT 10377 (Kollation S. 548), 23' (337) [ki-i]zi = *ki-nu-nu* « Kohlbecken, Ofen » ; 24' (338) [ki-izi DU-DU] = *mu-tal-li-ku* « beweglicher Ofen ». La liste Diri IV 280 donne l'équivalence gi-bil KI.NE = *qilûtu* (cf. plus haut, CAD Q 252).

[73] Salonen 1964 : 108, *kinūn bīti* « Herdfeuer » ; « hearth ».

Figure 3 – Cheminée d'angle du palais de Mari, chauffage de la salle de bain (salle 7), IIe millénaire av. J.-C. (d'après Margueron 2004 : 495, fig. 479).

l'indiquent certaines expressions, telles que : « Si un homme allume toujours le feu dans son foyer, la bénédiction du dieu restera sur sa maison ». À l'inverse, il symbolise l'absence de vie : « Un ami qui était mort » est littéralement celui « dont le foyer *kinūnu* s'était éteint » (*ša kinunšu belû*) [74] ». L'expression évoque aussi celui qui est privé de descendance : « que mon foyer (*kinūnī*) sombre et enfumé s'allume (encore une fois), ma torche s'est éteinte »[75] ; elle exprime encore le souhait de vie : « Que mon foyer tamisé et fumant s'allume (encore) », ce qui signifie aussi « que ma maison soit de nouveau habitée »[76]. Comme en français, le mot *kinūnu* a enfin parfois le sens métaphorique de « foyer » au sens de « maisonnée », de « famille ».

Four. Le CAD donne le sens particulier de « Four, fourneau (pour cuire des briques, poêle fait en briques) »[77], ce qui est aussi une des fonctions du four *utūnu* (voir plus loin). Il pouvait ainsi être en argile, muré en briques crues ou *leben* (*ša libnāte*)[78]. Ce peut être des murets parallèles de briques empilées constituant à la fois les parois du four et les briques à cuire. Mais cela peut sans doute désigner aussi un feu en milieu ouvert, les briques étant recouvertes de combustible[79], ce qui distinguerait alors ce mode de cuisson de celle du four *utūnu* en milieu fermé.

Poêle, brasero. Ce dispositif sert peut-être aussi de poêle pour assurer le chauffage de pièces et des installations de bain[80]. Une salle de bain, dans le palais de Mari du IIe millénaire, montre un tel dispositif de chauffage en terre[81], poêle ou cheminée d'angle munie de conduits de tirage en céramique **(Figure 3)**. Un poêle fixe disposé sur une plate-forme et fermé par des briques avait la même fonction dans une maison de Tell Arbid de l'époque mittanienne (IIe millénaire av. J.-C.)[82]. Mais le froid, dans ces contrées, ne concernant que quelques mois de l'année, c'est un brasero qui est principalement employé pour le chauffage, lieu des braises[83], toujours évoqué par le pictogramme du feu. Les archives du palais de Mari font état, au début du IIe millénaire, de servantes chargées des « braseros »[84]. Ils pouvaient en effet se composer d'un bassin en argile ou en métal (bronze, fer, voire argent) posé sur un support cônique, et être utilisés dans des différents rituels devant différentes divinités qu'illustrent la glyptique[85]. Le *kinūnu* apparaît ainsi dans les fêtes et mois qui portent son nom[86]. Un texte paléo-assyrien

[74] Cf. CAD K 394-395 4' (in metaphoric use). Salonen 1964 : 108 ("dessen Herfeuer erloschen ist") ; Heimpel 1975 : 329.
[75] Cf. CAD D 156 (STC 2 pl. 82 : 88).
[76] Cf. CAD N 212 ; CAD Q 176 (STC 2 pl. 82 : 87).
[77] Cf. CAD K 393 1 a. *kinūnu* (*kanūnu*) s. 1. Kiln (for firing bricks), stove (made of bricks). Salonen 1972 : 124 *kanūnu* "Ziegelbrennofen".
[78] Cf. Salonen 1972 : 124 *kanūnu ša libnāte* "Ziegelöfen".
[79] Cf. la contribution de M. Sauvage, ce volume.

[80] Bottéro 1981 : 282.
[81] Parrot 1958 : 202-205, pl. XLVI, *4 ;* Margueron 2006 : 495, Figure 479 (salle de bain 7).
[82] Smogorzewska 2014 : 22.
[83] Salonen 1964 : 108. DCCLT : 1. « brazier ».
[84] Bottéro 1973 : 19 à propos de *huluppaqqu* « parfois assimilé à un simple pot, doit avoir été un petit brasero portatif, d'argile ou de métal », 22, n. 2 (l'auteur suppose sous le nom de *mušahhētu* des « servantes chargées des braseros-*mušahhinu* ».
[85] Heimpel 1975 : 329 ; Cf. CAD K 393 1b « brazier made of metal » ; Pizzimenti 2014 : 63-65, Figure 1-6. Cf. aussi, pour les périodes médio- et néo-assyriennes, Duistermaat 2008 : Figure VI.19-VI.24, VI.30-VI.32, VI.44, plusieurs représentations d'encensoirs.
[86] Heimpel 1975 : 329 ; Cf. CAD K 395 2 a-c. (mention du « *k.*-festival of

non publié de Kültepe (IIe millénaire av. J.-C.) mentionne un brasero *kanūnum* dont le matériau n'est pas précisé : il s'agit d'un rituel pour les funérailles d'une femme[87].

l. 7-9 : « Take the *ezadum* for her, and let her pour water on the brazier (*kanūnum).*»

Dans ce rôle rituel, le sens peut également s'étendre à celui d'encensoir ou de brûle-parfum, dont on trouve de nombreux exemplaires en argile[88], voire d'appareil à rôtir la viande[89].

Si à travers les textes, le *kinūnu* semble être multiforme, l'archéologie et l'ethnographie montrent également que le foyer est amené à s'améliorer de façon multiple, à s'adapter aux différents besoins. Il en existe deux grandes catégories : les foyers enterrés ou creusés (le combustible se trouve dans une cuvette, en dessous du niveau du sol) et les foyers construits, fixes par nature (le combustible se trouve au niveau du sol ou sur une plate-forme)[90].

1.2.1. Du feu à la fosse de cuisson

Ce sens très large de « lieu du feu », de « foyer », de « brasero » autorise le rapprochement avec des dispositifs à feu très variés, trouvés en contexte archéologique ou ethnographique. Nombre de « lieux du feu » très rudimentaires, concentrant à l'air libre la flamme et la braise à même le sol, ont été utilisés pour la cuisson directe des aliments. Mode de cuisson intemporel, ils n'ont sans doute jamais cessé depuis la nuit des temps. Ils constituent cependant des traces archéologiques très fragiles qui n'ont, la plupart du temps, pas été retrouvées[91].

De simples **fosses-foyers creusées** ou **fosses de cuisson**, plus ou moins profondes sont attestées dès le Néolithique : par exemple, à Mureybet, au VIIIe millénaire, un foyer creusé contenait des galets préalablement chauffés pour cuire indirectement les aliments, en les plaçant soit dessus, soit dessous[92]. Des exemples sont présents dans les niveaux de la fin du IVe et début IIIe millénaires à Uruk[93]. Les fosses de cuisson circulaire de Tell Arbid (Syrie) du IIIe au IIe millénaires

Figure 4 – Fosse de cuisson, Tell Arbid (Syrie), IIIe millénaire av. J.-C. [Heating pit (P46), ED III (Area SS)] (d'après Smogorzewska 2012, fig. 17).

av. J.-C. (périodes Ninivite 5, ED III et période Khabur) figurent parmi les rares exemples archéologiques récents qui ont pu également servir au chauffage domestique[94] **(Figure 4)**. Le manque de documentation archéologique, sans doute dû au fait qu'elles sont difficiles à repérer et à interpréter, ne permet pas vraiment de détailler la forme de ce mode de cuisson. On notera cependant que des fosses de cuisson de forme allongée ou circulaire, construites pour des occasions particulières, sont encore utilisées en Turquie et en Iran pour cuire de grandes quantités de nourritures ou pour servir aussi de poêles de chauffage[95].

1.2.2. Foyers ouverts fixes plus ou moins construits

Le fait que les foyers soient moins bien attestés que les fours est dû au fait qu'ils ne nécessitent pas de structure construite. Les foyers fixes qui ont laissé des traces s'inscrivent apparemment dans des contextes qui dépassent largement le cadre domestique. Ils disposent d'un emplacement pour le combustible et d'un dispositif pour supporter un récipient de cuisson. Il en existe de différentes formes, utilisées de façon simultanée : carrées ou rectangulaires, circulaires ou semi-circulaires, en forme de fer à cheval[96].

Ils sont qualifiés de « *open hearths* » par H. Crawford à Abu Salabikh (Irak)[97] où six foyers **rectangulaires**

Dagan » (ARM 3 72 r. 5'). On en trouve une description dans un inventaire mais il est en métal (Bottéro 1973, citant Kocher 1957-1958, *AfO* 18 (p. 306 : iv, 12).

[87] Je remercie C. Michel de m'avoir transmis ce texte.

[88] Salonen 1964 : 108. Toutefois le terme nig$_2$-na, *nignakku* qui désigne l'encensoir (CAD N2 216-217) semble s'en distinguer nettement comme on le voit dans un texte littéraire (CAD K 394 *kinūnu* 1 b 3') : « with all the other braziers (KI.NE) of the gods the brazier (KI.NE) in front of Ištar will be kindle from the censer (NIG$_2$.NA) ». Cf. Sallaberger 1996 : 116 « Räucherschale ». Pizzimenti 2014 : 62.

[89] Heimpel 1975 : 329.

[90] Aurenche 1977 : 90 (foyer) ; Aurenche 1980 : 241-248.

[91] Cf. Bottéro 2002 : 76 ; Martz 2010 : 2.

[92] Aurenche 1977 : 88 (fosse-foyer) ; 1981 : 242, 247-248, Figure 197.

[93] Barrelet 1974 ; Martz 2010 : 3.

[94] Smogorzewska 2012 : 238-239, Figure 16-17 : Heating pit, P44, Late Ninevite 5 period (Area D), P46, ED III (Area SS) ; Smogorzewska 2014 : 20-21, Figure 6.

[95] Bromberger 1974 ; Martz 2010 : 3. C. Padovani m'indique que les fosses retrouvées à Uruk étaient très probablement utilisées pour cuire des aliments de manière occasionnelle pour les grandes cérémonies, certaines ont été rebouchées après.

[96] Aurenche 1977 : 90 (foyer) ; 1981 : 243-246.

[97] Crawford 1981 : 109, Figure 6.

de différentes dimensions sont répertoriés : les plus grands mesurent 2,5 m x 0 ,66 m, les plus petits autour de 0,50 m ou 0,25 m[98]. Certains sont parfois surhaussés à Abu Salabikh, comme à Nippur (Irak)[99], ou encore à Tell Arbid (Syrie)[100]. De semblables foyers peuvent avoir servi de chauffage ou de grills pour la viande **(Figure 5)**.

Parmi les foyers ouverts, il en existe de **forme ovale** en basse Mésopotamie, à Abu Salabikh [101], et de **forme circulaire** ou **semi-circulaire** : il en est distingué neuf types à Arslan Tepe (Turquie)[102] **(Figure 6)**, entre la fin du IIIe et le début du IIe millénaire av. J.-C. On en trouve aussi en haute Mésopotamie, à Tell Arbid, de 2 m de diamètre, dont un construit sur un podium d'argile rectangulaire au IIIe millénaire av. J.-C.[103]. Comme les foyers rectangulaires, ils sont parfois surélevés, simplement délimités, d'un côté, par une bordure faite de terre argileuse, de débris d'argile ou d'un muret de briques.

Enfin le **foyer en U ou en fer à cheval**, qui répond à ce même principe, est très répandu dans les dispositifs à feu. Indicateur de la culture transcaucasienne[104], on le trouve, parfois double[105], sur de nombreux sites archéologiques de l'Anatolie[106] à l'ensemble du Proche-Orient, utilisé comme support pour cuisiner ou rôtir. Certains exemples de Tell Arbid, dans le Bassin du Haut Khabur, étaient environnés de restes d'os animaliers, notamment de porcs[107] **(Figure 7)**.

Les vestiges mis au jour sur le site syrien de Tell Arbid entre les IIIe et IIe millénaire av. J.-C. (périodes Ninivite 5 et Khabur)[108], permettent d'observer que des foyers de différentes formes fonctionnent de façon plus ou moins contemporaine[109]. De même, à Tell Mohammed Diyab, au milieu du IIe millénaire (opération 3, niveau mittanien), on note la présence de *tannours*, de foyers rectangulaires construits, d'un four de cuisine, et d'une plaque de cuisson.[110] De nombreux avatars ethnographiques de ces foyers fixes y évoquent en effet les exemples archéologiques[111]. La fonction du *kanoun* arabe, décrit comme un « Fourneau bas, en terre ou en métal, apparenté au brasero, utilisé en Afrique du Nord pour le chauffage ou la cuisson des aliments[112] », semble dériver directement de ses lointains prédécesseurs, tant par l'étymologie que par la morphologie[113].

1.2.3. Foyers portatifs, braseros : KI.NE-DU-DU = *kinūnu mutalliku ;* nig$_3$-tab-tur-ra = *huluppaqqu (Ura 10 : 338, 350)*

De ces foyers, fours, poêles, braseros, il existe en effet des exemplaires portatifs en argile (*kinūnu muttalliku*)[114]. Sans doute proche de ces derniers, on trouve le « petit brasero portatif » en argile (dug-)nig$_3$-tab-tur-ra / *huluppaqqu*, parfois assimilé à un simple pot d'argile (dug), de petite taille (tur) et utilisé dans certains rituels[115], comme le rituel *Šurpu* (Combustion). Dans le contexte de sanctuaires, il est alors placé devant une divinité, empli de substances odoriférantes (myrrhe, cèdre...), ce qui peut l'assimiler, comme le *kinūnu* avec lequel il est associé, à un brûle-parfum ou à un encensoir.

L'archéologie a fourni des formes très variables de foyers portatifs selon l'aire géographique concernée. Dans la région de la Diyala, dès le début du IIIe millénaire, plusieurs sites (Khafajdjeh, Tell Asmar) ont livré des formes variées : coupes simples, support ajouré équipé d'une coupe pour le combustible, coupe ou structure munie d'anses tournées vers l'intérieur... (Delougaz 1952 : 42, 56, 81, 100-101, 108, pl. 24 a, 69, 104 a, 105 a-b, 116 a, 117 a-c). Le brasero, par définition transportable, contient lui-même la source de chaleur. De simples jarres fragmentaires peuvent en tenir lieu, comme en témoignent certains exemplaires trouvés dans les fouilles d'Uch Tepe et d'Abu Ṣalabikh, en Irak au IIIe millénaire av. J.-C.[116] **(Figure 8)**. Ailleurs, en Palestine, entre le Chalcolithique et l'âge du Fer, il peut prendre l'aspect de certains braseros d'argile aux parois percées de trous, de brûles-encens ou brûles-parfums fenestrés, impliqués dans certains cultes[117].

Mais, conséquence climatique, c'est surtout une spécificité des régions septentrionales. Certains cubes

[98] Crawford 1981 : 109 (rooms 53, 62, 74).
[99] Nippur (Irak), raum 197 (Krafeld-Daugherty 1994, pl. 9).
[100] Tell Arbid (Syrie), IIIe mill. av. J.-C. (Lawecka 2008, Figure 1 ; Smogorzewska 2012 : 236-237, Figure 12).
[101] Crawford 1981 : 109.
[102] Balossi Restelli 2015.
[103] Smogorzewska 2012 : 237-238, Figure 15.
[104] Kelly-Buccellati 2004 : 70-71.
[105] Comparer à des exemples ethnologiques contemporains de Syrie ou d'Iran : Aurenche 1977 : 91, Figure 246-247.
[106] Je remercie Cécile Michel pour l'illustration du foyer en fer à cheval d'une maison de Kültepe, au début du IIe millénaire av. J.-C. similaire à d'autres exemples anatoliens (Naumann 1971 : 230-234 ; Krafeld-Dougherty 1994, Figure 20).
[107] Smogorzewska 2014 : 20, Figure 4-5.
[108] Smogorzewska 2010 : 149, Figure 7 ; 2012 : 237-238, Figure 13-14.
[109] Smogorzewska 2012 : 236, Figure 11. On peut voir, à la période Ninivite 5 (IIIe mill. av. J.-C.), dans différentes installations domestiques, des foyers rectangulaires, circulaires, semi-circulaires ou en fer à cheval, à la période Khabur (début IIe mill. av. J.-C.), un foyer circulaire sur un podium d'argile rectangulaire.
[110] Sauvage 1997 : 157-160, Figure 4-7.
[111] Braidwood et Braidwood 1960 : 375, A ; Aurenche 1977 : 91, Figure 245-249 ; Smogorzewska 2010 : 154, Figure 15-17 ; Balossi Restelli 2014 : 50-51, Figure 5.
[112] Définition Lexilogos. Cf. la contribution de S. Marchand, ce volume.
[113] Salonen 1964 : 108 (cf. les dérivés de l'akkadien *kanūnu, kinūnu :* aram. *kānūnā, kānōnā* « foculus » (foyer) ; arab. *kānūn* ; le nom de mois *Kinūnu* (> *Kānōn*, arab.-türk *Kānūn*).
[114] Salonen 1964 : 108, 110 « transportabler Heizofen, Kohlenbecken » ; Bottéro 1973 : 19 ; CAD K 393. DCCLT/Neo-Assyrian/Ura 10/5 041, 1, ki-ne DU-DU = *muttalliku* « portable brazier ».
[115] Salonen 1964 : 107 ; Bottéro 1973 : 19 ; AHw I 352 ; CAD H 232-233 *huluppaqqu* (a small brazier of clay or metal) ; Sallaberger 1996 : 112 Kohlbecken ».
[116] Krafeld-Daugherty 1994, Figure 44-48.
[117] Amiran 1970 : 302-306, Figure 331-349 ; Yon 1981 : 43-44, Figure 67 (brasero tripode de Megiddo, X^e-IXe s. H. 13,5 cm), Figure 68-69.

Figure 5a – Foyer rectangulaire (H41), Fin Ninivite 5 (Zone D), IIIe millénaire av. J.-C.
(d'après Smogorzewska 2011, fig. 12).

Figure 5b – Foyer de Nippur (Irak), pièce 197 (Krafeld-Daugherty 1994, pl. 9, fig. 32-33).

Figure 5c – Foyer rectangulaire d'époque paléo-babylonienne, IIe millénaire av. J.-C.
(Salonen 1964, pl. 22, 2).

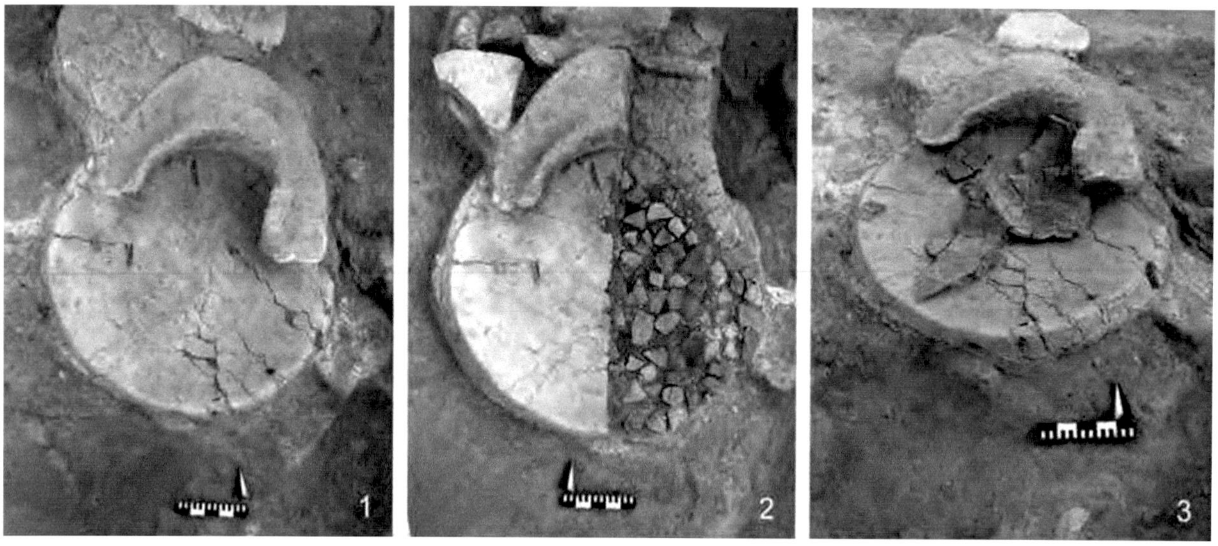

Figure 6 – Foyer circulaire (Arslantepe, Turquie), IVe-IIe millénaires av. J.-C. (Balossi-Restelli 2014, fig. 4, *1*).

Figure 7a-b – Foyers en fer à cheval (Tell Arbid, Syrie), IIIe-IIe millénaires av. J.-C. (Smogorzewska 2012, fig. 13-14).

en argile anatoliens sont associés à la fonction de chauffage[118]. De même, d'origine transcausienne[119] et répandu en Anatolie[120], l'andiron de terre cuite en fer à cheval répond aux foyers fixes de même forme. De là, il semble s'être diffusé au sud. En effet, les fouilles récentes en ont livré un certain nombre, entre le Bronze

[118] Naumann 1971, Figure 237-238a-b ; Aurenche 1977 : 40, Figure 75.
[119] Kelly-Buccellati 2004 : 70.
[120] Aurenche 1977 : 16 (andiron). Voir des exemples anatoliens (Naumann 1971, Figure 231 ; Balossi Restelli 2015 : 140-142, Figure 7) ou de la plaine d'Antioche (Braidwood et Braidwood 1960 : 374-375, Figure 290-291). M. Tonussi (2014) propose que les andirons perforés aient eu un rôle dans l'activité métallurgique.

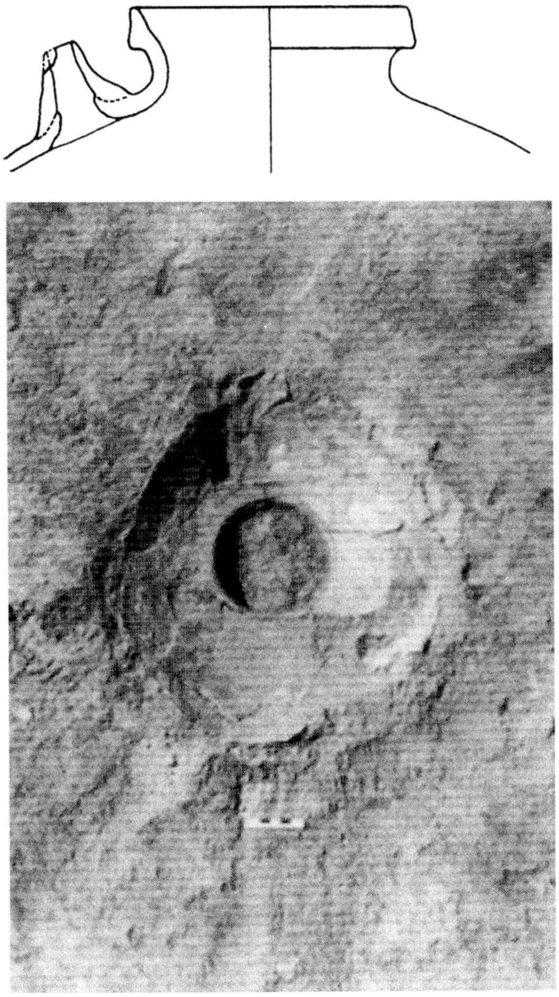

Figure 8a-b – Foyers en jarres d'Uch Tepe (a) et Abu Ṣalabikh (b), Irak (d'après Krafeld 1994-Daugherty 1994, pl. 12, fig. 46, 48).

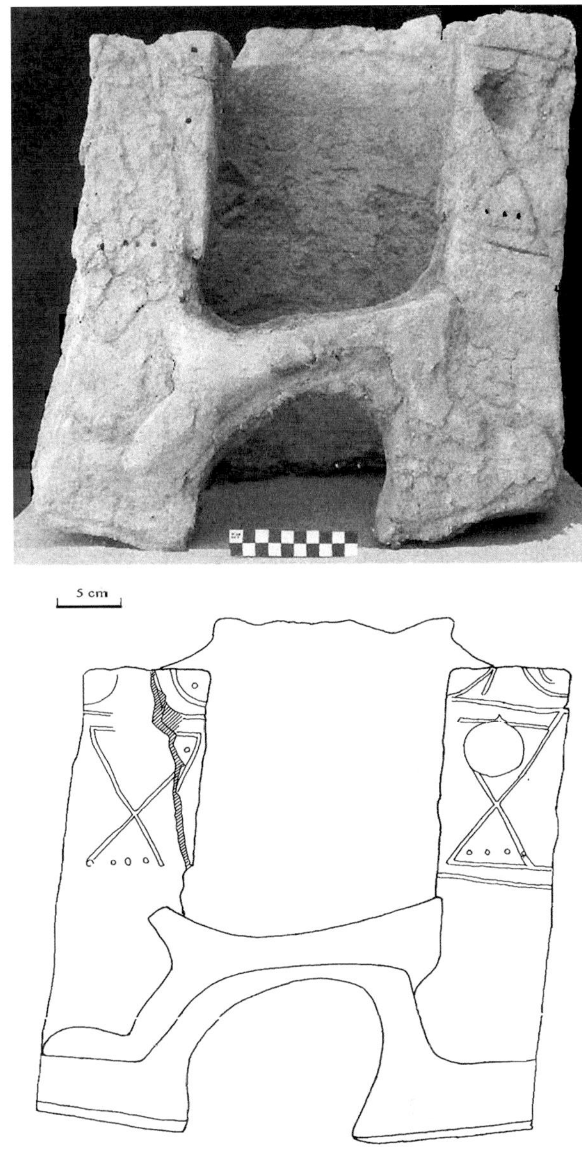

Figure 9a-b – Andiron, Tell Mozan (Urkiš) (d'après Kelly-Buccellati 2004, fig. 13).

ancien et le Bronze moyen, en Syrie du Nord, à Ebla[121], ou encore en haute Mésopotamie, dans le bassin du Haut Khabur, à Tell Mozan / Urkiš[122], Tell Arbid[123], Tell Beydar[124]. Pris dans la masse du foyer, auquel il donne sa forme, ce dispositif, parfois décoré, constitue le support du récipient placé au-dessus de la source de chaleur **(Figure 9a-b, 10a)**. Au vu de leur forme dentelée, certains ont pu porter des broches ou des grills, comme on peut le voir à Arslantepe[125].

Enfin un autre type d'andiron fonctionne comme l'assemblage de trois supports incurvés, parfois équipés d'un système de préhension, soutenant un récipient de cuisson au-dessus du combustible. Ils proviennent des mêmes zones géographiques et sont comparables à des exemplaires anatoliens de Çatal Höyük[126], d'Arslantepe[127] ou d'autres propres à la culture transcaucasienne[128], certains ont été trouvés sur plusieurs sites du Haut

[121] Ebla, Bronze Moyen IIB, *ca.* 1650-1600 av. J.-C., (Peyronel et Spreafico 2008, Figure 13).

[122] Tell Mozan/Urkiš, Bronze Moyen, *ca.* 1900-1600 av. J.-C. (Kelly-Buccellati 2004, Figure 13).

[123] Tell Arbid, IIIe mill. av. J.-C. (Smogorzewska 2010 : 144-148, Figure 1-6 ; Smogorzewska 2012 : Figure 6, 1-2 ; Figure 20) ; Smogorzewska 2014 : 21, Figure 7.

[124] Smogorzewska 2010 : 148, Figure 6.

[125] Balossi Restelli 2015 : 142.

[126] Smogorzewska 2010 : 153, Figure 13.

[127] Balossi Restelli 2015 : 141, Figure 7, *I).*

[128] Smogorzewska 2010 : 153, Figure 14 (*Early Transcaucasian culture*).

Figure 10a-b – Andirons et supports de cuisson de Tell Arbid (d'après Smogorzewska 2012, fig. 6, 1-2).

Khabur du IIIe millénaire (période Ninivite 5), comme Tell Arbid[129], Tell Brak[130] et Tell Hazna[131] **(Figure 10b).**

1.2.4. Accessoires associés au kinūnu

Foyers fixes ou mobiles peuvent être constitués ou complétés d'accessoires sommaires en argile ou en métal, réceptacle du feu ou des braises, support, grilles, broches. Tous n'apparaissent pas dans la liste, car la majorité est en métal. Les écuelles contenant les braises portent différents noms[132] : le pot ou le bassin de terre du brasero, aux parois oblongues et au fond rond, est appelé *diqāru ša kanūni*[133]. C'est aussi le nom de la marmite de cuisine à fond arrondi qui va au feu et que l'on trouve en très grand nombre dans les niveaux de nombreux sites archéologiques, à toutes les époques. D'après ces derniers, on en déduit le type d'argile utilisée, fortement dégraissée de minéraux et propre à être chauffée[134]. En revanche, deux autres récipients du *kinūnu* sont en métal et portent des noms d'origine égyptienne : *kuldu ša kanūni*, vase de bronze[135], et *tinida* (*ša kinūni*), écuelle ou brasero[136].

Enfin différents accessoires sont associés au *kinūnu* et utilisés pour l'entretien du foyer : pinces à feu (*māši'ānu*, *māšānu*), tisonniers (*muterru*), pelle (*nēsepu*), tige ou tisonnier (*tallu*), ou autres instruments et ustensiles moins bien identifiés (*aruthu*, *nasru*)[137].

2. Fours culinaires / fours à pain : im.šu-nigin$_2$-na = *tinūru* (Ura 10 : 339 ; Tableau 2)

2.1. Textes

On réserve aux foyers culinaires, au sens large, la dénomination de *tinūru* dont le très grand nombre d'équivalents sumériens[138] semblent refléter différentes variantes de tailles, de formes et d'usages. Selon A. Salonen et J. Bottéro, l'un de ses noms sumériens, donné par la liste ur$_5$-ra = *hubullu* [339. im-šu-nigin$_2$-na = *tinūru*], indiquerait qu'il est fait d'argile (im) ou

[129] Smogorzewska 2010 : 150-151, Figure 8-11 (période Ninivite 5) ; Reiche et Smogorzewska 2013 : 383, Figure 12 (sector W, Ninevite 5) ; Smogorzewska 2012 : 245, Figure 18, 21 (période Ninivite 5) ; Smogorzewska 2014 : 21, Figure 3, *2-3*.

[130] Smogorzewska 2010 : 151, Figure 12a-b.

[131] Smogorzewska 2010 : 152, Figure 12c.

[132] Salonen 1964 : 112-113.

[133] CAD D 158, *diqāru* « a bowl with round bottom » ; Salonen 1964 : 113. Le nom apparaît dans la section des récipients de la liste lexicale Ura 10 : 47-48.

[134] Salonen 1964 : 112-113.

[135] Salonen 1964 : 113 ; CAD K 502, *kuldu* « a bronze vessel, Egyptian word ».

[136] Salonen 1964 : 114 ; CAD T, p. 420, *tinida* « a bowl or brazier, Egyptian word ».

[137] Salonen 1964 : 112-114.

[138] Salonen 1964 : 101-106 ; CAD T 420. D'après l'ePSD, le sumérien donne différents termes pour désigner la même installation : dilim (wr. dilim$_3$), duruna (wr. ^{im}duruna$_2$) ; ^{im}ti-nu-ur ; duruna$_x$ (|KU.KU|), immindu (wr. immindu ; immindu$_2$; im-tu-na), ulal (wr. ulal).

de poterie (dug, dans Diri V 268), et de forme ovale ou arrondie ($nigin_2$), conique ou cylindrique[139].

Par rapport aux autres fours mentionnés dans les textes, le *tinūru* semble être clairement et exclusivement un four de cuisine, dont il est l'élément principal. Il peut occuper toute la pièce centrée sur la cuisson. Celle-ci est appelée la « maison du four » : *bīt tinūri* (*bītu ša tinūri*, E_2 *ša tinūri*, E_2 *tinūri*), parfois à l'écart de l'habitation[140]. Les listes lexicales (Ura 10 : 362) donnent l'équivalence « four du cuisinier » udun-muhaldim = *tinūru / nuhatimmi*)[141]. Certains *tannours* peuvent en effet être couverts ou construits dans une pièce ou dans une maison individuelle fermée, comme dans certains contextes archéologiques ou comme encore aujourd'hui, de par certains exemples ethnographiques[142].

Étymologiquement, le *tinūru* est l'ancêtre du *tannour* arabe et hébraïque, terme largement repris dans plusieurs langues orientales[143]. C'est le four à préparer le pain, même s'il sert parfois à la cuisson de la viande ou du poisson[144]. Cependant, il semble que le terme akkadien représente plus largement les fours culinaires. Il sert en effet aussi pour la maturation des dattes, pour la cuisson de la viande, du poisson, la préparation des médicaments[145]. C'est ce que pourrait évoquer, dans plusieurs textes, l'équivalence entre *tinūru* et *utūnu* (four au sens large). Il est par ailleurs distingué parmi d'autres types de fours dans les textes incantatoires[146].

Figure 11a – *Tannour* avec son couvercle, Mari, chantier E III C 21 (d'après Margueron 1997 : 34, fig. 25, *a-b*).

2.2. Accessoires et parties associées au tinūru (Ura 10 : 341-349 ; Tableau 2)

La séquence 341-349 de la liste lexicale ur_5-ra = *hubullu* détaille des parties du four *tinūru* **(Tableau 2)**. Celui-ci pouvait ainsi être équipé d'un couvercle (*katammu*). Le couvercle du *tannour* (341. *katam tinūri*)[147] est d'ailleurs confirmé par les fouilles archéologiques :

Figure 11b – *Tannour* à couvercle de Hajjabad (d'après Krafeld-Daugherty 1994, fig. 7).

[139] Salonen 1964 : 101-106 ; 8173 : 19. C'est la forme donnée par M. Civil (1996 : 150) auquel nous nous sommes référés globalement pour la séquence des lemmes. La forme im-šu-rin-na = *tinūru* semble plus généralement suivie. Cf. DCCLT/Neo-Assyrian/Ura 10/5 041, 1 : "imšu-rin-na = *tinūru* = oven ».

[140] CAD T 421-422 (*bīt tinūri* (*bītu ša tinūri*) « kitchen ».

[141] Bottéro 1981 : 281 ; Civil 1996 : 152 (Hh 362).

[142] Une communication personnelle intéressante de C. Padovani appuie cette remarque : « Au Kurdistan irakien, dans la petite ville de Chemchamal, nous avons observé que les familles avaient deux fours culinaires en terre, l'un à l'intérieur, à l'étage de la maison, qui fonctionnait au gaz, et l'autre à l'extérieur, contre le mur de la maison, dans lequel elles utilisaient du fumier ou du petit bois comme combustible. D'autres familles cuisaient le pain dans des grands bidons de métal qui faisaient office de *tannour*, placés dans les cours. »

[143] Salonen 1964 : 101 ; Bottéro 2002 : 78 ; Rova 2014 : 122. On observera que le mot se décline en arabe *tannūr*, *tennūr*, en araméen *tannūrā*, en arménien *thonir*, en hébreu *tannūr*, en persan *tanūra*, en turc *tandır*, en urdu *tandur*, *tandoor*, etc...

[144] Ochsenschlager 1974 : 168.

[145] CAD T 420 *tinūru* 1. « oven, kiln a) used in preparation of food and medication ». Salonen 1964 : 102.

[146] Reiner 1958, Šurpu VIII 75 : *mamīt utūn lapti ti-nu-ri ki-nu-ni* (four, grill, four culinaire ou *tannour*, brasero).

[147] Civil 1996 : 150, Hh 341.

à Tell Beydar[148], à Mari[149] **(Figure 11a-b)** et sur quelques autres sites, on peut trouver, parmi le matériel associé au four, de grands disques plats, du même matériau que les *tannours*, probablement utilisés comme couvercles destinés à fermer l'ouverture supérieure (342-344. *pikallullu*)[150]. Dans la partie inférieure, il dispose d'un évent, autre dispositif de ventilation, pour l'aération, (346-347. *nappašu*)[151] qui donne accès au foyer du four (348-349. *naṣraptu*, var. pour *našraptu, našrapu*)[152] où l'on brûle le combustible. C'est ici le lieu de la combustion[153].

Le *tinūru* est aussi associé à la marmite de cuisine *diqāru*, l'équivalent des *cooking pots* archéologiques, placée au-dessus de l'ouverture en guise de couvercle et pour en faire cuire le contenu, comme on le pratique encore aujourd'hui au Proche-Orient[154]. J. Bottéro, dans *La plus vieille cuisine du monde* cite des recettes de cuisine où l'on plaçait des plats remplis de pâte ou de liquide au sommet du *tinūru*, ce qui lui donne un rôle de cuisson indirecte[155]. Il pourrait être traduit par « fait-tout ».

2.3. Allusions aux vieux fours tinūru

Le *tinūru* était donc généralement immobile, fixe, par opposition au *tannour* portatif (340. *tinūru muttalliku*)[156]. Conséquence de la fragilité du matériau, son usage fréquent faisait qu'il était souvent « endommagé » et comportait des fissures. De ce fait, il était souvent enduit d'un revêtement d'argile ou de plâtre. Les textes parlent alors de *sêru ša tinūri*[157]. Il était donc généralement plus simple d'en construire de nouveaux que de réparer les anciens. Les allusions à de vieux *tinūru* sont fréquentes, souvent à titre de métaphore : l'expression « comme un vieux four » (*kīma tinūri labīri*) est utilisée dans certains proverbes pour illustrer son immobilité : « Tel un vieux *tinūru*, il n'est pas aisé de te changer de place » ou « tu es inamovible »[158]. On a plusieurs mentions de « raclures (*hilišti*) d'un vieux four (im-šu-rin *labīri*), utilisées comme cataplasme », de « tessons (375. *haṣbu*) d'un vieux four » (*haṣab* LAGABxGAR *labīri)* ou de « poudre de tessons de *tannour* » (ku *haṣab* im-šu-rin-na)[159]. Les fours ou les réceptacles du feu devaient en effet être régulièrement entretenus. Pour un four de potier par exemple, l'enduit d'argile sur les parois interne devait être refait après chaque cuisson. Bien entretenu, un même four pouvait être utilisé sur une génération au moins[160]. Si le terme « vieux *tannour* » est précisé, c'est qu'ils devaient également être utilisés pendant longtemps et donc régulièrement entretenus en refaisant l'enduit.

2.4. Ethnographie du tannour

Le *tannour* moderne, encore utilisé au Proche et au Moyen-Orient, est un four de cuisine utilisé spécialement pour la cuisson du pain plat, plaqué sur les parois internes préalablement chauffées **(Figure 12a-b)**. De forme cylindrique ou conique, il a une couverture en coupole, une ouverture au sommet[161]. Il est construit à partir de colombins ou de plaques d'environs 10-20 cm en partant du bas, de morceaux d'argile ou de briques, dans le sol de la cuisine, sur fondation de pierres. Le corps est parfois constitué d'un récipient en céramique, voire de tessons renforçant la structure d'argile.

Le prototype montre cependant un grand nombre de variantes selon la région en question. Ils sont souvent enduits d'un revêtement d'argile ou de gypse, l'équivalent de l'expression *sêru ša tinūri* des textes cunéiformes[162]. À l'observation macroscopique, on note l'utilisation de dégraissants divers : paille, graviers, poils de chèvre, déjections animales, etc... Il y en a de différentes tailles : leur diamètre varie, plus ou moins, de 0,60 m à 1 m, pour une hauteur d'environ 1 m. Ils peuvent être enterrés, semi-enterrés ou construits sur le sol[163]. Ils peuvent être encastrés dans un coffrage de brique ou d'argile. La partie inférieure sert de chambre de combustion. Elle est ventilée par un trou de tirage (évent) à la base du four. La partie supérieure est l'espace de cuisson des galettes : 1. « la pâte est transformée en pâtons ; 2. Les pâtons sont renversés en crêpes » ; 3. Les crêpes sont placées à l'intérieur autour de la paroi du four.

[148] Rova 2014 : 132, n. 82, 139 à propos du *tannour* 61859. L'auteur mentionne deux exemples à Deir Alla, à Tell Masos et sur le site islamic de Tell Abu Sarbut.

[149] Margueron 1997 : 34, Figure 25, *a-b* (*Tannour* du chantier E III C 21 avec son couvercle) ; Otto 2006 : 72, n. 208.

[150] Civil 1996 : 150 , Hh 342-344. CAD P 371 *pikallullu* A « vent (for an oven) ». DCCLT Neo-Assyrian/Ura/Nineveh : *pikallulum* « aperture in oven, aperture of an oven ». Des disques d'argile sont encore parfois utilisés, dans le sud de l'Irak, pour couvrir l'ouverture de tannours mais aussi comme plaques de cuisson (*tabag*, pl. *atbag*) pour le pain ou autres denrées (Ochsenschlager 1974 : 167).

[151] CAD N 311 *nappašu* 1, b « air vent » : see (of an oven) » Hh. X, Diri, in lex. section. ePSD *nappašu* « air vent », « air hole, venthole of an oven » ; DCCLT Neo-Assyrian/Ura/Nineveh : *nappašu* « cover = venthole ; firebox = venthole ».

[152] DCCLT : nig$_2$-tab (fire box) = *naṣraptu* ; cf. notamment par comparaison OB Nippur Ur 02 : nig$_2$-tab udun « kiln's fire box ».

[153] Salonen 1964 : 121-122, pl. 25-27 ; Salonen 1972 : 124 « Ort des Brennens » ; Bottéro 1973 : 21 ; CAD N2 50 *naṣraptu* A « crucible » ; cf. CAD Ṣ 102 *ṣarāpu* A 1. To refine (metals by firing), to fire (bricks) ; Reiner 1958 : 54 « smelting furnace » ; cf. aussi CAD N2 78 *našraptu* 1. Burning. 2. Crucible ; *našrapu* « fire box (as part of a kiln) » ; cf. CAD Š 50-53 *šarāpu* 1. To light a fire, to burn, to burn down ; Salonen 1964 : 121 « verbrennen ».

[154] Observation personnelle en Syrie ; cf. Martz 2010 : 3-4.

[155] Bottéro 2002 : 82-84.

[156] Civil 1996 : 152, Hh 340.

[157] CAD S 227 v. *sêru :* « recouvrir d'un enduit d'argile, de plâtre ».

[158] Salonen 1964 : 102 ; Bottéro 1973 : 19, n. 6 ; 2002 : 80.

[159] CAD T 421.

[160] Exemples expérimentaux à l'appui, selon C. Padovani que je remercie. Cf. sa contribution dans ce volume.

[161] Aurenche 1977 : 89 (four) ; Balossi Restelli et Mori 2014 : 46-50.

[162] Cf. plus haut CAD S 227 v. *sêru.*

[163] Aurenche 1977 : 89 (fours à pain de Mureybet et Bamouqa, Syrie), Figure 240-241, 243 ; Smogorzewska 2014 : 24, Figure 2.

Figure 12a-b – *Tannour* contemporain avec un évent, Tell Massin (© photo X. Faivre) ; dessin d'un *tannour* syrien moderne (McQuity 1984, fig. 3).

La température atteint généralement 350 à 400 °C et n'excède pas 850 °C[164]. Encore aujourd'hui, c'est un four de fabrication domestique, construit sur place par les femmes qui cuisent le pain[165]. Mais il peut être fabriqué ailleurs, en série, par des potiers spécialisés dans cette production, puis transportés à leur emplacement. Il existe aussi des fabriques de *tannours* en Syrie, façonnés au colombin par des femmes très expérimentées (dans les régions de Damas ou du Khabur) et livrés à des maisons privées, des boulangeries, restaurants, voire exportés très loin (Jordanie, Liban, Arabie Saoudite...)[166]. Une fois disposés sur place, ils ne bougent plus. Ce sont réellement des ouvrages de potier. Ils peuvent enfin avoir un rôle collectif et servir à plusieurs maisons. D'autres usages pour la cuisson des légumes ou le rôtissage de la viande sont aussi pratiqués[167].

2.5. Archéologie du tannour

Même s'il est difficile d'interpréter la fonction exacte d'un four si aucun reste ne lui est associé (déchets alimentaires, ratés de cuisson, etc.), ce genre de four est très fréquent en archéologie du Proche et du Moyen-Orient depuis le Néolithique (VIIe-VIe millénaires av. J.-C.). Construite depuis lors de façon continue, la forme ne diffère pas de façon significative des *tannours* modernes[168]. Dans le cadre de production domestique, dans des contextes intérieurs ou extérieurs, chaque maison est équipée d'un ou deux *tannours*. C'est ce que l'on peut le voir, par exemple, à Tell Arbid, au Bronze Ancien[169], à Tell Mohammed Diyab (au Bronze Moyen)[170], Mari[171], Tell Bazi (au Bronze Récent)[172].

Plus inhabituellement, ils ont été trouvés en grand nombre à Tell Beydar dans un grand bâtiment public du milieu du IIIe millénaire av. J.-C (*Northern Building*) ou la « *tannur room* R 118 » du palais de Nuzi, spécificité des régions septentrionales[173]. Le cas de Tell Beydar fait l'objet d'une étude récente, très complète, d'Elena Rova[174]. Aucun n'est préservé sur toute sa hauteur qui ne dépasse pas 20-40 cm ou 60-80 cm. Le diamètre varie entre 35-40 cm et 70-80 cm et peut atteindre 1,40 m.

[164] Curtis 2001 : 207.
[165] Sur l'attribution féminine et domestique des travaux de l'argile, cf. Barrelet 1968 : 18-19.
[166] Mulder-Heymans 2002 : 11-12, Figure 7, mentionne une femme de soixante ans, très expérimentée, fabriquant des *tannours* depuis quarante ans dans le village de Ghezlania, proche de Damas, livrés à des destinataires proches ou lointains. D'autres exemples de femmes ayant construit le *tannour* domestique sont donnés dans différentes régions de Syrie (Mulder-Heymans 2002 : 13-14).
[167] Smogorzewska 2014 : 16.
[168] Curtis 2001 : 207. Pour un détail de contextes archéologiques anciens (cf. Aurenche 1981 : 249-255) ou plus récents (cf. Rova 2014 : 126-132.
[169] Lawecka 2008 : 566, Figure 8-9.
[170] Nicolle 2006 : 61, pl. 4-3 (four 350, niv. 5-14b).
[171] Margueron 2004 : 533, Figure 519.
[172] Otto 2006 : 73-74, Figure 30-31, Figure 163.
[173] Rova 2014 : 140-142, Figure 10-28, 149, Figure 41.
[174] Rova 2014 : 161-166, Figure 10-28.

Ils sont concentrés majoritairement, au nombre d'une dizaine, dans une petite pièce (*Tannur Room* 61859) et leur durée d'activité a pu être évaluée à trente ans. À l'intérieur, ont été trouvées des cendres, sur 65 cm, et un fragment de couvercle. Dans la majorité des cas, ces concentrations sont en relation avec la zone du temple. E. Rova les considère comme l'équivalent, en haute Mésopotamie, des grands fours sud-mésopotamiens associés au temple (voir plus loin : *kīru, utūnu*)[175]. À Tell Beydar, c'est une zone de préparation de la nourriture panifiée, associée à des tablettes de rations alimentaires, mode de paiement d'ouvriers dépendants. Ces *tannours* semblent donc participer à la centralisation de la production de pain. E. Rova note que de telles concentrations de plusieurs *tannours* sont assez rares dans les contextes archéologiques de bâtiments publics (temples, palais)[176]. Ceux-ci montrent en revanche des dispositifs de cuisson assez variés : par exemple dans le palais de Mari, des fours en dôme, des fourneaux de cuisine à foyers multiples, des fours d'angle ou des fosses foyers[177].

Figure 13 – Foyer portatif kurde à pieds bas (d'après Krafeld-Dougherty 1994, fig. 18).

2.6. *Fours portatifs* : im-šu-nigin$_2$-na-DU-DU = *tinūru muttalliku* (*Ura 10 : 340 ; Tableau 2*)

Comme le *kinūnu*, le *tinūru* possède une variante portative (*tinūru muttalliku*)[178]. D'un point de vue ethnographique, A. Salonen mentionne des fours transportables dans le Kurdistan irakien, émanant des vieux *tinūru* / *kinūnu muttalliku* circulaires ou ovales avec les pieds bas[179] **(Figure 13)**. E. Rova note des *tannours* de petite taille qui peuvent être rapprochés de ce type[180]. Des exemples archéologiques de petite taille peuvent appartenir à des types similaires[181]. À Tell Arbid, dans des niveaux du IIIe millénaire av. J.-C., des *tannours* ont des diamètres inférieurs ou égaux à 50 cm et une hauteur de 35 cm. L'un de ceux-ci porte quatre pattes à l'intérieur du bord pour supporter une marmite de cuisson, alternées de quatre dépressions semi-circulaires, sur ce même bord, pour y placer des broches ou un grill pour cuire ou rôtir la viande[182] **(Figure 14)**.

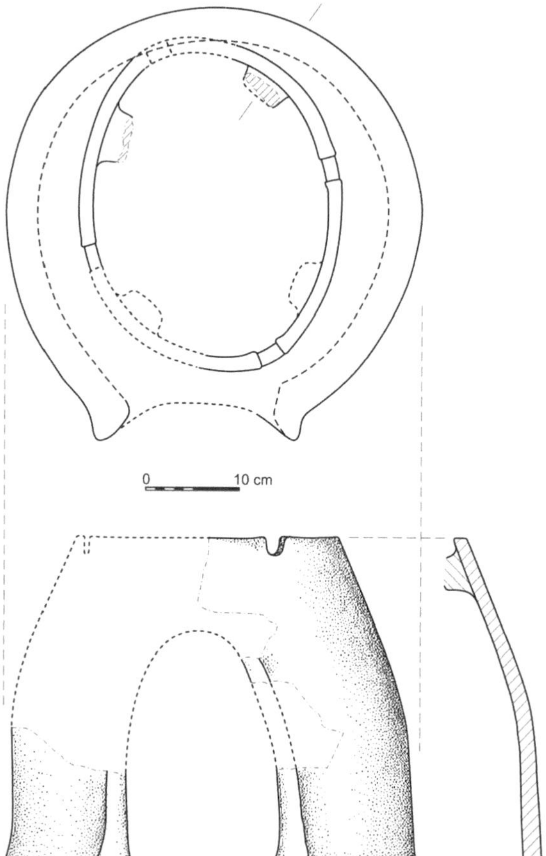

Figure 14 – *Tannour* portatif, Tell Arbid (d'après Smogorzewska 2012, fig. 6).

[175] Voir aussi la contribution de L. Cousin « Les fours en argile dans la Babylonie des deuxième et premier millénaires av. J.-C.... », ce volume.
[176] E. Rova note par exemple une concentration de plusieurs *tannours* à Jebel Aruda (Fin de la période d'Uruk).
[177] Parrot 1958 : 24-26, Figure 20-21, pl. XV, *3* ; Margueron 2006 : 492, Figure 475 (fourneaux à cinq foyers de la cuisine 167) ; Parrot 1958 : 232-235, pl. L, *1-2* ; Margueron 2006 : 492, Figure 474 (four à coupole et four d'angle de la cour 70).
[178] Salonen 1964 : 103 « Transportabler Backofen ».
[179] Salonen 1964 : 103 ; Jordan 1928 (WVDOG 51), pl. 95 k, i. Lenzen lui rapporte par lettre que « plus récemment, des exemples ressemblant à de l'architecture, dont la plupart proviennent de la région kurde, sont considérés comme des foyers transportables ». Voir aussi cet exemple de Tell Ṭooqan, foyer portatif ethnologique en terre comportant des pieds bas, qui pourrait également s'apparenter autant aux *kinūnu muttalliku* qu'aux *tinūru muttalliku* (Krafeld-Daugherty 1994, Figure 18).
[180] Rova 2014 : 125.
[181] E. Rova mentionne un exemplaire de l'âge du Fer à Deir'Alla, en Jordanie, pouvant appartenir à ce type.
[182] Lawecka 2008, Figure 7-9 : Tell Arbid 35/66, Locus 5 (IIIe mill. av.

Le *tabun* est aussi parfois assimilé à un four portatif. Mais ce nom est, semble-t-il, abusivement employé par certains archéologues pour désigner des formes de *tannour*, de façon anachronique et hors contexte géographique[183]. C'est un autre type de four à pain, en argile, attesté aujourd'hui essentiellement au Levant sud[184], même s'il présente des similitudes avec le *tannour*. Comme ce dernier, il est construit par les boulangers eux-mêmes et montre une structure en argile en forme de dôme, pourvu d'une large ouverture au sommet, également fermée par un couvercle d'argile ou de métal. Mais sa taille est plus petite et plus ramassée[185] et il fonctionne différemment : il repose sur une fosse, bordée de galets ou de tessons sur lesquels on cuit le pain. Deux types principaux ressortent parmi de nombreuses variantes : dans le premier, le four est chauffé de l'extérieur par le combustible, constitué de déjections animales et de paille, tout autour du dôme ; dans le second, il dispose d'une ouverture à la base (*sannur*).

Certains fours portatifs tireraient leur origine du *tannour* oriental[186], comme le *kribanos* grec, une jarre transportable aux parois chauffées pour y cuire les galettes. L'*ipnos* ou *pigneus*, en forme de cloche recouvrant les aliments, les cendres étant disposées tout autour, évoque plutôt le *tabun*.

3. Les fours industriels d'usage culinaire et les cuisines des bâtiments publics

Face à ces fours *tinūru*, strictement culinaires, d'autres noms de fours sont plus ambigus : ce sont les fours gir$_4$ = *kīru* et udun = *utūnu*[187]. D'après les dictionnaires, ces termes sont utilisés pour désigner, à la fois, des fours à usage culinaire domestique [188] et des fours à usage industriel[189]. Ceci délimite une frontière assez floue entre les deux modes d'utilisations, parfois plus ou moins équivalents. Certaines sources textuelles, comme les textes littéraires (hymnes, inscriptions royales) font apparaître des glissements de sens et d'usage d'une époque à l'autre : chacun semble être, à l'origine, un four culinaire se spécialisant en four industriel[190], appellation adéquate lorsque l'échelle de production dépasse les besoins des producteurs.

Ainsi gir$_4$ = *kīru* (Ura 10 : 351), initialement four à pain ou pour la nourriture (angl. *oven*), devient après la période d'Isin-Larsa (au IIe millénaire av. J.-C.) puis exclusivement, à la période néo-assyrienne (au premier millénaire av. J.-C.), un « four de fusion » (angl. *kiln*), pour les métaux et le verre[191], même si certaines occurrences indiquent aussi un four pour le bitume, la chaux, voire pour le potier ou le fabricant de briques[192]. Pour le bitume, comme me l'indique pertinemment M. Sauvage[193], il s'agit de le faire fondre, de le liquéfier. On est donc sur une sorte de four de fusion également, avec un réceptacle pour le fluide. Pour le potier et le fabricant de briques, à l'époque néo-assyrienne, il pourrait s'agir, dans ce cas, de fours en relation avec les matières vitreuses, pour la glaçure ou l'émaillage de la poterie ou des briques. En effet, A. Salonen mentionne des termes de métier liés à la glaçure des briques[194] : le préparateur du fondant pour les briques émaillées est dit lu$_{2}$-im-na$_4$-na = *ša imnanakki*[195], c'est-à-dire celui qui utilise un des composants principaux du verre mésopotamien, la cendre végétale et un minéral spécifique *immanakku* (ou *imnanakku*), mentionné aussi dans les listes lexicales (Ura 10 : 410), qui est probablement un conglomérat de grès avec des galets incrustés, employé pour les silicates nécessaires à sa fabrication[196].

De même, udun = *utūnu* (Ura 10 : 356 ; var. *atūnu, adūgu, atūgu*) est un four culinaire et une rôtissoire (angl. *oven*), mais également un four artisanal ou industriel (angl. *kiln*) pour cuire la poterie, les briques, un fourneau à métaux, pour la fonte du verre (angl. *furnace*). Il est cité en médecine, dans les rituels magiques, dans le cadre de punitions, comme celle d'un esclave jeté dans le four[197].

Ces fours sont en général de plus grande taille que les fours de cuisine *tinūru*, d'où leur appellation de « grand four » (Ura 10 : 352, 357 ; *kirmahhu, utunmahhu*) associés à l'économie des grands organismes, temples

J.-C.) ; Smogorzewska 2012 : 234, Figure 6, 3 ; Smogorzewska 2014 : 25, Figure 3.1, petit four culinaire (Late Ninevite 5 period).

183 À ce propos, cf. Ebeling et Rogel 2015 ; cf. Mallowan et Rose 1935, Figure 6 ; Hole et Tonoike 2016 : 126, Figure 7.5-77. *Tabun* est un terme médiéval dont on a la plus ancienne attestation au xe s. ap. J.-C. par le géographe al-Muqadissi.

184 McQuity 1984 : 162, Figure 2 ; Balossi Restelli et Mori 2014 : 47

185 Le diamètre à la base est de 60-150 cm et de 30-40 cm à l'ouverture ; la hauteur est de 25-50 cm, l'épaisseur de 3 cm.

186 Martz 2011 : 4.

187 Bottéro 1981 : 282.

188 Dans le sens du terme anglais *oven*.

189 Dans le sens du terme anglais *kiln*.

190 Cf. la contribution de Laura Cousin (ce volume).

191 Salonen 1964 : 118-119. CAD K 415-416 *kīru* A *(kēru)* s. fem. : kiln (for lime and bitumen) ; Attinger 2021 : 630, gir$_4$ (= kir$_{13}$) s. « four », pour l'asphalte, pour le pain, la viande, la nourriture ; DCCLT : 1. Oven ; 2. Kiln (?) ; ePSD : gir$_4$ = *kīru* « oven, kiln ».

192 Joannès 1993 : 102. Selon l'auteur, « ses attestations ne permettent pas toujours de choisir entre travail de l'argile et travail du métal ».

193 Communication personnelle. Je l'en remercie.

194 Cf. Salonen 1972 : 169-174.

195 Oppenheim 1970 : 74-75 ; Salonen 1972 : 39-40 « Zinnsteinlehm » et 172-173 "Mann des Zinnsteinlehmes, ein Arbeiter, der Sandsteinglomerate mit eingebetteten Kieseln für die nötigen Silikate zum Glasieren von glatten oder geformten Ziegeln behandelt".

196 Cf. la contribution de X. Faivre « Les mots pour dire l'argile... », Ura 10 : 408-410. im-an-na, im-na$_4$, im-na$_4$-an-na = *kuššikku, imnanakku* (ou *immanakku*).

197 CAD U-W 346-347 *utūnu* (*atūnu, itūnu, adūgu*) oven, kiln (a. for firing pottery ; b. for brick-making ; c. furnace for smelting, refining metals ; kiln for glassmaking) ; DCCLT : udun « kiln » ; CAD A1 136 *adūgu (atūgu)* : kiln ; DCCLT : *atūgu* 1. Oven. 2. Kiln (of potter). Le four *atūnu* est aussi utilisé pour la fusion du verre, mais « normally used by the potter, brickmaker and brewer, and was even large even to serve in the execution of human beings » (Oppenheim 1970 : 42, 69-70). Il est attesté à toutes les époques pour le métal (Joannès 1993 : 102).

et palais[198]. On distinguera ci-dessous les fonctions culinaire et industrielle.

3.1. La fonction culinaire du four gir$_4$ = *kīru (Ura 10 : 351 ; Tableau 2)*

Les sources textuelles indiquent aussi des secteurs de cuisines et donc la présence de fours dans les bâtiments publics, palais ou temples. Ceux-ci avaient notamment une part importante dans la conception suméro-akkadienne du temple[199]. Les textes cunéiformes mentionnent ces cuisines sous différentes appellations : la « maison du grand four » (e$_2$-gir$_4$-maḫ), la « maison du four » (e$_2$-udun-na), la « maison de la cuisine » (e$_2$-muhaldim = *bīt nuhhatimmi*), ce qui indique bien que le four y occupe la position centrale[200]. La maison du *tannour* (*bīt tinūri, bītu ša tinūri*) semble autant être la cuisine domestique que celle des bâtiments publics[201]. À l'époque d'Ur III, à la fin du IIIe millénaire, les potiers d'Umma, dans le sud de la Mésopotamie, outre la livraison constante de récipients aux cuisines et abattoirs, étaient aussi employés à construire des fours culinaires, pour les grands organismes[202]. Cependant, à plusieurs reprises, dans les textes, on se rend compte – selon le contexte, la région ou la période – que les termes *tinūru, kīru* et *utūnu* ont dû être plus ou moins équivalents. Outre les différentes dénominations de la cuisine (ci-dessus), c'est ce que suggère l'équivalence udun-muhaldim = *tinūru / nuhatimmi*, le four du cuisinier, le four de la cuisine (Ura 10 : 362). La terminologie des installations à feu, plus fonctionnelle que formelle[203], semble osciller d'une appellation à l'autre.

Les textes sumériens montrent clairement que le four gir$_4$ était utilisé pour faire du pain et rôtir de la viande à grande échelle (gir$_4$-mah). M.-T. Barrelet[204] a proposé d'identifier le gir$_4$-maḫ / *kirmahhu* aux grands fours circulaires de briques en forme de dôme attestés dans les niveaux archéologiques d'Ur, Uruk, Nippur et Khafajah, peut-être dès le IVe millénaire et au IIIe millénaire, dans certains bâtiments publics, temples (appelés « temples-cuisines » ou « cuisines-temples » afin de cuire la nourriture présentée au dieu (**Figure 15a-b)**[205]. Les exemples étudiés de l'Eanna d'Uruk, de la maison du four à Ur, ou du temple d'Enlil à Nippur semblent se référer au four culinaire à couverture en coupole (« *domed oven* »). Si cette dernière a disparu, on peut en envisager l'aspect d'après la superstructure d'un four similaire, plus complet, découvert en haute Mésopotamie, à Tell Brak (*Monumental Building, level 18*), du milieu du IVe millénaire[206] **(Figure 16a)**, ou encore à celle du grand four de la cour 70 du palais de Mari, au IIe millénaire, dont la voûte en brique crue était encore visible **(Figure 16b)** et qui était lui-même complété par un four d'angle[207]. Le combustible était posé directement sur la sole qui, ainsi chauffée, permettait de cuire directement la nourriture, tel un four de boulanger[208].

Figure 15a-b – Fours de l'Eanna d'Uruk (Barrelet 1974, pl. III a : Four de l'Eanna archaïque I$_5$; pl. III b : Four de l'Eanna, IIIe dynastie d'Ur).

[198] On notera une observation de H. Balfet (1980 : 73), dans ses critères permettant d'identifier un four à poterie, en moyenne plus grand que les fours culinaires : « ... il ne faut pas oublier que des fours culinaires peuvent atteindre des dimensions imposantes s'il s'agit de préparer des provisions ou de grands repas communautaires ». Cf. Attinger 2021 : 630 kir$_{13}$ mah « immense four » (pour produits comestibles).

[199] Hymne au temple d'Eridu. Cf. la contribution de L. Cousin (ce volume).

[200] Bottéro 1981 : 281 traduit « la pièce du cuisinier ». Cf. Attinger 2021 : 630 (e$_2$ kir$_{13}$ mah, Litt. « maison immense four », d'où « immense fournil »).

[201] CAD T 421-422.

[202] Cf. Steinkeller 1996, p. 243 : « Apart from pots the Umma potters also manufactured clay ovens, called ^{im}tu-ru-na in Sumerian » (ce qui correspond au *tinūru* akkadien) ; p. 244 : « There were also frequent issues of pots and ovens for the kitchen and the slaughter house ».

[203] Bottéro 1981 : 282 ; Rova 2014 : 49, n. 163.

[204] Barrelet 1974 ; Attinger 2021 : 630.

[205] Bagara de Ningirsu à Lagaš, ED IIIB (Hansen 1983), Eanna d'Uruk (Barrelet 1974, pl. III a (Four de l'Eanna archaïque I$_5$ d'après Lenzen 1937 (UVB VIII), pl. 37 b) ; pl. III b (Four de l'Eanna, IIIe dynastie d'Ur (d'après Lenzen 1938 ; (UVB IX), pl. 25a), temple d'Enlil à Nippur, plan reconstitué du niveau V (Haines 1967, pl. 17 ; Barrelet 1974, Figure 2) ; Ur, Maison du four à Ur (terrasse de la ziggurat », Archaïque I (d'après Woolley 1939, pl. 66 ; Barrelet 1974, Figure 1).

[206] Un complexe de plusieurs fours était destiné à la cuisson de grandes quantités de viande. Cf. : https ://www.tellbrak.mcdonald.cam.ac.uk/latechalcolithic.html

[207] Parrot 1958 : 232-235, pl. L, *1-2* ; Margueron 2004 : 492, Figure 474.

[208] Balossi Restelli et Mori 2014 : 47-50.

Figure 16a – Tell Brak (Syrie), « Monumental Building » (level 18), milieu du IVe millénaire av. J.-C.

Figure 16b – Palais de Mari, Four de la Cour 70 (d'après Margueron 2004, fig. 474).

3.2. *La fonction culinaire du four* udun = *utūnu, atūnu, adūgu, atūgu (Ura 10 : 356-370 ; Tableau 2)*

À l'instar du four gir$_4$ = *kīru*, le four udun = *utūnu* est aussi, à l'origine, un four culinaire, un « four à rôtir » qui devait répondre au même principe. Comme celui-ci, il pouvait être de grande taille (357-358. udun-mah = *utunmahhu, adūgu*).

Dans les listes lexicales, comme dans les textes incantatoires *Maqlû* et *Šurpu*, le terme sumérien udun, précisé par des éléments complémentaires, est décliné sous la forme de différentes installations dédiées à la transformation artisanale des aliments, ce qui lui confère divers équivalents akkadiens. On en déduit un sens très vaste de udun = *utūnu*, à l'instar du mot français « four » qui doit être complété d'une information fonctionnelle pour distinguer, par exemple, le « four à pain » du « four de potier ». Le point commun semble être leur fonction industrielle, leur taille importante, leur utilisation dépassant donc le cadre domestique.

3.3. *Les fours à bière :* udun-bappir = *adūg bappiri et* udun titab = *adug titāpî (Ura 10 : 359-360)*

Deux fours participent à la brasserie (udun-bappir = *adūg bappiri* et udun titab = *adug titāpî*). Ils sont destinés à cuire le malt mélangé à des substances aromatiques agglomérés en forme de « pain de bière » (bappir) et une préparation à base de malt vert d'orge concassé (titab) entrant l'un et l'autre dans la confection de la bière[209]. Le fait qu'ils soient immédiatement suivis par le four de potier (361. udun bahar$_2$ = *adūg pahāri*) traité plus loin, indique – outre le rôle des potiers dans l'économie alimentaire – la place importante des récipients de poterie, ustensiles privilégiés dans le traitement de la bière[210], d'une part, et des denrées alimentaires en général, d'autre part. Ceci peut justifier la succession immédiate du four de cuisine (362. udun-muhaldim = *tinūru nuhatimmi*). Ces fours, regroupés dans une même séquence, sont donc complémentaires et participent tous à la même économie alimentaire.

3.4. *Les fours à griller et à rôtir, les grills (Ura 10 : 363-370)*

La section 363-370 concerne les fours de cuisine à griller et à rôtir les céréales, notamment le sésame, pour faire des huiles (i$_3$), et l'orge (še) : udun-i$_3$ = *zāhu* / ṣāhu, *kannu* ; udun-še-sa-a = *kannu, maqlû, qalû, laptu*) que Salonen range dans la catégorie des grills[211].

3.4.1. Le traitement de l'huile : udun-i$_3$ = zāhu, ṣāhu, kannu (Ura 10 : 363-366)

Les premiers, associés au grillage du sésame, pouvaient servir aux préparateurs de corps gras, notamment pour le traitement de l'huile[212].

363. udun-i$_3$ = *zāhu / ṣāhu* est un « poêle à griller » que l'on ne trouve *que* dans les listes lexicales[213]. C'est l'outil du presseur d'huile, « l'huilier » (*ṣāhitu*)[214], dans lequel il faisait griller les graines de sésame, réduites en pulpe sur une meule (*erû*)[215]. L'huile de sésame, tirée par ébullition, était mélangée avec de l'eau et bouillie pour en extraire l'huile.

364-366. udun-i$_3$, udun-i$_3$-šur, udun-gub-ba = *kannu* est une installation appartenant également au presseur d'huile[216]. Le sens premier du mot *kannu* est

[209] Hartman et Oppenheim 1950 : 15-18 ; Salonen 1960 : 114-115.
[210] Hartman et Oppenheim 1950 ; Sallaberger 1996 ; Faivre 2009. La proximité du « four du brasseur » (udun-lu$_2$-kaš-tin-na) et du « four de potier » (udun *pa-ha-ri*) apparaît aussi dans un texte liturgique sumérien, cf. Hartman et Oppenheim 1950 : 41, n. 26 et Salonen 1964 : 115.
[211] Salonen 1960 : 104-106 « Rostöfen (grill) ».
[212] Bottéro 1973 : 20, n. 10 ; 1981 : 282.
[213] DCCLT : « oven for processing oil ».
[214] CAD Ṣ 62 *ṣāhitu* (fem. *ṣāhittu*) s. « preparer of sesame oil ».
[215] CAD E 324 *erû* B (*irû*) s. « grinding slab », « millstone », usage c-3' « to press oil ».
[216] Bottéro 1973 : 20 ; CAD K 154-155 *kannu* A, 1. « wooden rack (or

en effet un support de récipient en bois ou en argile[217], pour jarre de grande taille (*pithos*) ou pour petit vase de terre cuite. Le pictogramme GAN ou ^{giš}GAN de l'époque d'Uruk IV-III (= *kannu*) représente en effet un porte-jarre, possiblement en bois (giš)[218]. La variante GAN.NE représente ce même signe contenant celui du feu (NE), le brasero. Ce peut donc être un support (gub-ba = *kannu*) sur lequel on installait une grille pour griller des céréales, sésame et orge[219]. Il pourrait renvoyer aussi à une installation du type « andiron », dont la paroi de certains pouvait être dentelée, pour y poser une grille ou des broches, ou encore à un « foyer en fer à cheval » sur lequel on aurait placé une grille ou un grill. À moins qu'il ne s'agisse d'une installation comportant un support de bois pour soutenir des récipients destinés à recueillir l'huile...

3.4.2. Le rôtissage de l'orge : udun-še-sa-a = *kannu, maqlû, qalû, laptu (Ura 10 : 367-370)*

Les autres fours à grille portable (**udun-še-sa-a**) sont associés au rôtissage de l'orge. Ces fours ou grills ont plusieurs équivalents akkadiens qui correspondent sans doute à des formes différentes :

367. *kannu* est sans doute encore un support de grill ou de récipients. Une autre variante du pictogramme d'Uruk IV-III GAN.ŠE représente un support de vase contenant celui de l'orge (ŠE)[220].

368. *maqlû* renvoie à un four, un grill sur lequel on pose une grille ou une broche pour rôtir les céréales[221], que l'on retrouve dans le rituel *Maqlû* (combustion, brûlage), liste d'incantations destinée à l'exorciste[222].

369. *qalû* semble être une poêle ou une casserole pour griller le grain, dont le nom est dérivé du verbe *qalû* « rôtir, brûler »[223].

370. *laptu* est un four pour rôtir l'orge en grain[224].

On retrouve ces fours et grills plus bas dans la liste, dans la séquence 383-386. kuš$_3$-kuš$_3$ = *raṭu* (tuyau)[225] suivi de nig$_2$-sa-sa = *qalqallu* (grill ou grille)[226], *maqlû, qalû* (grill, poêle, fours à rôtir). Cette séquence est reprise telle quelle dans les tablettes XI et XII de ur$_5$-ra = *hubullu* (Ura 11 : 423-426) énumérant les mêmes éléments en métal, soit en cuivre, soit en bronze[227].

3.5. Fours « en dômes » ovales ou circulaires et grills : exemples archéologiques

Si l'on se tourne vers l'archéologie, ces termes renvoient à des modes de cuisson assez variés et il n'est pas rare que les contextes de cuisines montrent l'utilisation parallèle de différents types de fours[228]. À Abu Salabikh, au IIIe millénaire, H. Crawford avait associé certains fours à la confection de la bière en fonction de la présence de récipients ayant pu servir à mouler des pains de bières *bappiru*[229]. Elle avait également proposé que les grills mentionnés dans les textes, tels que les *maqlû* ou *laptu* aient été des foyers ouverts, fixes, bordés d'une limite de terre en fer à cheval ou mobiles (andirons) sur lesquels on posait une grille ou une poêle[230] **(Figure 17a)**, une sorte de foyer *kinūnu* en somme. Plus récemment, plusieurs secteurs du site de Tell Arbid, dans le Bassin du Haut Khabur, ont livré des fours de différentes sortes : foyers, andirons, *tannours*, petits fours à évent, fours en dômes circulaires ou ovales. Parmi ceux-ci, un four du début du IIIe millénaire av. J.-C. est muni d'une installation oblongue de 1,06 m qui semble avoir eu également une fonction de grill[231]. Formée d'un double muret de briques disposées en U, sur lesquelles on pouvait poser une grille serrée, une plaque de cuisson ou une poêle, elle est aménagée sur un côté d'un four à coupole, adjacent ou intégré à celui-ci, sans que l'on sache s'il fonctionnait au même moment. Fours en dôme et foyers semblent cependant avoir été, l'un et l'autre, appropriés, peut-être de façon complémentaire, pour le séchage et le grillage du grain[232].

similar installation) for storing earthen containers, as part of the equipment of trade... », d. « installation belonging to the equipment of the oil presser ».

217 Sallaberger 1996 : 112 ; DCCLT : *kannu* 1. (a large vessel). 2. (vessel-) stand, 3. Bucket, 4. Equipment of oil presser, jar, 6. Oil-presser's equipment.

218 Labat et Malbrant-Labat 2011 : 100-101 (143) ; voir la liste de signes Uruk IV-III du CDLI https://cdli.ucla.edu/tools/SignLists/protocuneiform/archsigns.html (consulté le 30/05/2022). Le signe connaît de multiples variantes selon l'usage qui en est fait.

219 DCCLT/Nineveh, CT 19, pl. 01, K 00055 : udun gub-ba = *kannu* « standing oven » = equipment of oil presser.

220 Cf. ci-dessus.

221 CAD M1 251-252 *maqlû* s. 1. oven, grate ; 2. Burning, combustion. DCCLT/Nineveh, CT19, pl. 01, K 00055 : « oven for roasting barley, roasting oven ».

222 Meier 1967 (*Maqlû*) ; CAD M1 252 *maqlû* s. 2b.

223 CAD Q 72 *qālû* s. « pan for roasting grain » ; cf. aussi CAD Q 68-69 *qalû* adj. « 1. roasted, parched ; 2. refined (said of silver) » CAD Q 68-71 *qalû* v. « 1. to burn ; 2. burn, burn down ; 3. to make a burnt offering ; 4. to roast, 5. to refine ». DCCLT/Nineveh, CT19, pl. 01, K 00055 : « oven for roasting barley ».

224 CAD L 96-97 *laptu* B « roasted barley » a2' « referring to the oven used to make roasted barley » ; b « wr. še-sa-a 1' the grain ; 2' flour ». DCCLT/Nineveh, CT19, pl. 01, K 00055 : « oven for roasting barley ».

225 DCCLT : kuš$_3$-kuš$_3$ = *raṭu* « pipe, water channel » ; Joannès 1993 : 107 « moule, rigole ».

226 DCCLT : nig$_2$-sa-sa 1. Brazier ; 2. Burning ; 3. Oven.

227 Landsberger 1959 : 147, Hh. XI : 423-426 ; cf. dans DCCLT : plusieurs versions néo-assyriennes, néo-babyloniennes, hellénistiques des listes lexicales Ura 11 et 12 consacrées aux objets en cuivre et en bronze.

228 Balossi Restelli et Mori 2014 : 46-51.

229 Crawford 1981 : 105-114 ; 1983 : 34.

230 Crawford 1981 : 109.

231 Szelag 2009-2010 : 115, Figure 11 : « grill installation » (locus 6).

232 Smogorzewska 2014 : 21. Cela m'évoque un élément de l'huilerie de mon grand-père, en pays bourbonnais, spécialisée dans l'huile de noix, couramment appelé la « poêle ». Il s'agit d'un récipient métallique circulaire d'environ 0,60 m de diamètre et 0,20 m de profondeur, encastré dans une margelle formant la partie supérieure d'un coffrage en briques plus ou moins cubique d'1 m × 1 m, dont la partie inférieure renferme le foyer, alimenté par un alandier et

Figure 17a – Tell Arbid (Syrie) : four avec une installation de grill (d'après Szelag 2010 : pl. 172, fig. 11).

Allant plus loin encore, J. Bottéro avait envisagé que *maqlû* et *qalqallu* aient pu représenter des grills ou des broches mais aussi des « plaques à griller », des « grilloirs » qui pouvaient être autant en céramique qu'en métal, chaque dispositif se prêtant également à la torréfaction et au grillage[233]. Les niveaux archéologiques livrent en effet fréquemment de telles plaques de cuisson en céramique d'environ 30 cm : des exemplaires de Tell Brak[234], de Tell Mohammed Diyab[235] ou de Tell el-Rimah[236] (Bronze moyen) présentent en effet les mêmes pâtes que celles des marmites de cuisine, de couleur rose-saumon, et portant des traces de polissage et de suie à l'intérieur **(Figure 17b)**, possiblement provoquée par un dégagement de fumée due au grillage[237].

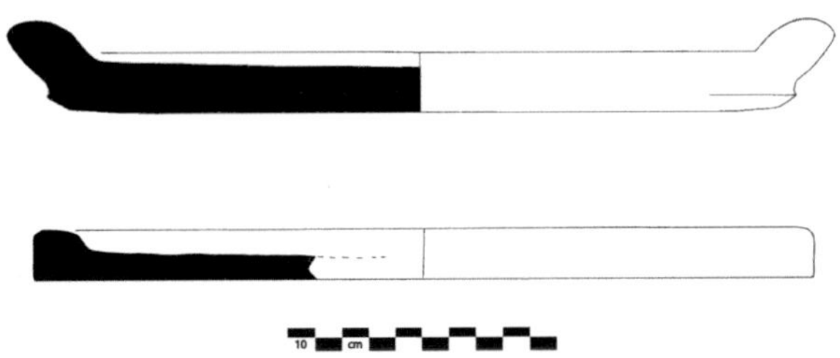

Figure 17b – Plaques de cuisson de Tell Brak (Oates *et al.* 1997 : 228, n° 653) et de Tell Mohammed Diyab, Bronze Moyen (dessin © X. Faivre, non publié).

Ces fours à griller et à rôtir, répondant à la fois au terme sumérien très large udun (four) et à différentes appellations akkadiennes, pouvaient donc être des fours élaborés mais aussi des dispositifs très simples, semblables à des foyers, sur lesquels on plaçait des grills, voire de simples plaques de céramique, chacun ayant son rôle particulier dans la chaîne opératoire. La coexistence de plusieurs modes de cuisson est d'ailleurs courante, autant dans un bâtiment public, comme à Tell Arbid, au Bronze ancien[238], que dans un même espace domestique, à Tell Bazi, au Bronze récent : *tannour*, four culinaire, andiron et foyers circulaires ou en fer à cheval[239] participent de façon complémentaire, voire collective, à la confection de repas pour un grand nombre de personnes.

destiné à le chauffer. Ce dispositif, participant au grillage des noix avant d'en extraire l'huile, peut apparaître comme une évolution lointaine de ce principe.

233 Bottéro 1981 : 283, § 5a et 5 b 2.

234 Oates *et al.* 1997 : 228, n° 653.

235 Non publié.

236 Postgate *et al.* 1997 : pl. 46, *283-284*.

237 On peut peut-être rapprocher ces plaques de cuisson des plaques de cuisson à pain/plateaux-fours à pain/plat/*dokka* attestées pendant toute l'Antiquité égyptienne. Mais celles-ci ont des traces de suie à l'extérieur (Marchand 2017).

238 Smogorzewska 2014 : 22, Figure 10.

239 Otto 2006 : 72-74, Figure 29-31, 223, Figure 149, 247, Figure 163.

Figure 18 – Pictogramme de gir$_4$ (d'après Labat et Malbran-Labat 2011 : 194, 3).

4. Les fours industriels (Ura 10 : 351-362)

4.1. La fonction industrielle du four gir$_4$ = *kīru (Ura 10 : 351-352)*

Le *kīru* à usage industriel est un four à chaux ou à bitume et pour la métallurgie, donc essentiellement four de fusion[240]. De par ses différentes fonctions, il devait se distinguer du four culinaire du même nom. Comme mentionné pour ce dernier, il peut être de très grandes dimensions (gir$_4$-mah = *kirmaḫḫu, kirimahhu*). Il est alors qualifié de « grand four » et de « grand creuset » [241], ce qui permet de déduire son rôle dans la métallurgie. À ce titre, il partage aussi des affinités, peut-être étymologiques et fonctionnelles, avec di-ni-ig = *kūru*[242], à la fois creuset, four, fourneau pour le métal et le verre. Les termes *kīru* et *kūru* peuvent aussi servir à désigner un poêle ou un brasero pour chauffer une pièce[243], comme l'indique cette mention : *« Maintenant le froid m'a atteint, je dois allumer leur poêle (kūru) »*[244].

4.1.1. Fours à bitume : gir$_4$-ma2-lah$_4$ = *kīr malāhi et* gir$_4$-ad-KID = *kīr atkuppi (Ura 10 : 353-354)*

Son implication dans la fonte du bitume apparaît dans les listes lexicales ur$_5$-ra = *hubullu* (353-354) à travers deux expressions : littéralement le « four du batelier » (353 : gir$_4$-ma$_2$-lah$_4$ = *kīr malāhi*)[245] et « four du vannier » (354 : gir$_4$-ad-KID = *kīr atkuppi*)[246]. Ceux-ci devaient en effet, calfater, c'est-à-dire enduire de bitume l'âme de bois ou de roseau de leur bateau ou de leurs récipients de vannerie pour en assurer l'étanchéité. Le bitume est aussi utilisé pour le scellement du four *kīru* lui-même ou celui du four de brique *utūnu*[247]. Salonen insiste à plusieurs reprises sur le fait que le four à bitume devait être très simple, ne nécessitant pas de température au-delà de 900 °C.[248]

4.1.2. Four à émaux et à métaux : gir$_4$ = *kīru (Ura 10 : 351),* di-ni-ig = *kūru (Ura 10 : 371)*

Plusieurs auteurs ont supposé que la morphologie du four *kīru* était décelable à travers la forme du pictogramme gir$_4$, à la fin du IVe millénaire av. J.-C., qui représente un fourneau **(Figure 18)** : le feu, à la base, est surmonté d'une cheminée couverte d'un auvent pour évacuer les fumées[249], sans que l'on sache s'il assurait toutes les étapes de la métallurgie du cuivre, de la réduction (angl. *to smelt*) à la fusion (angl. *to melt*), donc avec un réceptacle.

Dans sa forme tardive la plus complète, à l'époque néo-assyrienne, il devait se présenter comme un four ou un poêle en terre, de forme conique, à deux étages, ou à défaut deux orifices, formant deux chambres (*dakkannu*), l'une chaude en bas (*emmetu*), l'autre froide en haut (*kaṣitu*). Il contenait dans la partie centrale un « creuset » (371. *kūru*), terme étendu, par métonymie, à l'ensemble du four. C'est ce nom qui est utilisé dans les textes néo-assyriens relatifs à la fabrication des émaux et à la métallurgie[250] dont la similitude technique permet un parallèle pertinent. Un texte sur la préparation du verre (ZA 36, 1925 : 182, l. 6-9) évoque en effet son fonctionnement qui peut être également appliqué au cuivre : « Quand tu voudras garnir de « pierres » (la matière vitreuse à fondre)

[240] CAD, K 415-416 *kīru* A « kiln (for lime and bitumen) ; Bottéro 1973 : 19. DCCLT : gir$_4$ « oven, kiln » ; *kīru* « oven ».

[241] CAD K 408 *kirmahhu* (or *girmahhu*) « large crucible ». DCCLT : large oven.

[242] Salonen 1964 : 118 ; CAD K 416 « separated from *kīru* solely on the basis of the differentiation made in the vocabularies (kir for *kīru* and dinig for *kūru* ; CAD K 571 *kūru* B « crucible (for metal and glass), kiln, brazier » ; ePSD dinig = *kūru* « kiln, furnace » ; DCCLT : dining = *kūru* 1. Kiln, furnace.

[243] Dans la liste lexicale Diri IV 283, le sumérogramme de *kūru* est aussi KI.NE (di-ni-ig KI.NE = *ku-ú-ru*) comme celui du *kinūnu* (Salonen 1964 : 118 ; Civil 2004) ; CAD K 571 *kūru* B, di-ni-ig KI.NE = *kūru*.

[244] CAD K 571 *kūru* B : « today winter has caught up with me, where are now the braziers (*kūru*) for them? »

[245] Salonen 1972 : 124-126, B. Asphaltofen ; 126 « Schmelzofen des Schiffers », d.h. « Asphaltschmelzofen des kalfaterers ». CAD M/1 150 *malāhu* « marin, batelier, constructeur de bateau. »

[246] Salonen 1972 : 126 « Schmelzofen des Rohr- und Bitumen-Arbeiters ». CAD A/2 494 *atkupu* « vannier ».

[247] Salonen 1964 : 118 ; Bottéro 1973 : 26.

[248] Salonen 1972 : 124-126, 130.

[249] Limet 1960 : 114-115 ; Salonen 1972 : 125, 128-132 ; Bottéro 1973 : 19, n. 9.

[250] Limet 1960 ; Bottéro 1964 ; Oppenheim 1970 : 69-70 ; Bottéro 1973 : 20 ; Joannès 1993 : 102 ; Moorey 1999 : 203.

l'intérieur du fourneau..., tu mettras le feu au bas (*šaplu*) du fourneau (*ina šapli kūri*)[251] et alors seulement tu garniras l'intérieur de « pierres ».

La partie basse du four (*šaplu kūri*) était donc occupée par le foyer avec deux portes (*bābu*), l'une pour l'admission de l'air, l'autre pour allumer le combustible : « Le bois que vous brûlez (v. *šarāpu*) dans le foyer [la partie basse du four] (*ina šapli kūri*)[252] ». Par l'ouverture supérieure, on versait et on entassait le minerai en grenailles à fondre à l'intérieur du fourneau (*ana libbi kūri*), soit dans le creuset (*kūru*) ; des ouvertures d'inspection, appelées littéralement les « yeux » (*ēnē*, pl. *ināte*), étaient au nombre de deux ou quatre, selon la taille du four, d'autres servaient d'évents permettant la ventilation, peut-être aussi l'introduction de soufflets (372. *nappašu*)[253]. En effet, à hauteur du foyer, pour attiser le feu, étaient placées des tuyères en argile prolongées par des tubes en roseau auxquelles des soufflets (gibun$_2$ = *nappahu*)[254], poches de cuir actionnées à la main (*nappah qāti*) ou au pied (*nappah šēpi*)[255] – parfois peaux tendues sur des tambours de céramique – envoyaient un courant d'air qui augmentait la teneur en oxygène et donc la température : la température de fusion requise pour les métaux les plus importants (1064 °C pour l'or, 1085 °C pour le cuivre) était ainsi bien supérieure à celle que peut atteindre un feu de bois (600-700 °C). Cependant la nature du combustible n'est jamais clairement déterminée. Les textes énumèrent du roseau ainsi que du bois d'une qualité et d'une espèce particulière, peut-être du charbon de bois qui a la propriété de désoxyder le cuivre et d'atteindre ces températures élevées[256]. Les textes assyriens précisent que le bois utilisé est du peuplier (*ṣarbatu*)[257]. Il semble que pour pallier au manque de bois en Mésopotamie, de tout temps, on s'est efforcé d'installer les fonderies vers les régions forestières, quitte à transporter le minerai à plusieurs jours de marche. Pour les métaux non ferreux, une première étape, celle du concassage et de la réduction devait se faire au plus près de l'extraction pour ne pas avoir à déplacer des masses importantes : les mines sont en montagne, pour des raisons géologiques, où l'on pouvait probablement trouver du bois aux époques reculées (avant déforestation complète), bois nécessaire également en très grandes quantités en cas d'extraction minière par le feu. Ensuite le métal pouvait être transporté sous forme de lingots. La fonte pour alliage, la coupellation, et à plus forte raison pour la fabrication, pouvait se faire avec moins de combustible[258].

Mais le métal extrait de la première fusion comportait des impuretés et scories (355. *lagā kīri*)[259] et demandait encore à être affiné. Les scories étaient concassées, le reste était refondu plusieurs fois pour le purifier davantage. Enfin des tuyaux d'argile (383. *rāṭu*)[260] recueillaient le métal fondu, en l'occurrence du cuivre, dans des moules de pierre ou de terre (*agarinnu*)[261].

4.1.3. Fours à émaux et à métaux : vestiges archéologiques

Fours à émaux ou à métaux ne sont pas toujours bien décrits ou interprétés en archéologie, car difficiles à identifier, à moins de contenir des scories métalliques ou des restes de métaux. Certaines installations peuvent ne rien avoir laissé à part des tuyères, des creusets ou des tambours de soufflets. Plusieurs auteurs ont, par ailleurs, insisté sur le fait que la métallurgie n'avait rien de commun avec les fours destinés à la cuisson de la poterie ou autres matériaux cuits, les conditions pour fondre le cuivre étant très différentes, autant dans la forme et dans la taille que dans les températures requises[262]. L'exigence première est que les minerais métalliques soient au contact direct du combustible, nécessaire en grande quantité[263]. L'installation dépendra donc de la méthode, des outils utilisés pour obtenir un métal, différents selon qu'il est liquéfié (cuivre, bronze, or) ou simplement chauffé et forgé (fer), et enfin de leur point de fusion propre.

Des installations métallurgiques ont ainsi été mises au jour à Tello (ancienne Girsu) ou à Mari (IIIe millénaire av. J.-C.) : fourneau d'argile à double tubulure pour les tuyères, foyers métallurgiques, tube de soufflet d'argile, creuset de fondeur **(Figure 19, 21c)**[264]. Une activité

[251] CAD Š1 468 : ZA 36, 1925) : 182, l.6-9. Le terme équivaut à *našrapu*, le foyer du four, le lieu de combustion (CAD N2 79 : « in parallel versions of the instructions to glassmakers, *šapal kūri* corresponds to *našrapu* ; cf. Oppenheim 1970 : 70.

[252] Oppenheim 1970 : 32, A 10, B 15, C 7 ; CAD Š2 51 *šarāpu* (*iṣṣū ša ina šapli kūri ta-šar-ra-pu* « the wood that you burn in the hearth of the kiln) ».

[253] CAD N1 311 *nappašu* b. « air vent » (of an oven) ; DCCLT, CT 19, pl. 01, K 00055 : *nappašu* « venthole ». Variante de *nappahu*, il est aussi traduit par « soufflet » (Oppenheim 1970 : 69, n. 73).

[254] CAD N1 307 *nappahu* « bellows » ; DCCLT : *nappahu* « bellows » ; Joannès 1993 : 101 « soufflet qui permet d'activer le four et de le porter à la température propre du métal. » L'outil a donné son nom à l'artisan métallurgiste, le *nappāhu*, et en était l'emblême. Oppenheim 1970 : 69, n. 73 mentionne un texte néo-babylonien (YOS 7 143) dans lequel un métallurgiste reçoit de l'administration du temple deux boucs « for the skins of the bellows (*nappahu*) ». Cf. aussi Davey 1979 : 109.

[255] Davey 1979 : 101, 110 ; Joannès 1993 : 102.

[256] Limet 1960 : 116 ; Bottéro 1973 : 29 ; Joannès 1993 : 102.

[257] Oppenheim 1970 : 72 ; Joannès 1993 : 102. D'après le CAD Ṣ 109-110 *ṣarbatu* « Euphrates poplar (*Populus euphratica*) », d. as fuel 1' « The wood that you burn under the smelting oven (*ša ina šapli kūri*) should be a thick, barked poplar (*ṣarbatu*) cut in the month of Abu » (texte néo-assyrien en rapport avec la fusion du verre) ; cf. ePSD *ṣarbatu* « poplar ».

[258] Remarque personnelle de M. Sauvage.

[259] CAD L 37 *lagā'u (lagû)* b. Slag from a kiln.

[260] CAD R 219-220 *rāṭu* « channel, runnel », d) « for molten metals » ; DCCLT, CT 19, pl. 01, K 00055 : *rāṭu* « pipe ».

[261] Limet 1960 : 124. D'après Joannès 1993 : 107 « Le moule est rendu en sumérien par le terme kuš$_3$-kuš$_3$ » dont l'équivalent akkadien est *rāṭu*, normalement « une rigole » ; peut-être s'agirait-il aussi d'un moule en forme particulière ; *agarinnu* « a peut-être également le sens de "moule", pour les haches ».

[262] Tylecote 1980 : 183 ; Craddock 2000 : 151, 161.

[263] Tylecote 1980 : 183.

[264] Cros 1910 : 151, Figure D ; Bottéro 1964 : 653 ; Margueron 2004 : 53, pl. 26-29.

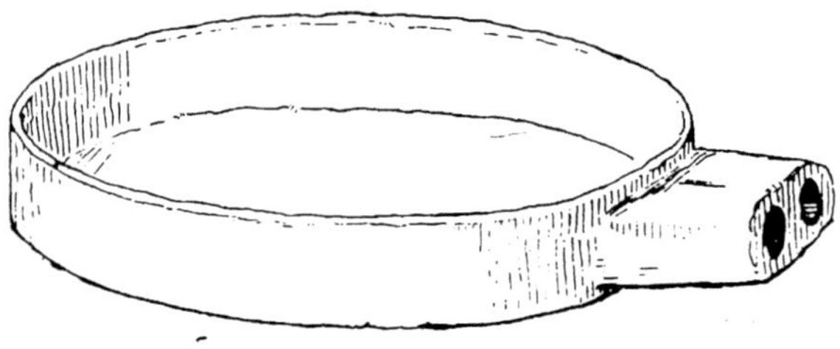

Figure 19 – Fourneau en argile avec double tubulure pour les tuyères, Tello (Girsu), fin du 3e millénaire (d'après Gros 1019 : 151, fig. D ; Bottéro 1964 : 653).

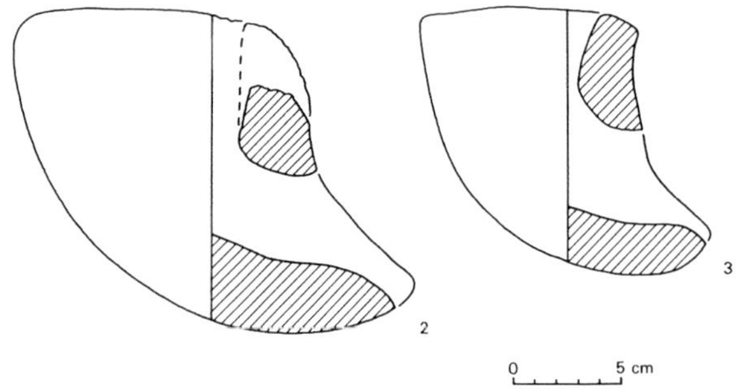

Figure 20a – Creusets d'argile cuite, Tell edh-Dhibai, vers 1800 av. J.-C. (d'après Moorey 1999 : 266, fig. 16, 2-3).

métallurgique a aussi été identifiée à Ebla, du Bronze ancien à l'âge du Fer, livrant quelques installations, des moules et tuyères[265]. De même, à Kültepe (Kaniš), en Anatolie, au IIe millénaire, on a retrouvé des ateliers de métallurgistes équipés de fours et d'outils appropriés, creusets, moules et chalumeaux[266]. La meilleure identification, en Mésopotamie, provient des fouilles de Tell edh-Dhiba'i (Irak) qui ont livré une échoppe abandonnée du début du IIe millénaire (période paléo-babylonienne) contenant deux tambours de soufflets en argile cuite qui devaient être recouverts de cuir, des tuyères et des creusets comparables à ceux trouvés à Tell el-Qitar ou dans le Sinaï **(Figure 20a-b)**[267]. De semblables outils de métallurgistes ont été trouvés à travers tout le Proche-Orient[268] et sur des sites égyptiens. Leur fonctionnement est par ailleurs représenté dans des scènes de métallurgie, dans des tombes égyptiennes, de l'Ancien au Nouvel Empire **(Figure 21a-b)**[269].

Mais les études principales récentes concernent surtout la métallurgie du cuivre de régions plus ou moins éloignées de la Mésopotamie, l'Iran, l'Anatolie, le Levant, l'Égypte, le Turkmenistan[270]. On peut ainsi reconstituer des segments de chaînes opératoires – chaque atelier ayant en charge une chaîne opératoire particulière – qui documentent des dispositifs et les innovations successives[271]. Il faut ainsi distinguer les deux types de fourneaux requis pour la métallurgie, les fours de réduction, pour l'extraction du métal des minéraux appropriés, des fours de fusion, pour fondre le métal destiné à être formé en artefacts[272].

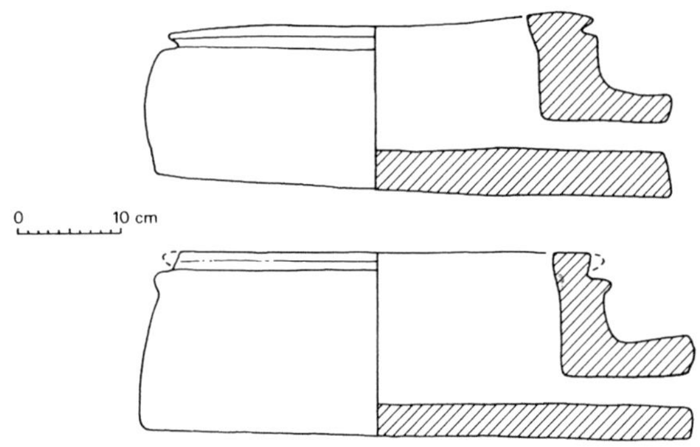

Figure 20b – Métallurgistes soufflant dans des creusets d'argile au moyen de tuyères, tombe de Mererouka, Ancien Empire (d'après Davey 1988, fig. 6.3).

Figure 21a – Soufflets d'argile cuite, Tell edh-Dhibai, vers 1800 av. J.-C. (d'après Moorey 1999 : 266, fig. 16, 1).

Fours de réduction

Les premiers stades de réduction, au Chalcolithique, en Anatolie, en Iran, en Jordanie, ont d'abord lieu dans des structures de petites dimensions (30 cm) qui vont du simple trou au creuset en céramique[273]. La ventilation a sans doute lieu par la force du vent, les conditions sont d'abord peu réductrices et peu scorifiantes qui traduisent une faible hauteur de combustible dans le foyer. L'utilisation du charbon de bois, sans doute

[265] Festuccia 2014.
[266] Michel dans Joannès 2001 : 529-532 (Métallurgie, orfèvrerie).
[267] Al-Gailani 1965 : 37-38, pl. 6-8 ; Davey 1988, Figure 6.1-6.8 ; Moorey 1999 : 265-268, Figure 16-17. On notera un creuset plus ou moins contemporain dans un bâtiment de Tell Mohammed Diyab (haute Mésopotamie), révélant des activités métallurgiques (Nicolle 2006 : 56, Figure 3-12).
[268] Davey 1979 ; Davey et Edwards 2007 : 148, Figure 4.
[269] Garenne-Marot 1985 : 86-93, Figure 2-4 ; Davey et Edwards 2007 ; Tonussi 2014, Figure 8.
[270] Tylecote 1980 : 183 ; Craddock 2000 ; Verly 2008 ; Yahalom-Mack 2019 ; Bourgarit *et al.* 2021: 9 ; Papachristou 2021 (Gonur Depe).
[271] Craddock 2000 : 161-162 ; Mille 2010 : 211.
[272] Tylecote 1980 : 183.
[273] Craddock 2000 : 155-156 ; Bourgarit *et al.* 2003 : 9-10.

Figure 21b – Métallurgiste actionnant des soufflets. Tombe de Rekhmiré, Thèbes, ca. 1450 av. J.-C. (d'après (Margueron 2004, p. 108, fig. 85).

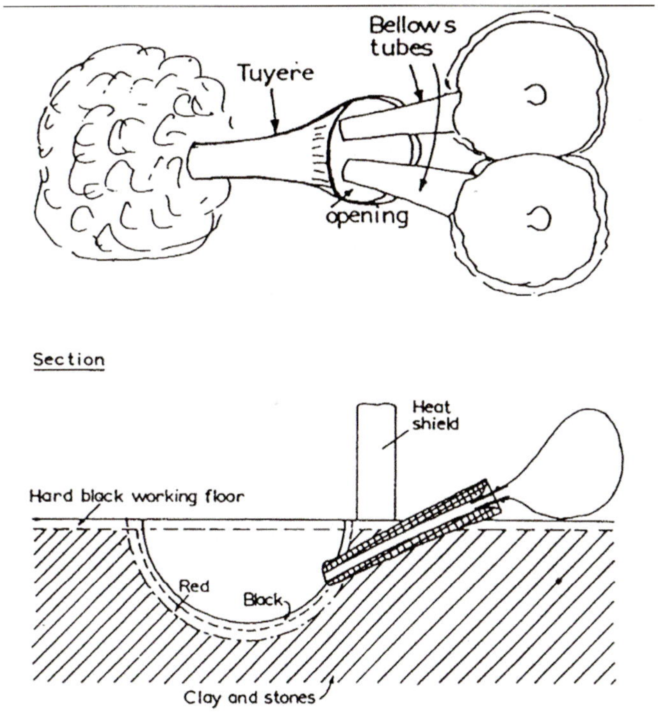

Figure 21d – Foyers en plan et en coupe avec des soufflets (d'après Tylecote 1981, fig. 9-10).

Figure 21c – Tube de soufflet de forge, Mari, Ville I, IIIe millénaire av. J.-C. (d'après Margueron 2004, p. 53, pl. 28).

dès cette période, est une découverte cruciale pour la réduction du métal, seul moyen d'obtenir des conditions réductrices pour réduire les minerais de types oxydes comme la malachite et la cuprite pour le cuivre[274]. Sa haute valeur calorifique, supérieure au bois ou autres combustibles, permet d'atteindre de hautes températures. Les conditions peuvent alors être contrôlées mais les quantités demeurent modestes.

Les secondes innovations majeures, à l'âge du Bronze, ont trait au développement de structures spécifiques pour contenir le feu, destinées à une production de masse. D'après les vestiges, en Méditerranée orientale et au Moyen-Orient, il semble qu'il y ait eu une variété de types de fourneaux en usage, ce qui suggère des développements locaux, l'utilisation des vents, ou des conditions et matériaux autochtones. Ces fourneaux semblent avoir été des structures d'argiles cylindriques d'un diamètre interne de 25 à 50 cm et, comme le suggèrent les murs restants, hauts probablement de 30-50 cm, mais la forme complète demeure sujet à débat. Ils contiennent plus de métal, conservent facilement des conditions réductrices (par l'élévation des foyers, donc de l'épaisseur de la couche de charbon)[275], déterminantes pour la réduction, et les températures sont plus facilement atteintes. Il est possible, par exemple, d'obtenir des températures suffisamment élevées pour fondre le bronze (950 °C)

[274] Horne 1982 : 7-9 ; Moorey 1999 : 244 ; Cradock 2000 : 161.
[275] Bourgarit *et al.* 2003 : 10.

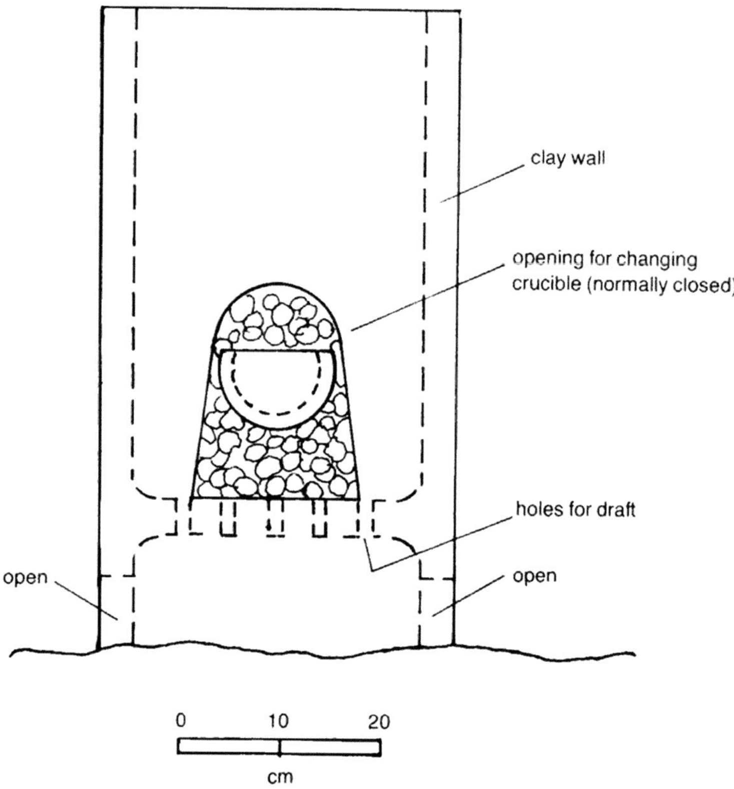

Figure 22a. Fourneau de fonte de type « brasero » d'Abu Matar, Palestine (d'après Tylecote 1980 : 197, fig. 7.4.).

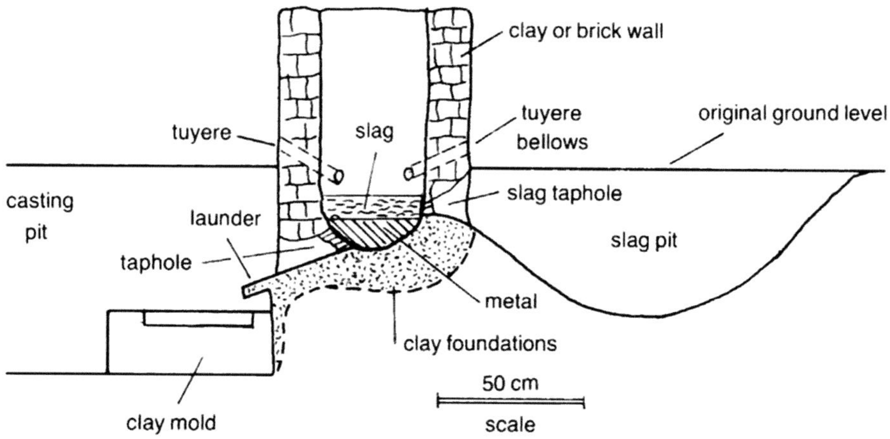

Figure 22b – Fourneau possible pour la réduction du cuivre et la fonte de lingots en « peau de bœuf » (d'après Tylecote 1980 : 195, fig. 7.3).

avec un four cylindrique à grille en argile **(Figure 22a)**, l'air entrant par le bas du four aidé par le tirage créé par la partie cylindrique du four[276]. Mais celui-ci permet aussi une installation pour contenir les scories, parties intégrantes du procédé, pour y placer des tuyères[277] et des soufflets. Ceci supposait la maîtrise de l'alimentation de l'air, trop inégale dans l'utilisation des vents locaux.

La maîtrise de la ventilation forcée, d'abord avec des tuyaux dans le foyer lui-même, puis par l'introduction

[276] Tylecote 1980 : 197, Figure 7.4.

[277] Tylecote 1981 ; Garenne-Marot 1985 : 88, Figure 2.6 et 2.8 ; Rothenberg et Tylecote 1991 : 12, Figure 4 ; Verly 2008 : 102-103, Figure 12-13 ; Yahalom-Mack 2019 : 68-69, Figure 4.

de soufflets[278], permettait d'atteindre de hautes températures pour fondre le cuivre autour 1100-1200 °C, celui-ci se déposant au fond du creuset, les scories remontant à la surface. À l'âge du Bronze, l'usage de soufflets est amplement répandu dans tout le Proche et le Moyen-Orient, comme le montre la découverte de tambours de soufflets en céramique sur de très nombreux sites, comme par exemple Tell edh-Dhiba'i (Figure 20b). Les tuyaux de soufflage ou chalumeaux dans les creusets sont encore utilisés pour réduire et fondre le cuivre en Égypte, à l'Ancien et au Moyen Empire (Figure 21a-b) [279]. À la fin de l'âge du Bronze, le fourneau à cuve de 25 à 100 cm de diamètre et 50-200 cm de hauteur était utilisé dans tout le Proche et Moyen-Orient **(Figure 22b)**.

Plus tard ces fourneaux sont adaptés au fer et utilisés durant des millénaires, même si la technique de préparation du fer, divisée en deux sections, fonderie et forge, est plus complexe, du fait de sa température de fusion beaucoup plus élevée (1530 °C, atteinte beaucoup plus tard). Il ne pouvait donc être ni coulé ni moulé. Aux époques concernées, les anciens fers forgés ont été produits autour de 1200 °C. Obtenue à partir du minerai, la loupe devait être martelée fréquemment et soumise en permanence à l'action de la chaleur[280].

À titre comparatif, ce sont sans doute à ces fours évolués que font allusions les textes évoqués ci-dessus. H. Limet comparait la description de ces fours à deux chambres superposées, à des fours découverts en Palestine, ronds ou carrés en pierre ou à des fourneaux circulaires trouvés à Ur, datant de l'époque de Larsa. Ils s'apparenteraient à des bas-foyers traditionnels exhaussés, fourneaux en terre en forme de cône, d'environ deux mètres, où en Perse on calcine le minerai, enfourné par une petite porte[281].

Plus exactement encore, les fours à émaux dont le fonctionnement est détaillé par les textes néo-assyriens (voir plus haut), pourraient également s'apparenter à la description de fours à verre égyptiens du Nouvel Empire à deux chambres, comme ceux trouvés à Tell el-Amarna ou à Malgatta[282] :

« The kilns that produced glass consisted of two chambers, a firebox, and a melting chamber where the raw materials (sand and flux, such as soda or alkali or pot ash) were melted together at ca. 1200 °C, and a stokehole. Two kilns found at Tell el-Amarna were round, measured ca. 1.5 meters in diameter, and were made of brick. They consisted of a lower chamber and an upper one with vents allowing the heat to rise. Both kilns would have a conical shape with a large opening for ventilation. Once the glass was produced, it was melted together into chunks or poured into crucibles to form ingots, which were transported to glass workshops. »

Fours de fusion et creusets

Mais pour la fusion du métal, l'installation pouvait n'être qu'un simple foyer, fixe ou portable, une simple cavité ou encore un creuset. Le four de fusion devient en fait le creuset lui-même. Le métallurgiste le remplissait de charbon de bois qui, en contact étroit avec le minerai et attisé par des chalumeaux ou tuyères d'argile, permettait d'obtenir les conditions réductrices et une température suffisante de 1100-1200 °C pour fondre le cuivre et le couler dans un moule[283]. Il existe des formes diverses de ces creusets de céramique, bols hémisphériques, en forme de lampe, de pot de fleur[284], ou encore en forme de corne. Il est remarquable que ce dernier type, trouvé à Tell edh-Dhiba'i, à Tell Qitar ou dans le Sinaï (Serabit el-Khadim) soit identique à d'autres creusets trouvés en Égypte et aux représentations du mastaba de Mereruka à Saqqarah[285]. Ils pourraient avoir été utilisés dans des régions pauvres en combustibles[286] ou correspondre à une mesure standard pour contenir toujours le même volume et contrôler la gestion du métal[287].

Dans les régions septentrionales, des foyers portatifs comme des andirons perforés, pour y introduire une tuyère, avaient aussi peut-être une fonction métallurgique[288].

4.2. La fonction industrielle du four udun = *utūnu, atūnu, adūgu, atūgu* (*Ura 10 : 356-358, 361*)

En plus de son rôle alimentaire, udun = *utūnu* (var. *atūnu, adūgu, atūgu*) est également une fournaise d'usage artisanal, industriel et technique, pour la

[278] Cf. soufflets : al-Galaini 1965 : 37, pl. 7, n°614/1 et 614/2 ; Davey 1979 : 102-108, Figure 1-4 ; Tylecote 1981 : 108-109, Figure 2 et 4 ; Davey 1988, Figure 6.5 ; Garenne-Marot 1985 : Figure 2.1 et 2.2 (Tell edh-Dhiba'i et Serabit) ; Verly 2008 : 106 ; Yahalom-Mack 2019 : 67-68, Figure 3 (Tel Beit Mirsim, Serabit el-Khadim, Tel Dor).

[279] Cf. chalumeaux : Mastaba de Mererouka (Ancien Empire) : Garenne-Marot 1985, Figure 1.1 ; Davey 1988, Figure 6.3 et 6.6 (tuyère ou embout de chalumeau) ; Davey-Edwards 2007, Figure 1 et 3 ; Tylecote 1981, Figure 3 ; tombe de Beni Hassan (Moyen Empire) : Garenne-Marot 1985 : Figure 1.3 ; tombes thébaines de Puyemré et de Hapou (Nouvel Empire) : Garenne-Marot 1985 : Figure 2, 4-5).

[280] Bottéro 1964 : 654 ; Horne 1982 : 8 ; Tylecote 1981 : 209 ; Rothenberg et Tylecote 1991 ; Joannès 1993 : 109 ; Moorey 1999 : 244.

[281] Limet 1960 : 115.

[282] Baker 2018 : 152.

[283] Tylecote 1980 : 183, 197 ; Joannès 1993 : 102 ; Moorey 1999 : 243-244 ; 4 (Margueron 2004) : 108, Figure 85-86.

[284] Garenne-Marot 1985 : 90, Figure 3, 4-9 ; Yahalom-Macks 2019 : 65-67, Figure 2.

[285] Al-Galaini 1965 : 37-38, pl. 7, n°614/3614/8 ; Garenne-Marot 1985 : 86, Figure 1.1 et 90-94, Figure 31-3.3 ; Davey 1988 : 64, Figure 62-6.4 ; Davey et Edwards 2007, Figure 1-6 ; Verly 2008 : 98, Figure 8 et 105-106.

[286] Davey et Edwards 2007 : 153.

[287] Verly 2008 : 105-106.

[288] Tonussi 2014 : Figure 1-5 (andirons percés d'Anatolie et du Caucase), Figure 6-7 et 9-10 (expérimentations archéométallurgiques).

cuisson des céramiques, des briques, la fusion du métal et du verre[289].

4.2.1. Four métallurgique pour la fusion de l'or

Dans cette dernière fonction, il semble proche du *kīru*, mais il est particulièrement adapté aux cuissons prolongées, d'une durée allant jusqu'à une semaine[290]. Mais sa différence avec celui-ci est que l'*utūnu* est un four de fusion clairement spécialisé, notamment dans la fonte et l'affinage de l'or[291] en vue de mouler le métal liquide. C'est l'opinion de Limet qui déclare : « udun est plutôt un creuset, comme on le voit dans deux tablettes d'El-Amarna : on met de l'or *a-na u-tu-ni* « au creuset » pour l'affiner, car l'or n'a nul besoin d'être calciné au préalable, comme le cuivre. Dans les textes assyriens relatifs à la métallurgie et à la fabrication des émaux, il est presque exclusivement question de *kûru*, dérivé de gir$_4$, et rarement de *utunu*[292]. » B. Gombert préfère traduire *a-na u-tu-ni* par « au four »[293], précisant que le terme *utūnu* ne renvoie pas à un four spécifique. Rien ne permet de dire qu'il est utilisé dans l'affinage par cémentation. Ce serait un « élément de langage ».

4.2.2. Le four de potier : udun-bahar$_2$ = adūg pahāri (Ura 10 : 361)

À la différence du four *kīru / kūru*, les textes livrent peu d'information directe sur la morphologie et le fonctionnement des fours de potier (*adūg pahāri*, var. *utūn pahāri*) dont on a vu qu'ils étaient associés, dans une même séquence de la liste, aux fours du brasseur (359-360. *adūg bappiri* et *adūg titāpi*) et de la cuisine (362. *tinūru / nuhatimmi*). Toutefois des allusions concrètes ont trait à la chaleur du four, à la cuisson de récipients, comme des jarres de stockage (*našpakku*) et à l'action de briser le four du potier, sans doute pour retirer la production après la cuisson[294] pour les fours en terre (les fours aux parois en briques avaient quant à eux sûrement des portes ou des orifices bouchés pour la cuisson)[295], mais il est facile de démonter des parois de briques cuites pour les réutiliser (c'est le cas notamment des fours à briques)[296]. Les mentions, souvent très courtes, apparaissent surtout sous forme de métaphores, de proverbes ou d'incantations lors de certains rituels. Il est en effet question de « four pur », dans lequel les briques doivent être cuites pour la construction de temples, ou qu'une femme enceinte doit étreindre pour conjurer la réussite de sa grossesse[297]. Certains proverbes ou certaines incantations sont centrés autour du four du potier, si un serpent ou un chien s'y introduisent[298], comme dans la « Fable du Renard »[299]. Un adage célèbre de l'époque néo-assyrienne, cité dans une lettre expédiée par Asarhaddon, montre, comme exemple de l'ingratitude, le chien du potier s'introduisant dans le four (*utūnu*) de son maître pour s'y chauffer, et aboyant ensuite contre ce dernier[300].

Le four de potier est fréquemment mentionné, avec d'autres fours, dans les rituels de conjuration qui fixent formules et gestes destinés à protéger les hommes du péché, du mauvais sort, de la maladie, du sorcier et de la sorcière, etc. On y jette ce qui doit être consumé pour satisfaire aux recettes magiques. Ainsi dans une Incantation du type *Maqlû*[301] : «... brûle-les dans le four du potier (udun-bahar$_2$), dans celui du brasseur (udun *sābî* = udun-bappir, udun-titab), dans le fourneau du fabricant-d'huile (udun-i$_3$ = *kannu*) et dans la fournaise à fondre le cuivre (*tinūri sippari*)[302]. »

4.2.3. Les fours de potiers : vestiges archéologiques

En archéologie, en revanche, de nombreux fours ont été interprétés comme fours « de potier »[303], souvent installés à l'écart des habitations, parfois relégués près des remparts des villes[304]. S'ils sont très endommagés, ils peuvent être confondus avec d'autres types de fours : fours culinaires, installations pour le métal, la chaux ou la brique, à moins que l'on trouve à proximité des rebuts de cuissons, des scories ou traces de vitrification, des tessons, voire des fragments de vases non cuits (plus rares car moins bien conservés), des ateliers, outils de potier ou tout autre reste de production[305]...

289 CAD U-W 346-347 *utūnu* (*atūnu, itūnu, adūgu*) « oven, kiln, furnace ». a) kiln for firing pottery ; b) kiln for brick-making ; c. furnace for smelting, refining metals (gold) ; d. kiln for glass making.

290 Oppenheim 1970 : 70 ; Moorey 1999 : 203.

291 CAD U-W 346-347 *utūnu* c) : les exemples donnés ne concernent que l'or.

292 Limet 1960 : 114 ; Oppenheim 1970 : 69-70 ; Moorey 1999 : 203.

293 Conférence de B. Gombert et L. Quillien : Fonte, affinage et pesée des métaux (or, argent, bronze) dans les temples babyloniens au Ier millénaire av. J.-C. (Séminaire SHAMO 2022, « Les métaux dans l'Orient ancien : terminologie, techniques, réalisations et symboles », 21 avril 2022).

294 Cf. plusieurs exemples donnés par le CAD U-W 346 *utūnu* ; cf. aussi Sallaberger 1996 : 17.

295 Communication personnelle de C. Padovani.

296 Communication personnelle de M. Sauvage.

297 CAD U-W 346 *utūnu* et cf. contribution de L. Cousin, ce volume.

298 Cf. plusieurs exemples donnés par le CAD U-W 346 *utūnu*.

299 Lambert 1967 : 186, 194-195 (VAT 13836) ; Barrelet 1968 : 16, n. 7.

300 « When the potter's dog enters the kiln it will bark at the potter » (Lambert 196 : 281).

301 Lambert 1957-58 : 292 ; Bottéro 1973 : 25.

302 On remarque ici l'emploi du four *tinūru*, habituellement essentiellement culinaire, comme fournaise à métaux, ce qui montre le caractère parfois aléatoire de la mention des fours. Cf. Oppenheim 1970 : 56-57 , § U, « *tenūru* for *atūnu*-kiln ». ; 69, n. 71 (equation izi.gar = *tenūri* in the lexical series Izi I 60).

303 Barrelet 1968 : 50 ; Delcroix et Huot 1972 ; Majidzadeh 1977 ; Alizadeh 1985 ; Baldi *et al.* 2017 ; Vallet *et al.* 2017.

304 Delcroix et Huot 1972 : 81-82 ; Sauvage 1998 : 24, n. 9. On a vu, dans les textes, différentes allusions à l'activité potière située « hors-les-murs », cf. X. Faivre « Les mots pour dire l'argile... », ce volume.

305 Delcroix et Huot 1972 : 68 (Ur) ; Alizadeh 1985 : 39 (Choga Mish) ; Anderson 1987 (Sarepta) ; Moorey 1999 : 143-144 ; Hansen Streily 2001 : 72-78 ; Duistermaat 2007 (vases non cuits à Sabi Abyad) ; Baldi 2014 : 190 ; Peyronel et Vacca 2014 : 201, 212, Figure 1.1. D'après C. Padovani, les scories néanmoins ne sont pas des indicateurs suffisants car elles devaient être réutilisées dans les travaux de construction des

Diversité morphologique et technique

Les formes sont très variables selon les lieux et les périodes et déterminent les deux principales techniques de cuisson : foyers ouverts simples, en tas, en fosses ou en aires de cuisson, fours à une chambre, sans séparation (les pièces à cuire sont en contact direct avec le combustible), fours à tirage vertical à deux chambres, ou fours à tirage horizontal à deux chambres alignées au même niveau (dans les deux cas, les pièces à cuire sont séparées du combustible)[306]. Comme tous les dispositifs ne sont pas construits, on peut d'entrée se demander si les termes « fonctionnels » suméro-akkadiens se rapportaient à tous ces aménagements de cuisson, quelle qu'en soit la forme, ou seulement aux fours maçonnés.

De tels fours ont en effet été trouvés dans tout le Proche-Orient (Iran, Irak, Syrie, Levant), du Néolithique à l'âge du Fer[307] **(Figure 23-25)**. L'augmentation des découvertes, particulièrement entre les périodes néolithique et chalcolithique, a montré la précoce élaboration et la grande complexité de certains dispositifs[308]. Le plus ancien four de potier date de la deuxième moitié du VIIe millénaire av. J.-C. à Yarim Tepe I (niveau X), témoignant de l'émergence de la poterie. Dès la culture de Hassuna, au VIe millénaire en Mésopotamie, ils sont très sophistiqués et se développent en Mésopotamie du nord et du centre. On en trouve déjà de deux types : à une chambre ou à deux chambres, tirage vertical et coupole, le plus ancien à Yarim Tepe I (VII, V, IV)[309], ce qui invalide l'approche linéaire et diachronique de l'évolution technologique de ces dispositifs[310]. Leur construction s'adapte aux situations, aux ressources disponibles[311] et au type de

Figure 23 – Four de potier à sole perforée, Tepe Sialk, *ca.* 4300 av. J.-C. (Ghirshman 1938, pl. XXIV, *2*).

poterie produite. On peut donc trouver parallèlement plusieurs dispositifs de cuisson de la céramique, en milieu ouvert, en four à simple ou double chambre, à tirage vertical ou horizontal, sur un même site, sur différents sites de la même époque, pour une même tradition céramique, dans un même atelier, parfois dans des contextes de zones artisanales, parfois même dans des complexes de fours communiquant entre eux dans des structures unitaires (Tell Feres al-Sharqi, Girdi Qala, Logardan)[312].

Les fours à deux chambres de périodes plus récentes, de l'âge du Bronze ou de l'âge du Fer, sans doute plus conformes à l'horizon chronologique de nos listes lexicales, répondent ainsi aux mêmes principes, d'un point de vue architectural et technologique. De superstructure généralement voûtée, les fours de potier les plus élaborés disposent d'une sole perforée de carneaux (conduits assurant la circulation des gaz ou des flammes) qui sépare la source de chaleur, à la base du four, l'alandier (emplacement où s'effectue la combustion) et la chambre de chauffe (partie qui contient les gaz chauds issus de la combustion), du laboratoire, où sont entassés les pots à cuire, dans la partie supérieure[313]. La séparation de la sole perforée

villes, mélangées aux matrices argileuses pour solidifier de petites constructions en argile comme des conduits d'évacuation, ou encore ramassées pour paver les voies passantes. Elles recouvrent la totalité des grandes villes du sud de l'Irak (Larsa et Lagaš d'après les fouilles récentes) et de Syrie également (comme Tell Chuera). Communication personnelle.

306 Rye 1981 : 96-122 ; Rice 1987 : 152-167 ; Roux 2016 : 149-161 ; cf. J. Baldi et C. Padovani, ce volume.

307 Moorey 1999 : p. 143-146, Figure 9, exemples d'Habuba Kabira (Syrie) et Tchoga Mish (Iran), milieu IVe mill. av. J.-C.), de Tell Asmar (Irak (IIIe mill. av. J.-C.), Khirbet Qasrij (Irak) (Ier mill. av. J.-C.) ; Tell el-Oueili (Irak), IVe mill. av. J.-C. (Yon 1981 : 102, Figure 192) ; Tureng Tepe (Iran), fin IIIe mill. av. J.-C. (Aurenche 1977 : 90, Figure 244 ; Yon 1981 : 221, Figure 190) ; Baker 2018 : 148-150. De nombreux parallèles avec des fours de l'Égypte pharaonique peuvent aussi être établis (Nicholson 2010).

308 Hansen Streily 2001 ; Baldi *et al.* 2016 ; Vallet *et al.* 2017. Cf. la contribution de J. Baldi, ce volume.

309 Merpert et Munchaev 1973 : 102, pl. XL, *c* (Yarim Tepe I, level 7) ; 1987 : 8, 21 ; 1993 : 77, Figure 6 : 2 : 3 (level 7), Figure 8.11-8.12 (Yarim Tepe II ; structure 345), 104 ; Balfet 1980 : 72 ; Aurenche 1981 : 255, Figure 206 ; Moorey 1999 : 144 ; Hansen Streily 2001 : 71-72.

310 Cf. par exemple Ghirshman 1938 : 36-40, Figure 5, pl. XXIV, *2* ; Delcroix et Huot 1972 (définition de 6 types, du plus simple au plus élaboré) ; Majidzadeh 1977 : 218 (contra) ; Moorey 1999 : 144 ; voir les remarques de Hansen Streily 2001 : 70.

311 Au Kurdistan, dans les piémonts du Zagros, le fumier est principalement utilisé comme combustible tandis que dans le sud de l'Irak (zone des marais), on trouve des restes de roseaux, fumier et noyaux de dattes, une vraie économie du recyclage (communication personnelle de L. Padovani). On peut voir également, encore aujourd'hui dans la région de Saint-Siméon, en Syrie, des galettes de bouses séchant sur des murs de pierre utilisées comme combustible (observation personnelle).

312 Hansen Streily 2001 : 70, 80 ; Baldi 2014 ; Baldi *et al.* 2016 : 30-3 ; Vallet *et al.* 2017.

313 Delcroix et Huot 1972 : 37 ; Aurenche 1977 : 15, Figure 16 (alandier) ;

Figure 24a – Four de potier CJ/V carré K8 [niveau 5], Tell Sabi Abyad (Syrie), XIIIe s. av. J.-C. (Duistermaat 2008, fig. C.24).

Figure 24b – Four de potier près de la « Maison Rouge », Tell Sheikh Hamad (Syrie), VIIe s. av. J.-C. (Kreppner 2008, fig. 2).

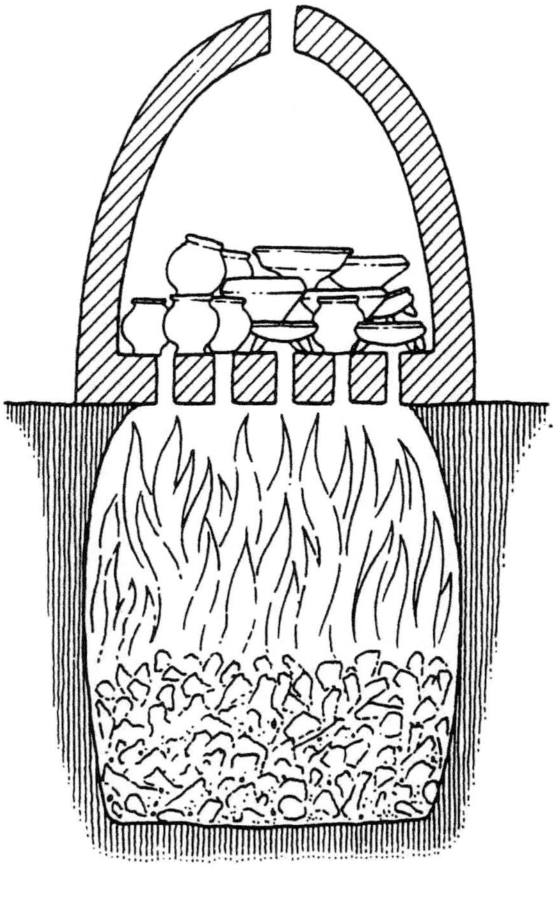

Figure 25 – Four de potier à double chambre séparée par une sole perforée (d'après Moorey 1999 : 145, fig. 9, d).

permet ainsi d'obtenir une température d'environ 800-1200 °C et une cuisson homogène.

Dans la plupart des cas, la superstructure n'a pas été retrouvée. On retrouve en général seulement la partie inférieure, avec la sole perforée. La chambre supérieure d'un four à deux étages n'était d'ailleurs pas forcément recouverte d'une « coupole »[314]. Il est donc possible que le dôme ou la voûte des fours ait été semi-permanente ou temporaire, seulement « plafonnée », c'est-à-dire construite par-dessus l'empilement des pots non cuits juste avant la cuisson. La coupole ou la voûte était ainsi éliminée pour récupérer la poterie après la cuisson[315]. Des fragments de courbes d'argile en sont les vestiges encore visibles sur les fours de potiers médio-assyriens (fin IIe mill. av. J.-C.) de Tell Sabi Abyad (Syrie)[316] ou néo-assyriens (Ier mill. av. J.-C.) d'Aššur, de Khirbet Qasrij[317] ou de Tell Sheikh Hamad (Dur-Katlimmu)[318] **(Figure 24a-b)**.

Expérimentations

L'apport des études expérimentales est primordial pour la compréhension des vestiges. Ainsi Van As et Jacobs[319] ont recréé un four expérimental à deux chambres à courant ascendant de ce type, avec un toit voûté temporaire, et ont trouvé qu'il était très efficace, atteignant des températures d'environ 900 °C après trois heures de cuisson, en utilisant des feuilles de palmier. Ils ont démontré qu'un toit permanent n'était pas nécessaire pour atteindre des températures élevées.

La taille et la forme des fours dépend de la quantité de céramiques et des températures obtenues, les fours les plus sophistiqués étant destinés à de hautes températures. Selon J. E. Rehder[320], la consommation de combustible, l'efficacité du chauffage et la température maximale peuvent être calculées à partir des mesures de la structure du four. Il a été calculé qu'un petit four ayant une chambre de combustion de 3 à 5 m^2 peut atteindre des températures de plus de 1200 °C. À cela on objectera, d'après d'autres réflexions expérimentales, que je cite[321] ici, « que l'on peut atteindre des températures suffisantes pour cuire la poterie (environ 800 °C) dans un simple foyer. Le four peut aller encore plus haut, mais c'est une contrainte plus qu'un avantage car si le potier le contrôle mal, il peut perdre tout son chargement de poteries en quelques minutes. Cela représente plusieurs semaines de travail et une grosse perte de revenus. En Afrique subsaharienne par exemple, les potiers n'utilisent jamais de four, ils cuisent uniquement en foyer et font pourtant de très belles poteries. C'est aussi le cas des potiers de la période Kerman au Soudan. Il s'agit donc vraiment d'un choix technique. De même, « connaître la température maximale qu'un four peut atteindre n'a finalement pas beaucoup d'intérêt puisqu'il suffit d'atteindre 800 °C. La cuisson fonctionne selon un cycle de paliers de température qui permettent de transformer le matériau argileux en céramique. Essayer de retrouver ce rythme est plus pertinent mais plus compliqué car il dépend du savoir-faire de chaque potier, de la forme du four, du combustible, du chargement, etc.). »

45, Figure 88 (carneau) ; 48, Figure 101 (chambre de chauffe) ; 89-90, Figure 239, 244 (four de potier, sole) ; 109 : Figure 284 (laboratoire).

314 Delcroix et Huot 1972 : 37-38 ; Hansen Streily 2001 : 70.

315 Majidzadeh 1977 : 219-220 ; Balfet 1980 : 74 ; Curtis 1989 : 25 ; Hunt 2015 : 75.

316 Duistermaat 2007 ; Duistermaat 2008, Figure C.1-C.5, C.22-C.25.

317 Curtis 1989 : 23-25, Figure 19b-20a-d ; Moorey 1999 : 145, Figure 9, *d*, 159.

318 Hunt 2015 : 77.

319 Van As et Jacobs 1986 ; cf. aussi la contribution de C. Padovani, ce volume.

320 Rehder 2000.

321 On s'appuie ici sur des remarques de spécialistes de la fouille de fours archéologiques et d'archéologie expérimentale ; cf. Baldi 2014 : 191 (« all ethno-archaeological and experimental observations (...) demonstrate that techno-architectural differences between various types of kilns have no (or very little) consequence on the results of the firing process ») ; Baker 2018 : 150 ; cf. aussi C. Padovani, que je remercie de ses remarques, et J. S. Baldi (ce volume).

De ce fait, il est très difficile d'avoir une idée précise de la représentation standard d'un four de potier, de la forme de sa superstructure tant chacune est différente de l'autre et s'adapte aux besoins : « La céramique peut être cuite avec n'importe quel type de four ... ou même sans four. Il existe plutôt une infinité de techniques pour la cuire (donc pour arriver à un même résultat), qui dépendent du savoir-faire de chaque potier. C'est une technologie, au sens général, qui a énormément évolué en de multiples branches techniques. Les structures, les formes, les durées de cuissons, les combustibles, etc. ont été adaptés à chaque besoin, à chaque tradition, presque à chaque potier ».

4.2.4. Les fours à briques

Les **fours** à **briques** sont plus rarement attestés[322]. Sans doute étaient-ils localisés, comme les fours de potiers, à l'extérieur des villes, près des chantiers et détruits ensuite, ce qui expliquerait leur rareté. D'autre part, peut-être ne se différenciaient-ils pas toujours des fours de potiers. Deux techniques de cuisson de briques ont été décrites en Iran moderne dans la région d'Hamadan et d'Abadeh[323], les briques étaient disposées à l'extérieur et enduites de mortier formant les parois du four, le combustible étant à l'intérieur, la chaleur circulant entre les briques. Des fours à briques semblent avoir été identifiés à Larsa, Uruk, dans le secteur de l'Eanna, et à Khafadjah. Le fait que les textes les nomment tantôt *kinūnu*, tantôt *utūnu* invite à envisager en effet des modes de cuissons distincts, peut-être soit en milieu ouvert, soit en milieu fermé. Selon la date des textes, il faut envisager également le cas des briques émaillées, avec plusieurs cuissons à des températures différentes, et probablement des fours spécifiques pour la préparation de l'émail[324]. M. Dieulafoy nous en donne la chaîne opératoire : « Les briques ou les moellons étaient d'abord moulés et cuits et recevaient avant la cuisson un repère ou une marque de fabrique tracée dans la pâte molle avec une pointe. Le moulage donnait simplement les reliefs. Au sortir du four les briques étaient livrées aux fileurs qui du bout de leur pinceau arrêtaient ... les cloisons séparatives de chaque couleur... On remettait au four. Venaient enfin les enlumineurs qui posaient entre les cloisons la couleur appropriée. Une dernière cuisson à un feu moins ardent que les précédents vitrifiaient les émaux[325]. »

4.2.5. Les fours à chaux

Les fours à chaux, obtenue par calcination de pierres calcaires, sont difficiles à identifier. Il semble probable que ce soit également un sous-produit habituel de l'activité des potiers et briquetiers : les pierres sont enfournées en même temps que la poterie ou les briques[326]. Certains ont été identifiés à Umm Dabaghiyah, en Irak du Nord, à Nuzi et Tell Ramad, en Syrie ou encore en Palestine[327]. Une observation ethnologique évoque de simples fosses de 1 à 2 m de profondeur, recouvertes de pierres et de terre, une cuisson de 3 à 6 jours et un refroidissement de 4 à 6 jours. Quoi qu'il en soit, ils ne sont souvent pas pris en compte dans la technologie des fours.

Ainsi, sous le terme *utūnu*, qui renvoie – outre les fonctions culinaires et métallurgiques évoquées – à certains fours industriels communément appelés fours de potiers, de briquetiers ou fours à chaux, qui peuvent fonctionner ensemble et ne sont pas toujours entièrement construits, il faut sans doute envisager toute la variabilité des modes de cuisson, de l'aire ouverte aux fours maçonnés les plus élaborés, quel que soit leur mode de fonctionnement.

4.3 Autres fours industriels : ē-az-bur$_3$ (E$_2$.ZUM.RU) = kiškattû (Ura 10 : 387 ; Tableau 2)

Le terme *kiškattû*, qui clôt la séquence des fours, représente un four industriel multifonctionnel dont le sens, d'après F. Joannès, semble évoluer : à l'époque paléo-babylonienne, à Mari ou dans l'épopée de Gilgameš paléo-babylonienne, le *kiškattum* semble faire référence à l'atelier du métallurgiste[328]. Mais à l'époque néo-assyrienne, parmi les autres fours industriels, le *kiškattû*[329] est clairement identifié à un four, une forge ou une fournaise utilisée pour divers corps de techniciens ou artisans, non seulement les métallurgistes, les travailleurs du bois et du cuir mais aussi les potiers[330]. Plusieurs mentions du four *kiškattû* sont en effet en relation avec le potier (*ša$_2$ pa-ha-ri*) dans les séries

322 Moorey 1999 : 306. Sur la cuisson de la brique et les fours à brique, on se reportera à Sauvage 1998 : 23-26 et à la contribution de M. Sauvage, ce volume.

323 Wulff 1966 : 115 ss. et Sauvage 1998 : 24.

324 Communication personnelle de M. Sauvage que je remercie pour la référence à M. Dieulafoy.

325 Dieulafoy 1893: 320. Une connexion peut être enfin établie avec le préparateur du fondant pour les briques émaillées mentionné plus haut (lu$_2$-im-na$_4$-na = *ša imnanakki*) [cf. Oppenheim 1970 : 74-75 ; Salonen 1972 : 39-40, 172-173], et les minéraux utilisés pour la confection des matières vitreuses mentionnés dans Ura 10 : 408-410. im-an-na, im-na$_4$, im-na$_4$-an-na = *kuššikku*, *imnanakku* (ou *immanakku*) [contribution de X. Faivre « Les mots pour dire l'argile... »].

326 Cette pratique a été notée en Égypte, mais localisée dans l'Oasis de Dakhla, mais à l'époque islamique (Nicholson 2010 : 5).

327 Delcroix et Huot 1972 : 64-65 ; Aurenche 1981 : 28-29, 255 ; Sauvage 1998 : 25.

328 Joannès 1993 : 102.

329 Salonen 1964 : 121 « Öfen, Schmelzofen » ; Bottéro 1973 : 20-21 ; Joannès 1993 : 102 « Dans les Annales néo-assyriennes *kiškattum* est clairement identifié à la forge et au four, à propos des ennemis qui rougeoient comme des forges (AAA 19, 108) » ; Civil 1996 : 152. DCCLT/Nineveh (CT 19, pl. 01, K 00055, Ura, r i 2) : E$_2$.ZUM.ŠUB = *kiškattû* (...) = industrial kiln.

330 CAD K 453-454 *kiškattû* (*kiškittû, kitkittû*) 1. Furnace, kiln, oven (of the smith, potter, carpenter, etc.) ; DCCLT, C19, pl. 01, K 00055 E$_2$-ZUM-ŠUB = (*kiškattê, kiškattî*), *kiškattû* 1. (industrial) kiln ; ePSD : (geškigti =) *kiškattû* 1. Craftsman 2. Kiln. S'appuyant sur le CAD, Moorey 1999 : 243 déclare que « *kiškattu* is the Akkadian word most likely to have denoted a metallurgical furnace ».

lexicales Antagal = *šaqû*[331]. Quel était donc son rôle par rapport au terme plus fréquent *utūn (adūg) pahāri* ?

Le four (abni =) *maṣādu* est un « four de fusion » ou « un creuset utilisé pour la fusion » du métal[332], dont le nom est dérivé de *ṣādu* « fondre »[333]. Il ne figure pas dans les listes lexicales ur_5-ra = *hubullu*, comme d'autres creusets, mais sa présence dans les listes Diri et Nabnitu montre qu'il est associé, dans la première, à un foyer ou à un poêle (KI.NE = *kinūnu*)[334] et, dans la seconde, à un four à métaux (udun.urudu = *maṣādu*)[335]. Dans ce sens, il est sans doute équivalent au « creuset » *kūru*, ou au *naṣraptu / našraptu*, lieu de combustion d'un four, « foyer, four, creuset »[336] formé sur les verbes *ṣarāpu* qui s'applique au raffinage des métaux, à la cuisson des briques[337] et *šarāpu* qui signifie brûler[338]. C'est donc le foyer ou le creuset où l'on fond le métal. Bien que les mentions du verbe *ṣarāpu* se rapportent à la fusion, d'une part, et à la cuisson simple des briques (*agarru*), d'autre part, il n'est pas interdit d'envisager le rôle de ces creusets, quel que soit leur nom (*kīru*, *maṣādu*, *naṣraptu / našraptu*) dans la confection des briques émaillées[339].

5. Sous-produits de four, déchets de combustion, tessons et rebuts de fours (Ura 10 : 373-382 ; Tableau 2)

Les sous-produits de four, déchets de combustion, rebuts de cuisson, tessons ou poterie fragmentaire sont énumérés comme des éléments de four à part entière et leur sont rattachés dans les listes lexicales, ce qui explique qu'ils soient un peu dispersés.

5.1. Déchets de four de fusion. Cendre et potasse : di-ni-ig = tumru, idrānu (Ura 10 : 373-374)

Directement après le creuset di-ni-ig = *kūru* et son évent (*nappašu*) (Ura 10 : 371-372) viennent les déchets de combustion qui en sont issus : les cendres, les braises ou le charbon (di-ni-ig = *tumru*)[340], l'alcali, la potasse, le salpêtre (di-ni-ig = *idrānu*)[341] peut-être utilisés comme fondants pour abaisser la température de fusion du verre.

5.2. Déchets de four de potier : tessons, rebuts de potier (Ura 10 : 375-381)

Suivent tous les résidus de cuisson du four de potier (Ura 10 : 375-381), tessons de poterie de toutes tailles, ratés de cuisson, réutilisés pour un usage détourné, comme des outils (racloirs, polissoirs, estèques, etc.)[342] ; ils sont par ailleurs explicités dans le commentaire mur-gud (111-114) avec l'ajout du déterminatif des récipients de céramique (dug) :

375. šika = *haṣbu* désigne tout objet d'argile cuite ou tesson de poterie, l'argile indurée de façon irréversible qui pourrait sans doute s'appliquer à la céramique en général[343] par opposition à l'argile malléable (*tīdu*) dont l'équivalent féminin est *haṣbattum*, selon le commentaire mur-gud[344].

376. udun-šika-kud-da = *išhilṣu* est un tesson au bord sectionné irrégulier, dentelé[345].

377. šika-tur-ra = *išhilṣu* est un minuscule tesson de poterie (*haṣbu ṣaharu*) comme l'explique le commentaire mur-gud[346].

378. šika-al-ur_3-ra = *makdādu* : grattoir 347, tesson à bord tranchant ayant pu être utilisé, le cas échéant, comme outil de potier, peut-être sorte d'ébauchoir, d'après son équivalence avec *šeltum*[348].

[331] CAD K 454 ; Roth 1985 (*MSL* 17) : Antagal A 53, A 170, F 256.

[332] Salonen 1964 : 121 *maṣādu* « Schmelzofen » ; CAD M *maṣādu* « a crucible used for melting » ; DCCLT *maṣādu* « a melting pot » ; ePSD *maṣādu* 1. a melting pot, crucible ; Joannès 1973 : 102 « creuset ».

[333] Salonen 1964 : 121 « Schmelzofen » ; CAD Ṣ 59 *ṣādu* B « to become molten, to melt ».

[334] CAD M *maṣādu* Diri IV 291 : ab-ni-KI.NE = *ma-ṣa-du*.

[335] CAD M *maṣādu* Nabnitu O 260 : udun.urudu = *ma-ṣa-du*.

[336] Salonen 1964 : 121-122, pl. 25-27 ; Bottéro 1973 : 21 ; CAD N2 50 *naṣraptu* A « crucible » ; CAD N2 78 *našraptu* 1. Burning. 2. Crucible ; *našrapu* « fire box (as part of a kiln) » ; Reiner 1958 : 54 « smelting furnace » ; DCCLT : *našraptu* « thin, narrow cauldron = crucible » ; *naṣraptu* « crucible ».

[337] CAD Ṣ 102 *ṣarāpu* A 1. To refine (metals by firing), to fire (bricks) ; Salonen 1964 : 121 « verbrennen ». Salonen 1972 : 124 « Ort des Brennens von *ṣarāpu* "to fire (bricks)" ».

[338] CAD Š 50-53 šarāpu 1. To light fire, to burn, to burn down.

[339] D'après une remarque de M. Sauvage.

[340] CAD T 472 *tumru* s. « cinder, ember » ; ePSD : *tumru* coal, ashes, charcoal ; DCCLT « ashes, embers ».

[341] CAD I-J 9 *idrānu* (*itrānu*) s. « alkali, potash » ; ePSD : *idrānu* « alkali, potash » ; DCCLT « kiln = potash ».

[342] Cette section (Ura 10 : 375-381) est mentionnée dans la contribution de X. Faivre « Les mots pour dire l'argile... » pour évoquer l'argile cuite dans les différents états du matériau.

[343] Barrelet 1968 : 29. CAD H 132 *ḫaṣbu* s. 1. (formed) clay ; 2. (small pot) ; 3. potsherd ; 4. Shell, rind. CDA *haṣbu(m)* III : « pottery, terracotta ; potsherd ». AHw I 332. Sallaberger 1996 : 107, 112. DCCLT šika (sherd) = *haṣbu* (1. Potsherd, 2. Pottery. 3. Terracotta). DCCLT : Neo-Babylonian/Ura/unclear (AOAT 275, 582, BM 071723 : o 9' : šika [...], « potsherd ». ePSD : *haṣbu ?* « terracotta ». Cf. contribution de X. Faivre, ce volume.

[344] Landsberger 1959 : 112, Hg. A II 111.

[345] CAD I-J 241 *išhilṣu* s. potsherd ; ePSD : *išhilṣu* « (pot)sherd » ; DCCLT : Neo-Babylonian/Ura/unclear (AOAT 275, 582, BM 071723 : o 10' : šika[!]<<x>>-kud[!]-[da[?]] [...], « potsherd with a cut-off edge [...] » ; CT 19, pl. 01, K 00055 (CT 19, pl. 01) [Ura] [via DCCLT/NINEVEH] donne l'équivalence šika kud-da = *iš-ḫi-il-ṣu* « potsherd with a jagged edge » mettant l'accent sur la forme de la cassure.

[346] Cf. l'équivalence donnée par le commentaire mur-gud : dug-šika-tur-ra = [*iš-ḫi-il*]-*ṣu* = *ḫaṣ-bu ṣa-aḫ-ḫa-ru* (Landsberger 1959 : 112, Hg. A II 112). Le déterminatif dug (= *karpatu* : récipient d'argile) indique bien la relation avec la vaisselle de terre. DCCLT : Neo-Assyrian/Murgud/Nineveh (K O4400+ : o I' 2 ; RA 28, 129, K O4547+ : o ii 1') small potsherd = potsherd = tiny potsherd ».

[347] CAD M1 128 s. « scraper (of pottery or metal) » ; ePSD : *makdadu* « scraper » ; DCCLT : « fired potsherd = scraper? = sharp blade, point ».

[348] CAD Š 273-274 *šeltu* s. 1. Cutting edge, blade. 2. Scraper (?) ; Landsberger 1959 : 112, Hg. A II 113.

379-381. šika-bahar$_2$, šika-bar, NE-sag = *zê pahāri* (rebut de potier, lit. « excrément » de potier)[349] et poudre de tesson écrasé utilisée comme dégraissant pour la poterie (chamotte)[350].

En contexte archéologique, ces termes renvoient à la multitude de tessons de poterie jonchant la surface des tells du Proche-Orient, utilisés en prospection ou dans les niveaux successifs pour définir la chronologie de régions ou de sites et nourrir les études céramologiques ; mais également aux rebuts de potier multiformes trouvés dans l'environnement de fours[351] et qui en permettent souvent l'identification.

5.3. Scories (Ura 10 : 355, 382 ; Tableau 2)

Enfin viennent les scories de four.

355. la-ga-gir$_4$ = *laga kīri*, les scories du four de *kīru* sont formées par la réduction du minerai de cuivre au contact étroit du charbon de bois. Elles remontent au-dessus du creuset alors que le métal fondu se dépose au fond[352].

382. [l]agab-zah = *hahû* sont des scories probablement issues du four de potier, car directement mentionnées après les rebuts de potier[353], dépôts vitreux qui se forment sur les parois des fours, résultant de la réaction des cendres et des combustibles par contact de la flamme sur les briques[354].

Conclusion

Concluant ses notes sur les dispositifs à feu dans les textes mésopotamiens[355], Jean Bottéro avait estimé la documentation textuelle « clairsemée, inégale, insuffisante et incomplète », constat dû au hasard des découvertes, d'une part, au fait que celle-ci n'enregistre que ce qui mérite d'être écrit, à l'exclusion de ce qui est évident, d'autre part. Il invoquait le recours à l'archéologie pour s'en faire une idée plus concrète. C'est la démarche entreprise ici qui s'est révélée positive. Car elle a permis d'identifier, sans souci d'exhaustivité, les principaux dispositifs de chauffage et de cuisson construits en terre inventoriés par les archéologues **(Tableau 2)**.

Suivre la liste lexicale ur$_5$-ra = *hubullu* (dans sa version canonique) se justifiait car elle nous assurait de leur fabrication en argile ou en terre argileuse, d'une part. Elle nous procurait, d'autre part, un classement sémantique, thématique et fonctionnel, par association de termes entre eux, en séquences cohérentes, résultant elles-mêmes de précurseurs plus anciens. Il ne faut pas minimiser la complémentarité d'autres listes qui précisent, expliquent ou complètent certains termes (Murgud, Nabnîtu, Diri), ou reprennent, telles quelles, certaines séquences de fours mais avec un déterminatif de métal (Ura 11). Tous ces facteurs associés montrent que ces classements correspondent à la logique de la pensée mésopotamienne. Si cette dernière nous échappe parfois, c'est que les versions canoniques du premier millénaire résultent de multiples compilations, issues de précurseurs des IIIe et IIe millénaires, des exigences de l'enseignement, du souci de faciliter l'apprentissage des listes, et de la tradition des connaissances sur toute la longue durée de la civilisation mésopotamienne. De plus, l'ambivalence ou le sens multiple, voire l'interchangeabilité de certaines dénominations semblent privilégier une terminologie plus fonctionnelle que formelle, dont le sens peut varier selon le contexte. C'est ce que révèle souvent l'équivalent akkadien du terme sumérien, dans un souci apparent de simplification. Enfin, l'utilisation très limitée des listes lexicales, et le fait que certains termes n'apparaissent que dans ce contexte, ne permettent pas de les replacer précisément dans le temps et d'en tirer toujours une signification exacte. Il semble donc que l'on se situe à un certain niveau d'abstraction, intemporel, qui permet d'appréhender les fours sur une longue durée. Par ailleurs, les scribes qui ont recopié ces listes, n'étaient probablement pas compétents en matière de technologie, sur la cuisson des poteries, des briques, du verre et des métaux et ont donc pu (et sans doute dû) se tromper dans les termes techniques.

On peut ainsi les classer en catégories fonctionnelles élémentaires, suffisamment larges pour pouvoir y intégrer la grande variété des formes, fonctions et usages de dispositifs de cuisson trouvés en contexte archéologique : les foyers ouverts, plus ou moins construits, dont le combustible est à l'air libre, andirons et braseros plus ou moins mobiles (*kinūnu*, *huluppaqqu*), les fours culinaires (*tinūru*), les fours industriels divers, indéterminés (*utūnu*), plus ou moins spécialisés (*kīru*, *kūru*, *kiškattû*), de grande taille (*kirimahhu*, *utunmahhu*, *adūgu*), les grills (*kannu*, *maqlû*, *qalû*, *qalqallu*, *laptu*), dont on retrouve l'équivalent en métal dans d'autres listes, les creusets (*kūru*, *naṣraptu*), les parties de fours, évents, soufflets (*pikallullu*, *nappašu*), et enfin les sous-produits de fours, tessons (*haṣbu*, *išhilṣu*), rebuts de potier (*zê pahari*), scories (*laga kīri*, *hahû*), cendre, braise, potasse

[349] CAD Z 150-151 zû A 1. Excrement ; 2. Refuse. a) *zê pahāri* « grog (lit. potter's refuse) » ; DCCLT : *zê* « 1. Excrement ; 2. Waste product » ; *zê pahāri* « potsherd of a potter = byproduct of a potter » ; cf. contribution X. Faivre, ce volume.

[350] Rye 1981 : 146 (grog : « crushed pottery used as an addituve to clay ») ; Yon 1981 : 51 « Au sens strict, il s'agit d'argile grillée (calcinée directement au four) ; dans l'usage archéologique, le terme s'emploie pour désigner un dégraissant fait de terre cuite pilée. »

[351] Delcroix et Huot 1972 ; Anderson 1987 ; Moorey 1999 ; Duistermaat 2007 ; Peyronel et Vacca 2014.

[352] Garenne-Marot 1985 : 87 ; Verly 2008 : 94.

[353] CAD L 37 *lagā'u* (*lagû*) b « slag from a kiln » ; CAD H 31 *hahû* A et CAD H 225 *huhû* « slag » ; DCCLT/Neo-Assyrian/Ura/Nineveh (CT 19, pl. 01, K 00055) : « slag, clinker ».

[354] Rye 1981 : 146 (slag : « Glassy material formed in a kiln as a by-product of heating »).

[355] Bottéro 1973 : 30.

(*tumru, idrānu*), livrés par de nombreux sites archéologiques du Proche et du Moyen-Orient.

On insistera sur le fait que ce sont des différences techniques, entre cuisson alimentaire (*tinūru*), grillage (*kannu, maqlû qalû, qalqallu, laptu*), chauffe (*utūnu*) et fonte (*kīru*), qui induisent chacune un dispositif à feu différent : ouvert (*kinūnu*) ou fermé (*utūnu*), avec grille (*kannu, maqlû,...* etc.), avec foyer et sole (*adug pahāri*), avec creuset ou réceptacle (*kūru, naṣraptu*). On insistera également, pour les fours techniques, sur l'importance des températures requises : très basse pour le bitume, vers 800 °C pour la terre cuite, entre 1000 et 1500 °C pour les matières vitreuses et les métaux non ferreux, au-dessus pour le fer, avec à chaque étape, là encore, des structures différentes (sole et laboratoire, soufflets et tuyères, etc.), dans ces derniers cas, c'est le vocabulaire néo-assyrien et néo-babylonien qui peut seul être sollicité. Ce sont donc ces modes de cuisson et températures souhaitées qui, selon toute vraisemblance, justifient une appellation différente.

La documentation archéologique donne ainsi une apparence variable « à ces silhouettes sans relief et sans vie » déplorées par J. Bottéro. Elle laisse un vaste choix de correspondances possibles entre les termes fonctionnels associés aux « lieux du feu », suffisamment neutres, et la multiplicité des modes de cuissons livrés par les fouilles, la plurifonctionnalité de certaines installations, la diversité formelle des dispositifs. Elle montre la pérennité millénaire des fours culinaires simples (*tannours*), mais aussi les perfectionnements techniques rapides des fours de potiers, indispensables à une production efficace, par l'isolation partielle ou complète des pièces à cuire et du combustible, favorisant l'ascension de la chaleur, de la température, de la circulation de l'air, de l'atmosphère. Très tôt entrepris, dès le Néolithique, ceux-ci coexistent de tout temps avec les modes de cuisson les plus simples, foyers rudimentaires, parfois modestes cavités. Mais le croisement des sources montre que certains, même s'ils sont évoqués dans les textes, sont peu représentés en archéologie (comme les fours à briques), car ils sont situés à l'écart des agglomérations, à cause de nuisances, ou parfois très simples ou peu construits. Ils échappent donc aux investigations et apportent peu de choses à notre démarche. Enfin les fours et installations métallurgiques sont multiformes et difficiles à identifier. Plusieurs raisons à cela : la segmentation de la chaîne opératoire, les minerais étant fondus sur leur lieu de production, les fours de réduction pouvaient être très éloignés de Mésopotamie. La majorité des attestations de la métallurgie mésopotamienne concerne les étapes postérieures de raffinage, l'alliage ou la fonte pour mouler le métal liquide. Le four de fusion pouvait être un simple creuset, parfois intégré dans une construction cylindrique.

Quoi qu'il en soit, quelle qu'en soit la forme, toujours appropriée à l'exigence fixée au départ, simple ou complexe, tous ces dispositifs ne visent qu'au contrôle de la température, de l'atmosphère, à la maîtrise optimale du feu et des phénomènes physiques afférents pour transformer physiquement, par la cuisson, toute matière de l'état cru à l'état cuit. C'est bien en tant qu'éléments de la culture matérielle mésopotamienne, élaborés sur la longue durée, qu'ils sont énumérés dans les listes lexicales.

Xavier Faivre
Ingénieur de recherche au CNRS
UMR 7041 Archéologies et sciences de l'Antiquité (ArScAn)
Équipe Histoire et archéologie de l'Orient cunéiforme (HAROC)
MSH Mondes
21 allée de l'Université
F-92023 Nanterre Cedex
xavier.faivre@cnrs.fr

Bibliographie

Abréviations[356]

AfO : Archiv für Orientforschung (vol. 1-2 as AfK = Archiv für Keilschriftforschung, Berlin. Wien 1923 ff.); Beih. = Beiheft (1933 ff.)

AHw : W. von Soden, *Akkadisches Handwörterbuch* 1-3 (Wiesbaden 1965/1972/1981; 1/1985²).

Archaeology: Archaeology. A magazine dealing with the antiquity of the world (New York/Cambridge etc. 1848ff.).

AoF : Altorientalische Forschungen (Schriften zur Geschichte und Kultur des Alten Orients) (Berlin 1974 ff.)

CAD : A. L. Oppenheim/E. Reiner, The Assyrian Dictionary of the University of Chicago (Chicago 1956 ff.)

CDA : J. Black, A. George, N. Postgate, A Concise Dictionary of Akkadian (2nd (corrected) printing Wiesbaden: Harrassowitz Verlag.

Levant : Levant. Journal of the British School of Archaeology in Jerusalem (London/Leed 1969ff.).

MARI : Mari, Annales de Recherches Interdisciplinaires (Paris 1982-1997).

MSL: B. Landsberger/M. Civil *et al.*, Materialen zum sumerischen Lexikon/Materials for the Sumerian Lexicon: a reconstruction of Sumerian and Akkadian lexical list 1-17, Rome (1937-2004).

NABU : Nouvelles Assyriologiques Brèves et Utilitaires, Paris : Société pour l'étude du Proche-Orient ancien (SEPOA).

[356] D'après les abréviations du Reallexikon der Assyriologie und Vorderasiatischen Archäologie (RlA), Band 14, 7/8.

PAM : Polish Archaeology in the Mediterranean, vol. I-XVIII. reports 1988-2006 / Polish Centre of Mediterranean Archaeology. University of Warsaw.

Paléorient : Paléorient. Revue pluridisciplinaire de préhistoire et protohistoire de l'Asie du Sud-Ouest (Paris 1973ff.).

RlA : Reallexikon der Assyriologie und Vorderasiatischen Archäologie (Berlin/Leipzig 1928/1932ff.).

Syria : Syria. Archéologie, art et histoire (Paris/ Beyrouth 1920ff.)

Iraq : Iraq. Journal of the British School of Archaeology in Iraq (London 1934ff.).

Ugaritica : C. F. A. Schaeffer [*et al.*], Ugaritica. Études relatives aux découvertes de Ras Shamra 1-7 (Paris 1939-1978).

WVDOG : Wissenschaftliche Veröffentlichungen der Deutschen Orient-Gesellschaft (Leipzig . . . Berlin 1900 ff.).

Corpus en ligne

CDLI : Cuneiform Digital Library Initiative. A joint project of the University of California at Los Angeles and the Max Planck Institute for the History of Science (Los Angeles/Berlin 1998/2000ff.) : *<https://cdli.ucla.edu/?q=cuneiform-digital-library-preprints>*

DCCLT : Digital Corpus of Cuneiform Texts. University of California, Berkeley, Niek Veldhuis *<https://melc.berkeley.edu/Web_Veldhuis/>*

ePSD : The Electronic Sumerian Dictionary. Project of the Babylonian Section of the University of Pennsylvania Museum of Archaeology and Anthropology (Penn Museum) (2004ff.): *<http://psd.museum.upenn.edu/nepsd-frame.html>*

ETCSL : J. A. Black *et al.*, The Electronic Text Corpus of Sumerian Literature (Oxford 1998-2006): *<https://www.etcsl.orient.ox.ac.uk>*

Textes lexicaux et rituels

Antagal : lexical series antagal = *šaqû* M. T. Roth 1985, *MSL* 17, 131ff.

Diri : Lexical series diri DIR *siāku* = (*w*)*atru*, pub. M. Civil 2004, *MSL* 15.

Ea : Lexical series ea A = *nâqu*, pub. M. Civil 1979, *MSL* 14, 171ff.

Hg. : Lexical series HAR.gud = *imrû* = *ballu*, *MSL* 5-11. Cf. Murgud.

Hh. : Lexical series HAR.ra = *hubullu*, *MSL* 5-11. Cf. Ura.

Maqlû : G. Meier, 1967, Die Assyrische Beschwörungs-sammlung Maqlû (*AfO* Beiheft 2).

Murgud : mur-gud = *imrû* = ballu (DCCLT, Veldhuis 2014; Weiershäuser, F. and I. Hrůša 2018). Cf. Hg.

Nabnîtu : Lexical series SIG$_7$ + ALAM = *nabnītu*, pub. I.L. Finkel, M. CIVIL 1982, *MSL* 16, Rome.

Šurpu : E. Reiner, 1970, Šurpu (= *AfO* Beheift 11).

Ura: ur$_5$-ra = *hubullu* (DCCLT, Veldhuis 2014; Weiers-häuser, F. and I. Hrůša 2018). Cf. Hh.

Références bibliographiques

Al-Gailani, L. 1965. Tell edh-Dhibai. *Sumer* 21 : 33-40.

Alizadeh, A. 1985. A Protoliterate Pottery Kiln from Choga Mish. *Iran* 23 : 39-50.

Amiran, R. 1970. *Ancient Pottery of the Holy Land: from its Beginnings in the Neolithic Period to the End of the Iron Age*, New Brunswick, New Jersey : Rutgers University Press.

Anderson, W. P. 1987. The Kilns and Workshops of Sarepta (Sarafand, Labanon): Remnants of a Phoenican Ceramic Industry. *Berytus* 35 : 41-66.

Attinger, P. 2021. *Glossaire sumérien-français : principalement des textes littéraires paléobybloniens.* Wiesbaden : Harrasssowitz.

Aurenche, O. 1977. *Dictionnaire illustré multilingue de l'architecture du Proche-Orient ancien.* Lyon, collection de la MOM 3. Lyon : Maison de l'Orient.

Aurenche, O. 1981. *La maison orientale. L'architecture du Proche-Orient ancien des origines au milieu du quatrième millénaire.* Paris : Geuthner.

Baker, J. 2018. *Technology of the Ancient Near East. From the Neolithic to the Early Roman Period.* Londres : Routledge.

Baldi, J. S. 2014. Ceramic production and management of the fire between late Ubaid and LC1. The potter's kilns of Tell Feres al-Sharqi, *in* P. Bieliński, M. Gawlikowski, R. Koliński, D. Ławecka, A. Sołtysiak et Z. Wygnańska (éd.) *Proceedings of the 8th International Congress on the Archaeology of the Ancient Near East 30 April - 4 May 2012, University of Warsaw*, Vol. III : 187-200. Wiesbaden : Harrassowitz.

Baldi, J. S., H. Naccaro et K. Rahoof. 2016. Logardan Trench D: Stratigraphy and Architecture, *in* R. Vallet (éd.) *Report on the Second Season of Excavations at Girdi Qalaa and Logardan* : 21-38. General Directorate of Antiquities of Kurdistan Regional Government : Directorate of Antiquities of Sulaymānīyah.

Balfet, H. 1980. À propos du métier de l'argile : exemple de dialogue entre ethnologie et archéologie, *in* M.-T. Barrelet (éd.) *L'archéologie de l'Iraq du début de l'époque néolithique à 333 avant notre ère* : 71-94. Paris : CNRS.

Balossi Restelli, F. 2015. Hearth and Home. Interpreting fire installations at Arslantepe, Eastern Turkey, from the fourth to the beginning of the second millennium BCE. *Paléorient* 41/1 : 127-151.

Balossi Restelli, F. et L. Mori 2014. Bread, baking moulds and relating cooking techniques in the Ancient Near East. *Food & History*, vol. 12, n° 3 : 39-55.

Barrelet, M.-T. 1968. *Figurines et reliefs de terre cuite de la Mésopotamie antique*, Paris : Geuthner.

Barrelet, M.-T. 1974. Dispositif à feu et cuisson des aliments à Ur, Nippur et Uruk. *Paléorient* 2/2 : 243-300.

Bottéro, J. 1964. Métallurgie. *Dictionnaire des techniques, tome 2, H-Z* : 649-657. Paris : Éditions de l'Accueil.

Bottéro, J. 1973. Notes sur le feu dans les textes mésopotamiens. *Le feu dans le Proche-Orient antique: aspects linguistiques, archéologiques, technologiques, littéraires.* Travaux du Centre de Recherche sur le Proche-Orient et la Grèce antiques 1 : 9-30. Leyde : E. J. Brill.

Bottéro, J. 1981. Küche, *RlA* 6 : 277-298.

Bottéro, J. 2002. *La plus vieille cuisine du monde.* Paris : Éditions du Seuil.

Braidwood, R. et L. Braidwood 1960. *Excavations in the Plain of Antioch I. The earlier assemblage Phases.* Chicago.

Bromberger, C. 1974. Fosses à cuisson dans le Proche-Orient actuel : bilan de quelques observations ethnographiques. *Paléorient* 2/2 : 301-310.

Castel, C. 2001. Four, *in* F. Joannès (éd.) *Dictionnaire de la civilisation mésopotamienne* : 341-343. Paris : Robert Laffont.

Civil, M. 2004. *The Series Diri = (w)atru. MSL* 15.

Civil, M. 1979 (coll. M. W.-R. Green, et W. G. Lambert). Ea A = *nâqu*, Aa A = *nâqu, with their Forerunners and Related Texts, MSL* 14, Rome : Pontificium Institutum Biblicum.

Civil, M. 1996. HAR-ra = *hubullu*: Tablet X dug = *karpatu*. Mesopotamian History and Environment, Series II, Memoirs III : 129-159. Gand : Université de Gand (cf. Sallaberger 1996).

Chavarría Q. 1994. *La poterie*. Paris : Gründ.

Craddock P. T. 2000. From Hearth to Furnace: evidences for earliest metal smelting technologies in the Eastern Mediterranean. *Paléorient* 26, 2 : 151-165.

Crawford, H. 1981. Some fire installations from Abu Salabikh, Iraq. *Paléorient* 7 : 105-114.

Curtis, J. 1989. *Excavations at Qasrij Cliff and Khirbet Qasrij*. Londres : British Museum Publications.

Curtis, R. I. 2001. *Ancient Food Technology*. Leyde, Boston, Cologne : Brill.

Davey, C. J. 1979. Ancient Near Eastern Pot Bellows. *Levant* 11 : 101-11

Davey, C. J. 1988. Tell edh-Dhiba'i and the Southern Near Eastern Metalworking Tradition, *in* R. Maddin (éd.) *The Beginning of the Use of Metals and Alloys: Papers from the Second International Conference Zhengzhou, China* : 63-68. Cambridge Massachusetts : MIT Press.

Davey, C. J. et W. I. Edwards 2007. Crucibles from the Bronze Age of Egypt and Mesopotamia, *Proceedings of the Royal Society of Victoria, 120 (1)* : 146-154.

Delcroix, G. et J.-L. Huot 1972. Les fours dits « de potiers » dans l'Orient ancien. *Syria* 49/1-2 : 35-95.

Dieulafoy, M. 1893. *L'acropole de Suse d'après les fouilles exécutées en 1184, 1885, 1886 sous les auspices du musée du Louvre*. Paris : Hachette.

Duistermaat, K. 2007. *Not fit for firing: unfired vessel fragments from Late Bronze Age Tell Sabi Abyad, Syria, and their value for the study of pottery technology. Leiden Journal of Pottery Journal* 23 : 21-40.

Duistermaat, K. 2008. *The pots and potters of Assyria: technology and organization of production, ceramics sequence and vessel function at Late Bronze Age Tell Sabi Abyad, Syria*. Turnhout : Brepols.

Ebeling, J. et M. Rogel 2015. The *tabun* and its misidentification in the archaeological record, *Levant* 47/3 : 328-349.

Faivre, X. 2009. Vases à bière : de la production à la consommation. *Cahier des thèmes transversaux ArScAn*, vol. IX (2007-2008). Nanterre : 367-383.

Festuccia, S. 2014. Metallurgical activities and moulds: the case of Ebla, *in* P. Bieliński, M. Gawlikowski, R. Koliński, D. Ławecka, A. Sołtysiak et Z. Wygnańska (éd.) *Proceedings of the 8th International Congress on the Archaeology of the Ancient Near East 30 April – 4 May 2012, University of Warsaw*, Vol. III : 137-150. Wiesbaden : Harrassowitz.

Finkel, I. et M. Civil, *SIG$_7$ALAN = Nabnītu* (1982). *MSL* 16. Rome.

Garenne-Marot, L. 1985. Le travail du cuivre dans l'Égypte pharaonique d'après les peintures et les bas-reliefs, *Paléorient* 11/1 : 85-100.

Ghirshman, R. 1938. *Fouilles de Sialk, près de Kashan*, 1933, 1934, 1937. Paris : Geuthner (deux volumes).

Gros, G. 1919. *Nouvelles fouilles de Tello.* Paris : Ernest Leroux.

Hansen, D. P. 1983. Lagaš. *RlA* 6 (1980-83) : 430.

Hansen Streily, A. 2001. Early Pottery Kilns in the Middle East. *Paléorient* 26/2 : 69-81.

Hartman, L. F. et A. L. Oppenheim 1950. *On Beer and Brewing Techniques in Ancient Mesopotamia*, Supp. JAOS 10.

Heimpel, W. 1975. Herd. *RlA* 4 : 329-330.

Hole, F. et Y. Tonoike 2016. *Homesteads on the Khabur. Tell Ziyadeh and Other Settlements.* Oxford : BAR Publishing (International Series 2827).

Horne, L. 1982. Fuel for the Metal Worker. The Role of Charcoal and Charcoal Production in Ancient Metallurgy, *Expedition* 25-1 : 6-13.

Hunt, A. M. W. 2015. *Palace Ware Across the Neo-Assyrian Imperial Landscape: Social Value and Semiotic Meaning*, Leiden-Boston : Brill.

Joannès, F. 1993. Metalle und Metallurgie. A. I. in Mesopotamien. *RlA* 8 : 96-112.

Joannès, F. 2001. *Dictionnaire de la civilisation mésopotamienne*. Paris : Robert Laffont.

Kelly-Buccellati, M. 2004. Andirons at Urkesh: new evidence for the hurrian identity of the early trans-caucasian culture, *in* A. Sagona, *A view from the highlands. Archaeological studies in honour of Charles Burney*. Herent : Peeters.

Kocher, F. 1957-1958. Ein Inventartext aus Kār-Tukulti-Ninurta. *AfO* 18 : 300-313.

Krafeld-Daugherty, M. 1994. *Wohnen im Alten Orient: eine Untersuchung zur Verwendung von Räumen in altorientalischen Wohnhäusern.* Münster : Ugarit.

Labat, R. et F. Malbrant-Labat 2011. *Manuel d'épigraphie akkadienne*, Paris : Geuthner.

Lambert, W. G. 1957-1958. An Incantation of the Maqlû Type. *AfO* 18 : 288-299.

Lambert, W. G. 1967. *Babylonian Wisdom Literature*, Oxford : Clarendon Press.

Landsberger, B. 1959. *The Series HAR-ra = hubullu, Tablets VIII-XII. MSL* 6, Rome : Pontificium Institutum Biblicum.

Lawecka, D. 2008. Heating Places and Ovens of the 3rd Millennium BC in Sector SD on Tell Arbid. *PAM* 18, Report 2006 : 562-569.

Limet, H. 1960. *Le travail du métal au pays de Sumer au temps de la IIIe dynastie d'Ur.* Paris : Société d'Édition « Les Belles Lettres ».

Majidzadeh, Y. 1977. The Development of the Pottery Kiln in Iran from Prehistoric to Historical Periods. *Paléorient* 3 : 207-221.

Mallowan, M. et J. C. Rose 1935. Excavations at Tell Arpatchiyah, 1933. *Iraq* 2 : 1-178.

Marchand, S. 2017. *Remarques sur les moules à pains et les plaques de cuisson dans l'Égypte ancienne. BCE* 27 : 223-250. IFAO, Le Caire.

Margueron, J.-C. 1997. Mari : rapport préliminaire sur les campagnes de 1990 et 1991. *MARI* 8 : 9-70.

Margueron, J.-C. 2004. *Mari. Métropole de l'Euphrate au IIIe et au début IIe millénaire av. J.-C.*, Paris : Picard.

Martz, A.-S. 2010. Les dispositifs de cuisson domestiques au Proche-Orient d'après les sources archéologiques (IIIe s. av. C - IIIe s. ap. JC) <hal-00608958>

McQuity, A. 1984. An ethnographic and archeological study of clay ovens in Jordan. *Annual of the Department of Antiquities in Jordan* 28 : 259-267.

Merpert, N. Y. et R. M. Munchaev 1973. Early Agricultural Settlement in the Sinjar Plain, Northern Iraq. *Iraq* 35 : 93-113.

Merpert, N. Y. et R. M. Munchaev 1987. The Earliest Levels at Yarim Tepe I and II in Northern Iraq. *Iraq* 49 : 1-36.

Merpert, N. Y. et R. M. Munchaev 1993. The Lower Hassuna Levels, *in* N. Yoffer et J. J. Clark (éd.) *Early Stages in the Evolution of Mesopotamian Civilization. Soviet Excavations in Northern Iraq*: 93-114. Tuscon/Londres : University of Arizona Press.

Michel, C. 2001. Métallurgie et orfèvrerie, *in* F. Joannès (éd.) *Dictionnaire de la civilisation mésopotamienne* : 531-532. Paris : Robert Laffont.

Mille, B. 2010. Gailhard N. 2009. Transformation du cuivre au Moyen-Orient du Néolithique à la fin du 3e millénaire. Étude d'une chaîne technologique. *Paléorient* 36/2 : 210-212.

Molist, M. 1986. Les structures de combustion au Proche-Orient Néolithique (10 000-3 700 B.C.). Lyon : Université Lyon II, thèse de doctorat.

Moorey, P. R. S. 1999. *Ancient Mesopotamian Materials and Industries. The Archaeological Evidence.* Winona Lake, Indiana : Eisenbrauns.

Mulder-Heymans, N. 2002. Archaeology, experimental archaeology and ethnoarchaeology on bread ovens in Syria. *Civilisations [en ligne]* 49. <http://civilisations.revues.org/1470>

Naumann, R. 1971. *Architektur Kleinasiens:* von ihren Anfängen bis zum Ende der Hethitischen Zeit. Tübingen : E. Wasmuth.

Nicholson, P. T. 2010. Kilns and Firing Structures, *in* W. Wendrich (éd.) *UCLA Encyclopedia of Egyptology*, Los Angeles : 1-10. http://digital2.library.ucla.edu/viewItem.do?ark=21198/zz0025sr24

Nicolle, C. 2006. Tell Mohammed Diyab, 3. Travaux de 1992-2000 sur les buttes A et B, Paris : ERC.

Nieuwenhuyse, O. P. (éd.) 2018. *Relentlessly Plain. Seventh Millennium Ceramics at Tell Sabi Abyad, Syria*, Oxford & Philadelphie : Oxbow Books.

Oates, D., J. Oates et H. McDonald 1997. *Excavations at Tell Brak. Vol. 1: The Mitanni and Old Babylonian periods.* Londres, Cambridge : British school of archaeology in Iraq.

Ochsenschlager, E. 1974. Mud Objects from Al-Hiba: A Study in Ancient and Modern Technology. *Archaeology* 27 : 162-174.

Oppenheim, A. L. 1970. *Glass and Glassmaking in ancient Mesopotamia*: An Edition of the Cuneiform Texts which Contain Instructions for Glassmakers with a Catalogue of Surviving Objects. New York : The Corning Museum of Glass.

Otto, A. 2006. *Alltag und Gesellschaft zur Spätbronzezeit: eine Fallstudie aus Tall Bazi, Syrien. Subartu* 19. Turnhout : Brepols.

Papachristou, O. 2021. Bronze Metalworkers' workshops at Gonur Depe (Turkmenistan). *Academia Letters*, Article 1079. https://doi.org./10.20935/AL1079.

Parrot, A. 1958. *Mission archéologique de Mari, II. Le palais 1 : architecture*, Paris : Geuthner.

Peyronel, L. et G. Spreafico 2008. Food Processing in the Levant during the Middle Bronze Age. Fire Installations Cooking and Grinding at Tell Mardikh-Ebla (Syria) - Two Case Studies, *in* D. M. G. Fiorentino (éd.) *Charcoals from the Past: Cultural and Palaeoenvironmental Implications. Proceedings of the Third International Meeting of Anthracology, Cavalino - Lecce (Italy), June 28th - July 1st 2004.* Oxford : Archaeopress (BAR International Series 1807).

Peyronel, L. et A. Vacca 2014. From Clay to Pots: Pottery Production and Workplaces in Syria during the EB III-IV, *in* P. Bieliński, M. Gawlikowski, R. Koliński, D. Ławecka, A. Sołtysiak et Z. Wygnańska (éd.) *Proceedings of the 8th International Congress on the Archaeology of the Ancient Near East 30 April - 4 May 2012, University of Warsaw*, Vol. III : 201-221. Wiesbaden : Harrassowitz.

Pizzimenti, S. 2014. A light in the darkness. Some hints on fire perception and rituality as represented in 2nd millennium BC Mesopotamian Glytic, *in* P. Bieliński, M. Gawlikowski, R. Koliński, D. Ławecka, A. Sołtysiak et Z. Wygnańska (éd.) *Proceedings of the 8th International Congress on the Archaeology of the Ancient Near East 30 April - 4 May 2012, University of Warsaw*, Vol. III: 61-71. Wiesbaden : Harrassowitz.

Rehder, J. E. 2000. *Mastery and Uses of Fire in Antiquity: A Sourcebook on Ancient Pyrotechnology*. Montreal : Mgill-Queen's University Press.

Reiche, A. et A. Smogorzewska 2013. Ninivite 5 Kitchen at Tell Arbid (sector W), *PAM* 22 (*Research 2010*) : 371-386.

Reiner, E. 1958. Šurpu. A Collection of Sumerian and Akkadian Incantations. Selbtverlag.

Rice, P. M. 1987. *Pottery Analysis. A Sourcebook*. Chicago : University of Chicago Press.

Roth, M. T. 1985. The Series Erim-huš = anantu and Anta-gál = šaqû, in A. Cavigneaux, H. G. Güterbock et M. T. Roth. *MSL* 17: 131ff. Rome : Pontificium Institutum Biblicum.

Rothenberg, B. et R. F. Tylecote 1991. A Unique Assyrian Iron Smithy in the Northern Negev (Israel). *IAMS* 17 : 11-14.

Rova, E. 2014. Tannurs, tannur concentrations and centralized Bread Production at Tell Beydar and Elsewhere: An overview, *in* L. Milano, *Paleonutrition and Food Pratices in The Ancient Near East. Towards A Multidisciplinary Approach*. Padoue : 121-170.

Roux, V. 2016. *Des céramiques et des hommes. Décoder les assemblages archéologiques*. Paris : Presses universitaires de Paris Ouest.

Roux, V. 2019. Ceramics and Society. A Technological Approach to Archaeological Assemblages, *in* C. Müller (éd.) *Transitions historiques*, Colloques de la Maison René Ginouvès, Paris.

Rye, O.S. 1981. *Pottery technology: principles and reconstruction*. Washington : Taraxacum.

Sallaberger, W. 1996 *Der Babylonische Töpfer und seine Gefässe: nach Urkunden altsumerischer bis altbabylonischer zeit sowie Lexikalischen und Literarischen Zeugnissen - HAR-ra* = hubullu: *Tablet X dug* = karpatu by M. Civil. Mesopotamian History and Environment, Series II, Memoirs III. Gand : Université de Gand (cf. Civil 1996).

Salonen, A. 1964. Die Öfen der alten Mesopotamier, *Baghdader Mitteilungen* 3 : 100-124.

Salonen, A. 1972. *Die Ziegeleien im Alten Mesopotamien*. Suomalainen Tiedeakademia. Helsinki.

Sauvage, M. 1997. Les niveaux du début du Bronze Récent à Tell Mohammed Diyab (Syrie). *Florilegium marianum III* : 153-164. Paris : SEPOA.

Sauvage, M. 1998. *La brique et sa mise en œuvre en Mésopotamie*. Paris : ERC.

Schaeffer, C. F. A. 1962. Chapitre Premier. Fouilles et découvertes des XVIIIe et XIXe campagnes, 1954-1955, *in* C. F. A. Schaeffer (éd.) *Ugaritica* IV : 1-150.

Smogorzewska, A. 2010. Andirons from Tell Arbid. Archaeological and ethnoarchaeological Study. Études et Travaux 23 : 142-155.

Smogorzewska, A. 2012. Fire Installations in Household Activities. Archaeological Study from Tell Arbid (North-East Syria). *Paléorient* 38.1-2 : 227-247.

Smogorzewska, A. 2014. *Cooking, heating and processing. The function of fire installations in household activities at Tell Arbid (NE Syria)*, *in* P. Bieliński, M. Gawlikowski, R. Koliński, D. Ławecka, A. Sołtysiak et Z. Wygnańska (éd.) *Proceedings of the 8th International Congress on the Archaeology of the Ancient Near East 30 April - 4 May 2012, University of Warsaw*, Vol. III : 17-30. Wiesbaden : Harrassowitz.

Steinkeller, P. 1996. The Organization of Crafts in Third Millennium Babylonia: The Case of Potters. *AoF* 23 : 232-253.

Szelag, D. 2009-2010. Two Ovens from the First Half of the 3rd Millennium BC at Tell Arbid. Evidence for Grain Processing? *Swiatowit* 8(49)/A : 113-172.

Tonussi, M. 2014. Pierced andirons and vessel support for firreplaces from the Caucasus to the Near East: a way to optimize the heat of fire? *in* P. Bieliński, M. Gawlikowski, R. Koliński, D. Ławecka, A. Sołtysiak et Z. Wygnańska (éd.) *Proceedings of the 8th International Congress on the Archaeology of the Ancient Near East 30 April - 4 May 2012, University of Warsaw*, Vol. III : 31-46. Wiesbaden : Harrassowitz.

Tylecote, R. F. 1976. *A History of Metallurgy*. Londres : The Metals Society.

Tylecote, R. F. 1980, Furnaces, Crucibles and Slags, *in* T. A. Wertime et J. D. Muhly (éd.) *The coming of the age of Iron*: 183-228, New Haven : Yale University Press.

Tylecote, R. F. 1981. From pot bellows to tuyeres. *Levant* 13 : 107-113.

Vallet, R., J. S. Baldi, H. Naccaro, K. Rasheed, S. A. Saber, S. J. Hamarasheed 2017. New Evidence on Uruk Expansion in the Central Mesopotamian Zagros Piedmont. *Paléorient* 43/1 : 61-87.

Van As, A. et B. Jacobs 1986. Technical Research of Palaeo- and Meso-Babylonian Pottery - a report on the 1986 season at Tell at Der (Iraq) and some preliminary results. *Newsletter of the Department of Pottery Technology Leiden University* 4.

Verly, G. 2008. La métallurgie "préindustrielle » du bronze au Nouvel Empire. Archéologie expérimentale. *Cahier des thèmes transversaux ARScAn (vol. VIII) 2006-2007* : 92-111.

Weiershäuser, F. et I. Hrůša 2018. Lexikalische Texte I: ur_5-ra = *hubullu*, mur-gud = *imrû* = *ballu*, Lú-Listen (Keilschrifttexte aus Assur literarischen Inhalts 8 - WVDOG 153/1). Wiesbaden : Harrassowitz Verlag.

Weissbach, F. H. 1903. *Babylonische Miscellen. WVDOG* 4. Leipzig : Hinrichs.

Wiseman, D. J. 1953. *The Alalakh Tablets Nr 446*. Londres : the British Institute of archaeology at Ankara.

Wulff, H. E. 1966. *The traditional crafts of Persia*. Cambridge : The M.I.T. press, cop.

Yahalom-Mack, N. 2019. Crucibles, Tuyères, and Bellows in a Longue Durée Perspective: Aspects of Technological Style, *Journal of Eastern Mediterranean Archaeology and Heritage Studies*, Vol. 7, 1 : 63-75.
Yon, M. 1981. *Dictionnaire illustré multilingue de la céramique du Proche-Orient Ancient*. Lyon : Maison de l'Orient.

Les fours en argile dans la Babylonie des deuxième et premier millénaires av. J.-C. : apports complémentaires de la documentation textuelle - *Clay ovens in second and first millennia BCE Babylonia: Additional evidence from the textual record*

Laura COUSIN*

Membre associée de l'UMR 7041 ArScAn-HAROC (Archéologie et sciences de l'Antiquité, équipe Histoire et Archéologie de l'Orient Cunéiforme), CNRS, Nanterre, France.

Résumé - Les fours sont des éléments constitutifs de la culture matérielle babylonienne. De nombreux dispositifs ont ainsi été mis au jour par les fouilles archéologiques au Proche-Orient. La documentation textuelle en cunéiforme évoque plus exceptionnellement les fours en argile et leurs usages en Babylonie. Lorsque les textes mentionnent les fours en argile, on remarque une diversité dans les termes utilisés pour les désigner, ainsi qu'une variété de contextes dans lesquels ils apparaissent. Cette contribution propose un éclairage sur les fours *kīru* (gir_4), *kirmahhu* (gir_4-mah), *tinūru* (im-šu-rin-na) et *utūnu* (udun).

Mots-clés - Four, cunéiforme, temple, maison, artisanat.

Abstract - Ovens are an integral part of Babylonian material culture, and many such artifacts have been found in archaeological excavations in the Near East. The textual documentation in cuneiform refers only exceptionally to clay ovens and their uses in Babylonia. When clay ovens are mentioned in the texts, there is a diversity in the terms used to describe them, as well as a variety of contexts in which they appear. This contribution sheds light on the kilns *kīru* (gir_4), *kirmahhu* (gir_4-mah), *tinūru* (im-šu-rin-na) and *utūnu* (udun).

Keywords - Oven, cuneiform, sanctuary, private house, craft.

Introduction

Les fours sont des éléments constitutifs de la culture matérielle babylonienne. De nombreux dispositifs ont ainsi été mis au jour par les fouilles archéologiques au Proche-Orient[1]. Toutefois, la documentation textuelle évoque plus exceptionnellement les fours en argile et leurs usages en Babylonie. À la suite de l'article de X. Faivre consacré à l'apport des listes lexicales s'agissant des fours, cette contribution propose quelques compléments sur les fours en argile au travers de la documentation de la pratique, de la documentation religieuse et de textes de la littérature savante des deuxième et premier millénaires av. J.-C., et présente une étude préliminaire de cette question.

1. Les fours comme dispositifs majeurs des temples

1.1. Les fours et les aliments cuits dans les noms cérémoniels des temples

Les fours apparaissent régulièrement dans les textes relatifs aux temples et, en premier lieu, dans certains noms cérémoniels, c'est-à-dire dans les noms officiels attribués aux temples en Mésopotamie. Ainsi la ville d'Aššur en Assyrie abrite un sanctuaire dédié au dieu Amurru appelé É-ninda-ba-du_8-a, « Temple où les parts de pain sont cuites », qui donnerait plus largement « Maison des repas et offrandes alimentaires »[2]. Une chapelle appelée É-gir_4-kù (« Temple du four pur ») serait, quant à elle, dédiée au dieu de la lumière et du feu Nusku dans le temple de l'Esagil à Babylone, temple du dieu Marduk, divinité poliade de Babylone[3]. Ces noms rappelleraient certaines activités artisanales menées par les temples au-delà de leur rôle cultuel[4].

1.2. Les fours kīru (gir_4) et kirmahhu (gir_4-mah) dans les temples

Les temples mésopotamiens sont considérés comme les demeures des dieux. Comme il s'agit des habitations des divinités, elles concentrent un certain nombre d'espaces dédiés à leur entretien, dont des cuisines où l'on prépare les repas qui leur sont destinés[5]. Deux types de fours apparaissent alors dans les textes émanant des temples : le four *kīru* (en sumérien gir_4) et le grand four *kirmahhu* (gir_4-mah).

* Je remercie Xavier Faivre pour sa générosité : il m'a ainsi donné l'occasion de participer à son projet sur l'argile et je lui en suis très reconnaissante. Je remercie aussi Baptiste Fiette pour sa relecture toujours précieuse.

[1] Voir Barrelet 1974 et Miglus 2003/05 pour un panorama complet des fours en contexte archéologique.

[2] George 1993 : 134.

[3] George 1993 : 95.

[4] Voir largement Charpin 2017 à ce sujet et Joannès à paraître.

[5] Charpin 2017 : 197-198.

1.2.1. Le four kīru (gir$_4$)

Si les fours *kīru* sont uniquement évoqués par *The Assyrian Dictionary of Chicago* (*CAD*) pour la cuisson des briques et le chauffage de la cire ou du bitume[6], la littérature sumérienne indique que ce type de four devait aussi être utilisé pour des préparations alimentaires et culinaires. Plusieurs hymnes, issus de la ville d'Ur, apportent des éléments très intéressants quant à la présence et l'utilisation de ces fours en argile dans les temples.

En premier lieu, dans un hymne du roi Šulgi à la déesse Ninlil (troisième dynastie d'Ur, XXIe siècle av. J.-C.), on remarque qu'à Ur la cuisine, le four et la brasserie semblent être réunis dans un même bâtiment, ou sont au moins proches les uns des autres, et situés non loin de la *cella* de la déesse, c'est-à-dire son saint des saints :

> « J'ai placé bœufs et moutons dans sa très grande cuisine ;
> j'ai apporté l'abondance dans son sublime four (é-gir$_4$-mah-a-né) ;
> dans sa brasserie, bien équipée en vaisselle,
> j'ai fondé ... avec les bières (qui) y (sont produites),
> et la bière sombre, la bière-*kurun* et la bière rouge, mêlées dans leur pur cratère,
> je les ai disposées pour le repas du soir dans sa *cella* »[7].

D'après cet hymne, la préparation des repas cultuels aurait donc lieu dans trois zones distinctes[8] :

- la cuisine (é-muhaldim) où l'on prépare les animaux ;
- le four (gir$_4$) où sont cuites les viandes et les différentes sortes de pain et de galette ;
- la brasserie (é-bappir) où l'on élabore les boissons fermentées.

En deuxième lieu, pour l'époque paléo-babylonienne (première moitié du deuxième millénaire av. J.-C.), l'hymne au temple E-abzu, dédié au dieu des techniques Enki et situé au sein du sanctuaire de l'Ekišnugal d'Ur (temple du dieu-Lune Nanna), mentionne un four *kīru* :

> « Sanctuaire Abzu, ton lieu est un grand lieu !
> En ton lieu où l'on appelle Utu,
> Dans ton four (gir$_4$) qui produit le pain (pour) le repas,
> En ta ziggurat, sublime sanctuaire s'élevant vers le ciel,
> Dans ton grand four (gir$_4$-gal) qui n'est pas de reste avec la *cella*
> Ton prince est le prince de l'univers, dont la parole est inaltérable »[9].

D'après cet hymne, le four se trouverait au pied de la ziggurat du temple, et cette localisation a été confirmée par une exhumation de deux dispositifs au nord-ouest et au sud-est de la ziggurat[10]. Les fouilles archéologiques ont permis de mettre au jour un four circulaire, à voûte surbaissée, délimité par un anneau d'argile. Ce type de four était chauffé en introduisant directement le combustible. Lorsque la température désirée était obtenue, les braises et cendres étaient retirées et on y enfournait alors les aliments à cuire[11]. Quant à la *cella* du dieu (unu$_2$-gal), elle est aussi considérée comme une salle-à-manger[12].

La documentation textuelle apporte aussi de précieuses informations sur les aliments préparés à l'intérieur des fours des temples. Dans l'hymne paléo-babylonien en sumérien UET VI 67 (l. 38-40) au dieu-Lune Nanna, il est question de denrées cuites dans le four de l'Ekišnugal, ici des bœufs, des moutons et du pain :

> « (Le dieu) Enki institue à ton intention les rites de purification ; ce sont ceux qui sont accomplis dans son (temple) Abzu. (Le dieu) Kusu les apporte ; ce sont ceux qui sont faits dans leur propre temple : sur le côté de la mer, le four (gir$_4$), les bœufs, les moutons (et) le pain ; sur le côté du sanctuaire, ses saints rites de purification »[13].

La préparation de la nourriture est une activité rituelle accomplie, pour le cas de l'Ekišnugal, par des purificateurs placés sous le patronage du dieu Kusu, comme le montre l'hymne paléo-babylonien en hommage à cette divinité :

> « Le four (gir$_4$) a été purifié, le four (gir$_4$) a été rendu pur, ... Kusu a ensuite mis d'abondants bœufs et moutons dans le four puissant (gir$_4$ gal-e) »[14].

Les temples mésopotamiens abritent ainsi des magasins où sont stockées les denrées offertes aux dieux, ainsi que des espaces destinés à leur transformation, comme des cuisines, fours ou brasserie. À Nippur, les archéologues américains ont fouillé, à partir de 1948, une structure dans le temple du dieu Enlil qu'ils ont désignée comme un « temple-cuisine »[15], alors qu'il s'agit en fait des cuisines du temple[16]. Ces activités étaient détenues par des prébendiers et plus la prébende était rare,

[6] Voir *CAD* K : 415-416.
[7] Charpin 1986 : 338.
[8] Charpin 1986 : 338.
[9] Charpin 1986 : 336-37.
[10] Woolley 1939 : pl. 66.
[11] Charpin 1986 : 337.
[12] Charpin 1986 : 337.
[13] Charpin 1986 : 366 et suivantes.
[14] Michalowski 1993 : 156. Voir également Simons 2018 sur la question du dieu Kusu.
[15] McCown et Haines 1967 : 30-33.
[16] Charpin 2017 : 197.

plus la famille qui la possédait faisait partie de la notabilité. Les prébendes de cuisinier et de brasseur étaient considérées parmi les plus importantes, et détenues par des familles puissantes. D. Charpin a identifié une prébende de cuisinier (nam-gir$_4$, séquence précédemment lue nam-šita$_4$) dans le temple de l'Ekišnugal d'Ur[17]. Dès l'époque paléo-babylonienne, cette charge apparaît aux côtés de celle de brasseur[18], chargé de préparer les boissons alcoolisées servies à la table des dieux, tandis que le cuisinier nam-gir$_4$ doit préparer la nourriture servie aux divinités[19].

1.2.2. *Le grand four kirmahhu (gir$_4$-mah)*

Dans une inscription royale de Nur-Adad (roi de Larsa, XIXe siècle av. J.-C.) découverte à Ur, le four *kīru* est plus précisément qualifié de *kirmahhu* (gir$_4$-mah), « grand four ». Il sert à cuire de la nourriture, notamment du pain :

> « (...) à cette époque, un grand four pour les repas du dieu Nanna qui fournit du pain pour tous les dieux (et) un grand chaudron entretenu dans la salle à manger, rugissant bruyamment aux repas du matin et du soir, il fit pour lui (le dieu Nanna) et pour sa propre vie, il restaura les rites traditionnels de purification »[20].

Le *kirmahhu* apparaît dans un autre texte, cette fois-ci issu de Larsa (NCBT 1808), et semble alors être utilisé comme four artisanal pour préparer des substances aromatiques. Ce document fait partie d'un lot de 63 textes venant du royaume de Larsa qui mentionne des livraisons d'huiles parfumées pour le roi, les divinités et des particuliers. L'atelier responsable de cette production porte le nom d'é-ì-du$_{10}$-ga, « Maison de l'huile de bonne qualité » :

> « 1 *panu* de poireaux,
> 1 *panu* d'ail,
> 4 litres de plante-*andahšum,*
> 2 litres de baies de genièvre,
> 2 mines de cyprès,
> 2 mines de graines de myrte,
> 2 mines de myrte,
> 4 (mines$^?$) de moutarde,
> pour le *kirmahhu*
> [re]çus par Ilima-abi ;
> ...
> [de la part de ...] ...
> dépensé le ... date (année Rim-Sin 25)[21] ».

Au vu des éléments utilisés, on remarque que préparation des parfums et préparation de la nourriture sont deux activités complémentaires et pouvaient donc nécessiter l'utilisation des mêmes types de four[22].

2. Les fours en contexte privé : le four *tinūru*

Le four *tinūru* (im-šu-rin-na) est un four culinaire, qui occupe parfois une pièce entière au sein des habitations. Dans les documents de la pratique des deuxième et premier millénaires av. J.-C., très peu de mentions de four en argile ont été identifiées, probablement parce qu'ils étaient considérés comme des dispositifs ordinaires des maisons[23]. Ces documents quotidiens et administratifs permettent toutefois quelques apports sur les fours en contexte privé. Parmi ces rares exemples, le texte NBC 8935, daté de la 55e année de règne de Rim-Sin Ier et portant sur un héritage, évoque une maison abritant une pièce appelée é-im-šu-rin-na, « pièce du four *tinūru* » (face, l. 6). D'après ce texte, il est manifeste que le four semblait occuper une zone particulière, ou au moins en être l'élément majeur[24].

Le texte néo-babylonien GCCI I 35 traite, quant à lui, de la location de certaines parties d'une maison : ses ailes sud (*bīt šuti*), est (*bīt šadî*) et son grenier (*rugbu*)[25]. La maison devait être divisée en deux parties, entre espace public dédié à l'activité professionnelle et économique du locataire occupant, et espace privé (ailes nord et ouest) où le propriétaire avait établi son habitation. GCCI I 35 évoque, en outre, une production quotidienne de pain dans cette maison, l'aliment étant fourni tous les jours comme loyer. D'après ces éléments, il est raisonnable d'en déduire que le locataire devait être boulanger. Les zones du sud et de l'est, sûrement relativement isolées des autres espaces, permettent au locataire d'accéder directement sans passer par les zones où le propriétaire résidait.

Enfin, le four utilisé par le boulanger pour cuire son pain pourrait se trouver soit dans la partie qu'il louait, soit dans la cour de la maison[26]. Ainsi R. Cauchi a montré que des fours *tannours* (substantif dérivé de l'ancien terme akkadien *tinūru*[27]) et des fours à dôme se trouvaient non seulement dans les cours des maisons privées, mais aussi dans des espaces publics ouverts et communs, comme les places et les rues[28]. Pour la période paléo-

[17] Charpin 2014.
[18] Voir les textes YOS 5 163 : 19 ; TCL 10 52 et 59.
[19] Charpin 2014. D'autres prébendes de fournier/cuisinier apparaissent dans les textes YOS 5 149 et YOS 8 130, par exemple.
[20] Frayne 1990 : 140-142.
[21] Middeke-Conlin 2014.
[22] Sur la préparation des parfums dans les temples, voir Cousin à paraître.
[23] *A contrario*, des éléments plus exceptionnels, tel que le brasero *mušahhinu* souvent réalisé en bronze, sont évoqués dans les dots des mariées, comme dans celle d'Ina-Esagil-ramât qui se marie au VIe siècle avec le chef de la famille Nappahu (« Forgeron »), de Babylone. Le *mušahhinu* est sûrement évoqué à cause du matériau précieux dans lequel il est réalisé. À ce sujet, voir Cousin 2015 et Levavi à paraître.
[24] O'Callaghan 1954.
[25] San Nicolo et Petchow 1960 : 43-44.
[26] Voir Baker 2015.
[27] Salonen 1964 : 101-102.
[28] Voir Cauchi à paraître.

babylonienne, les exemples les plus fameux sont ceux de la place des boulangers à Ur et de la « boulangerie de Nippur ». Une maison privée pourvue de trois fours circulaires à dôme a été dénommée 1B Baker's Square par Sir L. Woolley, suite aux fouilles réalisées à Ur[29]. Les grands fours de ce type étaient probablement utilisés pour d'importantes cuissons. D'autre part, pour le cas de Nippur, des textes administratifs décrivant la réception de la farine et la distribution du pain, ainsi que la présence de plusieurs fours à pain, suggèrent que la maison dite « A » de la zone WB était utilisée comme une boulangerie privée[30].

3. Le four *utūnu* : un four lié aux activités artisanales ?

Le four *utūnu* (udun en sumérien, aussi exprimé par *adugu* et *atunu* en akkadien d'après le *CAD* U) servirait principalement à la cuisson des céramiques et des briques, à la fusion et au raffinage des métaux et du verre. L'*utūnu* aurait par exemple été utilisé pour la cuisson de briques vernissées à l'époque néo-assyrienne[31]. Le texte YOS 6 121, daté de l'époque néo-babylonienne (VIe siècle av. J.-C.), est un bon exemple de l'utilisation d'un four *utūnu* dans le cadre d'activités artisanales :

> « 5 mines d'or (poids) de 5 feuilles,
> entrées royales, qui ont été mises au four (udun) :
> au premier dépôt, 45 sicles d'or
> ont disparu dans le four (udun), (en freinte) ;
> l'or s'est réduit à 4 mines 15 sicles ;
> au second dépôt, 32 sicles d'or
> ont disparu dans le four en freinte[32]. »

Par ailleurs, le four *utūnu* apparaît en contexte savant, dans des textes magiques, des rituels, voire dans des textes de lois. Dans les lois néo-babyloniennes (§ 7), il est ainsi question d'un four *utūnu* :

> « (Si) une femme pratique un rituel magique, ou une purification afin (d'affecter?) le champ d'un homme, un bateau ou un four (*utūni*), elle encourra la peine suivante... »[33].

Il est possible qu'il s'agisse d'un tabou lié à certaines activités artisanales qui ne pourraient être réalisées par des femmes. Il est également à noter que le statut des femmes concernées (religieuses par exemple) n'est pas précisé.

D'autre part, le texte Uruk W 23262 (= SpTU 248) apporte un exemple très intéressant de rituel devant garantir la fertilité des femmes et assurer des grossesses sans danger[34]. Il date du IVe siècle av. J.-C. et a été copié par un exorciste appelé Anu-ikṣur[35]. Après s'être préparée, puis purifiée dans la rivière, vient alors une phase où la patiente est amenée à toucher un four de potier (*atūn pahāri*). Le four est alors décrit comme « la fille d'Anu », un élément féminin censé s'animer ou s'enflammer grâce au feu Girra, considéré comme un élément positif :

> « Elle sortira de la rivière et ira au four du potier : elle embrassera le four et dira " Ô four pur, merveilleuse fille d'Anu, qui est enflammé dans son intérieur [...]. Ton réceptacle est en bonne santé ... Tu es plein et tu es vide, et je suis enceinte mais incapable de mener à terme ce qui est à l'intérieur (de moi). Donne-moi ta santé et prends ma maladie ! »[36].

Il est également à noter que les anciens Mésopotamiens considèrent les fœtus comme des êtres d'argile, comme on l'observe dans les mythes d'*Enki et Ninmah* ou d'*Atra-hasis*, tandis que l'utérus est, lui, comparé à un vase en céramique dans le texte W 23262[37]. D'autres activités artisanales, comme la fabrication du verre, nécessitent l'utilisation de four *utūnu*[38]. Des textes montrent que le four est là aussi apparenté à un utérus : le verrier est alors le géniteur et le verre, le nourrisson qui viendrait au monde.

4. Des fours aux fonctions multiples et complémentaires : le cas des textes médio-assyriens relatifs au verre

Il est probable que les différents types de four évoqués étaient plutôt polyvalents. Ainsi la lettre paléo-babylonienne AbB 9 197 semble montrer une équivalence entre *tinūru* et *utūnu* :

> « Dis à Awil-Ilabrat, Balmunamhe, Ipqu-Irra et Mannum-kima-ilim, ainsi parle (le roi) Rim-Sin, ton seigneur : (de fait) parce qu'il a jeté l'esclave dans le four (*tinūrim*), est-ce que tu vas (toi aussi) jeter un esclave dans un four (*utūnim*) ? »[39].

Dans un récent article, S. Thavapalan présente un dossier de textes d'époque médio-assyrienne (deuxième moitié du deuxième millénaire) consacré à des procédés de fabrication du verre et conservés dans la bibliothèque du roi assyrien Aššurbanipal à Ninive. Ces textes appartiennent à la série appelée « Porte du Four » (*bab kūri*) et donnent des instructions quant à l'élaboration de matériaux vitrés bleus, rouges, jaunes, verts et blancs. L'un des nouveaux fragments mis au

[29] Woolley et Mallowan 1976 : 158-159, pl. 50.
[30] Stone 1987 : 108.
[31] Salonen 1964 : 115.
[32] Joannès 1987.
[33] Roth 1995 : 145-146.
[34] Sur ce texte, voir Couto-Ferreira 2013.
[35] Voir Clancier 2009 sur ce personnage.
[36] Couto-Ferreira 2013 : 105.
[37] Couto-Ferreira 2013 : 106-107.
[38] Thavapalan 2021.
[39] Voir le site web archibab.fr pour la transcription de ce texte (T15361).

jour par S. Thavapalan (YBC 9834C, conservé à la Yale Babylonian Collection) présente la séquence suivante, et met en évidence l'utilisation faite de deux fours, le *tinūru* et le *kūru*, l'un et l'autre utilisés pour des étapes différentes de la fabrication du verre :

> « [... qui] entrera dans la ... [po]ur brûler
> tu écrases le verre (et) ... le mouton [et ensuite]
> [avec] ta tige-*urāku*, tu testes (le lot) et ensuite ... le verre-*mekku* (et)
> le minéral-*mil*, que tu as écrasé, (il va)
> sur l'installation-*šipḫu* de ce four-*tinūru*.
> Si le (verre) rouge vous fait face,
> [...], [une fois de plus,] vous scellez la porte de votre four-*kūru*.
> Vous ouvrez le [trou d'espion] et vous utilisez la [tige-*urāku*] [...]. »

Selon S. Thavapalan, le four izi-gar(-ra), interprété comme un *tinūru* dans ce contexte, pourrait avoir été apparenté à un athanor médiéval, c'est-à-dire un fourneau destiné aux opérations alchimiques[40]. Il peut être utilisé dans le même temps qu'un équipement nommé *šipḫu*, désignant sûrement un rebord ou une niche situé à l'intérieur de la chambre de cuisson, et permettant de modérer la température à l'intérieur du four[41]. Le four *utūnu* était chauffé pendant plusieurs jours afin qu'il atteigne des températures très élevées (1000 °C étant nécessaires à la fusion du verre), par opposition au four-*kūru*[42] qui atteignait des températures plus basses et était utilisé pour le frittage[43].

Conclusion

La documentation textuelle issue des deuxième et premier millénaires av. J.-C. montre une diversité dans les termes utilisés pour désigner les fours en argile, ainsi qu'une variété de contextes dans lesquels ils apparaissent.

En premier lieu, le four *kīru* (gir_4) et le grand four *kirmahhu* (gir_4-mah) sont plutôt évoqués dans les textes émanant des sanctuaires et sont utilisés dans le cadre d'activités rituelles, notamment lors de la préparation des repas des dieux. Ils peuvent être aussi employés pour la réalisation de substances aromatiques, en partie destinées aux divinités.

En deuxième lieu, le *tinūru* (im-šu-rin-na), qui rappelle l'actuel *tannour*, est un four culinaire, qui occupe parfois une pièce entière au sein des habitations. Si ce terme apparaît dans certains documents de la pratique, il demeure toutefois rare, étant donné que les fours en argile devaient être considérés comme des dispositifs très communs des habitations.

En troisième lieu, le four *utūnu* (udun en sumérien, aussi exprimé par *adugu* et *atunu* en akkadien) servirait principalement de four artisanal, en particulier pour le raffinage des métaux et du verre. Ce terme est également utilisé dans les textes de la littérature savante et magique, montrant qu'il s'agit d'un mot de vocabulaire employé par des spécialistes.

Enfin, ces différents fours semblent avoir été utilisés de façon complémentaire, selon les procédés de fabrication requis, comme l'indique l'intéressant dossier des recettes médio-assyriennes d'élaboration du verre.

Laura Cousin
Membre associée
CNRS, UMR 7041 Archéologie et sciences de l'Antiquité (ArScAn)
Histoire et Archéologie de l'Orient Cunéiforme (HAROC),
Nanterre, France
laura.cousin7@gmail.com

Bibliographie

Baker, H. D. 2015. Family Structure, Household Cycle, and the Social Use of Domestic Space in Urban Babylonia, *in* M. Müller (éd.) *Household Studies in Complex Societies. (Micro) Archaeological and Textual Approaches*: 371-407. Chicago : The Oriental Institute of the University of Chicago.

Barrelet, M.-T. 1974. Dispositifs à feu et cuisson des aliments à Ur, Nippur, Uruk. *Paléorient* 2 : 243-300.

Cauchi, R. (à paraître). Bread Production in Private Context in First Millennium BCE Babylonia, *in* L. Cousin, L. Quillien et M. Ramez (éd.) *Material Culture of Babylonia and Beyond 1: People and their Material Environment in First Millennium BCE Babylonia* (OLA xx) : 91-118. Louvain/Paris/Walpole : Peeters.

Charpin, D. 1986. *Le clergé d'Ur au siècle d'Hammurabi (XIXe-XVIIIe siècles av. J.-C.)*. HEO 22. Genève/Paris : Droz.

Charpin, D. 2014. *Retractatio*. À propos de la prébende de cuisinier à Ur à l'époque paléo-babylonienne. *NABU* 2014 : 14.

Charpin, D. 2017. *La vie méconnue des temples mésopotamiens*. Docet omnia 1. Paris : Les Belles Lettres.

Clancier, P. 2009. Le manuel de l'exorciste d'Uruk, *in* X. Faivre, B. Lion et C. Michel (éd.) *Et il y eut un esprit*

[40] Thavapalan 2021 : 155. On peut d'ailleurs s'interroger sur l'origine étymologique d'athanor qui pourrait rappeler le *tannour* et donc le *tinūru*.

[41] Oppenheim *et al.* 1970 : 73.

[42] Même si le four *kūru* pourrait rappeler le *kīru*, évoqué plus haut, il semble s'agir de deux dispositifs différents, le *kūru* pouvant plutôt s'apparenter à un creuset (voir le *CAD* K: 415b-416a pour le *kīru* et 571 pour le *kūru* ; ainsi que le *Concise Dictionary of Akkadian* p. 160 pour le *kīru* et p. 169 pour le *kūru*).

[43] Thavapalan 2021 : 155, n. 53.

dans l'Homme. Jean Bottéro et la Mésopotamie (TMRG 6) : 105-117. Paris : De Boccard.

Cousin, L. 2015. La dot et sa gestion par les femmes en Babylonie aux deuxième et premier millénaires av. J.-C. *Circé* n°6 (revue en ligne : http://www.revue-circe.uvsq.fr/la-dot-et-sa-gestion-par-les-femmes-en-babylonie-aux-deuxieme-et-premier-millenaires-av-j-c/).

Cousin, L. (à paraître). The Scents of Babylonian Sanctuaries, *in* L. Cousin, L. Quillien et M. Ramez (éd.) *Material Culture of Babylonia and Beyond 1: People and their Material Environment in First Millennium BCE Babylonia* (OLA xx) : 154-177. Louvain/Paris/Walpole : Peeters.

Couto-Ferreira, M. 2013. The River, the Oven, the Garden: Female Body and Fertility in a Late Babylonian Ritual Text, *in* C. Ambos et L. Verderame (éd.) *Approaching Rituals in Ancient Cultures* (RSO NS 86/2) : 97-116. Pise/Rome : Fabrizio Serra.

Frayne, D. R. 1990. *Old Babylonian Period (2003-1595 BC)*. RIME 4. University of Toronto Press : Toronto.

George, A. R. 1993. *House Most High. The Temples of Ancient Mesopotamia*. Mesopotamian Civilizations 5. Winona Lake (Ind.) : Eisenbrauns.

Joannès, F. 1987. Méthodes de pesée néo-babyloniennes. *NABU* 1987 : 5.

Joannès, F. (à paraître). Some Thoughts on Spatial Organization of the Neo-Babylonian Temples, *in* L. Cousin, L. Quillien et M. Ramez (éd.) *Material Culture of Babylonia and Beyond 1: People and their Material Environment in First Millennium BCE Babylonia* (OLA xx) : 229-255. Louvain/Paris/Walpole : Peeters.

Levavi, Y. (à paraître). Basic prestige: The *mušahhinu* in Private Babylonian Households, *in* L. Cousin, L. Quillien et M. Ramez (éd.) *Material Culture of Babylonia and Beyond 1: People and their Material Environment in First Millennium BCE Babylonia* (OLA xx) : 55-71. Louvain/Paris/Walpole : Peeters.

McCown, D. E. et R.C. Haines, 1967. *Nippur I. Temple of Enlil, Scribal Quarter, and Sounding*. OIP 78. Chicago : The University Press.

Michalowski, P. 1993. The Torch and the Censer, *in* M. E. Cohen *et al.* (éd.), *The Tablet and The Scroll: Near Eastern Studies in Honor of William W. Hallo* : 151-163. Bethesda : CDL Press.

Middeke-Conlin, R. 2014. The Scents of Larsa: A Study of the Aromatics Industry in an Old Babylonian Kingdom. *CDLJ* 2014/1 (revue en ligne : http://www.cdli.ucla.edu/pubs/cdlj/2014/cdlj2014_001.html).

Miglus, P. A. 2003/05. Ofen. *RlA* 10 : 39-42.

O'Callaghan, R. T. 1954. A New Inheritance Contract from Nippur. *JCS* 8 : 137-143.

Oppenheim, A. L. *et al.* 1970. *Glass and Glassmaking in Ancient Mesopotamia. An Edition of the Cuneiform Texts Which Contain Instructions for Glassmakers with a Catalogue of Surviving Objects*. Corning Museum of Glass Monographs 3. New York/ Corning Museum of Glass.

Roth, M. T. 1995. *Law Collections from Mesopotamia and Asia Minor*. SBL WAW 6. Boston/Atlanta : Society of Biblical Literature/Scholar Press.

Salonen, A. 1964. Die Öfen der Alten Mesopotamien. *BagM* 3 : 100-124.

San Nicolo, M. et H. P. H. Petchow 1960. *Babylonische Rechtsurkunden aus dem 6. Jahrhundert v. Chr.* Munich: Verlag der Bayerischen Akademie der Wissenschaften.

Simons, F. 2018. The Goddess Kusu. *RA* 112 : 123-148.

Stone, E. C. 1987. *Nippur Neighborhoods*. SAOC 44. Chicago : The Oriental Institute.

Thavapalan, S. 2021. Keeping Alive Dead Knowledge: Middle Assyrian Glass Recipes in the Yale Babylonian Collection. *JCS* 73 : 135-178.

Woolley, L. 1939. *Ur Excavations. Volume V. Ziggurat and its Surroundings*. Oxford : Oxford University Press.

Woolley, L. et Mallowan, M. 1976. *Ur Excavations. Volume VII. The Old Babylonian Period*. New York/Londres : Carnegie corporation/British Museum.

L'épreuve du feu. Les fours à céramiques entre contraintes techniques et choix culturels : approche expérimentale aux données archéologiques et ethnographiques - *Trial by fire. Ceramic kilns between technical constraints and cultural choices: an experimental approach to archaeological and ethnographic data*

Johnny Samuele Baldi

CNRS, UMR 5133 Archéorient, Lyon.

Résumé – D'une part, les fours à céramiques sont des structures architecturales dont on peut étudier les restes archéologiques. D'autre part, ils correspondent à ce qu'en physique l'on définit comme une « machine », à savoir un dispositif effectuant un travail grâce à l'exploitation d'une source d'énergie contenue dans un combustible. De ce point de vue, pendant très longtemps, l'archéologie a interprété la variabilité dimensionnelle, architecturale et, surtout, technique des fours comme une conséquence de contraintes fonctionnelles et environnementales censées déterminer les avantages et les limites intrinsèques au fonctionnement de chaque système de cuisson. Autrement dit, le travail effectué par ces machines étant toujours le même (la cuisson de la poterie), la persistance ou le changement à travers l'espace et le temps d'une certaine technique de cuisson relèverait de facteurs environnementaux (climat, types de combustibles, argiles disponibles, etc.), ou de performance (temps de réchauffement et refroidissement, températures maximales, etc.), dont les variations représenteraient des contraintes insurmontables, auxquelles s'adapter. Cette conviction, très répandue en archéologie, est ici testée par une réévaluation critique des données ethnographiques et, surtout, par une étude expérimentale ayant impliqué des relevés thermométriques lors de plusieurs cuissons effectuées dans des fours et des conditions différents. La comparaison des résultats permet d'évaluer si la multiplicité des installations documentées par les recherches ethnographiques et archéologiques est fonction de quelques facteurs ayant imposé des évolutions et des adaptations spécifiques, ou si elle doit plutôt être appréhendée en termes culturels.

Mots-clés – Fours à céramique, expérimentation, contraintes, choix, traditions.

Abstract – On the one hand, ceramic kilns are architectural structures whose archaeological remains can be studied. On the other hand, they correspond to what in physics is defined as a "machine", namely a device that performs a specific operation thanks to the exploitation of a source of energy contained in a fuel. From this point of view, archaeology has long interpreted the dimensional, architectural and, above all, technical variability of kilns as a consequence of functional and environmental constraints supposed to determine the intrinsic advantages and disadvantages of each firing system. In other words, since the work carried out by these machines is always the same (firing pottery), the persistence or change through space and time of a certain firing technique would be the result of environmental factors (climate, types of fuel, available clays, etc.), or of performance issues (heating and cooling times, maximum temperatures, etc.). The variations of these criteria are often regarded as insurmountable constraints, to which craftspeople would have to adapt. This belief, which is widespread in archaeology, is tested here by a critical reassessment of the ethnographic data and, above all, by an experimental study involving thermometric records during several firing sessions carried out in different kilns and conditions. The comparison of the results makes it possible to assess whether the multiplicity of installations documented by ethnographic and archaeological investigations depends on factors that imposed specific evolutions and adaptations, or whether it should rather be understood in cultural terms.

Keywords – Ceramic kilns, experimental approach, constraints, choices, traditions.

Introduction. Définition et types basiques des machines à cuire les pots

Entre, d'une part, le moment de la sélection et du traitement des matières premières et, de l'autre, celui de la transformation définitive d'un mélange de terres argileuses en céramique proprement dite, les pots traversent plusieurs passages – notamment le façonnage, le séchage et la cuisson. Celle-ci constitue l'échec ou l'aboutissement de l'ensemble des procédés adoptés pour confectionner un récipient. Seulement les produits qui résistent à ce passage extrêmement délicat, qui change à jamais certaines propriétés physico-chimiques de la matière et en stabilise d'autres, deviennent véritablement des vases, prêts pour remplir des fonctions spécifiques et interagir avec les sociétés humaines. Toutes les autres céramiques, qui se cassent ou se fissurent dans le four, ne sont que des rejetons, prêts pour être évacués des espaces humains, ou pour être abandonnés aux marges des ateliers. C'est à ce moment que les matériaux, irrémédiablement transformés par altération des minéraux argileux, acquièrent leurs caractéristiques définitives en termes de texture, couleur, élasticité, résistance aux stress thermiques ou mécaniques, conductivité, porosité et perméabilité. En effet, si tous ces attributs découlent de la nature des argiles et du traitement qu'elles ont subi, ils sont également fonction de la température, de la vitesse de chauffe et de l'atmosphère au moment de la cuisson (Shepard 1957 ; Rice 1987 ; Livingstone-Smith 2007 ; Cuomo di Caprio 1985).

Le four à poterie est précisément l'endroit où les argiles (ou plutôt les « terres argileuses » – argiles, sables et limons dont sont composés les vases) se transforment irréversiblement en céramique, à savoir une pierre synthétique, le premier produit de synthèse de l'histoire de l'humanité. Il s'agit là d'une définition polythétique, dans la mesure où le four est bel et bien un *lieu* physique, tout en étant caractérisé par les mécanismes du *processus* se déroulant à son l'intérieur (Figure 1). En ce sens les fours ont une double nature (Baldi 2006) : à la fois des *structures architecturales* et des *machines* (qu'en thermodynamique l'on définirait des « moteurs dithermes »), où l'énergie d'un combustible est en partie employée pour obtenir un produit (la céramique), et en partie dispersée par entropie (Atkins 1987). En tant que *structures*, les fours peuvent être attribués à différentes typologies architecturales, en fonction de leurs parties maçonnées, du plan et de leurs dispositifs internes. Tandis qu'en tant que *machines*, les fours sont plutôt classés selon des typologies techniques, en fonction de l'enfouissement, des différentes solutions d'isolation, et surtout sur la base de la qualité et de l'orientation de la circulation de l'air chaud à l'intérieur et vers l'extérieur, à savoir le tirage. Tout dispositif pour la cuisson des poteries étant défini par le croisement de ces critères à la fois architecturaux et techniques (Figure 1 ; Baldi 2006 : Tableau 1), il est dès lors possible de distinguer des types basiques (Figures 2-3).

Les foyers simples – plus ou moins enterrés, donc en tas ou en fosse – représentent le degré zéro du four sur le plan architectural, dans la mesure où, dans l'absence de toute partie maçonnée, le combustible et les pots sont entassés ensemble sans séparation et le tirage est aléatoire, en fonction des trous qui s'ouvrent dans le tas (Figure 2). Il en est de même pour les tas ayant un bord construit en dur les cernant autour de la base (Figure 2). Les fourneaux sont des structures intermédiaires en termes de complexité architecturale et technique : essentiellement, ils sont des tas de combustible et de pots sans séparations, mais ils sont maçonnés, ce qui permet une bonne isolation et circulation de l'air, même en présence d'un tirage aux directions aléatoires (Figure 2). Les fours dits verticaux partagent avec les fourneaux leur caractère construit et fermé, mais ils sont également dotés d'une séparation – en l'occurrence une sole percée – introduite entre le combustible, qui brûle dans une chambre de chauffe inférieure plus ou moins enterrée, et les pots accumulés dans une chambre de cuisson supérieure. Par conséquent, la circulation de l'air trace un axe vertical entre combustible et matériels à cuire (Figure 3). En revanche, dans les installations dites à tirage horizontal, l'air suit plutôt une direction oblique, en raison des dénivelés ou des banquettes sur lesquels les pots sont déposés, plus en haut par rapport au combustible (Figure 3). Ces catégories élémentaires pouvant avoir d'innombrables variantes donnant lieu à une insaisissable fluctuation typologique des fours dans l'espace et dans le temps, il est essentiel – aussi bien en archéologie qu'en anthropologie des techniques – de rendre compte de la variabilité des modes de cuisson. En d'autres termes, il devient nécessaire de comprendre si ceux-ci se configurent comme des adaptations locales à des contraintes d'ordre fonctionnel, technique ou écologique, ou s'ils constituent plutôt de véritables traditions culturelles (Licka 1988 ; Nicholson et Patterson 1989 ; Pool 1997, 2000 ; Duistermaat 2008 ; Baldi 2006, 2014).

Fours et archéologie : vers une approche moins stéréotypée des mal-aimés

L'archéologie, qui n'a accordé que très rarement aux installations de cuisson le statut d'artefacts dotés d'un potentiel informatif sur les mécanismes sociaux des communautés anciennes, s'est souvent limitée à répertorier la gamme des structures à feu mises à jour pendant les fouilles (Majidzadeh 1977 ; Alizadeh 1985 ; Barreto *et al.* 2005 ; Desbat *et al.* 2010 ; Jasim 1985 ; Duistermaat 2008). D'ailleurs, quand l'archéologie manque d'intérêt pour un sujet, elle se borne à le décrire, sous prétexte d'en produire une documentation plus ou moins neutre. Or, aucune source historique n'ayant un caractère intrinsèque d'« évidence » ou « objectivité » (Hartog 2005 ; Ginzburg 1980, 2001, 2006), l'archéologie ne peut manier un document – ne serait-ce qu'un four à céramiques – qu'en lui appliquant ses propres moyens d'enquête, que ce soit pour en donner une classification taxinomique ou pour en comprendre les mécanismes d'utilisation. En d'autres termes, l'absence de questionnements d'ordre historique, fonctionnel ou social était tenable tant que l'attitude archéologique

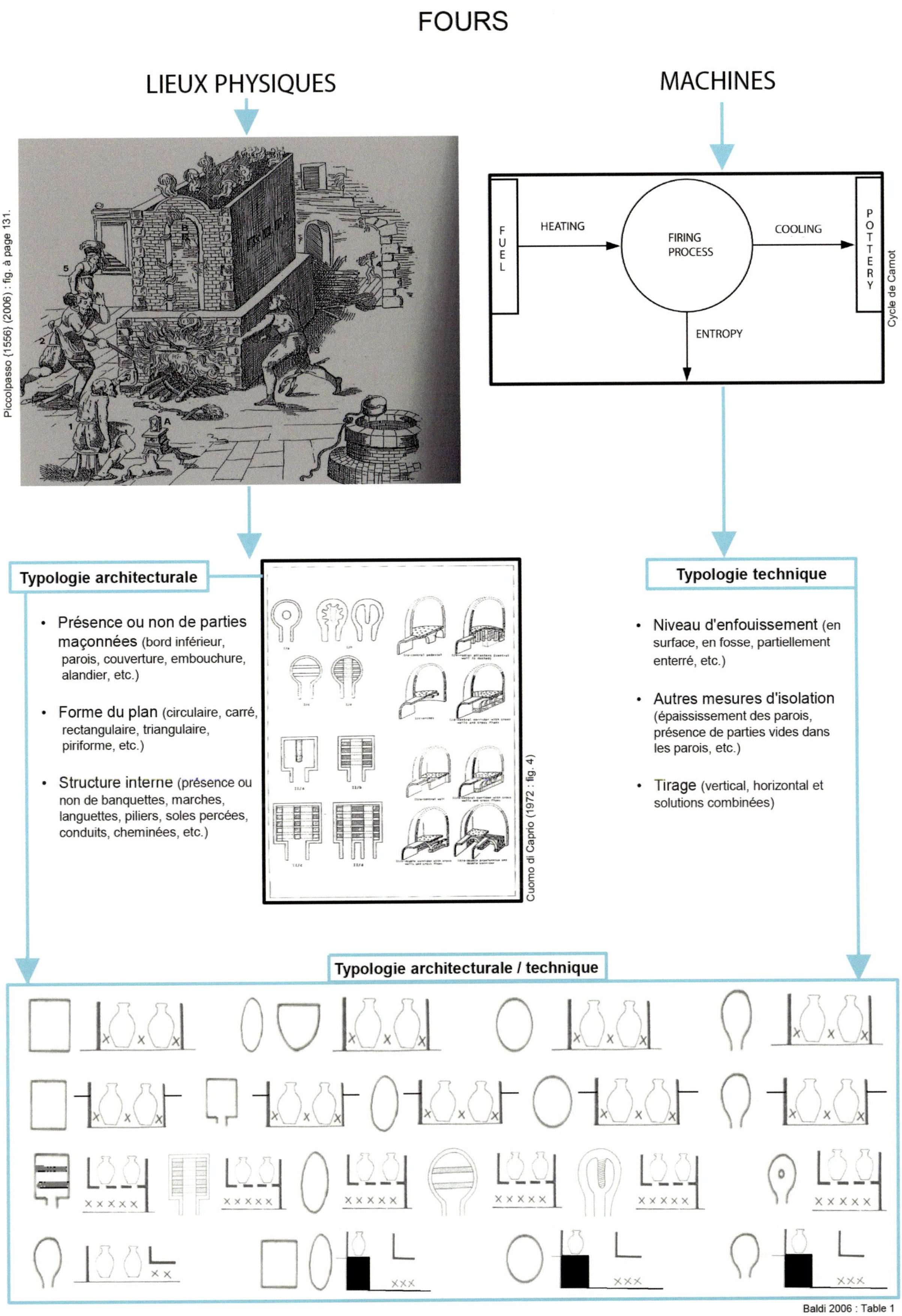

Figure 1 – Double nature des fours à céramiques et critères typologiques (architecturaux et techniques).

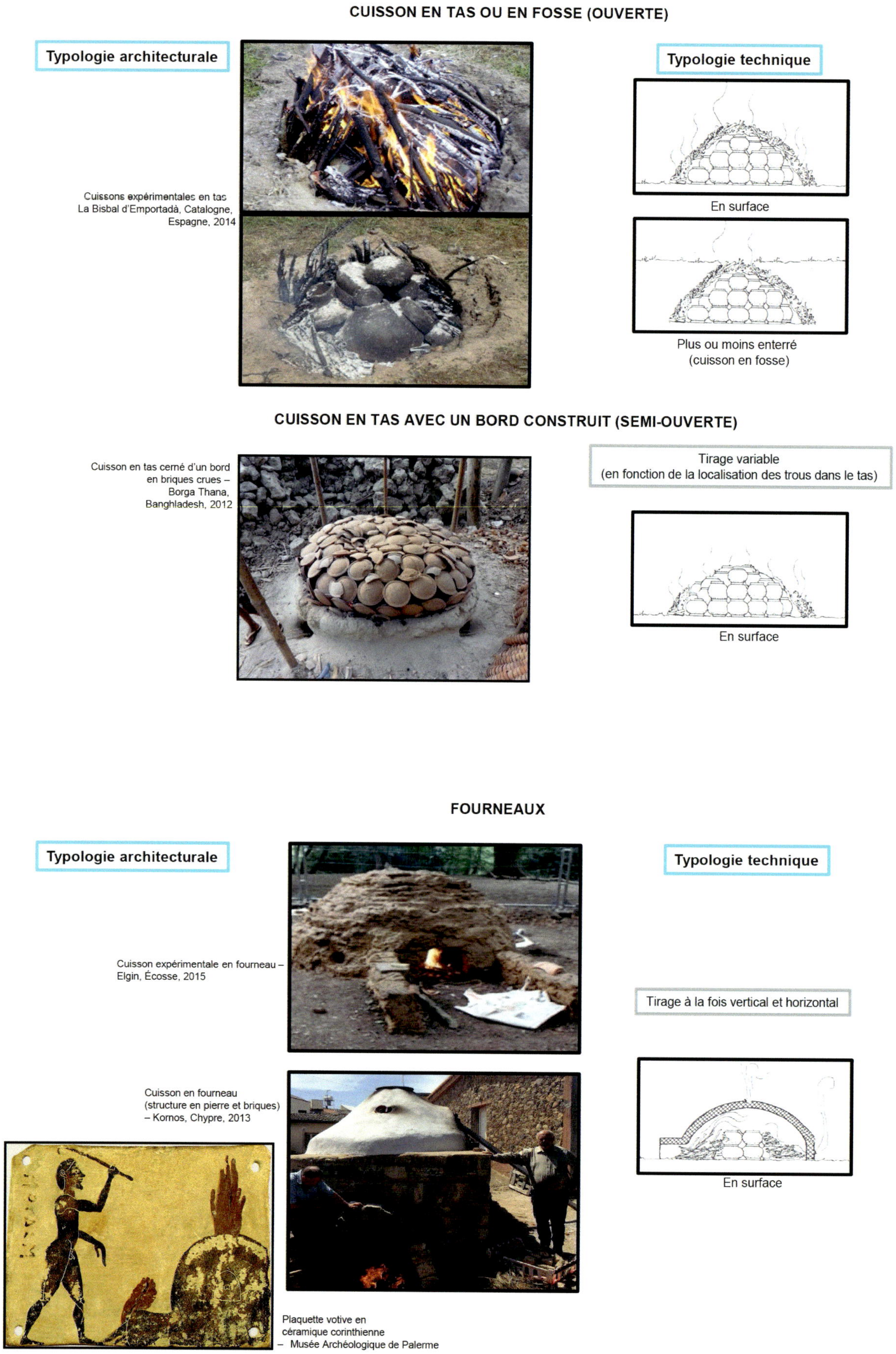

Figure 2 – Schéma (structurel-technique) et exemples (ethnoarchéologiques et ethnographiques) de foyers (cuissons en tas ou en fosse – en haut) et fourneaux (en bas). Pour les images des structures de cuisson © Johnny Samuele Baldi.

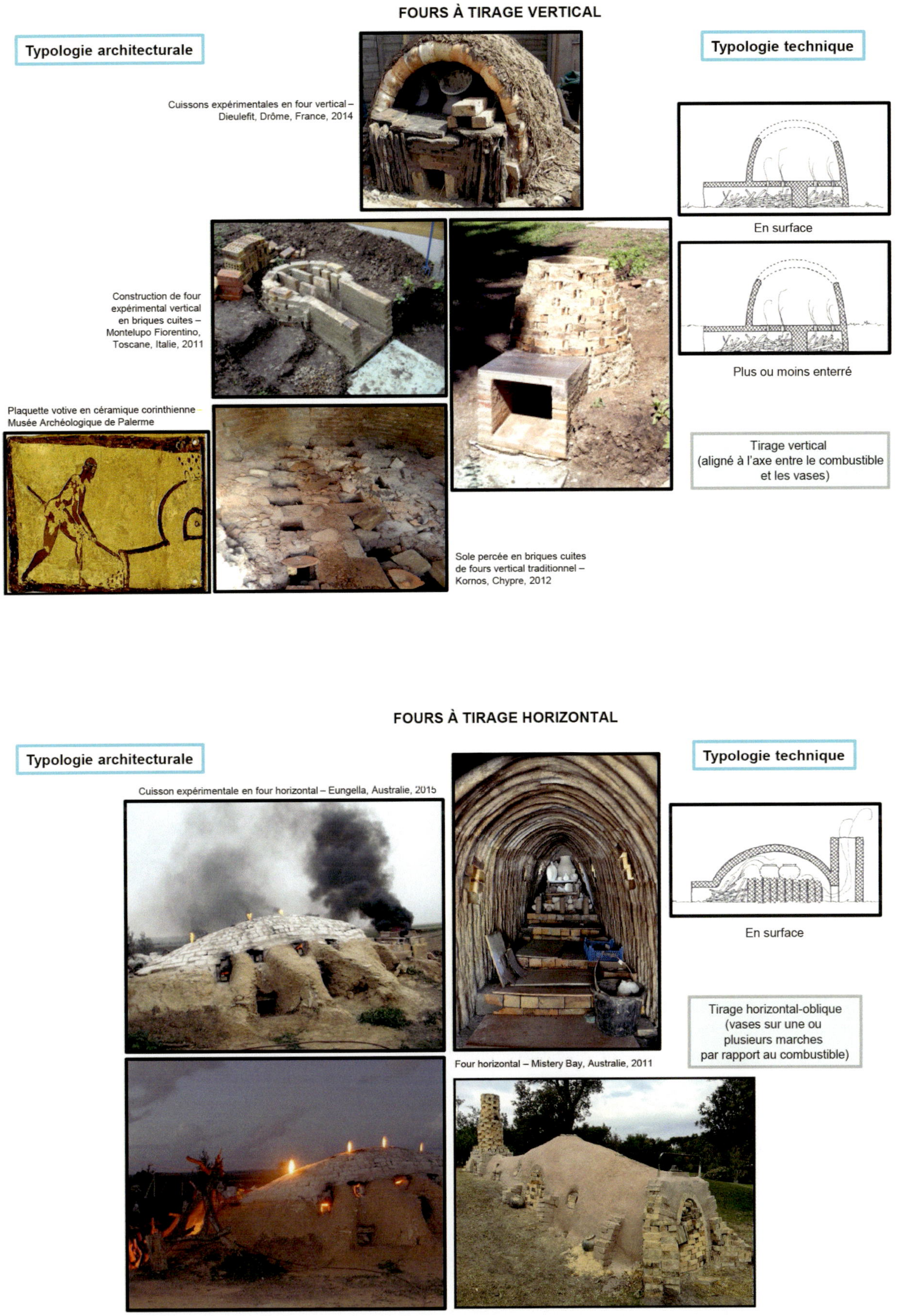

Figure 3 – Schéma (structurel-technique) et exemples (ethnoarchéologiques et ethnographiques) de fours à tirage vertical (en haut) et horizontal (en bas). Pour les images des structures de cuisson © Johnny Samuele Baldi.

vis-à-vis des vestiges de fours a été essentiellement descriptive. Cependant, un décalage entre méthodes et finalités s'est produit dès que les études ont commencé à aborder le fonctionnement des fours (Corder 1957 ; Cook 1961 ; Mayes 1961 ; Bryant 1973 ; Crawford 1981), ou à en dresser des typologies (Cuomo di Caprio 1972 ; Duhamel 1973a, 1973b). L'effort de déterminer les spécificités des différentes variétés de fournaises, ou d'en analyser les modalités de tirage ne pouvait que déboucher sur des tentatives d'en comprendre les différences et d'en lire les évolutions. Depuis les années 1960, sous l'influence de la tendance positiviste propre à la mouvance « processualiste » (Binford 1972), les approches archéologiques aux fours à poteries ont ainsi abouti à une forme de consensus. Pour justifier l'étonnante variabilité des solutions adoptées pour cuire les vases, la complexité de l'articulation architecturale d'un four a généralement été considérée révélatrice de sa complexité technique qui, elle, est censée être progressive et linéaire (Duhamel 1973a, 1973b ; Delcroix et Huot 1972 ; Hansen Streily 2000 ; Picon et Hraiki 2003).

Par conséquent, des types de fours de plus en plus structurés sont considérés comme des réponses de plus en plus adaptées à des contraintes – environnementales ou techniques – dans le but de contrecarrer de prétendues entraves physiques et obtenir de meilleures performances. Les spécificités des différents dispositifs de cuisson constitueraient donc autant d'étapes d'un processus de complexification et de maîtrise technique de la part de potiers tirant le plus possible parti de leur milieu naturel, pour mieux répondre aux limites posées par ce même contexte (Blanc 1963 ; Sinolopi 1988, 1991 ; Hayden 1995 ; Heege 2008 : 25). Du simple foyer au fourneau jusqu'au four fermé, l'objectif des artisans, à tout endroit et à tout moment, serait d'obtenir un meilleur contrôle de la température, de l'ascension de la chaleur et de la circulation de l'air par une isolation partielle ou complète des récipients et du combustible. Les premiers aménagements, consistant à consolider et enterrer le bas du foyer, ou à disposer les vases de manière à faciliter le tirage, auraient ainsi laissé la place à la construction de structures plus complexes et maçonnées – tels les fourneaux – pour aboutir finalement à des fours proprement dits, avec une nette séparation entre la chambre de chauffe et celle de cuisson. Ce scénario d'évolution positiviste et linéaire a l'avantage de présenter dans une perspective apparemment logique toute la panoplie des dispositifs et arrangements mis en place par les artisans passés et présents, mais il n'explique ni comment ni pourquoi bon nombre de procédés de cuisson apparaissent dans certaines zones ou à certaines époques seulement. De plus, ce schéma d'évolution ininterrompue, présentant l'adoption des différents types de fours dans une optique d'adaptation progressive, n'est soutenu par aucune évidence ethnographique ou archéologique. D'une part, la littérature ethnographique montre que les installations fermées et maçonnées plus complexes – à savoir les fours et fourneaux – sont parfois issus de techniques tout à fait marginales, tandis que les cuissons élémentaires « en tas » ou « en fosse » ont souvent été l'apanage de véritable spécialistes (Raimbault 1980 ; Soukiassian *et al.* 1990 ; Gosselain 1992 ; Delneuf 1991 ; Henein 2002 ; Roux et Gabriellini 2018). D'autre part, les fouilles archéologiques ont largement démontré qu'il n'existe aucune séquence chronologique clairement retraçable pour l'apparition des différentes installations de cuisson (Cuomo di Caprio 1972 ; Molist 1986 ; Baldi 2006 ; Heege 2008), tandis qu'il y a d'innombrables exemples d'ateliers où, à des endroits et à des époques disparates, des fours différents ont été utilisés les uns près des autres pour cuire les mêmes céramiques (Jasim 1985 ; Anderson 1987 ; Neve 2001 ; Casana 2000 ; Pecorella 2004 ; Baldi 2014 ; Baldi *et al.* 2016 ; Vallet *et al.* sous presse).

Néanmoins, il n'est pas étonnant de constater que les données de terrain, bien qu'incohérentes par rapport à toute lecture évolutionniste linéaire, n'aient pas eu raison de la perspective archéologique dominante vis-à-vis de la variabilité des installations de cuisson. Selon une vision traditionnelle de la technologie (Pfaffenberger 1992 : 493-6), les techniques ont longtemps été considérées comme une activité humaine neutre, dépourvue de toute signification sociale et culturelle particulière, et, pour l'essentiel, dominée par des contraintes environnementales ou techno-fonctionnelles. Les actions techniques étaient supposées être des stratégies d'adaptation « extra-somatiques » opérant en dehors de la sphère sociale, donc susceptibles de répondre physiquement à des limites dictées par le cadre naturel ou à des intentions socio-économiques (Binford 1965 : 205-6 ; Dunnell 1978 : 195). Cette vision de la technologie a abouti à une perception anhistorique des techniques et à l'aliénation des actions artisanales du fondement socioculturel de leur performance (Pfaffenberger 1988 : 242 ; 1992 : 493-6 ; Dobrès et Hoffman 1994 : 226-30 ; Dobrès 2000 : 312-15 ; Roux 2003 1-3 ; Choleva 2018). En outre, selon ce point de vue, la variabilité et le changement technologiques étaient généralement considérés comme inscrits dans une trajectoire continue, linéaire et cumulative, où les avantages de chaque technique agiraient comme des forces motrices pour l'émergence de nouvelles solutions d'adaptation et perfectionnement (Dunnell 1978 : 198). Dans ce cadre, l'adoption dans une région donnée d'un mode de cuisson dans des fours fermés et maçonnés a été donc associée à l'émergence d'un degré élevé de spécialisation artisanale et de complexité sociale. Cela revient à attribuer de façon presque axiomatique aux fours les mieux structurés des attributs techno-fonctionnels intrinsèques permettant l'efficacité, la standardisation et l'intensification de la cuisson de la poterie (Crawford 1981 ; Amouric *et al.* 1995 ; Hansen Streily 2000 ; Desbat *et al.* 2000 ; Picon et Hraiki 2003).

Un changement épistémologique radical a commencé à se produire seulement avec (et grâce à) des recherches récentes intégrant, d'une part, approches archéologiques à la culture matérielle (le cas échéant, aux fours à céramiques) et, d'autre part, des questionnements anthropologiques à l'égard des techniques (Sigaut 1987 ; Lemonnier 1992 ; Dobrès et Hoffman 1994 ; Gosselain 2011 ; Kozatsas 2020 : 15–40). Sur la base de l'école anthropologique française, l'archéologie a commencé à s'ouvrir à une conception de la technologie en tant que « fait social total » (Mauss 1967 : 7), à savoir une arène de pratiques sociales, interactions avec l'environnement, habitudes culturelles, choix individuels, traditions, ainsi que facteurs idéologiques et politico-économiques (Lemonnier 1992 ; Dobres et Hoffman 1994 ; Roux 2003). Au lieu d'être perçues comme neutres et a-culturelles, les technologies sont plutôt abordées comme des phénomènes sociaux, ancrés dans des contextes historiques particuliers, qui déterminent les manières locales de produire et consommer les objets (Gosselain 2019 ; Roux 2019). Les comportements techniques spécifiques aux différents groupes sont intégrées dans la société, en font partie sans aucune solution de continuité, en tant qu'actions humaines significatives résultant d'interactions entre différents acteurs, matériaux, connaissances, habiletés, perceptions sensorielles, traditions et visions du monde (Van der Leeuw 1993 : 240-1 ; Roux 2003 ; Gosselain 2011 ; Kozatsas 2020)[1]. Sur la base de cet enchevêtrement entre technique et société (Hodder 2012), les fours (et, plus en général, la cuisson des récipients céramiques) ont été progressivement abordés comme un chaînon crucial des séquences opérationnelles de la production, vestiges d'une étape aussi informative que n'importe quel autre segment des chaînes opératoires[2]. Celles-ci étant des processus spécifiques à un contexte et à un groupe social (Gosselain 2019 ; Roux 2019), à savoir des enchevêtrements dialectiques de facteurs à la fois matériels (matières premières, sources d'énergies, gestes, outils, structures artisanales, etc.) et immatériels (intentions, choix, valeurs sociales, cosmologies locales, etc.), aucune de leurs phases ne peut être conçue comme une simple réponse à des contraintes. De ce point de vue, les fours témoignent de comportements artisanaux et de traditions techniques ne découlant d'aucune forme de déterminisme.

Néanmoins, il n'est pas question ici de choisir par parti pris cette perspective anthropologique à détriment d'une vision plus traditionnelle. La finalité étant de rendre compte de la variabilité des modes de cuisson, il devient nécessaire de tester les deux approches pour comprendre si les fours se configurent comme des adaptations locales à des contraintes d'ordre fonctionnel ou écologique, ou s'ils représentent plutôt des véritables traditions culturelles.

Nécessaire, aléatoire ou arbitraire : entre contraintes et choix

La liste des convictions des tenants d'une lecture de l'évolution des fours en termes d'adaptation progressive à des contraintes extérieures est très longue, et leurs arguments sont apparemment tout à fait logiques et persuasifs[3].

Une idée qui fait pratiquement l'unanimité en céramologie veut que les pots à « pâte fine » – malgré les critères extrêmement variables et contingents à la base de ce type de définition – ne puissent être cuits à l'air libre : le risque d'accidents dus à l'évaporation brutale de l'eau résiduelle dans les parois serait trop important. Du moment que les fours sont supposés permettre une montée plus régulière de la température et, par-là, une évacuation graduelle de l'eau de plasticité, leur utilisation représenterait une excellente réponse à ce problème (Shepard 1957 : 81 ; Woods 1986 : 69 ; Rice 1987 : 156 ; Ronchi *et al.* 1994 ; Desbat 2001). Le raisonnement se tient, même s'il manque toute vérification d'une association plus ou moins systématique entre adoption des fours et cuisson des pâtes fines. De plus, une simple précuisson des récipients est largement documentée en ethnologie comme un moyen tout aussi efficace de limiter le risque d'accidents (Hampe et Winter 1962 ; Foster 1965 ; Hankey 1968 ; Pool 2000 ; Livingstone-Smith 2001). Un autre sujet fréquemment débattu est celui du carbonate de calcium (CaCO3), qu'il soit volontairement rajouté lors du malaxage des pâtes ou déjà présent dans les matériaux au moment de l'extraction. Se transformant en chaux (CaO) à partir de 700-800 °C, le carbonate de calcium augmente considérablement de volume en se réhydratant, ce qui peut entraîner des craquelures, voire la destruction des vases après la cuisson (Rye 1976, 1981). Pour éviter ce risque, deux solutions seraient envisageables : maintenir la température en dessous des 700 °C avec des cuissons en tas ou en fosse, prétendument incapables de développer une chaleur trop élevée (Vitelli 1984 : 117 ; Steponaitis 1983 : 33 ; Rye 1976 : 34) ; ou, sinon, dépasser les 1000 °C en utilisant des fours fermés, pour faire en sorte que le calcium fonde (Tite et Maniatis 1985 ; Rice 1987 : 98). Pourtant, plusieurs

[1] Pour André Leroi-Gourhan (1964 : 164) la technique est « à la fois geste et outil organisés en séquences par une véritable syntaxe qui donne aux séries opératoires leur stabilité et leur souplesse, leur flexibilité... la syntaxe opérationnelle est suggérée par la mémoire et émerge entre le cerveau et le milieu matériel ».

[2] Par la notion de chaîne opératoire on entend la « série d'opérations qui transforme une matière première en un produit fini, que celui-ci soit objet de consommation ou outil » (Cresswell 1976 : 13).

[3] Pour une discussion plus détaillée des arguments ici évoqués, voir Gosselain (2002 : 141-142).

études montrent que ce même problème pourrait être résolu déjà en phase de préparation des pâtes, en rajoutant une faible quantité de sel (Stimmel *et al.* 1982 ; Rye 1976). Dans cette même optique, une cuisson à basse température – préférablement, donc, dans des installations élémentaires – servirait à accroître la résistance des vases aux chocs thermiques (Andrieux et Arnal 1987). C'est dans l'intervalle compris entre 600 et 800 °C que l'argile atteint sa porosité maximale (Rice 1987 : 351 ; Rye 1981 : fig. 110) permettant l'expansion thermique des inclusions dans la pâte sans risques de dommages. L'important degré de porosité ainsi obtenu permettrait également une bonne perméabilité des fabriques, ce qui rendrait les produits finis adaptés pour le refroidissement des liquides, par percolation au travers des parois et évaporation en surface (Shepard 1957 : 126). Mais des résultats pareils sont offerts par un simple rajout de dégraissant végétal grossier (Rice 1987 ; Koizumi 2016).

À côté de supposées contraintes fonctionnelles, des convictions tout à fait semblables se sont également développées au sujet des contraintes environnementales. L'approche écologiste (Arnold 1975, 1976, 1981, 1985, 1989) considère que la variabilité des dispositifs de cuisson dérive essentiellement d'un compromis entre les impératifs économiques et les caractéristiques du milieu naturel. L'humidité est donc considérée comme un critère crucial, responsable de ralentir le séchage des récipients et de faire baisser les températures en cours de cuisson quand le combustible n'est pas assez sec. Cela entraînerait des risques de stress thermique, qu'il faudrait contrecarrer en concentrant les activités potières pendant la saison chaude, ainsi que par l'utilisation de structures de cuisson fermées (Arnold 1985 : 213). En effet, en Inde, fours et fourneaux sont largement utilisés dans des régions qui connaissent chaque année 8 ou 9 mois de fortes précipitations, tandis que la cuisson en tas semble être plutôt typique des zones arides (Arnold 1985 : 215). Par une forme singulière de court-circuit inductif, dans certains travaux archéologiques, cette hypothèse n'est ni vérifiée ni analysée, mais plutôt utilisée pour calculer avec une précision surprenante le nombre de jours durant lesquels l'activité céramique pourrait avoir été pratiquée dans le passé (Gibson et Woods 1990 : 44-45). Cependant, force est de constater que pour protéger les cuissons de la pluie il suffirait de dresser un abri temporaire. De même, d'autres données ethnographiques ne semblent pas confirmer la corrélation entre fours et régions humides. Par exemple, en Afrique équatoriale, où il pleut toute l'année, les cuissons en tas sont décidément les plus répandues, tandis que les enquêtes ethnographiques dans les zones arides de l'Afrique sub-saharienne documentent une très large prépondérance des fours (Gosselain 1992). Le vent représente un autre facteur capital, parfois profitable afin d'assurer une bonne aération pendant la cuisson, mais potentiellement dangereux en raison des brusques écarts de température pouvant engendrer de sérieux dommages. Des structures bien fermées et isolées s'imposeraient donc comme une nécessité (Rice 1987 : 156). Il est pourtant difficile d'imaginer des communautés de potiers présents ou passés qui ne connaissent pas les vents dominants dans leur propre région et qui ne choisissent donc pas des endroits adéquats pour leurs ateliers (Raimbault 1980 ; Barret *et al.* 2005). La disponibilité de combustible dans un environnement donné serait aussi un élément qui influencerait le choix des structures de cuisson (Rice 1984 : 244 ; Sinopoli 1991 : 33). Cependant, à ce sujet les avis sont très partagés. Si pour certains la simplicité basique d'un foyer constituerait la meilleure solution aux problèmes d'approvisionnement (Pool 2000), d'autres estiment que les fours plus élaborés offriraient justement l'avantage de réduire considérablement la consommation de combustible (Rye et Evans 1976 : 165).

Or, il est tout à fait certain – voire tautologique – que l'adoption et l'évolution de différents types de fours se sont déroulées dans le cadre d'une dynamique où l'environnement et les caractères de la tâche technique ont joué un rôle essentiel (Roux 2003). Il ne s'agit donc pas de nier que les limites imposées par la matière, la fonction et le milieu naturel aient pu ponctuellement favoriser ou restreindre l'usage de certaines techniques. Mais la tentative de rechercher dans une liste circonscrite de facteurs (voire dans un seul facteur) la raison de l'adoption d'un système de cuisson ne peut qu'aboutir à des réponses simplistes et, en définitive, fausses. L'enjeu est plutôt de démythifier la notion de *contrainte* (une entrave indépassable exigeant des mesures nécessaires, obligatoires et forcément d'une certaine nature), ainsi que celle de *performance* (un résultat de qualité grandissante obtenu et perfectionné par le biais d'une adaptation de plus en plus appropriée et rationnelle aux contraintes en place). Si, concernant les prétendues contraintes, les modèles traditionnels sont insatisfaisants parce qu'ils offrent des explications très partielles, au sujet des performances ils apparaissent inadéquats parce qu'ils sont souvent très vagues. Pour une raison ou une autre, l'accent est toujours mis sur les performances thermiques des procédés en question (Koizumi 2016) sans qu'aucune précision ne soit apportée sur les caractéristiques des différents systèmes, qui chaufferaient plus ou moins rapidement et pour atteindre des pics de chaleurs plus ou moins importants. Des paramètres comme l'homogénéité thermique ou l'atmosphère plus ou moins oxydante ne sont jamais pris en compte, alors qu'en céramologie même les méthodes analytiques les plus traditionnelles impliquent (au moins) une évaluation des conditions de cuisson par une description des couleurs du « biscuit » visible dans la section des tessons (Shepard 1957 ; Rice

1987 ; Andrieux et Arnal 1987 ; Gibson et Woods 1990). L'idée fondamentale demeure que les cuissons en tas ou en fosse ne dépasseraient pas les 800 °C, tandis que les fours seraient mobilisés pour des poteries cuites autour des 800-1000 °C (Matson 1981, 1983). Les fours offriraient des résultats nettement supérieurs également en ce qui concerne la possibilité de limiter les accidents lors des cuissons, notamment grâce à leur meilleure isolation et, par conséquent, à une ascension thermique beaucoup plus lente et graduelle (Krause 1984, 1985 ; Kingery 1997 ; Desbat et Cardoso 2012). Cependant, pour ce qui est des fractures que les vases peuvent subir en phase de cuisson, plusieurs données ethnographiques semblent montrer que, dans les foyers en fosse ou surélevés, ainsi que dans les fours plus ou moins enterrés et isolés, les taux de casse sont à peu près les mêmes. Ils se situent entre 0 et 30% pour les foyers simples (David et Henning 1972 ; Nicklin 1981), entre 0 et 35% pour les fosses et entre 0 et 30% pour les fourneaux (Livingstone-Smith 2007). Il semblerait, donc, que les accidents soient moins fréquents qu'on ne le croyait par le passé (Leroi-Gourhan 1943 : 226) et que l'utilisation de fosses, dépressions ou fourneaux ne permette aucune amélioration à cet égard. Plus en général, cette conviction postule, d'une part, des relations précises entre les procédés et les températures, tandis que ce rapport est totalement à démontrer. D'autre part, cette perspective se fonde sur une opposition entre systèmes plus ou moins complexes, qui s'excluraient réciproquement (Amouric *et al.* 1995 ; Picon et Hraiki 2003), alors que plusieurs évidences archéologiques montrent l'inverse (Casana 2000 ; Baldi 2014 ; Baldi 2020 ; Vallet *et al.* sous presse).

Mais pour mesurer l'éventuelle influence de limitations techniques et environnementales sur la variabilité des installations de cuisson, les données ethnographiques ne sont toutefois pas suffisantes. Pour redéfinir de façon plus complexe et précise la notion de « performance », une vérification s'impose notamment sur le plan des comportements thermiques des différentes structures, le but étant d'établir l'existence de contraintes, ainsi que d'éventuelles relations entre températures, modalités de cuisson et choix opérés par les artisans. Il devient donc essentiel de tester le véritable impact des différents facteurs, plutôt que de les utiliser comme des alibis faussement explicatifs de circonstances documentées par l'évidence archéologique.

Les thermomètres et le feu : les performances à l'épreuve de l'expérience

Des séances expérimentales ont été mises en place dans le but, d'une part, de tester certains procédés et méthodes de cuisson afin de vérifier s'ils pouvaient effectivement produire des résultats compatibles avec ceux documentés par les vestiges anciens. Ce type de démarche – la mise à l'épreuve d'une hypothèse par une expérience visant à reproduire les conditions et caractéristiques des matériaux et des dispositifs du passé (Coles 1973 ; 1979 ; Mathieu 2002) – correspond exactement à la définition d'expérimentation « imitative » (Ascher 1961 : 795 ; Coles 1979 : 1). Toutefois, les cuissons effectuées n'impliquaient pas un simple processus de « simulation » (Hodder 1978 ; Reynolds 1999 :159-160). Bien que l'ensemble des données expérimentales ne soit pas très étendu, une procédure « actualiste » (Outram 2008 : 2 ; Beyries 2020 : 15, 22) a été également mise en œuvre en étudiant les conditions et les outils qui auraient pu être adoptés dans le passé, et en utilisant des méthodes et des matériaux qui étaient vraisemblablement à disposition des potiers anciens. Pour déterminer les éléments caractéristiques de différentes modalités de cuisson, un facteur crucial était donc de contrôler et d'ajuster certaines variables (Ingersoll *et al.* 1977 ; Roux 2007 ; Outram 2008) – comme le type de four – en les croisant avec d'autres – comme le type de combustible. La finalité était d'évaluer si le fonctionnement de certaines structures de cuisson pourrait les distinguer nettement par rapport aux autres installations et, par conséquent, les caractériser comme des réponses obligées (ou du moins fort adéquates) à d'éventuelles contraintes. Le comportement thermique des différentes installations (soit leur « performance ») a été testé en fonction de trois critères majeurs : la vitesse de chauffe, les températures atteintes et le temps d'exposition à la chaleur maximale, à savoir des facteurs critiques notamment par rapport à la fréquence des accidents et des cassures (Bensimon *et al.* 1998 ; Pernot et Frerebeau 2018).

Les 24 cuissons expérimentales ayant fait l'objet d'une prise de température se sont déroulées dans le parc archéologique du Musée de la céramique de Montelupo Fiorentino (province de Florence, Italie), à l'aide de 3 à 12 thermocouples de type chromel-alumel (Figure 4)[4] :

[4] Ce système de mesure, largement diffusé à la fois dans l'industrie et les laboratoires de physique des matériaux, est apparu comme le moins coûteux et le plus fiable, dans la mesure où les résultats ont une marge d'erreur moyennement estimée entre 0,1 et 0,2 °C (Park *et al.* 1993). Le chromel et le alumel – respectivement alliages nickel + chrome (10%) et nickel + aluminium (5%) + silicium – constituent les extrémités des capteurs. Chaque sonde était enrobée d'une gaine d'aluminium et prolongée d'un fil de compensation en cuivre. Lors des cuissons, la jonction entre les sondes et les fils de compensation était maintenue à température ambiante, une extrémité de la sonde était placée de manière à relever la chaleur, tandis que l'autre était connectée à un lecteur multimètre (Figure 4). Si plusieurs thermocouples étaient utilisés pendant la même cuisson, ils étaient tous connectés au lecteur multimètre par un commutateur. Les prises de températures ont été effectuées par intervalles réguliers toutes les 5, 15 ou 30 minutes. En raison de la différence thermique entre la « soudure chaude » (l'extrémité distale posée contre la paroi des récipients dans le four) et la « froide » (conservée à température ambiante et connectée au lecteur multimètre), une différence de potentiel électrique était relevée (en mV – millivolt) par la sonde. Les valeurs affichées sur le lecteur multimètre étaient déjà convertis en °C, dans la mesure où la température ambiante de la « soudure froide » permet de transposer le différentiel électrique en différentiel thermique et, par-là, de mesurer la température relevée par la « soudure chaude » à l'intérieur du four. La première lecture des valeurs

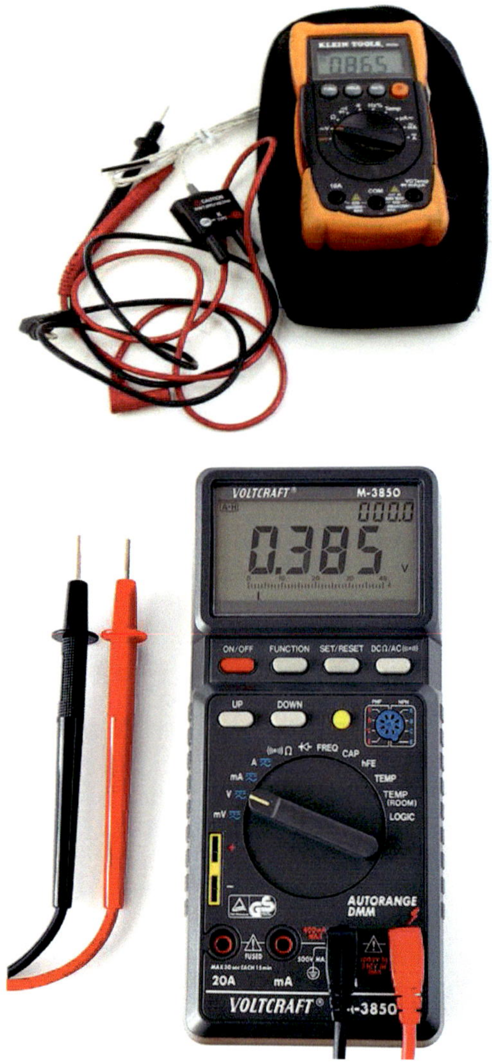

Figure 4 – Exemples de thermocouples chromel-alumel et lecteurs des températures utilisés lors des séances expérimentales.

entre 5 et 12 personnes ont participé aux expériences (Baldi 2015 : 191), de la construction des fours, jusqu'à la vérification de l'intégrité des pots à la fin des séances (Figure 5). Les données ont été réparties en six catégories (chacune testée sur un total de 4 cuissons) établies d'après le degré d'isolation de la structure utilisée et de la nature du combustible employé (Matson 1965 : pl. 1) :

1. Foyers simples avec combustible léger (frondes, herbes sèches, bouse et crottin)
2. Foyers simples avec combustible lourd (bûches, grosses branches)
3. Fourneaux avec combustible léger
4. Fourneaux avec combustible lourd
5. Fours à tirage vertical à combustible léger
6. Fours à tirage vertical à combustible lourd.

Le but était de présenter les données sous forme de diagramme temps/température, en rendant ainsi comparables les différents cycles de cuisson. Les installations à tirage horizontal,[5] qui constituent une technologie fort différente, n'ont pas été testées au moment de ces séances, mais seulement lors de cuissons ponctuelles[6]. Des expériences menées sur les fours d'époque protohistorique et romaine en Europe ont pu offrir une série assez importante d'exemples pour reconstituer les conditions dans lesquelles les cuissons étaient réalisées (Corder 1957 ; Mayes 1961 ; Bryant 1973 ; Picon et Hraiki 2003 ; Desbat et Cardoso 2012). Néanmoins, des études sur la capacité thermique des différents types de fours n'ont été effectués que dans le cadre de rares travaux ethnographiques (Gosselain 1992 ; Krause 1985 ; Nicklin 1981 ; Nicholson et Patterson 1989 ; Rye 1981). Quels que soient le combustible employé, le type d'installation, le nombre des récipients ou la façon de les empiler, la vitesse de chauffe peut considérablement varier d'un point à l'autre du foyer, si bien que les différents secteurs de la même structure n'atteignent jamais les températures maximales au même moment. Pour « normaliser » les données, les sondes ont toujours été placées au contact de la surface externe des récipients, tout en sachant que les courbes thermiques ainsi obtenues peuvent différer de celles qui auraient pu être tracées par une prise des températures dans des points différents des mêmes fours. La finalité n'étant pas de caractériser les progressions thermiques en décrivant les multiples variations susceptibles de se créer d'un point à l'autre du foyer[7], les cycles de cuisson ont plutôt été abordés dans leur globalité.

Les courbes correspondant aux 24 cuissons ont ensuite été reportées sur un même diagramme (Tableau 1), en distinguant en fonction de la couleur les six catégories de structures et de combustible. L'homogénéité des résultats est incontestable dès la première impression : l'orientation des courbes et leurs écarts respectifs

était effectuée une fois les pièces empilées et déjà en place, lors de l'allumage, tandis que la dernière était réalisée immédiatement avant l'extraction des pots cuits (pour un protocole similaire, voir Gosselain 1992).

[5] Avec toute probabilité, le tirage des fours – à savoir la direction suivie par la circulation de l'air – était toujours naturel, dû au différentiel thermique se créant entre l'intérieur et l'extérieur de la structure de cuisson : il n'existe, en effet, aucune preuve archéologique de l'utilisation de soufflets, dont l'emploi précoce, entre Egypte et Proche-Orient, n'est documenté que pour la métallurgie (Moorey 1994).

[6] Malgré leur apparition très précoce, déjà au 6ème millénaire avant notre ère (Buccellati *et al.* 1991 : Figure 6 ; Baldi 2015 : note 147), les fours horizontaux ont toujours représenté une technologie relativement rare dans l'Antiquité, que ce soit au Proche-Orient ou en Europe (Baldi 2006 : Tableau 1).

[7] Ces variations internes, parfois décidément importantes, sont tout à fait aléatoires, dues aux effets du vent sur un côté du foyer plutôt que sur l'autre, à la présence de branches plus ou moins sèches, à la circulation de l'air entre les pots à un moment spécifique de la cuisson, etc.

Figure 5 – Montelupo Fiorentino (province de Florence, Italie, 2008) : séances de cuissons expérimentales.

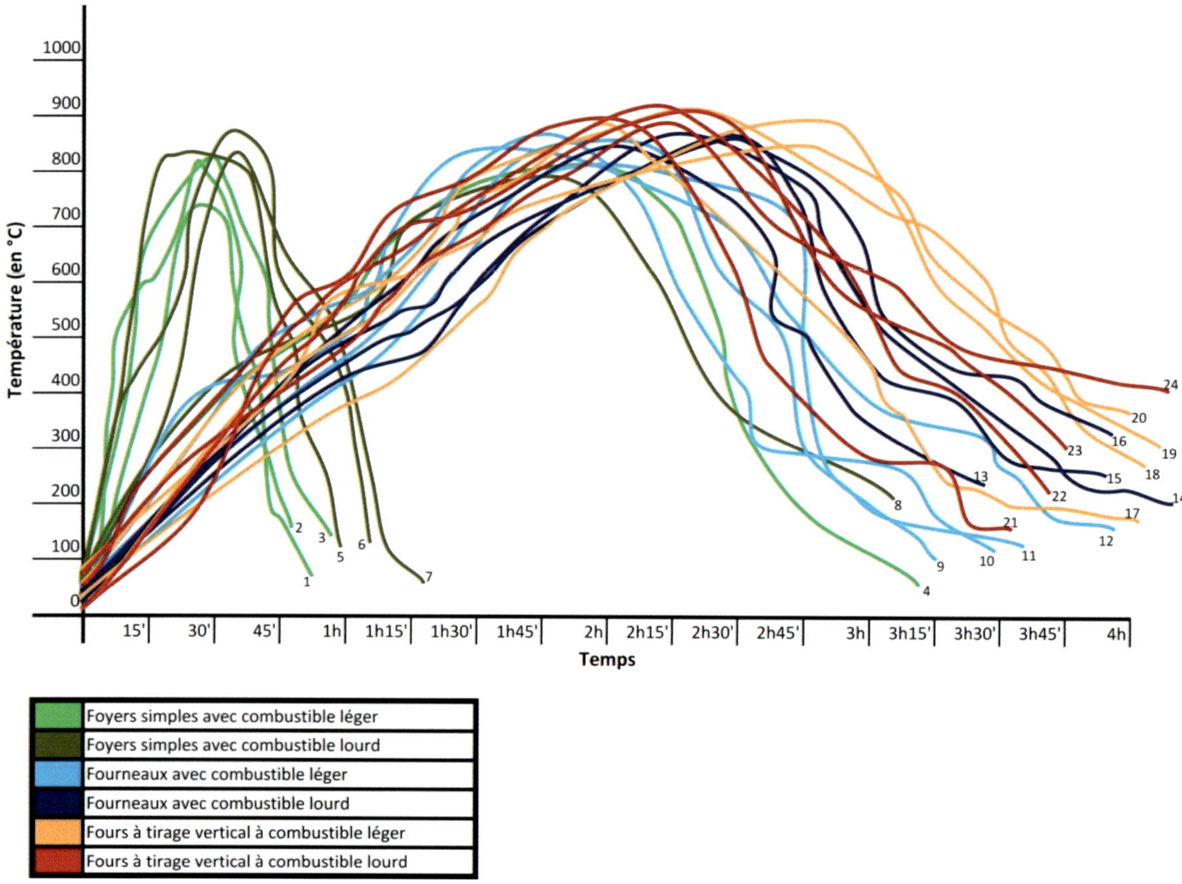

Tableau 1 – Courbes thermiques (temps/température) des 24 cycles de cuisson expérimentaux conduits à Montelupo Fiorentino.

se situent dans un même intervalle de variation, les différences étant parfois plus prononcées au sein des différentes catégories qu'entre celles-ci. La distinction principale apparaît entre deux regroupements de données concernant, respectivement, les cuissons effectuées en foyers simples et celles réalisées dans des fourneaux ou des fours, tandis que l'emploi d'un combustible léger ou lourd ne semble avoir aucun impact majeur sur les paramètres thermiques. Mais, même pour ce qui est de la différenciation entre foyers simples et structures plus élaborées, les spécificités semblent se situer essentiellement au niveau de la vitesse de chauffe et de la durée globale des cuissons.

Avantages différents, désavantages similaires, mêmes résultats

Les courbes relatives aux foyers simples (Tableau 1) montrent des cycles relativement courts, entre 50 et 100 minutes, durant lesquelles la chaleur monte et descend assez brutalement. Le seuil critique de 600 °C – où les argiles deviennent définitivement des céramiques (Rice 1987 : 103) – est atteint approximativement 15 minutes après l'allumage du feu, tandis que le pic thermique a été enregistré autour de la 30ème minute. Ainsi, la progression de la chaleur varie entre 25 et 52 °C/min. et tout laisse croire qu'une gestion moins soignée des cuissons aurait permis d'observer des vitesses de chauffe bien plus importantes[8]. Le type de combustible, le nombre des récipients à cuire et leur position dans le foyer n'influencent pas la courbe thermique, tandis que l'humidité des herbes ou des branches utilisées pour alimenter le feu apparaît comme un facteur potentiellement critique, pouvant freiner la progression de la chaleur et prolonger, donc, la cuisson. Mais, du moment que le combustible humide produit beaucoup de fumée, permettant par-là une cuisson en atmosphère réductrice, il est très peu vraisemblable que les artisans aient utilisé sciemment cette solution pour jouer sur la durée des cycles plutôt que, tout simplement, pour noircir les vases. La durée des opérations dépend largement de la vitesse de chauffe : une fois dépassé un certain seuil de température pendant un court intervalle, il est tout de suite possible d'entamer un refroidissement aussi rapide que le réchauffement. Néanmoins, comme les courbes des cuissons 4 et 8 – respectivement alimentées par du combustible léger et lourd – le montrent clairement (Tableau 1), il suffit

[8] Dans la littérature ethnographique (Shepard 1957 ; Nicklin 1981 ; Rye 1981), en effet, les données disponibles pour la vitesse de chauffe peuvent varier entre 40 et 90 °C/ min.

un ajustement très simple pour que tous les paramètres s'accordent des données typiques des cuissons dans les fours et fourneaux. Si le combustible et les récipients sont séparés par des matériaux ignifuges (dans les cas des cuissons 4 et 8, une simple couche d'argile), la montée de la chaleur et le refroidissement deviennent beaucoup plus lents (entre 7 et 7,5 °C/min). Les températures maximales ainsi obtenues sont tout à fait analogues à celles des autres cuissons, tout en ayant été atteintes autour de la 110ème minutes après l'allumage du feu et maintenues pendant environ 20 minutes. Comme confirmé par des données ethnographiques (Krause 1985), une option aussi simple que le choix d'étaler de l'argile entre le combustible et les vases permet de compartimenter l'installation, jouant ainsi, de façon grossière mais efficace, le même rôle exercé par la sole percée à l'intérieur des structures fermées et maçonnées. Il n'est donc pas étonnant de constater l'homogénéité entre, d'une part, les cuissons en foyer 4 et 8 et, d'autre part, celles en fourneau et en four.

Entre ces deux dernières catégories existe une différence fondamentale : si la fonction primaire des fourneaux est d'isoler à la fois le combustible et les pièces à cuire, les fours réunissent dans un même espace maçonné – tout en les séparant sur le plan structural par une sole percée – un foyer (ou chambre de chauffe, pour le carburant) et un laboratoire (ou chambre de cuisson, pour les récipients). Comme le montrent très bien les exemples ethnographiques (Rye 1981 ; Fatunsin 1992 ; Gallay *et al.* 1994), cette distinction architecturale implique – pour la construction comme pour l'entretien – une différence non négligeable en termes d'investissement en temps et en énergies. Or, ces différences ne semblent entraîner aucune conséquence sur les données chrono-thermométriques recueillies. Les deux catégories confondues, la vitesse de chauffe varie entre 5,5 et 7 °C/min, avec une montée de la chaleur très lente : le pic a été atteint entre 120 et 165 minutes après le démarrage du cycle, quel qu'il soit le type de combustible employé[9]. L'avantage principal offert par ces structures est de faire monter et descendre très lentement la chaleur, même sans interventions constantes et répétées de la part de l'artisan pour attiser le feu[10]. Les températures maximales sont atteintes, en moyenne, environ 2 heures plus tard que dans les cuissons en foyers, mais elles sont maintenues pendant un lapse de temps tout à fait similaire à ceux-ci (autour de 20 minutes). Une fois de plus, cela montre que ces paramètres sont à relativiser, dans la mesure où, si les cuissons en foyer peuvent être prolongées par l'aménagement de matériaux ignifuges entre vases et combustible, les cycles en fours ou fourneaux peuvent impliquer des pics thermiques maintenus pendant des intervalles très courts (comme pour les cuissons 10 et 22).

Finalement, les deux regroupements des courbes du Tableau 1 signalent juste que les opérations sont plus longues si les vases sont séparés du combustible ou disposés dans un espace clos, en soulignant ainsi l'influence de l'isolation sur la vitesse de chauffe, ce qui est assez tautologique (Shepard 1957 : 83-88 ; Rice 1987 : 156-157 ; Gibson et Woods 1990 : 27). Il en découle que, dans le cadre des expériences menées, les foyers représentent une solution tout à fait efficace, tandis qu'il n'existe aucun paramètre lié à des prétendues raisons de performance justifiant l'utilisation de dispositifs aussi complexes que les fours. Malgré leurs cycles très réguliers, ceux-ci ne se distinguent pas par un comportement thermique particulier et ne présentent aucun résultat spécifique qu'il ne soit possible (voire très facile) d'obtenir aussi à partir de structures beaucoup plus simples, plus faciles à aménager et à gérer.

Il en est de même pour les données concernant le stress thermique auquel les récipients peuvent être soumis pendant les cuissons. Lors de chaque séance, des thermocouples ont été placés à contact avec des points différents des surfaces externes de plusieurs pots, choisis en fonction de leur forme et leur emplacement, de façon à effectuer des prises de température au moment des pics de la chaleur. Pour chaque catégorie de combustible et de structure considérée, les différentiels les plus importants ont été retenus et réunis dans un même diagramme (Tableau 2). Examinés individuellement, ces tests montrent à quel point la cuisson constitue un passage délicat, les écarts thermiques relevés à des moments spécifiques sur la surface d'un même récipient, à des endroits situés à quelques centimètres l'un de l'autre, étant absolument impressionnants. L'amplitude des variations thermiques enregistrées ne montre, d'ailleurs, aucune corrélation avec la taille, la forme ou la disposition des pots. Aucun des systèmes de cuisson testés n'est en mesure de réduire ces différentiels et le stress qui en dérive, dans la mesure où les simples foyers aussi bien que les fours verticaux les plus complexes ont montré, lors du pic de la chaleur, des écarts pouvant facilement dépasser le 200 °C sur le même pot. De plus, si l'on considère la moyenne des écarts thermiques maximaux enregistrés pour chaque catégorie de structures, les valeurs obtenues

[9] La durée des cuissons en fours ou fourneaux a été volontairement limitée à environ 4 heures pour que les données soient moins disparates que celles issues des études ethnographiques, où sont documentées des durées qui varient entre moins d'une heure et plusieurs jours (Rye 1981 ; Krause 1985 ; Nicholson et Patterson 1989). De plus, des durées très prolongées n'impliquent pas que les cycles soient également longs, dans la mesure où, pendant la montée et la descente de la chaleur, les matériels argileux sont soumis à des passages critiques autour de certains seuils thermiques, au-delà desquels les opérations ne comportent plus aucun risque et les pots peuvent être laissés sur place pendant longtemps.

[10] Sur le plan de l'organisation du travail, et notamment en phase de refroidissement, cela peut permettre de se consacrer à d'autres tâches, en laissant que les braises se consomment pendant des heures ou des jours (Hampe et Winter 1962 ; Hankey 1968 ; Gallay *et al.* 1994).

sont absolument homogènes, entre 146 et 153 °C. En d'autres termes, tous les types d'installations se valent pour ce qui est des performances inhérentes au stress et aux différentiels thermiques auxquels sont exposés les récipients. Par conséquent, malgré une conviction largement répandue en archéologie (Kingery 1997 ; Hansen Streily 2000 ; Heege 2008), les foyers simples, avec leurs montées brutales des températures, ne semblent pas comporter davantage de stress thermique (et, par-là, de risques pour l'intégrité des pots) que les fours verticaux.

La même considération s'impose à partir du taux de casses calculé pour chaque cuisson (Tableau 3), qui oscille entre 16 et 31%, les valeurs les plus basses faisant référence à la cuisson 13 (dans un fourneau alimenté par du combustible lourd) et les plus hautes à la cuisson 6 (en foyer simple avec du combustible lourd). Les données sont encore plus claires en considérant le taux de casse moyen pour chaque catégorie, les valeurs se situant entre 21 et 27%, avec les foyers à combustible léger et les fourneaux à combustible léger aux deux extrémités de cette fourchette. Il est fort vraisemblable que cet écart très peu significatif relève davantage de la maîtrise de l'artisan que des caractéristiques des différentes structures. Cette même homogénéité est également soulignée par les températures maximales atteintes (Tableau 1), qui varient entre 740 et 930 °C. Aucune expérience n'a demandé d'avoir recours à des opérations particulières pour attiser le feu ou pour augmenter l'aération des structures, chacune d'entre elles étant largement en mesure de développer des températures bien plus élevées que celles atteintes. D'ailleurs, aucune des installations n'a été poussée jusqu'à atteindre ses limites thermiques, dans la mesure où cette notion est en elle-même très vague, une structure similaire, mais utilisée par un autre artisan, ou à l'orientation et aux dimensions légèrement

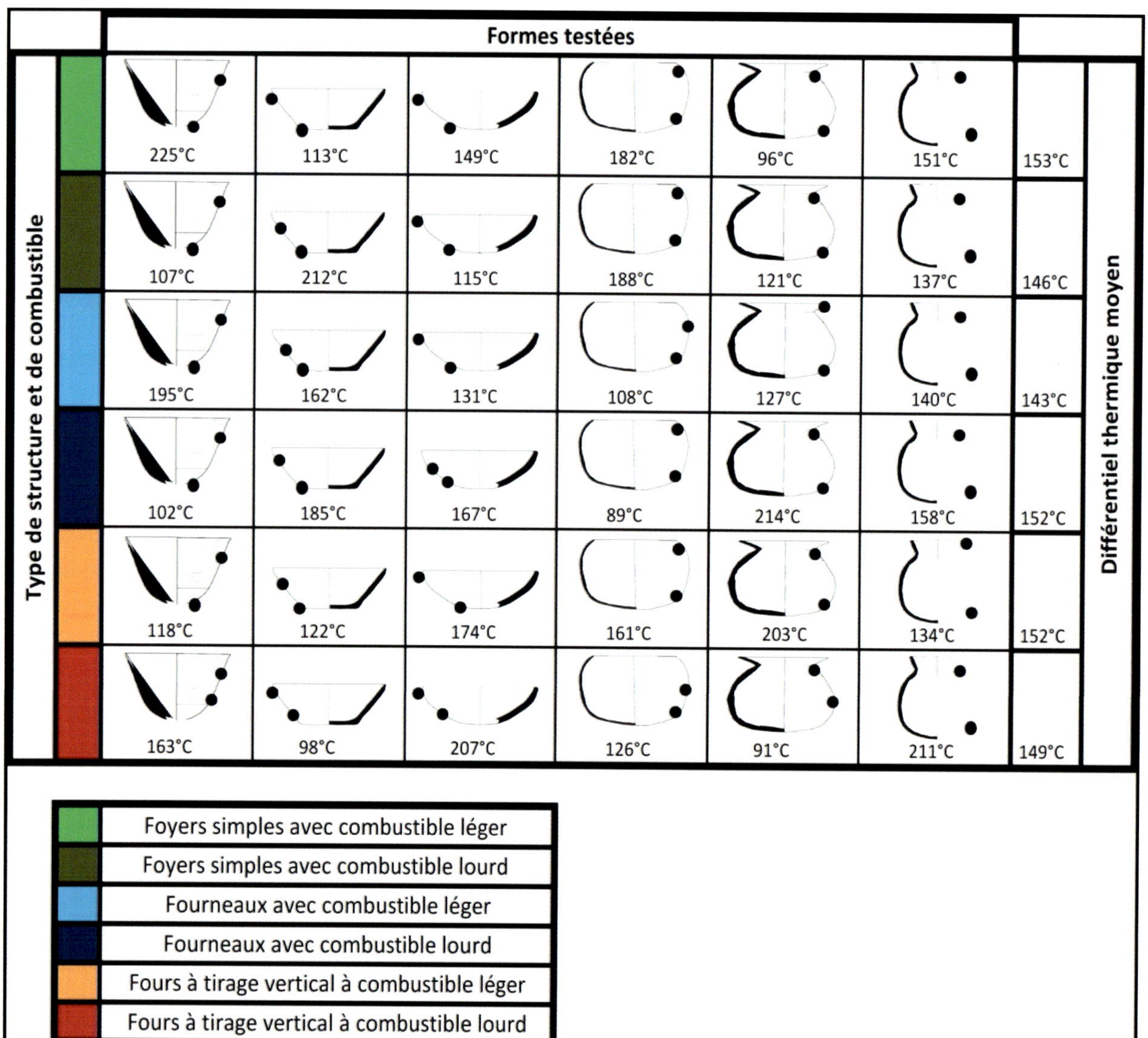

Tableau 2 – Schéma des différentiels thermiques enregistrés sur les surfaces des pots au moment du pic de la chaleur en fonction des structures de cuisson utilisées lors des expériences à Montelupo Fiorentino.

Catégorie technique	Cuisson	Taux de casses	Taux de casse par catégorie technique
Foyers simples avec combustible léger	1	22%	21%
	2	24%	
	3	20%	
	4	19%	
Foyers simples avec combustible lourd	5	27%	26%
	6	31%	
	7	22%	
	8	23%	
Fourneaux avec combustible léger	9	19%	27%
	10	30%	
	11	32%	
	12	28%	
Fourneaux avec combustible lourd	13	16%	24%
	14	29%	
	15	26%	
	16	24%	
Fours à tirage vertical à combustible léger	17	26%	23%
	18	19%	
	19	23%	
	20	23%	
Fours à tirage vertical à combustible lourd	21	18%	25%
	22	26%	
	23	28%	
	24	27%	

Tableau 3 – Schéma des taux de casse mesurés en fonction des structures de cuisson utilisées lors des expériences à Montelupo Fiorentino.

différentes pouvant faire enregistrer des valeurs maximales plus ou moins hautes[11].

Bien que testés lors de 4 expériences plus ponctuelles (2 au Gaya Ceramic Art Center à Bali et 2 à Mystery Bay en Australie), les fours à tirage horizontal ont fait l'objet des mêmes relevés chrono-thermométriques. Les séances visaient surtout à étudier les modalités de construction de ces installations (Figure 6), de manière à vérifier l'efficacité effective du seul système de cuisson qui, normalement, ne prévoit aucun contact – ne serait-ce qu'indirect – entre le combustible et les pots à cuire. En effet, même dans les fours verticaux, dont la structure

[11] À ce sujet, plusieurs études ethnographiques et expérimentales (Gosselain 1992, 1995 ; Bryant 1973 ; Nicholson et Patterson 1989) montrent clairement comme les fours à tirage vertical, bien qu'en mesure de dépasser les 1000 °C, n'atteignent ce seuil que très rarement. Il en est de même pour les foyers (en surface ou en fosse), dont les limites thermiques, généralement plus basses, peuvent être très facilement accrues en alimentant et en ventilant le tas.

Figure 6 – Fours à tirage horizontal : phases de construction et d'entretien (1-5 : Gaya Ceramic Art Center, Sayan, Ubud, Bali, 2010 ; 6-7 : Mystery Bay, Australie, 2011) – © Johnny Samuele Baldi.

est marquée par une nette distinction entre les deux chambres, les flammes du foyer frôlent (et parfois entourent) les vases en passant par les trous de la sole percée. En revanche, dans les structures horizontales, malgré l'absence d'une partie intermédiaire maçonnée, combustible et céramiques sont empilés à deux endroits bien éloignés l'un de l'autre en raison de la présence d'une marche ou banquette interne (voire de plusieurs paliers), de sorte qu'en général les flammes n'atteignent pas les pots. Pendant les cuissons[12], les pics thermiques ont été relevés, tout en mesurant les différentiels de température se créant sur la surface des pots. Les résultats observés montrent clairement que cette dernière catégorie de structures à feu constitue une technologie plus avancée, avec des pics de chaleur autour de 1000 °C (mais pouvant atteindre 1500 °C) et des taux de casses tout à fait marginaux (entre 5 et 10%). En effet, la circulation horizontale-oblique de l'air fait en sorte que ces fours absorbent et relâchent la chaleur de façon très homogène dans l'intégralité de leur structure. Les pots cuisent ainsi grâce au rayonnement uniforme qui se dégage à partir de toutes les parties de l'installation. Ce n'est pas en fonction de flammes plus ou moins vigoureuses, mais en raison de cette énergie thermique qui monte et descend de façon fort homogène – en régularisant la chaleur du combustible, des récipients, des gaz et des parois – que les vases sont soumis à des écarts thermiques bien plus modérés que dans les autres structures (entre 24 et 75 °C). Il n'est donc pas étonnant de constater que les accidents et les cassures sont très réduits. Néanmoins, les données archéologiques, ethnographiques et expérimentales (Zhushchikhovskaya et Nikitin 2014 ; Guo 2017 ; Wall 2017 ; Safina *et al.* 2021) soulignent que, paradoxalement, l'ensemble de ces caractéristiques techniques remarquables finit par constituer une limite. La construction d'un bon four horizontal, notamment s'il est de petites dimensions, est une opération complexe, impliquant toute une série de mesures (isolation des joints entre les briques, application d'un enduit externe, évaluation de la distance entre pots et combustible, construction de canalisations souterraines, etc.), qui ne sont pas demandées par d'autres types d'installations. De même, l'entretien exige des soins spécifiques et assidus pour maintenir le niveau d'isolation, prévenir la formation de fentes et éviter que les fortes chaleurs endommagent la structure dès la première utilisation[13]. De plus, les cycles de cuisson demandent des habiletés spécifiques, ainsi qu'une attention et des interventions constantes de la part du potier pour que la température ne monte pas trop en faisant fondre les vases[14]. Par conséquent, bien que la complexité technique des fours horizontaux soit indéniable, on voit mal comment celle-ci offrirait des solutions plus adaptées à de prétendues contraintes fonctionnelles ou environnementales.

Pour désacraliser la « performance » : comportements thermiques et seuils critiques

Il semblerait donc raisonnable d'imaginer que les différences entre les structures, plutôt qu'en termes de valeurs thermométriques, soient observables sur le plan de leur comportement global pendant les cuissons, à savoir leurs capacités à maintenir certaines températures spécifiques pour que les récipients y soient exposés de manière homogène. Une fois constaté que toute présomption d'ordre fonctionnaliste se heurte irrémédiablement à l'évidence qu'aucune structure de cuisson ne peut offrir des avantages spécifiques, le fait de s'interroger sur les modalités de gestion des différentes installations, en relation à certaines phases des opérations, revient à renoncer à l'idée que l'un ou l'autre type de four présente des caractéristiques qui le rendraient préférable pour ses « performances », ou le désigneraient comme une forme d' « adaptation » par rapport à certaines contraintes. Dans une optique plus générale, il a alors semblé utile de vérifier les possibilités techniques des différents fours en relation aux passages les plus délicats des cycles de cuisson. Dès lors, la question était d'évaluer combien de temps une argile doit être exposée à un certain seuil de température pour que les modifications physico-chimiques susceptibles de se produire puissent effectivement avoir lieu (Gosselain 2002 : 176-177). Ces transformations étant observables à partir des pâtes des vases cuits, le questionnement a porté sur l'existence d'éventuelles relations entre la variabilité des systèmes de cuisson et ces caractères que les fabriques assument lors de passages thermiques spécifiques (Grimshaw 1971 : 709-729 ; Tite et Maniatis 1975, 1985 ; Rice 1987 : 86-104 ; Amicone *et al.* 2020b).

[12] Les séances, dont la durée n'a pas été normalisée, se sont déroulée sur des périodes allant de 3 à 21 heures. L'homogénéité des températures atteintes et des taux de casse à l'issue des cuissons semble suggérer que, au moins pour les installations horizontales, la durée des cycles n'a pas d'impact sur les résultats et que, en revanche, la régularité des courbes thermiques (qu'elles soient plus ou moins longues) joue un rôle majeur.

[13] Tous ces inconvénients se sont manifestés, même lors de séances expérimentales dans des fours en briques cuites (Figure 6.7), et sont donc d'autant plus sérieux en utilisant des structures en briques crues (Figure 6.6). Dans ce dernier cas, il s'agissait de briques crues de production industrielle, dont le degré de séchage, élevé et uniforme, diffère de celui des briques crues produites par des procédés traditionnels. Celles-ci peuvent bien évidemment être employées pour bâtir des fours horizontaux (Baldi *et al.* 2016), mais cela entraîne des coûts ultérieurs. Pour éviter que le four ne soit utilisable qu'une seule fois, il faut compter davantage de combustible (pour deux ou trois cycles très lents et préventifs, à des températures progressivement plus hautes, de façon à cuire et consolider les parois avant que la structure soit chargée par la première fournée), d'efforts pour l'entretien et, plus en général, de maîtrise technique de la part de l'artisan en charge.

[14] Lors des expériences mises en place, la limite des 1000 °C, impliquant déjà des risques à cause de la vitrification des pots, a été atteinte sans pousser d'aucune manière les fours. Dans un cas – et sans l'avoir nullement recherché – la chaleur est montée jusqu'à 1500 °C, à savoir à peu près le seuil de fusion du fer, une température qui est non seulement inutile, mais surtout très dommageable pour les céramiques.

- La dé-hydroxylation[15] des minéraux argileux se produit entre 450 et 900 °C – le plus souvent vers les 600 °C.
- Les inclusions organiques s'oxydent entre 200 et 400 °C, pour être ensuite complétement éliminées autour des 750-850 °C.
- Le quartz change de structure, de façon réversible, par une inversion alpha-bêta vers 573 °C.
- Le carbonate de calcium (CaCO3) se dissocie en oxyde de calcium (CaO) et dyoxide de carbone (CO2) aux alentours de 870 °C.
- C'est aussi à cette température que le quartz bêta se transforme en tridymite.
- La vitrification (phase visqueuse due à la fusion de certains minéraux contenus dans les argiles) peut se produire entre 700 et 950 °C.

Or, si ces différentes transformations dépendent notamment du temps d'exposition à des seuils thermiques, aucune précision n'est connue dans la littérature archéométrique quant à la durée minimale permettant leur apparition. Le nombre des facteurs en jeu est manifestement trop important pour imaginer l'existence de formules universelles, les modifications dépendant de la composition minéralogique et chimique des argiles, de leur texture, des surfaces de contact entre les particules susceptibles de réagir, de l'atmosphère de cuisson, ainsi que de la vitesse de chauffe en correspondance de chaque seuil de température (Grimshaw 1971 : 709). Avant de rares travaux récents (Paige *et al.* 2017), on a longtemps mobilisé des termes aussi vagues que « réactions lentes » ou « rapides » (Tite et Maniatis 1985), qui ne sont pas d'un grand secours lorsqu'il s'agit d'évaluer le degré de cuisson des matériaux en relation aux données thermométriques. Or, les résultats des séances expérimentales mises en place à Montelupo Fiorentino (Tableau 1 – Baldi 2015 : 202), confirmés par des études archéométriques basées à la fois sur des assemblages archéologiques et issus d'autres expérimentations (Amicone *et al.* 2020a, 2020b), démontrent clairement que toutes les transformations physico-chimiques les plus marquantes peuvent être obtenues par plusieurs procédés différents. En cas de récipients cuits autour de 700-900 °C avec une progression relativement rapide de la chaleur, quelques minutes (voire quelques secondes) d'exposition aux seuils thermiques sont suffisantes. Sinon, dans le cas de cycles atteignant des pics thermiques d'environ 550-600 °C, les différentes transformations demandent des expositions plus longues à certaines températures spécifiques. Dans les deux circonstances, l'énergie thermique employée est à peu près la même, le fait de maintenir le système pendant un certain temps autour d'un niveau déterminé de chaleur consommant, en général, autant de combustible que de faire brusquement monter la température.

L'examen des fabriques des pots cuits dans tous les types de fours expérimentaux indique sans aucun doute que le processus de dé-hydroxylation est complet dans des récipients exposés pendant 8 minutes à des températures comprises entre 500 et 600 °C, comme d'ailleurs, dans des vases qui ne sont restés à ce niveau de chaleur que quelques secondes (pas plus que 2 minutes), mais ont atteint des températures supérieures (entre 750 et 850 °C). L'élimination des résidus organiques – comme les particules de végétaux prises dans les fabriques – et l'inversion alpha-bêta de la structure du quartz se produisent aussi bien dans des récipients maintenus pendant une dizaine de minutes autour de 600 °C, que dans des pots qui ont rapidement atteint les 750-850 °C pour ensuite refroidir aussi rapidement. De même, la formation de tridymite à partir du quartz bêta, ainsi que des traces de vitrification, ont pu être constatées, sans différences apparentes, sur des pots qui ont atteint brièvement des températures autour de 920-950 °C, comme sur des récipients exposés pendant au moins 15-20 minutes à un seuil environnant les 700-730 °C (Baldi 2015 : 203). En général, en ce qui concerne tous les passages physico-chimiques les plus significatifs des cycles de cuisson, il suffit d'atteindre rapidement des températures au-dessus de certains seuils, ou de maintenir les récipients quelques minutes de plus autour d'un seuil thermique inférieur, pour que les mêmes transformations aient lieu. En d'autres termes, ces modifications se produisent sans difficulté quelles que soient la structure de cuisson utilisée et la modalité de conduire les opérations. Non seulement, donc, il n'existe aucun type de structure plus performant que les autres ; mais il n'y a même pas une modalité plus indiquée de gérer les cuissons, l'option de maintenir longtemps des températures relativement basses et celle d'atteindre rapidement d'importants pics de chaleur ayant chacune ses difficultés et ses risques, tout en assurant des résultats similaires.

Comment justifier autant de variabilité, ou pourquoi tirer au canon sur des moineaux

Compte tenu des analyses expérimentales, ainsi que des données ethnographiques, les foyers se caractérisent par leur simplicité à la fois souple et efficace, tandis que les fours verticaux apparaissent plutôt comme une solution à la complexité souvent injustifiable. Quant à la logique qui mènerait à l'adoption de structures à tirage horizontal, elle semble parfois aussi irrationnelle que

[15] Perte des hydroxyles, à savoir de l' « eau de liaison » (dite aussi « eau chimique ») qui sépare les feuillets de silice et d'alumine au sein des minéraux argileux en faisant ainsi partie de leur structure chimique. Une fois éliminées ces particules d'eau, les feuillets se disposent les uns contre les autres, ce qui empêche tout ré-hydroxylation et rend irréversible le changement de l'argile en céramique.

de « tirer au canon sur des moineaux ». Toute croyance ou lecture linéaire d'une évolution qui, à partir des cuissons en tas ou en fosse, aboutit à la construction d'installations maçonnées, isolées, compartimentées – et parfois même composites (Baldi *et al.* 2016) – se heurte à une disproportion manifeste entre les objectifs souhaités et les moyens déployés. L'utilisation des fours les plus complexes permet, certes, de résoudre certains problèmes, mais en crée d'autres, en demandant notamment un investissement grandissant en termes économiques, d'entretien et de maîtrise technique. Même si c'est quelque peu paradoxal, force est de constater qu'il n'existe aucune contrainte permettant de justifier, sur la base d'une logique d'adaptation et de performance, l'emploi des fours les mieux structurés, alors que c'est justement la complexité de ceux-ci qui risque souvent de devenir contraignante pour les artisans.

En dépit des différences entre les catégories, pour ce qui est du combustible, des modes d'empilement des récipients, des principes fonctionnels des structures, de la vitesse de chauffe et de la progression générale de la chaleur, les résultats expérimentaux sont extrêmement homogènes. De plus, même en ce qui concerne les désavantages – comme le stress thermique dû aux écarts de température auxquels les récipients sont souvent soumis (Tableau 2) – les différentes structures testées se valent. Si les solutions permettant des cycles thermiques très graduels ne dérivent pas d'une contrainte et n'assurent pas des meilleurs résultats thermiques garantissant la qualité des produits finis, la question est de savoir pourquoi les artisans ont eu (et ont) recours à des structures aussi délicates et complexes que les fours de potiers proprement dits. L'avantage de cette option paraît de moins en moins évident, dans la mesure où elle ne permet pas d'accroître ou d'homogénéiser les températures, ni même de les maintenir plus longtemps que d'autres dispositifs, étant par ailleurs impossible d'y cuire une plus grande quantité de récipients, ou de relocaliser facilement la structure lors d'un réaménagement de l'atelier[16].

Certaines approches écologiques (Arnold 1975, 1976, 1981, 1985, 1989) ont également appliqué aux argiles des hypothèses fondées sur le principe de « performance », plus ou moins adaptée par rapport à de prétendues contraintes environnementales, comme si les argiles choisies devaient avoir des propriétés exceptionnelles (ou, du moins, bien spécifiques) pour résister à l'« épreuve du feu » que la cuisson représente. Mais aussi bien les observations ethnographiques (Rye et Evans 1976 ; Gosselain 1992 ; Livingstone-Smith 2001, 2007), que les études expérimentales sur la granulométrie, la texture et la plasticité des matériaux argileux (Ronchi *et al.* 1994 ; Baldi 2015 : Tableaux IV. 1-2 ; Koizumi 2016) ont très largement montré que des argiles fort différenciées peuvent toutes également supporter d'être transformées en céramiques.

En effet, l'un des résultats les plus inattendus des observations thermométriques lors des cuissons expérimentales est l'inadmissibilité de toute correspondance entre un mode de cuisson et une structure spécifique. Cela implique que les inférences (voire les déterminations) effectuées en ce sens à partir du matériel archéologique ne relèvent que d'un « fantasme » céramologique et sont complètement infondées. Si, d'une part, les potiers peuvent s'accommoder de n'importe quel matériau argileux pour produire de la céramique[17] et, d'autre part, toutes les installations de cuisson testées permettent d'obtenir les mêmes transformations physico-chimiques (à savoir les mêmes « performances »), il devient tout simplement impossible, à partir des caractéristiques d'une poterie ancienne, de reconstruire dans quel type de fours celle-ci a pu être cuite. Les pâtes céramiques à la couleur claire et homogène, ou cuites à des températures élevées[18] ne témoignent pas forcément de l'emploi d'un four maçonné, comme, d'ailleurs, rien n'établit une correspondance fiable entre le « biscuit noir » dans la section d'un tesson et une cuisson rapide dans un foyer simple. Si, dans des contextes et des conditions données, tout type de résultat peut être achevé en ajustant la gestion des différents types de fours, il est

[16] Les exemples archéologiques en ce sens sont innombrables. Pour des raisons de « mémoire artisane » (Piccolpasso [1556] 2006 ; Rice 1984 ; Baldi 2006 ; Gosselain 2019), d'organisation spatiale ou sociale, l'emplacement des ateliers a tendance à rester fixe pendant des périodes parfois très longues en tant que pôle majeur dans la structuration des espaces de vie et d'agrégation. Mais, à l'intérieur de ces laboratoires, l'agencement entre les fours et les autres structures de production céramique évolue sans cesse, ce qui serait bien moins compliqué en ayant recours à des foyers simples. Au contraire, déjà à des périodes très anciennes au Proche-Orient, la restructuration d'un atelier doté de fours maçonnés impliquait un véritable changement de « niveau archéologique », à savoir de lourds travaux de nivellement suivis par la reconstruction de l'intégralité des structures bâties (Baldi 2006, 2014, 2020 ; Baldi *et al.* 2016 ; Vallet *et al.* sous presse).

[17] Cela ne signifie pas que des attributs – naturels ou obtenus grâce aux opérations de sélection, décantation et malaxage – ne rendent certaines argiles ou certaines pâtes céramiques plus ou moins adaptées à la confection de produits spécifiques. Au contraire, il est évident que, au net des aspects idéologiques et des perceptions émiques propres aux différents groupes d'artisans, toutes les manipulations mises en place par ceux-ci visent à préparer des fabriques appropriées aux résultats souhaités. En revanche, les données ethnographiques et expérimentales sur la granulométrie, la malléabilité et l'élasticité des argiles (Baldi 2015 : chapitre 4) montrent que, comme pour les fours, il n'existe aucune contrainte qui empêcherait d'utiliser un matériau plutôt qu'un autre pour en faire un vase. Une fois de plus, la nature offre des matières avec certaines caractéristiques qui, en fonction de choix culturels tout à fait arbitraires, sont utilisées telles quelles, ou ajustées par des procédés (ou techniques) plus ou moins complexes, permettant d'obtenir des résultats tout à fait comparables (Amicone *et al.* 2020b).

[18] D'autant plus que, si les mêmes transformations physico-chimiques peuvent se produire à la fois en dépassant un seuil thermique déterminé et en maintenant plus longtemps la chaleur en dessous de ce même seuil, la notion de température « élevée » ou « basse » doit plutôt être mobilisée dans l'acception d'une large fourchette de valeurs thermiques (Amicone *et al.* 2020a, 2020b).

évident que l'aspect des produits finis relève non pas de l'installation utilisée, mais, tout au plus, des finalités en fonction desquelles le potier a choisi une modalité spécifique de conduire sa cuisson ou, sinon, juste de sa maîtrise technique, de son niveau d'attention ou de sa façon de faire.

À l'issue d'une analyse critique des données ethnographiques et expérimentales, il ne reste presque plus rien des schémas interprétatifs rassurants, clairs et linéaires développés dans le temps par un certain positivisme archéologique. La multiplicité et l'évolution des fours apparaissent comme le produit de processus très longs, flous, dynamiques, instables et arbitraires. De ce fait, une lecture culturelle de la différentiation des modes et des moyens de cuisson finit par apparaître tout à fait plausible. Néanmoins, reléguer les fours proprement dits à de simples façons de faire (le cas échéant, de cuire la céramique) parmi d'autres, ne rend pas compte de leurs caractéristiques et offre une explication bien décevante : « c'est ainsi parce que dans le temps les artisans ont choisi ainsi ». Dans l'absence d'avantages particuliers, ou de fantomatiques contraintes forçant les artisans à opter pour la complexité technique des structures maçonnées, une possibilité de lecture proprement archéologique de celles-ci pourrait porter sur l'évaluation de la manière très spécifique que les fours construits ont d'interagir avec l'espace. Selon cette perspective, il serait question d'analyser le caractère qui définit et rend tout à fait particulier l'enchevêtrement (physique et technique, au sens de Hodder 2012) des fours avec le monde des choses et des humains qui les entoure.

Si les autres installations sont plutôt caractérisées par des aménagements (des fosses, des empilements, des tas, des différents agencements de matériaux), dans le cas des fours, chacun de ces arrangements trouve une dimension formelle, établie, architecturale, figée et définie dans le bâti. La fosse pour ranger le combustible est une chambre de chauffe, à savoir un foyer à la forme et à l'emplacement déterminés par les briques ; de même, l'amas des récipients et l'espace qui leur est attribué constituent une chambre de cuisson, à savoir un laboratoire qu'une marche ou une sole percée sépare de (tout en le mettant en communication avec) son propre soubassement. Il ne s'agit pas de suggérer, par-là, qu'en tant que structures fixes et nécessitant de soins spécifiques les fours se seraient développés en même temps que les ateliers pour la production des poteries. Toute la documentation archéologique au Proche-Orient démontre l'inverse (Delcroix et Huot 1972 ; Hansen Streiley 2000), les fours ayant été utilisés à partir de périodes où la ségrégation entre production céramique et activités domestiques était inexistante ou très faible, alors que la notion même d'atelier sous-entend une séparation physique conçue exprès pour des opérations spécialisées à effectuer dans un cadre autre que l'habitat (Delneuf 1991 ; Desbat *et al.* 2001 ; Anderson 1987). Néanmoins, force est de constater que l'évolution des ateliers rassemblant dans un même endroit toutes les étapes de la chaîne opératoire – du malaxage des argiles, au façonnage des pots jusqu'à leur cuisson – s'est faite à partir d'un pôle représenté par les fours (Baldi 2006). Ceux-ci n'ont pas été dressés près des sources d'argile, ni se sont jamais multipliés à proximité des maisons ou dans des courts privées, telles des extensions ayant tendance à se rapprocher des lieux utilisés pour les autres étapes de la manufacture. Les évidences archéologiques – au moins celles de l'Asie occidentale – racontent plutôt l'histoire inverse. Ce sont les fours maçonnés – d'abord implantés dans de vastes aires communes (Jasim 1985 ; Molist 1986), puis construits à l'écart des espaces de vie (Hampe et Winter 1962 ; Pecorella 2004 ; Neve 2001) – qui ont constitué le pôle d'attraction pour les autres phases de la fabrication, dont les opérations spécifiques se sont progressivement concentrées autour des fours, jusqu'à la création de véritables usines à céramiques (Anderson 1987 ; Duistermaat 2008 ; Baldi *et al.* 2016). Il s'agirait, donc, d'interpréter le caractère complexe, stable et solidement bâti des fours comme un lointain prélude à l'installation de véritables ateliers et une première forme d'aménagement des espaces de travail. Le but, par-là, n'est pas de troquer une lecture évolutionniste linéaire pour une autre. Le fait de considérer les fours comme une première démarche volontariste pour organiser des aires dédiées aux activités potières n'implique aucune continuité entre des dispositifs de cuisson stables et de vastes établissements de production. Non seulement l'utilisation de fours ne détermine aucun caractère des espaces de travail (ceux-ci pouvant changer en fonction de l'organisation sous-jacente aux opérations), mais il n'existe non plus aucune tendance intrinsèque à la chaîne opératoire céramique, qui obligerait les différentes étapes de la manufacture à se coaguler entre elles en se concentrant autour des fours (Gosselain 2019 ; Roux 2019)[19]. Cependant, force est de constater que, où et quand l'évolution organisationnelle et les choix économiques ou logistiques ont fini par centraliser au même endroit toutes les phases de la production, celles-ci ont été intégrées aux aires de cuisson, et non l'inverse (Baldi 2006, 2015 ; Livingstone-Smith 2007 ; Heege 2008). Aborder l'adoption des premiers fours maçonnés comme le choix d'une technique franchissant un palier décisif dans l'agencement et la gestion de l'espace potier suppose, donc, une conscience qui, faute d'être « spécialisée », relève

[19] Les différentes opérations peuvent bien être conduites de façon tout à fait indépendante. Autrement, les récipients façonnés par plusieurs artisans peuvent être réunis au même endroit pour des cuissons communes (Hankey 1968 ; Fatunsin 1992 ; Fennel 2017 ; Vallet *et al.* sous presse), sans qu'il n'existe aucune continuité évolutive entre les contextes de ce type et les ateliers réunissant toutes les phases de la chaîne opératoire.

néanmoins d'une cognition des spécificités de l'activité céramique. L'apparition des fours complexes n'exprimerait donc pas la diffusion d'une technique plus adaptée ou performante, censée remplacer d'autres installations plus élémentaires. Il s'agirait plutôt d'un choix de cuisson concernant l'endroit – permanent et défini dans ses formes – aussi bien que le procédé – établi en termes quantitatifs, qualitatifs et fonctionnels par la solidité de l'architecture. Dans cette perspective, la persistance des foyers et des fourneaux – voire leur intégration dans un même contexte à côté de fours verticaux ou horizontaux – n'a rien d'étonnant, un choix technique n'excluant pas forcément d'autres modalités d'accomplir la même tâche (Lemonnier 1983). En ce sens, les nombreux exemples archéologiques montrant la coexistence de structures de cuisson simples et complexes dans un même espace (Baldi 2014 ; Baldi *et al.* 2016) ne témoignent pas d'improbables phases de « transition » entre une technologie et l'autre selon une progression prétendument linéaire des performances. Qu'il s'agisse d'avoir recours à des modalités alternatives pour des commandes spécifiques ou urgentes (Stark 1999), de spécialistes maîtrisant plusieurs techniques en fonction des circonstances (Bedeau 1994), ou d'un marqueur identitaire entre artisans de groupes distincts (Mahias 1993), les raisons doivent plutôt être cherchées dans la vaste (potentiellement infinie) gamme des articulations et des choix culturels.

Conclusions. Traditions : modes culturels de cuire les céramiques

Les éléments, donc, convergent vers une interprétation en termes culturels de la variabilité technique existant entre les différentes catégories de fours, en suggérant qu'une diversification liée à l'identité ou aux traditions des artisans ait pu se situer à ce niveau de la chaîne opératoire. Les systèmes de cuisson apparaissent comme des modalités poursuivant les mêmes objectifs par des voies fort distinctes qui, néanmoins, assurent des résultats tout à fait analogues. Cela ne revient pas à nier l'influence considérable que le climat et, plus en général, le cadre naturel jouent contextuellement (Arnold 1985 : 213-215) dans leur constante interaction avec les communautés humaines. Mais le choix d'effectuer la cuisson dans une structure déterminée et selon des modalités bien spécifiques ne relève pas de l'adaptation aux conditions météorologiques et, d'autant moins, à des prétendues contraintes matérielles ou fonctionnelles. Cependant, qualifier de « traditions » les options documentées par l'évidence archéologique n'éclaircit pas leur signification. Dans ce domaine, le terrain de l'interprétation des données issues de la fouille est particulièrement glissant. Toute tentative d'exploiter les données ethnographiques pour avancer des modélisations révèle un cadre très hétérogène et morcelé, qui ne se prête pas aux explications schématiques. En Afrique sub-saharienne (Gallay *et al.* 1994 ; Gosselain 1992 ; Krause 1985 ; Livingstone-Smith 2001, 2007), au Mexique (Pool 1997, 2000), ainsi qu'en Europe (Heege 2008) et au Proche et Moyen-Orient (Nicholson et Patterson 1989 ; Rye 1981 ; Rye et Evans 1976 ; Henein 2002) il est très difficile de spéculer sur la portée culturelle des installations employées pour cette étape de la chaîne opératoire. Notamment en archéologie, les limites en ce sens sont énormes, et parfois insurmontables. La reconstitution la plus poussée et précise des techniques de cuisson ne peut en aucun cas apprécier les significations idéologiques sous-jacentes, les interdits et les aspects abstraits, qui ont dû exercer une certaine influence dans la mise en place des opérations[20]. Mais, même en prenant en compte des aspects macroscopiques, aucune coïncidence n'est documentée entre répartition des modes de cuisson et aires ethnolinguistiques, pouvoirs régionaux, groupes familiaux ou claniques. La distribution des fours semble aléatoire, sans un paradigme régulier ou dépendant d'un type spécifique de réseau. À bien des égards, ceci n'est qu'un facteur supplémentaire mettant sur un pied d'égalité les méthodes de cuisson et les techniques utilisées lors des autres étapes de la chaîne opératoire. En effet, les raccourcis déterministes et schématiques ne sont d'aucun secours dans la compréhension des modes de façonnage, de sélection des argiles et, plus en général, des comportements humains passés ou présents (Lemonnier 1992 ; Pfaffenberger 1992 ; Choleva 2018 ; Gosselain 2019 ; Roux 2019 ; Kosatzas 2020). Une fois débarrassé les fours des carcans interprétatifs représentés par l'hypertrophie et la rigidité des notions de « contrainte » et de « performance », une fois abandonné le rassurant horizon des évolutions linéaires et continues, le but d'une approche anthropologique aux modes de cuisson ne fournit certainement aucune solution simpliste ou réductrice. Elle n'amène surtout pas à la fabrication d'une clé univoque permettant de déceler la systématique qui relierait, à toute époque et à tout endroit, les différentes structures à feu et certains traits culturels spécifiques. Bien au contraire, l'intégration définitive de l'étude des fours dans l'analyse de la chaîne opératoire céramique (à savoir une attitude anthropologique et archéologique abordant les fours au même titre et par les mêmes méthodes que toutes les

[20] Il suffit de penser aux nombreux interdits sexuels ou liés à la période menstruelle des femmes. Encore dans les années 1930-1940, dans les campagnes toscanes, les femmes devaient éviter de malaxer argiles ou farines, et de cuire des pots ou des pains pendant la grossesse ou les règles. Des normes de ce type, documentées pour plusieurs communautés africaines, méditerranéennes et d'Asie occidentale, peuvent avoir affecté les temporalités des cuissons en fonction des personnes pouvant participer aux opérations (Livingstone-Smith 2007). Même la nature du combustible utilisé par les artisans du passé demeure souvent hypothétique : les restes trouvés dans les fours offrent un témoignage important, mais certainement partiel. Rien n'empêche d'imaginer que des combustibles spécifiques aient pu être associés à certains types de cuisson, à de poteries ou à des moments précis de l'année, comme dans des cas documentés dans la littérature ethnographique (Nicklin 1981).

autres phases et structures de production) promet de dégager des scénarios historiques nébuleux, imprévus et fort contrastés en fonction des contextes. Mais c'est justement sur ce terrain que les fours, susceptibles de s'adapter à des mécanismes fonctionnels, économiques, de différentiation identitaire, ainsi qu'à l'homogénéisation des comportements d'artisans qui se côtoient ou travaillent ensemble (Roux et Gabriellini 2018), peuvent offrir le plus d'informations. Résultant ni d'une contrainte, ni d'un effort de performance, un four n'est pas non plus un indicateur culturel explicite. Il est plutôt le produit de choix complexes, de traditions structurées selon une logique contextuelle et intrinsèque à la chaîne opératoire dont il constitue l'épreuve du feu.

Johnny Samuele BALDI
Chargé de recherche au CNRS
UMR 5133 Archéorient, Lyon
jsb.arch@gmail.com ; js.baldi@mom.fr

Bibliographie

Alizadeh, A. 1985. A Protoliterate Kiln from Choga Mish. *Iran* 23 : 39-50.

Amicone, S., M. Radivojević, P. S. Quinn, C. Berthold et T. Rehren. 2020. Pyrotechnological connections? Re-investigating the link between pottery firing technology and the origins of metallurgy in the Vinča Culture, Serbia. *Journal of Archaeological Science* 118 : 105-123. https://doi.org/10.1016/j.jas.2020.105123

Amicone, S., A. R. Mathur, R. D. Pavitra, N. Mirković-Marić, I. Pantović et J. Kuzmanović-Cvetković. 2020. Beneath the surface: Exploring variability in pottery paste recipes within Vinča culture. *Quaternary International* 560-561 : 86-101. https://doi.org/10.1016/j.quaint.2020.04.017

Amouric, H., G. Demians D'Archimbaud, M. Picon et M. Vallauri. 1995. Zones de production céramique et ateliers de potiers en Provence, *in Actes du 5e Colloque sur la céramique médiévale en Méditerranée occidentale, Rabat, 11-17 novembre 1991* : 35-48. Rabat : Institut National des Sciences de l'Archéologie et du Patrimoine.

Anderson, W. P. 1987. The Kilns and Workshops of Sarepta (Sarafand, Lebanon): remnants of a Phoenician Ceramic Industry. *Berytus* 35 : 41, 66.

Andrieux, P. et G. B. Arnal. 1987. Étude thermique de fours de type néolithique à cuisson enfumée et production de céramiques noires, *in* M.-C. Frère-Sautot (éd.) *Expérimentations et analyses en céramologie préhistorique. Confection, étude thermique des cuissons analyse des pâtes céramiques pour leur caractérisation par le dégraissant et pour leur datation par le carbone 14* : 39-49. Lodève : Association pour la Promotion de l'Archéologie de Bourgogne.

Arnold, D. E. 1975. Ceramic Ecology of the Ayacucho Basin, Peru: Implications for Prehistory. *Current Anthropology* 16 : 183-205.

Arnold, D. E. 1976. Ecological Variables in Ceramic Production: toward a general Model", *in* J.-S. Raymond, (éd.) *Primitive Art and Technology*: 92-108. Calgary : Archaeological association.

Arnold, D. E. 1981. A Model for the Identification of Non-Local Ceramics Distribution: a View from the Present, *in* H. Howard et E. Morris (éd.) *Production and Distribution: A Ceramic Viewpoint* : 31-44. Oxford : (BAR International Series 120) Oxford University Press.

Arnold, D. E. 1985. *Ceramic Theory and Cultural Process.* Cambridge : Cambridge University Press.

Arnold, D. E. 1989. Technological diversity and evolutional viability: a comparison of pottery-making technologies in Guatemala, Per, and Mexico, *in* C. C. Kolb (éd.) *Ceramic ecology, 1988. Current research on ceramic materials*: 29-59. Oxford : (BAR International Series 513) Oxford University Press.

Ascher, R. 1961. Experimental Archaeology. *American Anthropologist* 63(4) : 793-816.

Atkins, P. W. 1987. *Chaleur et désordre, le deuxième principe de la thermodynamique.* Belin : Pour la Science.

Baldi, J. S. 2006. Le fornaci da ceramica del Vicino Oriente antico: una proposta di analisi e di classificazione. Tesi (non pubblicata) di laurea in archeologia e storia dell'arte del Vicino Oriente antico. Università degli studi di Firenze : Facoltà di Lettere e Filosofia.

Baldi, J. S. 2014. Ceramic production and management of the fire between late Ubaid and LC1. The potter's kilns of Tell Feres al-Sharqi, *in* P. Bieliński, M. Gawlikowski, R. Koliński, D. Ławecka, A. Sołtysiak et Z. Wygnańska (éd.) *Proceedings of the 8th International Congress on the Archaeology of the Ancient Near East 30 April – 4 May 2012, University of Warsaw*, Vol. III : 187-200. Wiesbaden : Harrassowitz.

Baldi, J. S. 2015. Aux portes de la cité. Systèmes céramiques et organisation sociale en Mésopotamie du Nord entre 5ème et 4ème millénaire. Thèse (non publiée) de doctorat, Université Paris I Panthéon-Sorbonne.

Baldi, J. S. 2020. Broadening Perspectives through the *Chaîne Opératoire* Approach: Scattered Epistemological Notes on the Case-Study of Tell Abu Habil, Jordan, *in* M. Arntz et M. Lewis (éd.) *The Chaîne Opératoire: Past, Present and Future, Archaeological Review from Cambridge* 35.1 : 126-148.

Baldi, J. S., H. Naccaro et K. Rahoof. 2016. Logardan Trench D: Stratigraphy and Architecture, *in* R. Vallet (éd.) *Report on the Second Season of Excavations at Girdi Qalaa and Logardan* : 21-38. General Directorate of Antiquities of Kurdistan Regional Government: Directorate of Antiquities of Sulaymānīyah.

Barreto, F., C. Laroche et M. Lenoble. 2005. Un atelier de potier du Ier siècle, rue Cottin à Vaise, Lyon 9e. *Revue Archéologique de l'Est* 54 : 71-93.

Bedaux, R. 1994. Recherches ethno-archéologiques. Poterie des Dogon (Mali) comme modèle pour l'étude des poteries néolithiques, *in* G. Aumassip (éd.) *Milieux, hommes et techniques du Sahara préhistorique : problèmes actuels* : 193-227. Paris : Le Harmattan.

Bensimon, Y., B. Deroide et M. Martineau, 1998. Le matériel céramique : utilisation de techniques physico-chimiques pour la détermination des températures de cuisson. *L'Anthropologie* 102 (2) : 197-211.

Beyries, S. (éd.) 2020. *Expérimentation en archéologie de la préhistoire*. Paris : Éditions des archives contemporaines, doi : https://doi.org/10.17184/eac.9782813003003

Binford, L. 1965. Archaeological systematics and the study of culture process. *American Antiquity* 31.2 : 203–10.

Binford, L. 1972. Some comments on historical versus processual archaeology, *in* L. Binford (éd.) *An Archaeological Perspective*. Londres : Seminar Press.

Blanc, A. 1963. Les techniques utilisées dans les grands ateliers de potiers de l'Antiquité. *Revue Archéologique de l'Est* XIV : 267.

Bryant, G. F. 1973. Experimental Romano-British kiln firing, *in* A. Detsicas, *Current Research in Romano-British Coarse Pottery: papers given at a C.B.A. conference held at New College, Oxford, March 24 to 26, 1972*. Londres : Council for British Archaeology.

Buccellati, G., D. Buia et Stephen Reimer. 1991. Tell Ziyada: the first three seasons of excavation (1988-1990). *Bulletin of the Canadian Society for Mesopotamian Studies* 21 : 31-62.

Casana, J. 2000. Pyrotechnical Installations at Tell Kurdu. *Anatolica* XXVI : 55-58.

Choleva, M. 2018. Craft behaviours during a period of transformations: the introduction and adoption of the potter's wheel in central Greece during Early Bronze Age, *in* I. Caloi et C. Langohr (éd.) *Technology in Crisis: Technological Changes in Ceramic Production during Periods of Trouble* : 45-74. Louvain-la-Neuve : Presses Universitaires de Louvain.

Coles, J. 1973. *Archaeology by Experiment*. Londres : Hutchinson.

Coles, J. 1979. *Experimental Archaeology*. Londres : Academic Press.

Cook, R. M. 1961. The 'Double Stoking Tunnel' of Greek Kilns. *Annual of the British School of Athen*, 56 : 64-67.

Corder, P. 1957. The structure of Romano-British pottery kilns. *Archaeological Journal* CXIV : 21.

Crawford, H. 1981. Some Fire Installations from Abu Salabikh. *Paléorient* 7 : 105-114.

Cresswell, R. 1976. Techniques et culture, les bases d'un programme de travail. *Techniques et culture* 1 : 7-59.

Cuomo di Caprio, N. 1971. Proposta di classificazione delle fornaci per ceramica e laterizi dell'area italiana. *Sibrium* 11 : 371-464.

Cuomo di Caprio, N. 1985. *La ceramica in Archeologia. Antiche tecniche di lavorazione e moderni metodi di indagine*. Rome : "L'Erma" di Bretschneider.

David, N. et H. Hennig 1972. *The Ethnography of Pottery: A Fulani Case Study Seen in Archaeological Perspective*. Cambridge : Addison-Wesley modular publications (McCaleb Module in Anthropology 21).

Delcroix, G. et J.-L. Huot. 1972. Les fours dits « de potier » dans l'Orient ancien. *Syria* 49 : 35-95.

Delneuf, M. 1991. Un champ particulier de l'expérimentation en céramique : les ateliers de poterie traditionnelle du Nord-Cameroun, *in* F. Audouze et D. Binder (éd.) *25 ans d'études technologiques en préhistoire* : 65-82. Juan-les-Pins : APDCA.

Desbat, A., Cardoso, G. 2012. Recherches expérimentales sur les fours antiques : les expérimentations de Saint-Romain-en-Gal (Rhône). *Société Française d'étude de la céramique antique en Gaule, Actes du congrès de Poitiers, 17-20 Mai 2012* : 623-634. Marseille : SFECAG.

Desbat, A., C. Batigne-Vallet, E. Bertrand *et al.* 2000. *L'atelier de potiers antique de la rue du Chapeau Rouge à Vaise (Lyon 9e)*. Lyon : Service archéologique municipal de la Ville de Lyon.

Dobres, M.-A. 2000. *Technology and Social Agency*. Oxford : Blackwell.

Dobres, M.-A. 2010. Archaeologies of Technology. *Cambridge Journal of Economics* 34.1 : 103–114.

Dobres, M.-A. et R. Hoffman 1994. Social Agency and the dynamics of prehistoric technology. *Journal of Archaeological Method and Theory* 1 : 211-258.

Duhamel, P. 1973a. *Les fours céramiques en Gaule romaine*, Thèse de doctorat, École Pratique des Hautes Études.

Duhamel, P. 1973b. Les fours céramiques gallo-romaines, *in* P.-M. Duval *Recherches d'archéologie celtique et gallo-romaine*, Centre de Recherches d'Histoire et de Philologie de la IVe Section de l'École pratique des Hautes Études, III : hautes études du monde gréco-romain : 141-54. Paris et Genève : Librairie Droz.

Duistermaat, K. 2008. *The Pots and Potters of Assyria. Technology and Organization of Production, Ceramic Sequence and Vessels Function at Late Bronze Age Tell Sabi Abyad, Syria*. Turnhout : Brepols.

Dunnell, R. C. 1978. Stye and Function: A Fundamental Dichotomy. *American Antiquity* 43(2) : 192-202.

Dunnell, R. C. 1980. Evolutionary Theory and Archaeology, *in* M. B. Schiffer (éd.) *Advances in Archaeological Method and Theory*, vol. 3 : 25-47.

Fatunsin, A. K. 1992. *Yoruba Pottery*. Lagos : National Commission for Museum and Monuments.

Fennel, C. 2017. Innovation, Industry, and African-American Heritage in Edgefield, South Carolina. *Journal of African Diaspora Archaeology and Heritage*, 6 (2) : 55-77.

Foster, G. M. 1965. The Sociology of Pottery. Questions and Hypothesis Arising from contemporary Mexican Work, *in* F. R. Matson (éd.) *Ceramics and Man* : 43-61. Chicago : Aldine Publishing.

Gallay, A., E. Huysecom et A. Mayor 1994. *Peuples et céramiques du delta intérieur du Niger*. Genève : Département d'anthropologie et d'écologie de l'Université de Genève.

Gibson, A. et A. J. Woods. 1990. *Prehistoric pottery for the archaeologist*. Leicester : University Press.

Ginzburg, C. 1980. Signes, traces, pistes. Racines d'un paradigme de l'indice. *Le débat* 6 : 3-44.

Ginzburg, C. 2001. *À distance. Neuf essais sur le point de vue en histoire*. Paris : Gallimard.

Ginzburg, C. 2006. *Il filo e le trace. Vero, falso, finto*. Milan : Feltrinelli.

Gosselain, O. 1992. Bonfire of the Enquiries. Pottery Firing Temperatures in Archaeology: What For? *Journal of Archaeological Science* 19 : 243-259.

Gosselain, O. 2002. *Poteries du Cameroun méridional*. Paris : CRA, CNRS.

Gosselain, O. 2011. Technology, *in* T. Insoll (éd.) *The Oxford Handbook of the Archaeology of Ritual and Religion* : 243–60. Oxford : Oxford University Press.

Gosselain, O. 2019. Pottery chaînes opératoires as Historical Documents, *in* T. Spear (éd.) *The Oxford Encyclopedia of African Historiography: Methods and Sources*. Oxford : Oxford University Press.

Grimshaw, R. W. 1971. *The chemistry and physics of clays and other ceramics materials*. New York : John Wiley.

Guo, M. 2017. Variability in pottery firing technology: choice or technical development? *Chinese Archaeology*, vol. 17 (1): 179-186 https://doi.org/10.1515/char-2017-0015

Hampe R. et A. Winter 1962. *Bei Töpfern und Töpferinnen in Kreta, Messenien und Zipern*. Mayence : Verlag des Römisch-Germanischen Zentralmuseums.

Hankey, V. 1968. Pottery Making at Beit Shebab, Lebanon. *Palestinian Expedition Quarterly* : 27-32.

Hansen Streily, A. 2000. Early Pottery Kilns in the Middle East. *Paléorient* 26/2 : 69-81.

Hartog, F. 2005. *Evidence de l'histoire. Ce que voient les historiens*. Paris : Éditions de l'École des hautes études en sciences sociales.

Hayden, B. 1995. The emergence of prestige technologies and pottery, *in* W. K. Barnett et J. W. Hoopes (éd.) *The Emergence of Pottery: Technology and Innovation in Ancient Societies*: 257-266. Washington et Londres : Smithsonian Institution in Archaeological Inquiry.

Heege, A. 2008. *Töpferöfen - Pottery kilns - Four de potiers. Die Erforschung frühmittelalterlicher bis neuzeitlicher Töpferöfen (6.-20. Jh.) in Belgien, den Niederlanden, Deutschland, Österreich und der Schweiz*. Bâle : Archäologie-Verlag (Basler Hefte zur Archäologie 4).

Henein, N. H. 2002. The potters of Dakhla Oasis and their kilns, *in* W. Wendrich et G. van der Kooij (éd.) *Moving Matters: Ethnoarchaeology in the Near East: Proceedings of the International Seminar held at Cairo 7 - 10 December 1998* : 93-102. Leyde : The Netherlands : Research School of Asian, African, and Amerindian Studies, (CNWS Publications 111).

Hodder, I. (éd.) 1978. *Simulation Studies in Archaeology*. Cambridge : Cambridge University Press.

Hodder, I. 2012. *Entangled: An Archaeology of the Relationships Between Humans and Things*. Malden, MA : Wiley-Blackwell.

Ingersoll, D., J. E. Yellen, W. Macdonald (éd.) 1977. *Experimental Archaeology*. New York : Columbia University Press.

Jasim, S. A. 1985. *The Ubaid Period in Iraq. Recent Excavations in the Hamrin region (i) et (ii)*, Oxford : Oxford University Press (BAR International Series 267).

Kingery, W. D. 1974. A note on the differential thermal analysis. *Archaeometry* 16 (1) : 109-111.

Kingery, W. D. 1997. Operation Principles of Ceramic Kilns, *in* P. M. Rice et W D. Kingery (éd.) *The Prehistory and History of Ceramic Kilns* : 11-19. Columbus : The American Ceramic Society (Ceramics and Civilization Series, Vol. 7).

Koizumi, T. 2016. Pyrotechnological Development from the Halaf-Ubaid to Late Chalcolithic Periods in Upper Mesopotamia: A Preliminary Study on Pottery from Salat Tepe, southeastern Turkey, *in* M. Iamoni (éd.) *Trajectories of complexity in Upper Mesopotamia: processes and dynamics of social complexity and their origin in the Halaf period* : 85-115 Wiesbaden : Harrassowitz Verlag (Studia Chaburensia 6).

Kozatsas, J. 2020. *The Dialectic of Practice and the Logical Structure of the Tool: Philosophy, Archaeology and the Anthropology of Technology*. Oxford : Archaeopress (Praehistorica Mediterranea 7).

Krause, R. A. 1984. Modelling the Making of Pot. An Ethnoarchaeological Approach, *in* S.E. Van der Leeuw et A.C. Pritchard (éd.) *The many Dimensions of Pottery* : 615-699. Amsterdam : Universiteit Van Amsterdam Alb Voor Prae- En Protohistorie (Cingula VII).

Krause, R. A. 1985. *The Clay sleeps: An Ethnoarchaeological Study of Three African Potters*. Tuscaloosa : University of Alabama Press.

Lemonnier, P. 1983. La description des systèmes techniques : une urgence en technologie culturelle. *Journal de la Société des Océanistes* 37 (70-71) : 39-75.

Lemonnier, P. 1992. *Elements for an Anthropology of Technology*. Ann Arbor : The University of Michigan Museum of Anthropology (Anthropological papers 88).

Leroi-Gourhan, A. 1943. *Évolution et techniques. L'homme et la matière*. Paris : Albin Michel.

Leroi-Gourhan, A. 1964. *Le geste et la parole. 1, Techniques et langage*. Paris : Albin Michel.

Licka, M. 1988. Résultats d'expériences relatives à la cuisson de la céramique préhistorique dans différents types de structures de cuisson et de fours : première étape, *in Actes du Colloque International, Archéologie expérimentale, Tome I - Le feu, le métal, la céramique, Paris 6-9 avril 1988* : 203-209. Paris : Éditions Errance.

Livingstone-Smith, A. 2001. Pottery manufacturing processes: reconstruction and interpretation, *in* E. A. A. Garcea (éd.) *Uan Tabu. In Settlement History of Libyan Sahara*: 113-152. Florence : All'Insegna del Giglio (Arid Zone Archaeology Monograph).

Livingstone-Smith, A. 2007. *Chaîne opératoire de la poterie. Références ethnographiques, analyses et reconstitution.* Tervuren : Musée royal de l'Afrique centrale.

Mahias, M.-C. 1993. Pottery Techniques in India. Technical Variants and Social Choice, *in* P. Lemonnier (éd.) *Technical Choices. Transformation in Material Cultures since the Neolithic.* Londres : Routledge.

Majidzadeh, Y. 1977. The Development of the Pottery Kiln in Iran from Prehistoric at Historical Periods. *Paléorient* 3 : 207-21.

Mathieu, J. R. 2002. Introduction, *in* J. R. Mathieu (éd.) *Experimental Archaeology: Replicating Past Objects, Behaviours and Processes* : 1-4. Oxford : Archaeopress (BAR International Series 1035).

Matson, F. R. M. 1965. Ceramic Ecology: An Approach to the Study of Early Cultures of the Near East, in F. Matson (éd.) *Ceramics and Man* : 202- 217. Chicago : Aldine Pub. Co.

Matson, F. R. M. 1971. A study of temperatures used in firing ancient Mesopotamian pottery, *in* R. Brill (éd.) *Science and archaeology* : 65-79. Cambridge (Massachusetts) : Massachusetts Institute of Technology Press.

Matson, F. R. M. 1981. Archaeological ceramics and physical sciences: problems, definition and results. *Journal of field archaeology* 8(4) : 448-466.

Matson, F. R. M. 1983. The Banahilk Potter, *in* L. S. Braidwood, J. R. Braidwood, B. Howe, C. A. Reed et P. J. Watson (éd.) *Prehistoric Archaeology Along the Zagros Flanks* : 615-628. Chicago : The University of Chicago (Oriental Institute Publications 105).

Mayes, P. 1961. The firing of a pottery kiln of a Romano-British type at Boston, Lincs. *Archaeometry IV* : 8.

Mauss, M. 1967. *Manuel d'Ethnographie*. Paris : Payot.

Molist, M. 1986. *Les structures de combustion au Proche-Orient néolithique* (10000-3700 BC). Thèse de doctorat : Université de Lyon.

Moorey, P. R. S. 1994. *Ancient Mesopotamian Materials and Industries: The Archaeological Evidence.* Oxford : Clarendon Press.

Neve, P. 2001. *Boğazköy-Hattuša XVII. Die Oberstadt von Hattuša. Die Bauwerke. II Die Bastion des Sphinxtores und die Tempelviertel am Königs - und Löwentor.* Berlin : Philipp von Zabern.

Nicholson P. T. et H. L. Patterson 1989. Ceramic technology in Upper Egypt: A study of pottery firing. *World Archaeology* 21(1) : 71 - 86.

Nicklin, K. 1981. Ceramic pyrometry: two Ibibio example, *in* H. Howards et E. L. Morris, *Production and distribution: a ceramic viewpoint* : 347-359. Oxford : Oxford University Press (BAR International Series, 120).

Outram, A. K. 2008. Introduction to Experimental Archaeology. *World Archaeology* 40(1), Experimental Archaeology : 1-6.

Paige, J., K. Michelaki, K. Campisano, M. Barton, et A. Heimsath 2017. Are the Intensities and Durations of Small-Scale Pottery Firings Sufficient to Completely Dehydroxylate Clays? Testing a Key Assumption Underlying Ceramic Rehydroxylation Dating. *Journal of Archaeological Science* 79 : 44-52.

Park, R. M., R. M. Carroll, P. Bliss, G. W. Burns, R. R. Desmaris, F. B. Hall, M. B. Herzkovitz, D. MacKenzie, E. F. McGuire, R. P. Reed, L. L. Sparks et T. P. Wang, *Manual on the Use of Thermocouples in Temperature Measurement. Sponsored by ASTM Committee E20 on Temperature Measurement.* Conshohocken, Pennsylvania : American Society for Testing and Materials (ASTM).

Pecorella, P. E. 2004. *Tell Barri / Kahat. La campagna del 2001.* Florence : Firenze University Press.

Pernot M. et N. Frerebeau 2018. Dans la chaleur des fours : que restituer des pratiques des céramistes des sociétés anciennes ? *ArcheoSciences*, 2018/2 (n° 42-2) : 95-105. DOI : https://www.cairn.info/revue-archeosciences-2018-2-page-95.htm

Pfaffenberger, B. 1988. Fetished objects and humanised nature: toward an anthropology of technology. *Man* NS 23 : 236-252.

Pfaffenberger, B. 1992. The social anthropology of technology. *Annual Review of Anthropology* 21: 491-516.

Piccolpasso, C. (1556). 2006. *Li tre libri dell'arte del Vasaio.* Florence : All'insegna del Giglio.

Picon, M. et R. El Hraiki 2003. Cuissons et structures de cuisson des céramiques au Maroc ; entre ethnographie et archéologie, *in* Actas das 3as Jornadas de Ceramica Medieval e Pos-Medieval: metodos e resultados para o seu estudo : 355-369. Tondela : Camara municipal.

Pool, C.A. 1997. Prehispanic kilns at Matacapan, Veracruz, Mexico, *in* P. M. Rice (éd.) *Ceramics and Civilization. Vol. VII. The Prehistory and History of ceramic kilns* : 149-171. Columbus : The American Ceramic Society.

Pool, C. A. 2000. Why a kiln? Firing technology in the Sierra de los Tuxtlas, Veracruz (Mexico). *Archaeometry* 42 (1) : 61-76.

Raimbault, M. 1980. La céramique traditionnelle au service de l'archéologie : les ateliers de Kalabougou (Cercle de Ségou, Mali). *Bulletin de l'IFAN* 42 (3) : 441-474.

Reynolds, P. J. 1999. The nature of experiment in archaeology, *in* A. F. Harding (éd.) *Experiment and Design: Archaeological Studies in Honour of John Coles* : 156-62. Oxford : Oxbow.

Rice, P. M. 1984. Change and Conservatism in Pottery Production Systems, *in* S. E. Van der Leeuw et A. C. Pritchard (éd.) *The many Dimensions of Pottery* : 231-

288. Amsterdam : Universiteit Van Amsterdam Alb Voor Prae- En Protohistorie (Cingula VII).

Rice, P. M. 1987. *Pottery Analysis: A Sourceboo*. Chicago : The University of Chicago Press.

Ronchi, A., G. Leonardi, P. L. Bianchetti, 1994. Tecnologia ceramica alla fine dell'età del Bronzo, *in* F. Burragato, O. Grubessi, L. Lazzarini (éd.) *1st European workshop on archaeological ceramics, Université des Sciences de la Terre, "La Sapienza"* : 535-545 Rome : Università degli Studi di Roma.

Roux, V. 2003. A Dynamic Systems Framework for Studying Technological Change: Application to the Emergence of the Potter's Wheel in the Southern Levant. *Journal of Archaeological Method and Theory*, 10 (1) : 1-30.

Roux, V. 2007. Ethnoarchaeology: a non-historical science of reference necessary for interpreting the past. *Journal of Archaeological Method and Theory*, 14(2) : 153-178.

Roux, V. 2019. *Ceramics and Society: A Technological Approach to Archaeological Assemblages*. Switzerland : Springer.

Roux, V. et S. Gabriellini 2018. Firing Structures and Transition Periods in Rajasthan (India, 2005-2015). Unstable Choices Before Definitive Selection, *in* I. Caloi et C. Langhor (éd.) *Technology in Crisis. Technological Changes in Ceramic Production During Periods of Trouble* : 35-44. Louvain : Presses Universitaires de Louvain.

Rye, O. S. 1976. Keeping your temper under control. *Archaeology and Physical Anthropology in Oceania*, 11 (2) : 106-137.

Rye, O. S. 1981. *Pottery Technology. Principles and Reconstruction*. Washington, Taraxacum Inc. (Manuals of Archaeology 4).

Rye, O. S. et C. Evans 1976. *Traditional Pottery Techniques of Pakistan: Field and Laboratory Studies*. Washington D.C. : Smithsonian Institution Press (Smithsonian Contributions to Anthropology n° 21).

Shepard A. O. (éd.) 1957. *Ceramics for the Archaeologist*. Washington D.C. : Carnegie Institution of Washington (Publication 609).

Sigaut, F. 1987. Préface : Haudricourt et la technologie, *in* A.-G. Haudricourt, *La Technologie, science humaine. Recherches d'histoire et d'ethnologie des techniques* : 9–34. Paris : Maison des Sciences de l'Homme.

Sinopoli, C. M. 1988. The Organization of Craft Production at Vijayanagara, South India. *American Anthropologist* 90 : 580-597.

Sinopoli, C. M. 1991. *Approaches to archaeological ceramics*. New York : Plenum Press.

Safina, G. I., O. B. Ushakova, F. D. Mubarakshina, I. S. Safin 2021. Environmental consequences of firing technologies evolution in ceramics. *Caspian Journal of Environmental Sciences* Vol. 18 No. 5 (Special Issue : Environmental Aspects of Economic and Social Sustainable Development) : 509-517.

Soukiassian, G., M. Wuttmann, L. Pantalacci, P. Ballet et M. Picon, 1990. *Balat 3 : Les ateliers de potiers d'Ayn-Asil : Fin de l'Ancien Empire, Première Période Intermédiaire*. Le Caire : Institut français d'archéologie orientale (Fouilles de l'Institut français d'archéologie orientale 34).

Stark, M. T. 1999. Social dimensions of technical choice in Kalinga ceramic traditions, *in* E. S. Chilton (éd.) *Material Meanings: Critical Approaches to Interpreting Material Culture*: 24-43. Salt Lake City : University of Utah Press.

Steponaitis, V. 1983. *Ceramic, Chronology and Community Patterns: An Archaeological Study at Moundville*. New York : Academic Press.

Steponaitis, V. 1984. Technological Studies of Prehistoric Pottery from Alabama: Physical Properties and Vessel Function, *in* S. E. Van der Leeuw et A. C. Pritchard (éd.) *The many Dimensions of Pottery* : 81-127. Amsterdam : Universiteit Van Amsterdam Alb Voor Prae- En Protohistorie (Cingula VII).

Stimmel, C., R. B. Heimann et R. G. V. Hancock 1982. Indian pottery from the Mississipi Valley: coping with bad raw materials, *in* J. S. Olin et A. D. Franklin (éd.) *Archaeological Ceramics* : 219-228. Washington D. C. : Smithsonian Institution Press.

Tite, M. S. 1969. Determination of the firing temperature of ancient ceramics by measurement of thermal expansion: a reassessment. *Archaeometry* 11 : 132-143.

Tite, M. S. 1995. Firing temperature determination: how and why? *in* A. Lindhal et O. Stilborg (éd.) *The Aim of Laboratory Analysis in Archaeology* : 37-42. Stockholm : KVHAA (Konferenser 34).

Tite, M. S. 1999. Pottery production, distribution and consumption – The contribution of the physical sciences. *Journal of Archaeological Method and Theory* 6 (3) : 181-233.

Tite, M. S. et Y. Maniatis 1975. Examinations of ancient pottery using the scanning electron microscope. *Nature* 257 : 122-123.

Tite, M. S. et Y. Maniatis 1985. Scanning electron microscopy of fired calcareous clays. *Transactions and Journal of British Ceramic Society*, 74 (I) : 19-22.

Vallet, R., J. S. Baldi et C. Padovani. Sous presse. Tell el-'Uwaili (Dhi Qar province): Preliminary Report on the 2019 fieldwork seasons. *Sumer*.

Vitelli, K. 1984. Greek Neolithic Pottery by Experiment, *in* P. M. Rice (éd.) *Pots and Potters: Current Approaches in Ceramics Archaeology*. Los Angeles : UCLA.

Wall, G. D. 2017. The art of anagama kiln building. *The Journal of Australian Ceramics*, Vol. 56, No. 2 : 32-37

Woods, A. J. 1986. Form, fabric and function: Some observations on the cooking pot in antiquity, *in*

W. D. Kingery, *Ceramics and Civilization: Technology and Style, Vol. 2* : 157-172. Columbus, Ohio : American Ceramic Society.
Zhushchikhovskaya I. S. et Y. G. Nikitin 2014. Ceramic Firing Structures in Prehistoric and Ancient Societies of the Russian Far East. *Asian Perspectives*, 53, No. 2 : 121-149.

Construire un four -
Building a kiln

Claire Padovani
Université Paris 1 Panthéon-Sorbonne.

Résumé - Le four de potier réalise le processus de transformation des matériaux argileux du cru au cuit. En tant que structure inamovible du système technique céramique, il possède sa propre chaîne opératoire. De ce fait, construire un four est un apprentissage social intégré au sein de différentes traditions techniques liées au savoir-faire potier.

Cet article présente l'expérimentation de la construction d'un four à tirage oblique partiellement conservé, fouillé en 2019 dans les piémonts du Zagros. L'objectif principal est de proposer une restitution des parties manquantes à partir des vestiges de la structure et de tester son fonctionnement. Les étapes de la chaîne opératoire ainsi que la méthodologie du procédé expérimental sont détaillées pour mettre en avant la réflexion dont résultent les solutions techniques proposées. Cette expérimentation fait appel à des connaissances archéologiques et actualistes sur l'architecture en terre et la pyrotechnologie, afin de proposer un premier modèle expérimental de four à tirage horizontal.

Mots-clés - Four de potier, tirage oblique, expérimentation, processus de construction.

Abstract - The potter's kiln realizes the transformation process of clay materials to ceramics. As a fixed structure of the ceramic technical system, it has its own *chaîne operatoire*. Therefore, building a kiln is a social learning process integrated within different technical traditions related to the potter's know-how.

This paper presents the experimental recreation of a partially preserved oblique draught kiln excavated in 2019 in the Zagros foothills. The main objective is to propose a reconstruction of the missing parts of the structure and to test its functioning. The steps of the *chaîne opératoire* and the methodology of the experimental process are detailed in order to demonstrate the thinking from which the proposed technical solutions result. This experimentation calls upon archaeological and contemporary knowledge of earthen architecture and pyrotechnology in order to propose a first experimental model of this horizontal draught kiln.

Keywords - Potters kiln, oblique draught, experimental archaeology, construction process.

Introduction

Le four de potier est une structure utilisée dans la phase finale de fabrication de la vaisselle céramique : la cuisson. Elle permet au potier de contrôler la transformation de la matière argileuse du cru au cuit. Les premières formes de four sont connues dès la deuxième moitié du VIIe millénaire av. n. è. sur le site de Yarim Tepe dans le nord de l'Irak[1]. Elles constituent une étape technologique cruciale d'un long processus de « domestication de la terre »[2], dont les premières expériences remontent à 10 000 ans av. n. è. sur le site natoufien de Ain Mallaha[3].

Néanmoins, le four n'est pas systématiquement présent dans le processus de fabrication des poteries. Par exemple, en Mélanésie dans la culture Papoue[4], ou encore au Cameroun dans les cultures Giziga et Mofu[5], on note la présence de céramique cuite malgré l'absence totale de structure de cuisson fermée. Les atmosphères de cuisson peuvent être parfaitement maitrisées en fosses ou foyers ouverts[6]. De ce fait, au-delà de ses propriétés pyrotechniques, l'architecture du four symbolise un choix culturel. Sa construction est issue d'une tradition sociale et d'un apprentissage technique.

L'expérimentation proposée ici se base sur les vestiges d'un four de potier en briques crues à chambres juxtaposées et tirage oblique, conservé sur quelques assises seulement et fouillé sur le site de Logardan dans les piémonts du Zagros, au nord-est de l'Irak. Il s'agit d'une forme rarement expérimentée car peu commune[7]. De ce fait, le processus de construction doit être testé afin de proposer une restitution complète de la forme. Cette première approche pratique est indispensable à la mise en place d'un protocole de relevés de températures cohérent pour comprendre le fonctionnement du four. Néanmoins, cette expérience de construction[8] met en exergue le four de potier en

[1] Merpert et Munchaev 1993 : 104 ; Hansen-Streily 2000 : 71.
[2] Wertime 1973 : 670.
[3] Valla, *et. al.* 2007 : 143 ; Friesmen *et al.* 2019 : 5.
Vallat note la présence de morceaux de céramiques cuites et de blocs de calcaire chauffés autour des foyers, ainsi que l'utilisation de plâtre sur les parois des structures funéraires.
[4] Rye 1976 : 134.
[5] Barreteau et Delneuf 1990 : 128.

[6] Baldi 2015 : 195 ; Doherty 2021 : 303.
[7] Seule celle de Godino (2018) a récemment été publié sur les fours à tirage oblique médiévaux de la péninsule italienne.
[8] Je remercie Paola Dillès, Louis Legros, Vincent Bailly, Catherine

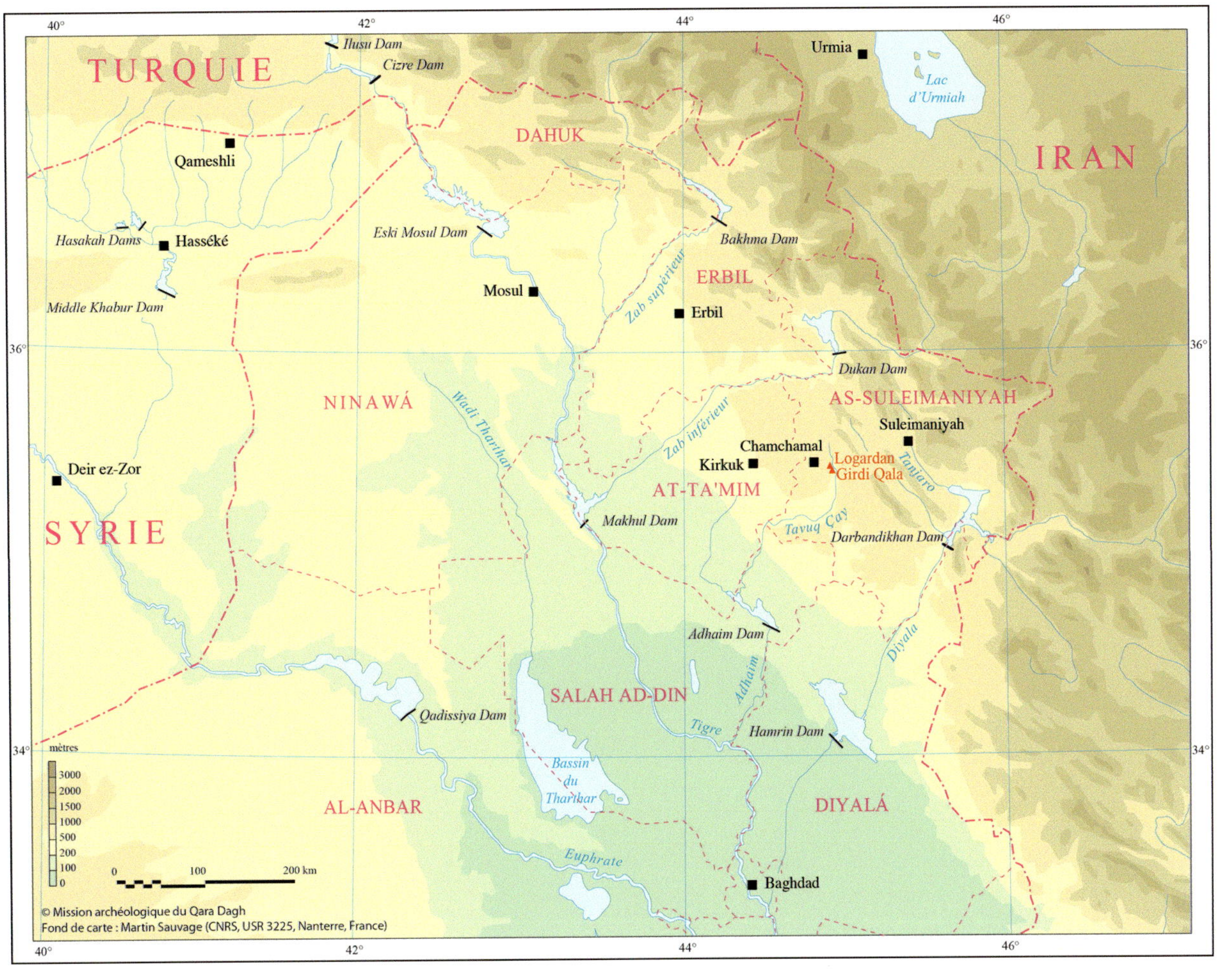

Figure 1 - Carte du nord-est de l'Irak avec les sites archéologiques du IIIe millénaire av. n. è. en rouge. Crédits : Padovani d'après Mission archéologique française du Qara Dagh.

tant que structure matérielle possédant une chaîne opératoire propre. Dès lors, elle permet de développer un protocole de construction pour les fours de cette forme et donne quelques pistes de réflexion pour anticiper d'éventuels problèmes.

1. Du terrain archéologique à l'expérimentation

1.1. Une nouvelle perspective : le four comme objet expérimental

Les expérimentations de construction à partir des vestiges retrouvés en fouille ont commencé en 1972 en Grande-Bretagne avec le projet *Butser Ancient Farm* de Reynolds[9]. Puis, en 1988, Pétrequin expérimentait la construction de deux maisons du Néolithique à l'emplacement même de leurs restes archéologiques sur les bords du lac de Chalain[10]. Ces projets avaient pour objectif de comprendre et de tester des solutions techniques par l'expérience, en reproduisant le plus fidèlement possible les conditions environnementales et matérielles originelles des constructions. Cette méthode, appelée par Ascher « imitative experiment »[11] permet de proposer des solutions logiques aux questions (ou plutôt aux vides) techno-fonctionnelles laissées par les vestiges fragmentaires[12].

Dans le domaine de la pyrotechnologie, les expérimentations cherchent à comprendre la performance des structures de cuisson et se focalisent sur le produit céramique à travers le procédé de cuisson, les températures et les transformations de la microstructure du matériau argileux[13]. Les observations

Oldenhove, Anaïs Gorel pour leur aide précieuse ainsi que Géraldine Le Mire et Jonathan Lisein (Université de Liège, Gembloux Agro-Bio Tech) pour leurs connaissances pratiques sur la céramique et la construction en terre crue. Je remercie également Johnny S. Baldi (CNRS – UMR 5133) et Chamsia Sadozaï (CRAterre, Université de Grenoble) pour leurs conseils lors de la préparation du projet, ainsi que Martin Sauvage (CNRS – UMR 7041) pour nos échanges sur les constructions en brique.

9 Reynolds 1976, 1999.

10 Pétrequin *et al.* 1991.

11 Ascher 1961 : 793.

12 Ascher 1961 : 794.

13 Echallier et J. Montagu 1985 ; Gosselain 1992 ; Pernot et Frerebeau 2018 ; Amicone *et al.* 2021.

Figure 2 – Vue aérienne du chantier D de Logardan en cours de fouille. Crédits : Mission archéologique française du Qara Dagh.

sur le processus de construction des fours sont presque inexistantes. De ce fait, le protocole expérimental doit être adapté à partir d'exemples actualistes. En effet, dans la perspective de la chaîne opératoire céramique, la structure du four est considérée comme un élément secondaire et la force du feu occulte son utilité réelle.

Placer la structure du four au centre des réflexions permettrait d'étendre le potentiel des expérimentations de performance en rattachant les données physico-chimiques d'un même protocole de cuisson, à des formes fonctionnelles bien identifiées et qu'il est possible de reproduire.

1.2. Présentation du site

Le site de Logardan est proche de la ville moderne de Chamchamal, dans les piémonts du Zagros (Figure 1). Dans la deuxième moitié du IIIe millénaire av. n. è., le site est spécialisé dans la production intensive de céramique. Le sommet du site est occupé par les espaces de travail des potiers (Figure 2) et des fours sont retrouvés dans chaque niveau d'occupation. Ils sont organisés en unités de cuisson de façon à pouvoir fonctionner ensemble. La superposition des installations de production entraîne l'arasement des structures plus anciennes et seules les parties inférieures sont conservées en place. Cependant, les éléments effondrés dans le fond des structures et quelques fours reconnus dans la grande coupe nord-sud du chantier D ont permis d'identifier des élévations et des couvertures en briques crues.

1.3. Les éléments structurels du four

Le four 1031 appartient au niveau 3a2 dans lequel 45 structures de cuisson ont été identifiées (Figure 3). Il est installé sur une déclivité de 13% dans une fosse de 0,40 m de profondeur et construit en briques crues liées par un mélange de terre argileuse et d'eau. De forme circulaire, il mesure 1,40 m de diamètre et ses parois 20 cm d'épaisseur. Les deux tiers de l'espace interne en amont de la pente sont occupés par une banquette de deux niveaux de briques, qui se prolonge à l'extérieur de la structure et forme un banc de travail. Cet espace surélevé constitue la chambre de cuisson dans laquelle le matériel à cuire est entreposé, tandis que le fond de la fosse constitue l'espace de combustion. La cheminée, de 0,35 m de diamètre, est juxtaposée à la paroi du

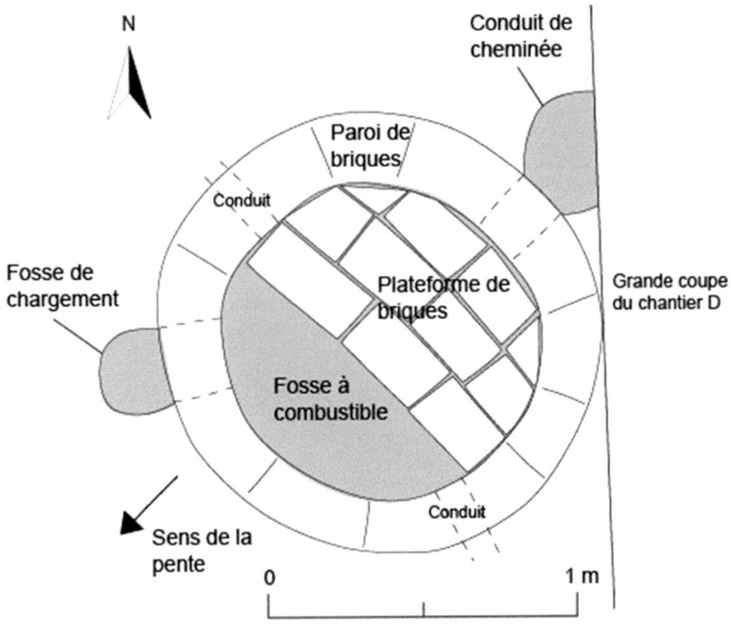

Figure 3 – Plan du four 1031 pour la construction du four expérimental. Crédits : Claire Padovani d'après Mission archéologique française du Qara Dagh.

four, reliée à la structure principale par un conduit en amont de la plate-forme. L'ouverture permettant le chargement en combustible – principalement du fumier et des graminées[14] – est située en aval de la fosse et mesure 0,32 m de diamètre. Deux conduits de 5 cm de diamètre traversent les parois et lient le four 1031 aux fours contemporains 1030 et 1038. Cependant, le four est considéré comme isolé pour cette expérimentation.

Le four 1031 a livré quelques tessons, mais aucune forme céramique identifiable. Avec une surface de cuisson de 0,78 m^2, il peut accueillir un chargement estimé à une centaine de pièces mesurant jusqu'à 20 cm de diamètre[15].

2. Le processus de construction

2.1. Conceptualisation du four

La technique de couverture du four constitue la principale donnée manquante. Les structures les mieux conservées de Logardan ainsi que les données actualistes permettent de proposer des solutions de restitution.

Dans le niveau précédent 3b, deux fours sont visibles en coupe. La hauteur des chambres est plus grande que leur diamètre. Néanmoins, il s'agit de fours à chambres superposées, construits en encorbellement et couverts en briques crues[16].

D'après les données actualistes, le fonctionnement d'un four à tirage horizontal nécessite une hauteur de chambre réduite. En effet, 3 m de hauteur de cheminée sont nécessaires pour compenser 1 m de hauteur de chambre, tandis que 1 m de cheminée compense 3,5 m de longueur horizontale de chambre[17].

Pour la restitution du four 1031, nous supposons donc une hauteur de chambre d'1 m au-dessus de la plate-forme de briques. Le respect des proportions données ci-dessus implique une cheminée de plus 3 m de haut. Néanmoins, Norsker précise que ces proportions sont nécessaires pour atteindre des températures de plus de 1000 degrés et qu'une hauteur de cheminée moindre suffit pour cuire à plus basse température. Enfin, pour un tirage optimal, Norsker indique que l'aire du conduit de cheminée à sa base doit mesurer environ 10% de l'aire de la chambre. D'après les mesures réalisées sur le four 1031, cette proportion est respectée[18].

D'après Rice[19], la vitrification de la matrice argileuse a lieu entre 1050 et 1200 °C. Cependant, la porosité est un atout qui permet à la pâte de s'étendre et de

14 Douché 2019 : 109.

15 Le four 920 du même niveau, de même forme et de même taille, a livré deux gobelets fins de moins de 10 cm de diamètre (Baldi et Padovani 2019).

16 Les fours du niveau 3b, 1010 (diamètre : 0,65 m ; hauteur : 0,90 m) et 1011 (diamètre : 0,60 m ; hauteur : 0,65 m) ont une hauteur interne légèrement plus grande que leur diamètre.

17 Norsker 1987 : 89.

18 L'aire du conduit de la cheminée est de 0,07 m^2, soit 9% de l'aire de la chambre qui est de 0,78 m^2.

19 Rice 1987 : 104.

Figure 4 – Fabrication de la terre à brique. Crédits : Claire Padovani.

se contracter plus facilement et ainsi de résister aux chocs thermiques et de contact. Les céramiques vitrifiées ne sont pas fonctionnelles[20]. Si les fours de Lorgardan pouvaient probablement atteindre des pics thermiques de plus de 1000 °C, cette puissance n'était pas recherchée par les potiers et une cuisson maitrisée ne devait pas dépasser les 800 °C.

Après l'établissement du plan de construction, le terrain expérimental est choisi en tenant compte du niveau d'humidité et de la qualité de la terre. Ces critères influent respectivement sur le temps de séchage des briques et leur résistance. La terre expérimentale, issue directement de l'emplacement de la construction du four, contient près de 50% d'argile, mais cette importante proportion de texture fine est compensée par un ajout de paille à hauteur de 30% du mélange, qui permet de solidifier la matrice de la brique[21] (Figure 4).

Le chantier est organisé autour de l'emplacement du four afin de réduire les distances de transport (Figure 5). La zone de mélange de la terre à briques est creusée d'une vingtaine de centimètres pour former une cuvette de 3 × 2 m. Elle est recouverte d'une bâche pour éviter l'infiltration de l'eau dans le sol[22]. Le tamis et l'espace de stockage de la terre tamisée se trouvent en bordure de la fosse. Les espaces de séchage des briques sont prévus autour du four et occupent la plus grande surface du chantier expérimental.

2.2. Fabrication des briques

2.2.1. Un problème de taille

D'après les relevés de terrain, les briques de fondation du four 1031 mesurent 28 × 20 × 10 cm. Or, un effondrement de briques empilées moins large que celles retrouvées en fondation a été retrouvé à l'intérieur de la structure et dans la partie basse de la cheminée.

Pour le four expérimental, deux tailles de briques sont choisies : 28 × 20 × 10 cm pour les fondations, et 28 × 10 × 10 cm pour l'élévation. L'expansion du mélange de terre au moment du démoulage et le retrait de l'argile au moment du séchage sont pris en compte dans le calcul de la taille des briques. Les mesures prises lors de l'expérimentation montrent que les briques prennent 1 à 2 cm de longueur et de largeur lors du démoulage mais retrouvent leur taille initiale après le séchage.

L'utilisation de moules permet de produire les briques en quantité tout en limitant les écarts de taille. D'après

[20] *Ibid*, p.106.

[21] Une bonne terre pour la préparation de l'adobe contient 55 à 75% de sable, 10 à 28% de limon, 15 à 18% d'argile (Doat *et al.*, 1979 : 111).

[22] L'infiltration rend le mélange plus difficile en pleine terre. Cependant, il peut aussi s'effectuer dans une fosse plâtrée. En Mésopotamie, il existe plusieurs exemples de bassins plâtrés étanches. Par exemple, le grand bassin en plâtre de gypse de 2 × 3,50 m retrouvé à Tell Gudeda sur un site de production artisanale dans le nord-est syrien (Fortin 1992 : 384).

Figure 5 – L'espace de construction du four. Crédits : Claire Padovani.

Aurenche[23] et Sauvage[24], la brique moulée commence à être largement utilisée au Proche-Orient par les civilisations de Samarra (6200 - 5700 av. n. è.) et d'Obeid (6400 - 4000 av. n. è.). Dès la deuxième moitié du VIe millénaire av. n. è., au niveau IIIb de Tell es-Sawwan, elle est employée dans la construction des fours de potier car elle semble apporter plus de résistance au feu que la terre à bâtir[25]. Trois moules sont construits en planche de bois. Ils sont ouverts sur les deux grandes faces pour faciliter le démoulage.

2.2.2. Préparation de la terre et moulage

Le mélange de terre à briques se compose d'un tiers de terre argileuse (tamisée sur une grosse maille d'environ 1,5 cm), un tiers de paille et un tiers d'eau. Les inclusions de cailloutis sont laissées pour servir de stabilisant. Le mélange est foulé au pied dans la fosse par une à deux personnes jusqu'à ce qu'il soit homogène et plastique[26]. Pour la totalité de la structure, un besoin total de 230 briques est estimé, soit 837 L de mélange[27]. Parallèlement, un mélange plus liquide constitué de terre et d'eau est fabriqué pour servir de liant entre les briques. Une demi-fosse de mélange de terre à briques humide est conservée pour enduire les parois et les protéger de la chaleur.

Le moulage « au coup d'eau »[28] se fait à l'endroit du séchage de la brique (Figure 6). Le moule est posé à plat sur le sol et des poignées de mélange y sont jetées avec force afin de tasser la terre. Le démoulage se fait par à-coup ou par pression. Le moule doit être trempé dans l'eau entre chaque brique pour faciliter le démoulage. Si la brique est déformée, elle peut être remodelée avec les mains. Les grandes briques sont plates sur les deux grandes faces, mais les petites briques, plus difficiles à démouler, ont une face plus incurvée que l'autre et les angles arrondis.

Sur le chantier expérimental, le temps de fabrication d'une brique est d'environ deux minutes[29]. Elles sèchent à l'air libre pendant 36 heures et sont retournées une fois. Cette étape a demandé un jour et demi de travail à sept personnes réparties sur trois activités : la récolte des matières premières (terre, paille, eau), la fabrication du mélange, le moulage des briques.

[23] Aurenche 1979 : 128.
[24] Sauvage 1998.
[25] Abu As-Soof 1971 : 4 ; Hansen Streily 2000 : 72.
[26] Doat et *al.* 1979 : 112.
[27] Une fosse pleine correspond à 335 L. Les grandes briques contiennent 5,6 L et les petites 2,8 L.
[28] Doat *et al.* 1979 : 110 ; Sauvage 1998 : 21-22.
[29] Cependant, d'après Doat *et al.* 1979 : 110, un mouleur expérimenté fabrique 10 briques dans le même temps.

Figure 6 – Illustration du moulage « au coup d'eau ». Crédits : Claire Padovani.

2.3. Édification de la structure

2.3.1. Les fondations

Les parois sont construites sur la marche interne, qui sert d'élément de fondation et d'espace de cuisson des produits (Figure 7). Cinq rangées de grandes briques sont montées en panneresse, de sorte que les joints ne se superposent pas. Douze briques sont nécessaires pour former le périmètre circulaire de la structure. Elles sont coupées en trapèze et liées avec le mélange terre-eau. Les déchets de découpe sont utilisés pour combler les espaces entre les briques inégales ou remouillés pour fabriquer de l'enduit.

En aval de la pente, une ouverture de 35 cm de large est laissée entre les briques de la première assise du périmètre pour la bouche à combustible. Elle est sous la surface du sol afin de réduire la déperdition de chaleur et augmenter la hauteur entre l'entrée et la sortie d'air pour faciliter le tirage. En amont, un espace de 15 cm de large est formé au niveau de la troisième assise pour le conduit de la cheminée.

2.3.2. Construction du dôme et fermeture de la chambre de cuisson

Après séchage des fondations, l'élévation est construite en petites briques. Quatre assises sont montées en tranches inclinées, une technique qui consiste à former un petit bourrelet de mélange de terre à brique sur la face de la brique inférieure pour décaler le plan de la brique supérieure de l'horizontal vers le vertical. À chaque nouvelle assise, le diamètre d'ouverture se réduit et un dôme dit « surbaissé » est érigé sans gabarit de bois ou de paille. Cette technique est privilégiée à celle de l'encorbellement pour obtenir une hauteur de chambre réduite[30].

Deux personnes participent à l'opération, une à l'intérieur et l'autre à l'extérieur de la structure, ce qui permet d'enduire progressivement les deux faces de la paroi (Figure 8).

Le système d'ouverture pour le chargement du matériel à cuire n'a pas été retrouvé et il existe tout un panel de possibilité. Dans les fours semi-enterrés à chambre superposées de l'époque romaine en Grande-Bretagne[31] le chargement se fait par le sommet du dôme, qui est ensuite recouvert de terre et de tessons de céramique pour la cuisson. Dans les grands fours en dôme surbaissé de l'atelier contemporain de Fustat, le sommet du four est voûté et le chargement se fait par une large ouverture laissée sur le côté de la structure. Elle est bouchée avec des briques, des rebus de cuisson

[30] Cf. *Supra* « Conceptualisation du four ».
[31] Mayes 1961 : 9.

Figure 7 – Installation des quatre premières assises de brique sur la marche interne. Les parois et la marche sont recouvertes d'enduit. Crédits : Claire Padovani.

Figure 8 – Édification de la chambre en dôme surbaissé et enduit de la structure. Crédits : Claire Padovani.

Figure 9 – Fumée et vapeur d'eau se dégageant du four au début de la cuisson. Crédits : Claire Padovani.

et de l'enduit au moment de la cuisson[32]. Dans les fours médiévaux (VIe-IXe s.) de la péninsule italienne[33], le chargement se fait par la bouche à combustible. Toutefois, ils ne sont pas semi-enterrés.

Pour ne pas fragiliser la structure du dôme surbaissé, nous choisissons de charger par le sommet et de le boucher par des briques et de l'enduit au moment de la cuisson. Elles seront retirées à la fin de la cuisson en cassant les joints et réutilisées pour les suivantes.

2.3.3. La cheminée

La cheminée est construite après le dôme et quatre briques constituent son périmètre. Elle n'est pas imbriquée dans l'appareil du dôme mais reliée par un conduit passant dans la paroi et mesurant 30 cm de long. Il forme un coude à sa base pour qu'elle ne soit pas obstruée lors de la cuisson. Elle est enduite à l'extérieur et à l'intérieur pour protéger les parois et faciliter le tirage et dépasse le sommet de la chambre pour une hauteur totale d'1 m.

[32] Golvin et *al.* 1982 : 53.
[33] Godino 2018.

3. Réalisation d'une cuisson

Une chauffe à vide est effectuée pour sécher le four. Le four s'allume rapidement et de la vapeur d'eau se dégage de la structure (Figure 9). Après une nuit de refroidissement, le four a séché et ne s'est pas fissuré. Il est ouvert par le sommet (Figure 10), nettoyé puis chargé en vaisselle céramique et refermé avec les mêmes briques de couverture.

Le chargement se compose de 36 récipients et objets de différentes tailles. Les grosses pièces (> 15 cm de diamètre) ont été placées au plus près de la fosse à combustible. Les plus petites (< 10 cm de diamètre) ont été empilées dans les plus grandes où placées dans le fond du four. Si la construction et le chargement du four se fait à plusieurs, la cuisson peut être menée par une seule personne.

Un protocole de cuisson sur douze heures a été suivi[34] avec l'aide de la potière qui a réalisé une partie des pièces à cuire. Pour mener la cuisson, elle s'est focalisée sur la couleur de la fumée, des flammes et le rougeoiement des céramiques[35]. Néanmoins, sans

[34] Rice 2015.
[35] D'après Pernot et Frerebeau 2018 : 102, « À partir d'environ 500 °C, la couleur des pots incandescents, du rouge sombre au jaune paille,

Figure 10 – Ouverture du four en cassant les joints des briques de couverture. Crédits : Claire Padovani.

sonde thermique, il est impossible de contrôler la température et de documenter précisément les paliers de cuisson. De plus, pour être pertinentes, les données de température doivent être liées à la durée des paliers et à l'étude des pâtes[36].

Toutefois, on observe que les proportions établies lors de la conceptualisation du four ont permis le fonctionnement du tirage oblique et le transfert de chaleur au matériel argileux. Avec un remplissage de la chambre à un tiers de sa capacité, les pièces placées sur le bord de la plate-forme et autour du conduit de cheminée ont été le plus exposées à la chaleur. Le four était suffisamment alimenté en oxygène pour que le combustible (principalement du bois de noisetier) continue de se consumer après l'arrêt du chargement. La fermeture de la forme et son isolation ont permis une certaine inertie de la chaleur à l'intérieur de la chambre et a nécessité un temps de refroidissement égal au temps de cuisson.

4. Discussion : la forme, une mécanique de fonctionnement

Lors de la cuisson, le chargement céramique n'est pas (ou peu) visible. Le potier contrôle la puissance du tirage par le rythme de l'alimentation en combustible et l'ouverture ou la fermeture des ventilations. Le feu est la force motrice du four. Le chargement n'est pas cuit par contact direct avec les braises (conduction) mais par un flux d'air chaud (convection) et dans le cas d'un four à chambres juxtaposées, également par rayonnement. De ce fait, la forme fermée du four et l'agencement des éléments techniques de la structure permet de contraindre le flux d'air et d'effectuer mécaniquement le transfert de chaleur au matériel argileux.

En effet, la combustion induit naturellement un tirage vertical qui crée un appel d'air par la bouche à combustible, le point le plus bas du four. L'air qui s'engouffre est chauffé et s'élève vers le sommet de la chambre où il se trouve bloqué par le dôme. En cherchant une sortie, il redescend en transférant une partie de son énergie thermique à la vaisselle céramique et s'échappe par le conduit de cheminée – 40 cm plus haut que le point d'entrée.

Dès lors, pour observer le mécanisme de convection et tester la performance du four, il convient de modéliser la circulation du flux d'air chaud au cours d'une cuisson par des relevés de température simultanés au niveau de la bouche, du sommet interne de la chambre, du chargement et du départ du conduit de cheminée.

Ainsi, la technique de construction à tranches inclinées a permis de restituer une forme en dôme surbaissé dans laquelle la convection fonctionne. L'épaisseur de la paroi est suffisante. Selon Dufournier, « l'épaisseur des

permet en effet une estimation de la température et ce jusque vers 1200 °C ».

[36] Pernot et Frerebeau 2018 : 103.

parois d'un four ne constitue pas un critère d'isolement thermique. Mais on ne peut pas définir une épaisseur idéale – la plus faible possible cependant – sans se référer aux qualités plus ou moins réfractaires et isolantes du matériau utilisé »[37].

Somme toute, la qualité isolante de la brique crue est issue de sa porosité. Elle emprisonne l'air et garantit une mauvaise conduction thermique vers l'extérieur[38].

À la suite de la première cuisson, l'enduit à l'aplomb de la fosse à combustible s'est fissuré mais une deuxième couche a été appliquée pour restaurer la structure. De nombreux fours de Logardan présentent des traces de restauration similaire. Par exemple, plusieurs couches d'enduit argileux sont superposées à l'intérieur de la chambre de cuisson du four 1010.

Ainsi, il permet de protéger la paroi de pierre de l'éclatement lors de la montée en température (Figure 11). L'enduit semble être un élément primordial influant sur la durée de conservation de la structure. Il se craquèle à chaque cuisson, mais permet de préserver les parois de la dégradation par la chaleur. En conséquence, les fours bien entretenus et maîtrisés ne présentent que peu de traces d'exposition au feu.

Figure 11 – Superposition de couches d'enduits sur la paroi du four 1010 de Logardan (niveau 3b). Crédits : Mission archéologique française du Qara Dagh.

Entre 0 et 600 °C, la terre argileuse noircit sous l'effet des gaz carboniques dégagés par la combustion en début de cuisson. Entre 600 et 1000 °C elle rougit à cause de la fixation des oxydes de fer (Figure 12). Au-dessus de 1000 °C, la silice présente dans la matrice de la paroi se vitrifie et elle se dégrade rapidement.

In fine, la cuisson constitue une tradition technique, au même titre que la fabrication de la pâte ou le façonnage des poteries. D'après les textes de la fin du IIIe millénaire av. n. è., le travail de l'argile et la fabrication des briques sont le travail du potier car il connaît les propriétés de la terre argileuse[39].

Figure 12 – Rubéfaction de l'enduit interne du four expérimental. Crédits : Claire Padovani.

Conclusion : une première expérimentation comme clé de lecture

Ce projet nous a permis d'expérimenter la construction d'un four à tirage oblique. À travers cette approche, une étape souvent négligée des expérimentations pyrotechniques est mise en exergue et permet d'appréhender le four comme un objet technique et culturel complexe.

En effet, la forme du four induit un fonctionnement propre. Cette approche exploratoire[40] basée sur des

[37] Dufournier 1987 : 149.
[38] Rice 1987 : 368.
[39] Sallaberger 1996 : 13-14.
[40] Beyries 2020.

inférences logiques est nécessaire pour trouver des solutions de restitutions des vestiges fragmentaires (matériau, proportions de la structure), avant d'étudier leur fonctionnement. Il convient de noter que la forme et les techniques restituées constituent des solutions possibles, mais pas unique, pour la construction d'un four fonctionnel.

Ainsi, le four fonctionne comme une machine, dont le feu est le moteur. Lors de la cuisson, il devient l'intermédiaire entre le potier et la poterie. Ce dernier n'observe plus directement le chargement mais doit appliquer une procédure adaptée et se focaliser sur les éléments de contrôle et son savoir-faire : force du tirage, couleur de la fumée, herméticité de la structure. Ainsi, la construction d'un four demande la maîtrise d'un ensemble de techniques acquises par l'expérience et qui méritent d'être explorées dans la perspective de retracer l'histoire des technologies du feu.

Claire PADOVANI
Université Paris 1 – Panthéon-Sorbonne.
7 rue Armand Carrel 75019 Paris
clairepadovani2@gmail.com

Bibliographie

Abu As-Soof, B. 1971. Tell es-Sawwan: Fifth Season's Excavation (Winter 1967-1968), *Sumer*, vol. 27 : 3-7.

Amicone, S. Forte, V. Solard, B. Berthold, C. Memmesheimer, A. N. Mikrovic-Maric 2021. Playing with Fire: Exploring Ceramic Pyrotechnology in the Late Neolithic Balkans through an Archaeometric and Experimental Approach. Journal of Archaeological Science: Reports, vol. 37 : 2-18.

Ascher, R. 1961. Experimental Archaeology. *American Anthropologist*, vol. 63, No. 4 : 793-816.

Aurenche, O. 1979. *La maison orientale. L'architecture du Proche-Orient ancien des origines au milieu du quatrième millénaire.* Mémoire de doctorat dirigé par J. Deshayes et G. Roux, Université Lyon 2.

Baldi, J. S. 2015. *Aux portes de la Cité : systèmes céramiques et organisation sociale en Mésopotamie du Nord aux 5ème et 4ème millénaires.* Mémoire de doctorat non publié dirigé par P. Butterlin, Université Paris I Panthéon-Sorbonne.

Baldi, J. S. et C. Padovani 2019. Logardan Trench D: Stratigraphy and Architecture », *in* R. Vallet (dir.), *Report on the Fifth Season of Excavation at Girdi Kala and Logardan*, Suleymaniah, General Directorate of Antiquities of KRG : 23-49.

Barreteau, D. et M. Delneuf 1990. La céramique traditionnelle Giziga et Mofu (Nord-Cameroun) : étude comparée des techniques, des formes et du vocabulaire, *in* H. Tourneaux (dir.). *Relations interethniques et culture matérielle dans le bassin du lac Tchad* : 121-156. Paris : ORSTOM.

Beyries, S. 2020. *Expérimentation en archéologie de la préhistoire*, France, Édition des archives contemporaines, Coll. « Sciences archéologiques », 137 p.

Doat, P., A. Hays, H. Houben, S. Matuk et F. Vitoux 1979. *Construire en terre*, Paris, Alternatives et Parallèles : 283 p.

Doherty, S. K. 2021. The Introduction of the Potter's Wheel to Ancient Sudan. *Interdisciplinaria Archaeologica. Natural Sciences in Archaeology*, vol. XII. No. 2 : 299-309.

Douché, C. 2019. Archaeobotanical Report, *in* R. Vallet (dir.) *Report on the Fifth Season of Excavation at Girdi Kala and Logardan*, Suleymaniah, General Directorate of Antiquities of KRG : 95-114.

Dufournier, D. 1987. Éléments de technologie appliquée à la fouille des fours de potier médiévaux. *Archéologie médiévale*, vol. 17 : 143-151.

Echallier, J.-C. et J. Montagu 1985. Données quantitatives sur la préparation et la cuisson en four à bois de reconstitutions actuelles de poteries grecques et romaines (technologie céramique). *Documents d'archéologie méridionale*, vol. 8 : 141-145.

Fortin, M., 1992. Rapport préliminaire sur la quatrième campagne à Tell 'Atij et la troisième à Tell Gudeda. *Syria*, vol. 71 : 361-396.

Godino, Y. 2018. Un approccio sperimentale allo studio della ceramica altomedievale: la costruzione di un forno ceramico, *in* I. Martin Viso *et al.*, *Ceramicas altomedievales en Hispania y su entorino (siglo V-VIII d. C.)*, Espagne, Arbotante Patrimonio e Innovaçion : 620-638.

Golvin, L. Thiriot, J. et Zakariya, M. 1982. *Les potiers actuels de Fustat.* Institut Français d'Études Orientales, vol. 89. 137 p.

Gosselain, O. P. 1992. Bonfire of the Enquiries. Pottery Firing Temperature in Archaeology: What for? *Journal of Archaeological Science*, vol. 19 : 243-259.

Hansen Streily, A. 2001. Early Pottery Kilns in the Middle East. *Paléorient*, vol. 26, No. 2 : 69-81.

Mayes, P. 1961. The Firing of a Pottery Kiln of a Romano-British Type at Boston, Lincs. *Archaeometry*, vol. 4 : 4-18.

Merpert, N. Y. et R. M. Munchaev 1993. The Lower Hassuna Levels, *in* N. Yoffer et J. J. Clark (éd.) *Early Stages in the Evolution of Mesopotamian Civilization. Soviet Excavations in Northern Iraq* : 93-114. Tuscon/ Londres : University of Arizona Press.

Norsker, H. 1987. *The Self-Reliant Potter: Refractories and Kilns*, Brunswick, Friedr. Vieweg & Sohn, 134 p.

Pernot, M. et N. Frerebeau 2018. Dans la chaleur des fours : Que restituer des pratiques des céramistes des sociétés anciennes ? *Archéosciences*, vol. 42, No. 2 : 95-105.

Pétrequin, P. et A.-M. Pétrequin 1991, *Construire une Maison 3000 ans avant J.-C.*, Paris : Éditions Errance, 75 p.

Reynolds, P. J. 1976. *Farming in the Iron Age*. Cambridge: Cambridge University Press, 48 p.

Reynolds, P. J. 1999. The Nature of experiment in Archaeology, *in* A. F. Harding (dir.) *Experiment and Design in Archaeology*. Oxford : Oxford Books : 156-162.

Rice, P. M. 1987. *Pottery Analysis: A Source Book*. Chicago : The University of Chicago Press, 559 p.

Rice, P. M. 2015. *Pottery Analysis, Second Edition: A Source Book*. Chicago : The University of Chicago Press, 592 p.

Rye, O. S. 1976. Keeping your Temper under Control: Materials and the Manufacture of Papuan Pottery. *Archaeology and Physical Anthropology in Oceania*, vol. 11, No. 2 : 106-137.

Saint-Sever, G. et M. Remicourt 2009. Données et résultats sur la fabrication et l'utilisation d'un four à tirage ascendant de l'Âge du Bronze final pour les cuissons expérimentales de céramiques : le four de potier de Sévrier, Haute-Savoie, *in* C. Dumas, B. Roussel et J.-P. Texier (dir.) *Langage de pierre : la restitution du geste en archéologie préhistorique communication dans un congrès : Langage de pierre. La restitution du geste en archéologie préhistorique* : 48-55. Les baux de Provence, Éditions du Musée d'histoire et d'archéologie des Baux.

Sallaberger, W. 1996. Der Babylonische Töpfer und seine gefässe. Nach urkunden altsumerischer bis altbabylonischer zeit sowie lexikalischen und literarischen zeugnissen, *in* L. De Meyer et H. Gasche (dir.) *Mesopotamian History and Environment, Series II, Memoirs*. Gand : University of Ghent, 163 p.

Sauvage, M. 1998. *La brique et sa mise en œuvre en Mésopotamie*. Paris : ERC, 482 p.

Valla, F., H. Khalaily, H. Valladas, E. Kaltnecker, F. Bocquentin, T. Cabellos, G. Bar-Yosef, D. E. Mayer, L. Le Dosseur, L. Regev, V. Chu, S. Weiner, E. Boaretto, N. Samuelian, B. Valentin, S. Delerue, G. Poupeau, A. Bridault, R. Rabinovich, T. Simmons, I. Zohar, S. Ashkenazi, A. Delgado Huertas, et B. Spiro 2007. Les fouilles de Ain Mallaha (Eynan) de 2003 à 2005 : Quatrième rapport préliminaire. *Journal of the Israel Prehistoric Society*. Vol. 37 : 135-379.

Wertime, A. T. 1973. Pyrotechnology: Man's First Industrial Uses of Fire. *American Scientist* 61/ 6 : 670-682.

III. REPRODUIRE DANS L'ARGILE : RECONSTITUTION, PROTOCOLE, EXPERIMENTATION

1. CERAMIQUES

Façonner des pots à l'aide de l'énergie du mouvement rotatif : une expérimentation sur les logiques et les gestes opératoires - *Shaping pots using the energy of rotary motion: an experiment on the logic and operational gestures*

Armance Dupont-Delaleuf
UMR 7041 – ArScAn, Archéologie de l'Asie centrale, Nanterre.

Kostalena Michelaki
School of Human Evolution and Social Change. Arizona State University (ASU).

Résumé - Parallèlement au développement des premières villes orientales, qui marque le passage d'une organisation villageoise à une organisation étatique, on assiste à une mutation des pratiques potières qui tendent à progressivement intégrer l'usage de la rotation. Si l'émergence de la technique du tournage, par les habiletés, longues d'acquisition, qu'elle suppose pouvait être le signe d'une spécialisation artisanale naissante, la mise en forme au tour d'une pièce ébauchée aux colombins oblige à s'interroger sur les véritables implications de cette pratique technique en termes d'infrastructure mais également d'habiletés tant cognitive que motrices.

Afin de mieux comprendre la logique, les gestes et l'équipement que requiert une telle méthode de façonnage, nous avons entrepris une série d'expériences comparatives, en produisant environ 250 pots façonnés à l'aide de la technique du tournage, de celles du colombin et par « élaboration au tour ». Nous présentons ici les résultats obtenus et leurs implications quant à la nature même de l'élaboration au tour, une méthode de façonnage indépendante, pratiquée pendant plusieurs siècles dans certaines régions, sans jamais aboutir au développement de la technique du tournage.

Mots-clés - Expérimentation, Technologie, Façonnage céramique, Logiques techniques, Gestes.

Abstract - At the same time as the development of the first Near Eastern cities, which marked the passage from a village organization to a state organization, pottery practices underwent a change, progressively integrating the use of the wheel. If the emergence of the wheel-throwing technique, with skills that took such a long time to acquire, could be the sign of a nascent artisanal specialization, the shaping on the wheel of pieces that had been roughed out with dovetails raises questions about the implications of this technical practice not only for infrastructure but also for cognitive and motor skills.

To develop an understanding of the logic, gestures, and equipment required by this method we have undertaken a series of comparative experiments, producing about 250 pots using coiling, wheel fashioning, and wheel throwing techniques. Here, we report our results and their implications for the nature of wheel fashioning as an independent production method practiced over several centuries in some regions without the use of wheel throwing ever developing.

Keywords - Experimental archaeology, technology, pottery manufacturing, technical logic, gesture.

Cet article présente les résultats obtenus dans le cadre d'un programme de recherche postdoctoral financé par la Fondation Fyssen, réalisé à la School of Human Evolution and Social Change (Tempe, Arizona State University). Ce programme de recherche a été guidé scientifiquement, tout au long de sa mise en œuvre, par K. Michelaki (Associate Professor, ASU) et a bénéficié des précieux conseils de S. van der Leeuw (Foundation Professor).

1. Cadre général de l'étude.

1.1. Identification technique et enjeux

Si les mentions aux techniques de façonnage sont courantes dans les publications archéologiques, elles se limitent encore bien souvent à établir une dichotomie entre productions modelées et productions tournées. Les premières productions tournées étaient traditionnellement datées de la deuxième moitié du troisième millénaire. Ainsi, cette technique qui consiste à façonner un vase à partir d'une balle centrée sur un tour de potier et qui implique un savoir-faire complexe et long d'acquisition (Roux et Corbetta 1990) apparaissait simultanément avec le développement urbain et les premières évidences de pouvoirs centralisés. Son identification est donc rapidement devenue un indice de spécialisation artisanale, étayant l'hypothèse de profondes mutations de l'organisation sociale (Blackman *et al.* 1993 ; Childe 1954 ; Dales et Kenoyer 1986 ; Jarrige et Usman-Hassan 1989).

Pourtant dès les années 1970, avec le développement de l'approche technologique appliquée aux céramiques, S. van der Leeuw met archéologiquement en évidence l'existence d'une pratique inédite qui consiste à exploiter le mouvement rotatif pour mettre en forme une ébauche de pot façonnée aux colombins (van der Leeuw 1976, 1994). Par cette découverte, il remet en question le postulat selon lequel le tournage apparaît soudainement et il est le premier à distinguer l'émergence de la technique du tournage du développement de support rotatif utilisé pour le façonnage céramique (Figure 1).

Depuis lors, cette pratique, désormais connue sous le terme « d'élaboration au tour » (Roux 1994 ; Courty et Roux 1995 ; Roux et Courty 1998), a été identifiée de l'Europe occidentale à la Vallée de l'Indus. Ainsi, l'élaboration au tour est aujourd'hui avérée :

- au Levant (Courty et Roux 1998) ;
- en Iran (van der Leeuw 1994 ; Laneri et Vidale 1998 ; Laneri et Di Pilato 2000) ;
- en Arabie (Méry, Dupont-Delaleuf et van der Leeuw 2010) ;
- en Asie centrale (Dupont-Delaleuf 2010, 2011) ;
- en Méditerranée (Knappett 1999a, 1999b, 2004 ; Berg 2005) ;
- en Europe occidentale (Manem 2008).

L'élaboration au tour a enfin été observée sur une période chronologique très longue, comprise entre le Chalcolithique et l'Antiquité. Souvent considérée comme une étape technique intermédiaire permettant l'émergence de la technique du tournage, le lien direct établi entre les deux pratiques doit être discuté puisque certaines communautés de potiers ont pratiqué l'élaboration au tour, pendant des siècles voire des millénaires sans jamais développer la technique du tournage (Dupont-Delaleuf 2010).

À ce jour, l'élaboration au tour revêt, en soi, un intérêt technique particulier en tant qu'étape importante de l'histoire des pratiques céramiques, mais plus encore parce que c'est elle, bien souvent, qui est contextuellement associée aux premiers indices de l'émergence des sociétés complexes. Ces enjeux tant techniques qu'anthropologiques ont donc motivé le développement d'un champ de recherche spécifique à l'élaboration au tour (van der Leeuw 1994 ; Courty et Roux 1998 ; Méry *et al.* 2010 ; Dupont-Delaleuf 2011). La complexité de cette pratique technique composite, utilisée dans des contextes chrono-culturels aussi variés, est rapidement apparue comme une évidence. L'objectif poursuivi est le développement d'outils méthodologiques permettant d'une part de la distinguer du tournage, puis de l'identifier et de la décrire dans sa diversité afin d'en comprendre les implications techniques, gestuelles et cognitives.

1.2. Bilan des connaissances

Compte tenu des enjeux qu'elle suscite, par son extension géographique et chronologique mais également du fait des questionnements qu'elle permet d'aborder, l'élaboration au tour a bénéficié d'une attention particulière et son étude a connu un développement exponentiel qui pourrait ainsi être résumé :

1. Une phase documentaire. On a alors cherché à définir les critères sur la base desquels cette pratique et les chaînes opératoires qui lui sont associées peuvent être identifiées (Courty, Roux 1995 ; Roux, Courty 1997 ; Laneri, Vidale 1998 ; Augier, Pauly 2014 ; Méry *et al.* 2010 ; Dupont-Delaleuf 2011 ; Thér, Toms 2016).

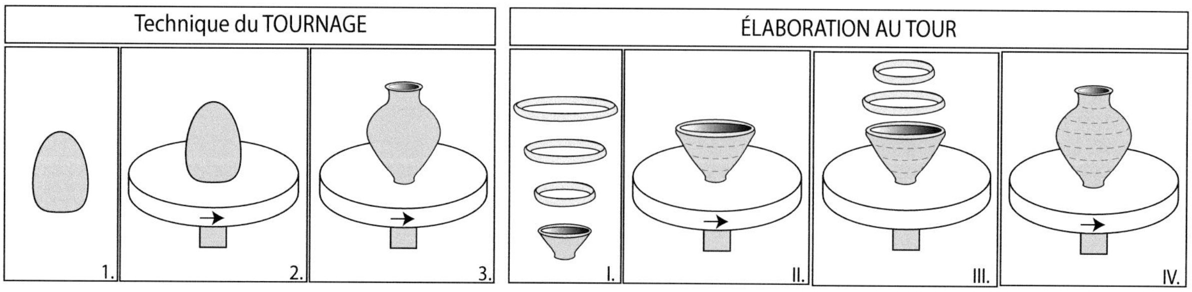

Figure 1 – Le tournage et l'élaboration au tour.

2. Une phase exploratoire. Sur la base des premiers résultats, on a cherché à définir les habiletés requises pour mettre en œuvre cette pratique technique (Gelbert 1997 ; Roux 1994 ; Roux, Courty 1997 ; Roux, Bril 2002).
3. Une phase de maturité. Ce sont les relations entre l'évolution technique et les mutations sociales qui ont été abordées, à travers des thématiques comme l'innovation, la diffusion, les réseaux d'apprentissage, les unités de production ou encore l'organisation de la production et la productivité (Roux et Courty 1997, p. 33 ; Roux 2003 ; Roux 2008 ; Roux 2013a ; 2013b ; Dupont-Delaleuf 2010).

Aussi encourageants que soient ces résultats :

1. Au niveau documentaire, ces études n'ont jamais permis une appréciation détaillée de l'élaboration au tour en contexte archéologique car les vestiges sont fragmentaires (Poursat, Knappett 2005 : 30-31) et les traces de façonnage ambiguës (Balfet 1953 ; van der Leeuw 1976 ; Pierret 2001).
2. Alors que la recherche sur l'élaboration au tour se justifie par une volonté de distinguer cette pratique du tournage, dès qu'on aborde la question des habiletés requises l'élaboration au tour est toujours assimilée au tournage et ce sans autre forme de démonstration (Roux 1994 ; Courty, Roux 1995 ; Roux, Bril 2002), à de très rares exceptions près (Gelbert 1997 ; Méry, Dupont-Delaleuf, van der Leeuw 2010).
3. On peut donc s'interroger sur la pertinence d'études traitant de la portée culturelle, économique, politique et sociale d'une pratique technique qu'on ne peut, en l'état actuel des connaissances, ni définir ni identifier.

Ce bilan mitigé est, certes, dû à la pauvreté des données disponibles, aussi bien dans le contexte ancien qu'actuel, mais il doit également être le prétexte à une remise en question des méthodes et outils développés pour envisager ce cas d'étude.

2. Un recentrage nécessaire de la question

2.1. Proposition théorique

Afin d'initier une réflexion renouvelée de cette pratique technique, il convient en premier lieu de la définir à la lumière des seuls éléments tangibles disponibles : les données archéologiques.

Les pots archéologiques témoignent de l'existence d'une pratique potière basée sur la reprise à l'aide de l'énergie du mouvement rotatif de pièces façonnées aux colombins. Ils ne permettent cependant pas de statuer, à ce stade de la réflexion, sur la nature exacte des supports produisant l'énergie rotative ni sur les modalités selon lesquelles le mouvement rotatif est utilisé.

C'est sur la base de cette définition minimaliste, mais objective, que doit être formulé le vocabulaire employé pour décrire cette pratique technique.

L'élaboration au tour suppose des séquences assimilables à la technique du colombin où seule la force musculaire du potier est sollicitée, et des séquences de mise en forme où cette force musculaire est associée à l'énergie du mouvement rotatif. De plus, quand l'énergie musculaire est la seule sollicitée, les pressions manuelles exercées sont discontinues, alors que lorsqu'elle est combinée à l'énergie rotative, les pressions manuelles exercées sont continues. De ce fait, cette pratique technique ne correspond pas à la définition de la technique[1] mais à celle de méthode[2] (Roux 1994 : 46-47). De plus, ces méthodes n'impliquent *a priori* pas l'utilisation systématique d'un support rotatif aussi élaboré que le tour de potier. L'emploi du mot tour, dans la périphrase adoptée pour désigner ces méthodes, est révélateur et participe de l'amalgame qui unit conceptuellement élaboration au tour et tournage.

En conséquence de quoi, à l'expression « élaboration au tour » jugée trop restrictive et ambiguë, nous préfèrerons les termes « *méthodes mixtes* » d'une part parce qu'ils traduisent le caractère composite de cette pratique technique, parce qu'ils garantissent la distinction entre support et pratique et, enfin parce que l'usage d'un pluriel rend compte de sa diversité potentielle.

Ces méthodes mixtes présentent effectivement des similitudes avec la technique du tournage car elles supposent l'emploi du mouvement rotatif, mais elles ne peuvent y être directement assimilées car elles impliquent l'utilisation de colombins. De la même manière, elles présentent des points communs avec la technique du colombin, mais elles s'en distinguent parce qu'elles supposent l'emploi de l'énergie du mouvement rotatif.

Les méthodes mixtes constituent donc un ensemble technique distinct, situé quelque part à l'interface entre ces deux techniques, dont il convient aujourd'hui de préciser la position (Figure 2.a).

Si l'épineuse question du lien existant entre ces méthodes mixtes et le degré de spécialisation des

[1] La technique « rend compte des modalités physiques selon lesquelles l'argile est façonnée » (Roux 1994 : 46-46).
[2] La méthode est définie comme une suite de « séquences particulières selon lesquelles un pot est façonné » (Roux 1994 : 46-46).

artisans reste la question finale qui motive cette étude, elle ne peut être envisagée frontalement. Cette question ne peut être envisagée sans :

1. Définir les habiletés motrices nécessaires à la mise en œuvre d'une telle pratique.
2. Or celle-ci ne peuvent être envisagées qu'après avoir mis en lumière les stratégies et les logiques sous-jacentes à l'action technique.
3. Mais ces stratégies et logiques opératoires constituent une réponse justifiée aux conditions de l'action technique.
4. Elles-mêmes régies par les contraintes, réelles ou ressenties comme telles, propres au cas technique considéré.

2.2. Proposition opérationnelle

La démarche expérimentale est envisagée non plus comme un laboratoire de reproduction des traces observées sur le matériel archéologique, mais comme le support à une réflexion visant à définir une pratique technique méconnue. Celle-ci consiste dans un premier temps à établir une comparaison permettant de distinguer clairement les techniques du colombin et du tournage, connues et bien documentées. Ce n'est que dans un second temps que les méthodes mixtes sont réellement considérées, dans le cadre de tests rigoureux et systématiques (Figure 2. a).

Cette expérimentation a également comme objectif de documenter les étapes intermédiaires du façonnage et non plus seulement le stade de produit fini. Aussi de manière à restituer la genèse de l'objet, les séries expérimentales se décomposent séquence par séquence, de manière à restituer tous les états de l'objet depuis celui de matière première jusqu'à celui de produit fini (Figure 3.c).

2.3. Critères retenus

Au moment de la conception du protocole de la phase expérimentale, deux types de critères ont été distingués : les critères variants et les critères invariants. Les critères soumis à variation rendent compte de la diversité de pratiques attestées archéologiquement. Voulant mesurer l'impact de cette variation sur le déroulement de la chaîne opératoire, toutes les combinaisons ont été testées, en faisant systématiquement varier ces critères, un à un. Ne voulant pas brouiller la lecture, les critères invariants garantissaient l'homogénéité des conditions techniques reproduites expérimentalement.

2.3.1. Des critères invariants

Quatre critères sont restés invariants pendant les deux années qu'ont duré ce programme expérimental :

- L'expérimentateur. À ce stade, pour limiter l'impact potentiel de la variabilité individuelle, l'ensemble des expérimentations a été entrepris par l'auteur, qui outre une thèse de doctorat en archéologie, bénéficie également d'une longue pratique personnelle de la poterie, initiée dès l'enfance.
- La forme recherchée. Tout au long de l'expérimentation, une seule forme a été reproduite. Elle correspond au gobelet V237 retrouvé sur le site de Hili aux Emirats arabes unis (Mission archéologique française aux Emirats arabes unis, dit. S. Méry). C'est un gobelet de petit module au profil continu et légèrement évasé. Il présente une hauteur de 9 cm pour un diamètre à l'ouverture de 9 cm et un diamètre de base de 4,7 cm (Méry 2000 : 149, Figure 89.7).
- La nature des argiles. Deux argiles ont été utilisées, et seulement deux, pour réaliser l'ensemble des expérimentations : une argile blanche et une argile rouge toutes deux de type Laguna clay. L'utilisation de deux argiles de couleur différente avait vocation à mettre en exergue les déplacements de matière lors de la mise en forme des vases. Elles ont été utilisées alternativement pour les chaînes opératoires impliquant l'utilisation de colombins et dans des proportions équivalentes pour la technique du tournage.
- La quantité d'argile utilisée. D'une expérimentation à l'autre, les quantités d'argile utilisées sont strictement identiques : 220 grammes d'argile. La masse d'argile a été à chaque fois scrupuleusement pesée. Ainsi, pour les chaînes opératoires testées impliquant l'usage de colombins, la base convexe se composait de 100g d'argile rouge, puis de deux colombins de 60g. Le premier façonné à partir de l'argile blanche et le second à partir de l'argile rouge. Pour la technique du tournage, la balle d'argile initiale pesait 220g et était composée de 160g d'argile rouge et de 60g d'argile blanche grossièrement mélangées. Ce choix avait vocation à garantir l'homogénéité des résultats d'une expérimentation à l'autre.

2.3.2. Des critères variants

Quatre critères ont été soumis à variation pendant les deux années qu'ont duré ce programme expérimental :

- Le support rotatif. L'élaboration au tour n'impliquant pas forcément l'emploi d'un support rotatif aussi élaboré qu'un tour de potier, trois types ont été testés.

Figure 2 – Objectifs et mise en oeuvre de la phase expérimentale du projet.

Cas 1. Une tournette produisant une rotation lente (25 tours/min) et discontinue ;
Cas 2. Une tournette produisant une rotation très lente (15 tours/min) mais continue ;
Cas 3. Un tour de potier produisant une rotation rapide (80 tours/min) et continue.

– Gestion de la matière première. L'élaboration au tour, impliquant le façonnage d'une ébauche aux colombins, repose sur une logique progressive. Néanmoins nous avons envisagés deux cas distincts.

Cas 4. Les colombins sont ajoutés et repris un à un en rotation. Au moment où le support rotatif est activé, la matière présente une masse inférieure à celle du produit fini ;
Cas 5. Tous les colombins sont ajoutés avant que le support rotatif ne soit actionné, et la masse d'argile équivaut à celle du produit fini.

- Pose des colombins. L'observation des tessons archéologiques a permis d'établir une variété relative à la pose des colombins. Seul le cas des colombins posés en anneau a été considéré.

 Cas 6. Les colombins sont superposés au sommet de l'ébauche (aussi appelée « entour » ;
 Cas 7. Les colombins sont écrasés le long de la paroi interne de l'entour.

- Solidarisation des colombins. L'observation des tessons archéologiques suggère que la pose des colombins est, ou non, assortie d'une séquence de solidarisation des colombins avant que le support rotatif ne soit activé. Deux cas de figures ont donc été considérés.

 Cas 8. Chaque colombin ajouté est soigneusement jointoyé, à la main, avant que ne soit actionné le support rotatif ;
 Cas 9. Chaque colombin ajouté est posé mais ne bénéficie pas, avant actionnement du support rotatif, d'un jointoyage manuel.

3. Résultats.

3. 1. *Corpus expérimental et documentation produite*

3.1.1. Corpus et spécificités

Le corpus se compose d'un total de 250 pièces expérimentales. 48 d'entre elles concernent les techniques du colombin et du tournage et constituent le référentiel de comparaison. Les 202 autres correspondent aux méthodes mixtes : 96 ont été réalisées sur une tournette et 106 sur un tour (Figure 2.c.).

La première particularité de ce programme expérimental repose sur le fait que des argiles de couleurs différentes ont été utilisées pour chaque pièce. Si celle-ci est façonnée au colombin alors la base est façonnée en argile rouge, le premier colombin est en argile blanche et le second en argile rouge. S'il s'agit d'une pièce tournée alors la balle d'argile est composée en même proportion d'argile rouge et blanche grossièrement mêlée. Si l'utilisation d'argile de couleurs différentes a posé quelques problèmes au début, car les deux argiles ne présentent pas exactement les mêmes propriétés, bien qu'elles soient très proches, le bénéfice qu'elles offrent justifiait cet effort. En effet, l'utilisation d'argiles différentes avait vocation à rendre visible le comportement mécanique de l'argile et a permis de constituer à cet égard un corpus particulièrement explicite (Figure 3.c).

La seconde caractéristique de ce corpus est qu'il ne se compose pas uniquement de pièces finies. Ainsi à l'intérieur d'une série, chaque expérimentation correspond à une séquence de la chaîne opératoire. Toutes les expérimentations d'une série, mises côte à côte, constituent une sorte de « marche de l'évolution de la pièce » allant du stade de matière première à celui de produit fini. Le découpage proposé trouve sa cohérance dans la gestuelle, puis que chaque expérimentation correspond grossièrement à l'ajout d'une séquence, soit plus ou moins l'application d'un geste supplémentaire. Il est ainsi possible de tester la pertinence de la description d'un geste en comparant la compréhension que l'on en a, à la modification qu'il engendre sur la matière (Figure 3.c)

3.1.2. Documentation produite

Les 250 expérimentations réalisées lors de l'année civile 2014 ont toutes bénéficiées d'enregistrements numériques. Pour chacune d'elles, nous disposons de deux films expérimentaux : l'un offrant une vue zénithale de la girelle, l'autre une vue latérale ou frontale. Combinés ces deux enregistrements nous offrent une vue assez précise de l'action technique. Le cas échéant certains commentaires ont, en outre, ainsi pu être enregistrés (Figure 2.b).

En complément, chaque grande famille expérimentale a bénéficié de prises de vue complémentaires, destinées à documenter en détail les principaux gestes, avec un support de meilleure qualité que la copie d'écran et un angle de vue spécifique. Ces clichés ont été pris par mes soins à l'aide du retardateur, ou avec l'aide de C. Maurin[3] (Figure 2.b).

En outre pour les expérimentations nécessitant un contrôle plus précis de la vitesse de rotation du tour (celles impliquant l'utilisation d'une girelle), nous avons détourné un odomètre pour vélo (modèle Sygma BC 12.12) et l'avons fixé sur le bord de la girelle du tour. Outre les complications liées au paramétrage de l'odomètre, puisque le diamètre de la girelle ne correspond à aucune taille classique de vélo, et les fastidieux calculs de conversion qui s'en sont suivis, ce dispositif s'est montré performant.

Alors qu'elles étaient à la consistance du cuir, toutes les pièces expérimentales ont été coupées. Pour chaque

[3] Étudiant de premier cycle en anthropologie à ASU, à l'époque en stage au laboratoire, qui a passé un semestre à mes côtés.

b.

EXP 116	**HAUTEUR**	pièce finie	52,5	53	52,5	52	
	ÉPAISSEUR	droite	3,5	5	6	8,5	
		gauche	2	4	6	10	
		fond	14	10,5	10,5	12	14
	DIAMÈTRE	externe	72,5	74			
		interne	71	73			

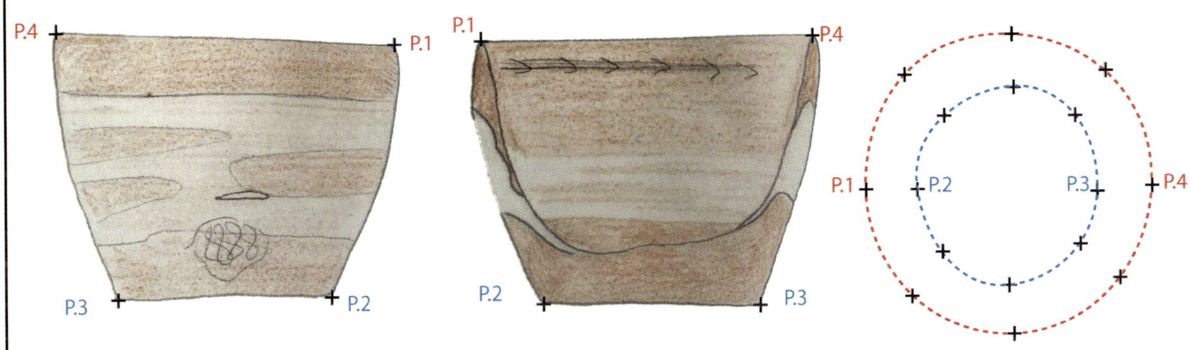

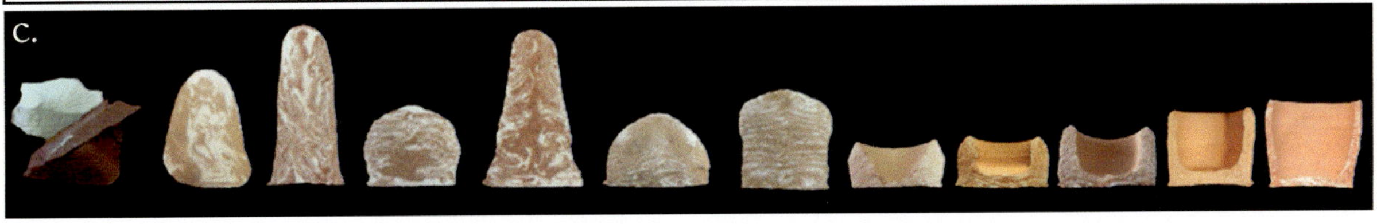

Figure 3 - Le corpus expérimental et sa documentation.

expérimentation, nous disposons en général de deux pièces, aussi l'une a été coupée transversalement tandis que l'autre a été coupée longitudinalement. L'objectif étant de disposer de tranches nettes, sur lesquelles il était possible d'observer le comportement mécanique de l'argile (Figures 3.b. et c).

Chaque pièce a ensuite été photographiée et dessinée puis mesurée. Vingt-cinq points ont ainsi été mesurés pour documenter l'épaisseur de la pièce, sa hauteur et son diamètre (Figure 3.b.).

3.2. Les techniques du colombin et du tournage

Pour pouvoir préciser la position exacte des méthodes mixtes entre la technique du colombin et la technique du tournage, il a fallu dans un premier temps distinguer ces deux techniques. Celles-ci ont été appréhendées et distinguées en termes de contraintes, de logiques et de stratégies opératoires. C'est sur la base de cette comparaison qu'ont été définis les critères d'observation utilisés pour aborder expérimentalement les méthodes mixtes.

3.2.1. Sources énergétiques et contraintes

La technique du colombin repose sur l'exploitation exclusive des forces musculaires. Aucun mouvement rotatif n'est nécessaire à la mise en œuvre de la technique du colombin, l'énergie du mouvement rotatif est donc nulle. L'énergie musculaire est quant à elle produite par l'exercice de pressions digitales et/ou palmaires, discontinues et combinée à une translation de la main. Cette contrainte est exercée sur une masse d'argile en situation statique.

Un pot façonné aux colombins est soumis aux contraintes induites par les pressions musculaires et celles produites par la force gravitationnelle.

La technique du tournage requiert la combinaison des forces musculaires et de l'énergie du mouvement rotatif produite par un tour de potier. Le mouvement rotatif est produit par un tour de potier muni d'un volant d'inertie, l'énergie produite est intense, régulière et continue. L'énergie musculaire est produite par l'exercice de pressions digitales ou palmaires, continues et exercées combinées ou non à une translation verticale ascendante, sur une masse d'argile en situation dynamique.

Dans le cas d'un façonnage par tournage, s'ajoutent aux contraintes induites par les pressions musculaires et celles produites par la force gravitationnelle, les contraintes induites par le mouvement rotatif, à savoir l'énergie cinétique et l'effet centrifuge.

3.2.2. Les logiques opératoires

Gestion de la matière première

Pour la technique du colombin, la matière est ajoutée au fur et à mesure. La masse du pot équivaut à la somme des masses de chacun des éléments qui le composent. À l'inverse, pour le tournage, la masse de la balle d'argile initiale est égale, ou légèrement supérieure, à celle du pot fini.

Évolution morphologique de la pièce

Pour le colombin, chaque élément ajouté complète progressivement le profil recherché. Le pot à toutes les étapes du façonnage présente une forme, certes incomplète, mais assimilable à celle du produit fini. En ce sens, ces états intermédiaires de la pièce peuvent être qualifiés de « préforme ». Dans le cadre du tournage, le pot passe par une succession de formes, qui ne sont pas toutes morphologiquement reliées avec celle de la pièce finie. Elles constituent néanmoins autant d'étapes nécessaires à l'obtention du produit fini recherché et leurs propriétés morpho-métriques sont les garants de la bonne marche de l'action technique. En ce sens, elles s'apparentent davantage à la notion d'ébauche, au sens de construction géométrique.

Les logiques opératoires

La gestion de la matière première et celle de la forme découlent d'une nécessité de composer avec les contraintes physiques. Ainsi si pour le tournage, si la gestion de la matière première est globale et celle de la forme non linéaire, c'est parce que cette technique implique un centrage préalable de l'argile et que celui-ci constitue une opération distincte de la mise en forme. Au contraire, la technique du colombin est soumise à des contraintes moindres, aussi la masse d'argile est ajoutée et équilibrée progressivement, et ce simultanément à sa mise en forme. Le développement morphologique de la forme peut donc être linéaire.

3.2.3. Les gestes associés

Transmission de l'information

Dans le cadre du façonnage aux colombins, la transformation de la matière résulte des seules pressions manuelles. L'information passe donc directement de la main du potier à la matière. Ainsi, une pression A produira une déformation de la matière première de type A'. Pour le tournage, par contre, la transformation de la matière résulte de la combinaison des énergies musculaires et rotatives. L'information transmise par les mains du potier est donc modifiée au contact de l'énergie rotative, avant de parvenir à la matière première. De ce fait, la transmission est indirecte. Ainsi une pression A, couplée à l'énergie du mouvement rotatif B, produira une déformation de la matière de type C.

Répartition manuelle des tâches

La technique du colombin repose sur une dissociation gestuelle, et les mains jouent des rôles distincts : la main droite généralement est active, tandis que la gauche vient en renfort en renfort de la paroi pour en contrôler la déformation. Dans le cadre du tournage, l'effet des pressions exercées par les mains du potier est réparti sur le pourtour de la pièce par le mouvement rotatif. C'est l'énergie qu'il produit qui joue le rôle de contre-pression. Aussi le potier peut adopter une gestuelle plus complexe où les deux mains, agissent de manière active et indépendante.

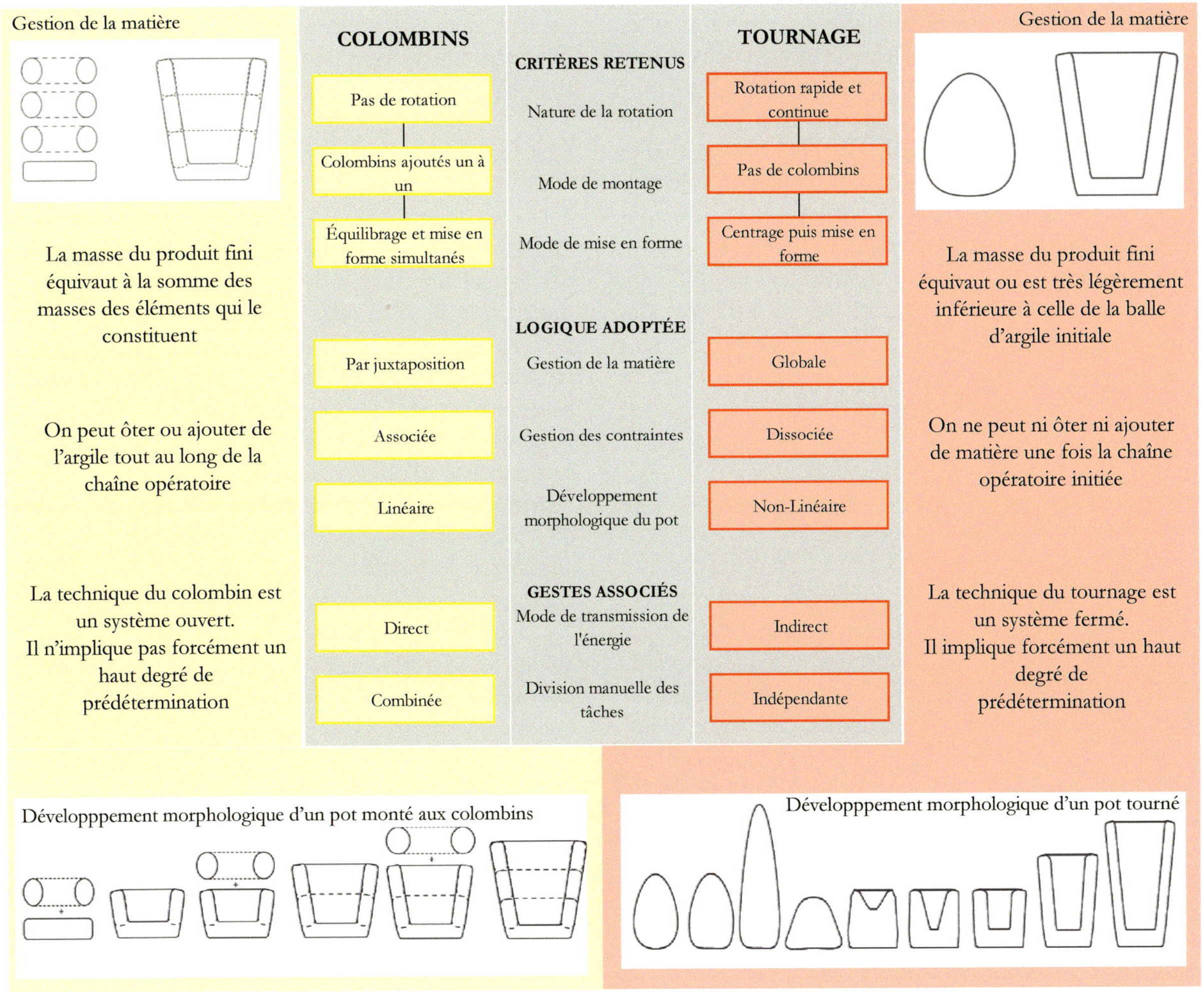

Figure 4 – Technique du colombin et technique du tournage : une caractérisation en termes de logiques et de gestes.

3.2.4. Synthèse sur les techniques du colombin et du tournage

Ce long préambule constitue donc le point d'ancrage de cette réflexion expérimentale, montrant que les techniques du colombin et du tournage s'opposent en tout point. Par les infrastructures qu'elles supposent ces deux techniques sont caractérisées par des degrés de contraintes bien distincts qui justifient le développement de stratégies opérationnelles visant à la réunion des conditions nécessaires à la bonne marche de l'action technique. Ainsi alors que la technique du colombin repose sur une gestion progressive de la matière première, la technique du tournage impose une gestion globale. Ce choix initial, combiné à la gestion des contraintes, conduit les artisans à mettre en forme leur pièce selon deux logiques distinctes. Alors que pour le façonnage, le potier donne la préférence à un développement linéaire de la forme, le potier tourneur doit opter pour une mise en forme non linéaire de la pièce.

Ces choix apparemment anecdotiques sont en fait révélateurs de deux conceptions diamétralement opposées de la pratique technique. Le potier-tourneur doit en effet dès les premières séquences de la chaîne opératoire définir l'exacte quantité de matière dont il a besoin pour façonner la forme voulue. Cela ne signifie pas que le potier pratiquant la technique du colombin n'a pas dès le début de la chaîne opératoire une idée précise du projet qu'il poursuit, mais le système technique du colombin est ouvert et laisse la possibilité à l'artisan de changer d'avis en cours de chaîne opératoire, tandis que le système technique du tournage est complètement clos. Le caractère non linéaire du développement de la pièce tournée est quant à lui révélateur du degré très élevé d'interdépendance entre les séquences de la chaîne opératoire. Le tournage apparaît donc comme une technique requérant une capacité d'anticipation et d'abstraction intellectuelle qui ne peut s'acquérir que par une longue pratique et en cela, elle s'oppose à la technique du colombin qui est conceptuellement beaucoup plus intuitive.

Bien que moins visible, le décryptage des gestuelles associées à chacune de ces techniques renforce cette dichotomie. Si le passage de l'information se fait de manière directe pour la technique du colombin, alors qu'il se fait par l'intermédiaire du mouvement rotatif pour le tournage, le potier qui tourne une pièce ne se contente généralement pas de transmettre une information unique à la balle d'argile. Les gestuelles associées au tournage reposent sur une multitude de points de contact, où différentes pressions contradictoires et complémentaires sont inculquées à l'argile, qui combinées au mouvement rotatif vont engendrer une transformation de la matière. Ces gestuelles sont extrêmement complexes et résultent d'une synthèse gestuelle qui découle vraisemblablement d'un processus évolutif long (Figure 4).

3.3. Les méthodes mixtes

3.3.1. Sources énergétiques et contraintes

En termes d'infrastructures, l'emploi d'un support rotatif rapproche a priori davantage l'élaboration au tour de la technique du tournage. L'élaboration au tour n'implique cependant pas forcément l'emploi de supports rotatifs aussi performants que ceux requis pour le tournage (Figure 5).

L'énergie produite par une tournette (cas 1 et 2), contrairement celle produite par un tour de potier (cas 3), ne permet ni de transformer la matière à cœur ni de la centrer réellement. Une tournette produisant une énergie très faible mais régulière (cas 2) permet cependant une déformation de l'argile plus importante qu'une tournette produisant une énergie d'intensité faible mais irrégulière (Cas 1).

Du point de vue de la pratique, la régularité de la rotation est plus importante que sa vitesse. La vitesse de rotation du support détermine le rythme d'exécution des gestes. En d'autres termes, plus le support rotatif est lancé à vive allure, plus les gestes peuvent être exécutés rapidement. L'utilisation d'un support rotatif lent et régulier prolonge simplement la durée de façonnage d'une pièce, augmentant le risque d'accident technique car l'argile perd progressivement en tenue, à mesure que le potier ajoute de l'eau pour lubrifier la matière. À l'inverse, la déformation contrôlée de la matière implique un équilibre entre énergie cinétique et énergie musculaire. Dès lors que le support rotatif ralentit, un déséquilibre se crée entre les sources énergétiques exploitées. Aussi pour compenser cette perte énergétique, le potier est contraint de réduire l'intensité de ses pressions manuelles s'il veut garantir l'équilibre du système. En conséquence de quoi, pour évaluer la performance d'un support rotatif, on ne peut se fonder uniquement sur sa vitesse de rotation, relative puisqu'elle est exprimée en vitesse angulaire, il faut aussi considérer sa régularité. Une piste d'autant plus intéressante, que la régularité du mouvement rotatif contrairement à sa vitesse, est une variable susceptible de laisser une trace matérielle, donc identifiable, sur le matériel archéologique.

3.3.2. Les logiques opératoires

Selon le mode de pose des colombins, le potier donne la préférence au centrage simplifié mais répétitif d'une petite quantité d'argile ou au centrage en une fois d'une masse d'argile plus conséquente. Dans tous les cas, le potier cherche à centrer un volume d'argile creux et de structure hétérogène puisque composite moins propice à un centrage réel que ne l'est une balle d'argile pleine et homogène. Enfin, le potier doit respecter des temps de séchage avant l'ajouter de colombins supplémentaires, quand le centrage et la mise en forme sont simultanés, de manière à ce que la base amincie et plastique puisse supporter le poids et les pressions nécessaires au traitement de la matière ajoutée, sans s'affaisser.

Seules les chaînes opératoires où le centrage est une opération dissociée de la mise en forme présentent une logique opératoire assimilable en termes de complexité à celle requise pour le tournage (Figure 5). Ce résultat doit cependant être nuancé par le fait que c'est également la seule chaîne opératoire testée dont nous n'avons aucun exemple archéologique avéré à ce jour (Figure 5, familles 4 et 6).

3.3.3. Les gestes associés

En l'absence de référentiel détaillé concernant la gestuelle de l'élaboration au tour, les résultats présentés ici sont encore exploratoires et reposent sur l'observation, *a posteriori*, des enregistrements réalisés lors de la phase d'expérimentation.

Le mouvement rotatif n'étant pas exploité tout au long de la chaîne opératoire, l'information est transmise directement pour les phases de façonnage et indirectement pour les phases de centrage et de mise en forme.

La gestuelle observée pour le tournage n'est applicable pour mettre en œuvre les méthodes mixtes que si l'énergie produite par la rotation est importante et si la masse d'argile est correctement centrée. Aucune des gestuelles observées pour l'élaboration au tour n'exploite l'énergie du mouvement rotatif comme « contrepression », si ce n'est les chaînes opératoires où les séquences de centrage et de mise en forme sont dissociées. Le potier adopte alors, et ce uniquement pour la mise en forme, une gestuelle en tout point similaire à celle adoptée pour la mise en forme par le potier tourneur. Cependant ces chaînes opératoires ont été testées théoriquement, et ne sont pas attestée archéologiquement à ce jour.

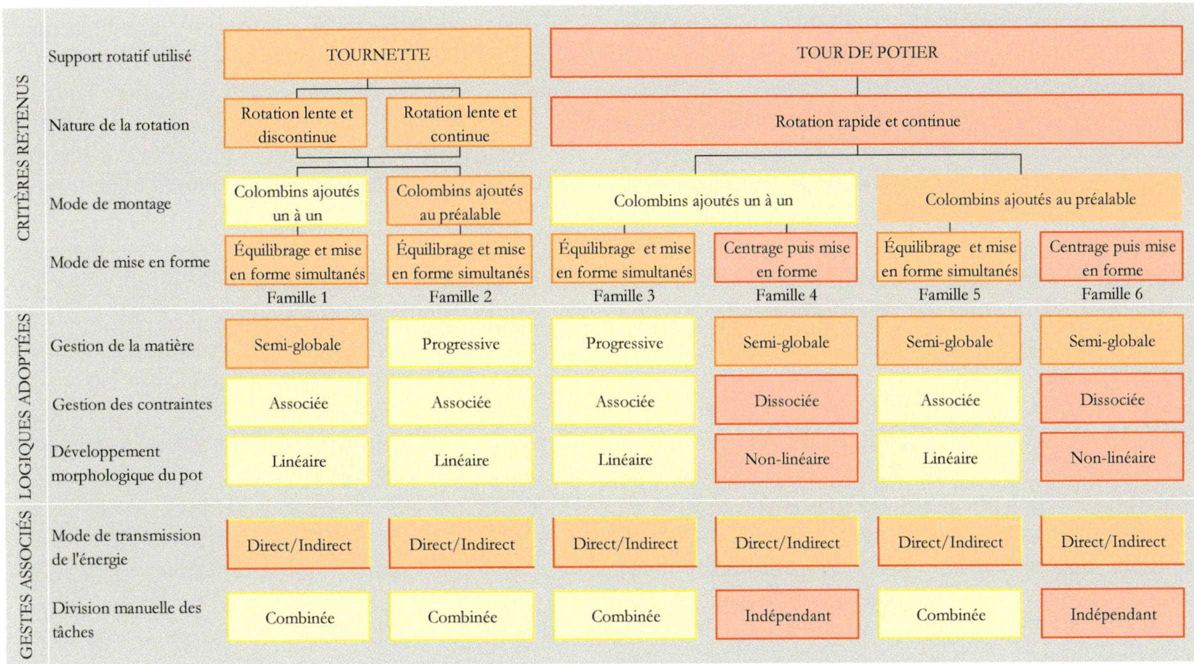

Figure 5 – Les méthodes mixtes caractérisées en termes de logiques et de gestes.

En conséquence de quoi, si l'utilisation du mouvement rotatif modifie la gestuelle du potier, la répartition manuelle des tâches montre que l'élaboration au tour ne témoigne ni de la complexité ni du degré de synthèse de la gestuelle associée au tournage (Figure 5).

3.3.4. Synthèse sur les méthodes mixtes

Dès lors qu'une tournette est utilisée, l'élaboration au tour se distingue de la technique du colombin par les énergies employées pour modifier la matière. La gestion de la matière peut alors être, par sa logique, assimilable ou non à celle de la technique du colombin, mais n'est en aucun cas approchable de celle du tournage. Le développement morphologique de la forme reste quant à lui étroitement lié à ce que l'on observe avec la technique du colombin. Si par contre le potier utilise un tour de potier, dans tous les cas, les énergies employées pour modifier la matière sont comparables à celles exploitées pour le tournage. Cependant la comparaison s'arrête là car si les séquences de centrage restent associées, les logiques entourant la gestion de la matière et le développement morphologique de la pièce restent comparables à ce que l'on observe avec une tournette. Seule la dissociation des séquences de centrage et des séquences de mise en forme permet de réellement rapprocher l'élaboration au tour du tournage, mais si ce cas de figures a été envisagé expérimentalement, c'est aussi le seul cas pour lequel nous ne disposons d'aucun exemple archéologique avéré (Figure 5, familles 4 et 6).

Conclusion

Il apparaît, au terme de ce programme expérimental, que les chaînes opératoires testées pour mettre en œuvre ces méthodes mixtes, dont la restitution repose sur le seul examen de tessons archéologiques, présentent effectivement des similitudes en termes d'infrastructures, de logiques et de gestes tant avec la technique du colombin qu'avec celle du tournage. Aucune d'elles, néanmoins, n'est directement assimilable à l'une ou l'autre technique.

Les résultats ici présentés montrent également la nécessité de porter sur le matériel archéologique un regard neutre qui s'appuie sur leur contexte de découverte plutôt que sur des modèles interprétatifs préétablis. Ainsi, pour comprendre les méthodes mixtes, il apparaît plus pertinent de les approcher à travers la technique du colombin qui constitue leur terreau technique plutôt qu'à travers la technique du tournage, qui n'étant pas connue, ne peut appartenir au registre mental et opérationnel des artisans anciens. L'approche systématique de ces méthodes mixtes via une comparaison avec le tournage, au principe qu'elles impliquent l'exploitation du mouvement rotatif apparaît, à cet égard, anachronique voire technocentriste.

Si de nombreuses études viennent aujourd'hui corroborer la pertinence de la distinction, établie dès les années 1970, entre la technique du tournage et les méthodes mixtes, il est troublant de constater qu'en termes interprétatifs les deux pratiques restent indissociablement liées. En effet, alors que les méthodes mixtes révèlent l'existence d'un spectre toujours plus varié de pratiques situées entre colombinage et tournage, leur identification et leur documentation n'ont jamais permis de s'extraire de cette vision bipartite qui oppose productions non-tournées et tournées, productions domestiques et spécialisées, productions féminines et masculines, organisation villageoise et étatique, etc.

Seule une appréciation affinée des méthodes mixtes, dans leur variété et leur complexité, permettra d'esquisser les spécificités techniques, cognitives et motrices de telles pratiques. On pourra alors, pour les interpréter, s'interroger sur les raisons qui expliquent le hiatus chronologique observé entre l'invention de l'outil -tour de potier- et le développement de la technique du tournage. On pourra également questionner l'impact d'une invention à la trajectoire évolutive aussi lente et discontinue sur la structure et l'organisation de la société. En d'autres termes, cette innovation a-t-elle été aussi significative que nous le supposons pour les populations qui en ont été les témoins ?

Armance Dupont-Delaleuf
Chercheuse associée
UMR 7041– ArScAn, Archéologie de l'Asie centrale
21 allée de l'Université
F-92023 Nanterre Cedex
armancedd@gmail.com

Kostalena Michelaki
Associate Professor, School of Human Evolution and Social Change. Arizona State University (ASU).
Arizona State University (ASU)

Bibliographie

Abu As-Soof, B. 1971. Tell es-Sawwan: Fifth Season's Excavation (Winter 1967-1968), *Sumer*, vol. 27 : 3-7.

Amicone, S. Forte, V. Solard, B. Berthold, C. Memmesheimer, A. N. Mikrovic-Maric 2021. Playing with Fire: Exploring Ceramic Pyrotechnology in the Late Neolithic Balkans through an Archaeometric and Experimental Approach. Journal of Archaeological Science: Reports, vol. 37 : 2-18.

Ascher, R. 1961. Experimental Archaeology. *American Anthropologist*, vol. 63, No. 4 : 793-816.

Aurenche, O. 1979. *La maison orientale. L'architecture du Proche-Orient ancien des origines au milieu du quatrième millénaire.* Mémoire de doctorat dirigé par J. Deshayes et G. Roux, Université Lyon 2.

Baldi, J. S. 2015. *Aux portes de la Cité : systèmes céramiques et organisation sociale en Mésopotamie du Nord aux 5ème et 4ème millénaires.* Mémoire de doctorat non publié dirigé par P. Butterlin, Université Paris I Panthéon-Sorbonne.

Baldi, J. S. et C. Padovani 2019. Logardan Trench D: Stratigraphy and Architecture », *in* R. Vallet (dir.), *Report on the Fifth Season of Excavation at Girdi Kala and Logardan*, Suleymaniah, General Directorate of Antiquities of KRG : 23-49.

Barreteau, D. et M. Delneuf 1990. La céramique traditionnelle Giziga et Mofu (Nord-Cameroun) : étude comparée des techniques, des formes et du vocabulaire, *in* H. Tourneaux (dir.). *Relations interethniques et culture matérielle dans le bassin du lac Tchad* : 121-156. Paris : ORSTOM.

Beyries, S. 2020. *Expérimentation en archéologie de la préhistoire*, France, Édition des archives contemporaines, Coll. « Sciences archéologiques », 137 p.

Doat, P., A. Hays, H. Houben, S. Matuk et F. Vitoux 1979. *Construire en terre*, Paris, Alternatives et Parallèles : 283 p.

Doherty, S. K. 2021. The Introduction of the Potter's Wheel to Ancient Sudan. *Interdisciplinaria Archaeologica. Natural Sciences in Archaeology*, vol. XII. No. 2 : 299-309.

Douché, C. 2019. Archaeobotanical Report, *in* R. Vallet (dir.) *Report on the Fifth Season of Excavation at Girdi Kala and Logardan*, Suleymaniah, General Directorate of Antiquities of KRG : 95-114.

Dufournier, D. 1987. Éléments de technologie appliquée à la fouille des fours de potier médiévaux. *Archéologie médiévale*, vol. 17 : 143-151.

Echallier, J.-C. et J. Montagu 1985. Données quantitatives sur la préparation et la cuisson en four à bois de reconstitutions actuelles de poteries grecques et romaines (technologie céramique). *Documents d'archéologie méridionale*, vol. 8 : 141-145.

Fortin, M., 1992. Rapport préliminaire sur la quatrième campagne à Tell 'Atij et la troisième à Tell Gudeda. *Syria*, vol. 71 : 361-396.

Godino, Y. 2018. Un approccio sperimentale allo studio della ceramica altomedievale: la costruzione di un forno ceramico, *in* I. Martin Viso *et al.*, *Ceramicas altomedievales en Hispania y su entorino (siglo V-VIII d. C.)*, Espagne, Arbotante Patrimonio e Innovaçion : 620-638.

Golvin, L., J. Thiriot et M. Zakariya 1982. *Les potiers actuels de Fustat.* Institut Français d'Études Orientales, vol. 89. 137 p.

Gosselain, O. P. 1992. Bonfire of the Enquiries. Pottery Firing Temperature in Archaeology: What for? *Journal of Archaeological Science*, vol. 19 : 243-259.

Hansen Streily, A. 2001. Early Pottery Kilns in the Middle East. *Paléorient*, vol. 26, No. 2 : 69-81.

Mayes, P. 1961. The Firing of a Pottery Kiln of a Romano-British Type at Boston, Lincs. *Archaeometry*, vol. 4 : 4-18.

Merpert, N. Y. et R. M. Munchaev 1993. The Lower Hassuna Levels, *in* N. Yoffer et J. J. Clark (éd.) *Early*

Stages in the Evolution of Mesopotamian Civilization. Soviet Excavations in Northern Iraq : 93-114. Tuscon/ Londres : University of Arizona Press.

Norsker, H. 1987. *The Self-Reliant Potter: Refractories and Kilns*, Brunswick, Friedr. Vieweg & Sohn, 134 p.

Pernot, M. et N. Frerebeau 2018. Dans la chaleur des fours : Que restituer des pratiques des céramistes des sociétés anciennes ? *Archéosciences*, vol. 42, No. 2 : 95-105.

Pétrequin, P. et A.-M. Pétrequin 1991, *Construire une Maison 3000 ans avant J.-C.*, Paris : Éditions Errance, 75 p.

Reynolds, P. J. 1976. *Farming in the Iron Age*. Cambridge: Cambridge University Press, 48 p.

Reynolds, P. J. 1999. The Nature of experiment in Archaeology, *in* A. F. Harding (dir.) *Experiment and Design in Archaeology*. Oxford : Oxford Books : 156-162.

Rice, P. M. 1987. *Pottery Analysis: A Source Book*. Chicago : The University of Chicago Press, 559 p.

Rice, P. M. 2015. *Pottery Analysis, Second Edition: A Source Book*. Chicago : The University of Chicago Press, 592 p.

Rye, O. S. 1976. Keeping your Temper under Control: Materials and the Manufacture of Papuan Pottery. *Archaeology and Physical Anthropology in Oceania*, vol. 11, No. 2 : 106-137.

Saint-Sever, G. et M. Remicourt 2009. Données et résultats sur la fabrication et l'utilisation d'un four à tirage ascendant de l'Âge du Bronze final pour les cuissons expérimentales de céramiques : le four de potier de Sévrier, Haute-Savoie, *in* C. Dumas, B. Roussel et J.-P. Texier (dir.) *Langage de pierre : la restitution du geste en archéologie préhistorique communication dans un congrès : Langage de pierre. La restitution du geste en archéologie préhistorique* : 48-55. Les baux de Provence, Éditions du Musée d'histoire et d'archéologie des Baux.

Sallaberger, W. 1996. Der Babylonische Töpfer und seine gefässe. Nach urkunden altsumerischer bis altbabylonischer zeit sowie lexikalischen und literarischen zeugnissen, *in* L. De Meyer et H. Gasche (dir.) *Mesopotamian History and Environment, Series II, Memoirs*. Gand : University of Ghent, 163 p.

Sauvage, M. 1998. *La brique et sa mise en œuvre en Mésopotamie*. Paris : ERC, 482 p.

Valla, F., H. Khalaily, H. Valladas, E. Kaltnecker, F. Bocquentin, T. Cabellos, G. Bar-Yosef, D. E. Mayer, L. Le Dosseur, L. Regev, V. Chu, S. Weiner, E. Boaretto, N. Samuelian, B. Valentin, S. Delerue, G. Poupeau, A. Bridault, R. Rabinovich, T. Simmons, I. Zohar, S. Ashkenazi, A. Delgado Huertas, et B. Spiro 2007. Les fouilles de Ain Mallaha (Eynan) de 2003 à 2005 : Quatrième rapport préliminaire. *Journal of the Israel Prehistoric Society*. Vol. 37 : 135-379.

Wertime, A. T. 1973. Pyrotechnology: Man's First Industrial Uses of Fire. *American Scientist* 61/ 6 : 670-682.

Du geste à la forme : reproduire des vases des IIIe et IIe millénaires av. J.-C. du bassin du Haut-Khabur (Syrie du nord-est) - *From gesture to shape: reproducing vessels from the 3rd and 2nd millennia BC of the Upper Khabur Basin (northeast Syria)*

Xavier Faivre

CNRS, UMR 7041 Archéologies et sciences de l'Antiquité (ArScAn), équipe Histoire et archéologie de l'Orient cunéiforme (HAROC), Nanterre (France)

« Tête, mains et pieds se synchronisent,
et dans une vibration unique et fulgurante
émerge un objet, un vide entouré de parois,
qui donne autant qu'il reçoit ».
Guillaume Taliercio (potier)[1]

Résumé - Ceci est un « *Retour d'expérience* » à partir de 45 séances de tournage avec la collaboration d'un potier professionnel. Le but de l'exercice était de comprendre quels gestes et compétences étaient mobilisés pour réaliser treize formes de vases, en se fondant sur un référentiel céramique de la région du Haut Khabur ou Triangle du Khabur (Syrie), entre le Bronze ancien et le Bronze récent.

Mots-clés - Argile, céramique, cylindre, chaîne opératoire, forme, gestes, girelle, tour de potier, tournage, tournette.

Abstract - This paper presents feedback from 45 throwing sessions with the collaboration of a professional potter. The aim was to understand which gestures and skills were used to make thirteen vase forms, based on a ceramic repository from the Upper Khabur area or Khabur Triangle (Syria), from the Early to Late Bronze Age.

Keywords - Clay, ceramics, cylinder, *chaîne opératoire*, gesture, wheel head, potter's wheel, shape, turning, turntable.

La céramique est le matériel archéologique par excellence d'après lequel on infère la spécialisation artisanale[1 2]. Celle du potier, dont la maîtrise du tournage est acquise sur de nombreuses années, en est l'illustration[3]. Ainsi l'expérience est d'abord le « résultat de l'acquisition de connaissances développées au fil du temps ». Parler de « retour d'expérience » ou de « partage d'expérience » pouvait laisser supposer une longue pratique dans le domaine expérimental. Ce n'était pas le cas.

L'expérience, c'est aussi un « fait observé » qui introduit à l'expérimentation, définie par les dictionnaires comme « l'action d'expérimenter pour observer des résultats ». Mais, dépassant une simple reproduction formelle, elle requiert des conditions analogues à celles qui ont présidé à une réalisation[4]. Ce n'est pas toujours matériellement possible. Cette approche supposait cependant :

1. Des observations et des questionnements,
2. Un référentiel : un matériel archéologique comme support de l'expérimentation,

[1] Je remercie vivement Guillaume Taliercio, potier à Paris, pour toutes les démonstrations et tous les conseils qu'il m'a donnés durant chaque séance de cette expérience, entre 2017 et 2020.

[2] Roux et Corbetta 1990 : 22.

[3] Roux et Corbetta 1990 : 41, citation d'un potier du Gujarat « Learning our craft takes twenty to twenty-five years. I cannot yet consider myself a perfect potter (...). My son is ten years old. He just started learning pottery. After or fifteen years he will be able to do the work. When the child possesses a natural aptitude, he can learn in less time » ; Roux et Courty 1997 : 33 « Les données empiriques s'accordent sur une durée de dix ans. Récemment des études psychologiques ont démontré que dix ans d'apprentissage représentaient une "règle d'or" ».

[4] Cf. Roux 2016 : 179 : « L'interprétation des récipients céramiques en termes de techniques de fabrication fait appel à des traits diagnostiques qui informent sur les techniques, méthodes, procédés, outils, et/ou gestes utilisés. Pour mettre en évidence ces traits, l'une des voies est de mener des expérimentations ». Celles-ci procèdent d'interrogations, infèrent des hypothèses, obéissent à un protocole selon une variation de paramètres qui, pris individuellement, mettent en évidence celui qui joue sur les traces. Cependant celle-ci « se distingue des démarches qui ont pour objectif une reproduction formelle ». Les traces observées ne sont considérées comme diagnostiques que pour l'exemplaire fabriqué.

3. Des choix et des objectifs définis précisément en privilégiant certains aspects,
4. Un protocole : c'est-à-dire la séquence de gestes reproduits dans un ordre précis, en respectant la cohérence des principes établis[5],
5. Le domaine des possibles.

Quel que soit le nom qu'on lui donne, « retour d'expérience », « partage d'expérience », « retour d'expérimentation », le cadre du projet collectif « Argiles » m'a permis d'entreprendre une démarche expérimentale simple mûrie depuis longtemps : comprendre la fabrication de récipients archéologiques, examinés dans le cadre de l'étude d'assemblages, en tentant de reproduire les gestes qui ont contribué à leur réalisation.

Ayant énoncé la démarche et ses limites, je montrerai l'évolution d'une expérience d'apprentissage du tournage céramique, avec la collaboration d'un potier professionnel : tout d'abord la maîtrise d'une forme simple qui introduit, d'une part, à la pratique de toutes les étapes de la chaîne opératoire et, d'autre part, à la réalisation de formes plus complexes, individuellement, sur la girelle, ou en série, à la motte. À partir d'un référentiel archéologique, treize formes, choisies pour répondre à un questionnement particulier, ont fourni l'occasion d'acquérir les gestes appropriés et d'évaluer leur temps de réalisation, combinant pression manuelle ou digitale et force centrifuge.

1. Les principes de l'expérience

1.1. Des observations et des questionnements

On part du constat, établi par plusieurs auteurs, que les données céramiques, émanant notamment de fouilles anciennes, ne comportent pas de renseignements toujours satisfaisants, de critères précis sur les techniques de fabrication, façonnage manuel, à la tournette ou au tour. Certaines traces peuvent permettre de reconnaître la technique de tournage d'un pot, à partir d'une balle d'argile ou du sommet d'une motte[6]. Mais il n'est pas aisé d'identifier, sur des céramiques, les traces prouvant l'utilisation de la force centrifuge : celles-ci peuvent être attribuées autant à un façonnage sur tournette que sur tour rapide.

1.1.1. La technologie

Ainsi l'observation ou l'étude de plusieurs assemblages céramiques, sur différents chantiers de fouille de Syrie et du Liban[7], du Bronze ancien à l'âge du Fer, ont-ils toujours suscité nombre d'interrogations liées à la fabrication de récipients d'argile, à la technologie ou à la tracéologie. Comment interpréter toutes ces traces imprimées dans l'argile encore malléable, avant l'étape définitive de la cuisson ? Partant de la chaîne opératoire, ces questionnements englobaient la qualité, la quantité, la préparation de l'argile utilisée, les dégraissants employés, minéraux ou végétaux, les techniques mises en œuvre et les gestes associés. Chaque technique peut en effet dépendre, sur un même site, du type et de la taille des récipients, mais aussi de traditions potières locales, comme en témoignent par exemple certains classements par groupes technologiques[8]. Il peut s'agir d'un simple façonnage aux colombins (certains vases trop volumineux ne pouvaient être tournés, ou seulement partiellement, et relevaient de la technique manuelle), de l'usage d'un outil rotatif (simple tournette pivotante ou tour rapide sur un axe mu par la force centrifuge), de techniques mixtes, (façonnage au colombin repris à la tournette ou au tour)[9].

Faute d'analyse microscopique ou pétrographique, l'observation macroscopique de traces très diverses révélait de plus la « main » et les « gestes » du potier, à différents stades de la manipulation ou de la fabrication, imprimés de façon irréversible, par la cuisson, sur le récipient fini.

1.1.2. La « main »

Le rôle de la main est essentiel, direct ou indirect, tout au cours de la chaîne opératoire. Outre les empreintes digitales ou l'enfoncement occasionnel de doigts sur des récipients peu soignés, la « main » apparaît directement dans plusieurs opérations techniques, comme le traitement de la surface extérieure ou intérieure, les frottements, le lissage de la paroi à l'état humide, les finitions plus ou moins abouties. Cela montre bien que différentes parties de la main sont utilisées comme « outils » de façonnage : la paume mais aussi les doigts et les articulations ont chacun un rôle différent, selon l'action voulue[10] **(Figures 1a** et **22, Tableau 1).** Le degré d'habileté manuelle se manifeste diversement : 1) lors du colombinage, derrière la régularité ou l'irrégularité des colombins, parfois mal égalisés, lorsqu'ils sont repris au tour ; 2) lors du tournage, derrière le centrage plus ou moins parfait sur le tour (le décentrage éventuel, occasionnant un défaut de stabilité), la régularité ou l'irrégularité, la finesse des parois de certains petits

[5] Définition lexilogos : « Instruction précise et détaillée mentionnant toutes les opérations à effectuer dans un certain ordre ainsi que les principes fondamentaux à respecter pour exécuter une opération, réaliser une expérience. »

[6] Roux et Corbetta 1990 : 22, n.1.

[7] Tell Mohammed Diyab (1990-1996), Prospection du Haut Khabur occidental (1991-1997), Tell Shiukh Fawqani (2002), Tell al-Nasriyah (Syrie), Enfeh, Ardé (Liban nord).

[8] Cf. par exemple à Tell Sabi Abyad (Syrie) pour la céramique de l'époque médio-assyrienne, Duistermaat 2008, fig. V.30-V.33.

[9] Roux et Courty 1997 : fig. 1. Cf. aussi la contribution d'A. Dupont-Delaleuf, ce volume.

[10] Chavarría 1994 : 109-119 (fonctions essentielles de la main).

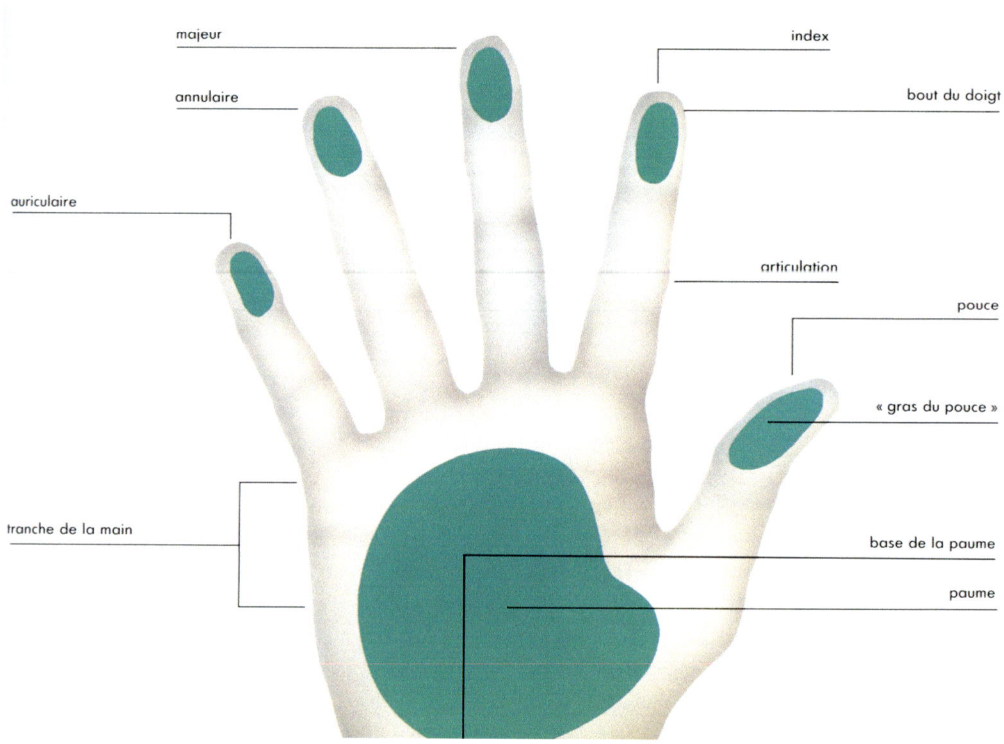

Figure 1a – Les parties de la main et des doigts utilisées pour le travail au tour de potier (d'après Chavarría 1994 : 109).

Tableau 1 – Fonctions de la main pour le travail au tour (d'après Chavarría 1994 : 109)

	Parties de la main	Fonctions
1	Paume	Sert à écraser la balle d'argile, à l'aplanir pour obtenir une forme plate
2	Pouces	Permettent d'ouvrir l'argile, de contrôler la régularité du bord supérieur, de maintenir les mains en contact
3	Index	Servent à élargir l'ouverture
4	Articulations	Aplanissent l'intérieur des plats et font monter l'argile en l'amincissant
5	Bout des doigts	Presse l'argile pour lui donner la forme voulue
6	Plat de la main	Écrase l'argile au moment du centrage

Figure 1b – Trace ellipsoïdale de tournage à l'intérieur du fond d'une jarre de Tell al-Nasriyah (vallée du Moyen Oronte, Syrie), photo A. Tenu.

vases[11], les traces dues au tournage, horizontales sur les parois, ellipsoïdales à l'intérieur ou à l'extérieur du fond, lorsque le vase est retiré du tour en action au moyen d'une corde **(Figure 1b)**.

Le rôle indirect est aussi important. C'est encore la main qui tient et guide l'instrument lors de certaines opérations de finitions (tournassage ou polissage), ou certains décors réalisés sur l'outil rotatif (tour ou tournette), bandes peintes et décors incisés ou peignés.

Enfin, concluant ces habiletés manuelles, c'est un « tour de main » spécial qui préside à la maîtrise des différents

[11] Noter par exemple l'extrême finesse de la *Palace Ware* néo-assyrienne, aussi fine qu'une coquille d'œuf, qui témoigne de la virtuosité des potiers assyriens (Faivre 2023).

outils du potier (le tour, le four, de la construction à la cuisson)[12], dont l'insuffisance est dénoncée par les défauts ou les excès de température. À partir du Bronze récent, les revêtements vitreux, ou glaçures sur pâte argileuse, impliquent également des compétences manuelles et techniques particulières relevant de l'émaillage[13].

1.1.3. Les « gestes »

De ces observations émanaient, de plus, nombre d'interrogations sur les « gestes » impliqués dans l'orientation de la paroi, afin de réaliser telle ou telle forme de vase, ouverte ou fermée. La régularité des vases de petite taille semblait révéler l'usage d'un outil rotatif et de la force centrifuge (énergie cinétique rotative, ECR)[14], complétée par une pression adaptée des mains et des doigts (à l'intérieur ou à l'extérieur de la paroi, ou sur les bords) plus ou moins forte selon l'étape de la chaîne opératoire.

Il s'imposait cependant une grande prudence sur l'interprétation de traces dites « de tournage » présupposé, une grande régularité pouvant être obtenue par un façonnage manuel ou un colombinage repris à la tournette[15]. Enfin l'absence de traces visibles à l'œil nu, sur des vases très soigneusement lissés, posait aussi la question de leur mode de fabrication.

Il semblait donc que seule la « prise en main » du tour de potier et la reproduction de ses gestes, en intégrant sa logique, son savoir-faire, son intuition et ses conseils, permettrait de répondre à certaines de ces questions.

1.2. Un référentiel de formes

L'utilisation d'un référentiel de formes s'offrait naturellement. Il suffisait de puiser dans un assemblage céramique étudié dans le nord-est de la Syrie entre 1988 et 1996. L'ayant abondamment dessiné, j'avais pu en scruter les moindres détails et en noter de très nombreuses observations morphologiques et techniques ainsi que les dimensions exactes à l'échelle 1/1[16].

1.2.1. Un site

Cet assemblage est celui du site de Tell Mohammed Diyab (ancienne Azamhul)[17], dans le Triangle du Khabur, au nord de la Mésopotamie **(Figure 2)**, occupé aux âges du Bronze ancien, moyen et récent (IIIe et IIe millénaires av. J.-C). Suite à l'occupation du Bronze ancien (IIIe millénaire), les niveaux du Bronze moyen des Opérations 1 et 5 (début du IIe millénaire), révélaient une poterie appelée « céramique du Khabur », marquant la période paléo-babylonienne en haute Mésopotamie. Des niveaux postérieurs du Bronze récent (deuxième moitié du IIe millénaire) livraient des céramiques typiques des périodes mittanienne et médio-assyrienne (Opérations 1 et 3). Le site abandonné fut réoccupé aux époques séleucide et romano-parthe.

1.2.2. Une région au nord de la Mésopotamie

À l'appui de ce référentiel, d'autres sites du Bassin du Haut Khabur – capitales ou sièges de localités vassales du royaume de Mari, dont les archives du XVIIIe siècle av. J.-C. relatent l'activité et le nom akkadien **(Figure 2)** – ont fourni de très nombreux parallèles : par exemple Tell Leilan, le grand site voisin de Tell Mohammed Diyab, fouillé également dans les années 1990, capitale du royaume de Haute-Mésopotamie (Šubat-Enlil), à l'époque du roi Samsî-Addu. De même, Chagar Bazar (Ašnakkum)[18], Tell Brak (Nagar)[19], Tell Arbid (Amaz)[20] fouillés dans les années 1930 et 1940 par M. Mallowan, puis dans les années 1990, Tell Barri (Kahat)[21], et plus à l'est, en Irak, Tell el-Rimah (Qaṭṭara)[22].

À l'instar de ce dernier, plusieurs de ces sites sont occupés au Bronze récent, aux périodes mittanienne et médio-assyrienne, parmi lesquels Tell Brak[23], Tell Barri[24], mais aussi Tell Beydar (Nabada) et Tell Amouda (Kulišhinaš)[25], et, sur le Moyen Khabur, Tell Bderi (Dur-Aššur-lešer)[26], Tell Sheikh Hamad (Dur-Katlimmu)[27] ; enfin plus loin (sur le Balikh, à l'ouest), Sabi Abyad. Ces parallèles, ainsi que ceux de sites plus lointains, sont par ailleurs repris dans plusieurs synthèses sur les céramiques du Bronze moyen et du Bronze récent[28].

12 Cf. Baldi et Padovani, ce volume.
13 Moorey 1999 : 166-215 (partic. 178-181).
14 Courty et Roux 1995 ; Roux et Courty 1997, 1998.
15 Cf. par exemple Rice 1987 : 134 ; Courty et Roux 1995 : 17.
16 La démarche était valide car le dessin, à l'échelle 1/1, est le premier travail du céramiste avant l'élaboration d'une forme, légèrement surdimensionnée, pour en anticiper le retrait à la cuisson.
17 Faivre 1992a ; Faivre 1999 ; Nicolle 2006 ; Faivre et Nicolle 2007.
18 Mallowan 1937 ; McMahon 2009.
19 Mallowan 1947 ; Oates *et al.* 1997.
20 Mallowan 1937.
21 Baccelli et Manuelli 2008.
22 Postgate *et al.* 1997.
23 Oates *et al.* 1997.
24 Anastasio 1993.
25 Faivre 1992b.
26 Pfälzner 1995.
27 Pfälzner 1995.
28 Voir les synthèses sur les céramiques du Khabur et de Nuzi (Stein 1984 ; Oguchi 1997, 2003), sur la céramique de la Jézireh syrienne au Bronze moyen (Faivre et Nicolle 2007), et au Bronze récent (Pfälzner 2007) où l'on retrouve les principaux parallèles. Elles englobent d'autres sites plus lointains, hors du Triangle du Khabur, comme Dinkha Tepe, Tell Billa, Tell Taya, Yorgan Tepe (Nuzi), Aššur, Tell Jidle, etc. que nous ne prenons pas en compte ici car, outre Tell el-Rimah, ils ne fournissent qu'un surcroît de parallèles qui n'apportent rien à notre propos.

Figure 2 – Carte des sites mentionnés. Encadrés : sites du Triangle du Khabur (Syrie du nord-est).

Liste des sites mentionnés dans le texte.

Nom ancien	***Nom moderne***	**Nom ancien**	***Nom moderne***
Amaz	*Tell Arbid*	-	*Mureybet*
Apum, Šehna, Šubat-Enlil	*Tell Leilan*	Nabada	*Tell Beydar*
Azamhul	*Tell Mohammed Diyab*	Nagar	*Tell Brak*
Ašnakkum	*Chagar Bazar*	Nuzi	*Yorghan Tepe*
-	*Dinkha Tepe*	-	*Sabi Abyad*
Dur-Aššur-lešer	*Tell Bderi*	Šibaniba	*Tell Billa*
Dur-Katlimmu	*Tell Sheikh Hamad*	Qaṭṭara	*Tell al-Rimah*
Kahat	*Tell Barri*	-	*Tell Jidle*
Kaneš	*Kültepe*	-	*Tell Sabi Abyad*
-	*Khirbet esh-shenef*	Dur-Katlimmu	*Tell Sheikh Hamad*
Kulišhinaš	*Tell Amouda*	-	*Tell Taya*
Mari	*Tell Hariri*	Urkiš	*Tell Mozan*
		Zalpa	*Hammam et-Turkman*

1.2.3. Des formes de référence

La typologie de Mohammed Diyab, étayée de nombreuses comparaisons issues des sites sus-mentionnés, offrait donc un large choix de formes de références, à partir desquelles exercer une démarche expérimentale :

- Des formes ouvertes simples du Bronze ancien (IIIe millénaire), comme des écuelles de l'époque akkadienne de taille standardisée, produites en série et interprétées comme des bols à rations alimentaires : elles sont, présentes à Mohammed Diyab, à Tell Leilan **(Figure 6a-b)** ou encore à Tell Brak[29].
- Des formes ouvertes et fermées plus élaborées du Bronze moyen (première moitié du IIe millénaire), très courantes dans la céramique du Khabur. Cette dernière se distingue, en effet, par un nombre limité de formes de vases déclinées dans toutes les tailles, de la plus grande à la

[29] Cf. plus loin forme 2.

Figure 3 – Vue de l'ensemble des pots réalisés (expérimentation et photo X. Faivre).

plus petite, jusqu'à la taille miniature. Ce sont des vases cylindriques **(Figure 5a)**, des coupes ou des gobelets carénés **(Figures 7a-c, 7g ; 8a, 9a, 10a)**, des bols profonds à épaule moulurée **(Figure 11a-b)**, des formes fermées avec ou sans col, des pots ou des petites jarres **(Figures 12a, 13a,14a, 15a, 16a)**[30]. Cette vaisselle est souvent décorée de bandes peintes, de triangles et de décors en relief, incisés ou peignés. Les gobelets carénés ou épaulés (*shoulder cups*), originaires du sud de la Mésopotamie **(Figures 7a-c, 7g, 12a)**, appartiennent à la phase tardive de la céramique du Khabur.

- Des formes du Bronze récent (seconde moitié du IIe millénaire) réalisées en série : la céramique mittanienne (au milieu du IIe millénaire) reprend certaines formes et décors peints de la céramique du Khabur — notamment de la phase tardive, gobelets carénés (injustement nommés « mesures à grain ») et gobelets épaulés (*shoulder cups*) — et développe en série des gobelets à piédouche ou à fond-bouton **(Figures 18a-b, 19a)**[31]. Sur les bandes peintes peuvent être appliqués des motifs peints en blanc dans le style de la céramique de Nuzi. Enfin la céramique médio-assyrienne, généralement dépourvue de décor, poursuit la tradition de gobelets à piédouche, à paroi droite ou épaulée, et privilégie ceux à fond-bouton.

Ce sont donc ces formes de taille réduite, dont la facture régulière, les stries horizontales et la finesse des parois montraient l'utilisation de la force centrifuge, qui m'ont servi de référence et de fil directeur. Leur fabrication m'a conduit à appliquer toutes les étapes de la chaîne opératoire associée au tournage céramique **(Figure 3)**.

1.3. Des choix et des objectifs

Les buts initialement fixés étaient :

- de prendre en main techniquement l'outil rotatif,
- d'intégrer mentalement les gestes du potier impliqués dans le tournage d'une balle d'argile, en appliquant toutes les phases de la chaîne opératoire,
- de maîtriser les formes de base, comme le cylindre et le bol,
- à partir de celles-ci, de travailler sur la reproduction des mesures : hauteur, diamètres de l'ouverture, de la panse et du fond,
- de choisir dans le référentiel un nombre limité de formes simples, de taille réduite, en progressant des formes ouvertes vers les formes fermées,
- à partir de celles-ci, de travailler sur certaines caractéristiques du référentiel du Bronze moyen ou du Bronze récent (comme les carènes, certains types de fond ou de vases fermés).

[30] Cf. plus loin formes 3-6, 9-10.
[31] Cf. plus loin formes 11b-12-13.

1.4. *Un protocole*

Le protocole élaboré consistait à respecter la séquence de gestes, reproduits dans un ordre précis, et en en observant les effets, au cours de toute la chaîne opératoire, de la préparation de l'argile à la cuisson.

1.4.1. Les gestes principaux à travers une forme de base : le cylindre

À partir d'une boule d'argile, pesée préalablement (de 200 g à 500-600 g), il s'agissait d'apprendre à la centrer, à l'ouvrir, à monter une paroi verticale afin d'obtenir un cylindre [forme 1] **(Figure 5b)**, selon la séquence suivante :

- préparation de la terre,
- pétrissage à la main d'une balle,
- pesée,
- centrage,
- creusage,
- tournage,
- montage,
- amincissement,
- mise en forme,
- fabrication de la lèvre,
- reproduction de vases de mêmes dimensions (mesures au trusquin) [forme 1].

1.4.2. Évolution de l'apprentissage : études particulières

Partant de la maîtrise de cette forme de base (le cylindre), il devenait possible d'orienter la paroi avec une estèque, et de créer différentes formes ouvertes simples (comme le bol) avant d'envisager les formes plus complexes, ouvertes ou fermées **(Figures 6a-19d)**. Progressant ainsi vers la complexité, il importait de réaliser plusieurs particularités observées sur les céramiques de l'âge du Bronze moyen et du Bronze récent : les parois carénées sont par exemple caractéristiques des coupes, coupelles ou gobelets de ces périodes en Mésopotamie **(Figure 7a-9d)**. Tout un répertoire de vases à boire permettait d'aborder le travail de l'épaule et du fond, le montage en série « à la motte » et enfin quelques éléments de décors en relief.

Séquence :

- formes ouvertes [formes 2-5],
- travail sur les formes carénées [formes 3-4],
- formes fermées [formes 6, 9-10],
- tournage à la motte (ou à partir d'un cône) [formes 11-13],
- décors peignés [forme 5].

1.4.3. Finitions

Étape indispensable et décisive, le tournassage **(Figure 20)** égalise la surface extérieure ou permet la formation des fonds annulaires ou des piédouches de différents types **(Figures 17-19)**.

Séquence :

- confection d'un mandrin ou gabarit,
- tournassage,
- fabrication du fond.

1.4.4. Cuisson et décors

Enfin la cuisson autour de 900 °C change la structure physico-chimique et moléculaire de l'argile et donne au vase une induration irréversible. Un décor peint ou un émaillage peut alors lui être appliqué avant qu'il ne soit fixé par une seconde cuisson, transformant celui-ci en « biscuit ».

Séquence :

- cuisson,
- décor peint, émaillage,
- biscuit.

1.5. *Le domaine des possibles*

Pour se placer dans les conditions les plus proches des céramiques antiques, l'idée initiale était de rencontrer, à la faveur de missions archéologiques, des potiers orientaux, équipés de tours traditionnels, actionnés à la main ou au pied – tels que j'avais pu en voir en Turquie, en Syrie puis au Liban – et de nouer une collaboration. Mais l'évolution de la situation au Proche-Orient n'a pas permis de concrétiser ce projet. Le domaine des possibles s'est donc révélé être : un atelier parisien, des argiles industrielles, un tour et un four électriques.

1.5.1. Un atelier parisien

Ainsi durant 45 séances, entre 2017 et 2020, c'est dans le cadre d'un atelier parisien, sous le contrôle d'un potier-céramiste, qui a compris mes motivations et accompagné mes progrès, que j'ai appris à intégrer toutes les phases du tournage céramique, en partant de formes simples et en travaillant sur différentes formes de vases de mon référentiel, à partir de dessins céramiques réalisés en Syrie.

1.5.2. Des argiles industrielles

L'archéologie du Proche-Orient, confortée par certains textes cunéiformes mésopotamiens[32], ou appuyée par les

[32] Barrelet 1968 ; Waetzoldt 1971 ; Sallaberger 1996 ; X. Faivre « Les

comparaisons ethnographiques[33], montre une lointaine connaissance des filons et lieux d'approvisionnement, une longue préparation de l'argile. Le problème du choix et de l'extraction du matériau ne se posait pas dans le cadre de cette expérience. Les céramistes modernes utilisent des pâtes industrielles épurées mais savent néanmoins préparer la matière première[34]. Elles s'avéraient d'une qualité très convenable, d'un aspect assez proche des pâtes peu dégraissées utilisées dans la céramique du Khabur ou celles des fins gobelets du Bronze récent. Deux types de terre pouvaient être utilisés : des argiles communes, faciles à travailler, qui renferment du fer et des impuretés minérales qui leur donnent une couleur rouge, verdâtre ou grisâtre. Leur température de cuisson est comprise entre 900-950 et 1100 °C. Une caractéristique est qu'elles restent poreuses. L'oxyde de fer contenu dans argile peut changer la couleur selon sa nature et les conditions de cuisson : lors d'une première cuisson, elle peut devenir rose, ocre, marron , rouge... On a utilisé aussi des terres à grès dont la température de cuisson varie de 1200 à 1300 °C. Elles donnent une pâte dense, non poreuse, vitrifiée et étanche à laquelle on peut ajouter de la chamotte (terre ou argile broyée assurant une bonne tenue de la pâte au tournage), ce qui permet de diminuer le retrait.

1.5.3. Un tour électrique

L'expérience ayant trait au tournage, on peut s'attarder sur l'opposition entre les outils utilisés par les potiers antiques et les potiers modernes. On a en effet retrouvé des éléments d'outils rotatifs (de tours de potier ou de tournettes) dispersés dans tout le Proche-Orient entre la fin du Chalcolithique, l'âge du Bronze ancien et l'époque islamique, en Égypte[35], dans le monde méditerranéen, répondant à différents principes[36] **(Figure 4)**. Ce sont, au Bronze ancien, des disques d'argile d'environ 70-75 cm de diamètre (en Basse-Mésopotamie)[37], ou des dispositifs formés d'un double disque de basalte (au Levant-Sud, Tell Yarmouth)[38]. Face à l'hypothèse de l'apparition soudaine du tour rapide, mu par la force centrifuge et responsable d'une production de masse, dès ces périodes[39], s'est imposée celle de l'élaboration au tour d'une ébauche façonnée aux colombins[40], pratique identifiée sur une vaste aire géographique, et sur une longue période chronologique entre le Chalcolithique et l'Antiquité[41]. Dans tout le Proche-Orient et en Égypte, au Bronze moyen et au Bronze récent, on a trouvé également des supports de tournette à pivot, à tenon et mortaise, en basalte dont le fonctionnement n'est pas totalement établi[42] **(Figure 4a)**. Des expérimentations ont été réalisées, validant la capacité au tournage de tels dispositifs (avec une force centrifuge de 80 à 150 rpm), ont donné lieu à plusieurs hypothèses[43] : une girelle plus large devait être posée sur la partie supérieure **(Figure 4b)** et actionnée par un assistant **(Figure 4c)** ou un bâton (*stick wheel*) ; c'est la reconstitution proposée à Sabi Abyad, au Bronze récent : le potier travaille accroupi. Dans une seconde, c'est un large volant, actionné avec les pieds (*kick wheel*), qui repose sur le support en basalte, relié à la girelle, plus petite, par un axe[44] **(Figure 4d)**. L'axe peut-être aussi simplement planté dans le sol ou dans une crapaudine. Un tel dispositif peut être placé dans une fosse, comme c'est le cas à Mari[45], au Bronze moyen. Le potier s'installait sur une dalle sur le bord de la fosse et actionnait le plateau inférieur situé au fond de la fosse avec ses pieds ce qui mettait en mouvement le plateau supérieur de son tour, la girelle. Mis en mouvement par la poussée du pied droit, le tour à pied tourne normalement dans le sens inverse des aiguilles d'une montre[46]. Des représentations égyptiennes illustrent aussi ce fonctionnement **(Figure 4e)**. Ce sont sans doute ces dispositifs qu'il faut imaginer pour la fabrication de la céramique du Bronze moyen et récent prise comme référentiel.

L'usage d'un tour électrique **(Figure 4f)** pouvait sembler inapproprié pour travailler sur des formes anciennes, comme cela peut être avancé. Ce fut en fait un atout pour se concentrer sur le travail des gestes et de la forme, sans avoir à intégrer l'apprentissage du tour traditionnel. L'électricité permet, comme l'énergie musculaire, d'obtenir vitesse, lenteur et régularité, selon l'opération désirée. Ce qui importe avant tout, c'est l'efficacité du tour, la vitesse, la force centrifuge, la continuité de la rotation, enfin le geste et la pression exercée sur l'argile lorsque le tour est en action.

1.5.4. D'autres outils

De même, les potiers mésopotamiens n'utilisaient bien sûr pas d'outils perfectionnés. Leur matériel était assez fruste et fabriqué à partir de matériaux très simples, ou d'objets détournés, que l'on a pu parfois retrouver

mots pour dire l'argile... » et « Les types de fours... », ce volume.

33 Rye 1981 ; Rice 1987 ; Roux 2013.

34 Chavarría 1994 : 32-34.

35 Arnold et Bourriau 1993.

36 Cf. entre autres, Rice 1987 : 132-135 ; Trokay 1989 ; Bombardieri 2004 ; Desbat 2004 ; Duistermaat 2008.

37 Postgate 1990.

38 Roux et Miroschedji 2009.

39 Childe 1954 ; Foster 1959. Cf. synthèse des hypothèses dans Roux et Courty 1998 : 748 et Doherty 2015 : 22.

40 Courty et Roux 1995 ; Roux et Courty 1997, 1998 ; Roux et Miroschedji 2009.

41 Cf. A. Dupont-Delaleuf, ce volume.

42 Childe 1954 ; Trokay 1989 ; Roobaert et Trokay 1989 ; Bombardieri 2004 ; Doherty 2015 : tableau 2.1.

43 Rye 1981 ; Edwards et Jacobs 1986 ; Powell 1995 à Tell el-Amarna.

44 Le principe est celui utilisé par les potiers du nord-ouest de l'Inde (Roux et Corbetta 1990 : 27, photos 1-9) et a servi de référence à Sabi Abyad (Duistermaat 2008 fig. V.8, V.11-V.12). Cf. aussi Magrill et Middleton 1996 : fig. 6b.

45 Margueron 2006 : 396 : fig. 384-385.

46 Desbat 2004.

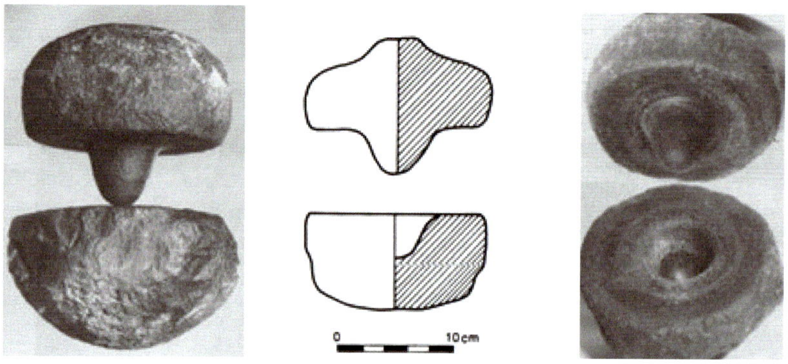

Figure 4a – Supports de tour ou tournette en basalte à tenon et mortaise (d'après Amiran et Shenhav 1984, fig. 1a-b) et coupe d'une tournette à tenon de Jéricho (d'après Wood 1992 : 428, POT.01).

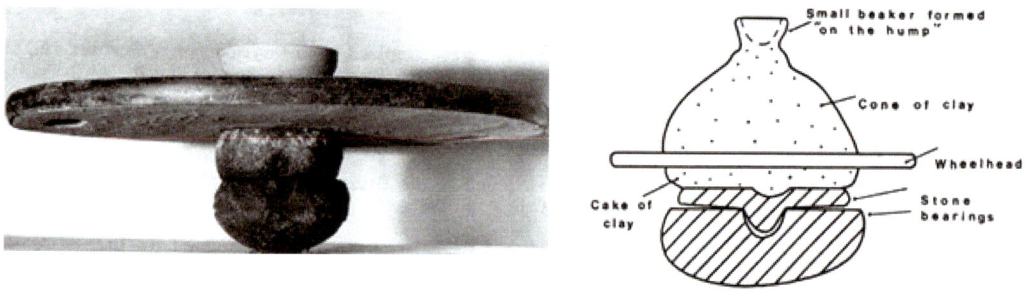

Figure 4b – Reconstitution d'une tournette avec son support à tenon et mortaise et sa girelle (d'après Amiran et Shenhav 1984, fig. 3 et Trokay 1989, fig. 4).

Figure 4c – Représentation égyptienne d'un tour actionné par un assistant, tombe de Kenamon, Thèbes, XVIIIe dynastie (d'après Moorey 1999 : 147, fig. 10 : b).

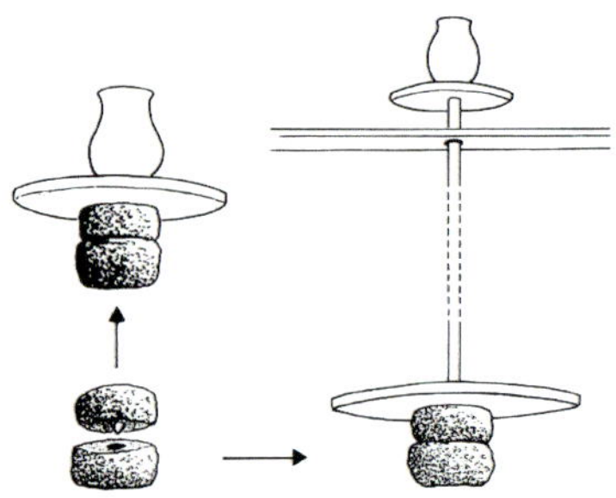

Figure 4d – Reconstitution du fonctionnement d'un support en basalte (d'après Magrill et Middleton 1996, fig. 6b).

Figure 4e – Représentation égyptienne d'un tour à pied, époque perse (d'après Moorey 1999 : 147, fig. 10 : c).

Figure 4f – L'atelier du potier et le tour électrique (photo X. Faivre).

Figure 4g – Outils de potier : tessons de poterie, galets, coquillages, os (d'après Magrill et Middleton 1996, fig. 1).

Tableau 2 – Aperçu schématique des températures de cuisson pour les argiles utilisées.

Argiles	Dégourdi	Biscuit	Émail	Température finale
Grès	950-980 °C	1280 °C	1200-1280 °C	1200-1300 °C
Faïence		1000-1100 °C	950-1050 °C	1050-1200 °C
Terre cuite				900-1050 °C

en archéologie : tessons de poterie, éventuellement retouchés[47], galets, silex, fragments d'os ou de textiles, voire outils de bois ou de roseaux qui n'ont pas été retrouvés[48] **(Figure 4g)**. Ils devaient être le plus souvent largement improvisés.

Les outils modernes sont beaucoup plus élaborés mais peuvent être également improvisés. On en distingue deux sortes : pour le tournage et pour les finitions[49].

- Les outils de tournage : poinçons pour rectifier ou rogner les bords, fils à couper en métal ou en coton, pour retirer la pièce de la girelle ou de la motte, raclettes ou estèques, pour niveler et retirer les surplus de terre, compas à branches courbes, pour vérifier les cotes extérieures, compas droits, pour mesurer la hauteur ou le calibre intérieur. Des ébauchoirs, lissoirs ou peignes permettent d'intervenir sur la surface extérieure, pour rogner, polir ou décorer. Enfin des éponges servent à lisser la terre et absorber l'excédent d'eau à l'intérieur du récipient lors du montage.
- Les outils de tournassage interviennent lors des finitions et de la régularisation de la surface : mirettes à fils formés pour retirer de l'argile, tournassins diversement courbés, estèques souples en métal. Enfin les rondeaux sont des supports superposés à la girelle qui permettent d'enlever des pièces sans les déformer.

1.5.5. Un four électrique

Compte tenu des conditions, il n'était pas possible de pratiquer la cuisson dans un four traditionnel de potier[50]. Un four électrique moderne permettait cependant d'obtenir une première cuisson à environ 900 °C, ouvrant la possibilité de revêtir le vase d'un décor de bandes peintes, comme dans la céramique du Khabur, ou d'un émaillage, comme dans certaines productions du Bronze récent, nécessitant l'une et l'autre une seconde cuisson, engendrant un « biscuit ». D'autre vases ont été cuits à plus haute température à partir de 1100 °C (**Tableau 2**).

2. La méthode et l'expérience

2.1. La méthode

La méthode adoptée fut toujours la même :

1. Choix, dans le référentiel, d'une forme dont les dimensions étaient connues, à partir de dessins à l'échelle 1/1 réalisés par moi-même.
2. Le protocole de la chaîne opératoire commençait donc à la préparation de la terre. Le pétrissage à la main[51] et la pesée de la balle d'argile étaient généralement effectués par le potier lui-même, en fonction de la taille du vase choisi.
3. Une démonstration était systématiquement réalisée par le potier, mettant en pratique son savoir-faire, son expérience et son intuition. Cette étape pédagogique fondée sur l'observation des gestes – ceux à adopter comme ceux à éviter – était assortie des conseils techniques afférents. C'était aussi l'occasion d'échanges et de questions qui ont toujours trouvé la réponse adéquate.
4. Un support visuel. La plupart du temps, cette démonstration a été enregistrée par une vidéo de travail qui permettait, d'une part, de mesurer le temps moyen utilisé par le potier expérimenté pour réaliser une forme, d'autre part, de revoir et de fixer mentalement les gestes, tout en favorisant les progrès. Il en est sorti 24 vidéos de courte durée. De même 410 photographies ont visuellement fixé certaines démonstrations ainsi que la production, avant et après cuisson, de la production cuite, ce qui totalise environ 530 photographies.
5. L'expérimentation pouvait commencer, à partir du dessin archéologique et du modèle réalisé par le potier, selon le protocole pré-défini. Elle concernait la section de la chaîne opératoire comprise entre le centrage de la balle et le

[47] On a déjà noté, dans les listes lexicales ur$_5$-ra = *hubullu* (Cf. X. Faivre « Les mots pour dire l'argile..., Tableau 6 » et « Les types de fours..., Tableau 2 »), une section consacrée aux tessons de poterie (Ura 10 : 375-382) dont certains (particulièrement Ura 10 : 378 : *makdādu*) sont utilisés en grattoir, en lame tranchante ou sont taillés en pointe, en poinçon.

[48] Duistermaat 2008 : fig. V.9-V.10.

[49] Chavarría 1994 : 36-37, 42-43 ; Barbaformosa 2013 : 20-25.

[50] On a vu, dans la session consacrée aux fours, le problème complexe des fours de potiers dans l'Orient ancien, cf. Baldi, Faivre, Padovani, ce volume. Cf. aussi la variété des dispositifs de cuisson, des fours traditionnels aux fours électriques dans Chavarría 1994 : 56-72.

[51] Chavarría 1994 : 106-108 ; Barbaformosa 2013 : 28-31.

retrait de la pièce de la girelle au moyen d'un fil. Puis après une courte période de séchage, le tournassage était effectué sur un mandrin préparé par le potier.

6. La cuisson a été réalisée au four électrique par le potier lui-même, autour de 900 °C, donnant à la terre cuite une couleur rose saumon, avant l'application éventuelle d'un décor peint ou d'un émaillage, nécessitant une seconde cuisson, donnant à la pièce une couleur beige verdâtre. Il est évident que tous les récipients tournés, mêmes réussis par l'apprenti, n'ont pu être cuits dans leur totalité[52].

2.2. *Du référentiel à l'expérimentation : du geste à la forme*

2.2.1. Tournage sur la girelle : les formes de base, le cylindre et le bol

Formes 1 : le cylindre (Figure 5)

Poids de la balle d'argile : 600 g[53].
Mesures : H. 12 cm, ø 9 cm.
Temps de réalisation : 2,50 - 3,50 minutes.
Référentiel : Tell Mohammed Diyab[54] ; Chagar Bazar[55] ; Tell al-Rimah[56].
Chronologie : Bronze moyen (céramique du Khabur).

La forme de base est le cylindre. D'une part, elle est pertinente dans notre démarche car elle a bien été utilisée, en tant que telle, dans la céramique du Bronze moyen de haute Mésopotamie, pour confectionner des boisseaux, des terrines ou bassins à fond plat, d'un rapport de la hauteur et du diamètre variable. Ceux-ci sont par exemple très courants à Tell Mohammed Diyab et à Chagar Bazar **(Figure 5a)**.

D'autre part, une bonne maîtrise de cette forme garantit celle de toutes les autres[57] **(Figure 5b)**. La principale difficulté est de monter la paroi le plus haut et le plus verticalement possible. Il suffit alors d'orienter la paroi verticale, en l'ouvrant ou en la fermant. Pour cette raison nous détaillons, pour le cylindre, toutes les étapes de la chaîne opératoire que nous avons suivies, de la préparation de la terre au retrait de la girelle[58]. Elles seront implicites pour toutes les autres formes.

Figure 5a – Référentiel de vases cylindriques de Tell Mohammed Diyab, dessins X. Faivre (Faivre 1999, fig. 109, 1 ; 111, 6 ; pl. 61, 3-4 ; 64, 2).
Figure 5b – Cylindre sur le tour de potier (démonstration G. Taliercio, photo X. Faivre).
Figure 5c – Coupe d'un cylindre sur le tour de potier (démonstration G. Taliercio, photo X. Faivre).
Figure 5d – Cylindres réalisés au tour de potier (expérimentation et photo X. Faivre).

[52] Les aléas de la crise sanitaire, interrompant les séances, ont fait que certains exemplaires destinés à la cuisson ont dû être jetés. C'est le cas de la forme 4a.

[53] L'ensemble des mesures des vases expérimentés ont été rassemblées dans le tableau 2.

[54] Faivre 1992a : fig. 15, *1-5* ; 1999, pl. 61, 64 ; Faivre et Nicolle 2007 : pl. XI, *359* ; McMahon 2009 : pl. 41.

[55] Mallowan 1937 : fig. 22, *3* ; Faivre et Nicolle 2007 : pl. IV, *99* ; McMahon 2009 : pl. 40.

[56] Postgate *et al.* 1997, pl. 95, 1151-1152, 1154-1156 ; pl. 100, 1197

[57] Voir par exemple Chavarría 1994 : 160-165, Barbaformosa 2013 : 78-83.

[58] Précisons que les gestes appliqués ici sont ceux pratiqués dans le

1. Préparation de la terre. L'argile non préparée est plus dure et sèche à la surface qu'au centre. Des bulles d'air, présentes à l'intérieur, peuvent occasionner un décentrage au tournage et un éclatement lors de la cuisson. Le pétrissage à la main permet alors de connaître la consistance adéquate de l'argile pour le tournage[59].

2. Pesée. Une balle d'argile doit préalablement être pesée. De cela dépend la quantité de terre utilisée et la difficulté du centrage, selon le résultat escompté. J'ai travaillé le plus souvent avec des balles de 500 à 600 g souvent préparées par le potier lui-même.

Les potiers anciens devaient avoir les moyens de peser le matériau. On a en effet dans l'Orient ancien des représentations de balances. Mais pour les faibles quantités, il est probable que la pesée ait été réalisée de façon empirique en utilisant la contenance de la paume de la main. Une mesure plus précise n'était sans doute pas nécessaire.

3. Jeter la balle avec force au centre de la girelle immobile, en tapotant dessus, permet une bonne adhérence à celle-ci. On l'humidifie.

4. Centrage. La balle adhérant bien à la girelle, on peut alors mettre le tour en mouvement (en actionnant la pédale lorsqu'il s'agit d'un tour électrique – d'un coup de pied à droite pour un tour à volant, en rappelant qu'il tourne à l'inverse des aiguilles d'une montre). Certains principes ont été observés : humidifier l'argile et les mains avant de commencer à tourner ; aplatir, les mains de chaque côté en tenant fermement la balle et en s'efforçant de la ramener vers le centre de la girelle ; centrer d'abord la partie de la balle en contact avec la girelle en exerçant une pression égale des doigts et des paumes des deux mains. Les mains sont symétriques et forment les mêmes gestes pour transformer la balle. Puis on monte les bords en déplaçant les mains vers le haut, tout en resserrant progressivement la balle. Quand on arrive en haut, on fait pivoter la main gauche sur le sommet pour y exercer une poussée vers le bas et l'intérieur. La main droite maintient la balle latéralement. On obtient alors un cône. On redescend. On peut monter, descendre, répéter le geste plusieurs fois sans décentrer la balle. Les bulles d'air sont ainsi chassées. La main droite reste immobile et maintient la paroi extérieure. La main gauche, avec la paume, monte et aplatit la balle d'argile. Les mains sont asymétriques et travaillent de façon complémentaire. Cette forte pression a pour but d'homogénéiser l'argile et d'éliminer fissures et bulles d'air. On redescend et on aplatit enfin l'argile au maximum pour lui donner une forme de dôme surbaissé puis de galette épaisse[60].

Il faut bien sûr humidifier régulièrement les mains et l'argile pour la modeler facilement. Un récipient rempli d'eau est nécessaire à proximité. C'est alors que l'eau se dépose à la surface de la terre et se transforme en barbotine. Il faut toujours doser avec justesse la quantité d'eau nécessaire pour que l'argile garde une consistance satisfaisante et ainsi maîtriser le tournage[61].

5. Marquage du centre. Ayant obtenu une galette épaisse, les deux pouces sont placés l'un sur l'autre, au centre de la balle centrée. On exerce alors une légère pression au centre pour former une cupule.

6. On creuse l'emplacement de la cupule avec les deux indexes, tout en gardant les deux majeurs de chaque côté, pour guider la paroi extérieure. On peut également creuser le sommet de la balle avec le pouce[62].

7. Ouverture. On peut alors ouvrir la cupule avec les deux indexes parallèles, en les déplaçant vers la droite, sur la largeur de quatre doigts environ, en maintenant toujours les majeurs de chaque côté, pour guider la paroi extérieure. Si l'on ouvre avec le pouce, on peut tirer les parois vers l'extérieur avec les deux mains.

8. Pour affiner la paroi, on place l'index à l'intérieur de celle-ci, le pouce à l'extérieur sans la serrer, comme si l'on tenait un stylo, tout en poussant légèrement vers l'intérieur : le potier parle alors de « position stylo vers l'intérieur ». Le pouce doit exercer une pression sur la partie basse ; le majeur guide la paroi à l'extérieur. Pour garder sa régularité, le bord de l'ouverture est maintenu entre l'index et le majeur. La main gauche peut aider à pousser la partie basse.

9. On monte enfin l'extérieur de la paroi, en exerçant une pression du bas vers le haut, en utilisant les articulations de l'index refermé sur le pouce de la main droite en spatule, pour bien faire remonter l'argile et la répartir sur toute la hauteur de la paroi. On suit l'intérieur de celle-ci avec la main gauche. Les mains sont donc asymétriques et ont une activité complémentaire. On recommence plusieurs fois pour tirer l'argile vers le haut.

10. À l'aide d'une estèque, on enlève le surplus d'argile au bas de la paroi extérieure. On guide celle-ci, à l'intérieur, avec la main gauche, en l'appuyant sur l'estèque placée bien verticalement. On peut alors déplacer l'estèque, verticalement, sur toute la hauteur de la paroi extérieure, ce qui permet de monter le cylindre plus

cadre de ces expérimentations. D'autres potiers peuvent bien sûr procéder autrement. Pour les positions de base pour tourner un cylindre, cf. Chavarría 1994 : 116-117, 160-161.

[59] Chavarría 1994 : 106-108 ; Barbaformosa 2013 : 28-31.

[60] Barbaformosa 2013 : 35-37.

[61] Barbaformosa 2013 : 32-33.

[62] Barbaformosa 2013 : 39.

haut – même si ce n'est pas la fonction première. On peut aussi comprimer plusieurs fois la base du cylindre pour faire remonter l'argile vers le haut. **(Figure 5b)**. On compte 5-6 secondes en montant la paroi, et en revenant plusieurs fois, de bas en haut, avec des gestes lents et une rotation rapide du tour. Si la paroi se bombe, on incline l'estèque et on la remonte en la glissant sur la partie de la paroi à redresser.

Il convient de mouiller le vase régulièrement, mais sans excès, avec les mains ou avec une éponge. Cette dernière peut également résorber le surplus d'eau à l'intérieur.

11. Nivellement des bords et des bases

Le tournage peut s'achever par le nivellement du bord supérieur du vase obtenu, voire de la base. L'opération se fait au moyen d'un poinçon. On transperce la paroi sous le bord et l'on maintient le poinçon en faisant tourner la girelle sur un tour complet. On en retire une bande d'argile et obtient un bord bien horizontal. Celui-ci peut être lissé et pincé entre le pouce et l'index, pour lui donner une forme effilée. On peut alors niveler la base parallèlement au bord, après l'avoir retirée de la girelle. Vu l'irrégularité de certaines pièces archéologiques, il n'est pas certain que cette opération ait été systématique.

12. Fabrication de la lèvre. Une fois nivelée (ou non), la lèvre peut être formée : elle peut être simplement amincie ou arrondie, entre l'index et le majeur, élargie par pression vers le bas de l'index de la main droite, étirée horizontalement vers l'extérieur, en marteau (ce qui est fréquent dans la céramique du Bronze moyen) ou enroulée sur elle-même, en bourrelet.

13. Régularité. La section en coupe d'un cylindre, partagé en deux, met en évidence la verticalité des parois et la régularité des traces de tournage **(Figure 5c)**. La paroi ne doit être évasée ni à l'ouverture ni à la base, et se tenir bien verticale. Il convient de ne pas laisser trop d'argile à la base. L'épaisseur du fond peut être vérifiée en y plantant un poinçon. Toute l'argile doit être utilisée pour le façonnage et la montée de la paroi.

Il est important de laisser un bourrelet au bord pour ne pas affaiblir la lèvre en affinant trop. Celui-ci forme une réserve de terre. Il faut bien accompagner la terre de l'intérieur, bien la répartir à partir du fond sur toute la paroi, de façon régulière.

14. Décentrage. Lors du tournage, il est possible que le bord se décentre. Il convient alors de reprendre la « position stylo », index droit à l'intérieur, pouce à l'extérieur, sans serrer. Chaque montée doit être accompagnée d'une reprise du bord dans cette position pour éviter le décentrage.

15. Séparation de la pièce. Les pièces tournées sur la girelle peuvent en être séparées à l'aide d'un fil mince (aujourd'hui en métal ou en nylon), dans l'antiquité sans doute avec une cordelette en fibre végétale. Le fil est déplacé de l'avant vers l'arrière (mais l'inverse est aussi possible). Le tour peut être en marche, ce qui est plus efficace. Il en résulte alors une spirale à l'intérieur **(Figure 1)** et à l'extérieur de la base. Mais il peut aussi être à l'arrêt. Chaque potier possède ses propres habitudes.

Forme 1 : Reproduction de cylindres et outils de mesures

Poids de la balle d'argile : 200 g.
Mesures : H. 7,2 cm, ø 7 cm.
Temps de réalisation : 2,50 minutes.
Référentiel : idem.
Chronologie : idem.

À partir de la forme de base du cylindre, on a pu aborder les problèmes de standardisation de la céramique. Ainsi une balle d'argile de 200 g a permis de réaliser la reproduction des proportions de petits vases cylindriques de 7 cm de diamètre, mesuré à la règle, et d'une hauteur de 7,2 cm, mesurée au trusquin **(Figure 5d)**.

Pour la hauteur et les diamètres, le potier occidental contemporain se sert d'une règle graduée, éventuellement d'un mètre ruban pour évaluer les circonférences. Il utilise aussi deux types de compas de bois (ou étrier), non pour mesurer la circonférence, mais les diamètres externes, s'ils sont recourbés vers l'intérieur, les diamètres internes, s'ils sont recourbés vers l'extérieur. Ils peuvent également mesurer l'épaisseur des parois. Enfin le « trusquin » est un instrument constitué d'une tige verticale sur laquelle sont fixés deux bras horizontaux qui marquent respectivement le diamètre extérieur et la hauteur finale de la paroi du récipient en cours de tournage. Il est ainsi possible de reproduire des vases en série selon ces mêmes repères. Un tel dispositif peut être improvisé facilement avec des moyens rudimentaires et il n'est pas impossible que les potiers de l'Orient ancien y aient eu recours.

Il est difficile de préciser les outils de mesures employés par les potiers de l'Orient ancien. Or les études typologiques d'assemblages céramiques, distinguant formes ouvertes et formes fermées, montrent bien un certain degré de standardisation. Les potiers reproduisaient en série des formes de vases de différentes tailles en mesurant systématiquement la hauteur, les diamètres de l'ouverture, de la base et de la panse[63]. On pense que les potiers de l'Orient

[63] La typologie comme l'exercice du dessin archéologique de la céramique de Tell Mohammed Diyab m'ont permis d'observer que des

ancien utilisaient un système analogue à celui du *tombo* japonais : des bâtonnets de roseau ou d'os de différentes longueurs pré-établies, pour mesurer le diamètre de vases reproduits en série[64]. Des cordelettes pouvaient également être utilisées pour mesurer les diamètres ou les circonférences. Des empreintes de cordes sur la paroi de certains récipients de grande taille indique leur emploi pour les manipuler.

Il est cependant probable que de tels instruments ne furent pas utilisés systématiquement. Les parties du corps humain sont aussi d'excellents repères : les mains écartées (*ca.* 20 cm), la largeur d'une main (*ca.* 10 cm), les phalanges (*ca.* 5 cm), l'avant-bras qui correspond en gros à une coudée (*ca.* 50 cm). On constate que ce sont principalement les mesures en deux dimensions qui sont mobilisées pour obtenir des récipients en trois dimensions.

Forme 2 : bol à parois évasées (Figure 6)

Poids de la balle d'argile : 500 g.
Poids de la pièce cuite : autour de 400 g.
Mesures : H. 7-8 cm, ø 12,5 - 13 cm.
Temps de réalisation : 1,50 à 2,50 minutes.
Référentiel : Tell Mohammed Diyab[65] (ø 12-15 cm) ; *sila bowls* de Tell Leilan[66] (ø 16,34 cm, ø fond 7,7 cm) ; Tell Brak[67].
Chronologie : Bronze ancien (période des Dynasties archaïques et période d'Agadé)

Cette forme simple de bols à paroi oblique et à bord effilée correspond exactement à celle de vases standardisés réalisés en grandes séries au Bronze ancien, entre la période dynastique archaïque et la période akkadienne (*ca.* 2600-2200 av. J.-C.), dans une pâte beige-verdâtre peu dégraissée. Elle ne nécessite pas un stade d'apprentissage très poussé. On en trouve à Tell Mohammed Diyab, d'un diamètre très proche des exemplaires reconstitués. C'est également, sur le site voisin de Tell Leilan (**Figure 6 a-b**), la forme de référence de bols à rations appelés *sila bowls,* pour leur contenance d'un *sila* mésopotamien, qui équivaut à environ un litre (soit 0,80 l.).

Il faut cependant rester prudent sur l'usage exclusif ou le rôle du tour dans leur fabrication. D'autres

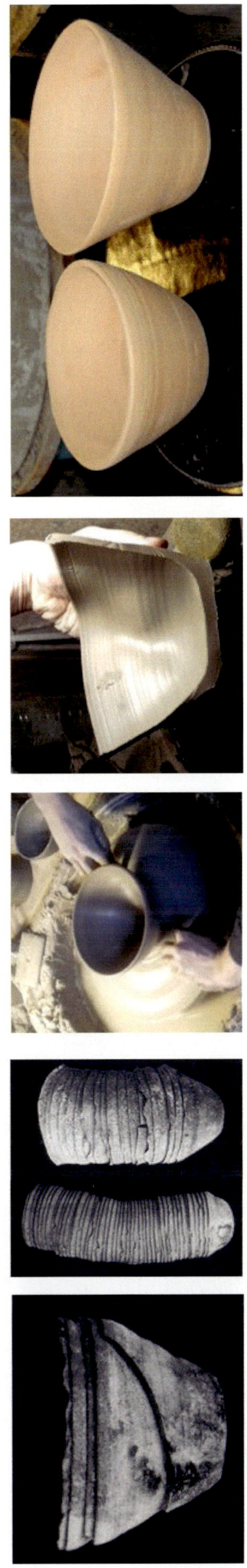

Forme 2 : bol à paroi évasée

Référentiel — Démonstration — Expérimentation

Figure 6a — Figure 6b — Figure 6c — Figure 6d — Figure 6e

Figure 6a – Référentiel de sila bowls de Tell Leilan (d'après Senior et Weiss 1992).
Figure 6b – Référentiel de sila bowls empilés de Tell Leilan (d'après Senior et Weiss 1992).
Figure 6c – Bol d'argile crue retiré de la girelle avec un fil à couper, démonstration G. Taliercio (photo X. Faivre).
Figure 6d – Coupe d'un bol en argile crue, démonstration G. Taliercio (photo X. Faivre).
Figure 6e – Bols à paroi évasée en argile cuite (expérimentation et photo X. Faivre).

jarres de 8-10 litres propres à la céramique du Khabur avaient systématiquement un diamètre d'ouverture de 14 cm.

64 Un stylet en os de section carrée, portant quatre trous sur chaque face, est interprété comme un instrument de mesure dans l'atelier de Figaretto à Corfou. Il est comparé à certains objets trouvés à Corinthe, de plus grandes dimensions (Démesticha et Kourkoumélis 1997 : 558, fig. 3a).

65 Faivre 1992a : fig. 6, *1-3*.

66 Senior et Weiss 1992 : 22, fig. 1a-c.

67 Matthews 1995 : fig. 17, *7*, *9*, *12*, *14-17*.

types de bols standardisés sont dès le Chalcolithique élaborés au colombin et repris au tour[68].

Comme le cylindre, le bol est une forme de base qu'il est important de maîtriser car il permet d'en élaborer beaucoup d'autres. Ces bols ont été réalisés à partir de balles de 500 g en tournant un cylindre dont les parois ont été évasées au moyen d'une estèque inclinée progressivement **(Figure 6c)**. Ils peuvent aussi être réalisés en série, à la motte (cf. *infra*)[69]. La section montre la régularité des traces de tournage **(Figure 6d)**. On en distingue deux types principaux : à base étroite et à paroi haute, à base large et paroi basse. Ils peuvent être tournés directement sur la girelle ou à la motte selon la taille souhaitée. Cuites, les pièces pèsent autour de 400 g **(Figure 6e)**.

Calcul du retrait

Le retrait est la diminution de volume par contraction ou rétrécissement au séchage ou à la cuisson. Il influe sur les dimensions et sur la capacité d'un récipient.

Le retrait de l'argile au séchage suppose donc d'anticiper la taille du vase une fois cuit. Le diamètre et la hauteur doivent être légèrement outrepassés. Pour les basses températures (autour de 800 °C), un retrait est à prévoir selon un rapport de 10% en diamètre et de 7% en hauteur.

Pour réaliser un vase, un céramiste moderne commence par exécuter un dessin préparatoire en calculant le retrait : les mensurations notées sur le dessin sont celles du vase fini. Pour reproduire les proportions exactes, il faut mesurer le diamètre du bord, de la panse et du fond, la hauteur totale et celle de la panse au plus grand diamètre. Lors du tournage, elles sont légèrement surdimensionnées pour prévoir ce retrait. Par exemple, pour un diamètre fini de l'ouverture de 6,5 cm, il faut tourner un vase d'un diamètre de 7,2 cm, soit une différence d'un peu moins d'1 cm.

Calcul de la capacité

Prévoir la capacité d'un vase nécessite de prendre en compte le poids de la balle d'argile (par exemple 500 g). Mais elle dépend aussi du retrait, au séchage et à la cuisson. Celui-ci est différent selon le type de pâte. Ainsi pour les grès (cuits à 1280 °C en 8 heures), il faut compter un retrait de 15% en diamètre et 13% en hauteur. Pour les pâtes à basse température (900-1000 °C), qui peuvent correspondre à celles de céramiques archéologiques, il faut compter 10% en diamètre et 7% en hauteur. Pour une balle de 500 g, on a pu obtenir des bols d'une capacité d'un demi-litre (soit environ la moitié d'un *sila* mésopotamien).

2.2.2. Tournage sur la girelle : les formes ouvertes à paroi carénée

De nombreuses formes de vases du référentiel, notamment les formes ouvertes, possèdent une carène, c'est-à-dire un changement de direction de la paroi, marqué par un angle. Il s'avérait indispensable de travailler sur la confection d'une carène, une caractéristique des vases ouverts du Bronze moyen et récent.

Formes 3 : Gobelet caréné ou « mesure à grain » (Figure 7)

Poids de la balle d'argile : 600-650 g.
Poids de la pièce cuite : entre 300 et 400 g.
Mesures : H. 8-12 cm, ø 6,5 – 9,5 cm.
Temps de réalisation : 3,50 minutes.
Référentiel : Tell Mohammed Diyab[70], Tell Leilan[71], Tell Brak[72], Chagar Bazar[73], Tell Barri[74], Tell el-Rimah[75], Tell Bderi[76], Sabi Abyad[77].
Chronologie : Bronze moyen (céramique paléo-babylonienne et période d'Isin-Larsa, céramique du Khabur), Bronze récent (céramique mittanienne et médio-assyrienne).

Forme courante en Mésopotamie, le gobelet caréné apparaît en Babylonie au début du IIe millénaire **(Figure 7a-c)**. On le trouve dans la céramique du Khabur et de Nuzi, souvent doté d'un décor peint. M. Mallowan, lors des fouilles de Chagar Bazar (Syrie du nord-est)[78], dans les années 1930, l'a appelé « mesure à grain » en se fondant sur la similitude de sa forme cylindrique avec celle de récipients affectés à la mesure des céréales.

À partir d'un pâton de 600 ou 650 g, il s'agit de monter un cylindre le plus régulièrement possible [Forme 3a]. Il est important de bien tirer l'argile vers le haut et de n'orienter la paroi de la carène qu'une fois le cylindre parfait. La carène est obtenue en bombant la paroi à

[68] Roux et Courty 1997, 1998.
[69] Pour la position de base pour tourner le bol, cf. Chavarría 1994 : 110-111, 146-153 ; cf. aussi Barbaformosa 2013 : 68-77.

[70] Faivre 1992a : fig. 14, *9-10* ; 30, *12* ; 1999 : pl. 83, *5-6* ; 84, *1-2, 5-11* ; Faivre et Nicolle 2007 : pl. XI, 367 ; pl. XV, *509* ; Pfälzner 2007 : pl. VIII, *77*.
[71] Frane 1996 : fig. 57 (plusieurs tailles).
[72] Mallowan 1947, pl. LXVII, *19-21* ; pl. LXXIII, *5* ; pl. LXXVII, *1, 3* ; Stein 1984 : pl. XI, *1* ; pl. XIII, *5* ; Matthews 1995 : fig. 21, 5 ; Oates *et al.* 1997 : fig. 191, *257-265, 270-277* (fragmentaires) ; 192, *282* ; 197, *410, 429-431* ; 199, *445* ; 201 (à décor d'oiseau) ; Pfälzner 2007 : pl. III, *17* ; pl. V, *31, 33* ; pl. VIII, *73*, 78-79 ; Pfälzner 2007 : pl. VIII, *78-79*.
[73] Mallowan 1947 : pl. LXXXI, *6-7* ; Stein 1984 : pl. IV, *6, 10* ; McMahon 2009 : pl. 47 « grain measures » ; Faivre et Nicolle 2007 : pl. IV, *97-98* ; Pfälzner 2007 : pl. VIII, *74-75*.
[74] Pfälzner 2007 : pl. VIII, 76 ; Baccelli et Manuelli 2008 : pl. 4, *1-2* ; 5, *11*.
[75] Postgate *et al.* 1997 : pl. 66, *638* ; pl. 77-78 ; pl. 80, *900-903, 916-917* (petite tailles) ; Faivre et Nicolle 2007 : pl. VII, *184, 195, 197-198*.
[76] Pfälzner 1995 : pl. 36, *e* ; Pfälzner 2007 : pl. XIII, *138*.
[77] Duistermaat 2008 : fig. IV.7, *a-c* ; IV.72, *a-p* ; VI.6.
[78] Mallowan 1936.

Forme 3a : Gobelets carénés (mesures à grain)

Référentiel

Démonstration

Expérimentation

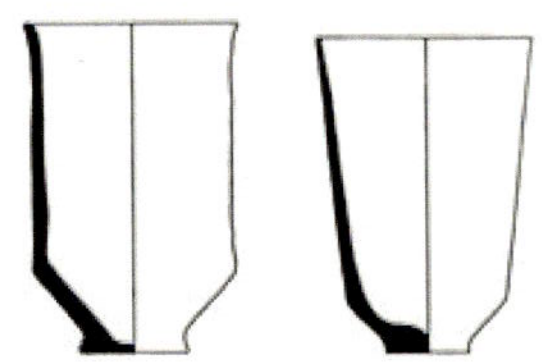

Figure 7a

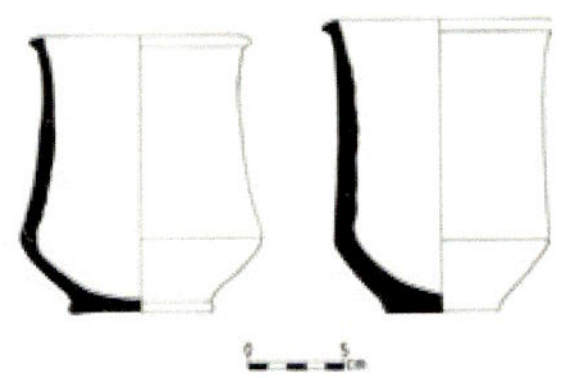

Figure 7b

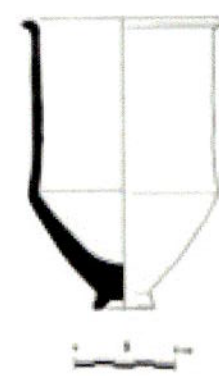

Figure 7c

Figure 7d

Figure 7e

Figure 7f

Figure 7a – Référentiel de gobelets carénés (d'après Ayoub, type 39B, 1-2).
Figure 7b – Référentiel de gobelets carénés de Tell el-Rimah (d'après Postgate *et al.* 1997, pl. 77, 854, 857).
Figure 7c – Référentiel de gobelet caréné de tell Mohammed Diyab, dessin X. Faivre (Faivre 1999, pl. 84, 1).
Figure 7d-e – Gobelets carénés, démonstrations de G. Taliercio (photo X. Faivre).
Figure 7f – Gobelets carénés, expérimentation et photo X. Faivre).

Forme 3b : Gobelets carénés miniatures

Référentiel

Expérimentation

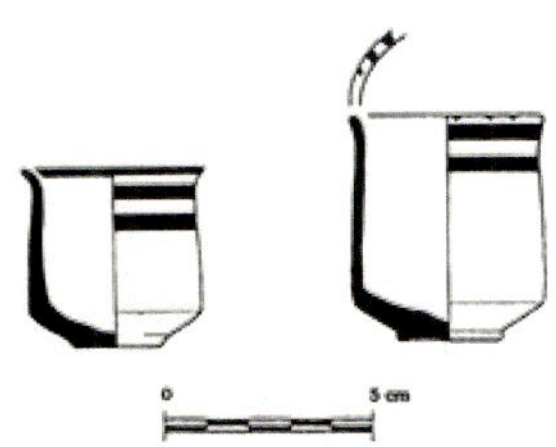

Figure 7g

Figure 7h

Figure 7g – Référentiel de gobelets carénés miniatures de Tell Mohammed Diyab, dessin X. Faivre (Faivre 1999, pl. 88, 11-12).
Figure 7h – Gobelets carénés à bandes peintes (expérimentation et photo X. Faivre).

partir d'une pression douce venant de l'intérieur du vase, tout en aplatissant le haut puis le bas de ce renflement par l'extérieur avec la main droite ou au moyen d'une estèque. Il convient de laisser cependant suffisamment d'argile à la base. Cette dernière est formée par tournassage selon la forme voulue : plate, en forme de disque ou annulaire. On peut également ajouter un colombin d'argile au fond, roulé en anneau, comme il est souvent d'usage dans la céramique de l'âge du Bronze moyen et récent.

Plusieurs démonstrations ont été faites par le potier **(Figure 7d-e)** d'après les dessins de modèles archéologiques. Les mesures ont été effectuées au trusquin et au compas, avant de tenter l'expérience. La forme a pu être réalisée en utilisant plusieurs poids d'argile : un poids de 1,5 kg d'argile permet de réaliser une vase d'une hauteur de *ca.* 25 cm et d'un diamètre de *ca.* 15 cm **(Figure 7d-e)**. Nous avons fait de nombreux essais dont tous n'ont pas été cuits **(Figure 7f)**. Les pièces cuites pèsent entre 300 et 400 g.

Des répliques de petites tailles [Forme 3b], à partir d'une balle de 300 g, ont aussi été réalisées, donnant des pièces cuites de moins de 200g **(Figure 7g-h)**.

Forme 4 : coupes carénées (Figure 8-10)

Les coupes carénées, caractéristiques de l'âge du Bronze moyen, se prolongent au Bronze récent. Nous les présentons par ordre de complexité. Réalisées à partir d'une balle de 500 g, les pièces cuites pèsent autour de 300g.

Forme 4a : coupes carénées à paroi simple lèvre droite ou épaissie (Figure 8)

Poids de la balle d'argile : 500 g.
Poids de la pièce cuite : pièce non cuite.
Mesures : H. 5 - 6,5 cm, ø 12 cm, ø fond 7,5 cm.
Temps de réalisation : 2,50 – 3 minutes.
Référentiel : Tell Mohammed Diyab[79], Tell Bderi[80], Tell Sheikh Hamad[81], Tell Brak[82], Tell Barri[83], Sabi Abyad[84], Tell el-Rimah[85].
Chronologie : Bronze récent (céramique mittanienne et médio-assyrienne).

Forme 4a : coupe carénée (paroi simple, lèvre droite / épaissie)

Référentiel

Démonstrations

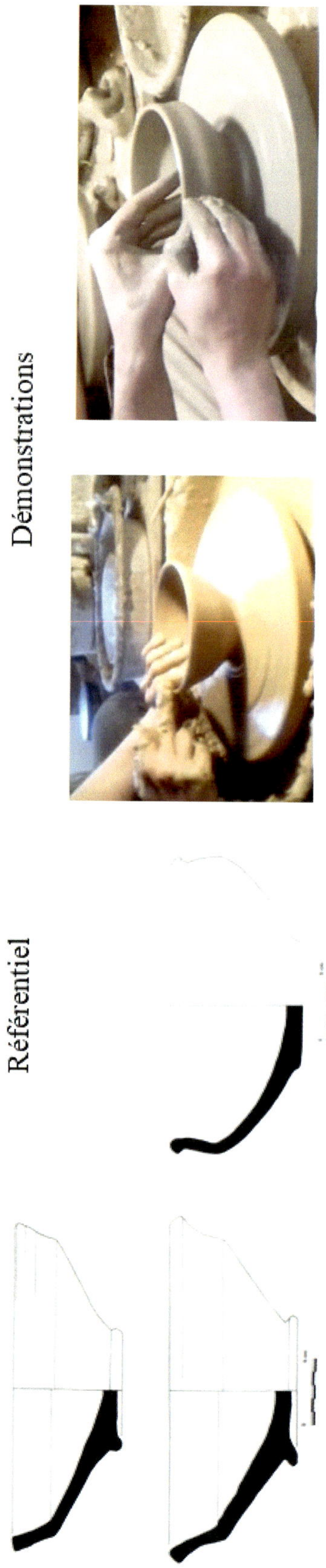

Figure 8a

Figure 8b

Figure 8c

Figure 8a – Référentiel de coupes carénées (paroi simple, lèvre droite / épaissie), dessins X. Faivre.
Figure 8b – Coupe carénée (paroi simple, lèvre droite / épaissie), démonstration G. Taliercio.
Figure 8c – Coupe carénée (paroi simple, lèvre droite / épaissie), démonstration G. Taliercio.
Figure 8d – Coupe (paroi simple, lèvre droite / épaissie), expérimentation et photo X. Faivre.

[79] Faivre 1999 : pl. 104, *1*, 105, *1-4*, 107, 109, *1-5* ; 128, *8*.
[80] Pfälzner 1995 : pl. 11, *a* ; 13, *d-f*, 14, *b-f* ; Pfälzner 2007 : pl. XI, *121*.
[81] Pfälzner 1995 : pl. 69, *g* ; Pfälzner 2007 : p XXIII, *263*.
[82] Oates *et al.* 1997 : fig. 186, *100* ;
[83] Anastasio 1993 : fig. 7, *1-3*.
[84] Duistermaat 2008 : fig. IV.17, *c*, *e*, *l-n* ; IV.42, *a-b* ; IV.44, *a-d* ; IV, *114*, ab-ag ; IV, *a-b*.
[85] Postgate *et al.* 1997 : pl. 54, *467-470*.

Ces coupes à paroi simple, lèvre droite ou épaissie, sont très communes au Bronze récent, aux périodes mittanienne et médio-assyrienne **(Figure 8a)**. La démonstration a montré que l'on confectionne d'abord un cylindre puis un bol à paroi évasée en cône dont on incurve progressivement la paroi en exerçant une légère pression de l'intérieur avec la main gauche **(Figure 8b)**. En l'écrasant légèrement vers le haut, avec la main droite, on crée une délimitation entre la partie haute et la partie basse, que l'on peut marquer avec une estèque pour obtenir une carène. Ayant obtenu cette séparation, on peut travailler la partie haute. Un léger renfoncement sous la lèvre peut être obtenu par une légère pression digitale. La partie supérieure peut être légèrement inclinée, vers l'intérieur ou l'extérieur, comme beaucoup de coupes mittaniennes ou médio-assyriennes **(Figure 8c)**.

Forme 4b : coupes carénées à paroi simple lèvre saillante (Figure 9)

Poids de la balle d'argile : 500 g.
Poids de la pièce cuite : autour de 300 g.
Mesures : H. 5 - 6,5 cm, ø 12 - 14 cm, ø fond 7,3 - 7,5 cm.
Temps de réalisation : 2 à 2,50 minutes.
Référentiel : Tell Mohammed Diyab[86], Tell Leilan[87], Tell Brak[88], Chagar Bazar[89], Tell Barri[90], Tell el-Rimah[91].
Chronologie : Bronze moyen (céramique du Khabur), Bronze récent (céramique mittanienne).

Ces coupes carénées sont courantes à l'âge du Bronze moyen et au Bronze récent **(Figure 9a)**. On part de la forme du bol dont on arrondit la paroi, par l'intérieur, en faisant ressortir la lèvre entre deux doigts (index de la main gauche au-dessus, auriculaire de la main droite au-dessous). C'est lorsque on a sorti la lèvre vers l'extérieur que

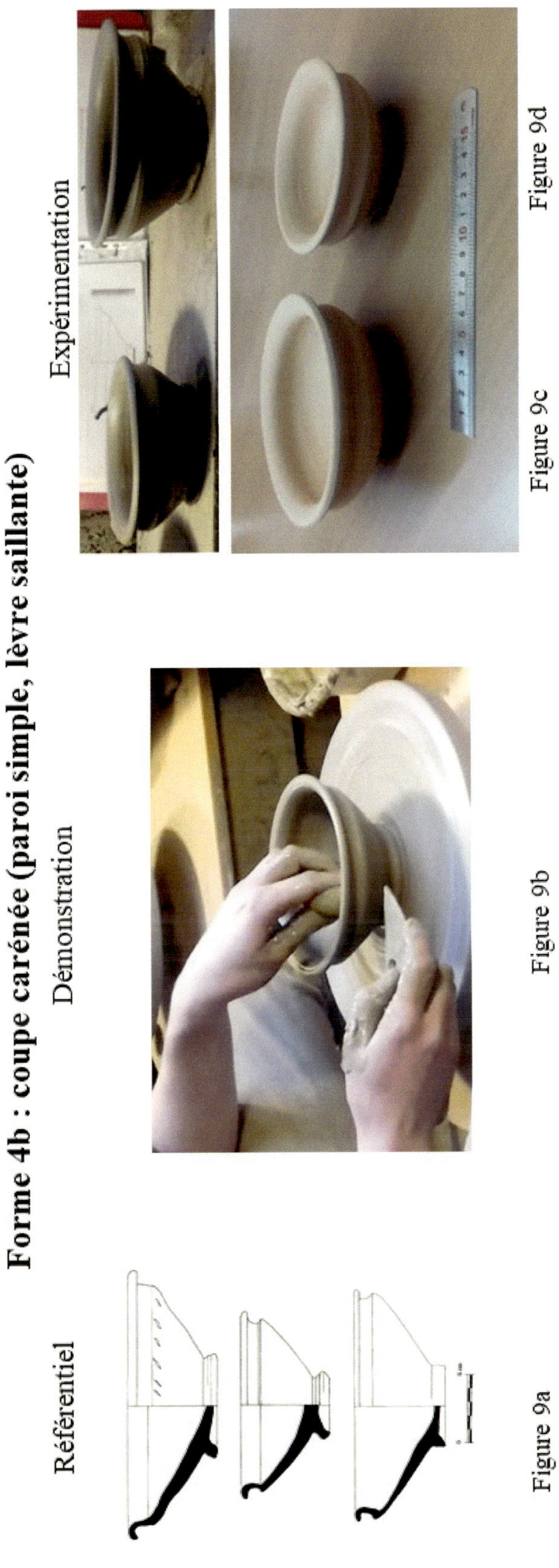

Figure 9a – Référentiel de coupelles carénées à paroi simple de Tell Mohammed Diyab (Faivre 1999, pl. 129, 1-3).
Figure 9b – Coupelles carénées à paroi simple, lèvre saillante (démonstration G. Taliercio ; photo X. Faivre).
Figure 9c – Coupelles carénées à paroi simple, lèvre saillante, crues (expérimentations et photos X. Faivre).
Figure 9d – Coupelles carénées à paroi simple, lèvre saillante, cuites (expérimentations et photos X. Faivre).

[86] Faivre 1992a : fig. 21 ; 23, *6-8* ; 1999, pl. 110 ; 118, *4* ; 119, *1-4* ; 129, *1-2* ; Faivre et Nicolle 2007 : pl. XI, *351-358* ; Nicolle 2006 : fig. 7-28, *3, 9-10* ; fig. 7-29, *2*.
[87] Frane 1996 : fig. 36-42.
[88] Oates *et al.* 1997 : fig. 190, *210, 219*.
[89] Mallowan 1937 : fig. 16, *8* ; 23, *1* ; Stein 1984 : pl. I, *7* ; II, *1* ; McMahon 2009 : pl. 18, *1-15*. Variantes lèvres et tailles (pl. 19-27).
[90] Baccelli et Manuelli 2008 : pl. 2, *3, 5, 10*.
[91] Postgate *et al.* 1997 : pl. 59, *523*.

Forme 4c : coupe carénée (paroi peignée / côtelée)

Référentiel | Démonstration | Expérimentation

Figure 10a | Figure 10b | Figure 10c

Figure 10a – Référentiel de coupelles carénées à paroi peignée ou côtelée de Tell Mohammed Diyab, dessins X. Faivre (Faivre 1999, fig. 102, 3 ; pl. 134, 1 ; 135, 9).
Figure 10b – Coupelles carénées à paroi peignée ou côtelée (démonstration G. Taliercio ; photo X. Faivre).
Figure 10c – Coupelles carénées à paroi peignée ou côtelée (expérimentations et photo X. Faivre).

l'on peut appuyer au-dessous avec l'index, pour former la carène. On peut ainsi en fixer la hauteur. Chaque côté de cette limite peut être aplatie au moyen d'une estèque **(Figure 9b-d)**.

Forme 4 c : coupes carénées à paroi côtelée (Figure 10)

Poids de la balle d'argile : 500 g.
Poids de la pièce cuite : autour de 300 g.
Mesures : H. 5 - 6,5 cm, ø 11,5 - 15 cm, ø fond 5 - 7 cm.
Temps de réalisation : 2 à 2,50 minutes.
Référentiel : Tell Mohammed Diyab[92], Tell Leilan[93], Tell Brak[94], Chagar Bazar[95], Tell Barri[96], Tell el-Rimah[97], Tell Bderi[98].
Chronologie : Bronze moyen (céramique du Khabur), Bronze récent (céramique mittanienne)

Fréquemment réalisée en céramique grise polie (grey ware, de cuisson réductrice), à Tell Mohammed Diyab et sur d'autres sites du Bronze moyen (Chagar Bazar, Leilan), ces coupes à paroi côtelée ou peignée sont fréquemment associées, dans les assemblages, à la céramique peinte du Khabur **(Figure 10a)**. Mais les pâtes communes et fines sont également représentées. On observe de nombreuses variations de tailles et de lèvres. Les plus grands vases ont généralement un fond annulaire, les plus petits, ont un fond discoïdal, à l'instar de notre exemplaire de Tell Mohammed Diyab **(Figure 10a)**. Celui-ci a fait l'objet de la démonstration du potier, suivie de plusieurs expérimentations personnelles **(Figures 10b-c)**.

Forme 5 : Bols à épaule carénée et peignée (Figure 11)

Poids de la balle d'argile : 500 g.
Poids de la pièce cuite : entre 200 et 300 g.
Mesures : H. 6 – 6,3 cm, ø 8 cm, ø fond 6,5 - 7 cm.
Temps de réalisation : évalué à 3,5 minutes[99].
Référentiel : Tell Mohammed Diyab[100], Tell Leilan[101], Tell Brak[102], Chagar Bazar[103], Tell Barri[104], Tell Jigan[105], Tell el-Rimah[106].
Chronologie : Bronze moyen (céramique du Khabur).

[92] Faivre 1992a : fig. 22, 5 ; 23, *1-5* ; 1999 : pl. 120, 135 (partic. 6- 9) ; Faivre et Nicolle 2007 : pl. XI, *360-363* (paroi côtelée) ; pl. XI, *364-365* (paroi peignée) ; Nicolle 2006 : fig. 7-28, *1-2, 6, 11*.
[93] Frane 1996 : fig. 45-46 ; Faivre et Nicolle 2007 : pl. VIII, 258 ; pl. IX, *287-290, 313*.
[94] Oates *et al.* 1997 : fig. 189, *177, 199*-200 ; 190, *236, 241-242*.
[95] McMahon 2009 : pl. 29, *13-17*, 30, *6*.
[96] Baccelli et Manuelli 2008 : pl. 2, *6*.
[97] Postgate *et al.* 1997 : pl. 58, *520-521* ; Faivre et Nicolle 2007 : pl. VI, *159* ; pl. VII, *181*.
[98] Pfälzner 1995 : pl. 14, *e*.

[99] Le temps de réalisation n'a été chronométré que pour les vases ayant fait l'objet d'une démonstration filmée. Les autres n'ont été évalués qu'en fonction de la difficulté de la forme par comparaison avec les vases chronométrés.
[100] Faivre 1992a : fig. fig. 25, *4-17* ; 1999, pl. 85, *9-20* ; 86. Grandes tailles : pl. 59, *1-2, 5-6* ; 73, *1-2* ; 74, *1* ; 75, *3-5* ; Faivre et Nicolle 2007 : pl. X, *346-349*. Grandes tailles : pl. X, *332, 334-335* ; Nicolle 2006 : Fig. 7-27, *1-2, 5-6*. Grande tailles : fig. 7-26, *1-3*, fi. 7-27, *8*.
[101] Frane 1996 : fig. 71, 78-79. Grandes tailles : fig. 73-76 ; Faivre et Nicolle 2007 : pl. VIII, *232-233*. Grandes tailles : pl. VIII, *230-231 ; 238-241* ; pl. IX, *261-262, 299*.
[102] Oates *et al.* 1997 : fig. 191, *243-249* ; 193, *291-292*. Grandes tailles : fig. 193, *293-302* ; Faivre et Nicolle 2007 : pl. VIII, *205-211* ; Pfälzner 2007 : pl. VIII, *81-83*, 85.
[103] Mallowan 1937 : fig. 22, 11 ; 24, *81* ; Stein 1984 : pl. IV, *5* ; McMahon 2009 : pl. 37, *10-22*. Forme reprise dans toutes les tailles, du plus petit au plus grand : *id.*, pl. 38-40 ; Faivre et Nicolle 2007 : pl. IV, *82-84, 90-91, 95*.
[104] Baccelli et Manuelli 2008 : pl. 4, *8-13*.
[105] Faivre et Nicolle 2007 : pl. VII, *178-179*.
[106] Postgate *et al.* 1997 : pl. 79, *878-881* ; Faivre et Nicolle 2007 : pl. VI, *157* ; pl. VII, *182*.

Forme 5 : bols à épaule carénée et peignée

Référentiel Expérimentation

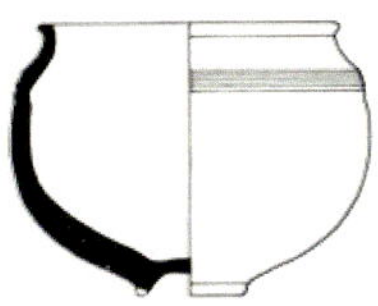

Figure 11a

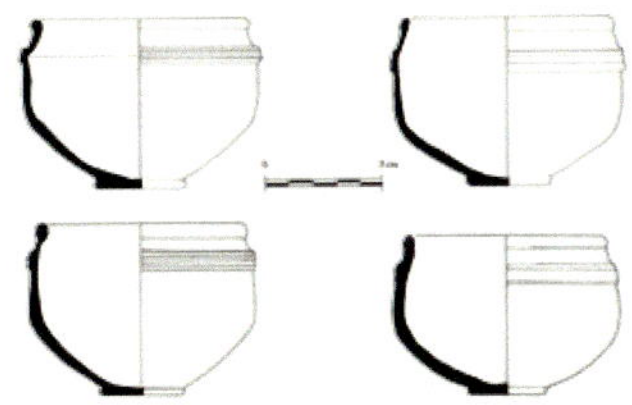

Figure 11b

Figure 11c

Figure 11a – Référentiel de gobelet à épaule carénée peignée de Tell el-Rimah (d'après Postgate *et al.* 1997, pl. 79, 879).
Figure 11b – Référentiel de gobelets à épaule carénée et peignée de Tell Mohammed Diyab, dessins X. Faivre (Faivre 1999, pl. 86).
Figure 11c – Gobelets à épaule carénée peignée (expérimentation et photo X. Faivre).

De forme très répandue dans la céramique du Khabur, ces petits bols profonds, de dimensions constantes et de facture très fine, ont une épaule carénée, portant le plus souvent une moulure horizontale peignée et un fond discoïdal **(Figure 11a-b)**. Ils peuvent aussi être transposés en différentes tailles, de la plus grande à la plus petite, avec des variations de la lèvre et du fond.

Ayant abondamment dessiné cette forme, une démonstration du potier n'a pas été nécessaire. À partir d'une balle de 500 g, je suis passé directement à l'expérimentation **(Figure 11c)**. La triple difficulté était : 1) la réalisation de la carène de l'épaule, 2) la bande peignée ou moulurée et 3) le fond discoïdal des vases les plus petits, les plus courants à Tell Mohammed Diyab. Mais les exemplaires de plus grande taille ont en général un fond annulaire. Nous avons reproduit les deux. Les pièces cuites réalisées pèsent entre 200 et 300 g.

2.2.3. Tournage sur la girelle : vers les formes fermées

En abordant les formes fermées, le but initial était la réalisation des cruches à col étroit [forme 10], fortement représentées dans la céramique du Khabur. La difficulté, assortie de quelques échecs, a conduit à prendre en compte les formes fermées intermédiaires, plus ou moins fermées, sans col ou à col court, également représentées dans les céramiques du Bronze moyen et du Bronze récent.

Forme 6 : gobelets épaulés ou shoulder cups (Figure 12)

Poids de la balle d'argile : 500 g.
Poids de la pièce cuite : entre 200 et 300 g.
Mesures : H. 8 - 8,5 cm, ø 7,2 cm, ø fond 6 cm.
D'après modèle de MD : ø 9 cm, ø max. : 10 cm H. 7 cm, fond 4 cm.
Temps de réalisation : évalué à 2 minutes.
Référentiel : Kültepe (*Kârum* 1b)[107], Tell Mohammed Diyab[108], Tell Leilan[109], Tell Brak[110], Chagar Bazar[111], Tell Barri[112], Tell el-Rimah[113].
Chronologie : Bronze moyen (céramique paléo-babylonienne, période d'Isin-Larsa, céramique du Khabur), Bronze récent (céramique mittanienne).

Comme les gobelets carénés dits « mesures à grain », les gobelets « épaulés » ou *shoulder cups* apparaissent au début du IIe millénaire, en basse Mésopotamie, et se répandent dans tout le Proche-Orient, notamment en Mésopotamie du nord, dans les céramiques peintes du Khabur et de Nuzi **(Figure 12a)**. Le nom tient au resserrement du col, plus ou moins évasé, qui accentue la courbe de l'épaule. À partir d'un cylindre étroit, on arrondit les parois par l'intérieur pour obtenir une forme globulaire que l'on resserre

[107] Faivre et Nicolle 2007 : pl. VII, *176-177*.
[108] Faivre 1992a : fig. 24, *14-17* ; 1999 : pl. 47 ; Faivre et Nicolle 2007 : pl. XII, 377 ; pl. XV, *502-503*.
[109] Frane 1996 : fig. 53, *3-7*, 54-55 ; Faivre et Nicolle 2007 : pl. VIII, *235-236*.
[110] Matthews 1995 : fig. 21, *6-9* ; Oates *et al.* 1997 : fig. 191, *250-253* ; 195 ; Faivre et Nicolle 2007 : pl. XIV, *438-447, 486, 491*.
[111] Mallowan 1936 : fig. 17, *4-5* ; Mallowan 1937 : fig. 24, *4, 11, 13-14* ; Mallowan 1947 : pl. LXXXII, *6, 8, 17* ; Stein 1984 : pl. I, *17* ; pl. III, *6, 15, 18, 21* ; Faivre et Nicolle 2007 : pl. IV, *82-84, 90-91*, 95 ; McMahon 2009 : pl. 46, *1-20*.
[112] Baccelli et Manuelli 2008 : pl. 4, *14-16*.
[113] Postgate *et al.* 1997 : pl. 72-75 ; Faivre et Nicolle 2007 : pl. XIII, *396-399*.

Forme 6 : bols épaulés (*shoulder cup*)

Référentiel

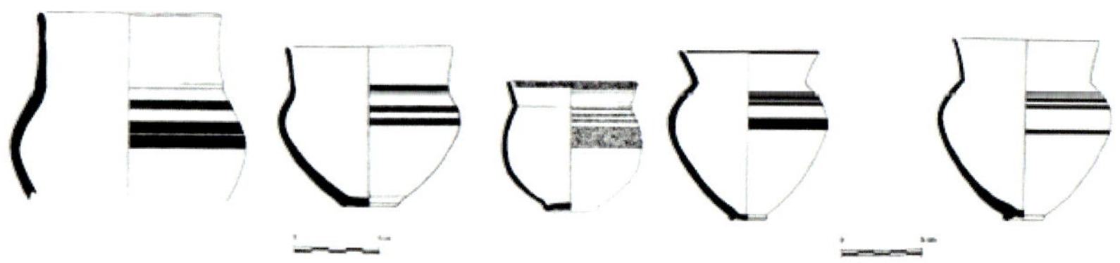

Figure 12a

Expérimentation

Figure 12b

Figure 12a – Référentiel de gobelets épaulés de Tell Mohammed Diyab, dessins X. Faivre (Faivre 1999, fig. 141, 3 ; 146, 2-3 ; 158, 2.
Figure 12b – Gobelets épaulés (shoulder cups) (expérimentation et photo X. Faivre).

Forme 7 : gobelets à paroi concave

Référentiel

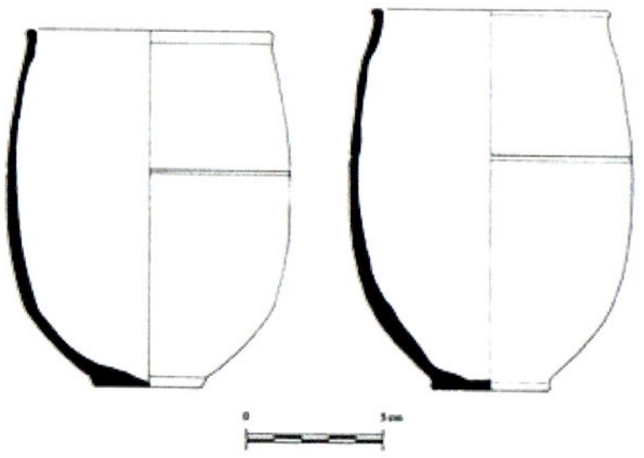

Figure 13a

Expérimentation

Figure 13b

Figure 13c

Figure 13a – Référentiel de gobelets à paroi concave, dessins X. Faivre (Tell Mohammed Diyab, opération 5, Faivre 1999, fig. 117, 4-5).
Figure 13b-c – Gobelet à paroi concave (expérimentation et photo X. Faivre).

dans la partie supérieure entre le pouce et l'index. Le col, plus ou moins haut, peut alors être orienté, droit ou évasé. Le fond est formé au tournassage. La forme peut être réalisée individuellement, d'après un pâton de 500 g (comme c'est le cas ici), ou tournée à la motte, en une série de plusieurs exemplaires successifs **(Figure 12b)**. On obtient des pièces finies de plus ou moins 250 g.

Forme 7 : gobelets à paroi concave (Figure 13).

Poids de la balle d'argile : 650 g.
Poids de la pièce cuite : autour de 400 g.
Mesures : H. 9,5 – 11 cm, ø 7,5 – 8,7 cm, ø fond 5,7 - 8,7 cm.
Temps de réalisation : évalué à 2 minutes.

Référentiel : Tell Mohammed Diyab[114], Tell Leilan[115], Tell el-Rimah[116].
Chronologie : Bronze moyen (céramique du Khabur).

De tels vases apparaissent dans les niveaux contemporains de la céramique du Khabur **(Figure 13a)**. Ce récipient, par ses proportions et sa réalisation, est proche des « mesures à grain ». Comme ces dernières, la forme est obtenue à partir d'un cylindre dont la paroi est arrondie par l'intérieur avec la main gauche sans aplatir l'arrondi de la panse pour obtenir l'angle

[114] Faivre 1999 : pl. 82, *8-9* (proche de l'exemplaire de Tell Leilan) ; Faivre et Nicolle 2007 : pl. XII, *379*.
[115] Frane 1996 : fig. 48, *3-4* (proche de l'exemplaire de Tell Mohammed Diyab).
[116] Postgate *et al.* 1997 : pl. 88, *1026*.

Forme 8 : pots sans col

Référentiel

Expérimentation

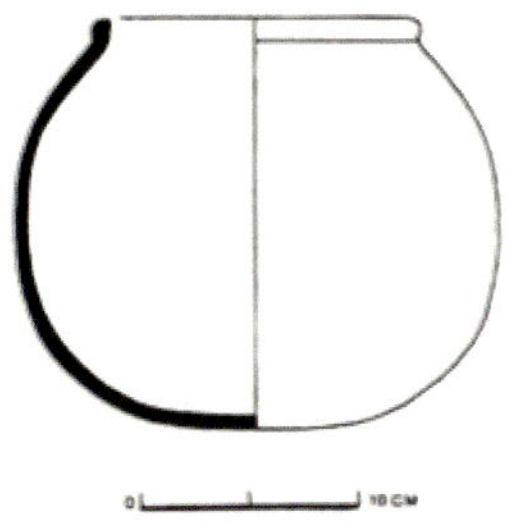

Figure 14a

Figure 14b

Figure 14c

Figure 14a – Référentiel de pot sans col (Tell Leilan, Frane 1996 : fig. 67, 8).
Figure 14b-c – Pot sans col (expérimentation et photo X. Faivre).

Forme 9 : pots ou petites cruches à col

Référentiel

Expérimentation

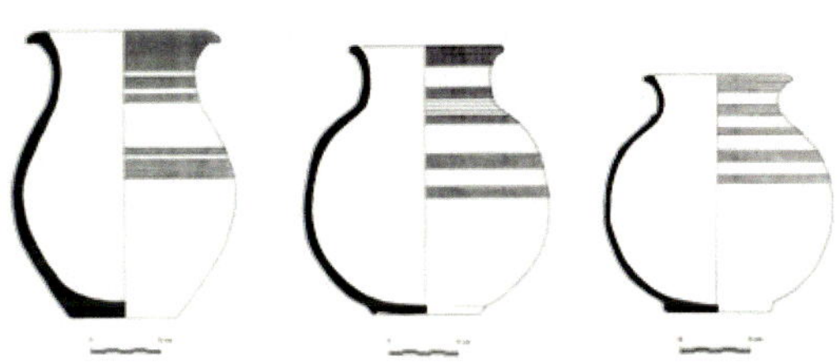

Figure 15a

Figure 15b

Figure 15a – Référentiel de pots ou petites cruches à col de Tell Mohammed Diyab, dessins X. Faivre (Faivre 1999, pl. 38, 3-5)
Figure 15b – Pots ou petites cruches à col (expérimentation et photo X. Faivre).

de la carène **(Figure 13b-c)**. La paroi reste légèrement galbée et la lèvre plus ou moins fermée. À partir d'une balle de 650 g, le récipient fini pèse environ 400 g.

Forme 8 : pots sans col (Figure 14).

Poids de la balle d'argile : 650 g.
Poids de la pièce cuite : autour de 400 à 500 g.
Mesures : H. 7,5 cm, ø 7,5 cm, ø fond 4,3 cm.
Temps de réalisation : évalué à 2 minutes.
Référentiel : Tell Mohammed Diyab[117], Tell Leilan[118], Tell Brak[119], Chagar Bazar[120].

Chronologie : Bronze moyen (céramique du Khabur). Bronze récent (céramique mittanienne).

De pâtes argileuses et de formes assez différenciées, les pots sans col sont peu fréquents dans les assemblages du Bronze moyen ou du Bronze récent **(Figure 14a)**. C'est la difficulté de réaliser des cruches à col étroit [Forme 10], objectif initial, qui a amené l'apprenti à diriger ses efforts vers des formes plus ramassées comme les pots ou petites cruches à col court ou sans col **(Figures 14b-c)**, de réalisation plus facile. On obtient, à partir d'une balle de 650 g, des pièces cuites comprises entre 400 et 500 g.

Forme 9 : pots ou petites cruches à col (Figure 15).

Poids de la balle d'argile : 600 g.

[117] Faivre 1999 : pl. 45, 5-7 ; Nicolle 2006, fig. 7-25, 5.
[118] Frane 1996 : fig. 58, *1-3* ; 59, *1-3* ; 60, *4-5* ; 67-68.
[119] Oates *et al.* 1997 : fig. 207, *583*.
[120] McMahon 2009 : pl. 54, *11*, *14*.

Forme 10 : cruches à col étroit

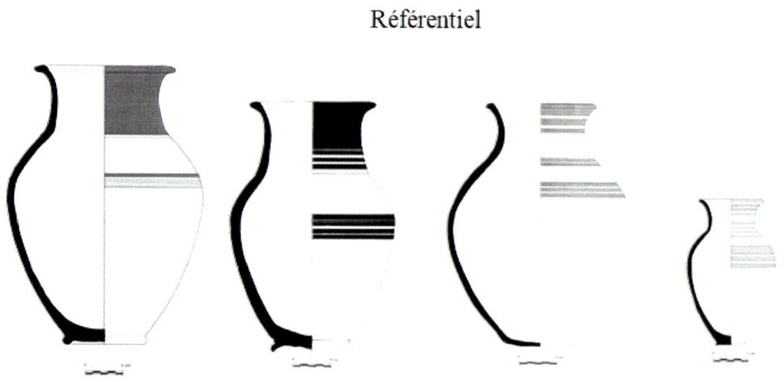

Figure 16a

Figure 16b

Figure 16a – Référentiel de cruches à col étroit de Tell Mohammed Diyab, dessins X. Faivre (Faivre 1999 : 35, 4 ; 37, 1-2 ; 48, 3).
Figure 16b – Cruche à col étroit (démonstration G. Taliercio ; photo X. Faivre).

Poids de la pièce cuite : autour de 400 g.
Mesures : H. 11cm, ø 8,8 cm, ø fond 7 cm.
Référentiel : Tell Mohammed Diyab[121], Tell Brak[122], Chagar Bazar[123].
Temps de réalisation : évalué à 2 minutes.
Chronologie : Bronze moyen (céramique du Khabur), Bronze récent (céramique mittanienne)

Des pots à col court sont plus fréquents au Bronze moyen comme au Bronze récent **(Figure 15a)**. La forme connaît de multiples variantes, notamment dans le rapport entre la largeur de la panse, plus ou moins globulaire, et le diamètre de l'ouverture. Comme la forme précédente, nous en avons tenté plusieurs expérimentations qui se sont révélées compatibles avec des formes céramiques du Bronze moyen et récent **(Figure 15b)**. À partir d'une balle de 600 g, des pièces cuites proches de 400 g.

Forme 10 : cruche à col étroit (Figure 16).

Poids de la balle d'argile : 650 g.
Poids de la pièce cuite : non cuite.
Mesures : H. 25 cm, ø 14 cm, ø fond 7 cm.
Temps de réalisation : 2,50 minutes.
Référentiel : Tell Mohammed Diyab[124], Tell Leilan[125], Tell Brak[126], Chagar Bazar[127].
Chronologie : Bronze moyen (céramique du Khabur).

Ces petites jarres à col étroit, à panse fuselée ou globulaire, sont typiques de la céramique du Khabur et ont été trouvées en grand nombres à Chagar Bazar, dès les premières fouilles de Mallowan. De nombreux exemplaires similaires ont été trouvés à Tell Mohammed Diyab **(Figure 16a)**. La forme étant particulièrement difficile à réaliser, il relevait du défi d'égaler la démonstration du potier **(Figure 16b)**, à partir d'une balle de 650 g. On s'est dirigé avec plus de succès vers les pots évoqués ci-dessus.

Après avoir réalisé un cylindre parfait, monté au maximum, la main gauche, de l'intérieur, pousse la paroi de la panse vers l'extérieur. On obtient une forme galbée que l'on ressert vers le haut, le pouce et l'index se refermant comme une pince, créant dans la partie supérieure un col dont on délimite la hauteur. On peut alors faire ressortir la lèvre, en l'évasant ou en la tirant horizontalement, en exerçant une légère pression verticale de la main gauche et horizontale, d'un doigt de la main droite, sous le bord[128].

2.2.4. Tournage à la motte : les gobelets (Figures 17-18)

Nouvelle étape de l'apprentissage, le tournage à la motte est généralement réservé au tournage en série, à partir d'un même bloc, de petites pièces, bols, gobelets, coupelles. Cette technique évite d'avoir à recentrer une petite balle d'argile sur la girelle pour chaque vase, par économie d'argile, de gestes et de temps. La taille du bloc dépend du nombre de pièces envisagées[129]. Un bloc de 2 kg permet ainsi de réaliser une quinzaine de vases

[121] Nicolle 2006 : fig. 7-25, *2-3*.
[122] Oates *et al.* 1997 : fig. 207, *571-572*.
[123] McMahon 2009 : pl. 48, *12* ; 53, *8-14*.
[124] Faivre 1999 : pl. 37 ; 48, *3-7* ; Nicolle 2006 : fig. 7-24, *4* ; Faivre et Nicolle 2007, pl. X, *327-331* ; XV, *5501*.
[125] Frane 1996 : fig. 87, *2* ; 90-93 ; 96-98, *1*.
[126] Matthews 1995 : fig. 21, *1-3*.
[127] Mallowan 1937 : fig. 16, *13* ; 21, *3-5*, *8-12* ; 23, *7*, *10-13* ; Mallowan 1947 : pl. LXXXII, *15* ; Stein 1984 : pl. I, *8-11* ; II, *2-4*, *7-11* ; III, 1, 3 ; McMahon 2009 : pl. 48, *10* ; 49, *4*.

[128] Pour les positions de base pour tourner une jarre à col étroit, cf. Chavarría 1994 : 114-115, 166-173.
[129] Barbaformosa 2013 : 38-39 ; Chavarría 1994 : 146-150 (bol à la motte.

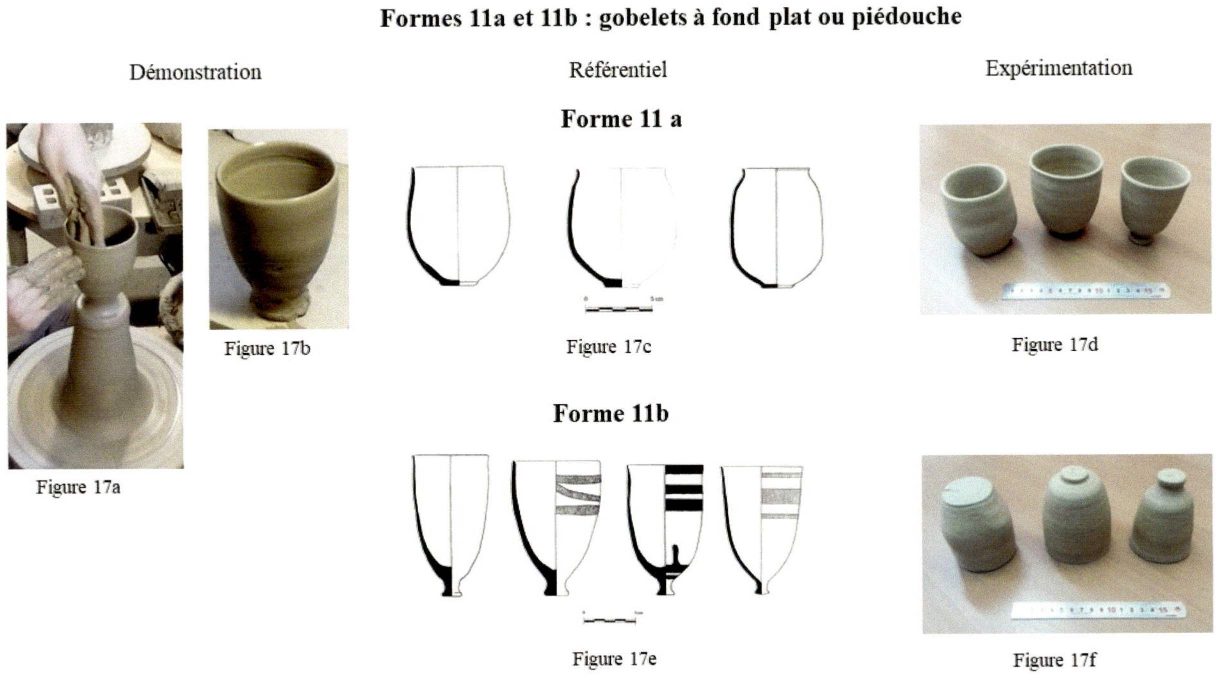

Figure 17a – Tournage « à la motte » d'un gobelet à piédouche (démonstration G. Taliercio ; photo X. Faivre).
Figure 17b – Gobelet à piédouche après son retrait de la motte d'argile (démonstration G. Taliercio ; photo X. Faivre).
Figure 17c – Référentiels de gobelets à fond plat ou fond disque (Tell Mohammed Diyab, Faivre 1992a, fig. 24, 9 ; Faivre 1999, fig. 118, 5).
Figure 17d – Gobelets à fond plat ou à fond disque (expérimentation et photo X. Faivre).
Figure 17e – Référentiel de gobelets à piédouche, dessins X. Faivre (Tell Mohammed Diyab, Faivre 1992a, fig. 29, 16, 17 ; Faivre 1999, fig. 170, 3 ; fig. 177, 5 ; pl. 136, 1-13 ; pl. 150, 1-7).
Figure 17f – Gobelets à fond plat, à fond disque et à piédouche (expérimentation et photo X. Faivre).

de petite taille, entre une et deux minutes chacun, dont le poids cuit varie entre 80 g et 260 g.

Il faut centrer le bloc d'argile en le montant en un cône assez effilé. Puis, les mains étant jointes autour du cône, on introduit le pouce au sommet en le gardant jusqu'à ce que la cavité soit bien centrée. Avec les index, on presse le bord de la cavité vers l'extérieur pour l'ouvrir. Pour isoler la pièce, on maintient l'argile avec les doigts et on presse la base vers l'intérieur et vers le haut, avec les tranches des pouces, jusqu'à obtenir un bol ou un gobelet, selon la hauteur voulue. Celle-ci peut être mesurée. La base de la pièce peut être coupée à l'aide d'un cordon de coton ou un fil métallique en ayant marqué préalablement un sillon horizontal avec le pouce. Autre solution : on peut placer le bloc sur la girelle et ne centrer que la partie utile pour la pièce et recommencer à chaque pièce.

Cette technique a été utilisée pour réaliser des gobelets à paroi caliciforme, d'une part, ou épaulée, d'autre part, selon les modèles mittaniens et médio-assyriens. L'observation de la démonstration du potier **(Figure 17a-b)** m'a permis d'expérimenter plusieurs formes de gobelets avec succès en un temps très court. Les fonds disques, piédouches et en forme de bouton ont été réalisés par un outil de tournassage, méthode décrite par K. Duistermaat[130], à propos de la céramique de Sabi Abyad, dont nous nous sommes inspirés **(Figure 18a)**. On a constaté un gain de temps considérable et la possibilité de réaliser plusieurs vases très réguliers en une ou deux minutes.

Forme 11a : gobelet à fond plat/discoïdal (Figure 17c-d)

Poids de la balle d'argile (pour une pièce) : 500 g.
Poids de la motte d'argile (pour les autres) : 1,5-2 kg.
Poids de la pièce cuite : entre 200 et 300 g.
Mesures : H. 9 - 9,5 cm, ø 7,2 - 8,2 cm, ø fond 2,7 - 2,9 cm.
Temps de réalisation : évalué à 1 à 2 minutes.
Référentiel : Tell Mohammed Diyab[131], Tell Leilan[132], Tell el-Rimah[133].
Chronologie : Bronze moyen.

Ces gobelets à fond plat ou discoïdal proviennent de niveaux du Bronze moyen à Tell Mohammed Diyab **(Figure 17c)**. Ils peuvent être tournés à la girelle ou à la motte. Le fond discoïdal a été formé par tournassage **(Figure 17d et f)**.

[130] Duistermaat 2008 : fig. V.30 et V.31 (technology group A).
[131] Faivre 1992a : fig. 24, 9 ; 1999 : pl. 136, *14-16* ; Faivre et Nicolle 2007 : pl. XII, *380, 383*.
[132] Frane 1996 : fig. 47, 50-51, notamment 50, 3.
[133] Postgate *et al.* 1997 : 671, 673-674.

Poids de la motte d'argile : 1,5-2 kg.
Poids de la pièce cuite : 143 g.
Mesures : H. 9 - 9,5 cm, ø 7,2 – 8,2 cm, ø fond 2,7 - 2,9 cm.
Temps de réalisation : 2 minutes.
Référentiel : Tell Mohammed Diyab[134], Tell Leilan[135], Tell Brak[136], Tell el-Rimah[137], Tell Bderi[138].
Chronologie : Bronze récent (mittanien, médio-assyrien).

Ces gobelets à piédouche sont typiques de la céramique mittanienne et atteignent leurs plus belles réalisations dans la céramique peinte de Nuzi. Les niveaux de Tell Mohammed Diyab **(Figure 17e)** et ceux d'autres sites du haut Khabur et du Balikh en ont livré en grand nombre. Réalisés à la motte selon la démonstration du potier, le temps de réalisation à la motte est de deux minutes précises, au moment du retrait de la girelle, auxquelles il faut ajouter le temps de façonnage du pied par tournassage, lorsque l'argile est à la consistance du cuir, d'environ 1 minute **(Figure 17d, f)**.

Forme 12 : gobelets à fond bouton, paroi caliciforme (Figure 18).

Poids de la motte d'argile : 1,5-2 kg.
Poids de la pièce cuite : autour de 145-150 g.
Mesures : H. 9,5 cm, ø 7 - 7,6 – 8,2 cm, ø fond 1,2 - 1,5 cm.
Temps de réalisation : 2 minutes.
Référentiel : Tell Mohammed Diyab, Tell Amouda[139], Tell Brak[140], Tell el-Rimah[141], Tell Sheikh Hamad[142], Sabi Abyad[143].
Chronologie : Bronze récent (mittanien, médio-assyrien).

Ces gobelets, caractéristiques de la céramique médio-assyrienne, ont été réalisés à la motte en une à deux minutes. Les stries de tournage sont très visibles, comme sur de nombreux vases archéologiques : horizontales à l'intérieur des parois, élipsoïdales à l'intérieur du fond, ce qui traduit le retrait du vase sur le tour en mouvement, comme on l'observe souvent sur les vases archéologiques. Le fond-bouton a été façonné par tournassage, selon la méthode décrite par K. Duistermaat à Sabi Abyad **(Figure 18a)**.

Forme 13 : gobelets à fond bouton, paroi épaulée (Figure 19)

Poids de la motte d'argile : 1,5-2 kg.
Poids de la pièce cuite : de 80 à 260 g.
Mesures : H. 7,5 cm, ø 6,5 – 7,5 cm, ø fond 1,2 - 1,5 cm
Temps de réalisation : 2 minutes.
Référentiel : Tell Amouda[144], Tell Mohammed Diyab[145], Tell Brak[146], Tell Barri[147], Tell el-Rimah[148], Tell Bderi[149], Tell Sheikh Hamad[150], Sabi Abyad[151].
Chronologie : Bronze récent (mittanien, médio-assyrien).

Les gobelets à fond-bouton épaulés relèvent de la même technique que celle utilisée pour les *shoulder cups*. L'épaulement est obtenu par resserrement du col. Le bouton a été réalisé, comme pour les gobelets caliciformes précédents, par tournassage **(Figure 18a)**.

2.2.5. Finitions et tournassage (Figure 20)

Effectué lorsque l'argile a acquis la consistance du cuir, le tournassage consiste à rectifier ou à affiner les contours d'une pièce et à lui donner un aspect régulier. Il permet aussi de former la base.

Tout commence par le centrage et l'adaptation du mandrin[152]. On appelle mandrin ou gabarit le support d'argile crue ou cuite destiné à maintenir sur le tour la pièce à tournasser. Vu la diversité des formes, chaque mandrin doit être conçu sur mesure pour la pièce elle-même. En l'occurrence, le gabarit peut être fait d'un cylindre de terre cuite, de différents calibres, qui peut être complété d'un anneau de terre crue formé et sculpté selon la pièce à tournasser **(Figure 20a)**. Le bol est posé à l'envers sur le mandrin sans toucher la girelle **(Figures 20b-d)**. Des traces de ce dispositif peuvent apparaître à l'intérieur des vases archéologiques[153].

Les aspérités de la surface sont enlevées à l'aide d'un tournassin ; le fond, comme décrit plus haut, peut être travaillé, creusé, aminci et formé en anneau, en piédouche ou en bouton.

Le vase, qui a à la consistance du cuir, est prêt à la cuisson, avant l'application d'un décor peint ou d'un

[134] Faivre 1992, fig. 23, *1-5* ; 1999 : pl. 136, *1-13*.
[135] Frane 1996, fig. 56.
[136] Mallowan 1947 : pl. LXXVII, *2, 4-9* ; pl. LXXIX, *1-3* ; Stein 1984 : pl. XII, *3-9* Décors peints de Nuzi) ; Oates *et al.* 1997 : fig. 194, *324-349* ; 196, *389-396* ; 397, *403-409, 411-415* (frag. Décors peints de Nuzi) ; Pfälzner 2007 : pl. III, *19-22* ; pl. V, *34*. ; pl. IX, *87-91, 94* ; pl. XVI, *158-160* ; pl. XVII, *171-173* ; pl. XX, *220-225*.
[137] Postgate *et al.* 1997 : pl. 66, *639* ; pl. 67, *655-668* ; pl. 68, *675* ; pl. 69 ; pl. 70, *717* (Nuzi beakers).
[138] Pfälzner 1995 : pl. 35, *a-c, e-g, j* ; pl. 64, *j-n* ; pl. 65, *a-f*.
[139] Faivre 1992b : fig. 33, *4-6*.
[140] Oates *et al.* 1997 : fig. 194, *319-322*.
[141] Postgate *et al.* 1997 : pl. 67, *648-654, 669* ; pl. 71, *724* (Nuzi beakers).
[142] Pfälzner 1995 : pl 97, *e-h* ; pl. 114, *b* (mittanien) ; pl. 130, *a-d* ; Pfälzner 2007 : pl. XXVIII, *315-317*.
[143] Duistermaat 2008 : fig. IV.110, *a-f* ; IV.90 ; V.55.
[144] Faivre 1992b : fig. 33, *1-3*.
[145] Non publié.
[146] Oates *et al.* 1997 : fig. 194, *314-318*.
[147] Anastasio 1993 : fig. 19, *1-3* ; Pfälzner 1995 : pl. 177, *e*.
[148] Postgate *et al.* 1997 : pl. 72, *729*.
[149] Pfälzner 1995 : pl. 36, *a-b* ; Pfälzner 2007 : pl. XVI, *164* ; pl. XX, *214-215*.
[150] Pfälzner 1995 : pl. 114, *e* ; pl. 130, *f-h* ; Pfälzner 2007 : pl. XXVIII, *318*.
[151] Duistermaat 2008 : fig. IV.73, *g* ; IV.91, *a-w* ; IV.110, *i-t* ; V.55.
[152] Barbaformosa 2013 : 46-55. Chavarría 1994 : 151-153 (bol), 162-165 (cylindre).
[153] Marchand 2019.

Formes 12 et 13 : gobelets à fond bouton (démonstration)

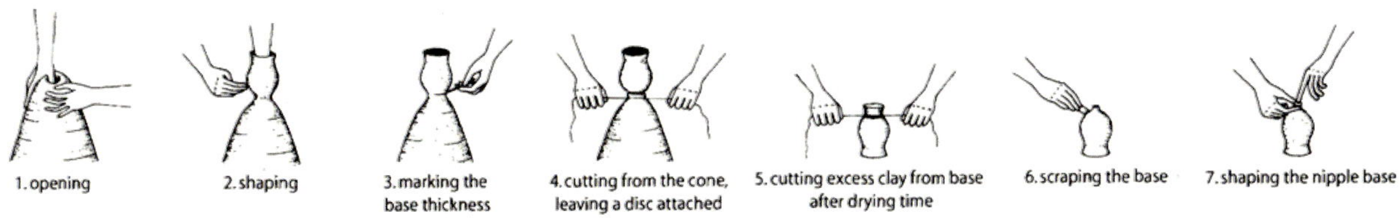

Figure 18a – Démonstration d'un gobelet à fond bouton médio-assyrien (d'après Duistermaat 2008 : fig. V.30 et V.31, technology group A).

Forme 12 : gobelet à fond bouton à paroi caliciforme

Référentiel

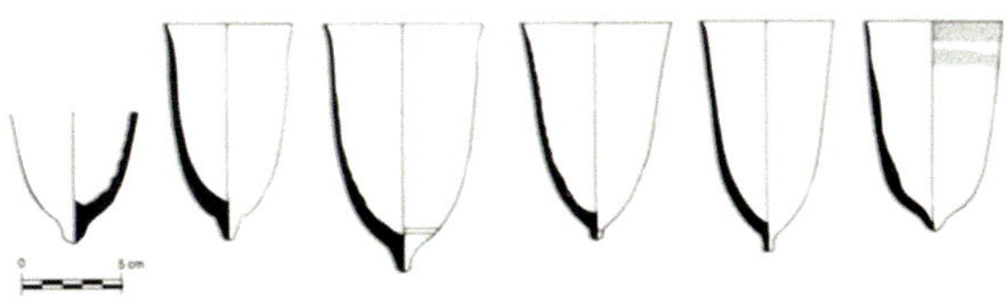

Figure 18b

Expérimentation

Figure 18c

Figures 18d-e

Figure 18b – Référentiel de gobelets à fond bouton à paroi caliciforme (Tell Amouda, Faivre 1992b, pl. 33, 6 ; Tell el-Rimah, Postgate *et al.* 1997 : pl. 67, 648-650, 652-653).
Figure 18c – Gobelets à fond bouton à paroi caliciforme, profil et stries de tournage horizontales extérieures (expérimentation et photo X. Faivre).
Figure 18d – Gobelets à fond bouton à paroi caliciforme, vue de dessus avec les stries de tournage, horizontales sur les parois intérieures et ellipsoïdale à l'intérieur du fond (expérimentation et photo X. Faivre).
Figure 18e – Gobelets à fond bouton à paroi caliciforme, à l'envers, vue du fond bouton (expérimentation et photo X. Faivre).

Forme 13 : gobelet à fond bouton à paroi épaulée

Référentiel

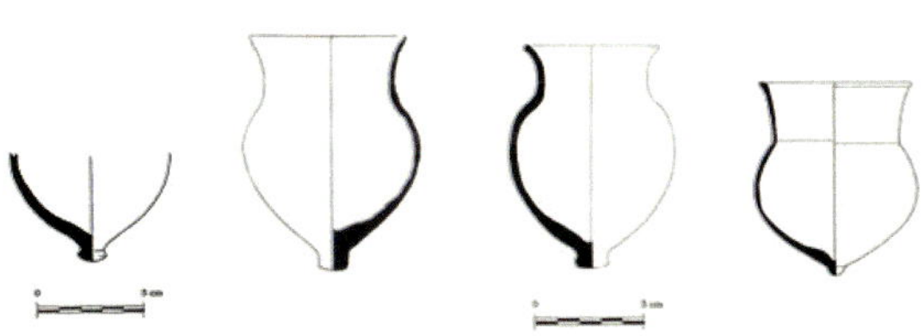

Figure 19a

Expérimentation

Figure 19b

Figure 19c-d

Figure 19a – Gobelets épaulés à fond bouton à paroi épaulée, dessins X. Faivre (Tell Amouda, Faivre 1992b, pl. 33, 1 ; Tell Mohammed Diyab, opération 3, Faivre 1999, fig. 23, 3).
Figure 19b – Gobelet épaulé à fond bouton, profil et stries de tournage (expérimentation et photo X. Faivre).
Figure 19c – Gobelet épaulé à fond bouton, profil et stries de tournage (expérimentation et photo X. Faivre).
Figure 19d – Gobelets épaulés à fond bouton, à l'envers, vue du fond bouton (expérimentation et photo X. Faivre).

émail, ce qui nécessite une seconde cuisson. Le récipient est alors un biscuit.

2.2.6. Cuisson

Faute de cuire les vases tournés selon les conditions de cuisson des vases archéologiques[154], les pièces ont été cuites au four électrique à une température de 850 à 1000 °C, pendant environ huit heures. En vertu de la présence d'oxydes de fer, l'argile cuite, grise à l'état cru, prend une couleur rose saumon et devient alors poreuse. Selon l'usage et le modèle du référentiel, le vase peut rester tel quel, ce qui est souvent le cas dans la céramique commune. La céramique reste alors poreuse.

[154] Sur les fours de potier archéologiques, cf. Baldi, Faivre et Padovani, ce volume, avec la bibliographie afférente.

Tournassage

Démonstration

Expérimentation

Figure 20a

Figure 20b

Figure 20c

Figure 20d

Figure 20a – Préparation du mandrin par G. Taliercio (photo X. Faivre).
Figure 20b-c – Démonstration de tournassage par G. Taliercio (photo X. Faivre).
Figure 20d – Bol tournassé (expérimentation et photo X. Faivre).

Emaillage

Démonstration

Expérimentation

Figure 21a

Figure 21b

Figure 21c

Figure 21d

Figure 21e

Figure 21a – Démonstration de l'émaillage d'un gobelet caréné (photo X. Faivre).
Figure 21b – Expérimentation de l'émaillage d'un gobelet caréné (photo X. Faivre).
Figure 21c – Gobelets carénés avant et après émaillage et deuxième cuisson (expérimentation et photo X. Faivre).
Figure 21d-e – Expérimentation de l'émaillage d'un bol avant et après la deuxième cuisson (photo X. Faivre).

Elle peut aussi subir un traitement supplémentaire en lui appliquant un décor peint ou en la recouvrant d'émail pour en assurer l'étanchéité. À plus de 1200 °C, le début de vitrification permet le même résultat.

2.2.7. Décor peint

C'est selon ce principe, en mettant le tour en mouvement lent (mais une simple tournette est suffisante), que nous avons orné de bandes peintes brun-rouge, des *shoulder cups* et de petites mesures à grain **(Figure 7g-h)**, dans le style de la céramique du Khabur du début du IIe millénaire av. J.-C. en utilisant des oxydes métallliques broyés et dilués.

2.2.8. L'émaillage (Figure 21)

Notre démarche justifiait un travail sur l'émaillage. En effet, à partir du Bronze récent, les progrès dans la technologie du verre ont favorisé la production de petits vases à pâte siliceuse ou argileuse recouverts d'une couche d'émail[155]. Des coupelles, des bouteilles vernissées ou glaçurées ont été découvertes dans les mêmes niveaux que les gobelets mittaniens et médio-assyriens de Tell Mohammed Diyab (opération 3), trouvant des parallèles sur d'autres sites tels que Nuzi. Le but d'un tel traitement est d'assurer l'étanchéité de la terre poreuse.

[155] Moorey 1999 : 178-181 ; Oates *et al.* 1997 : 81-100.

Mains de potiers : du geste à la forme

Figure 22a Figure 22b Figure 22c Figure 22d

Figure 22a – Mains et gestes immuables des potiers d'après un dessin d'A. Dürer (1471-1528).
Figure 22b-d – Mains et gestes immuables de potiers contemporains.

Deux méthodes sont possibles : soit en trempant le vase dans un bain d'émail, soit en recouvrant les surfaces interne et externe d'une glaçure liquide, au moyen d'un pinceau **(Figure 21a)**. Dans ce dernier cas, on place le vase à l'envers, sur le bord, on met en mouvement le tour ou la tournette. Avec le pinceau trempé dans la glaçure, on procède de haut en bas, en tournant le pinceau pour bien répartir la glaçure sur la surface et l'on descend jusqu'au bord.

Nous avons utilisé deux types de glaçures dont la couleur ne prend effet qu'à l'issue d'une seconde cuisson. Ainsi l'une de celles-ci, blanche avant cuisson, prend un effet nuancé et veiné de différentes couleurs de blanc au beige **(Figure 20b-c)** ; l'autre, au cobalt, rose-grisâtre à l'état cru, n'a révélé son bleu profond et sa texture douce et brillante qu'une fois cuite **(Figure 21d-e)**[156].

Conclusion

Alors que « plusieurs années sont nécessaires pour maîtriser les différentes conduites motrices impliquées dans la fabrication des pots de toutes tailles »[157], on était conscient de « brûler des étapes » en abordant cette démarche expérimentale de tournage céramique. En peu de temps, nous avons appris à maîtriser différentes fonctions de la main pour le travail au tour, le centrage **(Figure 1a, Tableau 1)**, les formes de base, des formes ouvertes simples, avant d'aborder un nombre de formes très variées, ouvertes puis fermées, sélectionnées, par niveau de difficulté, dans notre référentiel archéologique. En effet, certains potiers traditionnels estiment à 20-25 ans le temps nécessaire pour maîtriser leur artisanat, sans se considérer des potiers parfaits[158]. Cependant comme les enfants du nord-ouest de l'Inde – qui commencent à tourner, entre 8 et 11 ans, une vaisselle de formes ouvertes de petite taille, facile à tourner, à partir de mottes d'argile non centrées – on s'est limité à la fabrication d'une vaisselle de petite taille, mais de formes toutefois plus diversifiées **(Tableau 3)**[159]. Comme dans le cadre traditionnel également, on a bénéficié d'un apprentissage par démonstration, d'une part, « par essais et erreurs », d'autre part, accompagnés des conseils du potier, guide des gestes principaux à exécuter. Un bilan peut être dressé de cette expérience.

La commodité du tour électrique, par son apport, à moindre effort, de l'énergie cinétique nécessaire, s'est révélée un atout. Il nous a conduit à nous concentrer essentiellement sur les gestes immuables au cours du temps à travers lesquels on retrouve l'homme et l'artisan qui a animé l'argile **(Figure 22)**. Cela nous dispensait de l'apprentissage de tours traditionnels, mus par la force musculaire, ce qui nous exonérait d'une difficulté supplémentaire. À partir d'une forme de base, le cylindre [Forme 1], on a pu envisager une assez grande variété de formes, sélectionnées de façon chronologique **(Tableau 4)**, de la plus simple à la plus compliquée. Parmi les formes ouvertes simples, les bols à paroi oblique [Forme 2] représentent une autre forme de base qui fut massivement reproduite, comme les

[156] Sur les différentes techniques d'émaillage, cf. Chavarría 1994 : 73-88.

[157] Roux et Corbetta 1990 : 28.

[158] En Inde par exemple (Roux et Corbetta 1990 : 41). On est loin des trois stades d'évolution définis par des spécialistes de l'expérimentation céramique, de l'enfance à l'âge adulte – l'apprentissage d'un enfant doué pouvant durer 10-15 ans, le plus difficile étant l'usage du tour.

[159] Ce sont des vases dont la hauteur est comprise entre 5 et 12 cm (une exception de 25 cm), les diamètres du bord, majoritairement autour de 7 cm ne dépassent pas 14 cm ; ceux du fond sont entre 4 et 9 cm.

Tableau 3 – Mesures des vases expérimentaux réalisés.

Formes		Hauteur	Ø bord	Ø fond	Ø panse	Lèvre	Fond	Décor	Carène / épaulement	Cuisson 1	Cuisson 2	Poids (balle)	Poids (vase)	Temps (mn)
Forme 1	1	12 cm	9 cm	9 cm	9 cm	Droite	Plat					600 g	-	2,5-3,5
	2	7,2 cm	7 cm	7 cm	7 cm	Droite	Plat					200 g	-	2,5
Forme 2	1	7,1 - 7,3 cm	12,5 -13 cm	6,8 - 7 cm	-	Droite				900 °C		500 g	404 g	1,5-2,5
	2	8 – 8,2 cm	13 - 13,1 cm	6,5 cm	-	Droite/bourrelet		Glaçure bleue			Biscuit	500 g	423 g	1,5-2,5
Forme 3a	1	12 cm	8,7 - 9 cm	5,7 - 6 cm		Droite	Fond plat	-	Car. à 9 cm du bord	900 °C		650 g	398 g	3,5
	2	11,3 – 11,5 cm	9,5 cm	7 cm	9,5 cm	Droite	Fond annulaire	-	Car. à 8 cm du bord	900 °C		650 g	400 g	
	3	12 cm	7,8 – 8 cm	5,5 cm		Droite	Fond plat	Glaçure beige	Car. à 8 cm du bord		Biscuit	650 g	382 g	
	4	11 – 11,3 cm	8,5 – 8,6 cm	5 cm	8,5 – 8,6 cm	Droite	Fond plat	Glaçure beige	Car. à 6 cm du bord		Biscuit	650 g	384 g	
	5	9,3 – 9,5 cm	8,2 – 8,5 cm	5 cm	10,5 cm	Droite	Fond plat	Fond plat, glaçure beige	Car. à 4,5 cm du bord		Biscuit	600 g	325 g	
Forme 3b	6	8 cm	6,5 cm	4,2 cm	6 cm	Droite	Fond disque	Bandes peintes marron	Car. à 6,5 cm du bord		Biscuit	300 g	186 g	2-3
	7	8 cm	7,5 cm	4 cm	6 cm	Saillante	Fond disque	Bandes peintes marron	Car. à 5,5 cm du bord		Biscuit	300 g	168 g	
Forme 4a	1	5-6,5 cm	14 cm	7,5		Droite	Plat	-		Non cuite		500 g	-	2,5-3,5
Forme 4b	1	5,7 cm	14 cm	7,5 cm	12,3 cm	Eversée, saillante	Annulaire	-	Car. à 2,2 cm du bord	900 °C		500 g	308 g	2-2,5
	2	5 cm	12 cm	7,3 cm	11 cm	Eversée, saillante	Annulaire	-	Car. à 2 cm du bord	900 °C		500 g	273 g	
Forme 4c	3	6,5 cm	15 cm	7 cm	7 cm	Bourrelet	Disque	Paroi côtelée	Car. à 2,5 cm du bord	900 °C		500 g	308 g	2-2,5
	4	6,2 - 6,5 cm	11,5 – 11,8 cm	5 cm	-	Droite	plat	Paroi côtelée, peignée	Car. à 3,5 cm du bord	900 °C		500 g	322 g	
Forme 5	1	6 – 6,3 cm	8 – 8,2 cm	7 cm	10 – 10,2 cm	Bourrelet	Annulaire	Bande peignée épaule	Car. à 1,5 cm du bord		Biscuit	500 g	265 g	3,5
	2	6 – 6,2 cm	8 cm	6,5 cm	8,5 cm	Droite/bourrelet	Fond disque	Bande peignée épaule	Car. à 1 cm du bord		Biscuit	500 g	206 g	
Forme 6	1	8,5 cm	7,2 cm	6 cm	8 cm	Droite	Annulaire	Bandes peintes marron	Ep. à 2 cm		Biscuit	500 g	258 g	2
	2	8 cm	7,2 – 7,3 cm	4,5 cm	7,5 cm	Eversée	Annulaire	Bandes peintes marron	Ep. à 1,3 – 1,5 cm		Biscuit	500 g	239 g	
Forme 7	1	11,1 cm	8,7 cm	6,8 cm	9,5 cm	Méplat	Disque			900 °C		550 g	418 g	2
	2	9,5 cm	7,5 cm	5,7 cm	8,8 cm	Droite arrondie	Annulaire			1100 °C		550 g	392 g	
Forme 8	1	7,5 cm	7,5 cm	4,3 cm	9,7 cm	Bourrelet	Plat			1100 °C		550 g	384 g	2

Formes		Hauteur	Ø bord	Ø fond	Ø panse	Lèvre	Fond	Décor	Carène / épaulement	Cuisson 1	Cuisson 2	Poids (balle)	Poids (vase)	Temps (mn)
	2	9,3 cm	8,7 cm	5,7 cm	10 cm	Bourrelet	Plat	Moulure annulaire sous lèvre		900 °C		650 g	470 g	
Forme 9	1	11 cm	8,8 cm	7 cm	10 cm	Méplat	Annulaire	Moulure annulaire base du col		900 °C		600 g	402 g	2
	2	9 cm	8 cm	5,8 cm	10,3 cm	Bourreleet, saillant	Plat			900 °C		600 g	417 g	
	3	9 cm	8,5 cm	8,2 cm	10,2 cm	Droite, évasée	Plat			900 °C		600 g	389 g	
Forme 10	1	25 cm	14 cm	7 cm		Eversée, saillante	Plat	-	-	Non cuite		-	-	2,5
Forme 11a	1	8,2 cm	7 cm	5 cm	-	Droite, ext. arrondie	Plat			1100 °C		500 g	307 g	1-2
	2	9,2 – 9,5 cm	8 – 8,2 cm	2,7 - 2,9 cm	-	Droite	Disque		Monté à la motte	1100 °C		2 kg	228 g	
Forme 11b	3	9 cm	7,2 cm	2,8-2,9 cm	6,7 cm / 5 cm	Droite	Piédouche		Monté à la motte	1100 °C			143 g	2
Forme 12	1	9,5 cm	7 – 7,2 cm	1,4 - 1,5 cm	6,6 cm	Droite effilée	Bouton		Monté à la motte	1100 °C			145 g	2
	2	9,5 cm	7,6 cm	1,2 cm	6,6 cm	Droite effilée	Bouton		Monté à la motte	1100 °C			154 g	
Forme 13	1	7,4 cm	6,5 cm	2 cm	6,6 – 6,7 cm	Droite	Bouton		Monté à la motte	1100 °C			80 g	2
	2	7,5 cm	7,5 cm	1,6 cm	7,8 cm	Droite	Bouton		Monté à la motte	1100 °C			259 g	

Forme 1 : cylindres
Forme 2 : bols à paroi évasée
Forme 3a : gobelets carénés
Forme 3b : gobelets carénés (petite taille)
Forme 4a : coupes carénées (paroi simple, lèvre droite / épaissie)
Forme 4b : coupes carénées (paroi simple, lèvre saillante)
Forme 4c : coupes carénées (paroi peigné/côtelée)
Forme 5 : bols à épaule carénées et peignée
Forme 6 : gobelets épaulés (*shoulder cups*)
Forme 7 : gobelets à paroi concave
Forme 8 : pots sans col
Forme 9 : pots ou petites cruches à col
Forme 10 : cruche à col étroit
Forme 11a : gobelets à fond plat / disque caliciforme
Forme 11b : gobelets à piédouche caliciforme
Forme 12 : gobelets à fond bouton, caliciforme
Forme 13 : gobelets à fond bouton, paroi épaulée

Tableau 4 – Répartition diachronique des vases expérimentaux.

Périodes	Céramique	Référentiel de vases archéologiques	Référentiel des sites archéologiques du haut Khabur (Syrie)	Vases expérimentaux
Bronze ancien IVa (*2340-2100* av. J.-C.)	Céramique akkadienne	• Bols à paroi évasée (*Sila* bowls)	Tell Mohammed Diyab ; Tell Leilan ; Tell Brak	Forme 2
Bronze moyen Ib (*1900-1725* av. J.-C.) **Bronze moyen II** (*1725-1595* av. J.-C.)	Céramique paléo-babylonienne, céramique du Khabur	• Vases cylindriques • Boisseaux • Bassins	Tell Mohammed Diyab ; Chagar Bazar	Forme 1
		• Gobelets carénés (dits « mesure à grain »)	Tell Mohammed Diyab ; Tell Leilan ; Tell Brak ; Chagar Bazar ; Tell Barri	Forme 3
		• Coupes carénées	Tell Mohammed Diyab ; Tell Leilan ; Tell Brak ; Chagar Bazar ; Tell Barri ; Tell al-Rimah	Forme 4b
		• Coupes carénées	Tell Mohammed Diyab ; Tell Leilan ; Tell Brak ; Chagar Bazar ; Tell Barri ; Tell al-Rimah	Forme 4c
		• Bols à épaule peignée	Tell Mohammed Diyab ; Tell Leilan ; Tell Brak ; Chagar Bazar ; Tell Barri ; Tell Jigan ; Tell al-Rimah	Forme 5
		• Gobelets épaulés	Kültepe ; Tell Mohammed Diyab ; Tell Leilan ; Tell Brak ; Chagar Bazar ; Tell Barri ; Tell al-Rimah	Forme 6
		• Gobelets à paroi concave	Tell Mohammed Diyab ; Tell Leilan ; Tell al-Rimah	Forme 7
		• Pots sans col	Tell Mohammed Diyab ; Tell Leilan ; Tell Brak ; Chagar Bazar	Forme 8
		• Pots ou petites cruches à col	Tell Mohammed Diyab ; Tell Brak ; Chagar Bazar	Forme 9
		• Cruches à col étroit	Tell Mohammed Diyab ; Tell Leilan ; Tell Brak ; Chagar Bazar	Forme 10
		• Gobelet à fond plat / discoïdal	Tell Mohammed Diyab ; Tell Leilan ; Tell al-Rimah	Forme 11a
Bronze récent I (*1595-1280* av. J.-C.)	Céramique mittanienne, céramique de Nuzi	• Gobelets carénés (dits « mesure à grain »)	Tell Bderi	Forme 3
		• coupes carénées	Tell Mohammed Diyab ; Tell Brak ; Tell Bderi ; Tell Sheikh Hamad ; Tell al-Rimah	Forme 4a
		• Coupes carénées	Tell Bderi	Forme 4c
		• Pots sans col	Tell Brak	Forme 8
		• Pots ou petites cruches à col	Tell Brak	Forme 9
		• Gobelets à piédouche (paroi caliciforme)	Tell Mohammed Diyab ; Tell Leilan ; Tell Brak ; Tell al-Rimah ; Tell Bderi	Forme 11b
Bronze récent II (*1280-1200* av. J.-C.)	Céramique médio-assyrienne	• Gobelets carénés	Tell Barri ; Sabi Abyad	Forme 3
		• Coupes carénées	Tell Barri ; Sabi Abyad	Forme 4a
		• Gobelets à fond-bouton (paroi caliciforme)	Tell Mohammed Diyab ; Tell Amouda ; Tell Brak ; Tell Bderi ; Tell Sheikh Hamad ; Tell al-Rimah	Forme 12
		• Gobelets à fond-bouton (paroi épaulée)	Tell Mohammed Diyab ; Tell Amouda ; Tell Brak ; Tell Barri ; Tell Bderi ; Sabi Abyad ; Tell Sheikh Hamad ; Tell al-Rimah	Forme 13

vases à ration, dits *sila bowls,* du IIIe millénaire av. J.-C. Plus complexes, on a abordé les vases à paroi carénée, caractéristiques du IIe millénaire av. J.-C.: gobelets faussement nommés « mesures à grain » [Forme 3], coupes variées [Forme 4], gobelets à épaule peignée [Forme 5], de réalisation plus délicate. D'une maîtrise plus difficile encore, on s'est ensuite intéressé aux vases fermés. Si certains, comme les gobelets épaulés dits *shoulder cups* [Forme 6] restaient à un niveau de technicité abordable pour un apprenti, on s'est trouvé plus limité par la difficulté de tourner les petites jarres à col étroit [Formes 10], relevant des compétences abouties d'un potier confirmé. En se tournant vers des formes plus « ramassées », telles que les petits pots ou petites cruches, avec ou sans col, plus faciles à élaborer [Formes 8-9], on touchait des types de vases moins nombreux, mais on restait dans les limites du référentiel. Toutes ces formes, représentées dans les céramiques du IIe millénaire av. J.-C., peintes ou non peintes ont justifié, de surcroît, un travail sur les décors typiques de ces vaisselles. Enfin on s'est intéressé différentes formes de gobelets produites en série, au Bronze récent, aux périodes mittanienne et médio-assyrienne.

Un bilan sur le poids de l'argile indique, par ailleurs, une forte perte de matériau au cours des différentes opérations, entre la pesée de la balle d'argile initiale (entre 500 g et 650 g) et le retrait de la pièce de la girelle **(Tableau 3)**. Le poids du vase fini est plus faible en moyenne de 46 %, ce qui combine la perte d'eay et le retrait dû à la cuisson. Ceci dénonce sans doute les maladresses de l'apprentissage : un potier confirmé utilise le maximum d'argile. Mais le tournage « à la motte » a mis en évidence, en revanche, une économie considérable de gestes, de manipulations, de matière argileuse et de temps.

On peut enfin évaluer le temps de fabrication des récipients et la production des potiers mésopotamiens. En effet, alors que le temps moyen de réalisation est de 2,4 minutes **(Tableau 3)**, on a pu, ayant acquis une plus grande habileté, tourner une majorité de vases en 2 minutes. Ceci permet de quantifier 30 vases en une heure, et d'évaluer une production journalière de 8 heures de travail pour un potier de l'Orient ancien, comprise entre 200 et 240 vases de petites dimensions. À l'échelle d'une année, comptant 52 semaines de 6 jours (intégrant un jour de repos), on arrive ainsi à une production comprise entre 62 400 et 74 880 vases de petites dimensions. Ces quantités sont conformes à celles fournies par les potiers d'Umma et de Girsu, (basse Mésopotamie), à l'époque d'Ur III (xxie s. av. J.-C.) sur lesquels nous sommes les mieux documentés par les textes cunéiformes. On sait que l'immense majorité de leur production était constituée de vases d'environ 1 litre (1 *sila*) dans des proportions analogues[160].

Xavier Faivre
Ingénieur de recherche au CNRS
UMR 7041 Archéologies et sciences de l'Antiquité (ArScAn)
Équipe Histoire et archéologie de l'Orient cunéiforme (HAROC)
MSH Mondes
21 allée de l'Université
F-92023 Nanterre Cedex
xavier.faivre@cnrs.fr

[160] Dans une étude métrologique non publiée, j'ai calculé le nombre de vases d'1 *sila* (*ca.* 1 litre) réalisés annuellement par les potiers d'Umma et de Girsu d'après plusieurs textes de l'époque d'Ur III (publiés par Waetzoldt 1971 et Sallaberger 1996) : les textes d'Umma *MVN* 1 231-232 totalisaient 65 209 vases (94%) et le texte *RTC* 307 totalisait 84 160 (soit 98%). Ces pourcentages s'inscrivaient dans la production annuelle de vases de différentes capacités, de la plus grande (*pithoi*), minoritaire, à la plus petite (vases d'1 *sila*), majoritaire.

Bibliographie

Amiran, R. et D. Shenhav 1984. Experiments with an Ancient Potter's Wheel, *in* P. Rice (*éd.*) *Pots and potters. Current Approaches in Ceramic Archaeology* (Monography 24). Los Angeles, University of California : 107-112.

Anastasio, S. 1993. *La ceramica medioassira di Tell Barri, in* P. E. Pecorella, Tell Barri/Kahat 2 : 1-85.

Arnold, D. et J. Bourriau (éd.) 1993. *An Introduction to Ancient Egyptian Pottery*. Mayence : Philipp von Zabern.

Ayoub, S. 1982. *Die Keramik in Mesopotamien und in den Nachbargebieten. Von der Ur III-Zeit bis zum Ende der kassitischen Periode*. Munich : Mäander Kunstverlag.

Baccelli, G. et F. Manuelli 2008. Middle Bronze Khabur Ware from Tell Barri / *Kahat*, *in* M. Córdoba, M. Molist, M. Carmen Pérez, I. Rubio et S. Martínez (éd.) *Proceedings of the 5th International Congress on the Archaeology of the Ancient Near East. Madrid, April 3-8 200* : 187-205. Madrid : UAM Edicione.

Barbaformosa, 2013. *La poterie au tour. Art et techniques*. Dourdan : éditions Vial (adaptation française de M. Richebé).

Barrelet, M.-T. 1968. *Figurines et reliefs de terre cuite de la Mésopotamie antique, Vol. : Potiers, termes de métiers, procédés de fabrication et production*, Paris : Geuthner.

Bombardieri, L. 2004. Il dispositivo a pivot per tournette. Sviluppo e diffusione tra la Mesopotamia settentrionale e l'area egea. *NABU* 2004/4 (décembre) : 96-100.

Chavarría, Q. 1994. *La Poterie*. Paris : Gründ.

Childe, V. R. 1954. Rotary motion, *in* C. Singer, A. J. Holmyard et A. R. Hall (éd.) *A History of Technology* : 187-215. Oxford : The Clarendon Press.

Courty, M.-A. et V. Roux 1995. Identification of wheel throwing on the basis of ceramic surface features and microfabrics. *Journal of Archaeological Science* 22 : 17-50.

Desbat, A. 2004. Les tours de potiers antiques, *in* M. Feugère et J.-C. Gérald (éd.) *Le tournage des origines à l'an Mil* : 137-154. Montagnac : Éditions Monique Mergoil.

Démesticha, S. et D. Kourkoumélis 1997. Les outils de potier de l'atelier de Figaretto à Corfou. *Bulletin de correspondance hellénique (BCH)* 121 : 553-571.

Doherty S. K. 2015. *The Origins and Use of the Potter's Wheel in Ancient Egypt*, Archaeopress Egyptology, 7. Oxford : Archaeopress.

Duistermaat, K. 2007. *Not fit for firing: unfired vessel fragments from Late Bronze Age Tell Sabi Abyad, Syria, and their value for the study of pottery technology. Leiden Journal of Pottery Journal 23* : 21-40.

Duistermaat, K. 2008. *The pots and potters of Assyria: technology and organization of production, ceramics sequence and vessel function at Late Bronze Age Tell Sabi Abyad, Syria*, Turnhout : Brepols.

Edwards, I. et L. Jacobs 1986. Experiments with Stone 'Pottery Wheel' Bearings – Notes on the Use of Rotation in the Production of Ancient Pottery, *Newsletter Department of Pottery Technology, Leiden University* 4 : 49-55.

Faivre, X. 1992a. La céramique de Mohammed Diyab, *in* J.-M. Durand (éd.) *Recherches en Haute Mésopotamie. Tell Mohammed Diyab. Campagnes 1990 et 1991. Mémoire de NABU* 2 : 55-89. Paris : SEPOA.

Faivre, X. 1992b. Le tell d'Amouda, *in* J.-M. Durand (éd.) *Recherches en Haute Mésopotamie. Tell Mohammed Diyab. Campagnes 1990 et 1991. Mémoire de NABU* 2 : 133-150. Paris : SEPOA.

Faivre, X. 1999. *Histoire du peuplement du « Triangle du Habur » au Bronze Moyen et au début du Bronze Récent : étude céramologique d'après la fouille de Mohammed Diyab (1987-1996) et la prospection dans le bassin occidental du Haut-Habur (1989-1997).* Thèse de Doctorat (non publiée), Charles de Gaulle-Lille III.

Faivre, X. 2023. Une empreinte de l'empire néo-assyrien : la *Palace Ware.* Du métal à la céramique, *in* Ph. Clancier et J. Monerie (éd.) *L'empreinte des empires de l'Antiquité,* Études Mésopotamiennes – Mesopotamian Studies, N°3. Oxford : Archaeopress.

Faivre, X. et C. Nicolle 2007. La Djézireh au Bronze Moyen et la céramique du Habur, in C. Nicolle, M. Maqdissi et V. Matoïan (éd.) *Céramique de l'âge du Bronze en Syrie, II. L'Euphrate et la région de Jézireh* : 181-229. Beyrouth : IFAPO.

Foster, G. M. 1959. The potter's wheel: an analysis of idea and artefact in invention. *Southwestern Journal of Anthropology* 15 : 99-119.

Frane, J. E. 1996. *The Tell Leilan Period I Habur Ware Assemblage.* Ph.D. dissertation, University of North Carolina at Chapel Hill.

Jeffra, C. 2008. Experimental Archaeology and the Pottery Wheel: A Critical Review. *EAA Annual Conference, Malta, 16-21 September 2008. Session Title: Experimenting the Past. University of Exeter.*

Koliński, R. 2014. 20th Century BC in the Khabur Triangle Region and the Advent of the Old Assyrian Trade with Anatolia, *in* D. Bonatz (éd.) *The archaeology of political spaces: the Upper Mesopotamian piedmont in the second millennium BCE* : 3-34. Berlin, Boston : De Gruyter.

Magrill P. et A. Middleton 2001. *Did the potter's wheel go out of use in the Late Bronze Age Palestine ?* The Free Library, Antiquity. http://www.thefreelibrary.com/Did+the+potter%27s+wheel+go+out+of+use+in+Late+Bronze+Age+Palestine%3f-a072501129

Mallowan, M. E. L. 1936. The Excavations at Tell Chagar Bazar and an Archaeological Survey of the Khabur Region, 1934-1935. *Iraq* 3 : 1-86.

Mallowan, M. E. L. 1937. The Excavations at Tell Chagar Bazar and an Archaeological Survey of the Khabur Region, 1936. *Iraq* 4 : 91-177.

Mallowan, M. E. L. 1947. Excavations at Tell Brak and Chagar Bazar. *Iraq* 9 : 1-259.

McMahon, A. 2009. Chagar Bazar. Once There Was a Place. Settlement Archaeology at Chagar Bazar, 1999-2002. Londres : British Institute for the Study of Iraq.

Marchand, S. 2019. Note sur l'usage du mandrin pour le façonnage des céramiques. Oasis de Dakhleh et de Kharga, Basse Époque, *in* D. E. Bowen et C. A. Hope (with assistance of B. E. Parr). *The Oasis Papers 9. A Tribute to Anthony J. Mills. Forty Years of Research in Dakhleh Oasis Project.* Oxford, Philadelphie : Owbow Books.

Margueron, J.-C. 2004. *Mari. Métropole de l'Euphrate au IIIe et au début IIe millénaire av. J.-C.*, Paris : Picard.

Matthews, R. 1995. Excavations at Tell Brak, 1995. *Iraq* 57 : 87-111.

Moorey, P. R. S. 1999. *Ancient Mesopotamian Materials and Industries. The Archaeological Evidence.* Winona Lake, Indiana : Eisenbrauns.

Nicolle, C. 2006. *Tell Mohammed Diyab 3. Travaux de 1992-2000 sur les buttes A et B*, Paris : ERC.

Oates D., J. Oates et H. McDonald 1997. *Excavations at Tell Brak, vol. 1: The Mitanni and the Old Babylonian Periods.* Londres, Cambridge : British School of Archaeology in Iraq.

Oguchi, H. 1997. A Reassessment of the Distribution of Khabur Ware: an Approach from an Aspect of its Main Phase. *Al-Rāfidān* 17 : 195-224.

Oguchi, H. 2003. "Late" Khabur Ware Problem Again. *Al-Rāfidān* 21 : 103-126.

Pfälzner, P. 1995. *Mittanische und Mittelassyrische Keramik. Eine chronologische, funktionale und produktionökonomische Analyse.* Berlin : Dietrich Reimer Verlag.

Pfälzner, P. 2007. The Late Bronze Age Ceramic Traditions of the Syrian Jazirah, *in* C. Nicolle, M. Maqdissi et V. Matoïan (éd.) *Céramique de l'âge du Bronze en Syrie, II. L'Euphrate et la région de Jézireh* : 231-291.

Postgate, N. 1990. Excavations at Abu Salabikh 1988. *Iraq* 52 : 95-106.

Postgate, C., D. Oates et J. Oates 1997. *The Excavations at Tell al Rimah: The Pottery*, Iraq Archaeological Reports 4. Warminster : Aris and Phillips.

Powell C. 1995. The Nature and Use of Ancient Egyptian Potter's Wheels, *in* B. J. Kemp (éd.) *Amarna Reports* VI : 309-335. Londres : EES.

Rice, P. M. 1987. *Pottery Analysis. A Sourcebook*, Chicago et Londres : The University Chicago Press.

Roobaert A. et M. Trokay 1990. Surface Finds, *in* G. Bunnens (éd.) *Tell Ahmar 1988 Season. Abr-Nahrain Supplement 2.* Publications of the Melbourne University expedition to Tell Ahmar, 1 : 123-125. Louvain : Orientaliste.

Roux, V. et D. Corbetta 1990. *Le tour de potier. Spécialisation artisanale et compétences techniques. Monographies du CRA n°4.* Paris : éditions du CNRS.

Roux V. et M.-A. Courty 1997. Les bols élaborés au tour d'Abu Hamid : rupture technique au 4e millénaire avant J.-C. dans le Levant Sud. *Paléorient* 23/1 : 25-43.

Roux V. et M.-A. Courty 1998. Identification of Wheel-Fashioning Methods: Technological Analysis of 4th-3th Millennium BC Oriental Ceramics. *Journal of Archaeological Science* 25 : 747-763.

Roux V. et M.-A. Courty 2017. Des céramiques et des hommes : décoder les assemblages archéologiques. Nanterre : Presses universitaires de Nanterre.

Roux, V. et C. Jeffra 2015. The Spreading of the Potter's Wheel in the Ancient Mediterranean. A Social Context-Dependent Phenomenon, *in* W. Gauß, G. Klebinder-Gauß et C. von Rüden (éd.) *The Transmission of Technical Knowledge in the Production of Ancient Mediterranean Pottery. Proceedings of the International Institute at Athens 23rd-25th November 2012* : 165-182.

Roux, V. et P. (de) Miroschedji 2009. Revisiting the History of the Potter's Wheel in the Southern Levant, *Levant* 41 : 155-173.

Rye, O. S. 1981. *Pottery technology: principles and reconstruction*. Washington : Taraxacum.

Sallaberger, W. 1996 *Der Babylonische Töpfer und seine Gefässe: nach Urkunden altsumerischer bis altbabylonischer zeit sowie Lexikalischen und Literarischen Zeugnissen - HAR-ra* = hubullu*: Tablet X dug* = karpatu by M. Civil. Mesopotamian History and Environment, Series II, Memoirs III. Gand : Université de Gand.

Senior, L. et H. Weiss 1992. Tell Leilan "sila bowls" and the Akkadian Reorganization of Subarian Agricultural Production. *Orient Express* 1992/2 : 16-20.

Stein, D. L. 1984. *Khabur Ware and Nuzi Ware: their Origin, Relationship, and Significance. Monographic Journals of the Near East* Assur I4/1 (March 1984).

Trokay, M. 1989. Les deux documents complémentaires en basalte du Tell Kannâs. Base de tournette ou meule ? *in* M. Lebeau et Ph. Talon (éd.) *Akkadica Supplementum* VI, *Reflets des deux fleuves. Volume de mélanges offerts à André Finet*, Louvain : 169-175.

Waetzoldt, H. 1971. Zwei unveröffentliche Ur-III - Texte uber die Herstellung von Tongefässen. *WO* 6 : 7-4.

Reproduire une *larnax* minoenne : enquête chez les potiers de Margaritès. L'extraction de l'argile et la préparation de la pâte - *Reproducing a Minoan larnax: investigation with the potters of Margarites. The extraction of clay and the preparation of the clay paste*

Sarah Georgel-Debedde

Université de Paris 1 Panthéon-Sorbonne, UMR 7041 Archéologie et sciences de l'Antiquité (ArScAn) - Protohistoire égéenne.

Résumé - Cet article présente les premières étapes d'un projet expérimental actuellement en cours, mené en collaboration avec des potiers du village crétois de Margaritès. Ce projet vise à la reconstitution d'une *larnax*, contenant funéraire en terre cuite, utilisé en Crète à la période de l'âge du Bronze ou « période minoenne » (3250-1100 av. J.-C.). Nous présentons ici les premières étapes de la chaîne opératoire : l'extraction de l'argile et la préparation de la pâte.

Mot-clés - *larnax, larnakès*, minoen, minoenne, Margaritès, potier, potiers, poterie, technologie, chaîne opératoire.

Abstract - This paper presents the first stages of an experimental project, conducted in collaboration with potters from the Cretan village of Margarites. It aims to reproduce a *larnax*, a terracotta sarcophagus used in Crete during the Bronze Age or Minoan period (3250-1100 B.C.). The paper focuses on the two first stages of the *chaîne opératoire*: the extraction of clay and the preparation of the clay paste.

Keywords - *larnax, larnakes*, Minoan, Margarites, potter, potters, pottery, technology, *chaîne opératoire*.

Introduction

Les *larnakès* (pluriel du mot grec féminin « *larnax* ») sont des sarcophages en terre cuite, utilisés en Crète, au cours de l'Âge du Bronze ou « période minoenne » (3250-1100 av. J.-C.), pour inhumer les morts. Utilisées essentiellement dans le cadre d'inhumations primaires, les *larnakès* ont été découvertes, dans la majorité des cas, au sein de tombes collectives, dont la nature et la distribution sur le territoire ont évolué au cours de la période (grottes funéraires ou tombes construites[1]). Composées d'une cuve, à profil rectangulaire ou ellipsoïdal, associée à un couvercle, elles se distinguent du reste du répertoire céramique de l'époque tant par leur fonction exclusivement funéraire, que par leurs dimensions importantes et leurs formes complexes. Elles se caractérisent, enfin et surtout, par la longévité de leur utilisation sur le territoire, du début du Bronze ancien (Minoen ancien II (MA II), 2700/2500 av. J.-C.) jusqu' à la fin du Bronze récent (Minoen récent III C (MR III C), 1100 av. J.-C.).

Cette utilisation prolongée a entraîné d'importantes évolutions de leurs morphologies. Au début de la période, on retrouve ainsi des *larnakès* présentant une cuve de forme ellipsoïdale allongée[2] ainsi que des exemplaires à cuve rectangulaire ou ovale[3]. Des formes ovales, quasi circulaires[4], font ensuite leur apparition, alors que des *larnakès* à profil rectangulaire ou ellipsoïdal continuent à être produites et utilisées. À la fin de

[1] Les grottes funéraires sont surtout utilisées durant le Bronze ancien, les tombes construites de type « tombes à maison » (« House-tombs »), tombes circulaires (région de la Messara) ou encore tombes « à *tholos* » (Cimetière d'Archanes Phourni), du Bronze ancien au Bronze Moyen. Les « tombes à chambre » apparaissent au début du Bronze récent et sont utilisées jusqu'à la fin de la période.

[2] La grotte funéraire de Pyrgos contenait une 20e de *larnakès* de ce type, datées du Minoen ancien III (MA III, 2300-2100 av. J.-C.), Xanthoudides 1921.

[3] Des *larnakès* à cuves rectangulaires, associées à des couvercles rectangulaires convexes, ainsi que des *larnakès* à cuves ellipsoïdales ont été retrouvées dans des tombes du cimetière d'Archanès Phourni, du MA III au Minoen Moyen II (MM II, 1800-1700 av. J.-C.), Sakellaraki et Sakellarakis 1997.

[4] Des *larnakès* à cuves circulaires associées à des couvercles circulaires convexes ont notamment été retrouvées dans la nécropole de Knossos Ai-Lias, au Minoen Moyen III (MM III, 1700-1600 av. J.-C.), Cook et Boardman 1954.

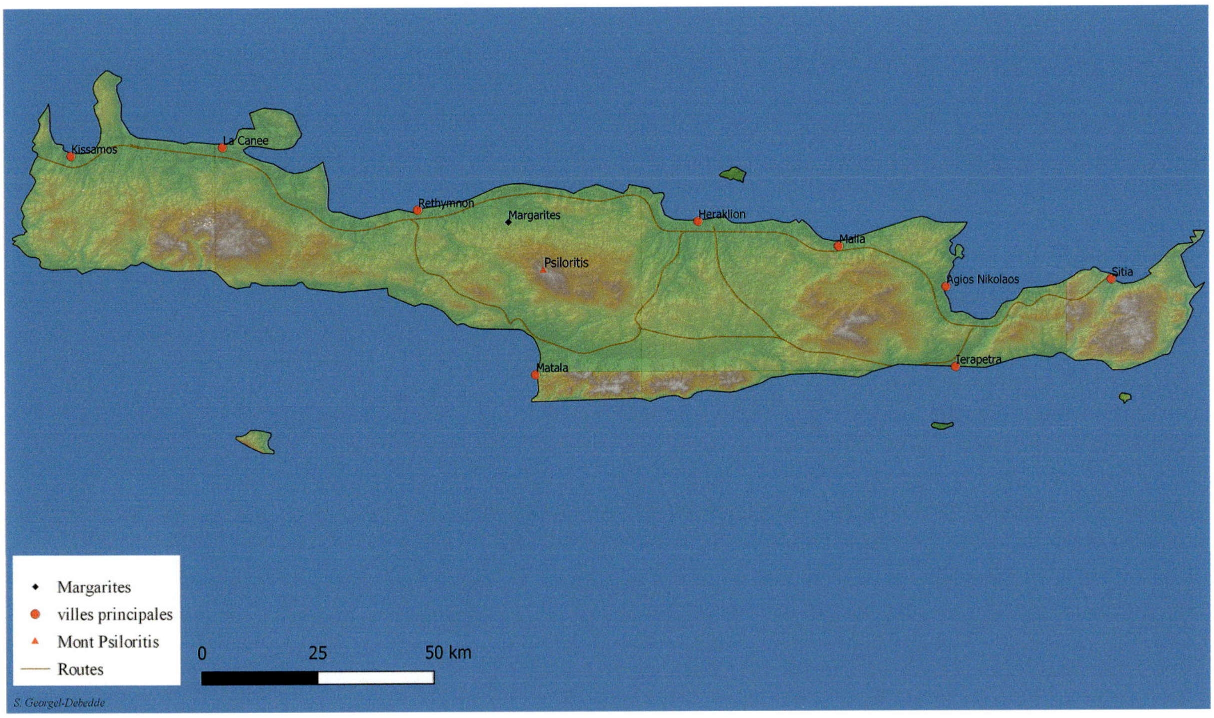

Carte 1 – Localisation du village de Margaritès en Crète (Carte topographique) [carte : auteur].

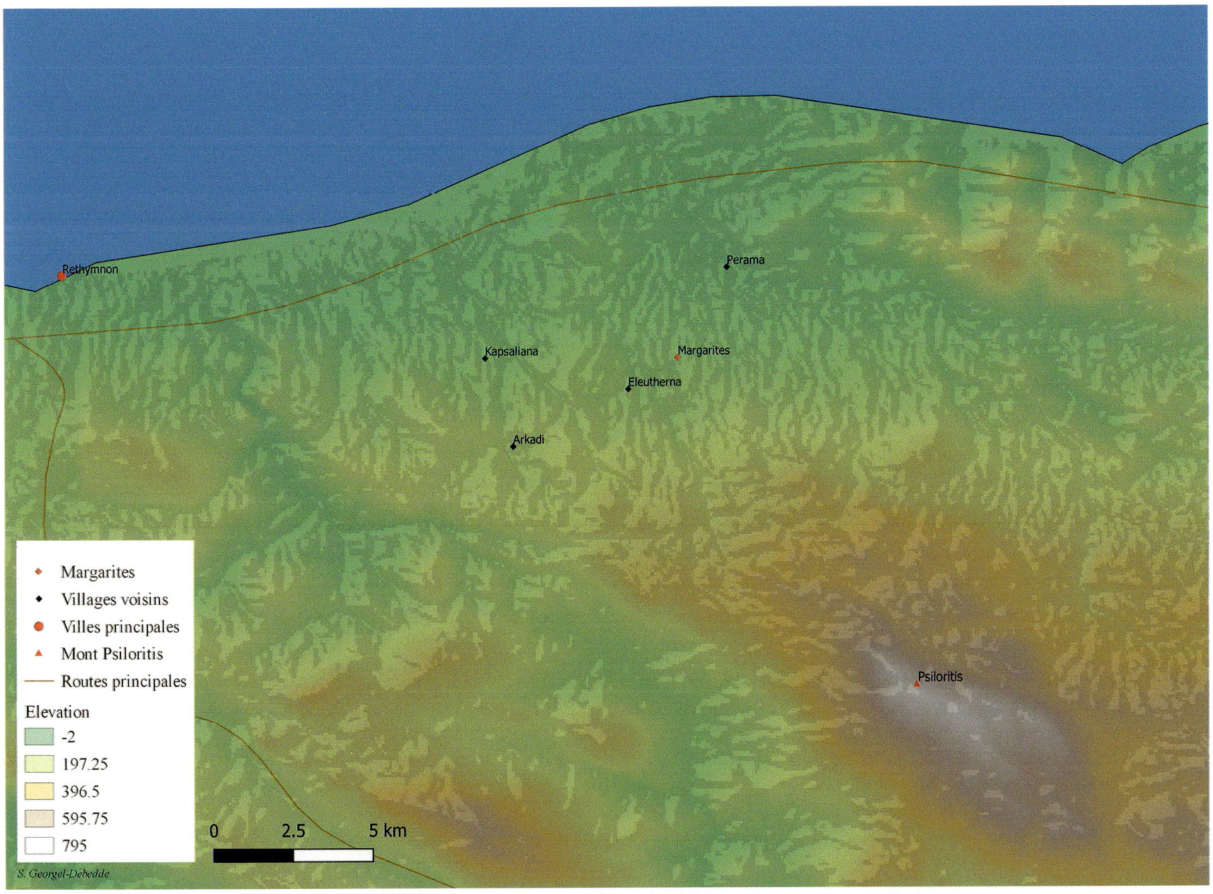

Carte 2 – Région du Mylopotamos (Carte topographique) [carte : auteur].

la période, à partir du Minoen récent III A (MR III A, 1400-1325 av. J.-C.), et jusqu'au Minoen récent III C (MR III C, 1200-1100 av. J.-C.), les formes se standardisent et deux types morphologiques spécifiques sont désormais utilisés sur l'ensemble du territoire[5] : la *larnax* en coffre (Figure 1), composée d'une cuve rectangulaire munie de pieds, associée à un couvercle pyramidal ou plat, et la *larnax* en baignoire (Figure 2), qui constitue une cuve ellipsoïdale à parois évasées, et qui n'est que rarement retrouvée avec un couvercle[6].

Figure 1 – *larnax* en coffre, Petras Papoura, MR III A2/B (photographie : auteur).

La longévité de l'utilisation des *larnakès* prouve leur importance dans le paysage funéraire minoen. Elle souligne également l'existence d'une structure artisanale pérenne qui a produit, tout au long de la période, ces contenants funéraires en argile. L'objectif de notre étude est de reconstituer l'organisation d'une telle production ainsi que d'évaluer son importance au sein de la société minoenne. Qui fabriquaient les *larnakès* et selon quelles techniques ? Comment cette production était-elle organisée ? Quel était le statut des artisans ?

Figure 2 – *larnax* en baignoire, Sitia, MR III A2/B (photographie : auteur).

Il s'agit ainsi, dans un premier temps, de comprendre comment les *larnakès* ont été façonnées, et restituer leur chaîne opératoire de façonnage, c'est-à-dire la « *série d'opérations qui transforment la pâte en un volume creux (...) qui peut être décrite en termes de méthodes, techniques, gestes, procédés et outils* » (Roux 2017 : 63). Dans un deuxième temps, reconstituer l'organisation de la production sur le territoire, en recherchant les éventuels ateliers de production régionaux et en évaluant le mode de diffusion des objets finis (itinérance ou fixité de l'artisanat). Enfin, évaluer le statut des artisans : s'agit-il d'artisans spécialisés qui bénéficient d'un statut particulier ? Leur activité était-elle saisonnière ? Ont-ils pu être polyvalents ?

L'origine du projet

De l'approche technologique à l'approche expérimentale

Le projet expérimental de reconstitution d'une *larnax* minoenne s'inscrit dans notre premier axe d'étude : restituer la chaîne opératoire de façonnage des *larnakès*. Cette reconstitution des procédés de façonnage repose, dans un premier temps, sur une analyse macroscopique des stigmates de façonnage, complétée par une observation microscopique des pâtes argileuses, susceptible de fournir un premier aperçu de leur composition (couleur et type de pâte, nature des constituants grossiers). Le corpus analysé comprend une soixantaine de *larnakès* datées du Minoen Récent III (MR III A – MR III C), provenant de différents sites couvrant les trois régions principales d'utilisation (Crète orientale, centrale et occidentale).

Cette méthodologie a déjà permis d'apporter des premiers résultats. Deux techniques ont été mises en évidence pour la construction des cuves des *larnakès* en coffre : le montage aux colombins, utilisé pour la plupart des exemplaires analysés, ainsi que le montage aux plaques[7]. Dans le premier cas, les parois des cuves

[5] Les *larnakès* en coffre et en baignoire ont surtout été utilisées en Crète orientale, centrale et centrale-occidentale (actuel district régional de Réthymnon). Quelques rares exemplaires ont été retrouvés en Crète occidentale (actuel district de La Canée) : *cf.* notamment la *larnax* en coffre découverte à Dramia (Kanta 1980 : 237) et la *larnax* en baignoire découverte à La Canée (Andreadaki-Vlasaki 1997).

[6] Deux *larnakès* en baignoire ont été découvertes à Gra Lygia (Arapi Skala) associées à des couvercles plats en terre cuite, Apostolakou 1998.

[7] Pour plus de précisions sur les résultats préliminaires issus de l'étude technologique des exemplaires archéologiques en coffre et en baignoire, *cf.* Georgel-Debedde 2022.

ont été montées par niveaux successifs de colombins, vraisemblablement étirés vers le haut grâce à des opérations de raclage. Les parois sont alors caractérisées par des ondulations rythmiques, organisées dans le sens de la hauteur, associées à des sillons ou surépaisseurs horizontaux, ainsi que des stries profondes à orientation verticale, oblique ou horizontale (Figure 3). Pour certains exemplaires, l'hypothèse de l'emploi du montage en plaques est avancée[8]. Les cuves auraient été construites au moyen de petites plaques, de forme carré ou rectangulaire, organisées en niveaux superposés ; chaque niveau serait ainsi composé d'une rangée de plaquettes accolées. Cette technique se caractérise par des stigmates de façonnage particuliers, notamment des fractures horizontales très linéaires et superposées, organisées sur toute la hauteur de la cuve, associées à des petites fractures verticales ou obliques, également très linéaires (Figure 4). Des hypothèses ont également pu être formulées pour la formation des couvercles. Les couvercles plats portent les stigmates caractéristiques d'un façonnage au moyen de mottes accolées par écrasement (probablement dans une contre-forme) ; les couvercles pyramidaux ont vraisemblablement fait l'objet d'un montage par niveaux successifs de colombins, étirés vers le haut. La zone sommitale serait ensuite « bouchée » par adjonction et accolement de petites mottes : les couvercles seraient ainsi construits du bas vers le haut, le comblement de la zone sommitale constituant la dernière étape du processus de montage. Les stigmates associés à ce procédé sont des fractures ou des fissures horizontales, superposées dans la hauteur des parois, indiquant la présence de joints horizontaux. Lorsque l'intérieur du couvercle est visible, des indices de raclage, à orientation verticale ou oblique peuvent être observés. Enfin, la zone sommitale interne est très irrégulière, marquée de sillons courbes, indiquant les zones de jonctions non régularisées entre les mottes ayant servi à combler cet espace. Dans le cas des *larnakès* en baignoire, l'utilisation majoritaire du montage aux colombins a pu être démontrée[9] : les cuves ont été façonnées au moyen de gros colombins superposés. Les parois sont caractérisées par la présence d'ondulations rythmiques, organisées dans la hauteur, ainsi que, dans certains cas, des sillons, ou surépaisseurs, superposés (Figure 5).

Dans le cadre de notre démarche de reconstitution de la chaîne opératoire des *larnakès*, la seule approche technologique démontre cependant ses limites. Tout d'abord, le caractère multivoque des stigmates de façonnage, ainsi que le risque de les voir effacés par des opérations techniques ultérieures (finitions et

Figure 3 – Détail de la paroi externe d'une larnax en coffre (Sfaka, MR III A1), montrant des ondulations rythmiques associées à des sillons horizontaux (photographie : auteur).

Figure 4 – Détail de la paroi externe d'une larnax en coffre (Archanes Phourni, MR III B), montrant des fractures linéaires horizontales associées à des fractures verticales et obliques (photographie : auteur).

Figure 5 – Détail de la paroi interne d'une larnax en baignoire (Mochlos, MR III A2/B), montrant des ondulations rythmiques associées à des sillons superposés (photographie : auteur).

[8] L'emploi du montage en plaques dans le cadre du façonnage des cuves des *larnakès* en coffre a déjà été avancée par certains chercheurs : cf. Tsipopoulou et Vagnetti 1995 : 140 ; Merousis 2018.

[9] L'utilisation du montage aux colombins pour le façonnage des cuves des *larnakès* en baignoire est également proposée par M. Tsipopoulou et L. Vagnetti (voir ci-dessus).

traitements de surface) rendent difficile l'identification des méthodes de façonnage[10]. À cela s'ajoutent les conditions particulières d'étude, qui a été conduite, dans la majorité des cas, sur des objets entiers, sans analyse possible des structures internes[11]. Surtout, l'absence de connaissances concrètes sur la manipulation de l'argile, ainsi que sur les contraintes techniques inhérentes au façonnage et à la cuisson de si grands objets, constitue le plus grand biais dans la démarche de restitution de la chaîne opératoire de façonnage. Comment prévenir les risques d'effondrement des parois dans le cas du montage d'objets aussi volumineux ? Quelles sont les modalités de jonction entre les différents niveaux ? Comment joindre les pieds à la cuve, dans le cas de la construction des *larnakès* en coffre ? Combien de temps faut-il laisser la pièce sécher ? Quelle structure de cuisson employer et quel temps de cuisson est nécessaire ? En l'absence de ce savoir-faire, les hypothèses proposées pour la fabrication des *larnakès* se heurtent à la question même de leur faisabilité. Cette limite méthodologique a ainsi conduit à la mise en place d'un projet de reconstitution expérimentale d'une *larnax* minoenne, mené en collaboration avec des potiers du village crétois de Margaritès.

Les potiers de Margaritès

Margaritès est un village crétois, situé en Crète centrale, dans la région de Mylopotamos (Carte 1). Implanté sur un éperon rocheux, qui forme l'un des contreforts nord du mont Psiloritis (Carte 2), il présente la particularité d'avoir été dans le passé et d'être encore aujourd'hui un village de potiers. L'existence du village est attestée dès le XIVe siècle, dans les recensements de la période vénitienne (XIIe – XVIIe siècles). Il est alors décrit comme un village de potiers et d'agriculteurs[12]. Les premières activités potières concernent notamment la fabrication de *pithoi*[13], grandes jarres de stockage, encore utilisées en Crète pour conserver les denrées alimentaires. Margaritès doit son établissement à la proximité immédiate de sources d'argile de très bonne qualité sur les contreforts du Psiloritis, à quelques kilomètres à l'arrière du village. Les potiers empruntaient alors « la route de l'argile »[14], accompagnés de leurs ânes, pour aller recueillir l'argile sèche, sous forme de grosses mottes.

Aujourd'hui plusieurs ateliers de potiers subsistent, dont celui de M. G. Dalamvelas, qui continue de pratiquer les techniques traditionnelles héritées des générations antérieures. G. Dalamvelas fait ainsi partie des derniers potiers du village qui extraient et préparent eux-mêmes leur argile et utilisent encore un four à bois pour la cuisson de leurs productions. G. Dalamvelas n'est pas pour autant hermétique aux innovations de son temps puisqu'il se sert d'un tour électrique et qu'il possède également un four électrique. Une première rencontre avec G. Dalamvelas, ainsi que sa femme, Mme M. Dalamvelas, également potière, a eu lieu en 2018. Il s'agissait alors d'un entretien destiné à profiter de leur expertise et appréhender ainsi les contraintes techniques liées à la fabrication d'objets de taille aussi imposante que les *larnakès*. Après plusieurs rencontres, au cours desquelles ont été débattues les modalités de fabrication des *larnakès*, le projet d'une tentative de reconstitution a émergé. Nous avons alors eu la chance de pouvoir bénéficier de la collaboration de M. G. Dalamvelas, de Mme M. Dalamvelas, ainsi que de M. D. Didier, également potier à Margaritès, pour recréer une *larnax* expérimentale.

Le protocole expérimental

Les différents aspects du protocole expérimental ont été définis en concertation avec M. G. Dalamvelas, Mme M. Dalamvelas et M. D. Didier.

Nous avons décidé de reproduire une *larnax* de type « en coffre », caractéristique de la fin du Bronze récent en Crète (MR III A – MR III C). Il s'agit en effet du type le plus représenté dans le corpus d'étude ; en outre, sa forme quadrangulaire, inhabituelle pour le répertoire céramique de l'époque, ainsi que plusieurs zones d'ombre dans l'analyse de la restitution des techniques employées pour son façonnage (modalités de jonction entre la base et les pieds, modalités d'élévation des parois de la cuve ou du couvercle et de prévention des risques d'effondrement) en font une candidate de prédilection pour l'expérimentation. Les dimensions de la *larnax* expérimentale ont été définies à partir des dimensions relevées sur les exemplaires archéologiques[15]. Les dimensions moyennes retenues sont 100 à 110 cm de longueur sur 45 à 50 cm de largeur pour la cuve et le couvercle, ainsi qu'une hauteur de cuve comprise entre 60 et 70 cm (avec les pieds). De même, la morphologie ainsi que le programme décoratif de la *larnax*, ont été choisis au sein d'un corpus

[10] *Cf.* notamment Rye 1981 : 58 et Roux 2017 : 165.

[11] Notre analyse a été essentiellement menée sur des exemplaires entiers ou restaurés exposés dans des musées ou conservés dans les réserves de certains sites archéologiques crétois (Musée archéologique de Héraklion, Musée archéologique de La Canée, Musée archéologique de Sitia, Musée du Louvre, réserve du site archéologique de Roussolakkos et ses environs, réserve du site archéologique de Sissi).

[12] Le village porte alors le nom de « Maggharittes », et est peuplé de potiers et d'agriculteurs (huile d'olive, caroubes et céréales). En 1333, la documentation vénitienne fait état d'une révolte des habitants contre le pouvoir en place, *cf.* Spanaki 2006.

[13] *Cf.* notamment l'étude ethnographique de P. Gouin et C. Vogt sur les *pithoi* de Margaritès, Gouin et Vogt 2006.

[14] « La route de l'argile » est le nom donné, par les potiers de Margaritès, à la route qui mène aux différentes sources d'argiles, disséminées dans les contreforts montagneux (G. Dalamvelas, communication personnelle, 4 octobre 2019).

[15] Les larnakès en coffre présentent en moyenne une longueur comprise entre 95 et 110 cm pour une largeur d'environ 40 à 55 cm. La hauteur des cuves (avec pieds) est comprise entre 60 et 80 cm. La hauteur des couvercles est généralement comprise entre 20 et 30 cm.

composé d'exemplaires archéologiques provenant de la région de Réthymnon, et conservés dans le Musée archéologique de Réthymnon ainsi que sa réserve. Les *larnakès* de cette région se caractérisent par une morphologie bien standardisée : ils comprennent une cuve quadrangulaire, munie de quatre pieds, dont les arêtes externes sont rehaussées de « bandeaux » verticaux en relief, ainsi qu'un couvercle pyramidal. Dans le cas de la reproduction du couvercle, nous avons cependant décidé de prendre pour modèle un exemplaire archéologique pyramidal provenant de la région de Palaikastro[16] ; cet exemplaire était alors celui qui avait fourni le plus de données technologiques, dans le cadre de notre analyse des procédés de façonnage des couvercles pyramidaux.

L'expérimentation prend en compte toutes les étapes de la chaîne opératoire, depuis l'extraction de l'argile jusqu'à l'obtention du produit fini après cuisson. L'intérêt de la démarche est de pouvoir évaluer les contraintes techniques liées à chacune des étapes de la chaîne opératoire, les habiletés requises pour dépasser les éventuels problèmes rencontrés, ainsi que le temps investi dans l'ensemble du processus.

En outre, nous avons décidé d'utiliser, dans la mesure du possible, uniquement des techniques traditionnelles, sans recours aux innovations techniques (matériaux et outils) des dernières décennies. L'objectif est d'employer des méthodes non anachroniques, qui ont pu également être celles employées par les potiers minoens : extraction manuelle de l'argile, concassage au moyen d'outils traditionnels, mélange de l'argile par foulage aux mains ou aux pieds, cuisson dans un four à bois, etc.

Enfin, les techniques de façonnage ont été définies sur la base des résultats issus de l'étude technologique, que nous menons actuellement sur des exemplaires archéologiques, ainsi que de l'expertise de G. Dalamvelas, M. Dalamvelas et D. Didier. Pour la formation de la cuve, nous avons privilégié l'emploi du montage aux colombins, technique qui a été identifiée avec certitude sur plusieurs exemplaires archéologiques : les parois seront façonnées, du bas vers le haut, au moyen de niveaux successifs de gros colombins, qui seront déformés afin d'en augmenter la hauteur. L'hypothèse avancée de l'emploi de plaques pour la formation des cuves de certains exemplaires archéologiques, nous a néanmoins conduits à envisager la construction préalable d'une « *larnax* test » qui aura pour but de tester conjointement les deux techniques, afin de créer un référentiel comparatif des stigmates associés à chacune d'entre elles. Cette « *larnax* test » sera ainsi composée de deux côtés (un grand et un petit) façonnés par montage aux colombins, et de deux côtés (un grand et un petit) façonnés par montage en plaques. Dans le cas de la formation du couvercle, nous avons décidé de suivre la chaîne opératoire identifiée dans le cadre de l'étude technologique de l'exemplaire de Palaikastro[17] : ce dernier a vraisemblablement été monté au moyen de niveaux successifs de colombins étirés ; la zone sommitale a ensuite été formée par l'adjonction progressive de petites mottes, accolées et jointes entre elles par raclage, de sorte à « boucher », petit à petit, la partie supérieure du couvercle.

Remarquons que notre démarche expérimentale ne suit pas rigoureusement les règles méthodologiques qui s'appliquent normalement au processus d'expérimentation. Selon V. Roux, en effet, le protocole expérimental implique de faire varier un paramètre à la fois (par exemple, le type d'outil, le degré d'hygrométrie de la pâte, le type d'argile, la technique employée lors du façonnage, etc.) afin de mettre en évidence, par comparaison, celui qui joue sur la formation des traces techniques observées sur l'exemple archéologique[18]. Une telle démarche implique cependant la confection d'un grand nombre d'objets afin de prendre en compte le plus de variables possibles, ce qui, dans notre cas, est impossible à mettre en place pour des raisons logistiques. La confection d'un objet aussi imposant qu'une *larnax* requiert en effet une quantité importante de matériaux (argile, bois de combustion) ainsi qu'un investissement conséquent en temps dans les différentes étapes de la construction (acquisition et préparation des matériaux, façonnage, séchage, cuisson). Nous avons ainsi choisi de tester une unique forme et une unique chaîne opératoire de façonnage, privilégiant notamment le montage aux colombins, technique que nous estimons avoir identifiée sur la majorité des exemplaires archéologiques. En outre, notre démarche fait lieu de test pionnier : la *larnax* est un objet qui n'a, jusqu'ici, jamais été reproduit expérimentalement, et beaucoup de paramètres demeurent inconnus. Notre expérimentation a ainsi pour objectif, non seulement de mettre en évidence les stigmates de façonnage associés aux techniques testées, mais aussi de prendre en compte l'ensemble des paramètres et des inconnues lié au processus de productions de tels artefacts (quantité requise de matériau argileux, temps de façonnage, de séchage, de cuisson, contraintes et difficultés techniques rencontrées, répartition des tâches entre les artisans, organisation spatiale de la zone de travail, etc.).

[16] Il s'agit d'un couvercle pyramidal, muni d'une faîtière plane, d'une hauteur d'environ 15 cm. Ce dernier a été retrouvé dans le site archéologique de Roussolakkos (Publication à venir). Je remercie M. C. Knappett qui m'a autorisée à réaliser une première étude de ce couvercle.

[17] Voir ci-dessus.

[18] Roux 2017 : 179.

L'extraction de l'argile

Les sources d'argile

Pour préparer la pâte de la *larnax*, nous avons choisi d'utiliser les argiles locales, habituellement exploitées par les potiers de Margaritès. À quelques kilomètres à l'arrière du village, dans les contreforts du Psiloritis, on retrouve quatre différentes sources d'argile, désignées par leur couleur : « *το μπλε* » (« la bleue »), *το μαύρο* (« la noire »), *το άσπρο* (« la blanche »), *το κόκκινο* (« la rouge »).

« La bleue » (aussi appelée « *lépida* ») constitue une une argile riche en schiste[19]. Il s'agit d'une argile très pure et très grasse, souvent utilisée par les potiers de Margaritès, car les lamelles de schiste qu'elle contient constituent un bon dégraissant naturel pour leur pâte.

« La rouge » émerge sur le flanc de la montagne et constitue une argile plus grossière, à consistance sableuse, qui s'extrait sous forme de poudre sèche. Elle est assez commune et peut être retrouvée dans plusieurs régions de Crète.

« La noire » est localisée sur le haut de la montagne. De très bonne qualité, cette argile est cependant difficile à extraire car elle ne forme pas un dépôt organisé. Cette argile présente beaucoup de corps et se tient bien sur le tour. Très collante, elle est néanmoins difficile à utiliser, à moins de la mélanger avec une autre argile. G. Dalamvelas utilise ainsi une pâte composée d'un mélange d'argile noire et d'argile-schiste, une combinaison qu'il estime idéale pour le tournage.

Enfin, « la blanche » forme un dépôt organisé sur un plateau. Elle constitue une argile très pure et de très bonne qualité.

Ces deux dernières argiles sont considérées comme les meilleures, par les potiers de Maragritès. Elles sont, en outre, relativement rares sur le territoire crétois. Leur proximité immédiate est probablement la raison qui a conduit à l'établissement de Margaritès[20].

Nous avons choisi d'utiliser trois argiles pour concevoir la pâte de la *larnax*. L'argile blanche composera le corps principal de la pâte. Elle sera combinée à de l'argile rouge sèche réduite en poudre, ainsi qu'à l'argile schiste, également sous forme de poudre sèche. Nous avons choisi l'argile blanche pour le corps de la pâte car elle est, selon G. Dalamvelas, la plus proche de celle utilisée pour la fabrication des exemplaires archéologique de la même région[21]. La plupart des *larnakès* découvertes dans la région de Réthymnon présentent en effet une pâte de couleur rose à rouge, une fois cuites. L'utilisation d'argile-schiste sous forme de poudre permet d'incorporer dans la pâte des petites lamelles de schiste, qui feront office de dégraissants naturels. La technique n'est pas incompatible avec les données archéologiques à notre disposition, puisque les pâtes des *larnakès* découvertes dans la région présentent majoritairement d'abondants constituants grossiers de nature minérale (roches fragmentées)[22].

L'extraction

L'extraction de l'argile s'est déroulée en octobre 2019 et a duré environ une heure et demie. L'argile blanche, dont la source est située sur un haut plateau, a d'abord été extraite. Pour nous y rendre, nous avons emprunté ce que les potiers du village désignent comme « la route de l'argile ». Cette route ancienne, qui mène aux différentes sources d'argile, a été gravie par les différentes générations de potiers depuis l'établissement du village. Les ruines des anciens ateliers de potiers se situent de part et d'autre, au pied de la montagne, et témoignent des phases antérieures de l'activité potière[23]. Les potiers, qui ne disposaient pas alors des moyens de locomotion d'aujourd'hui, vivaient au plus près des sources, et se rendaient dans la montagne avec leurs mules pour aller extraire l'argile. La pratique des mules a désormais disparu, et c'est à bord du pick-up de G. Dalamvelas que nous nous sommes rendus à la source d'argile blanche. La source d'argile blanche affleure directement sur le sol d'un plateau et forme un dépôt organisé (Figure 6). G. Dalamvelas, D. Didier, ainsi qu'un aide engagé par G. Dalamvelas, ont extrait l'argile au moyen de pioches (*cf.* Figure 6) ; celle-ci a été collectée sous forme de grosses mottes sèches, qui ont ensuite été placées dans le coffre du pick-up. L'extraction de l'argile est un travail très physique, mais relativement rapide. Après une heure, environ 800 à 900 kilogrammes d'argile blanche ont été extraits. Cette première étape a été suivie de l'extraction de

[19] Il est probable que ce gisement ne soit pas composé de schiste à proprement parler (roche métamorphique), mais plutôt d'une roche sédimentaire détritique telle que du schiste argileux (« shale », « mudstone »).

[20] L'ensemble des informations concernant les argiles exploitées par les potiers du village ainsi que sur l'implantation du village, est issu d'un entretien oral mené avec G. Dalamvelas et D. Didier.

[21] La comparaison macroscopique a notamment été effectuée avec des *larnakès* conservées dans la réserve du Musée archéologique de Réthymnon, provenant de diverses nécropoles de la région (Armenoi, Pangalochori, Adèle, Maroulas, Sata, Messi, etc.). Je remercie l'Ephorie des Antiquités de Réthymnon qui a autorisé G. Dalamvelas, M. Dalamvelas, D. Didier, et moi-même, à observer les exemplaires conservés dans la réserve du Musée archéologique.

[22] Cette observation se fonde sur une analyse macroscopique préliminaire des pâtes des *larnakès* conservées dans la réserve du Musée archéologique de Réthymnon.

[23] Certains de ces anciens ateliers de potier étaient encore partiellement utilisés au siècle dernier. Dans les années soixante, la modernisation des routes, ainsi que l'installation de l'électricité et de l'eau courante, a conduit au déplacement du village, légèrement plus au nord, à l'extrémité de l'éperon rocheux (G. Dalamvelas, communication personnelle, 5 octobre 2019)

Figure 6 – Le dépôt d'argile blanche. G. Dalamvelas extrait les mottes d'argile à la pioche (photographie : K. Durand).

l'argile rouge. Celle-ci affleure plus bas, sur le flanc de la montagne, le long de « la route de l'argile ». L'argile rouge a également été extraite à l'aide de pioches (Figure 7), en moindre quantité que la blanche cependant (environ 200 kilogrammes d'argile rouge). La différence dans la texture et dans la composition des deux dépôts est évidente : alors que l'argile blanche s'extrait sous forme de grosses mottes compactes, et constitue un dépôt très pur, caractérisé par la quasi absence d'autres constituants grossiers, l'argile rouge présente une texture granuleuse, semblable à de la terre sèche, et est mélangée à quantité d'autres composants grossiers, minéraux ou organiques. L'extraction de l'argile rouge a duré environ une demi-heure. Il n'a pas été nécessaire d'extraire l'argile schiste car il s'agit d'un matériau habituellement utilisé par G. Dalamvelas ; il est ainsi stocké, en grande quantité, dans sa zone de travail en extérieur. L'argile blanche et l'argile rouge ont également été transportées jusqu'à la zone de travail de G. Dalamvelas, pour y être stockées, avant la préparation de la pâte.

La préparation de la pâte

La préparation de la pâte de la *larnax* s'est avérée être une étape particulièrement ardue, car très physique et longue. Ce processus a nécessité deux jours complets de travail et s'est déroulé dans la zone de travail en extérieur de G. Dalamvelas. Cette zone constitue son second « atelier »[24] : elle comprend un espace de stockage de l'argile, un dispositif de filtrage (bassin de décantation), et deux fours à bois. Autour des fours, s'étend un verger, dans lequel sont stockés des branchages secs, en prévision des cuissons.

La préparation du soulmé

La première étape a consisté en la préparation de ce que les potiers de Margaritès désignent comme le « *soulmé* ». Ce terme ne possède pas de traduction littérale et désigne une argile préparée sous la forme d›une barbotine. Dans le cadre de la construction de la *larnax*, ce *soulmé* a été préparé avec l'argile blanche. Celle-ci a été mise à tremper dans des grandes jarres remplies d'eau, juste après l'extraction, et a reposé durant une nuit (Figure 8). Le lendemain, cette argile a été placée dans le bassin de lévigation afin de la filtrer. Pour ce faire, les potiers ont transvasé l'argile dans une grande jarre, proche du bassin. Ils l'ont ensuite mélangée, afin qu'elle acquière une consistance plus liquide, puis l'ont passée à travers un tamis à mailles fines, placé au-dessus du bassin (Figure 9). Ainsi, seule de l'argile très fine et quasi liquide se déposait au fond du bassin. Cette opération a été réitérée jusqu'à ce que l'intégralité de l'argile blanche ait été déposée dans le bassin de décantation, ce qui a pris environ une heure et demie. Une fois le bassin plein, l'argile a été laissée à reposer jusqu'au lendemain matin, soit un peu plus de douze heures.

[24] G. Dalamvelas possède un atelier situé au rez-de-chaussée de son habitation, sous sa boutique. Cet atelier comprend des aménagements divers, tels qu'un tour électrique, un four électrique, divers surfaces (grands tables en bois) liées notamment au séchage des pièces, ainsi que des espaces de rangement.

Figure 7 – Le dépôt d'argile rouge. G. Dalamvelas et son aide, Grigoris, extraient l'argile rouge à la pioche (photographie : K. Durand).

Figure 8 – L'argile blanche est mise à tremper dans de grandes jarres remplies d'eau (photographie : auteur).

La préparation des poudres

La préparation des poudres d'argile a été engagée après celle du *soulmé*. Cette étape, très physique, a consisté à réduire l'argile rouge et l'argile-schiste en poudres, destinées à être mélangées au « *soulmé* ». La « technique des poudres » est une technique traditionnelle que G. Dalamvelas a utilisée durant quatre ans, à ses débuts. Il a ensuite abandonné ce procédé, qu'il jugeait trop contraignant et peu adapté à ses besoins ; G. Dalamvelas utilise en effet une argile très fine, et dépourvue de composants grossiers, pour le tournage. Plusieurs raisons l'ont néanmoins conduit à employer de nouveau cette technique dans le cadre

Figure 9 – D. Didier fait passer l'argile blanche à travers un tamis, placé au-dessus du bassin de lévigation (photographie : auteur).

de la préparation de la pâte de la *larnax* : la nécessité, tout d'abord, d'utiliser une pâte plus riche que celle dont il se sert habituellement pour ses productions. Les *larnakès* ont en effet été façonnées au moyen d'une pâte riche, présentant beaucoup de constituants grossiers, ce qui permet à l'argile de mieux se tenir durant l'élévation des parois. Les poudres ont ainsi pour but d'agir comme un dégraissant pour la pâte et de lui donner plus de corps ; en outre, elles contiennent elles-mêmes des constituants grossiers (lamelles de schistes et petits éléments organiques) qui seront incorporés au mélange. La seconde raison, pour laquelle G. Dalamvelas a tenu à utiliser cette technique, est plus subjective : les argiles réduites en poudres constituent un procédé traditionnel et donc ancien, utilisé, avant lui, par les générations antérieures de potiers du village. Selon sa vision de potier de Margaritès, cette technique est donc celle qui a pu être pratiquée par les potiers minoens pour produire les *larnakès.*

La préparation des poudres a débuté par le concassage de l'argile (Figure 10) : les potiers, ainsi que l'aide engagé par G. Dalamvelas, ont concassée l'argile sèche au moyen d'un outil traditionnel, désigné sous le nom grec de « *κόπανο* » (« kópano »). Ce dernier constitue une sorte de masse, composée d'un long manche en bois, relié à un épais morceau de bois (section probable de tronc), dont la face active a été rabotée pour présenter un profil plat. Cet outil, très lourd, permet de briser les mottes d'argile. Ces morceaux d'argile concassés ont ensuite été passés à travers un tamis, afin de ne conserver qu'une poudre d'argile fine (Figure 11). Cette poudre ayant été jugée trop fine par G. Dalamvelas, un autre tamis, à mailles plus larges, est venu remplacer le précédent. L'objectif était en effet de conserver des constituants assez grossiers (lamelles de schistes, petites brindilles, etc...) pour agir comme dégraissants dans la pâte. La préparation de la poudre d'argile rouge et de la poudre d'argile noire-schiste a duré une après-midi entière, soit environ six heures. Cette étape s'est avérée très physique, notamment lors de l'étape de concassage, au cours de laquelle le *κόπανο* a été utilisé durant plus d'une heure et demie sans interruption. Le tamisage de l'argile concassée a, quant à lui, duré plusieurs heures et a nécessité la présence de quatre personnes (deux pour le tamisage de l'argile rouge et deux autres pour le tamisage de l'argile noire-schiste). Une personne se chargeait de placer l'argile concassée dans le tamis, souvent au moyen d'une pelle, tandis que l'autre s'occupait du tamisage (soit en bougeant le tamis selon un mouvement au tamis, soit en pressant directement l'argile contre les mailles du tamis, selon un mouvement circulaire de la main).

Le mélange des argiles

Le mélange du *soulmé* avec les poudres d'argile a eu lieu le lendemain. Le *soulmé* a d'abord été collecté. Le bassin

Figure 10 – G. Dalamvelas concasse l'argile-schiste avec le « *kópano* ». D. Didier rassemble l'argile concassée avec une pelle (photographie : auteur).

Figure 11 – L'argile-schiste concassé est passée à travers un tamis afin d'obtenir une poudre (photographie : auteur).

Figure 12 - G. Dalamvelas retire l'eau du bassin de lévigation au moyen d'un petit goulot en métal collé et maintenu contre la paroi avec de l'argile plastique (photographie : auteur).

de lévigation a été vidé de son eau, au moyen d'un petit goulot en métal qui a été collé et maintenu contre la paroi avec de l'argile à l'état plastique ; une brique a ensuite été retirée afin de permettre l'écoulement de l'eau (Figure 12). L'argile blanche, déposée au fond du bassin, a été mélangée afin que la substance soit homogène et que la partie liquide restante soit parfaitement incorporée. Le *soulmé* a ensuite été collecté et placé dans plusieurs grandes jarres.

Les potiers ont dégagé un espace dans la zone de stockage de l'argile pour procéder au mélange du *soulmé* avec les poudres d'argile. Les quantités de *soulmé* ainsi que de poudres, utilisées au cours du mélange, ont été mesurées au moyen de seaux d'une contenance de 20 litres. 40 litres de poudre d'argile-schiste et 10 litres de poudre d'argile rouge ont été placés dans la zone de mélange. Un trou a ensuite été pratiqué dans l'amas de poudre, et 30 litres de *soulmé* y ont été versés (Figure 13). Commence alors l'opération de mélange qui s'effectue par foulage aux pieds. La recette employée a été ajustée au fur et à mesure du foulage, avec plus de *soulmé* ajouté au mélange. Cet ajustement passe par une recherche empirique de la bonne consistance : ainsi G. Dalamvelas sait au toucher, selon la manière dont l'argile réagit au piétinement, si la consistance de la pâte est adéquate. La recette finalement employée - celle dont la consistance a été considérée comme idéale par G. Dalamvelas - a consisté en 40 litres de poudre d'argile-schiste, 10 litres de poudre d'argile rouge et 40 litres de *soulmé*.

Le foulage aux pieds des argiles s'effectue selon différentes étapes bien définies : tout d'abord, le *soulmé* et les poudres sont simplement piétinés pieds nus, afin d'être grossièrement mélangés (Figure 14). Pendant qu'une personne se charge du piétinement (en l'occurrence, il s'agissait de G. Dalamvelas), une autre s'emploie à ramener la pâte, à la main, de la périphérie vers le centre (en l'occurence, M. Dalamvelas). Au cours de la seconde étape, le mélange obtenu est découpé en grosse mottes, au moyen d'une spatule. Ces mottes sont ensuite grossièrement compactées, de sorte à former une pyramide. Il s'agit ensuite d'écraser cette pyramide avec le talon, du haut vers le bas, selon un mouvement rotatif (Figure 15). Cette opération, particulièrement physique, est réitérée deux à trois fois. Elle a nécessité la participation de plusieurs personnes qui se sont relayées afin d'aider à piétiner la pâte (G. Dalamvelas, M. Dalamvelas, D. Didier et moi). G. Dalamvelas était, sans conteste, celui qui maîtrisait le mieux le mouvement ainsi que la posture corporelle nécessaires au cours du procédé. Écraser le massif d'argile s'effectue avec le talon et la tranche externe du pied, selon un mouvement du haut vers le bas. Le pied est donc placé parallèlement à l'extrémité de la masse et joue presque le rôle d'une spatule, en détachant des tranches d'argile du monticule. Seule une faible quantité d'argile est écrasée à chaque coup, et c'est la fluidité du mouvement qui conditionne la rapidité du processus. Les débutants auront ainsi tendance à vouloir écraser plus d'argile pour tenter de gagner du temps. Ce

Figure 13 – Le *soulmé* est ajouté au mélange de poudre d'argile rouge et de poudre d'argile-schiste (photographie : auteur).

Figure 14 – Le mélange de *soulmé* et de poudres est foulé par M. Dalamvelas, pendant que G. Dalamvelas ramène l'argile à la main, de la périphérie vers le centre (photographie : auteur).

Figure 15 – G. Dalmavelas écrase le mélange, compacté sous forme de massif, avec la tranche externe du pied, selon un mouvement rotatif (photographie : auteur).

faisant, ils utiliseront le pied entier, favorisant l'action de la plante, et s'épuiseront rapidement. À l'issue de ce procédé, on obtient une grande galette d'argile. Dans la dernière étape, la galette d'argile est de nouveau piétinée, selon un mouvement rotatif, de la périphérie, vers le centre. Ce mouvement suit le tracé d'une spirale, et nécessite une position particulière du corps, dans laquelle les pieds sont levés haut, en rythme alterné (Figure 16).

L'ensemble de ces différentes étapes de mélange a été renouvelé cinq fois. Environ six heures ont été nécessaires afin de conclure le mélange. À l'issue de ce processus, quelque 430 kilogrammes de pâte ont été produits. La pâte a été découpée en grosses mottes qui ont été placées à l'intérieur de sacs plastiques fermés (Figure 17). Ces sacs ont ensuite été stockés, dans la zone de travail en extérieur de G. Dalamvelas, à l'ombre des arbres. La pâte ainsi stockée est destinée à reposer durant plusieurs mois avant d'être utilisée. Ce processus a pour but de laisser la pâte pourrir, et de permettre ainsi le développement de certaines bactéries qui améliorent sa viscosité et sa plasticité.

La préparation de la pâte de la *larnax* a duré deux jours complets, et a été particulièrement difficile physiquement. Elle a nécessité l'investissement de plusieurs personnes, qui se sont relayées lors des étapes demandant le plus d'efforts.

Discussion

La première partie du projet expérimental de reconstitution d'une *larnax* minoenne a pris fin à l'issue de la préparation de la pâte.

À l'issue de ces premières étapes d'expérimentation, un certain nombre de points peuvent être discutés. Les processus d'extraction de l'argile et de préparation de la pâte de la *larnax* démontrent déjà en effet l'existence d'un certain nombre de contraintes dans la chaîne opératoire. La plus évidente est sans doute la contrainte liée au temps : si l'extraction de l'argile s'est avérée relativement rapide (environ une heure et demi pour extraire l'argile blanche et l'argile rouge)[25], la préparation de la pâte a, quant à elle, été particulièrement longue. La préparation du *soulmé* a duré environ deux heures, auxquelles il faut ajouter un temps de repos d'environ douze heures. L'obtention des poudres d'argile (concassage et tamisage) a duré une après-midi entière, soit environ cinq heures. Enfin le mélange du *soulmé* et des poudres a pris environ six heures. En tout, vingt-cinq heures ont été consacrées à la préparation de la pâte. G. Dalamvelas a, en outre, fait le choix de laisser reposer la pâte durant plusieurs

[25] Remarquons cependant que nous ne prenons pas en compte le temps de trajet qui, dans notre cas, s'est effectué en voiture. Il est certain que le trajet, avec des mules, jusqu'aux différents gisements d'argile (situés environ à 2 km des anciens ateliers de potiers), ainsi que le retour, une fois la matière première chargée, devait prendre un temps bien plus important.

Figure 16 – La galette de pâte est piétinée selon un mouvement en spirale, de la périphérie vers le centre (photographie : auteur).

Figure 17 – À l'issue du mélange, la pâte est découpée en grosses mottes destinées à être stockées dans des sacs en plastique (photographie : auteur).

mois, afin qu'elle atteigne la consistance idéale pour le façonnage[26]. À la contrainte de temps s'ajoutent également des contraintes techniques liées à l'effort physique investi dans le processus. Le concassage de l'argile et le maniement du *κόπανο* requièrent un effort physique conséquent, tout comme le foulage aux pieds de la pâte, qui a d'ailleurs nécessité la participation de plusieurs personnes afin de permettre un relai. Sans prétendre comparer les données issues de l'expérimentation avec la réalité archéologique, la prise en compte de ces contraintes permet néanmoins de réfléchir sur le statut et l'organisation d'une telle activité artisanale.

La production de *larnakès* ne constituait probablement pas une activité aussi commune, que celle, par exemple, d'autres types de vases utilisés quotidiennement. La quantité d'argile à extraire devait être particulièrement conséquente et le processus de préparation de la pâte devait répondre à des procédés semblables, et ainsi durer un temps important (environ un jour de travail). Produire une *larnax* demandait vraisemblablement un investissement en matériaux (argile, bois pour la cuisson) et en temps conséquent. En outre, il est également probable qu'elle requérait la participation de plusieurs artisans, pour les tâches particulièrement physiques, telles que l'extraction de l'argile ou le mélange de la pâte. Notons d'ailleurs que le modèle crétois actuel où le potier participe lui-même à l'intégralité des étapes de la chaîne opératoire est très récent. Ne serait-ce qu'à la génération précédente, les potiers de Margaritès travaillaient avec des « aides ». Ces aides étaient chargées de tâches diverses, considérées comme requérant peu de savoir-faire, telles que l'extraction de l'argile, la préparation de la pâte (concassage, tamisage, foulage), ou l'approvisionnement en eau et en bois. On avait ainsi affaire à des équipes d'artisans, composées d'un maître potier et d'aides[27]. On retrouvait, il y a peu, un modèle relativement semblable dans le village crétois de Thrapsano, dans le cadre de la production de grandes jarres : les potiers étaient organisés en guilde de six membres, chacun assigné à des tâches spécifiques[28]. Il est probable que la production des *larnakès* reposait sur une organisation comparable, dans laquelle un ou plusieurs artisans potiers travaillaient avec des aides ou des apprentis, préposés à des tâches d'acquisition et de préparation des matériaux (argile, eau, bois). Ainsi, prenant en compte la quantité importante de matériaux nécessaires (argile, eau, bois) ainsi que la structure organisationnelle probablement requise dans le cadre de la production des *larnakès* (équipe d'artisans), il est possible de statuer sur l'aspect contraignant d'une telle activité artisanale. Par conséquent, son statut devait probablement différer de celui d'autres activités potières, considérées comme plus communes.

Les premières étapes de ce projet expérimental nous permettent également d'entamer une discussion sur la question de l'atelier, et la réalité concrète que recouvre ce terme. La question de la définition de l'atelier de production est actuellement débattue dans la littérature archéologique égéenne. La vision de l'atelier conçu comme un espace « *spécialement équipé de façon permanente ou provisoire* » (Platon 1993 : 105) tend en effet à être remise en question. Les espaces définis comme ateliers sont rarement construits ou aménagés pour assurer une activité artisanale. C'est, au contraire, la mobilité de l'atelier et des artisans (Procopiou 2013), ainsi que la légèreté des aménagements, qui sont actuellement envisagées[29]. Ainsi, dans le cas des *larnakès*, les données archéologiques de terrain n'ont, jusqu'ici, jamais suggéré l'existence de bâtiments, ou d'espaces, aménagés et dédiés à leur production. Les données issues de notre expérimentation militent, au contraire, pour envisager « l'atelier de production de *larnakès* » comme un espace non spécialement conçu pour une telle activité et ne requérant que peu d'aménagements spécifiques. G. Dalamvelas a en effet choisi de réaliser la *larnax* expérimentale dans sa zone de travail en extérieur. Cette zone de travail constitue une petite parcelle de terrain, dans la nature, accessible par une petite route en terre, et située en marge du village. Elle est divisée en plusieurs espaces fonctionnels : une zone de préparation de l'argile, une zone de cuisson et une « zone de détente ». La zone de préparation se définit par la présence d'un espace de stockage d'argile sèche, placée à même le sol, à proximité immédiate d'un bassin de lévigation, construit en ciment et en briques (Figure 18). La zone de cuisson, située plus loin, en contrebas, se caractérise par la présence de deux fours à bois[30], ainsi que celle de branchages secs, stockés en prévision des cuissons (Figure 19). Autour, un verger d'oliviers et de chênes, permet de s'approvisionner en bois. Enfin, la « zone de détente », est marquée par la présence d'une grande table en bois, à l'ombre d'un arbre, qui accueille les moments conviviaux, notamment lors des cuissons

[26] Notons néanmoins que ce processus de maturation de la pâte ne semble pas trouver de parallèles dans d'autres contextes ethnographiques crétois.

[27] Ces données se fondent sur des entretiens réalisés avec G. Dalamvelas. Il décrit notamment la situation des potiers de la génération précédente, en se fondant sur l'exemple de son père. Les équipes d'artisans se partageaient ensuite les bénéfices de la production, une part plus conséquente étant généralement réservée au maître potier.

[28] Les guildes étaient composées d'artisans assignés à un rôle spécifique : le « premier maître » (artisan principal), le « second maître » (artisan secondaire), le « tourneur », l'« homme de l'argile », le « coupeur de bois » et le « porteur », Voyatzoglou 1984 : 132.

[29] *Cf.* notamment l'étude pionnière de S. Xanthoudides sur la mobilité des activités et de l'atelier chez les potiers du village crétois de Thrapsano (Xanthoudides 1927), ainsi que les travaux de H. Procopiou sur l'outillage mobile et la mobilité de l'artisanat lapidaire (Procopiou 2013).

[30] Le premier four a été construit par G. Dalmavelas. Il s'agit d'un four circulaire à tirage haut, semi enterré dans le sol. Le second four a été construit par G. Dalamvelas et D. Didier et constitue un four rectangulaire à chaleur tournante.

Figure 18 – Aire de travail en extérieur de G. Dalamvelas : zone de préparation de l'argile (photographie : auteur).

Figure 19 – Aire de travail en extérieur de G. Dalamvelas : zone de cuisson (photographie : auteur).

Figure 20 – Aire de travail en extérieur de G. Dalamvelas : zone de « détente » (photographie : auteur).

(Figure 20). Dans cet espace de travail, G. Dalamvelas dispose de l'ensemble des matières premières dont il a besoin pour façonner la *larnax* : argile, eau (à laquelle il a accès par un petit robinet, aménagé près du bassin de lévigation) et bois. Les seuls aménagements solides de cet atelier en plein air sont finalement les deux fours ainsi que le bassin de lévigation. Un espace de travail semblable pourrait ainsi être envisagé pour la production des *larnakès* : une zone ouverte, en extérieur, qui laisse assez de place pour effectuer les opérations de tamisage et préparation de la pâte, ainsi que le façonnage de la pièce, qui dispose, à proximité, des matières premières nécessaires à la production (eau, argile, bois), et qui puisse accueillir une zone de cuisson. Les seuls aménagements nécessaires constituent alors le bassin de lévigation ainsi que le four[31]. On ne possède que très peu d'indices archéologiques de l'existence de bassins de lévigation en Crète minoenne. Sur le site de Gouves, un quartier de potier, daté du Bronze récent (Minoen récent III B), a été mis au jour. Parmi les structures architecturales supposément liées à l'activité potière, l'auteur identifie une « citerne » qui aurait pu être utilisée pour le nettoyage et la préparation de l'argile[32]. L'utilisation du bassin de lévigation pour le nettoyage de l'argile semble être une constante dans les ateliers de potiers traditionnels égéens, en contexte ethnographique. La structure est composée, le plus souvent, de deux bassins contigus, reliés par un mur central, percé d'une ouverture. Cette ouverture est généralement obstruée par un filet en métal, permettant de retenir les constituants grossiers lors du passage du mélange d'eau et de terre d'un bassin à l'autre[33]. Enfin, remarquons que le nettoyage et la préparation de l'argile peuvent également s'effectuer sans recours à une structure construite. Un bon exemple de cette pratique est constitué par les potiers du village de Thrapsano qui, jusqu'au siècle dernier, préparaient la pâte par concassage et tamisage des argiles sèches, puis mélange avec de l'eau, sans recours à un bassin[34]. Le four, quant à lui, peut être construit directement sur place. Les potiers de Margaritès de la génération précédente, souvent itinérants, choisissaient ainsi une zone de travail, lors de leurs migrations saisonnières, dans laquelle ils construisaient un four de cuisson. Le four était laissé à l'abandon, le reste de l'année, puis restauré lorsque les potiers revenaient sur place[35]. Il en allait de même pour les potiers du village crétois de Thrapsano, qui, lors de leurs migrations saisonnières, s'installaient sur un terrain sur lequel ils bâtissaient un four, ou restauraient un four ancien[36].

[31] Notons que les modalités de cuisson des *larnakès* restent encore peu connues. Il n'est pas certain qu'elles aient été cuites dans des fours construits. Les potiers ont également pu pratiquer des cuissons en aire ouverte ou en fosse.

[32] Cette « citerne » constitue une structure grossièrement construite, et associée à une canalisation. Le sol, imperméable, est constitué de tessons écrasés et d'argile, *cf.* Vallianou 1997 : 336.

[33] *Cf.* Psaropoulou 1984.

[34] *Cf.* Voyatzoglou 1984 : 133. Une préparation similaire de la pâte était aussi employée par les potiers de Skala, sur l'île de Patmos (Psaropoulou 1984 : 97).

[35] voir n°27, ci-dessus.

[36] *Cf.* Voyatzoglou 1984 : 132.

Conclusion et perspectives

La première phase de notre projet expérimental de reconstitution d'une *larnax* minoenne a pris fin en octobre 2019. Elle nous a permis de réaliser les deux premières étapes de la chaîne opératoire : l'extraction de l'argile et la préparation de la pâte. La deuxième phase du projet se tiendra prochainement, et concernera le façonnage ainsi que le séchage de la pièce. Enfin, une dernière phase sera consacrée à la cuisson de la pièce. À l'issue, de cette première phase d'expérimentation, plusieurs aspects, liés au statut ainsi qu'à l'organisation d'une telle activité artisanale ont pu être discutés. La production de *larnakès* requérait probablement un investissement matériel et en temps conséquent, ainsi qu'un dispositif organisationnel spécifique (équipe d'artisans). La prise en compte de ces différentes contraintes nous permet d'envisager le statut spécialisé d'une telle activité artisanale. La suite du projet apportera des données complémentaires précieuses pour la recherche sur le sujet, en termes technologiques (modalités de façonnage et de cuisson, temps de séchage, etc..) mais aussi ethnoarchéologiques (habiletés techniques requises, statut de l'artisan, organisation de l'espace de travail, etc...).

Cette expérimentation s'inscrit en outre dans une entreprise de médiation vers le grand public, avec la réalisation parallèle d'un film documentaire destiné à suivre les différentes étapes du projet ainsi qu'à interroger le sort du savoir-faire artisanal potier dans le village de Margaritès.

Sarah GEORGEL-DEBEDDE
Doctorante
Université de Paris 1 Panthéon-Sorbonne
UMR 7041 ArScAn - Protohistoire égéenne
21 allée de l'Université
F-92023 Nanterre Cedex
s.georgel_debedde@yahoo.fr

Bibliographie

Andreadaki-Vlasaki, M. 1997. La nécropole du Minoen récent III de la ville de La Canée, *in* J. Driessen et A. Farnoux (éd.) *La Crète mycénienne* : 487-509. Athènes : École française d'Athènes.

Apostolakou, V. 1998. Ysterominoikoí táphoi sti Gra Lygía Ierapetrás (Υστερομινοικοί τάφοι στη Γρα Λυγία Ιεραπετράς). *Archaiologikon Deltion* 53 : 25-88.

Cook, J.-M., Boardman, J. 1954. Archaeology in Greece in 1953. *Journal of Hellenic Studies* 74 : 142-169.

Georgel-Debedde, S. 2022. Building a Minoan *larnax*: techniques and gestures. Preliminary analysis, in K. Zebrowska, A. Ulanowska, et K. Lewartowski (éd.) *Sympozjum Egejskie: Papers in Aegean Archaeology* 3 : 69-84.

Goin, P. et C. Vogt 2006. Les pithoi de Maragritès (Crète), *Techniques & Culture* [En ligne], 38 | 2002, Mis en ligne le 11 juillet 2006, URL : http://journals.openedition.org/tc/1084 ; DOI : https://doi.org/10.4000/tc.1084

Kanta, A. 1980. *The Late Minoan III period in Crete. A survey of sites, pottery and their distribution.* Göteborg : Paul Amströms Förlag.

Mavriyannaki, C. 1972. *Recherches sur les larnakes minoennes de la Crète occidentale.* Rome : Ed. dell'Ateneo.

Merousis, N. 2018. H diadikasìa paragogìs Ysterominoikón larnákon kai ena ergastìrio tis Mesarás (Η διαδικασία παραγωγής Υστερομινωικών λαρνάκων και ενα εργαστήριο της Μεσαράς). *Kritiki Estia* 15 : 23-49.

Platon, L. 1993. Ateliers palatiaux minoens : une nouvelle image. Bulletin de Correspondance Hellénique 117 : 103-122.

Procopiou, H. 2013. Habilitation à diriger des Recherches. Université de Paris 1 Panthéon- Sorbonne (Sciences techniques et émotions. Autour du polissage en Méditerranée orientale).

Psaropoulou, B. 1984. *Last potters of the east aegean.* Nauplion: Peloponnesian Folklore Foundation.

Roux, V. 2017. *Des céramiques et des hommes : décoder les assemblages archéologiques.* Nanterre : Presses universitaires de Paris Nanterre.

Rye, O. S. 1981. *Pottery Technology. Principles and reconstruction.* Washington : Taraxacum

Sakellaraki, G et E. Sakellarakis 1997. *Arxánes : mia néa matiá sti minoikì Krìti* (*Αρχάνες : μια νέα ματιά στη μινωική Κρήτη*). Athènes: Ekdóseis Ámmos : Ídrima Eléni Nàkou.

Spanaki, S. 2006. *Πόλεις και χωριά της Κρήτης στο πέρασμα των αιώνων* (Póleis kai xoriá tis Krítis sto pérasma ton aiónon). Héraklion : Grafikés téchnes G. Detorákis A.E.V.E.

Tsipopoulou, M et L. Vagnetti 1995. Ipotesi su un'officina per la produzione di larnakes nella regione di Sitia, *in* M. Tsipopoulou et L. Vagnetti (éd.) *Achladia. Scavi e ricerche della Missione Greco-Italina in Creta orientale (1991-1993)*: 131-145. Rome : Gruppo editoriale internazionale.

Vallianou, D. 1997. The Potters' Quarter in LM III Gouves, *in* R. Laffineur et P. P. Betancourt (éd.) *TEXNH : craftsmen, craftswomen and craftsmanship in the Aegean Bronze age* : 333-343. Liège : Université de Liège.

Voyatzoglou, M. 1984. Thrapsano : village of jar makers, *in* P. P. Betancourt (éd.) *East Cretan White-on-dark ware : studies on an handmade pottery of the early to middle Minoan periods* : 130-142. Philadelphie : University Museum.

Xanthoudides, S. 1921. Mégas protominoikós táphos Púrgou (Μέγας προτομινωικός τάφος Πύργου). *Archaiologikon Deltion* 4 : 136-170.

Xanthoudides, S. 1927. Some Minoan potter's wheel disk, *in* S. Casson (éd.) *Essays in Aegean archaeology presented to Sir Arthur Evans* : 111-128. Oxford : The Clarendon Press.

Un protocole expérimental de reconstitution du fonctionnement des lampes minoennes en terre cuite - *An experimental protocol for reconstructing the functioning of Minoan terracotta lamps*

Bastien RUEFF

École française d'Athènes et CNRS, UMR 7041 – ArScAn – Protohistoire égéenne.

Résumé - Dans les publications qui leur sont consacrées, c'est d'abord comme marqueurs chronologiques et régionaux que sont présentées les lampes minoennes. Cet article présente un protocole expérimental visant à reconstituer le fonctionnement de ces objets, de la mèche à la lumière produite. Partant du matériel réuni pour sa mise en œuvre il détaille successivement les méthodes d'analyse appliquées dans des conditions contrôlées de laboratoire en collaboration avec des ingénieurs tribologues et des chimistes. Ce protocole a été conçu de sorte à être reproductible et transposable quel que soit le contexte d'application. Les résultats qui en découlent seront publiés à part et viendront enrichir l'état actuel des connaissances sur les techniques d'éclairage protohistoriques.

Mots-clés - Expérimentation, lampes minoennes, protocole, terre cuite.

Abstract - In the publications devoted to them, Minoan lamps are usually presented as chronological and regional markers. This paper presents an experimental protocol aiming to reconstruct the functioning of these objects, from the wick to the light produced. Starting with the material gathered for its implementation, it successively details the analytical methods applied under controlled laboratory conditions in collaboration with tribological engineers and chemists. This protocol was designed to be reproducible and transposable whatever the context of application. The results will be published separately and will add to the current state of knowledge on prehistoric lighting techniques.

Keywords - Experimentation, Minoan lamps, protocol, terracotta.

Introduction[1]

Dans les publications qui leur sont consacrées, c'est d'abord comme marqueurs chronologiques et régionaux que sont présentées les lampes minoennes, leur forme et leurs décors étant considérés comme des éléments pertinents pour contribuer à dater les occupations et à mettre en évidence des régionalismes (pour une synthèse récente, voir Kolipetsa 2015). Les réflexions que pourraient inspirer ce matériel sur la lumière et l'obscurité dans la vie quotidienne demeurent rare alors même que celui-ci est omniprésent dans les assemblages archéologiques.

Des programmes expérimentaux ont pourtant fait leurs preuves pour éclairer le fonctionnement de lampes issues d'autres aires chrono-culturelles que le monde égéen protohistorique. Si l'identification des végétaux et des matières grasses utilisés comme mèches et comme combustibles constitue une étape préliminaire et entreprise depuis le début du 20e siècle (Amouretti 1986 ; Dawson 1929 ; Delluc et Delluc 1979 ; Doral Chapado 2019 ; Elrasheedy et Schindler 2015 ; Kurzmann 2005 ; Ringelmann 1908), un pas supplémentaire a été franchi avec le développement de la réalité virtuelle, permettant notamment de reconstituer numériquement la lumière (Dawson *et al.* 2007 ; Devlin et Chalmers 2001 ; Dobbins et Gruber 2013 ; Happa *et al.* 2009 ; Papadopoulos 2015 ; Papadopoulos *et al.* 2015 ; Roussos et Chalmers 2003 ; Sundstedt *et al.* 2004). Ces modèles en trois dimensions s'appuient sur des mesures photométriques et énergétiques expérimentales (Archambault de Beaune 1987 ; Chrzanovski 2013 ; Moullou *et al.* 2012a, 2012b ; Roussos et Chalmers 2003), offrant ainsi un rendu photoréaliste.

Tirant profit de ces travaux, nous proposons ici un protocole expérimental pour reconstituer le fonctionnement des lampes minoennes.

[1] Je remercie vivement Xavier Faivre pour avoir coordonné cet ouvrage et m'avoir proposé d'y contribuer. Je souhaite également exprimer ma gratitude aux personnes qui ont participé, de près ou de loin, au programme expérimental dont il est question dans cet article (Alain Brunelle, Iorgos Dalamvelas, Pauline Debels, Kévin Fracchiolla, Stéphane Kabielsa, Frédéric Marcos, Haris Procopiou, Roberto Vargiolu, Anne-Louis Vidal, Philippe Walter, Hassan Zahouani) ainsi que les institutions qui ont contribué à le financer (l'équipe Protohistoire égéenne du laboratoire ArScAn-UMR 7041, l'Institut National d'Histoire de l'Art, l'Université Paris 1 Panthéon-Sorbonne) et celles où il a été possible de réaliser les analyses (le Laboratoire de Tribologie et de Dynamique des Systèmes-UMR 5513, le Laboratoire de Chimie des Substances Naturelles-UMR 8220). Mes remerciements vont, enfin, aux relecteurs de cet article, pour leurs conseils avisés et leurs encouragements (Pauline Debels, Haris Procopiou, Françoise Rougemont).

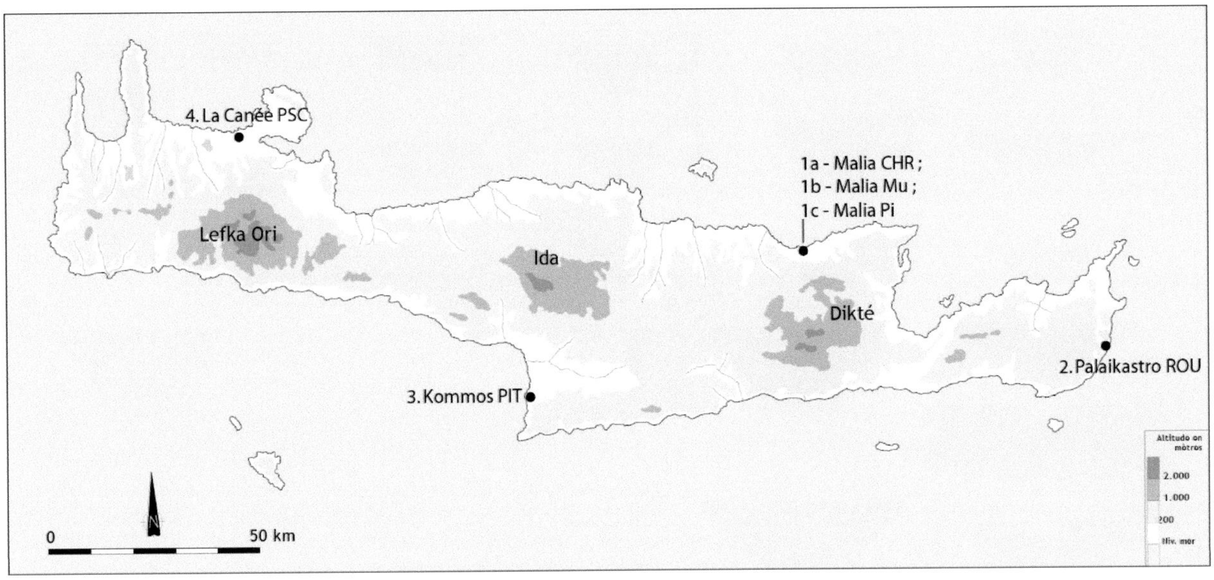

Figure 1 – Localisation des sites du corpus. Fond de carte : Treuil *et al.* 2008.

1. Le matériel expérimental

Le matériel expérimental comporte des lampes et des plaquettes en terre cuite, des combustibles et des mèches. Les lampes sont des répliques d'exemplaires minoens. Elles ont été façonnées en respectant les formes et les dimensions du répertoire archéologique. Les plaquettes en argile servent de référentiel de traitements de surface identifiés sur les lampes en contexte archéologique afin de pratiquer des mesures de rugosité et d'étanchéité. Les combustibles et les mèches sont fondés en partie sur le répertoire de matières grasses et de végétaux attestés dans la documentation archéobotanique, archéozoologique, biomoléculaire et épigraphique. Toutefois, le référentiel réuni comprend également des matières premières dont l'utilisation n'est pas avérée en l'état actuel de la recherche. Il dépasse ainsi les limites du cadre géographique et chronologique et peut servir quel que soit le contexte d'application.

1.1 - Les lampes

1.1.1 - Les exemplaires minoens

Les exemplaires archéologiques à partir desquels des répliques expérimentales de lampes ont été façonnées proviennent de quatre agglomérations minoennes (Figure 1) dont la séquence chronologique d'occupation couvre l'ensemble de l'âge du Bronze. Nous avons ainsi cherché à obtenir un échantillon représentatif du répertoire des formes et de leur évolution au fil du temps. Il s'agit des sites de Malia (Bâtiment de Chrysolakkos [2100 ? – 1700 ? av. J.-C.], Quartier Mu [1800-1700 av. J.-C.], secteur Pi [1800-1600 av. J.-C.]), de Palaikastro Roussolakkos [1900-1200 av. J.-C.], de Kommos [1900-1200 av. J.-C.] et de La Canée Place Sainte-Catherine [1450-1100 av. J.-C.].

Ces sites réunissent 398 lampes, dont 357 en argile et 41 en pierre, de forme basse, intermédiaire ou haute (Figure 2). L'identification de ces objets est fondée sur des critères morphologiques, à savoir la présence de becs ou d'échancrures pour le maintien de la mèche, d'éléments de préhension horizontaux, verticaux ou obliques pour le transport et d'un pied plus ou moins haut. La présence de dépôts de suie sur le bord ou l'intérieur du corps a par ailleurs permis d'identifier des lampes sans bec qui ne sont pas répertoriées comme telles dans les publications. Il s'agit pour l'essentiel de coupelles coniques.

Seules les lampes en argile, surreprésentées dans le corpus, sont décrites ici. La caractérisation à l'œil nu des groupes de pâtes s'appuie sur les travaux de référence (Matthew, Woods et Oliver 1991) et sur les études pétrographiques menées à Malia (Poursat et Knappet 2005). La granulométrie des inclusions non-plastiques est estimée à environ 0,5-1 mm. La forme générale et la nature de ces inclusions n'ont pas été prises en compte. Leur concentration dans la matrice argileuse a conduit à définir quatre groupes : les pâtes fines (environ 5 %), semi-fines (environ 10 %), semi-grossières (environ 20 %) et grossières (environ 30 %).

Les pressions appliquées sur la surface, les stries de tournage et les traces de ficelle sur la base ont permis d'identifier macroscopiquement trois techniques de façonnage, suivant les travaux de référence en technologie céramique (Roux et Courty-Fedoroff 2017) : le modelage à la main, le colombinage et le colombinage au tour.

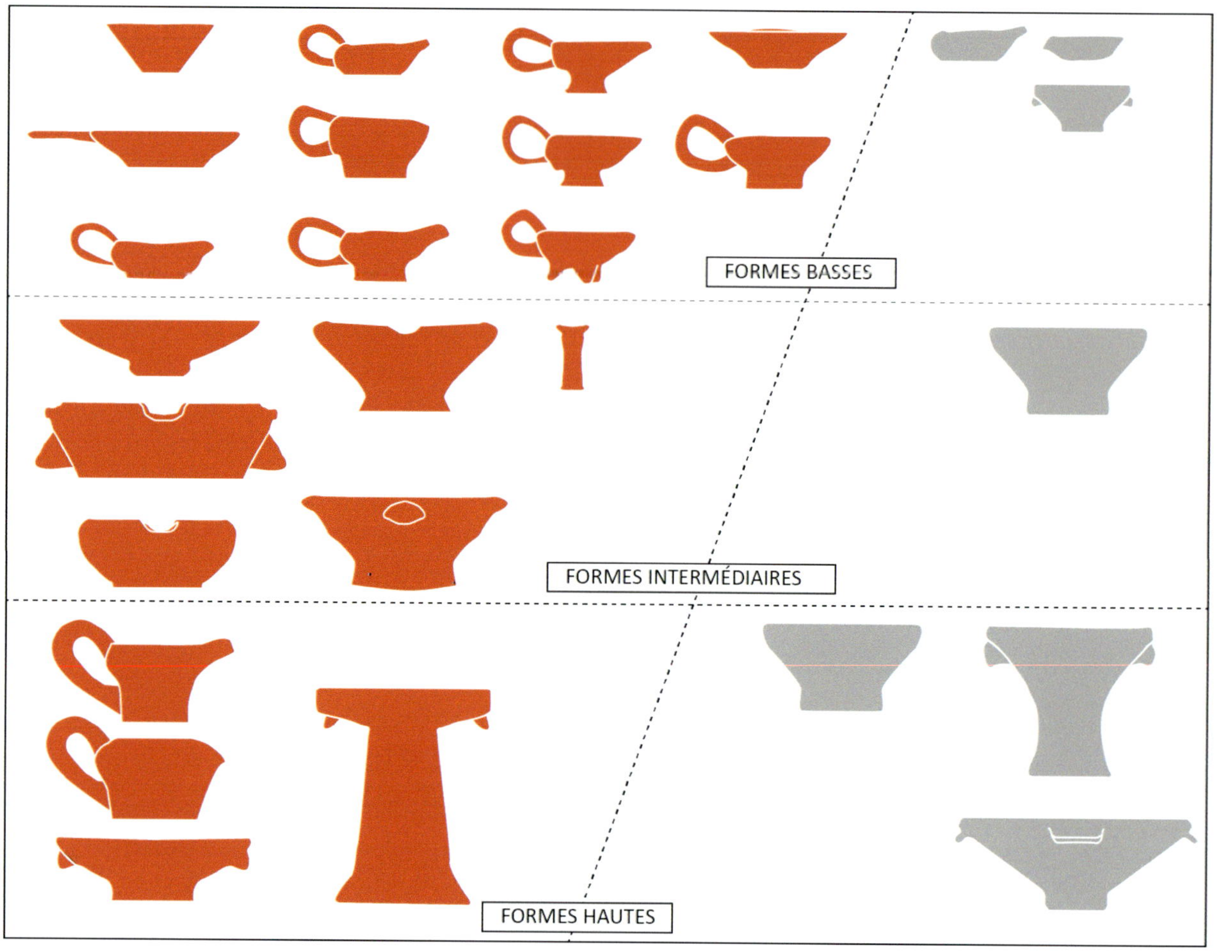

Figure 2 – Répertoire morphologique des lampes du corpus.

La couleur et les traitements de surface ont été enregistrés à partir de critères qualitatifs, macroscopiques, visuels (macrotraces laissées à différentes étapes du séchage) et tactiles (rugosité). En ce qui concerne la couleur, deux groupes ont été détectés : les pâtes calciques, de couleur claire, et les pâtes non-calciques, riches en fer, de couleur foncée (Orton et Hughes 2013). Au sein de ces groupes, nous avons identifié des surfaces lissées, d'apparence unie et mate, légèrement rugueuses au toucher ; des surfaces polies, brillantes et douces au toucher ; enfin, des surfaces polies et engobées, noires ou rouges, douces au toucher.

1.1.2 – Les répliques expérimentales

Les répliques expérimentales de lampes en argile ont été façonnées par trois potiers pour réaliser des tests expérimentaux distincts (Figure 3). Bien que d'origines différentes (Crète, Grèce ; Isère, France), les argiles utilisées, sont toutes issues d'alluvions de rivière et comportent une forte teneur en éléments ferrugineux. Le montage a systématiquement été réalisé au tour électrique et la cuisson au four électrique, en atmosphère oxydante, entre 900 et 1000 °C.

Le premier potier a utilisé une argile provenant de la région de Grenoble (Isère, France) pour fabriquer un lampadaire et deux lampes basses à bec droit tronqué, en s'inspirant des exemplaires M66/110-24 et M66/122 du Quartier Mu de Malia. Le lampadaire (A) et l'une des lampes basses à bec droit tronqué (B1) ont été polis avec un galet, donnant à leur surface rouge un aspect brillant et doux au toucher. La seconde lampe basse (B2) a été lissée avec un tissu. Sa surface rouge est mate, légèrement rugueuse au toucher.

Le deuxième potier a utilisé une argile provenant des environs de Margaritès (Crète, Grèce) pour fabriquer deux coupes à piton central et deux lampes à rebord intérieur concave, en s'inspirant respectivement des exemplaires N216 du Bâtiment de Chrysolakkos de Malia et 82B136 du Quartier Mu de Malia. Un exemplaire de chacune de ces deux formes (C1 et D1) a été poli avec un galet, donnant à leur surface rouge un aspect brillant et doux au toucher. Les deux autres exemplaires (C2 et D2) ont été lissés avec un tissu. Leur surface rouge est mate, légèrement rugueuse au toucher. Le même potier a également façonné dix coupelles (E1 à E5 et F1 à F5), en s'inspirant de l'exemplaire 77-P1287 de La Canée Place

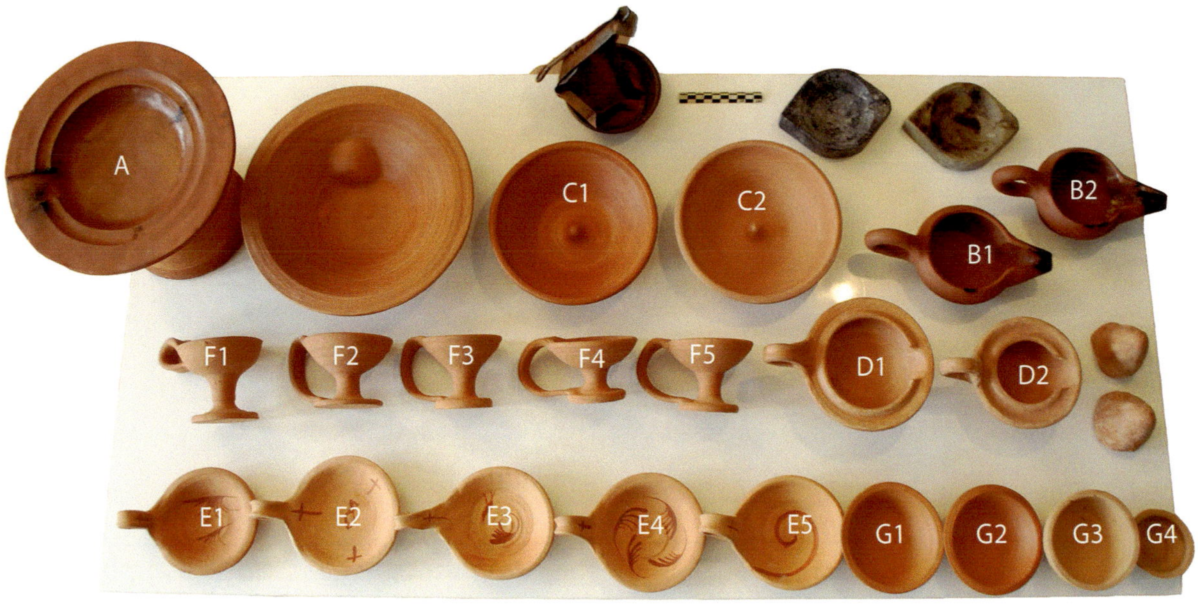

Figure 3 – Les répliques expérimentales de lampes en terre cuite.

Sainte-Catherine. Ces coupelles ont été lissées avec un tissu. Leur surface est rouge, légèrement rugueuse au toucher.

Un troisième potier, enfin, a utilisé une argile de la région de Grenoble (Isère, France) pour fabriquer quatre coupelles (G1 à G4), en s'inspirant lui aussi de l'exemplaire 77-P1287 de La Canée Place Sainte-Catherine. Deux de ces récipients sont rouges et ont été polis avec un galet, ce qui confère à leur surface un aspect brillant et doux au toucher. Les deux autres sont beiges et ont été lissés avec un tissu, ce qui leur donne une surface légèrement rugueuse au toucher.

1.2 – Les plaquettes expérimentales

En parallèle, nous avons fabriqué neuf plaquettes en utilisant une argile alluviale de la région de Montpellier (Hérault, France) (Figure 4)[2]. Nous avons dégraissé la pâte avec de la calcite pilée dont la granulométrie est comprise entre 1 et 5 mm. Nous avons façonné ces plaquettes par creusement-étirement d'une masse d'argile. Nous leur avons appliqué des traitements de surface identifiés sur les lampes minoennes : lissage, polissage et ajout d'enduits après cuisson. Le lissage a été réalisé à la main mouillée (plaquette 1), avec un tissu (plaquette 2) et du bois (plaquettes 3, 8, 13L). Le polissage a été effectué avec une agate de forme ovoïde (plaquettes 4, 6, 13P) et, dans un cas, complété avec un morceau de cuir (plaquette 5). Après cuisson, nous avons appliqué un lustrage à l'huile d'olive (plaquette 6), un engobe (plaquette 8) et un lustrage à la cire d'abeille (13L et 13P).

1.3 – Les combustibles

1.3.1 – Les matières grasses animales et végétales en contexte archéologique

La combustion requiert l'utilisation de combustibles constitués de corps gras. Il s'agit, dans le monde égéen, d'huiles végétales, de graisses et de cires animales.

Les huiles végétales

Les analyses de résidus pratiquées dans des récipients minoens en terre cuite datés de 3200 à 1700/1500 av. J.-C. indiquent l'utilisation d'huiles de carthame, d'olive, de ricin, d'iris et de coriandre (Beck *et al.* 2008 ; Beeston *et al.* 2008 ; Christakis 2005 ; Martlew 1999a, 1999b). Seule l'huile de carthame a été identifiée dans une lampe, témoignant de son utilisation comme combustible.

D'autres arbres, arbustes et herbacées oléagineuses sont attestés dans la documentation carpologique mais rien ne permet en l'état actuel de la recherche de supposer que de l'huile a été extraite à partir de ces plantes. Ce sont, pour les arbres et les arbustes, le chêne (*Quercus pubescens* et *Quercus macrolepis*) et le pin (*Pinus brutia*) (Bottema 1996), le pistachier lentisque (*Pistacia lentiscus*) (Bottema et Sarpaki, 2003 ; Moody *et al.* 1996), le pistachier térébinthe (*Pistacia terebinthus*)[3] et l'amandier (*Prunus amygdalus*) (Sarpaki 2007).

[2] Ma gratitude va à Pauline Debels qui a participé au façonnage et aux analyses pratiquées sur ces plaquettes.

[3] Une empreinte sur un vase MM à Cnossos est, de plus, identifiée comme une feuille de térébinthe (Aström et Hjelmqvist 1971). Durant

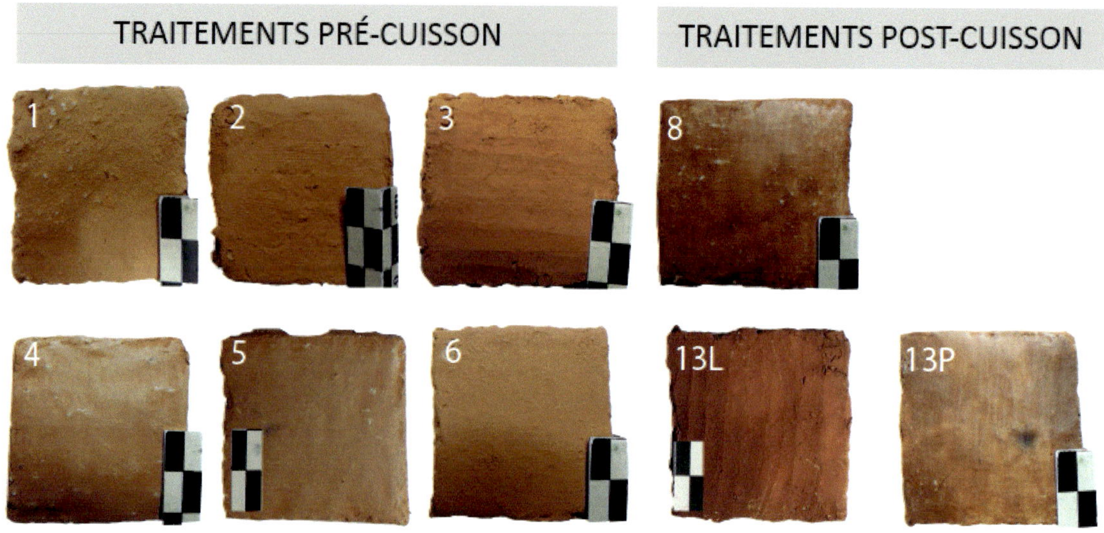

N°	Traitement de surface	Outil	Enduit post-cuisson	Mode d'application de l'enduit
1	Lissage	Main mouillée	-	-
2	Lissage	Tissu	-	-
3	Lissage	Bois	-	-
4	Polissage	Galet	-	-
5	Polissage	Galet, finition cuir	-	-
6	Polissage	Galet	Huile d'olive	Immersion
8	Lissage	Engobe	-	-
13L	Lissage	Galet	Cire d'abeille	Fonte
13P	Polissage	Galet	Cire d'abeille	Fonte

Figure 4 – Caractéristiques technologiques des plaquettes expérimentales.

En ce qui concerne les herbacées, il s'agit du lin (*Linum usitatissimum* et *Linum* sp.) (Livarda et Kotzamani 2013)[4], du radis sauvage (*Raphanus raphanistrum*), du pavot (*Papaver* sp., *Glaucium* sp.) et du dictame (*Origanum dictamnus*) (Liolios *et al.* 2010 ; Livarda et Kotzamani 2013 ; Sarpaki 2007).

Dès 1450 av. J.-C., environ, les tablettes en Linéaire B mentionnent également l'huile d'olive, produit désigné par l'idéogramme *130 OLE(um) ou encore sous la forme du mot noté syllabiquement e-ra3-wo /elaiwon (Shelmerdine 1985). Ces textes indiquent également l'existence d'huiles parfumées à la rose (wo-do-we), au souchet (ku-pa-ro-we), à la sauge (pa-ko-we) et à l'ertis (e-ti-we), mais rien ne permet, en l'état actuel, de supposer leur utilisation comme combustibles.

Enfin, les tablettes répertorient des listes et des transactions d'aromatiques - épices, végétaux et essences d'arbre (Lejeune 1971 ; Lupack 2016 ; Melena 1983 ; Wylock 1973) - qui ont pu entrer dans la composition des huiles parfumées et des produits cosmétiques mais dont un seulement – le carthame – est attesté comme combustible (Cf. supra). Il s'agit des mots :

- *ku-pa-ro /kupairos/ ou /kuparros/*, souchet
- *ki-ta-no /kirtanos/, térébinthe*
- Le produit désigné par l'idéogramme conventionnellement noté par CROC / safran ou coriandre
- *ka-na-ko /knākos/*, carthame des teinturiers ou faux safran
- *ka-da-mi-ja /kardamia/*, cresson
- *ma-ra-tu-wo /marathwon/*, fenouil
- *ku-mi-no /kumīnon/*, cumin

la période mycénienne, on trouve dans les tablettes en Linéaire B le mot *ki-ta-no*, probablement */kirtanos/* : le térébinthe (Melena 1975). Des graines de cette plante apparaissent, par ailleurs, dans plusieurs autres sites du bassin égéen (Valamoti 2004).

[4] Des hypothèses très variées ont été formulées sur le produit que pourrait désigner l'idéogramme *190 et il n'existe pas à ce jour de consensus. On l'a notamment interprété comme un idéogramme désignant l'huile de lin (Palmer 1963).

N°	ESPÈCES	ANALYSES DE RÉSIDUS	DONNÉES PALÉOENVIRONNEMENTALES
	HUILES VÉGÉTALES		
3	Olivier (*Olea europaea*)	X	X
5	Lin (*Linum usitatissimum*)	X	X
6	Ricin (*Ricinus communis*)	X	X
7	Cyprès (*Cupressus sempervirens*)		
8	Moringa (*Moringa oleifera*)		
9	Amandier (*Prunus amygdalus*)		X
10	Pin (*Pinus brutia*)		X
11	Pavot (*Papaver glaucium*)		X
12	Carthame (*Carthamus tinctorium*)	X	X
13	Sésame (*Sesamum indicum*)		
14	Colza (*Brassica napus*)		
15	Tournesol (*Helianthus annuus*)		
16	Noix (*Juglans L.*)		
17	Chanvre (*Cannabis sativa*)		
	GRAISSES ANIMALES		
18 /20	Suidé (*Sus scrofa*)	X	X
19 / 22	Boeuf (*Bos taurus*)	X	X
21	Mouton (*Ovis aries*)	X	X
	CIRES ANIMALES		
23	Abeille (*Apis mellifera*)	X	X

Figure 5 : Les combustibles expérimentaux.

- *ko-ri-ja-do-no /koriadnon/*, coriandre
- *mi-ta /mintha/*, menthe.
- *sa-sa-ma /sisamon/*, sésame
- *e-ti-we / hertiwen /* huile avec de l'henné ?
- *se-ri-no / selinon /* céleri
- *ko-no / skhoinos /* « jonc odorant »
- *ri-no / linon /* lin

Les graisses animales

Les analyses de résidus pratiquées dans des récipients de plusieurs sites de Crète orientale et occidentale, datés de 1700 BC à 1100 av. J.-C., ont mis en évidence des graisses de porcs (*Sus scrofa*), de bœufs (*Bos taurus*), de moutons (*Ovis aries*) et de chèvres (*Capra hircus, Capra aegagrus*) liées à la cuisson des aliments (Martlew 1999b, 1999c, 1999d). Ce sont les espèces les plus représentées parmi la faune consommée (notamment Trantalidou 1990). Leur utilisation comme combustibles est pour l'instant incertaine. D'autres espèces de mammifères sauvages et domestiques, et de poissons, étaient consommées tout au long de l'âge du Bronze : les équidés (*Equus caballus*), les canidés (*Canis familiaris*), les cerfs (*Capreolus capreolus, Cervus elaphus*), les daims (*Dama dama*), les blaireaux (*Meles meles*), les martes (*Martes foina*) et les lièvres (*Lepus europaeus*) (Mylona 2014 ; Reese 1996). Toutefois, rien ne permet en l'état actuel de supposer que leur graisse était utilisée.

La cire d'abeille

La cire d'abeille (*Melis mellifera*) est un combustible attesté en Crète minoenne par les analyses de résidus pratiquées dans des lampes de Pseira (Beck *et al.* 2008) et de Mochlos (Evershed *et al.* 1997).

1.3.2 - Les combustibles expérimentaux

19 variétés d'huiles végétales, de graisses animales et de cire d'abeille ont été utilisées dans le répertoire expérimental. Parmi elles, 8 sont attestées par des analyses de résidus et 11 par les graines conservées (Figure 4).

Les huiles végétales sont issues d'olives (*Olea europaea*), de ricin (*Ricinus communis*), de coriandre (*Coriandrum sativum*), de radis sauvage (*Raphanus raphanistrum*), de pavot (*Papaver glaucium*), de pin (*Pinus brutia*), d'amandier (*Prunus amygdalus*), de sésame (*Sesamum indicum*), de noix (*Juglans L.*), de laurier (*Laurus nobilis*), de Cyprès (*Cypressus sempervirens*), de moringa (*Moringa oleifera*), de tournesol (*Heliantus annuus*), de chanvre (*Cannabis sativa*), de colza (*Brassica napus*). Les graisses animales sont issues de mouton (*Ovis aries*), de bœuf (*Bos taurus*), de porc (*Sus scrofa*). La cire d'abeille provient de l'espèce *Apis mellifera*.

1.4. Les mèches

1.4.1. Les mèches dans la documentation archéologique et textuelle

Les matériaux

Nous ne connaissons pas d'exemplaires de mèches d'époque minoenne conservées. L'identification des matériaux et des techniques employés pour leur fabrication repose donc sur des analogies avec des périodes plus récentes, en particulier l'Antiquité gréco-romaine.

En Europe, les mèches étaient en plantes fibreuses (Chrzanovski 2013) et occasionnellement en poils d'animaux (Bussière 1973) jusqu'à l'introduction du coton durant le Moyen Âge. Des exemplaires minéralisés de mèches en lin proviennent de sites grecs de l'époque classique (Perlzweig 1961), italiques de l'époque impériale (Mitschke *et al.* 2012) et anatoliens de l'époque byzantine (Bernstein 2018). L'usage de mèches en lin durant l'Antiquité est d'ailleurs mentionné par Pausanias et par Pline l'Ancien (respectivement *Description de la Grèce*, XXVI : 6 ; *Histoire naturelle*, XIX : 3). Ce dernier indique l'existence de mèches en papyrus, en jonc, en rouvre, en ricin, en molène, en fibres de radis, de pavot et de chêne rouvre (Pline l'Ancien, *Histoire naturelle*, XVI : 10 ; XIX : 3 ; XXIII : 46, 84 ; XXV : 121 ; XXVIII : 11, 47). À l'exception du papyrus, ces matériaux étaient disponibles en Crète tout au long de l'âge du Bronze. On peut imaginer qu'entre autres usages, ils servaient à fabriquer des mèches, même si en l'état actuel de la recherche aucun élément ne permet de le confirmer.

Certaines plantes naturellement inflammables étaient également présentes dans l'environnement des Minoens. Plusieurs exemples ethnographiques témoignent de l'utilisation de l'une d'elles comme mèche flottante, baignant directement dans l'huile ou installée sur un flotteur. C'est le cas de l' « herbe à veilleuse » (*Ballota acetabulosa*), exploitée en Crète au plus tard à l'âge du Bronze et utilisée comme mèche jusqu'au XXe siècle dans le Nord de la Grèce (Stara 2011). On peut supposer – et cela mériterait d'être vérifié par la pratique – que les flammes des mèches flottantes ne déposent pas de suie sur les lampes, n'étant pas en contact avec la surface de ces récipients. En l'absence de ces traces, leur utilisation en contexte archéologique n'a pas pu être démontrée jusqu'à présent. Des flotteurs métalliques, nommés *kandilithra*, sont toujours utilisés dans certaines églises orthodoxes et dans certaines maisons grecques. Nous ne leur connaissons aucun parallèle dans la documentation archéologique. On sait, en revanche, que le sel était utilisé comme flotteur naturel en Égypte, au Ve siècle av. J.-C., d'après Hérodote

(*Livre II*, LXII). Cette pratique est confirmée par plusieurs programmes expérimentaux (Dawson 1929 ; Gonçalves *et al.* 2007 ; Happa *et al.* 2010 ; Ringelmann 1908) et observée en Méditerranée orientale au milieu du xxe siècle (Forbes 1958).

Les techniques de fabrication

La fabrication des mèches ne peut qu'être déduite des vestiges matériels liés à la transformation des fibres végétales et des poils d'animaux. La reconstitution qui s'en suit n'intègre pas l'utilisation (probable) de mèches flottantes ou de simples fragments de textiles découpés sur des vêtements[5].

Le rouissage, processus de macération permettant aux fibres de se séparer des matières peptiques qui les réunissent et des produits ligneux qui les recouvrent, ne laisse pas de traces dans la documentation archéologique. Une hypothèse d'interprétation de cette technique a été proposée au sujet des idéogrammes *SA* et *RI* dans les tablettes en Linéaire B : *SA* représenterait une phase précoce (après le déracinement et le rouissage) et *RI* une phase plus avancée (prêt pour le filage, voire le tissage) (Perna 2005 ; Rougemont 2007).

Le filage consiste en un étirement et une torsion des fibres pour les transformer en fils. Cette pratique est attestée en Crète dès le Néolithique, par des fusaïoles, des navettes et peut-être des bols à filer (Evely 2000). Dans les tablettes en Linéaire B de Thèbes, de Pylos et de Cnossos, le filage est connu par le nom de métier *a-ra-ka-te-ja* /ālakateiai/ « fileuses » (Ventris et Chadwick 1956).

Le tissage consiste à assembler deux systèmes de fils qui se croisent à angle droit. Il est attesté en Crète dès le Néolithique par l'existence de poids de métiers à tisser (Cheval 2007).

La torsion permet de réaliser des cordes et des cordelettes avec des fibres torsadées. En Crète, de rares fragments de cordes en S sont attestés dès v. 1450 av. J.-C. à Cnossos (Evans 1921). Des empreintes de cordages en Z dans des scellés en argile sont attestées à Zakros (Weingarten 1983). Des empreintes de ficelles sur des fresques datant de v. 1600 av. J.-C. ont par ailleurs été mises au jour à Akrotiri, sur l'île de Santorin (Vakirtzi *et al.* 2017).

Le tressage, enfin, est réalisé sans outils et ne nécessite qu'un seul système de fils. L'entrecroisement répété des brins permet d'obtenir une tresse. On connaît des exemplaires de tresses minéralisées datant de l'âge du Bronze appliquées sur les anses de jarres en métal à Akrotiri (Spatidaki et Moulherat 2015).

1.4.2 - Les mèches expérimentales

Nous avons acheté des fils de lin et de chanvre dans le commerce et les avons transformés en mèches par tressage et par torsion. En parallèle, nous avons fait rouir du papyrus et du jonc. Le temps de rouissage du jonc s'est révélé trop long pour être mené à terme dans cette expérience. Le papyrus roui a été transformé en fil par cardage des fibres.

2. Méthodes d'analyse

Le protocole mis en œuvre a été conçu de manière à éclairer le fonctionnement des lampes minoennes. Fondé sur des tests reproductibles en laboratoire, il se révèle transposable quel que soit le contexte d'application. Il peut en outre être étendu à d'autres catégories de récipients de cuisson, de chauffage et d'éclairage. Quatre objectifs ont guidé ce protocole : analyser les interactions entre les processus de combustion et les états de surface des lampes ; reconstituer les flammes ; reconstituer les techniques d'utilisation des lampes ; créer un référentiel de traces d'usure et de résidus organiques pour identifier les combustibles en contexte archéologique.

2.1 - Méthodes de caractérisation des états de surface

La combustion est susceptible d'altérer les états de surface des lampes, ce qui peut avoir une incidence sur la lumière réfléchie et sur la durée de combustion. Nous avons donc enquêté sur les interactions entre les états de surface argileux et les processus de combustion.

2.1.1. Rugosité des surfaces

Tirant profit d'une méthode d'analyse développée sur le mobilier lithique (Andersson 2003 ; Astruc *et al.* 2003 ; Anderson *et al.* 2006 ; Vargiolu *et al.* 2007 ; Procopiou *et al.* 2011 ; Procopiou 2013 ; Morero *et al.* 2013) et adaptée au matériau argileux, nous avons d'abord mesuré les états de surface des plaquettes expérimentales avec un microscope confocal, sur une surface de 25 mm2 avec une résolution de 2 µm, puis caractérisé leur rugosité avec la méthode des ondelettes continues (Lee *et al.* 1998). De même que le prisme de Newton décompose la lumière blanche en ses différentes composantes spectrales, la méthode des ondelettes continues décompose un signal topographique en ses différentes échelles : rugosité (0 à 500 µm), ondulation (500 à 2500 µm) et forme (au-delà de 2500 µm). Cette décomposition permet de quantifier les différentes échelles avec le coefficient de rugosité SMa, qui reflète la valeur moyenne de l'amplitude du signal pour une onde donnée. Le résultat se présente

[5] Nous avons observé le remploi de fragments de textiles comme mèches à El Guettar, en Tunisie. Cette pratique est également attestée au xiie s. av. J.-C., en Égypte, par un ostrakon décrivant la fabrication de mèches : « les trois supérieurs recevaient du fil ou de vieux vêtements pour en faire des mèches de lampes » (Allam 1997).

comme un spectre SMa, qui constitue une signature multi-échelle du signal topographique de la surface.

2.1.2. Lipophilie et hydrophilie des surfaces

La lipophilie et l'hydrophilie des états de surface analysés ont été mesurées avec la méthode du mouillage qui mesure la vitesse d'absorption d'une goutte d'un liquide donné sur une surface plane en mesurant l'évolution de ses angles gauche et droit jusqu'à son absorption complète (Stanimirova *et al.* 2019). Des gouttes d'eau et d'huile de 50 Ml ont été déposées sur chaque plaquette. Leur absorption a été enregistrée jusqu'à 100 secondes après leur dépôt. Par comparaison, les gouttes d'eau permettent de mieux caractériser le comportement des gouttes d'huile sur la surface qui sont considérées à ce stade comme représentatives des matières grasses utilisées comme combustibles.

2.2 - Méthodes de reconstitution des flammes

Dans un second temps, nous avons reconstitué les propriétés photométriques et thermiques des flammes et décrit les fumées et les odeurs qui s'en dégagent.

2.2.1. Éclairement et température de couleur des flammes

Des mesures de flamme ont été pratiquées avec une cellule photométrique équipée d'un thermocolorimètre *C-700 SpectroMaster.* La cellule photométrique mesure l'éclairement d'une source de lumière, à savoir le quotient de flux lumineux reçu par une surface (lux). À titre indicatif, une chandelle située à 15 cm du capteur émet environ 15 lx tandis que l'éclairement un jour de grand soleil mesuré depuis la terre atteint environ 100000 lx. Le thermocolorimètre mesure la température de couleur des flammes (degrés kelvin). Les valeurs supérieures à 5500 K correspondent à des couleurs froides (blanches à bleues). Les valeurs inférieures à 5500 K correspondent à des couleurs chaudes (jaunes à rouges).

Les enregistrements ont été réalisés à 15 cm des flammes dans l'obscurité totale, avec une température comprise entre 22 et 22,5 °C et une humidité relative comprise entre 50 et 58%.

2.2.2. Chaleur des flammes

La chaleur des flammes a été mesurée avec une caméra thermique FLIR TG165 positionnée à 25 cm de la flamme. La température, comprise entre 23,4 et 24 °C et l'humidité relative (53%) de la pièce dans laquelle se sont déroulés les tests sont restées stables.

2.2.3. Fumées et odeurs des flammes

Aucun dispositif particulier n'a été utilisé pour caractériser les fumées et les odeurs. Nous avons décrit ces éléments grâce à une observation visuelle et olfactive.

2.3 - Méthodes de reconstitution de la transportabilité et de la durée de combustion

Nous avons tenté de définir des critères de transportabilité et de mesurer la durée de combustion.

2.3.1. Reconstitution de la transportabilité

Des tests de transport ont été effectués lampe en main. L'expérience a consisté à se déplacer en intérieur, dans l'obscurité complète, et en extérieur, un jour de vent léger. Trois tests ont été réalisés de sorte à isoler chaque paramètre susceptible de favoriser ou non la transportabilité du récipient : les caractéristiques morphométriques de la lampe, l'état solide ou liquide du combustible, enfin, le degré de luminosité et l'intensité du vent.

2.3.2. Reconstitution de la durée de combustion

Pour mesurer la durée de combustion, nous avons pratiqué six tests consistant à laisser s'épuiser le combustible jusqu'à extinction naturelle des flammes. Nous avons isolé les paramètres susceptibles d'avoir une influence sur cette durée, à savoir la capacité de la lampe, la porosité de la surface de la lampe, la nature du combustible, la longueur et le nombre de mèches.

2.4 - Un référentiel de traces d'utilisation et de résidus organiques pour l'identification des combustibles

Un référentiel de traces d'utilisation et de résidus organiques a finalement été constitué afin d'identifier les combustibles en contexte archéologique.

2.4.1. Dépôts de suie

Les dépôts de suie sont des traces liées à l'utilisation des récipients en terre cuite au contact du feu. Ils se présentent sous la forme de « tâches de suie noire et brillante, contenant des gouttes transparentes (« cénosphères » de carbone), d'épaisseur variable et graduellement plus fine vers le bord du récipient. [Ces tâches sont] plus difficile à laver après refroidissement (Hally 1983 : 8) mais elles [peuvent] s'exfolier ou s'écailler au fur et à mesure qu'elles s'accumulent – en conséquence des usages répétés – en raison d'activités de nettoyage par frottement (Skibo 1992 : 154) » (Fanti 2015 : 134–135).

Les dépôts de suie ont été observés avec une caméra optique *Dinolite* à faible grossissement (x50). Nous avons appliqué nos propres critères d'analyse et caractérisé leur étendue, leur brillance, leur couleur, leur forme et leurs contours.

Une fois le référentiel établi, nous avons enfoui pendant un an des lampes comportant chaque type de trace analysée dans du sol végétal en Crète pour observer l'altération de ces traces au contact du sédiment.

2.4.2. Matières grasses organiques

L'analyse des dépôts de suie a été confrontée à une analyse des résidus organiques, d'abord observés sous rayonnement UV puis analysés par spectrométrie de masse TOF-SIMS.

Observation macroscopique sous lumière UV

Les matières grasses organiques imprégnées dans les pores de la céramique ont d'abord été observées sous rayonnement ultraviolet (UV), une méthode qui permet d'observer la fluorescence que les matériaux présents en surface émettent dans le visible. Les matières grasses organiques sont particulièrement concernées « en raison de la présence de noyaux aromatiques et de systèmes de doubles liaisons conjuguées » (Regert *et al.* 2016 : 46). Grâce à un dispositif conçu au LTDS, une chambre noire a été aménagée pour y placer les lampes utilisées. Un trou percé dans le couvercle a permis d'y introduire un appareil photographique pour capturer les images.

Une fois le référentiel établi, nous avons enfoui pendant un an des lampes comportant chaque trace analysée dans du sol végétal en Crète pour observer l'altération de ces traces au contact du sédiment.

Spectrométrie de masse TOF-SIMS

Une analyse chimique des résidus organiques amorphes a été pratiquée à l'Institut de Chimie des Substances Naturelles (UPR 2301, Université Paris-Saclay) et au Laboratoire d'Archéologie Moléculaire et Structurale (UMR 8220, Sorbonne Université) dans trois fragments de lampes expérimentales ayant respectivement contenu de l'huile d'olive, de la graisse de porc et de la cire d'abeille. L'analyse a été répétée dans les mêmes échantillons, vieillis en terre pendant un an.

Dénommée TOF-SIMS[6], la méthode mise en œuvre est une spectrométrie de masse[7] pour l'analyse de surfaces. Jamais encore appliquée sur le mobilier archéologique, elle a néanmoins fait ses preuves pour identifier des matériaux organiques, en particulier des lipides, et des minéraux, employés en liants ou en pigments dans des œuvres d'art africaines, européennes et andines, datant de l'époque médiévale à l'époque contemporaine (Cersoy *et al.* 2012 ; Mazel *et al.* 2006 ; Mazel *et al.* 2008 ; Mazel *et al.* 2010 ; Noun *et al.* 2016 ; Richardin *et al.* 2011 ; Sanyova *et al.* 2011). La particularité de cette méthode est de ne pas séparer les constituants des matières grasses par des extractions avec des solvants conventionnels, mais d'analyser directement la surface de l'échantillon, qui est généralement une coupe. Elle est donc moins destructive que les méthodes jusqu'alors mises en œuvre[8] pour identifier des huiles végétales (notamment Condamin *et al.* 1976 ; Formenti 1989), des graisses animales (notamment Copley *et al.* 2005 ; Evershed *et al.* 1997 ; Evershed *et al.* 2002 ; Charters *et al.* 1993 ; Regert *et al.* 1998 ; Régert *et al.* 1999), de produits laitiers (notamment Regert *et al.* 1998 ; Régert *et al.* 1999 : 97), de la cire d'abeille (notamment Charters *et al.* 1995 ; Regert *et al.* 2001) et des cires végétales (notamment Regert *et al.* 2003).

Conclusion

Fondé sur la fabrication de répliques de lampes et sur la collecte de matières premières pour la plupart disponibles dans l'environnement direct des Minoens, ce protocole expérimental a été conçu de sorte à pouvoir être transposé quel que soit le contexte d'application. Les méthodes d'analyse ont été développées en laboratoire, dans des conditions contrôlées, pour le rendre reproductible. L'exemple des lampes montre que les mesures de surface appliquées aux récipients en terre cuite se révèlent essentielles pour caractériser précisément leur fonctionnement. Les résultats issus du programme expérimental pratiqué seront publiés à part et viendront enrichir l'état actuel des connaissances sur les techniques d'éclairage protohistoriques.

Bastien Rueff
Membre scientifique de l'Ecole française d'Athènes
6 rue Didotou, 10680 Athènes (Grèce)
bastien.rueff@efa.gr

Bibliographie

Hérodote *Histoires*. Livre II, Euterpe. Paris : Les Belles Lettres, 1936. Trad. Ph.-E. Legrand

Pausanias, *Description de la Grèce*, 26, 6. Les Belles Lettres, Paris, France, 1992. Trad. M. Casewitz

[6] *Time-of-Flight Secondary Ion Mass Spectrometry*, Spectrométrie de Masse d'Ions Secondaires par Temps de Vol.

[7] Cette méthode d'analyse structurale se situe dans le champ des méthodes de topographie de surface (Regert *et al.* 2016 : 63) ; le principe est le bombardement d'ions sur une surface puis le calcul du temps de vol de ceux qui sont répercutés (ions secondaires) et de sa conversion en masse.

[8] Un historique récent pourra être trouvé dans Drieu and Regert 2015.

Pline l'Ancien, *Histoire naturelle.* Livre XVI. Paris : Les Belles Lettres, 1962. Trad. J. André

Pline l'Ancien, *Histoire naturelle.* Livre XXIII. Paris : Les Belles Lettres, 1962. Trad. J. André

Pline l'Ancien, *Histoire naturelle,* Livre XIX. Paris : Les Belles Lettres, 1964. Trad. J. André

Pline l'Ancien, *Histoire naturelle.* Livre XVIII. Paris : Les Belles Lettres, 1972. Trad. J. André

Pline l'Ancien, *Histoire naturelle.* Livre XXV. Paris : Les Belles Lettres, 1974. Trad. J. André

Allam, S. 1997. La vie municipale à Deir el-Médineh : les supérieurs (houtjou/hentjou) du village. *Bulletin de l'Institut d'archéologie française orientale* 97 : 1-17.

Amouretti, M.-C. 1986. *Le pain et l'huile dans la Grèce antique : de l'araire au moulin.* Paris : Les Belles Lettres.

Anderson, P. C., J.-M. Georges, R. Vargiolu et H. Zahouani 2006. Insights from a tribological analysis of the tribulum. *Journal of Archaeological Science* 33 : 1559-1568.

Andersson, E. 2003. *Tools for Textile Production from Birka and Hedeby : Excavations in the Black Earth 1990-1995.* Stockholm : Birka Project, Riksantivarieämbetet.

Archambault de Beaune, S. 1987. *Lampes et godets paléolithiques.* Paris : CNRS.

Aström, P. et H. Hjelmqvist 1971. Grain Impressions from Cyprus and Crete. *Opuscula Atheniensia* X : 9-14.

Astruc, L., R. Vargiolu et H. Zahouani 2003. Wear assessments of prehistoric instruments. *Wear* 255 : 341-347.

Beck, C. W., E. C. Stout, K. M. Movkulich et A. J. Phillips 2008. Absorbed Organic Residues in Pottery from the Minoan Settlement of Pseira, Crete, *in* Y. Tzedakis, H. Martlew et M. K. Jones (éd.) *Archaeology Meets Science. Biomolecular Investigations in Bronze Age Greece* : 48-73. Oxford : Oxbow Books.

Beeston, R. F., J. Palatinus, C. W. Beck et E. Stout 2008. Organic Residue Analysis: Chrysokamino, *in* Y. Tzedakis, H. Martlew et M. K. Jones (éd.) *Archaeology Meets Science. Biomolecular Investigations in Bronze Age Greece* : 87-107. Oxford : Oxbow Books.

Bernstein, R. 2018. Small oil lamp wick from 1,500 years ago found in ancient desert town. *The Jerusalem Post.*

Bottema, S. 1996. Notes on the Holocene Vegetation, *in* D. S. Reese (éd.) *Pleistocene and Holocene fauna of Crete and its first settlers* : 53-59. Madison : Prehistory Press.

Bottema, S. et A. Sarpaki 2003. Environmental change in Crete: a 9000-Year record of the Holocene vegetation history and the effect of the Santorini eruption. *The Holocene,* 13, 5 : 733-749.

Bussière, J. 1973. Note sur une mèche de lampe. *Antiquités africaines* 7 : 255–258.

Cheval, C. 2007. Le peson, un indice du système technique ? *Cahiers des thèmes transversaux ArScAn. Thème III : systèmes de production et de circulation* : 47-55.

Christakis, K. 2005. *Cretan Bronze Age Pithoi: traditions and trends in the production and consumption of storage containers in Bronze Age Crete.* Philadelphie : INSTAP Academic Press.

Chrzanovski, L. 2013. *De Prométhée à la Fée électricité : pour une sociologie de l'éclairage à travers les âges, les croyances et les continents.* Cluj-Napoca : Centre d'Études Transylvaines Argonaut.

Dawson, P., R. Levy, D. Gardner et M. Walls 2007. Simulating the Behaviour of Light inside Arctic Dwellings: Implications for Assessing the Role of Vision in Task Performance. *World Archaeology* 39 : 17-35.

Dawson, W. R. 1929. Castor-Oil in Antiquity. *Aegyptus* X : 57-72.

Delluc, B. et G. Delluc 1979. L'éclairage, *in* A. Leroi-Gourhan, J. Allain (éd.) *Lascaux Inconnu* : 191. Paris : CNRS.

Dobbins, J. et E. Gruber 2013. Modeling Hypotheses in Pompeian Archaeology : The House of The Faun, *in* F. Contreras Cortès, F. Mercedes, M. Columbri et F. Javier, (éd.) *CAA 2010, Fusion of cultures. Proceedings of the 38th Annual Conference on Computer Applications and Quantitative Methods in Archaeology, Granada, Spain, April 2010* : 77-84. Oxford : Archaeopress.

Doral Chapado, L. E. 2019. Los métodos de iluminación durante el paleolítico en la península ibérica. *Boletín de Arqueología Experimental* 13 : 103-114.

Elrasheedy, A. et D. Schindler 2015. Illuminating the Past: Exploring the Function of Ancient Lamps. *Near Eastern Archaeology* 78, 1 : 36-42.

Evans, A. 1921. *The Palace of Minos at Knossos.* Londres : Macmillan.

Evely, R. D. G. 2000. *Minoan Crafts. Tools and Techniques: an Introduction.* Göteborg : P. Åström.

Evershed, R. P., H. R. Mottram, S. N. Dudd, S. Charters, A. W. Stott, G. J. Lawrence, A. M. Gibson, A. Conner, P. W. Blinkhorn et V. Reeves 1997. New Criteria for the Identification of Animal Fats Preserved in Archaeological Pottery. *Naturwissenschaften* 84 : 402-406.

Fanti, L. 2015. La fonction des récipients céramiques dans les sociétés du Néolithique Moyen B (4500-4000 cal. BC) en Sardaigne centre-occidentale (Italie). Indices fonctionnels, économiques, interculturels à partir de l'analyse des caractéristiques morphométriques, des résidus organiques et des traces d'usure des poteries. Unpublished PhD dissertation. University Nice Sophia Antipolis.

Forbes, R. J. 1958. *Studies in ancient technology. Volume VI.* Leyde : E.J. Brill.

Gonçalves, A., L. Magalhães, J. Moura et A. Chalmers 2007. Metodologia para Geração de Imagens High Dynamic Range em Iluminação Romana, *in* S. Yong, G. Dick Albada, J. Dongarra et P. Sloot (éd.) *Computational Science - ICCS 2007: 7th International*

Conference, Beijing, China, May 27-30, 2007, Proceedings, Part III : 1-10. Berlin/Heidelberg : Springer.

Hally, D. J. 1983. Use Alteration of Pottery Vessel Surfaces: An Important Source of Evidence for the Identification of Vessel Function. *North American Archaeologist* 4 : 1-25.

Happa, J., A. Artusi, P. Dubla, T. Bashford-Rogers, K. Debattista, V. Hulusic et A. Chalmers 2009. The Virtual Reconstruction and Daylight Illumination of the Panagia Angeloktisti, *in* D. Fellner, S. Spencer, K. Debattista, C. Perlingieri, D. Pitzalis, et S. Spina (éd.) *Conference Proceedings, 10th VAST International Symposium on Virtual Reality, Archaeology and Cultural Heritage* : 49-56. Aire-la-Ville : Eurographics Association.

Happa, J., M. Mudge, K. Debattista, A. Artusi, A. Gonçalves et A. Chalmers 2010. Illuminating the past: state of the art. *Virtual Reality* 14 : 155-182.

Kolipetsa, K. 2015. Oi lichnoi tis Minoikis Kritis. Unpublished PhD dissertation, National kapodistrian university of Athens.

Kurzmann, P. 2005. Zwei vielflammige Öllampen aus Troia. *Studia Troica* 15 : 177-182.

Lee, S., H. Zahouani, R. Caterini et T. Mathia 1998. Morphological characterization of engineered surfaces by wavelet transform. *Journal of Machines, Tools and Manufacturing* 38 : 581-589.

Lejeune, M. 1971. *Mémoires de philologie mycénienne. Deuxième série, 1958-1963.* Rome : Edizioni dell' Ateneo.

Liolios, C.C., K. Graikou, E. Skaltsa et I. Chinou 2010. Dittany of Crete: A botanical and ethnopharmacological review. *Journal of Ethnopharmacology* 131, 2 : 229-241.

Livarda, A. et G. Kotzamani 2013. The Archaeobotany of Neolithic and Bronze Age Crete: Synthesis and Prospects. *The Annual of the British School at Athens* 108 : 1-29.

Martlew, H. 1999a. They produced Olive oil, *in* Y. Tzedakis et H. Martlew (éd.) *Minoans and Mycenaeans. Flavours of Their Time. National Archaeological Museum. 12 July - 27 November 1999* : 36-43. Athènes : Kapon Editions.

Martlew, H. 1999b. They ate meat and leafy vegetables at Apodoulou, Rethymnon (c. 1900-1700), *in* Y. Tzedakis et H. Martlew (éd.) *Minoans and Mycenaeans. Flavours of Their Time. National Archaeological Museum. 12 July - 27 November 1999* : 85-92. Athènes : Kapon Editions.

Martlew, H. 1999c. Fruits, vegetables and olive oil at the palatial center of Monastiraki, Rethymnon (c. 1900-1700 B.C.), *in* Y. Tzedakis et H. Martlew (éd.) *Minoans and Mycenaeans. Flavours of Their Time. National Archaeological Museum. 12 July - 27 November 1999* : 93-97. Athènes : Kapon Editions.

Martlew, H. 1999d. They ate stew at Minoan Kydonia, *in* Y. Tzedakis et H. Martlew (éd.) *Minoans and Mycenaeans. Flavours of Their Time. National Archaeological Museum. 12 July - 27 November 1999* : 103-109. Athènes : Kapon Editions.

Matthew, A. J., A. J. Woods et C. Oliver 1991. Spots before the eyes: New comparison charts for visual percentage estimation in archaeological material, *in* A. P. Middleton et I. Freestone (éd.) *Recent developments in ceramic petrology* : 211-263. Londres : British Museum.

Melena, J. L. 1983. Olive Oil and Other Sorts of Oil in the Mycenaean Tablets. *Minos : Revista de filologia egea* 18, 1-2 : 89-123.

Melena, J. L. 1975. La Produccion de plantas aromaticas en Cnoso. *Estudios Clasicos* 78 : 180-183.

Mitschke, S. 2012. Ohne Textilien kein Licht! Untersuchungen zu rômischen Lampendochten, *in* L. Chrzanovski (éd.) *Le Luminaire Antique. Lychnological Acts 3. Actes Du 3è Congrès International d'études de l'ILA. Université d'Heidelberg* : 251-262. Montagnac : Éditions Monique Mergoil.

Moody, J., O. Rackham, et G. Jr. Rapp 1996. Environmental Archaeology of Crete. *Journal of Field Archaeology* 23 : 273–297.

Morero, E., H. Procopiou, R. Vargiolu, J. Johns et H. Zahouani 2013. Carving techniques of Fatimid rock crystal ewers (10-12th cent. A.D.). *Wear* 301 : 150–156.

Moullou, D., N. Bisketis, Ch. Tselonis, D. Egglezos, O. Filippopoulou et F. V. Topalis 2012. Methods and Tools for the Study of Artificial Illumination in Antiquity, *in* N. Zacharias (éd.) Πρακτικά 2ου Συμποσίου ARC-RNT : Αρχαιολογική Έρευνα Και Νέες Τεχνολογίες : 107-117. Kalamata : Ekdoseis Panepistimiou Peloponnisou.

Moullou, D., L. Doulos, C. Bouroussis et F. Topalis 2012. Lighting in Antiquity, *in* K. Miomir (éd.) *Balkan Light 2012, 3-5 Octobre 2012. Serbian Lighting Society, Serbian Lighting Committee*, Belgrade : 237–244.

Mylona, D., 2014. Aquatic animal resources in Prehistoric Aegean. *Journal of Biological Research-Thessaloniki* 21, 1 : 1-11.

Orton, C. et M. J. Hughes 2013. *Pottery in archaeology*. Cambridge : Cambridge University Press.

Palmer, L. R. 1963. *The interpretation of Mycenaean Greek texts*. Oxford : Clarendon Press.

Papadopoulos, C., Y. Hamilakis et N. Kyparissi-Apostolika 2015. Light in a Neolithic dwelling: Building 1 at Koutroulou Magoula (Greece). *Antiquity* 89, 347 : 1034-1050.

Perlzweig, J. 1961. *Lamps of the Roman period. 1st to 7th century after Christ*. Princeton : American school of classical studies at Athens.

Perna, M. 2005. La culture du lin en Grèce mycénienne et au Proche-Orient ancien, *in* R. Laffineur et E. Greco (éd.) *Emporia. Aegeans in the Central and Eastern Mediterranean. Proceedings of the 10th International Aegean Conference / 10e Rencontre Égéenne Internationale. Athens, Italian School of Archaeology, 14-18 April 2004* : 805–813. Liège, Austin : Université de Liège, Histoire de l'art et archéologie de la Grèce antique ; University of Texas at Austin, Program in Aegean Scripts and Prehistory.

Poursat, J.-C. et C. Knappet 2005. *Fouilles exécutées à Malia : le quartier Mu. IV, La poterie du minoen moyen II : production et utilisation.* Athènes : École française d'Athènes.

Procopiou, H. 2013. Techniques, sens et émotions : autour du polissage en Méditerranée orientale durant l'âge du Bronze. Unpublished habilitation : University Paris 1 Panthéon-Sorbonne.

Procopiou, H., A. Boleti, R. Vargiolu et H. Zahouani 2011. The role of tactile perception during stone-polishing in Aegean prehistory (5th–4th millennium B.C.). *Wear* 271 : 2525-2530.

Reese, D. S. (éd.) 1996. *Pleistocene and Holocene fauna of Crete and its first settlers.* Madison : Prehistory Press.

Regert, M., M. F. Guerra, G. Dupuis, S. Éliès et S. Sorin 2016. *Physico-chimie des matériaux archéologiques et culturels.* Paris : Éditions des archives contemporaines.

Ringelmann, M. 1908. Essais de fonctionnement de lampes puniques. *Comptes-rendus des séances de l'année - Académie des inscriptions et belles-lettres* 52 : 480-487.

Rougemont, F. 2007. Flax and Linen Textiles in the Mycenaean Palatial Economy, *in* C. Gillis et M.-L. Nosch (éd.) *Ancient Textiles. Production, Craft and Society. Proceedings of the First International Conference on Ancient Textiles, Held at Lund, Sweden, and Copenhagen, Denmark, on March 19-23, 2003* : 46-49. Oxford : Oxbow Books.

Roussos, I. et A. Chalmers 2003. Hidh Fidelity Lighting of Knossos, *in* D. Arnold, A. Chalmers et Fr. Niccolucci (éd.) *VAST 2003 : The 4th International Symposium on Virtual Reality, Archaeology and Intelligent Cultural Heritage* : 152-202. Aire-la-Ville : Eurographics Association.

Roux, V. et M.-A. Courty-Fedoroff 2017. *Des céramiques et des hommes : décoder les assemblages archéologiques.* Nanterre : Presses universitaires de Paris Nanterre.

Sarpaki, A. 2007. Résultats archéobotaniques préliminaires dans divers secteurs de Malia, *in* M. Pomadère et J. Zurbach (éd.) *Journées maliotes. Malia, ville et territoire : organisation des espaces et exploitations des ressources, colloque organisé à l'École française d'Athènes les 2 et 3 novembre 2007* : 882–884. Athènes, Lyon : Éditions de l'EFA, CNRS.

Shelmerdine, C. W. 1985. *The Perfume Industry of Mycenaean Pylos.* Göteborg : Paul Aströms Förlag.

Skibo, J. M. 1992. *Pottery function: a use-alteration perspective.* New York : Plenum Press.

Spatidaki, S. et C. Moulherat 2015. La ville d'Akrotiri : une source exceptionnelle d'information sur l'activité textile au milieu du second millénaire au coeur du monde égéen. *Technè* 41 : 19-24.

Stanimirova, R. D., P. A. Kralchevsky, K. D. Danov, H. Xu, Y. W. Ung et J. T. Petkov 2019. Oil drop deposition on solid surfaces in mixed polymer-surfactant solutions in relation to hair- and skin-care applications. *Colloids and Surfaces: Physicochemical and Engineering Aspects* 577 : 53-61.

Stara, K., 2011. Μακρινά δαδιά, ταπεινά λυχνάρια / Lofty Pines, Hidden Lamps, *in* K. Motsianos, I. K. Bintsi et E. Mbintsi (éd.) Μια ιστορία από φως στο φως: κατάλογος έκθεσης, Θεσσαλονίκη, Λαογραφικό & Εθνολογικό Μουσείο Μακεδονίας-Θράκης, 31 Οκτωβρίου- 11 Ιουνίου 2012. Light on light: an illuminating story. Exhibition catalogue, Thessaloniki, Folklife & Ethnological Museum of Macedonia-Thrace, 31 October-11 June 2012: 330-330. Thessalonique : Υπουργείο Πολιτισμού και Τουρισμού: Λαογραφικό & Εθνολογικό Μουσείο Μακεδονίας-Θράκης.

Sundstedt, V., A. Chalmers et P. Martinez 2004. High fidelity reconstruction of the ancient Egyptian temple of Kalabsha, *in* L. Van Zijl, P. Marais, K. Bouatouch, G. Marsden et S. Spencer (éd.) *Proceedings of the 3rd International Conference on Computer Graphics, Virtual Reality, Visualisation and Interaction in Africa - AFRIGRAPH 04 : Stellenbosch, South Africa, November 03-05, 2004* : 107-113. New York : Association for Computing Machinery.

Susan, L. 2016. Spezie, oli profumati e offerte religiose, *in* M. Del Freo et M. Perna (éd.) *Manuale di epigrafia micenea: introduzione allo studio dei testi in lineare B*: 373-402. Padoue : Libreriauniversitaria.it edizioni.

Trantalidou, K. 1990. Animals and Human Diet in the Prehistoric Aegean, *in* D. A. Hardy (éd.) *Thera and the Aegean World III, Volume Two, Earth Sciences. Proceedins of the Third International Congress, Santorini, Greece, 3-9 September 1989* : 392-403. Londres : The Thera Foundation.

Treuil, R., P. Darcque, J.-C. Poursat et G. Touchais, 2008. *Les civilisations égéennes du Néolithique et de l'âge du Bronze.* Paris : Presses universitaires de France.

Vakirtzi, S., F. Georma et A. Karnava 2017. Beyond Textiles: Alternative Uses of Twisted Fibres and Evidence from Akrotiri, Thera. *Annual of the Institute of Archaeology of the University of Warsaw : rocznik Instytutu Archeologii Uniwersytetu Warszawskiego* 56 : 75-88.

Valamoti, S. M., 2004. *Plants and People in Late Neolithic and Early Northern Greece: the Archaeobotanical Evidence.* Oxford : Archaeopress.

Vargiolu, R., E. Morero, A. Boleti, H. Procopiou, C. Pailler-Mattei et H. Zahouani 2007. Effects of abrasion during stone vase drilling in Bronze Age Crete. *Wear* 263 : 48–56.

Ventris, M. et J. Chadwick 1956. *Documents in Mycenaean Greek: three hundred selected tablets from Knossos, Pylos and Mycenae.* Cambridge : University press.

Weingarten, J. 1983. The Use of the Zakro Sealings. *Kadmos. Zeitschrift für vor- und frühgriechische epigraphik* 22 : 8-13.

Wylock, M. 1973. Les aromates dans les tablettes de Mycènes. *Studi Miceini Ed Egeo-Anatoli* 15 : 105-146.

Expérimentations sur l'utilisation des pots au Néolithique final dans le sud de la France. Une contribution aux études fonctionnelles - *Experiments on the use of pots in the late Neolithic in the south of France. A contribution to functional studies*

Pauline DEBELS

Université de Genève, Département de Génétique et Évolution, Unité d'anthropologie, Laboratoire.

Résumé - La tracéologie appliquée au matériel céramique est une discipline encore émergente malgré les efforts de recherche de ces dernières années. Le manque se fait particulièrement ressentir concernant les collections de référence ethnographiques et expérimentales à disposition pour permettre l'interprétation des traces d'utilisation archéologiques. Nous avons souhaité contribuer à l'élaboration d'un référentiel de traces en mettant en place un protocole expérimental, spécialement conçu pour l'étude des corpus archéologiques du sud de la France. 36 poteries ont été façonnées dans le but de recréer 12 utilisations telles que la cuisson de liquides, le grillage, le stockage et la fermentation. Cet article a pour objectif d'exposer un protocole reproductible et d'apporter les résultats préliminaires de sa conception.

Mots-clés - Expérimentation, poterie, tracéologie, traces d'usure, utilisation, cuisson, stockage, fermentation.

Abstract - Use-wear analysis applied to ceramic material is still an underdeveloped discipline, despite research efforts in recent years. There is a particular lack of ethnographic and experimental reference collections available that allow the interpretation of archaeological traces of use. We wished to contribute to the development of a reference collection of traces by setting up an experimental protocol, specially designed for the study of archaeological objects from the South of France. 36 pottery vessels were fashioned for the purpose of recreating 12 uses such as cooking liquids, roasting, storage and fermentation. This paper aims to set out a replicable protocol and provide the preliminary results of its design.

Keywords - Experiments, pottery, use-wear, utilisation, cooking, storing, fermentation.

Introduction

La tracéologie appliquée au matériel céramique est encore peu répandue. Pourtant cette discipline est née dès les années 1930, à l'initiative de Semenov (Semenov 1964) et s'est ensuite répandue avec beaucoup de succès au sein des études lithiques et fauniques. Certains chercheurs se sont intéressés à son application sur le matériel céramique dès les années 1970 (Griffiths 1978), cependant, cette branche de la recherche ne s'est réellement développée qu'à partir des années 1990 sous l'impulsion de la *Behavioral Archaeology* (Skibo 1992, 2013). Ces dernières années, les recherches fonctionnelles sur les récipients en céramique ont favorisé l'interdisciplinarité, combinant ainsi les observation morphométriques, technologiques, pétrographiques, tracéologiques, ainsi que les analyses chimiques et micro-botaniques (phytolithes, amidons etc.) (Skibo 2013, Vieugué 2014).

Dans le cadre d'une thèse de doctorat, nous avons souhaité contribuer aux études tracéologiques appliquées sur matériau céramique. Rapidement cependant, le manque de référentiel a empêché toute interprétation des traces. C'est avec cet objectif que nous avons mené à bien un protocole expérimental, que développons ici afin de permettre sa réplicabilité.

Ce protocole a été conçu spécifiquement pour l'étude des traces d'utilisation des céramiques du Néolithique final du sud de la France. Les particularités physico-chimiques des dégraissants de carbonate utilisés quasi exclusivement dans les recettes de pâte de l'assemblage archéologique étudié ont été particulièrement propice à l'observation de traces lors des expérimentations. Les résultats de ces expérimentations sont donc propices aux applications dans les cultures ayant utilisés des carbonates pour dégraisser leurs céramiques.

Plus largement, ce protocole expérimental a pour objectif de mettre en évidence ou de confirmer le caractère diagnostique de certaines utilisations ou certaines denrées. Les résultats sont donc susceptibles de concerner des contextes plus larges.

1. Méthode

1.1. Acquisition des matériaux et fabrication des poteries

- *Matière première*

L'argile a été prélevée à proximité d'un site archéologique daté du Néolithique final et inclus dans notre corpus d'étude (Cambous, Viols-en-Laval). Elle a ensuite été broyée, et les impuretés ont été triées à la main. La calcite, utilisée comme dégraissant, provient de plusieurs sources du fait de la grande quantité nécessaire à la fabrication des poteries. La majorité cependant provient de l'Avène Vidal, également à proximité immédiate du site. Afin de garantir la réplicabilité de la recette de la pâte, la calcite a été broyée puis tamisée et triée selon quatre calibres : poudre (<100 µm), petit (100 µm< >0.5mm), moyen (0.5mm< >1.5mm), grand (1.5mm< >3mm).

13 mottes ont été réalisées, chaque motte est constituée de 3 kg d'argile et 1 kg de calcite. Chaque motte a permis de façonner 2 pots. Les proportions de dégraissant ont suivi le modèle suivant : pour une motte de 3kg d'argile, 1kg de dégraissant constitué de 20% de poudre, 31% de petit calibre, 47.5% de moyen calibre et 1.5% de grand calibre.

- *Façonnage et traitement de surface*

Trois potiers ont été impliqués dans le façonnage de ces pots, un potier expérimenté et deux potiers non expérimentés dont je fais partie.

24 pots ont été façonnés selon la technique combinée du moulage et du colombinage. Les bases et la moitié inférieure de la panse ont été moulées dans des bols standards, par creusement étirement contre les parois internes du bol. La moitié supérieure de la panse et le bord ont été façonnés à l'aide de colombins.

36 pots ont été façonnés selon 3 traitements de surface différents. Un tiers a été lissé à l'outil en os, un autre tiers a été lissé à l'extérieur et poli à l'intérieur, à l'aide d'outil en pierre dure polie, enfin, le dernier tiers a été poli à l'extérieur et lissé à l'intérieur. Chaque étape de lissage a nécessité environ 20 minutes de travail, et le polissage en moyenne 1h30.

Tous les moyens ont été mis en œuvre pour limiter les différences entre les pots. Les dimensions, la morphologie et l'épaisseur des parois ont été convenus

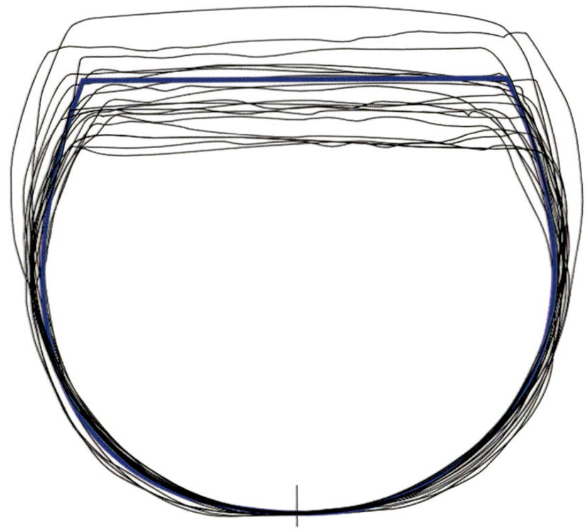

Figure 1 – Illustration des contours superposés des poteries façonnées. Le contour bleu représente le patron qui avait été donné comme objectif aux trois potiers.

à l'avance et un patron permettait de visualiser le résultat final souhaité. Le choix de la technique du moulage de la base avait pour but de limiter les différences morphométriques. Seuls trois potiers ont été impliqués dans le façonnage des poteries, et tous les pots ont été réalisés dans une unité relative de temps et de lieu, tous les potiers étaient en vision directe et la communication était encouragée.

Cependant, on note une diversité importante dans la morphologie des pots. Les variations au niveau de la base sont probablement dues aux variations hygrométriques de la pâte qui ont entraîné un affaissement du pot sur sa base. Les différences dans les degrés d'ouverture et dans la hauteur des pots sont uniquement dues aux potiers. Le contour bleu figure le patron que les potiers étaient encouragés à suivre (Figure 1).

À noter également : 5 pots ont été fissurés au séchage ou à l'étape du traitement de surface et ont dû être recommencés. Ces pots avaient tous été façonnés par les deux potiers inexpérimentés.

- *Cuisson*

Pour ces expérimentations, le choix a été fait de cuire les pots en four électrique. Il se justifie par le fait qu'il était nécessaire que la cuisson des pots soit un paramètre stable, commun à tous les pots. De cette manière, la différence possible dans la formation des traces d'utilisation ne pouvait pas provenir d'une variabilité dans la cuisson initiale. De plus, la couleur unie des céramiques permet une meilleure lisibilité des traces. Le choix du four électrique permettait aussi et de façon plus pragmatique, d'éviter des casses trop importantes dues à notre inexpérience dans la cuisson des poteries en aire ouverte.

1.2. Utilisation des poteries

8 denrées ont été sélectionnées pour être transformées, elles sont toutes issues des études archéologiques menées sur les sites du corpus.

- Le mouton (viande, graisse et os)
- Les céréales (orges, blé et petit épeautre de haute Provence)
- L'arbouse (arbouses entières du Languedoc)
- Les glands (entiers)
- Le lait (frais, entier et non pasteurisé)
- Le sel (gros sel)
- L'eau (provenant du Languedoc)
- Le miel

Certaines denrées ont permis d'essayer plusieurs préparations différentes. Ainsi, le mouton, les céréales, les arbouses, le lait et l'eau ont été portés à ébullition pendant 3h respectivement. Les arbouses et les glands ont été grillés pendant près de 10h. La préparation par grillage de ces denrées est avérée sur plusieurs sites du corpus. Le sel et l'eau ont été stockés pendant six mois et une semaine respectivement. Enfin, le lait, les céréales et le miel ont été fermentés par l'ajout de levures pendant respectivement une semaine, deux mois et deux mois de stockage. Ce sont donc 12 utilisations, recouvrant la cuisson et le stockage qui ont été répétées dans 3 poteries différentes sur un total de 36 poteries.

1.3. Protocole d'enregistrement et objectifs

Outre la documentation de travail qui intervient à tous moments du déroulement de ces expérimentations, les poteries ont été enregistrées à trois étapes clefs : après utilisation, après lavage et après enfouissement et lavage. Cet enregistrement s'est effectué sous la forme combinée de dessins et de photographies. La base de données des traces résultants de ces expérimentations s'appuie sur ces éléments.

Le premier lavage des poteries a été réalisé en les passant sous l'eau. Elles ont ensuite été enterrées durant 6 mois dans les plaines alluviales du Languedoc. Fouillée avec le matériel classique de l'archéologue, elles ont aussi été lavées à la brosse à dent, comme elles l'auraient été lors d'un chantier archéologique.

Les différentes étapes de ce protocole d'enregistrement ont pour objectif de distinguer les traces fragiles des traces plus pérennes, davantage susceptibles de résister jusqu'à nos jours. Elles permettent une étape préliminaire dans la compréhension des processus post-dépositionnels.

1. Quelles traces diagnostiques ? Résultats des expérimentations.

2.1. Cuissons liquides vs. Cuissons sèches

Qu'elles soient liquides ou sèches, les traces les plus fréquemment associées à la cuisson sont la suie (100% du corpus expérimental) ainsi que les résidus de carbonisation (≈80% du corpus expérimental), peu importe le contenu. Ceux-ci peuvent atteindre différents degrés de développement et différentes positions selon l'utilisation.

La spécificité des traces liées à la cuisson de contenus liquides ou pseudo-liquides ont été mis en évidence par James M. Skibo sur des contextes ethnographiques (Skibo, 2013). On trouve cependant des mentions sur des contextes archéologiques dès les années 1980 (Suter 1981, Braun 2010).

Lors de la cuisson des préparations liquides, l'eau s'infiltre dans la paroi et refroidit la poterie en s'évaporant. Au-dessus de la limite de remplissage, la paroi de la poterie atteint des températures plus élevées, capables de carboniser les éléments organiques. Les observations ethnographiques de Skibo ainsi que nos expérimentations ont montré que cette carbonisation prend la forme d'un anneau sub oral (Figure 3). Il est créé par la projection des liquides lors de l'ébullition ou par la variation de la limite de remplissage lors de la cuisson, due à l'évaporation. Cet anneau carbonisé peut également être créé par la manipulation de la poterie qui fait ainsi à nouveau varier la limite de remplissage. Parfois, cet anneau peut être combiné avec une carbonisation de la partie la plus en contact avec le foyer : le fond. La localisation et la morphologie précise de cette zone dépend de la position de la poterie par rapport au feu (à l'aplomb, sur le côté, etc.). Dans le cas de la poterie lissée à l'intérieur et polie à l'extérieur de la Figure 3, le pot était posé à côté du foyer, ce qui a provoqué une zone de carbonisation décentrée sur le fond.

Dans le cas d'une cuisson sèche, la paroi de la poterie n'est pas refroidie par un contenu liquide et atteint ainsi des températures élevées et relativement homogènes sur toute sa surface. Le contenu est alors susceptible de carboniser sur toutes les parties en contact avec la paroi. Il en va de même pour une cuisson liquide ou l'eau n'a pas été ajoutée en quantités suffisantes. La cuisson sèche – ou grillage – provoque en outre un dégagement de fumées susceptible de laisser des traces de suie à l'intérieur du récipient. Celles-ci sont parfois difficiles à différencier d'une résidu organique carbonisé.

2.2. Stockages et fermentations

Parmi les différentes denrées utilisées pour les expérimentations de stockage et de fermentation, le

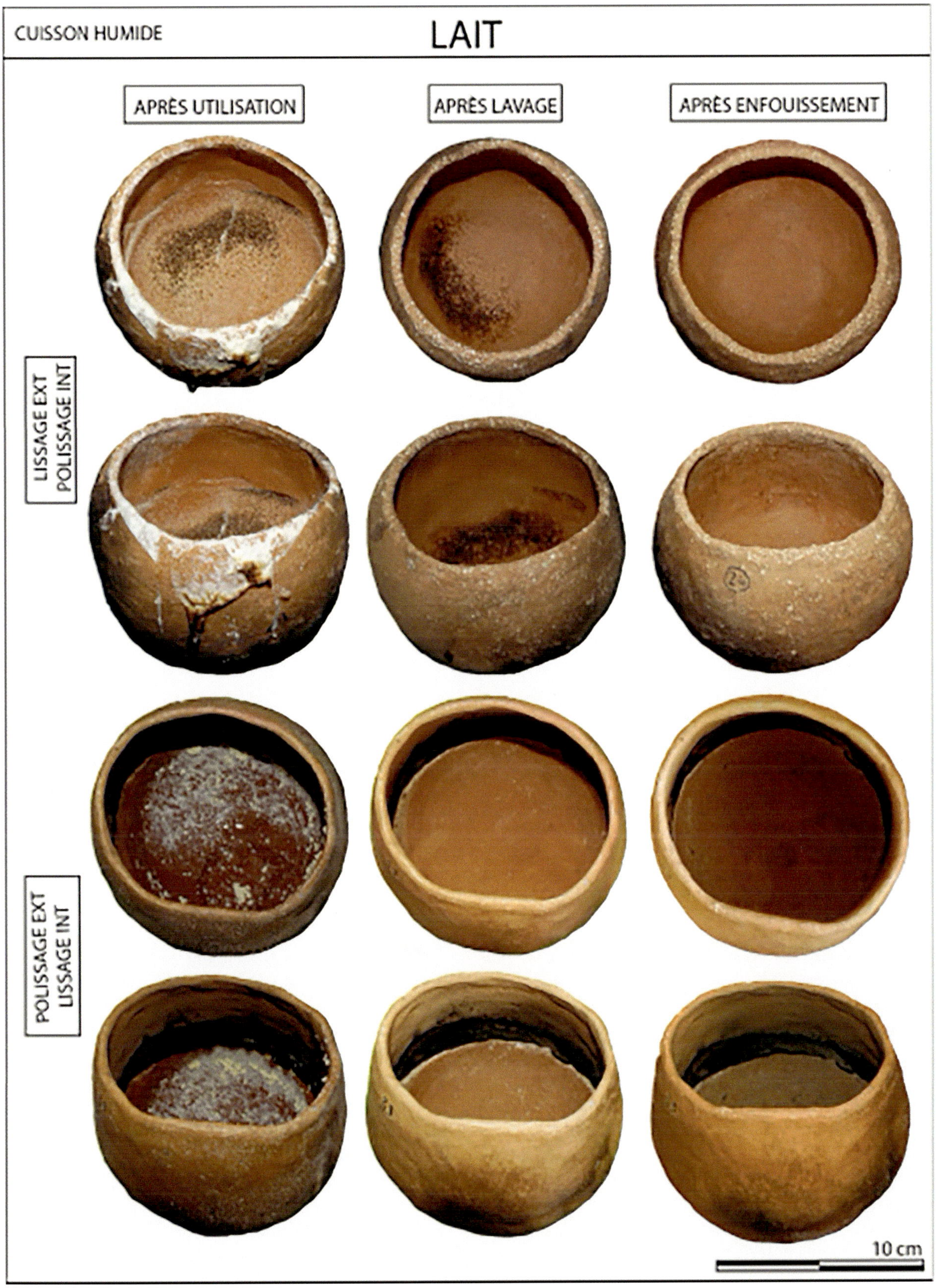

Figure 2 – L'ébullition du lait : exemple d'utilisation laissant des carbonisations en anneau sous le bord. On remarque la résistance de certaines traces visibles après utilisation, après lavage et après enfouissement.

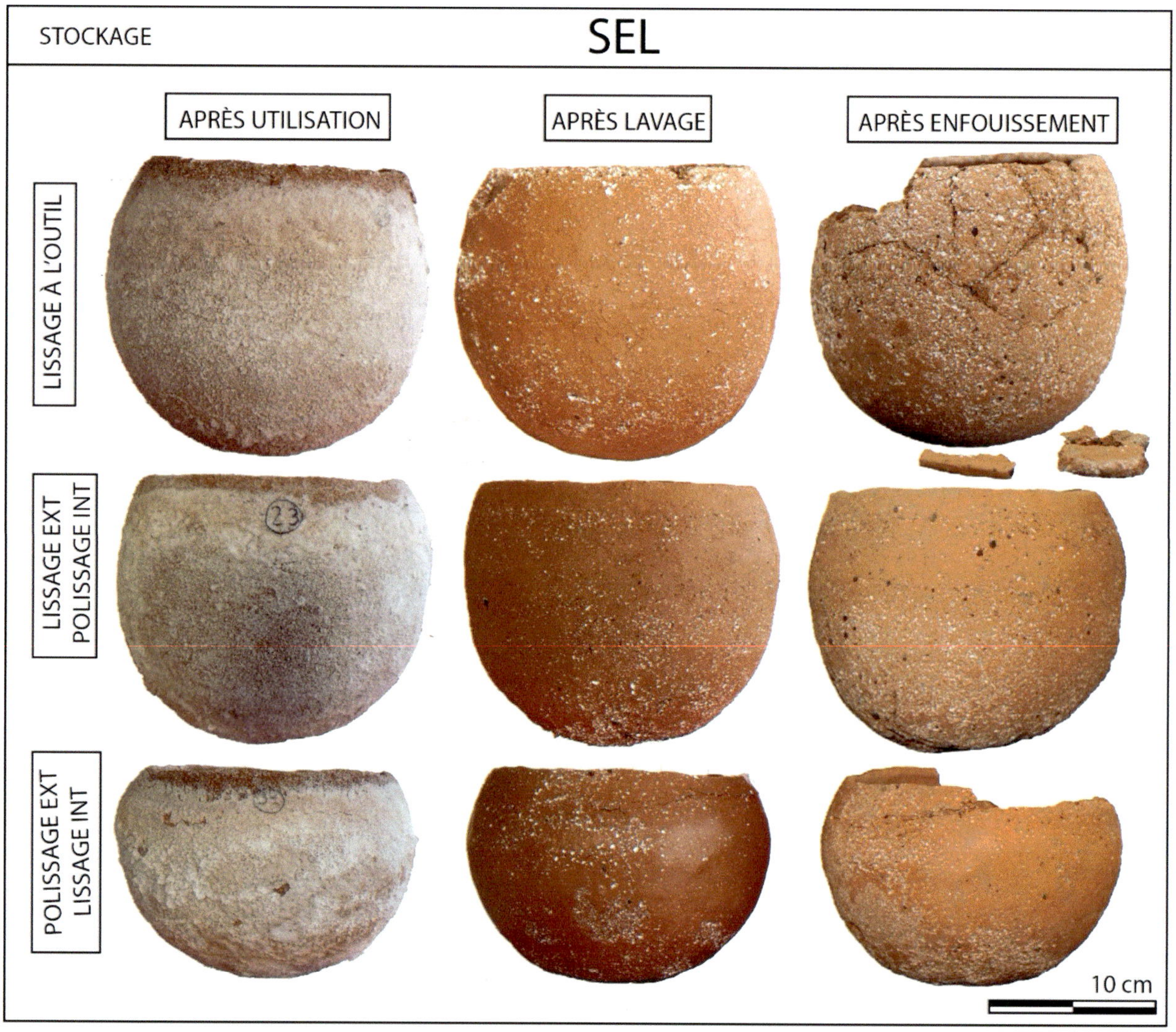

Figure 3 – Le stockage du sel : denrée particulièrement agressive sur les parois extérieures. À noter : à l'issue de l'enfouissement, les vases tombent en morceaux.

sel a engendré les usures les plus intenses et les plus lisibles. En captant l'humidité, le sel se dissout et pénètre par les pores de la poterie. L'eau chargée de ce minéral remonte par capillarité jusque dans la partie supérieure du pot. En s'évaporant, le sel se recristallise et exerce des poussées importantes et localisées sous la surface de la céramique qui cède alors. Le résultat est une surface altérée, dont le dégraissant minéral est alors proéminent. Cette usure spécifique se localise spécifiquement en un anneau sub-oral à l'intérieur et à l'extérieur de la poterie. Le stockage prolongé du sel permet à l'usure de s'étendre mais spécifiquement à l'extérieur de la poterie (Figure 4).

Les usures liées au sel se sont avérées particulièrement diagnostiques et seraient susceptibles d'être identifiées au sein d'un corpus archéologique, si ce n'est que le sel continue d'agir et d'altérer les parois de l'argile longtemps après l'arrêt de son utilisation et même lors de son enfouissement. Lors de la mise au jour de nos poteries expérimentales après six mois d'enfouissement, nous avons pu constater qu'elles étaient devenues très fragiles et qu'une partie n'était déjà plus collectable (Figure 4).

La fermentation du lait n'a pas provoqué de traces autres que des moisissures localisées sous le bord à l'intérieur et à l'extérieur de la poterie et plus prononcées encore sous le bord à l'extérieur. Comme pour l'expérimentation de stockage de sel, les phénomènes de capillarité sont probablement responsables de cette localisation. À l'issue des six mois d'enfouissement, les traces ne sont déjà presque plus visibles.

La fermentation alcoolique d'orge mélangé à du blé, ainsi que du miel pour produire respectivement de la bière et de l'hydromel ont entraîné la dissolution des dégraissants de calcite. Les carbonates étant solubles dans un milieu acide, la bière et le miel se sont donc révélées suffisamment acides pour entraîner ce

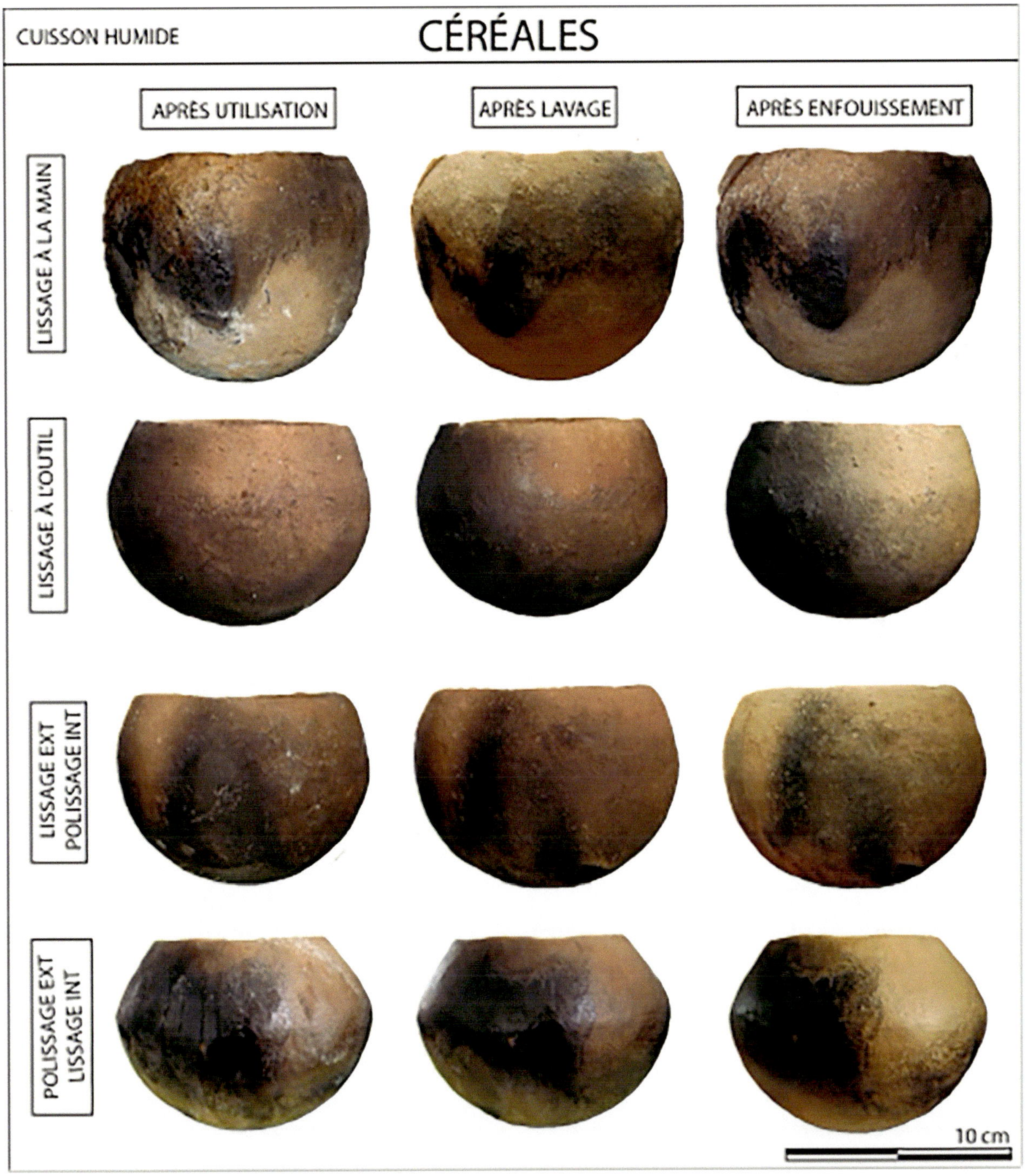

Figure 4 – Des traces de réduction très résistantes accompagnent les poteries utilisées en cuisson directe sur le feu.

phénomène à l'issue des deux mois de stockage. Le résultat se présente sous la forme d'une paroi alvéolée, laissant en négatif les empreintes du dégraissant à l'intérieur, sous la limite de remplissage. Au-dessus de la limite de remplissage ainsi qu'à l'extérieur, le dégraissant n'est pas affecté malgré les phénomènes de capillarité.

Contrairement aux résultats espérés, la fermentation de ces différents produits n'a pas engendré les traces identifiées lors des enquêtes ethnographiques de John W. Arthur (2002, 2003). En effet, ses enquêtes ont montré que les contenus fermentés (principalement la bière dans son cas) provoquent des desquamations sous la forme de petits piquetages internes réparti sur l'ensemble du pot, mais parfois concentrés sur la lèvre.

La différence entre les observations de John W. Arthur et les nôtres peut trouver plusieurs explications. La première et que notre expérimentation n'a pas été conduite de façon suffisamment prolongée pour permettre l'apparition du piquetage. Quant à l'absence de dissolution dans les observations de l'auteur, cela s'explique simplement par le fait que la population étudiée (les Gamo d'Éthiopie du sud) n'utilise pas de carbonates comme dégraissant. Il faudrait cependant multiplier les référentiels ethnographiques et expérimentaux liés à la fermentation pour comprendre la variabilité des traces engendrées par cette utilisation ainsi que les utilisations qui pourraient engendrer des traces similaires.

2.3. Évolution des traces

Sans surprise, les traces les plus fragiles sont les éléments organiques non carbonisés, rapidement décomposés et consommés par les animaux lors de l'enfouissement, ainsi que les dépôts légers de suie et de cendres. Cependant, certains dépôts de suie observés sur notre corpus expérimental ont probablement été accompagnés de phénomènes de réduction qui eux sont très résistants au lavage et à l'enfouissement, en témoigne la ténacité de ces traces lors des différentes étapes du protocole analytique (Figure 2).

Aucune des usures soustractives créées lors de ces expérimentations ne se sont atténuées (desquamations, dissolution du dégraissant, abrasions etc.). Certaines, comme les desquamations provoquées par l'altération saline, se sont même accentuées lors de la phase d'enfouissement (Figure 4).

Cette étude préliminaire des phénomènes post-dépositionnels à court terme permet une première réflexion sur la survivance de certaines traces dans les contextes archéologiques. Il est important de noter que certains mécanismes taphonomiques (ruissellement, acidité, concrétionnements, piétinements etc.) sont susceptibles d'accentuer ces dégradations et en créer de nouvelles.

Conclusion

Ce protocole expérimental est une première étape vers la conception d'une collection de référence des traces d'utilisation et des phénomènes post-dépositionnels. Le développement de la discipline de la tracéologie appliquée sur matériau céramique dépend des collections de référence disponibles. Dans cette optique, cet article détaille le protocole de fabrication et d'utilisation des poteries dans un souci de réplicabilité. L'un des principaux questionnements qui ont instigué ces expérimentations est l'influence des traitements de surface sur la formation des traces. C'est pourquoi les utilisations ont été systématiquement répétées au sein de trois poteries dont le traitement de surface variait (lissage, polissage interne, polissage externe). Une seconde question fondamentale résidait dans l'implication des processus post-dépositionnels dans la conservation des traces. Cette session d'expérimentation est à considérer comme une première étape dans la compréhension de ces phénomènes. La répétition des expérimentations permettra de renforcer ses résultats.

Cette collection de référence permet déjà en l'état de mettre en évidence ou de confirmer le caractère diagnostique de certaines traces d'utilisation (la cuisson liquide, la cuisson sèche, le stockage etc.) ainsi que de certaines denrées.

L'étude des usures d'utilisation permet de comprendre la culture immatérielle qui participe à la définition de l'identité des groupes, au même titre que la culture matérielle.

Pauline DEBELS
Université de Genève, Département de Génétique et Évolution,
Unité d'anthropologie, Laboratoire.
paulinedebels@hotmail.com

Bibliographie

Arthur, J. W. 2002. Pottery use-alteration as an indicator of socioeconomic status: An ethnoarchaeological study of the Gamo of Ethiopia. *Journal of Archaeological Method and Theory*, 9, 4 : 331-355.

Arthur, J. W. 2003. Brewing Beer: Status, Wealth and ceramic Use Alteration Among the Gamo of South Western Ethiopia. *World Archaeology*, 34, 3 : 516-528.

Braun, D. P. 1983. Pots as tools, *in* J. A. Moore et A. S. Keene (éd.) *Archaeological Hammers and Theories*, Academic Press, New York : 107-134.

Griffiths, D. M. 1978. Use-marks on Historic ceramics: a Preliminary Study. *Historical Archaeology*, 12 : 68-81

Semenov, S. A. 1964. *Prehistoric Technology*. Londres : Cory, Adams and Mackay.

Skibo, J. M. 1992. *Pottery function: a use-alteration perspective*, Plenum Press, 205 p.

Skibo, J. M. 2013. *Understanding Pottery Function*, Springer, New York, 192 p.

Suter, P.-J. 1981. *Die neolithischen Ufersiedlungen von twann, Band 13, Die Kleinfunde aus den Horgener Schichten*, Bern Staatliche Lehrmittelverlag.

Vieugué, J. 2014. Use-wear analysis of prehistoric pottery: methodological contribution from the study of the earliest ceramic vessels in Bulgaria (6100-5500 BC). *Journal of Archaeological Science*, 41 : 622-630.

Expérimentation de céramique sigillée - *Experimentation with terra sigillata*

Lucile Bolot

Céramiste indépendante, Versailles.

Résumé - Bien qu'il existe de très nombreuses études scientifiques sur la céramique sigillée du Haut-Empire en Gaule, d'importantes inconnues restent à élucider. Dans ce présent mémoire, les techniques des potiers antiques, complexes à appréhender, seront analysées en se basant sur les connaissances actuelles en la matière. Aussi, les études complémentaires menées d'un côté, par les potiers expérimentaux et de l'autre, par les archéologues, permettent d'avoir une vision globale sur le fonctionnement des ateliers de céramique sigillée antique, tant à la fois sur le plan scientifique que sur le plan technique.

Nous en viendrons alors à nous demander, par une pratique déductive, quelles réponses peut apporter la recherche expérimentale aux problématiques soulevées par l'archéologie ?

Mots-clés - Expérimentation, céramique sigillée.

Abstract - Although there are numerous scientific studies on terra sigillata of the High Empire in Gaul, important aspects remain to be elucidated. In this dissertation, the techniques of the ancient potters, which are complex to understand, will be analysed on the basis of current knowledge in the field. Complementary studies carried out on the one hand by experimental potters and on the other hand by archaeologists allow us to have an overall vision on the functioning of the workshops of ancient terra sigillata, from both scientific and technical standpoints.

We will then come to ask ourselves, through a deductive process, what answers can experimental research provide to the problems raised by archaeology?

Keywords - Experimentation, terra sigillata.

Introduction

Mon mémoire de master d'archéologie écrit durant mes études à Paris X, date de 2016 et traite de *L'archéologie expérimentale appliquée à la céramique sigillée du Haut-Empire en Gaule : buts, protocoles et réalisations.* Dans ce texte, je cherche à retrouver les techniques, qui ont été perdu avec le temps, pour la fabrication des céramiques sigillées. Je commence par me renseigner du point de vue archéologique sur les acquis et les manques, puis les recherches d'autres archéologues et céramistes afin de me faire mon propre point de vue et d'expérimenter par moi-même.

Je me suis principalement localisé sur le site de fabrication de céramique de Lezoux, lieu ou j'ai pu étudier des tessons antiques conservés dans le musée d'archéologie de cette ville. Les pièces étudiées ont été le Drag. 29 du potier Titos, travaillant au Ier siècle ap. J.-C., (Figure 1) et un Drag. 35/36 pour la céramique lisse avec un décor à la feuille d'eau et découvert par Hugues Vertet en 1973, N° inventaire : 986-03-0041 (Figure 2).

L'étude porte essentiellement sur la pâte, les techniques de fabrication et de cuisson.

1. Matières premières (argiles et préparation de l'engobe) :

L'eau, le combustible et l'argile sont essentielles pour la confection d'une céramique. Pour travailler plus proche de la réalité, j'ai utilisé de l'eau déminéralisée et de l'eau de pluie pour effectuer mes tests d'engobes. Pour le combustible, la plupart des tests ont été cuits dans un four à bois, ayant comme combustible du pin. Celui-ci a été utilisé pour les cuissons expérimentales lors des journées gallo-romaines, en juin 2015, et lors des Vinalia, en septembre 2015, à Saint-Romain-en-Gal.

Après une étude des pâtes, le choix des argiles pour leur étude s'est porté naturellement vers celles utilisées par mon ancien maître de stage, reproduisant de la céramique sigillée, G. Morla, l'une pour le corps de ses reproductions de céramique sigillée, et l'autre pour réaliser son engobe. Une autre terre, que j'ai employée pour l'engobe sigillé, me fut fournie par J.-J. Dubernard, qu'il prépare lui-même pour la confection de ses pièces vernissées. Enfin, j'ai sélectionné une dernière argile industrielle pour la comparer avec d'autres tests d'engobes sigillés.

Je me suis basée sur les techniques de décantation et de lévigation utilisée par G. Morla et J.-J. Gentil, tous

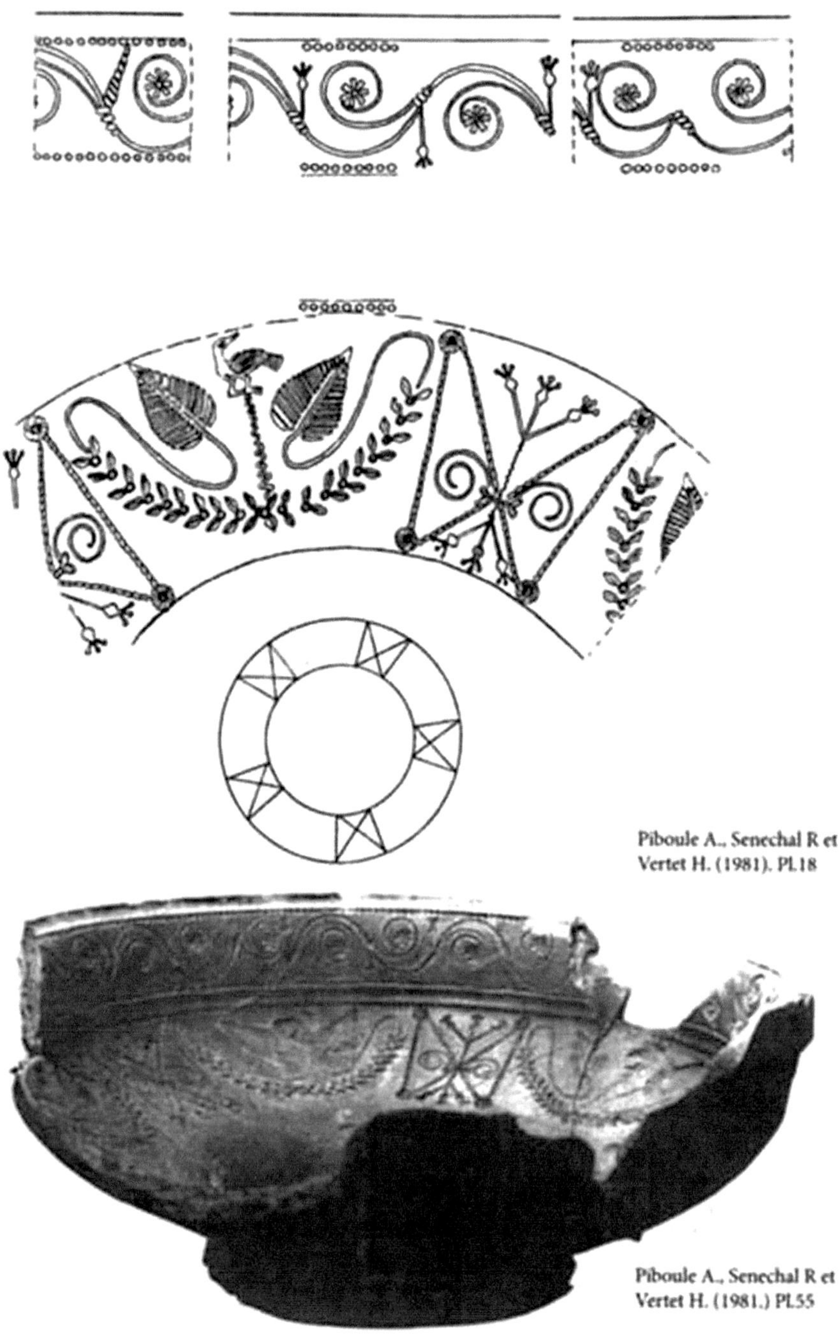

Figure 1 – Dessin et moule Drag. 29 du potier Titos, Ier siècle ap. J.-C.

les deux céramistes, spécialistes de la sigillée. Leurs méthodes ont les mêmes bases : terres sèches et broyées dans de l'eau. Une attente de 24 heures est nécessaire pour les deux méthodes. La technique de décantation qu'utilise J.-J. Gentil est l'inverse de celle de G. Morla. Pour simplifier, ce dernier effectue la lévigation en passant l'engobe d'un sceau à l'autre, alors que J.-J. Gentil laisse la décantation se produire naturellement.

Pour décrire les composants et techniques des tests suivants (Figure 3), nous emploierons le code utilisé dans les tableaux comparatifs ci-après, tels que : M = Morla, G = Gentil, D = Eau déminéralisée, P = Eau de pluie, R = Eau du robinet, S = Silicate de soude, C = Cendre, U : Urine, 1 = Argile de Ravel, 2 = Argile de Roussillon, 3 = Argile de Céradel.

Les Figures 4, 5 et 6 permettent de mettre en relation les différents tests. L'ensemble des tests sont poreux. M.DS.1 est le tesson qui se rapproche le plus des engobes antiques par sa texture et son aspect ; malgré sa couleur qui n'est pas du tout adaptée. Les tests avec la technique

Figure 2 – Photographies du Drag. 35/36, Vue de dessus, dessous, face et profil.

de J.-J. Gentil n'ont pas vraiment rendu de résultats concluants. Dans l'ensemble, les tests par lévigation de G. Morla fonctionnent mieux et ont des couleurs plus vives. Les tests sans défloculant ont un rendu concluant. L'urine et le silicate ont très peu fonctionné et la cendre semble créer une texture plus poreuse. Le choix des argiles n'était pas spécialement adapté mais elles dépendaient des moyens disponibles. Aussi, il serait judicieux de retrouver les gisements des potiers antiques pour faire de plus amples expérimentations.

2. Techniques de façonnage du moule drag. 29

En me basant sur le moule du Drag. 29 du potier Titos, j'ai réalisé une reproduction de celui-ci, lors de mon stage chez G. Morla. Un dessin de ce moule et de ses nombreux poinçons étaient présentés dans l'ouvrage d'A. Piboule, R. Sénéchal et H. Vertet (1981), ce qui a rendu ce travail facile d'accès pour un premier exercice.

A. Poinçons

Trois techniques ont été testées pour la fabrication des poinçons en terre cuite afin d'essayer celle qui est la plus adéquate pour une telle sculpture.

L'exercice de la transformation de dessin en volume demande de l'expérience pour savoir visualiser si l'élément est en relief ou en creux. La création de nombreux poinçons aide à la fabrication des décors plus complexes. Une fois les petits décors simples réalisés, j'ai eu moins de difficultés à comprendre comment en produire de plus complexes.

La technique la plus simple à réaliser est celle qui consiste à faire apparaître les détails par l'incision dans le plâtre ou dans l'argile (Figure 7). Puis lors de l'ébarbement, il est encore possible de modifier le décor, si besoin, ce qui donne une chance de rattraper les éventuels défauts (Figure 8). Personnellement, j'ai préféré l'usage de l'argile pour la plaque, car il s'agit d'un matériau que j'ai l'habitude de travailler.

La Figure 9 illustre les étapes de fabrication d'un poinçon.

B. Création du moule

Le moule est une pièce d'argile que le potier met en forme à l'aide de son tour. Avant toute chose, l'argile est préparée, battue et pesée. La terre est posée sur la girelle. Le potier peut alors ébaucher le moule à l'aide de ses mains pendant la rotation et lui donner la forme souhaitée (Figure 10).

Une fois le moule tourné, le potier attend qu'il se raffermisse uniformément. Cette étape achevée, le pied est alors tournassé et l'intérieur du moule peut être lissé. Ainsi, le moule poli permettra d'obtenir des pièces avec un rendu plus fini.

Une fois le moule terminé, le potier imprime le décor en creux à l'aide des poinçons préalablement créés et cuits. Les poinçons permettent de faire des répétitions du même motif dans le moule (Figure 11). La moindre erreur d'application est définitive et oblige à refaire le moule en entier. C'est pourquoi des défauts sont parfois visibles sur les moules antiques (motif appliqué de travers, mal enfoncé, superposé, ou mal raccordé aux autres décors).

Après plusieurs jours de séchage, il faut cuire le moule et faire en sorte qu'il reste poreux.

À travers l'étude des pièces retrouvées, les erreurs d'impression offrent la possibilité de se rendre compte du processus d'application des poinçons : tel que le maintien de l'outil, la mise en place des séquences de décor, la répétition des motifs, etc.

C. Façonnage du tirage

La technique de G. Morla, expérimentation n°1, consiste à tourner une pièce à part et à la renverser ensuite

Figure 3 – Étapes de création et de l'application de l'engobe :

- En haut : Étapes de la technique de G. Morla.
- À gauche : résultat obtenu après décantation de l'engobe M.PS. 3.
- À droite : support en argile pour les tests.
- En bas à gauche : ensemble des tests avant engobe.
- En bas à droite : après application de l'engobe M. PC. 3.

Argile de Ravel (1)					
	Silicate de soude	Cendre	Urine	Rien	
Eau déminéralisée	M.DS.1	M.DC.1	M.DU.1	M.D.1	Technique Morla
Eau du robinet	M.RS.1			M.R.1	
Eau déminéralisée	G.DS.1	G.DC.1	G.DU.1	G.D.1	Technique Gentil
Eau de pluie				G.P.1	

Figure 4 – Tests effectués avec l'argile de Ravel (1).

dans le moule. Je pensais initialement que les potiers tournaient des pièces directement dans le moule. Cette méthode sera testée dans l'expérimentation N° 2. Une autre hypothèse possible est l'application à la plaque qui, n'ayant pas été infirmée par des études archéologiques, fera l'objet de l'expérimentation N° 3. Enfin, l'expérimentation N° 4 consiste à estamper de l'argile dans le moule.

La formation de la pièce à l'intérieur du moule est délicate car il arrive que le moule se décolle de la girelle par la pression des mains, il faut donc maintenir le

Argile du Roussillon (2)					
	Silicate de soude	Cendre	Urine	Rien	
Eau déminéralisée	M.DS.2	M.DC.2	M.DU.2	M.D.2	Technique Morla
Eau de pluie	M.PS.2				
Eau déminéralisée	G.DS.2	G.DC.2	G.DU.2	G.D.2	Technique Gentil
Eau de pluie				G.P.2	

Figure 5 – Tests effectués avec l'argile du Roussillon (2).

moule avec de l'argile pour le fixer solidement à la du tour girelle.

La plus grande difficulté (Figure 12) que j'ai rencontrée pour l'expérimentation N° 1 a résidé dans le fait que les pièces sont trop fines. Parfois, le décor se ressent à l'intérieur du tirage. Il faut donc tourner une forme assez épaisse pour que le décor s'imprime parfaitement sans qu'il apparaisse à l'intérieur de la pièce. Cette technique, une fois maîtrisée, permet facilement la production de pièces en série.

Le centrage et le tournage à l'intérieur du moule de l'expérimentation N° 2, ont été un peu difficiles à

Argile de Ceradel (3)					
	Silicate de soude	Cendre	Urine	Rien	
Eau déminéralisée	M.DS.3	M.DC.3	M.DU.3	M.D.3	Technique Morla
Eau de pluie	M.PS.3	M.PC.3	M.PU.3	M.P.3	
Eau déminéralisée	G.DS.3	G.DC.3	G.DU.3	G.D.3	Technique Gentil
Eau de pluie	G.PS.3	G.PC.3	G.PU.3	G.P.3	

Figure 178 : Photographies des résultats des tests selon les argiles avec tableaux légendés (Par L.Bolot)

Figure 6 – Tests effectués avec l'argile de Céradel (3).

Figure 7 – Première étape de création d'un poinçon (en haut : incision du décor, en bas à gauche : détourage, en bas à droite : creusement).

effectuer. Mes mains, avec la boule d'argile au fond du moule, n'étaient pas bien calées et je n'étais pas stable (Figure 13). Une énorme bulle est visible au démoulage.

L'expérimentation N° 3 est délicate car l'argile fait des ondulations. Les plis liés aux raccords et ajouts de terre des plaques de l'expérimentation N° 3 et N° 4 restent visibles et produisent des défauts beaucoup trop importants.

Par ces expérimentations, nous pouvons également penser qu'il n'existe pas une seule et même technique pour la création de tous les tirages, mais peut-être des méthodes différentes selon la forme des moules. Le potier peut utiliser une ou plusieurs techniques, telles que le tournage et le calibrage, afin d'obtenir une rapidité et une finesse dans l'exécution. Lors de nos tests nous nous sommes confrontés à des problèmes de positionnement des mains dans un moule trop étroit et de fixation du moule au centre de la girelle. Ces difficultés de création n'ont jamais été mentionnées dans les ouvrages archéologiques consultés, pourtant elles soulèvent des interrogations sur les méthodes antiques.

Une fois la pièce tournée et démoulée, le pied peut alors être ajouté. Nous avons expérimenté le colombin collé à la barbotine puis tourné. Cette technique fonctionne parfaitement sans problème de fissures. Mais de nombreuses autres méthodes peuvent être mises en œuvre, rendant la détermination du processus antique difficile.

La Figure 14, ci-après, répertorie les étapes de création de la pièce : de la sculpture du poinçon jusqu'au tirage et la cuisson de la pièce. Les deux techniques de façonnage les plus concluantes sont illustrées en deux lignes distinctes.

3. Céramique lisse : décor a la feuille d'eau sur un drag. 35/36

Des tests ont été effectués afin de trouver un outil antique pour reproduire les feuilles d'eau. Le biberon, « barolet », que j'ai reproduit, a un diamètre de 7,4 cm pour une hauteur de 5,1 cm. Il a été creusé avec une pique de 2 mm de diamètre puis cuit avec l'engobe sigillé de G. Morla à 1020 °C. Contrairement à de l'eau, la barbotine est trop épaisse et ne coule pas.

Figure 8 – Photographies des poinçons en cours de création :

- En haut à gauche : prise d'empreinte, à droite : obtention de poinçon en relief.
- Au milieu, à gauche : ébarbage, à droite : reprise.
- En bas, à gauche : poinçon fini, à droite poinçon cuit.

Les potiers antiques devaient alors utiliser des poches animales pour effectuer ce motif. Après application, j'ai constaté qu'il fallait que la barbotine soit parfaitement homogène pour réaliser le décor à la feuille d'eau, faute de quoi des morceaux viennent obstruer la sortie.

4. Finitions

Les finitions ont été réalisées au fur et à mesure de chacune des expérimentations. Tout d'abord, les pièces sont nettoyées à l'éponge après un premier temps de

Figure 9 – Étapes de fabrication d'un poinçon (de bas en haut : creusement dans la plaque, empreinte, corrections, ébarbage, finitions et cuisson).

séchage puis lissées au besoin. Après un engobage, elles sont mises à sécher sur un lieu clos. Elles doivent durcir de manière homogène afin d'éviter qu'elles ne se fissurent. Pour qu'un séchage soit efficace, il est souhaitable de laisser les pièces à l'ombre et à température ambiante, pendant une moyenne de six jours. Ce temps varie selon la température et le taux d'humidité présent dans l'air. Lorsque qu'aucune sensation d'humidité n'est ressentie au toucher, la pièce peut être considérée comme sèche.

5. Cuissons

J'ai pu assister à deux expérimentations exécutées dans un four à tubulures, l'une en juin 2015 et l'autre durant les Vinalia en septembre 2015 (Figures 15 et 16). Toutes deux eurent lieu au musée gallo-romain de Saint-Romain-en-Gal. Il s'agissait de cuissons sous la direction d'A. Desbat, dans le four N° 3, restauré en 2012. Cette partie décrit les différentes étapes de la cuisson, de l'enfournement au résultat de la cuisson. Étant en charge de la cuisson en septembre, je décrirai davantage cette expérimentation.

Le but des cuissons était simple : réussir à obtenir la température de 1050 °C, avec un palier minimum de trente minutes, et une montée en température suffisamment lente afin d'éviter tout problème avec les tubulures.

Figure 10 – Création d'un moule par G. Morla.

Figure 11 – Application du décor.

Figure 12 – Erreur de tournage du tirage.

Figure 13 – Erreur de bulle sur le tournage direct du Drag. 29.

6. Résultats

La cuisson de juin 2015 n'a rien révélé de particulier, mis à part le fait qu'à la température maximale, la sigillée ne s'est pas grésée. En septembre 2015, un écart de seulement 50°C entre les deux sondes positionnées dans le four a été relevé à la fin de l'expérimentation.

Ceci aurait dû permettre une homogénéité dans la cuisson des pièces, néanmoins, nous nous sommes rapidement rendu compte, lors du défournement, qu'un problème de la conduite du four a eu lieu. Les pièces se sont relevées de couleur rouge-marron, parfois noir (Figures 17 et 18). Ce défaut de cuisson est dû aux murs fissurés et à la sole fendue (Figure 19). En effet, des morceaux fondus de cette dernière ont été retrouvés dans les cendres de la chambre de combustion. Cet affaissement de la sole rend à présent le four dangereux à l'usage et les tubulures se sont de nouveau cassées.

Il est à noter que les pièces à l'intérieur du four se sont déformées, voir pliées pour certaines sous l'effet de la chaleur et du poids des autres vases placés au-dessus. Des moutons se sont formés principalement dans le fond du four (Figure 20). Le système d'enfournement par empilement des coupelles n'aurait pas dû être exécutés sans ajout de sable, de colifichets ou d'anneaux guillochés.

Les figures 21 et 22 montrent un répertoire de défauts : une « défauthèque » visibles sur l'ensemble de ces cuissons.

J'ai établi un tableau d'observation (Figure 23) de la cuisson de septembre qui montre les moments difficiles pour attendre la température avec notre four fissuré.

Les interprétations et conclusion sur les cuissons à bois sont toujours difficiles à établir. Il arrive parfois qu'un effet très intéressant se produise lors d'une cuisson et qu'il soit totalement impossible à reproduire malgré une volonté de recréer les conditions à l'identique. La chaleur ambiante, le vent, la méthode ou les outils d'enfournement, la forme des pièces à cuire, les types d'engobes ou d'émaux, le choix du bois ainsi que les dimensions du four sont autant de variables qui influent sur les résultats d'une cuisson.

Les figures 24, 25 et 26 sont des éléments importants à noter pour les prochaines cuissons. L'insuffisance d'informations pour certaines expérimentations rendent de nombreux tests inexploitables, manquants souvent de la description du four, d'une courbe de cuisson, des données de quantité, du type et de grosseur du bois. De plus, la méthodologie mentionne rarement les techniques employées pour monter en température.

Ces expérimentations ont toutefois offert de nombreuses réponses aux questions soulevées par la recherche, malgré les problématiques rencontrées. Par exemple, certains défauts relevés lors des cuissons expérimentales sont semblables aux pièces ratées gallo-romaines : coulées d'engobes, trace de doigts, ramollissement et soudure des vases. Elles ont permis d'entrevoir les difficultés de construction d'une telle structure et de réussite optimales de la cuisson.

La construction d'un nouveau four à tubulures à Saint-Romain-en-Gal en juin et septembre 2016 permettra à l'équipe d'A. Desbat de relancer des études nouvelles.

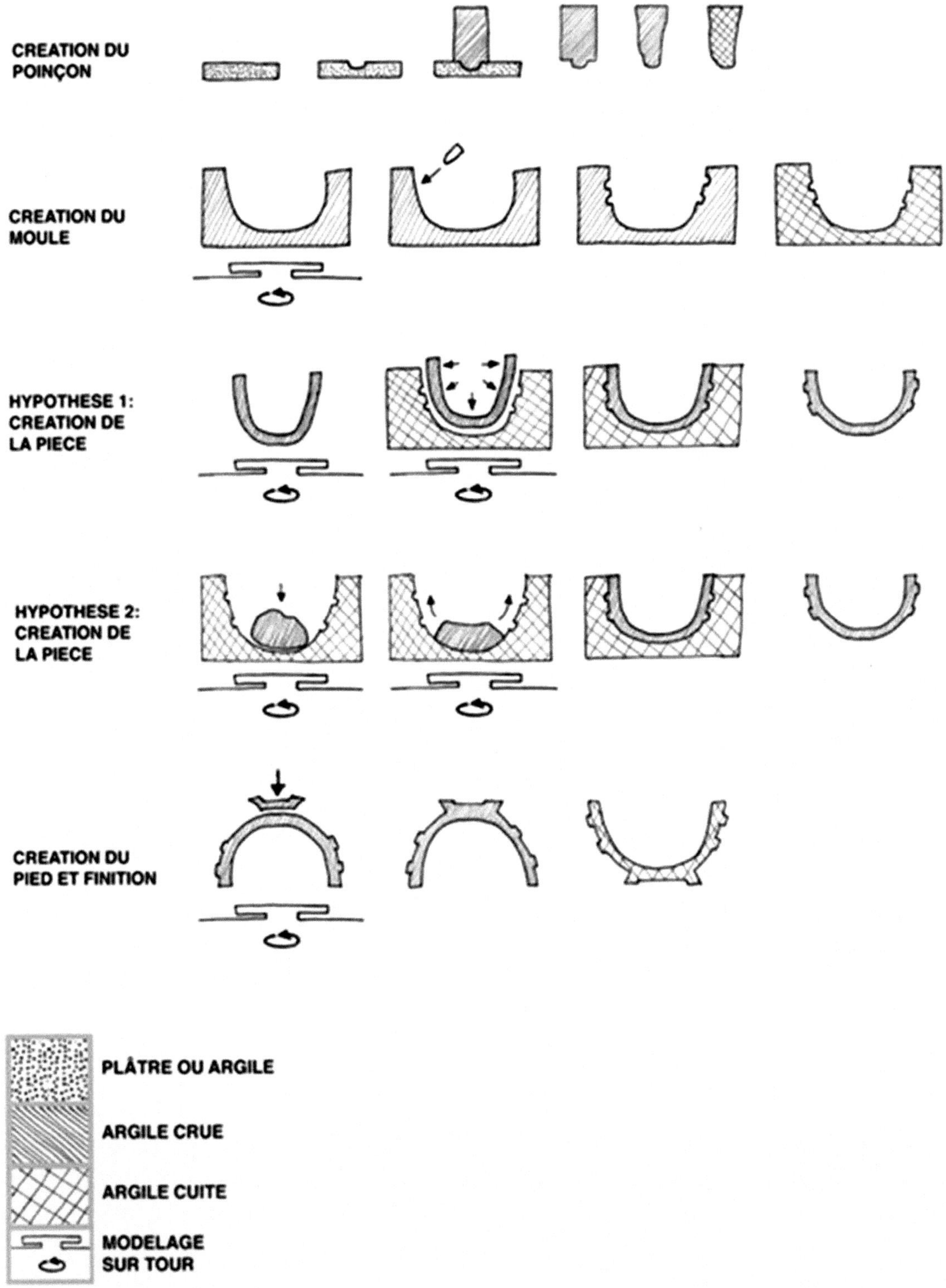

Figure 14 – Résumé des techniques hypothétiques de fabrication d'un Drag. 29.

Début de la cuisson
et cuisson en cours
Photographies :
Lucile Bolot, Pierre
Alain Capt et Marie
Dhorne

T1 : 343°C

T1 : 453.6°C

Figures 15 et 16 – Cuisson expérimentale en cours pendant les Vinalia en septembre 2015 à Saint-Romain-en-Gal.

T1 : 526.5°C

T1 : 615°C

T1 : 1000°C

Figures 15 et 16 – Cuisson expérimentale en cours pendant les Vinalia en septembre 2015 à Saint-Romain-en-Gal.

Figure 17 – Défournement du four de Saint-Romain-en-Gal de la cuisson de septembre 2015.

Conclusions

Après l'étude du sujet, de l'objet, des recherches antérieures et de la technique, nous avons établi les objectifs de la recherche afin de comprendre l'ensemble de la problématique soulevée par la chaîne opératoire de la fabrication de la céramique sigillée. Les essais ont été pratiqués dans l'idée d'intégrer les diverses études dans le cycle : expérimentation - analyse - déduction.

Par cette méthode nous avons analysé et dissocié l'ensemble des étapes de la chaîne opératoire afin de mieux les comprendre et les reproduire. Ces tests ont été reproduits, dans la mesure du possible, dans les conditions et la logique de création de pièces antiques (selon les matériaux employés, les outils utilisés, l'architecture mise en œuvre et les technologies). Aussi, nous n'avons pas pris en compte les traditions, l'environnement et les coutumes qui auraient été d'autres contraintes supplémentaires non nécessaires à notre recherche expérimentale. Nous avons dû travailler en fonction des moyens matériels, financiers et temporels mis à notre disposition pour suivre une telle démarche.

Figure 18 – Pièces défournées de la cuisson de septembre 2015.

Figure 19 – Sole du four fondue.

Les avantages et les désavantages d'étudier et d'effectuer des recherches sur l'argile sont nombreux. En effet, les hypothèses sont rapidement vérifiables concernant les techniques de création et de décoration. Néanmoins, ceci n'est pas valable pour les cuissons puisque que bien souvent, le potier ignore la raison de son échec ou de sa réussite : le facteur aléatoire entre en jeu surtout pour la composition des pâtes et les réactions thermiques et chimiques dans le four.

La plupart du temps, le céramiste peut comparer visuellement et chimiquement les résultats d'une expérience à un objet antique. Cependant, il devra toujours attendre la fin du processus pour s'assurer que sa démarche est fondée.

La création d'une pièce est difficile puisqu'elle demande une maîtrise des gestes mais, au-delà de l'aspect professionnel, elle engendre des problématiques de diversité des techniques qui rendent quasiment impossible la vérification de la méthode choisie. Néanmoins, la céramique sigillée est issue d'un métier toujours existant dont les technologies sont comparables avec les outils et méthodes antiques. Cette production à grande échelle a laissé de nombreuses traces et indices qui aident également à la compréhension des techniques gallo-romaines. Liés à leur modèle économique, les potiers recherchaient certainement une rapidité et rentabilité d'exécution, ce qui nous renseigne sur le processus possible du façonnage. La rigueur scientifique est indispensable pour ce type de travail. Néanmoins de nombreux chercheurs et expérimentateurs omettent des informations cruciales pour la bonne compréhension de leurs études, ce qui empêche par la même occasion toute reproductibilité de leurs expériences.

Figure 20 – Moutons créés durant la cuisson de septembre 2015.

a. Sous-cuisson avec un engobe non grésé et traces d'usage

b. Surcuisson produisant un engobe trop grésé

c. Fonte des tubulures

d. Fissures et fonte de la paroi du four

e.Couche de revêtement non uniforme: nappage défectueux de l'engobe, production de pièce en partie métallescente

f. Coulure de l'engobe

Figure 21 – La « défauthèque », première partie.

g. Couleur non homogène et empreintes des pièces les unes dans les autres

h. Déformation des pièces et ondulation de la forme

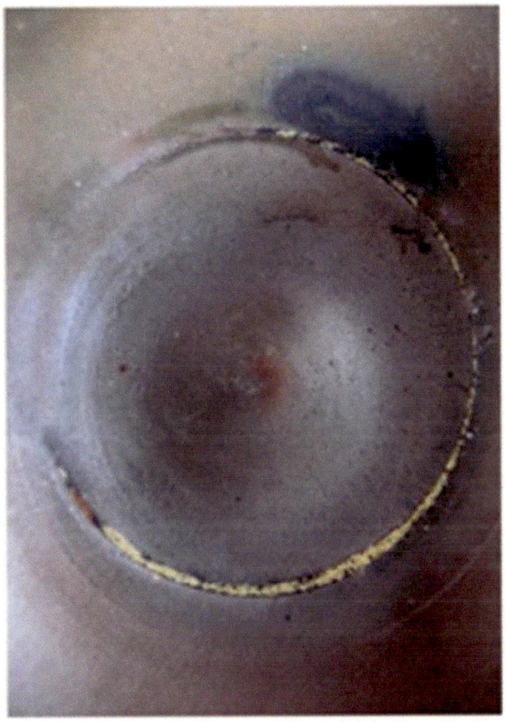

i. Création de moutons et fentes du bord de la pièce à divers endroits liées à la sur-cuisson et au poids.

j. Traces d'enfumage et traces du pied de la pièce enfournée au-dessus

Figure 22 – La « défauthèque », seconde partie.

Ainsi, c'est dans l'optique d'éviter ces écueils que nous avons décrit au maximum les expérimentations réalisées pour ce mémoire. C'est toute cette méthode de travail qui m'a permis de mettre en place une pratique déductive dans ce présent mémoire. En plus d'apporter des hypothèses à certaines questions posées par l'archéologie, ce travail a permis de soulever des problématiques, tout en faisant des allers-retours entre la théorie et la pratique. L'archéologie expérimentale ne peut pas se suffire à elle-même et elle nécessite forcement l'appui d'autres domaines de compétences, tel que l'ethnoarchéologie, la géoarchéologie, l'archéométrie et l'archéologie de manière plus générale. Pour toutes les phases de production, de nombreuses questions pratiques se sont révélées progressivement : l'ordre des étapes, le placement des mains, l'utilisation d'un outil, etc., autant d'interrogations que la théorie ne peut soulever. Au-delà de formuler des réponses

FOUR MODE C (N°3)	Enregistreur N° 2 T1 devant T2 côté	DATE : 26/09/2015 Ambiance : ensoleillé chaud /légèrement nuageux/sans vent 22-23°C

	Sonde T2	Sonde T1	Observations	Poids bois (kg)
	sur le coté	à l'avant*		
	Température (°C)			
15:15	86,8	119,4		10
15:45	109,9	134,5		6
16:15	133,1	152,7	Commence à enfoncer le bois dans l'alandier	8
16:45	161,2	185,1	tas de braise	8
17:15	218,1	251,8		10
17:45	306,5	330,9	Flammes qui sortent depuis 10min	9
18:15	397,2	405,2		5
18:45	469,9	452,4		9
19:15	514,8	490,3	Flammes qui sortent principalement sur l'arrière	13
19:45	556,8	524,3	du four	8
20:15	601,5	554,6		7
20:45	643,7	585,3	rougit bien !	7
21:15	682,2	615,4	3e débraisage : allonger les braises	6
21:45	718,8	642,4	4e et 5e débraisage	8
22:15	725	646,9		14
22:36	725	646,9	fermeture tubulures avec tuiles au fond du four	10
22:45	731,2	650,5		13
22:55	?	?	Ajout tuiles à côté de celles en place	7
23:14	780	712		9
23:15	781	715		34
23:45	824,9	774,5		20
00:15	887,4	843,3		14
00:45	969,4	929,5		17
01:00	1024,5	986,5		-26
01:15	1047	1079		-19
01:30	1090,5	1037,6	Fermeture avec plaque d'enfournement	
01:45	1081,1	1031,2		Poids total=207

Figure 23 – Observations durant la cuisson de septembre 2015.

Cuiseurs - Année	J.Fernandes et M. et De Casas C. - 2002	J.Fernandes et M. et De Casas C. - 2002	J.Fernandes et M. et De Casas C. - 2003	J.Fernandes et M. et De Casas C. - 2003	A. Desbat – Oct. 2012	A. Desbat – Oct. 2013	A. Desbat -. Juin 2014	A. Desbat – Sept. 2014	A. Desbat et L. Bolot - Juin 2015	A. Desbat et L. Bolot - Sept. 2015	A. Desbat - nov. 2000
Quantité de bois en kg	167	500	+500	1000	202	253	194	214	208	208	-
Quantité de bois en stère	1/3	1	+1	2	0.4	0.506	0.388	0.428	0.416	0.416	-
Poids de pièces (en kg)		-	-	-	-	9,6	10,6	4,7	7,5	9	-
Nombres de pièces	114	384	521	129	50	51	69	28	44	36	386
Volume estimé en litres	98,5	200	200	200	225	225	225	225	225	225	314

Figure 24 – Tableau répertoriant les données de quantité de bois consommé, de poids et de nombre des pièces cuites, selon le volume du four.

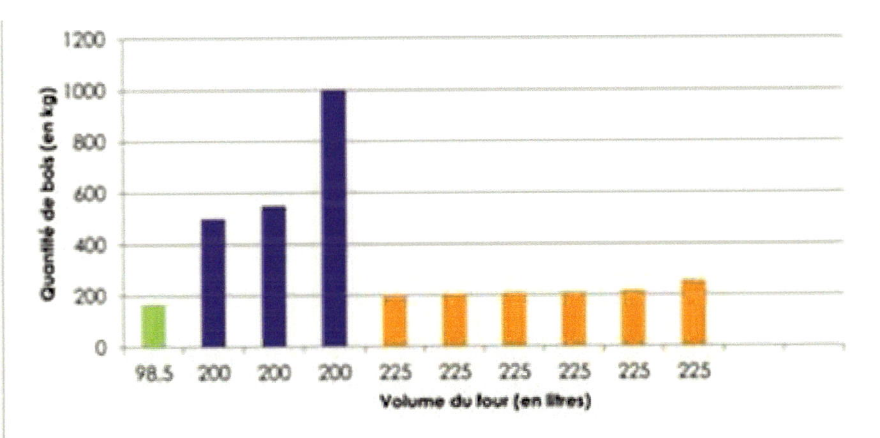

Figure 25 – Quantité de combustible utilisé selon le volume du four d'après la figure 24.

	Sept. 2014	Sept. 2015	Juin 2015	Oct. 2013	Juin 2014
Nombres de pièces (unité)	28	36	44	51	69
Poids de pièces (en kg)	4,7	9	7,5	9,6	10,6

Figure 26 – Tableau répertoriant le nombre et le poids des pièces pour chaque cuisson classée selon la quantité de vases d'après la figure 24.

évidentes à celles-ci, ce qui n'est pas le but recherché de ce mémoire, ce travail a également permis de formuler des pistes de travail pour l'avenir.

Il faut garder à l'esprit que les expérimentations présentées ici ne sont que le résultat de quelques mois de travails et de nombreux questionnements persistent. Ce présent mémoire n'est que le début de recherches à venir pour tenter de retrouver certaines techniques employées par les potiers antiques. Malgré des tests que nous avons voulu aussi nombreux que possible, les résultats concluants ont été difficiles à atteindre. L'expérience et l'entrainement permettront certainement de mieux appréhender ce travail par la suite et ainsi prolonger cette recherche mêlant l'archéologie à la pratique artisanale.

Lucile Bolot
41 Rue d'Anjou, 78000 Versailles
contact@lucilebolot.com
www.lucilebolot.com

Bibliographie

Desbat, A. 2015. *La cuisson des céramiques antiques : bilan des 30 années d'expérimentations (1983-2013)*, 26 p.

Fernandes, J., M. et C. De Casas 2002. La cuisson gallo-romaine en four à tubulures : un essai d'expérimentation, *in* M. Genin et A. Vernhet (dir.) *Céramiques de la Graufesenque et autres productions d'époque romaine. Nouvelles recherches. Hommages à Bettina Hofmann. Archéologie et Histoire Romaine*, 7 : 191-193. Montagnac : M. Mergoil.

Fernandes, J. et M. et C. De Casas 2007. Un cycle de cuisson de céramique sigillée à La Graufesenque, *in* D. Schaad (dir.) *La Graufesenque (Millau, Aveyron) Condatomagos, une agglomération de confluent en territoire Rutème, IIème siècle av. au IIIème s. ap. J.-C.*, vol. II : 226-237. Pessac : Fédération Aquitania.

Piboule, R. Sénéchal et H. Vertet 1981. Les poteries de Lezoux du premier siècle : Titos, *Revue archéologique S.I.T.E.S.*, HS 8 : 71 p.

2. CONSTRUCTION

Les silos en terre crue : expérimentation sur les techniques de construction au Néolithique et à l'âge du Bronze - *Earthen Silos: experiments on construction techniques in the Neolithic and Bronze Age*

Nina Parisot

Université Lumière Lyon 2. UMR 5138 ArAr, Maison de l'Orient et de la Méditerranée.

Résumé - Dans le cadre des Journées nationales de l'archéologie 2018, nous avons réalisé avec le Conseil départemental de la Dordogne deux silos cylindriques en terre crue construits selon des techniques de fabrication connues au Néolithique et *à* l'âge du Bronze. Le premier exemplaire correspond à un silo semi-excavé, le second à un aménagement façonné au sol. Notre expérimentation est basée sur les observations réalisées sur plusieurs séries archéologiques mises au jour dans des habitats néolithiques et de l'âge du Bronze dans le sud de la France et en Catalogne. Nous nous sommes intéressés aux techniques employées ainsi qu'à la composition du matériau nécessaire à la fabrication de telles structures en terre. Le projet a eu pour objectif de confronter les observations archéologiques à une pratique expérimentale, ainsi que partager avec le grand public nos connaissances sur une production matérielle peu connue.

Mots-clés - Néolithique, âge du Bronze, silo, terre crue, expérimentation.

Abstract - As part of the 2018 National Archaeology Days, in collaboration with the Conseil départemental de la Dordogne we produced two cylindrical silos using manufacturing methods known for the Neolithic and the Bronze Age. The first example corresponds to a semi-dug out silo, the second to an arrangement formed at ground level. Our experiment was based on observations made on several archaeological artefacts discovered in Neolithic and Bronze Age habitats in southern France and Spanish Catalonia. We were interested in the techniques employed and in the composition of the material necessary for the manufacture of such earthen structures. The project aimed to compare archaeological observations with experimental practice, and also to share with the public our knowledge of a still poorly known aspect of production.

Keywords - Neolithic, Bronze Age, silo, earthen building, experiment.

1. Introduction

Les Journées nationales de l'archéologie 2018 organisées dans le parc du domaine départemental du château de Campagne par le Conseil départemental de la Dordogne ont permis la mise en place d'expérimentations originales autour de la construction de silos en terre crue. L'événement s'est déroulé le 16 juin 2018 sous la responsabilité de Yann Malhache (médiateur du Patrimoine, Service archéologie) autour du thème « de la production à la consommation, le jardin au Néolithique ». Dans le cadre d'une manifestation culturelle grand public, la fabrication des silos a été ouverte à tous, encadrée par moi-même et Zouina Bouabdallah (archéologues). Les deux expérimentations sont donc le résultat d'un travail collectif. Les silos ont été façonnés en extérieur, sous un abri construit sur poteau sans cloisons et couvert d'un toit de chaume. Nous avons bénéficié d'une journée ensoleillée favorable à l'expérimentation.

2. Problématique

Au cours des dernières décennies, de nombreuses études archéologiques ont été menées sur les vestiges en terre, principalement consacrées aux architectures. Les travaux qui portent sur la production de récipients et de structures de stockage fixes en terre crue dans les sociétés du Néolithique et de l'âge du Bronze sont plus rares. Ces structures, notamment des silos, sont attestées à la fin du IXe millénaire au Proche-Orient. Leur production est antérieure à celle de la céramique et se poursuit parallèlement à cette dernière (Le Mière, Picon 1998, Ayobi 2013). En France, nos connaissances sur ces vestiges se sont enrichies pour la période de l'âge du Fer (VIIIe – Ier s. av. J.-C.) grâce à la découverte d'un village incendié à Martigues (Bouches-du-Rhône) dans le sud de la France qui a livré une importance série de récipients et de structures de stockage en terre. L'étude dirigée par Nùria Nin et Jean Chausserie-Laprée met en évidence le potentiel scientifique de cette production (Chausserie-Laprée, Nin 1990, Nin 2003). Nous nous sommes donc intéressés à la place de ces « contenants » en terre, à savoir les récipients (mobiles) ainsi que les structures de stockage fixes (silos, caissons, cuves), au sein des sociétés néolithiques et de l'âge du Bronze. Ces aménagements étaient utilisés probablement pour le stockage de denrées alimentaires ainsi que pour la fermentation d'aliments. Nos recherches ont permis de mettre en évidence la présence de tels dispositifs domestiques dans des sites d'habitats néolithiques mis au jour dans la moitié sud de la France et en Catalogne. La conservation de tels restes est largement favorisée par le climat méditerranéen de ces deux régions. À partir des observations réalisées au cours d'études de séries archéologiques, nous avons souhaité interroger les différentes phases de fabrication de l'objet, de la préparation du matériau à sa confection.

Notre protocole d'expérimentation s'appuie sur différents travaux portant sur des constructions expérimentales de structures en terre – architecture, fours (Peinetti 2013, Prevost-Dermarkar 2003, Chazelles 2018).

3. Déroulement des expérimentations

3.1 Préparation de la terre

La terre sélectionnée comme matière première pour les expérimentations est une terre locale prélevée quelques jours auparavant par Yann Malhache au lieu dit « la treille » à Castelnau la Chapelle (Dordogne). En effet, en contexte archéologique, nous avons constaté que la terre brute utilisée pour la construction de structures en terre est souvent prélevée sur place ou dans les environs immédiats de la zone d'habitat. Pour la composition du matériau, nous avons décidé d'enrichir la terre avec de l'argile, du sable et de la paille. La terre naturelle était de texture limoneuse, il nous est apparu nécessaire d'ajouter de l'argile pour obtenir un matériau plus plastique adapté à la fabrication des silos. L'ajout d'éléments minéraux fins (sables) et de végétaux constitue un paramètre essentiel à la cohésion générale du matériau. En effet, les observations réalisées sur différentes séries archéologiques indiquent que le matériau présente une structure fine et la terre à l'état brut semble avoir fait l'objet d'un tri voire d'un tamisage. Les éléments minéraux les plus volumineux tels que les graviers ont donc été extraits. En contexte archéologique, l'ajout de végétaux fins est souvent reconnu grâce à l'observation de stries et de vacuoles dans le matériau. Ces traces sont des témoins de la présence d'éléments périssables. Pour l'expérimentation, nous avons procédé à un mélange des différents éléments (terre brute, argile, sable fin, paille) puis nous avons progressivement ajouté de l'eau jusqu'à obtenir une terre homogène. Durant le malaxage, nous pouvons constater le manque ou l'excès de certaines composantes et c'est finalement la perception au toucher qui permet de déterminer lorsqu'une terre est prête à l'emploi (Figure 1). La terre a été fabriquée au fur et à mesure des besoins.

3.2 Silo 1 : un silo semi-excavé

Les silos semi-excavés sont des structures partiellement enterrées, installées dans un creusement préalablement réalisé. La partie aérienne en terre est ensuite façonnée au dessus de ce dernier. Notre première expérimentation est basée sur l'étude d'un exemplaire de silo semi-excavé mis au jour lors de fouilles archéologiques préventives sur le site de *Piquepeyre* à Fenouillet en Haute-Garonne en 2016. Il s'agit d'un silo cylindrique présent dans le comblement d'une fosse datée de l'âge du Bronze moyen, mesurant 56 cm de diamètre d'ouverture (Cousteaux *et al.* 2018).

Nous avons donc tout d'abord creusé une petite excavation à fond concave de 50 cm de diamètre sur environ 7 cm de profondeur formant ainsi une cuvette peu profonde. Compte tenu du lieu et de l'espace disponible nous avons fait le choix de limiter notre expérimentation à un modèle de petites dimensions. Dans un premier temps, le fond du creusement a été tapissé d'une couche de terre crue appliquée à l'état humide sur quelques centimètres d'épaisseur jusqu'à ce que le matériau adhère parfaitement aux parois du creusement et en adopte ainsi le profil. Dans un second temps, un premier niveau de terre a été façonné sur le rebord de l'excavation constituant ainsi la base du silo (Figure 2). La technique employée est celle du montage au colombin correspondant à la technique observée sur différentes séries archéologiques. Elle consiste en la fabrication de colombins de plusieurs centimètres d'épaisseur superposés par rehaussements successifs et formant la partie aérienne du silo (Nin 2003). Les colombins mesurent en moyenne 3 cm d'épaisseur. Ils sont directement façonnés sur le premier niveau et juxtaposés jusqu'à la hauteur souhaitée (Figure 3). Pour la construction du silo 1, deux niveaux successifs de colombins ont été réalisés sur une hauteur de 15 cm. Nous avons effectué un lissage à la main sur l'ensemble des surfaces afin de retirer l'excès de matière sur certaines zones et harmoniser l'ensemble du silo (Figure 4). Nous avons accordé un bref temps de séchage (inférieur à 5 minutes) avant d'appliquer un enduit de

Figure 1 – Préparation du matériau : mélange de la terre locale avec de l'argile, du sable, de la paille et de l'eau, malaxé à la main jusqu'à obtenir une terre prête à la construction (Z. Bouabdallah).

Figure 2 – Silo 1 : Cuvette correspondant à la partie excavée du silo dont les parois sont tapissées de terre (Z. Bouabdallah).

Figure 3 – Silo 1 : Construction du premier niveau et montage au colombin, boudins de terre superposés (Z. Bouabdallah).

Figure 4 – Silo 1 : l'ensemble des parois est lissé à la main ; vue générale et détaillée (Z. Bouabdallah).

finition composé exclusivement d'argile sur les parois internes et externes du silo (Figure 5).

3.3 Silo 2 : un silo façonné au sol

La seconde expérimentation est un silo construit au sol. Ce type de structures de stockage a été notamment observé en place dans des sites d'habitats néolithiques en France méridionale et en Catalogne. Nous nous sommes donc inspirés de l'un des exemplaires mis au jour dans « la galerie des Pots » sur le site du *Trou-Arnaud* à Saint-Nazaire-le-Désert dans la Drôme, occupation datée du Néolithique moyen (V^e^ millénaire av. J.-C.). Il s'agit d'un habitat chasséen en grotte fouillé dans les années 1990, dont les niveaux d'occupation conservés ont livré un ensemble d'aménagements : vases en céramiques, foyers ainsi que deux structures de conservation en terre crue (silos). L'une d'elle présente un bon état de

Figure 5 – Silo 1 : enduit recouvrant les parois internes et externes du silo (Z. Bouabdallah).

conservation, elle mesure 60 cm de diamètre à la base et 30 cm de diamètre au sommet pour 50 cm de haut. Le fond du silo est composé de dallettes agencées sur lesquelles sont élevées les parois en terre (Daumas et Laudet 1998).

Pour la construction du silo 2, nous avons donc aménagé dans un premier temps plusieurs dallettes calcaires. Posées à plat, elles sont agencées de manière à obtenir une base circulaire de 30 cm de diamètre. Une couronne de sable fin a également été placée en périphérie de la structure afin de l'isoler de l'humidité du sol. Dans un second temps, nous avons appliqué une couche de terre crue dans les jointures et sur la surface des pierres constituant ainsi le fond du silo (Figure 6). La technique de montage des parois est identique à celle du silo 1 puisqu'il s'agit du montage au colombin. Les colombins mesurent entre 3 et 4 cm d'épaisseur. Ils ont été placés sur une hauteur totale de 20 cm (Figure 7). Nous avons accordé un temps de séchage d'une dizaine de minutes avant l'application d'un enduit sur les parois du silo. Ce dernier est composé d'argile a laquelle a été ajoutée du sable fin. Les parois ont été lissées à la main pour homogénéiser l'ensemble de la structure (Figure 8).

4. Conclusions et perspectives

L'expérimentation de deux silos cylindriques, un premier semi-excavé et un second posé au sol, témoigne de l'efficacité de la technique de montage au colombin ainsi que de la bonne tenue de la partie en élévation (Figure 9). La cohésion générale des structures en terre apparaît liée la confection d'un matériau équilibré en eau, végétaux et minéraux. En effet, nous avons pu observer les contraintes exercées par un mélange trop humide qui fragilise la structure. Nous avons également constaté que la paille employée n'avait pas été suffisamment hachée et qu'elle constitue finalement un végétal trop épais pour la fabrication de silos en terre. Enfin, l'application d'un enduit argileux sur les parois lors de la phase de finition apparaît également comme une composante essentielle au maintien de la structure de stockage et augmente son imperméabilité.

Cet essai d'expérimentation de silos cylindriques en terre sur la base d'exemplaires découverts dans des habitats néolithiques et de l'âge du Bronze a constitué une base de réflexion appréciable. Nous avons pu apporter les modifications nécessaires à la composition du matériau pour ne pas rencontrer les mêmes difficultés. Il est apparu essentiel que la texture fine, exempte d'éléments minéraux grossiers, soit respectée pour permettre le façonnage d'un récipient ou d'une structure de stockage fixe en terre crue. L'ajout de végétaux fins tel que le foin dont les tiges sont plus fines plutôt que la paille apparaît également plus approprié pour la construction de contenants.

Figure 6 – Silo 2 : installation et agencement de dallettes recouvertes de terre formant le fond du silo (Z. Bouabdallah, N. Parisot).

Figure 7 – Silo 2 : montage au colombin des parois du silo (Z. Bouabdallah).

Figure 8 – Silo 2 : application d'un enduit et lissage à la main des parois du silo (Z. Bouabdallah).

5. Le devenir des silos après leur fabrication

Quelques jours après la fabrication des silos, nous avons poursuivi l'expérimentation en ajoutant un contenu pour l'un des exemplaires et en réalisant un suivi de l'évolution des structures par Yann Malhache. Après quatre jours de séchage, le silo 1 semi-excavé a été incendié puis rempli de sel. Il a ensuite été recouvert de sable et de pierres. L'objectif était d'observer l'évolution de la construction en terre dans des conditions d'enfouissement ainsi que les effets éventuels du sel sur le matériau. Le silo 2 façonné au sol a été conservé à l'état cru, aucun contenu n'a été placé et il n'a pas été recouvert. L'objectif était de voir l'évolution de la structure en terre exposée aux intempéries sans aménagement particulier. Les silos sont partiellement abrités par un toit de chaume, ils n'ont pas été entretenus au cours de l'année. Notons que la région concernée est fréquemment exposée à une pluviométrie et à des écarts de températures importants. Après une année, nous avons constaté que les structures ont mal supportées l'hiver ainsi que l'exposition aux intempéries. Le silo 2 posé au sol s'est progressivement dégradé, les parois se sont fissurées et se sont en partie effondrées à l'intérieur du silo (Figure 10). Le silo 1 semi-excavé s'est particulièrement détérioré. Le matériau a fondu et la structure a

Figure 9 – Vue générale de l'espace d'expérimentation du parc départemental du château de Campagne (Dordogne) : fabrication d'un silo posé au sol et d'un silo semi-excavé selon des modalités de production connues au Néolithique et à l'âge du Bronze (auteurs multiples).

entièrement disparu formant une masse boueuse. Nous pouvons envisager que le sel et l'humidité du sol sont à l'origine de la dégradation du silo.

Remerciements

Je tiens à adresser mes plus sincères remerciements à ma collègue et amie Zouina Bouabdallah ainsi qu'aux membres du conseil départemental de la Dordogne tout particulièrement Yann Malhache et Wilfrid Galin sans qui cette expérience n'aurait pu avoir lieu. Sans oublier les nombreux participants curieux et sensibles à la découverte d'une production des sociétés anciennes et actuelles. Tout cela dans une bonne humeur formidable et un cadre privilégié. Les clichés réunis dans cet article ont été réalisés par différents auteurs qui ont accepté de les partager avec nous, nous les remercions tous chaleureusement pour ce partage.

Nina PARISOT
Université Lumière Lyon 2
UMR 5138 ArAr
Maison de l'Orient et de la Méditerranée
nina.parisot@hotmail.com

Bibliographie

Ayobi, R. 2013. Objets en terre du néolithique précéramique au Proche-Orient : terre crue ou cuite ? Les objets en terre cuite avant l'invention de la poterie. PhD dissertation, University of Lyon 2.

Chausserie Laprée, J. et N. Nin 1990. Le village protohistorique du quartier de l'Île à Martigues (Bouches-du-Rhône). Les espaces domestiques de la phase primitive (début du Ve s. - début du IIe s. av. J.-C.). I. Les aménagements domestiques. *Documents d'Archéologie Méridionale* 13 : 35-136.

Chazelles, C.-A. (de), J.-C. Roux et H. Gazzal 2018. La « maison gauloise méditerranéenne » rebâtie sur le site archéologique de *Lattara* (Lattes, Hérault). Construction, second œuvre et équipement en terre, *in* C.-A. de Chazelles, É. Léal, A. Klein (éd.) *Terre crue : torchis, techniques de garnissage et de finition, mobilier façonné en terre. Echanges transdisciplinaires sur les constructions en terre crue*, 4 : 333-338. Montpellier : Éditions de l'Espérou.

Cousteaux, J., Bos, T., A. Bouvier, E. Faure, W. Galin, J. Gasc, Ch. Hallavant, F. Larre, M. Loughton, M. Macouin, J. Massendari, N. Parisot, L. Pedoussaut, B. Robin et

Figure 10 – Vue générale des silos 1 et 2 après 4 mois et vue détaillée du silo 2 posé au sol marqué par la dégradation des parois (fissures, effondrement) (N. Parisot).

J. Vital 2018. *Piquepeyre - Tranche 1, Fenouillet (Haute-Garonne).* Rapport final d'opération archéologique, Balma : Hadès.

Daumas, J.-C. et R. Laudet 1998. Préhistoire au Trou-Arnaud, Saint-Nazaire-le Désert, *Les cahiers de l'Oule.*

Le Mière, M. et M. Picon 1998. Les débuts de la céramique au Proche-Orient. *Paléorient* 24/2 : 5-26.

Nin, N. 2003. Vases et objets en terre crue dans le Midi durant l'Âge du Fer, *in* C.-A. de Chazelles (éd.) *Terre modelée, découpée ou coffrée. Matériaux et modes de mise en œuvre, Échanges transdisciplinaires sur les constructions en terre crue*, 1 : 95-146, Montpellier : Éditions de l'Espérou.

Peinetti, A. 2013. Esperimenti di prima generazione su processi di combustione e strutture domestiche in terra. *Seminari dei Giovani Archeologi dell'Università di Bologna* 1 : 2-14.

Prévost-Dermarkar, S. 2003. Les fours néolithiques de Dikili Tash (Macédoine, Grèce) : une approche expérimentale des techniques de construction des voûtes en terre à bâtir, *in* M.-C. Frère-Sautot (dir.) *Le feu domestique et ses structures au Néolithique et aux Âges des métaux.* actes du colloque de Bourg-en-Bresse et Beaune, 7 et 8 octobre 2000 : 215-223. Montagnac : Monique Mergoil.

Construction d'un réchaud domestique mobile ou « *kanun* » Village de Abu Musallam, région de Gizà, Égypte. 2018 - *Construction of a mobile domestic stove or "kanun" Village of Abu Musallam, Giza region, Egypt. 2018*

Sylvie MARCHAND
Institut Français d'Archéologie Orientale (IFAO), Le Caire.

Résumé - Enquête sur la construction d'un *kanun* (four portable pour la cuisine) actuel égyptien et la reconstruction d'un four à pain traditionnel dans la région du Caire.

Mots-clés - Cuisson, *kanun*, four portable, réchaud.

Abstract - Survey on the construction of a current Egyptian *kanun* (portable oven for cooking) and the reconstruction of a traditional bread oven in the Cairo region.

Keywords - Cooking, *kanun*, portable oven, stove.

Il s'agit de la construction d'un réchaud domestique ou « *kanun* » réalisé par la maîtresse de maison. Il s'agit d'un ustensile de cuisson de petite taille, mobile, pour faire cuire ou bouillir des aliments dans un récipient de terre cuite posé à même la grille métallique (Figure 10). Ce qui est surprenant, c'est que ce réchaud possède une âme de fer, fabriqué par le forgeron du village (Figure 4). On connaît plutôt des exemples de « *kanun* » façonnés à la main sans l'aide d'une structure interne. La matière première est constituée d'un mélange d'excréments animaux, de paille hachée et de terre (Figures 1-2), a la texture assez fine et très malléable. Un disque plat est d'abord confectionné (Figure 3) sur lequel on pose l'appareil en métal (Figure 4). Ensuite on monte rapidement la pâte autour de cette âme (Figure 5), les parois sont épaisses et on lisse avec les mains mouillées au fur et à mesure (Figures 6-9). Enfin on perce deux ouvertures rondes au revers de l'objet (Figure 10). Il suffit alors de laisser sécher et l'ustensile est prêt à l'emploi.

This article describes the construction of a domestic stove or "*kanun*" made by the mistress of the house. It is a small, mobile cooking utensil for cooking or boiling food in an earthenware container placed directly onto the metal grill (Figure 10). Surprisingly, the stove has an iron core, made by the village blacksmith (Figure 4). Rather, examples of "*kanun*" shaped by hand without the aid of an internal structure are known. The raw material consists of a mixture of animal excrement, chopped straw and earth (Figures 1-2) and has a fairly fine and very malleable texture. A flat disc is first made (Figure 3) on which the metal appliance is placed (Figure 4). Then the paste is quickly built up around the core (Figure 5); the walls are thick and smoothed with wet hands as construction progresses (Figures 6-9). Finally, two round openings are made on the back of the object (Figure 10). All that remains is to let it dry and the utensil is ready to use.

Sylvie MARCHAND
Responsable du laboratoire Céramologie
Institut français d'archéologie orientale (IFAO)
37 rue al-Cheikh Aly Youssef
B.P. Qasr alAiny 11562
11411, Le Caire, Égypte
smarchand@ifao.egnet.net

Figure 1.

Figure 2.

Figure 3.

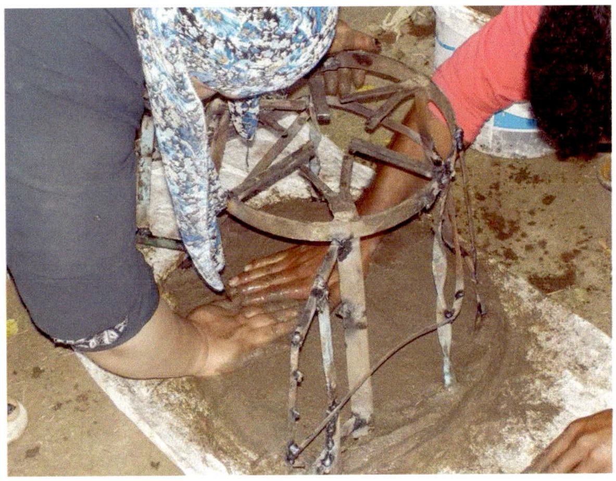

Figure 4.

Figure 5.

Figure 6.

Figure 7.

Figure 9.

Figure 8.

Figure 10.

Reconstruction d'un four à pain par l'image. Village de Abu Musallam, région de Gizà, Égypte. 2018 - *The reconstruction of a bread oven using images. Village of Abu Musallam, Giza region, Egypt. 2018*

Sylvie MARCHAND

Institut Français d'Archéologie Orientale (IFAO).

Résumé - Enquête sur la reconstruction d'un four à pain traditionnel dans la région du Caire.

Mots-clés - Cuisson, four, pain.

Abstract - Survey on the reconstruction of a traditional bread oven in the Cairo region.

Keywords - Bread, cooking, oven.

Après une décennie de bons et loyaux services, la plaque de cuisson en terre cuite du four a été endommagée et nécessitait son changement (Figures 1-2). La rénovation du four a été effectuée principalement par les deux femmes de la maison et fut achevée dans la journée, il ne s'agit pas d'ouvrières spécialisées. Cette opération engageait du coup la reconstruction de la partie supérieure du four. On note qu'il ne s'agit pas d'un four à dôme comme on le voit fréquemment en Égypte, ici la partie supérieure est large et plate. Ce four possède une base plus ou moins rectangulaire. On remarque que l'alimentation du foyer du four se fait par une simple ouverture pratiquée à la base de l'un des angles du four (Figure 1). Il est monté en briques cuites rouges, le tout enduit d'une épaisse couche de « mouna ». Il s'agit d'un mélange, en proportions inégales évaluées de façon empirique par les ouvrières pour atteindre la consistance voulue, de cendre, de morceaux de terre cuite pilés provenant de l'ancienne sole, de paille hachée et de terre noire du jardin (Figures 6-8). La construction, bien que répondant à des normes précises et remplissant parfaitement son office, est résolument opportunisme, utilisant les matériaux existant de l'ancien four et d'autres trouvés et à proximité. Hormis la « mouna » et les briques cuites rouges, d'autres matériaux sont utilisés : plusieurs barres de fer pour soutenir la plaque de cuisson en terre cuite et pour maintenir la plaque de tôle sommitale (Figures 11, 16-17).

La plaque de cuisson neuve en terre cuite grossière soigneusement lissée sur sa partie supérieure a été achetée au marché local du village pour cette occasion (Figure 3). Les deux femmes ont d'abord procédé au démontage de la partie supérieure du four afin de retirer l'ancienne plaque de terre cuite (Figure 4) et au nettoyage de l'intérieur du foyer (Figure 5). Cette dernière opération permettant d'en conserver les cendres grises et fines en vue de leur utilisation dans la fabrication de la matière première principale appelée « mouna » qui est utilisée pour jointoyer les briques et enduire le four (Figures 9-10). La partie inférieure refaite, deux barres de fer sont disposées (Figure 11) afin de recevoir la nouvelle plaque en terre cuite (Figures 12-13). La plaque de cuisson est placée en laissant une ouverture à l'arrière entre le foyer et le four (Figures 12-13). Avant de continuer la construction, la plaque doit être préparer afin de recevoir le feu. On la badigeonne largement d'un mélange d'huile végétale et d'œufs crus (Figures 14-15). On peut alors continuer le montage des murs de briques rouges et « mouna », de la partie supérieure du four (Figure 15). Sur le sommet on dispose plusieurs barres de fer (16) sur lesquelles on pose une tôle (Figure 17). Cette dernière est recouverte d'une épaisse couche constituée de briques cuites rouges et de « mouna » (Figure 18). Une dernière opération consiste au lissage de la « mouna » qui recouvre l'ensemble du four (Figure 19).

Sylvie MARCHAND
Responsable du laboratoire Céramologie
Institut français d'archéologie orientale (IFAO)
37 rue al-Cheikh Aly Youssef
B.P. Qasr alAiny 11562
11411, Le Caire, Égypte
smarchand@ifao.egnet.net

After a decade of loyal service, the oven's terracotta hob was damaged and required replacement (Figures 1-2). The renovation of the oven was carried out mainly by the two women of the house and was completed during the day, it is not a question of specialized workers. This operation involved the reconstruction of the upper part of the oven. We note that it is not a dome oven as we often see in Egypt, here the upper part is wide and flat. This oven has a more or less rectangular base. Note that the furnace hearth is fed through a simple opening made at the base of one of the corners of the furnace (Figure 1). It is made of red baked bricks, all coated with a thick layer of "mouna". It is a mixture, in unequal proportions evaluated empirically by the workers to reach the desired consistency, of ashes, pieces of crushed terracotta from the old hearth, chopped straw and black earth from the garden. (Figures 6-8). The construction, although meeting precise standards and perfectly fulfilling its purpose, is resolutely opportunistic, using existing materials from the old oven and others found nearby. Apart from the "mouna" and the red baked bricks, other materials are used: several iron bars to support the terracotta cooking plate and to maintain the top sheet metal plate (Figures 11, 16-17).

The new coarse earthenware cooking plate carefully smoothed on its upper part was bought at the local village market for this occasion (Figure 3). The two women first proceeded to disassemble the upper part of the oven in order to remove the old terracotta plate (Figure 4) and to clean the inside of the hearth (Figure 5). This last operation makes it possible to preserve the gray and fine ashes with a view to their use in the manufacture of the main raw material called "mouna" which is used to point the bricks and coat the oven (Figures 9-10). The lower part redone, two iron bars are arranged (Figure 11) to receive the new terracotta plate (Figures 12-13). The hob is placed leaving an opening at the back between the hearth and the oven (Figures 12-13). Before continuing construction, the plate must be prepared to receive the fire. It is brushed liberally with a mixture of vegetable oil and raw eggs (Figures 14-15). We can then continue the assembly of the red brick walls and «mouna» of the upper part of the oven (Figure 15). On the top there are several iron bars (Figure 16) on which a sheet is placed (Figure 17). The latter is covered with a thick layer made up of red baked bricks and "mouna" (Figure 18). A final operation involves smoothing the "mouna" which covers the entire oven (Figure 19).

Sylvie MARCHAND
Responsable du laboratoire Céramologie
Institut français d'archéologie orientale (IFAO)
37 rue al-Cheikh Aly Youssef
B.P. Qasr alAiny 11562
11411, Le Caire, Égypte
smarchand@ifao.egnet.net

Figure 1.

Figure 2.

Figure 3.

Figure 4.

Figure 5.

Figure 6.

Figure 7.

Figure 8.

Figure 9.

Figure 10.

Figure 11.

Figure 12.

Figure 13.

Figure 14.

Figure 15.

Figure 16.

Figure 18.

Figure 17.

Figure 19.